矿物加工工程国家级一流本科专业建设系列教材
矿物加工工程教育部“新工科”项目建设系列教材
“矿物加工学”国家级一流课程建设教材

“十二五”普通高等教育本科国家级规划教材

选矿学

（第四版）

主编　谢广元

中国矿业大学出版社
·徐州·

内容提要

本书围绕选矿对象的性质、选前准备、选矿过程、选矿过程的分析与评价、选后产品处理五大环节，系统地叙述了各种选矿方法的原理、选矿工艺、选矿设备及选矿应用实践典型实例，深入浅出，理论与实践并重，注重基本理论、基本技能训练，更新充实了原有内容。在突出选煤的前提下，兼顾了金属矿、非金属矿等其他非煤矿物的分选。本书内容丰富，实用性强，并加入了国内外教改成果以及生产科研中的一些最新研究成果，体现了当前选矿科学技术水平。

本书为大专院校矿物加工工程专业本科生专业教材，亦可作为研究生和其他专业教学用书，同时，对煤炭、冶金、建材、化工等系统从事矿物加工工程研究、设计、生产的工程技术人员具有一定的参考价值。

图书在版编目(CIP)数据

选矿学 / 谢广元主编. —4 版. —徐州 ：中国矿业大学出版社，2024.2

ISBN 978-7-5646-6187-8

Ⅰ. ①选… Ⅱ. ①谢… Ⅲ. ①选矿—理论 Ⅳ. ①TD9

中国国家版本馆 CIP 数据核字(2024)第 053439 号

书　　名　选矿学
主　　编　谢广元
责任编辑　章　毅　褚建萍
出版发行　中国矿业大学出版社有限责任公司
　　　　　　（江苏省徐州市解放南路　邮编 221008）
营销热线　(0516)83885370　83884103
出版服务　(0516)83995789　83884920
网　　址　http://www.cumtp.com　**E-mail**:cumtpvip@cumtp.com
印　　刷　江苏淮阴新华印务有限公司
开　　本　787 mm×1092 mm　1/16　**印张** 45.25　**字数** 1130 千字
版次印次　2024 年 2 月第 4 版　2024 年 2 月第 1 次印刷
定　　价　59.80 元

《选矿学》编、审人员

主　　编　谢广元

副 主 编　张明旭　边炳鑫　樊民强

编写人员　（按姓氏笔划为序）

边炳鑫　刘焕胜　李延锋

张明旭　陈增强　陈俊涛

倪　超　康文泽　章新喜

樊民强　樊茂明　谢广元

编审人员　杨　毅　欧泽深　李贤国

路迈西　许占贤

序

我国是世界上矿产资源比较丰富、矿物种类众多的国家之一。在辽阔的国土上，蕴藏着多种多样的有色金属、黑色金属、稀贵金属矿产以及煤炭、化工、建材等非金属和能源矿产，这是发展我国国民经济的雄厚物质基础。我国的矿产资源多数有用组分含量较低，矿物组成较复杂，必须经过选矿才能提高有价成分含量，改善质量。当前，我国每年有近亿吨的有色金属矿石和约 1.5×10^{8} t 黑色金属矿石在冶炼前几乎全部需要选矿；每年有约 24 亿 t 原煤通过选矿后供应给不同用户；化肥生产所需的磷、硫矿石以及建材等非金属矿石也多半经选别后才能进一步加工或作为商品，选矿是改善矿物原料性质的经济有效方法，在发展矿物原料工业中具有重要的地位。

中华人民共和国成立以来的五十多年中，选矿事业随着矿物原料工业的突飞猛进而迅速发展，全国大型重点选矿（选煤）厂几千个，中、小型选矿（选煤）厂星罗棋布；部、省属科研、设计院所有百余个；从事选矿事业的科学技术人员十万余人，建立了一支完整的选矿科技队伍。几十年的科研、设计、生产实践过程，充实了理论，革新了工艺，开发研制了各种先进的选矿设备，形成了符合我国矿产资源特点的选矿技术，某些选矿技术已进入世界先进行列，如空气重介质流化床干法选煤，锡、钨细泥的处理等。选矿技术水平不断提高，应用领域不断扩大。目前全国设置矿物加工工程专业的大中专院校有三十多所，为我国的选矿行业源源不断地培养和输送了大批的高级技术人才。

《选矿学》一书编入了较成熟的选矿理论、方法、工艺、设备和生产实践，并具有特色。在结构体系上，对五篇内容整合优化，理论与实践并重，深入浅出；在内容上，突出选煤，兼顾金属矿、非金属矿等其他非煤矿物的分选，内容丰富实用，融入国内外生产科研的最新研究成果，体现了当前选矿科学技术水平，符合当前高等教育改革的形势和知识经济对人才素质培养的要求。这是一部矿物加工工程专业的优秀教科书，必将为我国矿物加工工程专业人才培养和选矿事业的发展做出重要贡献。

王淀佐

2001年6月

第四版前言

《选矿学》由中国矿业大学、安徽理工大学、黑龙江科技大学、太原理工大学四所院校联合编写而成。该教材先后入选普通高等教育“九五”国家级重点教材、“十二五”普通高等教育本科国家级规划教材，并曾是江苏省高校品牌专业建设工程系列教材和矿物加工工程“卓越计划”系列教材。在过去的二十多年中，该教材一直是多所高校矿物加工工程专业主干课程“矿物加工学”的选用教材，荣获2021年首届全国优秀教材(高等教育类)二等奖。从2001年第一版到2016年第三版，该教材均由我国著名的选矿专家陈清如院士主审、王淀佐院士作序。随着选矿技术的迅猛发展，再次组织原有编写人员和部分高校教学人员重新修订再版。在遵循加强基础、拓宽专业、注重能力、突出重点与精简教学原则的基础上，该教材注重吸取各高校多年教学实践经验，将国内外教改成果和生产科研中的最新研究成果充实到书中，充分展现了人类文化知识积累、传承和当前选矿科学技术水平与创新成果，同时反映了国家矿业发展战略和经济社会发展对矿业人才培养提出的新要求。此次修订出版后，该教材将作为矿物加工工程国家级一流专业建设系列教材、教育部“新工科”项目建设系列教材和“矿物加工学”国家级一流课程建设教材。

本书系统地围绕选矿对象的性质、选前准备、选矿过程、选矿过程的分析与评价、选后产品处理五大环节展开，详细叙述了各种选矿方法的原理、选矿工艺、选矿设备及选矿应用实践典型实例。在注重基本理论和基本技能训练，突出选煤的前提下，兼顾了金属矿、非金属矿等其他非煤矿物的分选。本书内容丰富，实用性强，前后内容整体优化组合，融为一体，旨在让学生用较少的课时掌握系统的专业基础理论和广泛的专业知识，培养其自主学习能力、分析问题能力以及解决复杂工程问题的能力，体现了以学生为主体的教学理念。

全书的编写力求深入浅出、简明扼要、图文并茂，各篇内容自成系统，亦可单独讲授，作为该科目学习的教材或参考资料。

全书分为绪论(由中国矿业大学谢广元编写)，第一篇筛分、破碎与磨矿(第一章、第二章由中国矿业大学刘焕胜编写；第三章、第四章由中国矿业大学樊茂明编写)，第二篇重力选矿(第一、二、四、五、七、八章由中国矿业大学谢广元和倪超编写；第三章由山西科技学院陈俊涛编写；第六章由中国矿业大学陈增强和李延锋合写)，第三篇磁电选矿(第六章第三节由中国矿业大学章新喜编写、其他章节由太原理工大学樊民强编写)，第四篇浮游选矿(由安徽理工大学张明旭编写)，第五篇固液、固气分离技术(由中国矿业大学谢广元、鹤岗师范高等专科学校边炳鑫、黑龙江科技大学康文泽合写)。

本书由谢广元担任主编，张明旭、边炳鑫、樊民强参加了书稿的整理工作，并协助修改、定稿。

由于编者水平所限，书中错误或不足之处在所难免，敬请读者批评指正。

编　者

2024年1月

目　录

第三篇　磁电选矿

第四篇　浮游选矿

第五篇　固液、固气分离技术

绪　论

一、选矿的概念

自然界蕴藏着极为丰富的矿产资源。众所周知,地壳是由岩石组成的,而岩石是矿物的集合体。矿物就是在地壳中由于自然的物理化学作用或生物作用所生成的具有固定化学成分和物理性质的天然化合物或自然元素。矿物的种类繁多,在众多的矿物中,能为人类利用的称有用矿物。在当前的技术经济条件下,人们能够将含有有用矿物的岩石中的某些组分加以富集并利用,这类岩石就称为矿石。在矿石中,除有用矿物外,还含有目前无法富集或尚不能利用的一些矿物,这些无用的矿物称为脉石。对于煤炭而言,不能作为煤使用而以 SiO_2 为主要成分的矿石称为矸石。

选矿就是利用矿物的物理或物理化学性质的差异,借助各种选矿设备将矿石中的有用矿物与脉石分离,并达到使有用矿物相对富集的过程。选矿学是研究矿物分选的学科,是一门分离、富集、综合利用矿产资源的技术科学。

有用矿物和脉石通常是共生在一起的。在选矿过程中选出的有用矿物称为精矿;抛弃的无用矿物称为尾矿。对煤炭而言,将煤和矸石分离,从而获得质量不同的产品的过程,称为选煤。

在自然界,除少数矿物为液体(如汞)外,大部分矿物多为固体。固体矿物都具有一定的晶体结构和物理化学性质。原矿或原煤中,有用矿物和脉石或矸石经选矿过程之所以能彼此分离,其基本依据是矿物之间在各种物理性质、表面的物理化学性质以及化学性质上的差异。直接与选矿有关的矿物性质主要有密度、磁性、导电性、润湿性等。密度是指单位体积矿物的质量,它是重选的依据。磁性是指矿物受到磁铁吸引或排斥的性质。一般矿物可分为强磁性矿物(如磁铁矿等)、弱磁性矿物(如赤铁矿等)和非磁性矿物(如金刚石、赤铜矿等)。矿物磁性是磁选的依据。导电性是指矿物的导电能力。一般矿物有良导体、半导体和非导体之分,它是电选的依据。润湿性是指矿物能被水润湿的性质。易被水润湿的矿物称为亲水性矿物(如石英、方解石等);反之,称为疏水性矿物(如辉铜矿、石墨等)。矿物的自然润湿性主要取决于矿物的结晶构造。不同润湿性的矿物具有不同的可浮性,因此,润湿性是浮选的依据。

选矿实践中,往往还采取人为的方法来扩大矿物物理化学性质的差异,以提高分选效率。如用磁化焙烧的方法改变矿物磁性;用酸和盐类处理矿物表面,选择性地改变矿物的导电性;用各种浮选药剂改变矿物的自然润湿性等。除此之外,矿物的形状、粒度、硬度、颜色、光泽等也往往是某些特殊选矿方法的依据。

根据不同的矿石类型和对选矿产品的要求,在实践中可采用不同的选矿方法。常用的选矿方法有重选法、磁选法、电选法和浮选法。其中浮选法应用最广;重选法广泛地应用于黑色、有色、稀有金属和煤的分选;磁选法多用于黑色金属、稀有金属的分选,也可用于从非金属矿物原料中除去含铁杂质,还可用于净化生产、生活用水以及重介质选煤中磁铁矿的回收；电选法用于有色金属矿石、稀有金属矿石、黑色金属（铁、锰、铬）矿石的分选，还用于非金属矿石（如煤粉、金刚石、石墨、石棉、高岭土和滑石等）的分选。除上述常用的 4 种选矿方法外，还有光电选矿法、化学选矿法及其他特殊选矿法。各种选矿方法有时单独使用，有时是几种方法联合应用。

矿石的选矿处理过程是在选矿厂（选煤厂）中完成的。不论选矿厂（选煤厂）的规模大小，一般都包括以下三个最基本的工艺过程：① 矿石分选前的准备作业。包括原矿（原煤）的破碎、筛分、磨矿、分级等工序。本过程的目的是使有用矿物与脉石单体分离，使各种有用矿物相互间单体解离，此外，这一过程还为下一步的选矿分离创造适宜的条件。② 分选作业。借助于重选、磁选、电选、浮选和其他选矿方法将有用矿物与脉石分离，并使有用矿物相互分离获得最终选矿产品（精矿、尾矿、有时还产出中矿）。③ 选后产品的处理作业。包括各种精矿、尾矿产品的脱水，细粒物料的沉淀浓缩、过滤、干燥和洗水澄清循环复用等。

有的选矿厂（选煤厂）根据矿石性质和分选的需要，在分选作业前设有洗矿预选抛废（如重介排矸或动筛跳汰排矸）以及物理、化学预处理，如赤铁矿的磁化焙烧、氧化铜矿的离析焙烧等作业。

矿石经过分选后，可得到精矿、中矿和尾矿三种产品，分选所得有用矿物含量较高、适合于冶炼加工的最终产品，叫作精矿。分选过程中得到的尚需进一步处理的中间产品，叫作中矿。分选后，其中有用矿物含量很低，不需进一步处理（或技术经济上不适于进一步处理）的产品，叫作尾矿。选煤的主要产品是精煤，副产品有中煤、混煤、煤泥等，选后的矸石和尾煤为废弃物，亦可进一步综合利用。

二、选矿常用的工艺指标

1. 品位

品位是指产品中金属或有用成分的质量与该产品质量之比，常用百分数表示。通常 α 表示原矿品位，β 表示精矿品位，θ 表示尾矿品位。

2. 产率

产率是指产品质量与原矿质量之比，通常以 γ 表示。

3. 回收率

回收率是指精矿中有用成分的质量与原矿中该有用成分质量之比，常用 ε 表示。回收率可用下式计算：

$$\varepsilon=\frac{\gamma\beta}{100\alpha}\times 100\%$$

式中　ε——回收率，%；

α——原矿品位，%；

β——精矿品位，%；

γ——精矿产率，%。

有用成分回收率是评定分选过程（或作业）效率的一个重要指标。回收率越高，表示选矿过程（或作业）回收的有用成分越多。所以，选矿过程中应在保证精矿质量的前提下，力求提高有用成分回收率。

4. 选矿比

选矿比是指原矿质量与精矿质量的比值。用它可以确定获得 1 t 精矿所需处理原矿石的吨数。常以 K 表示。

5. 富矿比(或富集比)

富矿比是指精矿品位与原矿品位的比值,常用 E 表示。$E=\beta/\alpha$,它表示精矿中有用成分的含量比原矿中该有用成分含量增加的倍数,即选矿过程中有用成分的富集程度。

三、选矿在国民经济中的地位和作用

从宏观上讲,在矿物原料加工的整个过程中,选矿是介于采矿与化工、冶金之间的学科。广义地说,选矿学是综合研究物料分离技术的一门学科,它涉及数学、物理学、化学、地质学、矿床学、矿物学、晶体化学、物理化学、表面化学、流体力学、电磁学、计算机技术、采矿、冶金学、机械、电力、自动控制、化工等多种学科和工程技术。选矿作为一种有效的分离手段,早已广泛地应用在黑色金属及有色金属冶金工业、煤炭工业、化学工业及硅酸盐、陶瓷与建筑材料工业。近年来,在金属的再生工业和环境保护领域中,选矿技术的重要性也在不断提高。

选矿在冶金工业中得到最早、最广泛的应用。由于选矿可使矿石中的金属含量富集几倍至几百倍,而且在大多数情况下与冶炼过程相比,选矿成本低,因此在技术经济上有很大的优越性。通过选矿可以降低冶炼成本。由于脉石被大部分排除,减少了炉渣量,不仅降低了能耗,也相应地减少了炉渣中的金属损失,冶炼回收率得以提高。选矿技术的应用和发展使矿石的工业品位的下限大幅度降低,这就使大量的原来被抛弃的脉石变为可利用的资源,相应地增加了金属矿产的回收率。

我国铁矿石的地质储量比较丰富,但贫矿石很多。在仅有的少量富矿石中,约有5%的矿石因含杂质过高不能直接冶炼。除了矿石贫之外,其矿物颗粒嵌布细,组分复杂也给矿石的开发利用带来困难。矿石储量大但“贫、细、杂”的特点决定了我国绝大多数铁矿石要经选矿处理。钢铁工业生产的实践表明,高炉炼铁实行“精料方针”,可以降低焦炭和石灰的用量,提高高炉利用系数。为此,在最佳选、冶经济效益的前提下,必须使铁矿石经过选矿,尽量提高铁精矿品位。

在有色冶金工业中,由于有色金属和稀有金属矿产资源的品位大都很低,各种有用矿物与脉石间共生的关系更为复杂,选矿就显得尤其重要。对于难选共生矿的开发利用,为了充分利用有价成分或为下一工序提供理想原料,往往需要多种选矿方法的联合应用和采用选冶联合流程,即以选矿方法处理原矿,得到精矿或中间产品,然后用火法和湿法冶金对选矿产品进一步处理。采用合理的流程结构应能提高选矿、冶炼两个过程总的技术经济效益。选矿也可作为冶炼工艺中的一个中间过程被采用,即将冶炼中间产品或最终产品(炉渣)用选矿处理。例如,我国金川有色金属公司冶炼厂现有的生产流程是将铜镍混合精矿用电炉熔炼、转炉吹炼产出高冰镍,经过缓冷后,再破碎磨矿,用浮选法获得铜精矿和镍精矿,用磁选法得到合金,此后分别进入各自的冶炼系统提取金属铜、镍和贵金属。又如,在我国现代化的贵溪冶炼厂中,冰铜经转炉吹炼后转炉渣中含铜约4.5%,经铸渣机缓冷后进行破碎、磨矿,再用浮选法获得渣铜精矿,然后返回闪烁炉中熔炼。选矿用于其他冶金炉渣的处理方面也有成功的实例。

煤炭的分选是选矿技术在煤炭工业中的重要应用。煤炭是我国的主要能源,占一次能源的75%。原煤在生成过程中混入了各种矿物杂质,在开采和运输过程中不可避免地又混入顶板和底板的岩石及其他杂质。随着采煤机械化程度的提高和地质条件的变化,原煤质

量将会越来越差。选煤的主要任务就是除去原煤中的杂质,降低煤炭的灰分和硫分,提高原煤质量,适应用户需要。例如,钢铁厂需要低灰分炼焦精煤。据资料表明,精煤灰分每降低1%,焦炭灰分可降低1.33%,而焦炭灰分每降低1%,炼铁焦比可降低2%,高炉利用系数可提高3%,同时,还可提高生铁的质量。煤中硫60%以上转入焦炭里,焦炭中硫分每增加0.1%,高炉用焦就多消耗2%,石灰多消耗2%,生铁产量降低2%~5%,生铁质量变差。

在我国,原煤含矸量一般为20%~30%,有的还更高。经分选排弃大量矸石,除去原煤中的杂质,可减少铁路的无效运输;降低煤炭的灰分和硫分,可以降低燃煤对大气的污染,保护环境。煤炭分选加工常用的选矿方法有跳汰、重介和浮选法。

非金属矿物资源是化肥、陶瓷、建材、造纸、纺织、电子等工业部门的原料来源。天然的非金属矿物资源绝大多数也是多种矿物共生的,不经过分选提纯也无法直接利用。如高岭土用于高级陶瓷和造纸工业时,对其中铁的含量控制极严。用作化肥原料的磷灰石中,氧化铝和氧化铁的含量一般不宜超过4%。其他供建材、电子等部门使用的矿物原料也都有一定的成分要求。因此,对于非金属矿产资源的开发利用,选矿自然是重要的加工过程。

在地质部门中,矿石的可选性试验对评价一个矿床往往是不可缺少的重要资料来源。此外,对于岩矿鉴定和重砂工作所需的单矿物的分离,选矿也是一个有效的手段。

选矿中的物料分离技术包含有多种高效的方法,近年来已在不少领域推广应用。例如,在固体废料(包括工业和城市垃圾)的处理和金属的再生工业中,高效分离技术日益显示出它的优势;在化纤工业中,采用分离技术可排除混入原料中的某些杂质(砂粒、玻璃屑等);在粮食加工过程中,分离技术可用于选种、除杂等。特别应当指出的是,目前在环境工程领域,使用浮选法处理废水已取得显著成效。在这一领域中常用的浮选法有溶气浮选法、散气浮选法、电浮选法、离子浮选法、絮凝浮选法和载体浮选法等。

选矿过程离不开设备和检测技术。选矿技术水平和生产实践的发展促进了与之配套的机械仪表工业的发展,形成了一个选矿设备的制造分支。这些先进的仪器、设备用于选矿工业和科研活动又促进了选矿学科自身的发展。

综上所述,国民经济的许多部门都离不开选矿这门技术学科。它的技术水平对许多经济部门产生较大的影响。选矿技术落后,会造成有用资源的损失浪费,选矿厂的产品成为无法利用的废物;反之,先进的选矿技术可以产生"一矿变多矿,一厂变多厂"的良好局面。从古代的淘洗法到今天种类繁多的选矿新技术和新设备的不断出现,选矿学已发展成为一门独立的学科。可以肯定,随着科学技术水平的提高和各国对原料、能源需求量的增加,选矿学科的技术水平将不断提高,应用的范围将越来越广,发挥的作用也将越来越大。

第一篇

筛分、破碎与磨矿

第一章　碎散物料的粒度组成与粒度分析

第一节　粒度及粒度分析

一、粒度及其表示方法

破碎筛分、磨碎分级与分选加工的物料均是碎散物料群体，构成该群体的颗粒大小不一，形状各异，在技术上通常引入“粒度”“粒级”“粒度组成”及“平均粒度”等概念来描述它们的特性——粒度特性。

1. 粒度

描述单一颗粒大小的尺寸称为粒度。球形或立方体颗粒的粒度即为直径或边长；对于外形不规则的颗粒，其粒度以三维尺寸（长 a、宽 b、厚 c）的算术平均值 $d=(a+b+c)/3$ 或几何平均值 $d=\sqrt[3]{abc}$ 表示。

2. 粒级

用某种方法（如筛分）将粒度范围宽的物料群分离成若干个粒度范围窄的级别，这些级别均称为粒级，各粒级均以其上限粒度（d_1）及下限粒度（d_2）表示，如 $d_1\sim d_2$ 或 $d_2\sim d_1$ 或 $-d_1+d_2$。

3. 粒度组成

上述各粒级按粗、细不同顺序排列，并指明各粒级占物料群总量的质量百分率，这种资料称为粒度组成。它描述物料群的粒度分布情况，通常以粒度组成表表示。

4. 平均粒度

描述物料群的粒度称为平均粒度。对 $d_1/d_2<\sqrt{2}$ 的粒级，即粒度范围较窄的物料群，其平均粒度 $d=(d_1+d_2)/2$；对于粒度范围较宽的物料群，通常有数个粒级，要用统计学上求平均值的方法计算其加权算术平均粒度 d_s，或加权几何平均粒度 d_j，或加权调和平均粒度 d_t：

$$d_s=\frac{\gamma_1 d_1+\gamma_2 d_2+\gamma_3 d_3+\cdots+\gamma_n d_n}{\gamma_1+\gamma_2+\gamma_3+\cdots+\gamma_n}=\frac{\sum\gamma_i d_i}{\sum\gamma_i}$$

$$d_j=(d_1^{\gamma_1}\times d_2^{\gamma_2}\times d_3^{\gamma_3}\times\cdots\times d_n^{\gamma_n})^{\frac{1}{\sum\gamma_i}}$$

$$d_t=\frac{\sum\gamma_i}{\sum(\gamma_i/d_i)}$$

式中，γ_i 是平均粒度为 d_i 的粒级占物料总量的质量百分率。

对同一物料群采用不同的计算方法所得到的平均粒度值是不同的，一般 $d_s>d_j>d_t$。

往往有这种情况，两批散料的平均粒度相等，但它们各相同粒级的质量百分率却完全不同。为了更全面地说明散料的粒度特性，又引入偏差系数 k 来描述散料中各粒级的不均布程度。

$$k = \frac{\delta}{d_s}$$

式中，δ 为标准差，$\delta = \sqrt{\sum (d_i - d_s)^2 \cdot \gamma_i / \sum \gamma_i}$；其他符号含义同前。通常认为，$k < 40\%$、$k = 40\% \sim 60\%$ 或 $k > 60\%$ 时，散料的各粒级分布依次是均匀的、较均匀的、不均匀的。

综合运用粒度组成、平均粒度、标准差及偏差系数 4 种指标，就能比较全面地描述碎散物料的粒度特性。

二、粒度分析方法

粒度分析是一种技术操作，它的任务是测定碎散物料的粒度特性。粒度分析方法有多种，选矿工程中常用的有以下三种。

1. *筛分分析法*

此法利用筛孔大小不同的一系列筛子对散料筛分，n 层筛子可把物料分成$(n+1)$个粒级，各粒级的上、下限粒度通常取相应筛子的筛孔尺寸。筛分分析法广泛用于测定 0.04～100 mm 散粒的粒度组成，对于更大粒度的物料也可编制更大筛孔的筛子，但对于小粒度的物料，一是制作相应筛孔的筛子较困难，二是很难筛得充分。一般干筛的分级粒度最小至 0.1 mm。0.04～0.1 mm 物料须用湿筛。筛分分析法的特点是设备简单，易于操作，但筛析结果受颗粒形状和筛分时间的影响较大。

2. *水力沉降分析法*

此法利用水力分析装置，根据不同粒度的颗粒在水介质中的沉降速度不同而分成若干粒级。该法适用于测定 1～75 μm 细粒物料的粒度组成，其特点是不像筛分分析法那样严格按颗粒几何尺寸分级，而是按沉降速度分级。因水力沉降过程受颗粒密度和形状的影响，密度大的小颗粒与密度小的大颗粒有可能进入同一个粒级。

3. *显微镜分析法*

此法利用显微镜观察微细颗粒的大小和形状，适用于 0.1～50 μm 的物料，可检查分选产品或校正水力沉降分析结果，也可研究矿石的结构。其主要特点是直观。

在选煤生产和选煤研究中，应用最广泛的是筛分分析法。

第二节 筛分分析

一、筛分工具

1. *标准筛*

标准筛是一套筛孔尺寸大小有一定比例的、筛孔边长及筛丝直径均按有关标准制造的筛子。使用时将各个筛子按筛孔大小从上至下顺序叠放，上层筛孔大，下层筛孔小。各筛子所处的层位次序称为筛序。每两个相邻筛子筛孔尺寸的比值称为筛比。有的标准筛以一系列筛子中的某个筛子作为基准筛，简称基筛。标准筛都有筛底和筛盖，分别用以收集筛下产品和防止物料溅失。

由于各国采用的标准不同，所以有各种各样的标准筛，按筛比不同可大致将它们分为两类：一类筛比是$\sqrt{2}$，美国、英国、加拿大等国采用；另一类筛比是$\sqrt[10]{10}$，法国、俄罗斯等国采用。$\sqrt{2}$与$\sqrt[10]{10}$称为基本筛比。为了得到粒度范围更窄的级别，还规定了辅助筛比，如$\sqrt[4]{2}$、$(\sqrt[40]{10})^6$等。

单位长度的筛面上所具有的筛孔数称为网目数，简称网目。有的标准筛的网目是指每英寸长度上的筛孔数，有的标准筛的网目是指每厘米长度上的筛孔数。我国目前还没有国家规定的标准筛，以前沿用上海标准筛和美国泰勒筛，二者相近，目前正在推广应用国际标准筛。表1-1-1列出了常见的六种标准筛。

表1-1-1　常见标准筛制

泰勒筛		国际筛	上海筛		苏联筛		英国筛		德国筛	
网目(孔/英寸)	孔径/mm	孔径/mm	网目(孔/英寸)	孔径/mm	筛孔尺寸/mm	筛丝直径/mm	网目(孔/英寸)	孔径/mm	网目(孔/英寸)	孔径/mm
2.5	7.925	8								
3	6.68	6.3								
3.5	5.691									
4	4.699	5	4	5						
5	3.962	4	5	4			5	3.34		
6	3.327	3.35	6	3.52			6	2.81		
7	2.794	2.8					7	2.41		
8	2.262	2.36	8	2.616	2.5	0.5	8	2.05		
9	1.981	2			2.0	0.5				
10	1.651	1.6	10	1.98	1.6	0.45	10	1.67	4	1.5
12	1.397	1.4	12	1.66	1.25	0.40	12	1.40	5	1.2
14	1.168	1.18	14	1.43	1.00	0.35	14	1.20	6	1.02
16	0.991	1	16	1.27	0.900	0.35	16	1.00		
20	0.833	0.8	20	0.995	0.800	0.30	18	0.85		
24	0.701	0.71	24	0.823	0.700	0.30	22	0.70	8	0.75
28	0.589	0.6	28	0.674	0.630	0.25	25	0.60	10	0.6
32	0.495	0.5	32	0.56	0.560	0.23	30	0.50	11	0.54
35	0.417	0.4	34	0.533	0.500	0.22	36	0.42	12	0.49
42	0.351	0.355	42	0.452	0.450	0.18	44	0.35	14	0.43
48	0.295	0.30	48	0.376	0.355	0.15	52	0.30	16	0.385
60	0.246	0.25	60	0.295	0.250	0.13	60	0.252	20	0.30
65	0.208	0.20	70	0.251	0.200	0.13	72	0.211	24	0.25
80	0.175	0.18	80	0.20	0.180	0.13	85	0.177	30	0.20
100	0.147	0.15	110	0.139	0.140	0.09	100	0.152	40	0.15
115	0.124	0.125	120	0.13	0.125	0.09	120	0.125	50	0.12
150	0.104	0.1	160	0.097	0.100	0.07	150	0.105	60	0.10
170	0.083	0.09	180	0.09	0.090	0.07	170	0.088	70	0.088
200	0.074	0.075	200	0.077	0.071	0.055	200	0.075	80	0.075
230	0.062	0.063	230	0.065	0.063	0.045	240	0.065	100	0.06
270	0.053	0.05	280	0.056	0.056	0.04				
325	0.043	0.04	320	0.05	0.040	0.03	300	0.053		
400	0.038									

在使用标准筛时，通常是把叠放好的一套筛子（包括筛底、筛盖和试样）整体固定在振筛机上，振筛机工作时能使套筛产生水平面内的摇动和垂直方向的振动，从而将试样筛分。根

据需要也可采用人工筛分。

2. 非标准筛

非标准筛并非是随意制作的筛子，对某些主要特征一般都作出规定。如煤炭工业规定筛孔尺寸依次为 100 mm、50 mm、25 mm、13 mm、6 mm、3 mm、0.5 mm，必要时可以增减筛孔尺寸。很显然，标准筛是用于细物料的筛分，而非标准筛是用于粗物料的筛分。另外，标准筛的筛框为较小的圆形金属框，筛面由铜、不锈钢、尼龙等丝线编织而成，非标准筛的筛框为较大的长方形木质框（也可用薄钢板焊接），筛面由低碳钢丝编织而成或用薄钢板冲孔而成。非标准筛的操作通常由人工进行，从粗孔到细孔逐个使用筛子，当试料中粗粒不多时，宜先用中等筛孔的筛子，然后分别从中孔到粗孔和从中孔到细孔逐个使用筛子。

二、筛分试验

筛分试验按筛分物料粒度的大小分为大筛分与小筛分，大筛分使用非标准筛，小筛分使用标准筛；按筛分时是否使用水介质促进筛分的进行又分为干筛与湿筛。因大粒度物料容易筛分，当试料水分与含泥量较大时，可以先晾晒，因此，大筛分一般采用干筛。对于小筛分，当试料水分与含泥量较小且要求不甚严格时，可采用干筛，否则宜采用湿筛。当然，湿筛需要辅以脱水及干燥作业。对于湿筛，通常是将单个的标准筛固定在高频电磁振动器上，手持振动器将筛子置于水盆中筛分。

筛分试验包括取样、筛分、称重、记录、结果处理等几个环节。取样要求有代表性，取样量与物料粒度有关，如表 1-1-2 所示。

表 1-1-2 取样量与物料粒度的关系

物料最大粒度/mm	0.1	0.3	0.5	1	3	5	10	20
样品最小质量/kg	0.025	0.05	0.1	0.2	0.5	2	5	20

筛分时间对试验结果有较大的影响，原则上以充分筛透即筛上物中不含有小于筛孔尺寸的颗粒为准，这通常要根据筛分的难易程度由经验而定，比如小筛分的筛分时间通常需要 10～30 min。衡量筛分时间是否足够的方法是，筛分完毕后再人工筛分，若在 1 min 内所得筛下物质量小于人工筛分前筛上物质量的 1%，则认为筛分时间足够。

干湿联合筛分是先用细孔筛（如 200 网目）进行湿筛，然后将筛上物过滤，放入不高于 75 ℃的恒温箱内烘干，再称重，根据筛分试样的质量及称出的筛上物质量计算出筛下物质量，最后将筛上物干筛并称出各粒级质量。干筛后得到的最底层细筛（与上述 200 网目筛相同）的筛下物要与湿筛时洗出的细泥合并计算。对于湿筛的筛下物，根据需要还可进一步湿筛分级，并逐级过滤、烘干、称重，否则，应整体过滤、烘干、称重。

在筛分试验过程中不得遗失物料，也不能使外界的物料进入试样中，称重须精确，筛分试验后各粒级质量和与原试样质量的差值，不得超过原试样质量的 1%～2.5%，否则试验无效。

试验结果处理的基本内容是计算产率。产率分为粒级产率与累计产率，粒级产率是该粒级的质量占被筛物料总质量的百分率，累计产率又分为筛上累计产率（又叫正累计）及筛下累计产率（又叫负累计）。正累计产率是大于某一筛孔的各粒级产率之和，负累计产率是小于某一筛孔的各粒级产率之和。在计算粒级产率时，“被筛物料总质量”可以用各粒级质量之和，也可以用原试样的质量，此时把损失量加入最细级别，认为筛分时呈灰尘飞扬了。最基本的筛分试验记录及结果处理如表 1-1-3 所示。

表 1-1-3　碎散物料粒度组成

粒　级 /mm	质　量 /kg	产率/%		
		各粒级	筛上累计	筛下累计
12～16	22.5	15	15	100
8～12	30.0	20	35	85
4～8	45.0	30	65	65
2～4	22.5	15	80	35
0～2	30.0	20	100	20
合计	150.0	100		

煤炭筛分试验的具体规程参见国家标准《煤炭筛分试验方法》(GB/T 477—2008)。

第三节　粒度特性曲线和粒度特性方程式

一、粒度特性曲线

粒度分析的结果除用表格(表 1-1-3)表示外，还可用曲线表示，称为粒度特性曲线或粒度分析曲线，它是以散料粒度组成表为依据绘制的，曲线的横坐标代表粒度，纵坐标代表产率。若纵坐标为粒级产率，则称为部分粒度特性曲线；若纵坐标为累计产率，则称为累计粒度特性曲线，如图 1-1-1、图 1-1-2 所示。

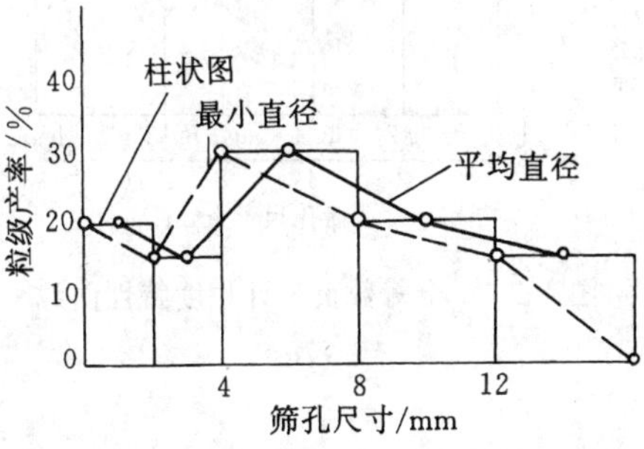

图 1-1-1　部分粒度特性曲线和柱状图

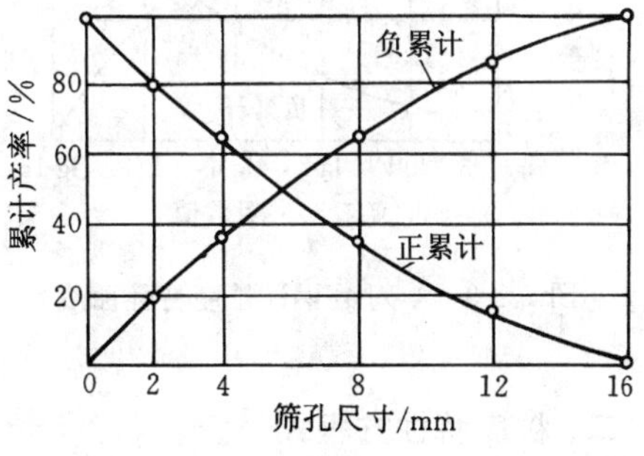

图 1-1-2　累计粒度特性曲线

与部分粒度特性曲线相比，累计粒度特性曲线在生产考查和流程计算上获得了更为广泛的应用，它具有如下特点：

(1) 正、负累计粒度特性曲线是互相对称的，若绘在一张图纸上，它们必交于物料产率为 50%的点上。

(2) 正累计粒度特性曲线必交于纵坐标轴上物料产率为 100%的点；负累计粒度特性曲

线必交于纵坐标轴上物料产率为 0 的点(坐标原点)。

累计粒度特性曲线有如下用途：

(1) 可确定任何指定粒度的相应累计产率;或由指定的累计产率查得相应的粒度。

(2) 可求出任一粒级($d_1 \sim d_2$)的产率,它等于粒度 d_1 及 d_2 所对应的纵坐标的差值。

(3) 由曲线的形状可大致判断物料的粒度组成情况。对于正累计的粒度特性曲线,若曲线向左下角凹进,表明物料中细粒级含量多;若曲线向右上角凸起,说明粗粒级含量多;若曲线近似直线,则表示粗、细粒度分布均匀。

对于粒度范围很宽的物料,在绘制其粒度特性曲线时,既要考虑到横轴的比例,又要兼顾到越是接近原点,横坐标的分点就越密集,为此,必须把曲线绘在很大的图纸上。为了解决这个问题,可将曲线绘制在半对数坐标系或全对数坐标系中。

所谓半对数坐标系,是只把代表粒度的横坐标值取对数,而代表产率的纵坐标值仍保留算术值。全对数坐标系是把横、纵坐标值均取对数。把横坐标值取对数后,相邻粒度级之间在横轴上的间距,细粒级增长,粗粒级缩短,因此,在一般尺寸的图纸上就可绘制清晰准确的曲线,也便于使用。如筛分分析所用套筛的筛比相同,绘制半对数粒度特性曲线十分简便,因为所有相邻粒度之间在横轴上的间距都相等。例如,筛比为$\sqrt{2}$的泰勒筛,各筛孔的对数差值恒等于 $\lg\sqrt{2}$。

图 1-1-3 是根据表 1-1-3 绘制的半对数累计粒度特性曲线,因$\lim\limits_{d\to 0}\lg d = -\infty$,故曲线的左端不能画到粒度为零处。图 1-1-4 是根据表 1-1-3 绘制的全对数负累计粒度特性曲线,因纵坐标也采用了取对数处理,曲线已直线化了,这样便于求出该直线的斜率和截距,进而将曲线用数学方程式表示出来,借此确定颗粒粒度在物料中的分布规律。

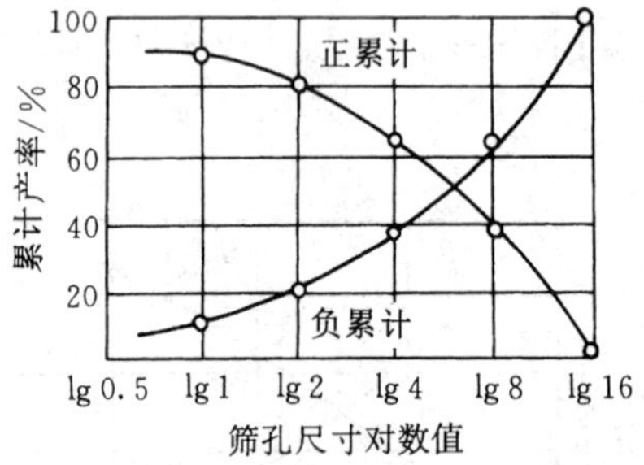

图 1-1-3　半对数累计粒度特性曲线

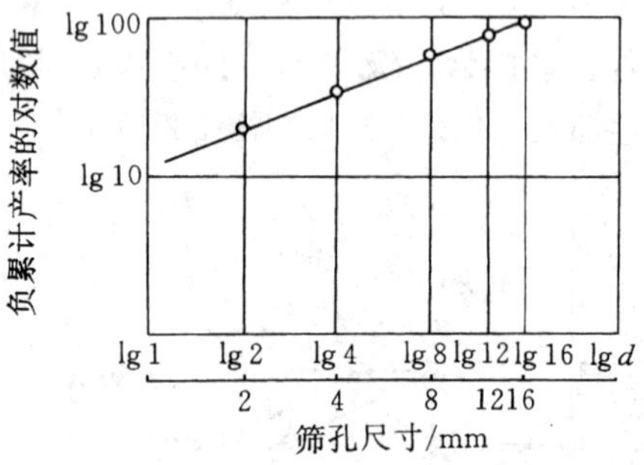

图 1-1-4　全对数负累计粒度特性曲线

二、粒度特性方程式

粒度特性方程式是研究表述物料群粒度特性的另一种方法,它是由筛分试验所得数据,经数学方法推理得到的经验公式。

1. 高登-安德列耶夫-舒曼公式

$$Y = 100\left(\frac{X}{X_{\max}}\right)^{K} \tag{1-1-1}$$

式中　Y——负累计产率;

X——与产率 Y 对应的物料粒度；

X_{max}——最大物料粒度，对一定的物料，X_{max} 是常数；

K——与物料性质有关的参数，对一定的物料，K 是常数，一般破碎产物的 K 值常介于 0.7～1.0 之间。

式(1-1-1)表明了物料粒度 X 与负累计产率 Y 的函数关系，在 X 的定义域$(0, X_{max})$内，给定一个 X 便可求出对应的 Y 值。颚式破碎机和圆锥破碎机的产物，其粒度在 0 至破碎机排料口宽度(X_{max})的范围内，相应的产率 Y 基本上符合式(1-1-1)。

2. 罗逊-拉姆勒公式

$$R = 100\ e^{-bX^n} \qquad (1\text{-}1\text{-}2)$$

式中　R——正累计产率；

X——与产率 R 对应的物料粒度；

b——与物料粒度大小有关的参数，对一定物料，b 是常数；

n——与物料性质有关的参数，对一定物料，n 是常数；

e——自然对数的底，e=2.718 28。

破碎的煤、细碎的矿石、磨碎的矿石及水泥等锤碎机、球磨机与分级机的产物，其粒度特性与式(1-1-2)基本吻合。

粒度特性方程式在早期的科研活动中被用于计算散料的颗粒表面积、颗粒数目及平均粒度等。近年来，将其与碎矿或磨矿的功耗联系起来，已成为研究这些生产过程的重要手段。

复习思考题

1. 常用的粒度分析方法有哪几种？各方法的用途和适用的粒度范围如何？
2. 累计粒度特性曲线的形状有几种类型？它们对粒度组成的大致判断情况如何？
3. 正、负累计粒度特性曲线的交点所对应的产率是什么？
4. 半对数正、负累计粒度特性曲线为什么不能画到粒度为零的点上？
5. 按坐标值处理方法不同所划分的三种粒度特性曲线各有什么特点？

第二章　筛分及筛分机械

第一节　概　　述

一、筛分的基本概念

碎散物料通过一层或数层筛面被分成不同粒级的过程称为筛分。在实验室或试验场地为完成粒度分析而进行的筛分称为试验筛分，在工厂或矿场为完成生产任务而进行的筛分称为工业筛分，本章的筛分是指工业筛分。

筛分过程一般是连续的，筛分原料给到筛分机械（简称筛子）上以后，小于筛孔尺寸的物料透过筛孔，称为筛下产物；大于筛孔尺寸的物料从筛面上不断排出，称为筛上产物。在一定条件下，筛上产物中的最小粒度与筛下产物中的最大粒度都近似等于筛面的筛孔尺寸，筛孔尺寸可简单地认为是筛分粒度。在单位时间内给到筛面上的原料的质量称为生产率，单位是 t/h。但在选矿或选煤生产中，更习惯称之为处理量、处理能力或筛子负荷。若在筛分时使用了 n 个筛子（确切讲是 n 层筛面），一般就可得到（$n+1$）个产物。在这种情况下，上一层筛分的筛下物就是下一层筛子的原料。有关筛序、筛面和粒级等概念已在第一章定义过，不再赘述。

二、筛分作业的任务与分类

筛分作业广泛用于选矿厂、选煤厂、筛选厂等，同时也广泛用于建筑、化工、轻工业部门。按照应用目的和使用场合的不同，以及筛分作业在生产工艺中担负的任务不同，筛分作业可分为以下几种。

1．独立筛分

当筛分产品作为最终产品供给用户使用时，称为独立筛分，如煤、铁矿石和建筑石料的筛分。对于煤炭工业，独立筛分主要是指筛选厂生产不同粒级商品煤的筛分。商品煤的粒级要根据煤质、煤的粒度组成和用户要求，按国家有关煤炭粒度分级的规定来确定，供动力用煤的粒级见表 1-2-1。

不同用户对动力煤的粒度要求是不同的，尤其是化工、发电等部门，对煤炭产品粒级的要求很严格，如果超过限度，不但直接影响这些部门的正常生产，还会造成不小的浪费。例如，在煤炭气化生产中，若使用含有粒煤过多的块煤，不仅影响炉内气流畅通，降低造气量，严重的还会导致气化炉填塞；机车和船舶由于锅炉通风强，烟筒短，如果燃用含有较多粒煤的块煤，粒煤不仅燃烧不完全，而且还会随烟气飞走，造成浪费和环境污染；大型火力发电厂绝大部分使用粉煤锅炉，若供应混煤或块煤，显然是不经济的。总之，将原煤筛选成多种粒级的产品，对口供应给各类用户，对合理利用煤炭资源具有重要意义。

表 1-2-1　煤炭粒度分级

粒级名称	粒级符号	粒级/mm
特大块	T	>100
大块	D	50～100
中块	Z	25～50
小块	X	13～25
粒煤	L	6～13
粉煤	F	<6

注：小于 13 mm 的煤如不再分级，称末煤，用符号 M 表示。

2. 准备筛分

当筛分是为分选作业提供不同粒级的入选矿物时，称为准备筛分，如重选及磁选前的矿物筛分。对于煤炭工业，各种选煤设备都应供给适宜粒级的原煤。过粗的大块不能分选，过细的微粒难以回收。另外，原煤粒度对分选效果也有很大影响，各种选煤方法的分选粒度范围见表 1-2-2。

表 1-2-2　各种选煤方法的有效分选粒度

选煤方法	粒度/mm	
	粒度上限	粒度下限
跳汰选	100	0.5
块煤重介选	300	6
末煤重介选	25	0.5
摇床选	13	0.2
块煤槽选	100	6
浮选	0.5	0

3. 预先筛分与检查筛分

当筛分作业和破碎作业配合进行时称为辅助筛分。若用在破碎前把合格粒级预先筛出叫预先筛分；若用在破碎后以控制破碎产品的粒度则叫检查筛分。预先筛分有时也称为准备筛分。许多情况下，一个筛分作业能同时起预先筛分和检查筛分的作用，如图 1-2-1 所示。

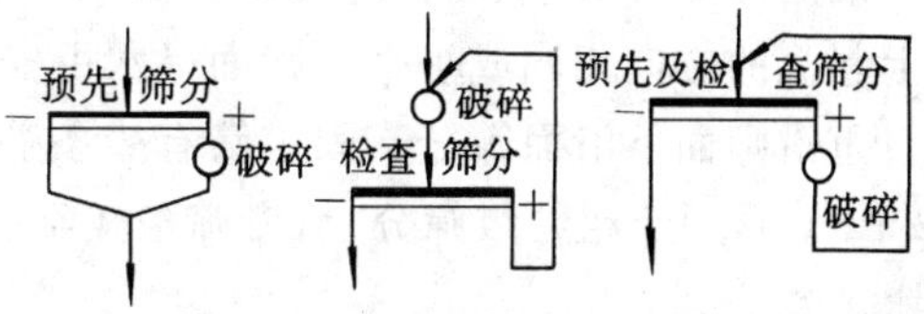

图 1-2-1　筛子与破碎机的配合

预先筛分的目的是避免物料的过度破碎，从而提高破碎设备的生产能力和减少动力消耗。检查筛分的目的是从破碎设备的产物中，将粒度不合格的大块筛出，以保证产品不超过要求的粒度上限。

4. 脱水筛分

将伴有大量水的碎散物料（如渣浆、泥浆、矿浆等）作为筛分原料，以脱除其中液相为目的的筛分称为脱水筛分。例如湿法选矿或选煤生产，都需要在水介质中进行，精、尾矿（煤）中含有大量的水，脱水筛分一方面可以提高产品质量，便于贮存和运输，减少运输量及解决高寒地区冬季装、卸车的困难，另一方面可以回收水，以便循环使用。

5. 脱泥筛分与脱介筛分

为达到一定的工艺目的，将碎散物料或伴水的碎散物料作为筛分原料，脱除其中细粒的筛分，称为脱泥筛分或脱介筛分。例如，在重介质选煤时，为了减轻煤泥（−0.5 mm）对介质系统的污染，在煤进入重介质分选机前所进行的脱泥筛分；在跳汰选煤时，为了降低洗水黏度，提高细粒煤的分选效率，在煤进入跳汰机前的脱泥筛分；为了减少高灰细泥对重介质或跳汰精煤的污染所进行的脱泥筛分；在重介质选煤时，为了回收细粒状的重介质（−200 网目）所进行的脱介筛分。在很多情况下，脱水、脱泥和脱介筛分的工艺作用是兼而有之的，而筛分作业却只有一个。为了使筛分更加充分，应经常向筛面上施加喷淋水冲洗。用于脱水、脱泥、脱介的筛分机，在工艺上常称为脱水筛、脱泥筛、脱介筛。

6. 选择性筛分

通常，筛分是将碎散物料按几何尺寸（粒度）进行分离的，但在某些情况下，筛分可将散料按质量分离，如选矿或选煤生产中按品位或灰分分离，这种筛分称为选择性筛分。例如，一些铁精矿再磨循环中的细粒筛分就有选择性筛分的作用，通过细筛能提高铁精矿品位；在以含黄铁矿为主的高硫煤中，硫分大部分集中在大块煤内，通过筛分可将硫分除去；在某些煤矿，块煤灰分与末煤灰分不同，通过筛分可降低某一筛分产品的灰分；很多种煤块的脆性比混杂其中的矸石块脆性大，用滚筒碎选机边破碎边筛分，就能使低灰分的筛下物和高灰分的筛上物分离。

三、筛分机械的类型及主要特点

筛分机械俗称筛子。筛子的种类繁多，一般按筛面的结构形式和运动形式，将其分为以下几种类型。

1. 固定筛

固定筛是最简单、最古老的筛分机械，筛面由许多平行排列的筛条构成，排列的方向与筛上料流的方向相同或垂直。筛面呈水平安装（脱水时）或倾斜安装，工作时固定不动，物料靠自重沿筛面下滑而筛分。固定筛有棒条筛和条缝筛之分，前者筛条较粗、筛缝较大（一般≥25 mm），用于粗粒级筛分；后者筛条较细、筛缝较小（一般 0.25～1 mm），用于料浆的初步脱水。

弧形筛和旋流筛属于新型固定筛。弧形筛筛面沿筛上料流方向呈圆弧形，筛条与筛上料流方向垂直；旋流筛的筛面是圆锥形，筛条近似与母线平行。它们可用于料浆的初步脱水、脱泥或脱介，工作时皆利用料浆沿筛面运动时产生的离心力强化筛分。

固定筛构造简单，寿命长，尤其不消耗动力，没有运动部件，设备成本和使用成本低。因此，虽然生产能力和筛分效率较低，但仍在广泛使用。

2. 滚筒筛

滚筒筛的筛面为圆柱面或圆锥面筛筒，沿筛筒的对称轴线装有转轴，当传动装置带动转轴转动时，筛筒也随之回转。圆锥面筛筒水平安装，物料由筛筒小端给入，并随筛筒旋转被带起，当达到一定高度时，因受重力作用自行落下，如此不断起落运动实现物料的筛分。

滚筒筛运转平稳可靠，但生产能力低，筛孔易堵塞，筛分效率低，可用于粗、中粒物料的筛分和脱水。

3. 振动筛

振动筛由带有筛面的矩形筛箱、激振装置、传动装置、支承或吊挂装置组成。支承或吊挂筛箱采用的是弹簧组件，筛箱的振动依靠激振器。振动筛是一个弹性振动系统，其振幅受给料量和其他动力学因素的影响而可以改变。振动筛运动特点是频率高、振幅小，物料在筛面上做跳跃运动，因而生产率和筛分效率都较高。振动筛适用于选煤厂的各种筛分作业。振动筛的种类很多，详见图 1-2-2。

- 振动筛
  - 共振筛
  - 惯性振动筛
    - 圆振动筛
      - 限定中心式圆振动筛
      - 不定中心式圆振动筛
      - 自定中心式圆振动筛
        - 轴承偏心式自定中心圆振动筛
        - 偏心轴式自定中心圆振动筛
        - 胶带轮偏心式自定中心圆振动筛
    - 直线振动筛
      - 单电机驱动直线振动筛
        - 筒式激振器直线振动筛
        - 箱式激振器直线振动筛
      - 双电机驱动直线振动筛
        - 普通电机驱动式直线振动筛
        - 振动电机驱动式直线振动筛
      - 电磁激振直线振动筛
    - 椭圆振动筛

图 1-2-2　振动筛的分类

共振筛也曾被大量应用，但因其存在结构复杂、工作稳定性差、调整困难、维修量大等缺点，目前已不再制造。椭圆振动筛的筛分效果较好，但结构复杂，目前应用不多。限定中心式圆振动筛，俗称偏心式振动筛、半振动筛或陀旋筛，工作时筛子中部做圆运动，给、排料端做椭圆运动，其主要缺点是传给地基的动负荷较大，另外需要曲轴和较多的轴承，结构复杂，已经被淘汰。偏心轴式自定中心圆振动筛的曲轴制造成本较高，因此这种筛子很少制造。

4. 其他筛分机

其他筛分机主要包括旋转概率筛、立式(卧式)振动(无振动)离心筛、弛张筛、强化筛和变幅筛等。与前述筛分机相比，这些筛分机的结构形式、运动形式和工作原理都是特殊的、新颖的，是对细、湿、黏的物料进行干法筛分的新设备。

第二节　筛 分 过 程

碎散物料的筛分过程可以看作由两个阶段组成：一是小于筛孔尺寸的细颗粒通过粗颗粒所组成的物料层到达筛面，简称穿层或分层；二是细颗粒透过筛孔成为筛下物，简称透筛，同时粗颗粒也排出筛面成为筛上物。为此，物料和筛面之间必须存在相对运动，使粗粒层经常处于松散状态，便于细颗粒穿过粗颗粒之间的空隙，促使细颗粒透筛。同时对筛面上的物料层必须有一定的输送能力。

筛分过程本是一个由颗粒群体参与的错综复杂的过程，但是为了便于分析问题，经常以单个颗粒为研究对象来分析其透筛过程。

一、颗粒透筛的概率

假定直径为 d 的单个球形颗粒在重力作用下向水平布置的筛面自由落下，筛丝直径为

a，方形筛孔的边长为 $L(L \geqslant d)$，如图 1-2-3 所示。

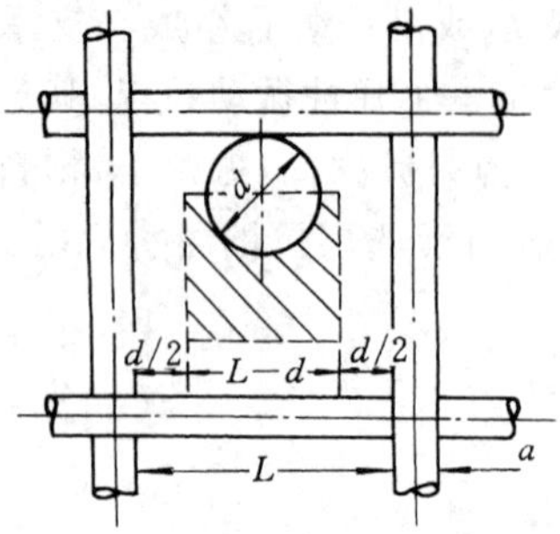

图 1-2-3　颗粒透筛示意图

如果颗粒能够透过筛孔，则必须是球形颗粒的中心位于图中的阴影面积 $(L-d)^2$ 之内，否则，它将碰到筛丝被弹回。而整个过程（可称为事件 A）发生在面积 $(L+a)^2$ 之内。不难想象，颗粒透过筛孔的概率 $P(A)$（又称或然率）与面积 $(L-d)^2$ 成正比，与面积 $(L+a)^2$ 成反比，即：

$$P(A)=\frac{(L-d)^2}{(L+a)^2}=\frac{L^2}{(L+a)^2}\left(1-\frac{d}{L}\right)^2 \tag{1-2-1}$$

对颗粒透筛概率的解释可用下面的例子说明。若以 100 个同样的颗粒为一组，将它们依次落向筛面，其中有 60 个颗粒透过了筛孔。再拿 100 个这样的颗粒重复同样的操作，可能有 57 个颗粒透过了筛孔。一再重复这样的试验就可能分别有 56、58、60、62、64 个颗粒透过筛孔。每一组试验透过筛孔的颗粒数，在数学上称为事件成功（透过筛孔）的频度，试验组数越多，所得频度平均起来就越接近某个常数，这个常数（稳定的频度）在数学上称为概率。显然本例的概率是 60％。

考查式(1-2-1)发现：① 根据 $L \geqslant d$ 的假设，恒有 $0 \leqslant P(A) \leqslant 1$ 或 $0 \leqslant P(A) \leqslant 100\%$。② 式中 $L^2/(L+a)^2$ 项是筛孔面积与筛面面积的比值，称为筛面开孔率；d/L 项称为颗粒相对筛孔的粒度（简称相对粒度）。因此，该式又可叙述为：颗粒透筛概率与筛面开孔率成正比，与相对粒度成反比。

如果颗粒透筛概率越大，那么为显现这个概率值（呈现稳定的频度）所需要的试验次数就越少；反之，概率值越小，试验次数就越多。如果需要重复 N 次试验才能显现透筛概率 $P(A)$，则 N 与 $P(A)$ 成反比：$N=1/P(A)$。

在实际过程中，对于一定的筛面，筛丝直径 a、筛孔边长 L 及开孔率 $L^2/(L+a)^2$ 都是常数，只有颗粒直径（粒度）d 或相对粒度 d/L 是变量。因此可将 N 看作 d/L 的函数。取不同的 d/L 值，计算出各相应的 $P(A)$ 值及 N 值，可绘制出如图 1-2-4 所示的曲线。

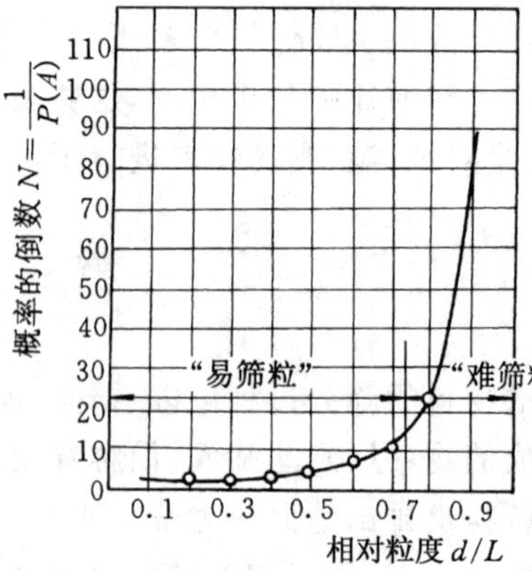

图 1-2-4　颗粒透筛概率的倒数与相对粒度的关系

从图中看出，在 $d>0.75L$ 以后，曲线很快变陡，即 N 值突然增大，这意味着 $d>0.75L$ 的颗粒透过筛孔的可能性显著减小。一般把 $d=0.75L$ 称为临界粒度，大于此称为难筛粒，小于此称为易筛粒。显然，当筛分原料中的易筛粒较多时对筛分过程有利。

二、倾斜筛面的筛分粒度

相对水平面倾斜安装的筛面称为倾斜筛面，筛面与水平面的夹角称为筛面倾角。倾角的大小与筛子的生产率和筛分效率有密切的关系，倾角大，料层在筛面上向前运动的速度就快，生产率就大；但这样使物料在筛面上停留的时间缩短，减少了颗粒透筛机会，降低了筛分效果。

根据统计学原理，在筛分过程中必然存在这样一个粒度：该粒度的所有颗粒有一半进入筛上产物，而另一半进入筛下产物，则这个粒度称为筛分粒度，也称为规定粒度。对于水平筛面，筛分粒度基本上等于筛孔尺寸，但倾斜筛面的筛分粒度要比筛孔尺寸小，如图 1-2-5 所示。

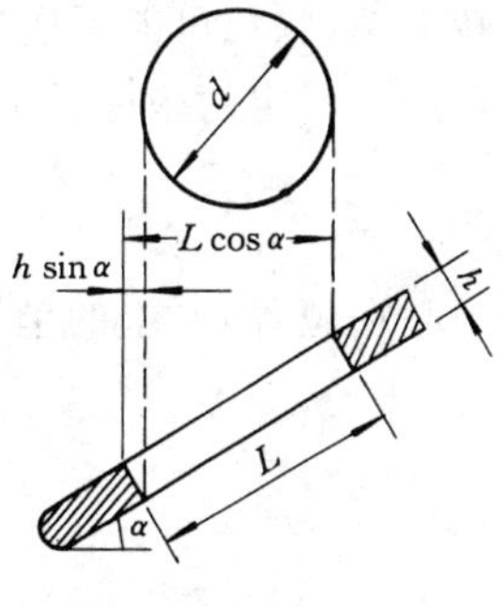

图 1-2-5　颗粒透过倾斜筛面筛孔示意图

显然，颗粒能够无阻碍地透过筛孔的有效尺寸（筛分粒度 d）是筛孔尺寸 L 在水平面上的投影值：$d=L\cos\alpha-h\sin\alpha$。对于筛孔大小一定的筛面，倾角 α 越大，颗粒透筛的通道越窄，筛分粒度越小；筛面厚度 h 越大，这种情况越突出。例如当 $\alpha=45°$，$h=L/2$ 时，则 $d\approx 0.35L$，即筛分粒度差不多只等于筛孔的 1/3。

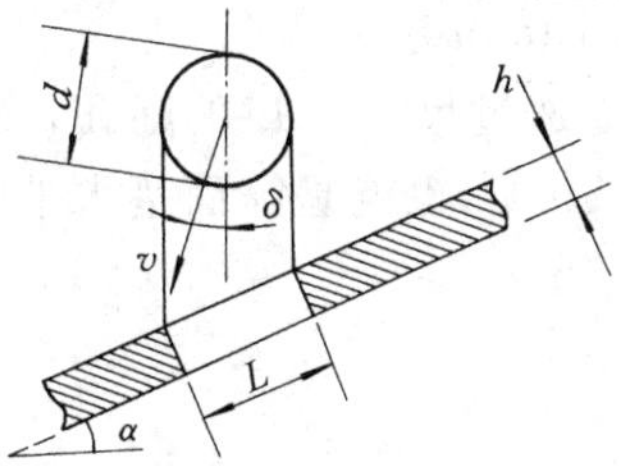

图 1-2-6　倾斜运动颗粒透过倾斜筛面筛孔示意图

图 1-2-5 中，颗粒垂直落向倾斜筛面，这种情况在实际中并不多见。而较为多见的是，颗粒沿着与铅垂线成某一角度 δ 的方向落向筛面，这时筛分粒度会减小更多，如图 1-2-6所示。

倾斜筛面不仅使筛分粒度相对减小，而且使筛分不甚严格，物料中小于筛孔尺寸 L 而大于所谓的筛分粒度（$L\cos\alpha-h\sin\alpha$）的颗粒，从理论上讲应该是进入筛上产物的，但它们的尺寸毕竟小于筛孔尺寸 L，况且在实际中众多颗粒进入筛面的方向是各种各样的。因此，这部分颗粒也必然有一些进入筛下产物，这样的筛分称为近似筛分。

在需要精确筛分的场合，近似筛分显然是粗糙的、不适宜的。但是，在对筛分要求不高的场合，利用近似筛分原理，通过使用较大的筛孔获得较小的筛分粒度，对于潮湿且黏性的细粒级物料进行干法筛分时，可显著减少细小筛孔的堵塞现象，从而大大改善筛分效果。

三、颗粒平行于筛面运动时的速度

颗粒平行于筛面运动时的速度是指相对速度。产生这种相对速度的缘由可能是物料运动而筛面不动，如固定筛；也可能是物料不怎么运动而主要是筛面运动，如滚筒筛和摇动筛。

假设一个直径为 d 的球形颗粒平行于倾斜筛面（倾斜角 α）运动，速度为 v，如图 1-2-7 所示。颗粒到达筛孔（边长 L）边缘的最外点 A 以后，由于惯性力和重力的共同作用，颗粒就在筛孔上方沿抛物线轨迹运动。

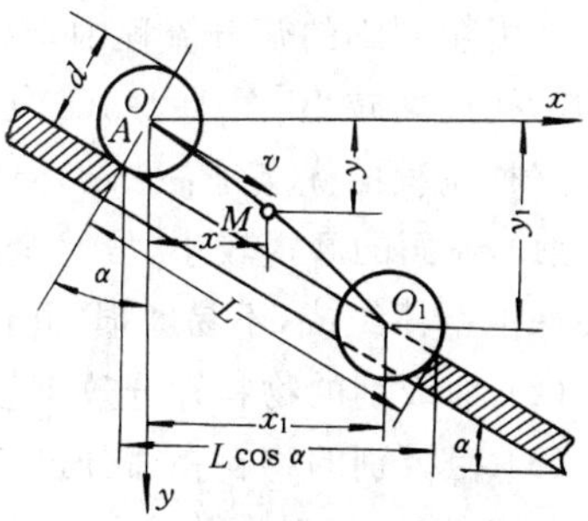

图 1-2-7　单个颗粒在倾斜筛面上的运动速度对透筛的影响

假定 v 值较小，颗粒的运动轨迹与筛面表面的交点不超过颗粒最边缘的位置 O_1 点，颗粒就能透过筛孔。因为在 O_1 点上，颗粒紧压筛孔上沿，颗粒翻转的力臂为零，因而颗粒的翻转力矩也为零，这样，颗粒就不能向前运动。如果 v 值较大，颗粒运动轨迹就会交于线段 OO_1，这时就产生翻转力矩，颗粒可能不透过筛孔。

在图上所定的坐标系中，颗粒运动轨迹方程式为：

$$y = x\tan\alpha + \frac{gx^2}{2v^2\cos^2\alpha} \tag{1-2-2}$$

颗粒中心在位置 O_1 上的坐标 x_1 和 y_1 为：

$$x_1 = L\cos\alpha - \frac{d}{2}(\cos\alpha + \sin\alpha)$$

$$y_1 = L\sin\alpha + \frac{d}{2}(\cos\alpha - \sin\alpha)$$

因为点 O_1 位于运动轨迹上，所以坐标 x_1 和 y_1 应当满足式(1-2-2)。

将 x_1 和 y_1 代入式(1-2-2)，则：

$$v \leqslant \left[L - \frac{d}{2}(1+\tan\alpha)\right]\sqrt{\frac{g}{d(\cos\alpha + \sin\alpha\tan\alpha)}} \tag{1-2-3}$$

因此，当筛面倾角为 α 时，为使直径为 d 的颗粒毫无阻碍地透过尺寸为 L 的筛孔，颗粒沿筛面的运动速度不应当超过用式(1-2-3)计算出的数值。当 $\alpha=0$，也就是筛面呈水平时，式(1-2-3)可以变为下列形式：

$$v \leqslant \left(L - \frac{d}{2}\right)\sqrt{\frac{g}{d}} \tag{1-2-4}$$

对接近筛孔大小的难筛粒，可令 $d \approx L$，然后代入式(1-2-4)中求解。如 $g=9\ 810\ \mathrm{mm/s^2}$，可求得 $v \leqslant 50\sqrt{d}\ \mathrm{mm/s}$。

筛子的生产能力取决于物料沿筛面的运动速度。从上面讨论的示例中可以看出，运动速度过大对筛分过程的效率是不利的。由于筛面上发生的现象很复杂，在调整筛子时，只能用试验方法确定物料沿筛面最适宜的运动速度。在许多情况下，物料的运动速度是用改变筛面倾角的方法来调整的。

四、筛分顺序

碎散物料筛分产物的级别超过两种时，分出物料的顺序由筛面的安装位置来决定。筛分流程可以分为：由粗到细的流程、由细到粗的流程以及联合流程。

在由粗到细的筛分流程中，筛面一个个地重叠起来，上层筛面的筛孔较大，以下各层筛面的筛孔逐渐减小[图 1-2-8(a)]。

这种流程的优点是：

(1) 筛面的磨损较小，虽然全部物料及其中的最大块加到筛孔最大的筛面上，但这个筛面往往由钢棒组成，不易磨损，并可保护下面的细孔筛网；

(2) 细级别的物料筛分效率较高，因为加到细孔筛面上的物料数量较少；

(3) 粗级别的物料在筛分过程中的破碎现象较少，因为粗级别的物料很快地从筛分过程中分出，这一点对煤的筛分具有重要意义；

(4) 由于筛面是多层重叠的，所以筛分装置的布置比较紧凑。

这种流程的缺点是：观察下层筛面工作情况时很不方便，更换筛面困难，筛面布置过于密集，只能从筛子的一端排出各级别的物料。

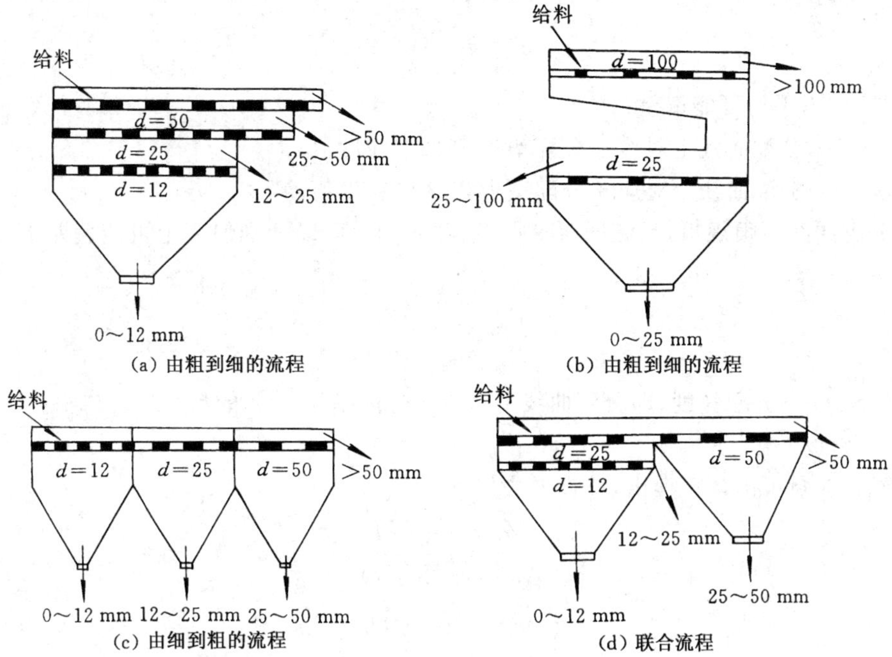

图 1-2-8　筛分顺序

按图 1-2-8(b)流程布置的筛面，各级别排出的地点可以分开，上层筛面的底部装有筛底，能够把物料加到下层筛面的头部，可提高下层筛的筛分效率。

在由细到粗的筛分流程中，筛面顺次地按照筛孔增加的顺序排列[图 1-2-8(c)]。这种流程的优点是：检修方便，容易观察各层筛面的工作情况；除此以外，各筛分级别可以沿整个筛面长度分别排出。但是，这种流程的缺点是十分严重的：

(1) 筛面的磨损很快，筛分效率较低，因为全部物料都加到筛孔最小的筛面上；

(2) 脆性物料的大块可能在筛面上破碎。

在联合流程中，一部分筛面由粗到细排列，另一部分筛面由细到粗排列[图 1-2-8(d)]。在生产实践中，通常使用由粗到细或联合的筛分流程。

五、筛分效果

理想的筛分效果是：比筛孔小的颗粒全部透筛而成为筛下产物，比筛孔大的颗粒全部不透筛而成为筛上产物，这时筛分效率就是 100%。但是，由于各种原因，如原料中含有黏土和水分导致应该进入筛下产物的细颗粒黏附在粗颗粒上一同进入筛上产物；或因筛面磨损使筛孔变大等，使得本该进入筛上产物的粗粒却进入了筛下产物。评定筛分效果的指标较多，《煤用筛分设备工艺性能评定方法》(GB/T 15716—2005)中规定以分离精度、错配物含量、综合分离指数(筛分效率)、给料粒度、分级参考粒度、分离难度和物料特性作为评定指标。此处只介绍分离精度、错配物含量和综合分离指数(筛分效率)三项指标。

1. 分离精度

分离精度用平均可能偏差表示，并且作为评定指标列入筛分设备性能报告表中。

$$E_{pm}=\frac{S_{75}-S_{25}}{2} \tag{1-2-5}$$

式中　E_{pm}——平均可能偏差；

S_{75}——分配曲线上对应于分配率为75%的粒度值；

S_{25}——分配曲线上对应于分配率为25%的粒度值。

当分配曲线不很规整，无法同时求得S_{75}和S_{25}时，可以分别使用上可能偏差E_{pu}或下可能偏差E_{pl}。

$$E_{pu}=S_{75}-S_{50} \tag{1-2-6}$$

$$E_{pl}=S_{50}-S_{25} \tag{1-2-7}$$

式中　S_{50}——分配粒度，即分配曲线上对应于分配率为50%的粒度值。

2. 错配物含量

错配物含量可由计算得出，计算方法如下：

$$M_O=M_C+M_f \tag{1-2-8}$$

$$M_C=100\times\gamma_C O_f \tag{1-2-9}$$

$$M_f=100\times\gamma_f U_C \tag{1-2-10}$$

式中　M_O——总错配物含量，%；

M_C——粗粒（筛上）产品中的错配物含量，即粗粒（筛上）产品中的细粒物占入料的百分数，%；

M_f——细粒（筛下）产品中的错配物含量，即细粒（筛下）产品中的粗粒物占入料的百分数，%；

γ_C——粗粒（筛上）产品的实际产率，%；

γ_f——细粒（筛下）产品的实际产率，%；

O_f——粗粒（筛上）产品中的细粒物含量（占本级），%；

U_C——细粒（筛下）产品中的粗粒含量（占本级），%。

错配物含量也可由各产品错配物曲线查得。

错配物含量作为评定指标列入筛分设备性能报告表中。

3. 综合分离指数（筛分效率）

综合分离指数（筛分效率）作为评定指标列入筛分设备性能报告表中，其计算方法如下：

$$S_i=E_C+E_f-100 \tag{1-2-11}$$

$$E_C=\frac{\gamma_C-M_C}{\gamma_{c.t}}\times100 \tag{1-2-12}$$

$$E_f=\frac{\gamma_f-M_f}{\gamma_{f.t}}\times100 \tag{1-2-13}$$

式中　S_i——综合分离指数（筛分效率），%；

E_C——粗粒物的正配效率，%；

E_f——细粒物的正配效率，%；

$\gamma_{f.t}$——细粒（筛下）产品的理论产率，%；

$\gamma_{c.t}$——粗粒(筛上)产品的理论产率,%。

在分级参考粒度下各粒级产品的理论产率可由计算入料的粒度特性曲线确定,也可以按下式计算:

$$\gamma_{c.t}=\gamma_C-M_C+M_f \tag{1-2-14}$$

$$\gamma_{f.t}=\gamma_f-M_f+M_C=100-\gamma_{c.t} \tag{1-2-15}$$

六、筛分过程动力学

筛分过程动力学主要研究筛分过程中筛分效率与筛分时间的关系。在碎散物料的筛分过程中,普遍存在这样一种规律:筛分刚开始,易筛粒就很快透筛,随后是难筛粒缓慢透筛,到筛分结束时,几乎没有颗粒透筛。显然,如果把整个筛分时间分成若干等份,那么每一等份内所得到的筛下物的量是不同的,而且是时间越靠后筛下量越少。

对于一定的筛分作业,筛分原料中小于筛分粒度的物料的质量是常量,它不随筛分时间 t 变化;筛下产物的质量是变量,它的初值为零,随着时间的增长而增长,直到筛分结束为止。因此,筛分效率是时间的函数。

设 $\mathrm{d}w$ 是在时间微元量 $\mathrm{d}t$ 内所产出的筛下物微元质量,则 $\mathrm{d}w/\mathrm{d}t$ 代表单位时间内筛下物的产量,称为筛下物产出速率,它与筛面上料层中小于筛分粒度的物料的质量 w 成正比:

$$\frac{\mathrm{d}w}{\mathrm{d}t}=-kw \tag{1-2-16}$$

式中,k 为比例系数,负号表示 w 随着时间延长而减少。对该式积分 $\int\frac{\mathrm{d}w}{w}=-k\int\mathrm{d}t$,得:

$$\ln w=-kt+c$$

设 w_0 是筛分原料中小于筛分粒度的物料的质量,则当 $t=0$ 时,$w=w_0$,因此有:$c=\ln w_0$,于是 $\ln w=-kt+\ln w_0$ 或 $\frac{w}{w_0}=\mathrm{e}^{-kt}$。根据效率的基本定义有:$\eta=\frac{w_0-w}{w_0}$,则有 $\eta=1-\mathrm{e}^{-kt}$。更符合实际的公式为:

$$\eta=1-\mathrm{e}^{-kt^n}$$

或

$$\eta=1-1/\mathrm{e}^{kt^n} \tag{1-2-17}$$

式(1-2-17)即为筛分效率与筛分时间的关系式,式中 n、k 均为与筛分原料的性质及筛分条件有关的参数。将式中 e^{kt^n} 项分解为级数 $\mathrm{e}^{kt^n}=1+kt^n+(kt^n)^2/2+\cdots$,取前两项代入式(1-2-17)得:$\eta=\frac{kt^n}{1+kt^n}$,令 $k=\frac{1}{a}$,则有:

$$\eta=\frac{t^n}{a+t^n} \tag{1-2-18}$$

设筛上物料沿筛面运动的速度为常量 v,则筛分时间 t 可用筛面长度 L 和速度 v 表示:$t=L/v$,代入式(1-2-18)得:$\eta=\frac{kL^n}{v^n+kL^n}$。令 $k/v^n=k'$,则:

$$\eta=\frac{k'L^n}{1+k'L^n} \tag{1-2-19}$$

利用式(1-2-18)可以进一步研究筛分效率与筛子负荷的关系。在物料的筛分条件(物料粒度特性、湿度、筛孔尺寸、筛面长度和倾角、筛面运动形式等）保持一定时，筛分效率随筛子负荷的增加而降低。这是因为给料量愈多，物料层厚度就愈大，细粒愈难穿越粗粒层而接触到筛面。这时，为达到相同的筛分效率，必须增加筛分时间。因此，可以近似地认为，筛分效率不变时，筛子负荷与时间成反比，即：

$$\frac{Q_1}{Q_2}=\frac{t_2}{t_1} \tag{1-2-20}$$

式中　t_1、t_2——达到规定筛分效率所需的筛分时间；

Q_1、Q_2——与 t_1、t_2 相对应的筛子负荷。

由式(1-2-16)得：

$$t^n=\frac{a\eta}{1-\eta} \quad 或 \quad t=\sqrt[n]{\frac{a\eta}{1-\eta}}$$

当筛分时间相同($t_1=t_2$)、筛子负荷分别为 Q_1 和 Q_2 时，相应的筛分效率为 η_1 和 η_2，代入式(1-2-20)得：

$$\frac{Q_1}{Q_2}=\frac{\sqrt[n]{\dfrac{a\eta_2}{1-\eta_2}}}{\sqrt[n]{\dfrac{a\eta_1}{1-\eta_1}}}=\sqrt[n]{\frac{\eta_2(1-\eta_1)}{\eta_1(1-\eta_2)}} \tag{1-2-21}$$

式(1-2-21)即为筛分效率与筛子负荷之间的关系。应用该式需先知道 n 值，这要收集尽可能多的筛分效率与筛子负荷的试验数据，并经一定的统计工作而得到。对于振动筛，可取 $n=3$。表 1-2-3 列出了振动筛的筛分效率与筛子负荷的关系，其试验平均值是筛子制造厂家的数据，并取筛分效率为 0.9 时的相对负荷为 1。可以看出，按式(1-2-21)计算的结果与试验平均值基本相近。

表 1-2-3　振动筛的筛分效率与筛子负荷的关系

筛分效率（以小数表示）		0.4	0.5	0.6	0.7	0.8	0.9	0.92	0.94	0.96	0.98
筛子的相对负荷	试验平均值	2.3	2.1	1.69	1.6	1.3	1.0	0.9	0.8	0.6	0.4
	$n=3$ 时，式(1-2-21)的计算值	2.36	2.09	1.82	1.57	1.31	1.0	0.92	0.83	0.72	0.585

利用式(1-2-19)可以进一步研究筛分效率与筛面长度的关系。设 L_1 和 η_1 为第一种情况下的筛面长度和筛分效率，L_2 和 η_2 为第二种情况下的筛面长度和筛分效率。根据式(1-2-19)有：

$$L_1^n=\frac{\eta_1}{k'(1-\eta_1)} \quad 及 \quad L_2^n=\frac{\eta_2}{k'(1-\eta_2)}$$

从而

$$\left(\frac{L_1}{L_2}\right)^n=\frac{\eta_1(1-\eta_2)}{\eta_2(1-\eta_1)} \quad 或 \quad \frac{L_1}{L_2}=\sqrt[n]{\frac{\eta_1(1-\eta_2)}{\eta_2(1-\eta_1)}} \tag{1-2-22}$$

筛分效率与筛分时间及筛子负荷的关系，可由图 1-2-9、图 1-2-10 形象地说明。

在筛分作业中，有时需要提高筛子的筛分效率和处理能力，这时，在场地允许的条件下增加筛子的长度，是一种有效的方法。

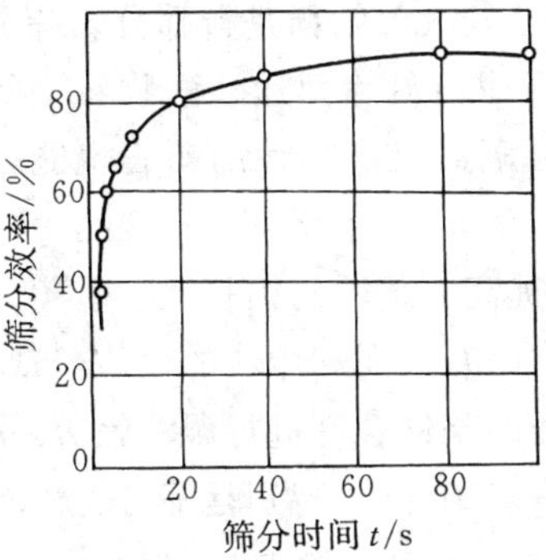

图 1-2-9　筛分效率与筛分时间的关系

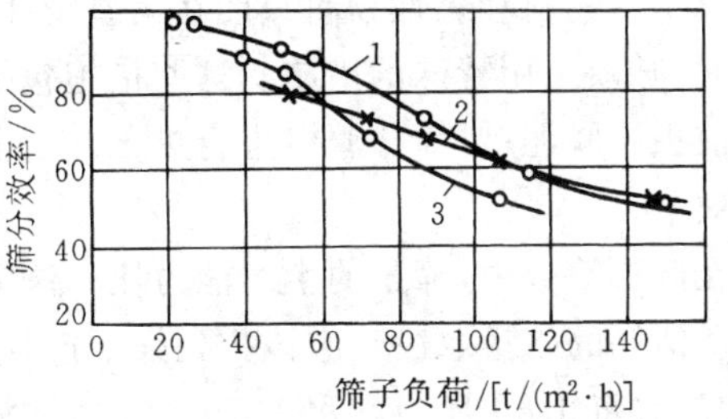

1—粒度特性为凹形的物料；

2—粒度特性为直线的物料；

3—粒度特性为凸形的物料。

图 1-2-10　筛分效率与筛子负荷的关系

七、影响筛分过程的因素

1. 入筛原料性质的影响

(1) 含水率

物料的含水率又称湿度或水分。附着在物料颗粒表面的外在水分对物料筛分有很大影响；物料裂缝中的水分以及与物质化合的水分对筛分过程则没有影响。例如，筛分某些烟煤时，如水分达到 6%，筛分过程实际上就难以进行了，因为煤的水分基本上是覆盖在表面上的；但是，孔隙很多的褐煤的水分虽然达到 45%，筛分过程仍然能够正常地进行。

物料在细孔筛网上筛分时，水分的影响尤其突出。由于细粒级的物料的比表面积很大，所以其外在水分也最高。物料的外在水分能使细颗粒互相黏结成团，并附着在大块上。这种黏性物料会把筛孔堵住。除此以外，附着在筛丝上的水分，在表面张力的作用下，可能形成水膜，把筛孔掩盖起来。所有这些情况，都妨碍了物料在筛面上按粒度分层，使细颗粒难以透过筛孔而留在筛上产物中。

物料所含水分如达到某一范围，筛分效率急剧降低。这个范围取决于物料的性质和筛孔尺寸。物料所含水分超过这个范围以后，颗粒的活动性又重新提高，并逐渐达到湿筛的条件，换句话说，这时物料与水一起进行筛分了。

水分对某种物料筛分过程的具体影响只能根据试验结果判断。筛分效率与物料湿度的关系见图 1-2-11。图中，两种物料所受的影响是不同的，产生差别的原因可以由这两种物料具有不同的吸湿性能来解释。

试验表明，有时候把表面活性物质加到含水物料中，可以提高物料的活动性和分散性，改善筛分条件。用不能被水润湿的材料制成的筛面，也能改善筛子的工作效率。

(2) 含泥量

如果物料含有易结团的混合物(如黏土等)，即使在水分含量很少时，筛分也可能发生困难。因为黏土物料在筛分中会黏结成团，使细泥混入筛上产物中；除此以外，黏土也很容易堵塞筛孔。

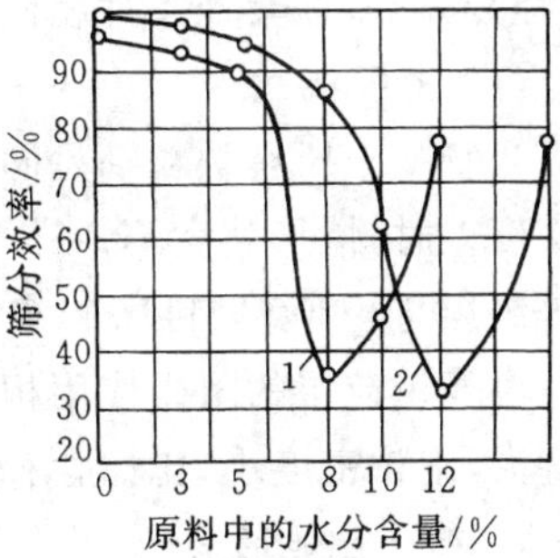

1—吸湿性弱的物料；

2—吸湿性强的物料。

图 1-2-11　筛分效率与物料湿度的关系

黏土质物料和黏性物料只能在某些特殊情况下用筛孔较大的筛面进行筛分。筛分黏性矿石时，必须采用特殊的措施。这些措施包括：湿法筛分（即向沿筛面运动的物料上喷水）；筛分前预先脱泥；对筛分原料进行烘干。用电热筛面筛分潮湿且有黏性的矿石也能得到很好的效果。

在湿法筛分中，筛子的生产能力比干法筛分高几倍；提高的倍数与筛孔尺寸有关。湿法筛分所消耗的水量取决于应该排到筛下产物中的黏土混合物、细泥和尘粒的性质与数量，一般情况下，每 1 m^3 原料耗水 1.5 m^3 左右。如果工艺过程的条件容许进行湿法筛分，从生产厂房的防尘条件来看，湿筛比干筛更易于被人采用。在许多场合下，特别是筛分含砂较多的矿石时，为了减少尘埃飞扬，改善厂房卫生条件，通常使矿石保持一定的水分（4%～6%）。

（3）粒度特性

影响筛分过程的粒度特性主要是指原料中含有对筛分过程有特定意义的各种粒级物料的含量。

表 1-2-4 列出了物料的粒度特性对筛分过程的影响。

表 1-2-4　物料的粒度特性对筛分过程的影响

粒级名称及粒度范围			对筛分过程的影响
原料（d_1～d_2）	能筛粒级（d_1～L）	易筛粒（d_1～$0.75L$）	容易穿过粗粒层并接近筛面继而透过筛孔
		难筛粒（$0.75L$～L）	难于穿过粗粒层及透过筛孔，且容易卡在筛孔内
	不能筛粒级（L～d_2）	阻碍粒（L～$1.5L$）	对其他粒级尤其是难筛粒级的穿层与透筛有阻碍作用，且容易卡在筛孔内
		非阻碍粒（$1.5L$～d_2）	对其他粒级的阻碍作用很小

注：L 表示筛孔尺寸；$d_1<L<d_2$。

由表 1-2-4 可知，原料中所含的难筛粒及阻碍粒相对其他粒级较多时，对筛分过程不利；而所含的易筛粒和非阻碍粒相对其他粒级较多时，对筛分过程有利。

影响筛分过程的粒度特性还包括颗粒的形状。对于三维尺寸都比较接近的颗粒，如球体、立方体、多面体等，筛分比较容易；而对于三维尺寸有较大差别的颗粒，如薄片体、长条体、怪异体等，在其他条件相同的情况下筛分就比较困难。

（4）密度特性

当物料中所有颗粒都是同一密度时，一般对筛分没有影响。但是当物料中粗、细颗粒存在密度差时，情形就大不一样。若粗粒密度小，细粒密度大，则容易筛分。比如对－50 mm 破碎级煤与－200 网目磨碎级铁矿粉的混合物的筛分，或从稻谷粒中筛出混入的细砂等。这是由于粗粒层的阻碍作用相对较小，而细粒级的穿层及透筛作用却比较大。相反，若粗粒密度大，细粒密度小，比如含有较多粗粒级矸石的煤，筛分就相对困难。

2. 筛子性能的影响

（1）筛面运动形式

筛面运动形式关系到筛上物料层的松散度及需要透筛的细物料相对筛面运动的速度、方向、频率等，因而对分层、透筛过程均有影响。例如，物料在固定筛上的运动，全靠物料在其本身重力的作用下滑移流动，筛分效果较差；在振动筛上，物料的运动能量主要来自筛面的振动，料层不断地充分松散，颗粒相对筛面不断地剧烈冲撞，筛分效果较好；转筒筛运动平缓，料层松散度不够，粗、细颗粒经常混杂，使分层不连续，物料相对筛面的运动速度较小，筛孔容易堵塞；摇动筛上的物料主要是沿筛面方向滑动，在筛面法向的速度分量较小，不利于细粒透筛。不同运动形式筛面的筛分效率如表 1-2-5 所示。

表 1-2-5　不同运动形式筛面的筛分效率

筛面运动形式	固定不动	筒形转动	摇　动	振　动
筛分效率/%	50～60	60	70～80	≥90

在振动筛中，筛面的运动形式有圆振动、直线振动和椭圆振动几种。其中圆振动形式能使物料充分松散，具有较强的抗堵孔能力，但筛上物料的抛射角较大，输送能力较小。为提高输送能力，需要增加筛面倾角，这会导致筛分粒度不太严格，料层呈加速度输送，减少了接近筛孔尺寸的颗粒在筛面排料端透筛的机会。直线振动形式不能使物料充分松散和重新排列，故细粒物料不易接近筛面而透筛，已经堵塞筛孔的颗粒也不易抛出，导致筛分过程恶化。然而，直线振动形式的抛射角较小，输送能力较大，筛面一般呈水平或接近水平安装，筛分粒度严格，料层呈匀速输送，有利于接近筛孔尺寸的颗粒透筛。椭圆振动形式的“轨迹长轴”强化了筛上物料的输送，而“轨迹短轴”促进了物料的松散，因而椭圆振动形式兼有圆振动和直线振动的优点，并克服了二者的缺点，故筛分质量较高。

(2) 筛面结构参数

① 筛面宽度与长度

一般情况下，筛面宽度决定筛子的处理能力，筛面越宽，处理能力就越大；筛面长度决定筛子的筛分效率，筛面越长，筛分效率就越高。对于振动筛，增加宽度常受到筛框结构强度的限制。通常，宽度越大，筛框的寿命就越短。目前，我国筛宽一般在 2.5 m 以内，而有的国家筛宽达 5.5 m。

筛面长度达到一定尺寸后，筛分效率提高很少，甚至不再提高，此时再增加筛面长度只会增加筛子的体积和质量。筛子的处理能力和筛分效率是两个相依相存的指标，必须同时兼顾才具有实际意义。一般是在确定筛宽后，再根据长宽比确定筛长。我国矿用振动筛的长宽比多采用 2，煤用振动筛的长宽比为 2.5。

② 筛面倾角

筛面倾角对筛分粒度的影响及近似筛分的意义前已述及。为便于排出筛上物，筛面有时倾斜安装。倾角的大小与筛子的生产率和筛分效率有密切的关系，这是因为倾角大，料层在筛面上向前运动的速度就快，生产率就大，但物料在筛面上停留的时间缩短，减少了颗粒透筛机会，降低了筛分效率。

③ 筛孔的大小、形状及开孔率

筛孔越大，单位筛面积的处理能力就越高，筛分效率也越高。筛孔的大小主要取决于筛分的目的和要求。对于粒度较大的常规筛分，一般是令筛孔尺寸等于筛分粒度；但是当要求的筛分粒度较小时，筛孔应该比筛分粒度稍大些；对于近似筛分，筛孔要比筛分粒度大很多。

常见的筛孔形状有圆形、方形和长方形三种，依次以直径、边长和短边长来表示筛孔的尺寸。当三种筛子具有相同的筛孔尺寸时，筛下产物的粒度上限却不相同。筛下产物的最大粒度按下式计算：

$$d_{max} = kL \tag{1-2-23}$$

式中　d_{max}——筛下产物的最大粒度；

L——筛孔尺寸；

k——系数，见表 1-2-6。

表 1-2-6　不同形状的筛孔对筛分粒度的影响

筛孔形状	圆形	方形	长方形
k 值	0.7	0.9	1.2～1.7

圆形和方形筛孔所得到的筛下物的形状较为规则，而片状和条状的颗粒则容易从长方形筛孔中漏下，因此，长方形筛孔一般制作得较小。但是，在筛分潮湿、黏性的物料时，若把长方形筛孔的长边(通常称为筛缝)顺着筛上物料的移动方向布置，就可减少对筛上物料的阻碍，从而减少堵塞。在一般情况下，筛孔尺寸越大，筛面开孔率就越高。在筛孔尺寸一定时，开孔率越大对筛分越有利，但开孔率常受到筛面强度、使用寿命的限制。

3. 操作条件的影响

对一定的筛子和筛分原料而言，操作条件主要是指给料的数量和质量。前者即筛子负荷，通常以 t/(台・h)或 t/(m^2・h)为单位，它与筛分效率的关系在前面已经论述；后者是指应保持连续和均匀地向筛子给料，其中均匀性既包括在任意瞬时的筛子负荷都应相等，也包括物料是沿整个筛面宽度上给进的。此外，及时清理和维修筛面，也有利于筛分操作。

第三节　筛 分 机 械

一、惯性振动筛的基本组成与工作原理

惯性振动筛通常简称为振动筛，其工作时的强迫力是由安装在筛箱上的惯性激振器产生的，因此而得名。

1. 圆振动筛

圆振动筛的基本组成与工作原理如图 1-2-12 所示。

单轴惯性激振器 3 通过一对轴承被安装在筛箱 1 上，并连同筛箱一起由弹簧 2 吊挂在承重梁上。当电动机 5 通过传动装置 4 带动激振器轴转动时(角速度 ω)，因轴上装有偏距为 r 的不平衡质块 m_0，故产生方向随时间改变的离心惯性力 $m_0 r\omega^2$；又由于弹簧的弹性支承作用，整个振动体 M(包括筛箱、激振器和筛上物料)被迫振动——旋转圆运动，其速度与方向和激振器转动的速度与方向相同；圆运动轨迹为 A(通常称为振幅)，筛体的圆运动也产生离心惯性力 $MA\omega^2$。对于超共振系统(振动频率 $f=\omega/2\pi$ 远大于整个振动系统的共振频率 $f_0=\omega_0/2\pi$，后面章节中讲述)，弹簧恢复力较小，可以忽略不计，而且振动体圆运动(位移、速度、加速度)滞后激振器旋转运动(位移、速度、加速度)约 π 相位，即筛体惯性力滞后激振力约 π 相位。例如当筛体从平衡位置向上运动到极限位置时，激振力向下；反之，当筛体从平衡位置向下运动到极限位置时，激振力向上。因此整个振动系统的合内力近于零，即

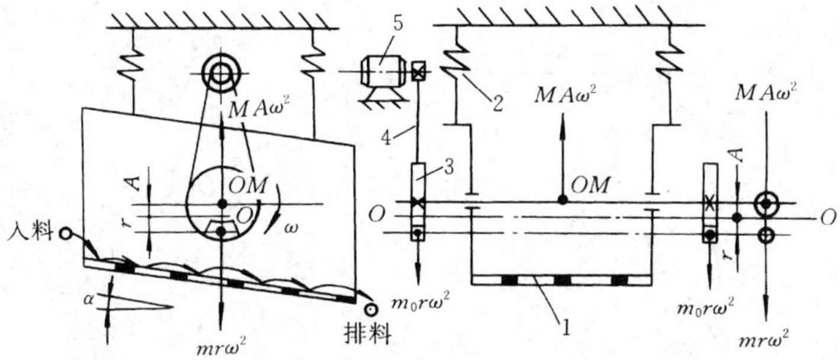

(a) 不定中心式圆振动筛

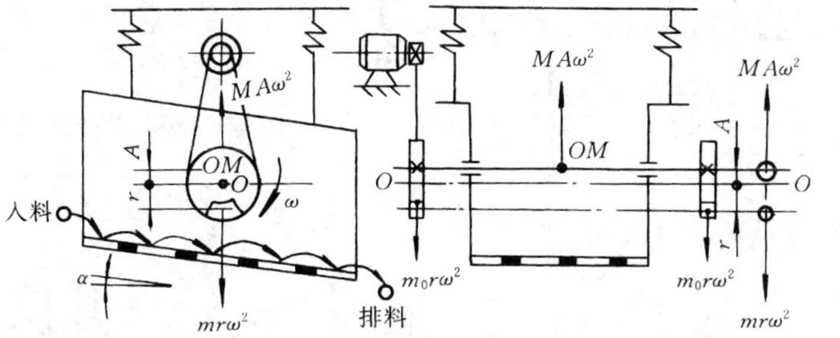

(b) 自定中心式圆振动筛

1—筛箱；2—弹簧；3—单轴惯性激振器；4—传动装置；5—电动机。

图 1-2-12　圆振动筛的基本组成与工作原理

$mr\omega^2=-MA\omega^2$，或 $mr=-MA$（$m=2m_0$，负号表示二力方向相反）。将振动体和不平衡质块分别缩微成质点 M 及 m，并投影到一个平行于筛箱侧板的平面上，二质点由无重系杆相连，这样可以较为生动地体会筛机振动时力的平衡状态，如图 1-2-12 所示。

需要说明的是，为了避免产生附加力矩，保证筛箱平动，激振器轴线必须穿过振动体的重心 OM 点。当振动体在平行于筛箱侧板的平面内做圆运动时，穿过圆轨迹中心并垂直于侧板的一条直线[称为假想轴线，如图 1-2-12(a)、(b)中的 O—O 直线]必然在空间内保持不动。由图 1-2-12(a)可知，激振器的轴线穿过两偏重轮（其中一个兼作传动带轮）的几何中心，且与 O—O 线相距 A。因此，筛机振动时，装在激振器轴上的带轮的几何中心是不定的，它绕 O—O 轴转动，即带传动的两带轮中心距是周期性变化的。尽管胶带有一定的弹性，但在运动中仍然容易脱落，也容易老化失效。由图 1-2-12(b)可知，O—O 直线穿过两偏重轮的几何中心，且与激振器轴线（即两偏重轮偏心孔的中心连线）相距 A。因此，筛机振动时，装在激振器带轮的几何中心是固定的。很显然，这对带传动是非常有利的。

图 1-2-12(b)所示的圆振动筛，通常称为偏心轮式，另有一种偏心轴式也可实现自定中心，但制造费用高，生产中很少使用。

2. 直线振动筛

直线振动筛的基本组成与工作原理如图 1-2-13 所示。

双轴惯性激振器 3 实际上就是两个单轴惯性激振器安装在两根激振轴的端部，并通过一对惰齿轮强制地联系在一起。当电动机 5 通过传动装置 4 带动其中一根激振轴转动时，另一根激振轴也同步但异向转动。两根激振轴所产生的离心惯性力在 x—x 方向总是完全

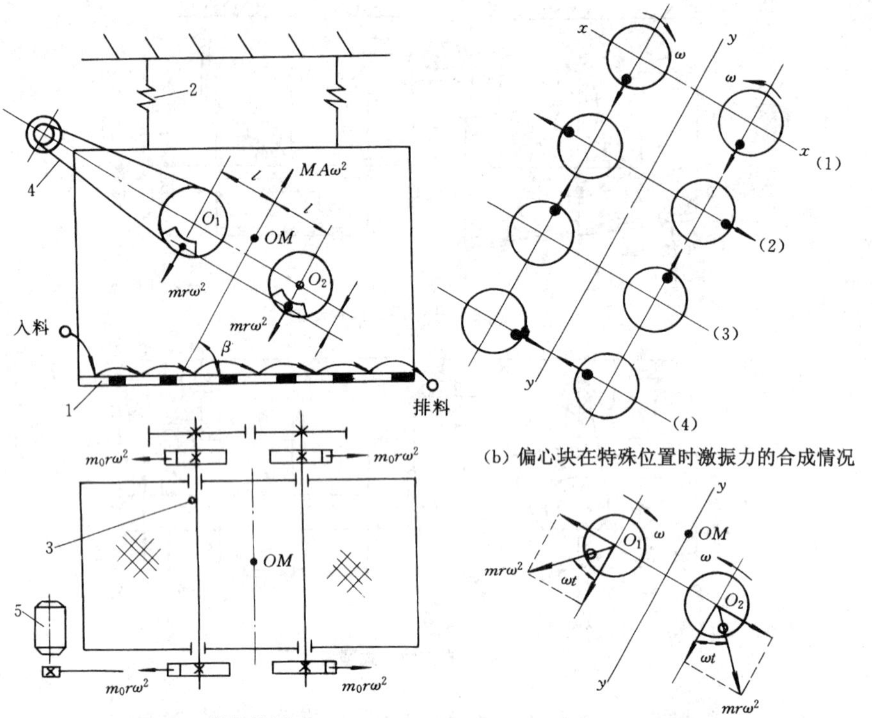

(a) 筛机简图

(b) 偏心块在特殊位置时激振力的合成情况

(c) 偏心块在一般位置时激振力的合成情况

1—筛箱；2—弹簧；3—双轴惯性激振器；4—传动装置；5—电动机。

图 1-2-13 直线振动筛的基本组成与工作原理

抵消：$F_x=0$；而在 y—y 方向总是完全叠加：$F_y=2mr\omega^2\cos\omega t(m=2m_0)$。为达到此目的，一种常见的情形是两根激振轴的不平衡质块 m、偏距 r 都相同，而且由一对惰齿轮所确定的各不平衡质块的初相位也相同。

显然，双轴惯性激振器所产生的合激振力 F_y 的大小是按余弦规律变化的，其幅值为 $2mr\omega^2$；F_y 的方向取决于激振器相对筛面的安装方位，图 1-2-13 中的 β 角是两根激振轴中心连线的垂直中分线 y—y 相对筛面的夹角，它表征了 F_y 的方向。因整个振动体在 F_y 的强迫作用下振动，故 β 角也表征了筛机的振动方向，通常称之为振动方向角。为了使筛箱只在 y—y 方向上振动，而不产生附加力矩，并且使其在平行于筛箱侧板的平面内摆动，y—y 线必须穿过振动体(包括筛箱、激振器及筛上物料)的重心 OM 点。

直线振动筛是一种超共振系统，其原理与圆振动筛相同，其弹簧刚度较小，由于振动系统存在内阻尼，振动体的直线运动滞后于激振力 F_y 的变化约 π 相位，即 $2mr=-MA$。此时特别注意，尽管 F_y 的方向和筛箱的运动方向始终都是直线的，但是 F_y 的大小和振动体运动惯性力的大小均按余弦规律变化。

3. 双电机驱动的直线振动筛及其自同步原理

单电机驱动的直线振动筛由单个电机驱动，两根激振轴之间必须采用一对惰齿轮强迫联系。而双电机驱动的直线振动筛则是每个激振轴都由单独的电机驱动，两根激振轴之间没有齿轮连接，两个轴系是相对自由的，如图 1-2-14 所示。

虽然两台电机的转速相同，转向相反，但两根转轴上不平衡质块的初相位 ω_0 并无保障，各电机的灵敏性和启动操作也不一定完全一致。双电机驱动的直线振动筛就是在这种条件下，完全依靠力学原理，在启动后很短时间内使本来不具相同初相位的两根转轴达到同相位，即实现自同步，使两根转轴产生的激振力的合力在筛机需要振动的方向完全叠加，在另一垂直方向完全抵消。

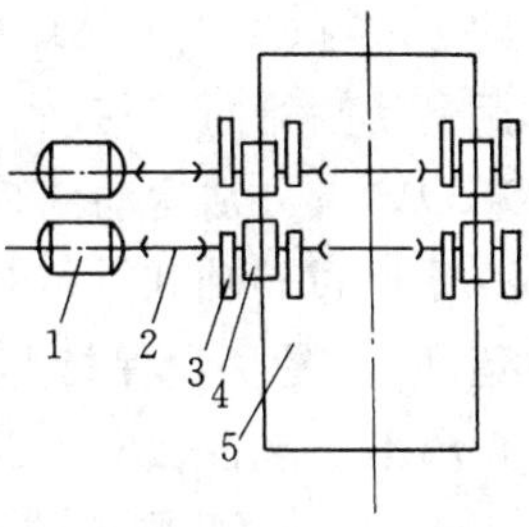

1—电动机；2—挠性联轴器；3—不平衡质块；4—轴承；5—筛箱。

图 1-2-14　双电机驱动的直线振动筛

自同步原理可用下面的方法解释。假设在筛机启动时，两根激振轴存在相位差，它们产生的激振力此时不能按希望的那样叠加或抵消，产生附加力 ΔF，如图 1-2-15 所示。

在实线图中：m_1、m_2 为不平衡质块质量，$m_1=m_2$；O_1、O_2 为激振轴的中心（x、y 轴交点）；F_1、F_2 为离心惯性力，$F_1=F_2$；F_1 的方向为 O_1M_1 线方向；F_2 的方向为 O_2M_2 线方向；α_1、α_2 为 m_1、m_2 的相位角，即 F_1 方向线与 y 轴夹角和

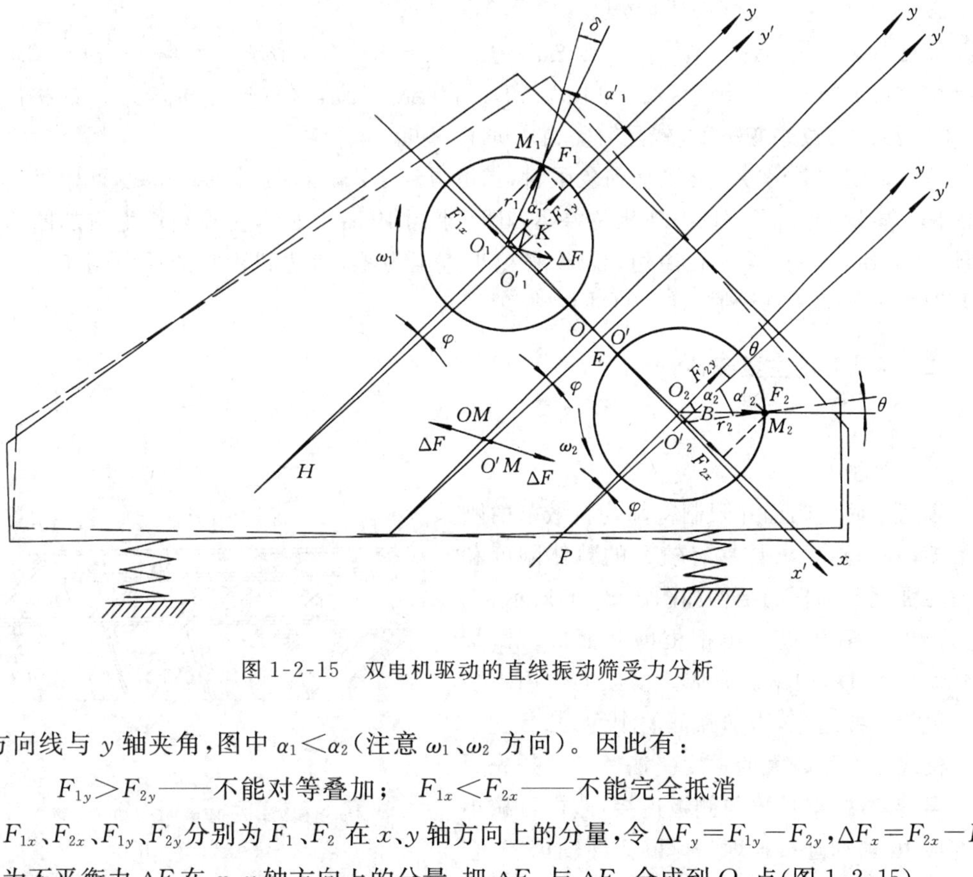

图 1-2-15　双电机驱动的直线振动筛受力分析

F_2 方向线与 y 轴夹角，图中 $\alpha_1<\alpha_2$（注意 ω_1、ω_2 方向）。因此有：

$$F_{1y}>F_{2y}\text{——不能对等叠加；}\quad F_{1x}<F_{2x}\text{——不能完全抵消}$$

F_{1x}、F_{2x}、F_{1y}、F_{2y} 分别为 F_1、F_2 在 x、y 轴方向上的分量，令 $\Delta F_y=F_{1y}-F_{2y}$，$\Delta F_x=F_{2x}-F_{1x}$ 分别为不平衡力 ΔF 在 x、y 轴方向上的分量，把 ΔF_y 与 ΔF_x 合成到 O_1 点（图 1-2-15）。

至此可以发现，由于两激振轴相位不同，除在 y 轴方向叠加一部分激振力（它使筛箱在 y 轴方向产生直线振动）外，还派生出一个附加力 ΔF。ΔF 使筛箱产生移动，并对整个振动体的重心 OM 点构成附加力矩，使筛箱产生摆动。下面证明，正是由于这种移动和摆动效应，m_1 和 m_2 的相位差逐渐消除。

在 OM 点处添加一对大小相等、方向相反的力 ΔF，它们平行于 O_1 点的 ΔF，则 OM 点

向左的 ΔF 与 O_1 点的 ΔF 构成力偶 ΔM，其作用是使筛箱顺时针摆动，OM 点向右的力 ΔF 的作用是使筛箱向右移动。综合作用结果是使筛箱运动到图 1-2-15 的虚线位置。相应地，O_1、O_2、OM 点分别运动到 O'_1、O'_2、$O'M$ 点，x、y 分别变为 x'、y'轴，y 轴与 y'轴成 φ 角。而 m_1、m_2 是通过转轴和轴承与筛箱铰接的，且高速转动，故不会像 O_1、O_2、OM 各点及 x、y 轴那样运动，而是尽量保持其原有的惯性位置。实际上，m_1、m_2 仍在转动，并产生角位移，但这个位移不是来自 ΔF 和 ΔM，而是电机的驱动力矩。为了分析方便，舍去这个角位移，认为 m_1、m_2 仍在原有同向位置上继续绕 O'_1、O'_2 转动。此时的离心惯性力分别为 F'_1、F'_2，F'_1 和 F'_2 与 y 轴的夹角分别为 α'_1 和 α'_2。

已知三角形的一个外角等于两个不相邻的内角之和，因此：

$$\left.\begin{array}{l}\text{在}\triangle M_1O_1K\text{ 中：}\angle M_1KF_{1y}=\alpha_1+\delta\\ \text{在}\triangle KHO'_1\text{ 中：}\alpha'_1=\varphi+\angle M_1KF_{1y}\end{array}\right\}\alpha'_1=\alpha_1+\delta+\varphi$$

$$\left.\begin{array}{l}\text{在}\triangle PO_2B\text{ 中：}\alpha_2=\varphi+\angle O_2BP\\ \text{在}\triangle BO'_2M_2\text{ 中：}\angle O_2BP=\theta+\alpha'_2\end{array}\right\}\alpha'_2=\alpha_2-\varphi-\theta$$

令 $\Delta\alpha=\alpha_2-\alpha_1$，$\Delta\alpha'=\alpha_2'-\alpha'_1$，则 $\Delta\alpha'=(\alpha_2-\varphi-\theta)-(\alpha_1+\delta+\varphi)=(\alpha_2-\alpha_1)-(2\varphi+\theta+\delta)=\Delta\alpha-(2\varphi+\theta+\delta)$。因为$(2\varphi+\theta+\delta)>0$，所以 $\Delta\alpha'<\Delta\alpha$，这意味着 m_1 与 m_2 的相位差从 $\Delta\alpha$ 变到 $\Delta\alpha'$，相位差变小了，就是向同相位进了一步。

可以证明，当 m_1、m_2 转到任何象限时，都可得到 $\Delta\alpha'<\Delta\alpha$ 的结果。总之，两个做反向旋转的偏心质量 m_1、m_2 一旦出现相位差 $\Delta\alpha$，即可产生附加力 ΔF，使筛箱产生附加的移动和摆动，从而使 m_1 与 m_2 互相追随，$\Delta\alpha$ 越来越小直至为零，即达到正常的反向同步旋转。这就是双电机驱动的直线振动筛的自同步原理。

二、振动筛的主要部件

1. 筛箱

(1) 筛框

筛框是固定筛面并限制待筛物料散落的刚性框架，其基本要求是具有较大的整体刚度和抗疲劳强度。筛框的结构如图 1-2-16 所示。

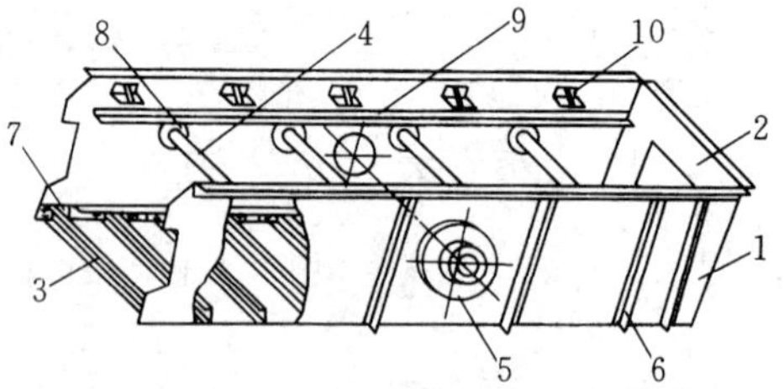

1—侧板；2—后挡板；3—下横梁；4—上横梁；5—座圈；6、7、9—角钢；8—法兰盘；10—压板。

图 1-2-16　筛框的结构

侧板 1、后挡板 2 由钢板剪裁而成。横梁 3、4 由钢管和槽钢锯切而成。横梁的作用一是把两侧板连接起来，增加筛框的刚性；二是支承筛面使之不产生较大的垂度。法兰盘 8 是先焊在横梁的两端，然后再与侧板连接，这样可减小局部应力，增加连接强度。座圈 5 即轴承座，它被连接在侧板的开孔处，用于安装轴承并通过轴承支承单轴激振器，显然，侧板是筛框中直接传递激振力的构件。为了补偿因开孔而造成的侧板强度的削弱，减少应力集中，通常在侧板的开孔处设置加强板(图 1-2-16 中未画出)。角钢 6 的作用也是增加侧板的刚性，角钢 7、9 既支承筛面，又增加侧板刚性。压板 10 用于固定筛面。

不难看出，图示的筛框是装有单轴激振器的圆振动筛筛框，对于装有双轴激振器的直线振动筛筛框，其基本构造相同，区别将在后面介绍。筛框的材料一般采用普通碳素钢，如A_3、A_5号，或优质碳素钢，如20号、16Mn锅炉钢板等。

(2) 筛面

对筛面的基本要求是具有足够的机械强度、最大的开孔率以及不易堵塞的筛孔。开孔率是指筛孔总面积与整个筛面面积之比。常见的筛面有筛箅、筛板、筛网、筛片和筛布等几种，根据材质可分为金属和非金属两种。

① 筛箅

筛箅是由平行排列的具有一定断面形状的一组箅条直接固定在筛框横梁上而构成的筛面，因此又称为箅条筛面或棒条筛面。常见的箅条断面形状如图1-2-17所示。

(a) 圆钢　(b) 扁钢　(c) T形钢　(d) 特种形状钢　(e) 用工字钢加工而成　(f) 工字钢倒置

图1-2-17　箅条的断面形状

筛箅的箅条较粗、强度及刚度均较大，故各箅条间不设置横向构件，因此，工作面平滑。对筛上物料的移动阻力很小，块料不容易卡塞。筛箅的开孔率一般为50%～60%，主要用于固定筛和重型振动筛，对来自矿山的大块物料作大于50 mm(个别情况下可小至25 mm)的粗筛分。箅条在多数情况下是与筛框的各横梁固接的，但有时只在一端与筛框固接，另一端呈悬臂状。当物料给到筛箅上时，由于物料的冲力及箅条的弹性，各箅条产生不同的上下颤动，从而使物料松散并有助于排出筛上物，避免物料卡塞在筛缝中。这种情况仅限于作固定筛使用，如图1-2-18(a)所示。

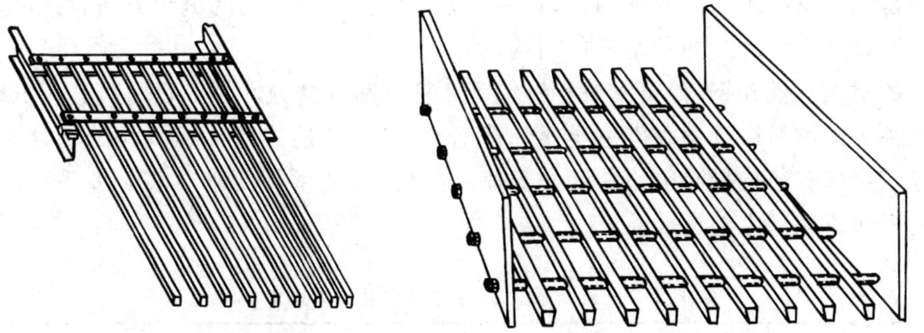

(a) 悬臂式筛箅　(b) 筛窗

图1-2-18　悬臂式筛箅与筛窗

当筛分精度要求较严格时，为了防止长条形和扁片状的大块物料透过筛缝，可在筛箅上设置横向筛条，由横、纵向筛条构成的筛面可称为筛窗，它酷似具有矩形格子的老式木质窗户，如图1-2-18(b)所示。

有的筛箅用直径约为4 mm的细钢绳构成，通常称为琴弦筛面，用于振动筛上对潮湿、黏性、细粒级物料进行干法筛分，筛缝一般小于13 mm。钢绳被拉紧后固定在前后横梁上，为防止筛缝变动，在中间各横梁上设置定位槽。钢绳筛箅有较好的弹性，当它随筛框振动时，相对于筛框产生运动，俗称二次抖动，可有效地防止黏性物粘在箅条上。当筛面面积较大时，通常会将若干根钢绳固接在用扁钢焊接的框架内，制成筛箅块，然后由若干个筛箅块组合成大的筛面。琴弦筛面仅限于在振动筛上使用。

对于固定的筛箅或筛窗，安装倾角必须仔细确定。若倾角过小，筛上物料的输送速度就会过小，影响后续物料给入筛面；若倾角过大，物料的输送速度就会过大，应该透筛的细颗粒将有较大部分进入粗粒产物。一般情况下，筛分矿石的筛面倾角可取 40°～45°；筛分煤的筛面倾角取 30°～35°；当入料表现为一定的湿黏特性时，筛面倾角应增加 5°～10°。

② 筛板

筛板是用 A_3、16Mn、16MnCr 等材料的钢板经钻孔或冲孔等加工方法制作的一种筛面。筛板的厚度 h 一般是 5～12 mm，筛孔尺寸 D 越大，板厚 h 也应相应增大，以保证其足够的强度。但筛板太厚会增加质量，还会增加细粒物料透筛的阻力，通常按公式 $h=0.625D$ 确定。常用的孔形是圆形，个别情况下也采用方形。为了使筛板有足够的强度而且开孔率尽可能大，圆形筛孔几乎总是作菱形排列，如图 1-2-19(a)所示。

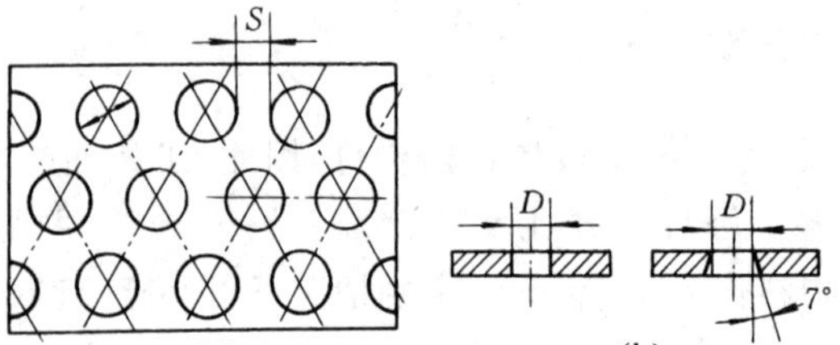

(a)　　(b)

图 1-2-19　圆形筛孔的筛板

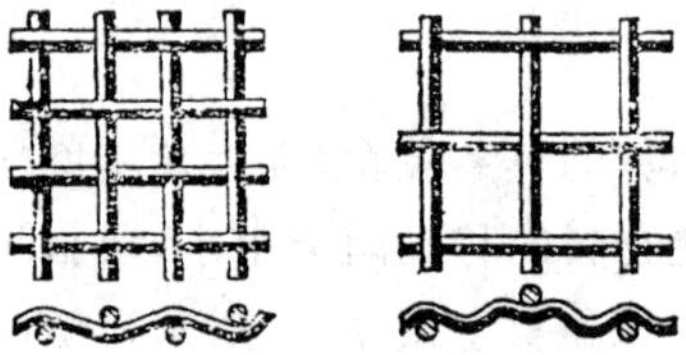

(a) 简单方形孔　(b) 中间折弯式方形孔

图 1-2-20　筛网结构

③ 筛网

筛网是用钢丝编织而成的筛面，筛孔一般为方形。采用不同的编织方法，可以编出多种结构的筛网，图 1-2-20 是两种常见的结构。

钢丝的材质有低碳钢、弹簧钢或不锈钢等几种。筛分磨蚀性小的物料可选用低碳钢丝，筛分磨蚀性大的物料应选用高碳钢丝或弹簧钢丝，在腐蚀性兼磨蚀性较大的场合应选用不锈钢钢丝。钢丝直径选择必须兼顾筛面载荷、寿命及开孔率等要求。表 1-2-7 列出美国有关协会对钢丝直径制定的标准。

表 1-2-7　美国有关协会对钢丝直径制定的标准

筛孔尺寸/mm	轻载		中等载荷		轻重载荷		重载荷	
	钢丝直径/mm	有效面积/%	钢丝直径/mm	有效面积/%	钢丝直径/mm	有效面积/%	钢丝直径/mm	有效面积/%
100	13	79	15.9	74.8	19	70.9	25.4	64
76	11	76.2	13	73.5	15.9	68.5	19	64
50	7.9	74.8	9.5	70.9	13	64	15.9	58
25	5.7	66.6	6.35	64	7.9	58	9.5	52.9
13	4.1	57.1	4.5	54.5	4.9	52.2	5.36	49.8
6.5	2.7	49.6	3.05	45.6	3.4	42.2	3.76	39.4
3.7	1.37	48.7	1.83	40.2	2.34	33.4	2.69	29.5
1.8	0.89	42.3	1.1	37	1.19	33.2	1.6	24.6

筛网的开孔率较高，可达 70%，但没有筛板牢固，寿命较短。一般用于中、细粒度筛分，在选煤厂常用于小于 13 mm 物料的筛分。

④ 筛片

筛片是用圆形金属丝（常用牌号为 1Cr18Ni9Ti 的钢丝）冷压成梯形、三角形或其他上宽下窄断面的筛条后，再经焊接或螺栓连接而成的筛面，如图 1-2-21 所示。

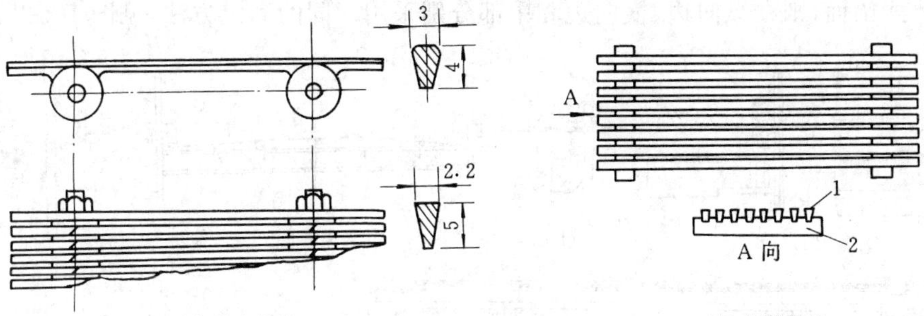

(a) 串条筛片　　(b) 焊接筛片

1—筛条；2—扁钢。

图 1-2-21　筛片结构

筛片的孔形几乎都是长方形，且长宽比较大，通常称为筛缝。焊接筛片需要专用的接触焊接设备，但制作的自动化程度很高，开孔率大。螺栓连接的筛片俗称串条筛片，在将圆形金属丝冷压成梯形的同时，还要将其间隔地绕成圆环，并在圆环处压扁成与筛条相等的宽度，然后用双头螺栓从各筛条的圆环中穿过连接成筛片。在圆环处断面细小，使用中易断裂，而且损失开孔率。双头螺栓的杆径应与筛条圆环孔紧密配合，而且一般由双头螺栓将整个筛片固联在一个框架内，以保证筛面的整体刚性。各筛条间的距离（筛缝）由套在螺栓上的羊眼垫圈提供。

在选煤厂，筛片的筛缝有 0.25 mm、0.5 mm 和 0.75 mm 等几种，广泛用于脱水、脱泥和脱介筛分。焊接筛片开孔率约为 25%，串条筛片开孔率为 14%左右。

⑤ 筛布

筛布又称网状丝布，它与筛网没有根本的区别，也是由经、纬金属丝编织而成的，只是丝线及筛孔均较细小。一般认为，筛孔小于 0.5 mm 为筛布，大于 0.5 mm 为筛网。筛布的材质有不锈钢、黄铜、紫铜等，其中不锈钢丝布强度大、耐磨、耐腐蚀、寿命比铜筛布高 3 倍左右，但价格较贵。在选煤厂，常用筛布进行煤泥或末精煤的脱水、分级、回收等，常用规格为 40 网目，开孔率可达 40%～50%。

⑥ 非金属筛面

制作筛面的非金属材料有聚氨酯、尼龙、涤纶等。聚氨酯是一种介于橡胶和塑料之间的高分子化合物，具有良好的耐磨性（是锰钢的 3～4 倍）、耐腐蚀性、弹性、低密度。使用聚氨酯制作筛面可降低筛机运行噪声，防止筛孔堵塞，延长使用寿命。聚氨酯可制作各种结构、各种孔形的筛面，通过制作不同的模具可以获得不同类型的筛面。对于复杂特殊结构的筛面，这种生产工艺更显得优越。但由于聚氨酯的刚度、强度均比金属低，故筛条较粗，开孔率比同规格金属筛面低，一般不适于制作筛孔很细的筛面。为了增加筛面的整体强度，通常会在浇铸时预埋骨架或外围框架。常用的骨架材料是钢丝绳，而框架则由扁钢焊接而成。尼龙和涤纶丝线属于合成纤维，一般用于制作孔眼很小的筛布。这些材料具有亲水性，遇水有微小的膨胀，导致筛孔变小、筛面松弛、泄水效率降低，但相比铜线，它们具有更高的强度和耐磨性且价格更为经济实惠。

(3) 筛面在筛框上的固定

筛面通常通过螺栓连接固定在筛框上。对于筛箅，常将各箅条逐根紧固在筛框上；对于其他整体式筛面，则在纵向边、横向边和中部分别采用不同的固定方法，见图 1-2-22。

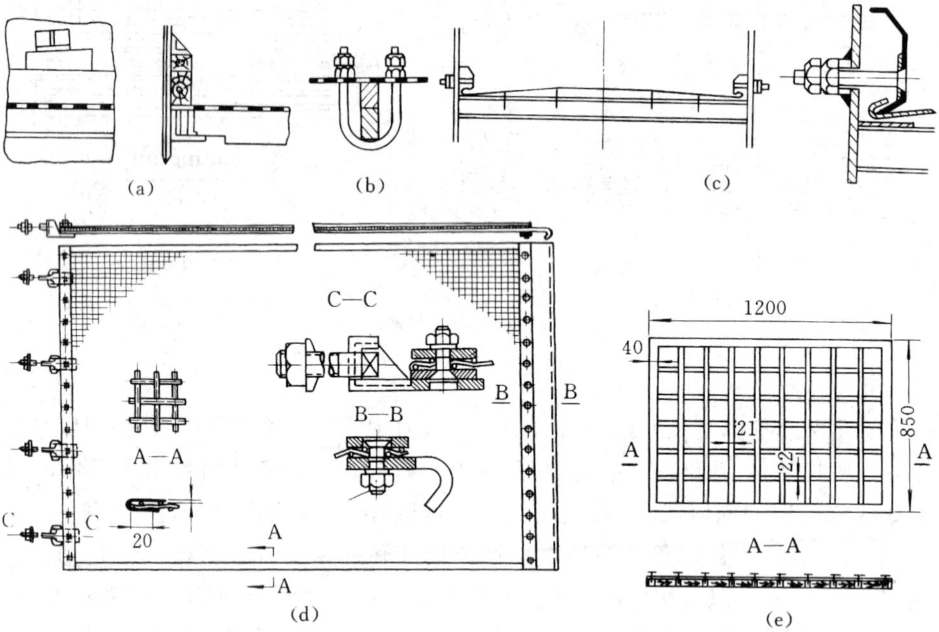

图 1-2-22　把筛面固定在筛框上的方法

2. 惯性激振器

(1) 单轴激振器

按偏心质量的配置方式，单轴激振器分为偏质轮式、偏质轴式、偏质轮轴式和偏质块式四种。其中偏质轮轴式是偏质轮与偏质轴的复合形式，其结构见图 1-2-23。转轴 1 是一根

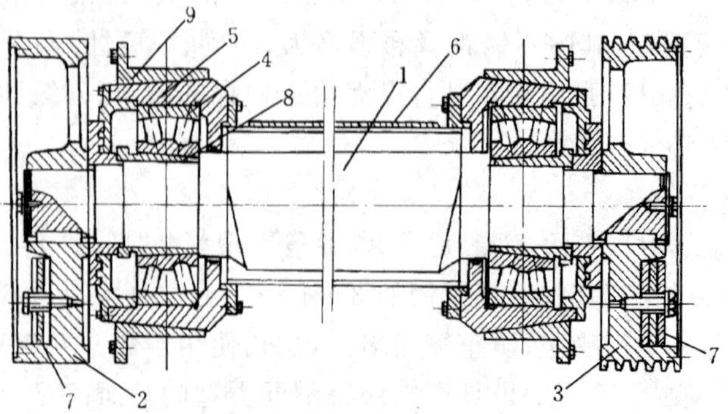

1—转轴；2—偏心配重轮；3—偏心皮带轮；4—轴承；
5—轴承座；6—套管；7—配重；8—紧固衬套；9—紧定套。

图 1-2-23　偏质轮轴式单轴激振器结构

偏质轴，其中部具有偏心质量，轴的两端分别装有偏心配重轮 2 和偏心皮带轮 3，两轮上均装有配重 7。偏质轴上的偏心质量与偏质轮上的配重共同构成激振器的不平衡重 m。因激振力 $F=mr\omega^2$，故增减配重即可改变激振力大小。如果激振器是用于自定中心式圆振动筛，则两偏质轮的孔心还要相对轮缘的几何中心有一个偏距 r。

在偏质轴的两轴颈处装有一对向心球面滚子轴承 4，并通过轴承座 5 和紧定套 9 与筛框的两侧板相连接。由于支承间距较大，且筛框为铆焊结构，两轴承座孔很难严格对中，所以采用具有自动调心作用的球面轴承。紧固衬套 8 能使轴承的装拆方便，改善装配质量，使轴颈免受磨损。采用内锥形紧定套 9 与外锥形轴承座 5 可便于激振器整体与筛框分离，适应较大的筛框两侧板间距误差，而且定心精度高，装配工艺好。

偏质块式单轴激振器结构如图 1-2-24 所示。转轴 3 是典型的阶梯轴，其两端分别装有主偏质块 1 和副偏质块 2，主、副偏质块均为扇形，副偏质块的周向位置可以调整，调好后用螺栓固定，如图 1-2-24(c)所示。这样就可改变总的偏心质量 m。

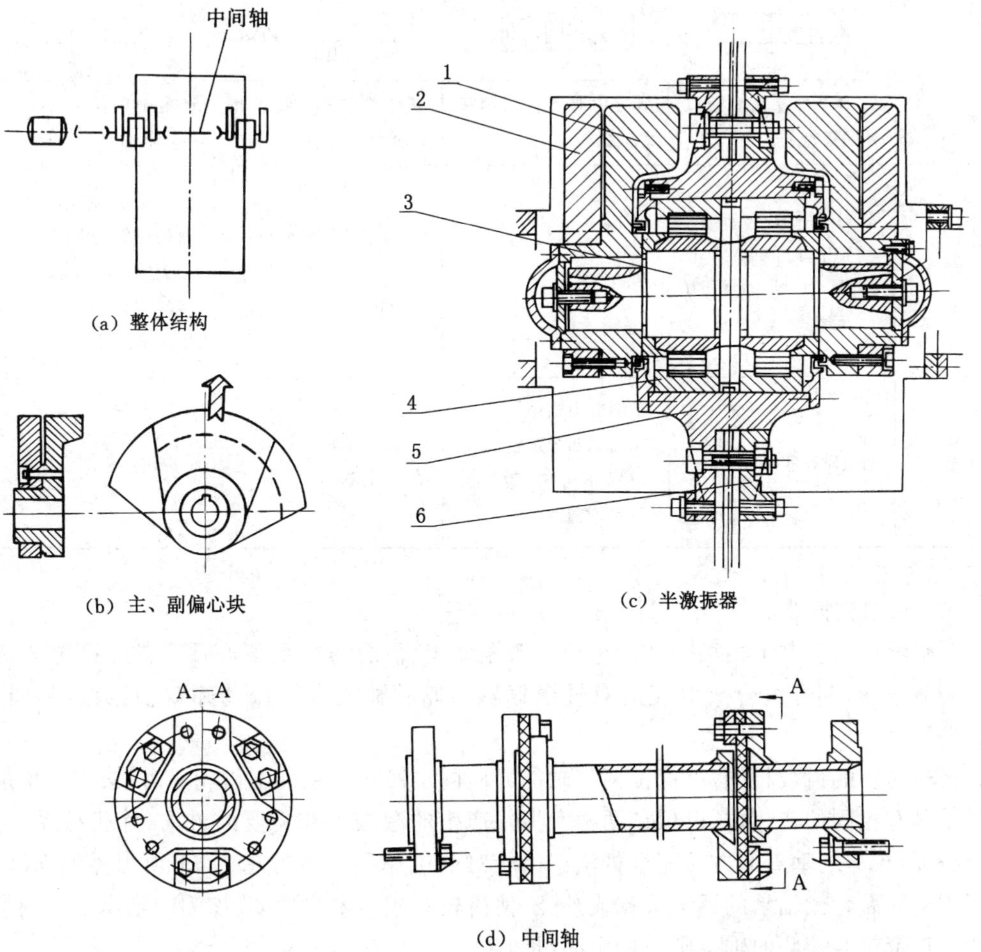

(a) 整体结构

(b) 主、副偏心块

(c) 半激振器

(d) 中间轴

1—主偏质块；2—副偏质块；3—转轴；4—轴承；5—轴承座；6—紧定套。

图 1-2-24　偏质块式单轴激振器结构

阶梯轴的两轴颈处装有一对圆柱滚子轴承 4，并通过轴承座 5 和紧定套 6 用螺栓固定在筛框的一块侧板上。另一块侧板上也装有同样的半激振器，两半激振器的阶梯轴用中间轴连接。滚柱轴承的承载能力高，但没有自动调心的能力。为了适应两侧板间距较大、两轴承座孔不能很好对中这一特点，中间轴与两阶梯轴之间采用挠性联轴器。

各种单轴激振器的特点比较见表 1-2-8。

表 1-2-8 偏心质量 *m* 的配置方式及优缺点

单轴惯性激振器结构形式	偏质轮式	偏质轴式	偏质轮轴式	偏质块式
偏心质量的配置方式	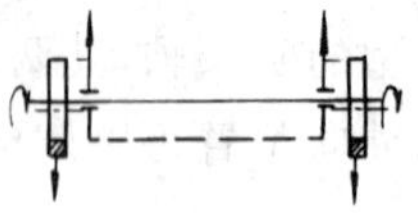	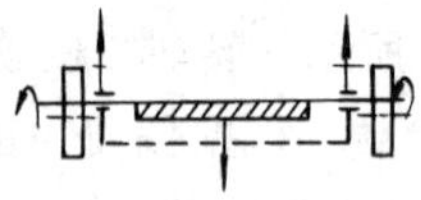	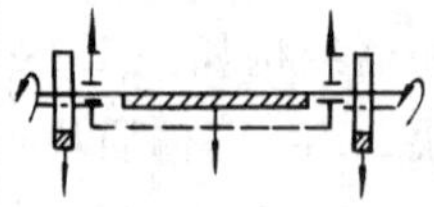	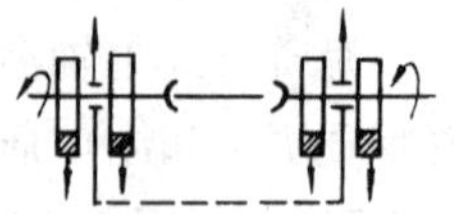
轴弯矩图	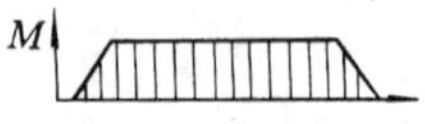			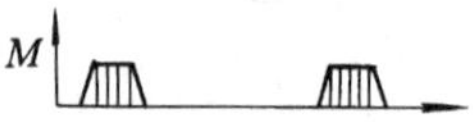
结构特点	*M* 集中布置在侧板以外的圆盘上	*M* 集中布置在两侧板之间的转轴上	*M* 分别布置在圆盘和转轴上	*M* 集中布置在侧板以外的转轴端部
主要优点	① 制造容易 ② 轴中部弯矩小 ③ *M* 可调，激振力可调	结构简单	① 轴中部弯矩最小 ② *M* 可调，激振力可调	① 无长轴，制造容易 ② 轴中部无弯矩 ③ 无效偏心质量最少 ④ *M* 可调，激振力可调 ⑤ 轴承寿命长
主要缺点	偏质轮径向尺寸大	① 制造困难 ② 轴中部弯矩较大 ③ *M* 不可调，激振力不可调	① 制造困难 ② 结构复杂	结构较复杂

(2) 双轴激振器

双轴激振器基本上由两个或两组单轴激振器组合而成，按照偏心质量的分配方式分类的单轴激振器，都可组合成对应的双轴激振器。偏质轴式直线振动筛双轴激振器结构见图 1-2-25。

齿轮对 6 的齿数相同，以保证两根轴能异向同步回转。在装配齿轮对时，必须严格使两根转轴具有相同的初相位，以保证两根激振轴产生的激振力在需要的方向(筛机振动方向)完全叠加，在与之垂直的方向完全抵消。齿轮对的工作条件非常恶劣，必须用稀油润滑，由金属罩 7 和齿轮侧轴承的透盖等构成外壳，使齿轮对成为闭式传动，该侧的轴承也得到稀油润滑。皮带轮 8 一侧的轴承则采用干润滑油。

根据激振器的外形、转轴的长度以及整体拆装的方便程度，双轴激振器可分为筒式激振器和箱式激振器，上述激振器均可归属于筒式激振器。箱式激振器见图 1-2-26，其中整体式和剖分式激振器的特点比较见表 1-2-9。

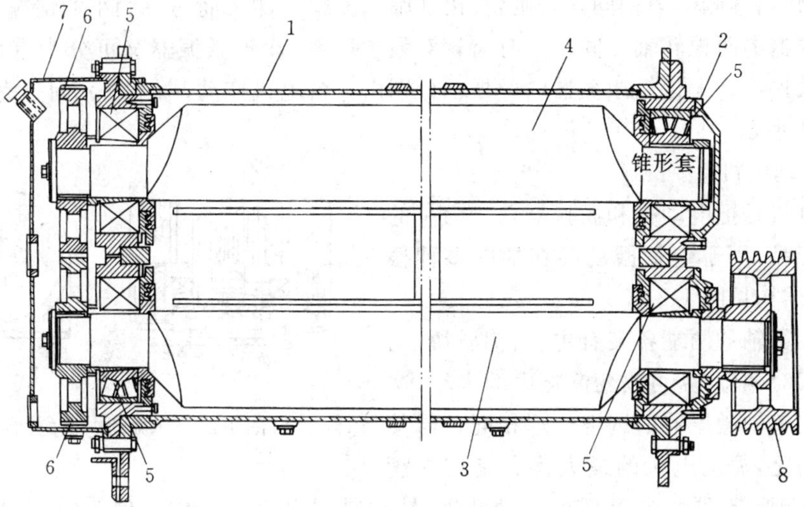

1—外壳；2—轴承座；3—主动偏心轴；4—从动偏心轴；
5—双列向心球面滚子轴承；6—齿轮对；7—金属罩；8—皮带轮。

图 1-2-25　偏质轴式直线振动筛双轴激振器(筒式激振器)结构

表 1-2-9　箱式激振器的结构及特点

结构形式	整　体　式	剖　分　式
结构特点及优、缺点	① 箱体是整体的铸造结构，刚度大，受力合理 ② 不平衡质块布置在箱体外边，便于增、减上面的栓塞，从而调节激振力，而润滑油不受偏质块打击，不易发热腐败 ③ 制造容易，但齿轮对的装配、检修困难	① 箱体是分体的铸造结构，刚度较差，但剖分面与激振力作用面平行，激振力由两半箱体的止口或销子承担，而不是由两半箱体的连接螺栓承担，故受力仍算较合理 ② 不平衡质块布置在箱体里面，故一般不能调节激振力，而且箱体内的润滑油受偏质块打击，易发热腐败 ③ 制造困难，且齿轮对及偏质块装配、检修困难

箱式激振器的偏心质量均采用偏质块，齿轮对采用稀油润滑。为了调节激振力，有的剖分式激振器在其转轴的端部(箱体外边)装有调节的偏质块，调节原理与偏质轮相同。箱式激振器可通过外壳上的法兰凸缘[图 1-2-26(b)的剖分面法兰]，用螺栓紧固在筛框侧板的开孔处，但更多的是通过外壳上的底座法兰安装在筛框上特别设置的支承梁上。对于前者，适用于大型筛子，一台筛子必须安装两个激振器，此时二者相距较远，两激振器主动轴之间用中间轴和挠性联轴器连接，这与偏质块式激振器相似，在安装中间轴与联轴器时，也必须严格保证两激振器的偏心质量具有相同相位。对于后者，当筛子较大时宜安装两个激振器，较小时安装一个即可。箱式激振器产生的激振力，可近似看作

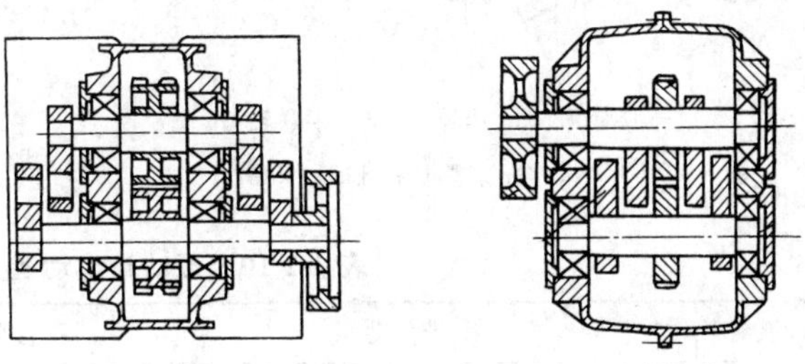
(a) 整体式　　(b) 剖分式

图 1-2-26　箱式激振器

集中力，故筛箱两侧受力相同。否则，会出现筛箱振幅一侧大而另一侧小的情况。

按激振器的两根转轴之间是否有齿轮对强迫联系，双轴激振器又可分为有齿轮激振器和无齿轮激振器。无齿轮激振器的两根轴分别由一台电机拖动，两个轴系间是完全自由的，如图 1-2-14 所示。

(3) 振动电机

振动电机是把电动机和激振器合二为一的通用机电产品，用于包括振动筛在内的多种振动机械，其结构见图 1-2-27。

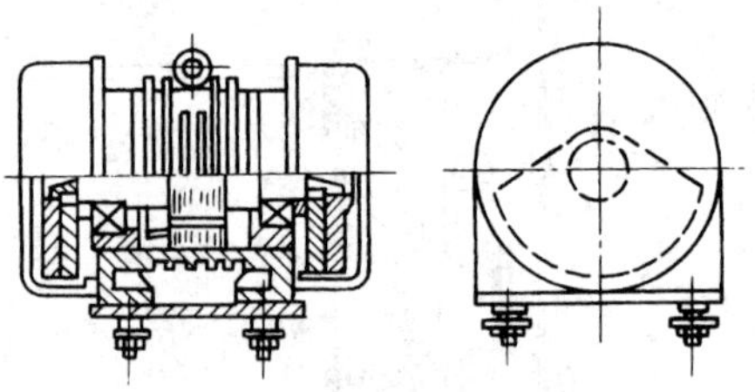

图 1-2-27　振动电机的结构

电机转子轴的两端各装有主、副偏质块，调整二者的相对相位，就可改变激振力的大小，这与偏质块式单轴激振器的调整原理相同。与其他激振器相比，振动电机的最大优点是结构紧凑，不再需要胶带、联轴器等任何传动装置；缺点是因电机的工作条件非常恶劣，故寿命较低，因此大型化受到限制，一般只适用于小型振动筛。

3. 传动装置

振动筛的传动装置有带传动、挠性联轴器传动和联合传动三种。V 形带传动功率大、效率高，被广泛采用；常用的挠性联轴器有万向联轴器和瓣形轮胎联轴器两种，其中后者的挠性件用输送带制作，取材容易，维修方便，造价低，故应用更为广泛，其结构如图 1-2-28 所示；联合传动装置包括 V 形带、挠性联轴器和传动轴，如图 1-2-29 所示。传动装置的比较见表 1-2-10。

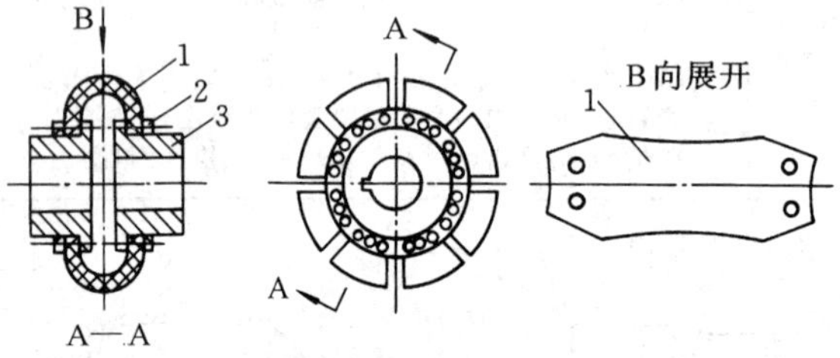

1—胶带片；2—压紧环；3—半联轴节。

图 1-2-28　瓣形轮胎联轴器

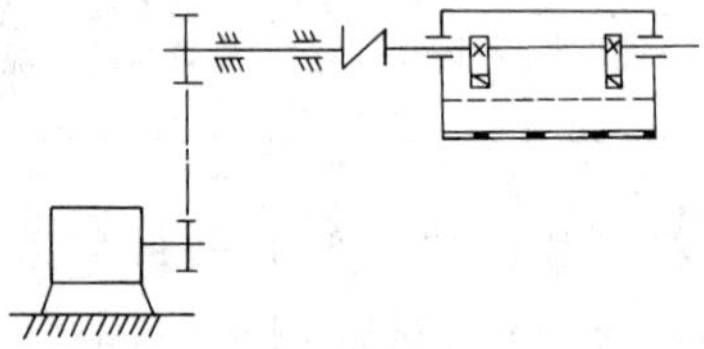

图 1-2-29　联合传动装置

表 1-2-10　振动筛传动装置的比较

传动装置	带传动	挠性联轴器传动	胶带与联轴器联合传动
优点和缺点	① 结构简单、维护容易、成本低 ② 在电机转速一定的情况下，带传动速比可在较大范围内任意设计，故筛机振频可在相应范围内任意选择 ③ 柔性好，能适应安装误差及传动中心距的变化 ④ 胶带易打滑、松弛、损坏，使从动轮“丢转”，造成筛机工作不稳 ⑤ 带张力作用在激振轴和电机轴上，使它们承受交变应力，易疲劳折断，另外筛箱易产生横向摆动，电机易烧毁	① 根据电机转速，只能有限地选择振频 ② 激振器轴不“丢转”，筛机工作平稳 ③ 具备带传动的第①、③两条优点 ④ 能克服带传动的第⑤条缺点	① 结构较复杂，制造、维护费用较高 ② 带传动中心距恒定不变，不易“丢转”，带寿命较长 ③ 具备带传动第②、③两条优点 ④ 能克服带传动第⑤条缺点

三、振动筛的典型产品

1. DD 型、ZD 型、DS 型、ZS 型振动筛

这些振动筛是我国 20 世纪六七十年代的产品，主要用于煤炭行业，其中圆振动筛常用于分级，直线振动筛常用于脱水和脱介，许多用户至今仍在使用。其结构分别见图 1-2-30、图 1-2-31、图 1-2-32、图 1-2-33；其型号意义如下：

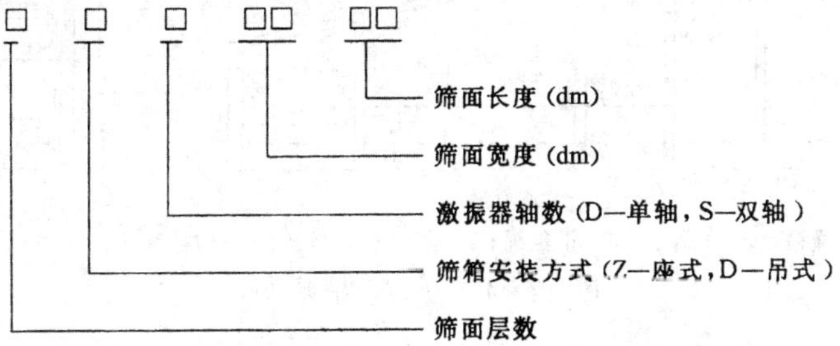

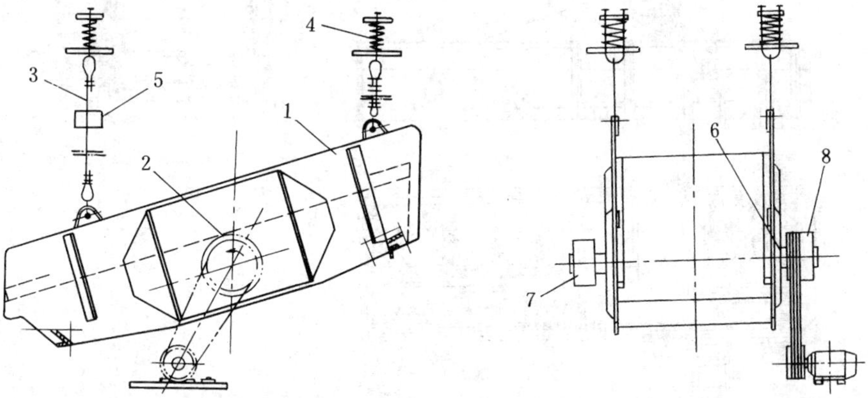

1—筛箱；2—激振器；3—钢丝绳；4—螺旋弹簧；
5—防摆配重；6—偏心轴；7—偏心配重轮；8—偏心皮带轮。

图 1-2-30　DD 型单轴振动筛

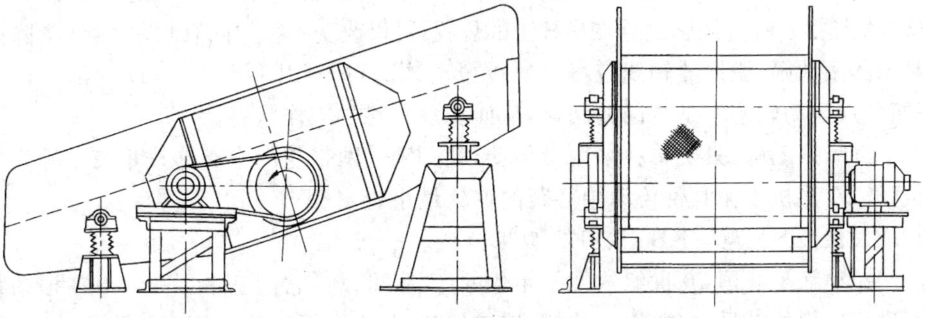

图 1-2-31　ZD 型单轴振动筛

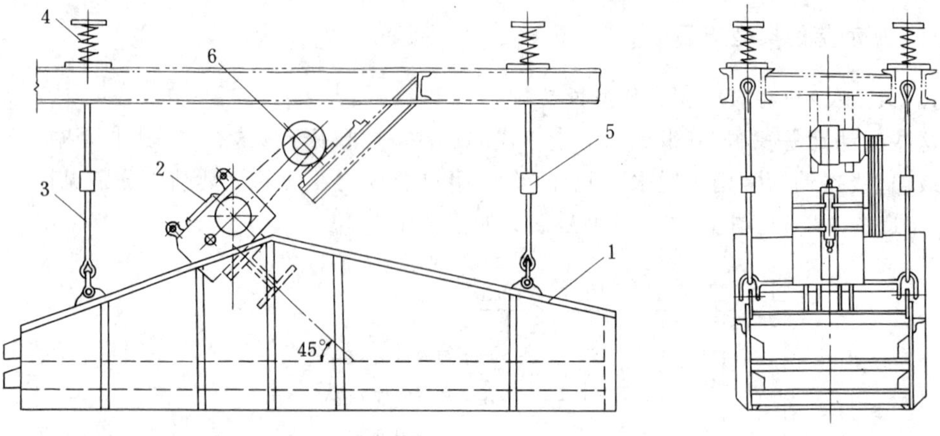

1—筛箱；2—激振器；3—钢丝绳；4—隔振螺旋弹簧；5—防摆配重；6—电动机。

图 1-2-32　DS 型双轴振动筛

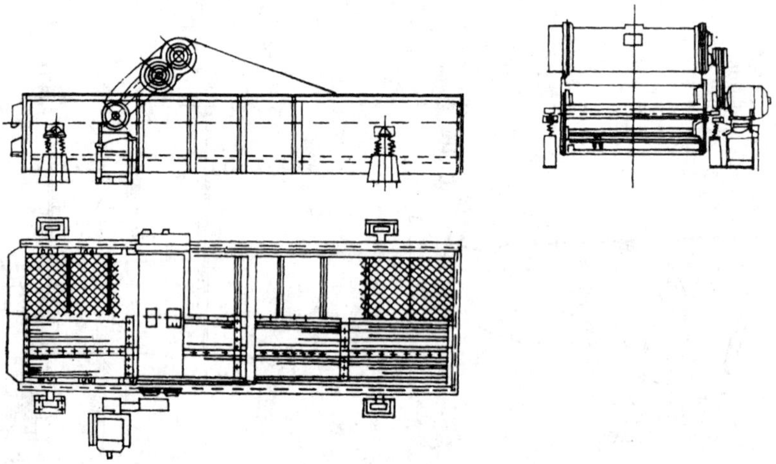

图 1-2-33　ZS 型双轴振动筛

在一般情况下，单轴振动筛就是圆振动筛，双轴振动筛就是直线振动筛。对于吊式振动筛，吊杆上常装有防摆配重，因筛机在制造和安装时存在误差，工作时会派生出水平方向的力，使筛箱产生摇摆。通过调整配重在吊杆上的位置，可以改变系统的固有频率，从而消除摇摆。

对于圆振动筛，激振器轴线应尽量通过振动体的重心（2DD 型和 2ZD 型都是如此），这样，筛箱各点运动轨迹均是相同的圆形，从而实现平稳的工作状态。

对于直线振动筛，只要单独采用带传动，就必须使两带轮的中心连线垂直于筛机的振动方向，这样，在筛机工作时带传动中心距的变化最小。

2. YK 型、ZKX 型、ZKB 型、ZKS 型振动筛

这些振动筛是我国 20 世纪八九十年代的产品，可以说它们基本上是对以往振动筛在结构方面进行优化的结果，主要用于选煤、选矿生产，其中圆振动筛常用于预先筛分，直线振动筛常用于脱水和脱介。其结构分别见图 1-2-34、图 1-2-35、图 1-2-36、图 1-2-37；其型号编制不太规范，一般意义为：

□ □ □ □ □□ □□

- □□ 筛面长度（dm）
- □□ 筛面宽度（dm）
- □ 补充说明
  - B—双电机驱动自同步运转
  - X—箱式激振器
  - S—激振器的两根轴位于同一水平面
- □ 偏心质块配置方式
  - K—偏质块
  - L—偏质轮
  - Z—偏质轴
  - F—复合偏质
- □ 筛箱运动形式
  - Y—圆运动
  - Z—直线运动
  - T—椭圆运动
- □ 筛面层数

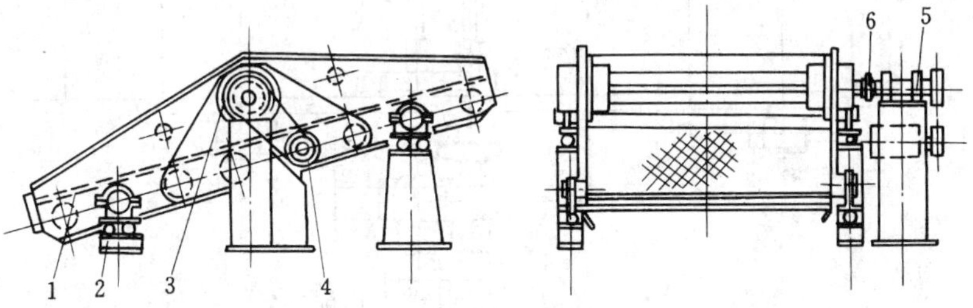

1—筛面；2—支撑弹簧；3—激振器；4—电动机；5—皮带轮轴座；6—瓣形皮带联轴器。

图 1-2-34　YK 型圆振动筛

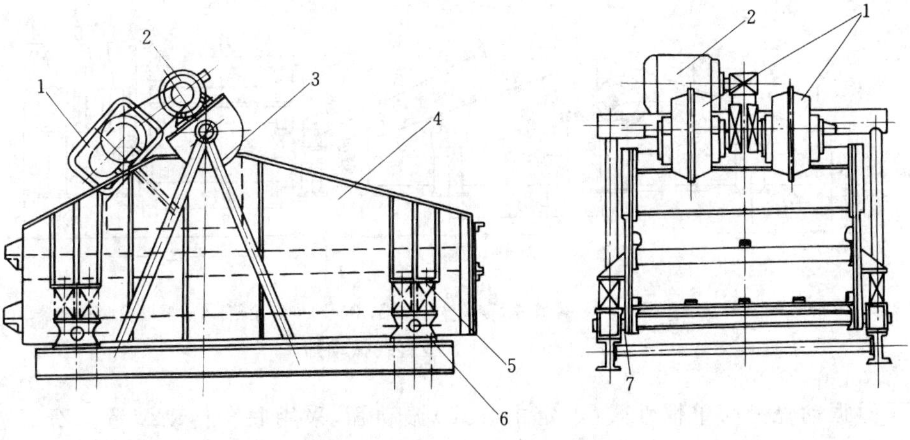

1—垂直剖分箱式激振器；2—电动机；3—电动机支承架；4—筛箱；
5—减振弹簧；6—筛箱支承底架；7—摩擦阻尼器。

图 1-2-35　ZKX 型直线振动筛

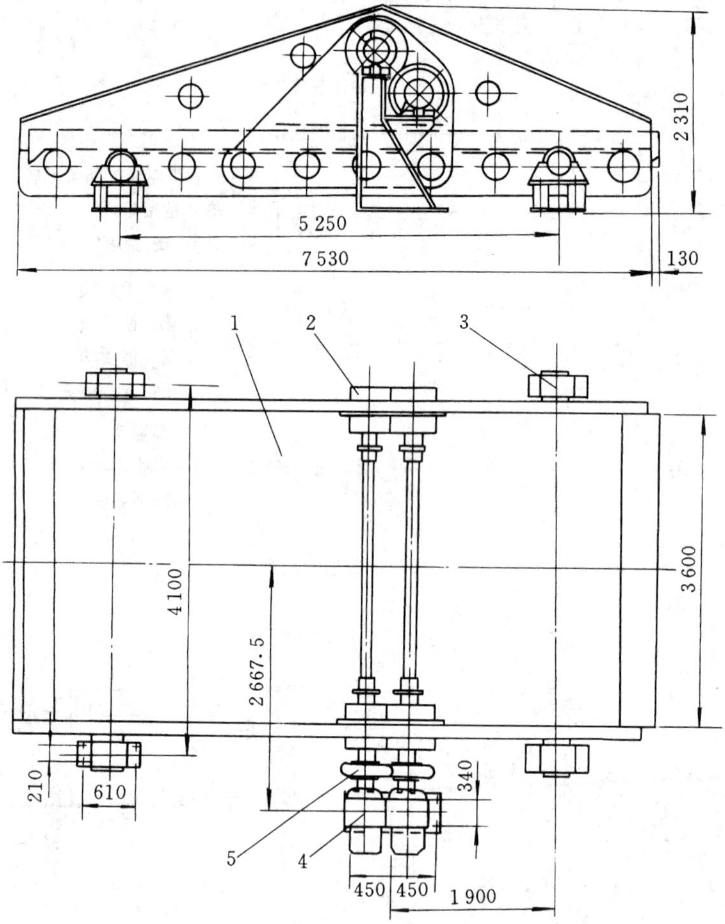

1—筛箱；2—偏质块激振器；3—橡胶弹簧；4—电动机；5—瓣形轮胎联轴器。

图 1-2-36　ZKB 型直线振动筛

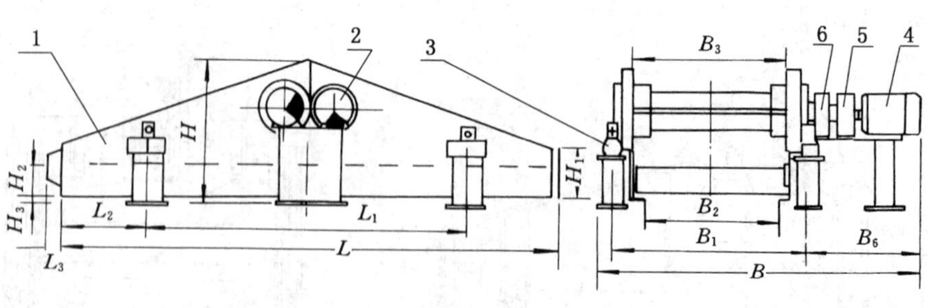

1—筛箱；2—水平双轴激振器；3—橡胶弹簧；4—电动机；5—同步齿轮箱；6—瓣形轮胎联轴器。

图 1-2-37　ZKS 型直线振动筛

YK 型振动筛是简单惯性式(不定中心式)振动筛，采用联合传动装置。ZKX 型振动筛，有的安装两个激振器，有的安装一个。对于前者，两激振器之间并无中间轴连接，也不采用联合传动装置，而是两皮带轮对面布置，均由电动机(位于筛箱上部)上的主动带轮驱动。这种单独的带传动与联合传动相比较，可减小整个筛机的横向尺寸。ZKB 型振动筛采用无齿轮双轴激振器及相应的双电机驱动方式。这从根本上解决了齿轮对的工作条件非常恶劣、必须用稀油润滑、油液容易泄漏和发热等问题。ZKS 型振动筛采用单电机驱动，虽然两根激振轴之间通过齿轮箱强迫联系，但是齿轮箱并不参加筛箱振动，是固定安装的，而且两根激振轴的初相位相差 90°，同时振动方向角取 45°，如图 1-2-38 所示。

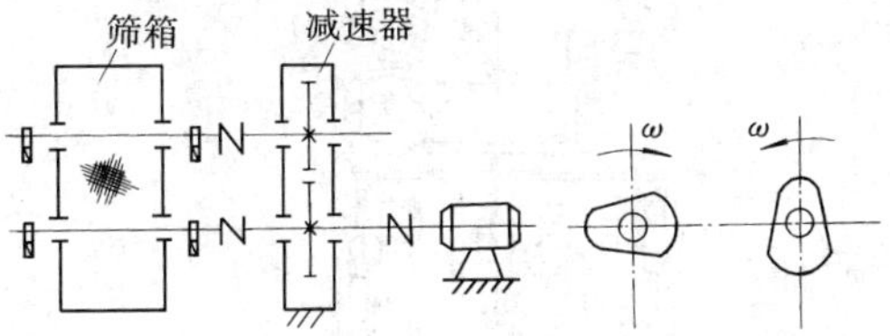

(a) 俯视图　(b) 偏质块相对相位

图 1-2-38　ZKS 型直线振动筛传动系统

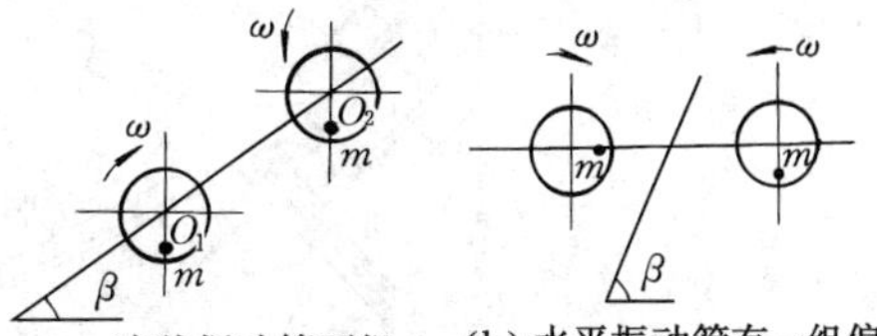

(a) 直线振动筛两组偏心质块均自然下垂　(b) 水平振动筛有一组偏心质块不下垂，对启动有利

图 1-2-39　启动转矩比较

ZKS 型振动筛是水平双轴椭圆振动筛，只是因为椭圆的长、短轴之比较大，近乎直线，故按直线振动筛使用。该筛机的另一个特点是启动转矩比直线振动筛小，如图 1-2-39 所示。

3. GS 型概率筛、ZD 型等厚筛、GDS 型概率等厚筛

这些振动筛是我国 20 世纪七八十年代的产品，主要用于中等粒度的煤炭或矿物的干法筛分，其结构分别见图 1-2-40、图 1-2-41、图 1-2-42。各型号意义为：

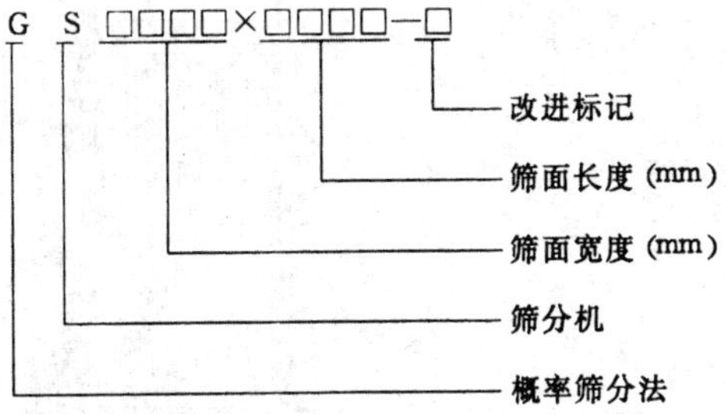

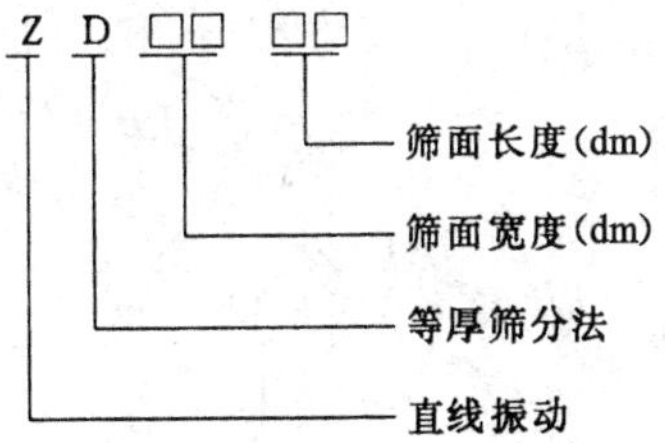

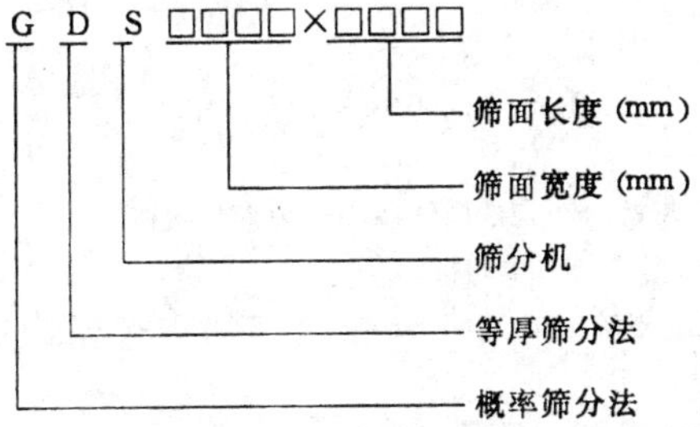

20 世纪 50 年代初，瑞典的莫根森利用统计学方法，深入研究了碎散物料在振动筛面上的透筛概率，建立了包括物料粒度、筛孔与筛丝尺寸、筛面倾角、物料入筛角、透筛概率等参量的关联式，以及包括筛面层数、筛面长度、透筛概率、分配量等参量的分配方程，提出了概率筛分法。以概率筛分法为基础设计的振动筛称为概率筛或莫根森筛。与其他振动筛比较，概率筛的特点为：① 在结构方面，筛面长度短，倾角大，层数多，筛孔尺寸与筛分粒度的比值大；② 在运动参数方面，筛箱的振幅小，振频高，振动方向角大；③ 在筛分性能方面，单位筛面面积的处理能力大，抗堵孔能力强，属于近似筛分(筛下物的限上率较高)。

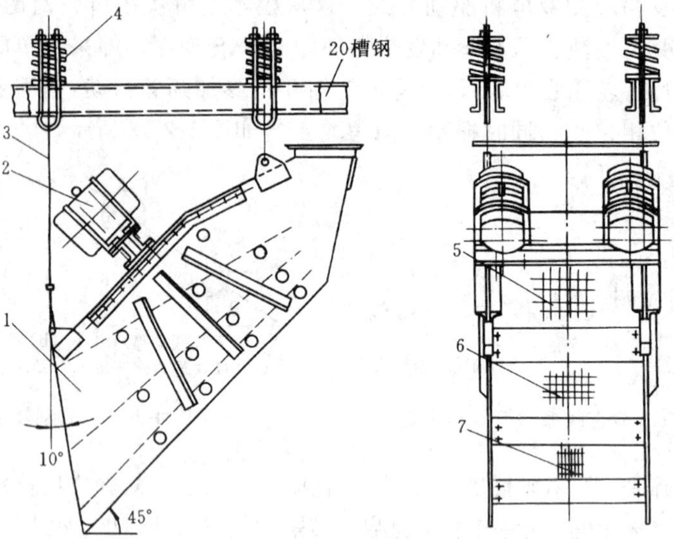

1—筛箱；2—振动电动机；3—吊挂钢绳；4—弹簧；5—上层筛面；6—中层筛面；7—下层筛面。

图 1-2-40　GS 型概率筛

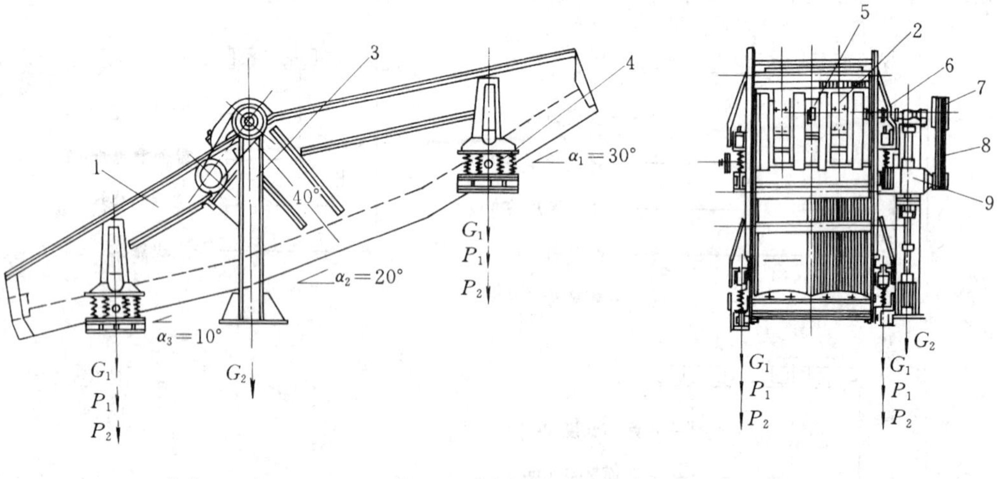

1—筛箱；2—激振器；3—电机架；4—支承装置；5—挠性联轴器；6—万向传动轴；
7—传动装置；8—三角皮带；9—电动机。

图 1-2-41　ZD 型等厚筛

图 1-2-40 所示的概率筛，采用两个振动电机激振，需要注意的是，电机的轴线是平行于筛框侧板的，这与其他双轴激振器的轴线垂直于侧板不同。这种布置完全是为了结构上的方便，使支承电机的承重梁受力更合理。与其相似的是，也可取消承重梁，把振动电机直接安装在侧板上。

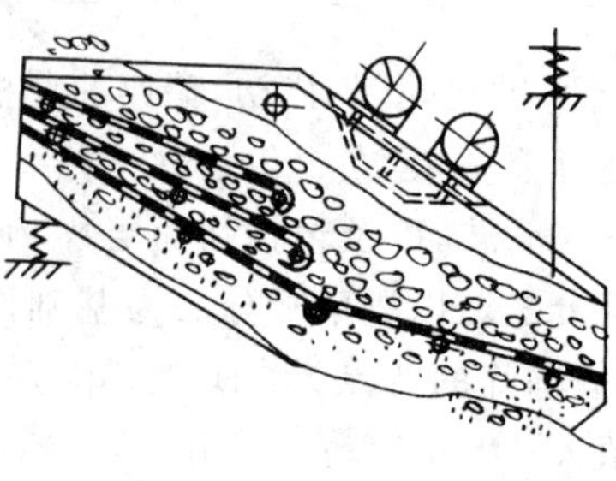

图 1-2-42　GDS 型概率等厚筛示意图

对于传统筛分法，筛上料层厚度从给料端到排料端逐渐减薄，在筛面给料端，其透筛负荷过大，在筛面排料端，其透筛负荷很小，使得筛面利用非常不合理。针对这种情况，法国的布尔斯特莱因于 20 世纪 60 年代提出了等厚筛分法。所谓等厚筛分法，就是在筛分机工作时，确保筛面上的料层厚度从给料端至排料端基本保持一致，以提高筛面利用的合理性。实现等厚筛分法的措施如下：

① 单筛机变倾角——在一台筛子上，筛面倾角从给料端至排料端逐渐减小；

② 两筛机变倾角及变运动——两台筛子串接使用，上游筛子的筛面倾角比下游筛子大，同时，上游筛子的运动比下游筛子剧烈。

图 1-2-41 所示的等厚筛，采用两个箱式激振器，对称安装在筛框的承重梁上，两激振器的主动轴用挠性联轴器连接，筛机采用联合传动装置。有的等厚筛采用单轴激振器，有的上游筛采用单轴激振器，而下游筛采用双轴激振器。

把概率筛与等厚筛综合成一种振动筛，就形成了如图 1-2-42 所示的概率等厚筛。虽然该筛子最终出两种产品，但三层筛面的筛孔自上往下逐渐减小，第一、第二层筛面能大大减小第三层筛面的负荷及给料端的料层厚度。

四、干法细筛

当原料的水分、黏性物及细颗粒的含量均较高时，一般的惯性振动筛按较小的筛分粒度进行干法筛分时常发生筛孔被堵塞的现象。为此，人们研制了各种干法细筛，这些筛子具有新颖的结构原理，效果显著，但结构一般较复杂。

1. 旋转概率筛

旋转概率筛工作时不振动，只是旋转，筛缝比筛分粒度大得多，具有显著的概率筛分效应。其结构原理如图 1-2-43 所示。

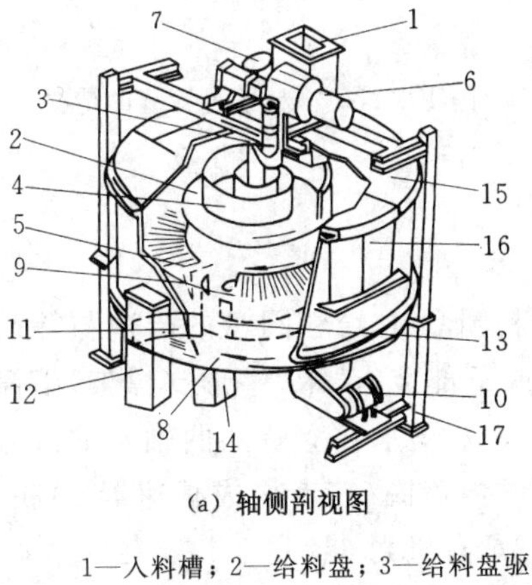

(a) 轴侧剖视图

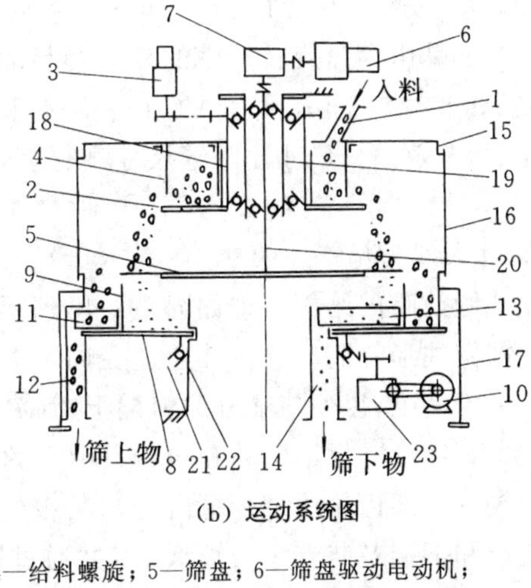

(b) 运动系统图

1—入料槽；2—给料盘；3—给料盘驱动装置；4—给料螺旋；5—筛盘；6—筛盘驱动电动机；7—蜗轮减速器；8—排料盘；9—隔料筒；10—排料盘驱动装置；11—筛上物卸料刮板；12—筛上物卸料槽；13—筛下物卸料刮板；14—筛下物卸料槽；15—壳体；16—检修门；17—机架；18—旋转轴套；19—固定轴套；20—心轴；21—大齿轮；22—支承圆筒；23—蜗轮减速器。

图 1-2-43　旋转概率筛结构原理

旋转概率筛主要由给料、筛分和排料 3 个运动系统构成，分别由 3 台电动机驱动。如

图 1-2-43 所示，给料系统主要由入料槽 1、旋转轴套 18、给料盘 2、给料螺旋 4 和驱动装置 3 组成。物料经入料槽给到低速旋转的给料盘上，在给料螺旋的配合下沿给料盘径向朝外移动，到达边缘时靠重力自由落下，呈环状物料带进入下面的筛盘 5，实现连续给料。

筛分系统主要由筛盘 5、心轴 20 和驱动装置 6、7 组成。从给料盘落到旋转筛盘上的物料被筛分，细粒级物料透过筛缝，落到排料盘 8 上靠近中心区域；粗粒级物料在离心力作用下向筛盘外缘运动，在运动过程中，尚未透筛的细粒级物料继续透筛，最后粗粒级物料从筛盘下落到排料盘上远离中心区域。为避免分离后粗细物料混杂，在排料盘上设置了隔料筒 9。筛盘驱动电机是调速电机，筛盘转速可根据需要在一定范围内调整，从而改变筛分粒度。

排料系统又称集料系统，它具有收集和排物料两种功能。排料系统主要由排料盘 8、隔料筒 9、筛上物卸料刮板 11 及卸料槽 12、筛下物卸料刮板 13 及卸料槽 14、支承圆筒 22、驱动装置 10、蜗轮减速器 23 和大齿轮 21 等组成。

工作时，电动机通过带传动、蜗轮减速器、齿轮传动使排料盘和隔料筒一起慢速旋转，而筛上物卸料刮板是不动的。各刮板的下缘与排料盘之间、各刮板接近给料筒的立边与隔料筒之间，都有几个毫米的间隙。当排料盘转动时，两个固定刮板分别把粗、细物料刮进各自的卸料槽。

旋转概率筛的筛分粒度主要取决于下列三个因素：① 物料的下落速度，即给料盘距筛盘的高度 h；② 楔形筛缝的尺寸，即筛条的角间隔 γ；③ 筛盘转速 n_s。对于一定的筛机，其中前两个因素是固定不变的，只有第三个因素是可操作因素。颗粒透过筛缝的情况如图 1-2-44 所示，图中 v_h 是由筛盘旋转产生的相对物料的水平速度，v_g 是物料相对筛盘的自由落体末速度。显然，有效筛分尺寸比筛缝尺寸小得多，即 $L_2 \ll L$。

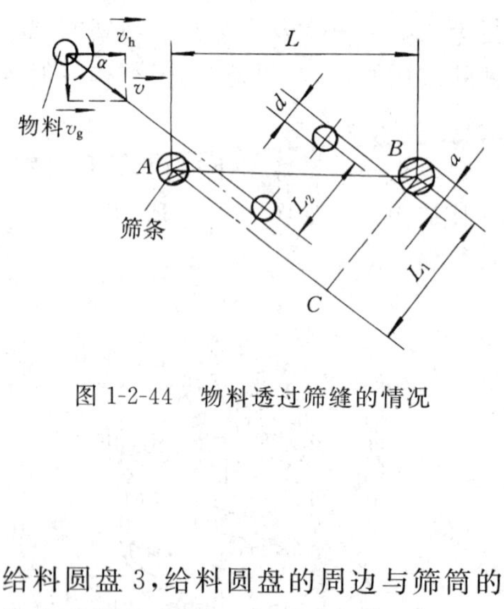

图 1-2-44 物料透过筛缝的情况

2. 立式圆筒筛

立式圆筒筛的结构原理如图 1-2-45 所示。

立式圆柱形筛筒 5 的上部通过径向筛条装有给料圆盘 3，给料圆盘的周边与筛筒的内表面有一定间隙，以便使筛分原料漏下；筛筒的中部或下部装有“米”字形支撑架，筛筒通过安装在“米”字形支撑架中心和给料盘中心的一对轴承 10 支承在立置的曲轴 4 的偏心轴径处。曲轴的上部齿轮通过行星齿轮与装在给料盘上的内齿圈（三者构成减速器 2）联系；曲轴的上端和下端各装有一个轴承 12，并通过轴承座支承在机壳 6 上。

当电动机通过传动带驱动曲轴转动时，带动筛筒绕 O—O 轴线做水平面的高速圆运动，同时，由行星齿轮减速器带动给料盘和筛筒绕其几何轴线（O_1—O_1 线）低速转动，即筛筒的运动是复合运动。为平衡筛筒做圆运动时所产生的离心惯性力，在曲轴上装有配重 8。物料从给料溜槽给到圆盘上后，因圆盘的上表面设有若干辐射状布置的径向叶片（物料扩散板），使物料在离心力作用下从圆盘与筛筒的间隙漏下，按圆周均匀给到筛筒的内表面上。复合运动的筛面使物料从筛面上近乎沿切向水平抛出，并投射到筛面的另一个周向位置上，

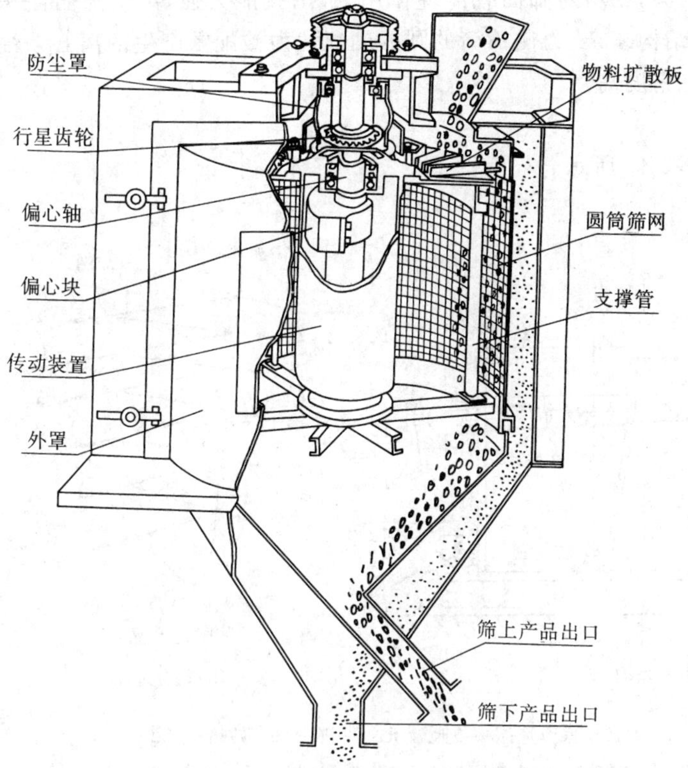

(a) 轴侧剖视图

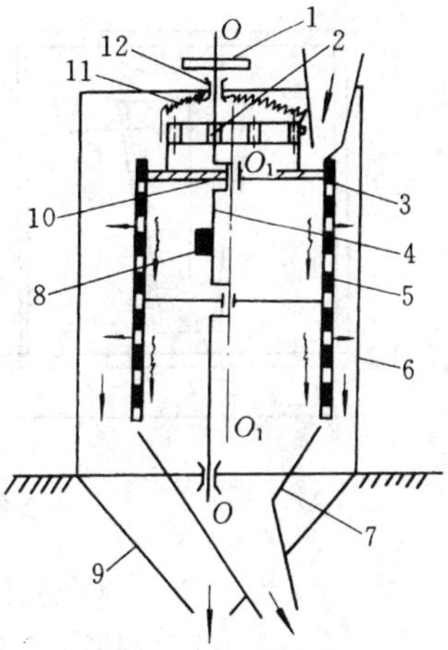

(b) 运动系统图

1—皮带轮；2—行星齿轮减速器；3—给料圆盘；4—曲轴；5—筛筒；6—机壳；7—粗粒物料排出漏斗；8—平衡配重；9—细粒物料排出漏斗；10—偏心轴轴承；11—弹性密封件；12—固定轴承。

图 1-2-45　立式圆筒筛的结构原理

使一部分细颗粒透过筛孔。如此反复抛出与投射，直至完成筛分，筛筒内、外侧的粗、细物料在其重力作用下下落，并分别经漏斗 7、9 收集后排出。筛筒的复合运动及物料的水平抛射运动如图 1-2-46 所示。

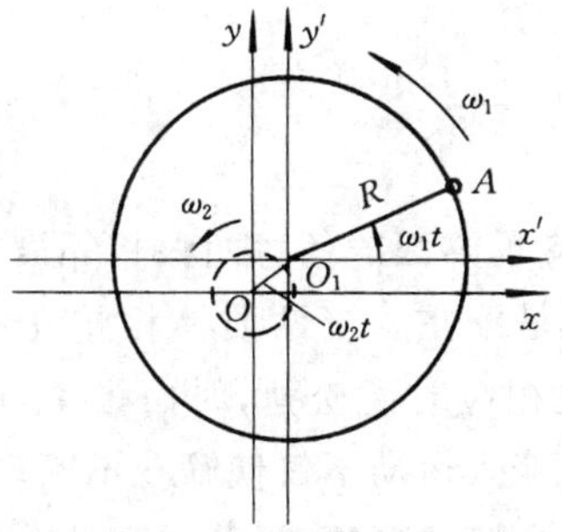

(a) 筛筒的复合运动

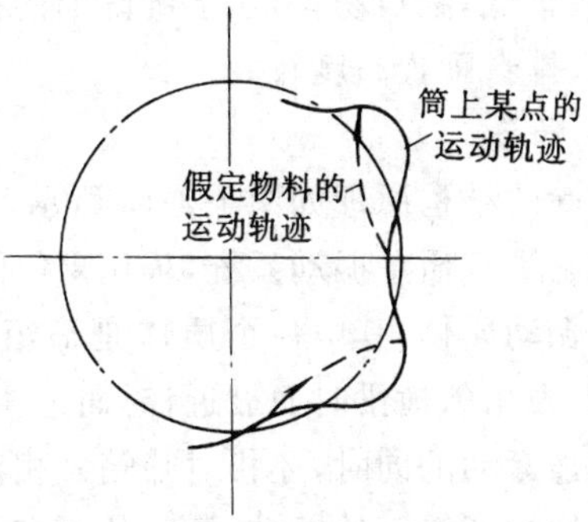

(b) 筛筒及物料的运动轨迹

图 1-2-46　筛筒及物料的运动情况

立式圆筒筛的振动强度很大，物料对筛面有清理作用，抗堵孔能力强，单位筛面面积处理能力大，能精确筛分。但是结构复杂，为使筛筒的圆振动惯性力被配重产生的离心惯性力相抵消，达到动平衡，要求制造精度高。

3. 变幅筛

变幅筛的结构原理如图 1-2-47 所示。

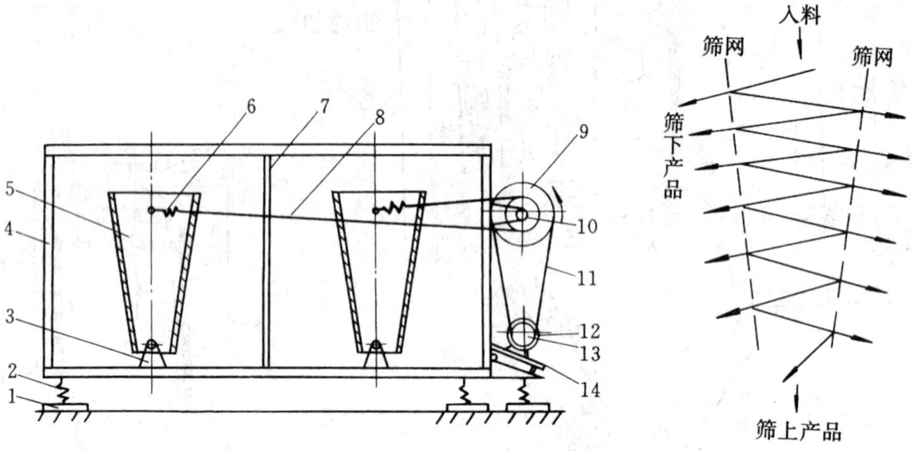

(a) 筛机结构　　(b) 筛分过程

1—基础垫板；2—橡胶减振弹簧；3—支地轴承；4—机架；5—筛箱；
6—橡胶缓冲弹簧；7—挡板；8—弹性连杆；9—大皮带轮；10—双偏心轴；
11—三角皮带；12—电动机；13—小皮带轮；14—电机拉紧装置。

图 1-2-47　变幅筛的结构原理

变幅筛是平面曲柄摇杆运动系统，下端用铰轴支承的立式筛箱相当于摇杆，筛箱上的双层筛面均垂直于连杆运动平面，在筛箱的任意水平面上，筛面与两侧都构成“口”字形。物料由筛箱上部给入后，受两筛面往复撞击而实现筛分。为了减小物料受重力作用向下运动的速度，延长筛分时间，将两筛面布置成互不平行状，即筛箱“口”字形断面上部大、下部小。为了平衡筛箱的摇动惯性力，采用摇动相位差为 π 的双筛箱摇动系统。变幅筛的主要特点是振幅大，频率低，物料易松散，上部筛面的振幅比下部筛面大，有利于大量细物料快速透筛，但要求给、排料配置高度较大。

4. 弛张筛

弛张筛的结构原理如图 1-2-48 所示。

弛张筛是双质量振动系统，采用聚氨酯橡胶筛面，支承筛面的任意两根相邻横梁都分别属于两个振动质体，其中一个质体是筛箱，另一个质体是配重。当两质体相差 π 相位振动时，任意两根相邻横梁时而靠近，时而远离，弹性筛面也相应时而松弛，时而张紧，即筛面随筛箱做牵连运动的同时，还相对筛箱做相对运动。这种弛张运动不仅使筛孔不断产生变形，而且大大增加了筛面的振动强度，从而有效地克服了筛孔堵塞现象，显著提高了筛机处理能力。因筛箱的振动强度并不大，故机械强度容易保证，但筛面的振动强度较大且反复变形，故筛面寿命较低。

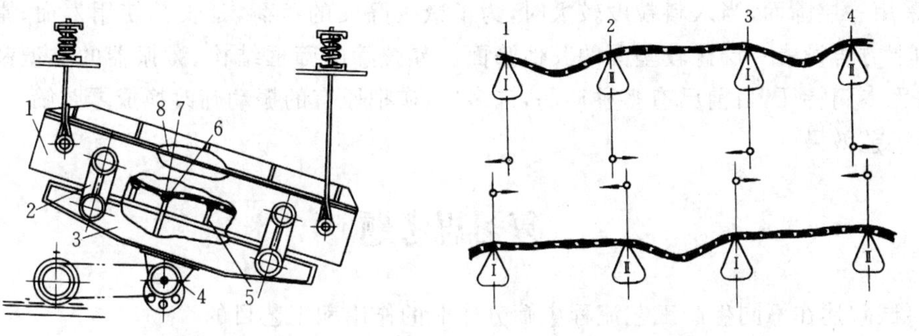

1—筛箱；2—摇杆；3—筛架；4—惯性激振器；5—筛箱横梁；
6—筛架横梁；7—弹性筛板；8—金属筛面。

图 1-2-48　弛张筛的结构原理

5. 无振动离心筛

无振动离心筛的结构原理如图 1-2-49 所示。

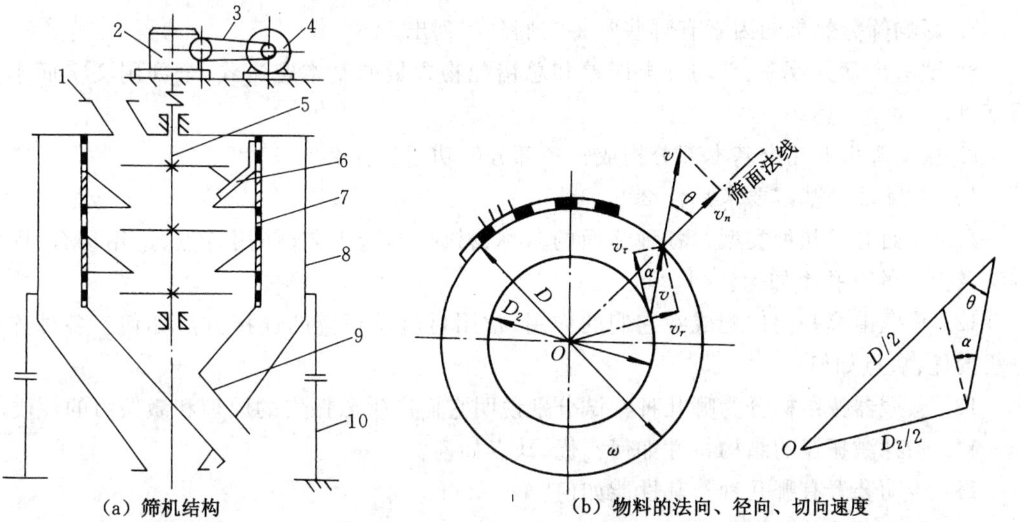

1—给料溜槽；2—减速器；3—带传动；4—电动机；5—固联着给料盘的立轴体；6—清理器；
7—装有锥形漏斗的筛筒；8—装有门和末煤漏斗的外壳；9—块煤漏斗；10—组合式机架。

图 1-2-49　无振动离心筛的结构原理图

由驱动装置 2、3、4 带动立轴体 5 旋转，原煤由给料溜槽 1 进入给料盘，并均匀地撒向筛筒 7，一部分小于筛孔的颗粒穿过，其余物料受筛筒阻滞作用仍留在内侧，这就实现了部分筛分。被阻滞在筛筒内侧的物料经过锥形漏斗进入第二层给料盘，并再次布料筛分，如此重复，最后筛上物和筛下物靠重力从各自的排料漏斗中排出。清理器的作用是防止黏性细煤炭淤塞筛网和锥形漏斗。显然，物料主要是在离心力场中实现筛分的，筛筒不做任何振动，故称之为无振动离心筛。

6. 琴弦筛

琴弦筛实际上是采用琴弦筛箅作为筛面的惯性振动筛。当入料粒度较小(如＜50 mm)

时，可采用一层筛面，当入料粒度较大时，为了减少筛面的负荷，延长其使用寿命，常在琴弦筛面的上方再设置一层比较坚固的其他筛面。琴弦筛的筛框结构、激振器的类型和运动轨迹等并无专门特征，目前已有多种产品，许多厂、矿把原有的振动筛改换成琴弦筛面，取得了较好的工艺效果。

复习思考题

1. 试叙述在不同生产工艺流程中筛分作业的作用和工艺目的。

2. 按工艺目的不同，筛分作业有哪几种？与各筛分作业相邻的前后工艺环节是什么？这些环节与筛分作业的配套性或对筛分作业的工艺要求如何？

3. 动力煤粒级的划分及相应名称是什么？主要动力煤用户对产品粒度的一般要求如何？常用选矿方法对入选原矿的粒度要求如何？

4. 有几种筛分顺序？它们的特点及应用情况如何？

5. 筛分过程动力学研究有哪些筛分过程参量？作为结论，这些参量的大致关系如何？

6. 试说明透筛概率的基本定义和 $P(A)=1/N$ 的物理意义。

7. 影响筛分效果的因素有哪些？将它们分类列出。

8. 试写出筛分效率、平均分配误差和总错配物含量的基本定义式，全部用文字而不能用字母。

9. 振动筛由哪几个基本部分构成？各部分的功用是什么？

10. 对筛面的基本要求是什么？

11. 筛面有哪几种类型？各种筛面的名称、材质、制造工艺、使用特点、适用场合、固定方法及大致的开孔率如何？

12. 筛框由哪些构件构成？它们的作用、常用材质及相应的连接方法如何？各种连接方法的优、缺点如何？

13. 激振器按结构分为哪几种？试分别说明它们产生激振力的原理和激振力的性质。

14. 各种激振器的结构特性如何？优、缺点如何？

15. 传动装置有哪几种？其性能如何？

16. 圆振动筛的激振器轴线相对于筛箱重心的位置，对筛机运动轨迹有何影响？对筛机的机械、工艺性能有何影响？

17. 直线振动筛的激振器相对于筛箱重心的位置有何要求？对筛机的机械、工艺性能有何影响？

18. 自定中心式圆振动筛产生的技术背景是什么？它的优、缺点如何？

19. 试简述自定中心式圆振动筛的工作原理。

20. 双电机驱动的直线振动筛产生的技术背景是什么？它的优、缺点是什么？

21. 试简述自同步原理。

22. 试说明粒群沿筛面长度透筛的不均匀性和变倾角筛分的意义。

23. 试说明不同运动轨迹的振动筛对不同筛分作业的适应性。

第三章　破碎及破碎机械

第一节　概　　述

破碎和磨碎在煤炭、各种金属、非金属、化工矿物原料及建筑材料的加工过程中得到广泛应用，是选矿厂和选煤厂最基本的工艺环节之一。破碎和磨碎是用外加能量（包括机械能、热能、电能、化学能和原子能等）来克服被破碎物料分子间的内聚力，使大块物料分裂成若干小块的过程。因为在物料破碎和磨碎过程中产生发声、发热、振动和摩擦等作用，使能源大量消耗，所以破碎和磨碎作业是大能耗低效率作业。长期以来，许多业内人士十分重视如何从理论研究到设备创新从而达到节能、高效地完成破碎和磨碎过程。破碎与磨碎在使用的方法及产物粒度上有所不同，破碎产物的粒度较大，而磨碎产物的粒度细小。本章讲述破碎及破碎机械，磨矿及磨矿机械将在下一章介绍。

一、破碎作业在选煤厂和选矿厂中的作用

破碎作业在选煤厂和选矿厂生产中都占有重要地位。然而，选煤厂和选矿厂在所破碎物料的物理机械性能和破碎产品粒度要求方面存在较大区别，因而两者在破碎机选型等方面有明显差异。

破碎作业在选煤厂和选矿厂生产中的作用主要有以下几方面：

（1）满足选煤机械和选矿机械对入选物料最大入选粒度的要求。例如，我国入选原煤粒度一般在 50 mm 以下，而从煤矿运来的原煤最大粒度可达 300 mm，所以，应对大块原煤进行破碎；井下和露天开采的矿石的粒度分别可达 600 mm 与 1 500 mm，更是需要破碎。

（2）满足夹矸煤中的煤与矸石的解离、有用矿物与脉石的解离要求。对于煤与矸石夹杂共生的夹矸煤，必须先使夹矸煤解离，才能入选而达到分选的目的。

（3）满足用户对选后产品粒度的要求。例如，对炼焦用煤须破碎到 3 mm 以下。

二、破碎作业的分类

破碎作业按其在选矿（煤）工艺中的作用不同可分为：准备破碎（分选前）；最终破碎（分选后）。

破碎作业按破碎产物的粒度不同分为粗碎、中碎、细碎与粉碎，见表 1-3-1。

表 1-3-1　按产品粒度划分的破碎作业

作业名称	粗　碎	中　碎	细　碎	粉　碎
产品粒度/mm	＞50	6～25	1～6	＜1

破碎作业按其所消耗的能量形式不同分为：机械能破碎，即用机械力破碎物料；非机械能破碎，即应用电能、热能等进行破碎。选煤厂和选矿厂主要是采用机械能破碎。机械能破碎有五种基本方式（图 1-3-1）。

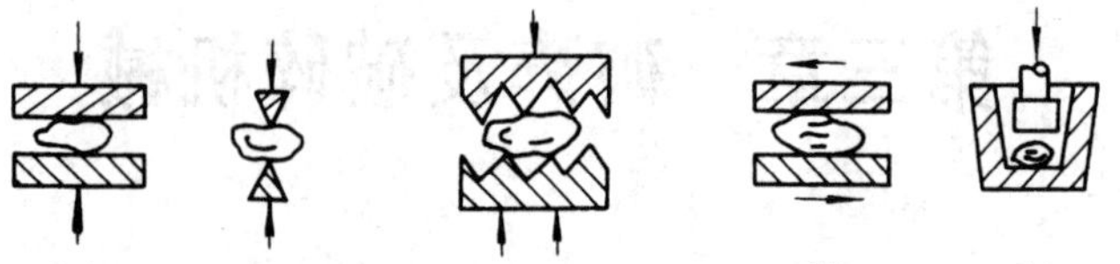

图 1-3-1　机械能破碎的基本方式

（1）挤压破碎

物料在两个工作面之间受到缓慢增大的压力作用而破碎[图 1-3-1(a)]。这种方法大多用于脆性、坚硬物料的粗碎。

（2）劈裂破碎

当使用一个尖棱（或平面）和一个带有尖棱的工作表面挤压矿石时，矿石将沿压力作用线的方向劈裂[图 1-3-1(b)]。这种劈裂是因为劈裂平面上的拉应力达到或超过矿石的拉伸强度极限。由于矿石的拉伸强度极限比抗压强度极限小很多，因此，在其他条件相同的情况下，劈裂破碎比挤压破碎所需的压力小。

（3）折断破碎

矿石受弯曲作用而破碎[图 1-3-1(c)]。被破碎的矿石被视为承受集中载荷的两支点梁或多支点梁。当矿石内的弯曲应力达到矿石的弯曲强度时，矿石即被折断。

（4）研磨破碎

矿石与运动的工作面之间存在相对运动而受一定的压力和剪切力作用，当剪切应力达到矿石的剪切强度时，矿石即被粉碎[图 1-3-1(d)]。研磨破碎多产生细粒，效率低且能量消耗大。这种方法多用于小块物料的细磨。

（5）冲击破碎

物料受到足够大的瞬时冲击力而破碎[图 1-3-1(e)]。这种方式具有高破碎效率、大破碎比和低能量消耗，主要用于脆性物料的破碎。

实际上，任何一种破碎机和磨矿机都不能只用前面所列举的某一种方法进行破碎，一般都是由两种或两种以上的方法联合起来进行破碎，例如挤压和折断，冲击和磨碎等。破碎机的结构应保证实现上述破碎方式。每一种破碎机，一般都有其主要破碎方式。齿辊破碎机以劈裂破碎为主，但在连续破碎时，由于物料在破碎空间排列的随机性，物料受力是很复杂的，常常是几种破碎方式并存。

三、与破碎相关的矿石性质及破碎方法的选择

矿石的破碎方法主要根据矿石的物理机械性质、矿石块的尺寸和所要求的破碎比来选择。

矿石破碎过程中所表现出来的抵抗外力的强度大小，称为矿石破碎的难易程度。它是衡量矿石可碎性的标准，主要取决于矿石的结构特性和矿物的结晶形态。矿物晶格间的作用力越大，硬度就越大，也就越难破碎。矿石或矿物的结构具有某些缺陷、裂隙时，往往首先

易在该部位破裂。

影响矿石破碎难易程度的最主要因素是矿石的硬度。它是指矿石抵抗其他物质压入或刻画的能力。矿石的硬度等级有多种分类方法。

选矿工业常引用可碎性系数定量地衡量矿物机械强度对破碎的影响,其表示方法如下:

$$\varepsilon = \frac{Q_1}{Q_0} \tag{1-3-1}$$

式中 ε——物料的可碎性系数;

Q_0——某破碎机破碎中硬矿石的处理能力;

Q_1——同一破碎机在同样条件下破碎指定矿石的处理能力。

中硬矿石通常用石英代表,其可碎性系数与可磨性系数均为1。若矿石硬度大,则可碎性系数与可磨性系数均小于1,表示破碎机对其处理能力小于对中硬矿石的处理能力;反之,矿石硬度小,可碎性系数与可磨性系数大于1,破碎机对其处理能力则较大。选矿上常用矿石的极限抗压强度 σ_b、普氏硬度系数 f($f=\sigma_b/10$)、可碎性系数及可磨性系数表示矿石的硬度,如表1-3-2所示。

表 1-3-2 矿石硬度、可碎性系数和可磨性系数

硬度等级	σ_b/MPa	普氏硬度系数 f	可碎性系数	可磨性系数	实 例
很软	<20	<2	1.30～1.40	1.40～2.00	石膏、无烟煤
软	20～40	2～4	1.15～1.25	1.25～1.50	页岩、泥灰岩
中等硬度	40～80	4～8	1.00	1.00	硫化矿
硬	80～100	8～10	0.80～0.90	0.75～0.85	一般铁矿
很硬	>100	>10	0.65～0.75	0.50～0.70	玄武岩、含铁石英岩

按普氏硬度系数 f 可将矿石分为10级,f 值由0.3到20,见表1-3-3。显然,f 值越大,矿石越坚固,也越难破碎。从表中可以看出,无烟煤的普氏硬度系数 $f=2$,烟煤的普氏硬度系数 $f=1\sim1.5$。

表 1-3-3 普氏硬度岩石分级表

等 级	坚固性程度	f	岩 石
Ⅰ	最坚固的岩石	20	最坚固的石英岩,玄武岩
Ⅱ	很坚固的岩石	15	很坚固的花岗质岩石,石英斑岩
Ⅲ	坚固的岩石	10	致密的花岗岩,很坚固的砂岩
Ⅲ$_a$	坚固的岩石	8	坚固的石灰岩,不坚固的花岗岩,硫铁矿
Ⅳ	颇坚固的岩石	6	一般的砂岩,铁矿石
Ⅳ$_a$	颇坚固的岩石	5	砂质页岩,页岩质砂岩
Ⅴ	中等坚固的岩石	4	坚固的黏土质岩石,不坚固的石灰岩
Ⅴ$_a$	中等坚固的岩石	3	不坚固的各种页岩,致密的泥灰岩
Ⅵ	颇软弱的岩石	2	白垩,岩盐,石膏,无烟煤
Ⅵ$_a$	颇软弱的岩石	1.5	碎石质土壤,硬化的黏土
Ⅶ	软弱的岩石	1.0	致密的黏土,软弱的烟煤
Ⅶ$_a$	软弱的岩石	0.8	黄土,轻砂质黏土
Ⅷ	土质的岩石	0.6	腐殖土,泥煤,湿砂
Ⅸ	松散的岩石	0.5	砂,松土,采下的煤
Ⅹ	流砂性岩石	0.3	流砂,沼泽土壤,含水黄土

各种矿石的物理机械性质见表 1-3-4。

表 1-3-4　矿石的物理机械性能

矿石性质	矿石种类	极限抗压强度 σ_b/MPa	弹性模量 E/Pa	普氏硬度系数 f
软矿石	煤	2.0～4.0		2～4
	方铅矿	4.5		
	菱铁矿	7.0		
	无烟煤	约 9.0		
	闪锌矿	约 10		
	疏松石灰石	40		
低于中硬矿石	致密石灰石	50～100,甚至达 130	350 000	6～10
	褐铁矿	约 82		
	磁铁矿	106.5	680 000～720 000	
中硬矿石	花岗岩	120～150	515 000～614 000	12～15
	纯褐铁矿	125		
	正长岩	125～156		
	大理石	50～150	565 000	
	致密砂岩	约 160		
高于中硬矿石	半假象赤铁矿	158～195.5	612 600～790 000	15～18
	辉绿岩	180～200		
	片麻岩	172～220		
极硬矿石	石英岩	198～218	780 000～1 030 000	18～20
	斑　岩	153～280	680 000	
	铜矿石	150～280		
	钛磁铁矿	234		
	玄武岩	200～300	562 000～913 000	
	花岗长英岩	约 350		

应当指出,矿石的力学性质是不均匀的。不同矿物集合体之间的结合力比同种矿物内部的结合力要小;在同样的矿物集合体内,晶体面上的结合力比晶体内部的要小。再加上形成矿物的不连续性与不均匀性,以及开采时对矿物受力形成的裂纹的影响。一般来说,随着物料粒度的减小,以上提到的引起矿物强度降低的因素也减少,故细矿粒的强度较高,也就是矿粒愈细愈难磨碎。

另外,物料的脆性对破碎也有较大影响。破裂前无变形或变形很小的物料叫脆性物料;破碎时先变形而后碎裂的物料叫塑性物料。煤和大多数矿石都是脆性物料,煤属于软矿物。矿石通常都是多种不同性质矿物的共生体,如煤中有精煤、矸石和黄铁矿等。破碎时,不同矿物的破碎程度不一样,精煤强度最低而最容易破碎;黄铁矿强度最高而最难破碎;矸石强度和破碎难易度居中。破碎后的产物粒度也依次以精煤最细,矸石次之,黄铁矿最大,这种现象叫选择性破碎。这也是选煤厂采用选择性破碎机的依据。

矿石的抗压强度最大,抗弯强度次之,抗磨强度再次之,抗拉强度最小。针对矿石这一机械强度特点,实施恰当的破碎方法,可以使破碎更加有效。对于硬物料应采用折断配合冲击来破碎,若采用磨碎,机器将遭严重磨损;再如对煤这样的脆性软物料,则以劈裂与冲击较为合适,若采用磨碎,将产生过多粉煤,给选煤工艺带来困难。冲击破碎主要以动载荷进行破碎，效果比用静载荷好。破碎机工作时，工作面也以动载荷形式作用于矿物，具有一定冲击效果。在载荷超过疲劳极限的条件下，反复冲击物料可以减少破碎时所需要的应力，因此，高频冲击破碎有较好的效果，功耗低，破碎比高，过粉碎小。实际应用中的反击式破碎机和振动球磨机都有高频冲击的特点。

总之，掌握了物料性质与破碎方式相适应的规律，无论是对煤还是对其他矿物，如金属矿石、化工原料等破碎，都可正确选择所需的破碎设备。

四、破碎比及破碎产物的粒度特性

在破碎过程中，入料粒度与产物粒度的比值叫作破碎比。它表征了物料破碎的程度。破碎的能量消耗和处理能力均与破碎比有关。破碎比通常由入料最大颗粒直径（D_{max}）与产物最大颗粒直径（d_{max}）的比值来确定，即

$$i = \frac{D_{max}}{d_{max}} \tag{1-3-2}$$

在选煤实践中，由式(1-3-2)确定的破碎比并不能准确地描述破碎过程。因为粒度特性相同的物料经破碎后，虽然产物中的最大粒度是一样的，但破碎后粒度特性未必相同，如图1-3-2 所示。

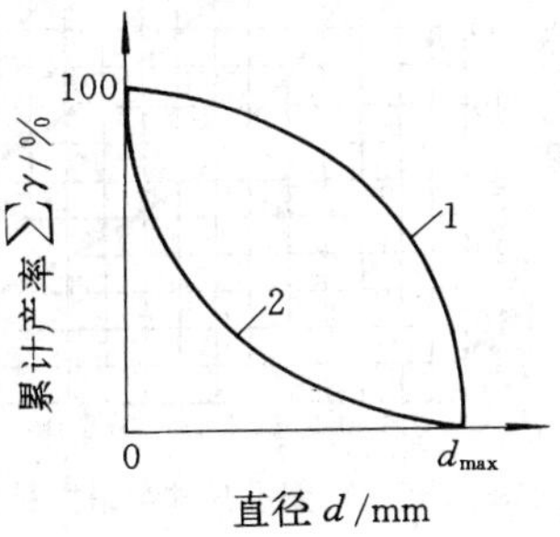

图 1-3-2 破碎产物的粒度特性

若由式(1-3-2)计算破碎比，图中所示两个破碎过程的破碎比相同，但凹形曲线 2 的产物要比凸形曲线 1 的产物含更多的细颗粒，所以完成曲线 2 所示的破碎要比完成曲线 1 所示的破碎消耗更多的能量。为使破碎比能更准确地表示破碎与能耗的关系，应寻求另一种破碎比的计算方法。即

$$i = \frac{D_p}{d_p} = \frac{\sum \gamma D}{\sum \gamma' d} \tag{1-3-3}$$

式中 D_p——根据粒度特性计算出的原料的加权平均直径，mm；

d_p——根据粒度特性计算出的产物的加权平均直径，mm；

γ——原料的各粒级产率（按筛分分析），%；

γ'——产物的各粒级产率（按筛分分析），%；

D——原料各粒级的算术或几何平均直径，mm；

d——产物各粒级的算术或几何平均直径，mm。

选煤过程中的破碎比一般比较小，一段破碎即可满足。但对于选矿，因多使用浮选、磁选和电选，其入选粒度很细，故破碎比 i 值很大，往往需要进行多次(段)破碎，其总破碎比 i 等于各段破碎比($i_1, i_2, \cdots, i_n$)的乘积，即

$$i = i_1 \times i_2 \times \cdots \times i_n \tag{1-3-4}$$

为了鉴定破碎机的破碎效果和检查破碎产品的质量，必须确定它们的产品粒度组成和粒度特性曲线。确定混合物料的粒度组成，通常采用筛分分析的方法(简称筛析)。进行筛析时，从被筛析的物料中称出适量的试样。试样称好后置于一套标准筛的第一层筛面上并用盖封闭，然后放在振筛器上进行筛分，筛分的时间一般为 10～15 min。筛好后将各层筛上物料分别进行称量，然后以试样的总质量分别除各个粒级的质量，即可得到每一粒级相应

的产率，以百分数表示。

根据筛析的结果，可以做出原矿、破碎产品和磨碎产品的粒度特性曲线。粒度特性曲线表示产率和物料粒度之间的关系。这种曲线的绘制方法很多，随研究的目的而定。通常是以直角坐标的横轴表示筛孔尺寸与原矿最大粒度之比，或者是筛孔尺寸与破碎机排矿口之比，或者是筛孔尺寸与磨碎产品的最大粒度之比；纵轴表示每一层筛上物料质量累计百分数，简称筛上量累计产率(%)。利用各种矿样的筛析数据，可以做出图 1-3-3 到图 1-3-8 的粒度特性曲线。

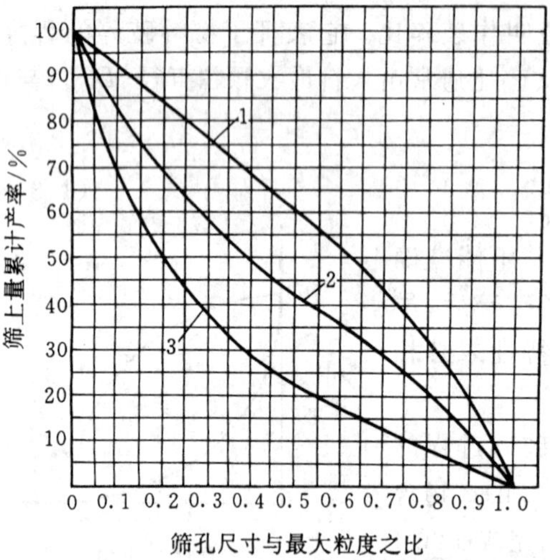

1—难碎性矿石；2—中等可碎性矿石；
3—易碎性矿石。

图 1-3-3　原矿粒度特性曲线

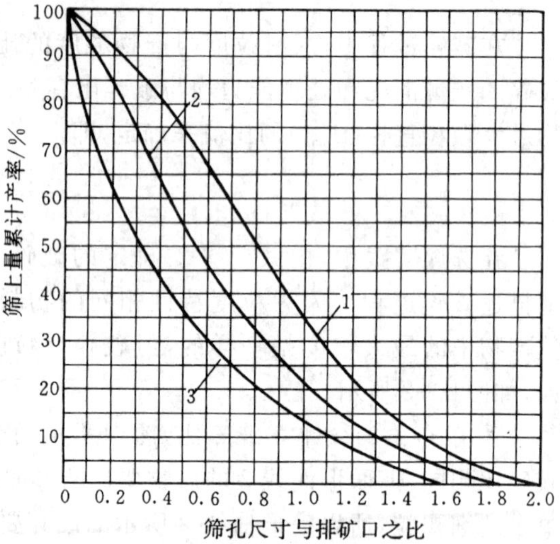

1—难碎性矿石；2—中等可碎性矿石；
3—易碎性矿石。

图 1-3-4　旋回破碎机破碎产品粒度特性曲线

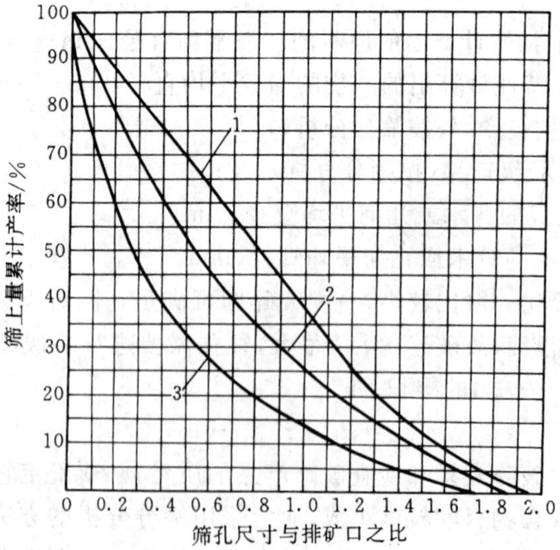

1—难碎性矿石；2—中等可碎性矿石；3—易碎性矿石。

图 1-3-5　颚式破碎机破碎产品粒度特性曲线

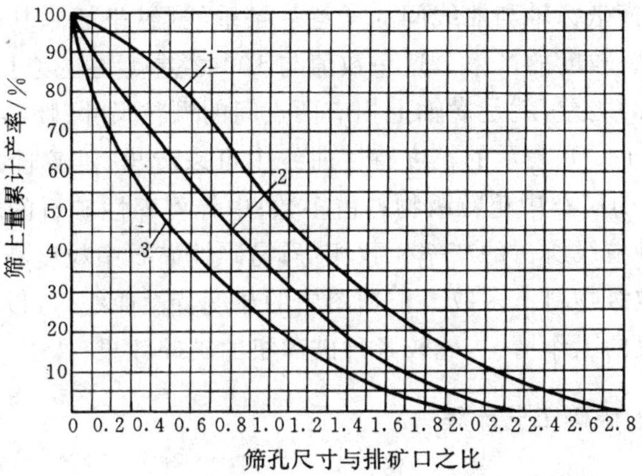

1—难碎性矿石；2—中等可碎性矿石；3—易碎性矿石。

图 1-3-6　标准圆锥破碎机破碎产品粒度特性曲线

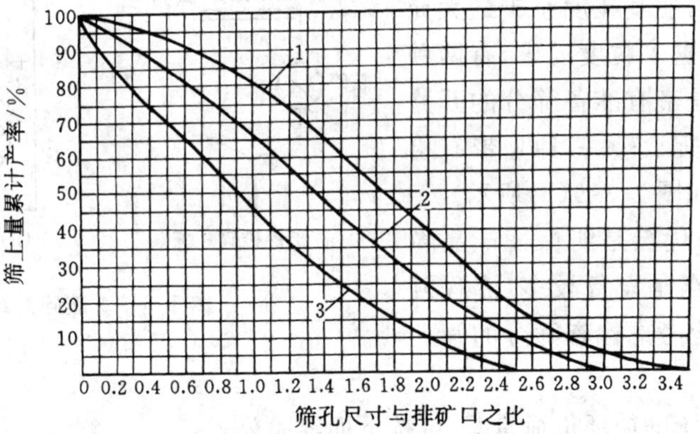

1—难碎性矿石；2—中等可碎性矿石；3—易碎性矿石。

图 1-3-7　短头圆锥破碎机开路破碎产品粒度特性曲线

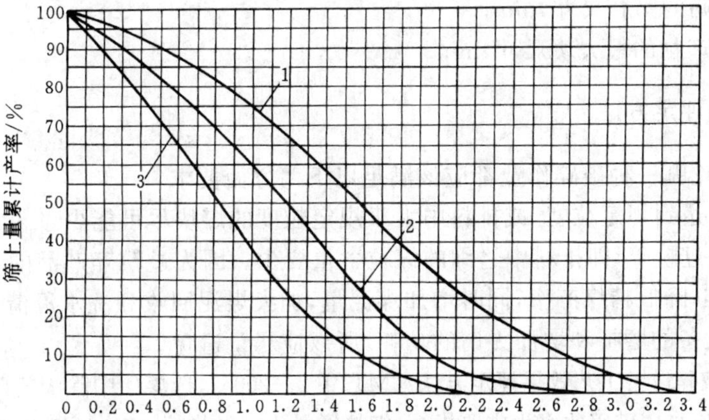

1—难碎性矿石；2—中等可碎性矿石；3—易碎性矿石。

图 1-3-8　短头圆锥破碎机闭路破碎产品粒度特性曲线

粒度特性曲线的横坐标轴与曲线间的任意一条垂线(纵坐标),其值表示大于横坐标轴上相应点所代表的物料粒度的产率。这一数值与100之差就是粒度小于这一尺寸的物料产率。两条线段(纵坐标)之差,就是横轴上相应两点间的颗粒尺寸(物料粒级)的产率。

从图1-3-3到图1-3-8表示的粒度特性曲线中可以看出,难碎性矿石的粒度特性曲线1都是凸形曲线,这表明矿石中粗粒级物料占多数;中等可碎性矿石的粒度特性曲线2都近似于直线,这表明各种粒级所占的产率大致相等;易碎性矿石中粒度特性曲线3都是凹形曲线,这表明矿石中细粒级物料占多数。根据图中的粒度特性曲线,可以比较各种矿石的破碎难易程度,检查破碎机的工作情况,比较各种破碎机的破碎效果。

五、选煤厂常用的破碎工艺流程

煤矿运到选煤厂的原煤的最大粒度可达300 mm。我国目前主要采用跳汰与重介质选煤,一般入选粒度小于50 mm。所以应对入选原煤进行破碎,使其粒度小于最大允许入选粒度。为满足这一粒度要求,有两种常用破碎系统,一种是带有准备筛分的开路系统,如图1-3-9(a)所示;另一种是带有检查筛分的闭路系统,如图1-3-9(b)所示。

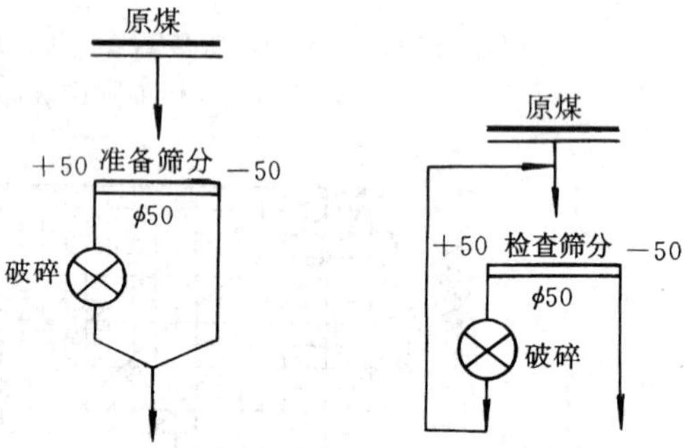

(a) 开路破碎系统 (b) 闭路破碎系统

图1-3-9 破碎系统

闭路破碎系统的优点是能保证产品粒度小于规定尺寸;缺点是设备较多,流程复杂,破碎机的负荷量应考虑检查筛分的筛上物料量。

计算闭路破碎系统的循环负荷量Q,可按下面经验公式:

$$Q = 3.5\left(\frac{S}{a} - \frac{S}{d}\right) \tag{1-3-5}$$

式中 S——破碎机排料口尺寸,mm;

a——检查筛的筛孔尺寸,mm;

d——破碎产物的最大块尺寸,mm。

六、破碎效果评定方法

选煤厂中,无论哪一种破碎作业都应该满足以下两方面要求:

(1) 破碎产品达到规定粒度,或排料中大于规定粒度的煤块尽可能少。

(2) 尽量避免过粉碎,即排料中过细的煤粒含量要少。因为过粉碎产品的含量多,会给分选作业带来困难,降低精煤产率,同时增加煤泥量,加大煤泥回收和洗水澄清设备的负荷。过粉碎还将加快设备的磨损和增加无谓的功耗,所以应尽量避免。

根据《选煤厂破碎设备工艺效果评定方法》(MT/T 2—2005),选煤厂中除滚筒碎选机以外的各种类型破碎设备应采用破碎效率为主要指标,细粒增量为辅助指标,综合评定破碎机的效果。

破碎效率按下式计算:

$$\eta_p = \frac{U_{-d} - F_{-d}}{F_{+d}} \times 100\% \tag{1-3-6}$$

式中　η_p——破碎效率，%；

F_{+d}——入料中大于要求破碎粒度 d 的含量，%；

F_{-d}——入料中小于要求破碎粒度 d 的含量，%；

U_{-d}——排料中小于要求破碎粒度 d 的含量，%。

细粒增量按下式计算：

$$\Delta = U_{-f} - F_{-f} \tag{1-3-7}$$

式中　Δ——细粒增量，%；

U_{-f}——排料中的细粒含量，%；

F_{-f}——入料中的细粒含量，%。

计算结果取小数点后两位，修约至小数点后一位。

这里的"细粒级的粒度"是针对破碎产物粒度而言的：

① 排料粒度要求大于和等于 50 mm 的粗碎，"细粒"是指 13～0 mm，f=13 mm；

② 排料粒度要求小于 50 mm 的中碎和细碎，"细粒"是指 0.5～0 mm，f=0.5 mm。

"细粒"上限定为 13 mm 和 0.5 mm，主要因为：13 mm 是我国选煤厂分级入选和脱水分级常用的界限，也是块煤商品煤的常用粒度下限；0.5 mm 是重选和浮选的界限，小于 0.5 mm 的细粒煤粉的含量是选择选煤工艺和设备选型的依据。

入料和排料各粒度组成的测定按《煤炭筛分试验方法》(GB/T 477—2008)执行。根据评定要求：

① 筛分级别可以减少，但应包括与要求破碎粒度、破碎机排料口尺寸和细粒上限大小相应的级别。若上述级别与 GB/T 477—2008 规定不符，则筛分级别的数目应满足能绘制粒度曲线的要求，一般不少于 4 级。

② 如无特别要求，可不进行大于 25 mm 各级别的手选以及所有各级别的全硫($S_{t,ad}$)、挥发分(V_{ad})和发热量(Q_b)的测定。

煤样的采取方法见《生产煤样采取方法》(MT/T 1034—2006)，煤样的制备方法见《煤样的制备方法》(GB/T 474—2008)。在进行试验的同时，必须测定和记录破碎设备型式、规格、用途、破碎粒度、处理能力等。另外，根据需要，尚需测定和记录如下项目：

① 入料性质——煤的牌号、硬度、脆性、抗碎强度、可磨性、含矸率、黄铁矿含量、全水分、粒度组成等；

② 破碎机结构特征；

③ 入料状况——入料的均衡性。

主要数据的填写方法见表 1-3-5。

表 1-3-5　破碎设备工艺效果试验报告表（MT/T 2—2005 规范性表）

破碎机型式规格	用途	破碎粒度 d/mm	细粒级粒度上限 f/mm	处理能力/(t/h)		入料中含量/%			排料中含量/%			破碎效率 η_p/%	细粒增量 Δ/%
				设计	实际	F_{+d}	F_{-d}	F_{-f}	U_{+d}	U_{-d}	U_{-f}		
1	2	3	4	5	6	7	8	9	10	11	12	13	14

注：U_{+d}为排料中大于要求破碎粒度的含量。

第二节 破碎基本理论

破碎理论是研究矿石在破碎过程中能量消耗与哪些因素有关，并确定外力破碎矿石时所做的功的学说，也叫破碎的功耗学说。虽然人类使用破碎工具已有上千年的历史，但是，提出破碎理论还是19世纪的事情。在选矿厂中，40%～60%的动力消耗是在破碎和磨碎作业中，这必然引起人们的关注。

物料块破碎是沿最脆弱的断面裂开的。这些脆弱断面在物料块被破碎后就不存在了，所以在物料破碎过程中，脆弱点和脆弱面逐渐消失。随着物料粒度的减小，物料变得越来越坚固。因而，破碎较小的物料时，消耗的能量就较多。破碎物料块所消耗的功，一部分使被破碎的物料变形，并以热的形式散失于周围空间；另一部分则用于形成新表面，变成固体的自由表面能。

破碎过程的能量消耗与很多因素有关：矿石的物理机械性质，矿石的形状、尺寸和湿度以及所采用的破碎方法等。现有的破碎理论都未能完整地解释矿石被破碎的实质，均有一定的局限性。目前，公认的破碎理论有三种假说：面积假说、体积假说和裂缝假说。

一、面积假说

破碎理论的面积假说是由德国学者P. R. 雷廷格(P. R. Rittinger)于1867年提出的，这是最早的系统的破碎理论。事实上，物料表面上的质点与其内部的质点不同，物料表面相邻的质点不能使其平衡，故物料表面存在着不饱和能。破碎过程使物料增加新的表面，为此雷廷格认为：物料破碎时，外力做的功用于产生新表面，即破碎功耗与破碎过程中物料新生成表面的面积成正比，或内力的单元功 dA_1 与物料的破断面的面积增量 dS 成正比。即：

$$dA_1 = K_1 dS \tag{1-3-8}$$

式中 K_1——比例系数。

假设物料块的形状为立方体，边长为 D，如顺着一个面把它破碎开，则新生成表面的面积为 $S=D^2$，式(1-3-8)可写为：

$$dA_1 = K_1 dS = K_1 dD^2 = 2K_1 D dD \tag{1-3-9}$$

破碎 Q m³ 由不同粒度和形状的物料块组成的混合物料后得到体积相同的产物，而破碎产物则是由粒度更小的各种粒度和形状的物料组成。为方便讨论，假定所有物料块都是尺寸相同的规则立方体，则：

Q m³ 物料中物料块数目是：

$$N = \frac{Q}{D^3} \tag{1-3-10}$$

破碎 Q m³ 物料时的单元功为：

$$dA = N dA_1 = \frac{Q}{D^3} \times 2K_1 D dD = 2K_1 Q \frac{dD}{D^2} \tag{1-3-11}$$

设原矿和破碎产物的平均直径为 D_{pj} 和 d_{pj}。将式(1-3-11)积分，即得破碎 Q m³ 物料时所需要的功。式(1-3-11)的右边取负号，因为外力功与内力功的绝对值相等，但符号相反。

$$A = -2K_1 Q \int_{D_{pj}}^{d_{pj}} \frac{dD}{D^2} = K' Q \left(\frac{1}{d_{pj}} - \frac{1}{D_{pj}} \right) = K' \frac{i-1}{D_{pj}} \cdot Q \tag{1-3-12}$$

式中　K'——系数，$K'=2K_1$；

i——破碎比。

物料块平均直径的计算公式如下：

$$D_{pj}=\frac{\sum W}{\sum \frac{W}{D}};\quad d_{pj}=\frac{\sum W}{\sum \frac{W}{d}} \tag{1-3-13}$$

式中　W——窄粒级的质量产率；

d——由筛分分析法得出的窄粒级的平均直径，是该级别中最大直径与最小直径的算术平均值。

由式(1-3-12)可知，当原矿的平均直径 D_{pj} 一定时，破碎功与破碎比减1之值成正比；如原矿的平均直径不同而破碎比相同，则破碎功与原矿的平均直径成反比。

实践证明，当破碎比一定时，原矿粒度越小，破碎所需的能量越大。

面积假说只能近似地计算破碎比很大时的破碎总功耗，也就是只能近似地用在磨矿机的磨矿中，因为它只考虑了生成新表面所需的功。

二、体积假说

破碎的体积假说是由俄国学者吉尔皮切夫与德国学者基克各自独立提出的。体积假说认为：将几何形状相似的同类物料破碎成几何形状也相似的产品时，其破碎功耗与被破碎物料块的体积或质量成正比，或内力的单元功 $\mathrm{d}A_2$ 与破碎物料块的变形体积的微量 $\mathrm{d}V$ 成正比。即：

$$\mathrm{d}A_2=K_2\mathrm{d}V=K_2\mathrm{d}D^3=3K_2D^2\mathrm{d}D \tag{1-3-14}$$

式中　K_2——比例系数。

破碎 Q m^3 物料时的单元功：

$$\mathrm{d}A=N\mathrm{d}A_2=\frac{Q}{D^3}\times 3K_2D^2\mathrm{d}D=3K_2Q\frac{\mathrm{d}D}{D} \tag{1-3-15}$$

破碎 Q m^3 物料所需之功：

$$A=-3K_2Q\int_{D_{pj}}^{d_{pj}}\frac{\mathrm{d}D}{D}=3K_2Q\ln\frac{D_{pj}}{d_{pj}}=K'_2Q\ln i \tag{1-3-16}$$

式中，$K'_2=3K_2$。

物料块平均直径的计算公式为：

$$\ln D_{pj}=\frac{\sum W\ln D}{\sum W};\quad \ln d_{pj}=\frac{\sum W\ln d}{\sum W} \tag{1-3-17}$$

由式(1-3-16)可见，根据体积假说，破碎功只与破碎比有关。

根据体积假说和按照虎克定律，被破碎物料的体积为 V 时，破碎功的计算公式为：

$$A=\frac{\sigma_b^2V}{2E} \tag{1-3-18}$$

式中　σ_b——物料的抗压极限强度；

E——物料的弹性模数；

V——被破碎物料的体积。

若将直径为 D 的物料体积 V_1 破碎到直径为 d 的体积 V_2，其所需功为：

$$A=\frac{\sigma_b^2}{2E}(V_1-V_2) \tag{1-3-19}$$

式(1-3-19)是目前用理论方法确定破碎机的电动机功率的基本公式。

体积假说只能近似地计算粗碎和中碎时的破碎总功耗，因为它只考虑了变形功。

三、裂缝假说

裂缝假说是由 F. C. 邦德(F. C. Bond)在整理了破碎与磨碎的经验资料后，于 1952 年提出的介于面积假说和体积假说之间的一种破碎理论。裂缝假说认为破碎矿石时，外力首先使物料块产生变形，外力超过强度极限以后，物料块就产生裂缝而破碎成许多小块。邦德提出的一个计算破碎功耗的公式为：

$$W=10W_i\left(\frac{1}{\sqrt{P}}-\frac{1}{\sqrt{F}}\right) \tag{1-3-20}$$

式中 W——将单位质量物料从粒度为 F 破碎到粒度为 P 时所需能量，kW·h/t；

F——80%的入料所能通过的方形筛孔宽，μm；

P——80%的排料所能通过的方形筛孔宽，μm；

W_i——功指数，kW·h/(t·μm)。

W_i 是理论上无限大的粒度破碎到 80%可以通过 150 μm 筛孔宽(或 65%可以通过 74 μm 筛孔宽)时所需的功，它在一定程度上表示物料粉碎的难易程度，即可碎性或可磨性。建立了上面经验公式以后，邦德解释为：破碎物料时外力所做的功先是使物体变形，当变形超过一定限度后即生成裂缝，储存在物体内的变形能促使裂缝扩展并生成断面。输入功的有用部分为新生表面上的表面能，其他部分成为热损失。因此，破碎所需的功，应考虑变形能和表面能两项，变形能与体积成正比，而表面能与表面积成正比。假定等量考虑这两项，破碎所需的功应当与体积和表面积的几何平均值成正比，即与 $\sqrt{V\cdot S}$ 成正比。对于单位体积的物体，就是与 $\sqrt{V\cdot S}/D^3=D^{5/2}/D^3=1/D^{1/2}$ 成正比。

根据邦德所作的解释，将质量为 m 的矿物从 D 破碎到 d 所需的功耗 A_3 为：

$$A_3=K_3m\left(\frac{1}{\sqrt{d}}-\frac{1}{\sqrt{D}}\right)=K_3m\frac{1}{\sqrt{D}}(\sqrt{i}-1) \tag{1-3-21}$$

式中 K_3——综合比例系数。

邦德裂缝假说具体应用的关键是测定功指数 W_i。他提出了多种在试验中通过测定矿石的可碎性及可磨性，从而计算功指数的方法：

(1) 用邦德设计的专用双摆锤式冲击试验机测出矿石的冲击破碎强度 C，再测知矿石的真密度 δ，矿石的破碎功指数 W'_i 由下式计算：

$$W'_i=2.59C/\delta \tag{1-3-22}$$

(2) 用 $D\times L$ 为 305 mm×610 mm 的邦德棒磨机，测出它每转一转新生成的试验筛孔 P_1 以下粒级的物料质量 m'，即棒磨可磨性系数；再测知给矿和产品中试验筛孔 80%以下的粒度 F_{80} 及 P_{80}(均为 μm)，棒磨功指数 W''_i 按下式计算：

$$W''_i=62\Bigg/\left[P_1^{0.23}m'^{0.625}\left(\frac{10}{\sqrt{P_{80}}}-\frac{10}{\sqrt{F_{80}}}\right)\right]\quad (\text{kW}\cdot\text{h/t}) \tag{1-3-23}$$

(3) 用 $D\times L$ 为 305 mm×305 mm 的邦德球磨机，测出球磨可磨性系数 m''，即球磨机每转一转新生成的试验筛孔 P_1 以下粒级的物料质量，球磨功指数 W'''_i 由下式计算：

$$W'''_i = 44.5\bigg/\left[P_1^{0.23}m''^{0.82}\left(\frac{10}{\sqrt{P_{80}}}-\frac{10}{\sqrt{F_{80}}}\right)\right]\quad (\text{kW}\cdot\text{h/t}) \tag{1-3-24}$$

以上实验室中测得的功指数称为实验室功指数。按式(1-3-23)计算的功指数与内径为 2.4 m(8 英尺)的普通溢流型棒磨机湿式开路磨矿的棒磨功指数一致。按式(1-3-24)计算的功指数与内径为 2.4 m(8 英尺)的溢流型球磨机湿式闭路磨矿的球磨功指数一致。如果磨机的工作条件不同，则应对所计算的功指数加以修正。还可以根据工厂的数据计算磨矿机的操作功指数：

$$W_i = W/\left(\frac{10}{\sqrt{P}}-\frac{10}{\sqrt{F}}\right) \tag{1-3-25}$$

四、破碎理论的评述

以上所介绍的三种破碎理论都有局限性和误差，导出的公式还不能完全用于定量计算，因为在计算破碎功的绝对值时，比例系数为未知数。这些公式只能用于破碎和磨碎过程的定性研究。要准确地选择破碎机和磨矿机的电动机功率，必须在理论计算的基础上广泛地利用试验资料。三种假说都从某一个角度解释了破碎的某一阶段。面积假说只注意了新生表面积所需要的能量，而忽视了物料破碎前先出现变形和实际中物料又是非均质的。体积假说只考虑了破碎时的变形能，没有考虑到新生表面积的增加，同样具有片面性。裂缝假说是介于面积假说与体积假说之间，提出破碎功耗与 $D^{5/2}$ 成正比，但没有充足的理论根据，而且由于它是根据实际资料整理出的经验公式，所以具有一定的适用范围。根据试验研究证实：粗碎时新生表面积不多，体积假说较为准确，裂缝假说结果不可靠；细碎时(破碎到 10 μm 以下时)裂缝假说求得的数据过小，此时新生表面积增加，表面能是主要的，面积假说较为准确；在粗碎与细碎之间的广泛范围内，裂缝假说比较适用，因为邦德的经验公式是根据一般破碎设备得出结论，所以在中等破碎比情况下与它大致相符。各假说在适合各自的粒度范围内与实际情况的误差不大，因而在应用时，应正确加以选择。其中，裂缝假说较有实际意义与应用价值。因为面积假说及体积假说公式中的 K_1 与 K_2 分别表示单位表面积与单位体积变形所需的分离功与变形功，这在目前无法确定，故这两个公式的应用受到限制，只能在矿石性质相同的情况下消去比例系数而做一些相对计算分析，定性地说明一些问题。裂缝假说使用的是破碎的净功耗，公式中的各项均是可测定的，故具有广泛的实用价值。邦德公式可应用于以下几个方面：

(1) 计算破碎、磨碎功耗——在测出功指数 W_i 的情况下，可以计算各种粒度范围内的破碎、磨碎功耗。

(2) 选择破碎或磨碎机械——测出矿石的功指数 W_i，可以计算设计条件下的需用功率，从需用功率的容量上选择破碎或磨碎机械。

(3) 比较不同破碎设备的工作效率——如两台破碎机消耗的功率相同，但产品粒度不同，分别计算出其操作功指数，就可以看出哪一台破碎机的效率高。

破碎过程是复杂的，三个假说均有许多因素未加考虑，因此，即使在各自适用的范围内，其结果也只是近似的，还需用实际资料加以校核。

第三节　破碎机械

破碎机械已在越来越多的行业中得到广泛应用。随着科学技术的发展，各种新型、高效的破碎设备正在逐渐出现并开始应用。在工业中应用的破碎设备种类繁多，其分类方法也有多种。按照使用的粒度范围可将破碎设备分为破碎机与磨碎机两大类。两者的根本区别是：破碎机的破碎部件在工作中不直接接触，破碎面之间总有一间隙，破碎物料就夹在这些间隙中；而磨碎机的工作部件（或介质）相互接触，工作时可能被物料隔开。另外，破碎机比磨碎机的产物粒度大。破碎机可按工作原理和结构特征划分为颚式破碎机、圆锥破碎机、辊式破碎机和冲击式破碎机。图 1-3-10 为主要类型破碎和磨碎设备的原理示意图。磨碎设备将在下章中讲述。

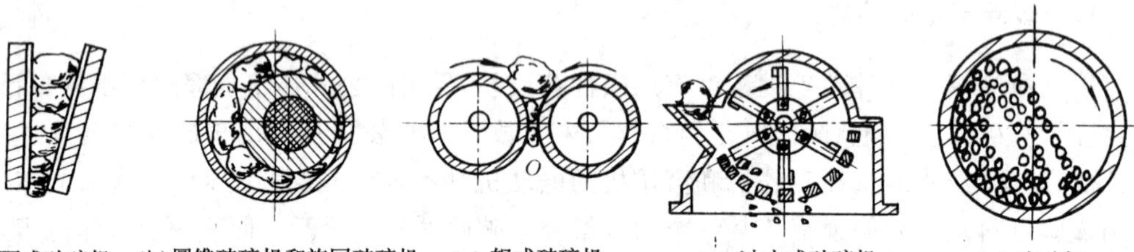

(a) 颚式破碎机　(b) 圆锥破碎机和旋回破碎机　(c) 辊式破碎机　(d) 冲击式破碎机　(e) 磨矿机

图 1-3-10　破碎和磨碎设备示意图

目前，国内大多数金属矿石选矿厂，主要还是采用颚式破碎机、旋回破碎机和圆锥破碎机等常规破碎设备。破碎机的型号和规格，主要根据所处理的矿石性质、选矿厂的规模以及厂址地形等条件，综合比较确定。一般处理中硬以上矿石时，粗碎应用颚式破碎机或旋回破碎机；中硬以下或片状、易脆矿石，可用具有冲击作用的反击式破碎机。选矿厂规模较大、山坡建厂者，宜用旋回破碎机；选矿厂规模小、平地建厂以及矿石中黏性物料多者，可用颚式破碎机；中细碎多采用圆锥破碎机，少数采用辊式破碎机。

在上述破碎机中，除圆锥破碎机外，其余几种在选煤厂都有应用。此外，还有一种专门用于选煤的滚筒碎选机（也叫选择性破碎机）。滚筒碎选机是一种通过旋转的卧式圆柱筛筒中的提升板，将物料提到一定高度后落下，以实现选择性破碎的破碎机械。煤是脆性软物料，适合采用以劈碎或冲击作用为主的破碎机。所以，选煤厂中对于较硬煤，特别是含矸石和黄铁矿较多的原煤，可采用以挤压为主的颚式破碎机；对大块原煤的破碎多采用齿辊式破碎机；对中煤破碎多采用锤式破碎机和反击式破碎机，因为冲击作用易产生较细的粒度，有助于精煤和矸石的解离；当原煤中精煤和矸石的可跌碎性差别较大时，根据工艺上的要求，也可选用滚筒碎选机。

一、颚式破碎机

颚式破碎机（出现于 1885 年）俗称“老虎口”，是历史悠久的破碎机之一，至今仍是破碎硬物料最有效的设备。它具有结构简单、工作可靠、使用和维护方便等优点，在冶金、建筑、交通及化工等工业部门中得到广泛应用。选矿厂常用颚式破碎机。在选煤厂，若原煤混有较多矸石与黄铁矿，或将矸石破碎作为沸腾炉的燃料时，采用颚式破碎机比较合适。

物料在颚式破碎机中的破碎是在两块颚板之间进行的。破碎机的可动颚板绕悬挂轴或可动轴对固定颚板做周期性地靠近和离开运动。当可动颚板靠近固定颚板时，位于两颚板间的物料受以挤压为主的作用力而破碎；当可动颚板离开固定颚板时，已破碎的物料在重力作用下由破碎机排料口排出。

颚式破碎机的规格以给料口宽度 B 和长度 L 来表示，即 $B\times L$(mm)。通常按给料口的宽度 B 的大小把颚式破碎机分为三类：大型颚式破碎机($B\geqslant600$ mm)；中型颚式破碎机(300 mm$\leqslant B<600$ mm)；小型颚式破碎机($B<300$ mm)。国产颚式破碎机的主要技术特征见表 1-3-6。

表 1-3-6　颚式破碎机主要技术特征

类　型	规　格	给料口尺寸		推荐的给料最大粒度/mm	偏心轴转速/(r/min)	主电动机功率/kW	处理能力/(t/h)
		宽/mm	长/mm				
简摆式	900×1 200	900	1 200	750	180	110	140～200
	1 200×1 500	1 200	1 500	1 000	135	180	250～350
	1 500×2 100	1 500	2 100	1 250	100	280	400～500
复摆式	400×600	400	600	340	290	30	12～33
	500×750	500	750	400	270	55	35～80
	600×900	600	900	500	250	80	75～200
	900×1 200	900	1 200	750	225	110	180～360
	1 200×1 500	1 200	1 500	1 000	190	200	325～525
	1 500×2 100	1 500	2 100	1 250	160	310	580～815

注：表中的处理能力是指破碎堆密度为 1.6 t/m^3 的硬物块的处理能力。

目前广泛应用的颚式破碎机有简单摆动颚式破碎机和复杂摆动颚式破碎机两种。

1. 简单摆动颚式破碎机

图 1-3-11 为国产 1500×2100 型简单摆动颚式破碎机的构造图。图中固定颚板 1 又是机架的前壁，可动颚板 2 悬挂在悬挂轴 11 上，两块颚板上均镶有破碎齿板 3 和 4。在垂直连杆 7 的下部装有前、后肘板 8 和 9。当传动飞轮 5 带动偏心轴 6 旋转时，垂直连杆做上下运动。当连杆向上运动时，肘板 8 推动可动颚板 2 向固定颚板 1 靠近，后肘板 9 一端支承在肘板支座 10 上，另一端则支承在调节楔块 16 的肘板座中。此时，在固定颚板 1 和可动颚板 2 以及侧衬板构成的破碎腔内的物料即被破碎。当连杆向下运动时，可动颚板退到起始位置，破碎产物经排料口自动排出。颚式破

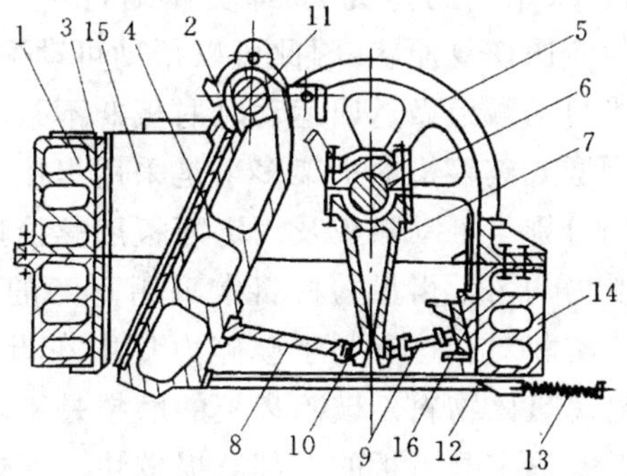

1—固定颚板；2—可动颚板；3、4—破碎齿板；
5—飞轮；6—偏心轴；7—连杆；
8—前肘板；9—后肘板；10—肘板支座；
11—悬挂轴；12—水平拉杆；13—弹簧；
14—机架；15—破碎腔侧面肘板；16—楔块。

图 1-3-11　简单摆动颚式破碎机

碎机的偏心轴是它的传动轴。由于偏心轴的偏心作用,传动轴每转一圈,垂直连杆就上下运动一次,同时可动颚板也就完成向前和向后各摆一次的动作循环,破碎腔内的物料也就被破碎并排出,这一过程叫作颚式破碎机的工作行程。可动颚板向后退回的过程称为空转行程,可动颚板向前靠近固定颚板的过程称为破碎行程。空转行程与破碎行程的时间各占一半。可见,简单摆动颚式破碎机的工作时间并没有充分应用于破碎物料。后来,随着新材料、新工艺的发展,出现了一种结构更简单,而生产能力更大的颚式破碎机,即复杂摆动颚式破碎机。

2. *复杂摆动颚式破碎机*

复杂摆动颚式破碎机的结构如图 1-3-12 所示。比较图 1-3-11 和图 1-3-12 可知,复杂摆动颚式破碎机较简单摆动颚式破碎机少了一根可动颚板的悬挂轴;可动颚板与连杆合为一个部件,没有垂直连杆;肘板也只有一块。可见,复杂摆动颚式破碎机的构造比简单摆动颚式破碎机的构造简单。但可动颚板的运动却复杂了,当破碎机工作时,飞轮 8 带动偏心轴 6 转动,由于偏心轴的偏心作用,悬挂在它上边的可动颚板 2 在肘板 9 的制约下,相对于固定颚板往复地做一种复合摆动运动。实际上,复摆式可动颚板的运动相当于简摆式破碎机中垂直连杆的运动。当可动颚板 2 靠近固定颚板 3 时,物料被破碎。在破碎过程中,当可动颚板被推向前方时,水平拉杆 12 末端的弹簧 13 即受压缩,由于弹簧企图恢复原状,因此可以帮助可动颚板后退至原来位置。水平拉杆的作用还在于阻止当可动颚板做返回运动时肘板 9 不致脱落。颚式破碎机的机架可以是铸造或焊接的,大型颚式破碎机的机架多半是采用焊接。在破碎机中,磨损最严重的是破碎齿板 4 和 5,它们分别与可动颚板及固定颚板用螺栓连接,其间常夹垫塑性材料的衬垫,如铅板,使齿板受力均匀。齿板的材料常采用耐磨的高锰钢,表面制成纵向波纹齿形,两块齿板的齿峰齿谷相对。这有利于破碎力集中在齿板的齿峰上,同时还具有弯曲破碎的作用,因而更容易破碎物料。破碎齿板的磨损是不均匀的,靠近给料口处磨损较慢;靠近排料口处,尤其是固定颚齿板的下部磨损较快。所以,齿板往往制成 2～3 块分别安装,或制成上下对称形式,待使用一段时间后进行对换,以延长齿板的使用寿命。破碎腔的两侧也衬有高锰钢板,其表面光滑,磨损后可更换。

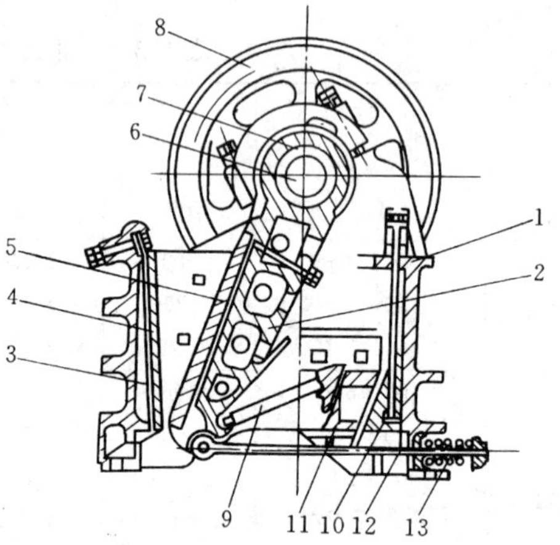

1—机架;2—可动颚板;3—固定颚板;4、5—破碎齿板;6—偏心轴;7—轴孔;8—飞轮;9—肘板;10—调节楔;11—楔块;12—水平拉杆;13—弹簧。

图 1-3-12　复杂摆动颚式破碎机

颚式破碎机破碎产物粒度的大小是通过改变其排料口宽度来实现的。破碎齿板磨损后,其排料口宽度变大,破碎产物的粒度也变大,所以,排料口宽度须定期调整。调整方法主要有两种:一种是垫片调整,即在肘板与机架后壁之间放入一组厚度相等的垫片,利用垫片数量的增减,改变排料口的宽度。该方法可以达到多级调整,结构紧凑,可减轻设备重量,但调整时必须停机，大型颚式破碎机多采用此法；另一种是楔块调整(图 1-3-13)，转动螺栓 5 上的螺母，使调整楔块 3 沿着机架 4 的后壁上升或下降，带动楔块 2 向前或向后，从而通过肘板 1 调整排料口的大小。此法为无级调整，调整时不必停机，但增加了机器的尺寸和重量。中小型颚式破碎机常常采用此法。近年来，还有在此位置安装液压推动缸调整排料口的，从而克服了常规破碎机排料口调整比较困难的缺点。

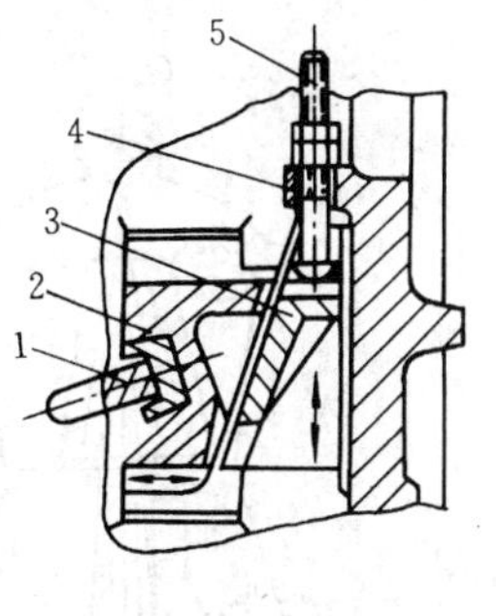

1—肘板；2—楔块；
3—调整楔块；4—机架；
5—螺栓。

图 1-3-13　楔块调整装置

颚式破碎机的保险装置常常是后肘板(简摆式)或肘板。在机件设计时，人为地提高肘板的许用应力(约提高 30%)，从而使肘板断面减小，或在肘板上开有小孔，以降低其强度。如遇非破碎物如大块铁块等，机架超过正常负荷，肘板折断，保证其他重要部件不受损坏，但这种方法有时不十分可靠。近年来出现的液压油缸保险是较为理想的，它不但安全可靠，而且易于保护。在破碎机的肘板上串接液压油缸，油缸体与肘板支座相连，油缸的活塞与肘板相连。正常工作时，油缸充满压力油，活塞和缸体相当于整体肘板。当硬物落入破碎腔后，肘板受力迅速增大，当油缸内油压力超过溢流阀调定压力时，压力油被挤出，活塞与油缸松开，此时排料口迅速增大，从而起到保护作用。

颚式破碎机工作时，偏心轴每转一圈，要经过破碎行程与空转行程，电机负荷极不均衡。为此，在偏心轴上装有两个沉重的飞轮，在空转行程中，把能量储存下来；在破碎行程中再把能量释放出来，使得破碎机运转平稳。

复杂摆动颚式破碎机因只有一根偏心轴，可动颚板重量及破碎力集中在一根轴上，主轴受力恶化，故长期以来复摆式多制成中小型设备。这样，主轴轴承也可采用传动效率高的滚动轴承。随着高强度材料及大型滚动轴承的出现，复杂摆动颚式破碎机也开始大型化，已制造出给矿口宽为 1 500 mm 的大型复杂摆动颚式破碎机。

两种颚式破碎机在结构上的差异造成它们运动特征的不同。复杂摆动颚式破碎机上部水平行程大，适合上部压碎大块的要求，对矿石附有研磨作用并促进其排矿，因此，它的产品较细，破碎比大，但磨损也严重；复杂摆动颚式破碎机的可动颚板是上下交替碎矿及排矿的，空转行程大约只有 1/5。而简单摆动颚式破碎机运转一周，半周碎矿半周空转。因此，规格相同时，复杂摆动颚式破碎机的处理能力比简单摆动颚式破碎机大 20%～30%。

二、圆锥破碎机和旋回破碎机

圆锥破碎机和旋回破碎机都是连续工作的破碎机械。它们是借助于旋摆运动的圆锥面，周期地靠近固定锥面，使夹于两个锥面间的物料受到挤压和弯曲来达到破碎目的的。旋回破碎机和圆锥破碎机的结构及工作原理示意图见图 1-3-10(b)、图 1-3-14 和图 1-3-15。

1. 旋回破碎机

旋回破碎机主要由机架、活动圆锥、固定圆锥、主轴、大小伞轮和偏心套筒等组成。活动圆锥的主轴支承在横梁上面的固定悬挂点 A 中，主轴下部置于偏心套筒内。偏心套筒转动时，使锥体绕中轴连续地偏心旋回运动。活动圆锥靠近固定圆锥时，矿石受到挤压而破碎；离开时，破碎产品靠自重经排矿口排出。我国生产的旋回破碎机为中心排矿式旋回破碎机，

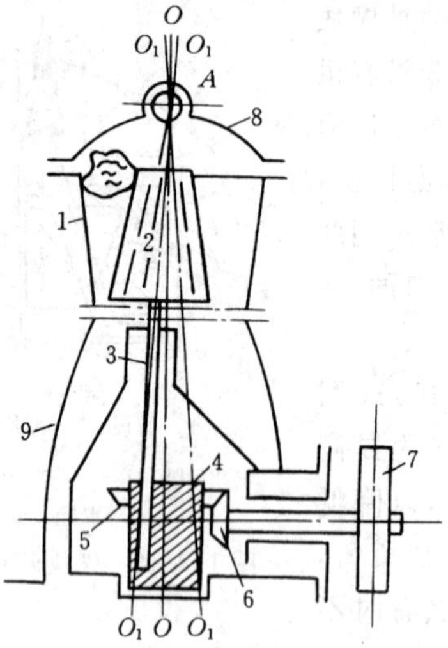

1—固定圆锥；2—活动圆锥；
3—主轴；4—偏心套筒；
5—大伞齿轮；6—小伞齿轮；
7—皮带轮；8—横梁；
9—下部机座。

图 1-3-14　旋回破碎机示意图

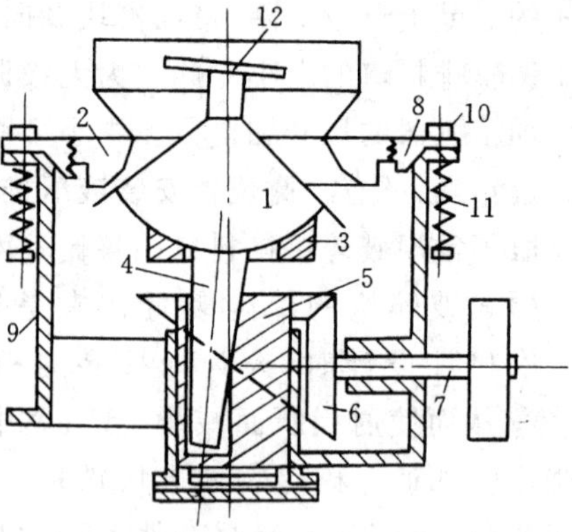

1—可动圆锥；2—固定圆锥；
3—球面轴承；4—主轴；
5—偏心轴套；6—伞形齿轮；
7—传动轴；8—支承环；
9—机体；10—螺栓；
11—弹簧；12—分矿盘。

图 1-3-15　圆锥破碎机示意图

破碎比为 3～5。排矿口的大小利用主轴上端的锥形螺帽调整。螺帽顺转或反转，使活动圆锥体上升或下降，从而减小或增大排矿口。其平均啮角为 22°。通过装在皮带轮上的四个保险轴销来实现保险。这种保险装置虽然很简单，但可靠性差，现在多数利用电流过载保护装置。活动圆锥和固定圆锥表面敷设锰钢衬板，磨损后可以更换。

旋回破碎机的规格是以最大给矿口宽度(B)来表示的。

旋回破碎机工作平稳、生产率高、易于启动、破碎比大、产品粒度均匀，同时可以挤满给矿，辅助设备少，可广泛用于粗碎、中碎各种硬度的矿石。其缺点是构造复杂、机身较高、基建投资大。

2．中、细碎圆锥破碎机

用于中碎的圆锥破碎机称为标准圆锥破碎机；用于细碎的圆锥破碎机称为短头圆锥破碎机；居于上述两者之间的称为中型圆锥破碎机。圆锥破碎机的结构及工作原理示意图见图1-3-15。中、细碎圆锥破碎机的工作原理与旋回破碎机的工作原理基本相同，但结构上有如下区别：

(1) 中、细碎圆锥破碎机的活动圆锥和固定圆锥都是正立的截头圆锥，圆锥形状缓倾，破碎腔中存在一个平行区，适应了控制排矿粒度均匀的要求；而旋回破碎机的圆锥形状是急倾斜的，活动圆锥正立，固定圆锥倒立。

(2) 中、细碎圆锥破碎机的活动圆锥支承在球面轴承上；而旋回破碎机的活动圆锥则悬挂在机体上部的横梁上。

(3) 中、细碎圆锥破碎机的机架由上、下两部分组成，其间用螺栓连接，在螺栓上套有弹簧，借助附有手柄的铰杆和铰链，可使固定圆锥上升或下降，从而调节排矿口的大小；而旋回破碎机则利用主轴上端螺帽，调整悬挂活动圆锥上下，从而调节排矿口大小。

(4) 中、细碎圆锥破碎机有弹簧保险装置，可靠性好。当破碎腔中进入非破碎物时，支承在弹簧上面的固定圆锥(调整环)和上部机架(支承环)同时向上抬起，使弹簧压缩，排矿口增大，从而使非破碎物从排矿口排出，避免机器损坏。然后，支承环和调整环借助弹簧的弹力，恢复原位。中碎和细碎圆锥破碎机的结构基本类似，只是标准型给矿口大，平行区短；短头型给矿口小，平行区长；中型则居中。中、细碎圆锥破碎机的规格用活动圆锥的底部直径表示。中、细碎圆锥破碎机生产能力大、功率消耗低、破碎比大($i=4\sim5$)、产品粒度均匀，目前广泛用于各种硬度矿石的中碎和细碎，但不宜处理黏性物料。

三、辊式破碎机

辊式破碎机基本结构与工作原理见图 1-3-10(c)和图 1-3-16。辊式破碎机的工作部分是两个相对回转的辊子。辊子表面可以带齿牙，称为齿辊式破碎机。选煤厂常常采用齿辊式破碎机，它以劈裂破碎为主兼有挤压折断破碎。按齿辊数目，齿辊式破碎机可分为单齿辊破碎机、双齿辊破碎机与多齿辊破碎机。辊子如为光面的称为光辊式破碎机，它以挤压破碎为主，兼有研磨作用，选煤厂一般不用。

齿辊式破碎机的工作原理如图 1-3-16 所示。双齿辊破碎机由两个相对回转的齿辊组成；单齿辊破碎机由一个旋转的齿辊和一个弧形的破碎板组成。齿辊转动时辊面上的齿牙可将煤块咬住并加以劈碎。给料由上部给入，破碎后的产物随着齿辊的转动从下部排出。

(a) 双齿辊破碎机

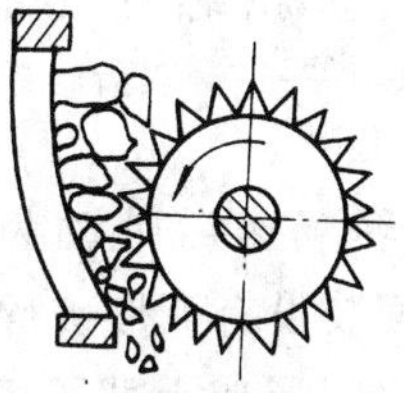

(b) 单齿辊破碎机

图 1-3-16　齿辊式破碎机的工作原理

辊式破碎机的规格以辊子的直径 D 与长度 L 表示，即 $D\times L$(mm)。在一定条件下，破碎机辊子越长，生产能力越大。但是，将辊子做得过长是不合理的，因为辊子沿轴线方向磨损不均匀。一般来说，齿辊式破碎机长度与其直径的关系为 $L=(1\sim1.3)D$。光辊式破碎机用于硬物料破碎，其辊子长度一般小于直径。

齿辊式破碎机的特点是能耗小，产品多呈立方形，过粉碎程度低，在选煤厂多用于大块原煤破碎，也可用于中煤的破碎。由于破碎坚硬物料时易损坏辊齿，因而不适于破碎含坚硬矸石较多的原煤。单齿辊破碎机的辊齿比双齿辊破碎机的辊齿长。规格相同的单齿辊破碎机的给料粒度大，适用于粗碎；双齿辊破碎机生产能力较高，常用于中碎。

1. *齿辊式破碎机的构造*

图 1-3-17 为双齿辊破碎机的结构图。它由一对同步反向回转的齿辊、机架及传动机构等部件组成。机架 1 由型钢焊接而成，固定齿辊 2 安装在机架的固定轴承 3 上，可动齿辊 4

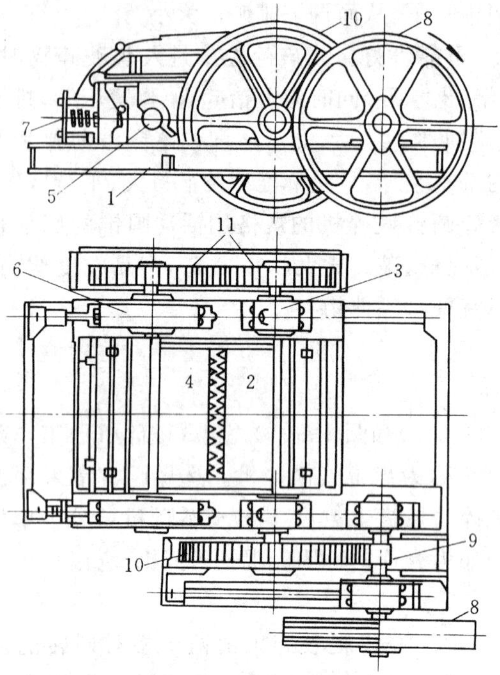

1—机架；2—固定齿辊；3—固定轴承；
4—可动齿辊；5—可动轴承；6—轴承座；
7—弹簧；8—皮带轮；
9、10—传动齿轮；11—连动齿轮对。

图 1-3-17　双齿辊破碎机

安装在可动轴承 5 上，可动轴承可以在固定于机架上的轴承座 6 上滑动，利用弹簧 7 将可动轴承压紧。电动机通过皮带轮 8 和传动齿轮 9、10 使固定齿辊转动，利用连动齿轮对 11 使固定齿辊和可动齿辊相对回转。

破碎原料从上方给入，经齿辊轧碎后，从下面排出。破碎产物的粒度，由两齿辊面之间的间隙决定。图中的弹簧 7 是保险装置，当大块物料或坚硬物料落到破碎腔中不能被轧碎时，齿辊受力增大，可动齿辊就可以向左移动，通过可动轴承 5 压缩弹簧 7，增大两个齿辊间隙以排出硬物，然后借弹簧的恢复力使可动齿辊回到原来的位置。

单齿辊破碎机的结构如图 1-3-18 所示。其工作原理是：大块煤给到破碎板和齿辊中间，当齿辊做逆时针回转时，大块煤在破碎腔上部被长齿轧碎，破碎后的煤块继续落在破碎腔的下部，进一步被齿辊轧碎，破碎产物从下部排出。

在图 1-3-18 中，电动机带动皮带轮 7，经过一对齿轮减速后带动齿辊 2 转动。在齿辊对面装设有弧形破碎板 3，在破碎板与齿辊之间形成上宽下窄的破碎腔。破碎板上端固定在铰链上，下端用弹簧 6 和拉杆 4 拉紧。当不能破碎的硬物料(如铁块等)落入破碎腔时，破碎板因受力增大而拉动拉杆，压紧弹簧并向左移动，使破碎腔底部间隙变大以排出硬物，起到安全保险作用，然后靠弹簧恢复力推动拉杆使破碎板恢复到原来位置。

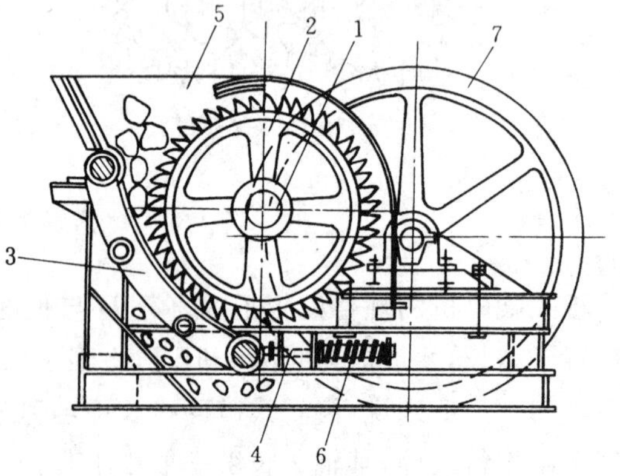

1—齿辊轴；2—齿辊；3—弧形破碎板；
4—拉杆；5—漏斗；6—弹簧；7—皮带轮。

图 1-3-18　单齿辊破碎机

单齿辊破碎机的破碎板有整体板状和条缝状两种，条缝状的破碎板可以在破碎过程中同时将合格产物从缝隙间排出，以减少物料的过粉碎，所以，实践中多采用条缝状的破碎板。破碎板用高锰钢制造。

齿辊式破碎机都装有直径较大的皮带轮。皮带轮起到减速和飞轮的作用。具有很大转动惯量的飞轮可避免破碎辊因破碎大块物料时速度损失过大，保持破碎机运转平稳。

2．齿辊式破碎机的特征及比较

国产齿辊式破碎机的技术特征见表1-3-7。

表1-3-7　齿辊式破碎机的技术特征

主要项目		单齿辊破碎机			双齿辊破碎机		
		450×450	550×600	1100×2550	450×500	600×750	900×900
齿辊直径/mm		450	550	1 100	450	600	900
齿辊长度/mm		450	600	2 550	500	750	900
齿辊转速/(r/min)		65	60	14	64	50	37.5
最大给料粒度/mm		200	200	300	200	600	800
排料粒度/mm		0～25	0～25	0～200	0～100	0～125	0～150
处理能力	/(t/h)	6	12		55	60～125	125～180
	/(m^3/h)			120			
电动机功率/kW		10	20	50	11	22	30
外形尺寸(长×宽×高)/mm		1 708×1 677×1 010	2 277×1 965×1 735	6 930×3 385×1 735	1 430×1 463×816	2 780×3 165×1 392	4 200×3 205×1 895
质量/kg		2 500	4 000	26 880	3 278	6 000	11 930

单齿辊破碎机与双齿辊破碎机的比较见表1-3-8。在齿辊尺寸相同时，单齿辊破碎机所允许的给料粒度大，但生产量小，单位处理能力的动力消耗多。只有当破碎原料的粒度很大时(如大块原煤)，才采用单齿辊破碎机，否则宜采用双齿辊破碎机。通常齿辊式破碎机的破碎比可达10～15。

表1-3-8　单、双齿辊破碎机的比较

机型	辊子尺寸		辊子转速/(r/min)	入料粒度/mm	产物粒度/mm	处理能力/(t/h)	电机功率/kW	机器质量/t	外形尺寸		
	直径/mm	长度/mm							长/mm	宽/mm	高/mm
单齿辊破碎机	900	900	36	600	100	60	20	5.8	2 927	2 200	1 340
双齿辊破碎机	900	900	37.5	360	100	120～150	23.5	10.8	4 200	3 205	1 895

为了满足大破碎比的要求，美国雷克斯诺德(Rexnord)公司研制了四齿辊破碎机。图1-3-19为该公司生产的冈拉克(T. J. Gundlach)8030破碎机的结构简图。实际上，它是将两个双齿辊破碎机串联起来。前一个破碎机的排料是后一个破碎机的入料。其特点是破碎比大，可达24，入料最大尺寸为48英寸(约合1 220 mm)，由于把初碎与二次破碎合二为一，一台破碎机即可满足各种粒度要求的破碎。8030破碎机的齿辊长度为80英寸(约合2 030 mm)，直径为30英寸(约合760 mm)，分上段和下段两部分。上段齿辊的辊齿类似鹰嘴式，长齿与短齿配合布置，长齿比短齿高2英寸(约合50 mm)；下段齿辊的辊齿形式可根据物料的性质和破碎要求采取不同的齿形。

冈拉克破碎机的另一特点是它的产品粒度控制系统与保险装置，称为"Nitroil"控制系统。破碎机的上段和下段齿辊的辊间距可单独调整，既可以独立地调节上段齿辊来控制下段齿辊的给料粒度，同样也可单独调节下段齿辊来控制产品粒度。这样，可根据破碎工艺要求灵活地调整破碎程序。冈拉克破碎机把调节齿辊间距与保险装置做成了一个系统，其基

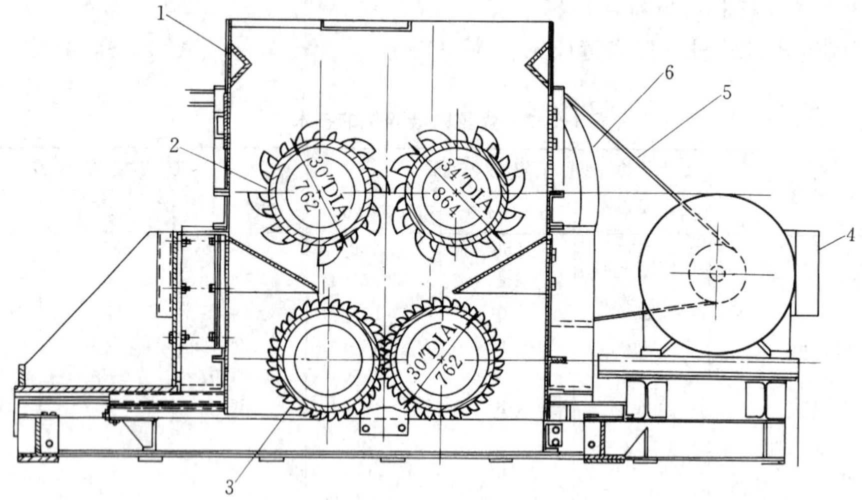

1—机架；2—上段齿辊；3—下段齿辊；4—电动机；5—皮带；6—皮带轮。

图 1-3-19　冈拉克 8030 破碎机结构简图

本工作原理是采用液压与气动系统。油缸的活塞杆与可动齿辊相连，在有活塞杆的油缸腔内，泵入一定可变量的液压油，同时在油缸的无抽杆腔泵入一定压力的气体，形成空气柱弹簧。这样，可以根据泵入油量的多少改变活塞的位置，从而确定齿辊间的距离，最终达到控制产品粒度的目的。空气柱弹簧具有非线性特性，它的刚度与充气压力、容积及湿度有关。当硬物料或不可破碎的物体落入破碎机后，由于破碎力增大，动齿辊压缩空气柱使硬物体通过，随后又使动齿辊复位。该系统具有如下特点：

(1) 可在不停机状态下，独立地调节上段和下段齿辊，调节方便、迅速、准确；

(2) 齿辊排出异物最大调节距离为 5 英寸(约 127 mm)；

(3) 可提供不同的齿辊破碎力；

(4) 维护方便，更换齿辊时，不需要更换调节系统。

冈拉克破碎机符合破碎机发展趋势，即生产能力大型化，可达 2 000 t/h，同时尽量缩小机体体积，降低能耗，便于维护。

目前，国内也有多家研究单位和制造厂研制出四齿辊破碎机。为了满足我国中小煤矿对小处理能力破碎机的需求，中国矿业大学化工学院与天津天利航空机电有限公司共同研制了 4PGC 370/360×455 型四齿辊破碎机，如图 1-3-20 所示。

4PGC 370/360×455 型四齿辊破碎机的每一根破碎轴由三节轴通过刚性联轴器组合，更换破碎齿圈时只需打开联轴器，取出中间破碎段轴即可工作。齿棍由精铸耐磨合金钢齿圈串接组成，强度高，寿命长，而且可以个别更换，维修方便，维修费用低。传动采用齿轮桥传动结构，且所有齿轮均在密封油箱内油浴状态下运行。为了克服中小煤矿购买压缩氮气不便的缺点，该机不采用压缩氮气保护装置，而采用弹簧和保险销两级保险装置；在压缩弹簧两端，用连杆机构连接以保证可动齿辊的平行移动。4PGC 370/360×455 型四齿辊破碎机已在工矿企业得到较为广泛的应用。生产实践表明该机结构合理，噪声低，运转平稳，高效节能，出料均匀，超粒度和过粉碎现象少。它适合于煤炭、焦炭、油页岩、白垩、石墨等较软

图 1-3-20　4PGC 370/360×455 型四齿辊破碎机

物料破碎，尤其适合原煤分级和分选前的破碎。

四、冲击式破碎机

冲击式破碎机[图 1-3-10(d)]可分为锤式破碎机和反击式破碎机。冲击式破碎机有一个高速旋转的转子，上面装有冲击锤。当物料进入破碎机后，被高速旋转的锤子击碎或从高速旋转的转子获得能量，高速抛向破碎机壁或特设的硬板而被击碎。两种破碎机的破碎方式都是冲击破碎，所不同的是在反击式破碎机中，物料受到更多次的反复冲击而破碎，具有高频冲击的特点。两种破碎机的破碎比都很大，适合于破碎脆性软物料。

1. 锤式破碎机

锤式破碎机是利用高速回转锤子的打击作用而进行破碎的。如图 1-3-21 所示，工作时，铰接的锤头高速回转，对给入的大块物料进行打击，并使其抛向机体内壁的承击板上，在承击板上物料进一步冲击破碎后，落到下面的箅条上，粒度合格的产物从箅条缝隙中排出，箅条上的物料继续被锤头打击、挤压或研磨，直至全部透过箅条为止。锤式破碎机适用于破碎脆性物料，可将煤破碎到 3～13 mm 以下，而且保证产物中不混入过大粒度的颗粒，故在

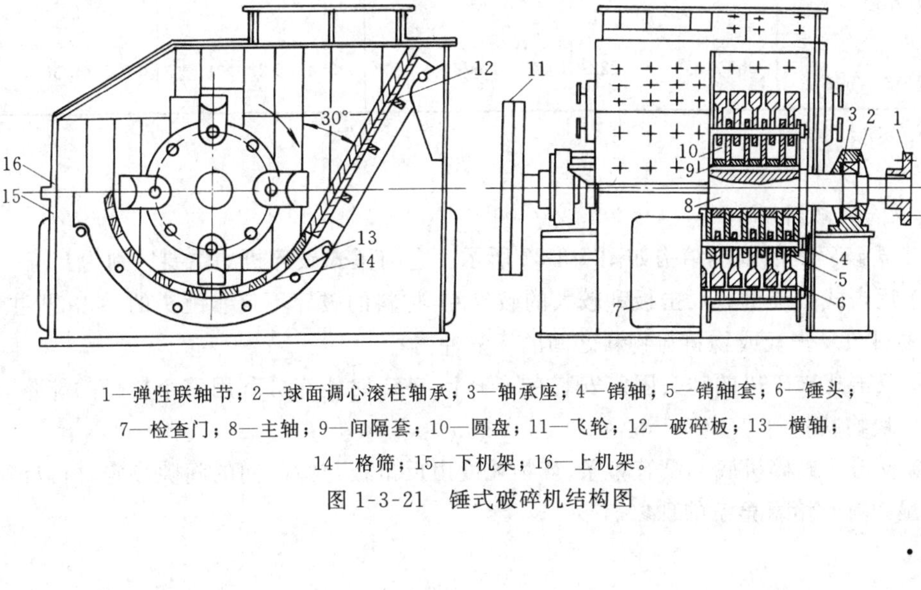

1—弹性联轴节；2—球面调心滚柱轴承；3—轴承座；4—销轴；5—销轴套；6—锤头；7—检查门；8—主轴；9—间隔套；10—圆盘；11—飞轮；12—破碎板；13—横轴；14—格筛；15—下机架；16—上机架。

图 1-3-21　锤式破碎机结构图

选煤厂中多用于中煤的中碎和细碎作业。

锤式破碎机又可分为两类：单转子锤式破碎机和双转子锤式破碎机。选煤厂多使用单转子锤式破碎机。

锤式破碎机的规格用转子工作直径 D 和转子长度 L 表示，即 $D\times L$，单位为 mm。

锤式破碎机具有结构简单、机器紧凑、处理能力大、破碎比大以及功率消耗小等优点。其主要缺点是物料含水分过高时易堵塞箅条缝和锤头磨损较快。

图 1-3-21 是我国生产的 $\phi1600\times1600$ 单转子不可逆锤式破碎机的结构图，该机器由传动装置、转子、格筛和机架等部分组成。

电动机通过弹性联轴节直接带动主轴旋转。主轴通过球面调心滚柱轴承安装在机架两侧的轴承座中，在主轴的一端装有起缓冲作用的飞轮。转子由主轴、圆盘和锤头等组成。主轴上装有 11 个圆盘，圆盘间装有间隔套，以防止圆盘轴向窜动。锤头铰接悬挂在贯穿所有圆盘的销轴上。圆盘上还配有第二组销轴孔，当锤头磨损 20 mm 后，可将锤头及销轴移到第二组孔内安装，以继续利用锤头。格筛设在转子下方，由弧形筛架和筛板组成。筛板利用自重和相互挤压方式固定在筛架上，弧形筛架两端悬挂在横轴上，横轴通过吊环螺栓悬挂在机架外侧的凸台上，调节吊环螺栓可以改变锤头顶部与筛板之间的间隙。格筛左端与机架内壁有一间隔空腔，便于非破碎物从此空腔排出机外；格筛的右上方装有平面形破碎板。国产单转子锤式破碎机的技术特征见表 1-3-9。

表 1-3-9　国产单转子锤式破碎机的技术特征

规　　格	PCB 600×600	PCB 800×600	PCB 1000×800	ϕ1600×1600
转子直径/mm	600	800	1 000	1 600
转子长度/mm	600	600	800	1 600
转子转速/(r/min)	1 000	980	975	585
最大给料粒度/mm	100	200	200	350
排料粒度/mm	<35	<10	<13	<20
处理能力/(t/h)	12～15	18～24	25～65	300
锤头总数/个	20	36	48	40
电动机功率/kW	18.5	55	115	480
设备质量/t	1.2	2.53	5.05	26.60
外形尺寸（长×宽×高）/mm	1 055×1 020×1 122①	1 495×1 678×1 020①	3 514×2 230×1 515	6 015×3 364×2 700

注：① 不包括电动机。

2. 反击式破碎机

反击式破碎机的基本结构如图 1-3-22 所示。它与锤式破碎机的主要区别为：

(1) 反击式破碎机有反击板和较大的破碎腔，物料的破碎不仅靠锤头的冲击，更主要的是利用物料与反击板或物料与物料之间的反复冲击；

(2) 反击式破碎机的锤头固定安装在转子上，破碎时能充分利用整个转子的能量，有利于破碎大块物料；

(3) 反击式破碎机底部没有箅条，产物粒度由反击板与锤头间的间隙决定，所以能够避免破碎湿物料时堵塞箅条的现象。

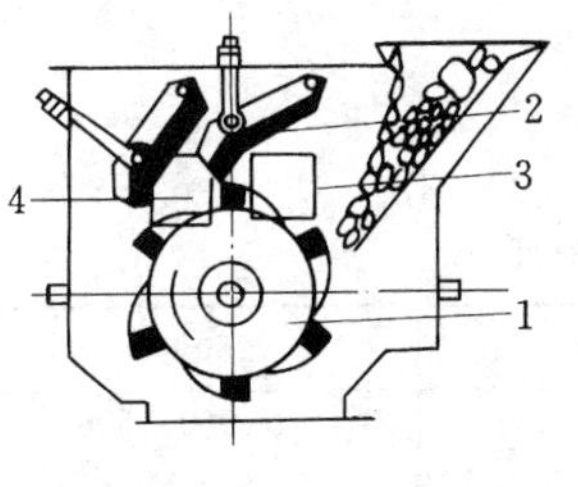

1—转子；2—反击板；
3—第一破碎腔；4—第二破碎腔。
图 1-3-22　反击式破碎机结构示意图

反击式破碎机也是利用冲击作用进行破碎的。工作时，转子高速旋转，物料由给料口经过筛板与细粒分离后，大块通过链幕后进入破碎腔，受到锤头的冲击，遭到第一次破碎，并以很大的速度抛向反击板再次破碎，然后又从反击板弹回到锤头打击区，继续重复上述过程。物料在锤头和反击板间的往返途中，也相互碰撞。物料经多次冲击，就会沿节理面破碎成小块。当物料粒度小于锤头与反击板间的间隙时，则可进入下一个破碎腔，再经过反复破碎，直至达到合格粒度时，便从机内下部排出。

反击式破碎机具有以下优点：

(1) 利用冲击进行破碎，使物料沿脆弱面破开，破碎效率高，能耗小，处理能力大，产品粒度均匀。

(2) 破碎比大。锤式破碎机的破碎比一般为 10～15，最高可达 40 左右，而反击式破碎机的破碎比则可高达 150 以上。

(3) 具有选择性破碎的特点。密度大的物料，破碎后粒度小；密度小的物料，破碎后粒度大。

(4) 结构简单，制造方便。

反击式破碎机的主要缺点是锤头与反击板磨损快，而且破碎时粉尘较大。

反击式破碎机常用于脆性物料的中碎和细碎，也可用于粗碎。在选煤厂，可用于原煤和中煤的破碎。

反击式破碎机的规格用转子的直径 D(指锤头端部绘出的圆周直径)和长度 L(沿轴向排列锤头的有效工作长度)来表示，即 $D\times L$，单位为 mm。国产 $\phi500\times400$ 单转子反击式破碎机(图1-3-23)主要由上机体、下机体、转子和反击板等部分组成。工作时，转子在电动机驱动下做高速旋转。转子上固定着 3 个由耐磨高锰钢制造的锤头。转子用键固定在主轴上，主轴两端借助滚动轴承支承在机架上。反击板一端通过悬挂轴铰接于机架上部；另一端用吊环螺栓通过球面垫圈支承在机架上的锥面垫圈上。反击板呈自由悬挂状态置于机体内部，调节吊环螺栓上的螺母，可以改变反击板和转子间的间隙。当不能破碎的物料(如铁块)进入机器时，反击板受到较大的压力使羊眼螺栓向上及向后移开，使铁块等物排出，以保护机器不受损坏。然后反击板在自重作用下，又恢复到原来位置，以此作为保险装置。机架沿转子轴心分为上、下两部分，在其内部破碎区内壁上装有高锰钢衬板。上机架上装有便于观察和检修的侧门及后门，门上镶有橡皮防尘装置。机器进料处设有链幕，以防止

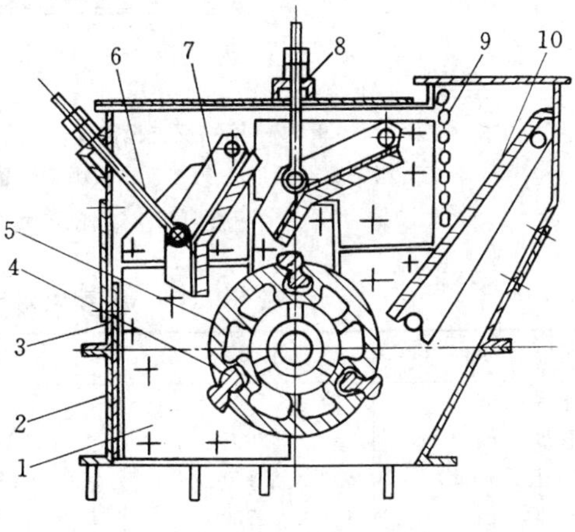

1—防护衬板；2—下机体；
3—上机体；4—锤头；
5—转子；6—吊环螺栓；
7—反击板；8—球面垫圈；
9—链幕；10—给矿溜板。
图 1-3-23　$\phi500\times400$ 单转子反击式破碎机结构图

物料破碎时飞出机外。

国产单转子反击式破碎机技术特征见表 1-3-10。

表 1-3-10　国产单转子反击式破碎机技术特征

规　　格	500×400	1000×700	1250×1000
进料口尺寸/mm	320×450	670×400	1 000×550
给料粒度/mm	<100	<250	<250
产品粒度/mm	0～20	0～30	0～50
处理能力/(t/h)	4～10	15～30	10～80
电动机功率/kW	7.5	40	95
转子转速/(r/min)	960	680	475
外形尺寸(长×宽×高)/mm	1 305×996×1 010	2 320×2 560×2 000	3 375×2 255×2 460
总质量(不带电机)/t	1.4	5.5	15.2

为适应炼焦和电力工业的需要，我国生产了 MF 型煤用反击式破碎机(图 1-3-24)。该破碎机除反击板为弧形外，其他结构与上述反击式破碎机相似。其技术特征见表 1-3-11。

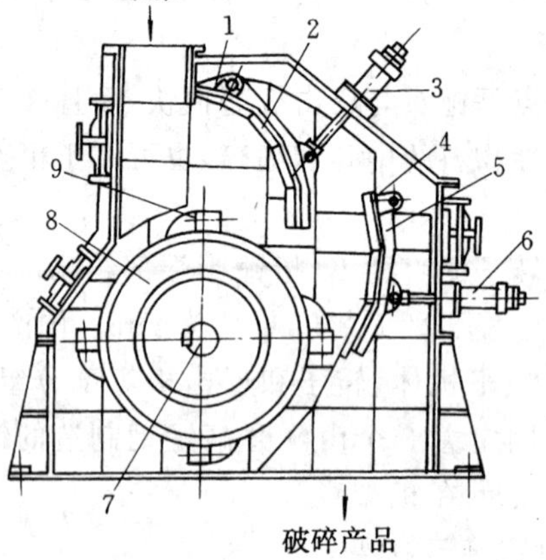

1—第一反击板；2—第一反击板护板；3—第一反击板弹簧装置；4—第二反击板护板；
5—第二反击板；6—第二反击板弹簧装置；7—回转轴；8—转子体；9—冲击锤。

图 1-3-24　MF 型煤用反击式碎煤机

表 1-3-11　MF 型煤用反击式破碎机技术特征

规　　格	MFD-50	MFD-100	MFD-300	MFD-500
转子直径/mm	750	1 100	1 450	1 450
转子长度/mm	700	850	1 400	1 800
转子转速/(r/min)	1 470	980	740	740
给料粒度/mm	<200	<200	<300	<300
排料粒度/mm	0～15			
处理能力/(t/h)	50	100	300	500
锤头排数	4	6	8	8
电动机功率/kW	75	130	380	570
机器质量/t	2.64	5.4	11.13	13.85
外形尺寸(长×宽×高)/mm	2 565×1 670×1 532	3 200×2 400×2 280	5 700×2 450×2 090	5 180×2 875×2 690

五、滚筒碎选机

滚筒碎选机又称选择性破碎机。它在工作过程中具有破碎和筛分两种作用，并能达到分选的目的。早在1904年，人们就开始使用滚筒碎选机，目前仍在许多国家的选煤厂中得到应用。

1. 滚筒碎选机的工作原理

滚筒碎选机是利用煤和矸石的硬度不同，也就是利用在同样的冲击破碎条件下煤和矸石可破碎性的差异来进行破碎和分选的。如图1-3-25所示，靠圆柱形筛筒内侧的提升板将煤提升到一定高度后，使其自行落下受冲击而破碎，或将煤与矸石解离，并经筛分过程，使粒度小于筛孔的煤块透过筛面而与大块矸石、金属杂物及木块等分离，最后大块矸石或金属杂物从圆柱形筛筒的另一端排出。

2. 滚筒碎选机的构造

国内外使用的所有滚筒碎选机的结构基本类似，都是由滚筒、支承装置、传动装置和机架四部分组成。

(1) 滚筒

我国使用的带预筛段的滚筒碎选机结构如图1-3-25所示。滚筒由滚圈、型钢组合梁、筛板和提升板组成。

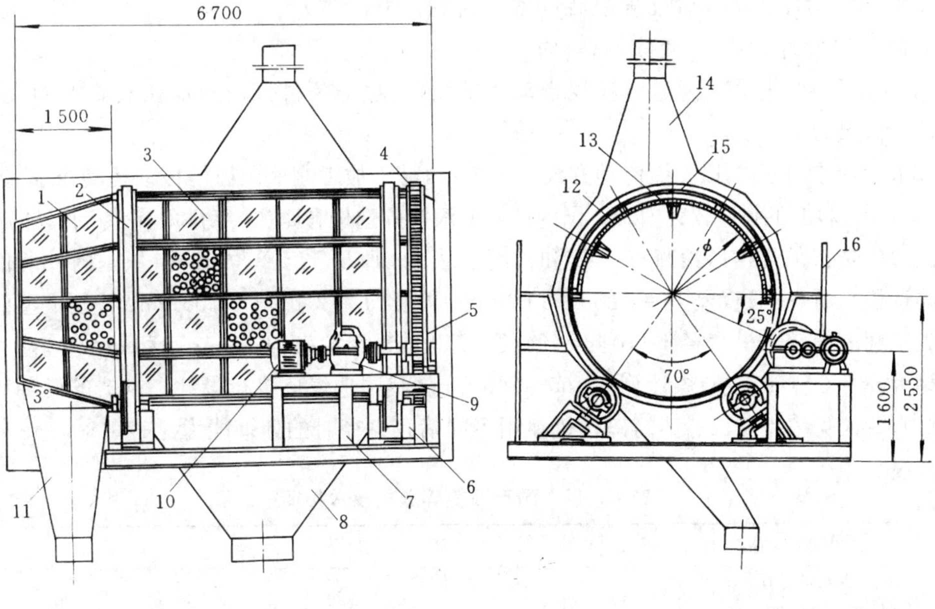

1—预筛段；2—滚圈；3—破碎段；4—大齿轮；5—小齿轮；6—托辊；7—机架；8—碎选段漏斗；9—减速器；10—电动机；11—预筛段漏斗；12—筛板；13—提升板；14—外罩；15—组合梁；16—工作台。

图1-3-25　滚筒碎选机结构

一对滚筒的滚圈是整体铸钢件。沿两滚圈的圆周，每隔30°用槽钢组合梁及角钢组合梁交替排列，铆接成一筒形框架。沿筒形框架的轴向，将其分为数等份，用弧形的角钢组合梁焊接成一个固定筛板用的筒状笼形框架。弧形筛板与框架用埋头螺栓固定，构成圆筒筛。筛板采用耐磨的高锰钢或高强度钢板制成，钢板厚度为20～40 mm，筛孔在30～150 mm之间。在圆筒筛内壁每隔 60°(根据所需提升板数目而定)沿轴向安装 6 块提升板。提升板常用型钢,高度为 300～500 mm。为了使物料顺着滚筒向前转动,调节物料在筒内的下落次数及改变物料在筒内停留时间,提升板的安装有几种形式:一种是提升板与滚筒轴平行,筒体轴线和水平面有一定的夹角(一般是 1°～5°,常用 3°);另一种是提升板与筒体轴线有一定夹角,排列成螺旋状,此时筒体轴线可与水平面平行,也可以有一定夹角;再有一种是提升板与筒体轴线在一平面内,但筛筒制成圆锥状,入料端直径小,排料端直径大。总之,在保证物料跌落次数的同时,使物料尽快排出筒外。滚筒碎选机筒体转速较慢,一般在 10～20 r/min 之间。

(2) 支承装置

滚筒碎选机的支承装置是两对固定在工字钢机架上的托辊,其中一对托辊间的距离可以调整,如图 1-3-26 所示。调节调整螺杆,可使两托辊的轴间距变小或变大,从而使筒体轴线与水平面的夹角增大或缩小。

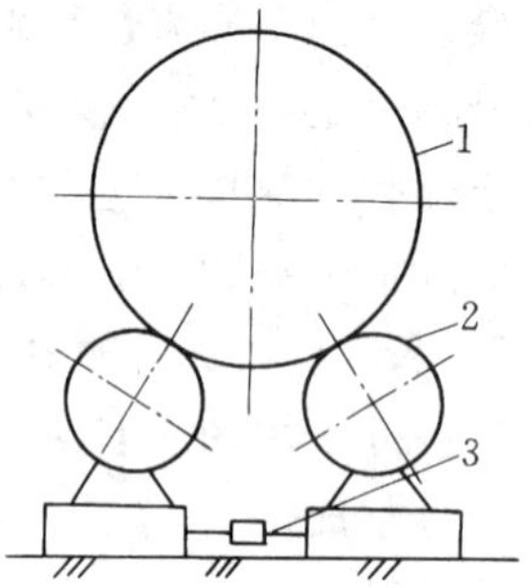

1—滚筒;2—托辊;
3—调整螺杆。
图 1-3-26　滚筒调角示意图

(3) 传动装置

滚筒碎选机有以下三种基本的传动形式。

① 摩擦传动:筒体侧边的两个托辊是主传动摩擦轮,由电动机通过减速器及一长轴带动,主传动摩擦轮与滚筒两端的滚圈接触,靠摩擦力带动滚筒旋转;

② 齿轮传动:电动机通过减速器带动小齿轮,小齿轮与装在滚筒上的大齿圈啮合,使滚筒转动;

③ 链轮传动:电动机通过减速器带动小链轮,通过链条再带动固定在滚筒上的大链轮,使筒体一起转动。

以上三种传动方式,以摩擦传动方式较为简单,易于加工制造。齿轮传动运转可靠,但齿轮(尤其是大齿圈)加工制造较为困难。国内使用的滚筒碎选机有摩擦传动和齿轮传动两种方式。

滚筒碎选机的规格以滚筒直径 D 和长度 L 表示,即 $D\times L$,单位 mm。从国内外所使用的滚筒碎选机来看,一般直径 D=1 800～3 600 mm,筒长 L=2 400～6 700 mm;特别大型的如美国麦克纳利滚筒碎选机直径 4 110 mm,筒长 9 750 mm,滚筒转速 10～20 r/min,处理能力按块煤计算为 50～60 t/h,按原煤计算为 150～200 t/h。我国选煤厂自行设计和制造的两种滚筒碎选机技术特征见表 1-3-12。滚筒碎选机在用不同筛孔直径时的处理能力见表 1-3-13。

表 1-3-12　国产滚筒碎选机技术特征

规　　格	2600×4000	3000×6000
处理能力/(t/h)	120～160	80～120
滚筒直径/mm	2 600	3 000
滚筒长度/mm	4 000	6 000
滚筒倾角/(°)	0	3
滚筒转速/(r/min)	14	12
筛孔尺寸/mm	50	50
提升板高度/mm	350	300
电动机功率/kW	30	30
电动机转速/(r/min)	1 460	1 460
外形尺寸(长×宽×高)/mm	5 000×2 800×2 800	7 122×5 800×4 574
机器质量/t	14	20

表 1-3-13　滚筒碎选机的处理能力

物料名称	不同筛孔直径(mm)时的处理能力/(t/h)				
	ϕ25	ϕ50	ϕ75	ϕ100	ϕ150
块原煤	20～30	50～70	80～100	120～150	170～200
原　煤	60～90	50～200	240～300	350～450	500～600

3. 滚筒碎选机的应用

滚筒碎选机在选煤工艺过程中，常用于原煤准备作业，将筛分、破碎和选矸三者结合在一起，在破碎筛分过程中同时选出大块矸石。滚筒碎选机的结构简单，制造成本较低，运行比较平稳可靠。在选择滚筒碎选机时应考虑以下条件：

(1) 用户对块煤粒度没有要求，产物不要求保留大块；

(2) 煤和矸石的可跌碎性差别较大；

(3) 大于 50 mm 级矸石含量较高，一般占本级 30%以上；

(4) 块原煤不采用重介选。

使用滚筒碎选机时，大于 300 mm 的特大块矸石须预先分出，以免进入滚筒破碎机后砸坏筛板。如果在选煤工艺流程中，块煤采用重介选，或大于 50 mm 的矸石含量占该粒级总量不足 30%，则不宜使用滚筒碎选机。有预筛段的滚筒碎选机工作时，预筛段对原煤进行准备筛分；对不带预筛段的碎选机，可在给料槽上装一段固定筛，将末煤筛出。

滚筒碎选机由于占用空间较大，能耗较高，所以在中国国内已很少使用，图 1-3-27 所示为作者于 2009 年在美国西弗吉尼亚州娄克力刻选煤厂中拍摄的滚筒碎选机照片。

图 1-3-27　滚筒碎选机在美国西弗吉尼亚州娄克力刻选煤厂中的应用

总之，破碎设备品种多，广泛应用于各工业领域。破碎机选用要综合考虑被破碎物料的性质、用户对产品粒度的要求和生产安装条件等诸多因素。科技工作人员针对破碎设备在生产实践中遇到的各种问题，经常是根据用户需要来改进现有设备，不断地通过对破碎理论、破碎设备和破碎工艺的研究来实现低能耗高效率的破碎。目前，有科研人员在研究新的非机械力的高能或多力场联合作用的破碎设备。

复习思考题

1. 破碎和磨碎的区别是什么？

2. 试说明破碎作业在选煤和选矿生产中的作用和意义。

3. 粗碎、中碎、细碎和粉碎的产品粒度范围各是什么？

4. 试说明机械能破碎五种基本方式的原理、特点和适用矿物。

5. 矿石的硬度等级有哪些表示方法？

6. 什么是矿石的可碎性系数？

7. 什么是破碎比？如何确定破碎比？为什么说破碎比不能准确地描述破碎过程？

8. 难碎性、中等可碎性和易碎性矿石的原矿和产品粒度特性曲线在凹凸形状上有何区别？

9. 画出选煤和选矿生产中的常见破碎筛分流程。

10. 选煤厂的破碎作业应满足哪些要求？

11. 评价煤炭破碎效果的主要指标和辅助指标分别是什么？请写出这两个指标的计算公式，并说明公式中各字母的含义。

12. 试简述公认的三种破碎功耗学说及各学说的特点和应用价值。

13. 破碎机按工作原理和结构特征可分为哪几种？试说明主要破碎设备的破碎方式和用途。

14. 选矿用破碎机主要有哪几种？各适用于什么硬度矿石破碎？

15. 选煤用破碎机有哪几种？如何选用这些破碎机？

16. 简单摆动颚式破碎机和复杂摆动颚式破碎机在结构和运动性能上有何区别？

17. 试说明辊式破碎机和颚式破碎机的动载荷特性与飞轮的作用。

18. 辊式、颚式破碎机的安全装置有哪几种？原理各如何？

19. 辊式、颚式破碎机的排矿口如何调节？调节时有哪些限制？

20. 锤式破碎机的锤头与转子间柔性连接，反击式破碎机的锤头与转子间刚性连接，为什么是这样？这在性能上有何区别？

21. 锤式、反击式破碎机的产品粒度如何调节？

22. 滚筒碎选机使物料沿轴向移动的结构有哪几种？其利弊如何？

23. 滚筒碎选机的传动方式有哪几种？其利弊如何？

24. 选用滚筒碎选机应考虑哪些条件？

第四章　磨矿及磨矿机械

第一节　概　　述

磨矿作业是矿石破碎过程的继续，是分选前准备作业的重要组成部分。除处理某些砂矿以外的所有选矿厂，几乎都有磨矿作业。磨矿作业不仅用于选矿工业，而且在建筑、化学和电力等工业部门中亦广泛应用。在洁净煤技术领域，磨矿作业用于水煤浆、油煤浆、管输煤浆、煤粉燃烧和煤系伴生矿物综合利用等方面。在重介质选煤厂中，磨矿作业用来制备重介质选煤所用的加重质。

在选矿工业中，当有用矿物在矿石中呈细粒嵌布时，为了能把脉石从矿石中除去，并把各种有用矿物相互分开，必须将矿石磨细至 0.1～0.3 mm，甚至有时磨至 0.05～0.074 mm 以下。磨矿细度与选矿指标有着密切的关系。在一定程度上，有用矿物的回收率随着磨矿细度的减小而增加。因此，适当减小矿石的磨碎细度能提高有用矿物的回收率和产量。磨矿所消耗的动力占选矿厂动力总消耗的 30%以上。因此，磨矿作业在选矿工艺流程中占有很重要的地位。

磨矿作业所用的机械设备称为磨矿机。图 1-4-1 为常用的圆筒型磨矿机的工作原理图。这种磨矿机有一个空心圆筒 1，圆筒两端是带有端盖 2 和 3 的空心轴颈 4 和 5。轴颈支承在轴承上。圆筒内装有各种直径的研磨介质(钢球、钢棒和砾石等)。当圆筒绕水平轴线按规定的转速回转时，装在筒内的研磨介质和矿石在离心力和摩擦力的作用下，随着筒壁上升到一定高度，然后脱离筒壁自由落下或滚下。矿石的磨碎主要是靠研磨介质落下时的冲击力和运动时的磨剥作用。矿石是从圆筒一端的空心轴颈不断地给入，而磨碎以后的产品经圆筒另一端的空心轴颈不断地排出，筒内矿石的移动是利用不断给入矿石的压力来实现的。湿磨时，矿石被水流带出磨矿机；干磨时，矿石被向筒外抽出的气流带出磨矿机。

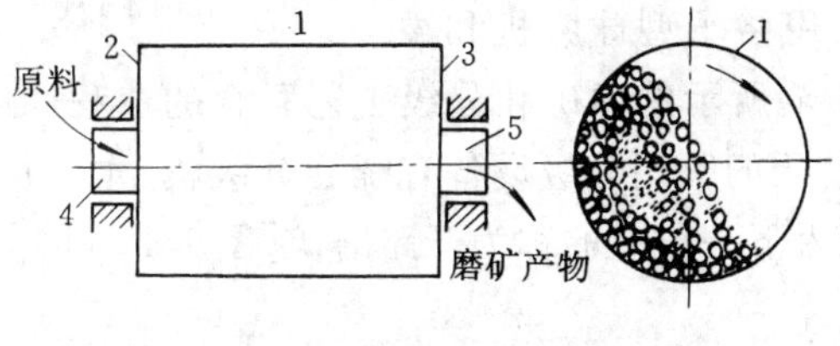

1—空心圆筒；2、3—端盖；4、5—空心轴颈。

图 1-4-1　磨矿机工作原理图

磨矿机的分类如图 1-4-2 所示。按照排矿方法不同，常用的磨矿机可以分为中心排矿磨矿机[图 1-4-2(a)(b)(c)]和格子排矿磨矿机[图 1-4-2(d)]两种。中心排矿磨矿机的磨碎产品经排矿端空心轴颈自由溢出。为此，筒内矿浆的液面必须高于排矿轴颈最低母线所在的水平面。中心排矿的磨矿机称为溢流型磨矿机。格子排矿磨矿机则是在筒体排矿端安装有排矿格子，磨矿产品经格子外边缘处的孔排出。格子排矿的磨矿机称为格子型磨矿机。磨矿机除了上述两种排矿方法以外，还有通过筒体周边排矿的周边排矿磨矿机，但现在已很少采用。

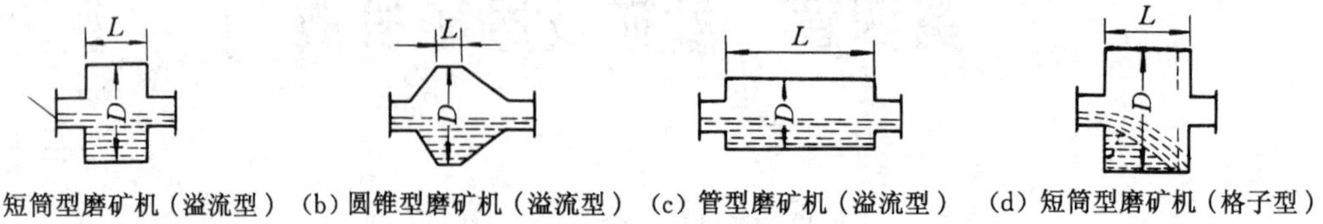

图 1-4-2　磨矿机的分类图

磨矿机按照筒体的形状不同，可以分为圆锥型磨矿机[图 1-4-2(b)]和圆筒型磨矿机[图 1-4-2(a)(c)(d)]两种。圆筒型磨矿机根据筒体的长度不同又可分为短筒型磨矿机[筒体长度 $L \leqslant 2D$，D 表示筒体的直径；如图 1-4-2(a)(d)所示]和管型磨矿机(筒体的长度 $L \geqslant 3D$)。

磨矿机按照研磨介质的不同，可以分为球磨机、棒磨机、砾磨机和自磨机。球磨机的介质是钢球或铸铁球；棒磨机的介质是钢棒；砾磨机的介质是磨圆了的硅质卵石；自磨机的介质则是被粉碎物料本身。在选矿工业中，广泛使用的磨矿机有球磨机和自磨机。球磨机可以破碎各种硬度的矿石，其破碎比很大，通常为 200～300。球磨机可用于粗磨也可用于细磨，但以细磨效率最好。球磨机的给矿粒度不得大于 65 mm，最适宜的给矿粒度是 6 mm 以下，其产品粒度在 0.074～1.5 mm 之间。棒磨机多在球磨机之前用来进行粗磨。给矿粒度一般不应超过 20～25 mm，其产品粒度多在 3 mm 以下。

以上所述各种磨矿机既能用于干磨，也可用于湿磨。由于湿磨有很多优点，例如生产率大(约比干磨大 30%)，产品过粉碎现象少等，所以，我国各选矿厂几乎完全采用湿磨。但对于某些忌水矿物，或因气候条件不宜用水的场合和某些缺水地区，则采用干磨作业较合适。

磨矿机的规格以圆筒内径 D(除去衬板)及工作长度 L 表示。

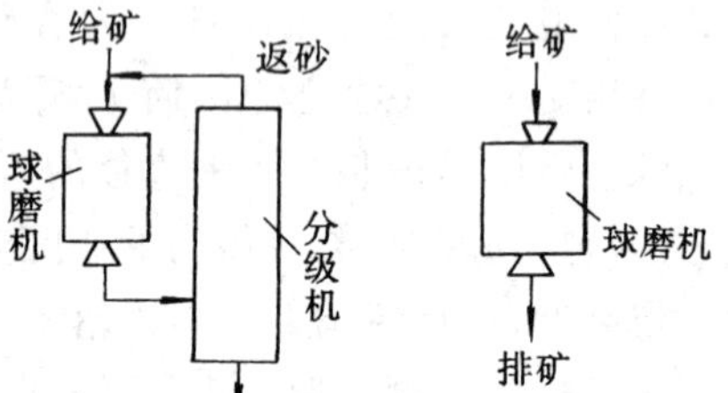

图 1-4-3　磨矿工艺流程

目前，选煤厂主要采用格子型球磨机和溢流型球磨机。如图 1-4-3(a)所示的磨矿和分级工艺联合的流程叫闭路磨矿，它可以提高磨矿效率。与磨矿机配合使用的常用分级设备有螺旋分级机、水力旋流器等。球磨机的排矿不进入分级设备，直接进入下一作业的称为开路磨矿[图 1-4-3(b)]。

第二节　磨矿作用及磨矿条件的确定

一、磨矿机对矿石的磨矿作用

在磨矿过程中，磨矿机以一定转速旋转，处在筒体内的研磨介质由于旋转时产生离心力，致使它与筒体之间产生一定摩擦力。摩擦力使研磨介质随着筒体旋转，并到达一定的高度。当研磨介质的自身重力(实际上是重力的向心分力)大于离心力时,研磨介质就脱离筒体抛射下落,从而击碎矿石。同时,在磨矿机转动过程中,研磨介质还会有滑动现象,对矿石产生研磨作用。所以,矿石在研磨介质产生的冲击力和研磨力联合作用下得到粉碎,如图1-4-4所示。

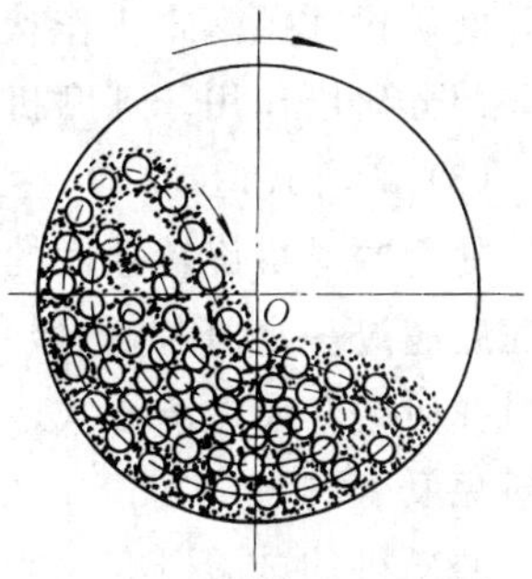

图 1-4-4　磨矿机对矿石的磨矿作用

二、磨矿机磨矿条件的确定

磨矿机的工作参数包括临界转速、工作转速、装球质量和所需功率等。要合理而经济地选择磨矿机的这些工作参数,提高磨矿效率(每小时单位功耗处理的矿石量)和生产率,就必须研究磨矿机工作时研磨介质在筒体内的运动规律。

1. *研磨介质在磨矿机内的运动规律*

研磨介质在磨矿机中的运动状态与筒体转速及筒体衬板的摩擦因数有关。研磨介质在筒体中的运动状态基本上有三种(图 1-4-5)。

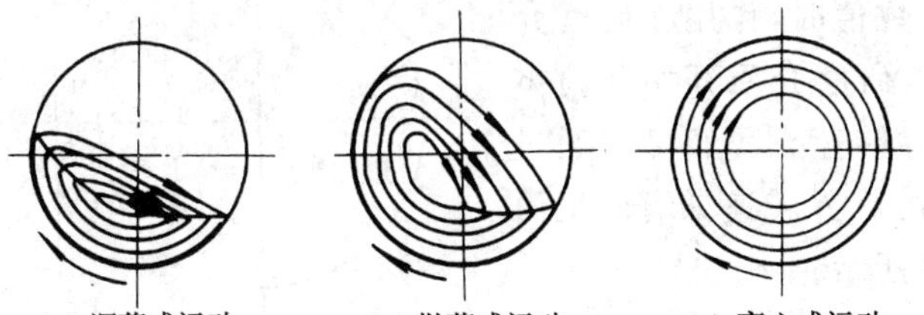

(a) 泻落式运动　(b) 抛落式运动　(c) 离心式运动

图 1-4-5　研磨介质的运动状态

(1) 泻落式运动

磨矿机在低速运转时,研磨介质顺筒体旋转方向转一定的角度,自然形成的各层研磨介质基本上按同心圆分布,并沿同心圆的轨迹升高。当研磨介质超过自然休止角后,则像雪崩似地泻落下来,这样不断地反复循环[图 1-4-5(a)]。

磨矿机在泻落式工作状态下,研磨介质从筒体的上部下落到底部时的冲击作用较小,物料主要由研磨介质互相滑动时产生压碎和研磨作用而粉碎。棒磨机和管磨机通常在泻落式运动状态下工作。

(2) 抛落式运动

当研磨介质在高速旋转的筒体中运动时,任何一层研磨介质的运动轨迹都可以分为两段:上升时,研磨介质从落回点到脱离点是绕圆形轨迹运动;下落时,从脱离点到落回点,则按抛物线轨迹下落。以后又沿圆形轨迹运动,反复循环[图 1-4-5(b)]。在筒体内壁(衬板)与最外层研磨介质之间的摩擦力作用下,外层介质沿圆形轨迹运动。在相邻各层介质之间也有摩擦力,因此,内部各层介质也沿同心圆的圆形轨迹运动,它们好像是一个整体,一起随筒体回转。摩擦力取决于摩擦因数及作用在筒体内壁(或相邻介质层)上的正压力,正压力是由重力的径向分力和离心力产生的。重力的切向分力对筒体中心的力矩使介质产生与筒体旋转方向相反的转动趋势。如果摩擦力对筒体中心的力矩大于重力的切向分力对筒体中心的力矩,那么介质与筒壁或介质层之间便不产生相对滑动,反之则存在相对滑动。在任何一层介质中,每个研磨介质之所以沿圆形轨迹运动,并不是单纯靠这个研磨介质受到的摩擦力而孤立地运动,而是依靠全部研磨介质的摩擦力。这个研磨介质只作为所有回转研磨介质群中的一个组成部分而被带动,并被后面的同一层研磨介质“托住”。

磨矿机在抛落式工作状态下，物料主要靠研磨介质群落下时产生的冲击力而粉碎，同时也靠部分研磨作用。球磨机就是在抛落式状态下工作的。

(3) 离心式运动

随着磨矿机旋转速度的进一步提高，研磨介质也就随着筒壁上升得更高。当磨矿机旋转速度超过一定值时，研磨介质就在离心力的作用下不脱离磨矿机筒壁[图 1-4-5(c)]。磨矿机在研磨介质做离心式运动状态下工作，就不产生磨矿作用。因此，离心式运动状态是应该避免发生的。

磨矿机的试验研究表明：磨矿机筒体内研磨介质的上述三种运动状态是在一定的研磨介质充填率条件下才发生的。当磨矿机内只有少量研磨介质时，研磨介质只在筒体最低位置处跳动，根本不随筒壁上升。只有当研磨介质充填率达到一定程度时，才会发生随筒壁上升和抛落的现象。戴维斯和列文逊等人拍摄了磨矿机内钢球的运动情况后证实，磨矿机内钢球充填率低时，钢球产生滑动；在充填率为 10%、20%、30%时，若不加水和矿砂，钢球还产生滑动；只有充填率达到 40%以上时，钢球滑动才停止。

2. 主要工作参数的确定

(1) 临界转速与磨矿机转速

当磨矿机筒体的转速达到某一数值时，作用在研磨介质上的离心力等于研磨介质的重力，研磨介质开始随筒体一起回转，这时的磨矿机转速叫临界转速。我们可以通过研磨介质的受力分析来求得磨矿机的临界转速。磨矿机筒体内研磨介质的受力情况如图 1-4-6 所示。

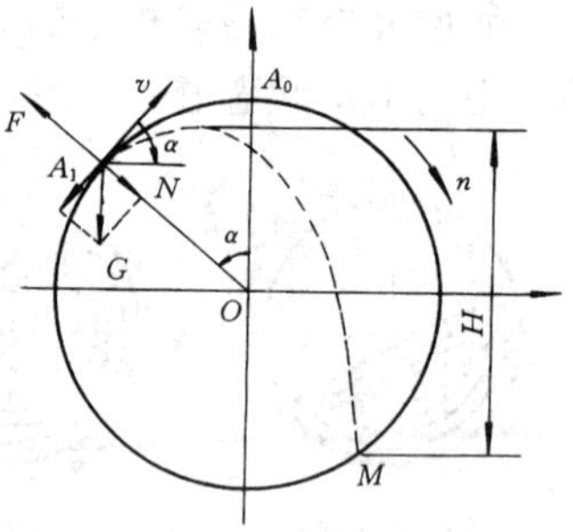

图 1-4-6　球磨机内研磨介质受力分析

设质量为 m、重量为 G 的研磨介质——钢球对筒壁的正压力为 N，钢球以速度 v 随筒体一起旋转而受到的离心力为 F，钢球不下落(也就是钢球不离开筒壁)的条件是：

$$N = F - G\cos\alpha = m\frac{v^2}{R} - mg\cos\alpha \geqslant 0 \tag{1-4-1}$$

即

$$m\frac{v^2}{R} \geqslant mg\cos\alpha \tag{1-4-2}$$

将 $v=\frac{\pi Rn}{30}$代入式(1-4-2)，整理后可得

$$n \geqslant \frac{30}{\sqrt{R}}\sqrt{\cos\alpha} \tag{1-4-3}$$

钢球不脱离筒壁的临界条件是 $N=0$，即

$$n = \frac{30}{\sqrt{R}}\sqrt{\cos\alpha} \tag{1-4-4}$$

当 $\alpha=0$ 时，也就是因筒体转动而产生的离心力恰好能将钢球带到筒体的最高点 A_0 $(\alpha=0)$不致下落时，式(1-4-4)取最大值(筒体达到临界转速)：

$$n_L = \frac{30}{\sqrt{R}} \tag{1-4-5}$$

或

$$n_L = \frac{42.4}{\sqrt{D}} \quad (\text{r/min}) \tag{1-4-5a}$$

式中　D——筒体直径，m

如果以式(1-4-5)计算的临界转速为100%，则一般球磨机的转速率在76%～86%之间。即球磨机的工作转速可按下式取值：

$$n = (0.76 \sim 0.86)n_L \qquad (\mathrm{r/min}) \tag{1-4-6}$$

有些球磨机的转速率可高达90%，也有些球磨机转速率在68%～75%之间，要根据球磨机的工作性质决定。在粗磨时，由于机内物料的粒度较大，需要更大的冲击作用，此时球磨机的转速应当较快；在细磨阶段，球磨机转速率一般较低，这样有利于发挥研磨作用。利用式(1-4-5)计算临界转速，显然最外层钢球距球磨机中心最远，使它离心所需转速最低；相反地，使最内层钢球离心则需转速最高。所以，用式(1-4-5)计算的临界转速是使最外层球不发生离心的最高转速。

这里需要指出的是在推导上述公式过程中，忽略了影响球磨机临界转速的部分因素。既没有考虑球磨机内部的装球量，也没有考虑钢球与筒体内壁的摩擦力，认为钢球没有滑动。当采用不平滑衬板和钢球充填率为40%～50%时，这种假设较符合实际。在采用摩擦因数小的平滑衬板，且装球量又比较少的情况下，摩擦力就不足以平衡钢球的切向分力，钢球产生滑动。此时，虽然球磨机转速超过计算的n_L的几倍，钢球因有剧烈的滑动也不至于产生离心运动。球磨机在超临界转速下仍可磨矿的理论依据就在于此。

(2) 钢球的提升高度

由图1-4-6可以看出，钢球升起的高度与其脱离角α的大小有关。在筒体内破碎矿石主要靠钢球的冲击与研磨作用。钢球升起愈高冲击愈强。从理论上讲，钢球有一个最有利的升起高度。在这个高度下，其冲击矿石的作用最强，对应于这个最有利的升起高度的脱离角叫钢球最有利的脱离角。

由于升起高度H是脱离角的函数(参见图1-4-6)，通过求H的极大值，可得到最有利的脱离角为：

$$\alpha = 54^\circ 44'$$

脱离角的大小与筒体转速有关，可根据式(1-4-4)求得。因此，控制磨矿机的筒体转速使钢球在最有利的条件下工作是极为重要的。

(3) 运转周期

磨矿机内钢球在筒体内的运动可分为两部分：与筒体一起的圆运动和离开筒体的抛物线运动。假设钢球做圆运动过程所用的时间为T_0，经过推导可得：

$$T_0 = \frac{\pi - 2\alpha}{\pi n} \qquad (\mathrm{min}) \tag{1-4-7}$$

钢球做抛物线运动的时间设为T_1，可得

$$T_1 = \frac{\sin 2\alpha}{\pi n} \qquad (\mathrm{min}) \tag{1-4-8}$$

钢球运动周期为：

$$T_1 + T_0 = \frac{(\pi - 2\alpha) + \sin 2\alpha}{\pi n} \qquad (\mathrm{min}) \tag{1-4-9}$$

球磨机筒体运转一周时，钢球的循环次数为：

$$i = \frac{1}{(T_1 + T_0)} = \frac{\pi n}{(\pi - 2\alpha) + \sin 2\alpha} \tag{1-4-10}$$

当 $\alpha=54°44'$时，$i=1.444$ 次。

可见，钢球的循环次数取决于脱离角 α。当球磨机筒体转速不变时，不同层次钢球的循环次数是不一样的。同一层钢球的循环次数，随转速改变而变化，转速愈高，α 角愈小，在筒体转一周的时间内，循环的次数也愈少。达到临界转速时，α 为零，因此，筒体转一周，钢球也循环一次。

(4) 球磨机结构参数

① 筒体直径影响球磨机的处理能力

球磨机的处理能力与筒体直径的 2.5～2.6 次方成正比。

② 筒体长度影响球磨机处理能力和产品细度

球磨机的处理能力与筒体长度成正比；筒体短，磨矿产品粒度粗；筒体长，磨矿产品粒度细而功耗大。长度与直径之比常为 0.75～2。

③ 衬板形状影响处理能力

不平滑衬板的处理能力比平滑衬板的处理能力大；过厚的衬板会降低球磨机的有效容积，也降低球磨机的处理能力；衬板被磨损后，筒体直径加大，钢球充填率显得偏低，使处理能力减小，故应适当增加装球量。

(5) 球磨机工作条件的确定

球磨机研磨介质的性质、充填率以及矿浆浓度等因素均对磨矿效果影响较大。

① 研磨介质的性质

在其他条件不变时，研磨介质密度愈大，球磨机的功耗与处理能力也愈高。一般选用钢球或铸铁球作为研磨介质。给矿中有粗细不等的各个粒度级别，就应配备不同直径的钢球，各种钢球的质量比例应与物料粒度特性相适应。装一种钢球的磨矿效果不如装多种钢球的磨矿效果理想。对粒度范围宽的一段磨矿，一般装 6～7 种钢球。直径小个数多时，研磨面积大，但每个钢球的打击力小；直径大个数少时，研磨面积小，但每个钢球的打击力大。粗粒宜用大钢球，细粒宜用小钢球。钢球直径 D 可按下式计算：

$$D = 25.4\sqrt{d} \qquad (\mathrm{mm}) \tag{1-4-11}$$

式中 d——按 80%过筛计的物料最大粒度，mm。

② 钢球的充填率

装球过多时，中心部分钢球只作蠕动，不能有效工作。充填率 φ 可根据图 1-4-7 按下式计算：

$$\varphi = \frac{50 - 127b/D}{100} \times 100\% \tag{1-4-12}$$

式中 φ——钢球充填率，%；

D——磨机筒体内径，mm；

b——介质表面到筒体中心距离，mm。

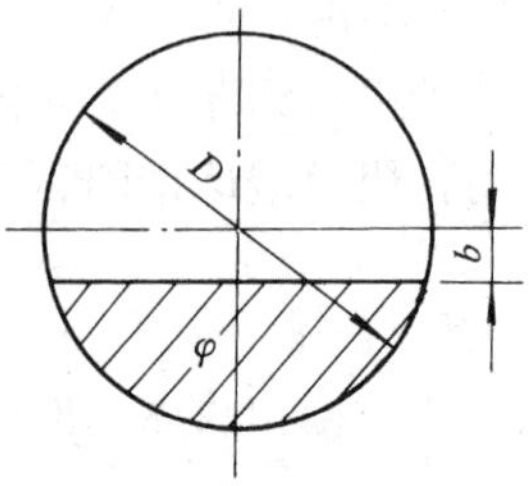

图 1-4-7 钢球充填率计算图

球磨机中钢球的充填率一般为 40%～50%。

③ 矿浆浓度

矿浆浓度通常用矿浆中矿石的质量百分数表示，球磨机一般取其排矿浓度。矿浆浓度对磨矿效果影响很大。矿浆浓时，黏性大，矿粒易粘在介质上，矿浆流动慢，被磨时间长，但对介质缓冲效应大，削弱打击力；矿浆稀时，情况则相反。处理粒度粗、硬度大以及密度大的矿石应用较浓的矿浆；处理粒度细、硬度小及密度小的矿石应用较稀的矿浆。对中等转速的球磨机而言，粗磨矿（产品粒度 0.15 mm 以上）或磨密度大的矿石，矿浆浓度较大，为 75%～80%；细磨矿（产品粒度 0.074～0.1 mm）或磨密度较小的矿石，矿浆浓度较低，为 65%～75%。

(6) 功率

球磨机在抛落工作状态下所需全部有用功率为：

$$N = 0.678D^{2.5}L\delta\Psi^{3}\left[9(1-K^{4})-\frac{16}{3}\Psi^{4}(1-K^{6})\right] \quad (\mathrm{kW}) \tag{1-4-13}$$

式中 D——筒体内径，m；

L——筒体长度，m；

δ——介质的堆密度，t/m³；

Ψ——磨矿机的转速率，%；

K——系数 $\left(K=\frac{R_1}{R}\right)$，其中，$R$ 为筒体内半径，m；R_1 为最内层钢球至筒体中心的距离，m。

若已知规格为 $D_1\times L_1$ 球磨机的有用功率为 N_1，规格为 $D_2\times L_2$ 球磨机的有用功率为 N_2，则：

$$N_2 = \frac{D_2^{2.5}L_2}{D_1^{2.5}L_1}N_1 \tag{1-4-14}$$

球磨机有用功率是使介质运动而发生磨矿作用的功率，为总功率的 75%～80%。

(7) 磨矿机的处理能力

由于磨矿机生产能力的影响因素很多，而且变化大，因此，目前还很难用理论公式来计算它的生产能力。磨矿机的生产能力一般都是根据“模拟方法”来计算的。根据实际生产的磨矿机在接近最优越的工作条件下工作时的资料，再结合磨矿机的型式和尺寸、矿石的可磨性、给矿及产品粒度等因素加以校正。磨矿机生产能力的计算一般按新形成级别的方法进行。此方法一般采用－0.074 mm（－200 网目）作计算级别。

设计的磨矿机生产能力可按下列公式计算：

$$Q = \frac{Vq}{\beta_2-\beta_1} \quad (\mathrm{t/h}) \tag{1-4-15}$$

式中 V——设计的磨矿机有效容积，m³；

β_2——产品中小于 0.074 mm 级别含量，%；

β_1——给矿中小于 0.074 mm 级别含量，%；

q——按新形成级别（－0.074 mm）计算的单位生产能力，t/(m³·h)。

q 值由试验确定，或采用矿石性质类似、设备及工作条件相同的生产指标。当没有试验数据与生产指标时，可按下列公式计算：

$$q = q_0K_1K_2K_3K_4 \tag{1-4-16}$$

式中 q_0——磨矿机按新形成（－0.074 mm）级别计算的实际单位生产能力，t/(m³·h)；

K_1——矿石可磨性系数，可用试验方法确定，磨矿机研磨设计规定处理的矿石与研磨供比较用的矿石（即现场目前处理的矿石）时，按新形成级别计算的生产率之比就是系数 K_1，K_1 也可按表 1-3-2 选取；

K_2——磨矿机型式校正系数（表 1-4-1）；

K_3——磨矿机直径校正系数，$K_3=\left(\frac{D_1-b_1}{D_2-b_2}\right)^{0.5}$，其中，$D_1$ 和 D_2 为设计的和目前工作的磨矿机的直径，m；b_1 和 b_2 为设计的和目前工作的磨矿机衬板厚度，m；

K_4——给矿和产品粒度系数，$K_4=\frac{m_1}{m_2}$，其中，m_1、m_2 是设计与生产的给矿和产品粒度按新形成（−0.074 mm）级别计算的相对生产能力，m_1、m_2 值见表 1-4-2。

表 1-4-1　磨矿机型式校正系数 K_2

磨矿机型式	格子型球磨机	溢流型球磨机	棒磨机
K_2	1.0	0.9	1.0～0.85

注：棒磨机 K_2 值，当磨矿细度大于 0.3 mm 时取大值；反之取小值。

表 1-4-2　给矿粒度及产品粒度的相对生产能力 m 值

给矿粒度/mm	产品粒度/mm					
	0.4	0.3	0.2	0.15	0.10	0.074
	−0.074 mm 级别含量/%					
	40	48	60	72	85	95
0～40	0.77	0.81	0.83	0.81	0.80	0.78
0～20	0.89	0.92	0.92	0.88	0.86	0.82
0～10	1.02	1.03	1.00	0.93	0.90	0.85
0～5	1.15	1.13	1.05	0.95	0.91	0.85
0～3	1.19	1.16	1.06	0.95	0.91	0.85

注：(1) 本表为处理一般矿石在不同给矿粒度和产品粒度时，按新形成−0.074 mm 级别计算的磨矿机相对生产能力（标准磨矿条件为：给矿粒度 0～10 mm，产品粒度 0.2 mm）；

(2) 磨矿产品粒度以 95%的矿量通过的筛孔尺寸来表示。

β_1 和 β_2 应按实际资料计算；若无实际资料，可按表 1-4-3 和表 1-4-4 选取。

表 1-4-3　给矿粒度中−0.074 mm 级别含量 β_1

给矿粒度/mm		0～40	0～20	0～10	0～5	0～3
β_1/%	难碎性矿石	2	5	8	10	15
	中等可碎性矿石	3	6	10	15	23
	易碎性矿石	5	8	15	20	25

表 1-4-4　产品粒度中−0.074 mm 级别含量 β_2

产品粒度/mm	0.4	0.3	0.2	0.15	0.1	0.074
β_2/%	40	48	60	72	85	95

第三节 磨矿机械

一、磨矿机的构造

前面所述的球磨机、棒磨机和砾磨机之间仅是某些部件不同，它们的结构基本上相同。

1. 球磨机

ϕ2700×3600 格子型球磨机如图 1-4-8 所示。格子型球磨机由以下 6 部分组成：筒体部、给矿部、排矿部、轴承部、传动部和润滑系统。

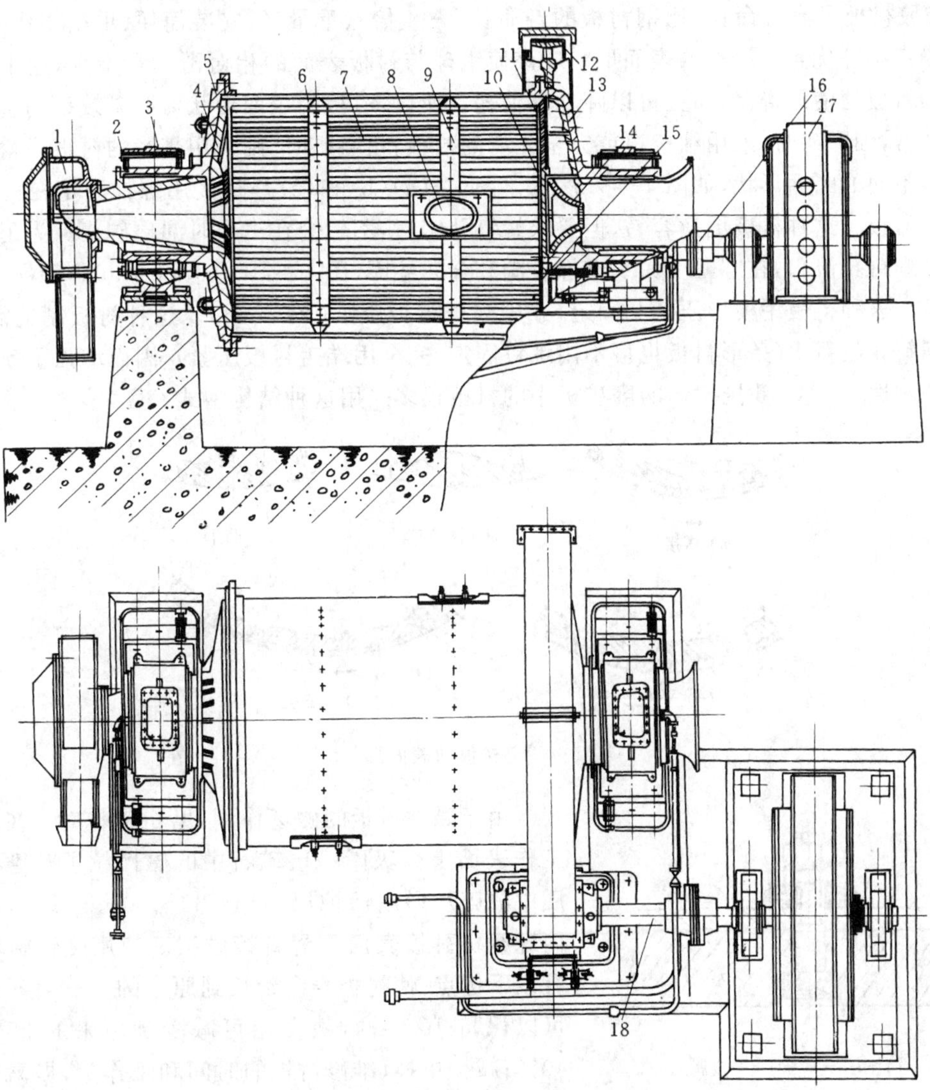

1—联合给矿器；2—轴颈内套；3—主轴承；4—扇形衬板；5—端盖；6—筒体；7—衬板；8—人孔；9—楔形压条；10—中心衬板；11—格子衬板；12—齿圈；13—端盖；14—轴颈内套；15—楔铁；16—弹性联轴节；17—电动机；18—传动轴。

图 1-4-8 ϕ2700×3600 格子型球磨机

球磨机的圆形筒体 6 由几块钢板焊接而成,其两端焊有法兰盘。筒体通过法兰盘和铸钢的端盖 5 和 13 连接。为了便于更换磨损了的衬板 7 和检查磨矿机的内部状况,在筒体上开有人孔 8;为了使衬板与筒体内壁紧密接触和缓冲钢球对筒体的冲击,在衬板与筒体内壁之间敷有胶合板;为了保护筒体内表面不受磨损和控制钢球在筒体内的运动轨迹,筒体内铺有由高锰钢制成的 50～130 mm 厚的衬板 7。

目前常用的磨矿机衬板有:① 铸造或轧制成形的耐磨钢衬板;② 常用于非金属矿磨碎的花岗岩衬板;③ 橡胶磁性衬板;④ 金属磁性衬板。滚筒球磨机普遍使用高锰钢衬板,使用周期一般只有 6～12 个月,造成大量的金属消耗,全国仅金属矿山选矿厂每年就消耗衬板 8 万 t 以上。为了提高衬板的使用寿命,国内外正在发展和使用橡胶磁性衬板和金属磁性衬板。橡胶衬板具有寿命长(比钢衬板的寿命长 3～4 倍)、重量轻、安装简便、更换工作安全、工作噪声小等优点。衬板的表面形状应该使钢球与衬板表面的相对滑动量最少,这不仅可以增加衬板的使用寿命,而且可以降功率消耗。所以,衬板的表面形状对磨矿效率的影响很大。通常,细磨矿时,采用细棱边或完全光滑的衬板;粗磨矿时,则采用带棱的衬板。衬板具有很多不同的断面形状,如图 1-4-9 所示。图中,(a)(b)和(c)是直接用螺栓固定在筒体上的单块衬板。这种衬板更换容易,但要求螺钉孔密封,不然会在工作时漏出矿浆。为了防止矿浆沿螺钉孔流出,在螺帽下面垫有橡皮圈和金属垫圈(图 1-4-10)。图 1-4-9(d)和(e)为条形衬板。这种衬板用楔形压条 9 固定,并用端盖衬板压紧(图 1-4-8)。这种衬板制造简单,由于螺钉孔数目少(条形衬板也可不用螺钉固定,完全用端盖衬板压紧),因而增强了筒体的强度和刚性。目前,我国生产的磨矿机中的衬板很多采用这种结构型式。

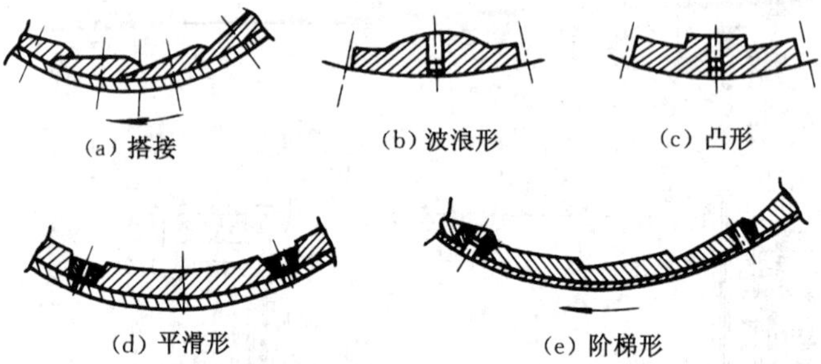

图 1-4-9 衬板的表面形状

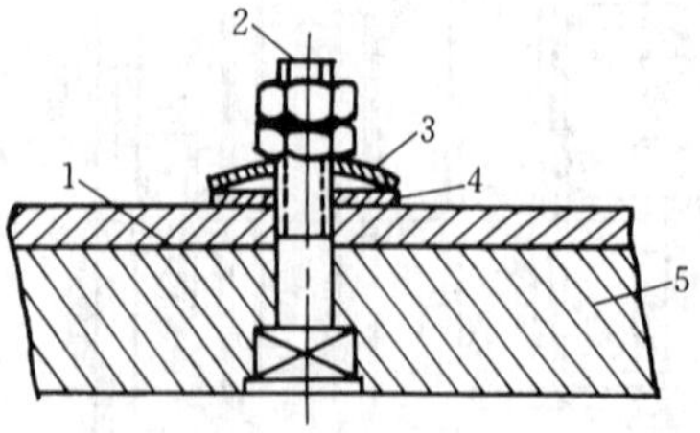

1—筒体;2—螺栓;3—金属垫圈;4—橡皮圈;5—衬板。

图 1-4-10 衬板的固定装置

由于磁性衬板的磁场作用,磨机工作时,在衬板工作表面上会吸附一层矿石中的磁性粒子及磨矿介质中的碎片形成保护层(可达 20～30 mm 厚),使滚筒球磨机衬板表面不受直接磨损。使用磁性衬板具有以下优点:使衬板寿命延长到原来的 5～8 倍,磁性可以保持 10 年;衬板费用可减少到原来的 25%～40%;减少更换、维修衬板的时间和工作量,提高磨矿设备运转率;可以利用本身的磁性吸附在筒体上,从而不用或少用螺栓,便于安装和维修;厚度较高锰钢衬板薄,可增大筒体容积,使磨机处理能力有所提高;滚筒球磨机保护层有隔音作用,降低了噪声。凡是使用直径小于 60 mm 钢球的磨矿机都可以使用磁性衬板,如:铁矿、铜、铅、锌等黑色和有色金属矿，黄金等贵重金属矿等都可以使用。磁性衬板的厚度应根据球磨机直径确定。磁性衬板在磨矿中与磨矿机筒体、矿垫层三者之间形成磁闭路，因此磨矿空间不存在磁场，对被磨物料不产生磁化和磁团聚，对格子板不发生磁性堵塞。

球磨机的给矿部(图 1-4-8)是由带有中空轴颈的端盖 5、联合给矿器 1、扇形衬板 4 和轴颈内套 2 等部件组成。为了防止给入的矿石对中空轴颈内表面的磨损，在中空轴颈内镶有一个内表面带螺旋的铸造内套，螺旋有助于给矿。给矿器 1 用螺钉固定在内套的端部。联合给矿器可同时给入原矿和分级机的返矿。

球磨机的排矿部(图 1-4-8)是由带有中空轴颈的端盖 13、格子衬板 11、楔铁 15、中心衬板 10 和轴颈内套 14 等部件所组成。在端盖的内壁上铸有放射形的筋条 8 根，相当于隔板。每两根筋条之间有格子衬板，并用楔铁挤压住。楔铁则用螺钉穿过壁上筋条固紧在端盖上。在中心部分是利用中心衬板的止口托住所有的格子衬板。在中空轴颈内镶有内套。内套在排矿格子的一端制成喇叭形叶片，以引导由隔板掬起的矿浆顺着叶片流出。

球磨机的中空轴颈(图 1-4-8)支承在调心式滑动轴承 3 上。球磨机的筒体是通过齿轮传动装置由电动机 17 经联轴节 16 带动回转的。齿轮传动装置由装在筒体排矿端的齿圈 12 和传动齿轮所构成。传动齿轮装在传动轴 18 上，传动轴支承在轴承座中的两个双列调心滚柱轴承上。为了防止灰尘落入齿轮传动装置中，用防尘罩将其全部密封。传动齿轮用干油润滑，而传动轴两端的滚柱轴承则用稀油循环润滑。

格子型球磨机的主要技术特征见表 1-4-5；磨煤粉球磨机的技术特征见表 1-4-6。

表 1-4-5　格子型球磨机的技术特征(GB/T 25708—2010)

规格/mm	筒体有效容积/m^3	最大装球量/t	适宜工作转速/(r/min)	需用电动机		返矿勺头半径/mm	机器质量/t
				功率/kW	转速/(r/min)		
湿式 ϕ900×900	0.45	1	35～40	7	750	900	4.4
干式 ϕ900×900	0.45	0.8	35～40	6	750		4.4
湿式 ϕ900×1800	0.9	2	35～40	13	750	900	5.4
干式 ϕ900×1800	0.9	1.6	35～40	11	750		5.4
湿式 ϕ1200×1200	1.1	2.5	30～34	19	750	1 200	11.4
干式 ϕ1200×1200	1.1	2	30～35	15	750		11
湿式 ϕ1200×2400	2.2	5	30～34	38	750	1 200	13.4
干式 ϕ1200×2400	2.2	4	30～35	30	750		12.5
湿式 ϕ1500×1500	2.2	5	27～30	40	750	1 400	13.7
干式 ϕ1500×1500	2.2	4	27～30	32	750		13
湿式 ϕ1500×3000	4.4	10	27～30	80	750	1 400	17
干式 ϕ1500×3000	4.4	8	27～30	64	750		16.5
湿式 ϕ2100×2200	6.6	15	23～26	132	750	1 500	47
湿式 ϕ2100×3000	9	20	23～26	180	750	1 500	50.6
湿式 ϕ2700×2100	10.4	23	20～23	250	750	1 800	69
湿式 ϕ2700×3600	18	40	20～23	430	187.5	1 800	77
湿式 ϕ3200×3500	24	54	18～21	615	167	2 000	100
湿式 ϕ3200×4500	31	72	18～21	790	167	2 000	138
湿式 ϕ3600×4000	35	80	17～20	980	167	2 400	144
湿式 ϕ3600×5500	49	105	17～20	1 300	150	2 400	151

表 1-4-6 磨煤粉球磨机的技术特征

筒体直径/mm	筒体长度/mm	筒体容积/m^3	转速/(r/min)	主电动机		钢球质量/t	处理能力/(t/h)	机器质量/t
				功率/kW	转速/(r/min)			
2 200	2 600	9.8	22	145/180	753	10	4	37.4
2 200	3 300	12.5	22	170/180	735	14	6	40.3
2 500	3 600	18	20	310/320	735/740	20	8	57.8
2 500	3 900	19.4	20	370/380	735/740	25	10	59.6
2 870	4 100	26.5	18.75	500/475	735/740	30	12	73
2 870	4 700	30	18.75	625/570	735/740	35	16	76.6
3 300	4 400	37	18	600/650	980/985	45	20	84
3 800	5 500	43.7	18	2×500/475	735/740	55	32	126
3 800	6 500	55	18	2×625/570	735/740	65	40	136.5

溢流型球磨机与格子型球磨机的构造基本相同，其区别仅在于溢流型球磨机的筒体内无排矿格子。格子型球磨机与溢流型球磨机比较，具有下列优点：① 排矿口矿浆面低，矿浆通过的速度快，能减少矿石过粉碎；② 装钢球多，不仅可装大钢球，同时还可以使用小钢球；③ 由于排矿端装有格子，小球不会被矿浆带出筒体，并能形成良好的工作条件；④ 格子型球磨机比同规格的溢流型球磨机的生产能力高 20%～30%，并节省电力 10%～30%。

格子型球磨机的缺点是构造比溢流型球磨机稍复杂。

2. 棒磨机

棒磨机和溢流型球磨机基本相似。棒磨机是采用圆棒作为研磨介质，而不像球磨机采用钢球作为研磨介质。棒的直径通常为 40～100 mm，棒的长度一般比筒体长度短 25～50 mm。为了防止筒体旋转时钢棒歪斜而产生乱棒现象，棒磨机的锥形端盖敷上衬板后的内表面是平的。棒磨机主要是利用棒滚动时产生磨碎和压碎的作用将矿石破碎的。当棒磨机转动时，棒只是在筒体内互相转移位置。棒磨机不只是用棒的某一点来打碎矿石，而是以棒的全长来压碎矿石。因此，在较大块矿石没有被破碎前，细粒矿石很少受到棒的冲击，矿石过粉碎的可能性小，可以得到粒度比较均匀的磨碎产品。由于棒磨机具有以上工作特性，通常取其转速比球磨机的低一些，为临界转速的 60%～70%；充填率一般为 35%～40%；给矿粒度不宜大于 25 mm，否则会使棒子歪斜，工作时导致棒子的弯曲和折断，从而使磨矿效果恶化。棒磨机一般在第一段开路磨矿中用于矿石的细碎和粗磨。在钨、锡或其他稀有金属的重选厂或磁选厂，为了防止矿石过粉碎，常采用棒磨机。棒磨机用于开路磨矿，可以代替短头圆锥破碎机作细碎。

球磨机与棒磨机已向大型化方向发展，即增大磨矿机筒体的直径和长度。根据生产实践证实，磨矿机的生产率与筒体直径的 2.5～2.6 次方成正比。因此，增大筒体直径将是磨矿机的发展方向。但是，将筒体直径增大至 4 000 mm 以上时，会给运输和安装带来许多困难，直径 4 000 mm 已达到铁路车皮的极限轮廓尺寸。所以，增大筒体容积唯一可行的方法是增加其长度。

3. 砾磨机

砾磨机是古老的磨矿设备之一。砾磨机是一种用砾石或卵石作研磨介质的磨矿设备。由于磨矿机的生产率与研磨介质的密度成正比。因此，砾磨机的筒体尺寸($D\times L$)要比相同生产率的球磨机筒体尺寸大。同时，其衬板一般要求能够夹住研磨介质，形成“自衬”，以减少衬板磨损，加强提升物料的能力和矿物间的粉碎作用。因此，常采用网状衬板或梯形衬板，或者两者的组合。砾磨机具有能耗小、生产费用低、节省金属材料（如研磨介质）、避免金属对被磨碎物料的污染等特点，特别适用于对物料有某些特殊要求的场合。国外将砾磨机用于处理金、银、重晶石等金属和非金属矿石。砾磨机工作时，转速一般比球磨机略高，常为临界转速的 85%～90%，矿浆浓度一般比球磨机低 5%～10%。

4. 自磨机

磨矿机除了以上介绍的几种类型外，还有一种无介质磨矿机——自磨机。自磨机的工作原理与球磨机、砾磨机的工作原理基本相同。不同的仅是它不另外采用研磨介质（有时为提高其处理能力，也加入少量的钢球，通常只占自磨机有效容积的 2%～3%），而是利用矿石本身在筒体内连续不断地相互冲击和磨剥作用来达到粉碎矿石的目的。在破碎和磨碎的同时，空气流以一定的速度通入自磨机中，将粉碎了的矿物从自磨机内吹出，并进行分级。这种磨矿方法的主要优点是粉碎比非常大，能使直径 1 m 以上的矿块，在一次磨碎过程中排矿粒度小于 0.074 mm（－200 网目）。因此，采用自磨机可以简化破碎流程，并降低选矿厂基本建设的设备投资及日常维护和管理费用。由于自磨机的过磨现象少，处理后的矿物表面干净，因而能提高精矿品位和回收率。

矿石在自磨机中的磨矿过程见图 1-4-11。给矿中的小颗粒由给矿端给入，沿 A 面均匀地落于筒体底部中心 C—C 处，然后向两侧扩散；给矿中的大块具有较大的动能，总是趋向较远的一侧，但其中有一部分必然要和 A、B 面相碰，然后向另一侧返回，也使大块得到均匀分布。波峰衬板的 A—A 面和 B—B 面在这里的作用是防止给入物料产生有害的偏析。自排矿端沿下面返回的颗粒也均匀地落于筒体底部的中心，然后向两侧扩散。大块和细粒在筒体底部沿轴向运动，方向正好相反，于是就产生磨碎作用。

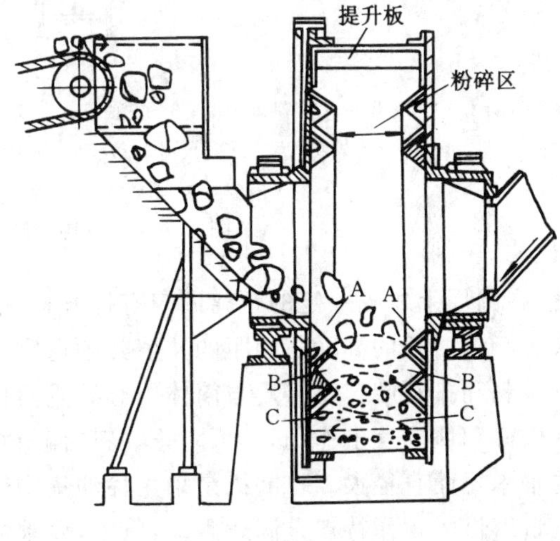

图 1-4-11　干式自磨机的磨矿过程

筒体内的矿石在冲击、磨碎和压碎作用下逐渐地粉碎，合乎产品粒度要求的颗粒被通入自磨机内的循环空气流排出。

自磨机的规格以筒体直径 D 和筒体内长度 L 表示。自磨机主要有干式自磨机和湿式自磨机两种。ϕ4000×1400 干式自磨机的构造如图 1-4-12 所示。自磨机的构造基本上与球磨机相似，它也是由筒体部、给料部、排料部、轴承部、传动部和润滑系统等几个部分组成。但是，各部分的结构根据自磨机的工作要求有所不同。

为了防止自磨机工作时发生物料偏析现象，自磨机的筒体直径较大而筒体长度较小。一般 $\frac{D}{L}\approx 3\sim 3.5$。筒体上的衬板，除了保护筒体免被损坏之外，其主要的作用是提升物料。

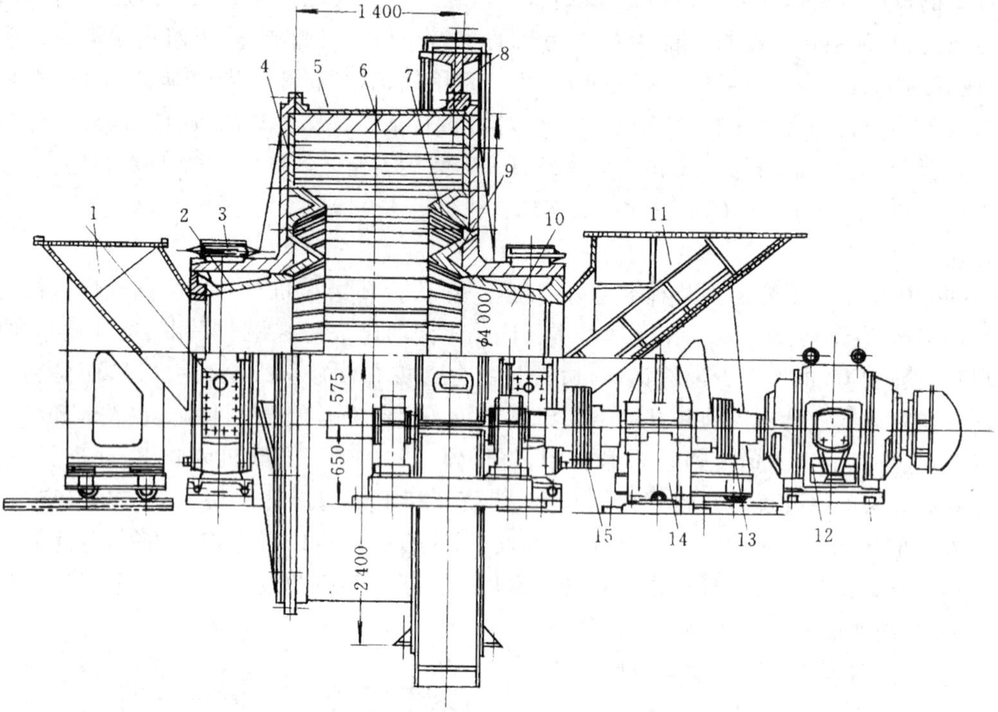

1—出料漏斗；2—轴颈内套；3—主轴承；4—端盖；5—筒体；6—提升衬板；7—波形衬板；
8—齿轮传动装置；9—端盖；10—轴颈内套；11—给料漏斗；12—电动机；
13、15—弹性联轴节；14—减速器。

图 1-4-12　ϕ4000×1400 干式自磨机

因此，在圆周上每隔一定的距离固定有提升衬板。衬板的高度及间距对物料的运动轨迹有很大影响。衬板的高度与间距的比值必须适宜，才能获得最高的生产能力和最低的能量消耗。给料和排料端盖是采用与筒体中心线垂直的平面结构，其上装有波峰衬板。波峰衬板具有破碎和侧向反击作用，并可防止物料“偏析”现象的产生。自磨机主轴承的长度比球磨机的轴承短而直径大。自磨机是采用稀油集中循环润滑系统的。

自磨机的工作特点是满载启动，所以，要求电动机具有较大的启动转矩。由于自磨机的转速低（一般为临界转速的 70%～80%），为了简化传动系统，一般选用低转速电动机。

湿式自磨机是在不断地往磨矿机中给水的情况下，借助于矿石相互之间的碰撞和磨剥作用而完成全部或部分破碎和粉磨过程的，产品粒度达到－200 网目或更细。ϕ5500×1800 湿式自磨机的构造如图 1-4-13 所示。

湿式自磨机在结构上的特点有：

① 采用移动式带有积料衬垫的给矿漏斗，以减少矿石对料斗的直接冲击和磨损。

② 采用排矿“自返装置”自行闭路磨矿。从格子板排出的物料通过锥形筒筛，筛下物料由排矿口排出，筛上物料（大块）则经螺旋自返装置返回自磨机内再磨；

③ 自磨机的大齿轮固定在排矿端的中空轴颈上。

我国设计和制造的自磨机规格和基本参数见表 1-4-7。

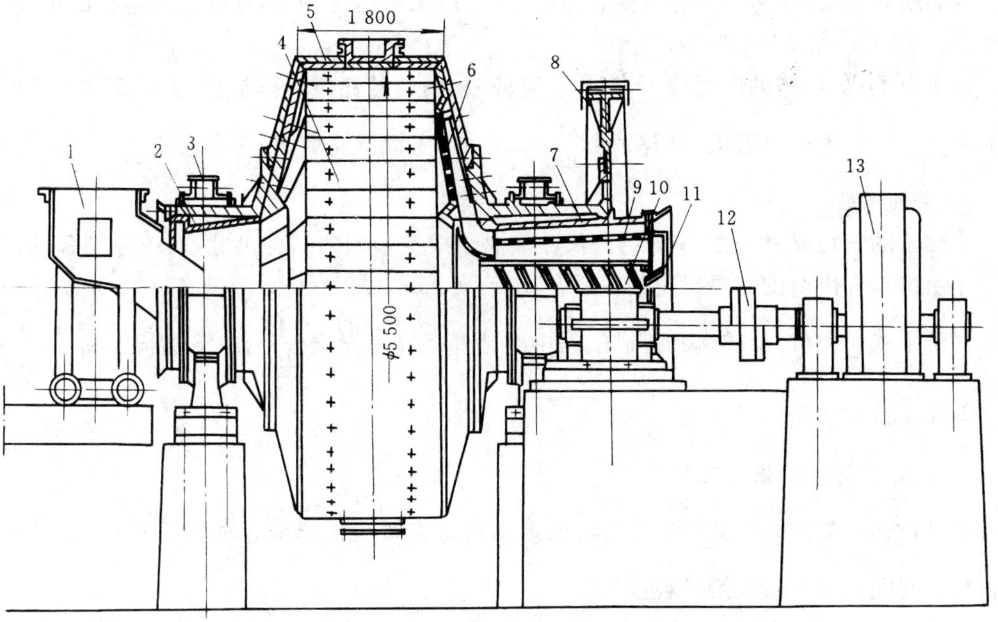

1—给矿漏斗；2—轴颈内套；3—主轴承；4—提升衬板；5—筒体；6—格子板；
7—轴颈内套；8—齿轮传动装置；9—锥形筒筛；10—螺旋自返装置；
11—排矿口；12—弹性联轴节；13—电动机。

图 1-4-13 ϕ5500×1800 湿式自磨机

表 1-4-7 自磨机的规格和基本参数

规格及名称	筒体尺寸		给矿粒度 /mm	转速 /(r/min)	处理能力 /(t/h)	主电机		机器总质量（不计电机） /t
	直径 /mm	长度 /mm				功率 /kW	转速 /(r/min)	
ϕ3000×1000 干式自磨机	3 000	1 000		19.5		95	730	
ϕ4000×1400 干式自磨机	4 000	1 400		18	30～35	240	735	81.5
ϕ6000×2000 干式自磨机	6 000	2 000		14.4	100～150	800	125	197.5
ϕ4000×1400 湿式自磨机	4 000	1 400	＜350	17		245	735	63.94
ϕ5500×1800 湿式自磨机	5 500	1 800	＜350	15		900	167	155

二、磨矿机的结构参数

1. 筒体内径 D 和长度 L

磨矿机的生产能力和功能消耗近似地与磨矿机的筒体内径 $D^{2.5}$ 和筒体长度 L 成正比。实践结果表明，各种磨矿机的筒体内径 D 与筒体长度 L 有如下关系。

格子型球磨机：$L=(0.7\sim2)D$，当磨碎比大、物料的可磨性差、产品粒度要求细时，取大值，反之，取小值；

溢流型球磨机：$L=(1.3\sim2)D$；

棒磨机：$L=(1.5\sim2)D$；

管磨机：$L=(2.5\sim6)D$，对于开路磨矿系统，取 $L=(3.5\sim6)D$；对于闭路磨矿系统，取 $L=(2.5\sim3.5)D$。

对于自磨机，筒体的内径较大，筒体长度较小，两者的比值不是常数，它随筒体内径的变化而变化。对于干式自磨机，推荐采用$\frac{D}{L}=2\sim4$；对于湿式自磨机，$\frac{D}{L}\approx3$。

2. 主轴承的直径和宽度

主轴承的直径 d 和宽度 B 等结构尺寸取决于中空轴颈的结构尺寸，而中空轴颈的结构尺寸是由进料和出料的需要确定的。通常，$d=(0.35\sim0.40)D$，$B=(0.45\sim0.60)d$。

对于干式自磨机，给矿端和排矿端的中空轴外径 $d=\frac{D}{2.6}\sim\frac{D}{2.7}$，中空轴长度 $L_1=\frac{D}{5.2}\sim\frac{D}{5.3}$；对于湿式自磨机，$d=\frac{D}{2.7}\sim\frac{D}{2.8}$。

3. 自磨机提升衬板几何尺寸

提升衬板的高度 h 和间距 l 对物料的运动轨迹有很大的影响。通常，$\frac{l}{h}=3\sim4.5$。提升衬板的间距应大于最大给矿粒度。

三、其他磨矿机

1. 振动粉磨机

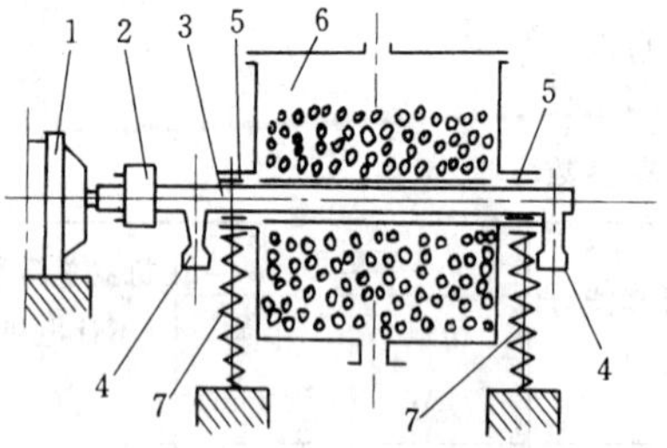

1—电动机；2—挠性联轴器；
3—单轴激振器；4—偏心重；
5—轴承；6—筒体；
7—隔振弹簧。

图 1-4-14　振动粉磨机示意图

振动粉磨机（图 1-4-14）是由单轴惯性力激振的振动粉磨机。它由电动机 1、挠性联轴器 2、轴激振器 3、偏心重 4、轴承 5、装有研磨介质与被研磨物料的筒体 6 和隔振弹簧 7 组成。

振动粉磨机工作时，电动机通过挠性联轴器带动主轴快速旋转。偏心重旋转产生的离心惯性力使筒体产生振动。振动粉磨机的工作原理是：靠筒体发生高频低振幅的振动，通过研磨体对物料剧烈的抛射冲击作用和研磨作用来粉碎物料。筒体内研磨介质可以根据工艺需要选择钢球、钢棒、小圆柱体、氧化铝球等。振动粉磨机用于物料的细磨与超细磨，可干法或湿法工作，其粉碎细度可达几微米。目前，在粉末冶金、化工、煤炭等工业部门得到应用。

振动粉磨机的研磨介质充填率比球磨机和棒磨机的研磨介质充填率高得多，达 65%以上。在充填率小于 80%～90%时，磨碎率一般随充填率增加而上升，但研磨介质充填率过高，研磨介质的运动受到妨碍，从而使磨碎率下降。实际生产中，研磨介质充填率为 60%～70%。振动粉磨机的研磨介质尺寸通常较小，如钢球直径一般在 10～50 mm 之间，因而研磨介质的比表面积较大；因其充填率高，研磨介质的总表面积较大。研磨介质之间的相互冲击或研磨作用频繁，虽然振动粉磨机的研磨介质之间的作用力不像球磨机或棒磨机那样大，但磨碎率仍然很高。

研磨介质除了产生抛射、冲击和旋转等运动外，就研磨介质整体而言，还产生一个同振动轨迹方向相反的旋转运动。旋转的频率大致等于振动频率的百分之一。这种研磨介质与物料整体的缓慢旋转，有利于物料的混匀，保证磨碎产品性质的稳定。对于连续工作的振动粉磨机，物料呈螺旋形轨迹在筒体内运动。

振动粉磨机的筒体断面有U形及圆柱形两种，表1-4-8为我国制造的U形断面容积为200 L振动粉磨机的主要技术特征。

表1-4-8 200 L振动粉磨机的技术特征

磨矿方式	干法或湿法	磨矿方式	干法或湿法
振动频率/(次/min)	1 500	球荷质量/kg	740
振幅/mm	3	排料粒度/μm	65
偏心重力矩/(N/m)	14～17.9	处理能力/(kg/h)	225～300
钢球直径/mm	8～10	电动机功率/kW	14

试验研究表明，振动粉磨机对某些物料磨碎效果好。由于弹簧在较高频率下振动易于疲劳，虽然我国生产的是规格较小的振动粉磨机，但弹簧的寿命仍较短，仅为600～800 h。为此研制了低频率、大振幅的振动粉磨机。频率与振幅由磨碎工艺的要求来确定。国外振动粉磨机推广也较慢，原因是大规格振动粉磨机给机械制造带来很大困难。当然，随着机械制造技术的不断进步，大型振动粉磨机的可靠性将逐步得到提高。

振动粉磨机主要用于细磨或超细磨，给料粒度通常小于10 mm。产品最大粒度与物料性质有很大的关系，一般大于10 μm。对某些物料，例如云母，可以磨得更细。振动粉磨机电动机功率由下列经验公式计算：

$$N = 6 \times 10^{-8} f^3 A^2 m \quad (\text{kW}) \tag{1-4-17}$$

式中 f——振动频率，1/s；

A——振幅，cm；

m——研磨介质和物料质量，kg。

振动粉磨机与其他磨机相比，具有以下优点：

(1) 由于是高速工作，可直接与电动机相连，机重和占地面积小；

(2) 研磨介质充填率和振动频率高，单位容积筒体的处理量大；

(3) 功耗较小，不需用分级机进行闭路磨碎；

(4) 产品粒度细，可以细磨或超细磨碎；

(5) 用软管可与给料和排料装置连接，便于密封；还可以进行一些特殊磨碎，如连接液氮，进行超低温磨碎。

振动粉磨机的缺点主要是对机械结构强度的要求过高，特别是大型振动粉磨机中，弹簧与轴承易损坏；对某些物料如韧性、热敏物料磨碎较困难；对物料水分敏感，处理量随水分增大而减小，振动粉磨机的单机处理量较低。

振动粉磨机用于煤或焦炭磨碎有三个重要的优点：

(1) 由于筒体内研磨介质充填率高，空气量少，可以防止燃烧爆炸；

(2) 振动粉磨机与给料部及排料部可密闭连接，减少与外界空气接触的机会；

(3) 振动粉磨机不需分级机闭路工作，流程大为简化。

使用 ϕ500 mm×1300 mm 帕拉型振动粉磨机磨碎褐煤及焦炭，当给料粒度分别为 1～4 mm 和 0～1 mm 时，磨碎细度分别为>0.315 mm 的物料占 2%和<0.063 mm 的物料占 45%时，单台机器处理量达 4.3 t/h。

2. 悬辊式盘磨机

盘磨机是利用辊子在圆盘上的快速转动来对物料进行粉碎的磨机。盘磨机可分为：圆盘固定型，圆盘固定不动而安装辊子的梅花架快速转动，又称雷蒙磨(Raymond Mill)；圆盘转动型，辊子部件不绕机架中心轴转动而是圆盘快速转动。

圆盘固定的悬辊式盘磨机(图 1-4-15)由梅花架 1、辊子 2、磨环 3、铲刀 4、给料部 5、返回风箱 6 和排料部 7 组成。

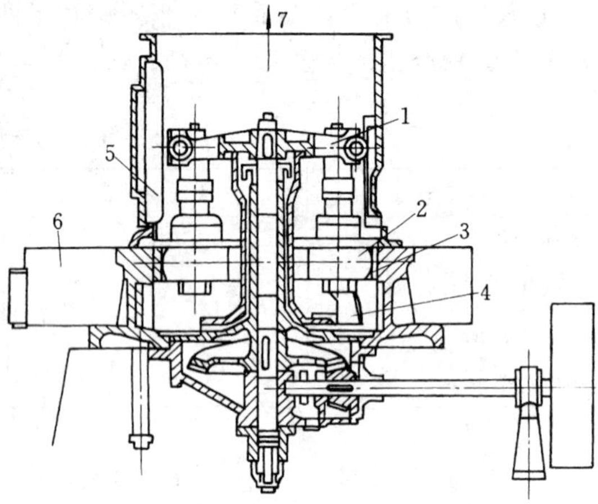

1—梅花架；2—辊子；3—磨环；4—铲刀；5—给料部；6—返回风箱；7—排料部。

图 1-4-15　悬辊式盘磨机

被磨物料由机体侧部通过给料机和溜槽给入磨机内。物料在辊子和磨环之间受辊子的挤压和研磨。气流从固定盘下部以切线方向吹入，经过辊子与圆盘之间的研磨区，夹带着粉尘和粗粒向上吹动，排入安置于盘磨机上部的风力分级机。分级机采用叶轮型分级机，产生上升的旋流，旋流的离心力使粗粒向外层运动，最后脱离风流，自动落至磨碎区再度磨碎。叶轮的转速愈高，分级粒度愈细。细粒级随风流向上运动，排入旋风集尘器后，与气流分离，净化后的风流经鼓风机返回风箱。整个系统在负压下工作。也可以向盘磨机送入热风，成为磨碎与干燥联合系统，许用的给料水分可达 10%～20%，而产品水分接近于零。

梅花架上悬有 3～5 个辊子绕机体中心轴线公转，同时辊子本身又自转。由于公转时的离心作用，辊子向外张开而压紧于圆盘的磨环上。给入的物料一部分落到盘底，由铲刀 4 铲起后送入辊子与圆盘之间，受到辊子的磨碎。铲刀与梅花架连在一起，随梅花架与辊子一起转动。铲刀倾斜安置，每个辊子的前面有一把铲刀将物料铲起，使物料形成一股物料流，连续送至辊子与圆盘之间。

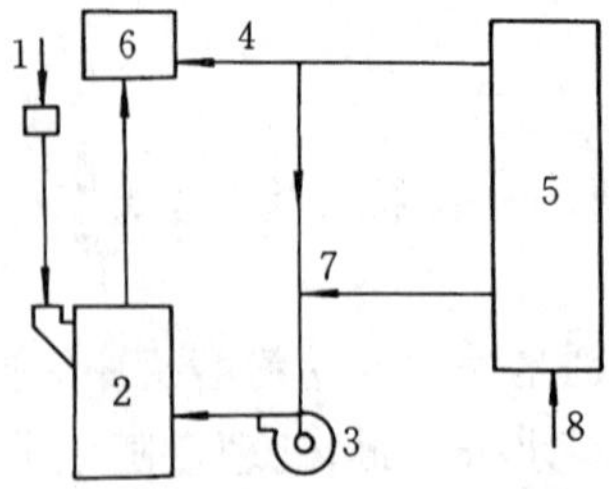

1—给料器；2—盘磨机；3—鼓风机；4—二次空气；5—空气预热器；6—锅炉；7—一次空气；8—空气入口。

图 1-4-16　盘磨机正压操作流程

当给料中硬质异物较多时，可增添异物收集区，使异物在上升气流中分开，而收集于异物收集区。

辊套需选用硬度高、耐磨性好的材质制造，如硬镍合金、高锰钢等，并进行热处理。

悬辊式盘磨机可用于煤、非金属矿、陶瓷等的磨碎。盘磨机如用于煤粉磨碎供锅炉燃烧时，可以是正压操作，也可以是负压操作。盘磨机正压操作流程如图 1-4-16 所示，主鼓风机将风量从空气入口 8 送入空气预热器 5，然后分为两股，二次空气 4 直接进入锅炉 6，一次空气 7 经盘磨机 2 将煤粉与一次空气混合体送往喷嘴，吹入锅炉 6 燃烧。由于机内有压力，故需要对给料器进行密封。流程其余部分如图中所示。由于煤粉不经过鼓风机3，因此，鼓风机的磨损较少。该流程适于磨碎磨蚀性较强的煤（含有较多石英或黄铁矿的煤）或磨碎细度较细的场合。

悬辊式盘磨机的操作调节参数较多，如风力分级机的类型和参数、悬辊的转速、辊子数目、鼓风机等。

悬辊式盘磨机利用研磨区前后的空气压差自动调节给料，因为该压力差与磨机内载荷成正比。给料机由一台调速电动机驱动，调节给料量。悬辊式盘磨机对给料量调节的反应很灵敏，能持续地保证最佳工作条件。

我国常用的悬辊式盘磨机的技术特征见表1-4-9。

表1-4-9　悬辊式盘磨机主要技术特征

项　目	3R-2714型	4R-3216型	5R-4018型
给料粒度/mm	30	35	40
产品粒度/mm	0.044～0.125	0.044～0.125	0.044～0.125
处理能力/(t/h)	0.3～1.5	0.6～3.0	1.1～6.0
中心轴转速/(r/min)	145	124	95
磨环内径/mm	830	970	1 270
叶轮型分级机直径/mm	1 096	1 340	1 710
叶轮型分级转速挡数	11	11	11
辊子数目	3	4	5
辊子直径/mm	270	320	400
辊子长度/mm	140	160	180
鼓风机风量/(m^3/h)	12 000	19 000	34 000
鼓风机风压/Pa	1 666	2 695	2 695
主电动机型号	JO_2-71-4	JO_2-200M-6	JO_2-2805-6
主电动机功率/kW	22	30	75
主电动机转速/(r/min)	1 450	980	980
给料器电动机功率/kW	1.1	1.1	1.1
给风机电动机功率/kW	15	30	55

3. *风扇磨*

风扇磨用于磨碎煤粉以供锅炉燃烧之用。图1-4-17是我国生产的KSG型风扇磨。

风扇磨的磨碎工具是一个快速旋转的装有若干个径向板锤的冲击轮2。煤从给料管道1送至冲击轮的中心部分，受到板锤的冲击作用而粉碎。冲击轮及其蜗壳区5实际上是一个风扇。块煤与烟气或热风一起通过给料管道送入冲击轮，块煤破碎成煤粉，并随烟气或热风一起经蜗壳区排往分级机。其中粗粒级返回风扇再度磨细，细粒级为合格产品。夹入给料中的铁质杂物，收集于壳体下部的凹坑6中。对于某些只用冲击轮不能破碎到要求粒度的煤，冲击轮前面还装有若干排前置锤3，使物料在进入冲击轮之前先初步破碎。前置锤的排数和个数视原料及磨碎条件而异，其旋转方向可与冲击旋转方向相同或相反。

风扇磨可以磨碎烟煤或木质褐煤。风扇磨不仅要把煤磨碎，还要使其干燥，供锅炉燃烧之用。为此，需要烟气或热风与煤一起经给料管道给入冲击轮，因而给料管道有时称为烟气

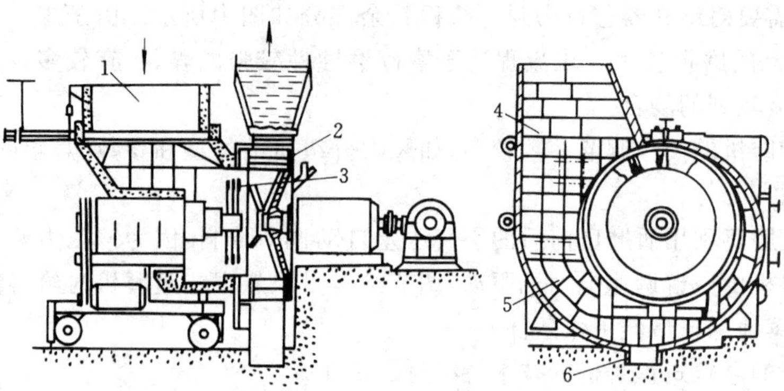

1—给料管道；2—冲击轮；3—前置锤；4—排料管道；5—蜗壳区；6—凹坑。

图 1-4-17 KSG 型风扇磨

管道。KSG 型风扇磨分为 S 型和 N 型。两种型式的区别在于冲击轮与机体尺寸之间的比例不同。机体尺寸应同干燥所需烟气的压力、流量等相适应。S 型的磨碎对象是烟煤或老年褐煤，煤中水分含量在 40%以下；N 型的磨碎对象是年轻褐煤或木质褐煤，其水分含量为 40%～70%。我国烟煤资源丰富，以采用 S 型风扇磨为多。

冲击轮的主轴支承在两个双排滚子自调位轴承上，用稀油润滑。由于轴承都在冲击轮右侧，左侧的进料部支承在小轮子上，可以推开，从而冲击轮暴露在外，便于拆装。冲击轮利用冲击和研磨作用将煤磨碎。此外，冲击轮本身就是风扇叶轮，可以吸入烟气或热风。如用热风干燥，热风往往来自具有一定压力的锅炉空气预热器，因而冲击轮的风扇作用可减少。在这种情况下，处理量保持不变，冲击轮的直径可减小，从而功率也减少；如冲击轮直径不减小，则处理量将大为增加。

与风扇磨配套的分级机有单箱式、双箱式和离心式等类型。分级机的细粒产品可直接吹入锅炉；如为中央磨碎装置，可以吹入集尘装置使煤粉与空气分开，然后送往使用地点。

当煤的水分含量小于 12%时，可用热风干燥；水分含量更高时，可用热烟气干燥。当热风温度小于 400 ℃时，给料管道外部用玻璃纤维包裹；温度更高时，则在给料管道内部敷以耐火黏土。对于 S 型风扇磨，烟气温度小于 650 ℃。

风扇磨的板锤圆周速度是一个重要参数，此速度高达 70～90 m/s。因此，板锤的磨损是一个重要问题。其磨损量与物料性质、产品细度、处理量以及板锤材质等有关。目前一般用高锰钢作板锤材质。

风扇磨磨碎的比能耗取决于产品细度、煤的可磨性、热气管路设计等，一般在 39.6～90 MJ/t 之间。给料粒度通常为 60 mm，产品细度视锅炉燃烧要求大于 0.09 mm 占 40%～52%。究竟选用悬辊磨还是选用风扇磨与锅炉匹配，需进行技术经济比较后确定。悬辊式盘磨机更适于磨蚀性强的煤。在相同的处理能力下，风扇磨设备投资较少；而盘磨机功率消耗较少。

KSG 型风扇磨的技术特征见表 1-4-10。

表 1-4-10　KSG 型风扇磨的技术特征

型　号	$S_{0.2\sim300}$	$S_{0.4\sim300}$	$S_{0.8\sim150}$	$S_{1\sim150}$	$S_{2\sim150}$	$S_{3\sim150}$	$S_{5\sim100}$	$S_{6\sim100}$
处理能力/(t/h)	0.2	0.4	0.8	1.0	2.0	3.5	5.0	6.0
功率/kW	9	16	30	60	100	400	500	
风扇磨转速/(r/min)	3 000	3 000	1 500	1 500	1 500	1 500	1 000	1 000
型　号	$S_{8\sim100}$	$S_{9\sim100}$	$S_{10\sim75}$	$S_{12\sim75}$	$S_{16\sim75}$	$S_{20\sim60}$	$S_{25\sim60}$	$S_{32\sim60}$
处理能力/(t/h)	7.5	9.0	10.0	12.0	16.0	20.0	25.0	32.0
功率/kW	180	225	250	300	380	450	760	700
风扇磨转速/(r/min)	1 000	1 000	750	750	750	600	600	600
型　号	$S_{36\sim50}$	$S_{40\sim50}$	$S_{45\sim50}$	$S_{50\sim50}$	$S_{55\sim50}$	$S_{60\sim42}$	$S_{70\sim42}$	
处理量/(t/h)	36.0	40.0	45.0	50.0	55.0	60.0	70.0	
功率/kW	800	880	1 000	1 100	1 200	1 300	1 550	
风扇磨转速/(r/min)	500	500	500	500	500	425	425	

注：表中所得数据的条件是：煤的哈氏可磨性系数为 60；水分为 12%；产品细度为＋0.09 mm 52%；出料口温度为120 ℃。

复习思考题

1. 说明磨矿作业在选矿和煤炭加工利用中的作用。
2. 简述常用圆筒型磨矿机的工作原理。
3. 常用的磨矿机按照排矿方法不同可分为哪几类？
4. 磨矿机按照研磨介质不同可分为哪几类？它们常在什么条件下应用？
5. 简述常见的两种磨矿工艺流程。
6. 研磨介质在磨矿机内有哪三种运动状态？影响研磨介质运动状态的因素有哪些？
7. 磨矿机的主要工作参数有哪些？
8. 试说明球磨机参数：(1) 临界转速；(2) 工作转速；(3) 最大降落高度；(4) 球荷运转周期和循环次数。
9. 球磨机的工作转速是如何确定的？要考虑哪些因素？
10. 球磨机的主要结构参数有哪些？它们对处理能力和产品粒度有何影响？
11. 球磨机的研磨介质粒度、充填率和矿浆浓度是如何确定的？
12. 试说明球荷填充率对磨矿效果的影响。
13. 试说明矿浆浓度对磨矿效果的影响。
14. 球磨机的处理能力是如何计算的？
15. 常用的磨碎机有哪几种类型？
16. 简述球磨机的基本构造。
17. 球磨机筒体衬板的结构形状有哪几种？各在什么情况下使用？
18. 磁性衬板有什么优点？在什么条件下可以使用？
19. 格子型球磨机与溢流型球磨机相比有何优缺点？

20. 棒磨机与球磨机在主要工作参数和产品粒度上有何区别?
21. 砾磨机有何特点?
22. 自磨机有何优点?
23. 磨矿机的主要结构参数是如何确定的?
24. 试说明振动粉磨机的工作原理和用于煤炭磨碎时的优点。
25. 我国生产的风扇磨有哪两种类型?它们适合在什么条件下使用?

第二篇

重力选矿

第一章 重选概论

第一节 重选的研究对象及应用

不同粒度和密度的矿粒组成的物料在流动介质中运动时，由于它们性质的差异和介质流动方式的不同，其运动状态也不同。在真空中不同性质的物体具有相同的沉降速度，在分选介质，如水、空气、重液（密度大于水的液体或高密度盐类的水溶液）、悬浮液（固体微粒与水的混合物）、空气重介质（固体微粒与空气的混合物）中，由于它们受到不同的介质阻力，形成运动状态的差异。矿粒在静止介质中不易松散，不同密度、粒度、形状的矿粒难以互相转移，即使达到分层亦难以实现分离。

重力选矿又称重选，就是根据矿粒间由于密度的差异，因而在运动介质中所受重力、流体动力和其他机械力的不同，从而实现按密度分选矿粒群的过程。粒度和形状会影响按密度分选的精确性。

各种重选过程的共同特点是：① 矿粒间必须存在密度的差异；② 分选过程在运动介质中进行；③ 在重力、流体动力及其他机械力的综合作用下，矿粒群松散并按密度分层；④ 分层好的物料，在运动介质的作用下实现分离，并获得不同的最终产品。

重选的目的，主要是按密度来分选矿粒。因此，在分选过程中，应设法创造条件，减少矿粒的粒度和形状对分选结果的影响，以使矿粒间的密度差别在分选过程中能起主导作用。

根据介质运动形式和作业目的的不同，重选可分为如下几种工艺方法：水力分级、重介质选矿、跳汰选矿、干扰床选矿、摇床选矿、溜槽选矿、洗矿。其中洗矿和分级是按密度分离的作业，其他则均属于按密度分选的作业。

重选是当今最通用的几种选矿方法之一，尤其广泛地用于处理密度差较大的物料。在我国它是煤炭分选的最主要方法，也是分选金、钨、锡矿石的传统方法。在处理稀有金属（钍、钛、锆、铌、钽等）矿物的矿石中应用也很普遍。重选法也被用来分选铁、锰矿石；同时也用于处理某些非金属矿石，如石棉、金刚石、高岭土等。对于那些主要以浮选法处理的有色金属（铜、铅、锌等）矿石，也可用重选法进行预先分选，除去粗粒脉石或围岩，使其达到初步富集。重选法还广泛应用于脱水、分级、浓缩、集尘等作业。而这些工艺环节几乎是所有选矿厂和选煤厂所不可缺少的。

第二节 重选的发展简况

一、重选的发展过程

重选是按矿物密度差分选矿石的方法，在当代选矿方法中占有重要地位。它的发展历史悠久,从古代人类开始知道利用金属材料的时候,就使用兽皮在河溪中淘洗自然金属或天然矿物。以后又用木制的溜槽进行分选。大约在400余年前出现了原始的跳汰机。但那时的生产还是作坊式的。18世纪60年代西方发生产业革命,对金属原料的需求量日渐增加。同时蒸汽机的出现又为机械化生产提供了动力,于是重选作为一个产业部门而出现。1830～1840年间在德国哈兹(Harz)矿区出现的早期活塞跳汰机继续得到改进而被推广应用。1892年又发明了大型的风力驱动的选煤用鲍姆跳汰机(Baum jig)。1890年美国研制了第一台选煤用打击式摇床。1896～1898年A.威尔弗利(Wilfley)发明了现代型式的摇床。分选效率最高的是重介质选矿法,早在1858年就开始在工业中应用。当时采用氯化钙溶液进行选煤,由于溶液耗量太大,所以未能获得推广。1917年出现了水砂悬浮液选煤法。1921年开始用重介质选矿法分选块煤。1936年美国马斯科特(Mascot)矿山首次用重介法分选铅锌矿石。20世纪中叶以来,开始用离心力场强化重力分选过程。其中最成功的是1940年在荷兰首先出现的水力旋流器。1941年美国人I. B.汉弗莱(Humphreys)研制出了螺旋选矿机。自此,重选突破了原有垂直流和斜面流两种分选模式,增加了静力分选和回转流的应用,从而奠定了现代重选工艺的基本格局。

重选的理论研究要比生产发展滞后一些。在研究了平板和球体颗粒在流体中运动时所受的阻力之后,建立了牛顿(I. Newton,1643～1727)的流体力学惯性阻力公式和斯托克斯(G. G. Stokes,1851)的黏性阻力公式,为研究颗粒在介质中的沉降速度奠定了理论基础。之后,1867年奥地利人雷廷智(P. R. Rittinger,1867)首先研究了单个颗粒的自由沉降规律,根据牛顿阻力平方公式导出了球形颗粒在介质中的沉降末速公式,并依此对跳汰过程进行了理论解释。门罗(H. S. Munroe,1888)和理查兹(R. H. Richards,1909)提出了干扰沉降速度的计算公式,力图对跳汰法之所以能够分选宽级别物料这一特点进行理论阐述。到了20世纪40年代,苏联学者里亚申柯(П. В. Лященко)根据大量的试验研究工作,提出了宽级别非均匀粒群在上升水流中按密度分层的临界上升水速的理论。高登(A. M. Gaudin,1939)对跳汰分层提出了加速度运动学说。同时,研究了斜面流分选原理,这些研究都是基于流体的动力作用提出的。德国人迈耶尔(E. W. Mayer,1947)则从静力学角度提出了分层的位能学说,形成了分层理论研究的动力学体系和静力学体系两个派别。

水力旋流器在第二次世界大战之前虽已在选矿厂内应用,但对其内液流速度场的测定则以凯尔萨尔(D. F. Kalsall,1952)的工作最具开创性。在此之后,为了计算水力旋流器的分离粒度,达扬(G. Tarjan. 1953)、布拉德利(D. Bradley,1958)等人提出了平衡轨道理论,而里杰玛(K. Rietema,1961)则提出了停留时间概念。

在重介质选矿方面,维尔霍夫斯基(И. М. Верховский,1958)等人研究了矿粒在悬浮液中的沉降规律。

在评价原料的重选可选性方面,亨利(Henry,1905)和迈耶尔的工作最有影响;而在评定重选过程效率方面,特鲁姆普(K. F. Tromp,1937)所创立的方法应用最广泛。

由于学科的相互渗透,近年来许多相邻学科的理论研究成果也被引入选矿领域。如拜格诺(R. A. Bagnold,1954)剪切分散理论的引入,为薄层斜面介质流中多层粒群的松散分层机理提供了新的理论依据。

重选的早期理论研究多侧重于对工艺现象的解释,而且力图用简单的概念表述过程的本质,观点也多有不同。20世纪50年代以后,已开始使用示踪原子、高速摄影、光学测量等技术手段和现代化的测试技术对颗粒及介质的运行进行定性的直观描述。

为了适应生产自动化和设备大型化的需要，开展了以数理统计方法，概括选矿过程规律性的研究，编制工艺参数和设备参数间的数学模型，为生产工艺过程的自动控制和设备设计提供了可靠的依据。重选也正因此从经验的工艺技术走向科学化、数字化的道路。

二、重选在我国的发展

在我国，重选已有悠久的历史，远在 4 000 多年前就开始了铜的冶炼。殷墟出土的司母戊鼎重达 700 kg，可见当时冶金技术的高超。战国时期铁的用途得到推广。为了给冶金生产提供矿产原料，所以采矿、选矿技术也相当发达。1637 年明朝著名科学家宋应星所著《天工开物》颇为详尽地记载了许多有关应用重选的实例。如：用风车风选谷物、用水力分级法提取瓷土、用淘洗法选取铁砂和锡砂等。

我国最早采用跳汰的选煤厂建于 1917 年，溜槽选煤厂建于 1923 年。1945 年以前，我国共有 11 座炼焦煤选煤厂和 5 座动力煤选煤厂。当时由于设备简陋和技术落后，生产极为不正常。解放以后，由于矿物原料生产被置于优先发展的地位，先后在煤炭、钨、锡矿石的生产基地，建立起多座大型和中型的选矿厂和选煤厂。

1956 年我国开始进行重介质选煤的研究。1958 年第一个以黄土为加重质的重介质选煤车间在北票选煤厂建成。1960 年在通化铁厂选煤厂建成以磁铁矿粉为加重质的重介质选煤车间。从此，重介质选煤获得了发展。自 20 世纪 60 年代以来，许多大型选煤厂，有不少是我国自行设计和建设的，并使用全套国产设备，也有一些是引进了国外的技术和装备。

在选矿方面，随着我国尖端技术工业的发展，同期还新建了一批大中型重力选矿厂。并有一批处理稀有金属矿砂的重选厂投入生产。20 世纪 60 年代以后，重选法被推广应用于处理铁矿石，并在铅、锌、锑有色金属矿山建立起重介质预选车间。70 年代以后，大量推广采金船工艺。1977 年在鞍山钢铁公司建成了我国第一座磁选、重选联合工艺流程的选矿厂。

重选法生产的钨、锡精矿产量在世界上占有重要地位。重选法还在建材、化工等行业中得到推广应用。重选新技术设备研究也取得了重大成就。在选煤方面，重介质选煤新工艺得到了推广，并研制成功了斜轮、立轮重介分选机、有压、无压给料两产品和三产品旋流器、电磁数控风阀筛下空气室跳汰机、四层平面摇床等，在设备大型化等方面取得了突破。在金属选矿方面，为处理难选的钒钛铁矿石，重选法获得了成功应用。另外，还研制了离心选矿机、振摆皮带溜槽、弹簧摇床、离心摇床和旋转型螺旋溜槽等设备。

第二章　重选的基本原理

第一节　概　　述

重选的实质概括起来就是松散—分层和搬运—分离过程。置于分选设备内的散体物料，在运动介质中，受到流体浮力、动力或其他机械力的推动而松散，被松散的矿粒群，由于沉降时运动状态的差异，不同密度（或粒度）颗粒发生分层转移。就重选来说，就是要达到按密度分层，通过运动介质的作用达到分离。其基本规律可概括为：松散—分层—分离。重选理论研究的问题，简单地说就是探讨松散与分层的关系。松散和搬运分离几乎都是同时发生的。但松散是分层的条件，分层是目的，而分离则是结果。

前述各种重选工艺方法即是实现这一过程的目的，它们的工作受这样一些基本原理支配：

（1）颗粒及颗粒群的沉降理论；

（2）颗粒群按密度分层的理论；

（3）颗粒群在回转流中分层的理论；

（4）颗粒群在斜面流中的分选理论。

有关颗粒及颗粒群的沉降理论，主要是研究颗粒沉降规律的。有关颗粒群按密度分层理论，最早是从跳汰过程入手研究的，并提出了不少的跳汰分层学说，后来又出现一些专门在垂直流中分层的理论。有关回转流中的分选，尽管介质的运动方式不同，但除了重力与离心力的差别外，基本的作用规律仍是相同的。斜面流选矿最早是在厚水层中处理粗粒矿石，分选的根据是颗粒沿槽运动的速度差。20 世纪 40 年代以后，斜面流选矿向流膜选矿方向发展，主要用来分选细粒和微细粒级矿石。流态有层流和紊流之分。一贯认为紊流脉动是松散床层的基本作用力的观点，在层流条件下则难以作出解释。1954 年拜格诺提出的层间剪切斥力学说，补充了这一理论上的空白。但同分层理论一样，斜面流选矿要依靠现有理论进行可靠的计算仍是困难的。尽管重选理论到今天仍未达到完善地步，但和许多工艺学科一样，它仍可为生产提供基本的指导，并可作为数理统计和相似与模拟研究的基础。

第二节　颗粒及颗粒群沉降理论

矿粒在流体介质中的沉降是重力分选过程中矿粒最基本的运动形式，松散可以看作矿粒在上升介质流中沉降的一种特殊形式。矿粒固体本身的密度、粒度和形状不同，沉降速度也就不同。为便于研究，首先分析颗粒的自由沉降规律，在此基础上，再进一步讨论粒群存在时的干扰沉降运动。

一、矿粒在介质中的自由沉降

1. *矿粒在介质中所受的重力*

沉降过程中，最常见的介质运动形式有静止、上升和下降流动三种。

单个颗粒在无限宽广的介质中的沉降，称为自由沉降，这是最简单的沉降运动形式。其运动状态受重力和阻力支配。

矿粒在介质中所受重力（G_0）等于它在真空中的重力（G）与浮力（F）之差，即

$$G_0 = G - F \quad (\mathrm{N}) \tag{2-2-1}$$

或

$$G_0 = V(\delta - \rho)g \quad (\mathrm{N}) \tag{2-2-2}$$

由于

$$m = V\delta$$

故

$$G_0 = m\frac{\delta - \rho}{\delta}g \quad (\mathrm{N}) \tag{2-2-3}$$

式中　V——矿粒的体积，m^3；

δ——矿粒的密度，$\mathrm{kg/m}^3$；

ρ——介质的密度，$\mathrm{kg/m}^3$；

g——重力加速度，$\mathrm{m/s}^2$；

m——矿粒的质量，kg。

若设矿粒为球体，则 $V = \frac{\pi}{6}d^3$

$$G_0 = \frac{\pi}{6}d^3(\delta - \rho)g \quad (\mathrm{N}) \tag{2-2-4}$$

式中　d——矿粒的直径，m。

可见，矿粒在介质中的重力与矿粒的尺寸、密度及介质的密度有关。

2. *矿粒在介质中运动时所受的阻力*

矿粒在介质中运动时，由于介质质点间内聚力的作用，最终表现为阻滞矿粒运动的作用力，这种作用力叫介质阻力。介质阻力始终与矿粒相对于介质的运动速度方向相反。由于介质的惯性，使运动矿粒前后介质的流动状态和动压力不同，这种因压力差所引起的阻力，称为压差阻力。由于介质的黏性，介质分子与矿粒表面存在黏性摩擦力，这种因黏性摩擦力所致的阻力，称为摩擦阻力。介质阻力由压差阻力和摩擦阻力所组成，这两种阻力同时作用在矿粒上。介质阻力的形式与流体的绕流流态即雷诺数 Re 有关。不同情况下，它们各自所占比例不同，但归根结底，都由介质黏性所致。

最重要的介质阻力公式为黏性摩擦阻力区的斯托克斯公式和涡流压差阻力区的牛顿-雷廷智公式，其次是过渡区的阿连公式。

当矿粒尺寸微小或矿粒相对于介质的运动速度（简称矿粒的相对速度）较小，且其形状又易于流体绕流，附面层没有分离时，摩擦阻力占优势，压差阻力可忽略（$Re \leqslant 1$），摩擦阻力可用斯托克斯公式计算，即

$$R_S = 3\pi\mu d v \quad (\mathrm{N}) \tag{2-2-5}$$

或写成

$$R_S = \frac{3\pi}{Re}d^2\rho v^2 \quad (\mathrm{N}) \tag{2-2-5a}$$

式中　R_S——介质对矿粒的摩擦阻力，N；

μ——介质的动力黏度，Pa·s；

Re——雷诺数，或称运动矿粒的雷诺数；

v——矿粒的相对速度，m/s；

其余符号意义同上。

一般粉状物料（煤粉、黏土粉、水泥等）和雾滴在空气中沉降，或在气力输送计算中，只考虑黏性阻力，不计压差阻力，故按斯托克斯公式处理。对于微细固体颗粒在水中沉降（煤泥水、矿浆等）也可用斯托克斯阻力公式。

当矿粒尺寸较粉尘大，速度也稍大时，且颗粒沉降时后部开始出现附面层分离，其黏性摩擦阻力和压差阻力是相同的数量级（$1<Re\leqslant 500$），此时过渡区阻力用阿连公式计算，即

$$R_{\mathrm{A}} = 1.25\pi\sqrt{\mu\rho d^{3}}\,v^{1.5} \tag{2-2-6}$$

或写成

$$R_{\mathrm{A}} = \frac{5\pi}{4\sqrt{Re}}d^{2}\rho v^{2} \tag{2-2-6a}$$

一般细粒物料，如细粒煤炭、石英砂和石灰石砂等，在空气或水中沉降，必须同时考虑黏性阻力和压差阻力，即按阿连公式处理。

当矿粒尺寸或矿粒的相对速度较大，且其形状又不易使介质绕流，导致其较早发生附面层分离，在颗粒尾部全部形成旋涡区（$500<Re<2\times10^{5}$），此时压差阻力占优势，摩擦阻力可以忽略不计。压差阻力可用牛顿-雷廷智公式来计算，即

$$R_{\mathrm{N-R}} = 0.055\pi d^{2}\rho v^{2} \tag{2-2-7}$$

或写成

$$R_{\mathrm{N-R}} = \frac{\pi}{18}d^{2}\rho v^{2} \tag{2-2-7a}$$

牛顿-雷廷智公式适用于一般块状物料在空气或水中沉降时阻力的计算。在计算中只计压差阻力，而不计黏性阻力。

可见，介质阻力与矿粒尺寸、矿粒的相对速度、介质密度及介质黏度有关。当压差阻力占优势时，介质阻力与矿粒的相对速度的平方和直径的平方成正比；当摩擦阻力占优势时，介质阻力与矿粒的相对速度和直径的一次方成正比。

介质阻力还可用下列通式表示，即

$$R = \psi d^{2}v^{2}\rho \tag{2-2-8}$$

式中，ψ 为阻力系数，它是矿粒形状和雷诺数 Re 的函数。由式（2-2-8）可知，介质阻力 R 与 d^{2}、v^{2}、ρ 成正比，并与雷诺数 Re 有关。

由于 ψ 与 Re 的函数关系至今尚没有办法用理论将它求导出来，因此只有依靠试验的方法。英国物理学家李莱总结了大量试验资料，并在对数坐标上作出了各种不同形状颗粒在流体介质中运动时，雷诺数 Re 与阻力系数 ψ 间的关系曲线，又称李莱曲线。图 2-2-1 是球形颗粒的 ψ 与 Re 的关系曲线，虚线为个别公式的计算值，实线为实测值。图 2-2-2 为不规则形状矿粒的 ψ_{k} 与 Re_{V} 的关系曲线。已知 Re，可利用该曲线求出 ψ，再用阻力通式求解。

3. *矿粒在静止介质中的沉降末速*

矿粒在静止介质中沉降时，矿粒对介质的相对速度即为矿粒的运动速度。沉降初期，矿粒运动速度很小，介质阻力也很小，矿粒主要在重力 G_0 作用下，做加速沉降运动。随着矿粒沉降速度的增大，介质阻力渐增，矿粒的运动加速度逐渐减小，直至为零。此时，矿粒的沉降速度达到最大值，作用在矿粒上的重力 G_0 与阻力 R 平衡，矿粒以等速度沉降。称这个速度为

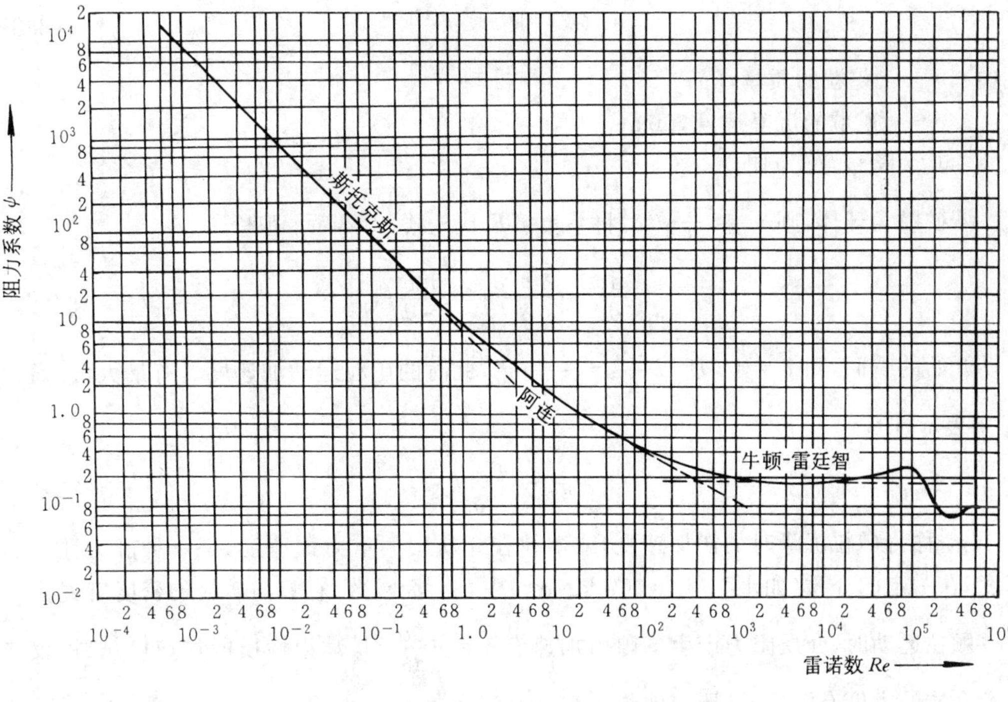

图 2-2-1　球形颗粒的 ψ 与 Re 的关系曲线

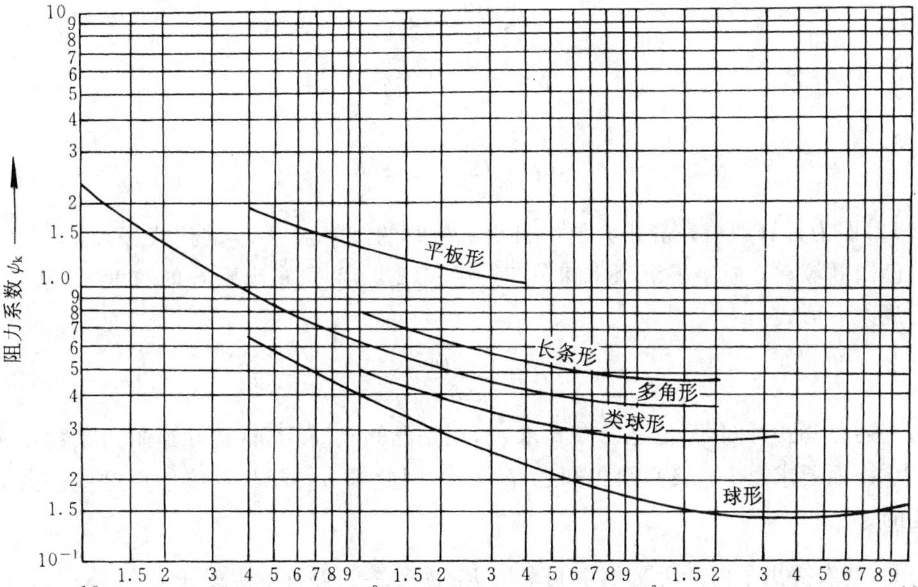

图 2-2-2　不规则形状矿粒的 ψ_k 与 Re_V 的关系曲线

矿粒的自由沉降末速，以 v_0 表示。

矿粒在介质中沉降时，所受合力与运动加速度之间有如下关系：

$$G_0 - R = m\frac{dv}{dt} \tag{2-2-9}$$

式中 m——矿粒的质量,kg;

v——矿粒的沉降速度,m/s;

其余符号意义同前。

若矿粒为球体,则 $m = \frac{\pi}{6}d^3\delta$。将 G_0、m、R 代入式(2-2-9),可得

$$\frac{dv}{dt} = \frac{\delta - \rho}{\delta}g - \frac{6\psi v^2\rho}{\pi d\delta} \tag{2-2-10}$$

运动开始的瞬间,则 $v=0$;所以 $\frac{dv}{dt} = \frac{\delta-\rho}{\delta}g$,此时的矿粒运动加速度具有最大值,通常以 g_0 来表示,即

$$g_0 = \frac{\delta - \rho}{\delta}g \tag{2-2-11}$$

g_0 称为矿粒沉降时的初加速度,或矿粒在介质中的重力加速度,是一种静力性质的加速度,在一定的介质(如水,$\rho=1\ 000\ \mathrm{kg/m^3}$)中,$g_0$ 为常数,它只与矿粒的密度有关。

颗粒运动时,介质阻力产生的阻力加速度 $a=\frac{6\psi\rho v^2}{\pi d\delta}$,是动力性质的加速度,它不仅与颗粒及介质的密度有关,而且还与颗粒的粒度及沉降速度有关。

颗粒在静止介质中达到沉降末速 v_0 的条件为:

$$R = G_0 \text{ 或 } \frac{dv}{dt} = g_0 - a = 0$$

即

$$\frac{\delta - \rho}{\delta}g = \frac{6\psi\rho v_0^2}{\pi d\delta}$$

故得

$$v_0 = \sqrt{\frac{\pi d(\delta - \rho)g}{6\psi\rho}} \tag{2-2-12}$$

式(2-2-12)即为计算颗粒在静止介质中自由沉降时的沉降末速 v_0 的通式。

当已知颗粒在介质中的沉降末速 v_0 时,用式(2-2-12)可求出颗粒的粒度 d,式(2-2-12)还可写成以下形式:

$$d = \frac{6\psi v_0^2\rho}{\pi(\delta - \rho)g} \tag{2-2-13}$$

由上述各公式可知,不论是已知 d 求 v_0,还是已知 v_0 求 d,都要知道阻力系数 ψ,而 ψ 又与 Re 有关,而要求出 Re,又必须先知道 d 和 v_0,因此求 v_0 或 d,直接使用这些公式计算是不可能的。

为此,刘农提出了两个无量纲中间参数 $Re^2\psi$ 和 $\frac{\psi}{Re}$。经推导易求出:

$$Re^2\psi = \frac{\pi d^3(\delta - \rho)\rho g}{6\mu^2} = \frac{G_0\rho}{\mu^2} \tag{2-2-14}$$

$$\frac{\psi}{Re} = \frac{\pi\mu(\delta - \rho)g}{6\rho^2 v_0^3} \tag{2-2-15}$$

从公式中可看出,$Re^2\psi$ 是不包含 v_0 的无量纲中间参数;而 $\frac{\psi}{Re}$ 是不包含 d 的无量纲中间

参数，里亚申柯利用刘农提出的两个无量纲中间参数，利用李莱曲线，事先求出 ψ 与 Re 对应值，计算出 $Re^2\psi$ 或 $\frac{\psi}{Re}$。使用对数坐标绘制出 $Re^2\psi$-Re 与 $\frac{\psi}{Re}$-Re 关系曲线（图 2-2-3、图 2-2-4）。具体计算时，可以直接算出所需要利用的中间参数值，再根据 $Re^2\psi$（求 v_0 时）或 $\frac{\psi}{Re}$（求 d 时）从曲线中求出对应的 Re，然后利用 $Re=\rho\frac{v_0 d}{\mu}$ 求解 v_0 或 d，亦可利用李莱曲线求，求出 ψ 后代入通式求解。

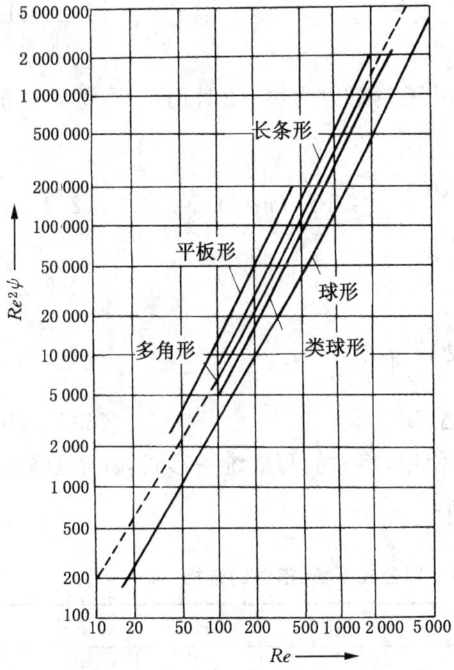

图 2-2-3　球形和不规则形状矿粒的 $Re^2\psi$-Re 关系曲线

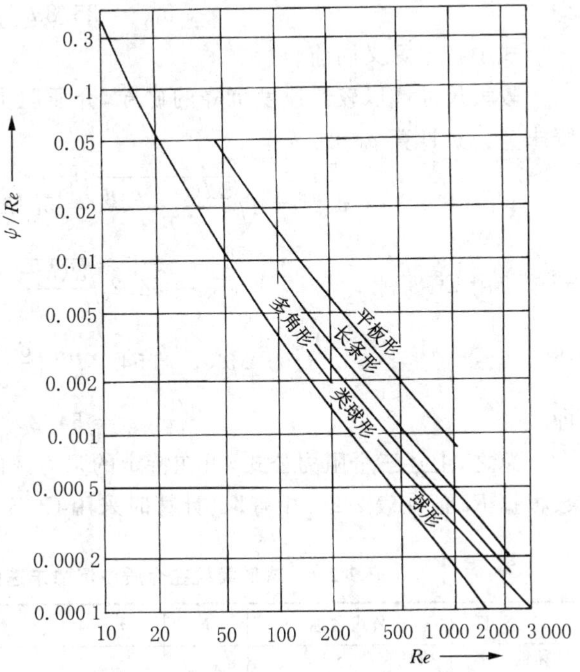

图 2-2-4　球形和不规则形状矿粒的 ψ/Re-Re 关系曲线

按照求沉降末速通式的原则，采用斯托克斯、阿连和牛顿-雷廷智阻力公式，也可求出三个适用于不同 Re 范围的颗粒在静止介质中自由沉降末速的个别公式。

较小尺寸或以较小速度沉降的矿粒，介质阻力以摩擦阻力为主，此时可用斯托克斯沉降末速公式计算 v_0，即

$$v_{0S}=\frac{d^2}{18\mu}(\delta-\rho)g \qquad (\mathrm{m/s}) \tag{2-2-16}$$

若单位采用 CGS 制

$$v_{0S}=54.5d^2\left(\frac{\delta-\rho}{\mu}\right) \qquad (\mathrm{cm/s}) \tag{2-2-17}$$

或

$$v_{0S}=54.5d^2\left(\frac{\delta-\rho}{\rho}\right)^{1.0}\left(\frac{\rho}{\mu}\right)^{1.0} \tag{2-2-17a}$$

即

$$v_{0S}=54.5d^2\Delta^{1.0}\nu^{-1} \tag{2-2-17b}$$

式中　Δ——颗粒相对于介质的有效密度，或称比密度；

ν——流体介质的运动黏度，m^2/s。

中间尺寸矿粒的沉降末速可用阿连公式计算，即

$$v_{0A}=d\sqrt[3]{\left(\frac{2}{15}g\frac{\delta-\rho}{\rho}\right)^2}\sqrt[3]{\frac{\rho}{\mu}}\quad (m/s)\tag{2-2-18}$$

若单位采用CGS制
$$v_{0A}=25.8d\sqrt[3]{\left(\frac{\delta-\rho}{\rho}\right)^2}\sqrt[3]{\frac{\rho}{\mu}}\quad (cm/s)\tag{2-2-19}$$

或
$$v_{0A}=25.8d^{1.0}\left(\frac{\delta-\rho}{\rho}\right)^{2/3}\left(\frac{\rho}{\mu}\right)^{1/3}\tag{2-2-19a}$$

即
$$v_{0A}=25.8d^{1.0}\Delta^{2/3}\nu^{-1/3}\tag{2-2-19b}$$

式中符号意义同前。

较大尺寸或以较快速度沉降的矿粒，介质阻力以压差阻力为主，此时用牛顿-雷廷智沉降末速公式计算 v_0，即

$$v_{0N\text{-}R}=\sqrt{\frac{3d(\delta-\rho)g}{\rho}}=5.42\sqrt{\frac{d(\delta-\rho)}{\rho}}\quad (m/s)\tag{2-2-20}$$

若单位用CGS制
$$v_{0N\text{-}R}=54.2\sqrt{\frac{d(\delta-\rho)}{\rho}}\quad (cm/s)\tag{2-2-21}$$

或
$$v_{0N\text{-}R}=54.2d^{1/2}\left(\frac{\delta-\rho}{\rho}\right)^{1/2}\left(\frac{\rho}{\mu}\right)^{0}\tag{2-2-21a}$$

即
$$v_{0N\text{-}R}=54.2d^{1/2}\Delta^{1/2}\nu^{0}\tag{2-2-21b}$$

总之，上述三个阻力公式，可在特定的阻力区内使用，将它们写成统一形式，其系数和指数根据 Re 值在表2-2-1中查取，计算时采用CGS制。

表 2-2-1 球形颗粒在介质中沉降末速的个别公式系数、指数的选择

流态区	公式名称	k	x	y	z	Re	$Re^2\psi$	ψ/Re
黏性摩擦阻力区	斯托克斯公式（层流绕流）	54.5	2	1	1	0～0.5	0～5.25	∞～42
过渡区	过渡区的起始段	23.6	$\frac{3}{2}$	$\frac{5}{6}$	$\frac{2}{3}$	0.5～30	5.25～720	42～0.027
过渡区	阿连公式（过渡区的中间段）	25.8	1	$\frac{2}{3}$	$\frac{1}{3}$	30～300	720～2.3×10^4	0.027～8.7×10^{-4}
过渡区	过渡区的末段	37.2	$\frac{2}{3}$	$\frac{5}{9}$	$\frac{1}{9}$	300～3 000	2.3×10^4～1.4×10^6	8.7×10^{-4}～5.2×10^{-5}
涡流压差阻力区	牛顿公式（紊流绕流）	54.2	$\frac{1}{2}$	$\frac{1}{2}$	0	3 000～10^5	1.4×10^6～1.7×10^9	5.2×10^{-5}～1.7×10^{-6}
高度湍流区	$Re>2\times10^5$ 工业生产中遇不到							

三个流态区颗粒沉降末速个别公式的统一表达式为：

$$v_0=kd^x\left(\frac{\delta-\rho}{\rho}\right)^y\left(\frac{\rho}{\mu}\right)^z\tag{2-2-22}$$

或
$$v_0=kd^x\Delta^y\nu^{-z}\tag{2-2-22a}$$

以上沉降末速通式和个别公式均表明：矿粒的沉降末速与矿粒的性质（δ、d）和介质的性质（ρ、μ）有关。在一定的介质中，若矿粒的尺寸和密度越大，则沉降末速也越大。相同尺寸时，密度大者，具有较大沉降末速。相同密度时，尺寸大者，具有较大沉降末速。相同尺寸和密度

时，介质密度大，一般黏性亦大，则沉降速度相对变小。对于形状不规则的矿粒，在使用上述各公式时，必须考虑到形状的影响，而对 v_0 公式加以修正，此时，d 应该用与矿粒同体积球体直径 d_V（亦称体积当量直径），同时，公式应乘一个形状（修正）系数 Φ，具体如下。

不规则形状矿粒的沉降末速通式：

$$v_{0k} = \sqrt{\frac{\pi d_V(\delta - \rho)g}{6\psi_k \rho}} = \sqrt{\frac{\psi}{\psi_k}} v_0 = \Phi v_0 \tag{2-2-23}$$

不规则形状矿粒的沉降末速个别公式：

$$v_{0k} = \Phi k d_V^x \left(\frac{\delta - \rho}{\rho}\right)^y \left(\frac{\rho}{\mu}\right)^z \tag{2-2-24}$$

或

$$v_{0k} = \Phi k d_V^x \Delta^y \nu^{-z} \tag{2-2-24a}$$

式中，Φ 是矿粒沉降速度公式中的形状修正系数，或简称形状系数。也就是说，若用球体沉降速度公式计算形状不规则的矿粒沉降速度时，必须引入一个形状系数。若将形状系数 Φ 与球形系数 χ 作一比较（表 2-2-2），可以看出，两者是很接近的。因此，在进行粗略计算时，可用球形系数 χ 取代形状系数 Φ。这说明，使用形状系数来表示物体形状特征，在研究矿粒沉降运动时，具有实际意义。

表 2-2-2　不规则形状矿粒形状系数与球形系数的比较

矿粒形状	阻力系数比值 ψ_k/ψ	形状系数 $\Phi = \sqrt{\frac{\psi}{\psi_k}}$		球形系数 χ
		范　围	平均值	
类球形	1.2～1.8	0.91～0.75	0.85	1.0～0.8
多角形	1.5～2.25	0.82～0.67	0.75	0.8～0.65
长条形	2～3	0.71～0.58	0.65	0.65～0.5
扁平形	3～4.5	0.58～0.47	0.53	<0.5

因此，不规则形状矿粒的沉降末速中的 Φ 值可用 χ 值取代，即沉降末速通式可写为：

$$v_{0k} = \chi v_0 \tag{2-2-25}$$

沉降末速个别公式为：

$$v_{0k} = \chi k d_V^x \left(\frac{\delta - \rho}{\rho}\right)^y \left(\frac{\rho}{\mu}\right)^z \tag{2-2-26}$$

或

$$v_{0k} = \chi k d_V^x \Delta^y \nu^{-z} \tag{2-2-26a}$$

矿粒的筛分粒度 d_s 与体积当量直径 d_V 的换算，可参照表 2-2-3。

表 2-2-3　筛分粒度和体积当量直径的换算关系

颗粒形状	测量值比 d_s/d_V	颗粒形状	测量值比 d_s/d_V
类球形	1.15～1.30	长条形	1.15～1.22
多角形	1.06～1.20	扁平形	1.05～1.1

4. *矿粒的自由沉降等沉比*

沉降过程中，往往存在某些粒度大、密度小的矿粒同粒度小、密度大的矿粒以相同沉降速度沉降的现象，这种现象叫作等沉现象。密度和粒度不同但具有相同沉降速度的矿粒，称为等沉颗粒。等沉颗粒中，小密度矿粒的粒度与大密度矿粒的粒度之比，称为等沉比，常以 e_0 表示。

例如：两等沉颗粒，其粒度和密度分别以 d_{V1}、δ_1 及 d_{V2}、δ_2 表示，且设 $\delta_2 > \delta_1$，因 $v_{01} = v_{02}$，所以 $d_{V1} > d_{V2}$，故

$$e_0 = \frac{d_{V1}}{d_{V2}} > 1 \tag{2-2-27}$$

等沉比的大小，可由沉降末速的个别公式或通式写出。

如两颗粒等沉，则 $v_{01} = v_{02}$，那么，按通式求解得

$$\sqrt{\frac{\pi d_{V1}(\delta_1 - \rho)}{6\psi_{k1}\rho}g} = \sqrt{\frac{\pi d_{V2}(\delta_2 - \rho)}{6\psi_{k2}\rho}g}$$

故

$$e_0 = \frac{d_{V1}}{d_{V2}} = \frac{\psi_{k1}(\delta_2 - \rho)}{\psi_{k2}(\delta_1 - \rho)} \tag{2-2-28}$$

由于等沉比通式中包含阻力系数 ψ，故无法直接计算，所以 e_0 常借助于个别公式来求得。但两个等沉比颗粒必须在同一性质阻力范围内。对形状不规则的矿粒还应把球形系数 χ 考虑在内。

(1) 按斯托克斯公式求 e_0，对形状不规则的矿粒，当 $v_{0k1} = v_{0k2}$ 时，即

$$e_{0S} = \frac{d_{V1}}{d_{V2}} = \left(\frac{\chi_2}{\chi_1}\right)^{1/2}\left(\frac{\delta_2 - \rho}{\delta_1 - \rho}\right)^{1/2} \tag{2-2-29}$$

(2) 按阿连公式求 e_0，同理得

$$e_{0A} = \frac{d_{V1}}{d_{V2}} = \left(\frac{\chi_2}{\chi_1}\right)\left(\frac{\delta_2 - \rho}{\delta_1 - \rho}\right)^{2/3} \tag{2-2-30}$$

(3) 按牛顿-雷廷智公式求 e_0，同理得

$$e_{0N\text{-}R} = \frac{d_{V1}}{d_{V2}} = \left(\frac{\chi_2}{\chi_1}\right)^2\left(\frac{\delta_2 - \rho}{\delta_1 - \rho}\right) \tag{2-2-31}$$

(4) 按个别公式求解 e_0 的统一形式为

$$e_0 = \frac{d_{V1}}{d_{V2}} = \left(\frac{\chi_2}{\chi_1}\right)^m\left(\frac{\delta_2 - \rho}{\delta_1 - \rho}\right)^n \tag{2-2-32}$$

式中，指数 m、n 与颗粒运动时的雷诺数 Re 有关。

粒度 d_V 大，速度 v_{0k} 亦大，则雷诺数 Re 就大，式中指数 m 和 n 也相应变大。e_0 的大小在一定程度上反映了两个等沉颗粒密度差异的大小；同一矿石中不同密度矿粒的 e_0 越大，越易分选。同时 e_0 大小也随介质密度 ρ 的增大而增大，且 e_0 还是阻力系数 ψ 的函数。理论和实践均表明，e_0 将随矿粒粒度变细而减小，e_0 越大，意味着可选的粒级范围越宽。

二、矿粒在介质中的干扰沉降

1. 矿粒在干扰沉降中运动的特点及常见的几种干扰沉降现象

实际选矿过程，并非是单个颗粒在无限介质中的自由沉降，而是矿粒成群地在有限介质空间里的沉降。这种沉降形式称为干扰沉降。干扰沉降时，其沉降速度除受到自由沉降因素支配外，还受容器器壁及周围颗粒所引起的附加因素的影响。所受附加因素有：

(1) 流体介质的黏滞性增加，引起介质阻力变大。当粒群中任一颗粒沉降时，会引起周

围流体的运动。由于固体颗粒的存在且不易变形,介质会受到阻尼影响而不容易自由流动,类似于增加了流体的黏滞性,导致沉降速度降低。

(2) 颗粒沉降时与介质的相对速度增大,导致沉降阻力增大。当粒群在有限容器中沉降时,流体受到容器边界的约束。根据流体的连续性规律,一部分介质的下降会引起相同体积介质的上升,从而产生一股附加的上升水流。这会使颗粒与介质的相对速度增大,导致介质阻力增加。

(3) 在某一特定情况下,颗粒沉降受到的浮力作用变大。如颗粒群的粒度级别过宽时,对于其中粒度大的颗粒,其周围粒群与介质构成了重悬浮液,从而使颗粒的沉降环境变成了液-固两相流悬浮体,其密度大于介质的密度,因此,颗粒将受到比分散介质大的浮力作用。

(4) 机械阻力的产生。处于运动中的粒群,颗粒之间、颗粒与器壁之间产生摩擦碰撞,致使每个沉降颗粒除受介质阻力外,还受机械阻力。

上述诸因素都将使颗粒的干扰沉降速度小于自由沉降速度。其降低程度将随介质中固体颗粒的密集程度增加而增加。因此,干扰沉降速度不是一个定值。

颗粒干扰沉降时所受阻力(包括介质阻力和机械阻力)的大小,主要取决于介质中固体颗粒的体积含量,以固体容积浓度 λ 表示。即单位体积悬浮液内固体颗粒占有的体积为

$$\lambda = \frac{V_g}{V} \times 100\% \tag{2-2-33}$$

式中 V_g——悬浮液内固体颗粒所占体积;

V——悬浮液中固体与液体所占体积之总和。

单位体积悬浮液内液体所占有的体积称为松散度 θ,因此

$$\theta = 1 - \lambda \tag{2-2-34}$$

容积浓度或松散度 θ 均可反映悬浮液(矿浆)中固体颗粒稠密或稀疏的程度。λ 越大或 θ 越小,说明颗粒沉降时受到粒群干扰的影响也就愈显著,干扰沉降的速度也就越小。

常见的干扰沉降现象如图 2-2-5 所示。目前,对第一种情况[图 2-2-5(a)]研究较多,其他情况均研究较少。第三种情况[图 2-2-5(c)]是重选中最常见的,第四种情况[图 2-2-5(d)]属于粗颗粒在重悬浮液中的沉降。

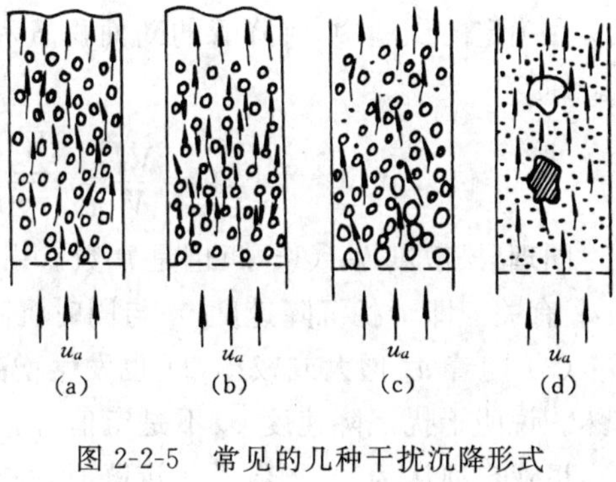

图 2-2-5 常见的几种干扰沉降形式

2. 颗粒的干扰沉降速度公式

由于干扰沉降是实际重力分选过程中最基本而又最普遍的现象,所以很久以来就为工程技术界的学者们所重视。里亚申柯根据物体在介质中的有效重力和介质的动压力平衡即可维持悬浮的原理,利用了均匀粒群(密度、粒度均相同的粒群)在上升水流中的悬浮研究了干扰沉降的规律。其试验装置如图 2-2-6 所示,他采用直径为 30～50 mm 垂直置放的干扰沉降玻璃管,在靠近下部有用以支承粒群的筛网,玻璃管旁侧与一个或数个沿纵高配置的侧压管相连。干扰沉降管的底端与使介质流能稳定上升的涡流管连通,介质流经给水管沿切线方向给入涡流管,使水在旋转中上升,造成管内介质均匀分布。沉降管上端的溢流槽,用

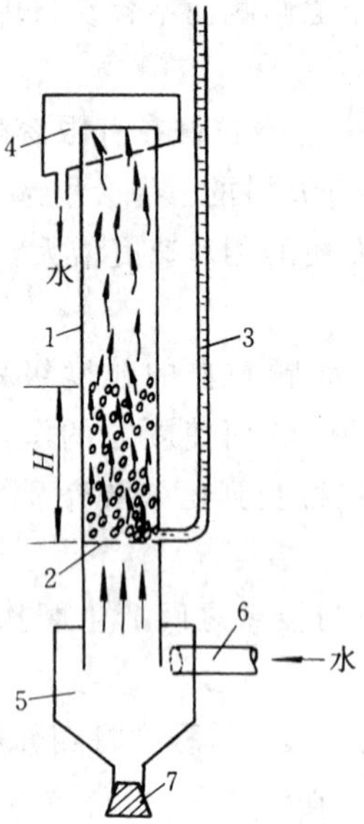

1—干扰沉降玻璃管；2—筛网；
3—测压管；4—溢流槽；
5—使水均匀分布的涡流管；
6—切向给水管；7—橡胶塞。

图 2-2-6　干扰沉降试验装置

以收集介质和粒群。当试验完毕后，拔出涡流管下部的橡胶塞，可将干扰沉降管中的介质全部放出。

当上升介质流速为某一恒速时，粒群相应的悬浮高度即为定值。此时测量由上部溢流出的水量 Q，然后根据沉降管的横断面积 A，便可算出上升介质流的速度 u_a。即

$$u_a = \frac{Q}{A} \tag{2-2-35}$$

若突然切断水源，使 $u_a=0$ 时，测定悬浮体上界面的下落速度，该速度就是构成悬浮体的任一颗粒的干扰沉降速度 v_g。试验证明在数值上 $v_g=u_a$。

里亚申柯通过试验得到如下结果：

(1) 上升水流速度 u_a 很小时，床层保持紧密。只有当 u_a 达到一定值后，粒群才开始悬浮。使粒群开始悬浮所需的最小上升流速远小于单个颗粒悬浮所需的上升流速。说明颗粒的 $v_g<u_a$。颗粒的 v_0 值越大，其悬浮的最小上升流速也越大。

(2) 当 u_a 一定时，对于一定量的粒群悬浮高度 H 也是一定的；增加物料量，高度 H 也增加，并存在着下述关系：

$$\frac{\sum G}{H} = \text{常数} \tag{2-2-36}$$

式中，$\sum G$ 为加入的物料量。

在确定的试验中，沉降管的断面积 S 和颗粒的重度 γ 都为定值，所以容积浓度 λ 也是常数。即

$$\lambda = \frac{V_k}{V} = \frac{\sum G/\gamma}{SH} = \frac{\sum G}{SH\gamma} = \text{常数} \tag{2-2-37}$$

同理，松散度 $\theta=(1-\lambda)$ 也是常数。由此可见，容积浓度与粒群数量无关，只与上升流速 u_a 有关。即干扰沉降速度 v_g 与同时沉降的物料量无关，只与 λ 有关。

(3) 随着 u_a 增大或减小，H 也发生增减变化，λ 和 θ 亦随之改变。u_a 增大，λ 减小，反之亦然。说明干扰沉降速度 v_g 不是定值，而是 λ 的函数。

里亚申柯认为，当颗粒干扰沉降时，每个颗粒都受到各种阻力的作用，这些阻力之和，可用干扰沉降阻力 R_g 关系式表示。即

$$R_g = \psi_g v_g^2 d_V^2 \rho \tag{2-2-38}$$

式中　ψ_g——颗粒干扰沉降时的阻力系数。

当粒群在某一上升流速达到稳定悬浮液时，其中每一颗粒的受力，应有 $G_0=R_g$，由此可求出颗粒的干扰沉降速度 v_g 为：

$$v_g = \sqrt{\frac{\pi d_V(\delta-\rho)}{6\psi_g\rho}g} \tag{2-2-39}$$

式(2-2-39)与自由沉降末速通式形式相似，所不同的是阻力系数为 ψ_g。里亚申柯将导

致颗粒干扰沉降速度降低的各种附加因素都归结在阻力系数上，ψ_g 不仅与颗粒性质(d、δ、χ)和颗粒沉降时的雷诺数 Re 有关，而且还是颗粒沉降时悬浮粒群容积浓度 λ 的函数。因此 $\psi_g > \psi$。

在式(2-2-39)中，由于 ψ_g 是未知的。因此，用该式仍无法求出 v_g。

里亚申柯通过干扰沉降管的大量试验，得到对应的 u_a 及悬浮高度 H 值，算出矿粒在不同 u_a(即 v_g)下的 λ 和 ψ_g 的对应值，即

$$\lambda = \frac{\sum G}{SH\gamma} \qquad \psi_g = \frac{G_0}{v_g^2 d_V^2 \rho}$$

然后在对数坐标系上，画出 $\lg \psi_g$ 与 $\lg(1-\lambda)$ 的关系曲线。图 2-2-7 所示的曲线，表明 $\lg \psi_g$ 与 $\lg(1-\lambda)$ 间保持直线关系，但不同粒度或不同性质的物料，其直线斜率不同。显然，当 $\lambda=0$(即 $\theta=1$)时，颗粒属于自由沉降，此时，$\psi_g=\psi$，故 $\lg \psi_g = f[\lg(1-\lambda)]$ 在 $\lg(1-\lambda)=0$ 的纵轴上的截距，就是该颗粒在介质中自由沉降阻力系数 ψ 值。

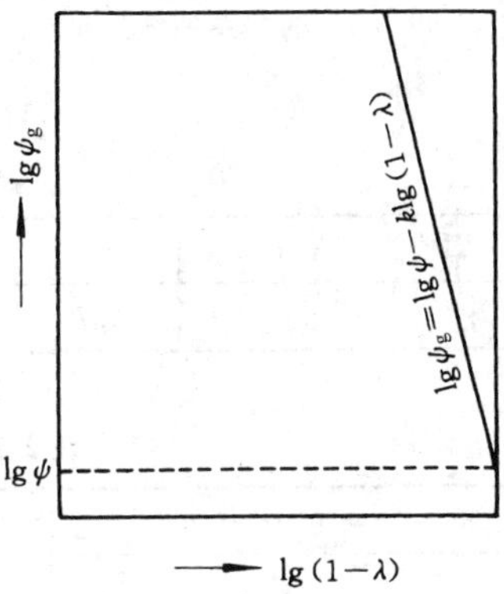

图 2-2-7　$\lg \psi_g$-$\lg(1-\lambda)$ 关系曲线

所以，该直线方程式为：

$$\lg \psi_g = \lg \psi - k\lg(1-\lambda)$$

故

$$\psi_g = \frac{\psi}{(1-\lambda)^k} \tag{2-2-40}$$

式(2-2-40)即为 ψ_g、λ 及 ψ 的关系式，将其代入式(2-2-39)中得

$$v_g = \sqrt{\frac{\pi d_V(\delta-\rho)}{6\psi\rho} g (1-\lambda)^k} = v_0(1-\lambda)^{k/2}$$

令 $n = k/2$　则

$$v_g = v_0(1-\lambda)^n = v_0\theta^n \tag{2-2-41}$$

式中　n——与矿粒性质有关的试验指数。

n 值求法可以利用 v_g 的经验公式，变换坐标求得。

如以 $\lg(1-\lambda)$ 为横坐标，以 $\lg \frac{v_g}{v_0}$ 为纵坐标，或以 $\lg(1-\lambda)$ 为横坐标，以 $\lg u_a$ 即 $\lg v_g$ 为纵坐标均可求得 n 值。

求 n 值的另一种方法，是用求最大沉淀度法。所谓沉淀度是指在单位时间内单位横断面积上所沉淀的固体体积量。可见沉淀度具有体积生产率的含义。据此，沉淀度 $=v_g\lambda$，将 $v_g=v_0(1-\lambda)^n$ 代入，即

$$v_g\lambda = v_0(1-\lambda)^n\lambda \tag{2-2-42}$$

利用求最大值的方法对式(2-2-42)微分，一阶导数等于零，二阶导数小于零，$v_g\lambda$ 有最大值。由此可求出：

$$n = \frac{1}{\lambda_1} - 1 \tag{2-2-43}$$

式中，λ_1 为沉淀度最大时的 λ。

若以 λ 为横坐标轴，以 $v_g\lambda$ 为纵坐标轴，在坐标上可以给出其关系曲线，如图 2-2-8 所示。与最大沉淀度相对应的 λ 值，即为 λ_1。可将 λ_1 看作临界容积浓度，代入式(2-2-43)即

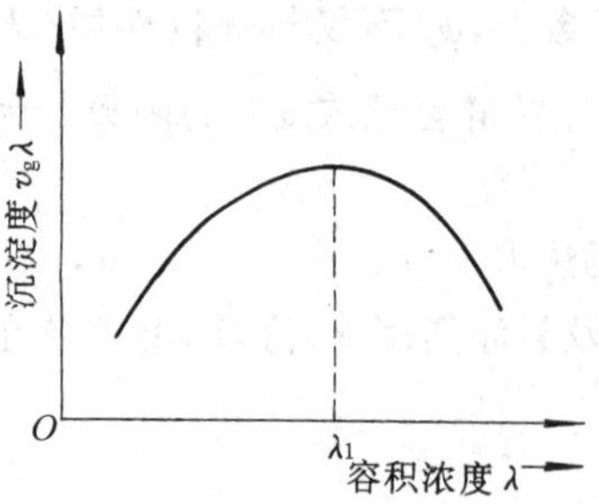

图 2-2-8　沉淀度与容积浓度的关系曲线

可求出 n 值。

在里亚申柯所做的大量试验中，n 值在 2.5～3.8 之间。在他之前，许多研究工作者，也曾得到 $v_g=v_0(1-\lambda)^n$ 公式形式，只是他们各自试验时雷诺数范围有所不同，试验性质有别，故得到不同的 n 值而已。从选矿生产实践来看，一般 n 值的范围在 2.33～8.33，而且多数介于 2.33～4.65 之间。在层流绕流时，n 值可取其上限；紊流绕流时，n 值可取其下限。苏联选矿研究设计院曾得出了 n 值与物料粒度及形状的关系，如表 2-2-4 及表 2-2-5 所示。

表 2-2-4　多角形颗粒粒度与 n 值的关系

颗粒粒度 d_V/mm	2.0	1.4	0.9	0.5	0.3	0.2	0.15	0.08
n	2.7	3.2	3.8	4.6	5.4	6.0	6.6	7.5

表 2-2-5　颗粒形状与 n 值的关系($d\approx 0.10$ cm)

颗粒形状	浑圆形	多角形	长条形
n	2.5	3.5	4.5

在有关书中，还介绍了通过试验测定某种物料 n 值的方法，这样求得的 n 值比较准确。

3. 干扰沉降的等沉比

将一组粒度不同、密度不同的宽级别粒群置于上升介质流中悬浮，流速稳定后，在管中可以看到固体容积浓度自上而下逐渐增大，而粒度亦是自上而下逐渐变大的悬浮体。如图 2-2-9 所示，在悬浮体下部可以获得纯净的粗粒重矿物层，在上部能得到纯净的细粒轻矿物层，中间段相当高的范围内是混杂层。这是宽粒级混合物料在上升介质流的作用下，各种颗粒按其干扰沉降速度的大小而分层的结果。各窄层中处于混杂状态的轻重颗粒，因其具有相同的干扰沉降速度，故称其为干扰沉降等沉颗粒。它们的粒度比称之为干扰沉降等沉比。以符号 e_g 表示，即

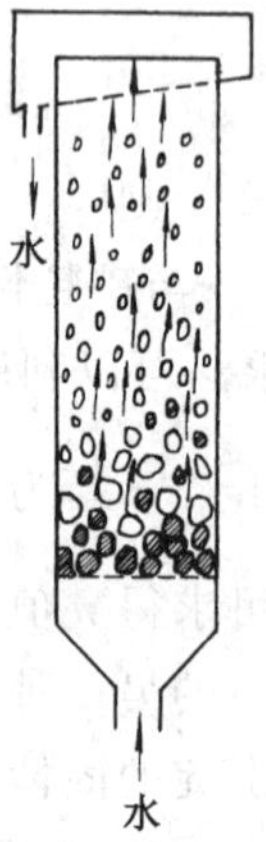

图 2-2-9　两种密度不同的宽级别矿物混合物在上升水流中的悬浮现象

$$e_g=\frac{d_{V1}}{d_{V2}} \qquad (2\text{-}2\text{-}44)$$

因是等沉粒，故

$$v_{01}(1-\lambda_1)^{n_1}=v_{02}(1-\lambda_2)^{n_2} \qquad (2\text{-}2\text{-}45)$$

若两异类粒群的颗粒的自由沉降是在同一阻力范围内，则 $n_1=n_2=n$。不规则形状矿粒的自由沉降速度 v_{0k} 用式(2-2-26a)表示并将 n 及 v_{0k} 都代入式(2-2-45)，经整理后则得

$$e_g=\frac{d_{V1}}{d_{V2}}=\left(\frac{\chi_2}{\chi_1}\right)^{1/x}\left(\frac{\Delta_2}{\Delta_1}\right)^{y/x}\left(\frac{1-\lambda_2}{1-\lambda_1}\right)^{n} \qquad (2\text{-}2\text{-}46)$$

参看式(2-2-32)得出

$$e_g = e_0\left(\frac{1-\lambda_2}{1-\lambda_1}\right)^n \tag{2-2-47}$$

或写

$$e_g = e_0\left(\frac{\theta_2}{\theta_1}\right)^n \tag{2-2-47a}$$

对于涡流压差阻力范围内取 $n=2.39$，在摩擦阻力范围内取 $n=4.78$。

两种颗粒在混杂状态时，相对于同样大小的颗粒间隙，粒度小者容积浓度小，松散度大，而粒度大者容积浓度大，松散度小，故总是 $(1-\lambda_2)>(1-\lambda_1)$，即 $\theta_2>\theta_1$，故可看出：

$$e_g > e_0 \tag{2-2-48}$$

即干扰沉降等沉比总是大于自由沉降等沉比，且可随容积浓度的减小而降低。

第三节　粒群按密度分层理论

矿粒群按密度分层是重选的核心问题，许多学者提出了他们的认识和研究成果，因而形成了众说纷纭的局面。将各种学说、观点可归纳为以下几种。

一、按颗粒自由沉降速度差分层学说

这一学说最早由雷廷智提出，他认为在垂直流中，床层的分层按轻、重矿物颗粒的自由沉降速度差进行。在紊流条件下，即涡流压差阻力条件下，球形颗粒的沉降末速为 $v_{0N\text{-}R}=5.42\sqrt{\dfrac{d(\delta-\rho)}{\rho}}$，等沉比为 $e_{0N\text{-}R}=\dfrac{\delta_2-\rho}{\delta_1-\rho}$，该式表明，颗粒粒度对沉降速度有同样重要的影响。

Г. О. 切乔特将上式改写为 $v_{0N\text{-}R}=A\sqrt{d}=Ax$ 关系后，并予以延伸，给出不同密度颗粒在同一介质中沉降时，沉降速度随粒度变化的关系，如图 2-2-10 所示。由图可见，要使两种密度不同的混合粒群在沉降(或与介质相对运动)中达到按密度分层，必须使给料中最大颗粒与最小颗粒的粒度比小于等沉颗粒的等沉比。微细颗粒在层流绕流条件下的沉降末速及等沉比公式前面已述及，这里从略。

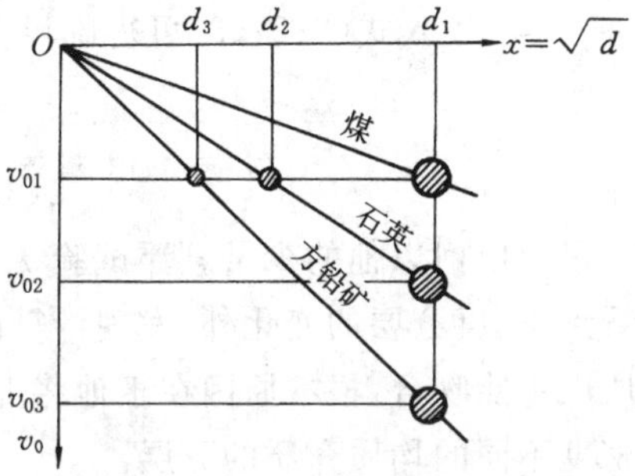

图 2-2-10　不同密度颗粒的沉降速度随粒度变化关系图

雷廷智的学说在 19 世纪末欧洲大陆上曾有广泛的影响。按此观点，它要求矿石(煤)在入选前进行严格地筛分分级，因而导致了生产流程的复杂化，但在英国则基于经验对煤采取宽级别入选，同样取得了良好的结果。当今的选煤实践也证明了这一点。

二、按颗粒的干扰沉降速度差分层学说

为了解释矿石可按宽级别(给料上下限粒度比大于自由沉降等沉比)入选问题，门罗提出了按干扰沉降速度差分层的学说。颗粒的干扰沉降速度为 $v_g=v_0(1-\lambda)^n$，干扰沉降等沉

比为 $e_g=e_0\left(\frac{\theta_2}{\theta_1}\right)^n$，由于 $e_g>e_0$，由此可说明在干扰沉降条件下，可以分选宽级别物料的事实。且说明了随着粒群容积浓度的增大，按密度分层的效果会更好。

三、按矿物悬浮体密度差分层的学说

这一学说最早由 A. A. 赫尔斯特(Hirst，1937)和 R. T. 汉考克(Hancock)提出，里亚申柯在试验的基础上进一步进行了验证。他们将混杂的床层视作由局部重矿物悬浮体和局部轻矿物悬浮体构成，在密度方面具有与均质介质相同的性质。在重力作用下，悬浮体存在着静力不平衡，就像油与水混合在一起，最终导致按密度分层，即在上升水流作用下，密度高的悬浮液集中在下层，而密度低的集中在上层。局部轻矿物和重矿物悬浮体的密度分别是：

$$\rho_{x1}=\lambda_1(\delta_1-\rho)+\rho \tag{2-2-49}$$

和

$$\rho_{x2}=\lambda_2(\delta_2-\rho)+\rho \tag{2-2-50}$$

按此学说实现正分层(重矿物在下)的条件便是

$$\lambda_2(\delta_2-\rho)+\rho>\lambda_1(\delta_1-\rho)+\rho \tag{2-2-51}$$

以某种方式改变 λ_1 与 λ_2 的相对值，使

$$\lambda_2(\delta_2-\rho)+\rho<\lambda_1(\delta_1-\rho)+\rho \tag{2-2-52}$$

此时，应发生反分层(轻矿物在下)。当

$$\lambda_2(\delta_2-\rho)+\rho=\lambda_1(\delta_1-\rho)+\rho \tag{2-2-53}$$

此时，两种粒群应处于混杂状态。据此条件，为了简化问题的分析，可将两种粒群的颗粒看成属于同一阻力范围，即在同一雷廷智范围内，于是 $n_1=n_2$，以 n 代之。此时，由 $\lambda=\left(1-\sqrt[n]{\frac{u}{v_0}}\right)$ 代入式(2-2-53)可得临界流速 u_L 的计算公式，即

$$u_L=v_{01}v_{02}\left[\frac{\delta_2-\delta_1}{(\delta_2-\rho)\sqrt[n]{v_{01}}-(\delta_1-\rho)\sqrt[n]{v_{02}}}\right]^n \tag{2-2-54}$$

里亚申柯以他的少量悬浮试验认为上述关系是正确的，但后人经过大量的试验验证，除能看到正、反分层的变化外，发现计算的临界(混杂)状态上升水流速度值总是比理论值小。之所以不能吻合，根本原因在于他将上升水流中两种异类粒群的悬浮分层，错误地比喻成两种密度不同的均质介质的分层。

四、按重介质作用原理分层学说

我国张荣曾和姚书典等人根据他们各自的试验于 1964 年提出了这一学说。他们取粒度差较大$\left(\frac{d_1}{d_2}>4\sim5\text{ 并远超过自由沉降等沉比}\right)$的不同密度矿物颗粒，两两进行搭配，然后置于管中用上升水流悬浮。试验方法与里亚申柯的相同，结果发生正分层。正分层的条件为：

$$\delta_1<\lambda_2(\delta_2-\rho)+\rho \tag{2-2-55}$$

随着上升水速的增大，重矿物扩散开来，它的悬浮体密度减小，直至低于轻矿物密度时，发生了反分层。反分层的条件为：

$$\delta_1>\lambda_2(\delta_2-\rho)+\rho \tag{2-2-56}$$

由此提出轻矿物粗颗粒的浮沉，取决于重矿物细颗粒与水所构成的悬浮液的物理密度，即与重介质分选原理相同。按照这一观点，上升水速由小逐渐加大，悬浮分层由正常分层转为反分层。其分层转变的临界条件为：

$$\delta_1 = \lambda_2(\delta_2 - \rho) + \rho \tag{2-2-57}$$

临界上升水速为：

$$u_L = v_{02}\left(1 - \frac{\delta_1 - \rho}{\delta_2 - \rho}\right)^{n_2} \tag{2-2-58}$$

这就是按重介质作用分层的观点计算临界水速 u_L 的公式。用它计算的 u_L 与实测值很相近，但有时 u_L 的计算值偏低。

第四节　颗粒在离心力场中的运动规律

一、颗粒在离心力场中的运动特点

从研究颗粒在流体介质中的自由沉降可知，其沉降末速 v_0 除与颗粒及介质的性质有关外，还与重力加速度 g 有关。所以，不但改变介质的性质可以改善选矿过程，提高作用于颗粒上的重力加速度 g 也是改善重力选矿的有效途径。然而，在整个重力场中，重力加速度 g 几乎是一个不变的常数。这就使得微细颗粒的沉降速度受到限制。为了强化细粒尤其是微细颗粒按密度分选和按粒度分级及除尘的过程，于是采用惯性离心加速度 a 去取代重力加速度 g，这就是近几十年来出现的离心力场中的分选与分离技术。

在离心力场中选矿与在重力场中选矿，并没有什么原则性的差别，不同仅是作用于颗粒上并促使其运动的力是离心力而不是重力。在离心力场中，离心力的大小、作用方向以及加速度、在整个力场中的分布规律，都与重力场有所不同。例如：在重力场中，颗粒在整个运动期间，在介质中所受的重力 G_0 及重力加速度 g_0 都是常数；在离心力场中则不然，离心力 $F=m\omega^2 r$ 和离心加速度 $a=\omega^2 r$，是旋转半径及旋转速度的函数，而且一般说来，它们随着半径的增加而加大。离心力的作用方向是作用在垂直于旋转轴线的径向上，所以在离心力选矿过程中，分选作用也是发生在径向上。此时，沿径向作用于物体上的力有：离心力与阻力。所受重力忽略不计。

二、颗粒在离心力场中的径向速度

在离心力场中，颗粒在介质中所受的离心力（当介质也做同步旋转运动时）为：

$$F = \frac{\pi d_V^3}{6}(\delta - \rho)\omega^2 r \qquad (\mathrm{N}) \tag{2-2-59}$$

介质对颗粒在径向上运动的阻力为（v_c 为颗粒与介质间的相对运动速度）：

$$R_r = \psi d_V^2 v_c^2 \rho \qquad (\mathrm{N}) \tag{2-2-60}$$

根据矿粒在径向运动时受力情况的分析，可建立起运动微分方程式为：

$$m\frac{\mathrm{d}v_c}{\mathrm{d}t} = \frac{\pi d_V^3}{6}(\delta - \rho)\omega^2 r - \psi d_V^2 v_c^2 \rho \qquad (\mathrm{N})$$

或

$$\frac{\mathrm{d}v_c}{\mathrm{d}t} = \frac{(\delta - \rho)}{\delta}\omega^2 r - \frac{6\psi v_c^2 \rho}{\pi d_V \delta} \qquad (\mathrm{N}) \tag{2-2-61}$$

式中所有符号意义同前。

上式说明，与重力场相似，颗粒在离心力场中运动的加速度为离心加速度与阻力加速度之差。前者为半径 r 的函数，随 r 的增加而增加，后者为运动相对速度 v_c 的函数，并与 v_c 的平方成正比。颗粒开始受到离心加速度的作用后，颗粒的径向速度 v_c 逐渐增加，而阻力和阻力加速度也随之加大，当阻力增加到与该处的离心力相等时，颗粒运动的加速度 $\frac{dv_c}{dt}=0$，此时 v_c 达到最大值。这一加速过程是随离心加速度的增加而变短。众所周知，在重力场中完成这个过程所需时间一般是几分之一到百分之一秒；而通常所用离心力要比重力大几十倍，甚至几百倍，所以实际上可以认为，在离心力这一加速过程所需的时间接近于零。可忽略不计。因此，颗粒在任一回转半径处的径向速度 v_c 可按 $\frac{dv_c}{dt}=0$ 的条件得出：

$$v_c=\sqrt{\frac{\pi d_V(\delta-\rho)\omega^2 r}{6\psi\rho}} \quad (\mathrm{m/s}) \qquad (2\text{-}2\text{-}62)$$

由于离心力 F 是旋转半径的函数，所以颗粒径向速度 v_c 与重力场中的沉降末速不同，它不是常数，而是旋转半径的函数。显然，直接使用式(2-2-62)计算 v_c，也会遇到阻力系数 ψ 是未知数 v_c 的函数这个困难。此处也只能应用在重力场中求解沉降末速 v_0 通式的办法，利用刘农提出的中间参数，然后从里亚申柯提供的资料(图 2-2-2，图 2-2-3，图 2-2-4)中获得解决。

利用特殊条件下的个别阻力公式，按照上述原理亦可求出适合于一定雷诺数范围内，求径向速度 v_c 的个别公式，唯一应注意的是将重力加速度 g 用离心加速度 a（即 $\omega^2 r$）取代即可。

(1) 按牛顿-雷廷智公式（适用于雷诺数 $500<Re<2\times10^5$）

$$v_c=\chi\sqrt{\frac{3d_V(\delta-\rho)}{\rho}\omega^2 r} \quad (\mathrm{m/s}) \qquad (2\text{-}2\text{-}63)$$

(2) 按阿连公式（适用于雷诺数 $1<Re\leqslant500$）

$$v_c=\chi d_V\sqrt[3]{\left(\frac{2(\delta-\rho)}{15\rho}\omega^2 r\right)^2}\sqrt[3]{\frac{\rho}{\mu}} \quad (\mathrm{m/s}) \qquad (2\text{-}2\text{-}64)$$

(3) 按斯托克斯公式（适用于雷诺数 $Re\leqslant1$）

$$v_c=\frac{\chi d_V^2(\delta-\rho)}{18\mu}\omega^2 r \quad (\mathrm{m/s}) \qquad (2\text{-}2\text{-}65)$$

第五节 斜面流分选理论

应用斜面水流进行选矿也是由来已久的，早年多以厚水层在长槽内处理粗、中粒矿石，称粗粒溜槽。水流呈较强的紊流流态，人工操作，目前在选别砂金中仍有应用。但现在大量的斜面流选矿则是以薄层水流处理细粒和微细粒矿石，称流膜选矿。处理细粒级的流膜具有弱紊流流态特征，如摇床、圆锥选矿机、螺旋选矿机等属于这一类。处理微细粒的流膜则多呈层流流态，如矿泥皮带溜槽、巴特莱斯-莫兹利翻床等属于这一类。离心选矿机是借助离心力处理微细粒级矿石的，由于流速的增大表现为弱紊流流动。

判断斜面流的流态是以雷诺数 Re 作判据：

$$Re = \frac{R u_{mea} \rho}{\mu} \tag{2-2-66}$$

式中　R——水力半径，以过水断面积 A 和湿周长 L 之比表示，即 $R=A/L$，当水层厚度相对于槽宽很小时，水力半径接近于水深 H；

u_{mea}——斜面水流的平均流速。

表示层流与紊流界限的雷诺数与转变条件有关。由紊流转变为层流的下限雷诺数为300，由层流转变为紊流的上限雷诺数约为 1 000，但是很不稳定，有时达到 2 000。

处理粗、中、细粒矿石斜面流水流仍可保持独立的流动特性，此时上式中的 ρ、μ 及 u_{mea} 应以水流计算；处理微细粒级的矿浆，已具有统一的流动特性，应采用矿浆值计算。

斜面流依流速在沿程是否有变化可分为等速流或非等速流，而就沿程某一点的流速是否随时间而变化，又分为稳定流和非稳定流。目前重选中应用较多的是等速流选矿，少数应用非等速流，如扇形溜槽。非稳定的流动伴随有加速度力产生，只在个别设备，如振摆皮带溜槽中应用。

一、层流斜面流的流动特性和松散作用力

1. 层流的流速沿深度分布

层流中流体质点均沿层运动，层间质点不发生交换。水流（或矿浆）速度沿深度的分布可由层间黏性摩擦力与重力分力的平衡关系中导出。如图 2-2-11 所示，在某流域面积为 A 的两层面之间，黏性摩擦力的大小按牛顿内摩擦定律计为：

$$F = \mu A \frac{du}{dh} \tag{2-2-67}$$

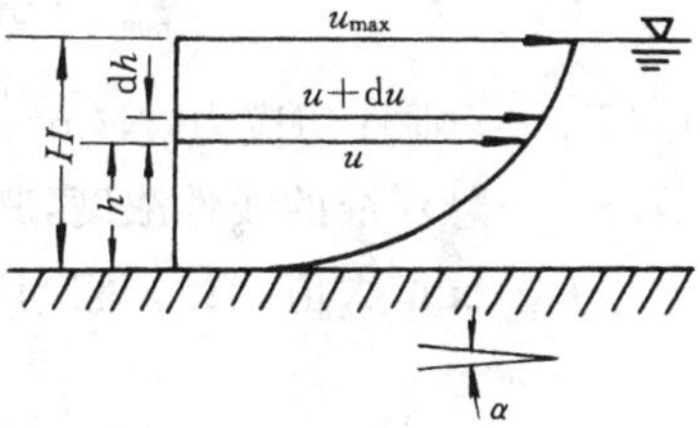

图 2-2-11　层流流膜的流速分布

式中　$\frac{du}{dh}$——沿流层厚度方向的速度梯度。

在距底面 h 高度以上的水流重力沿斜面的分力为：

$$W = (H-h)A\rho g \sin\alpha \tag{2-2-68}$$

当水流做等速流运动时，存在着 $F=W$ 的关系。即 $\mu A \frac{du}{dh} = (H-h)A\rho g \sin\alpha$，由此得

$$du = \frac{\rho g \sin\alpha}{\mu}(H-h)dh \tag{2-2-69}$$

微层流速 u 随高度 h 而变化的关系式为[对式(2-2-69)积分]：

$$u = \frac{\rho g \sin\alpha}{2\mu}(2H-h)h \tag{2-2-70}$$

当 $h=H$ 时，得表层最大流速 u_{max} 为：

$$u_{max} = \frac{\rho g \sin\alpha}{2\mu}H^2 \tag{2-2-71}$$

水速相对于表层最大流速的变化为：

$$\frac{u}{u_{max}} = 2\frac{h}{H} - \left(\frac{h}{H}\right)^2 \tag{2-2-72}$$

上式表明，层流斜面流水速沿速度的分布为一条二次抛物线。平均流速为：

$$u_{mea} = \frac{\rho g \sin\alpha}{3\mu} H^2 = \frac{2}{3} u_{max} \tag{2-2-73}$$

故知层流的平均流速为其最大流速的 2/3。

2. 层流矿浆流膜的松散作用力——层间斥力

在层流矿浆流膜内不存在旋涡扰动的扩散作用,那么矿物粒群又是怎样松散的呢?1954 年 R. A. 巴格诺尔德(Bagnold)在研究中发现悬浮体中固体颗粒连续受到剪切运动的作用时,在垂直于剪切方向上将产生一种斥力(或称分散压),使粒群具有向两侧膨胀的倾向。这种层间斥力随剪切速度梯度的增大而增加,当它的大小足以克服颗粒在介质中所受的重力时,粒群即呈悬浮松散状态。如图 2-2-12 所示。

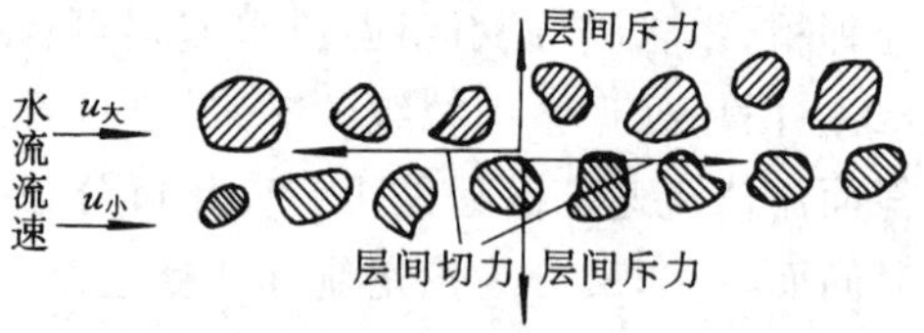

图 2-2-12 巴格诺尔德层间切力和层间斥力示意图

研究得出,随着颗粒在剪切运动中的接触方式不同,切应力的性质亦异。在速度梯度较高时,上下层颗粒直接发生碰撞,颗粒的惯性力对切应力的形成起主导作用,此时属于惯性切应力。巴格诺尔德提出计算式为:

$$T_{in} = 0.013\delta(zd)^2\left(\frac{du}{dh}\right)^2 \quad (N/m^2) \tag{2-2-74}$$

式中 T_{in}——惯性切应力,N/m^2;

z——悬浮液的线性浓度,其定义为单位体积内固体颗粒的总线性长与松散后间隙性长增大值之比。它与容积浓度的关系为:

$$z = \frac{\lambda^{\frac{1}{3}}}{\lambda_0^{\frac{1}{3}} - \lambda^{\frac{1}{3}}} = \frac{1}{\left(\frac{\lambda_0}{\lambda}\right)^{\frac{1}{3}} - 1} \tag{2-2-75}$$

式中 λ_0 及 λ——床层松散后及自然堆积时的容积浓度。

当剪切速度较小或固体浓度较低时,颗粒相遇后通过水膜发生摩擦,流体的黏性对切应力的形成起主导作用,此时属黏性切应力。计算式为:

$$T_{ad} = 2.2z^{\frac{1}{3}}\mu\frac{du}{dh} \quad (N/m^2) \tag{2-2-76}$$

巴格诺尔德还提出了无因次数 N 作为切应力性质的判断准则。它的表达式为:

$$N = \frac{\delta(zd)^2\left(\frac{du}{dh}\right)^2}{z^{\frac{3}{2}}\mu\frac{du}{dh}} = \frac{z^{\frac{1}{2}}\delta d^2\frac{du}{dh}}{\mu} \tag{2-2-77}$$

试验得知,当 $N \leqslant 40$ 时,基本属于黏性切应力;当 $N \geqslant 450$ 时,基本属于惯性切应力。在这两者之间为过渡段,随着 N 值的增大,惯性切应力所占比例亦增大。

层间斥力 P 随切应力 T 的增大而增加,两者间存在一定的比例关系:

$$\left.\begin{aligned} &\text{完全属于惯性剪切时} \quad \frac{T}{P} = 0.32 \\ &\text{完全属于黏性剪切时} \quad \frac{T}{P} = 0.75 \end{aligned}\right\} \tag{2-2-78}$$

在层流条件下，欲使床层粒群松散悬浮，须借增大速度梯度以使层间斥力超过颗粒群在介质中的重力，即 $P \geqslant G_{0h}$，其中 G_{0h} 为 h 高度以上颗粒群在介质中所受的重力，按下式计算：

$$G_{0h}=(\delta-\rho)g\cos\alpha\int_{h}^{H}\lambda\,\mathrm{d}h \tag{2-2-79}$$

式中，α 为斜槽倾角。若已知 h 至 H 高度内固体的平均容积浓度 λ_{mea}，上式为：

$$G_{0h}=(\delta-\rho)g\cos\alpha(H-h)\lambda_{mea} \tag{2-2-80}$$

可见，矿粒的密度愈大，浓度愈高。为了使床层松散所需的层间斥力亦愈大，将分选槽面做剪切摇动，提高速度梯度是增大层间斥力的良好办法。

床层在剪切斥力作用下松散后，颗粒便依所受到的层间斥力、自身的重力和床层机械阻力的相对大小而发生分层转移。这种分层基本不受流体动力影响，故仍属静力分层。它不仅发生在极薄的层流流膜内，而且也出现在弱紊流流膜的底层。通常称为“析离分层”。在摇床床条沟内的分层是最为明显的例子。重矿物颗粒具有较大的斥力和重力压强，因而在摇动中首先转移到底层，轻矿物被排挤到上层。在同一密度层内，较粗颗粒尽管对细颗粒有较大层间压力，但细颗粒在向下运动中所遇到的机械阻力却更小，因而分布到了同一密度的粗颗粒层的下面。分层结果如图 2-2-13 所示。在粒度上的这种分布与动力分层恰好相反。但在给料粒度差不大或颗粒微细时，粒度的分布差异往往不明显，而只表现为按密度差分层。

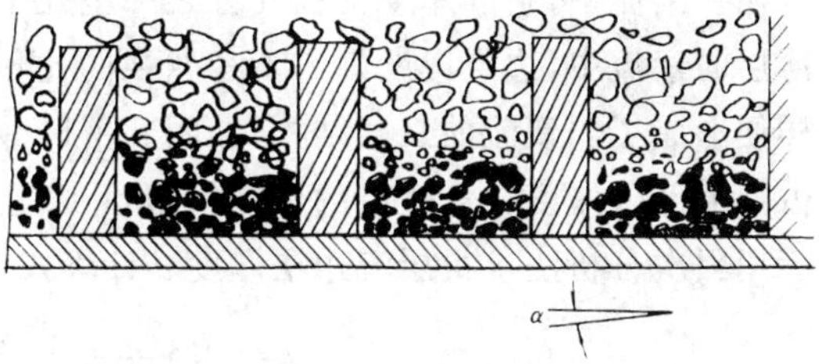

图 2-2-13　摇床上的“析离分层”结果

二、紊流斜面流的流动特性和紊动扩散作用

1. 紊流的流速沿深度分布

紊流的特点是流场内存在许多大小不一的旋涡。在紊流中，流场内指定点的速度和方向不断变化着，因此只能用时间的平均值表示该点的速度，称为“时均点速”。由于流体质点在不同层之间交换，流速沿深度的分布变得相对均匀。层流和紊流的流速分布比较见图 2-2-14。

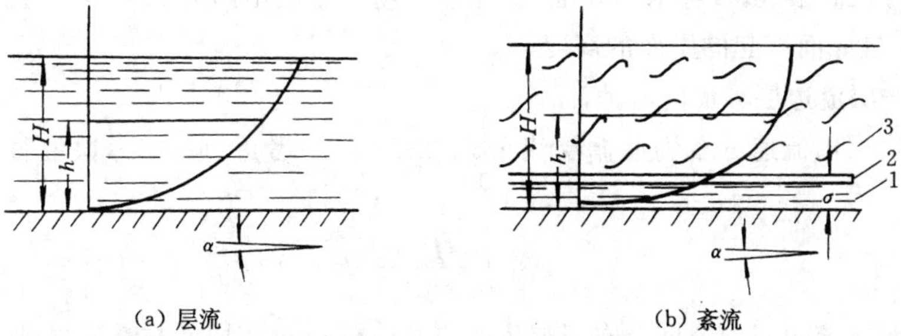

1—层流边层；2—过渡层；3—紊流层。

图 2-2-14　层流和紊流的流速分布对比

对于紊流的速度分布，一种简单的描述方法是用指数式表示：

$$u = u_{\max}\left(\frac{h}{H}\right)^{\frac{1}{n}} \tag{2-2-81}$$

式中 $\frac{1}{n}$——指数系数。取决于流动雷诺数和槽底粗糙度。对于平整底面，当 $Re>50\times10^3$ 时，$n=7\sim10$；在重选粗粒溜槽中水流的平均流速为 1～3 m/s 时，$n=4\sim5$；处理细粒级的弱紊流流膜，$n=2\sim4$。

$$u_{\text{mea}} = \frac{n}{n+1}u_{\max} \tag{2-2-82}$$

故知平均流速与最大流速之比为 $n:(n+1)$。

式(2-2-81)常用来表示较强紊流的流速分布，对于弱紊流则偏离较大。这是由弱紊流流膜存在较明显的不同流态层所致。

在紊流的最底部受固定壁的限制，仍有一薄层做层流流动，称作“层流边层”。

在强紊流中，它的厚度常以几分之一至几十分之一毫米来度量，故一般可忽略不计。但在薄层弱紊流中，边层厚度则有不容忽视的比例。在它上面是一过渡层，接着便是紊流层。这样便形成了弱紊流的三层结构，如图 2-2-14 所示。不过不管怎样，紊流层一经形成，总是要占据大部分厚度。过渡层的厚度很薄，一般也计入在层流边层内。

用因次分析法求得层流边层厚度 σ 计算式：

$$\sigma = N\frac{\mu}{\sqrt{\rho\tau_0}} = N\frac{\nu}{v_\tau} \quad (\text{m}) \tag{2-2-83}$$

式中 τ_0——层流边层界面切应力，N/m²；

ν——流体的运动黏度，$\nu=\frac{\mu}{\rho}$，m²/s；

v_τ——切应力速度，反映底部流体切向流动摩擦阻力大小的量，$v_\tau=\sqrt{\frac{\tau_0}{\rho}}$，m/s；

N——普兰特准数，无因次，在重力场已知 $N=10.47$。

紊流层内的流速分布，对数曲线分布式为：

$$u = \frac{v_\tau}{K}\ln\frac{h}{\sigma} + u_\sigma \tag{2-2-84}$$

式中 K——紊流系数，或称卡尔曼准数，在重力场厚水层中约为 0.4；

h——自底面算起的层面的高度；

u_σ——层流边层界面的流速。

在层流边层内流速分布仍遵循层流公式(2-2-70)。考虑到 $h<\sigma$，数值很小，忽略括号内 h。

$$u = \frac{\rho g H \sin\alpha}{\mu}h \tag{2-2-85}$$

上式表明层流边层内速度分布近似为一直线。经过过渡层面与紊流层的对数曲线相连接。式(2-2-85)微分为：

$$\frac{\mathrm{d}u}{\mathrm{d}h} = \frac{\rho g H \sin\alpha}{\mu} \tag{2-2-86}$$

层流边层内切应力仍遵循牛顿内摩擦定律：

$$\tau_0 = \mu \frac{\mathrm{d}u}{\mathrm{d}h} \tag{2-2-87}$$

或

$$\tau_0 = \rho g H \sin\alpha \tag{2-2-88}$$

$$v_\tau = \sqrt{\frac{\tau_0}{\rho}} = \sqrt{gH \sin\alpha} \tag{2-2-89}$$

层流边层厚度的计算式为：

$$\sigma = \frac{N\nu}{v_\tau} = \frac{N\nu}{\sqrt{gH \sin\alpha}} \tag{2-2-90}$$

当 $h=\sigma$ 时

$$u_\sigma = N\sqrt{gH \sin\alpha} = Nv_\tau \tag{2-2-91}$$

经过代换，紊流层的流速分布计算式为：

$$u = \frac{1}{K}\sqrt{gH \sin\alpha}\left(\ln\frac{h}{\sigma} + KN\right) \tag{2-2-92}$$

将层流边层内流速分布视作对数曲线起始段，则整个流层的平均速度简化为：

$$u_{\mathrm{mea}} = \frac{1}{K}\sqrt{gH \sin\alpha}\left(\ln\frac{H}{\sigma} + KN - 1\right) \tag{2-2-93}$$

实测表明，上述流速分布计算式较指数方程式更为准确。

2. 紊流斜面流的粒群松散——紊动扩散作用

紊流中水流质点的扰动运动是松散床层的主要作用因素，称作“紊动扩散作用”。将槽内某点的瞬时速度分解为沿槽纵向、法向和横向三个分量，每个方向上的瞬时速度偏离时均速度(在法向和横向为零)的值称为瞬时脉动速度。对松散床层来说主要是依靠法向的瞬时脉动速度。它的时间均方根值称为法向脉动速度。

$$u_{\mathrm{im}} = \sqrt{\frac{1}{T}\int u'_y \mathrm{d}t} \tag{2-2-94}$$

式中 u'_y——法向瞬时脉动速度；

T——时间段长。

法向脉动速度 u_{im} 随水流的纵向平均流速增大而迅速增加，写成比例式为：

$$u_{\mathrm{im}} = mu_{\mathrm{mea}} \tag{2-2-95}$$

式中 m——比例系数，据 T. Г. 福缅科(Фоменко，1966)在光滑的粗粒溜槽中测定，m 值随水流平均速度的变化关系如图 2-2-15 所示。槽底粗糙度增加，m 值亦增加，在摇床上分选时 $0.1\ \mathrm{m/s} \leqslant u_{\mathrm{mea}} \leqslant 0.39\ \mathrm{m/s}$，此时 $0.07 \leqslant m \leqslant 0.15$。

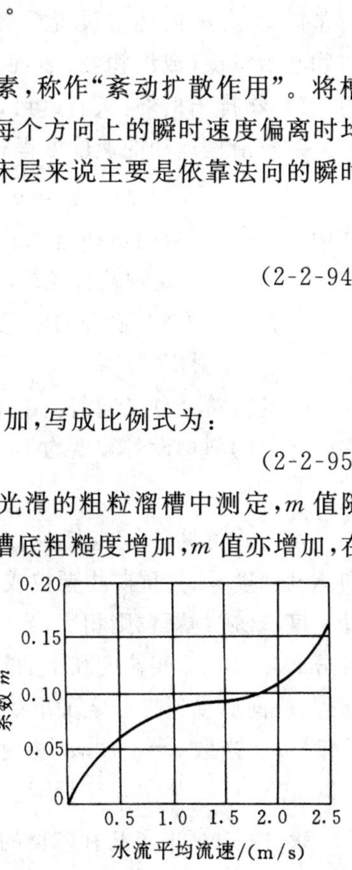

图 2-2-15 系数 m 随水流平均流速的变化关系

法向脉动速度沿水深分布并不一致，在下部初始旋涡形成区，脉动速度较强，向上逐渐减弱。矿粒群在紊流斜面流中借法向脉动速度维持松散悬浮，反过来颗粒群又对脉动速度起着抑制作用，因而矿浆流膜的紊动度总是要比清水流膜弱。这种现象称为粒群的“消紊作用”。

在紊流矿浆流的底部，固体颗粒浓度较大，流速显著降低；向上流速则急剧增大，甚至到顶部超过了清水斜面流的流速。但矿浆流的流速分布仍遵循对数式关系：

$$\frac{du}{dh} = \frac{v_\tau}{K}\frac{1}{h} \tag{2-2-96}$$

由于粒群的消紊作用，层间速度梯度增大，在上式中表现为 K 值随浓度的增大而减小。我国张瑞谨测定的泥浆浓度对 K 值的影响关系见表 2-2-6。

表 2-2-6　不同固体含量下的 K 值

含沙量/(kg/m³)	44	68	123	225	370	490	528	837	964	1 051
K	0.34	0.31	0.28	0.26	0.29	0.33	0.33	0.36	0.37	0.43

矿浆斜面流的平均流速在浓度较低时仍接近清水斜面流的流速，但随着浓度增大则急剧降低，如图 2-2-16 所示。

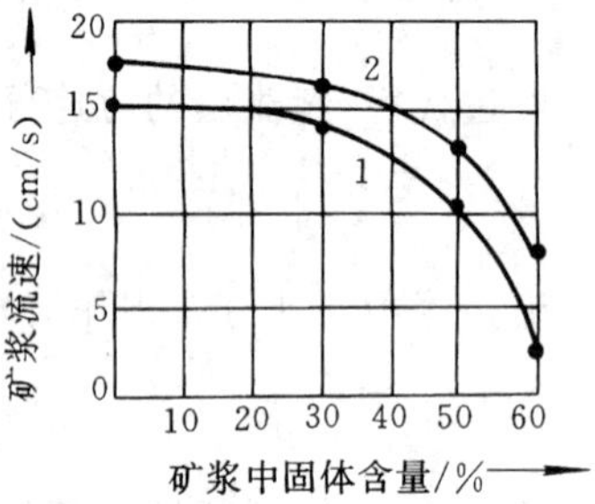

1—斜槽倾角 12°；2—斜槽倾角 18°。

图 2-2-16　斜面流中固体浓度对流速的影响

三、厚层紊流斜面流中矿石的分选

厚层紊流斜面流主要处理粗中粒(>2 mm)矿石。设备通常为直线的倾斜长槽。为了有效地松散床层并滞留重矿物，在槽内还常设置挡板或粗糙的敷面物，轻、重矿物在沿槽底(或沉积物)表面运动中，重矿物滞留在槽内，轻矿物排出槽外，从而达到分离。

颗粒沿槽运动的速度方程式为：

$$v = u_{d\text{mea}} - [v_0^2(f\cos\alpha - \sin\alpha) - fu_{\text{im}}^2]^{\frac{1}{2}} \tag{2-2-97}$$

式中　v——颗粒的运动速度；

$u_{d\text{mea}}$——在颗粒直径范围内水流平均速度；

f——颗粒与底面的摩擦因数；

α——斜槽倾角；

其他符号意义同前。

多数的斜槽设备坡度均不大，当 $\alpha<6°$ 时，$\sin\alpha\approx0$，$\cos\alpha\approx1$，则

$$v = u_{d\text{mea}} - \sqrt{f}\sqrt{v_0^2 - u_{\text{im}}^2} \tag{2-2-98}$$

由上式可见，颗粒运动速度 v 取决于自身沉降末速 v_0、摩擦因数 f、迎面水速 $u_{d\text{mea}}$ 及法向脉动速度 u_{im}。重矿物颗粒或因 v_0 较大或在粒度较小时，受到的 $u_{d\text{mea}}$ 不大，而有较小的运动速度；轻矿物颗粒则相反，或因 v_0 较小或因 $u_{d\text{mea}}$ 较大而具有较大移动速度，这样便可使两者分离开来。那些粒度细小的轻矿物和微细的重矿物颗粒则在跳跃中或连续悬浮中被排出槽外，法向脉动速度限定了重矿物的粒度回收下限。刚能使颗粒启动的水流速度称为“冲走速度”u_0。当取 $v=0$ 时，u_{im} 相对 v_0 很小可忽略不计，冲走速度 u_0 的近似公式为：

$$u_0 = v_0\sqrt{f} \tag{2-2-99}$$

表 2-2-7 列出了几种矿物的静摩擦因数 f 值。

在紊流斜面流中按颗粒的运动速度差分选是很不精确的，故粗粒溜槽只可作粗选使用，而且回收率也不很高。

表 2-2-7　在不同表面上矿物的滑动静摩擦因数

矿　物	铁		玻　璃		木　材		漆　布	
	水中	空气中	水中	空气中	水中	空气中	水中	空气中
赤铜矿	0.58	0.53	0.38	0.46	0.81	0.67	0.82	0.73
白钨矿	0.66	0.53	0.50	0.51	0.78	0.70	0.73	0.71
赤铁矿	0.66	0.54	0.36	0.47	0.80	0.67	0.75	0.74
石　英	0.67	0.37	0.80	0.72	0.60	0.75	0.80	0.78

四、在薄层流膜中矿石的分选

呈弱紊流流动的矿浆流膜，厚度在数毫米至数十毫米之间，多用于处理小于 2 mm 细粒级矿石。颗粒在流膜内呈多层分布，经过粒群的消紊作用，底部层流边层增厚，颗粒大体呈沿层运动，在这里可称之为“流变层”。流变层以上旋涡迅即形成和发展。在紊动扩散作用下，矿粒群被松散并向排矿端推移，这一层称作“悬移层”。悬移层以上脉动速度减弱，只悬浮少量微细颗粒，称作“表流层”或“稀释层”。流膜结构示意地绘于图 2-2-17 中。

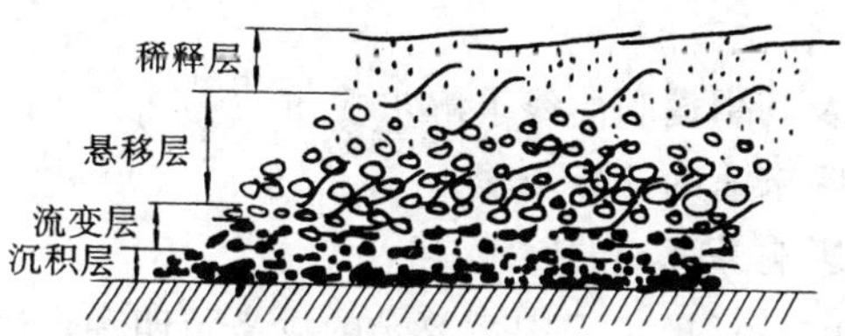

图 2-2-17　弱紊流矿浆流膜结构示意图

稀释层中悬浮的微细颗粒不再能够进入底层，故该层的脉动速度即决定了分选粒度下限，为 30～40 μm。进入悬移层的矿物颗粒，在旋涡扰动下不断上下运动，重矿物被底部流变层容纳，剩下的轻矿物则悬浮在该层中。如同在上升水流中一样，颗粒是呈“上细下粗、上稀下浓”分布。底部流变层内颗粒处于紧密接触状态，借助剪切运动维持松散。颗粒依自身压强不同分层转移，故这一层是最有效的静力分选区。保持该层具有一定的厚度和剪切速度，对提高重矿物的回收率和品位有重要意义。

弱紊流流膜中的重矿物层仍有沿槽运动，故经常可实现连续分选作业。只有当重矿物层受到过大压力时才出现沉积层（如在离心选矿机内），这时便形成了四层结构。

层流矿浆流膜已基本不存在紊动扩散作用，故适于处理细粒级（－0.1 mm）。流膜很薄，一般只有 1～2 mm，离心流膜的流动层甚至低于 1 mm。但仍可将它分成三层结构，即上部稀释层，中间流变层和底部沉积层。如图 2-2-18 所示。但前两者的界限是很不清楚的。

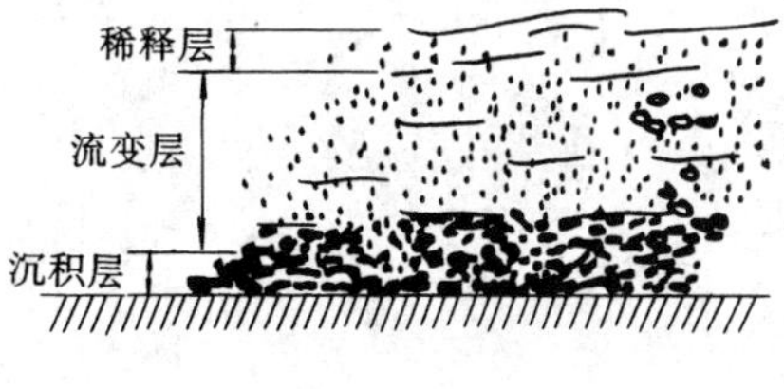

图 2-2-18　层流流层结构示意图

在理论上，层流的表面应是一平如镜，但实际上受表面张力影响，经常要生成一系列的鱼鳞波。它的作用深度虽不大，但已足可将 10～20 μm（按石英计）颗粒悬浮起来。这就决定了在重力场中回收粒度下限很难低于 10～20 μm。

流变层的作用与上述弱紊流中的相同。不过因这里浓度较低，它的最有效分选区还是在靠近下部较高浓度区，有时特殊地称之为“推移层”。推移层的下面即是沉积层，微细颗粒与槽面间往往具有较大黏结力，故沉积层常是不流动的，这就造成了矿浆流膜分选经常是间断作业。

流膜选矿的操作条件：给矿体积、给矿浓度、槽底倾角、槽面振动强度或移动速度（如皮带溜槽）等即是通过流膜的流动参数，包括紊动性、矿浆黏度、速度梯度、流变层厚度而影响分选指标的。增大给矿体积或减小浓度，将增加矿浆流动的紊动性并提高速度梯度和减小流变层厚度，结果导致精矿品位提高而回收率下降。反之，减小给矿体积或增大浓度，又将因流速降低和矿浆黏度增大，而减小了速度梯度和脉动速度，并使流变层增厚，结果会造成回收率提高而精矿品位下降。槽面的振动强度和移动速度大小亦受这些因素制约。处理细粒级的弱紊流流膜，自身已具有足够的流动速度，故在固定的槽面上也可获得相当好的分选结果。而对于矿泥溜槽，因流膜的自然流动速度太低，剪切速度梯度不足，而常常得不到好的分选指标，采用机械方法强制床面做剪切振动，现已证明是提高分选效果的良好手段。

复习思考题

1. 简述介质阻力个别公式及其统一形式以及利用瑞利曲线求解步骤。
2. 简述用通式和个别公式求矿粒的自由沉降末速的计算步骤。
3. 简述自由沉降等沉比的几种计算方法及影响等沉比的因素。
4. 简述求解干扰沉降末速时，其经验公式 $v_g = v_0(1-\lambda)^n$ 中指数 n 的意义及四种求法。
5. 简述干扰沉降等沉比与自由沉降等沉比的关系。
6. 两种密度、粒度均不相同的矿粒混合物，其粒度比大于等沉比，在不同等速上升水流作用下，出现悬浮分层现象。简述悬浮分层学说及重介质作用分层学说的基本观点。
7. 颗粒在离心力场中的运动与在重力场中的运动有什么区别？
8. 简述层流斜面流和紊流斜面流中矿粒群松散机理。

第三章 水力分级

第一节 概 述

水力分级是根据矿粒在运动介质中沉降速度的不同，将粒度级别较宽的矿粒群，分成若干窄粒度级别产物的过程。按所使用介质不同，分为水力分级和风力分级。它们的分级原理是相同的，本章只讨论水力分级。

水力分级和筛分的性质相同。但筛分是比较严格地按几何尺寸分开，筛分产物具有严格的粒度界限。而水力分级则是按沉降速度差分开。矿粒的形状、密度以及沉降条件对按粒度分级均有影响，因而水力分级不是严格按粒级进行的，具有较宽的粒度范围。它们的主要区别见表 2-3-1。

表 2-3-1 筛分和水力分级的比较

类别	工作原理	产品特性	工作效率	应用范围
筛分	严格按粒度分级	同级产物中粒度大小比较均匀，平均直径相同	对细粒物料筛分效率较低	大于 2～3 mm 的物料
水力分级	按沉降速度分级，密度对按粒度分级有影响	同级产物中主要是等降颗粒。大密度矿粒平均直径比小密度矿粒平均直径小	处理细粒物料效率比筛分法高	一般用于不小于 2～3 mm 的物料

分级产物的粒度与分级的界限粒度（分界粒度）是有关联但又是不相同的概念。分级产物的粒度常以该产物的粒度范围（如 0.25～0.5 mm）表示，或以某特定粒度（如大于或小于 0.074 mm）在该产物中的含量表示。它仅说明分级产物的粒度范围，而不能表示出两种分级产品的分界粒度。分界粒度常以分级粒度和分离粒度两种方法表示。分级粒度是指按沉降速度计算的分开两种产物的临界颗粒的粒度，而分离粒度则是指实际进入沉砂和溢流中分配率各占 50％的极窄粒级的平均粒度。凡大于分离粒度的颗粒大多进入沉砂中，小于分离粒度的颗粒大多进入溢流中。水力分级所用介质可做垂直的、接近水平的或回转运动。上升介质流中颗粒是依据绝对速度的方向分离的，由下式判断

$$v = v_0 - u_a \tag{2-3-1}$$

式中 v_0——矿粒在静止介质中的沉降末速；

u_a——上升介质流速。

分级过程的示意图见图 2-3-1(a)，沉降末速大于上升介质流速的矿粒下沉到分级设备的底部，作为沉砂或底流排出；沉降末速小于上升介质流速的细粒级产物从上端溢出，成为溢流。如果要得到多个粒级产物，则可将溢流（或沉砂）在依次减小（或增大）的上升水流中

继续进行分级。

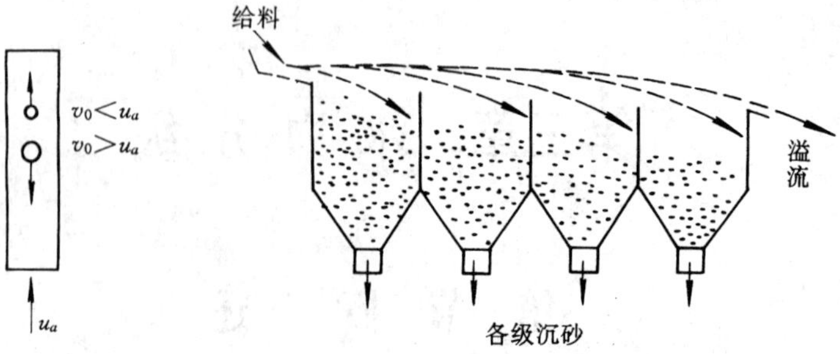

(a) 垂直上升介质流 (b) 在接近水平的介质流

图 2-3-1 颗粒在垂直介质流及水平介质流中分级示意图

在接近水平流中进行分级时，颗粒的水平运动速度可认为与水平流速相等，但因颗粒沉降速度的不同，而将有不同的运动轨迹。最粗的颗粒较早地沉降下来，中等及细粒级的颗粒依次沉降下来，故在各分级室可得到不同粒度的沉砂，如图 2-3-1(b)所示。最细粒级由分级室末端溢出。在回转流中，颗粒根据径向速度差分离。介质的向心运动速度是决定分级粒度的基本因素。

水力分级在选矿中的应用：

(1) 与磨矿作业构成闭路作业，及时分出合格粒度产物，以减少过磨。

(2) 在某些重选作业(如摇床选、溜槽选等)之前，作为准备作业，对原料进行分级，分级后的产物，分别给入不同设备或在不同操作条件下进行分选。

(3) 对原矿或选后产物进行脱泥或脱水。

(4) 在实验室内，测定微细物料的粒度组成。

第二节 水力分析

水力分析(简称水析)是借测定颗粒的沉降速度间接测量颗粒粒度组成的方法。常用于小于 0.1 mm 物料的粒度组成测定。常用水析法有三种：重力沉降法、上升水流法和离心沉降法。测定对象是小于 0.1 mm 的物料。测定条件在自由沉降条件下进行，悬浮液的固体容积浓度小于 3%，按斯托克斯沉降速度公式计算，即

$$v_0=\frac{h}{t}=\frac{d^2(\delta-\rho)}{18\mu}g \tag{2-3-2}$$

式中 h——沉降距离，m；

t——沉降时间，s；

其他符号意义同前。

为了防止水析过程中固体颗粒团聚，通常加入水玻璃等分散剂，它们在水中的浓度是 0.01%～0.2%。

一、沉降水析法

沉降水析法中比较简单而又可靠的方法是淘析法，淘析法的基本原理是利用逐步缩短

沉降时间的方法，由细至粗、逐步地将各粒级物料从试料中淘析出来。

淘析法水析装置也称萨巴宁沉降分析仪，如图 2-3-2 所示。淘析过程是在一个直径为 70～100 mm、高度为 150～170 mm 的玻璃杯 1 中进行的。杯内装有一根直径为 6～10 mm 的虹吸管 2。虹吸管的短管部分应插入杯内，使其管口下端距固体沉淀物料面留有 5 mm 的距离。虹吸管另一端带有管夹 3，插入溢流收集槽 4 内。

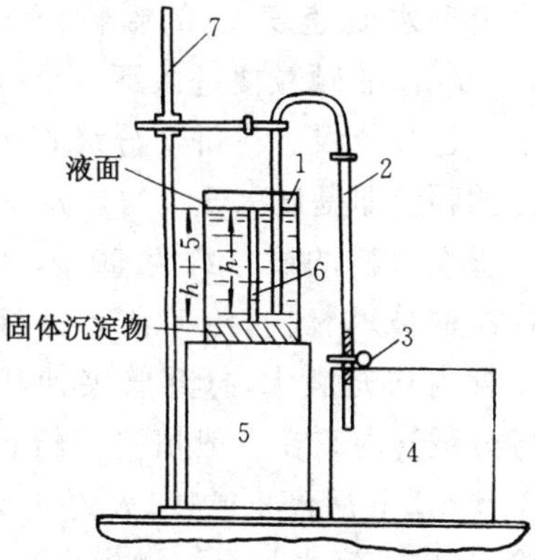

1—玻璃杯；2—虹吸管；
3—管夹；4—溢流收集槽；
5—玻璃杯座；6—标尺；
7—虹吸管架。

图 2-3-2 淘析法水析装置
（萨巴宁沉降分析仪）

试验前，先将分级粒度为 d 的矿粒在水中沉降 h 距离所需的时间 t 按斯托克斯公式计算出来。再将一定量（准确称量 50～100 g）配成液固比等于 6∶1（泥质物料为 10∶1）的矿浆倒入玻璃杯中，补加清水到规定的刻度零处（补加清水后最大固体容积浓度应小于 3%），然后用带橡皮头的玻璃棒充分搅拌。停止搅拌后使矿浆静置沉降，经过所计算的分级粒度为 d 的矿粒沉降 h 距离所需时间 t，便立即用虹吸管将 h 上部的矿浆全部吸出。显然吸出的矿浆中全是粒度小于分级粒度的矿粒，但是遗留在杯中的沉淀物内，还会有一部分未能吸出的小于分级粒度的矿粒，应再往杯中补加清水，然后重复上述操作，直到吸出的液体中不含小于分级粒度矿粒为止。

设预定的分级粒度为 d，在水中的自由沉降速度为 v_0，则沉降 h 距离所需时间 t 为：

$$t = \frac{h}{v_0} = \frac{h\mu}{54.5d^2(\delta - \rho)} \tag{2-3-3}$$

将每次吸出的矿浆汇合烘干后，即为试料中全部小于分级粒度的粒级产物。把获得的细粒产物称重、化验后，即可标出该粒级在试样中的含量及品位。若要求进行几个粒级的分析时，则需首先按预定的几个分级粒度分别算出沉降 h 距离所需的时间 t 值，由细到粗依次进行上述操作，将各个粒级全部淘析完为止，即可以获得该试样的粒度组成。

由淘析法测定微细物料的粒度组成虽然比较简单、准确，但费时、费工，因此，淘析法多用来对其他水析法校核，或没有连续水析仪器时使用。

二、上升水流法

上升水流法典型的装置是连续水析器，其基本原理是利用相同的上升水量，在不同直径的分级管中，产生不同的上升水速，粒度不同的矿粒按其不同沉降速度，分成若干粒级。该水析器除主要工作部件分级管外，还有给水装置、水玻璃添加装置、给矿装置和溢流接收装置等。如图 2-3-3 所示为一组四管水析器。

分级管的直径由给水量和分级粒度确定。如分级管断面积为 A，给水量为 Q，分级管的内径为 D，则存在如下关系：

$$A = \frac{\pi}{4}D^2 = \frac{Q}{v_0} \tag{2-3-4}$$

在每个分级管中，沉降速度 v_0 大于管内上升水流速度 u_a 的颗粒便沉降下来，小于 u_a 的颗粒便进入下一个分级管内依次进行分级。在每个分级管内保持悬浮的颗粒即是该次分级的临界粒度。

每次水析的试料约为 50 g，装入带搅拌器的玻璃杯内，给矿前各分级管及连续管内均充满水，打开管夹使矿浆流入各分级管内。在一般情况下给料时间约 1.5 h、2 h 后停止搅拌，大约 6 h 后停止给水（以溢流水是否清澈为准）。然后用夹子夹住各分级管下端的软胶管，按粗细顺序将各粒级产物清洗排出，进行澄清、过滤、烘干、称重、化验等一系列处理。

这种连续水析器一次可获得多级产品，操作简便，只要保持工作正常（及时放出管内气泡且不使矿粒堵塞胶管），所得结果就较为准确，但水析时间较长。

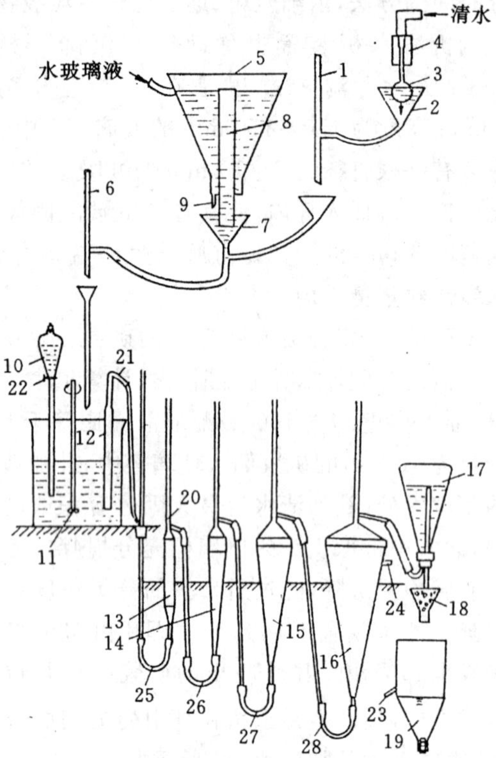

1—清水滴管；2、7—漏斗；3—浮标；4—水阀；
5—盛水玻璃锥瓶；6—水玻璃调节滴管；
8—进气中心管；9—水玻璃液排放管；
10—盛矿锥形漏斗；11—搅拌器；12—矿浆吸管；
13、14、15、16—分别为 74、37、19、10 μm 的分级管；
17—调节液面的锥瓶；18—盛明矾漏斗；
19—盛－10 μm 粒级的锥瓶；20—气泡排放管；
21—虹吸管；22—矿浆排放阀；
23、24—溢流管；25、26、27、28—乳胶管。

图 2-3-3　连续水析器的结构

三、离心沉降法

离心沉降法所用装置是串联旋流分级器，也称旋流水析器，其基本原理是使分级过程在离心力场中进行。旋流水析器内颗粒的径向沉降速度依然可按斯托克斯公式求出，仅需用离心加速度取代重力加速度。其结构如图 2-3-4 所示。它是由五个倒置（底流口垂直向上）水力旋流器互相串联并平行排列所组成的。

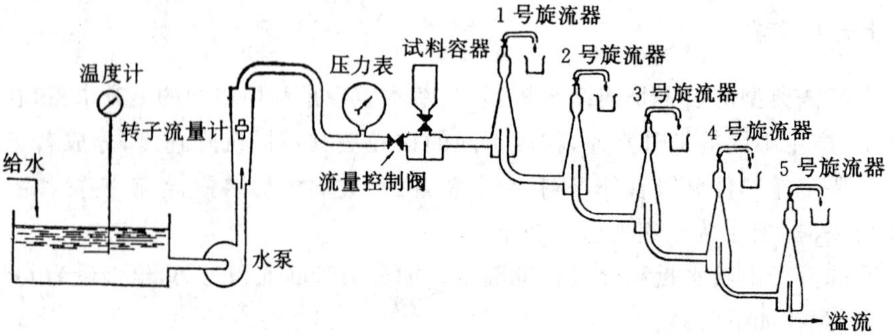

图 2-3-4　旋流水析仪的工作系统

每个旋流器的沉砂口都与装有排料阀的接料槽相通，试验时排料阀是关闭的。水经水泵从水槽抽出，控制转子流量计保持一定流量，通过流量控制阀给入1号旋流器，因沉砂口排料阀关闭，底流存留在锥体底部，而溢流则进入2号旋流器。以此类推，由1号到5号旋流器溢流口和进料口直径依次逐渐减小，旋流器分级粒度也相应逐渐减小。因此，物料分级完成后，第一个旋流器底流产品粒级最粗，最细粒级产物则是最后一个旋流器的溢流。

试样须小于75 μm，每次用量以小于100 g为宜，从试料容器中给入，约经30 min，分级过程完毕，取出存留在各旋流器内的底流经过滤、烘干、称重和化验。可见旋流水析仪比连续水析器分级速度快。

第三节　水力分级设备

选矿和选煤中所用的水力分级设备繁多，各种水力分级设备都是利用矿粒在水介质中沉降速度的不同，在重力场或离心力场中完成分级过程的。在建材、化工、食品等工业部门也广泛应用。在选煤厂中水力分级主要用于煤泥水的处理过程，包括沉淀、浓缩、脱水，属于选煤工艺过程中的辅助作业。在金属选矿厂中，水力分级是用于对入选原料进行分级，以获得几个窄级别物料，分别给入重选设备中进行分级选矿，或用于重选厂原矿准备。

本节主要介绍机械分级机和水力旋流器，一般水力分级设备将在第五篇第三章中介绍。

一、机械分级机

在众多的水力分级设备中，具有提升运输沉砂机构的分级机称为机械分级机。与所有分级设备一样，机械分级机分级过程是借颗粒在水介质中的沉降速度差进行的。机械分级机主要与磨矿机配合工作进行预先分级和检查分级，还可以用于含泥矿石的洗矿以及进行脱泥、脱水。

根据运输沉砂机构的不同，机械分级机可分为螺旋分级机、耙式分级机和浮槽分级机等。螺旋分级机是利用转动的螺旋连续排出沉砂。它与后两者相比，具有构造简单、操作方便、分级槽的倾斜角度大等优点，便于同磨矿机作自流连接，故生产中一般均采用螺旋分级机。

螺旋分级机根据螺旋数目的不同，可分为单螺旋分级机和双螺旋分级机。根据分级机溢流堰的高低，又可分为高堰式、低堰式、沉没式三种。

1. 螺旋分级机的构造及工作过程

螺旋分级机的结构如图2-3-5所示。分级槽2呈倾斜安置，倾角一般为12°～18.5°，槽的底部为半圆形。矿浆从槽的中间部位进料口7给入，在分级槽下端的分级带完成分级。细粒级经槽子下端溢流堰8随水流从溢流排出口9排走。粗粒级产物在分级带沉降，然后由螺旋1将其运至槽子上端的沉砂排出口10排出机外。螺旋安装在中空主轴3上，主轴两端由轴承4支承，轴的上端设有传动装置5，轴的下端置于提升机构之内，必要时可调节螺旋在槽内的高度。

连续不断给入矿浆，则溢流与沉砂也就连续分别排出。若分级机与磨矿机构成闭路，则分级机的沉砂经溜槽进入磨矿机再磨，送回磨矿机的沉砂称“返砂”。

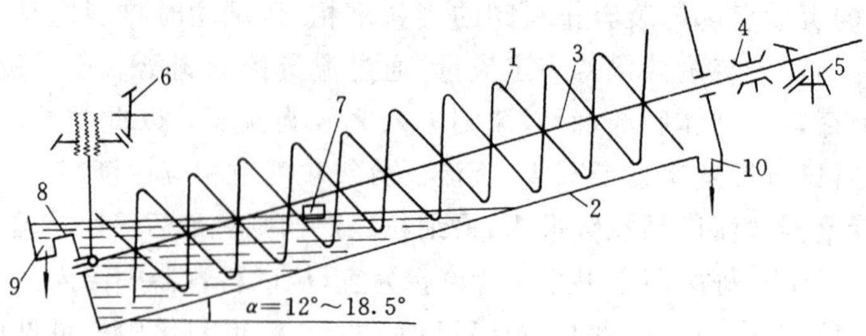

1—螺旋；2—分级槽；3—螺旋轴；4—轴承；5—传动装置；6—螺旋提升机构；
7—进料口；8—溢流堰；9—溢流排出口；10—沉砂排出口。

图 2-3-5 螺旋分级机结构示意图

2. 影响螺旋分级机工艺效果的因素

分级机工艺效果的优劣主要有两方面，一是分级机的工作质量，如沉砂中小于分级粒度的细粒级含量及溢流中大于分级粒度的粗粒级含量以及沉砂水分的高低；二是分级机的生产能力，包括按溢流中固体含量计算的生产量以及按沉砂中固体含量计算的生产量。

影响分级机工艺效果的因素很多，概括起来主要有以下几方面。

(1) 矿石性质

矿石性质主要指矿石的密度、粒度组成和含泥量。矿石密度几乎正比地影响按质量计的分级机的生产能力，矿石密度越大生产能力也越高。矿石的粒度组成和含泥量的影响，是反映在矿浆的黏度上，黏度增大，矿粒沉降速度减少，处理能力和分级的精确性均降低，因此，当矿泥含量较高时，常采用降低分级浓度的办法，但这又导致处理量的降低。给矿中含有适量的矿泥，对分级并非全然不利，因为借助矿泥增加矿浆的黏性，可以抑制螺旋搅动时引起矿浆紊动的发展。

(2) 分级机结构

分级机中矿粒群沉降的液面面积称为分级面积。分级面积的大小影响分级机处理能力并决定分级粒度。分级过程发生在靠近表面层的水平矿浆流中(图 2-3-6)。在这层水平流中，矿粒一方面以自身的沉降速度 v 向下沉降，同时又被水平介质流带动，以接近矿浆水平流速 u 的速度向溢流端行进。因此，矿粒的运动方向是这两个速度的矢量和。粒度不同的两个矿粒(假定密度和形状相同)处于同一分级槽中，其水平流速一致，而两矿粒沉降速度有别，于是合速度与水平面的夹角 β 也有差异。粗颗粒的 β 角大，运行到分级槽终端被溢流堰挡住，故留在槽内而成沉砂，细颗粒的 β 角小，运行到分级槽终端时，依然位于溢流堰上面，随水平流从溢流口排出机外。

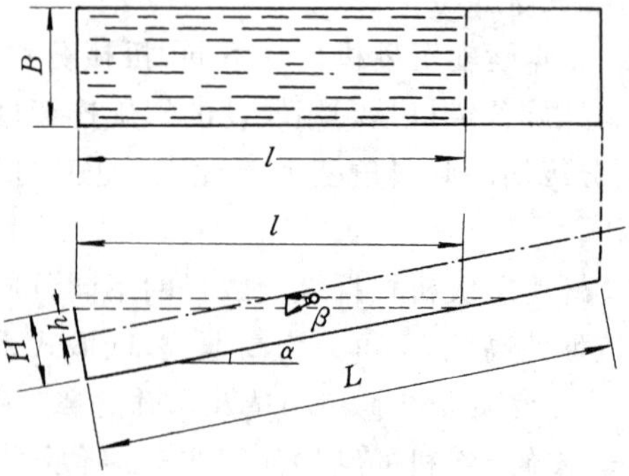

图 2-3-6 螺旋分级机分级面积与分级过程、槽体大小及槽体倾角的关系

从分级机面积对分级过程的影响中可以看出，分级机面积大，分级机处理能力也大，但分级粒度减小。按图 2-3-6 所示，分级液面长为 l，分级槽宽若为 B，分级槽下端高度若为

H，倾角为 α，则分级机面积为 A，即

$$A = Bl = \frac{BH}{\sin\alpha} \tag{2-3-5}$$

可见，增大分级槽的宽度、提高溢流堰的高度或减小槽体的倾角都可以使分级机面积增大。分级机面积增大，按溢流的体积处理能力便增大，分级精度便更细。

螺旋的转速影响液面的搅动程度和运输返砂的能力，转速与螺旋直径成反比。对于粗粒分级可有较大的搅动程度而不致影响颗粒的沉降。对于细颗粒分级则应避免强烈搅动，其螺旋运转速度达到足以将返砂沿外槽运出即可。

(3) 给矿浓度

给矿浓度不仅影响分级粒度，而且还影响在该分级粒度下的处理能力。生产中常常通过调节浓度来控制分级粒度。浓度对分级粒度和生产率的影响存在一个临界值。一方面，增大矿浆浓度，沉降的干涉程度变大，颗粒的沉降速度将变小。这样使一些较粗的颗粒未来得及沉降便被水平流带到溢流中，因而使溢流的粒度变粗。另一方面，当浓度很小时，为了保持一定的按固体计的生产率，溢流流量便会增大，增高的水平流速又会将较粗颗粒带到溢流中，使溢流粒度变粗。因此，对一定的矿石应用其最适宜的临界矿浆浓度，在此浓度下，保持固体生产率一定，则可得到最细的分级粒度；保持一定的分级粒度，则可得到最大的生产率。

为了了解分级机的工作情况，生产中对分级机溢流浓度一般每隔 20～30 min 测定一次，以确保对分级粒度的控制。为了提高分级效率，近年来有的选矿厂开始使用筛分设备取代粗粒级的螺旋分级机，在细粒级分级作业中，水力旋流器获得广泛应用。

二、水力旋流器

1. 概述

在重力场中，由于重力加速度 g 在一定的地方为定值，微细颗粒的沉降速度受到限制，设备的处理能力和分选效果亦难以提高。为了强化分级和选分作业，近数十年来，人们广泛利用回转流产生的惯性离心力大大提高了颗粒的运动速度。

选矿生产中使矿浆做回转运动的方法基本有两种，一种是矿浆在压力作用下沿切线给入圆形分选容器中，迫使其做回转运动，这样的回转流厚度较大，例如各种型式的旋流器属于这种；另一种是借回转的圆鼓带动矿浆做圆周运动，例如各种卧式离心选矿机和卧式离心脱水机属于这种。

在回转流中颗粒的惯性离心加速度 a 与同步运动的流体向心加速度方向相反，数值相等。即

$$a = \omega^2 r = \frac{u_\tau^2}{r} \tag{2-3-6}$$

式中　r——圆形分选器的半径，m；

ω——回转运动的角速度，rad/s；

u_τ——回转运动的切向速度，m/s。

因此离心力强度为：

$$i = \frac{a}{g} = \frac{\omega^2 r}{g} \tag{2-3-7}$$

重力选矿中所用离心力有的可比重力大数十倍以上，因此大大强化了分选过程。

水力旋流器是利用回转流进行分级的设备，也可用于浓缩、脱泥（也可以脱砂），以至于分选。由于它的构造简单，便于制造，处理量大，且工艺效果良好，因而在问世后迅速得以推广应用。

旋流器的构造如图 2-3-7 所示。主要由一个空心圆柱体和圆锥体连接而成。圆柱体的直径代表旋流器的规格，有 50～1 000 mm，常用者为 125～500 mm。在圆柱体中心插入一个溢流管，沿切线方向接有给矿管，在锥体下部留有沉砂（或称底流）口。

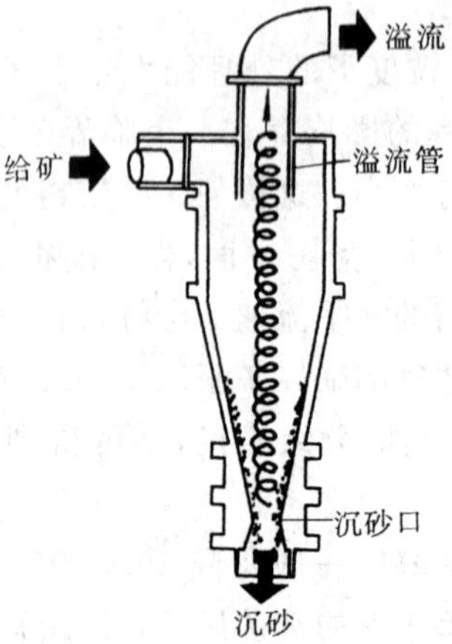

图 2-3-7 水力旋流器

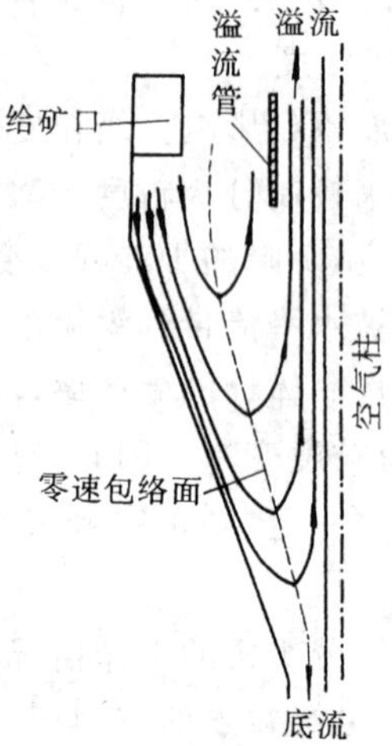

图 2-3-8 水力旋流器分级原理示意图

2. 水力旋流器分级原理

矿浆在一定压力下通过切向进料口给入旋流器，于是在旋流器内形成一个回转流。在旋流器中心处矿浆回转速度达到最大，因而产生的离心力亦最大。矿浆向周围扩展运动的结果，在中心轴周围形成了一个低压带。此时通过沉砂口吸入空气，而在中心轴处形成一个低压空气柱。

作用于旋流器内矿粒上的离心力与矿粒的质量成正比，因而在矿粒密度接近时便可按粒度大小分级（密度不同则得到的是等降颗粒）。

矿浆在旋流器内既有切向回转运动，又有向内的径向运动，而靠近中心的矿浆又沿轴向上（溢流管）运动，外围矿浆则主要向下（沉砂口）运动。所以它属于三维空间运动。在轴向，矿浆存在一个方向转变的零速点，连接各点在空间构成一近似锥形的面，称作零速包络面（图 2-3-8）。细小颗粒离心沉降速度小，被向心的液流推动进入零速包络面由溢流管排出成为溢流产物；而较粗颗粒则借较大离心力作用，保留在零速包络面外，最后由沉砂口排出，成为沉砂产物。零速包络面的位置大致决定了分级粒度。

3. 水力旋流器的工艺计算

水力旋流器工艺计算包括分离粒度和处理量的计算。它们的计算公式很多，有的公式很繁琐，不便应用；有的公式计算值与实际值差别太大，这里不再赘述。现将常用公式列出如下。

(1) 旋流器的处理能力 Q(L/min)

$$Q = K_1 d_G d_y \sqrt{gp} \tag{2-3-8}$$

式中　d_G 和 d_y——给矿管直径及溢流管直径，cm；当矿口为矩形断面时，其中 $d_G=\sqrt{\frac{4}{\pi}bl}$，cm；$b$ 和 l 为给矿管矩形断面的宽和长，cm；

p——旋流器的进口压力（表压力），MPa；

g——重力加速度，以 9.8 m/s^2 计；

K_1——系数，按表 2-3-2 确定。

表 2-3-2　旋流器在不同 d_G/D 值条件下的 K_1 值

d_G/D	0.10	0.15	0.20	0.25	0.30
K_1	1.83	2.46	3.10	3.85	4.93

注：D 指旋流器直径。

(2) 旋流器的分离粒度

分级的临界粒度 d_F(cm)为：

$$d_F=\frac{0.75d_G^2}{\phi_x}\sqrt{\frac{\pi\mu}{Qh(\delta-\rho)}} \tag{2-3-9}$$

式中　h——溢流管下缘到锥壁的轴向距离，为简单计可取锥体高度的 2/3；

μ——介质黏度；

Q——给矿矿浆体积，各物理量单位均按 CGS 单位制计；

ϕ_x——速度变化系数，其值大于 1。

ϕ_x 计算方法常用两种：

① 达尔扬提出的计算公式

$$\phi_x=\left(\frac{D}{d_y}\right)^n \tag{2-3-10}$$

式中，$n=0.5\sim0.9$，一般取 $n=0.64$。

② 苏联选矿研究设计院提出的公式

$$\phi_x=\frac{6.6A_G\alpha^{0.3}}{Dd_y} \tag{2-3-11}$$

式中　A_G——给矿口的面积，cm^2；

D——旋流器内径，cm^2；

α——旋流器锥角，(°)；$\alpha^{0.3}$ 值见表 2-3-3。

表 2-3-3　式(2-3-11)中 $\alpha^{0.3}$ 的值

α	10°	15°	20°	60°	90°
$\alpha^{0.3}$	2	2.25	2.46	3.40	3.85

4. 影响水力旋流器工作的因素

影响水力旋流器工作的因素包括结构参数、操作条件和矿石性质等。旋流器的直径 D、给矿口直径 d_G 和溢流口直径 d_y 是影响处理量 Q 和分级粒度 d_F 的主要结构参数。将式(2-3-8)加以转换，可以得出矿浆体积处理量与旋流器直径的大致关系为：

$$Q \propto D^2$$

随着矿浆流量增加，矿浆的向心流速亦增加，分级粒度变粗。将式(2-3-9)中 Q、d_G 和 h 均换算成 D 的比例值，则得

$$d_F \propto \sqrt{D}$$

因此，进行粗分级时常选用较大直径旋流器；在细分级时则用小直径旋流器。如果后者处理能力不够时，可以将多台并联使用。

(1) 给矿管直径 d_G 对旋流器工作的影响

给矿口的大小对处理能力、分离粒度以及分级效率均有一定影响。其直径常与旋流器直径呈一定比例，大多 $d_G=(0.08\sim0.25)D$。给矿口的横断面形状以矩形为宜。而纵断面常为图 2-3-9(a)所示的切线形。由于这种进料方式易使矿浆在进入旋流器时与器壁冲击产生局部旋涡影响分级效率，因此出现了如图2-3-9(b)所示的渐开线形及其他形式的给矿管。

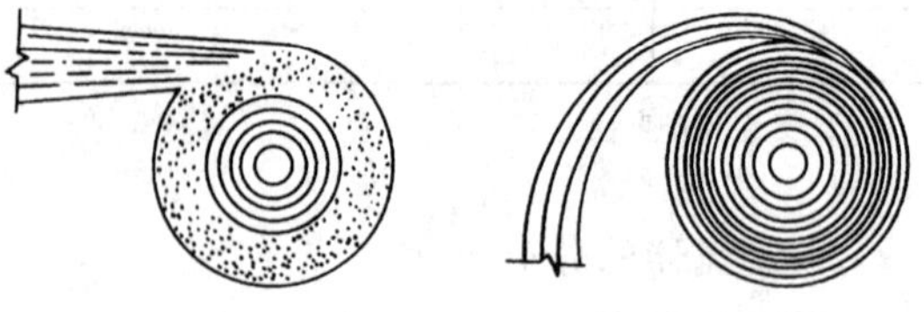

(a) 切线形　　(b) 渐开线形

图 2-3-9　切线形及渐开线形给矿管

(2) 溢流管直径 d_y 对旋流器工作的影响

溢流管大小应与旋流器直径呈一定比例，一般为 $d_y=(0.2\sim0.4)D$。增大溢流管直径，溢流量增加，溢流粒度变粗，沉砂中细粒级减少，沉砂浓度增加。

(3) 沉砂口直径 d_c 对旋流器工作的影响

沉砂口直径常与溢流口直径呈一定比例关系，其比值 $\frac{d_y}{d_c}$ 称为角锥比。试验得出，角锥比值以 3～4 为宜，它是改变分级粒度的有效手段。沉砂口是旋流器中最易磨损的零件，常因磨损而增大排出口面积，使沉砂产量增加，沉砂浓度降低。如果沉砂口过小，粗颗粒在锥顶越积越多，会引起沉砂口堵塞。沉砂口大小的变化对旋流器处理能力影响不大。

(4) 锥角对旋流器工作的影响

锥角大小影响矿浆向下流动的阻力和分级自由面的高度。一般说来细分级或脱水用旋流器应采用较小的锥角，最小达 10°～15°；粗分级或浓缩用旋流器采用大锥角，达 20°～45°。

旋流器圆柱体高度 h 主要影响物料在旋流器中的停留时间，一般取 $h=(0.6\sim1.0)D$。溢流管插入深度 h_y 大体接近圆柱高度，为$(0.7\sim0.8)h$，过长或过短均将引起溢流跑粗。

(5) 给矿压力 p 对旋流器工作的影响

给矿压力是旋流器工作的重要参数，提高给矿压力，矿浆流速增大，可以提高分级效率和沉砂浓度；通过增大压力来降低分级粒度收效是甚微的，而动能消耗却将大幅度增加，且旋流器特别是沉砂口的磨损将更严重。故在处理粗粒物料时，应尽可能采用低压力(0.05～0.1 MPa)操作；只有在处理细粒及泥质物料时，才采用较高压力(0.1～0.3 MPa)操作。

旋流器的给矿主要有两种方式：

① 稳压箱给矿

借高差用管道自流给入旋流器或用砂泵将矿浆扬送到高处稳压箱中再引入旋流器。这种给矿受高差条件限制，只能在低压给矿时使用。

② 砂泵直接给矿

这种给矿方式可获得较高的给矿压力，配置方便，管路少，便于维护，因此使用广泛。

(6) 给矿性质对旋流器工作的影响

其中最主要的是给矿粒度组成(包括含泥量)和给矿浓度。给矿粒度组成和对产物的粒度要求影响选用的旋流器直径和给矿压力。当旋流器尺寸及压力一定时，给矿浓度对溢流粒度及分级效率有重要影响。给矿浓度高，分级粒度变粗，分级效率亦将降低。当分级粒度为 0.074 mm 时，给矿浓度以 10%～20%为宜；分级粒度为 0.019 mm 时，给矿浓度应取 5%～10%。

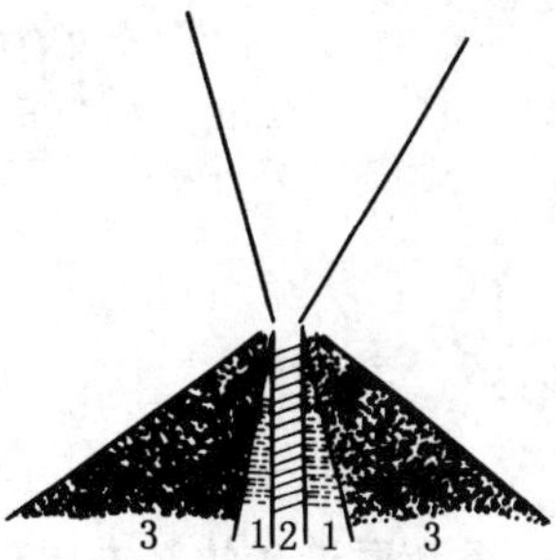

1—伞状；2—绳状(底流口很小)；
3—大锥角伞状(底流口很大)。
图 2-3-10　旋流器底流不同排出状况示意图

用于分级的旋流器最佳工作状态应是沉砂呈伞状喷出，伞的中心有不大的空气吸入口。这样使空气在向上流动时能携带内层矿浆中的细颗粒从溢流中排出，因而有利于提高分级效率。此时伞的锥角应如图 2-3-10 所示大小。如旋流器用于浓缩时可取绳状排出，此时沉砂浓度最高。而在用于脱水时，沉砂应以最大角度的伞状排出，这时沉砂浓度最低，相应可获得含固体量最少的溢流。

复习思考题

1. 简述水力分级在选矿中的应用。
2. 简述常用水析方法。
3. 简述影响螺旋分级机工艺效果的因素。
4. 简述水力旋流器分级原理及影响旋流器工作的因素。

第四章　重介质选矿

第一节　概　　述

一、重介质选矿的基本原理

通常将密度大于水的介质称为重介质。在这样的介质中进行的选矿称为重介质选矿，它是按阿基米德原理进行的。

任何物体在介质中都将受到浮力的作用，浮力 F 的大小等于物体排开的同体积介质的重量，即

$$F = V\rho_{zj}g$$

颗粒在介质中的有效重力 G_0 与重力加速度 g_0 分别为：

$$G_0 = G - F = V(\delta - \rho_{zj})g$$

$$g_0 = \left(\frac{\delta - \rho_{zj}}{\delta}\right)g$$

可见，G_0 及 g_0 均随 ρ_{zj} 增大而减小。

在重介质中，当 $\delta > \rho_{zj}$ 时，g_0 为正，与 g 的方向一致，矿粒将向下沉降；而当 $\delta < \rho_{zj}$ 时，g_0 为负，与 g 的方向相反，矿粒将向上浮起。因此，为使分选过程能有效进行，重介质密度应介于矿石中轻、重两种矿物的密度之间，即 $\delta_2 > \rho_{zj} > \delta_1$。在这样的介质中，分选完全属于静力作用过程，流体的运动和颗粒的沉降不再是分层的主要作用因素，而介质本身的性质却是影响分选的重要因素。

二、重介质的种类与加重质的选择

1. 重介质的种类

重介质有重液与重悬浮液之分。

(1) 重液

重液是一些密度高的有机液体或无机盐类的水溶液。它们是均质液体，可用有机溶剂或水调配成不同的密度。如三溴甲烷（$CHBr_3$）或四溴乙烷（$C_2H_4Br_4$），最高密度可达 2.9～3.0 g/cm^3。用不同量的苯、甲苯或四氯化碳与之混合，即可改变其密度。碘化钾与碘化汞按 1∶1.24 的比例配成的水溶液，最高密度可达 3.2 g/cm^3。二碘甲烷（CH_2I_2）溶液最高密度可达 3.3 g/cm^3。甲酸铊（HCOOTl）和丙二酸铊[$CH_2(COOTl)_2$]配成的溶液密度最高达 4.25 g/cm^3。另外氯化钙的水溶液，最高密度可达 1.4 g/cm^3；氯化锌的水溶液，密度可达 1.8～2.0 g/cm^3；四氯化碳与甲苯配成的溶液密度可达 1.6 g/cm^3。

上述重液的共同特点是来源有限，价格昂贵，有毒，有腐蚀作用且不易回收。生产上几

乎不用其作为介质，只在实验室中作重力分析或分离矿物时使用。

(2) 重悬浮液

重悬浮液是由密度大的固体微粒分散在水中构成的非均质两相介质。高密度固体微粒起着加大介质密度的作用，故称为加重质。加重质的粒度一般为 −200 网目占 60%～80%，能够均匀分散于水中。此时，置于其中的较大矿粒便受到了像均匀介质一样的增大了的浮力作用。密度大于重悬浮液密度的矿粒仍可下沉，反之则上浮。因重悬浮液具有价廉、无毒等优点，在工业上得以广泛应用。目前所说的重介质选矿，实际上就是重悬浮液选矿。

2. 加重质的选择

工业上所用的加重质因要求配制的重悬浮液密度不同而不同，常用的有下列几种。

(1) 硅铁

选矿用的硅铁含 Si 量为 13%～18%，这样的硅铁密度为 6.8 g/cm^3，可配制密度为 3.2～3.5 g/cm^3 的重悬浮液。硅铁具有耐氧化、硬度大、带强磁性等特点，使用后经筛分和磁选可以回收再用。根据制造方法的不同，硅铁又分为磨碎硅铁、喷雾硅铁和电炉刚玉废料（属含杂硅铁）等。其中喷雾硅铁外表呈球形，在同样浓度下配制的悬浮液黏度小，便于使用。

(2) 方铅矿

纯的方铅矿密度为 7.5 g/cm^3，通常所用者为方铅矿精矿，Pb 品位为 60%，配制的悬浮液密度为 3.5 g/cm^3。方铅矿悬浮液用后可用浮选法回收再用。但其硬度低，易泥化，配制的悬浮液黏度高，且容易损失，因此，现已逐渐少用。

(3) 磁铁矿

纯磁铁矿密度为 5.0 g/cm^3 左右，用含 Fe 60%以上的铁精矿配制的悬浮液密度最大可达 2.5 g/cm^3。磁铁矿在水中不易氧化，可用弱磁选法回收。

此外，还可用选矿厂的副产品如砷黄铁矿、黄铁矿等作加重质。

从选矿生产的角度来看，配制的重悬浮液不但应达到分选要求的密度，而且应具有较小的黏度及较好的稳定性。为此，选择的加重质，应具有足够高的密度，且在使用过程中不易泥化和氧化，来源广泛，价格低廉，便于制备与再生，这些都是选择加重质时必须考虑的因素。

三、重介质选矿的应用

从原理上看，重介质选矿是严格按密度分选的，与矿粒的粒度与形状无关，介质常表现出较高的黏度，严重影响颗粒的沉降速度。若给矿粒度大，重矿物沉降快，对分层精确性的影响倒不显著；但若给矿粒度小，则往往因有一部分粒度小的重矿物颗粒未来得及沉降到底部，便被介质带到机外，从而降低了分选效率。因此，在分选前预先筛分出细小矿粒还是必要的。

重介质选矿的给矿粒度下限，对金属矿石为 1.5～3 mm，对煤为 3～6 mm，应用重介质旋流器可到 0.3～0.5 mm；给矿粒度上限，金属矿石为 50～150 mm，煤为 300～400 mm。目前一般认为分选金属矿石时合适的给矿粒度范围为 2～75 mm。

受加重质自身密度的限制，悬浮液难以达到很高的密度，通常只能比轻矿物密度略高一点，故重介质选矿不能获得高品位的最终精矿，而只能选出密度低的单体脉石或采矿过程混入的围岩，因此只能作为预先分选作业使用。对煤来说，通常多采用磁铁矿粉作为加重质。因其配制的悬浮液密度范围较宽，完全能够分选各种煤炭，而且便于回收。对有色金属矿石，最适合于处理的有用矿物为集合体嵌布或粗粒嵌布的矿石。这类矿石经中碎后，即有大量单体脉石产出，用重介质选矿法将其除去，使之不再进入磨矿和分选作业，从而可大大降低生产成本并提高选矿厂的处理能力。对于井下开采的铁、锰矿石，利用重介质选矿法可预先除去混入的围岩，恢复地质品位。重介质选矿法已在我国用于处理铁、锰、锡、钨等矿石。

第二节 重悬浮液的性质

一、悬浮液的密度

1. 悬浮液密度的特点

悬浮液是一种不均质的两相系统，在固、液两相间具有很大的相界面，因此，它具有类似胶体系统的物理化学性质，这就使悬浮液在密度和黏度方面与均质重液有不同的性质。密度是指单位体积所具有的质量。悬浮液的密度等于加重质的密度和液体（水）密度的加权平均值，即

$$\rho_{zj} = \lambda\delta_j + (1-\lambda)\rho_s$$

因水的密度为 1 g/cm³，所以

$$\rho_{zj} = \lambda(\delta_j - 1) + 1 \qquad (2\text{-}4\text{-}1)$$

式中 ρ_{zj}——重介质悬浮液的密度，g/cm³；

λ——悬浮液的固体容积浓度，%；

δ_j——加重质的密度，g/cm³；

ρ_s——水的密度，g/cm³。

式(2-4-1)所求悬浮液的密度 ρ_{zj}，在物理意义上与均质介质的密度不完全相同，只有将悬浮液中的固、液两相作为一个统一的整体看待时，才具有密度的概念。因悬浮液是由两种密度完全不同的质点（即固、液两相质点）所构成的两相混合物，故悬浮液密度 ρ_{zj} 在数值上不能表征其中每一个质点的密度，因此通常称该密度为悬浮液的假密度，或称悬浮液的物理密度。

悬浮液内各质点密度的不均一性，影响矿粒在其中的分选。只有当加重质粒度较细，容积浓度又较高，而入选的矿粒粒度大时，在分选过程中，对矿粒而言，悬浮液才能作为一个整体称其为分选介质；否则，此时的分选介质只是悬浮液中的液体而不是悬浮液的整体，悬浮液的密度也就没有什么意义了。而矿粒在悬浮液中的沉降，仅仅看作矿粒在液体中受加重质悬浮粒作用的干扰沉降。矿粒在悬浮液中所排开的介质不是具有密度为悬浮液密度的悬浮液本身，而是悬浮液中的液体，它的密度为 ρ_s。因此，尽管有的矿粒密度低于悬浮液的密度 ρ_{zj}，但也将下沉，即矿粒不能按悬浮液的密度 ρ_{zj} 进行浮沉过程，而达到高、低不同密度矿粒的分离。

从以上分析可知，在重介质选矿过程中作为分选介质而起作用的悬浮液，其中固体悬浮粒（加重质）的粒度和容积浓度与入选物料之间应具有一定的关系；再有，从式(2-4-1)可以看出，悬浮液的密度要由加重质的密度和容积浓度来决定。

2. 悬浮液的有效密度

从式(2-4-1)看出，重介悬浮液的密度 ρ_{zj} 是由加重质的密度 δ_j 及容积浓度 λ 所决定的。

按规定的重介悬浮液密度配制一定体积的悬浮液，所需加重质的质量可用公式计算。根据质量平衡关系，则

$$m_j + \left(V_{zj} - \frac{m_j}{\delta_j}\right)\rho_s = V_{zj}\rho_{zj}$$

故得

$$m_j = \frac{V_{zj}\delta_j(\rho_{zj} - \rho_s)}{\delta_j - \rho_s} \tag{2-4-2}$$

式中　m_j——悬浮液中固体(加重质)的质量,kg;

V_{zj}——重介悬浮液的体积,m^3;

ρ_{zj}——重介悬浮液的密度,kg/m^3;

ρ_s——水的密度,kg/m^3;

δ_j——加重质的密度,kg/m^3。

从理论上讲,重介悬浮液的物理密度应该就是分选密度,但实际工作中有时并非如此,这是由于加重质颗粒很细,当悬浮液固体容积浓度达到一定程度后,加重质颗粒由于种种原因经直接接触而相互连接起来,形成空间网状结构物,这就使悬浮液发生了结构化。由于悬浮液出现结构化的影响,实际的分选密度常常高于悬浮液的物理密度。对于未结构化的重介悬浮液,因加重质颗粒的沉降,分选密度既可高于也可低于悬浮液的假定密度,这应由轻、重产物分离界限层的位置决定。

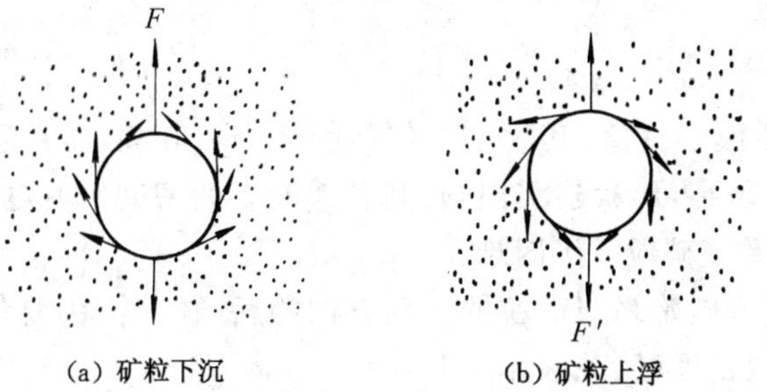

(a) 矿粒下沉　　(b) 矿粒上浮

图 2-4-1　结构化悬浮液中矿粒的浮沉运动

在已出现结构化的悬浮液内,若体积为 V 的矿粒向下运动,开始时所遇到的静力作用,除悬浮液的浮力外,还有静切应力引起的摩擦力 F[图 2-4-1(a)],故矿粒下沉的条件为:

$$V_k\delta_k g > V_k\rho_{zj} g + F \tag{2-4-3}$$

式中　V_k——矿粒体积,m^3;

δ_k、ρ_{zj}——分别为矿粒及重介悬浮液的密度,kg/m^3;

F——由静切应力引起与矿粒沉降方向相反的摩擦力之合力,N。

F 的大小与矿粒的表面积 A 和静切应力 τ_0 成正比,即

$$F = \frac{1}{K}A\tau_0 \tag{2-4-4}$$

式中　$\frac{1}{K}$——比例系数,根据测定 K 值与颗粒粒度有关,如图 2-4-2 所示,当矿粒粒度大于 10 mm 时,K 值接近一个常数,即 K 值近似等于 0.6。

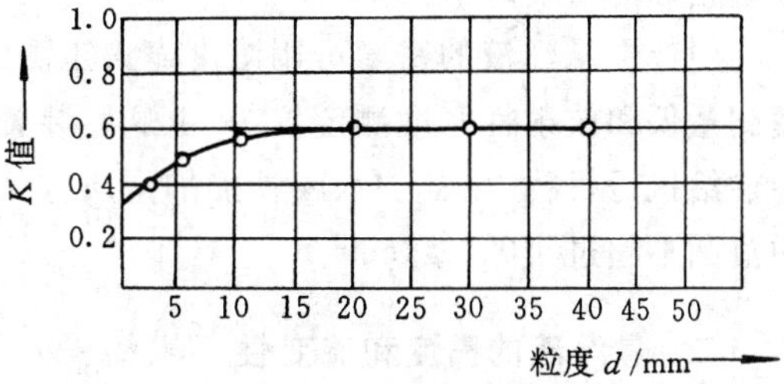

图 2-4-2　K 值与矿粒粒度的关系

将式(2-4-4)代入式(2-4-3)中,两边都用 $V_k g$ 除之,则得

$$\delta_k > \rho_{zj} + \frac{1}{K}\frac{\tau_0}{g}\frac{A}{V_k} \tag{2-4-5}$$

式中，A/V_k 一项是矿粒比表面积，由于 $V_k=\frac{\pi d_V^3}{6}$，而 $A=\pi d_A^2=\frac{\pi d_V^2}{\chi}$，故

$$\frac{A}{V_k}=\frac{6}{\chi d_V} \tag{2-4-6}$$

式中　d_V、d_A——分别为等体积当量直径与等面积当量直径；

χ——球形系数。

将式(2-4-6)代入式(2-4-5)中，则得

$$\delta_k>\rho_{zj}+\frac{6\tau_0}{Kg\chi d_V} \tag{2-4-7}$$

式(2-4-7)右侧第二项是由于结构化悬浮液的静切应力存在而导致的“浮力”增大值。该不等式右侧两项之和，称其为重介悬浮液的有效密度，以 ρ_{yx} 表示，即

$$\rho_{yx}=\rho_{zj}+\frac{6\tau_0}{Kg\chi d_V} \tag{2-4-8}$$

ρ_{yx} 相当于实际作用在矿粒上的悬浮液密度值，其大小不仅与静切应力有关，而且还随矿粒的粒度及形状不同而异。矿粒粒度越小，形状越不规则，则悬浮液有效密度值就越大，矿粒感受到向上的摩擦力 F 就越明显，致使矿粒下沉困难。

由于静切应力之合力对矿粒的作用方向始终与矿粒的运动方向相反，轻矿粒在重介悬浮液中上浮时，作用于矿粒的悬浮液有效密度以 ρ'_{yx} 表示，即

$$\rho'_{yx}=\rho_{zj}-\frac{6\tau_0}{Kg\chi d_V} \tag{2-4-8a}$$

此时上浮矿粒实际受“浮力”作用小了，因为多了一个因静切应力所引起的下拖力 F'，如图 2-4-1(b)所示。若矿粒的密度 δ_k 恰好介于 ρ_{yx} 与 ρ'_{yx} 之间，即

$$\left(\rho_{zj}+\frac{6\tau_0}{Kg\chi d_V}\right)>\delta_k>\left(\rho_{zj}-\frac{6\tau_0}{Kg\chi d_V}\right) \tag{2-4-9}$$

则此矿粒既不下沉也不上浮，在重介悬浮液中处于悬浮不动的状态，因而就难以获得有效分选。粒度细小形状又不规则的矿粒，这种现象表现尤为突出，这是导致分选效率不高的重要原因。

生产中所使用的悬浮液，是根据被选物料的密度组成及对产品的质量要求，初步确定下来的，然后根据分选结果再做进一步调整。在日常生产中控制好悬浮液的密度，是获得最佳分选指标的重要环节。

生产中悬浮液的密度可用浓度壶人工测定或仪器自动测定。自动测定装置有压差式密度测量仪和放射性密度测定仪等，由这些装置获得的一次信号，通过电子仪器转换成电讯号传输给执行机构，用补加水或补加加重质方法调节悬浮液的密度。这些装置可使密度的波动范围不超过±0.1 g/cm³。

二、悬浮液的黏度和流变性

在有关的悬浮液的性质中，密度决定着分选的密度界限，而黏度和稳定性则影响着分选的精确性。

1. 悬浮液的黏度和流变性

悬浮液的黏度与均质液体不同，它是液体与液体、固体与固体以及液体与固体之间的内

摩擦力(切应力)的体现。因而内切应力要比单一分散介质大。根据流体(包括两相流体)的切应力与速度梯度的关系,可将流体分为四种流变类型,即牛顿流体、黏塑性流体、假塑性流体和膨胀性流体。后三种也称作非牛顿流体。这些流体的速度梯度与切应力关系曲线称作流变曲线,如图 2-4-3 所示。

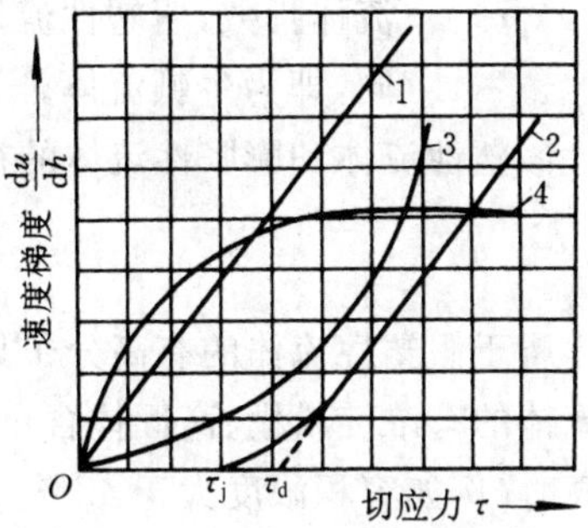

1—牛顿流体；2—黏塑性流体；3—假塑性流体；4—膨胀性流体。

图 2-4-3　流体的速度梯度与切应力的关系

牛顿流体的流变曲线为一通过坐标原点的直线,切应力与速度梯度的关系可用下式表示:

$$\tau = \mu \frac{\mathrm{d}u}{\mathrm{d}h} \quad (\mathrm{N/m^2}) \qquad (2\text{-}4\text{-}10)$$

式中　μ——黏度,Pa·s;

τ——切应力,$\mathrm{N/m^2}$;

$\frac{\mathrm{d}u}{\mathrm{d}h}$——速度梯度,或称剪切率,1/s。

在一定的温度和压力下,牛顿流体的黏度为一常数,不随速度梯度而变。属于这类流体的有各种均质液体、空气、低分子化合物溶液以及稀的溶胶体和悬浮液等。

当悬浮液内固体颗粒相互连接形成网状结构物时,流体不仅有黏性而且有塑性,称为黏塑性流体。当外力作用很小时,它只发生形变而不流动。只有当外力大于静切应力 τ_j 时,才产生流动,流变曲线为一条不通过原点的曲线。在高的速度梯度下,内部结构物遭到破坏,曲线渐变为直线。将此直线段向下延伸与 τ 轴的交点 τ_d 称为动切应力。其值表示黏塑性流体流动时,黏度(塑性黏度)变成常数所需的最小切应力。直线段的 τ 值与$\frac{\mathrm{d}u}{\mathrm{d}h}$关系可表示为:

$$\tau = \tau_d + \mu_p \frac{\mathrm{d}u}{\mathrm{d}h} \qquad (2\text{-}4\text{-}11)$$

式中　τ_d——动切应力,$\mathrm{N/m^2}$;

μ_p——塑性黏度,Pa·s。

黏塑性流体又称为宾汉体。用黏度计测得的这类流体的黏度称为视黏度,写成 μ_s:

$$\mu_s = \frac{\tau_d}{\mathrm{d}u/\mathrm{d}h} + \mu_p \qquad (2\text{-}4\text{-}12)$$

公式右侧第一项称作结构黏度。可见,黏塑性流体的视黏度(总黏度)系由结构黏度和塑性黏度两项组成。显然视黏度并非常数,而是随速度梯度的增大而减小。

属于黏塑性流体的有高浓度的矿浆、泥浆、沥青、水泥浆、油漆等。选矿用重悬浮液多属黏塑性流体。

假塑性流体和膨胀性流体的流变曲线都通过坐标原点,两者均没有静切应力。假塑性流体的流变曲线凸向 τ 轴,即其视黏度随速度梯度的增加而变小;膨胀性流体的流变曲线凸向$\frac{\mathrm{d}u}{\mathrm{d}h}$轴,即其视黏度随速度的增大而变大,两种流体的 τ-$\frac{\mathrm{d}u}{\mathrm{d}h}$关系服从指数方程,故又称幂律流体,表达式如下:

$$\tau = k\left(\frac{\mathrm{d}u}{\mathrm{d}h}\right)^n \qquad (2\text{-}4\text{-}13)$$

式中　k——与黏度有关的系数,称作稠度系数,流体黏度越高,k 值越大;

n——流体指数，假塑性流体 $n<1$，膨胀性流体 $n>1$，当 $n=1$ 时与式(2-4-10)形式相同，即为牛顿流体。

假塑性流体和膨胀性流体的视黏度为：

$$\mu_s = k\left(\frac{du}{dh}\right)^{n-1} \tag{2-4-14}$$

属于假塑性流体的有高分子聚合物溶液、乳状液、胶状原油、水凝胶、牙膏等；属于膨胀性流体的有浓淀粉糊、高固体含量的涂料、流砂、某些高浓度的悬浮液。当重悬浮液的浓度较高时(例如容积浓度大于42%)，也会具有膨胀性流体的性质。

2. 悬浮液黏度的测定

(1) 带有搅拌装置的毛细管黏度计

在实际工作中，测定悬浮液黏度使用最广泛的是黏度计，带有搅拌杆的毛细管黏度计，其构造如图2-4-4所示。它是由内径为40 mm的粗玻璃管1、内径为1.5～2.5 mm的毛细管2、插置在粗玻璃管内的搅拌装置4及装置在粗玻璃管内壁上的隔板3等部件所组成的。搅拌装置由电动机6经传动皮带带动旋转，电动机及毛细管黏度计均由支架7支承，搅拌装置的作用是使悬浮液保持均匀稳定，隔板是用来防止在搅拌过程中悬浮液发生旋转。由于搅拌叶片靠近毛细管上端，所以搅拌速度不宜过快(一般为200～500 r/min)，否则引起静压强的变化。

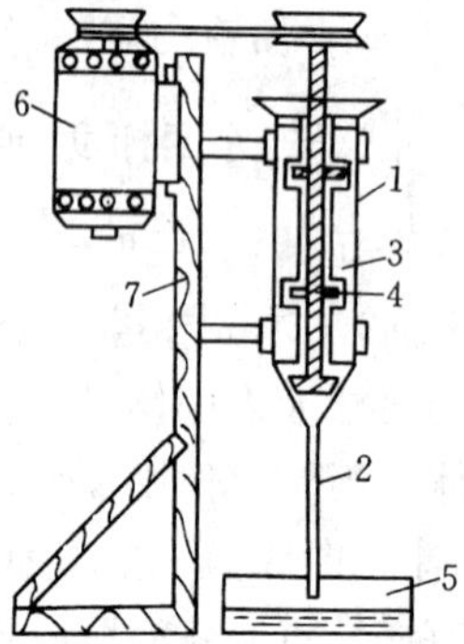

1—粗玻璃管；2—毛细管；3—隔板；4—搅拌装置；5—接取的容器；6—电动机；7—支架。

图2-4-4　带搅拌装置的毛细管黏度计

使用毛细管黏度计测定介质黏度，是因为黏性液体在层流条件下，通过毛细管的流量体积 V 可按下式计算：

$$V = \frac{\pi r^4 p}{8l\mu}t \tag{2-4-15}$$

式中　r——毛细管内径，m；

l——毛细管长度，m；

p——作用于毛细管下端出口处的静压强，它等于自液面到毛细管下端管口的重力压强 $p=\rho gh$，单位Pa(h 为自液面到毛细管最下端的高度，m)；

t——流出时间，s；

V——经 t s时间所流出的体积，m^3；

μ——均质液体的动力黏度，Pa·s。

式(2-4-15)也可写成

$$V = \frac{\pi r^4 hg}{8l\mu}\rho t \tag{2-4-15a}$$

或

$$\mu = \frac{\pi r^4 hg}{8lV}\rho t \tag{2-4-16}$$

式中　ρ——均质液体的密度(即指水的密度)，kg/m^3；

g——重力加速度，m/s^2。

对于重介质悬浮液，则

$$V=\frac{\pi r^4 hg}{8l\mu_{zj}}\rho_{zj}t_{zj}$$

或
$$\mu_{zj}=\frac{\pi r^4 hg}{8lV}\rho_{zj}t_{zj} \tag{2-4-17}$$

式中　ρ_{zj}——重介质悬浮液的密度，kg/m^3；

t_{zj}——重介质悬浮液流出体积 V 时所需的时间，s；

μ_{zj}——重介质悬浮液的动力黏度，Pa・s。

由式(2-4-16)及式(2-4-17)可知，若用同一个毛细管黏度计，在相同的操作条件下(h 和 V 不变)，分别测定某已知黏度的介质(如水及悬浮液)流出体积为 V 时所需的时间(t 和 t_{zj} 不变)，则悬浮液的有效黏度(视黏度)为：

$$\mu_{zj}=\mu_s\frac{\rho_{zj}t_{zj}}{\rho_s t_s} \tag{2-4-18}$$

或
$$\frac{\mu_{zj}}{\mu_s}=\frac{\rho_{zj}t_{zj}}{\rho_s t_s} \tag{2-4-19}$$

式中　ρ_s——水的密度，g/cm^3；

t_s——流出体积为 V 的水所需的时间，s；

μ_s——水的动力黏度，Pa・s。

式(2-4-19)中，重介质悬浮液的黏度与水黏度的比值，称为悬浮液的相对有效黏度，简称相对黏度，以 μ'_{zj} 表示，即

$$\mu'_{zj}=\frac{\mu_{zj}}{\mu_s}=\frac{\rho_{zj}t_{zj}}{\rho_s t_s} \tag{2-4-20}$$

显然，悬浮液的运动黏度 ν_{zj} 为：

$$\nu_{zj}=\frac{\mu_{zj}}{\rho_{zj}}=\nu_s\frac{t_{zj}}{t_s} \tag{2-4-21}$$

所以，悬浮液的相对运动黏度 ν'_{zj} 为：

$$\nu'_{zj}=\frac{\nu_{zj}}{\nu_s}=\frac{t_{zj}}{t_s} \tag{2-4-22}$$

式中　ν_s——水的运动黏度，m^2/s。

按上述原理，可利用毛细管黏度计测定重介质悬浮液的相对动力黏度 μ'_{zj} 及相对运动黏度 ν'_{zj}。测定方法是：先将毛细管下端口堵住，在粗玻璃管中加入一定体积(一般可为200 mL)的水。然后开动搅拌装置并测定由毛细管流出规定体积水(规定流出的体积应小于加入体积)所需的时间 t_s。再按同样方法在粗玻璃管中加入与测水时体积相等的悬浮液，并测定与测水时流出相同体积悬浮液所经历的时间 t_{zj}。于是便可根据式(2-4-20)、式(2-4-22)算出悬浮液的相对动力黏度 μ'_{zj} 和相对运动黏度 ν'_{zj}。

试验证明，这种黏度计完全适用于测定无结构化或结构化程度很低的重介质悬浮液的黏度。但对已经结构化的悬浮液，由于搅拌作用破坏了悬浮液的结构物，导致测定结果产生很大误差。

但应指出，用式(2-4-20)或式(2-4-22)计算流体介质通过毛细管的黏度是不够准确的。首先因建立上述公式时，并没有考虑介质通过毛细管时因流速增加而造成的压头损失，故实际黏度要小于计算黏度值；另一方面，在测重介质悬浮液的黏度时，为防止沉淀，须加搅拌。但搅拌作用会使流出时间延长，故在搅拌作用下所测得的时间用于计算黏度时，其计算值又将大于实际黏度。而且，随着 t_s 与 t_{zj} 的差值越大，则计算结果的误差也就越大。所以，对黏

度较大的悬浮液用上述所给出的公式计算其相对黏度是不适宜的。

(2) 同心圆筒式黏度计

同心圆筒式黏度计是研究重介质悬浮液流变特性时使用最多的一类黏度计。它包括外转筒式黏度计、内转筒式黏度计、范式转筒黏度计和轴流式同心圆筒黏度计。

图 2-4-5 是外转筒式黏度计的示意图。直径为 4.5 cm 的外转筒 2，由电动机 6 带动，以一定的角速度旋转。直径为 4 cm 的吊筒 3 置于外转筒之内，两筒之间环形间隙为 0.25 cm，在此环形空间内装有上升的悬浮液流。由于外转筒旋转，通过悬浮液的黏性力使悬挂在金属扭丝 4 上的吊筒也发生扭转。根据吊筒扭转的角度，可以计算出在不同转速 u 下的旋转力矩（扭矩）M，然后根据式(2-4-23)及式(2-4-24)算出在该条件下的速度梯度$\frac{du}{dh}$与切应力 τ。

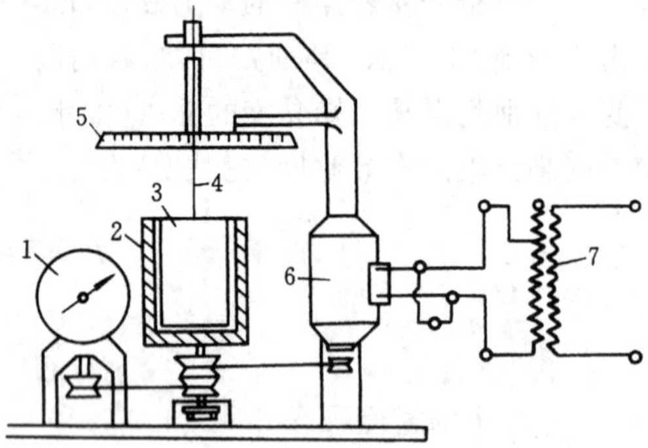

1—转速表；2—外转筒；3—吊筒；
4—扭丝；5—量角器；6—电动机；
7—自耦变压器。

图 2-4-5 外转筒式黏度计示意图

$$\frac{du}{dh}=\frac{2\omega}{R_1^2\left(\frac{1}{R_1^2}-\frac{1}{R_2^2}\right)} \tag{2-4-23}$$

$$\tau=\frac{M}{2\pi R_1^2 H} \tag{2-4-24}$$

式中 ω——外转筒旋转角速度，rad/s；

R_1——吊筒的半径，m；

R_2——外转筒半径，m；

H——吊筒的高度，m；

M——吊筒的扭矩，N·m。

根据牛顿内摩擦定律，即

$$\tau=\mu\frac{du}{dh}$$

将已计算的切应力及速度梯度代入，便可求出 μ 值，该 μ 即为要求的悬浮液黏度。

注意，用同心圆筒式黏度计，在试验液体处于层流状态时，均可直接根据试验数据，利用已知公式算出要测的黏度值。有关的仪器常数，则可用已知黏度的液体予以预先标定。但选矿实践中碰到的大都是由层流到紊流的过渡范围，此时仪器的标定和测量数据的处理工作都比较繁杂，实际使用时需参考仪器说明书或有关著作。至于其他型式的同心圆筒式黏度计，原理相同，故而从略。

三、悬浮液的稳定性

悬浮液的稳定性是悬浮液维持自身密度不变的性质。由于悬浮液中的加重质受自身重力作用始终有向下沉降的趋势，从而使上下层密度发生变化。显然加重质的沉降速度直接影响悬浮液的稳定性，因此通常用加重质在悬浮液中的沉降速度 v 的倒数表示稳定性的大小，称作稳定性指标 Z(s/cm)，即

$$Z=\frac{1}{v} \tag{2-4-25}$$

Z 值愈大，表示悬浮液的稳定性愈好，分选愈易进行。

由于加重质粒度的不均匀，v 值很难用计算方法求得，而多用试验方法测定。试验时将悬浮液倒入 1 000 mL 或 2 000 mL 的量筒中，搅拌均匀后静置沉降。经过一段时间后，由于加重颗粒的沉降，在上部出现一清水层，清水层与混浊液界面的下降速度即可视为加重质的沉降速度。取直角坐标纸，以纵坐标自上而下表示清水层高度，横坐标自左而右表示沉降时间，将沉降开始后各时间段内沉降的距离对应地标注于坐标纸上，即可获得沉降曲线，如图 2-4-6 所示。曲线上任一点的切线与横轴夹角的正切即为该时刻的沉降速度。在开始沉降的相当长一段时间内，曲线斜率基本不变，评定悬浮液稳定性的指标即以这一段的沉降速度为准。

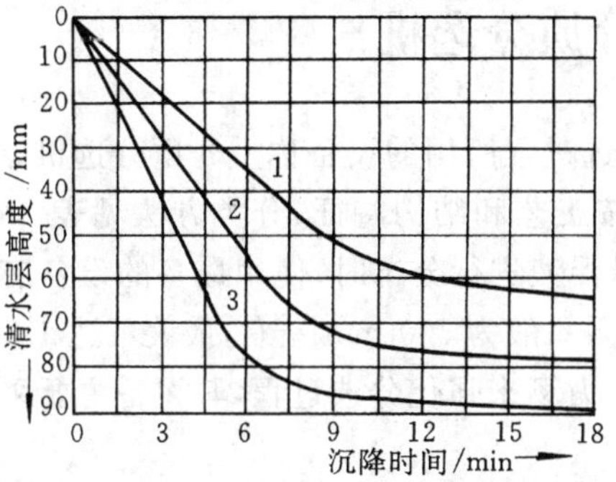

1——0.074 mm 占 85.83%；2——0.074 mm 占 61.42%；
3——0.074 mm 占 48.73%。

图 2-4-6　测定磁铁矿悬浮液稳定性的沉降曲线

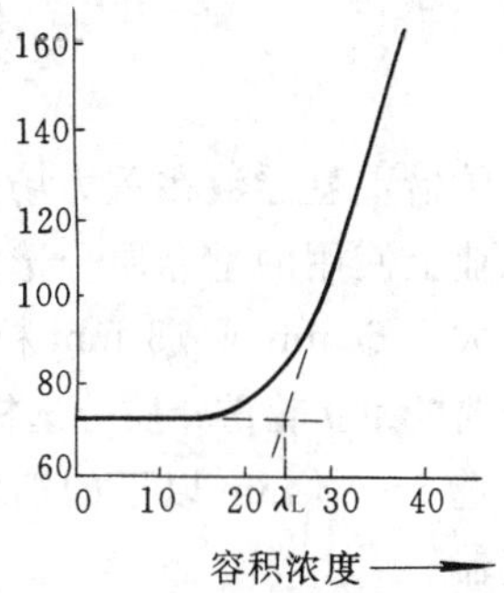

图 2-4-7　悬浮液黏度与容积浓度的关系

黏度单位以流出毛细管的时间(s)表示

四、影响悬浮液密度、黏度及稳定性的因素

1. 悬浮液中加重质容积浓度的影响

加重质的容积浓度不仅影响悬浮液的假定密度，而且在浓度较高时又是影响黏度的主要因素。试验表明，悬浮液的黏度随容积浓度的增加而增加。在浓度较低时，黏度增加较为缓慢；当浓度超过某临界值 λ_L 时，黏度急剧增大，如图 2-4-7 所示。λ_L 称为临界容积浓度。临界容积浓度因加重质的种类和性质而异，一般介于 25%～30%之间。当悬浮液的容积浓度超过临界值时，矿粒在其中的沉降速度急剧降低，设备生产能力相应减小，分选效率变低。

2. 加重质的密度、粒度和形状影响

悬浮液的容积浓度受流动性(主要是黏度)的限制，常不允许超过某最大值。因此要求配制的悬浮液的密度愈高，则加重质的密度亦应愈高，即加重质的选择应与所配制的悬浮液密度相适应。

由于悬浮液的黏度和结构化的形成均与加重质的比表面积有关，因此一切与比表面积有关的因素：颗粒粒度、形状以及含泥量等亦均影响悬浮液的视黏度。一般来说，在同样容积浓

度下,加重质的粒度愈小,视黏度将愈大,开始形成结构化的浓度亦愈低。加重质的形状愈接近球形,悬浮液的黏度愈小。矿泥含量对悬浮液视黏度的影响也是很大的,对结构化的形成尤为敏感。这里所说的矿泥系指小于 10～20 μm 的颗粒。在原矿中含泥量多时即须事先通过洗矿脱除;在介质循环过程中也会产生一部分矿泥,可在加重质的再生系统中予以脱除。

悬浮液的稳定性和黏度常常是矛盾的。黏度大则稳定性高,黏度小则稳定性低。而生产上则希望悬浮液既有小的黏度又有高的稳定性,可是这两者是难以兼得的,所以在选择悬浮液时,应综合利弊,统一考虑。为使悬浮液能够更好地稳定,保持上下层的密度尽可能地一致,可在分选机内采用机械搅拌、机械振动或使悬浮液流动等办法予以改善。另外加入胶溶性药剂,如六聚偏磷酸钠、水玻璃、亚硫酸盐、铝酸盐等,它们能够吸附在加重质颗粒表面上使之具有亲水性,从而避免或减少悬浮液的结构化;同时还可增加颗粒的分散性,这样则可收到既降低悬浮液黏度又增加稳定性的效果。

第三节 重介质分选机

矿粒借重悬浮液在重力场中按密度完成分选过程所用的设备称重介质分选机。

工业上使用的重介质分选机,种类繁多。按工艺和结构特征,分类方法见表 2-4-1。国内外对大于 6 mm 或 13 mm 粒级块煤采用重悬浮液进行分选时,使用最多的设备有斜轮重介质分选机和立轮重介质分选机,其分选粒度上限一般为 300 mm 左右,最大可达 1 200 mm。对于分选 6～13 mm 以下的细粒物料,利用离心力场来强化分选过程,其设备主要采用重介质旋流器。

表 2-4-1 重介质分选机分类表

分类特征	分选机类型	分类特征	分选机类型
分选后的产品品种	两产品分选机 三产品分选机	分选槽形式	深槽分选机 浅槽分选机
悬浮液流动方向	水平液流分选机 垂直液流分选机(上升流或下降流) 复合液流分选机 (水平-上升流或水平-下降流)	排矸装置形式	提升轮分选机(斜轮、立轮) 刮板分选机 圆筒分选机 空气提升式分选机

下面仅就国内外使用最多而又具有代表性的重介质分选机,并以选煤设备为主,分别予以叙述。

一、选煤用块煤重介质分选机

1. 斜轮重介质分选机

斜轮重介质分选机也称德留包依(Drewboy)重介质分选机。该机兼用水平和上升介质流,选出两产品。其特点是生产能力大,入料粒级宽。从机械结构到工艺性能已属于成熟的块煤重介质分选设备。它还可以分选大块原煤,用以代替人工拣矸,消除繁重的体力劳动。斜轮重介质分选机的结构如图 2-4-8 所示,它是由分选槽 1、排放重产物的斜提升轮 2 以及排煤轮 3 等主要部件组成。分选槽是由数块钢板焊接而成的多边形箱体,上部呈矩形,底部

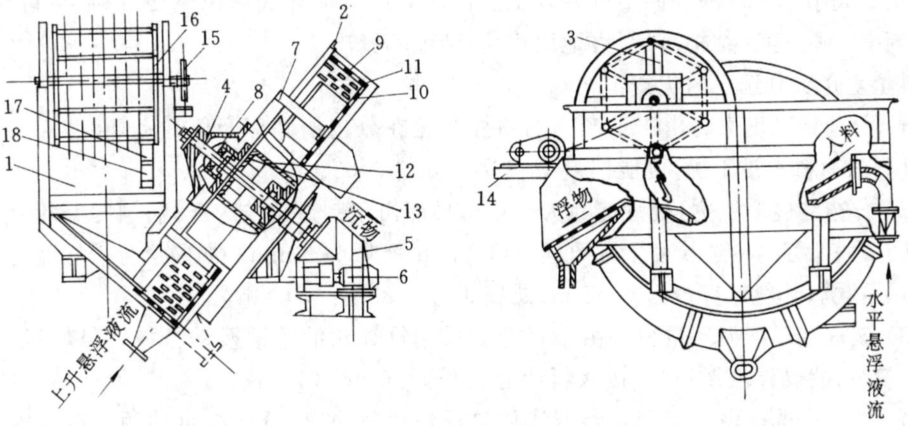

1—分选槽；2—斜提升轮；3—排煤轮；4—提升轮轴；5—减速装置；6—电动机；7—提升轮骨架；8—齿轮盖；9—立筛板；10—筛底；11—叶板；12—支座；13—轴承座；14—电动机；15—链轮；16—骨架；17—橡胶带；18—重锤。

图 2-4-8　斜轮重介质分选机

顺煤流方向的两块钢板其倾角为 40°或 45°。斜提升轮 2 装在分选槽旁侧的机壳内，提升轮轴 4 经减速器 5(摆线齿轮减速器或歪脖子减速器)由电动机 6 带动旋转。斜提升轮下部与分槽底部相通，提升轮骨架 7 用螺栓与齿轮盖 8 固定在一起，齿轮盖用键安装在轴上。斜提升轮轮盘的边帮和盘底分别由数块立筛板 9 和筛底 10 组成。在轮盘的整个圆面上，沿径向装有冲孔筛板制造的若干块叶板 11，重产物主要是经它刮取提升的。斜提升轮的轴由支座 12 支撑，支座是用螺栓固定在机壳支架上的，轴的上部装有单列推力球面轴承和双列向心球面滚子轴承各 1 个，两轴承用定位套定位，轴承座 13 用螺栓与支座相连，轴的下部仅装一个双列向心球面滚子轴承，轴端通过浮动联轴节与减速器的出轴连接。排煤轮呈六角形，其轴是焊接件，轴两端装有轴头，电动机 14 通过链轮 15 带动其转动，轴两端装有骨架 16，在对应角处分别有 6 根卸料轴相连，在每根卸料轴上装有若干个用橡胶带 17 吊挂的重锤 18。轻产物就是靠排煤轮转动时由重锤逐次拨出的。

该分选机兼用水平介质流和上升介质流，在给料端下部位于分选带的高度引入水平介质流，在分选槽底部引入上升介质流。水平介质流不断给分选带补充合格悬浮液，防止分选带密度降低。上升介质流造成微弱的上升介质速度，防止悬浮液沉淀。水平介质流和上升介质流使分选槽中悬浮液的密度保持稳定均匀，并造成水平流运输浮煤。原煤进入分选机后按密度分为浮煤和沉物两部分，浮煤由水平流运至溢流堰被排煤轮 3 刮出经固定筛一次脱介后进入下一脱水脱介作业。沉物下沉至分选槽底部由斜提升轮的叶板 11 提升至排料口排出。在提升过程中也进行一次脱介。

随着分选槽槽宽的加大，排矸用的斜提升轮转速逐渐减慢。由于排矸轮转速在 1～5 r/min之间是很低的，因此，要求排矸轮的转动有一套减速装置。我国各厂使用的减速器有摆线针齿齿轮减速器、歪脖子减速器、普通减速器加开式伞齿轮传动。摆线针齿齿轮减速器具有速比大、传动功率高、重量轻、结构紧凑、占地面积小、噪声小等优点；但要求精度高、制造复杂、维修困难。歪脖子减速器使用较多，其结构紧凑，占地少，维修方便，使用性能也较好，只是大小伞齿轮啮合调整有些困难。普通减速器加开式伞齿轮传动，使用可靠，制造容易，调整方便，但其结构落后，占地面积大，装配不紧凑。

斜轮重介质分选机的优点：

(1) 分选精确度高。由于重产物的斜提升轮在分选槽底部旁侧运动，在悬浮液中处于分选过程的物料不被干扰，可能偏差 E 可达 0.02～0.03。

(2) 分选粒度范围宽，处理能力大。该机槽面由于制造得较为开阔，斜提升轮直径可达 8 m 或更大。因此，分选粒度上限可达 1 000 mm，下限为 6 mm。如国产分选槽宽为 4 m 的重介质分选机，其斜轮直径为 6.55 m，处理能力为 350～500 t/h。

(3) 该机悬浮液循环量少。由于轻产物采用排煤轮的重锤拨动排放，所以被煤带走的悬浮液量少，故悬浮液循环量[按入料计为 0.7～1.0 $m^3/(t\cdot h)$]。

(4) 由于分选槽内有上升悬浮液流使悬浮液比较稳定，分选机可使用中等细度的加重质，即－325 网目(－0.045 mm)占 40%～50%已达到细度要求。

当前选煤设备大型化是个方向，但斜轮重介质分选机的排矸轮采用中心传动，这将使制作槽宽 5 m 以上的大型设备受到限制。

国产槽宽 1.6 m 斜轮重介质分选机，是两端给料，除了多设一个排煤轮、分选槽结构稍有变化外，其基本结构与上述重介质分选机相同。

斜轮分选机的规格以分选槽宽度表示。

三产品斜提升轮重介质分选机结构如图 2-4-9 所示。该机采用两种不同密度的悬浮液分选原煤，得到三种产品，精煤、中煤、矸石。该机主要优点是简化工艺流程、节约基建投资。三产品斜提升轮重介分选机由分选槽和斜提升轮等主要部件组成。该机斜轮由两个同心圆圈组成，中间由叶板隔成扇形隔室。在分选槽内分别给入高、低密度的两种悬浮液，这两种悬浮液具有明显和稳定的分界面。从分选槽上部给入原煤，首先在上部低密度悬浮液中分选出精煤，由六角轮及时排出。沉物(中煤和矸石)在高、低密度分界面进行再分选。此时，中煤被分界面下部的高密度悬浮液带到斜轮的内隔室提升，经中煤排料口排出。矸石沉入分选槽最下部，由斜轮的外隔室提升并从矸石排料口排出。

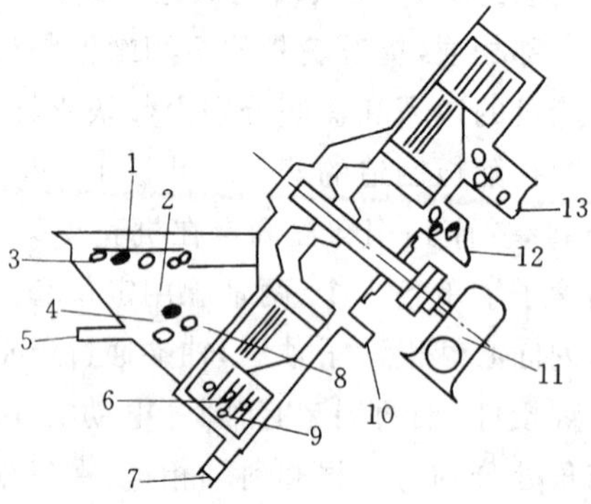

1—低密度悬浮液入口；2—低密度悬浮液；3—悬浮液液面；4—高、低密度悬浮液分界面；5—高密度悬浮液入口；6—高密度悬浮液；7—排悬浮液旋塞；8—中煤；9—矸石；10—悬浮液出口；11—蜗轮蜗杆传动装置；12—排中煤口；13—排矸石口。

图 2-4-9 三产品斜轮重介质分选机

三产品斜轮重介质分选机入料粒度为 6.3～254 mm，其处理量不受中煤和矸石含量的影响。三产品斜轮重介质分选机，应根据需要，在密度为 1 300～1 900 kg/m^3 之间，选配两种密度不同的悬浮液，并且能使得界面分明，密度稳定。这样才能精确地分选出三种产品，从而获得较好的分选效果。

2. 立轮重介质分选机

立轮重介质分选机作为块煤分选设备，在国外应用较多。常见的有德国的太司卡

(TESKA)型和波兰的滴萨(DISA)型立轮重介质分选机。我国20世纪70年代初期研制了$JL_{1.8}$型立轮重介质分选机，安装在汪家寨选煤厂，用来分选跳汰机的中煤，获得良好效果。在此基础上于20世纪80年代初又设计了$JL_{2.5}$型立轮重介质分选机，用以处理50～300 mm粒级的块煤排矸。

立轮重介质分选机与斜轮重介质分选机工作原理基本相同，其差别仅在于分选槽槽体型式和排矸轮安放位置等机械结构有所不同。在相同处理量时，立轮重介质分选机具有体积小、重量轻、功耗少、分选效率高及传动装置简单等优点。

(1) JL型立轮重介质分选机

JL型立轮重介质分选机是由我国自行设计制造的，有三种规格，现以$JL_{1.8}$型为例叙述其结构，如图2-4-10所示。

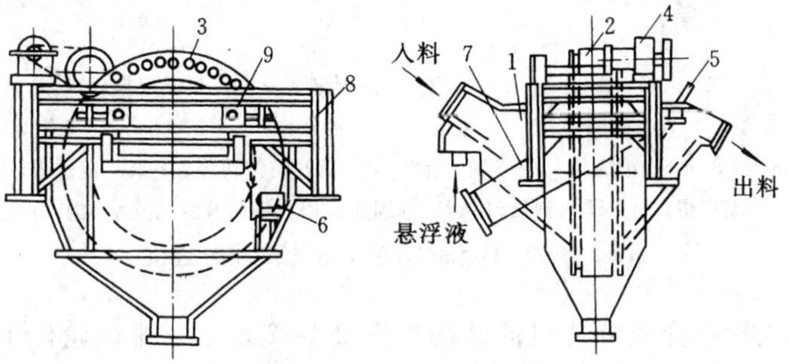

1—分选槽；2—排矸轮；3—棒齿；4—排矸轮传动系统；5—排煤轮；
6—排煤轮传动系统；7—矸石溜槽；8—机架；9—托轮装置。

图2-4-10　$JL_{1.8}$型立轮重介质分选机结构示意图

分选槽1是用钢板制作的焊接件，几何形状规则，相对排矸轮分选槽基本是独立的，故重介质受排矸轮2的干扰较小。分选槽入料端的斜角为50°，出料端的斜角为44°，分选槽的有效宽度为1 800 mm，分选槽底部与排矸轮相通。

排矸轮2由两套托轮装置9支承，传动是靠安装在两侧的棒齿3带动。悬浮液经管道水平给入分选槽内。原煤从给料端进入，浮煤经排煤轮5的刮板从溢流口刮出。沉物由槽底经排矸轮提起，并从矸石溜槽7排出。

立轮重介质分选机规格是以分选槽的槽宽表示的，我国自行设计制造的有$JL_{1.8}$、$JL_{2.0}$及$JL_{2.5}$等。$JL_{2.5}$型立轮重介质分选机是1983年1月在开滦矿务局通过鉴定，经范各庄选煤厂实践证明，该机机械性能和工艺指标均较理想。如分选+50 mm粒级块煤，其分选密度为1.9 g/cm^{3}时，可能偏差$E=0.05$，数量效率$\eta=99.91\%$。

(2) 滴萨(DISA)型立轮重介质分选机

滴萨型立轮重介质分选机的特点，是提升轮采用环形皮带传动，重介质从入料口的下面和分选槽底部以水平流和上升流两种方式给入，其类型有DISA-1S、DISA-2S、DISA-2SD三种两产品立轮重介质分选机和DISA-3S三产品重介质分选机。我国引进DISA-1S型应用在吕家坨选煤厂和大武口选煤厂。

DISA-1S型立轮重介质分选机的结构如图2-4-11所示，排矸溜槽位于分选槽侧面，属侧面排料式。若再选使用立轮重介质分选机，其主选、再选两分选机的布置必须有一定高差。

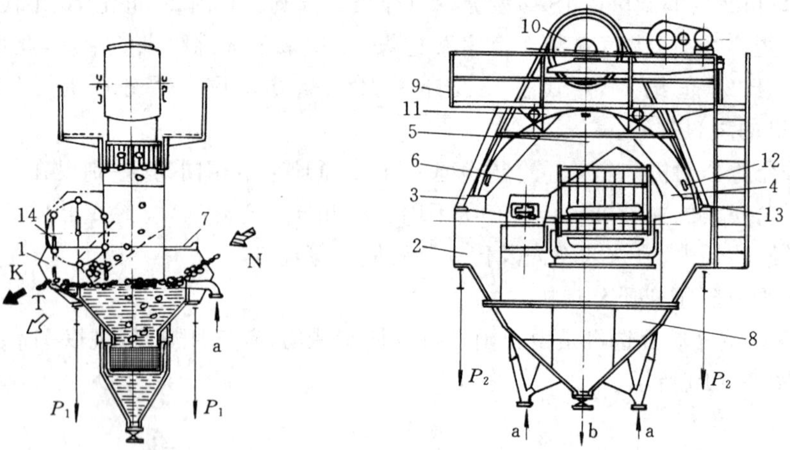

N—入料；K—浮物；T—沉物；a—悬浮液入口；b—悬浮液排放口。
1—分选槽；2—分选槽侧部；3—承重结构；4—提升轮；5—支撑中心线；6—排矸溜槽；
7—入料口盖板；8—分选槽底部；9—操作平台；10—提升轮传动装置；11—定位辊；12—导向辊；
13—传动皮带；14—浮物刮板（P_1、P_2 分别为作用在横向及纵向支承梁上的重力）。

图 2-4-11　DISA-1S 型立轮重介质分选机

DISA-2S 型立轮重介质分选机的结构如图 2-4-12 所示。排矸轮位于分选槽中间的上方，属于中间排放式。分选槽比 DISA-1S 型稍宽。由于沉物排放溜槽的位置提高，故采用 DISA-2S 为主、再选分选机时，可将主、再选分选机布置在同一水平面上。

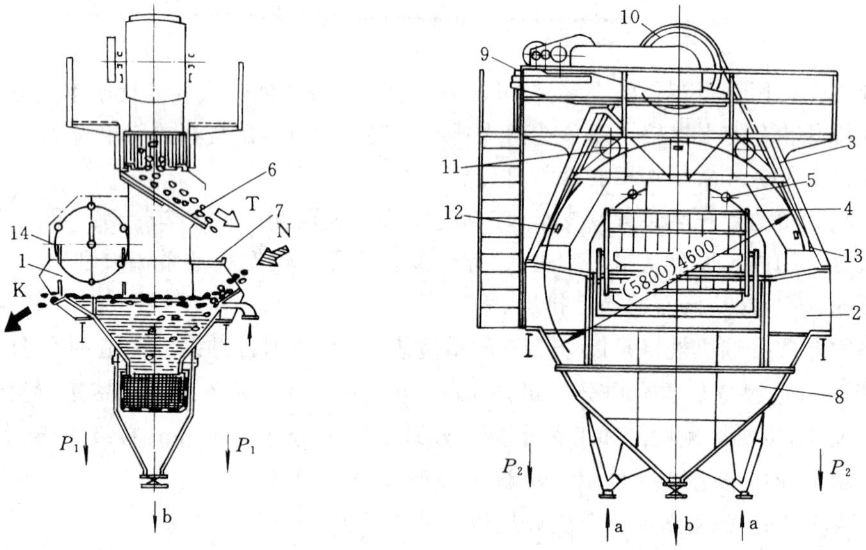

N—入料；K—浮物；T—沉物；a—悬浮液入口；b—悬浮液排放口。
1—分选槽；2—分选槽侧部；3—承重结构；4—提升轮；5—支撑中心线；6—排矸溜槽；
7—入料口盖板；8—分选槽底部；9—操作平台；10—提升轮传动装置；11—定位辊；12—导向辊；
13—传动皮带；14—浮物刮板（P_1、P_2 分别为作用在横向及纵向支承梁上的重力）。

图 2-4-12　DISA-2S 型立轮重介质分选机

DISA-3S 型为三产品重介质分选机，由两台两产品重介质分选机串联而成，如图 2-4-13 所示。第一段用低密度悬浮液分选出精煤和中间产物。中间产物作为第二段入料，第二段用高密度悬浮液分选出中煤和矸石。

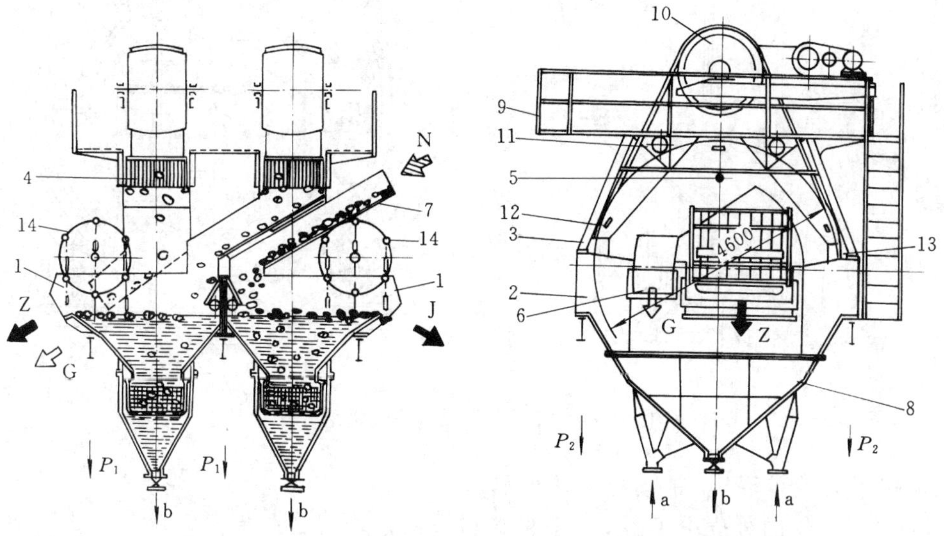

N—入料；J—精煤；Z—中煤；G—矸石；a—悬浮液入口；b—悬浮液排放口。
1—分选槽；2—分选槽侧部；3—承重结构；4—提升轮；5—支撑中心线；6—沉物排放溜槽；
7—入料槽；8—分选槽底部；9—操作平台；10—提升轮传动装置；11—定位辊；
12—导向辊；13—传动皮带；14—浮物刮板（P_1、P_2 分别为作用在横向及纵向支承梁上的重力）。

图 2-4-13　DISA-3S 型三产品重介质分选机

DISA 型立轮重介质分选机的主要优点是占地面积小，布置紧凑。但由于采用环形皮带传动，运转时因排矸轮摆动，易使块物料漏到槽体下面而发生堵、压等故障。此外，皮带磨损严重，一般 3～6 个月需更换一次。

DISA 型重介质分选机与我国 JL 型相比，JL 型从结构、传动、运转和维护等方面都优于波兰 DISA 型重介质分选机。因 JL 型的排矸轮靠两侧棒齿轮传动，故排矸轮受力均匀，运转平稳。在排矸轮两侧安设轨道圈，轨道圈座由 4 个托辊支撑。而 DISA 型将排矸轮吊在一条环形大皮带上，由皮带传动使其回转，故排矸轮自由度大，运转时易摆动，导致排矸轮与分选槽之间的密封遭到损坏，大块物料易落入下槽底，造成环形大皮带磨损加剧，必须经常清理，使用期为 3～6 个月，否则影响生产。大皮带在使用过程中逐渐拉伸变长，为了保持密封间隙，需经常抬高主动辊或缩短环形大皮带的长度，因此，维修工作量大。

(3) 太司卡(TESKA)重介质分选机

太司卡重介质分选机是由德国洪堡尔特-维达克公司于 1958 年创制的，许多国家用其分选块煤。其构造如图 2-4-14 所示。

原煤从分选机给料端给入，悬浮液从给料溜槽下方导入，形成水平流和下降流进行分选。浮煤随水平流至溢流堰处由刮板刮出，沉物下沉至分选槽底部由叶板提升至顶部经溜槽排出。

该机采用链轮链条传动，传动机构设在机体底部，提升轮由 4 个托轮支撑，经链轮和链

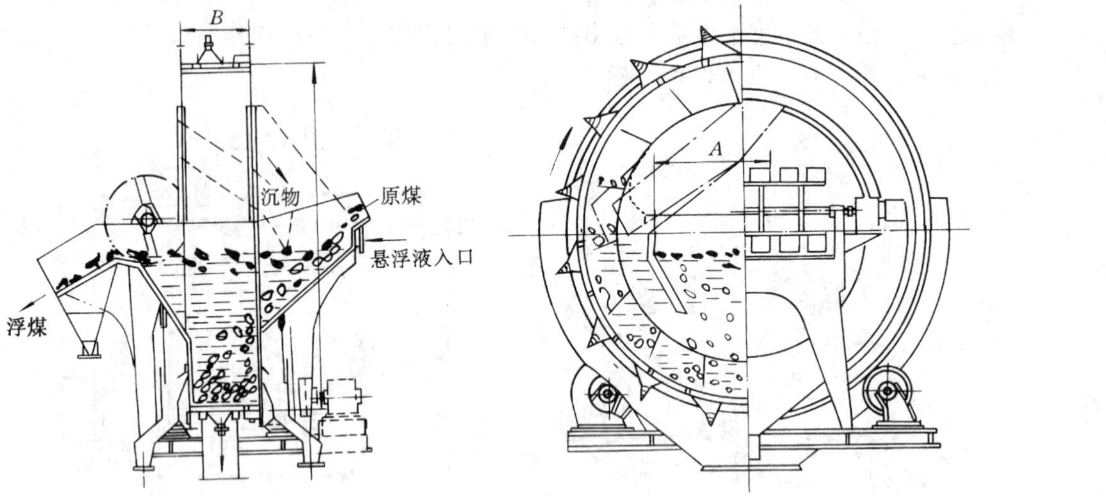

图 2-4-14 太司卡重介质分选机结构图

条(固定在提升轮外壳上)带动提升轮回转(一般为 1 r/min)。提升轮的外壳分两层,内层为筛板,分成许多间隔,用于脱介和分隔提升沉物;外层则设有若干个悬浮液排放嘴(提升轮直径为 6.5 m 的重介质分选机设有 20 个排放嘴)以排放沉物带走的悬浮液。位于分选槽底部的悬浮液也经过排放嘴至循环(合格)介质桶中,排放过程的悬浮液在分选机中形成了下降介质流,其流量占总悬浮液的 20%(包括从密封圈间隙流出的一小部分悬浮液)。提升轮与分选槽之间的密封装置采用了双重密封方式,即通过充气橡胶圈涨紧和橡胶块用螺栓紧固实现,如图 2-4-15 所示。

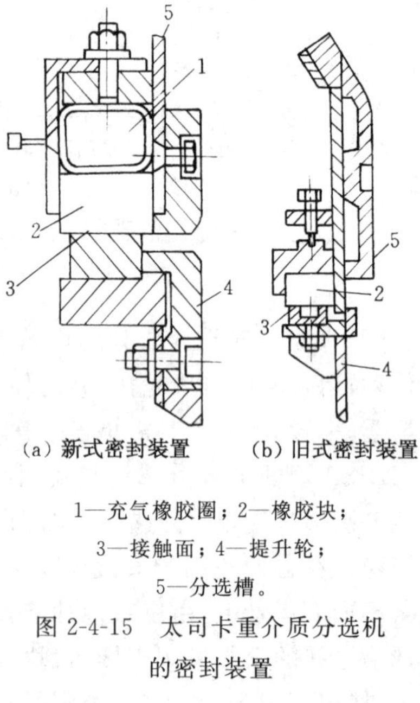

(a) 新式密封装置　　(b) 旧式密封装置

1—充气橡胶圈;2—橡胶块;
3—接触面;4—提升轮;
5—分选槽。

图 2-4-15 太司卡重介质分选机的密封装置

橡胶圈类似轮胎由内部充气,压力为 0.03~0.04 MPa。橡胶密封件应留有一定间隙,以不严重磨损为宜,一般为 1~2 mm。允许从间隙中流出少量悬浮液,以便润滑。流出的悬浮液应返回循环介质桶再用。

该分选机主要优点是采用下降介质流的方式保持分选机中悬浮液的稳定,因此如采用较粗的磁铁矿粉(0.2~0.06 mm 级占 90%)作加重剂时,同样可得到良好的分选效果,避免了因粗颗粒物料在分选槽中沉淀而影响提升轮旋转。回收加重剂可用静力法。此外,排放嘴的直径可根据煤的可选性不同进行调节。易选煤介质循环量少,其排放嘴直径可小些,反之加大。

该分选机的缺点是介质循环量大,按入料计为 1.2 $m^3/(t \cdot h)$;提升轮的高度高,需要检修高度也高,因此增加厂房的高度;密封装置所用之橡胶块磨损快,1~2 年需更换一次。两产品太司卡重介质分选机主要技术规格,槽宽为 1.5 m、2.25 m、3.0 m、3.5 m 四种。其提升轮直径有 3.2 m、4.0 m、4.3 m、4.7 m、5.4 m、5.6 m、6.2 m 及 7.2 m 等。入料的上限最大可达 1.2 m，下限为 4.8 mm。处理能力按浮煤量计算为 110～360 t/h。其分选效果与可选性有关，当密度±0.1 含量在 30%～40%时，E=0.02～0.03，数量效率为 98%～99%。当密度±0.1 含量在 70%～90%时，E=0.03～0.05，数量效率为 70%～80%。该机介质消耗量较少，一般在 50～100 g/(t 原煤)。

三产品太司卡重介质分选机是在两产品太司卡重介质分选机的基础上研制出来的。应用在工业生产中，使工艺流程得到简化，其结构如图 2-4-16 所示。

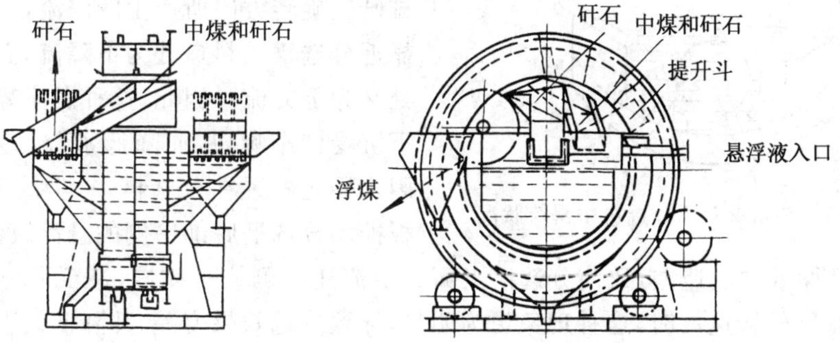

图 2-4-16　三产品太司卡重介质分选机

该机用钢材沿物料流动方向分成并列的两个分选槽，第一个分选槽宽 1 000 mm，第二个分选槽宽 800 mm，分别给入低密度和高密度的悬浮液。第一个槽的浮物为精煤，用刮板刮走，第一个槽中的沉物(中煤和矸石)进入提升轮的勺斗内，提升后经溜槽给入第二个分选槽中进行再选。第二个槽内的浮物为中煤，也由刮板刮出。第二个槽内的沉物即为矸石，由提升轮的勺斗排走。在提升轮与分选槽间的密封装置与太司卡两产品重介质分选机相同，但充气压力加大到 0.05 MPa。该机入料粒度为 150 mm(上限)，处理能力为 200～400 t/h。

立轮重介质分选机较斜轮重介质分选机有更多的优点，主要有：

(1) 在分选槽内立轮产生涡流的流动方向与沉物的沉降方向一致，所以对分选过程影响不大；斜轮在分选槽内所产生的涡流运动方向与沉物的沉降方向相反，并同时造成一个水平旋转的涡流，不仅影响分选效果，而且降低处理量。

从图 2-4-17(a)中可以看出，由于提升板的推动，悬浮液内部形成一个与液流方向成 90°的旋转涡流，在排矸轮上升一侧的悬浮液表面上，出现翻花现象，这就是涡流造成的，但提料板与

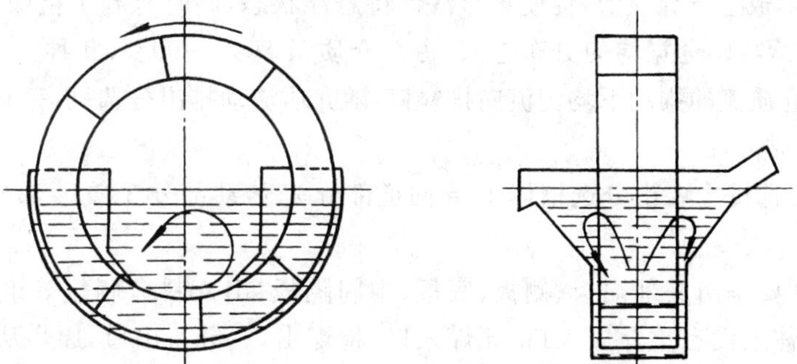

(a)　(b)

图 2-4-17　立轮重介质分选机内涡流流动状况

悬浮液接触面均匀一致。图 2-4-17(b)是上述涡流在分选槽垂直断面上形成两个小涡流，它的运动方向在分选槽的入料口和溢流口处都是向下的，与高密度物下沉方向一致，因此，对分选过程没有影响。反而使中间密度物运动，及时解决因中间密度物过多而造成的“死床”现象。当然排矸轮转速应严格控制在适当范围，以防止涡流过大造成错配物的增加。

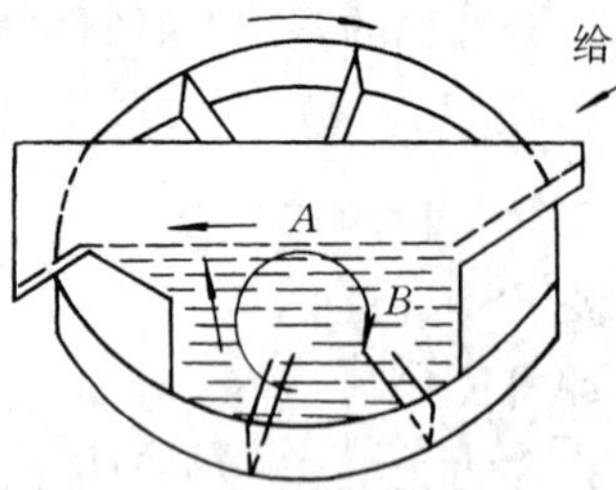

图 2-4-18 斜轮重介质分选机中涡流状况

斜轮重介质分选机内由于排矸轮转动所产生的涡流如图 2-4-18 所示。从图中可知，排矸轮旋转方向所产生的涡流，其流动方向在靠近分选槽入料口处为下降流，而靠近排煤口处又为上升流。因此，这种涡流势必使小颗粒下沉受到影响，从而降低了分选效率。另外，因排矸轮斜置在分选槽一侧，故工作时，提升板推动分选槽底部一侧的悬浮液流，造成如图中所示 A、B 两处的流速差，致使分选槽表面介质流速一侧快一侧慢，甚至局部还有倒流现象，尤其当排矸轮转速高时，这种现象更为明显，导致分选效果变差，并降低处理能力。

(2) 相同槽宽的立轮重介质分选机比斜轮重介质分选机体积小、重量轻。

(3) 立轮重介质分选机传动机构简单，故不易损坏，事故少；斜轮则传动机构较复杂，事故多，因而维修工作量大。

(4) 重介质分选机工作中的磨损情况，立轮比斜轮要轻，如排矸轮、分选槽等寿命均在 5 年以上。

3. 重介浅槽分选机

重介浅槽分选机主要是将原料煤分选成不同的产品(浮物、沉物)同时把沉物(矸石或中煤)分离出去，从而达到精选不同产品的要求。

(1) 工作原理

重介浅槽分选机是利用阿基米德定律及原料煤密度不同的原理，原料煤进入分选机后，将原料煤与介质悬浮液混合，通过上升流、水平流作用，按密度分为浮物和沉物两部分，浮物被水平流运送至溢流堰排出，下沉到槽体底部的沉物通过刮板的曲线运动提升到槽体头部落入矸石溜槽下方，由刮板输送机刮到排料口排出。其结构原理如图 2-4-19 所示。

在工作过程中，重介质由两个部位给入：① 从槽体底部漏斗口进入，占总介质量 10%～20%，此种方式形成上升介质流，促使悬浮液保持悬浮状态，同时有利于精煤上浮，实现轻、重产品分层；② 沿给料口全宽均匀分布进入，占总介质量 80%～90%，此种方式形成水平介质流，精煤在水平介质流的推动下均匀流向排料口，随介质流动排出分选机，完成原煤的分选。

(2) 基本构造

重介浅槽分选机主要由分选槽体 1、导向道部分 2、传动部分 3、漏斗部分 4、集中润滑系统 5 等组成。

槽体部分主要是由头部端板、侧板、底板、中间隔板、出入料口侧板等组成，分选机槽体近似长方形，槽体上设有重介质入口、原煤入口、精煤出口、矸石出口，原煤从槽体一侧进入，经过槽体内分选，从另一侧溢出，矸石经过排矸装置，从槽体端部排出，实现原煤排矸；导向道部分主要是由多个导向板连接而成；传动部分主要是由电机减速机，主动轴，被动轴，大、小链轮，刮板输送链等组成；漏斗部分主要是由侧板及内衬刚玉耐磨钢管组成；集中润滑系

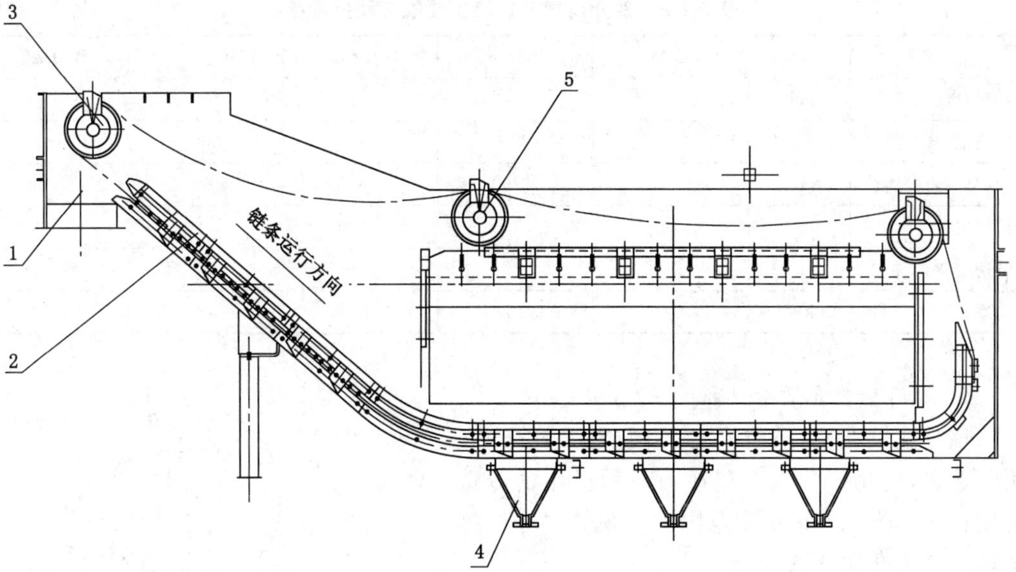

1—槽体部分；2—导向道部分；3—传动部分；4—漏斗部分；5—集中润滑系统。

图 2-4-19　重介浅槽分选机

统主要是由多点润滑泵、高压树脂软管总成及带底座管夹组成，对主动轴被动侧轴承座、主动轴主动侧轴承座、中间从动轴主动侧轴承座、尾部从动轴主动侧轴承座、尾部被动轴主动侧轴承座、中间从动轴被动侧轴承座及链轮进行集中润滑。

(3) 性能特点

重介浅槽分选机具有结构紧凑、分选精度高、占地面积小、工艺简单、操作方便、循环介质量小等优点。重介浅槽分选机为重介质分选设备，单机为两产品分选机，可用于分选原煤、矿石、矿渣等，其分选粒度为 13～200 mm，处理能力高达 700 t/h 以上，应用范围广泛。

① 代替人工手动选矸，用于大型选煤厂的块煤排矸，消除繁重的体力劳动。

② 与重介质旋流器配合在大型选煤厂用于分选大粒度级煤炭。弥补了重介质旋流器只选小粒度级煤炭的不足。

③ 与重介选煤工艺配合，提前预选矸，可提高系统的处理能力，减少系统磨损，增加系统寿命，使系统指标易于控制和稳定。

④ 分选精度高，选煤效率达到 95%以上，矸石中带煤损失小于 3%。

(4) 型号说明

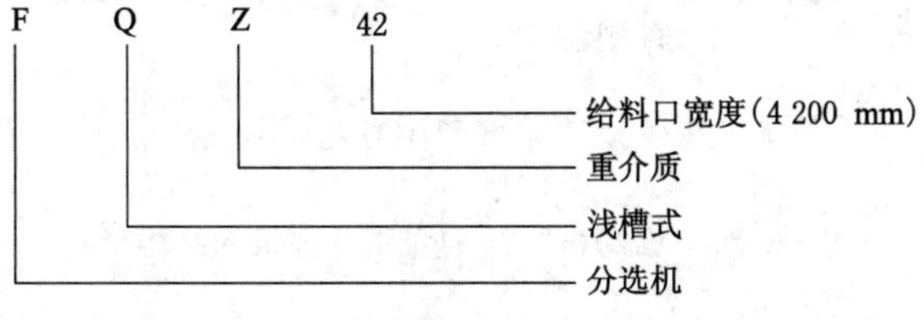

(5) 主要规格及技术参数

主要规格及技术参数见表 2-4-2。

表 2-4-2 重介浅槽分选机主要规格及技术参数

项目名称	单位	FQZ30	FQZ42	FQZ54	FQZ66	FQZ90
入料粒度	mm	13～200				
处理能力	t/h	150	230	350	500	700
给(排)料口宽度	mm	3 000	4 200	5 400	6 600	9 000
槽体宽度	mm	1 600				
链速	m/s	0.6				
功率	kW	11	15	15	18	30

4. 圆筒型重介质分选机

该分选机在美、英、法、日等国应用较多。既用于选煤，也用于分选金属矿石。所适用的分选密度在 1.25～3.8 g/cm^3 范围内。现简要介绍维姆科圆筒重介质分选机。

维姆科圆筒重介质分选机，外壳是一个不带孔的筒形转鼓。圆筒内装有用于提升沉物的纵向带孔隔板(叶板)，中间设有固定不动的供排放沉物用的溜槽。圆筒外部由两个轮缘支承在滚轮上。轮缘之间装有传动齿圈，由链条带动旋转。其结构示意图如图 2-4-20 所示。

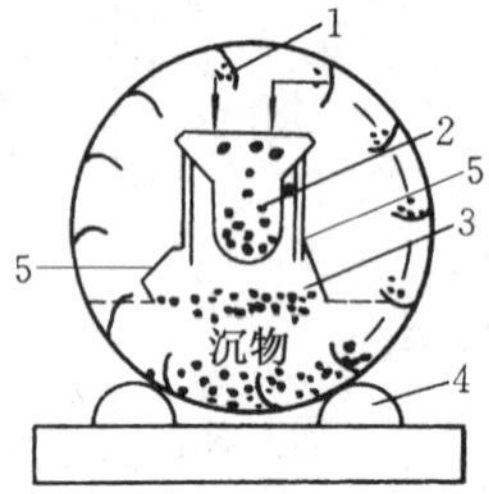

1—纵向隔板；2—沉物排放溜槽；3—溢流排出口；4—滚轮；5—沉物与浮物的分隔板。

图 2-4-20 维姆科圆筒重介质分选机结构示意图

该分选机的结构形式有 4 种，如图 2-4-21 所示。

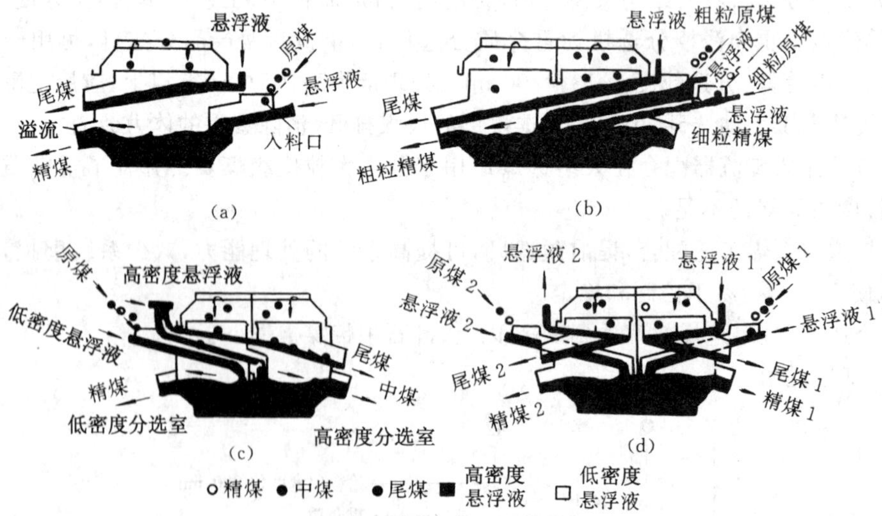

图 2-4-21 维姆科圆筒重介质分选机的结构形式

(1) 单室单一介质密度两产品分选机

原煤和悬浮液一起从入料口给入，分选后的浮煤随悬浮液从溢流口排出；而沉物落到筒底部后，被纵向带孔隔板捞起，将其提升到最高点，令其落入沉物排放溜槽。在溜槽内加入少量悬浮液，使沉物排走。该型式分选机浮物溢流口为圆形，适合于分选粗粒级物料[图 2-4-21(a)]。

(2) 双室单一介质密度的两产品分选机

分选机圆筒被中心开孔的隔板分开，形成左右两个分选室。适用于分级入选的原料煤。粗粒和细粒两级原煤，分别由各自的入料口进入相应的分选室，分选后又从各自分选室的溢流口排出。这种形式的分选机溢流口为矩形，故浮煤通过量较大。粗粒和细粒的沉物，一起被纵向隔板提升后，落入溜槽，从左室排料口排出[图 2-4-21(b)]。

(3) 双室两种不同介质密度的三产品分选机

分选机圆筒被中心开孔的隔板分成左右两室。左室是低密度分选室，右室是高密度分选(再选)室。原煤和低密度悬浮液给入左室。浮煤由左室溢流口排出，中间产物被圆筒的纵向隔板提升后，落入溜槽，并经溜槽进入右室，同时给入高密度悬浮液进行再选。右室分选后的中煤，从右室溢流口排出；尾煤被圆筒内壁上的纵向隔板提升后落入溜槽排出[图 2-4-21(c)]。

(4) 双室两种不同介质密度的四产品分选机

该分选机的圆筒被分隔成左右两室。分别向左右室给入不同原煤和不同密度的悬浮液，分选后可得 4 种产品。即向右室给入一种密度的悬浮液和一种粒级的原料煤，分选后得到两种产品。再同时向左室给入另一种密度的悬浮液和另一种粒级的原料煤，又可分选出两种产品。实际上该机是两产品分选机的联合[图 2-4-21(d)]。

维姆科圆筒重介质分选机的优点是结构简单，紧凑，因除圆筒转动外，无其他运动部件，工作可靠，分选精度高，可能偏差 E 值在 0.02～0.03。其缺点是悬浮液的循环量大，除浮煤靠溢流排走外，沉物也需悬浮液冲送才能排出；另外，由于给入分选机的只有一种水平介质流，为确保重介质的稳定性，故所需加重质粒度要较细。

二、选矿用重介质分选机

工业上应用于选矿的重介质分选机类型较多，但国内外常用的主要有浅槽式、深槽式、离心式和振动式 4 种类型。现仅简要介绍分选效果较好的两种。

1. 重介质振动溜槽

重介质振动溜槽是一种在振动过程中利用重悬浮液分选粗粒矿石(鲕状赤铁矿和锰矿等黑色金属)的设备，其基本构造如图 2-4-22 所示。该机的机体为一长方形浅槽体 4，支撑在几组倾斜安装的板弹簧 7 上，凭借给矿端的曲柄连杆机构带动槽体做往复运动。槽体向排料方向倾斜 2°～3°，在槽体末端设有分离隔板 9，用以使轻、重产物分开。在槽体底部安装有两层冲孔筛板，筛板以下被分隔成 5～6 个独立的槽底水室 6，分别与压力水管相通。

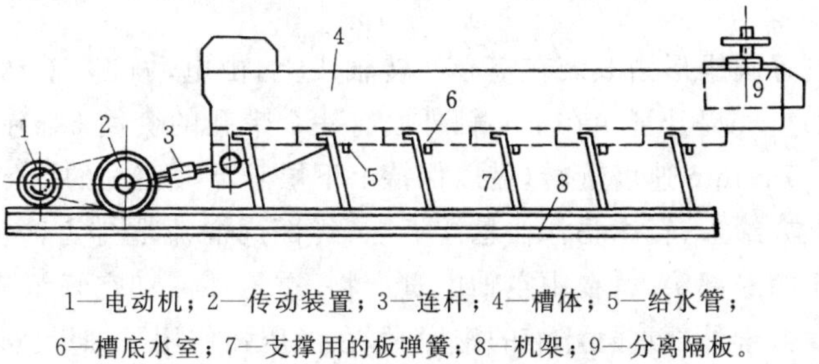

1—电动机；2—传动装置；3—连杆；4—槽体；5—给水管；
6—槽底水室；7—支撑用的板弹簧；8—机架；9—分离隔板。

图 2-4-22　重介质振动溜槽结构示意图

重悬浮液由介质锥斗自槽体首端上方给入，于是在槽内形成厚为 250～350 mm 的床层。在槽体振动和槽底压力水的共同作用下，床层具有较大流动性。被选矿石(一般给料粒度为 6～75 mm)在靠近槽体头部给入，这些给入的物料在床层内便按自身密度的差别分层，密度大的重矿物分布在床层底部，运动到槽的尾端自分离隔板下方排出。轻矿物分布在床层上部，由分离隔板的上方溢流排出。两种产物分别经振动筛脱出介质，并经胶带机运走产品，筛下介质则要通过砂泵送回到介质锥斗中循环再用。

该设备的工作特点是床层松散性能好，可用较粗粒度的加重质(一般粒级在 0.15～1.5 mm)。加重质在床层内也要分层，层底容积浓度可达 55%～60%，但黏度仍较小。因此，可采用较低密度的加重质，借助高的容积浓度仍获得较高的分离密度。例如，在一般重介质分选机中用磁铁矿作加重质，只能配成密度为 2.5 g/cm^3 的悬浮液，而在振动溜槽中分选密度可达到 3.3 g/cm^3。加重质粒度变粗后，又有利于介质的净化和回收。在分选介质中混入一些矿泥(如达 20%)对分选效果影响不大。

在操作中主要控制上升水的恒定压力。轻、重产物的产率，可由改变分隔板的高度进行调节。床层松散和分选密度同时也与槽体振动的振幅、振次大小有关。增加振幅，床层的松散度大、输送重产物能力加强，但分选密度变小；提高振次，床层的平均松散度减小，但分选密度提高，分选时间延长。当处理矿物密度差大的粗粒易选矿石时，应采用较大的振幅和稍小的振次；当处理难选矿石时条件正好相反。重介质振动溜槽的处理能力很大，每 100 mm 槽宽的处理量为 7 t/h。生产与科研单位共同改进了传动机构，将单拉杆传动结构改为双拉杆传动结构，生产实践表明该设备改进后结构良好，安全可靠，并提高了设备的生产能力。重介质振动溜槽的工作过程如图 2-4-23 所示。

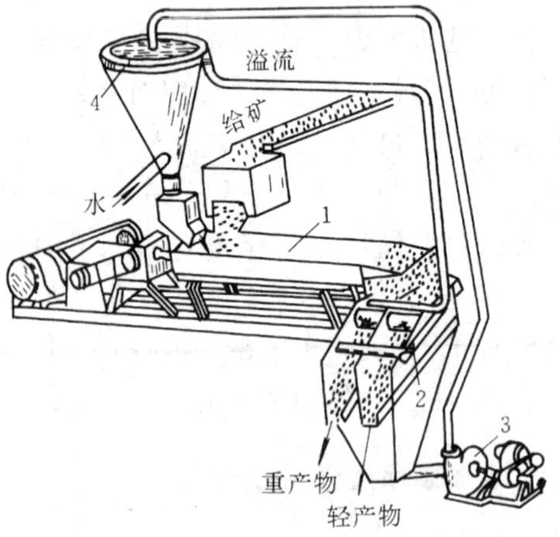

1—振动溜槽；2—脱介筛；
3—悬浮液循环泵；4—贮存悬浮液圆锥。
图 2-4-23　重介质振动溜槽的工作过程示意图

2. 深槽式圆锥型重悬浮液选矿机

深槽式圆锥型重悬浮液选矿机，槽体较深、分选面积大、工作稳定。该机适用于处理轻产物排出量较大的矿物，分选精确度高。深槽式圆锥型重介质分选机的结构如图 2-4-24(a)所示。

该机为一个倒置圆锥形槽 2 装在空心回转轴 1 上，由电动机 5 带动旋转。空心轴同时又是排放重产物的空气提升管。在空心轴外面有一个带孔的套筒 3。在套筒上安装两扇三角形刮板 4，以 4～5 r/min 速度旋转，借以保持上下层悬浮液密度的均匀，防止矿石的沉积。

被选物料自上方给入，轻产物浮在悬浮液上，经四周溢流堰排走，重产物沉入底部。压缩空气由空心轴 1 的底部给入，在中空轴内重产物、重悬浮液和空气组成气-固-液三相混合物。当其综合密度低于外部重悬浮液的密度时，在静压强作用下即沿管向上流动，于是将重矿物提升到高处排出。重悬浮液经套筒 3 给入，穿过筒壁孔眼流入分选圆锥槽内。

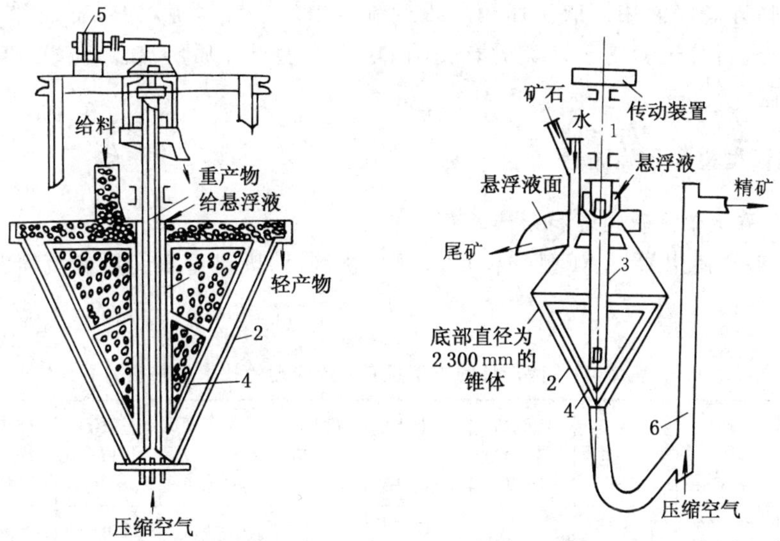

(a) 内部提升式单圆锥型重介质分选机　　(b) 外部提升式双圆锥型重介质分选机

1—空心回转轴；2—圆锥形槽；3—套筒；4—刮板；5—电动机；6—外部空气提升管。

图 2-4-24　深槽式圆锥型重介质分选机

图 2-4-24(b)是将提升管设在圆锥槽的外部。无论采用何种配置方式，重产物(精矿)的排出位置均应高出分选液面 2 m 左右，经脱介后的重悬浮液能自流返回到分选圆锥内。

该设备的缺点是要求加重质的粒度较细，介质循环量大，因此，增加了重介质制备与净化回收的工作，并且还需要配置专门的压气装置。

我国使用的是直径 2.4 m 的圆锥型重介质分选机，处理矿石的种类有铅锌矿和锑矿等。给矿粒度一般为 5～50 mm 粒级。

第四节　旋转重介质流选矿

随着采矿机械化程度的提高、开采深度的加深以及用户对精矿质量要求的提高，使原矿的质量变坏，细粒物料的比例相对增加，矿物的可选性变差，在采用粗粒物料重介质分选机的同时，对细粒重介质旋流器的应用日趋广泛。重介质旋流器是一种利用离心力场强化细粒级矿粒在重介质中分选的设备，能使密度差值小(±0.1 含量大)的难选和极难选细粒物料也能获得精确的分选。该设备结构简单，无运动部件，分选效率高。对于选煤来说，入料粒度上限由原来的 13(10) mm 已扩大到 50 mm，有效分选下限可达 0.15(0.10) mm。分选细粒煤时，可能偏差 E＝0.02～0.06，同时，还可以脱除煤中黄铁矿硫。根据其机体结构和形状分为圆锥型和圆筒型两产品重介质旋流器，双圆筒串联型、圆筒型与圆锥型串联的三产品重介质旋流器。根据给料方式，可以分为有压给料式和无压给料式两种。有压给料是指被选物料和悬浮液预先混合后，用泵或定压箱压入旋流器内，旋流器的工作压力取决于给料压力的大小。如荷兰的 D.S.M 重介质旋流器及其仿制品(日本永田式和我国煤用或矿用重介质旋流器)，另外，美国的麦克纳利、英国的沃西尔、日本的倒立旋流器等皆属此类。无压给料式重介质旋流器的特点是悬浮液与煤分开给入旋流器内，即悬浮液用泵或定压箱压入旋流器中形成旋涡流，而煤靠自重进入，并被卷进旋涡流内进行分选。属于该类的有美国 D. W. P 型重介质旋流器、苏联 ГЦ-500 型重介质旋流器等。

一、圆锥型重介质旋流器

1. 重介质旋流器的构造和分选过程

国内外广泛使用 D. S. M 型（或 D. S. M 型仿制品）圆锥型重介质旋流器。其技术规格系列见表 2-4-3。

表 2-4-3 两产品圆锥型重介质旋流器的技术规格系列

旋流器圆柱直径/mm	入料口直径/mm	溢流口直径/mm	底流口直径/mm	圆柱长/mm	圆锥顶角/(°)	处理能力/(m^3/h)	定压给料几何高/m	处理干煤量/(t/h)	最大入料粒度/mm
200	40～50	72～85	55～65	120	20	16	2～4	6	13
350	70	126～150	100～120	220	20	56	3.5～4	18	23
450	90	162～180	120～140	270	20	77	4～4.5	32	30
500	100～110	180～215	130～170	295	20	125	4.5～5.5	50	33
550	110～120	200～235	160～180	330	20	155	5～6	60	37
600	120～150	210～260	170～200	355	20	190	5.5～6	72	40～50
650	130～150	234～280	180～210	385	20	225	6～6.5	84	44～50
700	150	252～300	200～220	400	20	265	6.5～7	98	50
750	150～160	270～320	210～250	440	20	300	7～7.5	112	50～54

D. S. M 型两产品重介质旋流器结构如图 2-4-25 所示。其主体由圆筒部分和圆锥部分组成。

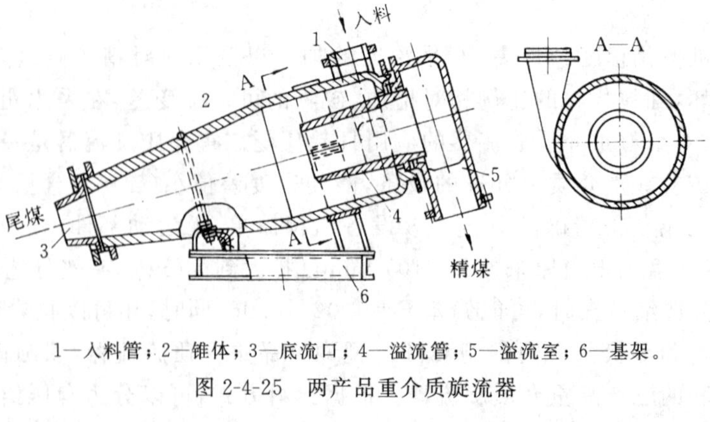

1—入料管；2—锥体；3—底流口；4—溢流管；5—溢流室；6—基架。

图 2-4-25 两产品重介质旋流器

重介质旋流器的分选过程：原矿和悬浮液的混合物以一定的压力由入料管 1 沿切线方向给入旋流器的圆筒部分，形成强大的旋流。其中一股是沿着旋流器圆柱体和圆锥体内壁形成一个向下的外螺旋流；另一股是在围绕旋流器轴心形成一个向上的内螺旋流，其轴心形成负压，实为空气柱(图 2-4-26)。由于离心力的作用，高密度的物料甩向锥体 2 内壁，并随部分悬浮液向下做螺旋运动，最后从底流口排出；低密度物料集中在锥体中心，随内螺旋上升运动经溢流管 4 进溢流室 5 从切线方向的出口排出。

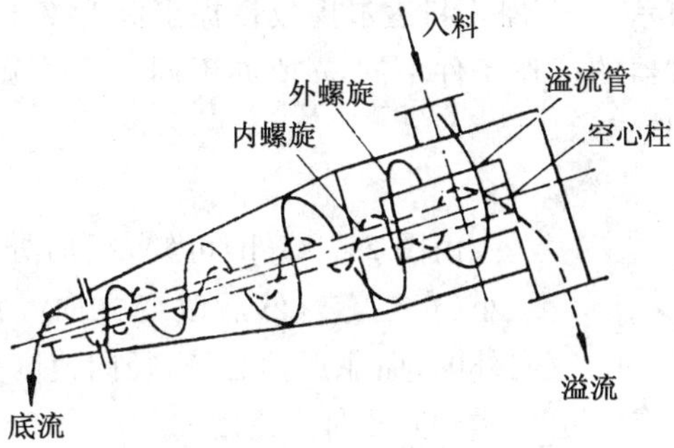

图 2-4-26　重介质旋流器分选过程

2. 重介质旋流器中流体的分布规律

为了说明矿物颗粒在旋流器内的分离过程，首先介绍旋流器中流体的分布规律。旋流器中的流体流速分布是很复杂的。旋流器中任一点矿浆的流动速度可分解为切向、径向和轴向三个分速度。凯尔萨尔用特殊的显微镜观察过细粒在透明的水力旋流器内运动的情况。为了方便起见，现对三个分速度分别进行分析。图 2-4-27 为凯尔萨尔测定的旋流器中流体流速分布图。

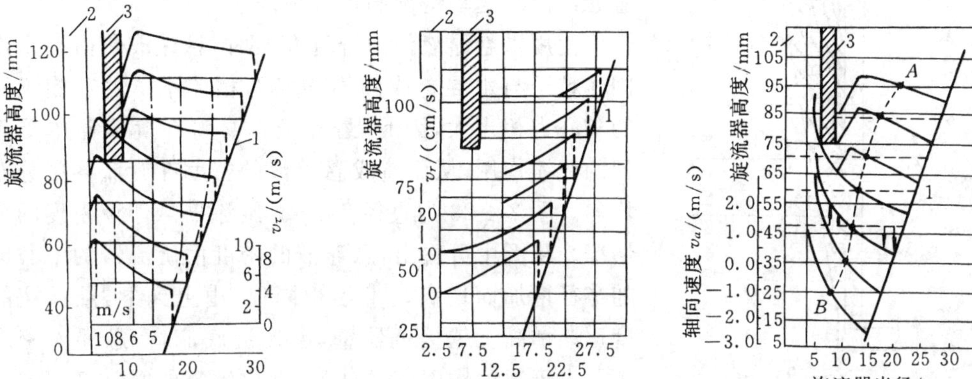

1—旋流器器壁；2—空气柱；3—溢流管。

图 2-4-27　凯尔萨尔测定的旋流器中流体速度的分布图

(1) 切向分速度 v_τ

矿浆在旋流器中的切向速度是由于进料以切线方向给入而获得的。图 2-4-27(a)为流体在旋流器中不同水平断面及不同半径 r 处的切向速度 v_τ 分布图。从该图可看出，在同一水平面上，切向速度随半径减小而增大。在接近溢流管壁和空气柱处时达到最大值，而后迅速减小。不同断面上的切向速度分布曲线略有不同，除靠近中心空气柱及溢流管壁处 v_τ 随 r 而减小外，其他部分 v_τ 与 r 之间有下列方程式关系。即

$$v_\tau r^n = \text{常数}$$

式中　n——幂指数。

n 是一个变数，凯尔萨尔通过试验认为，n 值取决于旋转半径，靠近水力旋流器壁处 $n=0.5$，而在空气柱半径处 $n=0.3$。匈牙利达尔扬教授提出 n 为 0.5～0.9。日本藤本敏治确定 n 为 0.5～0.83。旋流器的工作条件不同，n 值亦不同。同一旋流器的不同断面处，n 值略有差异，但仍可用平均值表示。

(2) 径向分速度 v_r

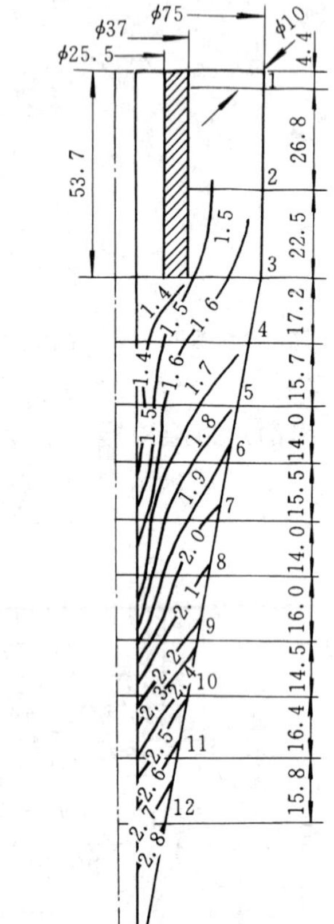

给料密度 1.50 g/cm³；

溢流密度 1.40 g/cm³；

底流密度 2.78 g/cm³。

图 2-4-28　重介质旋流器恒密度面

由图 2-4-27(b)可知，径向分速度 v_r 随半径的减小而减小(直至零)，然后改变方向。在器壁附近，径向速度是向外的，而靠近轴心处，径向速度是向里的。

(3) 轴向分速度 v_a

由图 2-4-27(c)可知，流体的轴向分速度在旋流器壁附近方向向下，随半径减小，流体的轴向速度减小，直至零。速度曲线通过零点位置改变方向，之后随半径减小，向上速度增加，到接近空气柱边缘时达到最大值。

将各断面上轴向分速度为零的点连接起来，可得到一个锥形包络面。在锥形包络面以外的全部矿浆都向下流动，在锥形包络面以内的矿浆则为上升流。

以上结论是在固体浓度很小的水介质中测得的。对重悬浮液的运动情况测得较少。

使用重悬浮液作为分选介质时，悬浮液是由高密度的固体粒子与水混合成的不均匀两相体系。由于旋流器中的离心力相当大，因此，悬浮液本身将在旋流器中受到强烈的浓缩作用，从而造成悬浮液的密度在旋流器中分布不均匀。图 2-4-28 为直径 75 mm 旋流器悬浮液密度的分布情况。从图中可看出，悬浮液的密度由旋流器的中心向外随半径增加而增高。半径相同处，由上到下，悬浮液的密度逐渐增高。越接近器壁，越接近底流口，悬浮液密度越大。由于浓缩作用，底流的密度比溢流的密度高得多。加重质的粒度越粗、密度越大、离心力越大、锥角越大、底流口越小，则悬浮液的浓缩作用越强。同样，由于浓缩结果，旋流器底流中悬浮液的密度将大于入料悬浮液的密度，溢流则低于入料悬浮液密度。矿粒在旋流器中的实际分选密度介于溢流密度和底流密度之间，并且高于入料的密度。分选密度增高的数值(与入料相比)与操作条件(浓缩作用的强弱)有关。一般为 0.2～0.4 g/cm³。因此，在重介质旋流器中可以采用密度较低的悬浮液来得到较高的分选密度，从而减少加重质的用量。

因此，重介质旋流器的分选过程，可以用“分离锥面”的学说来概括，即在旋流器内存在一个低密度与高密度物体的分离界面，这个界面是轴向零速面和径向零位面的综合面，其形状基本上是锥形，该界面上的介质密度一般等于矿粒的分离密度。矿粒进入旋流器后，在离心力的作用下，位于“分离锥面”内部的高密度矿粒则由中心向外移动，如它的密度高于“分离锥面”附近悬浮液的密度，则该矿粒将越过“分离锥面”进入下降流，并由底流口排出。反之，则仍停留于上升液流中，并由溢流口排出。在“分离锥面”外部的低密度的矿粒，则向中心移动，如它的密度低于“分离锥面”附近悬浮液的密度，则该矿粒将越过“分离锥面”而进入上升流中，并由溢流口排出。反之，仍留在下降流中，由底流口排出。所以“分离锥面”上的悬浮液的密度，是矿粒在旋流器中的实际分选密度。有人认为，由于在整个“分离锥面”上，悬浮液各点的密度并不相同，密度自上而下地逐渐增加，因此，矿粒在旋流器中分选是一个连续进行多次分选的过程，决定矿粒最终分选密度的是分离锥面最下端的悬浮液密度，这一点的密度和位置不仅与给料速度、介质性质、介质密度有关，还与旋流器本身的结构参数有密切关系。对于这一点研究得还很不够。

3. 影响重介质旋流器工作的因素

影响重介质旋流器工作的因素有下列几个方面。

(1) 进料压力

进料压力越高，悬浮液进料速度就越快，旋流器的处理量就增加。这一点与分级用的水力旋流器相同。此外，进料压力越高，离心力也就越大，因此，在一定程度上增大进料压力，可以加速分选过程，提高分选效果。但随着入料压力增高，悬浮液本身的浓缩作用也加强，一方面增大矿粒实际分离密度，另一方面使旋流器中密度分布更加不均匀，反而降低分选效果。因此，压力过大，对分选并不是有利的。所以，压力增加时，应适当地加大底流口来调节排放量。此外，压力增大还会增加动力消耗和设备的磨损。现在趋向采用低压或无压给料，一般给料压力在 0.05～0.1 MPa。

(2) 悬浮液的密度

入料中悬浮液的密度越高，在其他条件相同时，矿粒的实际分选密度也越高。在一般情况下，入料中悬浮液密度可以比实际要求的分选密度低 0.2～0.4 g/cm^3，要求的分选密度越高，差值越大。在生产过程中，这个差值可以通过旋流器的进料压力与底流口大小来调节。入料悬浮液密度越低，加重质用量越少。但是，此时悬浮液在旋流器中受到浓缩作用也越强，悬浮液密度的分布越不均匀，因而导致分选效率降低。

(3) 入料的固液比(矿粒与悬浮液的体积比)

入料的固液比直接影响旋流器的处理量和分选效果。入料的固液比增高时，旋流器按固体矿粒计算的处理量增大，分选效率相应要降低，因为此时旋流器中物料层增厚，而导致分层阻力加大，分层速度降低，错配物增加。因此，在一般情况下采用 1∶6～1∶4 的固液比较适宜，在处理极难选煤时固液比可以降低到 1∶8。

(4) 旋流器结构参数

① 圆柱体的长度

在旋流器的直径和锥角确定后，旋流器的容积和总长度主要取决于圆柱部分的长度。旋流器圆柱部分的长短对分选效果影响很大。见图 2-4-29。

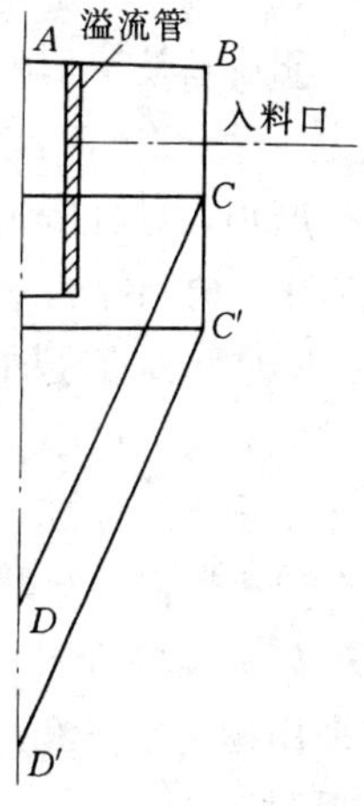

图 2-4-29　圆柱长度与分选效果关系

由图 2-4-29 可看出，当圆柱部分增长时其容积和总长度都增加(图中 $ABCD$ 与 $ABC'D'$ 比较)。因此，入选物料在旋流器中的停留时间增长，实际分选密度提高。但圆柱长度太长，会使低密度产品质量变坏。反之，圆柱部分过短，会引起圆柱部分的介质流不稳定，实际分选密度降低，使部分浮物损失到底流中去。

② 圆锥角的大小

在同样直径、同样容积的旋流器的情况下，随着锥角的增大，实际分选密度也增大。

③ 溢流口的直径

溢流口直径增大后，可增大实际分选密度。但溢流口过大时，会造成圆柱部分溢流速度过大，影响溢流的稳定。虽然溢流出量增加，但浮物(精煤)质量降低。一般情况下溢流口直径为(0.30～0.40)D(D为旋流器直径)。

④ 底流口的直径

实践证明，缩小底流口可使实际分选密度增大。但底流口过小时会造成矿粒在底流口挤压。对于选煤来说，底流口过小会使矸石易混入精煤中，严重时引起底流口堵塞，但底流口过大时，又会引起精煤损失。一般情况下底流口直径为(0.24～0.30)D。

⑤ 锥比

底流口直径与溢流口直径之比称锥比。锥比的大小与旋流器直径、入选物料性质、介质性质等因素有关。当旋流器直径较小，可选性较差时，锥比要小一点；反之，锥比可大一点。加重质的粒度较粗时，锥比可大一些。实践证明，锥比一般在0.7～0.8为宜。

⑥ 入料口尺寸

当入料口尺寸过小时，入料粒度上限受限制，易发生堵塞现象。入料口尺寸过大时，旋流器切线速度减小(或相应增加入料压头，以保证入料速度)。一般情况下入料口在(0.20～0.25)D范围内。旋流器的入料口、溢流口、底流口的直径比大致为0.2∶0.4∶0.3。

⑦ 溢流管插入深度

溢流管插入深度对分选有一定影响，根据我国圆锥型旋流器技术规格，插入深度在320～400 mm范围，实践证明，效果较好。

旋流器结构各参数是互相联系的。各参数有其独立性，但又互相影响。参数之间互相影响后又产生新的参数。因此，重介质旋流器分选密度及分选效果的好坏，是受很多因素影响的。

(5) 重介质旋流器的给料方式

重介质旋流器的给料方式有三种：一种是将物料与悬浮液混合后用泵打入旋流器。入料压力可达0.1 MPa以上。这种方式用泵给料，在给料过程中，致使物料粉碎现象严重，并增加设备磨损，虽然可降低厂房高度，但比较少用。第二种是利用定压箱给料，物料和悬浮液在定压箱中混合后靠自重进入旋流器。定压箱液面高于旋流器入料口(视旋流器直径大小而定)，一般500 mm直径的旋流器不低于5 m的高度，以保证入料口压力不低于0.04 MPa，否则，压力过低离心力过小，影响分选效果，降低处理能力。这种给料方式称为低压给料旋流器。生产上广泛采用这种方式。由于旋流器的结构改变，又产生第三种给料方式，即悬浮液用泵以切线方向给入圆筒旋流器下部，而物料靠自重从圆筒顶部给入，称为无压旋流器。

旋流器的入料口形状多种多样，如有圆形、方形、长方形等。入料管一般是直倾斜的，也有采用抛物线形和摆线形的。总的要求应该考虑使矿浆按切线方向进入旋流器，阻力要小，易于制造。

(6) 重介质旋流器的安装

重介质旋流器一般倾斜安装，旋流器轴线与水平夹角为10°，便于旋流器入料、溢流和底流管路系统的安装。当设备停止运转时，物料能顺利地从旋流器中排出来。对低压给料旋流器更应该倾斜安装，如采用正立垂直安装，溢流口与底流口高差引起压力变化，底流口所受压力比溢流口大，从而使矿浆大量从底流口排出，影响旋流器的正常工作。日本涡流旋流器，采用粗粒磁铁矿粉作加重质，在结构上有所改变，采用倒立安装方式。

4. 其他类型圆锥型重介质旋流器简介

圆锥型重介质旋流器除 D. S. M 型以外，典型的还有日本的倒立型重介质旋流器（也称为涡流旋流器）和美国麦克纳利重介质旋流器。

（1）倒立型重介质旋流器

该旋流器是将一般圆锥型旋流器的圆锥顶向上（倒立）安装，重产品从顶部排出，轻产品从下部排出。原料煤与悬浮液混合后，用泵或定压箱沿旋流器圆柱壁成切线压入。在倒立锥内部安装有一个与大气相通的空气柱调节管，使其内的空气柱同样保持 0.1 MPa 压力，以消除由于给料量、旋流器速度变化给空气柱带来的影响，从而保持旋流器内的空气柱稳定。空气柱的高度可以调节（图 2-4-30）。

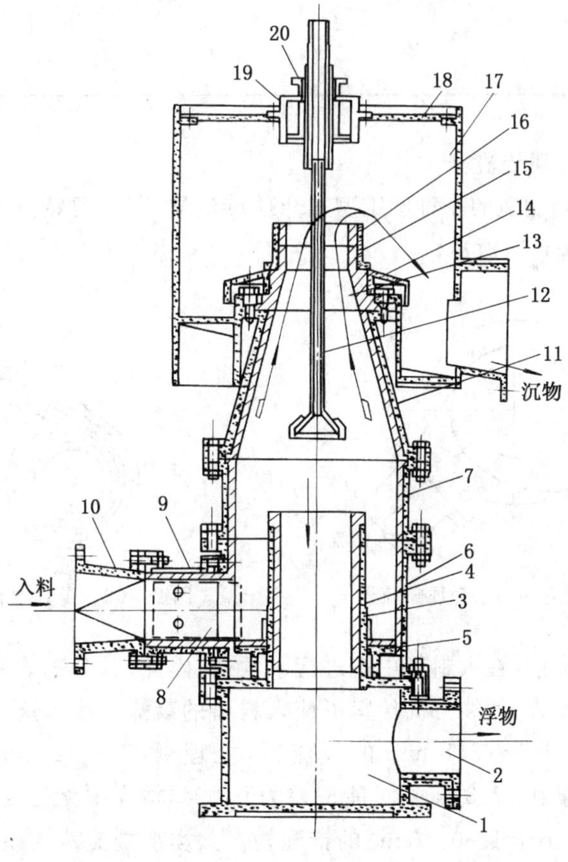

1—浮物室；2—浮物排出口；3—溢流套管；4—溢流管；5—底板；6—主入料室；7—次入料室；8—调节闸板；9—给料喷嘴；10—接头；11—圆锥体；12—空气柱调节管；13—圆锥口；14—盖板；15—液位调节器；16—调节套管；17—沉物室；18—沉物室盖；19—托架；20—调整螺母。

图 2-4-30　倒立型重介质旋流器

这种结构的重介质旋流器的锥比可以扩大到1.0,使用的加重质粒度可以稍粗一点。据日本有关试验资料介绍,磁铁矿粉中小于325网目的含量仅占10.6%,而不影响分选效果。±0.1密度物含量为52.49%,分选密度为1.50 g/cm³ 时,可能偏差为0.02,数量效率为98.27%。目前在我国选煤厂没有使用,但在金属矿选矿厂有少数厂采用。其技术规格见表2-4-4。

表2-4-4 倒立型重介质旋流器的技术性能

旋流器直径/mm	入料粒度/mm	处理能力(原煤计)/(t/h)	处理能力(矿浆计)/(m³/h)
200	10～0.25	4	27
250	15～0.3	8	50
300	20～0.3	15	89
320	25～0.3	20	113
350	40～0.5	30	146
400	60～0.5	45	222
450	70～0.5	60	311
500	75～0.5	80	417

(2) 麦克纳利重介质旋流器

美国麦克纳利公司制造的一种圆锥型重介质旋流器,其主要特点是入料沿摆线方向给入,如图2-4-31和图2-4-32所示。

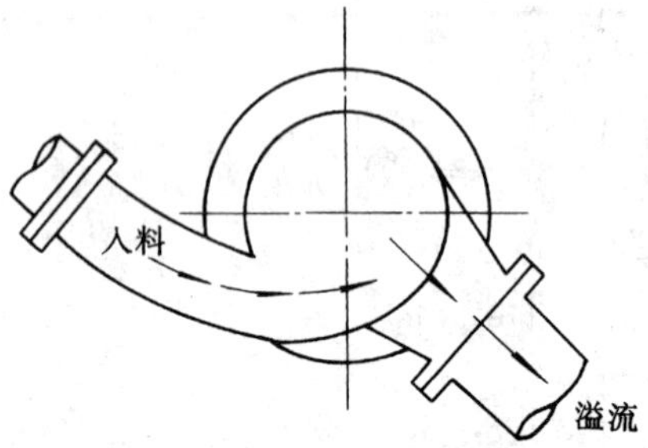

图2-4-31 麦克纳利重介质旋流器

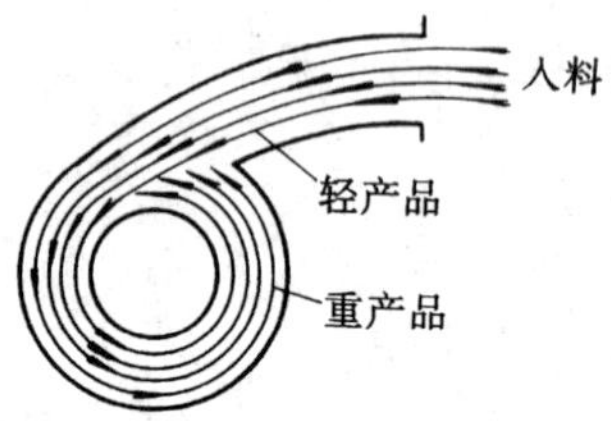

图2-4-32 麦克纳利旋流器的给料方式

物料在进入旋流器前,在入料管中就进行了预选,因此,其分选效率和处理量略高于沿切线给料的旋流器。此外,摆线方向给料可使入料口的紊流减少。这种类型的旋流器分选效果较好。如直径为609～711 mm的旋流器,处理0.75～32 mm原煤,分选密度为1.35 g/cm³,±0.1含量在77.3%时,可能偏差为0.024,精煤中无密度大于1.45 g/cm³ 的错配物,矸石中无密度小于1.30 g/cm³ 的错配物。该类型旋流器的缺点是,所采用的磁铁矿粉粒度必须很细,全部小于325网目。

二、圆筒型重介质旋流器

圆筒型重介质旋流器是一种无锥体的旋流器,如美国的戴纳(D. W. P型)、国产的HMCC型、英国的沃西尔重介质旋流器和英国近年来研制的大粒级煤重介质旋流器。

1. D.W.P 型圆筒重介质旋流器

由美国维尔莫特公司研制的 D.W.P 型重介质旋流器，机体为圆筒形，筒长与直径比为 3∶1～6∶1，它是一种无压给料式重介质旋流器。其构造见图 2-4-33 和图 2-4-34。

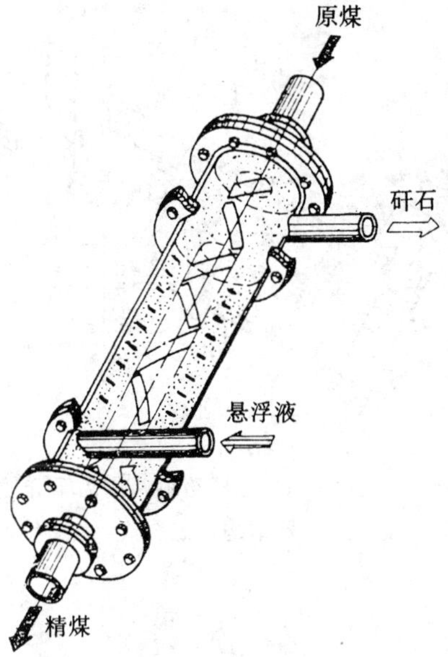

图 2-4-33　D.W.P 型重介质旋流器

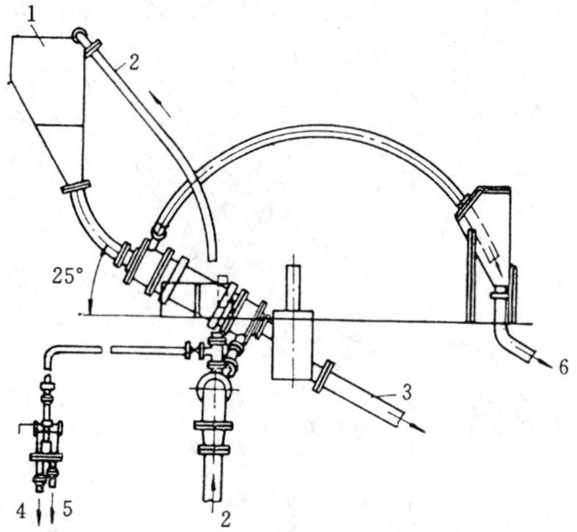

1—原煤仓；2—悬浮液管路；
3—精煤排料管；4—去磁选机管路；
5—去悬浮液桶管路；6—矸石排料溜槽。

图 2-4-34　D.W.P 型重介质旋流器布置图

D.W.P 型重介质旋流器的特点是：分选物料与悬浮液分开给入。物料属无压自重给料，在给料箱内也加入少量悬浮液。而悬浮液用泵以 0.06～0.15 MPa 的压力，沿切线压入圆筒下部(圆筒呈 25°～30°倾角安装)。它的分选过程是沿切线压入的悬浮液，从底至顶造成一股上升的空心旋涡流。沉物与一部分高密度(起浓缩作用的)悬浮液沿筒壁上升，从沉物排出口排出。浮物与低密度悬浮液聚集在旋涡中心向下流动，通过排出口排出。这种分选过程也称为动力-旋涡过程。

D.W.P 型重介质旋流器的主要技术规格见表 2-4-5。

表 2-4-5　D.W.P 型重介质旋流器的技术规格

圆筒直径 /mm	圆筒长 /mm	介质给入口直径 /mm	原煤给入中心管直径 /mm	沉物排出口直径 /mm	浮物排出口直径 /mm	入料粒度 /mm	介质给入压力 /kPa	矿浆通过量 /(m^3/h)	处理干煤量 /(t/h)
229	1 200	55	82	55	76	13～0.5	83	48	10～15
395	1 955	100	140	95	130	13～0.5	90	240	40～50

由于 D.W.P 型重介质旋流器分选时，物料与悬浮液分开给入，有利于悬浮液密度的测定和调整。物料不用定压漏斗或泵给料，既可以降低厂房高度，减轻泵与管道的磨损，同时高密度物料与旋流器器壁接触时间短，物料粉碎程度低，旋流器各部件磨损比 D.S.M 小，使用寿命长。故近年来在选矿厂与选煤厂都得到广泛应用。我国在“八五”期间，先后研制

成功 HMCC-400 型和 ϕ650 mm 两种较大型的无压给料圆筒重介质旋流器。其结构示意图如图 2-4-35 和图 2-4-36 所示。

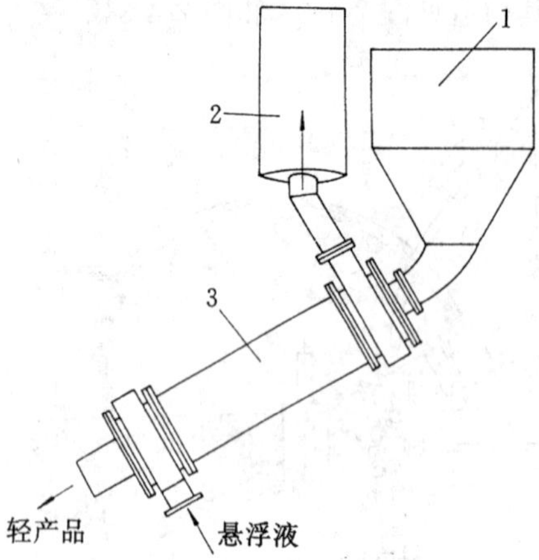

1—给料斗；2—反压力调节筒；
3—圆筒重介质旋流器。

图 2-4-35 HMCC-400 型圆筒重介质旋流器结构示意图

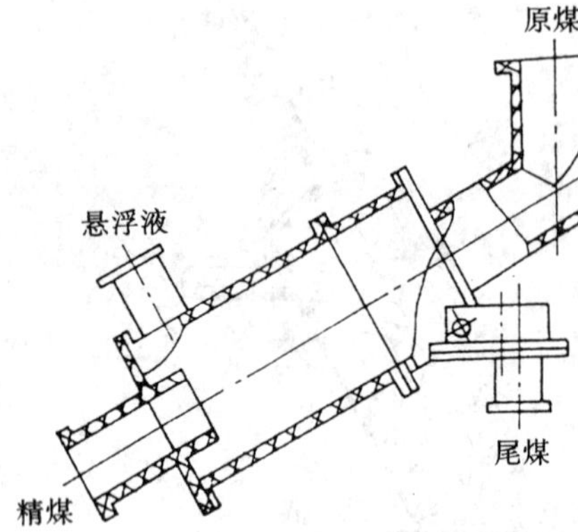

图 2-4-36 ϕ650 mm 无压给料两产品重介质旋流器结构示意图

无压给料两产品重介质旋流器结构参数和技术特征见表 2-4-6。

表 2-4-6 无压给料两产品重介质旋流器结构参数和技术特征

名称	数值	
旋流器内径/mm	400	650
旋流器长度/mm	1 840	2 000
悬浮液入口内径/mm	100	135～160
入料口内径/mm	183	230～260
轻物排料口内径/mm	160	200～245
重物排料口内径/mm	100	110～150
安装倾角/(°)	25～30	20～30
入料粒度/mm	25(13)～0	50～0
处理能力/(t/h)	45～55	70～100
悬浮液入口压力/kPa	56.5～120	50～70
悬浮液循环量/(m^3/h)	150～220	240～300

2. 苏联 ГЦ-500 型旋流器

这种旋流器结构示意图如图 2-4-37 所示，与 D. W. P 型重介质旋流器基本相同，主要区别是：旋流器上部沿切线方向就给入部分悬浮液，所以原料在给料部分就开始旋转，以便提高总的分选效果。其技术规格如表 2-4-7 所示。

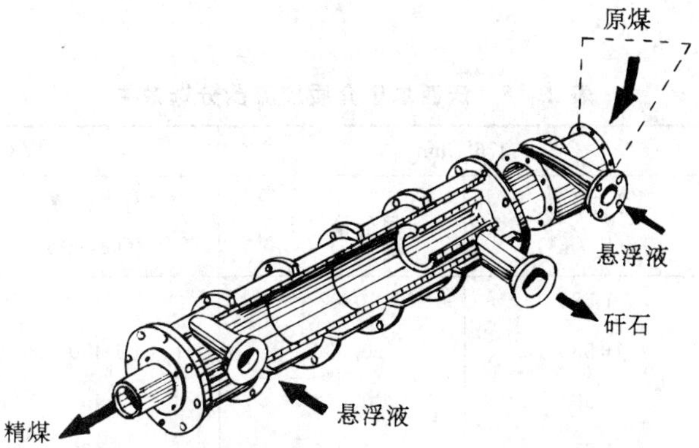

图 2-4-37　ГЦ-500 型旋流器

表 2-4-7　ГЦ-500 型旋流器技术规格表

圆柱直径 /mm	安　装 倾　角	悬浮液入口压力 /Pa	处理能力(矿浆) /(m^3/h)	处理能力(干煤) /(t/h)	入选原煤粒度 /mm	质　量 /kg
500	15°～30°	(9.8～11.76)×10^4	200～250	50	0.5～25	1 500

3. 沃西尔重介质旋流器

英国西蒙卡弗公司制造的沃西尔重介质旋流器，是一种立式圆筒型旋流器，其结构如图 2-4-38 所示。

该旋流器主体是一个直径为 609 mm 或 762 mm 的直立圆筒，筒体是用硬镍铸铁制成的。物料沿切线方向在一定给料压力下进入旋流器。高密度物在离心力作用下移向器壁，并沿螺旋方向向圆筒底部流动。由于涡流作用，圆筒底部出现压力差，从而造成一股向中心流动的强劲液流。该液流带着高密度物(矸石和邻近密度物)即沉物穿过离心力最强的区域，并在此经历最后的精选。受到精选作用的沉物随着一部分悬浮液，通过筒底中心一个断面可调的排料口 1 进入沉物收集室 2，然后，经过沉物收集室一条切线安装的导管进入旋涡排料室 3，并呈旋涡状流向中心的沉物出口。底流收集室的中心出口有一个可更换的喷嘴，改变喷嘴的大小即可在不变动底流可调排料口的情况下，调节悬浮液的流量，但此时，必须使底流可调排料口的断面大到可使全部沉物通过才行。

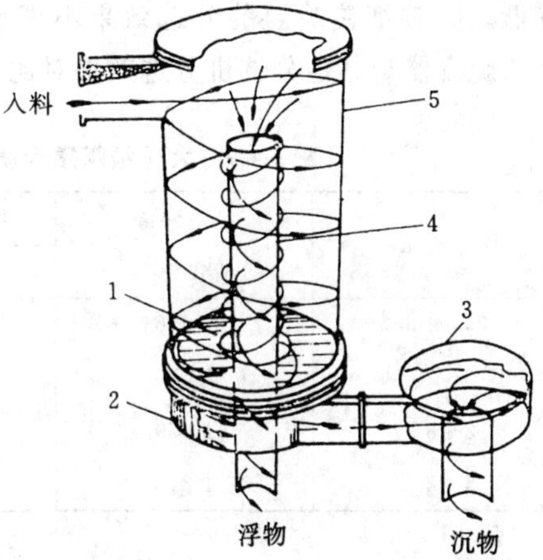

1—可调排料口；2—沉物室；3—旋涡排料室；
4—旋涡溢流管；5—主分选室。

图 2-4-38　沃西尔重介质旋流器

旋涡溢流管 4 是安装在圆筒中央、两端敞开并穿过筒底及沉物收集室的一根圆管。低密度的浮物，受离心力小，流向圆筒中心，随同一部分悬浮液经旋涡溢流管而流出体外。其分选效果见表2-4-8。

表2-4-8　沃西尔重介质旋流器分选效果

粒度/mm	ϕ762 mm		ϕ609 mm	
	分选密度/(kg/m³)	可能偏差 E	分选密度/(kg/m³)	可能偏差 E
12.5～50	1 588	0.02	—	—
4～12.5	1 582	0.036	1 450	0.03
2～4	1 592	0.042	1 459	0.039
0.5～2	1 610	0.075	1 482	0.061

4. 大粒级煤重介质旋流器

大粒级煤重介质旋流器是英国近年研制的一种筒形重介质旋流器(图2-4-39),直径为1.2 m,全长为3 m。分选粒度范围为0.5～100 mm,处理能力为250 t/h。主体圆筒与水平面成30°夹角安装。80%～90%的悬浮液用泵或定压箱从筒体下部沿切线或摆线压入。0.5～100 mm的原煤与10%～20%的悬浮液由筒体顶部无压给入。该设备的主要特点是入料上限大,对原煤破碎作用小,可简化选煤工艺,使生产厂房高度降低。但对细粒级煤的分选效果不理想。大粒级煤重介质旋流器与其他分选机分选效果对比见表2-4-9。

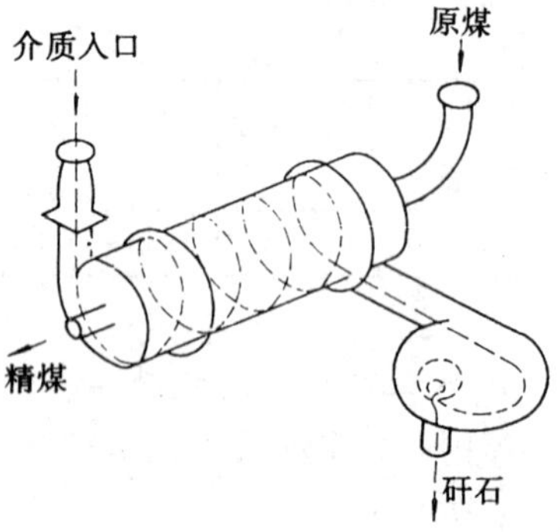

图2-4-39　大粒级煤重介质旋流器

表2-4-9　大粒级煤重介质旋流器与其他分选机分选效果对比

粒度/mm	分离密度/(kg/m³)	大粒级煤旋流器	跳汰机	重　介
		可能偏差 E	可能偏差 E	可能偏差 E
25～100	1 655	0.020	0.055～0.100	0.015～0.020
8～25	1 656	0.025	0.070～0.105	0.020～0.030
2～8	1 670	0.045	0.100～0.140	0.030～0.050
0.5～2	1 818	0.144	0.160～0.200	0.060～0.120

三、三产品重介质旋流器

三产品重介质旋流器是由两台两产品重介质旋流器串联组装而成的,从分选原理上没有差别。第一段为主选,采用低密度悬浮液进行分选,选出精煤和再选入料,同时由于悬浮液浓缩的结果为第二段准备了高密度悬浮液;第二段为再选,分选出中煤和矸石两种产品。三产品重介质旋流器的主要优点是用一套悬浮液循环系统,简化再选物料的运输。缺点是在第二段分选时,重介质密度的测定和控制较难。因第二段悬浮液入料是由第一段旋流器浓缩而来的。由于悬浮液密度与两段旋流器结构尺寸有关,所以第二段旋流器的分选密度除与第一段分选密度和两段旋流器的溢流管直径有关外，还与第二段旋流器底流口直径有关。因此，溢流管直径要选择适当。三产品重介质旋流器工艺简化，基建投资少，生产成本较低，受到了用户的欢迎。

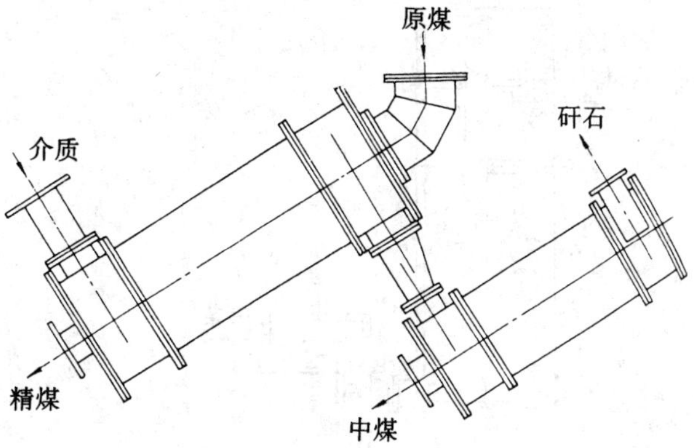

图 2-4-40 无压给料三产品重介质旋流器结构示意图

我国三产品重介质旋流器分有压给料和无压给料两大类型。

无压给料三产品重介质旋流器一段旋流器为圆筒型，二段旋流器为圆筒型或圆筒圆锥型。当二段要求有更高的排矸密度时，即用圆筒圆锥型。两段圆筒型的三产品旋流器结构图如图 2-4-40 所示。二段重产物排出口装有反压力调节装置。

无压给料 3NWX 型三产品重介质旋流器的技术参数见表 2-4-10。

表 2-4-10 3NWX 型三产品重介质旋流器的技术参数

项 目	710/500		500/350	
	第一段	第二段	第一段	第二段
圆筒直径/mm	710	500	500	150
入料口尺寸/mm	200×100	100×100	100×100	70×70
圆柱体长度/mm	2 600	1 700	900	1 200
溢流口直径/mm	160～200	160～220	140～220	140～200
底流口直径/mm	100×100		70×70	
入料粒度/mm	≤50		≤35	
工作压力/MPa	0.10～0.13		0.06～0.10	
最小悬浮液循环量/(m^3/h)	300		150	
安装倾角/(°)	30		30	
处理能力/(t/h)	70～110		30～40	

有压给料三产品重介质旋流器第一段为圆筒型或圆锥型，第二段为圆锥型。其结构示意图如图 2-4-41 和图 2-4-42 所示。其技术规格见表 2-4-11。

苏联制造的 ГТ-3/80 型三产品重介质旋流器结构示意图见图 2-4-43，它由一台圆筒旋流器和一台圆锥旋流器串联而成。ГТ-3/50 型三产品重介质旋流器结构示意图见图 2-4-44，它由一台 D. W. P 型重介质旋流器和一台圆锥旋流器串联而成，其技术特征见表 2-4-12。

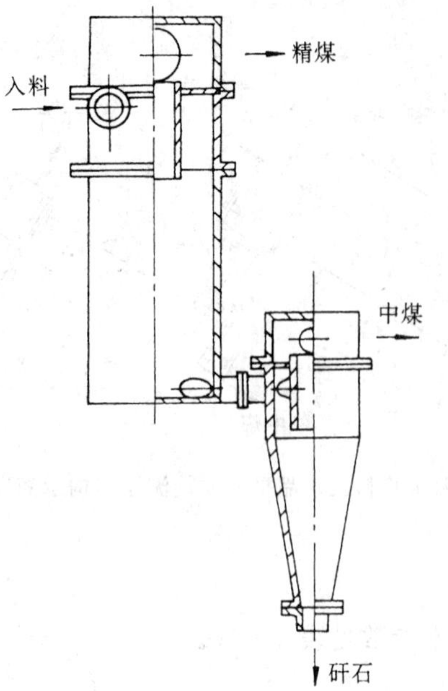

图 2-4-41　ϕ710/500 三产品重介质旋流器结构示意图

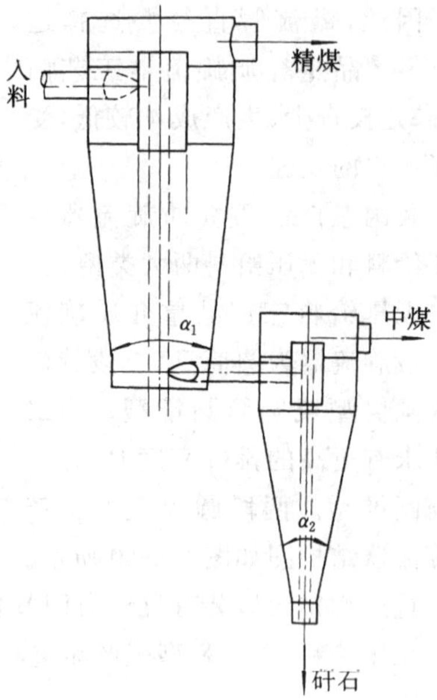

图 2-4-42　ϕ500/350 三产品重介质旋流器结构示意图

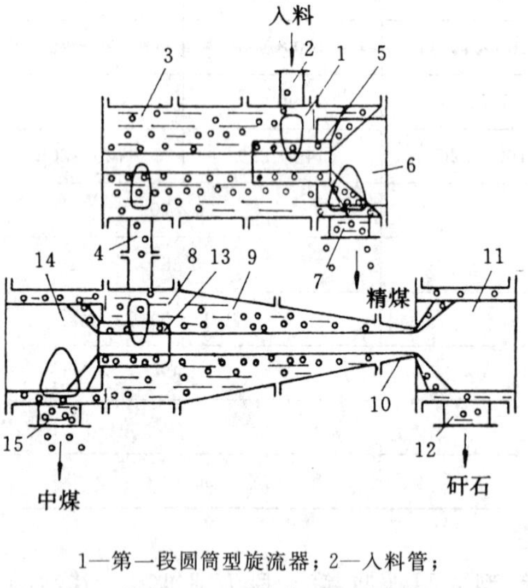

1—第一段圆筒型旋流器；2—入料管；
3—底流口；4—连接管；5—溢流管；
6—溢流室；7—排料管；
8—第二段旋流器的圆筒部分；
9—第二段旋流器的圆锥部分；10—底流口；
11—矸石室；12—排料管；13—溢流管；
14—中煤室；15—排料管。

图 2-4-43　ГТ-3/80 型三产品重介质旋流器

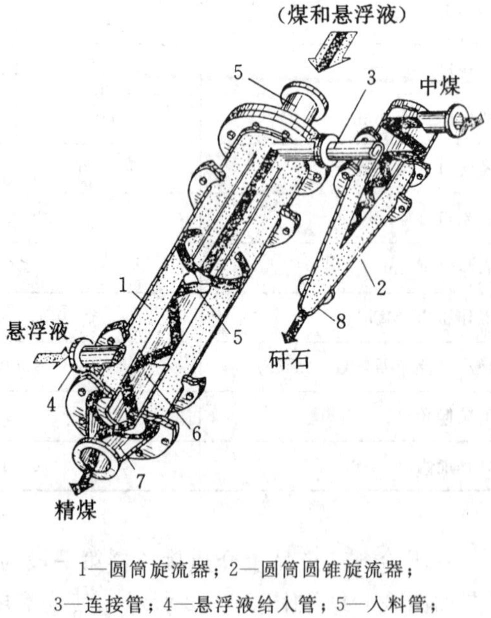

1—圆筒旋流器；2—圆筒圆锥旋流器；
3—连接管；4—悬浮液给入管；5—入料管；
6—溢流管；7—精煤排出管；
8—第二段底流口。

图 2-4-44　ГТ-3/50 型三产品重介质旋流器

表 2-4-11　我国三产品重介质旋流器的技术规格

名　称	ϕ200/140		ϕ500/350		ϕ710/500	
	第一段	第二段	第一段	第二段	第一段	第二段
圆筒直径/mm	200	140	500	350	710	500
圆锥角/(°)	0～10	20	10	20	0	20
溢流口直径/mm	50～60	50～70	160～195	140～180	240～315	170～240
底流口直径/mm	45	45	80～100	80～120	120～170	120～200
入料口直径/mm	40		90～110	80～100	120～200	
入料粒度/mm	13～0.5		25～0.5	25～0.5	40～0.5	40～0.5
处理能力(干煤)/(t/h)	3～5		40		70～110	
处理能力(矿浆)/(m^3/h)	26		210		300	
定压给料几何高/m			6.5		7.10	
外形尺寸(长×宽×高)/mm			2 846×1 221×818		3 808×1 615×910	
安装倾角/(°)	20	20			10	20

表 2-4-12　苏联三产品重介质旋流器的技术规格

名　称	ΓT-3/80		ΓT-3/50	
	第一段	第二段	第一段	第二段
圆筒直径/mm	630	500	400	350
圆锥角/(°)	—	20	—	20
定压给料几何高/m	6		—	—
泵给料入口压力/kPa			100～150	80～120
处理能力(干煤)/(t/h)	80	50	40	25
处理能力(矿浆)/(m^3/h)	200	130	130～160	90～120
入料粒度/mm	20～0.5	25～0.5	25～0.5	25～0.5
质量/kg	3 000		10 000	

意大利特拉伊-费洛(Tri-Flo)三产品重介质旋流器于 1977 年研制成功。它实际上是由两个 D. W. P 型重介质旋流器串联而成,见图 2-4-45,筒体上有两个渐开线形的介质进口和两个形状相同的重产物排出口。第一段选后的轻产物进入第二段再选,故可分出两产品或三产品。给入介质可以是一种密度或两种不同密度。出两种产品时,第二个重产物可作循环物料,生产两种产品,可以提高分选效率;生产三种产品时,可以大大简化选煤工艺流程,减少建厂投资及生产费用。这种旋流器多用于金属矿选矿。

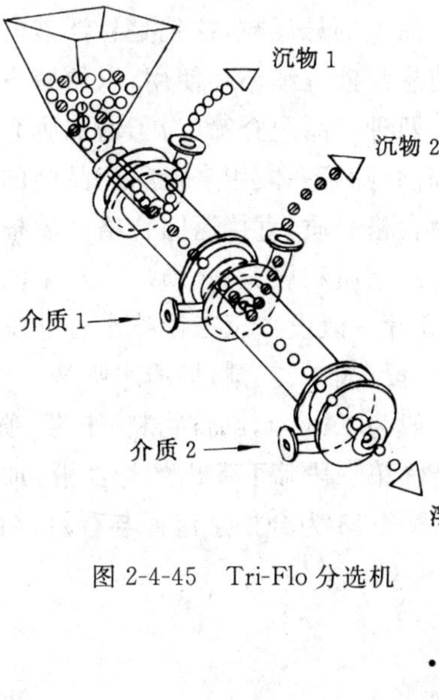

图 2-4-45　Tri-Flo 分选机

第五节 重悬浮液的回收与净化

物料经分选后，轻、重产品都带走大量的悬浮液，必须迅速地回收循环使用。为使回收的悬浮液性质符合要求，必须进行净化浓缩。因此，悬浮液的回收与净化是重介选矿流程中的一个重要组成部分，这个环节工作的好坏将直接影响分选效果。

一、重悬浮液回收与净化系统

常用于粗粒(块煤)重介质分选中悬浮液回收净化流程如图 2-4-46 所示。

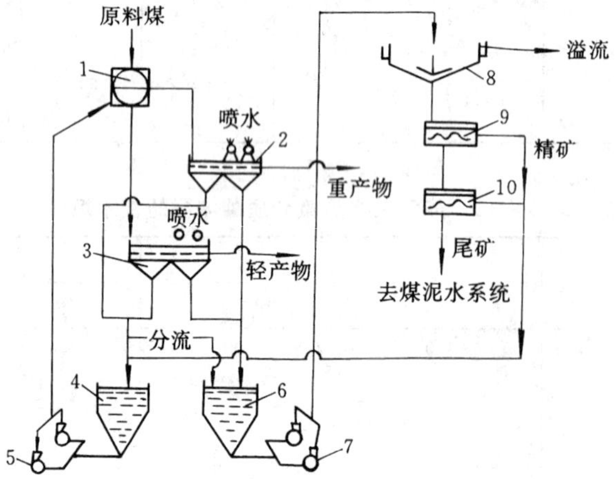

1—重介质分选机；2—重产品脱介筛；3—轻产品脱介筛；
4—合格介质桶；5—合格介质泵；6—稀介质桶；
7—稀介质泵；8—浓缩机；9——段磁选机；10—二段磁选机。

图 2-4-46 常用悬浮液回收净化流程

重介质分选机分选后，产品是同大量悬浮液一起排出的，所以必须泄除悬浮液和冲洗掉黏附在产品上的悬浮粒，这就是悬浮液的回收作业。这一作业不仅是为了保证产品质量，同时还可使悬浮液继续循环使用，以便减少生产过程中悬浮液的损耗。产品和悬浮液混合物，分别进入两种产品脱介筛(为了增加脱介能力，在进入脱介筛前要有固定筛或弧形筛作预先脱介)。脱介筛第一段用来泄除产品中的悬浮液，能脱除 70%～90%悬浮液，该段脱除的悬浮液作为合格介质，直接返回合格介质桶循环使用。脱介筛第二段上的物料仍含有一部分磁铁矿粉加重质和煤泥，必须加喷水来清洗黏附于产品表面及残存于物料间的悬浮粒。因此，在脱介筛一般设二至三排喷水管冲洗。第一段(或一、二排)加稀介质浓缩设备的溢流水喷洗，第二段(或二、三排)加清水喷洗。喷水量与产品的粒度大小有关。对于块状物料(煤)喷水量一般为 1 m^3/t，细粒物料(末煤)喷水量为 1.5～2.0 m^3/t。

脱介筛第二段筛下泄出的悬浮液，加入喷水后浓度很低，称为稀介质，其中煤泥含量也很高。表 2-4-13 为合格悬浮液与稀悬浮液性质比较。

表 2-4-13　合格悬浮液与稀悬浮液性质比较

悬浮液密度/(g/cm³)			悬浮液固体含量/(g/L)			悬浮液固体中磁性物含量/%		
主　选	再　选	稀悬浮液	主　选	再　选	稀悬浮液	主　选	再　选	稀悬浮液
1.42	1.805	1.02	728	1 013	44.9	52.7	86	28

从表 2-4-13 可以看出，稀悬浮液不能直接复用，必须浓缩净化。一般采用浓缩机浓缩(也可用磁力脱水槽或低压旋流器)。浓缩机溢流可作为脱介筛第一段(排)喷水。浓缩机的底流进入两段磁选机磁选。磁选机效率可达 99.8%以上，精矿磁性物含量达 90%以上，密度达 2.0 g/cm³ 左右。磁选后的精矿，进入合格介质桶与脱介筛第一段筛下悬浮液混合后，组成合格悬浮液，用泵输送到分选机中循环使用。

为了增加合格悬浮液的密度或降低合格悬浮液中的煤泥量，利用磁选精矿的密度和磁性物含量都高的特点，将一部分浓缩悬浮液通过分流设备分流到稀悬浮液系统，经磁选机净化和浓缩后再返回合格介质桶。这部分浓悬浮液量称为分流量。它的大小可以由自动控制系统根据需要改变。在正常生产情况下，分流量在一常量的上下波动。应该注意的是，分流量越大，磁铁矿损失也越大。因而，不应随意增加分流量或减少分流量。图 2-4-46 所示的悬浮液回收净化流程比较简单，常用于粗粒(块煤)分选的悬浮液回收净化流程。缺点是细粒磁铁矿容易损失。

图 2-4-47 是另一种悬浮液回收净化流程。这种悬浮液回收净化流程，与前一种不同之处是稀悬浮液先在一低压旋流器内分级，细粒磁铁矿和细粒煤泥通过旋流器溢流进入浓缩机。旋流器底流为粗粒磁铁矿及粗粒煤泥，进入磁选机。磁选精矿进入浓缩机。浓缩机底流进入合格介质桶，浓缩机溢流作为喷水。由自动控制系统控制浓缩机底流。该流程比前者复杂。优点是能够回收细粒磁铁矿和细煤泥，保持悬浮液稳定，减少磁铁矿损失。适用于末煤重介质分选的悬浮液回收净化流程。

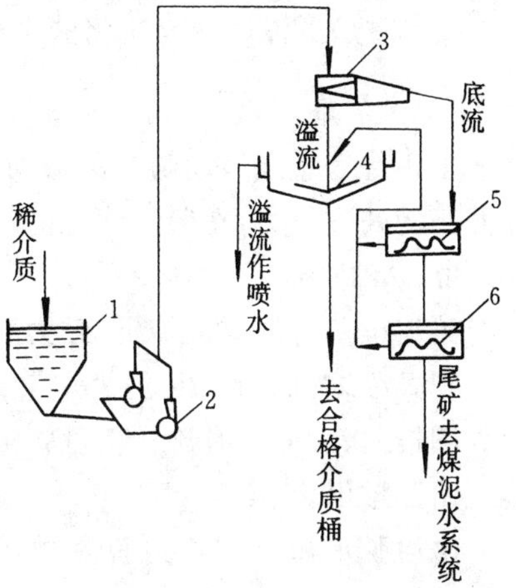

1—稀介质桶；2—稀介质泵；
3—低压旋流器；4—浓缩机；
5—一段磁选机；6—二段磁选机。
图 2-4-47　稀介质回收净化流程

除上述两种流程外，还有一种最简单的直接磁选净化流程，即稀悬浮液不经浓缩或分级设备，直接进入磁选机磁选回收。我国彩屯、吕家坨选煤厂都采用这种流程。该流程优点是缩短了介质循环路程，减少了管路磨损，提高了悬浮液的稳定性。该流程要求稀悬浮液尽量少，磁选机处理能力要大。对于采用加重质粒度较粗的分选机，也可采用重力沉淀的方法，回收磁铁矿。如德国的太司卡分选机所用磁铁矿，采用重力沉淀回收，介质损失较少。

对于非磁性介质，可视加重质特性，采用重力沉淀、离心沉淀、过滤、浮选、摇床精选等方法进行回收和净化。

二、重悬浮液中煤(矿)泥量的动平衡

进入悬浮液系统中的煤泥量有两部分,一是由原料煤所带入的原生煤泥,二是在分选过程中产生的次生煤泥。从悬浮液系统中排出的煤泥有:产品带走的煤泥、稀介质和分流量进入磁选机后以尾矿形式排除的煤泥。当原料煤的数质量、选煤工艺流程及分流量等各项参数不变时,按照数质量进出平衡原则,煤泥量不可能在系统中无限积存,也不可能在系统中无限减少。进入系统的煤泥量应该与系统中排除的煤泥量平衡,即动平衡。

当某一参数改变后,煤泥量就失去平衡,在合格悬浮液中增加或减小,但该参数达到一定数值后煤泥量又在新的基础上达到平衡。比如当分流量增加后,进入系统中的煤泥量没变,但从磁选机排除的煤泥量增加了。于是从系统中排除的煤泥量大于进入系统的煤泥量。合格悬浮液中煤泥量逐渐减少,合格悬浮液中的流变黏度也逐渐减小。这样,脱介筛的脱介效果将会改善,进入第二段稀悬浮液中的煤泥量将会逐渐减小。最后由产品带走的煤泥量也逐渐减小。结果是从系统中排除的煤泥量逐渐与进入系统中的煤泥量趋于平衡,也就是在合格悬浮液中煤泥含量减少的基础上达到了新的平衡。相反,当原料煤的煤泥含量增多或分流量减小时,合格悬浮液中的煤泥含量就会增加。

在一般情况下,可通过改变分流量来调节悬浮液中煤泥含量。应当指出,当悬浮液密度低,需要加大分流量时,同时会引起悬浮液中煤泥含量降低,这是在操作中应注意的问题。

三、重悬浮液回收与净化的主要设备

1. 脱介筛

多用普通直线振动筛或共振筛,筛面采用缝条筛面,筛孔为 0.25～1.0 mm。为了提高脱介筛的处理能力,在脱介筛之前,设置固定筛或弧形筛。

2. 浓缩设备

浓缩设备有耙式浓缩机、磁力脱水槽、水力旋流器、倾斜板浓密箱及螺旋分级机等。

耙式浓缩机分大、中、小型,其中小型耙式浓缩机的浓缩槽或称分级槽多用钢板制成,槽底为圆锥面,底面上有旋转耙可将浓缩物收集到中心底孔排出,槽体上部周边焊有溢流槽,溢流由此排出。

磁力脱水槽也称磁力脱泥槽或磁洗槽,它是在重力和磁力联合作用下使磁性物和非磁性物分离的一种磁选设备,适用于处理粗粒加重质磁性稀悬浮液的浓缩。由于结构限制,直径一般为 2～3 m,因此每台处理能力低于耙式浓缩机,生产中所用台数较多。其原理与结构参看第三篇中的相关内容。

螺旋分级机主要用于经磁选回收精矿的浓缩,特点是可以获得浓度高且重介质密度稳定的浓缩产物。所以,适用于高密度的介质回收系统。

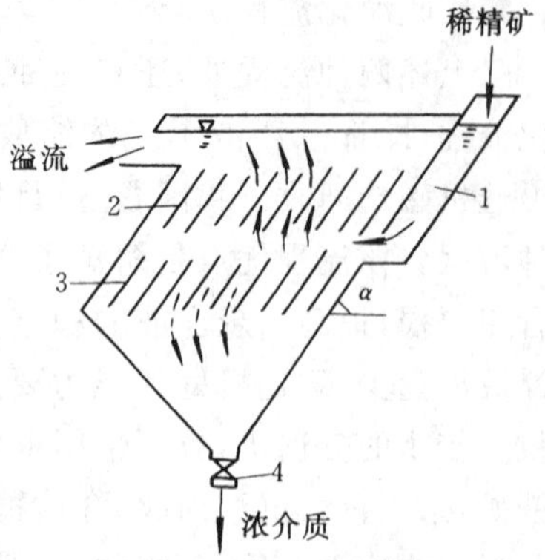

1—给料槽；2—浓缩板；
3—稳定板；4—排料口。

图 2-4-48 倾斜板浓密箱结构示意图

倾斜板浓密箱是一种小型效率高的浓缩设备,其构造如图 2-4-48 所示。外形为一个斜方形箱体,下接一个角锥形漏斗,箱体内装相互平行的倾斜板,

分上下两层排列，稀悬浮液沿整个箱的宽度给入到两层倾斜板之间，然后向上流过上层倾斜板的间隙。在此过程中，加重质颗粒在板间沉降析出，故上层倾斜板称为浓缩板。沉降到板面上的加重质颗粒借自重向下滑动，并落入下层倾斜板的间隙，继续沉降浓缩。下层倾斜板的用途主要是减少旋涡搅动，使浓缩过程稳定地进行，故下层板又被称为稳定板。浓缩产物从锥形漏斗的底口排出，液流则经上部溢流槽流走。

3. 净化设备

选矿或选煤所用磁性加重质较多，故多用磁选机来净化介质。重介质系统中回收磁铁矿多选用永磁筒式弱磁场磁选机，另外包括预磁设备和脱磁设备。其原理和结构均可参看第三篇中的相关内容。

对于非磁性加重质，若采用浮选法，所用浮选机可参看第四篇中的相关内容。此处均不再赘述。

4. 介质桶

介质桶包括合格介质桶和稀介质桶，是为了储存和缓冲悬浮液而设置的。介质桶呈圆筒形，下底为圆锥形，锥角为 60°。筒底锥形便于沉淀加重质。开机时，采用 0.6～0.8 MPa 的压缩空气搅拌，转入正常生产后，便靠悬浮液自身循环搅拌。此时，合格介质桶内应存有少量悬浮液，其存留量的多少，以保证泵的压力稳定为前提。介质桶也可以为加快调节悬浮液密度的速度创造条件。

介质桶要有足够的容积，以保证停机后，能容纳分选机及管道中的全部合格介质，否则停机时，合格介质将溢流而造成损失。

5. 提升和输送介质的设备

提升和输送重介质的设备是空气提升器，它靠压缩空气间断提升和输送悬浮液。主要用于提升重介质车间流失的悬浮液和废水，也可用来提升和输送高密度悬浮液和磁铁矿粉。

图 2-4-49 为空气提升器结构示意图。它作为重介质选煤车间悬浮液、废水及磁铁矿粉的扬送设备，一般安装在厂房标高最低层。物料由入料管 1 经球形逆止阀 7 进入桶体 4 内。桶体内设有液位电极 2。当物料液面达到液位电极的高液位时，高液位信号指示（指示灯、电铃）发出信号，此时便打开进气管 3，进入高压（0.4～0.8 MPa）空气，使其作用于桶内的液面上，由于入料管设有逆止阀，故迫使桶内物料由排料管 6 排出。当桶内物料液面降至液位电极的低液位时，低液位信号指示发出信号，关闭进气管 3 的阀门，风力提升的工作停止。与此同时，桶内压缩空气经排气管 5 放出，球形逆止阀又开启，物料再次进入桶体，开始了下一个工作循环。

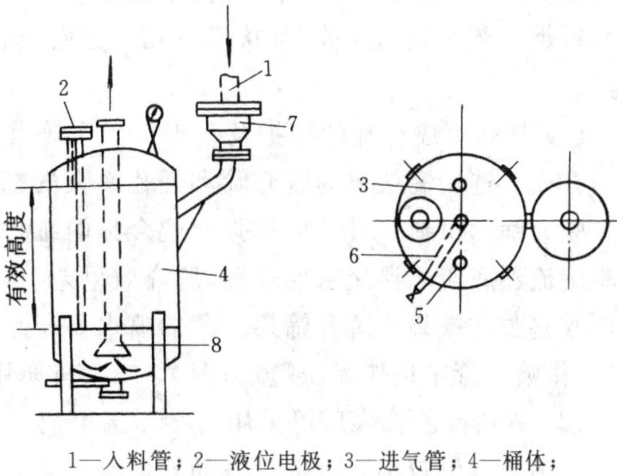

1—入料管；2—液位电极；3—进气管；4—桶体；
5—排气管；6—排料管；7—逆止阀。

图 2-4-49　空气提升器结构示意图

四、重悬浮液回收与净化中的损失

磁铁矿的损耗是重介质选矿厂的一项主要技术经济指标，它不但关系到原材料消耗量的大小，而且还影响重介质系统的生产能否保持正常和稳定。

由产品带走和磁选机尾矿流失的加重质(磁铁矿粉)之和，折合成每吨原煤的介质损失量，称为磁铁矿粉的技术损失。由运输、转载和添加方式不佳等管理不善而造成的损失，称为管理损失。技术损失和管理损失相加，构成总介质损失。

非技术损失属管理不善造成的，过去有不少选煤厂将磁铁矿粉从介质库用人工搬运到重介质选煤车间，搬运过程中损失量大。现在，大部分选煤厂都用空气提升器，从介质库直接送到车间，采用这种方式可以显著降低非技术损失。

根据国内外较高水平要求，块状物料重介质选矿加重质的实际损失应低于0.5 kg/(t原矿)，粉状物料重介质选矿加重质的实际损失应低于1.0 kg/(t原矿)。我国选煤厂设计规范中规定，重介质选煤过程中，入选1 t原煤的磁铁矿粉耗量(技术损失)宜直接在下列指标内：对于块煤系统0.2 kg；对于末煤系统0.5～1.0 kg。

加重质损失的一般规律是分选块煤时的介质损耗比分选末煤时要少；用低密度悬浮液时比用高密度悬浮液的介质损耗要小。有的选煤厂技术损失并不大，但总介质耗量却较多。之所以如此，一种可能是设备事故及磁铁矿粉的存放、运输、添加时的损失；再一种可能是检查中未能发现，但在生产中实际存在的损失，如突然加大分流量，造成磁选尾矿中加重质流失过多。

总之，生产过程中重介质损失，应查其原因所在。如果在总损失量中管理损失所占比例过大，就应从介质的存放、转运及添加等环节找原因，加强管理。如果技术损失过大，应检查各工艺环节。如产品带走造成的损失多，应改善脱介筛的工艺效果；如果磁选尾矿中流失多，便应提高磁选机的回收率；分流量处理不当，就应对分流量严加控制。

根据生产实践的经验，可从以下几个方面控制加重质的损失，以便尽量达到损耗的最佳指标。

(1) 加强对脱介筛的维护及改善其工作效果

首先应选用高效率的脱介筛和开孔率大的筛面。在脱介筛前设置固定筛或弧形筛，以减少脱介筛的负荷。日常应加强对脱介筛的维护与管理，使其工艺性能得到充分发挥。重介质旋流器底流悬浮液密度较高，脱介效果差，可引入一部分精煤筛下合格介质将其稀释，从而改善脱介效果。脱介筛第二段的喷水要充足，其中浓缩机溢流而来的循环水被送入第一、二排喷水管中用作无压喷水；但第二、三排所用清水，应为有压喷水。

(2) 有条件的选煤厂可采用直接磁选工艺

当稀介质量较小而磁选设备的处理能力又较大时，可考虑采用直接磁选，无需对稀介质浓缩。大量生产实践表明，采用直接磁选，可获得较好的效果。

(3) 提高分选设备的回收率

用磁选方法净化悬浮液，一般应保证磁选机回收率在99.8%以上，否则，磁铁矿粉的损失过大。因为，大量稀介质及一部分分流的合格介质，都是通过磁选机进行净化的，故磁选机工作的好坏对磁铁矿粉损失的多少有很大的影响。例如，假设进入磁选机的磁铁矿量为6 t/h，当磁选机回收率为99.9%时，则磁铁矿损失为6 kg/h；如果回收率为99%，磁铁矿损失可高达 60 kg/h；若回收率降至 98%，损失将增至 120 kg/h。可见磁选机回收率降低一点，而磁铁矿损失就会增加几倍到几十倍。

(4) 保持各设备液位平衡，防止堵、漏事故发生

发生堵、漏事故，可造成重介质的大量损失。如立轮重介质分选机堵塞一次，损失约 2 t 磁铁矿粉；脱介筛下溜槽堵塞一次，磁铁矿的损失将近 1 t。

(5) 减少进入稀介质中的加重质数量，并尽量保持稀介质的质量稳定

应尽量减少原煤带水量及悬浮液的循环量，提高原煤脱泥效率，以减少分流量，使进入稀介质中的磁铁矿粉越少越好，使稀介质的质量稳定，避免造成磁选机入料浓度突然变大，导致回收率不高，使加重质在尾矿中过多流失。

(6) 保证加重质粒度的要求

加重质粒度变粗后，悬浮液稳定性变差，基于稳定性的要求，势必要增大泥质物的含量，这就导致脱介筛和分选机效率下降，加重质损失明显上升。所以加重质应根据分选工艺及分选设备的要求来制备，如粒度达不到要求应增加磨矿环节。

(7) 严格控制从重介质系统中向外排放矿浆

除磁选尾矿可向外排放外，其他各环节一律不应向外排放矿浆。应控制浓缩设备，其溢流全部用作脱介筛的喷水。各设备滴漏水及冲洗地板水都应回收，并经空气提升器令其返回系统中去。

(8) 采用最佳的加重质储运及添加方式

没有设置介质库的选煤厂，均应设置介质库存，其介质库的有效容量是按每次铁路运来的车辆数决定的，一般容量为 3～6 个车辆的储存量。从介质库到选煤车间介质的输送和添加最好采用空气提升器。

第六节　重悬浮液密度的自动控制

重介质分选生产过程，悬浮液的密度直接影响实际分选密度。为了提高分选过程的工艺效果，实际分选密度的波动应尽可能小。一般要求进入分选机中的悬浮液，其密度波动需小于±0.1 g/cm^3。

悬浮液的密度是根据对精煤灰分指标的要求确定的。但由于分选机中流体运动的影响，悬浮液密度与实际分选密度是有差别的。对于上升介质流的块煤重介质分选机，悬浮液密度比实际分选密度一般要低 0.03～0.1 g/cm^3；若用重介质旋流器，前曾述及，悬浮液密度比实际分选密度要低 0.2～0.4 g/cm^3。所要求的密度差值的大小，除与悬浮液黏度、稳定性、原煤粒度组成及密度组成有关外，对块煤重介质分选机来说，密度差值与水平介质及上升或下降介质流的大小有关系。当下降介质流较大时，实际分选密度可能略低于悬浮液的密度。对于重介质旋流器，密度差值与给料压力、液固比（悬浮液用量与被选物料量之比）、旋流器结构参数等因素有关。

在日常生产中，控制悬浮液密度是获得良好工艺效果的重要环节。检查悬浮液密度的方法有两种，一种是人工检查，通过称量一定体积悬浮液量求得悬浮液的物理密度，即用浓度壶测定，亦可用密度计测量；但这种检查方法既费力，经检查后又难以及时调整。另一种方法是用仪器自动检测，所用装置有双管压差密度计、水柱平衡密度计及放射性密度测定仪

等。由这些装置将所获得的一次信号，通过电子仪器转换成电讯号，传输给执行机构，用补加水或补充加重质的方法，使悬浮液的密度维持稳定状态。

一、双管压差密度计

图 2-4-50 为双管压差密度计示意图。在被测的悬浮液 1 内，放进两根插入深浅不同的测压管 2。具有 0.015 MPa 压强的压缩空气，通过节流阀 7 分别进入两根测压管内，压缩空气充满双管后，加之管端的压力进入悬浮液。由于节流阀的作用，管内气压将与管端重介质的压力相平衡。长管上端的横侧胶管与密封的水盒 4 相连，水盒的下部与指示管 5 和电极 6 的底部相通。短管的横侧胶管 3 则与指示管 5 和电极 6 的上部连接。于是，长短管之间便构成了闭路。由于测压管插入的深度不同，则管口处悬浮液的静压力也将有所区别。如设 h_1 和 h_2 分别为长管和短管的插入深度，那么长管口端的压强 $p_1=h_1\rho_{zj}g$，短管口端的压强 $p_2=h_2\rho_{zj}g$。由于长管口端的压强 p_1 大于短管口端的压强 p_2，于是推动水盒内的水面下降，指示管内的水柱便上升 H 高度。当压力达到平衡时，则有

$$h_1\rho_{zj}g = h_2\rho_{zj}g + H\rho_s g$$

由于水盒及测压管内水的密度 $\rho_s=1\ \mathrm{g/cm^3}$，故上式可写成

$$H = (h_1 - h_2)\rho_{zj} \tag{2-4-26}$$

式中 (h_1-h_2) 为定值，故指示管内的水柱高 H 就可用来表示悬浮液的密度。显然，h_1 与 h_2 差值越大，测量时的灵敏度就越高。

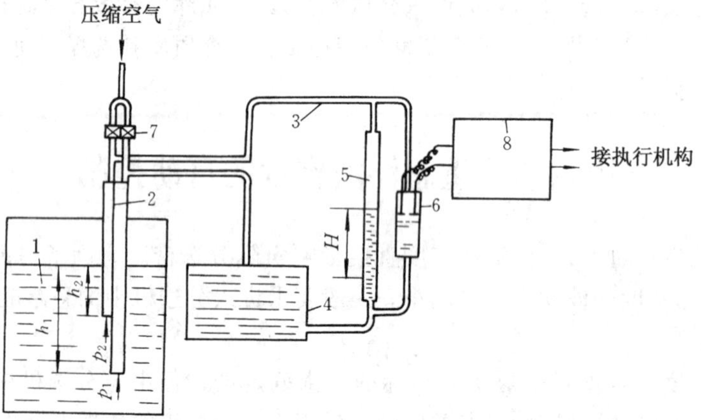

1—被测的悬浮液；2—测压管；3—胶管；4—水盒；5—指示管；6—电极；7—节流阀；8—放大器。

图 2-4-50　双管压差悬浮液密度自动测量装置

该装置若用于块煤重介质分选机，可直接将测压管插入分选槽内，随意测定槽各层悬浮液的平均密度。正常生产过程中，都是将测压管放在分选带的部位。

选煤若用重介质旋流器，可引出一部分合格介质，到专设的测定箱中测其悬浮液的密度。

双管压差悬浮液密度自动测量装置由三部分组成：第一部分是测量部分。它随时检测密度变化情况，一旦悬浮液偏离规定密度值时，便发出声光信号报警。电极管内的液面随指示管内水柱平行上升或下降，于是两电极间的电阻便随液面的升降而变化。第二部分就是

将电极间电阻的升降变化送入电位放大器 8，通过放大器识别控制调节系统。第三部分是执行机构，它经放大器指示，根据悬浮液密度的变化补加清水或增添加重质。

用此装置控制悬浮液的密度波动范围，不超过 $\pm 0.015\ g/cm^3$。

二、水柱平衡密度计

图 2-4-51 为水柱平衡密度计的示意图。该密度计也是利用压差原理测定悬浮液密度的。被测的重介质通过介质箱 1 的固定筛将大颗粒物料脱除后进入介质管 2，然后由喷嘴 4 流出。定压水箱 5 的清水经过水管 6 也经喷嘴 4 流走。3 是悬浮液与清水的汇流槽。为了使介质箱内悬浮液保持一定的高度 h，进入箱内过多的介质则从溢流管 7 流出。从喷嘴 4 流出的水与悬浮液的混合物去稀介质桶。

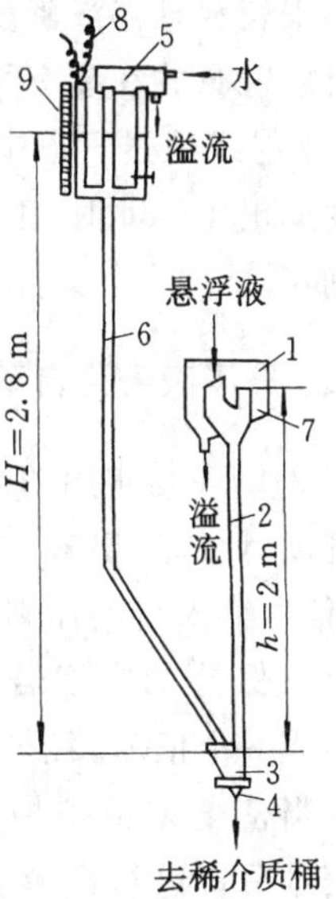

1—介质箱；2—介质管；
3—汇流槽；4—喷嘴；
5—定压水箱；6—水管；
7—介质箱溢流管；
8—电极；9—标尺。

图 2-4-51　水柱平衡密度计装置示意图

根据液柱平衡的原理，当水和悬浮液都从喷嘴同时一起流出时，必然是水柱的压强与悬浮液的压强达到平衡，即

$$h\rho_{zj}g = H\rho_s g$$

或

$$H = h\frac{\rho_{zj}}{\rho_s} \tag{2-4-27}$$

可见，当水的密度 $\rho_s = 1\ g/cm^3$ 时，水柱高度 h 是固定的，H 将随悬浮液密度 ρ_{zj} 的变化而改变，呈正比关系。因此，标尺 9 上所反映的水面高低表示了悬浮液密度的大小。

例如，若 $\rho_{zj} = 1\ 400\ kg/m^3$，$\rho_s = 1\ 000\ kg/m^3$，介质箱内悬浮液面到汇流槽中与水汇合处的高度 $h = 2$ m 时，则

$$H = h\frac{\rho_{zj}}{\rho_s} = 2 \times 1.4 = 2.8\ (m)$$

由水柱平衡密度计测得的悬浮液密度的变化，经电极 8 转变为电信号，通过晶体管灵敏放大器使磁放大器中的电磁铁开始动作，对介质桶内悬浮液的密度进行调整(或者补加清水或者添加磁铁矿粉)，以保持悬浮液密度在规定值。水柱平衡密度计的控制系统如图 2-4-52 所示。

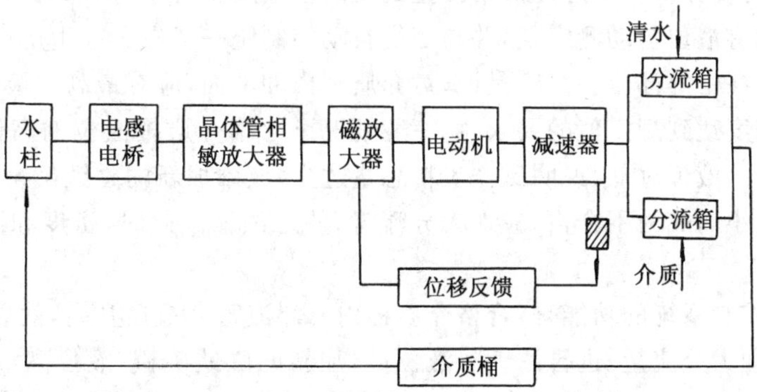

图 2-4-52　水柱平衡密度计的控制系统

三、放射性密度测定仪

放射性密度测定仪也称同位素密度计。其原理是根据γ射线穿过悬浮液时被吸收程度的大小来表示悬浮液密度高低的。

将放射源放在装有悬浮液流的管道一侧，而将测定γ射线强度的接收器放在管道的另一侧。γ射线通过管道中的悬浮液后，有一部分射线将被悬浮液所吸收，吸收的多少与悬浮液密度成正比。此时，工作过程中悬浮液密度便可根据接收器所测得的总放射线强度大小加以确定。

四、悬浮液密度自动控制系统

图 2-4-53 是常用的悬浮液密度自动控制系统。

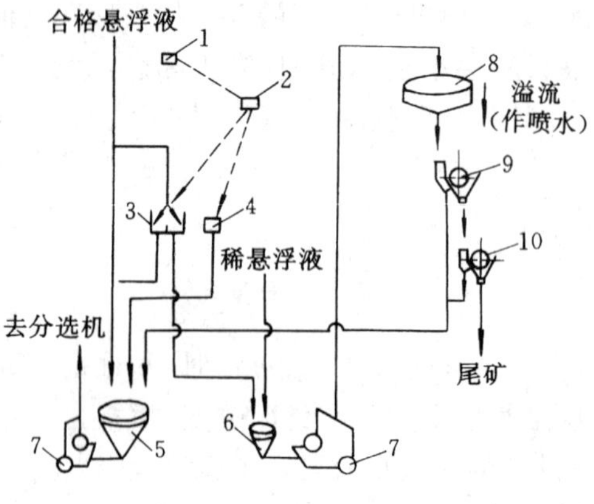

1—密度计；2—自动控制箱；3—变流箱；4—水阀；5—合格介质桶；6—稀介质桶；7—介质泵；8—浓缩机；9—第一段磁选机；10—第二段磁选机。

图 2-4-53 常用的密度自动控制系统

密度计 1 测出被控悬浮液的密度后，将信号给入自动控制箱 2。测得的密度与要求保持的密度若不符，其密度差值便形成一个信号，经放大后，送入执行机构。当密度差值很微弱时，执行机构获得信号后将进行微调。如果密度差值较大，例如被测悬浮液密度低了，即合格介质因密度变低而不合格。此时，信号通过控制箱，对变流箱 3 发出指示，令其加大分流量，将更多的应该合格而已经不合格的介质，送入稀介质桶 6，使其参与浓缩、净化以后，再返回合格介质桶 5。如果悬浮液密度仍未升高，就进一步加大分流量，直到悬浮液密度达到合格值时为止。这时，分流量又恢复正常。如果送入磁选机的悬浮液密度高了，信号进入控制箱，指令开动水阀 4，往合格介质桶中补加清水，合格介质桶内的悬浮液密度开始逐渐下降，此时，信号又通过控制箱，指令水阀减少清水加入量，直到合格介质桶中悬浮液密度达到规定值而真正合格时，水阀才停止供水。

介质桶内设有液位自动测定仪，并与密度自动控制统一考虑。在生产过程中，稀介质桶内的液面应保持在中等部位。也就是说，对介质桶内的液面，应有最高和最低限位。

当悬浮液密度达到规定值的要求时，一般情况下合格介质桶液位的高低取决于系统中磁铁矿粉的总量。液位过低，说明磁铁矿粉总量过少，应添加新的磁铁矿粉；液位过高，合格悬浮液的密度变小而成为不合格，应加大分流量，使之浓缩。此时，密度和液位自动控制的动作是一致的。

总之，自动控制系统的功能是：合格介质桶内悬浮液密度一旦升高，就立即补加清水；密度一旦降低，就加大分流量，进行浓缩。液位低，加新的磁铁矿粉；液位高，加大分流量。在正常生产过程中，液位一般比较稳定，因悬浮液密度的波动很小，因而液位变化难以反映。密度和液面的自动控制系统应具有这样的能力，当合格介质桶内悬浮液密度产生很大偏差时，它能很快地把密度调整过来。

对于双密度系统，可以将两个密度系统的全部磁选精矿给到高密度介质桶中，并将部分高密度悬浮液分流到低密度桶，用以调整低密度悬浮液的密度。

密度自动控制系统工作的质量优劣，不但与测定和控制装置的工作效果有关，而且还与工艺流程、磁铁矿粉损失的大小等因素有关。如当原煤带水过多或往合格介质桶中窜水时，可发现合格介质桶中悬浮液的液面上升过高，悬浮液密度下降较大，密度波动过剧，则磁铁矿粉损失增加。这时，若仅靠自动控制系统，就不能解决问题了。又如，当磁铁矿粉损失过多时，自动控制系统尽管动作十分频繁，但介质仍难以稳定，液位经常下降，这就应采取其他措施，从根本上消除造成磁铁矿粉损失过多的隐患，单靠自动控制系统是难以实现的。

第七节　干法选煤

在我国占可采储量 2/3 以上的煤炭地处山西、陕西、内蒙古西部和宁夏等严重缺水地区，因而无法大量采用现在耗水量较大的湿法选煤方法来提高煤质。我国自行研制的气-固两相流空气重介质流化床选煤技术及复合式干法分选机，能较好地满足干旱缺水地区和易泥化煤炭的分选要求。

一、空气重介质流化床干法选煤

1. 空气重介质流化床干法选煤的基本原理和特点

(1) 流态化的过程

空气重介质流态化是一种使微粒固体介质通过与气体接触而变成类似流体状态的过程。如图 2-4-54(a)所示，一个具有垂直器壁的容器 1，下部装一分布器 2，其上堆放有许多均匀微细颗粒 3，在颗粒层下部装一 U 形测压管 5，气流从底部 4 经分布器 2 流入颗粒床层，然后再由容器 1 顶部排出。当气流通过床层时，随着气流速度的增加，整个流态化过程有三个基本阶段：① 固定床；② 流化床；③ 输送床。分别见图 2-4-54(b)(c)(d)。

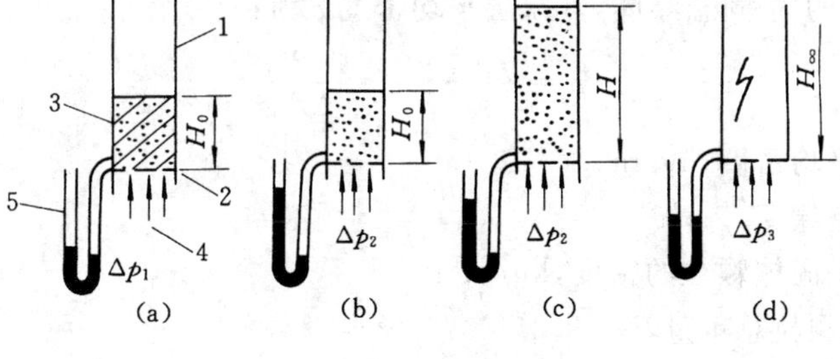

图 2-4-54　理想流态化过程

(2) 流化床的似流体性质

气-固流化床能否具有液体的流动性，这对于空气重介质流化床分选技术来说是十分重要的。研究表明：完全流化后的气-固流化床，其气-固运动看起来很像沸腾的液体，并在很多方面都呈现类似于流体的性质。如图 2-4-55 所示。

① 两连通床能自动调至同一水平面[图 2-4-55(a)]；

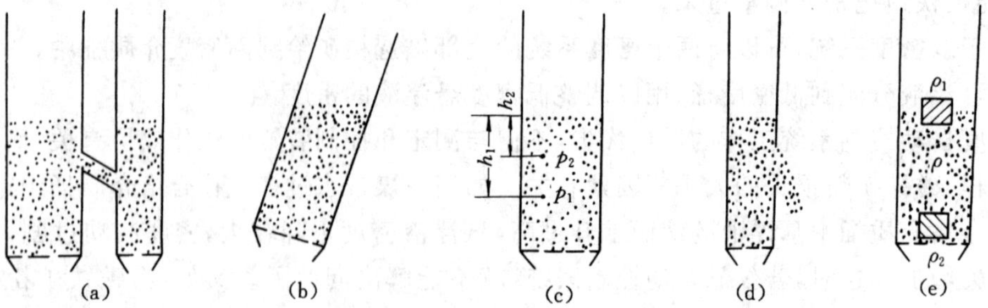

图 2-4-55 气-固流化床的似流体性质

② 当容器倾斜时，床层上表面仍保持水平[图 2-4-55(b)]；

③ 床层中任意两点压强差等于此两点间的床层静压差[图 2-4-55(c)]，即

$$\Delta p = p_1 - p_2 = h_1\rho g - h_2\rho g \tag{2-4-28}$$

式中 Δp——床层中两点间压差；

p_1——离床面 h_1 深度处的静压；

p_2——离床面 h_2 深度处的静压；

ρ——床层密度。

④ 具有像液体一样的流动性，如在容器壁面开孔，颗粒将从孔口喷出[图 2-4-55(d)]；

⑤ 小于床层密度的物体将浮于床面，大于床层密度的物体将沉于床底，这一按密度分层的过程服从阿基米德定律[图 2-4-55(e)]，即

$$\rho_1 < \rho < \rho_2 \tag{2-4-29}$$

式中 ρ——床层密度，kg/m^3；

ρ_1——上浮物体密度，kg/m^3；

ρ_2——下沉物体密度，kg/m^3。

(3) 空气重介质流化床分选原理

所谓空气重介质分选就是运用气-固流化床的似流体性质，在流化床中形成一种具有一定密度的均匀稳定的气-固悬浮体，其床层平均密度 ρ 为：

$$\rho = (1-\varepsilon)\delta = \frac{W}{LAg} \tag{2-4-30}$$

式中 ρ——床层平均密度，kg/m^3；

ε——床层空隙度，%；

δ——床层中固体颗粒的密度，kg/m^3；

W——床层颗粒总重量，N；

L——床层高度，m；

A——床层截面积，m^2；

g——重力加速度，m/s^2。

因此，根据阿基米德定律，轻重产物在悬浮体中按密度分层，即小于床层密度的轻产物上浮；大于床层密度的重产物下沉，经分离和脱介获得两种合格的产品。

2. 空气重介质流化床干法分选机

我国研制的空气重介质流化床干法分选机是物料完成干法入选、分离的主要设备。其

结构示意图如图 2-4-56 所示。该机由空气室、气体分布器、分选室和产品运输刮板装置等部分组成。物料在分选机中的分选过程是:经筛分后的 6～50 mm 块状物料与加重质分别加入分选机中,来自风包的具有一定速度的有压气体经底部空气室通过气体分布器后均匀作用于加重质而发生流化作用,在一定的工艺条件下形成具有一定密度的均匀稳定的气-固两相流化床。物料在流化床中按密度分层,小于床层密度的物料上浮,称为浮物;大于床层密度的物料下沉,称为沉物。分层后的物料分别由低速运行的无极链刮板输送装置逆向输送,浮物如精煤从右端排料口排出,沉物如矸石或尾煤从左端排料口排出。分选机下部各风室与供风系统连接,设有风压与各室风量调节及指示装置。分选机上部与引风除尘系统相连,设计引风量大于供风量,以造成分选机内部呈负压状态,可有效地防止粉尘外逸。

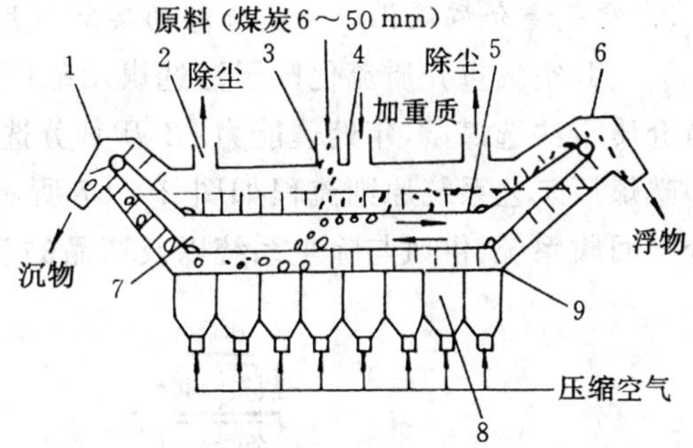

1—排矸端;2—集尘口;
3—原料入料口;4—介质入料口;
5—刮板机;6—排煤端;7—流化床;
8—空气室;9—压链板。

图 2-4-56　空气重介质流化床干法分选机示意图

空气重介质流化床分选机可有效地分选外在水分小于 5%的 6～50(80) mm 粒级煤。分选精度高,可能偏差在 0.05～0.07 范围内。

表 2-4-14 列出了 10 t/h、25 t/h、50 t/h 空气重介质流化床分选机主要参数。

表 2-4-14　空气重介质流化床分选机主要参数

序　号	项　目		单　位	型　号　特　征		
1	处理量		t/h	10	25	50
2	分选物料	粒度	mm	6～50	6～50	6～50
		外在水分	%	<5	<5	<5
3	分选密度		g/cm³	1.3～2.0	1.3～2.0	1.3～2.0
4	有效分选床层	长度	mm	5 500	5 000	5 000
		宽度	mm	500	1 000	2 000
		高度	mm	360	360	360
5	电动机	型号		YCT220-4A	YCT220-4A	YCT250-4B
		功率	kW	5.5	11	22
		转速	r/min	125～1 250	125～1 250	132～1 320
6	减速机	型号		WD210-33-Ⅲ	WD210-33-Ⅲ	NBZD280-56-Ⅱ
		变速比		33	33	64.09
7	外形尺寸(长×宽×高)		mm	7 890×600×2 030	7 890×1 200×2 030	8 253×2 544×2 707
8	总质量		kg	6 558	11 200	15 850

3. 空气重介质流化床干法选煤的实际应用及效果

50 t/h 空气重介质流化床干法选煤示范厂在七台河桃山选煤厂，这是世界上第一座空气重介质干法选煤厂，年处理能力 32 万 t，分选密度为 1.45 g/cm³，原煤属难选或极难选。

选煤厂工艺系统原则流程如图 2-4-57 所示，主要包括：原煤准备系统、选煤系统、脱介及介质回收系统、供风与除尘系统以及产品的装车运输系统。

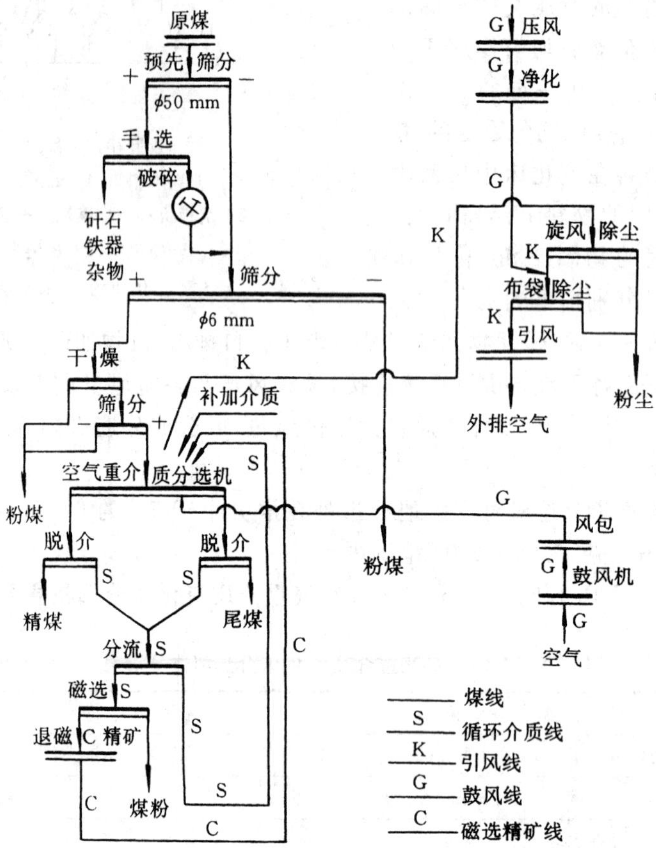

图 2-4-57　50 t/h 空气重介质选煤工艺系统原则流程

流化床分选机的流化特性曲线如图 2-4-58 所示。实际产品分配曲线如图 2-4-59 所示。

50 t/h 空气重介质流化床分选机经过工业性连续运行表明，在不同分选密度时，可能偏差 E 值在 0.05～0.07 范围内，数量效率在 90%以上，介质损耗在 0.5 kg/t 以下。

二、复合式干法选煤

传统的风力跳汰机和风力摇床由于其效率差已渐被淘汰。我国吸取美国近年来研制的无风干式摇床和俄罗斯风选机的优点，研制成功了复合式干法分选机。

1. 复合式干法分选机的分选机理

(1) 分选物料在螺旋运动中的分选作用

物料在床面上堆积成层，最下层矿粒直接和振动的床面接触，摩擦力大，得到的惯性力使下层矿粒沿床面排料边向背板方面运动。由于背板的阻挡，引导物料沿背板向下运动。

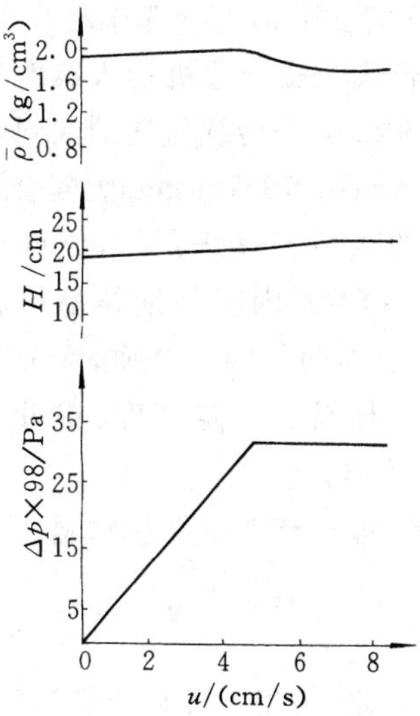

图 2-4-58　流化特性曲线

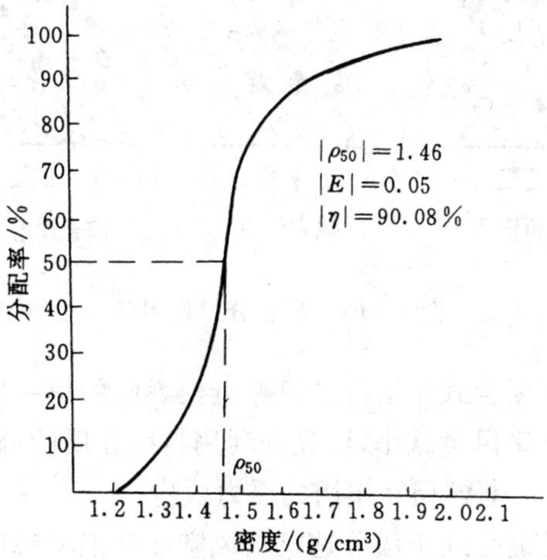

图 2-4-59　实际产品分配曲线

而上层物料受背板的推力和重力作用沿表层向排料边下滑，使床层上、下部位矿粒具有方向相反的速度梯度。在床面格条的引导和不断给入物料的压力下，形成物料边旋转边向矸石端推进的螺旋运动。低密度煤在外围形成大直径螺旋运动，高密度矸石及黄铁矿则在床面与背板夹角中形成小直径螺旋运动，见图 2-4-60。

由于物料床层厚度不同，靠近排料边薄，混入表层的矸石能在接近排料边处迅速落到床面而被输送向背板，只有表层密度最低的轻物料才能越过挡板排出。在整个分选过程中，由于床面宽度减缩，物料从给料端到矸石端形成直径递减的螺旋运动，每一个循环周期都分离出部分表层较轻的煤，直至最后排出矸石。

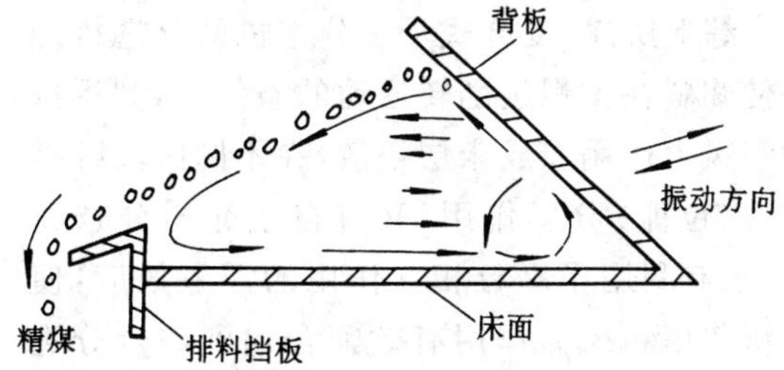

图 2-4-60　分选物料的螺旋运动

(2) 离析作用及风力作用相互补充

复合式干选机床面上物料的松散与分层是由机械振动和上升气流的悬浮作用而实现的。松散强度随机械振动强度和底部风速的提高而增加。

根据热力学第二定律，任何体系都倾向于自由能降低。分层前床层的位能高于分层后的位能，只要给以适当的松散条件，重矿物就要进入下层。分层即是通过矿粒的再分布达到位能降低的过程。在无风干式摇床中，不同密度矿粒按位能降低的原理而分层，这样就不可避免地使矿粒形成一种类似筛孔可变的筛子一样，造成离析分层。密度大的矿粒因其重力压强大而力图向下运动，密度小的矿粒则被挤入上层，密度虽小但粒度也小的矿粒会漏到底层。

为了解决这个问题，在分选床底部加少量风力，一方面加强矿粒群的松散，另一方面加强分层，使粒度小而轻的煤粒被风力推向表层。由于综合作用的结果，使分选过程趋于完善，使矿粒实现按密度分层(图 2-4-61)。

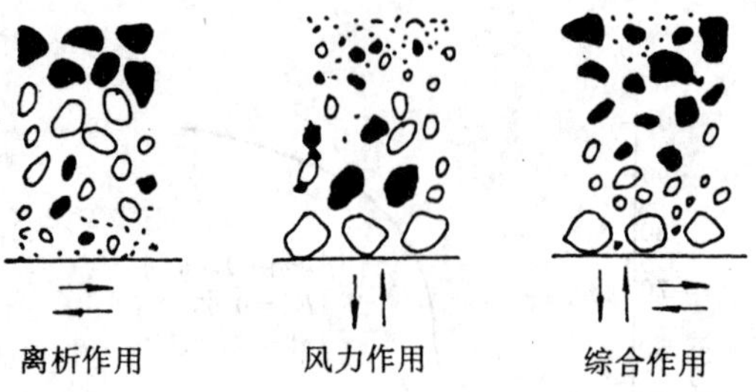

图 2-4-61　矿粒分层作用图

(3) 自生介质的分选作用

复合式干法分选机的入料粒度范围是 0～80 mm,而传统风选的入料粒度为 25～50 mm 或 13～25 mm。复合式干法分选机的入料粒度级别宽,反而分选效果好,其主要原因就是细粒物料和空气组成了气-固两相混合介质,在分选床层中形成一种具有一定密度、相对稳定的气-固悬浮体。

在复合式干法分选机靠近给料端的第一风室上的床层中,含有大量细粒物料。在操作中使该室风量减小,以充分利用自生介质的分选作用。

(4) 颗粒相互作用的浮力效应

将复合式干法分选机按风室顺序把相对应的床面分为三段。在入选不分级煤时,靠近入料端第一床面上的物料受自生介质分选作用较强。分选结果 80%以上 0～6 mm 的粉煤随大粒度精煤排出,其余物料进入第二、三段。由于含细粉煤量已很少,主要分选作用已不是自生介质分选,而是颗粒相互作用的浮力效应。矸石、黄铁矿密度大,能沉到床面;煤块则浮于床层表面。此时风力的作用不仅是松散作用,而且需将漏斗下层的煤推向表层,因此风量大于第一段。

综上所述,复合式干法分选机的分选机理是使物料在做螺旋翻转运动的条件下,利用振动和风力作用造成床层松散,在不同区段既有重力(位能)分层作用,又有自生介质分选作用,还有利用了颗粒相互作用的浮力效应,使离析作用和风力作用有效配合达到综合分选目的。同时在不同区段各分选作用各有所侧重(图 2-4-62)。

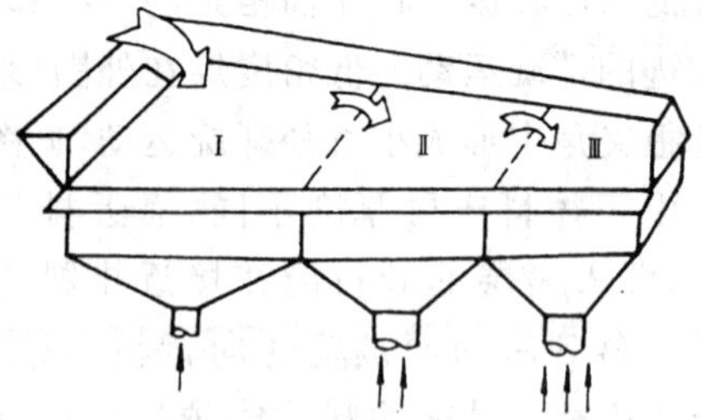

Ⅰ—自生介质分选区;Ⅱ—离析介质分选区;
Ⅲ—风力净化区。

图 2-4-62　复合式干选机的各段不同分选作用

2. 复合式干法分选机的结构及技术特征

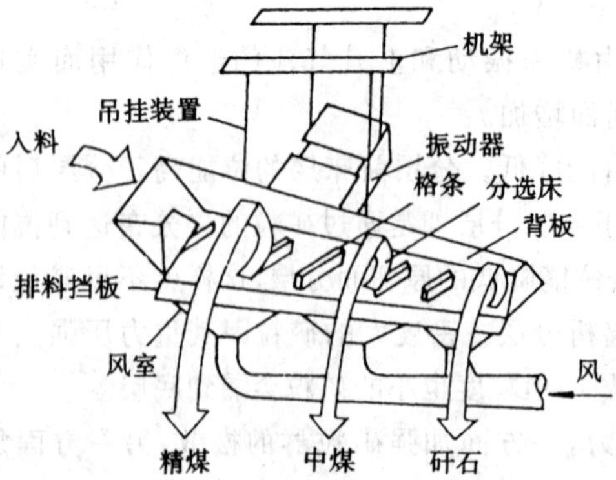

图 2-4-63　复合式干法分选机示意图

(1) 结构

复合式干法分选机由分选床、振动器、风室、机架和吊挂装置组成,如图 2-4-63 所示。

分选床由床面、背板、格条、排料挡板组成。床面下有三个可控制风量的风室,由离心通风机供风,气流通过床面上的风孔向上作用于分选物料。由吊挂装置将分选床、振动器悬挂在机架上,可任意调节分选床的纵向及横向坡度。

(2) 作用原理

入选物料由给料机送到给料口,进入具有一定纵向及横向坡度的分选床,在床面上形成具有一定厚度的物料床层。床层底层物料受振动惯性力作用向背板运动，由背板引导物料向上翻动。密度较低的煤翻动到上层，在重力作用下沿床层表面下滑。由于振动力和连续进入分选床的物料的压力，不断翻转的物料形成螺旋运动并向矸石端移动。因床面宽度逐渐减缩，密度低的煤从表面下滑，通过排料挡板使最下层煤不断排出，而密度较高的矸石、黄铁矿等则逐渐集中到矸石端排出。床面上均匀分布有若干风孔，使床层充分松散。物料在每一循环运动周期都将受到一次分选作用。经过多次分选后可以得到灰分由低到高的多种产品。

(3) 技术特征

目前复合式干法分选机已有两种型号，其技术特征见表 2-4-15。

表 2-4-15　复合式干法分选机技术特征

项　目		单　位	FGX-1	FGX-3
分选面积		m^2	1	3
入料粒度		mm	80～0	80～0
生产能力		t/h	10	30
入料外在水分		%	<9	<9
分选效果	可能偏差 E	g/cm^3	0.23	0.23
	不完善度 I		0.11	0.11
	数量效率	%	>90	>90
振动器	功率	kW	1.5	3
	振动次数	次/min	960	960
	振幅	mm	4	4
设备质量		kg	2 150	3 450
外形尺寸(长×宽×高)		mm	2 880×2 520×2 860	3 920×2 550×4 140

(4) 复合式干法选煤的分选效果及适用范围

近年来用复合式干法分选机对不同煤样进行了干法选煤半工业性试验，又在工业生产中取得了较好的分选效果。现列举部分实例于表 2-4-16，主要分选指标列于表 2-4-17。表 2-4-18 是复合式干法分选机与传统风选机和俄罗斯风选机的比较。图 2-4-64 为朝阳边杖子矿干选系统设备联系图。

表 2-4-16　复合式干法分选机分选效果

煤　矿	煤　种	入选粒度 /mm	原煤灰分 /%	精煤		中煤		尾煤	
				产率/%	灰分/%	产率/%	灰分/%	产率/%	灰分/%
辽宁朝阳边杖子矿	长焰煤	6～70	39.91	76.31	29.21	—	—	23.69	73.48
神华集团大柳塔矿	不黏煤	6～50	15.88	92.60	10.59	—	—	7.40	68.39
乌兰木仑矿	不黏煤	0～50	15.03	91.81	8.85	—	—	8.19	84.25
宁夏灵武局灵新矿	不黏煤	6～50	17.96	84.23	7.59	—	—	15.77	73.35
吉林珲春局英安矿	褐　煤	0～50	38.65	74.78	29.84	13.86	45.38	11.36	69.30

表 2-4-17 复合式干法分选机主要分选指标

分选指标	大柳塔矿煤样	灵新矿煤样
分选密度 δ_p/(g/cm³)	2.12	1.98
可能偏差 E/(g/cm³)	0.23	0.15
不完善度 I	0.11	0.08
数量效率/%	96.96	96.65
分选粒度下限/mm	3	3

表 2-4-18 干选设备比较表

项目		复合式干选机	风力选矸机	俄罗斯风选机
型号		FGX-3	Ⅳ	$C_{П}$-112
入料粒度/mm		0～80	25～50 13～25	6～75
处理量	/(t/h)	30	8	120
	/[t/(m²·h)]	10	4.2	10
入料外在水分/%		<9	<7	<7
风量/[m³/(m²·h)]		5 700	15 625	11 500
风压/Pa		6 100	3 000	6 820
分选效率 E		0.23		0.25
数量效率/%		>90	80(选矸率)	
产品种类		多产品	两产品	多产品
分选面积/m²		3	1.92	12
设备质量/t		3.5		24.6

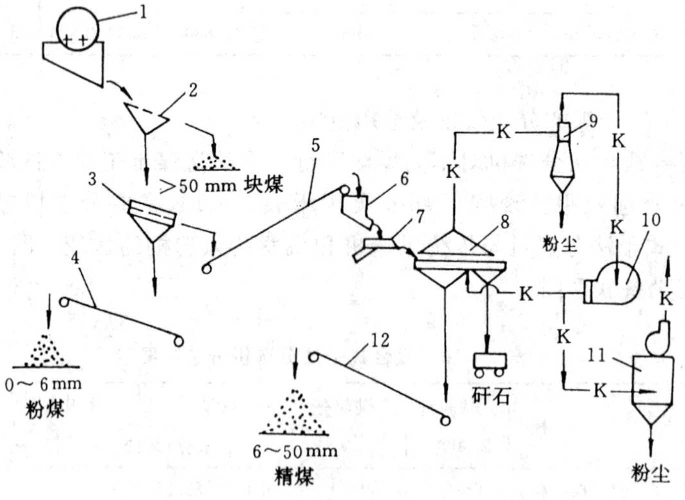

1—翻笼；2—固定筛；3—振动筛；4—粉煤带式输送机；5—干法入料带式输送机；
6—缓冲仓；7—电磁振动给煤机；8—复合式干选机；9—扩散式旋风除尘器；
10—高压离心通风机；11—扁布袋除尘器；12—精煤带式输送机。

图 2-4-64 边杖子矿干选系统设备联系图

复合式干法选煤与传统风选最大区别是：

采用自生介质(粉煤)作气-固两相混合介质，而不是单以空气作介质，因此入选物料粒度范围很宽，可达 0～80 mm。

采用机械振动使物料做螺旋运动，即使无风也能分选。传统风选则以风力作为主要分选条件。

只利用风力松散床层并与细物料组成混合介质，不需要将物料吹离床层表面，所需风量仅为传统风选的 1/3 以下。

充分利用床层中颗粒相互作用产生的浮力效应。越靠近矸石端，床层密度越大，因此可得到粒度级别宽、纯度高的矸石产品。

复习思考题

1. 工业生产中重介质选矿所用的重介质悬浮液其加重质主要有哪些？在选择加重质时，主要应考虑哪些因素？

2. 简述影响悬浮液黏度的主要因素以及悬浮液黏度的测定方法。

3. 什么是悬浮液的稳定性？影响悬浮液稳定性的因素及保持悬浮液稳定性的措施有哪些？

4. 简述斜轮重介质分选机两股介质流的作用以及斜轮重介质分选机的优缺点。

5. 简述国产立轮分选机、滴萨型、太司卡型的结构特点、工作过程。

6. 重介质旋流器按给料方式可分为几种？每一种的具体含义是什么？

7. 旋流器的安装方式及重介质旋流器的给料方式有哪些？

8. 简述影响重介质旋流器工作的因素。

9. 悬浮液的回收与净化包含哪几方面内容？悬浮液中泥质的来源有哪些？怎样保证悬浮液中泥质物含量的平衡？

10. 简述重介质密度的自动测定基本原理。

11. 画出重介质回收与净化的常用工艺流程。

12. 重介质旋流器工作时，悬浮液在其中密度分布不均匀，分布规律如何？最终为何还能按某一密度分选，试做简要说明。若已知旋流器入料口重介质密度，问实际分选密度和底流口悬浮液密度如何估算？若已知采用重介质选煤时，要求分选密度为 1.40 g/cm^3，那么配制悬浮液密度范围应为多少？

13. 简述介质损失的原因以及如何降低介质损失。

14. 简述空气重介质流化床干法选煤与复合式干法选煤的基本原理及特点。

第五章　跳汰选矿

第一节　概　　述

跳汰选矿是指物料主要在垂直升降的变速介质流中，按密度差异进行分选的过程。物料在粒度和形状上的差异，对选矿结果有一定的影响。跳汰时所用的介质可以是水，也可以是空气。以水作为分选介质时，称为水力跳汰；以空气作为分选介质时，称为风力跳汰。目前，生产中以水力跳汰应用最多，故本章内容，仅涉及水力跳汰。

实现跳汰过程的设备叫跳汰机。被选物料给到跳汰机筛板上，形成一个密集的物料层，这个密集的物料层称为床层。在给料的同时，从跳汰机下部透过筛板周期地给入一个上下交变水流，物料在水流的作用下进行分选。首先，在上升水流的作用下，床层逐渐松散、悬浮，这时床层中的矿粒按照其本身的特性(矿粒的密度、粒度和形状)彼此做相对运动进行分层。上升水流结束后，在休止期间(停止给入压缩空气)以及下降水流期间，床层逐渐紧密，并继续进行分层。待全部矿粒都沉降到筛面上以后，床层又恢复了紧密状态，这时大部分矿粒彼此间已失去了相对运动的可能性，分层作用几乎全部停止。只有那些极细的矿粒，尚可以穿过床层的缝隙继续向下运动(这种细粒的运动称作钻隙运动)，并继续分层。下降水流结束后，分层暂告终止，至此完成了一个跳汰周期的分层过程。物料在一个跳汰周期中的分层过程如图 2-5-1 所示。物料在每一个周期中，都只能受到一定的分选作用，经过多次重复后，分层逐渐完善。最后，密度低的矿粒集中在最上层，密度高的矿粒集中在最底层。

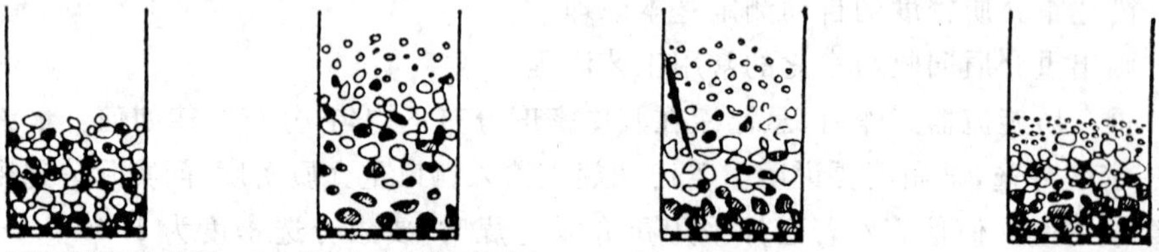

(a) 分层前颗粒混杂堆积　(b) 上升水流将床层托起　(c) 颗粒在水流中沉降分层　(d) 水流下降，床层密集，重矿物进入底层

图 2-5-1　矿粒在跳汰时的分层过程

物料在跳汰过程中之所以能分层，起主要作用的内因，是矿粒自身的性质，但能让分层得以实现的客观条件，则是垂直升降的交变水流。

在跳汰机入料端给入物料的同时，伴随物料也给入了一定量的水平水流。水平水流虽然对分选也起一定的影响，但它主要是起润湿和运输的作用。润湿是为了防止干物料进入水中后结团；运输是负责将分层之后，居于上层的低密度物料冲带而走，使它从跳汰机的溢流堰排出机外。

跳汰机中水流运动的速度及方向是周期变化的，这样的水流称作脉动水流。脉动水流每完成一次周期性变化所用的时间即为跳汰周期。在一个周期内表示水速随时间变化的关系曲线称作跳汰周期曲线。水流在跳汰室中上下运动的最大位移称为水流冲程。水流每分钟循环的次数称为冲次。跳汰室内床层厚度、水流的跳汰周期曲线形式、冲程和冲次是影响跳汰过程的重要参数。

跳汰分选法的优点在于：工艺流程简单，设备操作维修方便，处理能力大，且有足够的分选精确度。因此，在生产中应用很普遍，是重选中最重要的一种分选方法。

煤炭分选中，跳汰选煤占很大比重。全世界每年入选煤炭中，有50%左右是采用跳汰机处理；我国跳汰选煤占全部入选原煤量的70%。另外跳汰选煤处理的粒度级别较宽，在0.5～150 mm范围；既可不分级入选，也可分级入选。跳汰选煤的适应性较强，除极难选煤，均可优先考虑采用跳汰的方法处理。

矿石分选中，跳汰选矿是处理粗、中粒矿石的有效方法，大量地用于分选钨矿、锡矿、金矿及某些稀有金属矿石；此外，还用于分选铁、锰矿石和非金属矿石。处理金属矿石时，给矿粒度上限可达30～50 mm，回收的粒度下限为0.2～0.074 mm。

从表2-5-1可以看出，用跳汰的方法所处理的物料，其有用成分的密度从1.2 g/cm^{3}到15.6 g/cm^3，有用成分和脉石（矸石）间的密度差从0.3 g/cm^{3}到1.3 g/cm^3，入料粒度从0.05 mm至250 mm。

表2-5-1 跳汰选矿的使用范围

有用矿物类型	有用成分密度 /(g/cm^3)	跳汰入料粒级 /mm	可选用的其他设备
黑色金属			
褐铁矿	3.5	3～50	溜槽
假象赤铁矿	5.3	3～50	溜槽
硬锰矿	4.2	0.2～50	重介质分选机
水锰矿	4.3	0.2～50	重介质分选机
软铁矿	4.8	0.2～50	重介质分选机
磁铁矿-赤铁矿	5.2	0.5～1.0	重介质分选机
磁铁矿-假象赤铁矿			磁选机
砂矿			
锡石、钨、锰矿、钽铁矿、铌矿	6～8	0.05～25	溜槽、螺旋选矿机
钛锆矿、钍矿	4.2～5.2	0.05～25	溜槽、螺旋选矿机
黄金、白金	达15.6	0.05～25	溜槽、螺旋选矿机
金刚石	3.5	0.05～25	溜槽、螺旋选矿机
原生矿			
钨锰矿、锡石	7.35～6.95	0.3～6	溜槽和摇床
煤			
烟煤	达1.2	0.5～13(10)	重介质旋流器、摇床
		13(10)～100	重介质分选机
		0.5～50(100)	
无烟煤	1.8～2.0	13～100(250)	重介质分选机
可燃性页岩	2～2.2	25～150	重介质分选机

第二节 跳汰选矿原理

关于跳汰分层机理，前人曾作了大量研究，提出了不少理论见解。虽然它们对生产起了一定的指导作用，但因跳汰过程涉及因素复杂，加之测试手段的不完善，迄今尚未建立起完整周密的理论体系。已经提出的理论见解虽然对松散分层的机理认识各不相同，但归纳起来不外乎两种基本观点：一是从个别颗粒的运动差异（速度、加速度）中探讨分层原因，谓之动力学体系学说；另一种是从床层整体的内在不平衡因素（位能差、悬浮液密度差等）中寻找分层依据，可称之为静力学体系学说。它们虽然说法不一，但各有合理的成分。这里因篇幅所限不能就每一学说逐一介绍，只讨论两种具有代表性的学说。

一、按密度分层的位能学说

由热力学第二定律可知，任何封闭体系都趋向于自由能的降低，即一种过程如果变化前后伴随着能量的降低，则该过程将自发地进行。德国人迈耶尔应用这一普遍原理分析了跳汰过程，认为床层的分层过程是一个位能降低的过程。因此当床层适当松散时，重矿物颗粒下降，轻矿物颗粒上升，应该是一种必然的趋势。

图 2-5-2 表示了床层分层前与分层后的理想变化情况。若取床层的底面为基准面，基准面的面积为 A。床层分层之前的位能 E_1 可用床层重心 O 至底面的距离乘以床层的总质量来表示，即

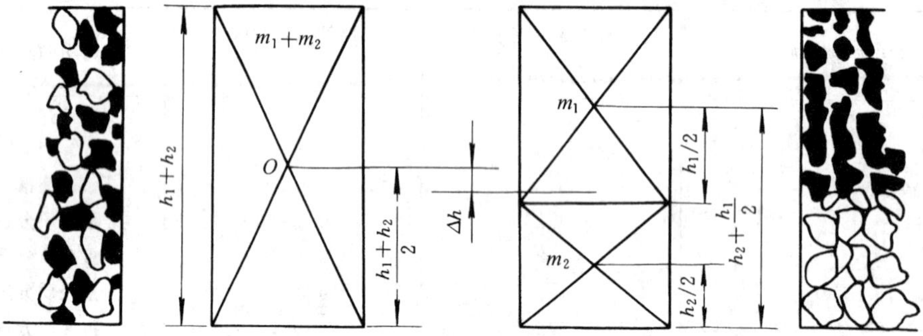

m_1、m_2—床层内轻、重物料的质量；h_1、h_2—床层内轻、重物料的堆积高度。

图 2-5-2 物料分层前后床层位能的变化

$$E_1=\frac{h_1+h_2}{2}(m_1+m_2)g \tag{2-5-1}$$

床层分层之后的位能 E_2 为：

$$E_2=\frac{h_2}{2}m_2 g+(h_2+\frac{h_1}{2})m_1 g \tag{2-5-2}$$

分层前后位能的降低值 ΔE 为：

$$\Delta E=E_1-E_2=\frac{1}{2}(m_2 h_1-m_1 h_2)g \tag{2-5-3}$$

床层是自然堆积而成的。设自然堆积时的轻物料与重物料的容积浓度分别为 λ_1 和 λ_2；轻、重物料的密度分别为 δ_1 和 δ_2；介质密度为 ρ，则可得

$$m_1 = Ah_1\lambda_1\delta_1$$

$$m_2 = Ah_2\lambda_2\delta_2$$

代入式(2-5-3)中，得

$$\Delta E = \frac{h_1 h_2}{2}Ag(\lambda_2\delta_2 - \lambda_1\delta_1) \tag{2-5-4}$$

由于在分层过程中，床层内轻、重物料各自的数量不发生变化，式(2-5-4)中的$\frac{h_1 h_2}{2}Ag$为定值，而且当分层过程可以发生时，ΔE 必定为正值。因此，也就存在着

$$\lambda_2\delta_2 > \lambda_1\delta_1 \tag{2-5-5}$$

由此可见，从位能分层的观点来说，床层在跳汰过程中，由不同密度颗粒所组成的粒群，其散密度 $\lambda\delta$ 的不同，是分层的基本依据，散密度高者处于最底层。粒群的散密度是矿粒的密度 δ 与粒群在自然堆积状态时的固体容积浓度 λ 的乘积，而 λ 又是矿粒形状及粒群粒度组成的函数；所以，跳汰分层的结果，不仅取决于矿粒的密度，而且还与矿粒形状及粒群粒度组成有关。粒度相同而密度不同的两种矿粒，在自然堆积时，其 λ 是相同的，因此，分层结果必然是高密度矿粒位于下层，低密度矿粒位于上层；若密度相同而粒度不同的两种矿粒，在自然堆积时，大粒度者 λ 较高，故分层结果必然是粒度大的位于下层，粒度小的位于上层。在实际跳汰过程中，虽然原料中各矿粒在粒度上的差别很大，但是各个密度级的粒度组成，基本上是相近的。因此可以认为，矿粒将比较严格地按密度分层。根据位能假说，跳汰时在床层中如果人为地加入一些高密度细矿粒，则因它在分层过程中可充填到重矿粒床层的空隙中，从而提高了重矿粒床层的容积浓度，导致分层前后床层位能差值的增大，因而可以加速分层过程和提高分层效果。该方法，就是倍尔得(B. M. Bird)1947 年提出的“重介质跳汰”。

分层的位能学说完全不涉及流体动力学因素的影响，只就分层前后床层内部能量的变化，说明了分层的趋势，因而属于静力学体系学说。除了跳汰以外，所有其他重选分层过程，皆可用此学说予以解释，故现常将迈耶尔的位能学说视作重选分层的基本原理。但重选过程离不开流体松散，则流体动力对颗粒运动的影响就不可避免，故迈耶尔学说只是一种理想的情况。

二、分层过程的动力学学说

从个别颗粒的运动差异中探讨分层原因的学说提出最早，先后有按颗粒的自由沉降速度差分层学说，按颗粒的干涉沉降速度差分层学说，按颗粒的初加速度差分层学说及按干涉沉降-吸啜作用分层学说等。它们各以流体对颗粒作用的某方面结果作为分层根据，虽然有其一定的道理，但均不够全面。直到维诺格拉道夫(1952 年)以数学形式，将各项因素加以概括，列出力学微分方程式，算是总其大成。

在垂直交变流中，床层中的颗粒所受到的作用力有：颗粒在介质中的重力、介质阻力、介质被带动做加速运动的附加惯性阻力、介质本身做加速运动的附加推力及床层中其他颗粒对运动颗粒的摩擦碰撞——机械阻力等。由于这些力的作用关系复杂，要想作出明确的数学解答是很困难的，故只能就它们对分层的影响进行一些定性的分析。

1. 床层中的矿粒在垂直交变流中的受力分析

假定取作用在颗粒上的力，其作用方向以向下为正、向上为负。则各项作用力可表述如下。

① 矿粒在介质中的重力 G_0，因其方向向下，故为正。即

$$G_0 = \frac{\pi d_V^3}{6}(\delta - \rho)g$$

② 矿粒与水因有相对运动而引起的介质阻力 R_1。当水流超越矿粒运动时，该项表现为介质推动矿粒运动的动压力。即

$$R_1 = -\psi d_V^2 v_c^2 \rho$$

式中，v_c 为相对运动速度，它等于矿粒速度 v 与水流速度 u 之差。介质阻力 R_1 的方向与 v_c 方向相反，而 v_c 的方向又是变化的，当颗粒相对于介质的 v_c 方向向下时，R_1 为负；v_c 方向向上时，R_1 为正。矿粒不论是在静止、上升或下降水流中，其沉降时所受到的介质阻力 R_1 的方向，最终都是向上的，故该项取负值。

③ 由于介质做加速运动，其加速度所产生的惯性力作用在矿粒上，称为介质流对矿粒的附加推力 F_1。F_1 的方向与介质加速度方向相同，其值等于矿粒排开同体积液体的质量与该液体加速度 $\dot{u}$ 的乘积，即

$$F_1 = \pm \frac{\pi d_V^3}{6}\rho\dot{u}$$

矿粒所受介质的附加推力 F_1 与矿粒在介质中所受浮力的原理相似，区别仅在于浮力是由介质的重力加速度所引起的，而惯性力 F_1 则是由介质运动的加速度 $\dot{u}$ 所产生的。

④ 由于矿粒在介质中做加速运动，势必带动周围部分介质也随其做加速运动，于是这部分介质便产生了与其方向相反的惯性力，此力反作用在矿粒上。因此，矿粒受到一个附加惯性阻力 R_g 的作用，即

$$R_g = -j\frac{\pi d_V^3}{6}\rho\frac{\mathrm{d}v_c}{\mathrm{d}t}$$

式中 j——附加质量系数（它表示与矿粒做同步加速运动的介质当量体积占矿粒体积的分数，其大小与矿粒形状有关，对于球形颗粒，$j=0.5$）。

附加惯性阻力 R_g 的方向，与相对加速度方向相反。由于相对速度无论在静止、上升或下降介质流中，最终都是向下的，故相对加速度方向也向下，因此 R_g 为负。

⑤ 床层中的矿粒运动时，要受到机械阻力 R_j。机械阻力 R_j 的大小不仅与床层的松散度有关，而且还受矿粒自身粒度及形状的影响。当床层处于悬浮松散状态时，R_j 只表现在局部颗粒间的摩擦与碰撞上，运动颗粒的动能被消耗。当床层紧密时，通过颗粒间的直接传递，阻力便来自床层整体，因而达到极大。但在床层紧密过程中，首先失去活力而停止运动的是粗重的颗粒，而细小颗粒还在大颗粒的间隙中继续运动。可见，对于粒度不同的矿粒，所受的机械阻力 R_j 也不同。基于 R_j 这种复杂性，当前尚无法用数学表达式予以表达。因此，暂不计入。这对定性地分析颗粒运动的趋向，不会有所妨碍。

2. 矿粒在垂直交变介质流中运动微分方程式的建立

在机械阻力不予考虑的条件下，将其他各项力加以合并，便可得到矿粒在跳汰过程中受力的方程式，即

$$m\frac{\mathrm{d}v}{\mathrm{d}t} = G_0 + R_1 + F_1 + R_g$$

或

$$\frac{\pi d_V^3}{6}\delta\frac{\mathrm{d}v}{\mathrm{d}t}=\frac{\pi d_V^3}{6}(\delta-\rho)g-\psi d_V^2 v_c^2\rho\pm\frac{\pi d_V^3}{6}\rho\dot{u}-j\frac{\pi d_V^3}{6}\rho\frac{\mathrm{d}v_c}{\mathrm{d}t} \tag{2-5-6}$$

式(2-5-6)只表示某单个矿粒在垂直方向上的受力情况，但是也可以将它视为某种同一性质矿粒的运动微分方程式，可用以分析跳汰床层的分层机理。若以 $m=\frac{\pi d_V^3}{6}\delta$ 除式(2-5-6)两侧，便可得到单位质量矿粒的运动微分方程式，即

$$\frac{\mathrm{d}v}{\mathrm{d}t}=\frac{\delta-\rho}{\delta}g-\frac{6\psi v_c^2\rho}{\pi d_V\delta}\pm\frac{\rho}{\delta}\dot{u}-j\frac{\rho}{\delta}\frac{\mathrm{d}v_c}{\mathrm{d}t} \tag{2-5-7}$$

从式(2-5-7)可以看出，在垂直交变介质流中，矿粒运动的加速度，除机械阻力的因素没有考虑外，主要是由四种加速度所合成。式(2-5-7)右边第一项，是矿粒在水介质中的重力加速度，即初加速度；第二项是由介质阻力引起的介质阻力加速度；第三项是由介质加速度所引起的惯性阻力加速度；第四项是因矿粒加速运动，引起其周围部分介质也做加速运动而导致的附加惯性阻力加速度。该式最初是维诺格拉道夫在高登初加速度假说的基础上，加以扩展而得，并得到了赫旺(В. И. Хвah)及拉法列斯-拉马尔卡(Э. Э. Рафалесс-Лаmapkа)等人的支持。此式较全面地考虑了各种动力学因素的影响，因而可视为动力学分层机理观点的代表。但该式明显地有以下三方面的缺陷：① 忽视了床层悬浮体内压力变大这个重要因素；② 没有注意由于床层悬浮体密度增大，使运动颗粒所受浮力也增大这一事实，公式中介质密度仍取为 1；③ 以水流速度(即使是颗粒间隙的平均流速)和加速度表征介质阻力或附加推力的作用，是不够确切的，因颗粒间隙的水速分布是很不均匀的，比实际作用要大得多。

现对式(2-5-7)右边各项分别进行简单讨论。

第一项，是与矿粒及介质密度有关的重力加速度项。其值不但与矿粒粒度及形状无关，而且与介质的运动参数无关，可见该项属于静力学因素。入选矿粒之间密度差越大，物料越易选。如果增大介质密度，也可使轻、重矿物颗粒间的初加速度的差值变大。所以说在跳汰周期内，设法使该项成为主导因素，必然使床层更充分地按密度进行分层。

第二项，是矿粒与介质间产生相对运动时的阻力加速度。它不仅与矿粒及介质的密度有关，而且还与矿粒的粒度及形状(反映在阻力系数 ψ 中)有关；并且和相对速度的平方成正比。故 v_c 越大，阻力加速度也越大，致使矿粒的粒度及形状的影响愈显突出，必然恶化按密度分选的效果。可见，应该尽量减小相对运动速度 v_c，从而削弱粒度及形状的不利影响。因此，在一个跳汰周期中，只有当水流自上升转变为下降的阶段，v_c 才较小，此时床层也最松散，故应尽量延长这段时间。

第三项，反映了介质的加速度对矿粒的影响。并看出，当介质密度一定时，该项仅与矿粒的密度 δ 有关。当水流在一个跳汰周期加速上升(上升初期)时，介质加速度的作用方向向上，故该项为负值。因此，介质加速度将促使低密度矿粒比高密度矿粒更快地上升，这对按密度分层有利。当水流做负加速度上升(即上升末期)时，$\dot{u}$ 作用方向向下，式中该项取正值。因此，$\dot{u}$ 反而促使低密度矿粒比高密度矿粒的上升速度更快地减小。显然，这对按密度分层不利，故在跳汰机中应尽量减小上升水流的负加速度。同理，当水流做正加速度下降时，该项在公式中取正值，$\dot{u}$ 将促使密度低的矿粒比密度高的矿粒下降得更快，这也不利于分层，故应尽量减小下降介质流的正加速度。当下降末期介质做负加速度下降时，$\dot{u}$ 作用方向向上，$\frac{\rho}{\delta}\dot{u}$ 在式(2-5-7)中取负值，这促使密度低的矿粒比密度高的矿粒下降速度减小得

更快，显然有利于分选，故应设法增加下降介质流的负加速度。总之，$\frac{\rho}{\delta}\dot{u}$ 这一项，在公式中为负值时，对分选有利；为正值时，对分选不利。

第四项，反映了附加质量惯性阻力对矿粒运动的影响。而其影响仅与颗粒密度有关，与粒度及形状无关。该项对低密度矿粒的影响要大于对高密度矿粒的影响。在水流上升初期和水流下降末期，附加惯性阻力所产生的加速度使低密度矿粒上升比高密度矿粒快，而下降又比高密度矿粒慢，这对分层有利。而在水流上升末期和下降初期，附加惯性阻力所产生的加速度，使低密度矿粒比高密度矿粒提前开始由上升转为下降或具有更快的下降趋势，这对分层不利。基于这种情况，要求水流在上升初期要加速快升，上升末期及下降初期应从缓而行，下降末期从快减速。

总之，对跳汰过程中颗粒运动微分方程式的分析，可归纳两个重要点：

① 矿粒运动状态除和密度有关外，还与粒度及形状有关。而粒度及形状的影响仅体现在介质阻力加速度(即第二项)上，其数值与相对速度的平方成正比。因此，在跳汰过程中，尽量减小矿粒与介质之间的相对运动速度是至关重要的；

② 介质的运动状态(速度和加速度)对矿粒的运动或者说对床层的分层有重要影响。因此，只有选择恰当的水速 u 及加速度 $\dot{u}$，才能为按密度分层创造有利的条件。

三、跳汰过程中垂直交变水流的运动特性

1．跳汰机内垂直交变水流的运动特性

在跳汰机中水流运动包括两部分：垂直升降的变速脉动水流和水平流。前者是矿粒在跳汰机中按密度分层的主要动力；后者的主要作用是运输物料，但对矿粒分层还是有影响的。

为便于分析，现以简单的活塞跳汰机为例，讨论其水流的运动特性。活塞跳汰机的工作原理如图2-5-3 所示。

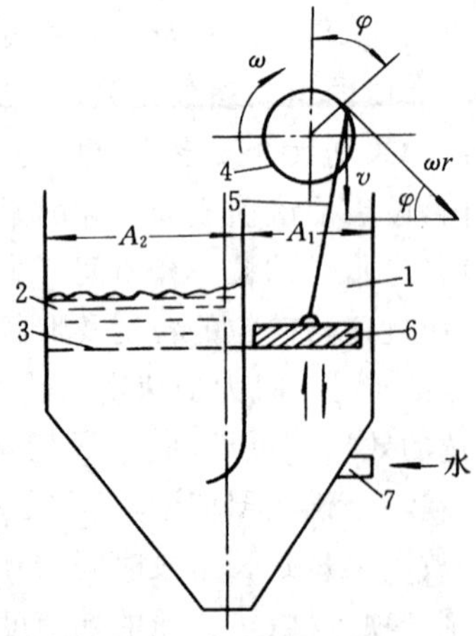

1—活塞室；2—跳汰室；3—筛板；4—偏心轮；5—连杆；6—活塞；7—进水管。

图 2-5-3　活塞跳汰机工作原理图

活塞跳汰机工作时，由于偏心轮 4 转动，经连杆 5 驱动活塞室 1 内的活塞 6 做往复上下运动。进水管 7 给入筛下水，在活塞往复运动的作用下，使跳汰室 2 中筛板 3 上的床层经受着垂直升降变速水流的作用。按密度分层的跳汰过程就是在这种条件下进行的。

由图 2-5-3 可知，若偏心轮的偏心距为 r，连杆长度为 l，并且连杆长度 l 比偏心距 r 大很多，此时，活塞上下运动的速度 v 可以看作偏心轮的圆周速度在垂直方向上的投影，即

$$v = \omega r \sin\varphi$$

或

$$v = \omega r \sin\omega t \tag{2-5-8}$$

式中 ω——偏心轮旋转角速度，$\omega=\frac{2\pi n}{60}$（其中 n 为偏心轮转数，单位 r/min），rad/s；

t——偏心轮转过 φ 角所需的时间，s。

当 $\varphi=0$ 或 $\varphi=\pi$ 时，活塞的瞬时速度为最小，$v_{min}=0$；

当 $\varphi=\pi/2$ 时，活塞的瞬时速度达到最大值，即

$$v_{max}=\omega r=\frac{\pi nr}{30}=0.105nr \qquad (m/s)$$

活塞运动的加速度，可由式(2-5-8)的一阶导数求出，即

$$\dot{v}=\frac{dv}{dt}=\omega^2 r\cos\omega t \tag{2-5-9}$$

经时间 t，活塞的行程 h 可由水速对时间的积分求出，即

$$h=\int_0^t v dt=\int_0^t \omega r\sin\omega t\, dt=r(1-\cos\omega t) \tag{2-5-10}$$

跳汰室内水流运动速度 u 比活塞运动速度 v 小，这是由于活塞与机壁之间有缝隙，存在漏水现象，所以应考虑一个小于 1 的漏水系数 β；再有，跳汰室横断面积 A_2 一般均大于活塞室横断面积 A_1，因此，还应考虑一个反映两室面积比的系数 A_1/A_2（图 2-5-3）。所以，跳汰室内水流速度 u、加速度 $\dot{u}$ 及行程 s（波高）分别为：

$$u=\frac{A_1}{A_2}\beta\omega r\sin\omega t \tag{2-5-11}$$

$$\dot{u}=\frac{A_1}{A_2}\beta\omega^2 r\cos\omega t \tag{2-5-12}$$

$$s=\frac{A_1}{A_2}\beta r(1-\cos\omega t) \tag{2-5-13}$$

根据式(2-5-11)、式(2-5-12)及式(2-5-13)，在直角坐标中可绘制活塞跳汰机垂直交变水流的速度、加速度及行程与时间的关系曲线，如图 2-5-4 所示。并可看出活塞跳汰机中跳汰周期特性曲线即速度曲线为一条正弦函数曲线；而水流运动的加速度曲线，是一条余弦函数曲线。

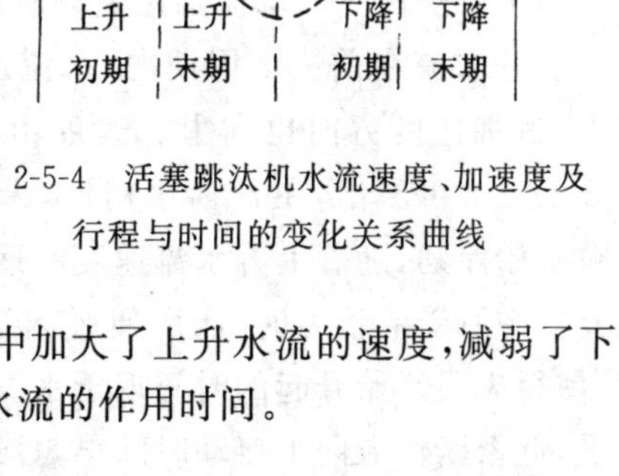

图 2-5-4 活塞跳汰机水流速度、加速度及行程与时间的变化关系曲线

实际生产中，为了调节床层的松散状况和水流下降时的吸啜作用（床层逐渐紧密的过程中，细颗粒在下降水流作用下，穿过大颗粒间隙的现象），要从筛下给入补充水，也称顶水，其上升流速即为图 2-5-4 中所标注的 u_d。结果，跳汰过程中加大了上升水流的速度，减弱了下降水流的作用。致使上升水流的作用时间稍长于下降水流的作用时间。

2. 水流运动特性对床层松散与分层的作用

由于床层的分层主要是在垂直交变水流的作用下完成的，而分层的产生又是以床层获得松散为前提的，因此，研究跳汰周期的性质，即水流运动特性及其对床层松散与分层的作用，具有十分重要的意义。

为了便于分析问题，现以正弦跳汰周期为例，并将该跳汰周期分为 t_1、t_2、t_3、t_4 四个阶段

(图 2-5-5)，分别讨论跳汰周期的各阶段中水流和床层运动及变化的特点，来考察松散及分层过程。

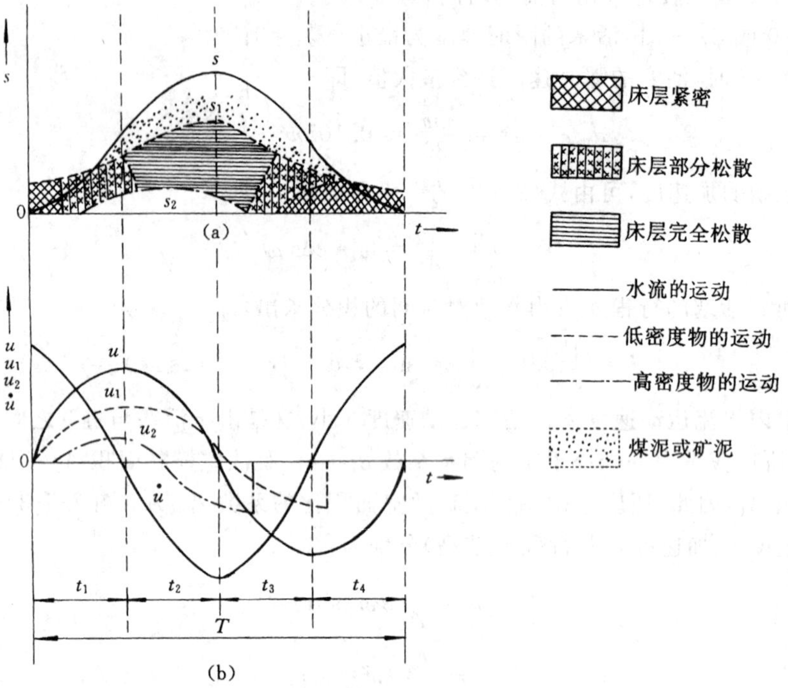

s、s_1、s_2—分别为水、低密度物和高密度物的行程；u、u_1、u_2—分别为水、低密度物及高密度物运动速度；$\dot{u}$—水流运动的加速度。

图 2-5-5　正弦跳汰周期四个阶段床层松散与分层过程

在一个跳汰周期 T 内，介质、床层及矿粒的运动状态如图 2-5-5 所示。其中图 2-5-5(a)反映在一个跳汰周期内，水流和床层的行程与时间的关系以及床层的松散过程；图 2-5-5(b)则表示了水流运动的速度、加速度及矿粒运动行程随时间变化状况。现按水流运动特性，对一个周期内四个阶段的作用分析如下。

第Ⅰ个阶段——水流加速上升时期或称上升初期。

上升水流在前 $\pi/2$ 周期内，水流运动的特点是：水流上升，其速度越来越大，速度方向向上，其加速度方向也向上。速度由零增加到最大值，加速度则由最大值减小到零。由图 2-5-5(a)可看出，在 t_1 阶段初期，床层呈紧密状态，随着上升水流的产生，最上层的细小颗粒开始浮动，随着上升水流速度的逐渐加大，水流动压力也逐渐增大，当动压力大于床层在介质中所受的重力时，床层便脱离筛面而升起，进而渐次松散。因矿粒密度大于水的密度，使得床层开始升起的时间迟于水。但床层一经松散，便给矿粒提供了相互转移的条件。于是，低密度颗粒向上启动时间早，且运动速度快；高密度颗粒则滞后上升，相比之下速度也慢，这种情况对按密度分层是有利的。但是，总的看来，如图 2-5-5(a)所示，在 t_1 阶段，床层主要仍处于紧密状态，矿粒的运动和分层受到较大的限制。尤其在这个阶段，矿粒上升的速度小于水速的增加，使矿粒与介质间的相对速度较大，这就加剧了矿粒粒度和形状对分层过程的不良影响，而且这段时间延续得愈长(即 t_1 愈长)，对按密度分层愈不利。由此可见，在水流加速上升时期，水流运动的主要任务是较快地将床层举起，使其占据一定高度，为床层进一步的充分松散与分层创造一个空间条件。

第Ⅱ阶段——水流减速上升时期或称上升末期。

上升水流在 $\pi/2 \sim \pi$ 周期内，水流运动的特点是：水流上升，但速度越来越小，由最大值降到零，速度方向仍向上为正；水流加速度由零到负的最大值，其方向向下。这时在水流动力作用下床层继续上升，松散度逐渐达到最大。矿粒在此期间的上升速度已开始逐渐减慢，甚至一部分高密度粗矿粒在这期间已转而下降。由于颗粒运动惯性的作用，矿粒上升速度比水流上升速度减小得慢，致使矿粒和水流间的相对运动速度变小，以至在某一瞬间它们的相对速度降低到零。此后，水流与矿粒间的相对运动速度还要再次逐渐增大，但与上升初期相比，仍然保持在较小的范围内。因此，在这一期间，矿粒的粒度和形状对按密度分层的影响较弱，而且，若是上升水流的负加速度越小，t_2 阶段延续的时间就越长，密度对矿粒运动状态起主导作用的时间也就愈长，故对按密度分层的效果就会愈好。

总之，水流在整个上升期间，所肩负的使命是使床层尽快扩展松散，并使松散状态持续一段时间，为按密度分层提供足够的空间和时间。因此，上升水流作用的时间（t_1+t_2）应尽量长些为宜，并且床层的松散过程应该先从床层上下两层开始扩展，故要求上升水流的运动特性最理想的是开始短而速，而后长而缓。

第Ⅲ阶段——水流加速下降时期或称下降初期。

水流运动到 $\pi \sim 3\pi/2$ 周期内，水流运动的特点是：水流下降，下降速度越来越快，速度方向向下，加速度方向也向下。在这期间，床层虽然还处于松散状态，但因水流运动方向已转而向下，故床层状况的发展趋势是趋于紧密。此时，一部分高密度的粗颗粒在下降水流出现之前已开始沉降，而另一部分低密度的细颗粒，则由于本身的惯性，在下降水流的前期还在继续上升，不过上升速度已经缓慢。随着下降水流速度的逐渐增大，前一类矿粒与介质间的相对速度必然渐趋变小，甚至在某一瞬间变成零；后一类矿粒尽管在下降初期是顶着下降水流做上升运动的，但是由于这时矿粒运动速度都比较小，所以与水流之间的相对速度也低，随着下降水速的增大，这些矿粒将逐渐转为下降，基于它们是受水流及重力的双重作用，其下降速度将比水流速度增加得更快，这就使得相对速度进一步降低，而且很快由小于水速转而追上水速。由此可见，在 t_3 阶段，矿粒与介质之间的相对运动速度是较低的，这就有利于矿粒按密度分层。显然，如果在下降初期介质流速增加得过快，很有可能使与矿粒之间的相对速度变大，故从这个意义上说，在下降初期，应使水流加速度较小、t_3 时间宜长些为佳，即下降初期水流特点应是长而缓。

但是应当注意，在这个阶段，床层下部高密度的粗颗粒已逐渐落到筛板上，速度很快为零。整个床层在下降介质流中渐渐地趋于紧密，机械阻力猛增，高密度的粗矿粒首先失去活动性；而细矿粒则在逐渐收缩的床层间隙中继续朝下运动，这就是吸啜作用。显然，由于吸啜作用的存在，高密度细颗粒会落入床层底部。由此可见，尤其对分选不分级或宽粒级物料，吸啜作用是必不可少的。它既是按密度分层过程的延续，又是分层过程的补充。为了加强吸啜作用，水流应是短而速。这就与前面分析产生了矛盾，顾及两方面要求，下降初期水流长而缓应适度。

第Ⅳ阶段——水流减速下降时期或称下降末期。

水流运动进入 $3\pi/2 \sim 2\pi$ 周期内，水流运动的特点是：水流继续下降，但速度越来越小，由最大绝对值降到零；加速度方向向上，由零增加到最大值。t_4 阶段包括床层恢复到筛面后的整个阶段，该阶段的特点是床层比较紧密，分层过程几乎完全停止。但由于下降水流依然存在，一些细矿粒在下降水流的吸啜作用下，仍然可通过床层的间隙向下移动，从而使在前期被冲到上层的高密度细矿粒行至床层下方，甚至穿过筛孔进入跳汰机底部，成为重产物排出，改善了分层效果。但是，倘若下降水流的吸啜作用过强，作用时间过长，也会使一部分低密度的细矿粒进入底层，导致分选效率下降。因此，在下降末期，吸啜作用应加以适当控制。

再有，床层经历该阶段时间过长，则在一个跳汰周期中不起主要分层作用的时间占得过多，其结果势必使跳汰机的处理能力降低。此外，如果在此期间床层收缩得过于紧密，将使床层在下一个跳汰循环中，不易很快松散，同样也降低跳汰机的处理能力。

总之，水流在整个下降期间，它所肩负的任务，是使床层的松散时间尽可能延长，让分层过程得以充分进行；但当分层完毕后，下降水流也应尽快停止，既可防止低密度物混入高密度物中，又可避免使床层过度紧密。故整个下降水流，初期应适度长而缓，末期应尽量短而速。原有跳汰周期一旦完结，应立即开始一个新的跳汰周期。

从上述跳汰周期特性对床层松散与分层的作用可以看出，活塞跳汰机水流运动特性并非是理想的跳汰周期。因为判断一个跳汰周期的水流特性是否合理，一般要从三个方面看，一是对床层的尽快松散是否有利；二是对按密度分层作用的效果；三是针对原料性质的特点，对吸啜作用的影响。

3. 几个典型跳汰周期的分析

跳汰周期的特征，以跳汰周期特性曲线来描述。为了合理地选择跳汰周期，对工业上使用的几个典型跳汰周期进行简要的分析。

(1) 活塞跳汰机的对称跳汰周期特性曲线

对这种水流特性曲线已进行过分析，其水流速度和时间之间具有正弦曲线的关系(图 2-5-5)。在该跳汰周期中，上升水流和下降水流的强度及作用时间完全相同。为了在上升初期能将床层举到必要的高度，则要求有较强的上升流速，但同时也造成了同样强烈的下降水流，致使床层过早紧密，缩短了有效分选的时间，不但降低跳汰机处理能力，而且因强烈的吸啜作用，导致许多低密度矿粒混入高密度产物中；由于上升水流作用时间比较长，粒度和形状对分层的不利影响也加大。现早已不采用这种跳汰周期。

(2) 上升水速大、作用时间长的跳汰周期特性曲线

在活塞跳汰机或隔膜跳汰机中，连续给入筛下补充水时，可以产生如图 2-5-6(a)所示的跳汰周期特性曲线。该跳汰周期的不对称程度取决于给入的筛下水量。在此跳汰周期中，因获得较强的上升水流，对床层的松散有利，使跳汰机处理能力得以提高。但因上升水流作

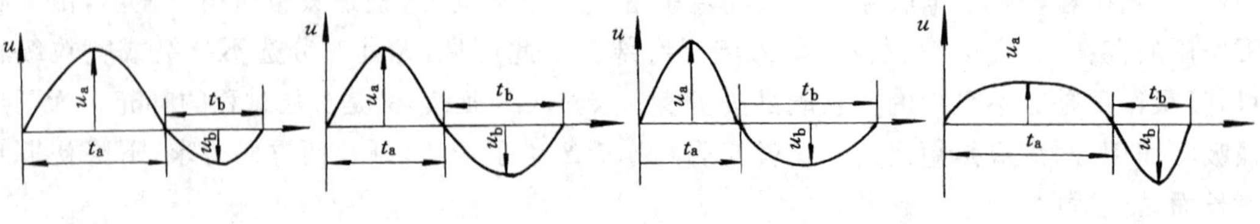

(a) $u_a>u_b, t_a>t_b$　(b) $u_a>u_b, t_a=t_b$　(c) $u_a>u_b, t_a<t_b$　(d) $u_a<u_b, t_a>t_b$

图 2-5-6　工业上使用的几种典型跳汰周期特性曲线

用时间较长，故不适于分选宽粒级和不分级的物料。在分选粗粒金属矿石时常采用此种跳汰周期。该跳汰周期也可用来分选经过初步分级的煤炭(0.5～13 mm 粒级)。

(3) 上升水速大于下降水速但作用时间相等的跳汰周期

在活塞跳汰机或隔膜跳汰机的正弦跳汰周期水流下降阶段，间断地给入筛下补加水，可得到如图 2-5-6(b)所示的水流运动特性曲线。这种跳汰周期的上升水流，相比图 2-5-6(a)所示的上升水流，作用力减弱了；其下降水流在降低流速的同时，相对图(a)延长了作用时间，吸啜作用略有增强。因此，在处理宽粒级的细粒物料时，比上述两种跳汰周期要好。如我国钨、锡矿选矿厂处理细粒级物料的跳汰机曾使用过这种跳汰周期。

(4) 上升水速大但作用时间短的不对称跳汰周期

间断导入的压缩空气驱动分选介质，产生脉冲运动的空气脉动跳汰机，凭借一定结构的风阀控制进气与排气，造成如图 2-5-6(c)所示的不对称跳汰周期。在进气期间，水流被压缩空气推动，急速上升。接着供气中断，有一短暂休止期，此时水流因惯性只做较弱的运动。当压缩空气排出时，水流借自重下降，于是获得一个速度缓而作用时间长的下降水流。过去国内外用它处理脱泥后的宽粒级或不分级煤炭；国外也有少数选矿厂用它分选铁、锰及某些氧化铅锌矿石。

应当指出，这种上升水流短而速、下降水流长而缓的跳汰周期，不适合处理宽粒级或不分级物料，无论是从松散、分层还是吸啜作用来看。但许多教科书或著作中，都将其误解为是空气脉动跳汰机使用滑动风阀(旧称立式风阀)所造成的周期特性。经实际测定，这种滑动风阀空气脉动跳汰机的跳汰周期特性曲线并非如此。

(5) 上升水速较缓但作用时间较长的不对称跳汰周期

这种水流的运动特点是由于上升水速缓慢，致使床层松散进程较慢，然而床层一旦松散，随着上升水流逐渐减弱，收缩过程也缓慢，这不但使分层作用时间延长，而且在此期间，矿粒与水流之间的相对运动速度也较小，矿粒粒度和形状对按密度分层的影响很弱，故对分层有利。但由于松散进程慢，床层不宜过厚，跳汰机处理能力偏低(每平方米处理 6～10 t)。其下降水流速度快、作用时间短。从下降初期来看，尽管不利于按密度分层，但因上升末期流速慢、时间长，不少粗粒重物料已落回筛板，故在此阶段参与分层活动更多的是中、细粒级颗粒，而下降初期又是吸啜作用的主要阶段，故从整体来看对分选宽粒级或不分级物料有利；水流下降末期短而速，正是分选的有利条件。因此，这种跳汰周期[见图 2-5-6(d)]特性，适合处理不分级煤。至 20 世纪 50 年代中期，国内外大都采用滑动风阀的空气脉动跳汰机分选不分级煤炭。但滑动风阀的缺点是，它的工作制度不能变更，原煤质量变化时，适应性不强。随着旋转风阀的问世，使得空气脉动跳汰机可根据需要随意变更水流运动特性，这不但改善了分选的工艺指标，而且使跳汰机单位面积的处理能力提高了 1～2 倍。原北京矿业学院选矿教研室，在 20 世纪 60 年代初，对北票台吉选煤厂所使用的滑动风阀(立式风阀)跳汰机实测时，示波器所显示的就是上升水流长而缓、下降水流短而速的周期特性。

实践证明：跳汰周期曲线形式是获得良好分选效果的重要因素之一。合理的跳汰周期曲线应与被选物料性质相适应，使床层呈适宜的松散状态，颗粒主要借重力加速度差相对运动，这是选择跳汰周期曲线的基本原则。

第三节　跳　汰　机

国内外采用各种类型的跳汰机，根据设备结构和水流运动方式不同，大致可以分为以下几种：① 活塞跳汰机；② 隔膜跳汰机；③ 空气脉动跳汰机；④ 动筛跳汰机。

活塞跳汰机是以活塞往复运动，产生一个垂直上升的脉动水流。它是跳汰机的最早型式，现在基本上已被隔膜跳汰机和空气脉动跳汰机所取代。

隔膜跳汰机是用隔膜取代活塞的作用。其传动装置多为偏心连杆机构，也有采用凸轮杠杆或液压传动装置的。机器外形以矩形、梯形为多，近年来又出现了圆形。按隔膜的安装位置不同，又可分为上动型（又称旁动型）、下动型和侧动型隔膜跳汰机。隔膜跳汰机主要用于金属矿选矿厂。

空气脉动跳汰机（亦称无活塞跳汰机）中的水流垂直交变运动是借助压缩空气进行的。按跳汰机空气室的位置不同，分为筛侧空气室（侧鼓式）跳汰机和筛下空气室跳汰机。该类型跳汰机主要用于选煤。

动筛跳汰机有机械动筛和人工动筛两种，手动已少用。机械动筛是一种在槽体中水流不脉动的装置，直接靠动筛机构用液压或机械驱动筛板在水介质中做上、下往复运动，从而使筛板上的物料产生周期性的松散。目前该类型跳汰机主要用于大型选煤厂尤其是高寒缺水地区选煤厂的块煤排矸。

下面根据使用范围，分为选煤用跳汰机和选矿用跳汰机两大类分别加以介绍。

一、选煤用跳汰机

1. 筛侧空气室跳汰机（鲍姆式跳汰机）

筛侧空气室跳汰机是目前我国选煤厂中使用最多的跳汰机。据其结构与用途的不同，筛侧空气室跳汰机可分为不分级煤用跳汰机、块煤跳汰机和末煤跳汰机三种。

筛侧空气室跳汰机的基本结构如图 2-5-7 所示。

跳汰机由机体 1、风阀 2、筛板 6、排料装置 4、5 和排矸道 8、排中煤道 7 等部分组成。机

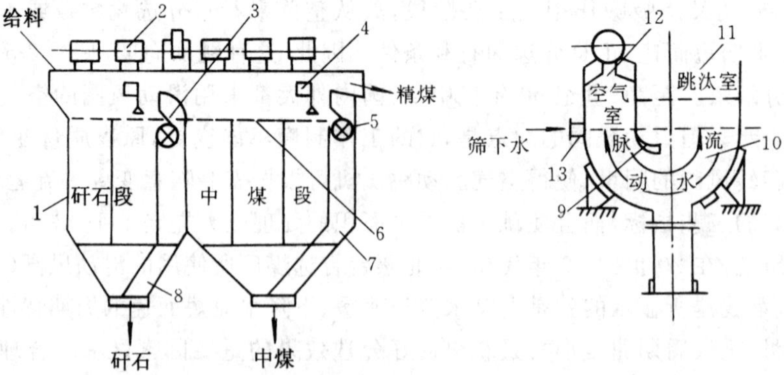

1—机体；2—风阀；3—溢流堰；4—自动排料装置的浮标传感器；5—排料轮；6—筛板；7—排中煤道；8—排矸道；9—分隔板；10—脉动水流；11—跳汰室；12—空气室；13—顶水进水管。

图 2-5-7　筛侧空气室跳汰机结构

体由纵向分隔板 9 分为空气室和跳汰室，两室的下部相通。空气室上部密闭，设有特制风阀，风阀的作用是将压缩空气交替地给入空气室中，同时按一定的规律将空气室中的压缩空气排出室外。当给入压缩空气时，跳汰室中的水被强制上升；待空气室的压缩空气排出时，跳汰室中的水位又自动下降，因此，推动跳汰室水面上下运动形成脉动水流 10，如改变给入的压缩空气量时，可以调节跳汰机中的水流冲程，改变风阀的运动速度也可调节水流脉动的频率。顶水从空气室下部顶水进水管 13 进入以改变跳汰机水流运动特性，并在跳汰室中形成水平流，便于运输物料，同时使物料在跳汰室中进行松散和分层。跳汰机中的冲水是从机头与原料煤一起给入的。原料煤在跳汰机中经分层得到分选后，在第一段(矸石段)和第二段(中煤段)的重产物矸石、中煤，分别经各段末端的排料装置排到各自的排料道，并与透筛的小颗粒重产物一块排到各自的排料口，再经与机体密封的脱水斗子提升机排出。轻产物(精煤)自溢流口排出机体。

(1) 跳汰机的机体

跳汰机的机体承受跳汰机全部重量和脉动水流产生的动负荷。

① 机体的段数和隔室

跳汰机机体沿长度方向分单段、两段和多段。每段又分成两个或三个隔室，每个隔室都有单独的风阀和筛下顶水管。一般在顺煤流方向的每段末端设有排料道。每段的长度根据入选原料性质和产品的质量要求进行选取。

现代最新的跳汰机，机体多是分成隔室制造的。跳汰机分几段，每段分几个隔室则根据设计要求进行组装。这样就实现了部件标准化、各室风水制度的独立性，并便于设备运输和安装。

② 机体的形状

机体的形状即机体横断面的形状。常见的有三种：半圆形[图 2-5-8(b)实线部分①]、角锥形[图 2-5-8(b)虚线部分②]和过渡形[图 2-5-8(b)点划线部分③]。一般认为，半圆形和过渡形的横断面比较好，能使脉动水流沿跳汰室宽度上分布比较均匀；但是半圆形机体的底部容易积存物料，时间长了，也逐渐变成了近于角锥形。所以现代化的跳汰机倾向于采用过渡形横断面，即上部呈圆形，下部逐渐过渡成角锥形。这种过渡形机体，也称为双弧形的 V 型机体($R_1 > R_2$)，在这种型式的机体上，再配置合理的导流板，如图 2-5-8(c)所示，可使跳汰室横向上升水流波高均匀，并能缩小空气室与跳汰室的宽度之比。

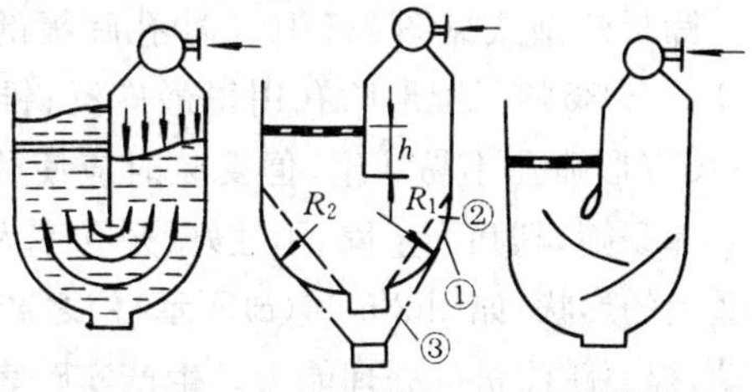

(a) 半圆形　(b) 角锥形　(c) 过渡形

图 2-5-8　机体形状及其对水流波动的影响

③ 空气室与跳汰室宽度的比例

跳汰机的空气室与跳汰室宽度的比例是跳汰机的一个重要参数。筛侧式跳汰机存在一个严重缺点是：脉动水流沿跳汰室宽度的分布不均匀[图 2-5-8(a)]，造成跳汰室两侧分选效果不一致，靠风阀一侧的流线短、脉动强；靠操作台一侧的流线长、脉动弱。当跳汰室的宽度愈宽，其差别愈明显。因此，筛侧式跳汰机的宽度受到了限制。目前跳汰室最宽只能达到 2.5～3.0 mm。空气室的宽度 B_1 与跳汰室的宽度 B_2 之比值 B_1/B_2(即冲程系数)：块煤跳汰机为 0.7～1.0，末煤跳汰机和混合入选跳汰机为 0.45～0.8。

为了提高单台跳汰机的处理能力，又不过分地增加跳汰室的宽度，或既增加了跳汰室的宽度，又使脉动水流沿宽度分布较均匀，国外把跳汰机背靠背或面对面地合并制造成双室跳汰机。如图 2-5-9 所示。

美国的麦克纳利巨型跳汰机和德国的维达克双侧室跳汰机就属于此类。

筛下空气室跳汰机是使跳汰机进一步大型化、提高单机处理能力的另一种新型结构。筛下空气室跳汰机克服了筛侧空气室跳汰机脉动水流不均匀的缺点，所以跳汰室的筛面可以制造得很宽（达 5～6 m），单机处理量大。关于筛下空气室跳汰机后面再介绍。

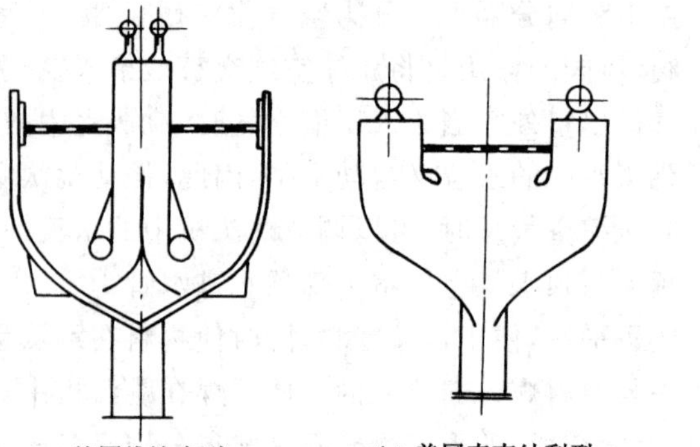

(a) 德国维达克型 (b) 美国麦克纳利型

图 2-5-9 双室跳汰机示意图

(2) 跳汰机筛板

跳汰机筛板的作用是承托床层，与机体一起形成床层分层的空间，控制透筛排料速度和重产物床层的水平移动速度。因此，筛板要有足够的机械性能和工艺性能。机械性能包括筛板的刚性、耐磨性，使之坚固耐用；工艺性能包括筛板的穿透性、合理的倾角和孔形。适当的开孔率可减小对水流运动的阻力；合理的倾角和孔形可使物料便于运输、筛孔不易堵塞和便于清理。

① 筛板的型式

筛板的型式见图 2-5-10。冲孔筛板的孔型有圆形、正方形和长方形，筛板的开孔率一般为 25%～35%。圆形筛孔用得最广泛；锥形筛孔有利于物料透筛和减少堵塞现象，便于清理；长方形筛孔不易堵塞，但安装时应使筛孔长边与物料的运动方向一致。

棒条筛，其筛面坚固、刚性好、开孔率大，能达 50%，为冲孔筛板的 1.5 倍。此外，还可以选择适当的形状，如图 2-5-10(c)所示，使之产生倾斜方向的上升水流，促进重产物床层在筛面上移动，提高跳汰机的处理能力。生产实践表明，棒条筛的筛面堵塞现象严重，又不易清理。近年来，国外有些跳汰机，采用有斜向水流作用的方孔筛板[图 2-5-10(e)]，能减轻堵塞现象。

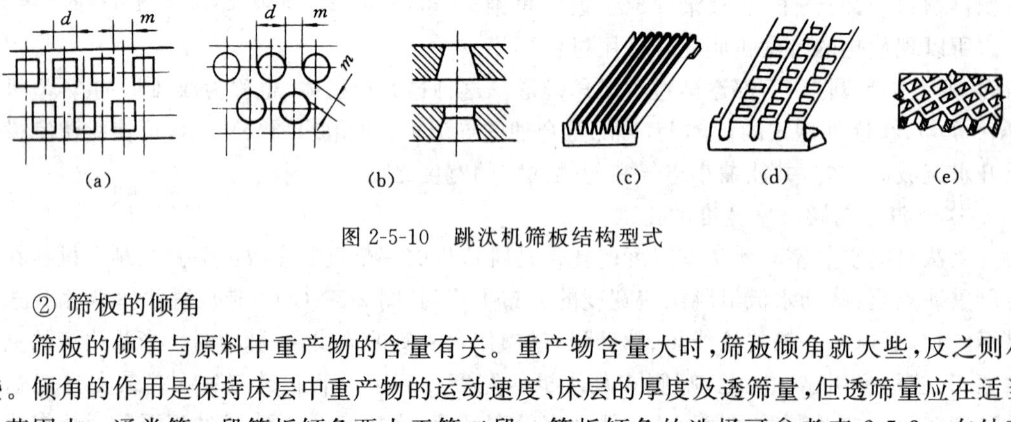

(a) (b) (c) (d) (e)

图 2-5-10 跳汰机筛板结构型式

② 筛板的倾角

筛板的倾角与原料中重产物的含量有关。重产物含量大时，筛板倾角就大些，反之则小些。倾角的作用是保持床层中重产物的运动速度、床层的厚度及透筛量，但透筛量应在适当的范围内。通常第一段筛板倾角要大于第二段。筛板倾角的选择可参考表 2-5-2。在处理含黄铁矿和矸石量特别高的原煤或矸石易泥化的原煤时，筛板倾角甚至可采用负角度，采用倒排矸。

表 2-5-2　筛板的孔径和倾角

项　目	块煤和不分级煤用跳汰机		末煤跳汰机	
	矸石段	中煤段	人工床层	自然床层
筛孔直径/mm	10～20	10～15	$d_{max}+(2\sim5)$	$\frac{d_{max}}{2}+(2\sim5)$
筛板倾角/(°)	2～5	1～2.5	0	0～2.5

③ 筛孔尺寸

各种型号跳汰机的筛孔尺寸与所处理的原料性质及排料方式有关，具体筛孔尺寸也可参考表 2-5-2。增大筛孔能减少水流阻力、加强下降水流的吸啜作用和透筛排料。但筛孔过大会使轻产物透筛损失增加。

(3) 风阀

风阀周期性地使空气室与风包或与大气相连或隔绝，从而在跳汰室造成脉动水流。风阀结构及工作制度，在很大程度上影响着水流在跳汰机中的振动特性，因此，风阀是跳汰机最关键的部件。风阀有以下三种型式：① 做往复运动的滑动风阀(即立式风阀)；② 做回转运动的旋转风阀(即卧式风阀)；③ 活门型和滑动型的电磁风阀。

① 滑动风阀

滑动风阀的构造见图 2-5-11。它由顶端封闭的圆筒形壳体和圆筒形的空心滑阀组成。壳体固定在跳汰机的空气室之上，其上端有进气管，并与压缩空气风包连接，下端则与空气室相通。外壳四周开有三排气孔，滑阀上也对应地开有同样排数排气孔。滑阀用拉杆与偏心轮相连，当偏心轮转动时，滑阀做上下往复运动。滑阀下降时，外壳体上部的进气管打开[图 2-5-11(a)]，排气孔封闭，压缩空气经空心滑阀进入跳汰机的空气室，在跳汰机中形成上冲水流，这便是进气期。滑阀上升时，关闭进气孔而打开排气孔[图 2-5-11(b)]，空气室的空气被排放至大气中，跳汰机中产生下降水流，这就是排气期。为使进气与排气不至于相窜，进气期与排气期之间有一个短暂的间歇。此时，进气孔已关闭而排气孔尚未打开，压缩空气在空气室内继续膨胀，故称膨胀期。在排气后期和进气初期之间，同样也有一段短暂的间歇时间。这时排气孔已关闭而进气孔尚未打开，空气室内的空气因水位上升而受到压缩，故称压缩期。

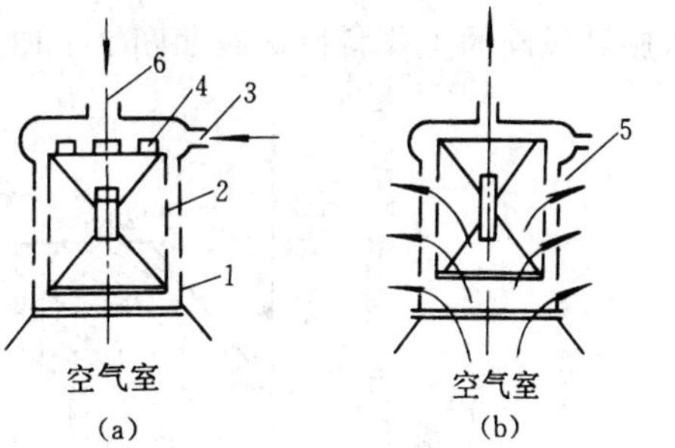

1—外壳；2—空心滑阀；3—进气管；
4—进气孔；5—排气孔；6—拉杆。

图 2-5-11　滑动风阀工作原理

滑动风阀就是利用滑阀做上下往复运动，使跳汰机空气室周期性地进气、膨胀、排气和压缩，促使在跳汰室产生脉动水流，实现物料在跳汰机中分选。只要改变滑阀与外壳间的相对位置，可在小范围内调节跳汰周期，改变进气期和排气期的长短。现有的滑动风阀的周期一般是：进气期 170°、膨胀期 10°、排气期 170°、压缩期 10°。

滑动风阀现已被旋转风阀所代替，目前只在一些老的选煤厂中使用。

② 旋转风阀

旋转风阀型式很多，使用很广泛，其结构和参数与滑动风阀虽有不同，但其工作原理基本相同。LTX-14 型跳汰机旋转风阀的结构见图 2-5-12。

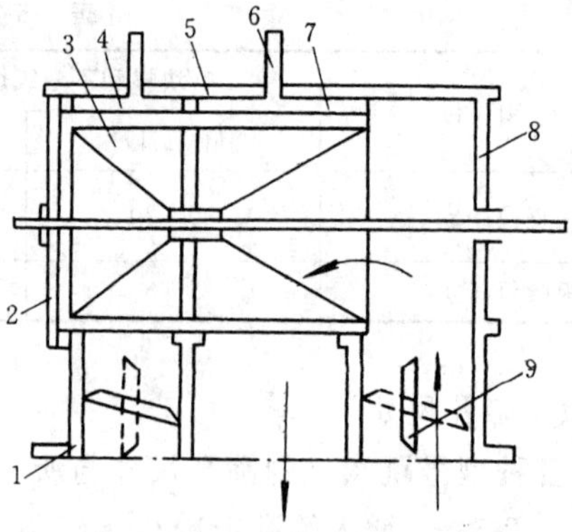

1—阀座；2—排气端盖；3—转子；
4—排气调整套；5—阀盖；6—手把；
7—进气调整套；8—进气端盖；9—蝶阀。

图 2-5-12　旋转风阀的结构

旋转风阀的结构是在铸铁的外壳中装有进气、排气调整套，调整套里面是转子。外壳下部阀座有两个开口，一个开口与风箱接通，另一个开口用管子穿过风箱与跳汰机空气室相连。转子开有进、排气左右两格，这两格互不相通，每格上都有开口，但开口角位置不同。转子旋转时，当转子的进气口与调整套的进气孔相遇时，排气孔则关闭，压缩空气由风箱经蝶阀、转子进入跳汰机空气室，跳汰机中产生上升水流，这时为进气期。当转子的进气口离开调整套的进气孔，而排气口仍未与调整套的排气孔相遇时，为膨胀期。直到转子的排气口与调整套的排气孔相遇，才开始排气，这个阶段称为排气期。多数旋转风阀没有压缩期，也就是说，当转子的排气口一离开调整套的排气孔，则其进气口与调整套的进气孔就马上相遇。LTX-14 型跳汰机旋转风阀的工作特性曲线如图 2-5-13 所示。

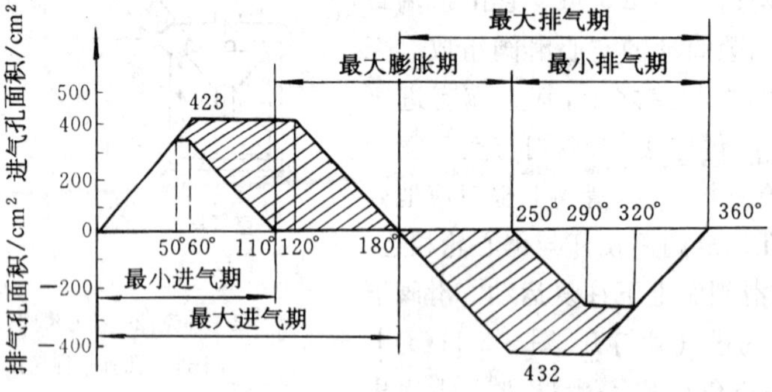

图 2-5-13　旋转风阀的工作特性曲线

风阀进气孔的面积要保证跳汰机空气室的气压在进气初期能迅速上升到所需的压力，使脉动水流具有所要求的最大速度和加速度，因此，风阀进气孔面积大小与使用的风源压力、跳汰机的结构和入选物料粒度等因素有关。在其他条件不变的情况下，风源压力高，开口可小些；跳汰机的空气和水的沿程阻力大，进气孔面积也要求大些；块煤跳汰机比末煤跳汰机所需要的进气孔面积大。根据国内外某些型号跳汰机的统计资料看，风阀进气孔面积差别很大，其面积为跳汰机面积的 1/35 至 1/100。

因为排气时压力比进气时低，所以排气孔面积一般比进气孔面积要大些。特别是筛侧式跳汰机，进气孔面积为排气孔面积的 50%～90%。

调整套进气孔开口的弧线长度占圆周的度数称为转子的开口角。由风阀的工作特性曲线可知，开口角度愈小，曲线上升愈陡，跳汰机空气室压力上升愈快，上升水流更强有力（加速度愈大），对提高分选效果有时会有某些好处。但是在开孔面积不变的情况下，开口角减小，风阀半径要加大，使风阀体积和重量都要增大。国产跳汰机常用的进气孔开口角为

60°。以上风阀的各参数，通常是在调查研究的基础上经试验确定的。

旋转风阀的特点：结构轻巧，转动平稳，跳汰周期调整范围广，适应性强，应用很广泛。

部分旋转风阀的技术规格见表 2-5-3。

表 2-5-3 旋转风阀的技术规格

项目		跳汰机型号				
		LTW-M12.6	北票-1 型	LTG-15	LTM-12.6	LTX-14
风阀周期	进气期/(°)	120～180	80～160	110～180	107	110～180
	膨胀期/(°)	120～0	170～20	140～0	102～127	140～0
	排气期/(°)	120～180	110～180	110～180	151～126	110～180
	压缩期/(°)	—	按需要调节	0	0	
	进气孔面积/cm^2	650				423
	排气孔面积/cm^2	650				432
频率/(次/min)		52,59,69,80,87	40,45,53,60.5,66.5	41,46,55,61,68	42.4,52.7,68	
风阀传动电机型号			JQ_2-42-6	JQ_3-125		

③ 电磁风阀

活门型的电磁风阀是 20 世纪 70 年代设计的一种新型风阀结构。这种风阀调整灵活，可以任意调整跳汰周期，进气、排气的变换速度极快。因此，可以精确地控制脉动周期和吸啜过程的时间，从而获得良好的床层松散度和精度较高的分选效果，为跳汰机大型化和跳汰制度自动化创造了方便的条件。

活门型电磁风阀工作系统示意图如图 2-5-14 所示。整个工作系统由三部分组成：气路系统，包括高压风管至气缸的气动管路；数控装置，通过控制电磁阀的通、断电时间，实现大范围内无级调节频率与跳汰周期特性；进、排气阀，进、排气阀由气缸和阀盖组成。

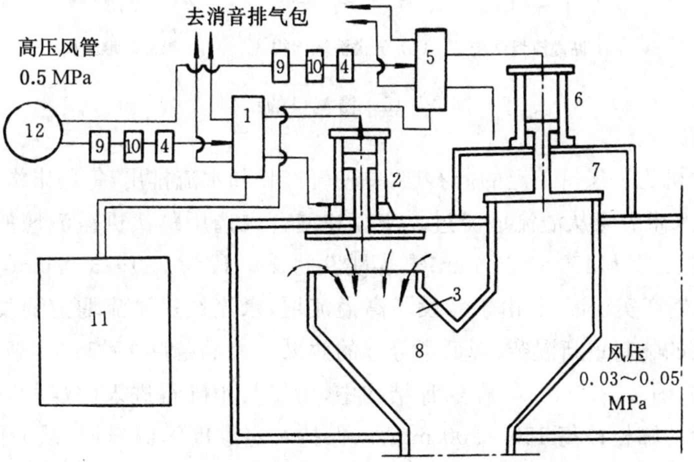

1—进气电磁风阀；2—进气阀；3—分配箱；4—油雾器；5—排气电磁风阀；6—排气阀；7—排气管；8—进气管；9—滤气器；10—调压阀；11—电子数控系统；12—高压风管。

图 2-5-14 活门电磁风阀工作系统示意图

图 2-5-14 为电磁风阀进气时的情况，即进气阀 2 打开进气，排气阀 6 关闭。这时，两个

电磁风阀的动作过程是：进气电磁风阀 1 的电磁线圈断电，铁心被弹簧推下，关闭上部进气道，同时打开上部的排气道，放出阀体上部的气体，压缩空气沿着图中箭头指示的方向进入进气阀 2 内，推动进气阀的活塞向上运动，并打开进气阀使分配箱 3 内的压缩空气经进气管 8 进入空气室。这时，排气电磁风阀 5 的动作与进气电磁风阀相反，即电磁线圈通电吸上铁心，关闭上部排气道打开上部进气孔，压缩空气进入排气阀 6 内，推动活塞向下运动，关闭排气管 7。排气时的位置与上述过程相反。排出的高、低压气体经消音排气包排出厂外。

风阀的工作风压(低压)为 0.03～0.05 MPa。

风阀打开时间小于 0.02 s，最快达 0.013 s。这样可以提高水流上升初加速度，延长膨胀期，有利于物料按密度进行分选。

电磁风阀除活门型外，我国还研制成功了滑动型电磁风阀，用于选煤厂工业生产。

电磁风阀的缺点：需另配一套高压供风系统。气缸加工精度要求较高，维修工作量较大。

(4) 跳汰机排料装置

跳汰机排料装置，是将床层中按密度分好层次后的物料，准确地、及时地和连续地排出，以保证床层稳定和产品分离的重要部件。使跳汰机能得到较高的生产率和较好的分选效率。

各段轻产物是依靠水平流的运输作用，随水流越过溢流堰流出的。各段的重产物是由筛上排料和透筛排料两种方式排出的。块煤或不分级物料的重产物，以筛上排料为主；末煤的重产物以透筛排料为主，或者两者并重；煤泥跳汰机的重产物几乎全部采用透筛排料。

① 轻产物溢流堰排料装置

许多跳汰机在每段的末端设有溢流堰。它的作用是配合重产物排放装置，保持床层有一定的厚度，并使轻产物随溢流排出。跳汰机的溢流口有三种不同的结构，见图 2-5-15 所示。

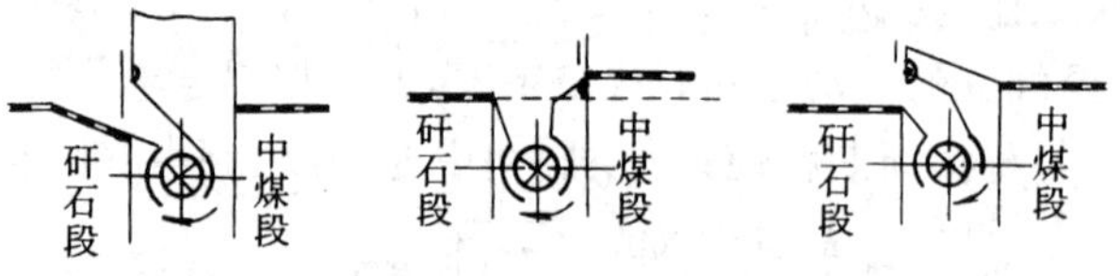

图 2-5-15　溢流口的结构

老式的跳汰机为了保持一定的矸石层，并使轻产物随水流排出，每段末端都设有高溢流堰[图 2-5-15(a)]，水带着煤从溢流堰流过。块煤和混合入选用跳汰机溢流堰的高度，第一段为 400～450 mm，第二段为 450～500 mm；末煤跳汰机第一段为 250～350 mm，第二段为 300～400 mm。但是，生产实践证明，由于装设了高溢流堰，水流经过溢流堰前要发生激烈的扰动，会使已经分好层的物料重新混杂，降低了分选的效果。为了克服这种现象，新型的跳汰机采用无溢流堰的结构[图 2-5-15(b)]。在这种结构中，为了防止矸石进入中煤段，往往会使中煤段的筛板比矸石段的筛板提高 150～200 mm，以保持一定厚度的矸石层，从而限制矸石向前运动。此外，两段之间设有可以提高的闸板，以调节矸石段的床层厚度。这种无溢流堰结构，只限制了矸石的移动，对水流运动状态没有大的影响。实践表明，无溢流堰结构改善了水流运动状态，但容易造成跑煤现象。目前还有介于前两者之间的结构——半溢流堰结构[图 2-5-15(c)]。在这种结构中，保留着溢流堰，但将其高度降低。因此，对水流影响不大。由于溢流堰很低，所以在堰前面设有可以提高的闸板来调节床层的厚度。

上述的几种结构,同样可以用在跳汰机中煤段溢流口上。

② 重产物筛上排料装置

生产实践中,各种排料装置的区别主要表现在结构、传动方式和调节系统等方面。因此,对现有的各种重产物排料装置,可以按其某些特征分别介绍如下。

(i) 排料装置:排料装置在跳汰机中的位置是由入选物料中高密度级物料的含量及排料条件决定的。跳汰机中常见的排料装置的位置如图 2-5-16 所示。

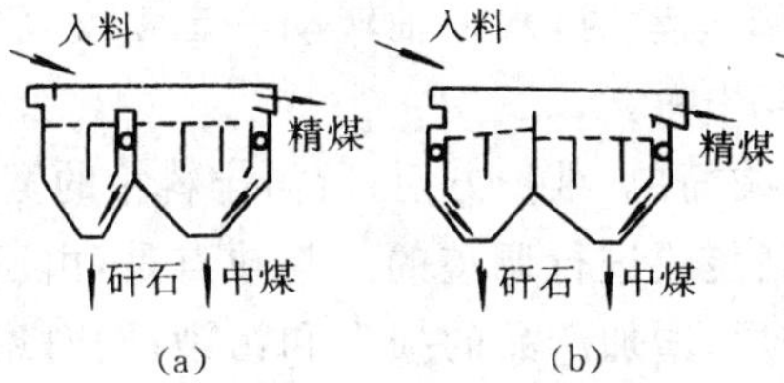

图 2-5-16 跳汰机中排料装置的位置

图 2-5-16(a)为正排矸的跳汰机,排矸装置安排在中煤段和矸石段的尾部,可用于分选块煤和末煤,是最常见的一种排料方式;图 2-5-16(b)是倒排矸的跳汰机,第一段排矸装置设在入料端,该跳汰机适于分选含黄铁矿多及矸石量大的块煤,但对混合入选的原料,容易使矸石中精煤损失;图 2-5-16(c)是排料装置位于某一段跳汰机的中部,多用于综合排料,当物料进入第二段之后,块中煤经过分选从排矸道排出,之后物料进入有一段人工床层的筛面,末中煤进一步进行透筛排料,这种装置便于控制精煤的质量。

(ii) 排料机构型式:目前所采用的排料装置型式繁多。下面介绍四种比较常用的排料机构。

图 2-5-17(a)是叶轮式排料装置,它的排料是连续自动的。叶轮设在排料口跳汰机筛板的下面,其前方有一块挡板,挡板的上端装在固定的轴上,另一端用链条悬挂在一定的位置,并可做一定的摆动,以防大块重产物卡住叶轮,挡板沿跳汰机宽度可分成数块。叶轮由电动机带动,其转速为 0～3.5 r/min。根据矸石层的厚度,通过自动控制装置可以调整叶轮的转速,控制重产物的排料速度,从而达到自动控制排料的目的。在排料口上还装有垂直闸门,以调节排料口的大小,控制重产物的排放速度。

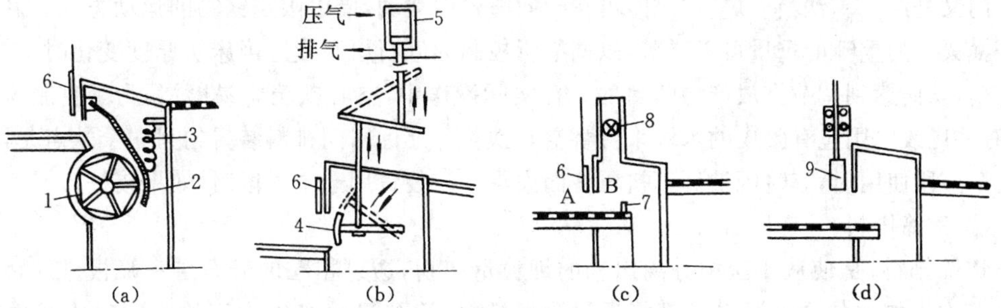

1—叶轮;2—挡板;3—链条;4—扇形闸门;
5—带活塞的气缸;6—垂直闸门;7—坎板;8—阀门;9—浮标闸门。

图 2-5-17 跳汰机筛上排料机构型式

叶轮式排料装置的优点是，排料连续而且较均匀，床层稳定。它是目前使用较多的一种。其缺点首先是排料箱的宽度较大。这不仅减少了跳汰机的有效工作面积，而且因为排料箱上(溢流堰顶部)没有脉动水流作用，物料容易堆积，影响下一段的分选。粗粒物料排料箱宽度为350～450 mm，末煤排料箱宽度可以减小到250 mm。其次是叶轮容易卡矸石，影响排料或造成局部床层排空。还有叶轮两端的轴承不易密封，容易漏水，需要经常检修更换盘根。

图2-5-17(b)是扇形闸门排料装置，它的排料是间断性的。扇形闸门设在排料口跳汰机筛板上面，当气缸内的活塞和杠杆系统运动时，水平轴转动一定角度，将扇形闸门提起或落下，闸门提起时进行排料，落下时暂停排料。

扇形闸门排料装置的优点是，结构简单，维护方便，所需排料箱的宽度较小，气缸内活塞的运动是根据床层的厚度由自动控制装置进行调整的。其缺点是，由于排料箱内的脉动水流严重窜扰排料口，而影响床层的分层，增加产品的损失和污染；同时扇形闸门易被大块矸石卡住，使排料不均匀，造成床层不稳定。

图2-5-17(c)是象鼻子管排料装置，它只有垂直闸门(有时不用)而没有排料闸门。产物的排放速度用阀门8调节。当阀门完全关闭时，在B区没有脉动水流，重产物停止排放；当阀门打开后，B区有脉动水流，重产物能越过坎板排到排料箱里，阀门开得愈大，脉动水流愈强，排放速度愈快。在其他条件不变时，重产物的排放速度主要决定于阀门开启度和坎板的高度。这种排料装置还有一个值得注意的优点，就是在一定条件下能自动平衡排料量。如当矸石床层变厚时，脉动水流在A区的阻力增加，筛下水流压力上升，如果此时垂直闸门的高度、阀门的开启度和坎板的高度都不变，则B区床层的厚度变化不大，床层阻力变化也不大。因此，B区的脉动水流自动增强，重产物的排放速度增加，直到A区恢复到原来的矸石层厚度以及恢复原来的筛下水压力为止。实践中可以看出，当跳汰机中途停料时，排料装置虽未经调整，但排料量能自动减少甚至停止。所以象鼻子管排料装置调好以后，排料能连续均匀地进行，而且适应能力较强。该排料机构的排料速度还受物料粒度组成的影响。粒度变粗，排料速度减慢，床层增厚；粒度变细，排料速度增快，床层减薄。所以为保持床层稳定，应尽量减少入选原煤粒度组成的变化。

图2-5-17(d)是浮标闸门排料装置，它是一种简易的自动排料装置。空心的矩形(或梯形)铁箱横置于排料口处(有的选煤厂在铁箱下缘再焊接上一条扁铁，作为闸板效果更好些)，它既是闸门又是浮子。铁箱上焊有拉杆，可在导向滑轮中滑动，借以限定铁箱的运动方向。悬挂在拉杆横梁上的重锤的重量可以增减，以调节所控制的矸石层厚度。当床层厚度变化时，铁箱随之升落，从而达到调节排放产物的目的。在实际操作中，空心铁箱容易磨漏，为了克服这个缺点，有些厂改成用包有胶皮的木块来代替空心铁箱。浮标闸门排料装置的另一个缺点是，在跳汰机第一段使用时，有时因被矸石挤压住而失灵。该装置用于中煤段时，效果较好。

③ 透筛排料

透筛排料，是使从床层中分离出来的细粒重产物，透过粗粒的矸石层和筛板排入跳汰机的机箱内。如要使全部重矿粒都能透过筛板排料，筛孔尺寸必须大于给料中最大矿粒的粒度，但这又易使过多的矿粒由筛面上漏下去影响床层的稳定分层。为了控制透筛速度，既要使全部需透的高密度矿粒能透筛排出，又要防止低密度矿粒混入其中，一般在筛面上人为地铺设一层密度较高、粒度较粗的物料层，称之为人工床层。在跳汰过程中，人工床层可起排料闸门的作用，用以控制重产物的透排速度和质量。在上升水流作用下，人工床层也受到松散作用，但松散度较小；在下降水流作用下，人工床层在跳汰过程中不做水平移动，并保持厚度均一，在筛面上设有格框，使人工床层位于格框内运动。

透筛排料时，高密度矿粒的透筛速度除与矿粒本身及水流运动的特点有关外，主要还取决于人工床层的粒度、密度、形状及厚度。透筛作用主要发生在人工床层已经紧密的下降水流作用时期。因此，为了使应透筛的重密度矿粒能全部透过人工床层排出，人工床层颗粒间的间隙应大于给料中的最大粒度。通常取人工床层的粒度为给料最大粒度的 3～4 倍，人工床粒的密度一般略高于需透筛排料的矿粒的最大密度。床粒密度过高，人工床层不易松散，使重矿粒不易透筛排出；但若床粒密度低于透筛排料的重产物，则在分层过程中人工床层容易被重产物所取代，不能保持稳定的分选条件，降低分选效果。人工床层的厚度直接影响重产物透排的速度，厚度增加，透排速度降低，重产物质量提高，反之重产物质量将降低。但厚度一经选定，在生产过程中是不变的。在生产操作中是通过控制下降水流吸啜力的强弱来调节重产物质量的。

我国选煤厂在使用石英或长石作人工床粒时，人工床粒的密度为 2 500～2 700 kg/m^3，通常采用长×宽×高＝400 mm×400 mm×100 mm 或长×宽×高＝250 mm×250 mm×100 mm 的格框。矸石段人工床层厚度为 60～70 mm，中煤段为 50～60 mm。

④ 排料装置自动化

为了及时而连续地排出重产物，使产品分离和保持稳定、合适的床层厚度，现代化的跳汰机都采用了自动排料装置。跳汰机的自动排料装置由检测元件、控制装置和执行机构三部分组成。检测元件用以探测床层的情况，根据重产物的床层厚度来决定排料的速度；控制装置是将测得的重产物床层厚度的数值（压力、电流、电压或位移等等）放大，并向执行机构发出排料指令。目前工业上采用的检测元件基本上有三种类型：浮标装置、测压管装置及放射性同位素装置。

(i) 浮标装置：浮标是中空而密封的容器，它一般安装在排料口前 200 mm 左右的床层中。根据要求，浮标应具有一定的密度，能处于与其相同密度的床层中，可视它为床层中一个粒度较大的矿粒。因此它在床层中所处的位置高低主要取决于它的密度，但多少也受脉动水流特性的影响。然而，脉动水流特性不是经常变化的因素，所以认为浮标在床层中位置的高低，基本上反映了重产物床层厚度的变化。生产实践证明，浮标装置结构简单、检测准确、调节方便，因此，应用最普遍。当跳汰室较宽时，可以采用两个并列的浮标来测量同一段床层的厚度。为使浮标能正确及时地反映出重产物床层厚度的变化，应尽量使它的上下运动不受其他机械的约束，所以检测浮标位移的机构最好用无触点装置。如电感线圈、差动变压器或射流等装置，即采用所谓自由浮标。

浮标的形状较多，如图 2-5-18 所示。其断面为流线型。一般在跳汰机第一段多采用高度较大、底面积较小的浮标。这类浮标对跳汰机负荷和用水量都不太敏感，受机械力作用大，精度稍差，如圆筒形浮标。在跳汰机第二段，可采用高度较小、底面积较大的浮标，它对

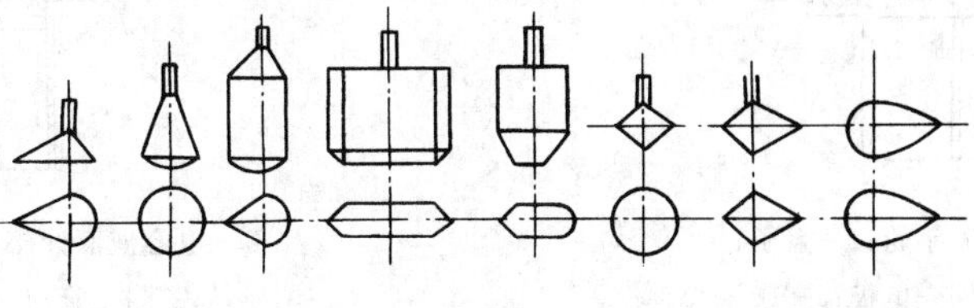

图 2-5-18　浮标的形状

跳汰机负荷较为敏感，如椭圆形、纺锤形浮标等。

（ii）测压管装置：它是利用重产物（或中间产物）床层厚度不同时，床层的质量和阻力发生变化，而引起顶水压力相应变化的原理进行检测的。

测压管装置可以安装在靠近溢流堰的地方，并穿过筛板与筛下水相连，或安装在靠近排料口的地方，穿过跳汰机机体的侧壁与筛下水相连。见图 2-5-19。

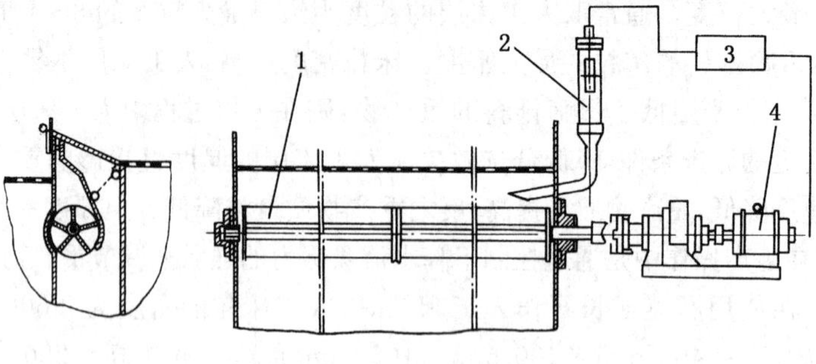

1—排料轮；2—测压管；3—KZD 可控硅直流调速装置；4—排料轮传动装置。

图 2-5-19　可控硅自动排料装置

当床层中重产物层变厚时，床层阻力增大，测压管内水位升高；反之则降低。在测压管内装有电极（图 2-5-20）或电容液面计（图 2-5-21），将管内的液位变化转为电信息发送出去，管内液位高低的变化与电流信息具有较好的线性关系，发出的电流信息通过 KZD 可控硅等直流调速装置控制执行机构。测压管内液面高低的变化，不仅与重产物床层厚度有关，还与原煤的粒度组成、浮沉组成、筛板堵塞的情况有关，所以生产过程中要保持原煤质量稳定，需经常清理筛板、铁器。此外，电极式测压管输出信号还与洗水的导电率有关，而洗水的导电率是经常变化的，所以测压管内电极位置应根据产品质量情况及时进行调整。

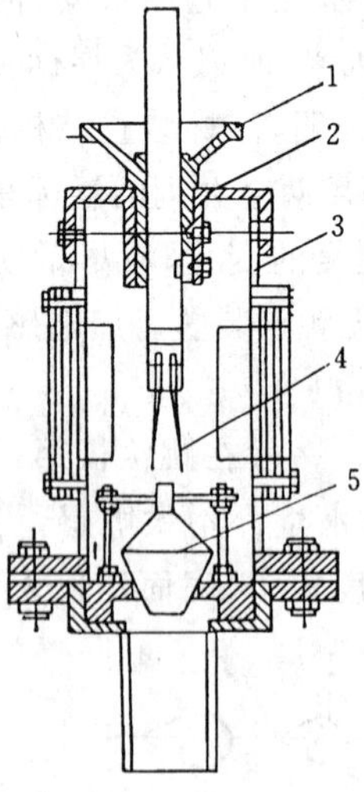

1—调整手轮；2—盖子；
3—测压管；4—电极；5—减振阀。

图 2-5-20　测压管装置 Ⅰ

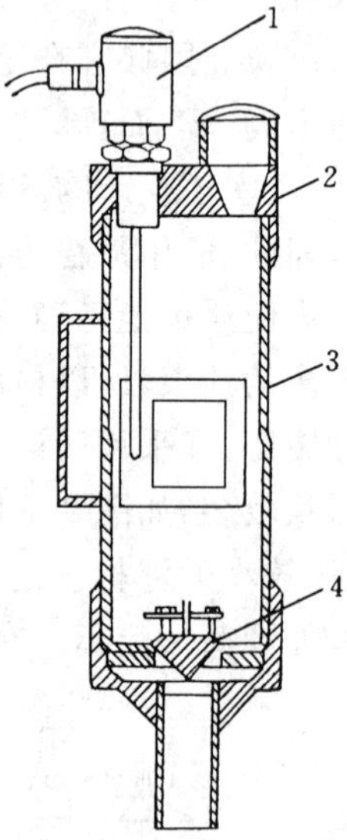

1—电容液面计探头；2—盖子；
3—测压管；4—减振阀。

图 2-5-21　测压管装置 Ⅱ

测压管检测装置可以用作块煤、末煤和不分级煤跳汰机的自动排料装置。

(iii) 放射性同位素装置：同位素检测装置包括同位素放射源和辐射计(图 2-5-22)。

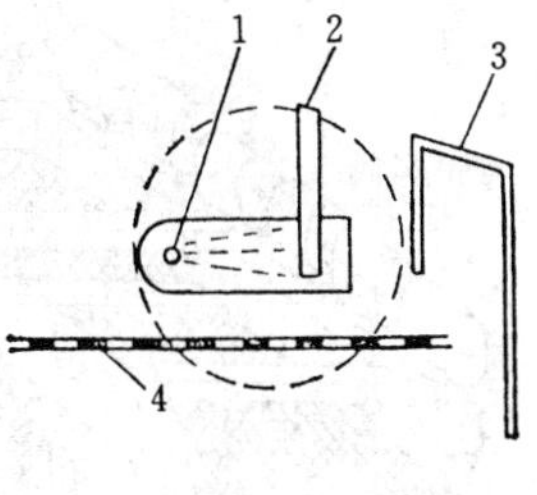

1—放射源；2—辐射计；
3—溢流堰；4—筛板。

图 2-5-22　同位素检测装置

常用的同位素放射源有钴 60(^{60}Co)和铯 137(^{137}Cs)，这种放射源半衰期较长，钴为 5.26 年，铯为 33.2 年，放出的 γ 射线穿透力强。当 γ 射线穿过床层时被衰减，床层密度愈高，γ 射线强度衰减程度愈大。用辐射计测量 γ 射线的衰减程度，即可反映辐射区内床层的平均密度。根据床层的平均密度控制床层的排料速度，平均密度增高，排料速度加快，反之排料速度则减慢。

国产筛侧式空气室无活塞跳汰机有 WT、LTW 和 LTG 三种系列。WT 系列有块煤跳汰机(WT-8K、WT-10K)和末煤跳汰机(WT-10M、WT-16M)各两种，末煤跳汰机也可用作不分级煤(0～50 mm)混合入选。LTW 系列中有 LTW-M12.6 和 LTW-15 两种型号，都是末煤跳汰机。LTG 系列目前只有 LTG-15 型一种，是混合入选的跳汰机。

LTG-15 型筛侧空气室跳汰机的机体为半圆形(图 2-5-23)，机身分为第一段和第二段，排料装置采用测压管自动排料装置，通过可控硅直流调速装置调节、驱动排料轮电机，改变转速，调节排料量。用垂直闸板控制重产物床层的厚度。

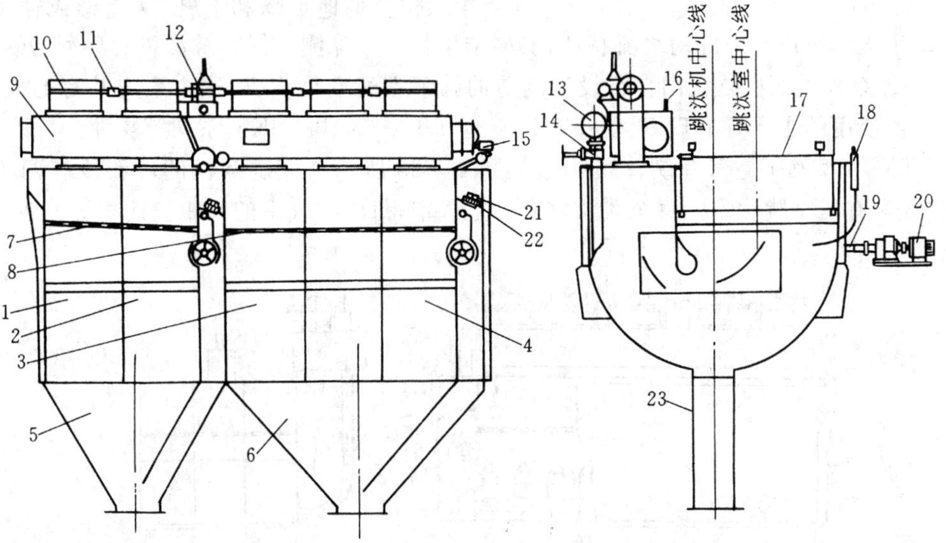

1—机体第一段；2—机体第二段；3—机体第三段；4—机体第四段；5—矸石段漏斗；
6—中煤段漏斗；7—矸石段筛板；8—中煤段筛板；9—空气箱；10—风阀；11—链式联轴节；
12—风阀传动装置；13—总水管；14—暗插楔式闸门；15—电动蝶阀；16—压力表；17—排料闸门；
18—测压管；19—排料装置；20—排料轮传动装置；21—压铁；22—人孔盖；23—检查孔。

图 2-5-23　LTG-15 筛侧空气室跳汰机(左式)

2. 筛下空气室跳汰机

筛下空气室跳汰机的空气室在跳汰机筛板下面，因而具有一些筛侧空气室跳汰机所不具备的特点。目前筛下空气室跳汰机已在许多国家制造和使用。筛下空气室跳汰机构造示

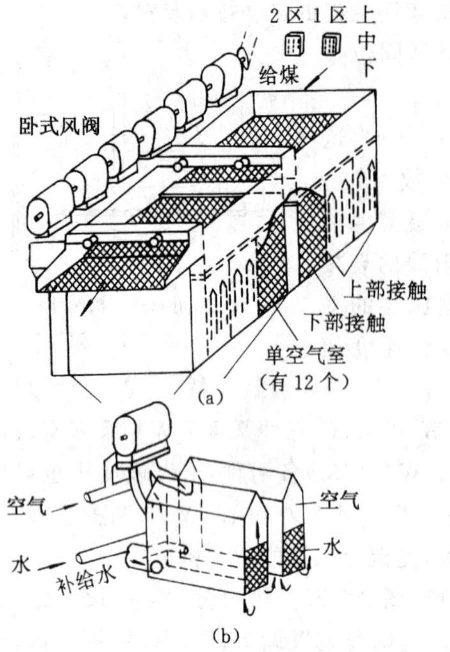

图 2-5-24 筛下空气室跳汰机构造示意图

意图见图 2-5-24。

每个跳汰室装一个卧式风阀，为其中两个空气室提供压缩空气。压缩空气从空气室的一端给入，空气室的端部有上、下两个孔，上面的孔与风阀的进气口相接，用以进入压缩空气；下面的孔用以送入顶水。在机体的一侧设有风水包，水包侧面与总水管相接，下面则接有五个分水管，分别与空气室的进水孔相通。分水管上装有阀门，以调节各空气室的补充水量。

跳汰机设有水位灯光指示器。在每个跳汰室中有一个空气室，空气室中设有上、中、下三个水位，接头与水位灯光指示器相接，以表示水位的高低和跳汰机的运转情况。

筛下空气室跳汰机，除了把空气室移到筛板下面外，其他部分与筛侧空气室跳汰机结构基本相同。其工作原理也是压缩空气经风阀控制，交替地压入和排出筛板下面的空气室，使其中水位交替地下降和上升，从而形成穿过筛板的脉动水流。所产生的脉动水流特性，实测结果与一般筛侧空气室跳汰机的典型特性相似。

LTX 系列跳汰机是我国自行设计制造的筛下空气室跳汰机，这个系列共有七种规格。目前生产使用的主要有 LTX-8 型、LTX-14 型、LTX-35 型和 SKT 系列等几种。

LTX-14 型筛下空气室跳汰机构造如图 2-5-25 所示。该跳汰机的矸石段有两个跳汰室，中煤段有三个跳汰室。每个跳汰室有两空气室，每段空气室的间距彼此相等。各室之间

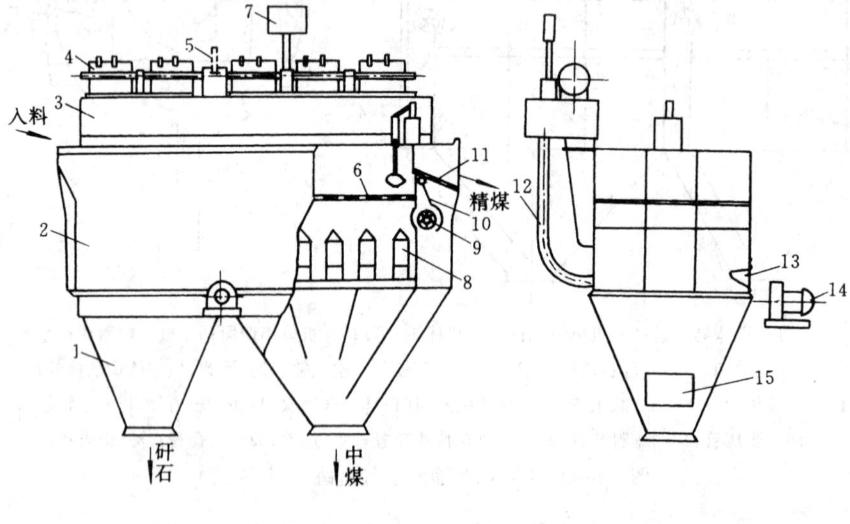

1—下机体；2—上机体；3—风水包；4—风阀；5—风阀传动装置；6—筛板；7—水位灯光指示器；8—空气室；9—排料装置；10—中煤段护板；11—溢流堰盖板；12—水管；13—水位接点；14—排料装置电动机；15—检查孔。

图 2-5-25 LTX-14 筛下空气室跳汰机

焊有格板支柱，以便加强机体的强度和刚度。

LTX-35 型筛下空气室跳汰机为两段三产品结构。其构造见图 2-5-26。矸石段和中煤段各有两个和三个隔室。每个隔室下设两个空气室用单独的电控气动风阀供风。该阀由电磁换向阀、气缸和风阀盖板组成。电子数控系统控制电磁换向阀使高压空气（$<6\times10^5$ Pa）按给定程序向气缸和活塞的上下部分交替进、排气。由活塞带动风阀盖板开启和关闭，实现低压空气（0.3×10^5 Pa 左右）周期性地进、出筛下空气室鼓动洗水完成跳汰过程。

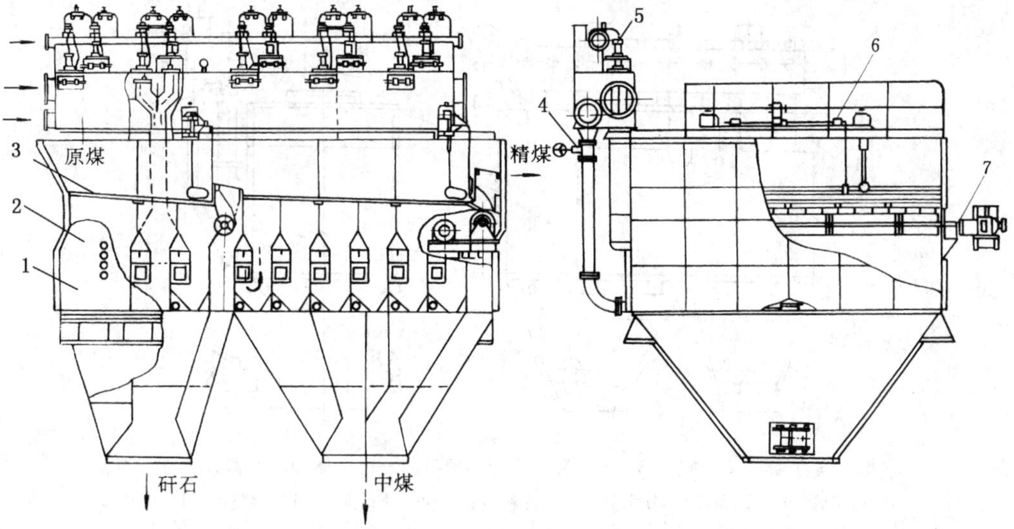

1—机体；2—水位灯光指示器；3—筛板；4—补充水管；5—数控气动风阀；
6—闸板提升机构；7—自动排料装置。

图 2-5-26 LTX-35 筛下空气室跳汰机

各种筛下空气室的型式见图 2-5-27。在图 2-5-27 中空气室顶端多采用三角形，(a)、(b)、(c)、(d)、(e)分别为高桑跳汰机、巴达克跳汰机、波兰跳汰机、荷兰跳汰机、苏联跳汰机等所采用的空气室形状。空气室的面积约为筛板面积的一半。根据经验，如要求筛板上产生 100～150 mm 高脉动水流时，相应地在空气室内水的振幅 h_1 就应保持在 200～300 mm。因此，空气室的高度 H 要确保进气时筛板上不翻花，排气时风阀不喷水。如果空气室水的振幅为 h_1，在空气室三角形顶端的高度应保持一定的波动范围，以保证跳汰机工作稳定，并可选定空气室的全高 H。一般一个风阀可带 1～2 个空气室。空气室顶端至筛板的距离为 h_2，h_2 愈大，筛板上沿纵向的波高愈均匀，但 h_2 愈大，压缩空气的静压力损失也愈大，还使机

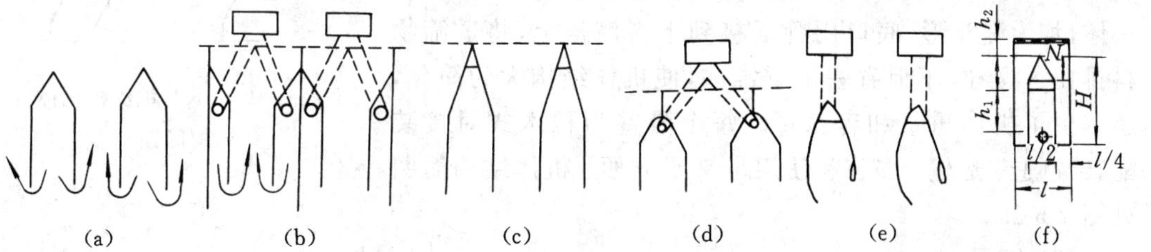

图 2-5-27 各种筛下空气室形状示意图

体高度增大，因此，h_2 的大小要适当，如图 2-5-27(f)所示。

SKT 系列跳汰机是由我国煤炭科学研究总院唐山分院研制成功的用于分选块煤、末煤、不分级煤或分级联合入选的新型跳汰机。现已形成从 6 m^2 到 35 m^2 的十多种规格的系列。此跳汰机的风阀、机体和排矸结构于 1993 年分别获国家专利，目前在全国选煤厂中得到广泛推广应用。

SKT 系列跳汰机结构简图见图 2-5-28。

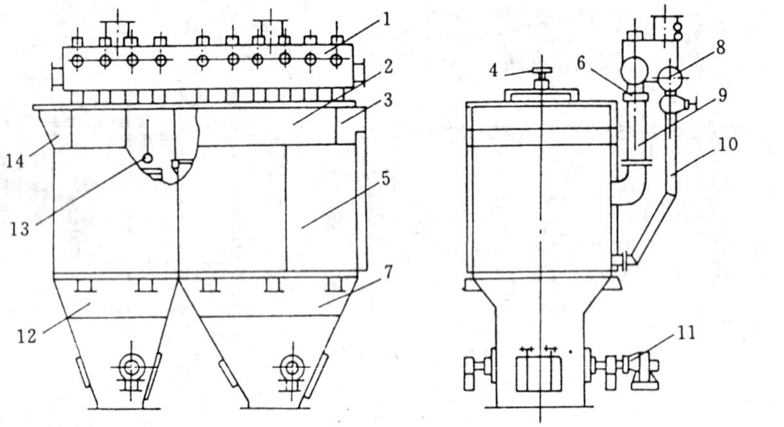

1—数控气动风阀；2—侧壁；3—出料端；4—浮动闸门；5—上机体；6—蝶阀；7—中煤机体；8—总水管；9—接管；10—分水管；11—排料装置；12—矸石锥体；13—浮标；14—进料端。

图 2-5-28　SKT 系列跳汰机

(1) 机体

SKT 系列跳汰机机体有以下结构特点：

① 采用洗水 U 形振荡的筛下空气室结构，每个隔室都自成一个 U 形振荡体，使各隔室不易产生互相干扰，减少了能耗，同时也防止在进气期或排气期内洗水撞击，使洗水平稳升降，改善了物料的分选条件。

② 顶水沿机体全宽度均匀给入，对床层的作用力均匀，有利于跳汰制度在全宽度上均匀分布，使床层平稳，改善了分层过程和排料的精度。

③ 采用倒锥形孔和不锈钢条缝两种筛板，可根据需要选择。

④ 机体设计成漏斗形单隔室组合结构，每个隔室自成一体，均为漏斗形，底口用管子接到下料溜槽上，将透筛物料排出。这样，不但省去了下锥体，使机体结构大为简化，还减少了机体重量和容水量。每个隔室为积木式对接装配，给制造、运输、安装和使用带来了方便。机体结构简图见图 2-5-29。

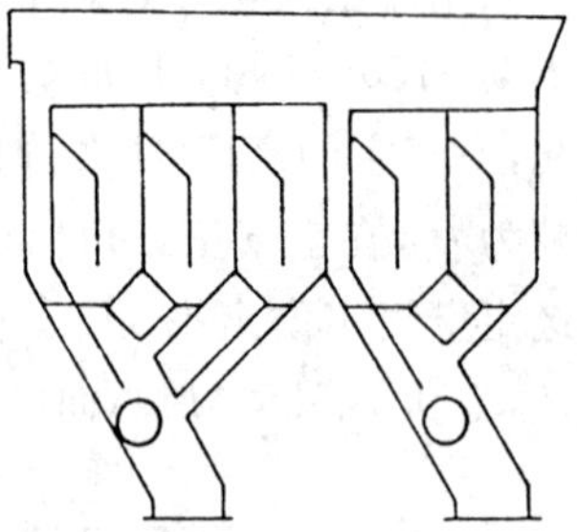

图 2-5-29　SKT 跳汰机机体结构简图

(2) 风阀

采用数控气动立式滑阀，气缸带动阀芯，在阀套内滑动，当阀芯和阀套上的开口重合时，完成进气或排气。阀芯运动不受风压影响，也不和其他部件撞击，因此需要的动力小，工作

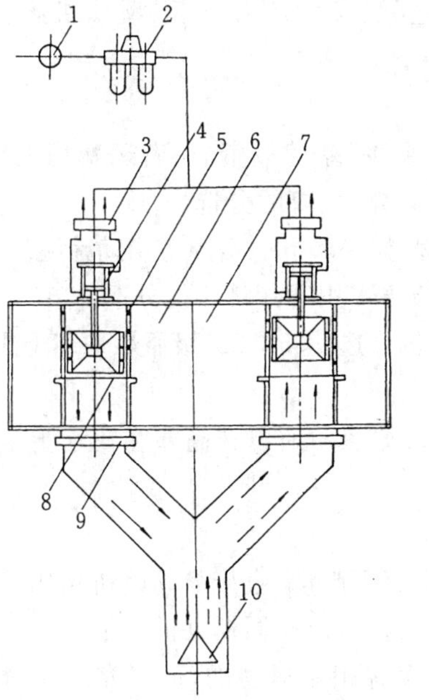

1—高压风管；2—气源三连体；
3—电磁阀；4—气缸；5—定套；
6—低压风箱；7—排气风箱；
8—阀芯；9—手动蝶阀；10—空气室。

图 2-5-30 数控气动立式滑阀工作系统

可靠，噪声很小。其工作系统见图 2-5-30。风阀由微电脑数控系统控制，电脑控制板为集成电路，采用按键操作，可以任意调整跳汰机制度，同时可预置 3 个不同的跳汰制度供操作人员选择使用。

(3) 排料系统

SKT 系列跳汰机排料系统由无溢流堰水平下料口、随动溢流堤、排料仓、超安息角排料叶轮、直流电机驱动装置、床层厚度传感器和电控柜等组成。排料系统图见图 2-5-31。

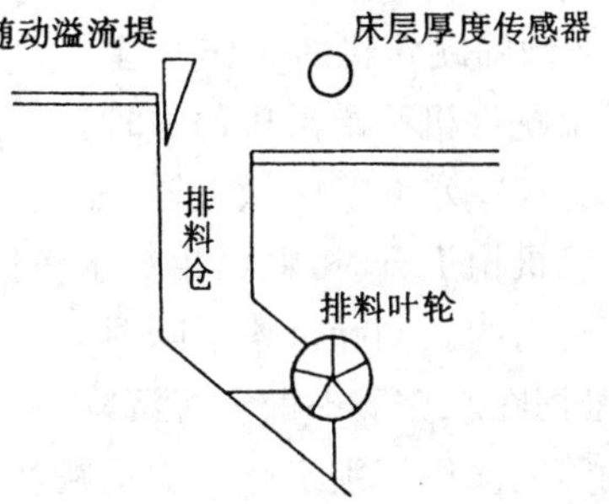

图 2-5-31 排料系统图

采用随动溢流堤，可随原煤性质变化，自动调节升降高度，随时对准床层的产品切割面，使物料在产品分离过程中，能维持稳定的分选密度。

采用无溢流堰水平下料口，可避免物料在分层后撞击溢流堰造成的二次混杂现象，并使需要排出的产品准确地进入排料仓。采用漏斗型排料仓可阻止水流上下窜动而扰乱细颗粒的排列秩序，实现稳定排料。排料叶轮设在排料仓底口的物料下滑安息角之外，只有当其转动时才能排料，解决了卡轮、跑料等弊端。电控系统设有手动和自动两种功能，操作人员既可手调排料直流电机的转速，也可通过床层传感器检测床层厚度，自动调节排料量。

筛下空气室跳汰机与筛侧空气室跳汰机相比较，具有以下几个特点：

① 筛下空气室跳汰机的空气室在跳汰室筛下，结构紧凑、重量轻、占地面积小。

② 筛下空气室跳汰机的空气室沿跳汰室的宽度布置，能使跳汰室内沿宽度各点的波高相同，有利于物料均匀分选，适于跳汰机大型化。这是筛下空气室跳汰机的主要优点。

③ 筛下空气室跳汰机的空气室的面积为跳汰室面积的二分之一，即空气室内水面脉动高度为 200 mm 时，跳汰室水面脉动高度为 100 mm。

④ 筛下空气室跳汰机的脉动水流没有横向冲动力。

由于筛下空气室跳汰机的空气室水位比筛面水位低，而且空气室内有 0.021 MPa 的空气余压，压缩空气推动液面运动，比筛侧空气室跳汰机要多克服一段静压头和空气余压，所以压缩空气的风压比一般筛侧空气室跳汰机所要求的高，为 0.025～0.035 MPa。

筛下空气室跳汰机和筛侧空气室跳汰机分选效果相近。我国筛侧空气室跳汰机的不完

善度 I 一般为 0.2 左右，邢台选煤厂使用筛下空气室跳汰机 LTX-14 型，跳汰机第一段 $I=0.127$，第二段 $I=0.255$，与筛侧式跳汰机效果相当。

3. 动筛跳汰机

动筛跳汰机具有设备结构紧凑、工艺简单、用水量少、基建投资省、营运费用低等优点。可替代重介质排矸、选择性破碎和手选，也可用于动力煤、块煤的分选。

动筛跳汰机还可以同其他设备组成多种工艺流程，如＞50 mm 级原煤用动筛跳汰机分选，＜50 mm 级原煤用重介质旋流器分选；13～200 mm 级原煤用动筛跳汰机分选，＜13 mm 级原煤用重介质旋流器分选；＞50 mm 级原煤用动筛跳汰机分选，＜50 mm 级原煤采用干法选煤机分选。

由于动筛跳汰机循环水用量仅 0.08～0.2 m^3/(t 原煤)，所以在高寒和缺水干旱地区更能发挥优势。

(1) 动筛跳汰机的工作原理

动筛跳汰机是跳汰机的一种。工作时，槽体中水流不脉动，直接靠动筛机构用液压或机械驱动筛板在水介质中做上、下往复运动，使筛板上的物料形成周期性的松散。

动筛机构上升时，颗粒相对于筛板，总体上看是没有相对运动的，而水介质相对于颗粒是向下运动的。动筛机构下降时，由于介质阻力的作用，水介质形成相对于动筛机构的上升流，颗粒则在水介质中做干扰沉降，从而实现按密度分选。

动筛跳汰机区别于空气脉动跳汰机之处在于：① 不用风，也不用冲水和顶水；② 物料的松散度由动筛机构的运动特性所决定。

(2) 液压驱动动筛跳汰机

我国研制成功的 TD 系列液压驱动动筛跳汰机是适用于块煤分选和排矸的一种高效而简单的设备。

液压驱动动筛跳汰机由主机、驱动装置和控制装置三部分组成。动筛机构及排矸轮的动力由液压站提供；动筛机构及排矸轮的运动特性由电控柜控制。主机结构见图 2-5-32。

动筛机构在液压油缸的驱动下，绕销轴做上、下往复摆动，并在其中部设有溢流堰，在溢流堰的下方前端设有可调闸门，以调整溢流堰与筛板之间的开口大小。溢流堰下方筛板的末端设有星轮结构的排料轮，由液压马达驱动。产品由提升轮排出，提升轮的中部设有隔板，将提升轮分成两段，前段装

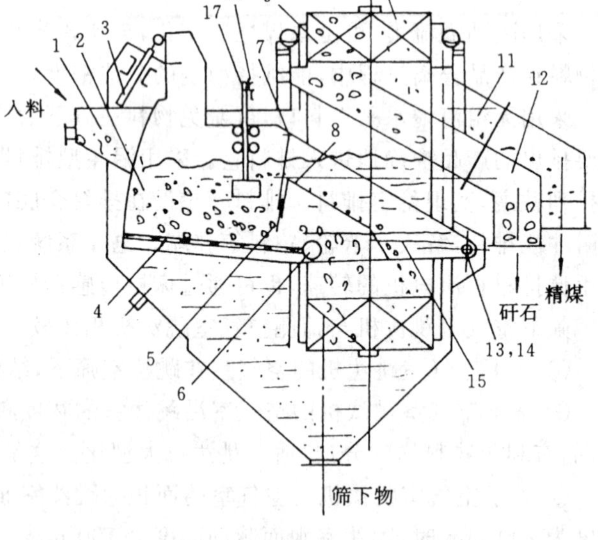

1—槽体；2—动筛机构；3—液压油缸；
4—筛板；5—闸门；6—排料轮；7—手轮；8—溢流堰；
9—提升轮前段；10—提升轮后段；11—精煤溜槽；
12—矸石溜槽；13—销轴；14—油马达；15—链；
16—传感器；17—浮标。

图 2-5-32　动筛跳汰机结构简图

矸石，后段装轻产品。为了防止轻重产品互相污染，在轻重产品之间和两侧增设了由筛网或冲孔板制成的防污染隔板，隔板下部还装有橡胶板，并与提升轮中间隔板内径相接触，上部装有轴套，可绕动筛筛帮的轴转动。当动筛上下运动时，由于重力作用，隔板基本呈自由下垂状态，能有效地起到分隔轻重两产品的作用。另外，采用筛网或冲孔板结构的隔板装置，使动筛对水介质的拨动减弱，也可避免横向水流将小块矸石带到筛下，防止提升轮发生故障。为了防止砸坏筛网，在筛板的入料端设置了筛板护栏，并与动筛筛帮固定。为防止筛板横向摆动，专门设置了防横向摆动装置。

TD系列液压驱动动筛跳汰机的主要技术特征见表2-5-4。

表2-5-4　TD系列液压驱动动筛跳汰机的主要技术特征

型　号	入料粒度 /mm	处理能力 /(t/h)	筛板面积 /m²	筛板宽度 /mm	循环水用量 /(m³/t)	不完善度 I
TD10/2.0	～400	80～120	2.0	1 000	0.1～0.3	0.07～0.12
TD12/2.4	～400	105～150	2.4	1 200	0.1～0.3	0.07～0.12
TD14/2.8	～400	130～185	2.8	1 400	0.1～0.3	0.07～0.12
TD16/3.2	～400	160～225	3.2	1 600	0.1～0.3	0.07～0.12
TD18/3.6	～400	200～275	3.6	1 800	0.1～0.3	0.07～0.12
TD20/4.0	～400	250～330	4.0	2 000	0.1～0.3	0.07～0.12
TD24/4.4	～400	310～400	4.4	2 400	0.1～0.3	0.07～0.12

(3) 机械驱动动筛跳汰机

我国自行研制成功的GDT14/2.5型机械驱动动筛跳汰机已投入使用。

GDT14/2.5型机械驱动动筛跳汰机由主机、驱动装置和控制装置三部分组成。主机结构见图2-5-33。

该机驱动系统采用便于调节的曲柄摆杆机构。通过曲柄的连续传动，使摆杆绕固定轴做往复摆动，带动动筛工作。L形摆杆可以在较宽的范围内靠丝杆调节摆杆长度来实现振幅的无级可调。对于周期和频率变化，采用换胶带轮方式，以适应不同煤质原煤分选的需要。排料装置采用自动浮标闸门，能随物料矸石量的变化而自动地改变排料口的大小，从而实现自

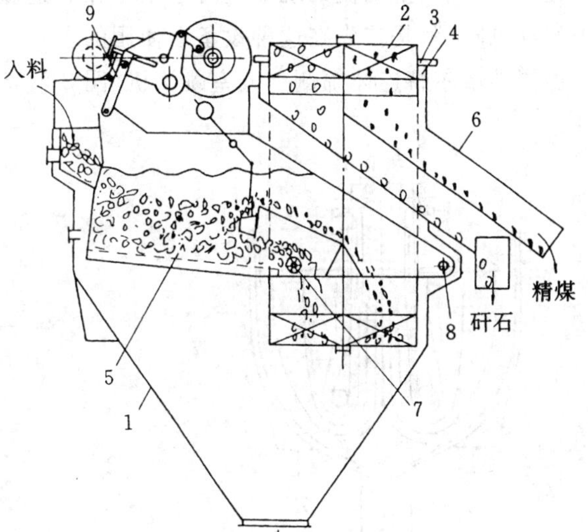

1—槽体；2—提升轮；3—挡板；
4—托轮；5—动筛；6—溜槽；
7—排料轮；8—销轴；9—拉杆(驱动机构)。

图2-5-33　机械驱动动筛跳汰机结构简图

动排矸。产品由提升轮排出。

GDT14/2.5 型机械驱动动筛跳汰机的主要技术特征见表 2-5-5。

表 2-5-5　GDT14/2.5 型机械驱动动筛跳汰机主要技术特征表

项目名称	数　值	项目名称	数　值
入料粒度/mm	150～25	提料轮内径/mm	2 400
处理能力/(t/h)	100～90	提料轮外径/mm	3 540
筛面宽度/mm	1 400	提料轮转速/(r/min)	1.56
筛面长度/mm	1 800	提料轮电机功率/kW	11
筛面面积/m^2	2.5	排料轮转速/(r/min)	4～60(可调)
入料端振幅/mm	200～400(可调)	驱动电机功率/kW	37
跳汰频率/(r/min)	20～60(可调)	整机质量/t	23.136
提料轮深度/mm	450	整机外形尺寸/mm	5 607×4 605×5 493

4. 国外跳汰机简介

(1) 筛侧空气室跳汰机

国外使用的筛侧空气室跳汰机中，如苏联的 BOM 型、OMШ 型、OMK 型，美国的麦克纳利巨型跳汰机，德国的维达克双侧室跳汰机、洪堡尔特连体跳汰机等，均是各具特色的一些典型设备。

例如，维达克双侧跳汰机的跳汰室，位于空气室两侧，相当于两台筛侧空气室跳汰机背靠背合并在一起，如图 2-5-34 所示。该机空气室窄而高，上下等宽，跳汰室要比空气室大许多。运转时，空气室两侧的跳汰室可独立工作。这就可大大减少占地面积，提高处理能力。电力气动风阀，就是首先在这种设备上使用的。

德国洪堡尔特连体筛侧空气室跳汰机(图 2-5-35)的特点是，不仅下机体连通，而且风阀

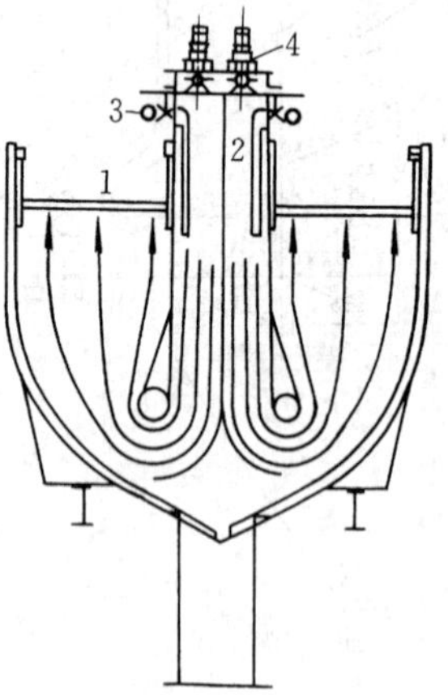

1—跳汰室；2—空气室；
3—筛下水管；4—卧式风阀。

图 2-5-34　维达克双侧跳汰机

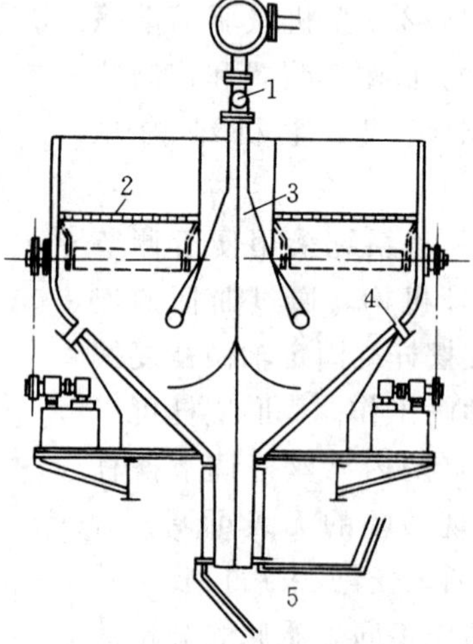

1—风阀；2—跳汰筛板；3—空气室；
4—水管；5—斗式提升机。

图 2-5-35　洪堡尔特连体跳汰机

两侧共用。因此,它对入料量及原煤的筛分、浮沉组成的变化较为敏感。

德国蒙塔公司生产的连体跳汰机与上述连体跳汰机的结构差别较大。它是将两台筛侧空气室跳汰机的操作侧连在一起,将空气室分列两侧。有块煤连体跳汰机(图 2-5-36),还有末煤连体跳汰机(图 2-5-37)。

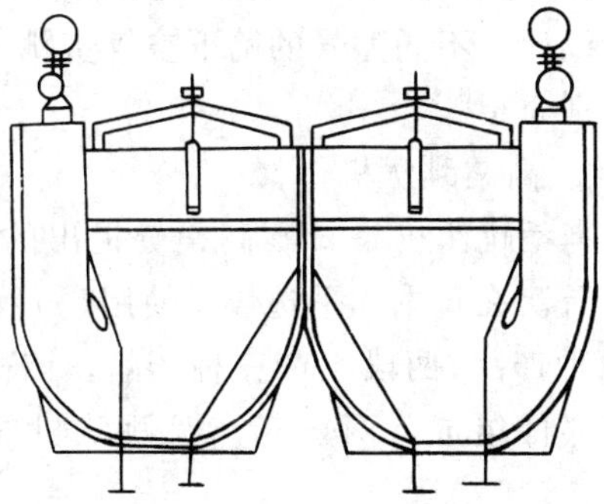

图 2-5-36　蒙塔型块煤连体跳汰机

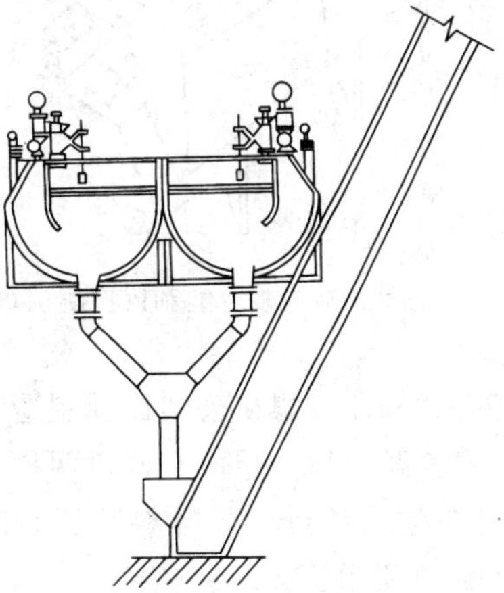

图 2-5-37　蒙塔型末煤连体跳汰机

波兰生产一种 ODM 型连体跳汰机(图 2-5-38)。这种连体筛侧空气室跳汰机的连体方式是,两侧不仅共用一个风阀,而且共用一个空气室。工业生产表明,两侧跳汰室的排料在数量和质量上基本相等或相近。

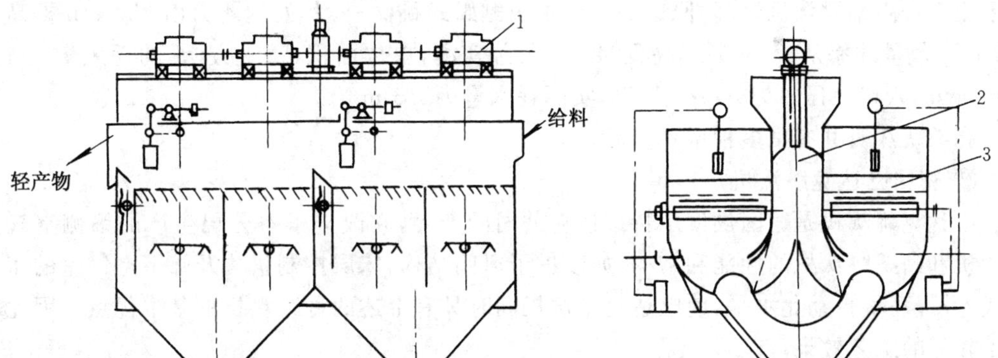

1—风阀;2—空气室;3—跳汰室。

图 2-5-38　波兰 ODM 型连体跳汰机

麦克纳利巨型跳汰机由美国麦克纳利公司制造。它是该公司生产的一种最大的鲍姆式跳汰机,单机处理量达 1 000 t/h,主要用于处理易选煤。麦克纳利跳汰机见图 2-5-39。麦克纳利巨型跳汰机在结构上把主、再选机合并在一起,组成一个联合选煤机组。原煤在主选机内分两段分选,第一段有两个跳汰室,第二段有四个跳汰室。它采用双侧卧式滑动风阀。风阀由一个总驱动装置带动,并通过偏心轴和连杆带动风阀做往复运动。风阀的周期由人工调整。麦克纳利跳汰机采用气动排料装置,即浮标发送器控制压缩空气进入执行机构(气

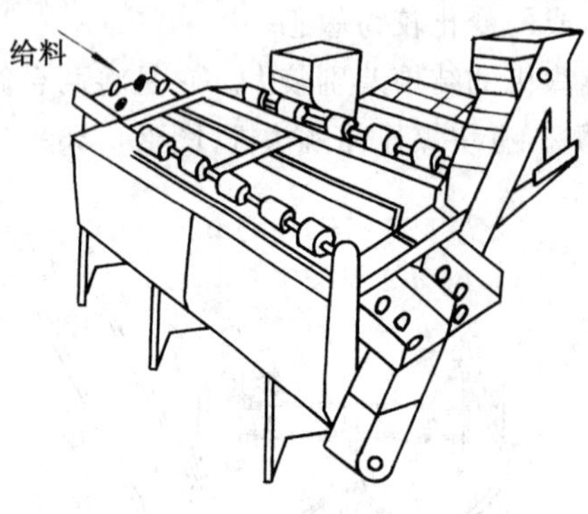

图 2-5-39 麦克纳利巨型跳汰机

缸),由气缸带动扇形闸门调节排料口的大小。跳汰频率的调整范围为 35～60 r/min。

(2) 筛下空气室跳汰机

由于筛侧空气室跳汰机存在脉动水流的运动速度沿跳汰室宽度不均匀的缺点,影响其分选效果和进一步大型化。自日本的高桑筛下空气室跳汰机问世后,在德国、波兰等许多国家,先后设计了不同型号的筛下空气室跳汰机。以下分别介绍。

① 高桑跳汰机

高桑跳汰机是日本高桑健提出的,由住友机械公司和住友煤矿公司设计制造,并于 1958 年首次在日本赤平选煤厂使用。

高桑跳汰机分单段和两段两种。单段生产两种产品;两段生产三种产品。该机由跳汰室、空气室、旋转风阀、排料装置、斗式提升机等部件组成。两段三产品跳汰机的结构如图 2-5-40 所示。

跳汰室每一段有三个分室,在每个分室与筛板之间有两个空气室,空气室的长度与跳汰室的宽度相等,空气室的总面积是跳汰室总面积的一半。水在空气室内外的脉动速度大致相近。在空气室内安设电接点水位指示器(按上中下三个水位布置),重产物排放采用浮标测定,并转换成电讯信号自动调节排矸闸门的自动排料系统。

高桑跳汰机的分选效果工艺指标比筛侧空气室跳汰机有明显的提高。如日本赤平选煤厂采用 5 台高桑跳汰机,代替原有的 5 台永田鲍姆式跳汰机,其处理能力由 350 t/h 提高到 550 t/h,数量效率从87.50％提高到94.40％。经实测,单位面积(每平方米)的耗风量为 4～6 m^3/min,入口风压力为 0.021 MPa,实际耗水量为2.5 m^3/t。

高桑跳汰机共有十多种系列产品。

② 德国巴达克跳汰机

巴达克跳汰机是德国洪堡尔特维达克公司的产品,它改进了本公司生产的筛侧空气室跳汰机和高桑跳汰机的性能和结构,如改进了风阀结构、床层控制机构及筛下空气室的布置方式,并提高了自动化水平,使巴达克跳汰机同时具有上述两种跳汰机的基本优点。因此获得了较好的工艺效果。

巴达克跳汰机有块煤跳汰机和末煤跳汰机,其基本结构相同。巴达克末煤跳机为两段三产品结构。各隔室自成一体,单独制造,可根据需要由几个隔室组成一段。如图 2-5-41 所示。该机矸石段为 4 室,中煤段为 2 室,共有 6 室,是根据原煤特点和对产品的质量要求确定的。德国原煤因含矸率高、又是易选煤,因而,跳汰机的矸石段较中煤段长一倍。巴达克末煤跳汰机第 3、4、6 室的筛板上均铺有长石人工床层。长石粒度为 30 mm,筛板筛孔直径为 10 mm。

当跳汰分层后,重产物采用综合排料方式排出。粗粒矸石经第 2 室末端闸门排出,而细矸石经由第 3、4 室的人工床层透筛排到矸石漏斗。块中煤经第 5 室末端排料闸门排出,细粒中煤经第 6 室的人工床层透筛排到中煤漏斗内,跳汰精煤随溢流排出。该机各段不设溢流堰。因此,大大减少了煤在矸石中的损失和精煤在中煤内的损失。

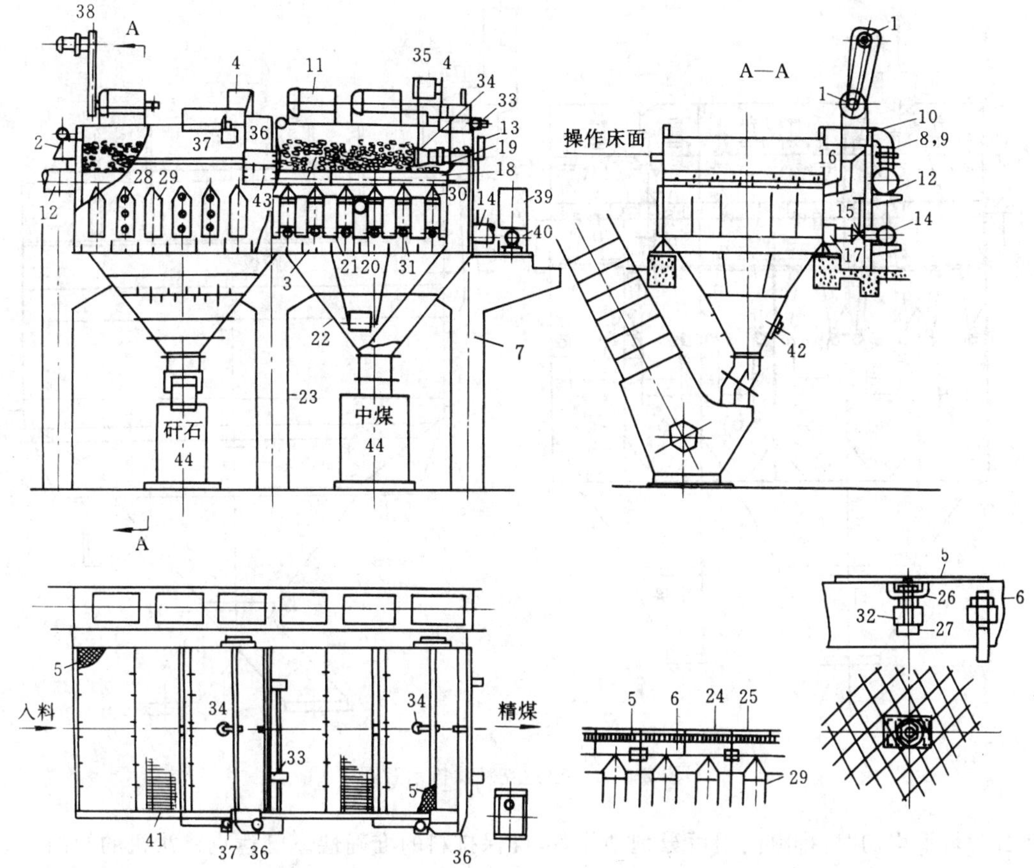

1—链轮；2—主风阀用蝶形阀；3—跳汰室；4—排料装置；5—筛板；6—筛板架；7—支架；
8—排气用蝶形阀；9—进气用蝶形阀；10—旋转风阀座；11—旋转风阀；12—主空气管；
13—主水管用蝶形阀；14—循环水管；15—支水管调节阀；16—空气室连管；17—循环水二通管；
18—辅助闸门；19—主闸门；20—空气内加固板；21—空气室间的隔板；22—下部锥形槽；23—机座；
24—人工床石；25—防止人工床石移动隔板；26—固定筛板的支承座；27—安装筛板用螺栓；
28—空气室水位指示器接点；29—空气室；30—空气室空气出入口；31—循环水入口；
32—固定筛板用的底座；33—排气口；34—浮标；35—浮标和闸门高度指示器；36—辅助闸门气缸；
37—主闸门气缸；38—旋转风阀变速电机；39—排料闸门油箱；40—排料闸门油压泵；
41—跳汰室上的人行道；42—机体下部锥形槽入孔；43—排料装置入孔；44—斗式提升机。

图 2-5-40　两段三产品高桑跳汰机

巴达克跳汰机空气室的布置与高桑跳汰机不同，它相当于将高桑跳汰机中每个隔室的两个空气室由中部移到两边，其空气室的面积仍为跳汰室面积的一半。并将空气室室顶做成如等边三角形又一分为二的形状，以防透筛物料的堆积。巴达克跳汰机的空气室有 5 个是成对的，靠近两头 2 个空气室是半个。中间的 5 个空气室沿纵向被分隔成两半。在巴达克跳汰机中每个风阀供给两个半空气室用，共设 6 个风阀。

当巴达克跳汰机超过 3.5 m 宽时，在研石段和中煤段各设两个排料闸门控制排料，并在每个排料闸门前设置一个浮标，各个浮标分别测量床层的变化，并通过信号分别控制各自闸门的动作。巴达克跳汰机的优点是适应能力强，闸门动作灵活，沿跳汰机宽度各处中煤或

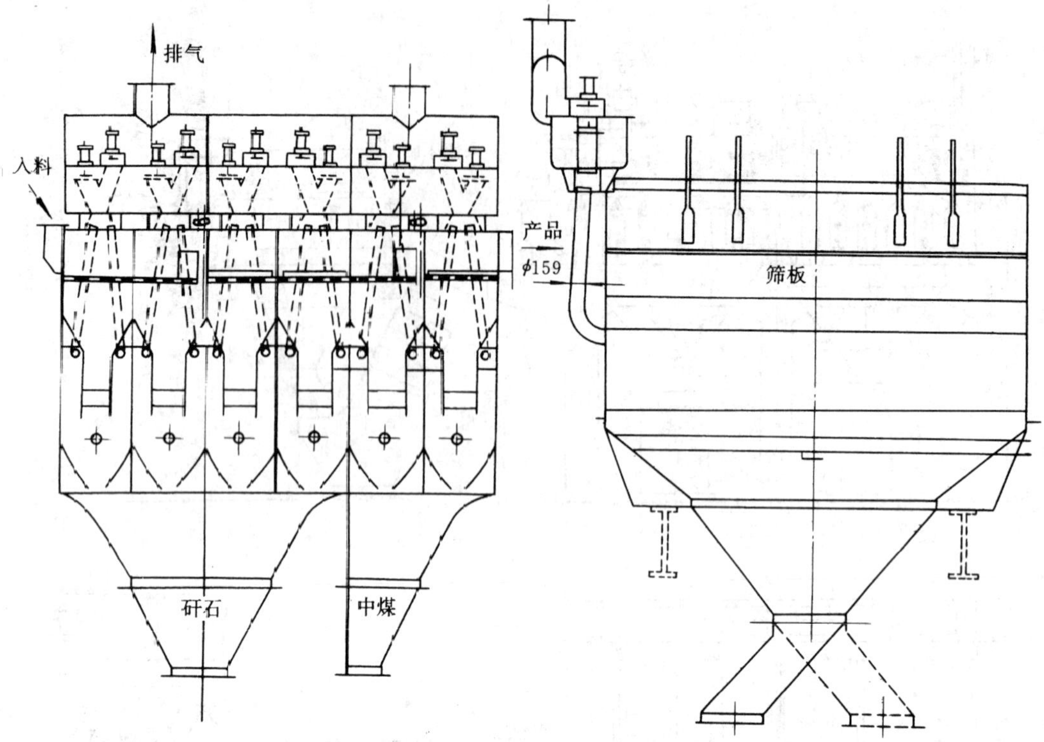

图 2-5-41 巴达克跳汰机示意图

矸石含量不均匀时,排料闸门可分别动作,以确保排料的准确性。巴达克跳汰机的闸门安装在排料道中,有一个可上、下移动的拉杆并在拉杆上倾斜安设有孔的挡板,用拉杆控制排料。它比排料闸门安设在筛板上要好,可防止因排料造成床层不稳或被冲乱、精煤损失等。该机的连续排料装置采用电器控制,在每套排料系统都设有两个 3 位定时器,分别控制浮标信号的输出起止时间,根据经验预先将床层信号输出时间标于定时器上,即可按时得到床层厚度的信号,据此进行自动调整。巴达克末煤跳汰机一般选取压缩期的最后瞬间作为信号输出时间。此时的测定值比较准确。此外,巴达克末煤跳汰机在入料端还装设浮标传感器,当入料减少过多,或中断时,可自动切断气源,保护床层,防止对溢流产品的污染。

巴达克跳汰机采用电控气动风阀调整脉动水流特性,从而床层松散度好,分选效果理想。巴达克跳汰机对块煤、末煤分选效果都很好,也可以分选不分级原煤。跳汰室的宽度有:3.5 m、4.0 m、5.0 m、6.0 m 和 7.0 m 等,跳汰室长度视跳汰机隔室多少而定,一般为 6～7 室。

二、选矿用跳汰机

选矿用跳汰机种类繁多,在重选厂应用最广的是隔膜跳汰机,根据隔膜所在位置的不同划分为:上(旁)动型隔膜跳汰机,下动型圆锥隔膜跳汰机,侧动型隔膜跳汰机,复振跳汰机和圆形跳汰机等。

1. 上(旁)动型隔膜跳汰机

上(旁)动型隔膜跳汰机在我国广泛用于分选钨矿、锡矿和金矿等,分选粒度上限可达

12～18 mm，下限为 0.2 mm，可作为粗、中、细粒矿石的分选，也可作为粗选或精选设备。

上(旁)动型隔膜跳汰机的基本结构如图 2-5-42 所示。由机架、跳汰室、隔膜室、网室、橡胶隔膜、分水阀和传动偏心机构等组成。该机有两个跳汰室，在第一跳汰室给料经分选后进入第二跳汰室。每室的水流分别由偏心连杆机构传动，使摇臂摇动，于是两个连杆带动两室隔膜做交替的上升和下降往复运动，因此迫使跳汰室内的水也产生上下交变运动。跳汰机的冲程和冲次均可根据要求调节。

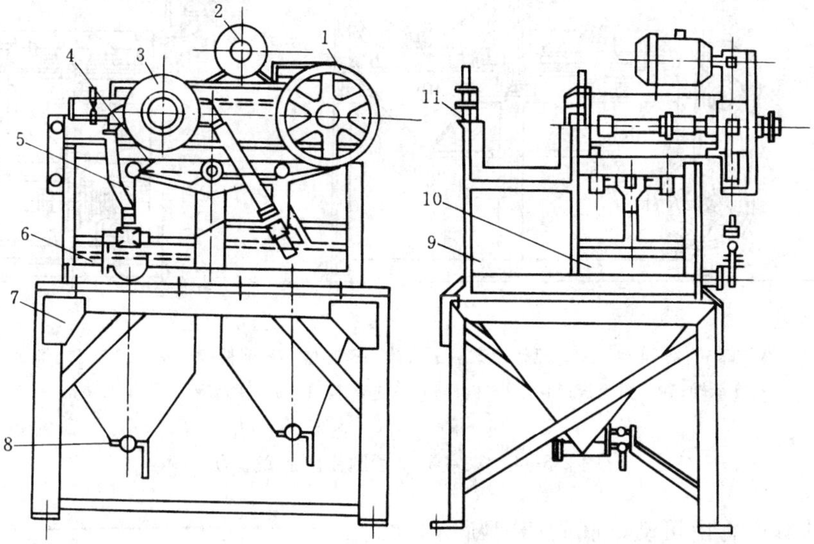

1—传动部分；2—电动机；3—分水阀；4—摇臂；5—连杆；6—橡胶隔膜；
7—机架；8—排矿阀门；9—跳汰室；10—隔膜室；11—网室。

图 2-5-42　上(旁)动隔膜跳汰机

跳汰室分选的筛上重产物(粗精矿)，采用中心套筒装置排出，如图 2-5-43 所示。其筛下精矿由水箱底部的排水阀门排出。轻产物则随上部水流越过尾矿堰排出。

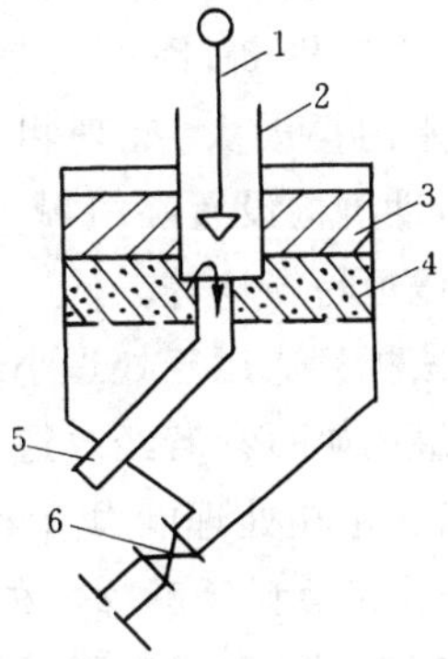

1—锥形阀；2—外套筒；
3—轻矿层；4—重矿层；
5—筛上精矿导管(内套筒)；
6—筛下精矿阀门。

图 2-5-43　筛上精矿中心排矿装置

上(旁)动型隔膜跳汰机只有一种定型产品，每室宽 300 mm、长 450 mm，双室串联。

该机具有冲程调节范围大、适应较宽的给矿粒度、水的鼓动均匀、床层稳定、分选指标好、精矿排放容易、可一次获得粗精矿或合格精矿、单位面积生产率大、操作维修方便等优点。其缺点是：单机规模小，生产能力低，由于隔膜室占用机体的一半，因此，占地面积大等。

2. 下动型圆锥隔膜跳汰机

下动型圆锥隔膜跳汰机也是常用隔膜跳汰机的一种，有两个跳汰室，传动装置安设在跳汰室的下方。隔膜是一个可动的倒圆锥体，用环形橡胶隔膜与跳汰室相连。电动机和皮带轮安置在设备的一端，通过杠杆推动隔膜做上下往复运动，使跳汰室产生上升下降水流。设备结构如图 2-5-44 所示，设备工作过程如图 2-5-45 所示。

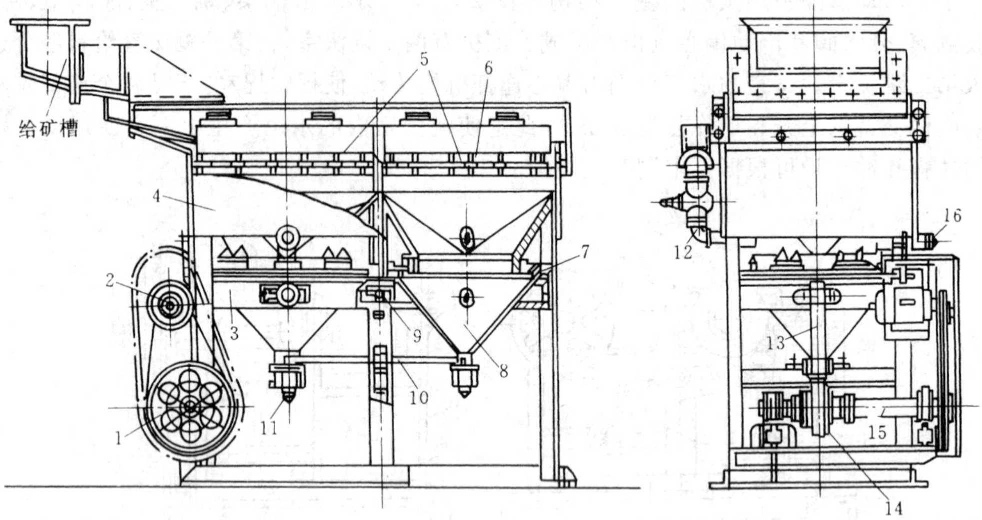

1—大皮带轮；2—电动机；3—活动机架；4—机体；5—筛格；6—筛板；7—隔膜；8—可动锥底；
9—支承轴；10—弹簧板；11—排矿阀门；12—进水阀门；13—弹簧板；14—偏心头部分；
15—偏心轴；16—木塞。

图 2-5-44　双室下动型圆锥隔膜跳汰机

该机的重产物由可动锥底阀门间断排出。该机优点是：设备大，故生产能力大；占地面积小；设备结构紧凑；上升水流分布均匀；重产物排料口安设在可动锥底，因此，排料顺畅。缺点是装置在下部的鼓动隔膜承受力大，易使橡胶隔膜破裂，支架折断，因而维护检修困难；冲程不能调得太大，处理粗粒物料效果不好；传动机构设置在机械的下部，容易受水砂侵蚀易损坏等。

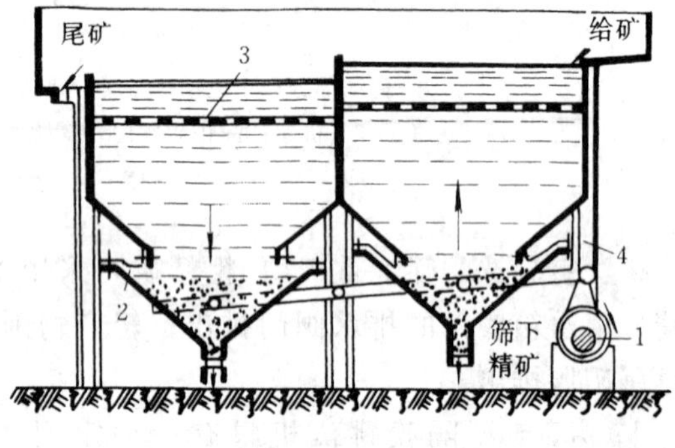

1—传动装置；2—隔膜；3—筛面；4—机架。

图 2-5-45　下动型圆锥隔膜跳汰机工作示意图

该机只适用于处理小于 6 mm 的中、细粒级的矿石。若经改造也可分选粗粒级矿石如江西大吉山钨矿重选厂选别 5～10 mm 的钨矿，无论在处理能力、作业回收率和精矿品位等都有明显的效果。

3．侧动型隔膜跳汰机

侧动型隔膜跳汰机分纵向侧动隔膜跳汰机和横向侧动隔膜跳汰机。现介绍常用的横向隔膜跳汰机——梯形跳汰机。

梯形跳汰机由于隔膜运动方向与矿流方向垂直，故称横向隔膜跳汰机。梯形跳汰机是由我国自行设计制造的，并于 1966 年定型生产。其结构如图 2-5-46 所示。

梯形跳汰机全机分为两列，每列 4 个室共 8 个跳汰室组成一个整体。每 2 个相对的跳汰室为一组，由传动箱伸出的轴带动两侧垂直隔膜运动。全机由 2 台电动机驱动 2 个传动箱。

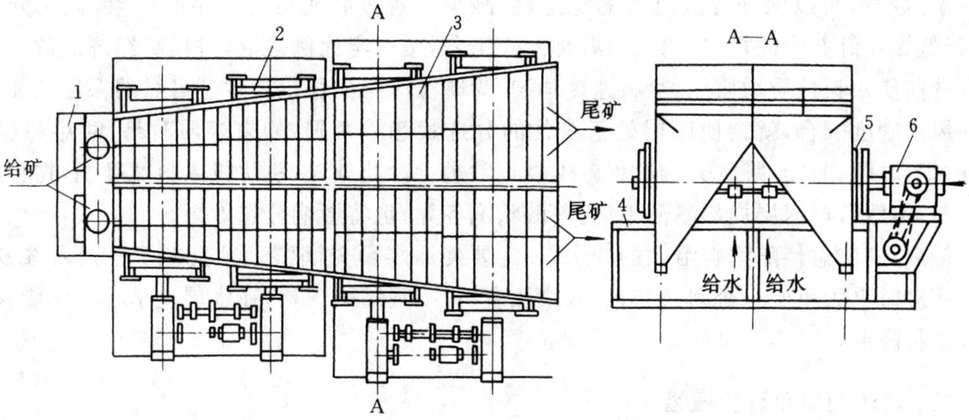

1—给矿槽；2—中间轴；3—筛框；4—机架；5—鼓动隔膜；6—传动装置。

图 2-5-46　梯形跳汰机

在传动箱内装有偏心连杆机构。梯形跳汰机的筛面自给料端向排料端扩展，成梯形布置。

梯形跳汰机结构特点：跳汰室的面积为梯形，沿进料方向由窄到宽，矿浆流速逐渐减缓，有利于细粒级重矿物的回收；全机由 8 个跳汰室组成，分 2 列，各列 4 室，每室的冲程、冲次能单独调节，根据需要组成不同的跳汰制度；结构可拆，有利于运输和搬迁；该机结构简单、维修方便、运转可靠。

梯形跳汰机的处理能力大，可达 15～30 t/(台·h)，1 台梯形跳汰机可代替 10～14 台摇床；一般用于分选钨、锡、金、铁矿石等，分选效果很好。另外，其适应性强，适于中、细粒级和不同品位的给矿。对细粒级有较好的分选效果。给矿粒度范围一般为 0.2～10 mm。

4．圆形跳汰机和复振跳汰机

圆形跳汰机是将几个梯形跳汰机合并而成的。复振跳汰机是设两组偏心连杆机构，通过摇杆合并为一种复合运动，摇杆借助摇框，带动圆锥形隔膜做上、下运动，形成复振跳汰周期曲线。

第四节　跳汰机的操作工艺与制度

影响跳汰过程的因素很多，主要有物料性质、机械结构、操作因素三大类。对于一定的物料和跳汰机，确定合理的操作制度是获得良好分选效果的保证。

一、跳汰机的给料

跳汰机入料性质的波动及给料量的变化，对跳汰机的工艺效果都有直接的影响。因此，所谓控制给料，是指入料性质变化的波动尽量小，即给入跳汰机的原料应均质化；再有，给料速度也需均匀，不可忽多忽少。

对于选煤厂，它可能分选几个矿井的原煤，或者分选性质相差较大的几个煤层的原煤，应采取措施实现入选原煤均质化，即配煤入选。这不但有利于用户质量指标的标准化，也有利于选煤厂入选原煤的水分、粒度及含矸量等原煤特征的标准化。对于跳汰机，控制好入料的质量、数量，可以保证分选过程的稳定性，减少设备过载或负荷不足的现象，提高分选效率，降低煤在矸石中的损失。另外，各种配煤组分，按一定比例掺混，可提高经济效益。

选前使入料性质均质化，给料速度均匀，为跳汰床层的稳定提供了可靠的保证。加上合理的风水制度配合，就会使床层处于最佳的分选状态。否则，如果煤质时易、时难；煤量时多、时少、时断、时续，跳汰分选过程就难以正常进行。此外，沿跳汰机入料宽度上，物料应均匀分布，不然造成床层局部厚薄不均，松散状况各异，也将影响分选效果。

最后，应注意伴随物料给入的冲水，一定要使原煤预先润湿。尤其在不分级入选、粉煤含量较多时更为重要。否则，物料进入跳汰室后，出现结团现象，在水层上呈小群体漂移，使精煤质量降低。

二、跳汰频率和跳汰振幅

跳汰频率和跳汰振幅是跳汰过程的重要参数。

跳汰脉动水流的振幅决定了床层在上冲期间扬起的高度和跳汰床层的松散条件。床层必须扬起的高度主要与给料的粒度及床层的厚度有关。粒度大、床层厚，就要求床层扬起的高度大，所以要求有较大的水流振幅。

对于无活塞跳汰机，在风压不变的条件下，降低频率，脉动水流的振幅可增大，床层松散也加大。

用低频(35～40 r/min)大振幅跳汰，床层松散度较大，分层较快，故跳汰机的处理量增加。但此时速度因素、矿粒的粒度和形状因素对分选效果影响较大，而且因频率低，操作时，对风水制度和给料量的变化相当敏感，故操作较困难。所以低频、大振幅跳汰只适用于分级块煤分选或易选煤分选。相反，高频跳汰时(50～60 r/min)工作稳定，加速度因素影响大，粒度和形状因素的影响减弱，细粒透筛能力较强，故产品的质量好而稳定。但因松散度减小，分层速度减慢，跳汰机处理能力降低。但是，只要风压、风量以及风阀构造等条件许可，在能够达到所需要的床层松散度的条件下，把跳汰频率提高一些还是有好处的。

频率只能通过改变风阀的转速来调整。振幅主要通过改变风压、风量(调节风门)、风阀的进、排气孔面积及频率等加以控制。其中风阀的进、排气孔面积视风阀结构的不同，有的可以调整，有的则不能调整。

一般滑动风阀跳汰机的频率为50～70 r/min，旋转风阀跳汰机的频率为40～90 r/min。用旋转风阀跳汰机分选小于50 mm的不分级煤时，所用频率为30～60 r/min，振幅为80～120 mm，但中煤段的振幅可适当增大一些。

三、风量和水量

应根据所要求的床层松散度调节用风量。第一段的风量要比第二段大一些。各段各分室的风量由入料到排料依次减少，有时为了加强第二段中间分室的吸啜分层作用及细矸石的透筛作用，风量可适当增大一些。

跳汰机配套的风机，我国设计部门推荐的用风量指标见表2-5-6。通常侧鼓式跳汰机用的风压为0.018～0.025 MPa；筛下空气室跳汰机用的风压为0.025～0.035 MPa。

跳汰机用水量包括筛下顶水和冲水。冲水的用量一般以给料口的原料能完全润湿为准。冲水的用量占总水量的20%～30%。筛下顶水占总水量的70%～80%。前段的筛下

表 2-5-6 跳汰机的风量指标

机别		单位筛面空气消耗量/[$m^3/(m^2 \cdot min)$]
筛下空气室跳汰机		5～6
筛侧空气室跳汰机	混合入选	5～6
	选块煤	5～6
	选末煤	3～4

顶水将成为后段的运输水。筛下顶水的作用主要是补充筛下水量的短缺,减小跳汰室和空气室之间在工作时的液位差,其目的是增加空气室内压缩空气的有效压力。筛下顶水所形成的上升流速很小,在 0.5～1.5 cm/s 范围内,不会明显地改变脉动水流的上升和下降最大速度。但由于它减小了跳汰室和空气室之间的液位差,增加了压缩空气的压力效应,使脉动水流上升时提早开始,下降时提前结束,因而增强了上升水流的作用,减弱了下降水流的作用。增加筛下顶水用量,能提高床层松散度,减弱吸啜作用和细粒物料的透筛。分选 0～50(或 60) mm 不分级原煤时,水量耗量为 2～3.5 m^3/(t 原煤);分选块煤时,水量耗量为 4～5.5 m^3/(t 原煤)。在筛下顶水分配上,第一段用量比第二段大,而且各段的各分室通常也是由入料端到排料端依次减少的。

风量和水量的正确配合使用,对分选过程极为重要。虽然在一定范围内增加风量或增加筛下补充水都能提高床层松散度,但增加风量能提高下降期的吸啜作用,而增加水量却是减弱它的作用。在实际操作中应根据具体情况和工作经验灵活运用。不少操作者支持“宁多用风,不多用水”的原则,这是因为用水量过大不仅容易增加精煤的污染,而且会给后续作业——煤泥水处理系统造成沉重的负担,加重煤泥在厂内回收的任务。

四、风阀周期特性

脉动水流特性主要取决于风阀周期特性。应根据分选物料的性质(粒度和密度组成)和风阀结构的特点选择风阀周期。滑动风阀(立式风阀)的工作周期几乎是固定的,不易调整。旋转风阀(卧式风阀)有一定的调节范围,可以根据需要选择合理的风阀周期特性,使每次脉动水流有利于按密度分层的过渡阶段得到充分利用。

选择卧式风阀周期特性的原则是:保证床层在上升后期维持充分松散的条件下,尽量缩短进气期,延长膨胀期,使之有一个足够的排气期。同时由于跳汰机第一段的床层厚且重,所以第一段的进气期通常比第二段长些,而第一段的膨胀期却要比第二段短一些。选择时可参考表 2-5-7。

表 2-5-7 分选各种粒度原煤的风阀周期

周期	块煤	末煤	不分级煤
进气期/(°)	140～200	110～140	125～160
膨胀期/(°)	0～63	55～110	35～90
排气期/(°)	约 160	140～165	145～165

在实际操作时有两点应该注意：一是在同一段中，各分室的风阀周期特性要保持一致，否则床层运动不协调。二是要注意检查旋转风阀的旋转方向是否正确，正确的转动方向，能产生正确的周期，即进气—膨胀—排气；相反的转动方向，则会产生错误的周期，严重影响产品的质量和跳汰机的处理量。

电磁风阀调整灵活，可以根据工作需要迅速调整风阀的周期特性。随物料的变化，创造良好的床层松散分层条件，以获得较好的分选效果。在国内外，为了自动控制跳汰周期，出现了广泛采用电磁风阀的趋势。

五、床层状态

床层的运动状态决定着矿粒按密度分层的效果，所以操作的主要目的是使床层处于有利于分选的工作状态，并使之保持稳定。

床层愈厚，床层松散所需的时间愈长，分层的时间也愈长。若床层太厚，在风压或风量不足的情况下，不容易达到要求的松散度。床层减薄能增强吸啜作用，有利于细粒级的分选并能得到比较纯净的精煤，但如果床层太薄，吸啜作用过强，精煤透筛损失将增加，床层不稳定，操作困难。

在实际生产中，床层厚度 H 和入料最大粒度 d_{max} 的关系可参考下面经验数据来确定。

块煤　$H=(5\sim10)d_{max}$

末煤　$H=(10\sim20)d_{max}$

采用无活塞跳汰机分选 0～50 mm 粒级煤时，床层的厚度一般为 400～500 mm。

在某一具体条件下所需要的床层松散度，应该通过试验确定。一般规律是，提高床层松散度可以提高分层速度，但同时又增加矿粒粒度和形状对分层的影响，不利于矿粒按密度分层。所以分选不分级（或宽分级）煤时，床层的松散度要小一些，一般在 0.4～0.55 之间。床层松散度一般都是用探杆凭经验探测的，要求在上升水流后期整个床层都能达到适度的松散。如果矸石层松散不好，床层过死或跳汰机上部出现硬盖物料没有分层，都将严重影响产品的质量，应采取相应的措施，改善床层松散状况。

通过调整筛板倾角和风水量可以控制床层水平移动速度，使它与床层按密度分层速度相适应，使物料到达排料闸门时应按密度分好层次；并使矸石床层和中煤床层的水平移动速度与原煤中矸石和中煤的含量相适应，以保持适当的重产物床层厚度，创造一定的分选条件；同时沿宽度和长度各点上的水平移动速度也应基本一致，否则会造成床层局部薄厚不均匀，松散不均匀，以致破坏按密度分层。

六、产物的排放、分离

按密度分好层次的床层，应及时地、连续地、合理地排出跳汰机。应该使重产物的排放速度与床层分层速度、矸石（或中煤）床层的水平移动速度相适应。如果重产物排放不及时，产生堆积，将污染精煤，影响精煤质量；如果重产物排放太快，又会出现矸石（或中煤）床层过薄，甚至排空情况，使整个床层不稳定，从而破坏分层，增加精煤的损失。

许多选煤厂在跳汰机矸石段采用“大排矸”的经验收到了较好的效果。“大排矸”即在保证矸石中的精煤损失不超过规定指标的条件下，矸石段排矸量要彻底，使排矸量达到入选矸石量的 70%～80%，从而改善跳汰机第二段的分选条件，以提高精煤质量和精煤产率。一般情况下，6 mm 以上的矸石排出率容易达到要求，因此要着重提高 6 mm 以下矸石排出率。

使用自动排矸的跳汰机，正确地调定自动排矸装置具有重要意义。垂直闸门的开启高度为最大块矸石直径的 1.5～2 倍，开得太大容易损失精煤。使用浮标检测装置，应正确地调定浮标的密度，使浮标的实际密度比该段的分选密度低 0.1～0.15 g/cm^3，而且体积大的浮标密度可调低些；体积小的浮标密度可调高些。使用测压管检测装置时，要注意保护和调定八字形电极，保持测压管内的水位高低与讯号电流之间的线性关系。不管使用何种型式的自动排料装置，都要正确地调定其执行机构的排料速度，使重产物床层的厚度减薄到接近垂直闸门开启高度时即停止排料。例如，若采用浮标棘轮棘爪自动排矸装置时，要按要求调整拉杆长度和摇摆头的偏心距；若采用测压管可控硅自动排料装置时，需注意调定测压管内电极的高度位置和排矸轮的转速等等。只有经过正确的调定，才能达到理想的预期效果。

复习思考题

1. 简述跳汰过程中物料分层经过。

2. 阐述位能分层观点。

3. 矿粒在垂直交变水流中可以建立以下运动微分方程：

$$\frac{\mathrm{d}v}{\mathrm{d}t}=\frac{\delta-\rho}{\delta}g-\frac{6\psi v_c^2\rho}{\pi d_V\delta}\pm\frac{\rho}{\delta}\dot{u}-j\frac{\rho}{\delta}\frac{\mathrm{d}v_c}{\mathrm{d}t}$$

(1) 分析上式，指出矿粒运动加速度由哪几项组成。

(2) 试对上式诸项进行简要分析，并指出如何使得跳汰过程更突出体现按密度分层。

4. 评价跳汰周期特性是否合理主要看哪三方面？为使跳汰过程更好地按密度分选，对跳汰周期四个阶段水流特性如何要求为好，请简要分析。

5. 简述具有垂直升降交变水流的跳汰机的两股水流及其作用。

6. 在跳汰过程中，跳汰周期特性的基本形式及有利于分选的形式是什么？理想的水流特性是什么？

7. 跳汰机的分类依据有哪些？

8. 简述几种主要的筛下和筛侧空气室跳汰机的基本结构及各部分的作用。

9. 简述几种跳汰机风阀的特点及工作原理。

10. 筛下空气室跳汰机与筛侧空气室跳汰机相比较有哪些特点？

11. 简述影响跳汰机工作效果好坏的因素。

第六章　细颗粒重力选矿

第一节　概　　述

矿物是由不同粒度、密度和形状的颗粒所组成的颗粒群，在按密度进行分离的重力分选过程中，粒度和形状对颗粒的分选过程和效果产生重要影响，在第四章和第五章分别讲述的重介质选矿和跳汰选矿属于宽粒级矿物分选，宽粒级重选过程中，不同粒度的颗粒由于其沉降速度的差异导致分选效果随着粒度的减小逐步变差，细粒分选效果较差。因此，本章专门介绍处于重选有效分选粒度下限附近的细颗粒物料的各种重选方法，这些方法主要包括溜槽选矿、螺旋选矿、离心选矿、摇床选矿、液固流化床粗煤泥选矿、煤泥重介质旋流器选矿、水介质旋流器选矿等，这些重力选矿方法是弥补宽粒级重选和浮选有效分选粒度界限附近的细颗粒分选效果差的重要技术，因此，它们在选矿工艺中占有重要地位。煤泥重介质旋流器选矿仍属于重介质选矿，差别在于旋流器直径小和所用的介质粒度更细，已在第四章重介质选矿中介绍。而水介质旋流器选矿与水力分级旋流器原理相似，差别在于水介质旋流器的锥角大，利用旋流器的浓缩作用提高分选密度实现分选，由于其分选效果差，工业应用很少，该部分内容已在第三章中的水力分级中介绍。本章重点介绍其他几种细颗粒重选方法。

一、溜槽选矿

溜槽选矿是利用沿斜面流动的水流进行选矿的方法。在溜槽内，不同密度的矿粒在水流的流动动力、矿粒重力（或离心力）、矿粒与槽底间的摩擦力等作用下发生分层，结果使密度大的矿粒集中在下层，以较低的速度沿槽底向前运动，在给矿的同时排出槽外（这种溜槽称为无沉积型溜槽），或者是滞留于槽底（这种溜槽称为沉积型溜槽），经过一段时间后，间断地排出槽外；密度小的矿粒分布在上层，以较大的速度被水流带走。由此，不同密度的矿粒在槽内得到了分选，矿粒的粒度和形状也影响分选的精确性。

根据溜槽结构和分选对象的不同，大致可分为粗粒溜槽和细粒溜槽两类。

粗粒溜槽通常是由木制或钢板焊成的窄而长的斜槽，在槽底装有挡板或粗糙的铺物，槽中水层厚度达 10～100 mm 以上，水流速度较快，给矿粒度也由数毫米到数十毫米。这种溜槽主要用于分选砂金、砂铂、砂锡及其他稀有金属砂矿。在过去工业不发达时期，这类设备应用较多，目前除选金尚有应用外，其他已多被跳汰机所取代。

细粒溜槽长度不大，槽底上一般不设挡板，少数情况铺置粗糙的纺织物或带格的橡皮板，多数即直接在木制底板、塑料板或水泥面上进行分选。槽内水深较薄，大者数毫米，小者 1 mm 左右，矿浆速度很小，呈薄层状流过设备表面，习惯上称作流膜选矿，它是处理细粒和微细粒级矿石的有效手段，现在得到广泛应用。

根据用途划分，可分为选煤溜槽和选矿溜槽。多数选矿溜槽分选设备，其分选过程仅在重力场中进行，但有的设备，除重力场外，还同时提供离心力场，如螺旋选矿机、螺旋溜槽及离心选矿机等，这些设备更适宜细粒级及矿泥的分选。

二、离心选矿

离心选矿是利用微细矿粒在离心力场中所受离心力大大超过重力，加速矿粒的沉降，扩大不同密度矿粒沉降速度的差别，从而强化分选的重选方法。由于离心加速度($\omega^2 r$)比重力加速度(g)大数十倍至百倍，颗粒的沉降作用力大为增加，因而离心选矿机单位面积处理量大为提高。离心选矿机的分选机理与重力场中弱紊流流膜的分选机理大致相同，只是在这里由于矿粒受到了比重力大得多的离心力作用，使重矿物沉积在鼓壁上难以移动，故比重力溜槽多了一个沉积层。此外，集中给矿和增加强力离心力作用也给分选带来了一些新特点。

利用离心选矿法处理微细粒矿泥所用的主要设备是离心选矿机，它具有结构简单、单位面积处理量大、回收粒度下限低等优点，目前已成为钨、锡矿泥重选的主要设备之一。

20 世纪 70 年代末期，我国又先后研制了离心盘选机和离心选金锥，俗称立式离心选矿机，用于处理砂金矿石或粗粒脉金矿石。凭借对给矿粒度适应性强、单位占地面积小及处理量大、运转平稳等优点，现今已制成多种规格、结构型式和控制方法的离心选矿机。除了放大转鼓尺寸外，还制造了双层、三层转鼓离心机及转鼓对接离心机。

三、摇床选矿

摇床选矿是分选细粒物料时应用最为广泛的一种选矿方法。由于在床面上分选介质流流层很薄，故摇床属于流膜选矿类的设备。它是由早期的固定式和可动式溜槽发展而来的。直到 20 世纪 40 年代，它还是与固定的平面溜槽、旋转的圆形溜槽及振动带式溜槽划分为一类，统称淘汰盘。到了 50 年代，摇床的应用日益广泛，而且占据了优势，于是便以不对称往复运动作为特征，从众多溜槽中独立出来，自成体系。

摇床的给料粒度一般在 3 mm 以下，选煤时可达 10 mm，有时甚至可达 25 mm。

摇床的分选过程是发生在一个具有宽阔表面的斜床面上，床面上物料层的厚度比较薄。

根据分选介质的不同，有水力摇床和风力摇床两种，但应用最普遍的是水力摇床。

摇床选煤迄今已有一百多年的历史了。1890 年美国制造了第一台选煤用的打击式摇床，随着不断地革新与改进，已逐渐发展成为选矿和选煤工业中一种主要的重力分选设备。由于煤与其伴生的硫化矿物密度差大，所以用以对细粒煤脱硫(选出硫黄铁矿)效果较好。美国、澳大利亚等国目前还有不少选煤厂用摇床分选细粒级煤。

1957 年以前，坐落式单层摇床，因其单位面积处理量低、占地面积大、对基础的冲击大等缺点，在选煤中使用受到限制，未能更普遍地应用。1957 年以后，由于新型摇床传动机构研制成功，多层悬挂式摇床的出现，单机处理能力得到了提高，摇床选煤得以较快地发展。

选矿用的摇床出现稍晚，是在 1896～1898 年由威尔弗利(A. Wilfley)研制成功的，采用偏心连杆机构推动床面做往复运动。该摇床一直沿用至今，习惯上称为威氏摇床。随着在选矿中使用范围的扩大，现在摇床的型式已经多样化了。

摇床主要用于处理钨、锡、有色金属和稀有金属矿石。多层摇床和离心摇床用以分选煤炭和黑色金属矿石，在金属选矿中，摇床常作为精选设备与离心选矿机、圆锥选矿机等配合使用。

四、液固流化床粗煤泥选矿

液固流化床粗煤泥分选机(TBS)是目前国内外新开发用于粗煤泥高效分选的主要设备,工业应用已越来越广泛,由于它最早是从国外引进的设备,国内部分学者也称其干扰床。它是利用粒度和密度对颗粒在干扰沉降环境中的沉降速度差异来实现窄粒级物料分选的,分选过程中的一部分被选颗粒与水组成流化床层,实现流化床分选,因此它属于液固流化床选矿类的设备。

液固流化床粗煤泥分选机是由古老的"水力分级机"原理发展而来的。第一台液固流化床粗煤泥分选机诞生于 1934 年。最早主要是用于对石英砂进行分级的,但在使用过程中,发现它在获得较高分级精度的同时还具有良好的脱泥效果,后来的应用中发现石英砂中的树根、泥炭等有机质也能很好地被脱出,人们就开始研究它的按密度分选问题。早期主要是利用它对煤按粒度进行分级的,而今经过结构改进已发展为在窄粒级时基本按密度分选,并且可实现低分选密度分选的同时,保持良好的分选效率。在 20 世纪 60 年代,TBS 就开始用于从矸石山和尾矿池中回收细粒煤,自 20 世纪 80 年代起英国应用 TBS 技术处理毛煤。目前,许多发达国家已将它应用于选煤厂中代替螺旋分选机分选粗煤泥或精选螺旋分选机的精矿,使用效果表明:它比螺旋分选机具有更多的优势,目前国外已大量应用于粗煤泥分选。

液固流化床粗煤泥分选机的有效分选粒度范围一般在 3～0.25 mm,入料的粒级范围越窄效果越好,入选的有效分选粒度上下限会同时向上或向下移动,如 1～0.125(0.074)mm 和 4～0.5 mm。

液固流化床粗煤泥分选机用于分级已有几十年的历史,但用于细粒煤分选却是在最近 30 多年才开始的。最早是由 CMI 公司研制的粗煤泥分选设备,命名为 Teeter Bed Sparators,后来将入料方式改为切线入料又称作 CrossFlow。再经发展为向分选机中充气提高粗粒物料的回收率,叫作 Hydrofloat Separators,Floatex,Hydrofloat Density Separators 等。为了提高处理能力和分选效果,参考倾斜板沉淀的原理在设备内部增加了三层角度不同的倾斜板而开发的设备,称 Reflux Classifier。国外关于这类的设备名称比较多,主要有:Teeter Bed Separators, Hydrosizer, Hindered-bed Hydraulic Separators, Fluidized Bed Separators,Hindered-bed Classifiers,Reflux Classifier,Up-stream Classification 等。

液固流化床粗煤泥分选机主要用于粗煤泥分选、毛煤加工、从尾矿中回收煤、建筑砂的净化、铸造砂分级、玻璃砂生产、矿砂和赤铁矿砂的加工等,它还能用来分选镐石、石英、磷矿等矿物中的重金属。在金属矿选矿中,可用于代替旋流器或螺旋分级机实现分级。

第二节　溜槽选矿

在溜槽中,借助水流的冲力和槽的摩擦力,同时利用颗粒密度、粒度和形状的差异进行分选的方法,称溜槽选矿。这种方法在很久以前已被采用,广泛地用于处理钨、锡、金、铂、铁、某些稀有金属矿石及煤等。目前分选 2～3 mm 以上粒级的粗粒金属矿溜槽已很少使用,处理 0.074～2 mm 的矿砂溜槽及处理粒度小于 0.074 mm 的矿泥溜槽还在广泛应用着。在选煤上,溜槽选煤由于分选效率低,用水量大,因此新设计的选煤厂已基本上不再采用,只在一些小型选煤厂中还保留着这种简单的、动力消耗少的选煤方法。

一、选煤溜槽

溜槽选煤所用的设备叫选煤溜槽，选煤溜槽分为块煤溜槽和末煤溜槽。目前，块煤溜槽还在个别选煤厂使用；末煤溜槽由于结构复杂、操作困难，已不再使用了。

选煤溜槽主要应用于粗、中块（10～100 mm）的无烟煤及烟煤的分选，末煤用得较少。用于分选 60（或 50）mm 以下的不分级原煤分选时，则需要将精煤产物中所含的不合格的粒级筛出，送入末煤溜槽或跳汰机中再选。

1. 块煤选煤溜槽的构造

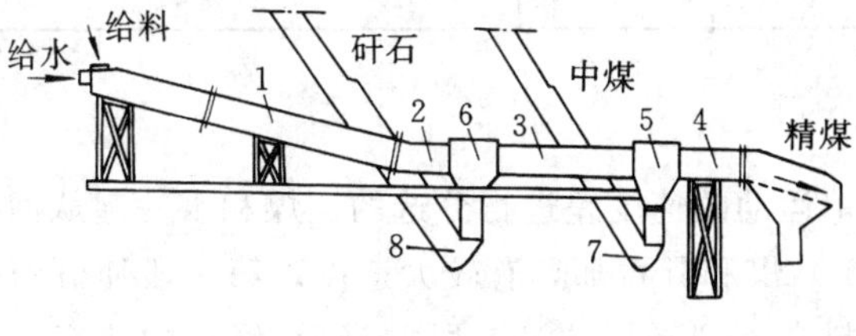

图 2-6-1 块煤选煤溜槽示意图

图 2-6-1 是块煤选煤溜槽结构示意图。它由槽身 1、2、3、4 及排料箱 5、6 组成。槽身断面为矩形或梯形，槽面里面衬以耐磨衬板。在水槽头部有主水管，在每个排料箱下接有顶水管，排料箱 5、6 分别与产物脱水斗子提升机 7、8 连接在一起。

图 2-6-2 表示排料箱的构造。排料箱的上口与溜槽槽底相接，下口与脱水斗子提升机相接。在排料箱内沿流动方向装有一块倾斜板，在它对面设有角板闸门，借助手柄可改变角板闸门的位置和排料口的大小。从倾斜板给入顶水，以阻止轻产物进入排料口，并使其沿溜槽继续向前移动。此外，它还能改善物料的松散状况，促进物料在继续运动中按密度分层。在倾斜板下部和角板闸门之间装有扇形闸门，用以控制重产物的排放速度。在扇形闸门上开有许多孔，使顶水能够通过。扇形闸门装在一根水平轴上，轴的一端与带重锤的杠杆相连，后者用铁链悬挂在上下摆动的杠杆机构上，使扇形闸门往返摆动。调节扇形闸门摆动幅度、摆动次数及角板闸门的位置，都可以改变重产物的排放速度。

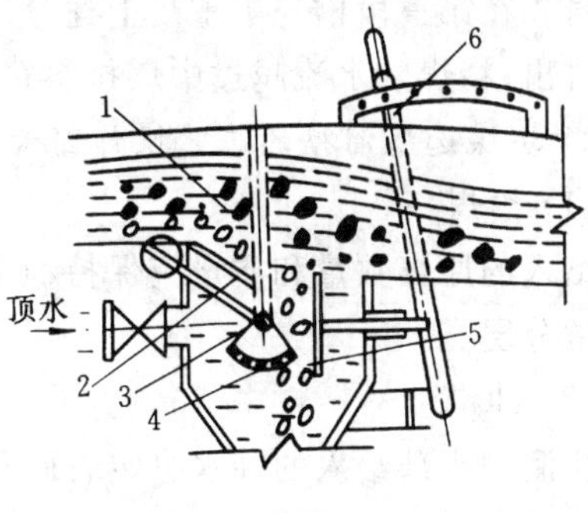

1—排料口；2—倾斜板；3—小轴；4—扇形闸门；5—角板闸门；6—手柄。

图 2-6-2 排料箱构造

表 2-6-1 为块煤溜槽的技术规格。

表 2-6-1 块煤溜槽的技术规格

名称	规格	
	主选溜槽	再选溜槽
溜槽长度/mm	8 900	9 600
溜槽上宽/mm	900	650
溜槽下宽/mm	650	650
溜槽高度/mm	594	594
溜槽前部倾角	12°40′	14°40′
溜槽后部倾角	3°30′	3°50′

表 2-6-1(续)

名称	规格	
	主选溜槽	再选溜槽
排料箱间的距离/mm	3 000	3 000
排料箱的上冲水速/(m/min)	105	101
排料箱的上冲水量/(m^3/min)	18	13
排料箱的数目/个	2	2
入选原煤的粒度/mm	<60	<60
设计处理能力/(t/h)	125	50

2. 分选原理

溜槽选煤是利用煤和矸石在斜面水流中运动的速度差进行分选的。煤和水一起从溜槽头部给入,由于槽身第一段倾角较大($\alpha=13°$),煤和矸石都具有较大速度。第一段使矸石很快沉落到槽底,在流变层中缓慢移动;当物料进入到平缓的第二段槽身后,矸石的速度更加缓慢,并逐渐堆积起来形成矸石床层;矸石床层继续向前移动,到达矸石排料口时排出槽外。在矸石床层以上的轻产物则以较快的速度随水流越过矸石排料口继续向前移动,进入第三段槽身。在第三段槽身中重复上述分层过程,中煤很快落入槽身流变层中,并从第二个排料箱中排出;精煤随水流越过中煤排料箱进入溜槽的第四段,随后经过脱水筛排出溜槽。

3. 块煤选煤溜槽的工艺操作因素

(1) 给煤

给入的原煤数量和质量应保持稳定,给料要沿槽宽均匀分布,否则会出现跑偏现象,破坏正常分层。

(2) 冲水

从溜槽头部给入的冲水决定着矸石床层的长度和厚度。矸石床层的起点可由水流浪花的位置看出,其厚度可用探杆探测。矸石床层厚度一般为 200~300 mm。

(3) 顶水

顶水太大时,重产物容易混入中煤和精煤中,分选下限提高,但如果顶水太小,将降低选煤槽的生产率,轻产物易落入排料箱中,增加轻产物的损失。

块煤溜槽的总用水量为 6~7 m^3/t,其中主选溜槽为 4~5 m^3/t,再选溜槽为 1.5~2 m^3/t。从排料箱给入的顶水量,每个为 0.5~1.4 m^3/t。

(4) 排料

在扇形闸门和角板闸门之间应经常充满重产物。角板的位置、扇形闸门的摆幅和频率都应调节适当,使重产物的排放量与其在入料中的含量相适应。排放量太小,精煤就会受到重产物的污染,排放量太大,床层会变薄,将增加精煤在矸石中的损失。

二、斜槽分选机

斜槽分选机是近年来研制成功的一种新型重力选煤设备,具有结构简单、制作容易、操作维护方便、基建和生产费用较低等优点。它是一种分选脏杂煤、劣质煤和跳汰机选矸,以提高产品质量、回收可燃体的选煤设备,在我国兴安台、袁庄、新河等选煤厂使用,并取得了较好的分选效果。

1. 槽体结构

斜槽分选机(图 2-6-3)槽体断面为矩形,整机钢板焊接而成,分上、中、下三段,也称为轻产品段、入料段和重产品段,在上、下段的槽体中各设一块带有若干隔板的调节板,每块调节板的位置可根据工艺要求通过与之相连的调节机构进行调整。调整调节板的位置,可以改变槽体内工作区的断面,从而造成适宜湍流度的上升流。被选物料进入槽体中段后分成两股物料流,轻产物由分选介质流带入上段,进一步分选后排出槽体,重产物克服与之相逆的水流进入下段,由脱水斗式提升机运出。

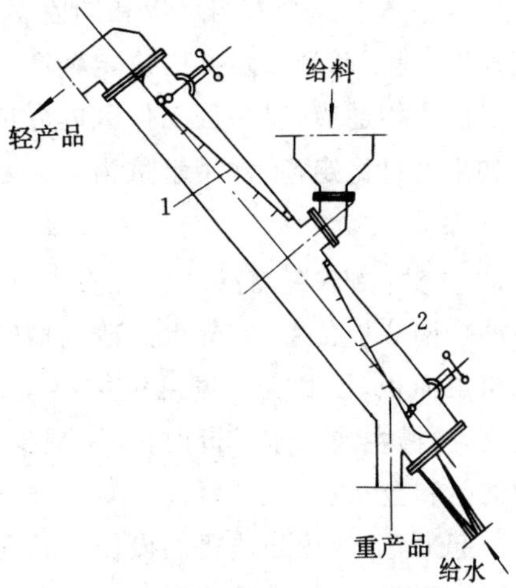

1—上调节板;2—下调节板。

图 2-6-3 斜槽分选机的结构示意图

表 2-6-2 为斜槽分选机的技术规格。

表 2-6-2 我国斜槽分选机的技术规格

项 目	XSF 600×550	XSF 500×600	XSF 400×650	XSF 300×500
入选物料	选矸石	劣质煤	原煤排矸	劣质煤
粒度/mm	<100	<80	<200	<50
处理能力/(t/h)	40~50	20~45	25~40	约 12
外形尺寸(长×宽×高)/mm	5 000×600×550	5 300×500×600	5 000×400×650	4 000×300×500
斜槽质量/kg	2 000	1 342	1 400	
斜槽进水口压力/MPa	约 0.05	约 0.05	0.04~0.05	约 0.05
进水口直径/mm	200		150	
调节板隔板高度/mm	80~170		110~170	100~150
调节板隔板间距/mm	180		250	220
电动机型号		JO_3-2255-40		
转速/(r/min)		1 480		
功率/kW		5.5		

2. 分选原理

水流以一定压力和流量从槽体底部给入,被选物斜从槽体中部进入。在逆向上升水流作用下,颗粒运动方向取决于水流上升速度和颗粒的下降速度。密度大的颗粒下降速度大于水流上升速度,于是向下沉降,由斗式提升机排出;密度小的颗粒下降速度小于水流上升速度,结果被水流向上托起,从上部轻产品口排出。槽体内隔板的存在使水流速度局部增加,在隔板间产生涡流,松散物料。调节板由多块隔板组成,可使物料流沿槽体长度发生周期性的松散、密实,这样,就把混杂在其中的错配物部分地释放出来,保证了最终产品的质量。

3. 斜槽分选机工艺操作

(1) 调节用水量

调节用水量,实际上是改变输送介质流的速度使之造成适宜的湍动流。调节用水量包括调节从槽体下部给入的水量和同原煤一起进入槽体的水量，前一种水量决定重产品段的水流速度；前后两种水量共同决定轻产品段的水流速度，这两种水量应与重产品段和轻产品段通过能力相适应，以保证工作区内分选密度的相对稳定。

如果入料稳定，正常用水量为 3.5～4 m^3/t，若入料波动程度较大，用水量应加大到 5～6 m^3/t。

(2) 变换调节板位置

改变调节板位置，实际上是改变槽体内部通流区的断面大小，从而改变轻、重物料流之间的接触面积，以利于各密度级物料朝着各自密度区运动，并改变轻、重产品的排料量。一般而言，斜槽主要用于排矸时，为了减少煤的损失，操作中主要调节下调节板，以控制矸石排料的质量和数量。

总起来看，斜槽分选机的操作比较简单，在正常生产情况下，需根据产品质量的变化情况，略加调节用水量或改变调节板位置。当矸石产品中带煤量较大时，可适当加大顶水量或下调下调节板，减小矸石排放口；上提上调节板，扩大轻产品排放口；减慢矸石排放速度，增加其他密度级物料从中分离出来的概率。反之，如果精煤产品受污染过多，则减少进水量或下调上调节板，上提下调节板，加速矸石排放，防止重产物过多地进入精煤产品中去。

4. 分选效果

XSF500×600 型斜槽分选机在分选粒度为 0～80 mm 的劣质煤、入料灰分为 58%左右时，可获得灰分为 23%～28%的商品煤和灰分为 80%以上的矸石，处理能力为 20～45 t/h。循环水量大，每小时达 200～320 m^3，不完善度 I 为 0.16～0.18。

XSF400×650 型斜槽分选机分选粒度大于 20 mm 级原煤、入料灰分为 45%左右时，可获得灰分为 23%左右的商品煤和灰分为 80%以上的矸石。分选效率相当高，特别是处理大于 50 mm 粒级煤时，数量效率均在 95%左右，不完善度 I 为 0.12 左右。小颗粒的各项分选指标不如大颗粒的分选指标好，在小颗粒的矸石中，大于 1.8 g/cm^3 含量低于 85%，跑煤较多，其质量有待进一步改善。

斜槽分选机是一种结构简单、操作维修方便、生产能力大、无动力的选矸装置。具有投资少、收效快的特点。缺点是洗水用量较大，但对洗水要求不严格。它可广泛地应用于处理劣质煤、脏杂煤和代替人工拣矸，以充分回收、利用煤炭资源和提高煤炭质量。尤其适用于没有选煤厂的中、小型动力煤煤矿和地方煤矿。

第三节 螺旋选矿

将一个窄的溜槽绕垂直轴线弯曲成螺旋状，便构成螺旋选矿机或螺旋溜槽。螺旋选矿机最早(1941 年)是由美国汉弗莱(I. B. Humphreys)制成的，故国外常称作汉弗莱分选机。螺旋溜槽出现较晚，大约是在 20 世纪 60 年代末期开始在工业上使用，它与螺旋选矿机的不同之处在于，螺旋溜槽具有较宽和较平缓的槽底，因而适于处理更细粒级的原料。矿浆在这两种设备上回转流动所具有的惯性离心加速度同重力加速度相比大约在同一数量级内，两者均是影响分选的重要因素。我国近年来已研制出回转运动的螺旋溜槽，对某些矿石分选效果较好。

一、螺旋选矿机

螺旋选矿机的主体工作部件是一个螺旋形溜槽。螺旋有3～5圈，用支架垂直地安装起来，如图2-6-4所示。螺旋槽的断面为抛物线或椭圆形的一部分。槽底在纵向（沿矿浆流动方向）和横向（径向）均有相当的倾斜度。矿浆自上部给入后，在沿槽流动过程中发生分层。进入底层的重矿物颗粒趋于向槽的内缘运动，轻矿物则在快速的回转运动中被甩向外缘。于是密度不同的矿物即在槽的横向展开了分选带。沿内缘运动的重矿物通过排料管排出。由最上方第1～2个排料管得到的重产物质量最高，以下产物质量依次降低。在槽的内缘给入冲洗水，有助于提高精矿的质量。尾矿由槽的末端排出。

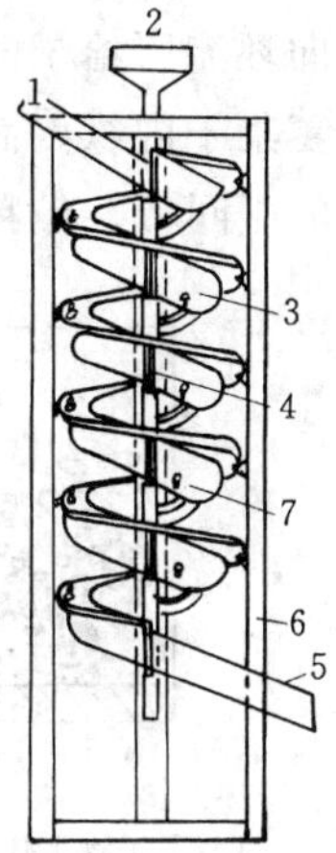

1—给矿槽；
2—冲洗水导槽；
3—螺旋槽；
4—连接用法兰盘；
5—尾矿槽；
6—机架；
7—重矿物排出管。
图2-6-4　螺旋选矿机

1. *螺旋选矿机的分选原理*

螺旋选矿机内，物料之所以得到分选，主要是由于受水流特性的影响。

液流的流动特性。液流自上端进入槽体，沿螺旋槽向下做回转运动称为主流或纵向流。与此同时，液流又在横向做环流运动称为副流或横向环流。该两种运动的合成即为螺旋流。如图2-6-5所示。在螺旋槽上层的液流既向上又向外便形成为上螺旋线，而下层的液流则既向下又向内便形成为下螺旋线。

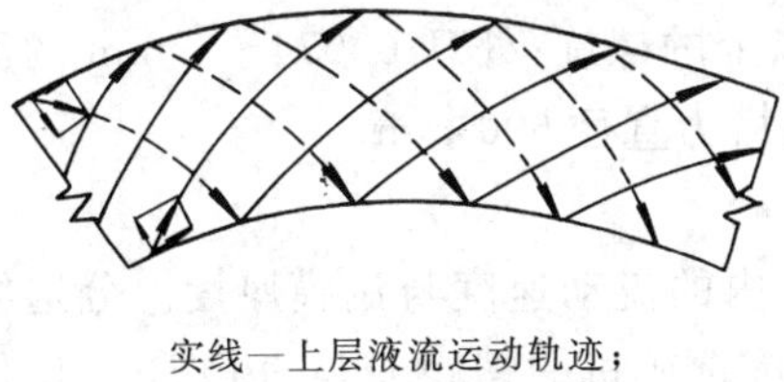

实线—上层液流运动轨迹；
虚线—下层液流运动轨迹。
图2-6-5　螺旋溜槽内上下层流运动轨迹

从槽的内侧至外侧，它的流膜厚度逐渐增大，流速也逐渐加大，液流由层流逐渐变为紊流。

液流的厚度和流速主要取决于螺旋槽断面形状。当横向倾角和螺距一定时，增大流量，湿周向外扩展，使流膜厚度增大，流速亦加大即紊动度增大，但是对内缘流动特性影响不大。该流动特性使螺旋选矿机能够在矿浆体积有较大变化时，对分选效果影响不大。

矿粒在螺旋槽内分选主要受水流运动特性的影响。不同密度的粒群在螺旋槽面除主要受流体动力的推动外还受到重力、惯性离心力和摩擦力的作用。此外，还有横向环水中上层液流向外侧的动压力和下层液流向内侧的动压力以及环流的法向分速度与紊流的脉动速度所形成的动压力。

矿粒在螺旋槽内进行松散和分层的过程和一般弱紊流中的作用是一样的，矿粒群在沿螺旋槽底运动过程中，重矿物颗粒逐渐转入下层，而轻矿物颗粒转入上层，大约经第一圈后分层就能基本完成，如图2-6-6所示。

分层后，即形成了以重矿物为主的下部流动层和以轻矿物为主的上部流动层。下层颗粒群密集度大，并与槽体接触，又受到上面的压力，因而，其运动阻力大。处在上部流动层的颗粒恰好相反，它们所受阻力较小。因此，增大了上、下流动层间的速度差，轻矿物颗粒位于纵向流速高的上层液流中，因而派生出较大的惯性离心力，并同时受到横向环流所给予的向外流体动压力，这两种力的合力大于颗粒的重力分力和摩擦力，所以轻矿物颗粒向槽的外缘移动。重矿物颗粒处于纵向流速较低的下层液流，因而具有较小的惯性离心力，其重力分力和横向环流所给予向内的流体动压力也大于颗粒的惯性离心力和摩擦力，所以推动重矿物颗粒富集于内缘。而悬浮在液流中的矿泥被甩到了槽的最外缘，中间密度的连生体则占据着槽的中间带。矿粒在螺旋槽面上的分带如图2-6-7所示。

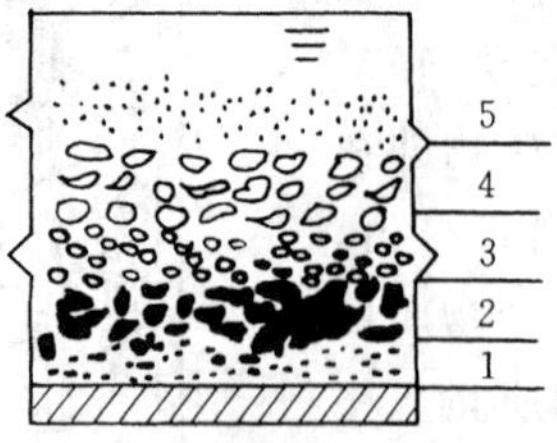

1—重矿物细颗粒；2—重矿物粗颗粒；
3—轻矿物细颗粒；4—轻矿物粗颗粒；5—矿泥。

图 2-6-6 矿粒在螺旋槽面上的分层

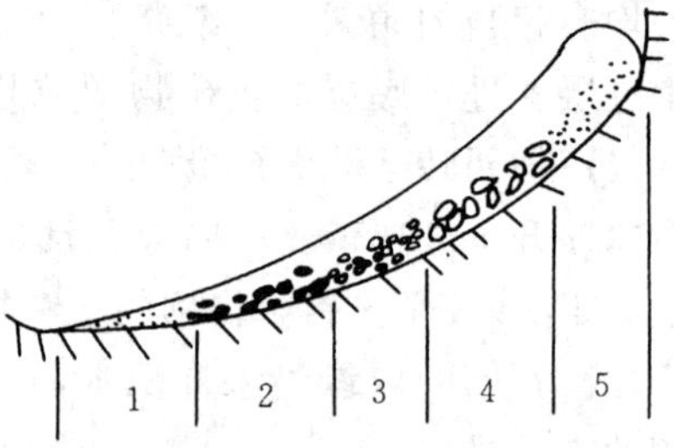

1—重矿物细颗粒；2—重矿物粗颗粒；
3—轻矿物细颗粒；4—轻矿物粗颗粒；5—矿泥。

图 2-6-7 矿粒在螺旋槽面上的分带

2. 影响螺旋选矿机工作的因素

影响分选的因素包括结构因素和操作因素。前者有螺旋直径、槽的横断面形状、螺距和螺旋槽圈数等；后者有给矿体积、给矿浓度、冲洗水量以及矿石性质等。

(1) 螺旋直径

螺旋的直径 D 是代表螺旋选矿机规格并决定其他结构参数的基本参数。研究表明，处理 1～2 mm 的粗粒级原料，应当采用直径 1 000 mm 以上的螺旋；处理 0.074～1 mm 的原料时，螺旋直径对分选影响不大。目前常用螺旋选矿规格为直径 600 mm。

(2) 螺距

螺距 h 决定了螺旋的纵向倾角，因此影响矿浆在槽内的流动速度与流膜厚度。分选细粒物料的螺距要大于处理粗粒物料的螺距。工业型螺旋选矿机的螺距 h 与直径 D 的比值为 0.4～0.6。

(3) 螺旋槽横断面形状

常用的螺旋槽横断面形状见图 2-6-8。椭圆形断面用于矿砂的分选中，椭圆的水平半径与垂直半径的比值(B/A)为 2～4 ，分选粒度大的用小比值，分选粒度小的用大比值。

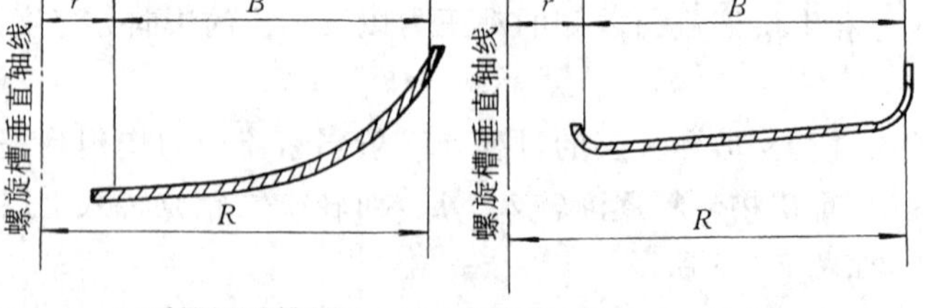

(a) 椭圆形溜槽断面　　(b) 立方抛物线形溜槽断面

图 2-6-8 常见的螺旋槽断面形状

(4) 螺旋槽圈数

螺旋槽圈数决定矿石分层和分带所需运行的距离。试验表明,水流由内缘运行到外缘行经的距离约为1圈半。但对矿粒来说则远大于此数,处理砂矿时螺旋槽有4圈已足够用,处理难选的矿石则应增加到5～6圈。为了增加单位面积的处理量,可将螺旋槽嵌套组装,用增加头数的办法解决。

(5) 给矿浓度

螺旋选矿机可有较宽的给矿浓度范围,在固体质量占10%～35%时,对分选指标影响不大。而当浓度在适宜值时,给矿体积在较宽范围内变化对分选指标影响也不大。

(6) 冲洗水量

受离心力作用常使槽的内缘矿粒脱水,为了改善矿粒沿槽移动并提高精矿品位,常需在槽的内缘喷注冲洗水,以清洗混入精矿带的轻矿物颗粒。加入的水量视精矿质量要求与重矿物颗粒沿槽移动情况而定。

(7) 给矿性质

给矿粒度大小,矿石中轻、重矿物的密度差别、形状差别等都对分选有明显影响。这些是不能调节的因素,但在选用螺旋选矿机时,都是应该注意的。

3. 螺旋选矿机的应用

螺旋选矿机具有结构简单、单位处理能力大(可达摇床的10倍)、本身不需动力、操作维护简单等优点。缺点是机身高度大,给矿和循环的中矿需砂泵输送。螺旋选矿机可以用于处理锡、钨、铬、钛、锆、铌、钽等有色及稀有金属砂矿与脉矿,也可用于分选弱磁性及非磁性矿石、磷酸盐及含云母的非金属矿石等。

螺旋选矿机最大给矿粒度允许到12 mm,但其中重矿物颗粒则不宜超过2 mm,有效回收粒度范围是0.074～7 mm,最低可到0.04 mm。

螺旋选矿机在加拿大、美国和新西兰曾大量用于分选砂铁矿石。我国在20世纪50年代用陶瓷、废轮胎制成了螺旋选矿机,用于分选砂锡矿石。60年代以后为适应红铁矿和稀有金属砂矿选矿的需要又制造了复合椭圆断面的铸铁及玻璃钢螺旋选矿机。国产螺旋选矿机的技术规格、性能列于表2-6-3。

表2-6-3　国产螺旋选矿机的技术规格和性能

型　号	FLX-1	FLX-2	FLX-3	XZLD	XZLD
螺旋直径/mm	600	600	600	600	600
螺距/mm	330	360	360	360	360
螺旋槽断面形状	两椭圆弧线与一条直线组成的复合椭圆			两椭圆弧线用一条与水平线成1°夹角的长36 mm直线相连构成	
圈数	5	5	5	4	5
外形尺寸/mm	880×2 430	880×2 460	880×2 354		
处理能力/(t/h)	1～1.5	1～1.5	1～1.5		
总质量/t	400	400	98		

我国广西横县矿产站应用安装在35 t/h的采砂船上的ϕ600 mm螺旋选矿机处理含钛铁矿的河谷砂矿,给矿粒度为0.1～4 mm,分选指标见表2-6-4。

表 2-6-4　螺旋选矿机处理钛铁矿的指标

产　品	产率/%	品位/% TiO_2	回收率/%	富集比/倍	作业条件
精　矿	18.11	30.48	96.01	5.3	处理量 1.88 t/(台·h)
尾　矿	81.89	0.28	3.99		冲洗水 25 L/min
给　矿	100.00	5.75	100.00		给矿浓度 22%～25%

螺旋选矿机，也可用来分选煤炭，如 SML900 螺旋分选机是处理煤泥的分选设备，其结构如图 2-6-9 所示。

矿浆通过量不宜过大，否则产品质量下降。给料浓度也应适当，否则影响松散的分层和分带。SML900 螺旋分选机的入料粒度以 0.1～2 mm 为宜。

螺旋分选机作为粗煤泥的精选设备，已取得了较好的分选效果。如良庄煤泥，其可选性为易选；从粒度特性来看，粗粒级灰分低，细粒级灰分高。入选煤泥灰分为 13.2%～19.0%，选后精煤灰分为 9.40%～11.90%，分选密度为 1.78 g/cm³，数量效率可达 86%～97%。可能偏差 *E* 值为 0.15，不完善度 *I* 值为 0.19，降硫率 18%～31%。分选粒度下限可达 0.1 mm，每台处理能力为 5～5.5 t/h。

煤用 SML900 螺旋分选机的结构参数，是以所处理的煤泥特性为依据而确定的。实践表明，它具有结构简单、无运转部件、占地面积少、基建投资低、生产费用小、操作管理方便等优点，是一个用来处理煤泥的成功设备。

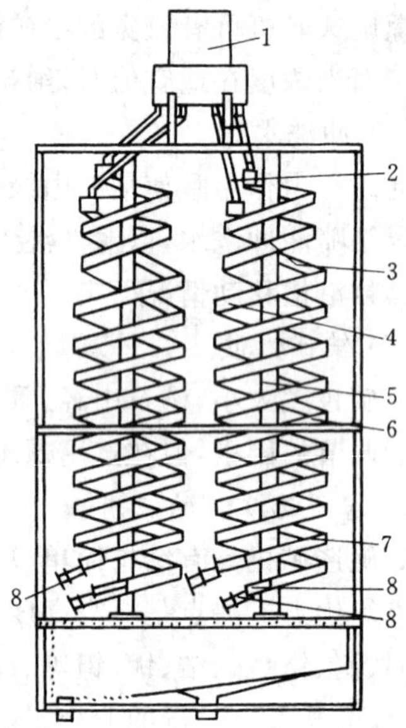

1—矿浆分配器；2—给料管；
3—稳定槽；4—变径槽；
5—中心柱；6—分选槽；
7—排料槽；8—产品排料管。

图 2-6-9　SML900 螺旋分选机外形

二、螺旋溜槽

螺旋溜槽的结构特点是断面呈立方抛物线形状，底面更为平缓。分选时在槽的末端分段取精、中、尾矿，且在选别中不加冲洗水。矿浆在槽面上流动情况和分选原理与螺旋选矿机基本相同。

我国已经制成直径为 400 mm、600 mm、900 mm 和 1 200 mm 的螺旋溜槽，1989 年北京矿冶研究总院又制成了直径为 2 000 mm 螺旋溜槽，材质均为玻璃钢，内表面涂以耐磨衬里，通常是聚氨酯橡胶或渗混金刚砂的环氧树脂。工业应用的 ϕ1 200 mm 四头螺旋溜槽外形见图 2-6-10。

三、螺旋滚筒选煤机

螺旋滚筒选煤机是近十年发展起来的一种自生介质选煤新设备，其原理是利用入选原煤中小于 0.3 mm 的粉煤作为介质，并与水混合形成较稳定的悬浮液，与螺旋滚筒配合分选块煤。由于螺旋滚筒选煤机结构简单，工艺布置紧凑，占地面积和空间小，并具有可移动的优点，广泛用于动力煤、炼焦煤(易选、中等可选性)、脏杂煤及煤矸石的分选。

1. 螺旋滚筒选煤机工作原理及结构特点

螺旋滚筒选煤机结构如图 2-6-11 所示。自生介质螺旋滚筒选煤机主要由螺旋分选筒、滚筒驱动装置、入料溜槽、介质管道和机架等部件组成。

螺旋滚筒选煤机是由一段圆柱形筒体和一段圆锥形筒体组成。筒体内壁等分均布三头螺旋隔条，螺旋隔条上开有长孔，这些螺旋隔条具有双重功能：一方面是将矸石旋起来并排出筒外；另一方面又提供了一个动力效应，即产生相对于下降流的上升或上推效应。滚筒由胶轮支撑，筒体倾斜安装在机架上。为防止其轴向移动，筒体两侧各装一个轴向止推胶轮，支撑在止推盘上。传动装置由电机驱动减速机、主动支撑胶轮使滚筒回转。入料溜槽一直伸入螺旋分选筒内，物料由溜槽送入筒内。介质管道平行布置在入料溜槽的一侧。

图 2-6-10　ϕ1200 mm 四头螺旋溜槽外形

原煤随一定速度的介质流给入螺旋分选筒的中部，滚筒在其驱动装置的带动下，做逆时针方向回转，筒内物料及矿浆随筒体的回转，在筒内螺旋隔条的作用下，做连续提升-跌落运动，由于精煤相对于介质的密度差小，而矸石相对于介质的密度差大，因此，在介质中矸石的沉降速度较精煤快。在筒体的连续运转中，精煤和矸石得到充分的分层，精煤处于流体上层，在介质流的携带下越过一道道螺旋隔条，到排料端排出；而沉在流体下部筒壁上的矸石，则被螺旋隔条输送到滚筒的另一端排出。滚筒内精煤和矸石的分离是在分选介质、筒体旋转、螺旋隔条的综合作用下连续进行的。

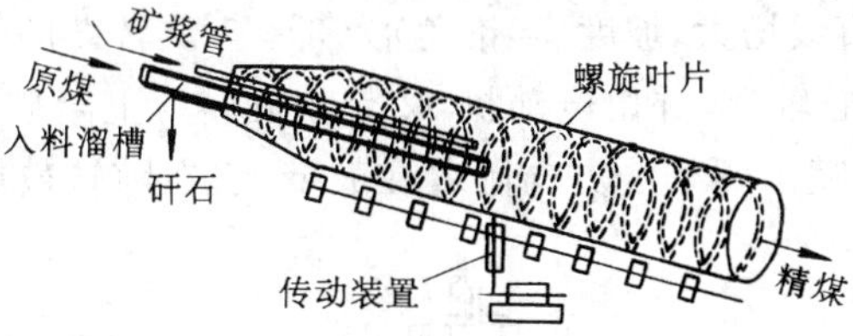

图 2-6-11　螺旋滚筒选煤机结构示意图

2. 技术特征

我国自行设计制造的系列螺旋滚筒选煤机主要技术特征见表 2-6-5。

表 2-6-5　螺旋滚筒选煤机主要技术特征

项　　目	LZT14/80	LZT16/90	LZT18/90
滚筒直径/mm	1 400	1 600	1 800
滚筒长度/mm	8 000	9 000	9 000
滚筒倾角/(°)	5～7	8～10	8～10
滚筒转速/(r/min)	14～22	8～20	8～20
入料粒度/mm	6～200	6～200	6～200
处理量/(t/h)	25～35	40～50	60～80

3. 应用效果

LZT18/90 型自生介质螺旋滚筒选煤机在福建永定矿务局选煤厂进行了工业试验。入选原煤为无烟煤，灰分在 40%以上；当入选粒度为 13～100 mm 时，入选原煤属高灰、高硫煤，但灰分随粒度减小而逐渐降低，煤质较脆；当精煤灰分要求小于 20%时，理论分选密度大体在 2.3～2.4 g/cm^3 之间，分选密度±0.1 含量小于 10%，为极易选煤。

自生介质螺旋滚筒选煤机也能适应难选煤分选，当分选密度±0.1 含量为 50.46%的原煤入选时，其数量效率为 97.32%，E 值为 0.053。

应用实践证明，该设备及工艺投资省，建厂快，占地面积小，省水、省电，生产费用低，特别适合中小选煤厂。

第四节 离心选矿

离心选矿是利用微细矿粒在离心力场中所受离心力大大超过重力，加速矿粒的沉降，扩大不同密度矿粒沉降速度的差别，从而强化分选的重选方法。利用离心选矿法处理微细粒矿泥所用的主要设备是离心选矿机，它具有结构简单、单位面积处理量大、回收粒度下限低等优点，目前已成为钨、锡矿泥重选的主要设备之一。

一、离心选矿机的结构和分选过程

图 2-6-12 是标准的 ϕ800 mm×600 mm 离心选矿机结构图。设备的主要部件为一截锥形转鼓 4，给矿端直径为 800 mm，向排矿端直线增大，坡度（半锥角）为 3°～5°。转鼓的斜长为 600 mm。借锥形底盘 5 将转鼓固定在中心轴上，并由电动机 12 带动旋转。上给矿嘴 3 和下给矿嘴 13 伸入到转鼓内，矿浆由给矿嘴喷出顺切线方向附着在鼓壁上，在随转鼓旋转

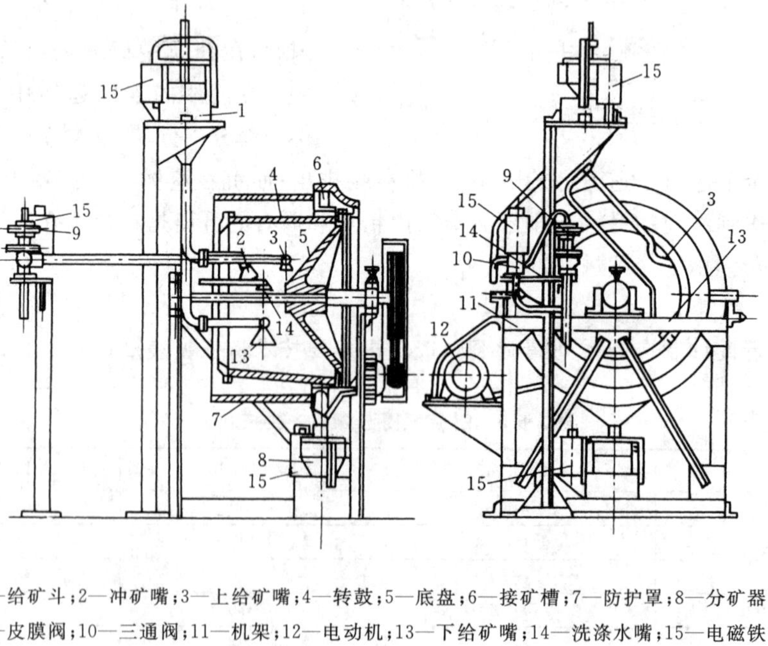

1—给矿斗；2—冲矿嘴；3—上给矿嘴；4—转鼓；5—底盘；6—接矿槽；7—防护罩；8—分矿器；9—皮膜阀；10—三通阀；11—机架；12—电动机；13—下给矿嘴；14—洗涤水嘴；15—电磁铁。

图 2-6-12 ϕ800 mm×600 mm 离心选矿机结构图

的同时，沿鼓壁做斜面流动，构成在空间的螺旋形运动轨迹。

矿浆在相对于转鼓内壁流动过程中发生分层，进入底层的重矿物即附着在鼓壁上较少移动，而上层轻矿物则随矿浆流通过转鼓与底盘间的缝隙(约 14 mm)排出。当重矿物沉积到一定的厚度时，停止给矿，由冲矿嘴 2 给入高压水，冲洗向下沉积的精矿。

离心选矿机是间断工作的，但断矿、冲矿和分排精矿却是由指挥机构和执行机构自动进行的。指挥机构为一时间断电器，按规定时间向执行机构通入或切断电流。执行机构包括给矿斗中的断矿管、控制冲矿水的三通阀 10 和皮膜阀 9、精尾矿换向排送的分矿器 8。它们分别由电磁铁带动运动。当达到规定的分选时间时，断矿管摆动到回流管的一侧，矿浆不再进入转鼓内，与此同时三通阀将低压水路切断，皮膜阀上部的封闭水压被撤除，于是高压水即通过皮膜阀进入转鼓内，此时下部的分矿器也摆动到精矿管一侧，将冲洗下来的精矿导向精矿管道内。待冲洗完(2～3 s)，各执行机构分别恢复原位，继续进行给矿分选。在离心机内还装有洗涤水嘴 14，在给矿的同时向沉积物上喷水以提高精矿质量，但这样做常导致较多的金属损失，故在粗选作业中已很少使用，只在精选时尚有应用。

二、离心选矿机的分选原理

流膜在离心机内既随鼓壁做旋转运动，又沿鼓壁倾斜做轴向运动。东北大学(原东北工学院)曾以清水在 ϕ400 mm×300 mm 实验室型离心机内作考查，得出液流沿鼓壁的运动状态，如图 2-6-13 所示。

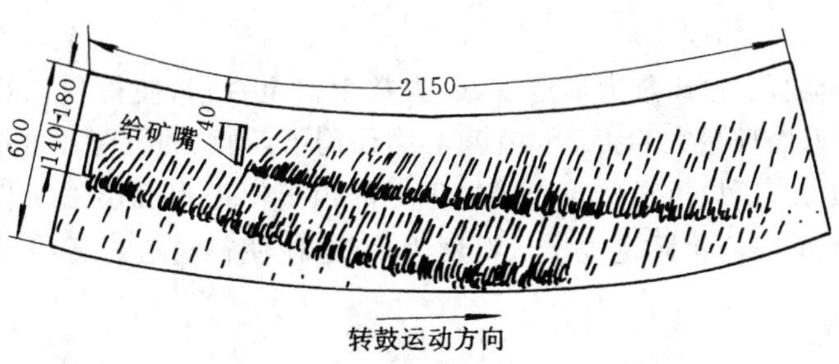

图 2-6-13　流膜在转鼓面上流动的情况

矿浆由给矿嘴喷出给到转鼓，由于喷出速度(1～2 m/s)大大低于转鼓线速度(14～15 m/s 或更高)，于是矿浆因惯性力而滞后于鼓壁运动出现了切向滞后速度，随着流动时间的延长，黏滞力有力地克服惯性力，使矿浆与鼓壁间的速度差愈来愈小。从给矿端到排矿端，矿浆相对鼓壁的切向流速分布如图 2-6-14 所示。流膜沿厚度方向(径向)相对于鼓壁的流速分布见图 2-6-15。

矿浆沿轴向的运动主要是在惯性离心力作用下发生的。轴向流速沿厚度的分布与一般斜面流相同。

离心机内液流运动的合速度和方向即是上述切向速度与轴向速度的向量和，相对于地面而言，矿浆质点运动的迹线表现为一空间螺旋线。由于流膜沿轴向上下层运动速度的不同，上层与下层螺旋运动的螺距并不相同。上层液流螺距将大于下层。因此分层后位于上层的轻矿物可以很快被带到转鼓外，而位于底层的重矿物则滞留在转鼓内。

据测定，离心机内液流的主要流态为弱紊流。由于集中给矿，流膜厚度分布很不均

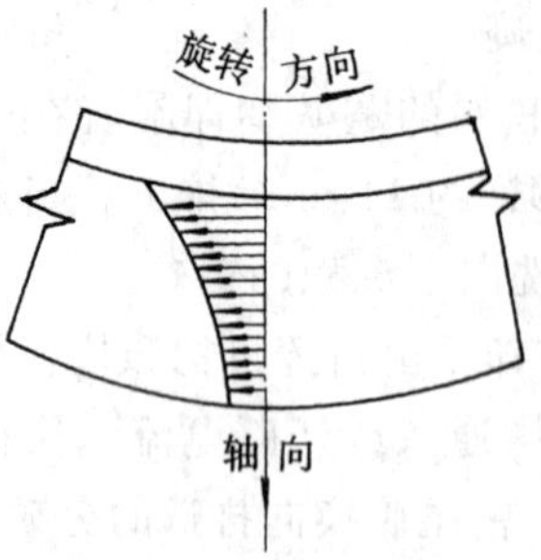

图 2-6-14 流膜切线流速沿轴向的变化规律

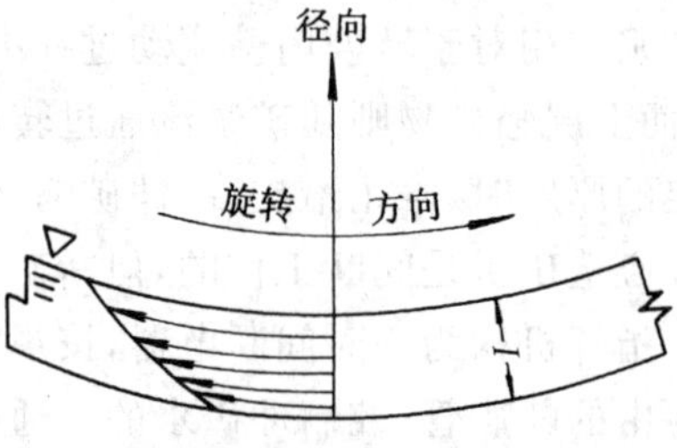

图 2-6-15 流膜切线流速沿径向的变化规律

匀。在离给矿嘴不远处，流膜最厚，随着转鼓转动，厚的流膜逐渐散开，形成略微突起并呈逐渐加宽的螺旋带向前推进，流态呈现明显的紊流，厚度达 1～2 mm，这是流膜的主流带。它的前锋带有微小的浪头，且有较高的推进速度。在主流峰过后，流膜逐渐减薄，紊动性也减弱，形成薄流膜区，称为副流带，它的流动层厚度只有 0.2～0.3 mm。这种主流带和副流带交替出现，并在交接面处形成强大的剪切力，是有利于床层松散和在分层后促使重矿物沉积的。

离心选矿机的分选机理与重力场中弱紊流流膜的分选机理大致相同，只是在这里由于矿粒受到了比重力大得多的离心力作用，使重矿物沉积在鼓壁上难以移动，故比重力溜槽多了一个沉积层。此外，集中给矿和增加强力离心力作用也给分选带来了一些新特点。

由于离心加速度($\omega^2 r$)比重力加速度(g)大数十倍至百倍，使得颗粒的沉降作用力大为增加，因而单位面积处理量大为提高。在离心力作用下，颗粒的沉降速度增加要比矿浆的轴向流速增加幅度更大，所以重矿物可以经过很短的距离便进入底层被回收。而紊流脉动速度的增长则比颗粒的离心沉降速度增长幅度为小，这便使得离心选矿机可有更低的回收粒度下限。

三、影响离心选矿机工作因素

影响离心选矿机工作的因素包括结构参数和操作参数，结构参数是指转鼓直径与长度、转鼓半锥角。

转鼓直径与长度——单纯增大转鼓直径，可使处理量成正比增大。增大转鼓长度，则可使处理量有更大幅度的提高(增大单位面积处理量)，但回收粒度下限将升高。

转鼓半锥角——转鼓的半锥角一般为 3°～5°。随着半锥角的增大，精矿品位可以提高，但精矿回收率将下降，而且在给矿嘴下方将出现更宽的无矿带(即无精矿沉积层)，使转鼓面积不能充分利用。人们从重力溜槽的分选实践已认识到一种坡度的溜槽很难同时兼顾回收率和精矿品位。于是近年来先后研制了双坡、三坡、四坡等不同规格离心机，与单坡相比，分选指标得到了明显的改善。

在操作参数方面影响离心选矿机分选的主要因素有给矿体积、给矿浓度和转鼓转速，另外分选周期对分选效果也有一定的影响。图 2-6-16 标出处理锡矿泥时给矿体积对分选指标的影响。随着给矿体积增加，矿浆层厚度增加，流速加快，设备处理量相应提高，精矿品位增加，但回收率降低。

给矿浓度的影响与给矿体积相反，随着浓度的增加，矿浆黏度增大，流速变缓，分层速度降低。结果精矿产率及回收率增加而品位降低。在矿石含泥量少及在粗选作业时，为了提高设备的处理能力，给矿浓度可大些。

转鼓转速的影响与给矿浓度相似，它反映了离心力大小的作用。随着转速的增加，颗粒的沉积量增多，精矿回收率增加而品位降低，其影响关系如图 2-6-17 所示。转鼓转速的选择与矿物的粒度及相应的沉降速度有关，处理钨、锡矿泥的离心选矿机给矿粒度更细，因此比处理铁矿石常需有更高的转速。

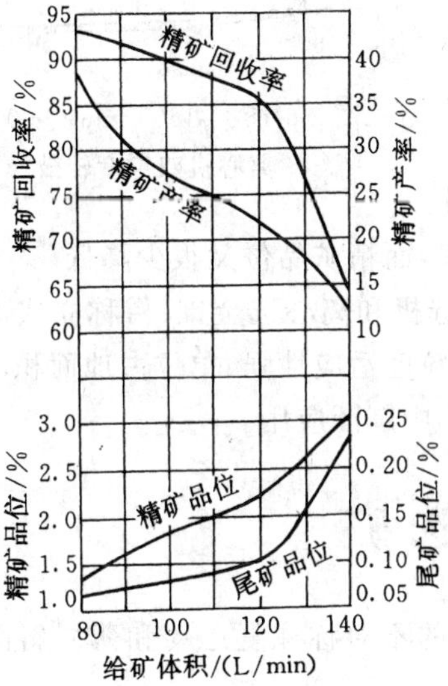

图 2-6-16　离心机处理锡矿泥时给矿体积对分选指标的影响

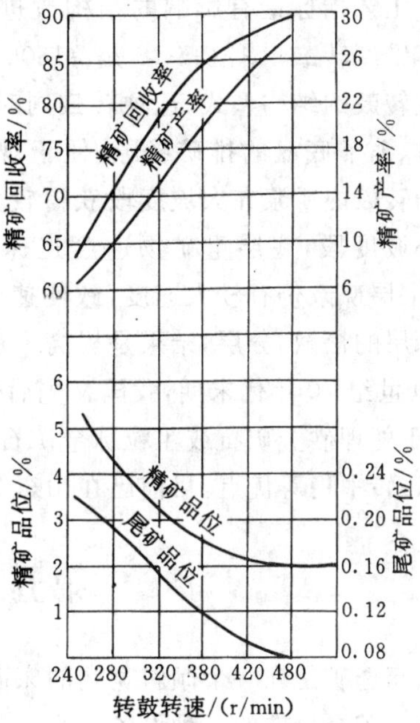

图 2-6-17　处理锡矿泥时转鼓转速对分选指标的影响

分选周期的影响在一定的范围内并不显著，随着给矿时间延长，回收率降低，而精矿质量提高不大。

上述各项操作条件是互有影响的，增大给矿体积和给矿浓度，同时适当降低转速，也可得到较好的分选指标，虽然不如在低浓度、小体积和高转速时的指标高，但却可大幅度提高设备处理能力，适于在粗选作业时采用。

四、离心选矿机的应用和发展

离心选矿机最早由我国云锡公司制成，1966 年通过技术鉴定。与重力矿泥溜槽相比，离心选矿机在处理能力和工艺指标方面均有大幅度的提高，目前已成为我国钨、锡矿泥粗选的主体设备，并也用于处理微细粒级的弱磁性铁矿石。在处理锡矿泥时，给矿粒度一般不应大于 0.074 mm；但在分选铁矿石时粒度达 0.15 mm 时也能得到有效分离。标准型的离心选矿机回收粒度下限可到 10 μm(按石英计)，随着转鼓直径的增大，回收粒度下限升高，例如 ϕ1600 mm×900 mm 离心机即达到 13 μm。

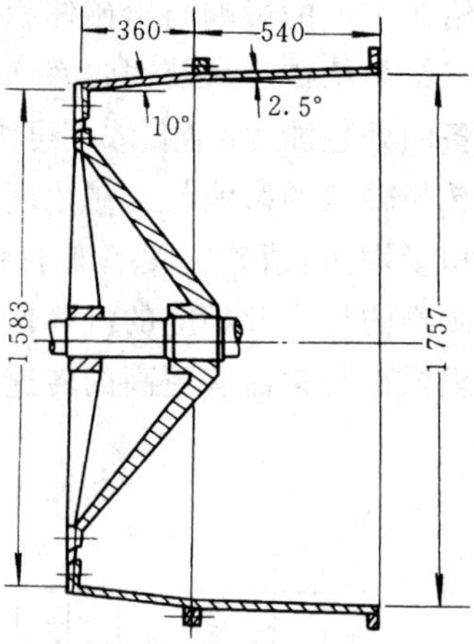

图 2-6-18　ϕ1600 mm×900 mm 离心机双锥度转鼓

现今已制成多种规格、结构型式和控制方法的离心选矿机。除了放大转鼓尺寸外，还制造了双层、三层转鼓离心机及转鼓对接离心机。控制机构已改用程序控制器，执行机构中的线圈在大型离心机上已采用了液压传动装置。冲水阀门在某些厂矿已用电磁阀代替三通阀和皮膜阀，可以直接启闭高压水阀。目前这些改进措施还在推广中。

对工艺指标最有影响的结构改进是变单锥度转鼓为多锥度转鼓。图 2-6-18 是 ϕ1600 mm×900 mm 双锥度转鼓的结构型式，这种转鼓同时将排矿管改成朝外，取消了底盘的排矿缝隙，便于观察和维护。在这样的转鼓内矿浆在大坡度段获得较大的轴向流速，到了小坡度段，底层重矿物速度迅速减小而沉积下来，而上层矿浆仍有较大速度，致使速度梯度增大，强化了床层的松散、分层，结果是提高了重矿物的回收率，而精矿品位又很少降低。

20 世纪 70 年代末期，我国又先后研制了离心盘选机和离心选金锥，俗称立式离心选矿机，用于处理砂金矿石或粗粒脉金矿石。凭借对给矿粒度适应性强、单位占地面积小及处理量大、运转平稳等优点，目前已在山东等地金矿选矿厂中广泛应用。

第五节　摇床选矿

摇床选矿是在一个倾斜宽阔的床面上，借助床面的不对称往复运动和薄层斜面水流的作用进行矿石分选的一种设备。

所有摇床基本上是由床面、机架和传动机构三大部分组成的。其典型结构如图 2-6-19 所示。床面近似梯形，床面横向呈微倾斜，其倾角不大于 10°，一般在 0.5°～5°之间；纵向自给料端至精矿端有细微向上倾斜，倾角为 1°～2°，但一般为 0°。床面用木材或铝制作，表面涂漆或用橡胶覆盖。给料槽和给水槽布置在倾斜床面坡度高的一侧。在床面上沿纵向布置有若干排床条(也称格条，俗称来复条)，床条高度自传动端向对侧逐渐降低，沿一条或两条斜线尖灭。整个床面由机架支撑或吊挂。机架安设调坡装置，可根据需要调整床面的横向倾角。在床面纵长靠近给料槽一端配有传动装置，由其带动床面做往复差动摇动。即床面前进运动时速度由慢变快，以正加速度前进；床面后退运动时，速度则由快变慢，以负加速度后退。

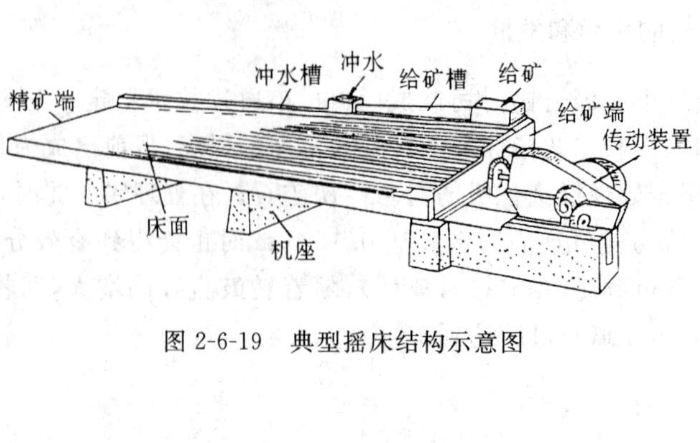

图 2-6-19　典型摇床结构示意图

矿浆给到摇床面上以后,矿粒群在床条沟内借摇动作用和水流冲洗作用产生松散和分层。不同密度和粒度矿粒沿床面的不同方向移动,分别自床面不同区间内排出(图 2-6-20)。最先排出的是漂浮于水面的矿泥,然后依次为:粗粒轻矿粒、细粒轻矿粒、粗粒重矿粒。最后,从床面最左端排出的是床层最底的细粒重矿粒。

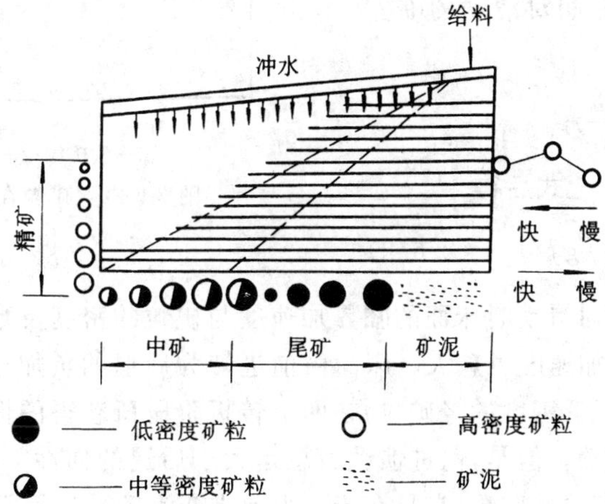

图 2-6-20 摇床工作过程

一、摇床的分选原理

物料在摇床床面上分选,主要是由床条的型式、床面的不对称运动及床面上的横冲水三个因素综合作用的结果。

首先,床条在床面上激烈摇动时,增强了斜面水流的扰动作用,形成旋涡并加强了水流垂直分速对物料的悬浮作用,使物料悬浮并按密度和粒度进行分层。同时,床面的激烈摇动还将产生按粒度和密度的析离作用。图 2-6-21 为物料在床条间的分层状况。

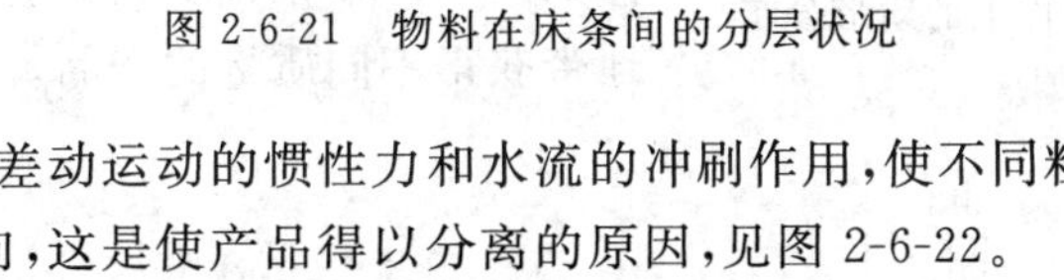

图 2-6-21 物料在床条间的分层状况

此外,摇床床面做差动运动的惯性力和水流的冲刷作用,使不同粒度和密度的矿粒具有不同的运动速度和方向,这是使产品得以分离的原因,见图 2-6-22。

床面的不对称摇动使矿粒断断续续地向前移动。显然,只有床面给矿粒的惯性力大于矿粒与床面的摩擦力时,矿粒才能开始与床面做相对滑动,即

$$ma \geqslant Gf \tag{2-6-1}$$

式中 m——矿粒的质量;

a——床面及随其运动的矿粒的加速度;

G——矿粒所受重力；

f——矿粒对床面的摩擦因数。

因为矿粒是在水介质中运动的，故上式应以矿粒在水中所受重力 G_0 代入，得出矿粒开始与床面做相对滑动的临界加速度 a_0 为：

$$a_0 = \frac{G_0}{m}f$$

把 G_0 及 m 值分别代入上式后得

$$a_0 = \frac{\delta - \rho}{\delta}gf \qquad (2\text{-}6\text{-}2)$$

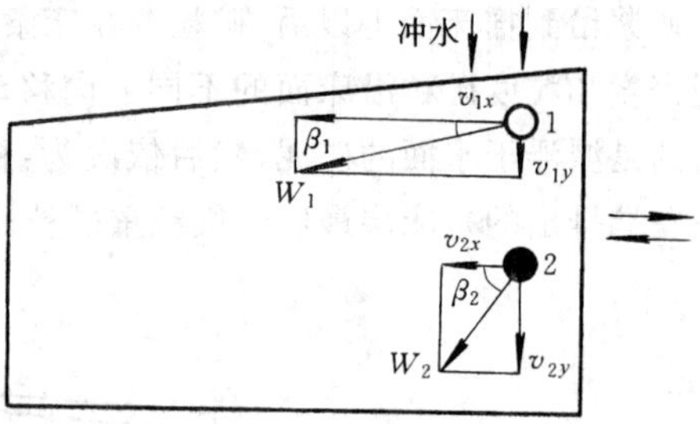

1—重矿粒；2—轻矿粒。

图 2-6-22　矿粒在床面上运动

由上式可见，矿粒做相对滑动时床面的临界加速度与矿粒的密度及摩擦因数 f 有关。矿粒的密度 δ 愈大，其临界加速度也愈大。床面由前进转为后退的负加速度大于由后退变为前进时的正加速度。对于低密度的轻矿粒，在两个转折阶段所获得的惯性力均大于其与床面的摩擦力，产生前后滑动。但是，前进惯性力总是大于后退的惯性力，总起来轻矿粒还是向前移动的。对于高密度的重矿粒，它只在床面由前进变为后退阶段所获得的惯性力，才足以使它滑动，另外还由于如图 2-6-21 所示的矿粒分层情况，下层高密度重矿粒紧挨床面，得到较大的惯性力；愈往上床层愈松散，矿粒获得的惯性力愈小。因而，高密度重矿粒 1 所获得的纵向运动速度 v_{1x} 大于低密度轻矿粒 2 的纵向运动速度 v_{2x}。

矿粒的横向运动是横冲水推动所致。由于横冲水流层沿厚度方向的速度分布是上层大于下层，因有床条的阻挡，上层物料受横冲水的作用较大。因此，上层轻矿粒大颗粒的横向速度 v_{2y} 大于下层高密度小颗粒的横向速度 v_{1y}。

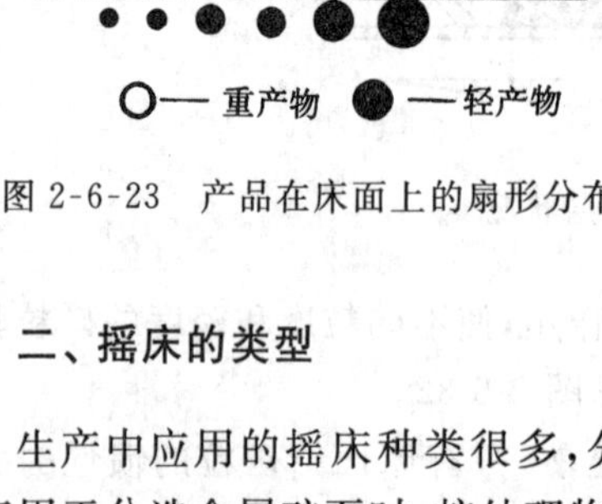

图 2-6-23　产品在床面上的扇形分布

这样，它们在床面上运动的合速度 W_1 和 W_2 的方向和大小都不同，最后从床边沿不同的位置排出。首先被横向水流冲出来的是集中在最上层的低密度的粗粒，接着低密度较细的颗粒在纵向运动过程中被冲出。矸石颗粒沿着床条间的沟槽运动，随着床条高度逐渐减低，它们也按粗、细顺序先后被冲水带出床面。分选的结果是各密度级的产品在床面上呈扇形状态分布，其粒度和密度的分布规律如图 2-6-23 所示。因此，可通过调整收集产物的地带获得不同质量的产品。

二、摇床的类型

生产中应用的摇床种类很多，分选方法各异。
摇床用于分选金属矿石时，按处理物料的粒度区分有粗砂摇床，用来处理 0.5～3 mm 物料；细砂摇床，处理 0.074～0.5 mm 的物料；矿泥摇床，处理 0.037～0.074 mm 的物料。

摇床若按床面层数分，有单层摇床和多层摇床；按安装方式分有落地式和悬挂式；按分选的主导作用力，又可分为重力摇床和离心摇床。

目前摇床最通用的分类是根据其摇动机构和支承方式区分，由于它们决定了床面的运动特性，因而也影响到使用和选择。我国常用摇床的分类见表 2-6-6。

表 2-6-6 目前我国常用摇床的分类

力 场	往复运动特性	床面运动轨迹	摇动机构	支撑方式	摇床名称
重 力	不对称直线	直 线	凸轮杠杆式	滑动支撑	贵阳式摇床
			惯性弹簧式	滚动支撑	弹簧摇床
		弧 线	偏心肘板式	摇动支撑	衡阳式摇床
	对称直线	向上前方倾斜弧线	惯 性 式	弹性支撑	快速摇床
离心力	不对称直线	直线，圆周	惯性弹簧式	中 心 轴	离心摇床

1. 6-S 摇床

6-S 摇床又称衡阳式摇床，其结构型式是由早期威尔弗利摇床发展并经改进而成的。采用偏心连杆式床头和定轴式调坡机构。设备结构如图 2-6-24 所示。

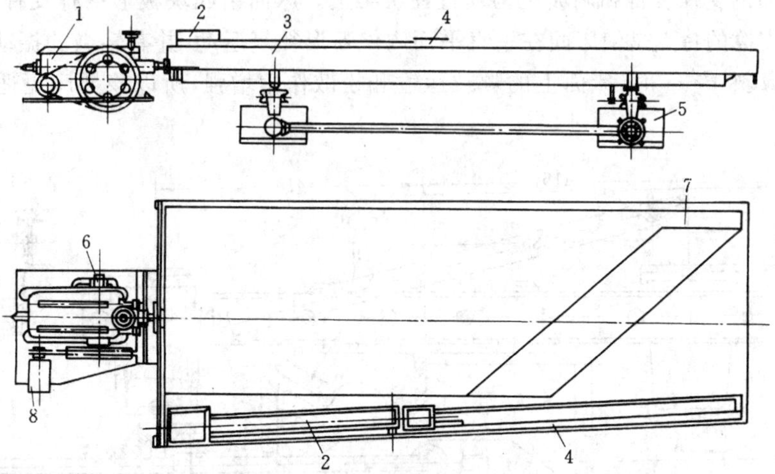

1—床头；2—给矿槽；3—床面；4—给水槽；5—调坡机构；6—润滑系统；7—床条；8—电动机。

图 2-6-24 6-S 摇床结构简图

偏心连杆式床头如图 2-6-25 所示，其摇动机构的运行，是由电动机经大皮带轮 14 带动偏心轴 7 旋转，并使摇动杆 5 跟随着上下运动的。由于调节滑块 4（即肘板座）是固定的，当摇动杆往下运动时，肘板 6 的端点向后推动，此时，后轴 11、往复杆 2 随之向后移动，弹簧被压缩，通过联动座 1 和往复杆 2 带动整个床面向后移动。当摇床杆向上移动时，肘板间的夹角减小，因受到弹簧伸张力的推动，摇床面随之往前运动。

在床面向前运动过程中，肘板间的夹角是由大向小变化的，而肘板端点的水平移动速度则由小往大变化。因此，床面往前移动时由慢变快。反之在摇床面向后运动时，床面则从快到慢，所以便形成了摇床面的差动运动。

由于调节丝杆 3 与手轮相连，当转动手轮时，可上下移动滑块 4 调节冲程。调节螺栓 13 又可改变弹簧的压紧程度，其压紧程度要适当，床面的冲次是利用改变皮带轮的直径进

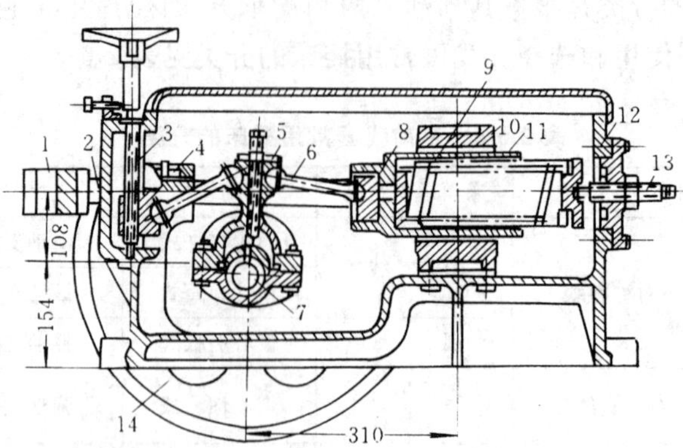

1—联动座；2—往复杆；3—调节丝杆；4—调节滑块；5—摇动杆；6、8—肘板；
7—偏心轴；9—弹簧；10—轴承座；11—后轴；12—箱体；13—调节螺栓；14—大皮带轮。

图 2-6-25 偏心连杆式床头

行调节的。

该机床面的支撑装置和调坡机构安置在机架上。床面由四块板形摇杆支撑，如图 2-6-26 所示。这种支撑的特点是使床面在垂直平面内做弧形往复运动，并有轻微的振动。当摇杆向床头端稍加倾斜 4°～5°时，床面上的颗粒运输和松散作用增强，所以该摇床更适于处理粗粒矿砂。

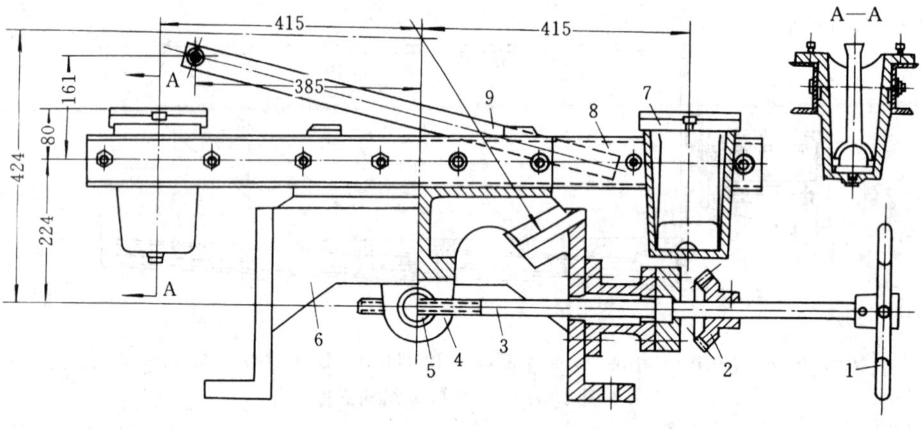

1—手轮；2—伞齿轮；3—调节丝杆；4—调节座板；5—调节螺母；6—鞍形座；
7—摇动支撑机构；8—夹持槽钢；9—床面拉条。

图 2-6-26 6-S 摇床的支撑装置和调坡机构

6-S 摇床的床面外形呈直角梯形。床条有用于分选粗砂的和用于分选矿泥的两种，粗砂床条断面呈矩形，如图 2-6-27(a)所示。各床条均自给矿端向重产物端降低，沿一条与轻产物侧成 40°的斜线夹角，该角即称作尖灭角。矿泥床条的断面为三角形，尖灭角为 30°，如图 2-6-27(b)所示。

2. 云锡式摇床

云锡式摇床是由苏式 CC-2 型摇床经我国云锡公司改进研制而成的。由于它最初是由

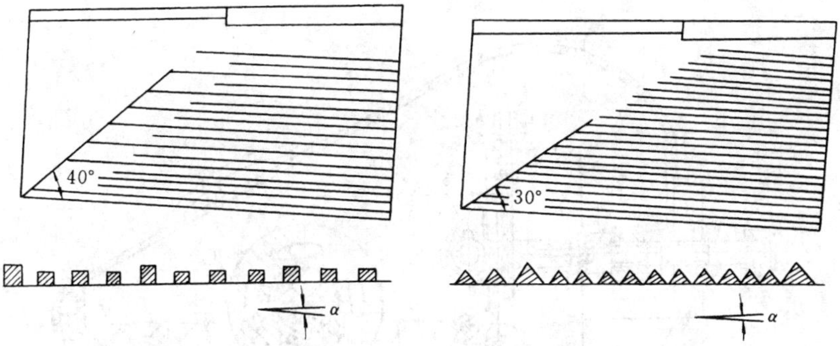

(a) 粗砂床条　　(b) 矿泥床条

图 2-6-27　6-S 摇床的床条

贵阳矿山机械厂制造，因而又称贵阳式摇床。其设备结构如图 2-6-28 所示。

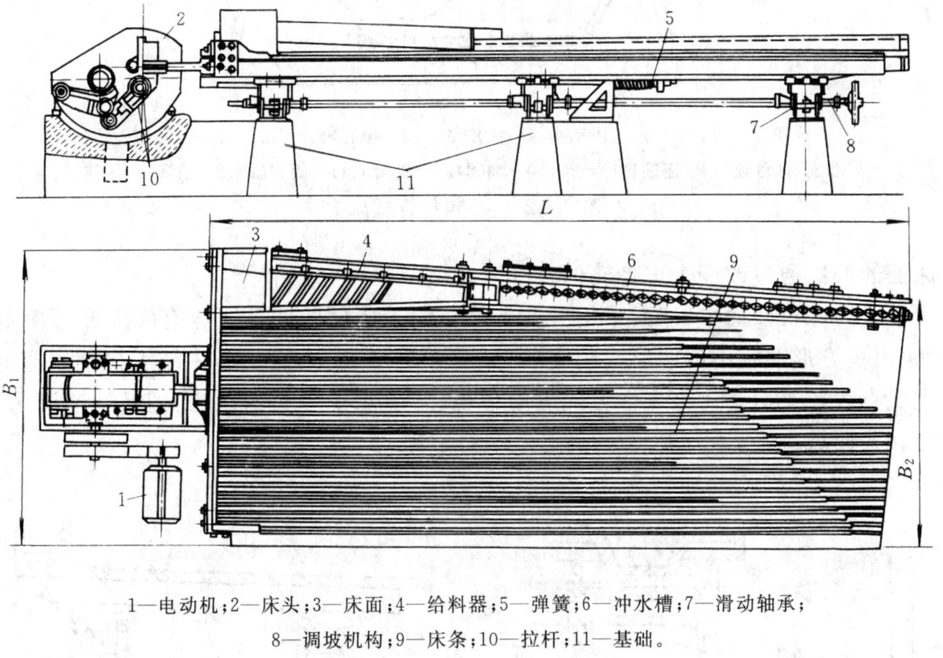

1—电动机；2—床头；3—床面；4—给料器；5—弹簧；6—冲水槽；7—滑动轴承；8—调坡机构；9—床条；10—拉杆；11—基础。

图 2-6-28　云锡式摇床

云锡式摇床的床头采用凸轮杠杆式摇动机构，其构造如图 2-6-29 所示。

凸轮杠杆式摇动机构主要由传动偏心轮、台板、卡子、摇臂等部件组成。滚轮 6 活套在偏心轴 5 上，当偏心轴 5 逆时针转动时，滚轮 6 便压迫摇动支臂(即台板)8 向下运动，其摆动量通过连接杆(即卡子)9 传给曲拐杠杆(即摇臂)10。通过滑动头 3 和拉杆 1 拖动床面向后运动，同时压缩位于床面下的弹簧。当床面转而向前运动时，弹簧伸张，推动床面前进。

该床头的传动机构被置在一个密闭的铸铁箱内。借助旋动手轮改变滑动头在摇臂上的位置调节冲程。当滑动头上移时，冲程增大；滑动头下移时，冲程减小。台板轴 7 也制成偏心，并具有 2 mm 的偏心距，通过它调整滚轮和台板触点的位置，以改变床面运动的不对称

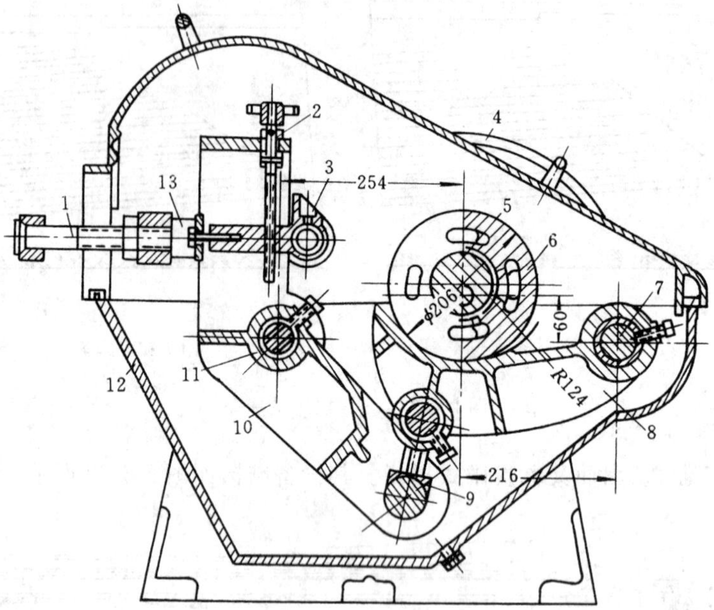

1—拉杆;2—调节丝杆;3—滑动头;4—大皮带轮;5—偏心轴;6—滚轮;7—台板偏心轴;
8—摇动支臂(台板);9—连接杆(卡子);10—曲拐杠杆(摇臂);11—摇臂轴;12—机罩;13—连接叉。

图 2-6-29 凸轮杠杆式床头

性。床面的冲次通过改变大皮带轮的直径进行调节。

云锡式摇床机架简单,床面采用滑动支撑。位于床面的四角下方有 4 个半圆突起的滑块,滑块由长方形油碗中的凹形支座支承,如图 2-6-30 所示,在油碗中装有机油。床面在滑块座上做直线往复运动。该支撑方式运动平稳,并能承受较大的压力,但其运动阻力较大。采用变轴式调坡机构。

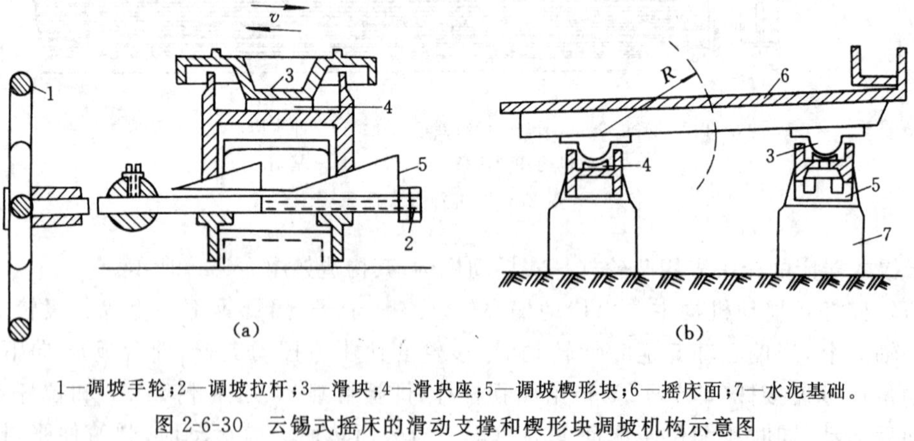

1—调坡手轮;2—调坡拉杆;3—滑块;4—滑块座;5—调坡楔形块;6—摇床面;7—水泥基础。

图 2-6-30 云锡式摇床的滑动支撑和楔形块调坡机构示意图

云锡式摇床的床面尺寸与 6-S 摇床基本相同,所不同的是云锡式摇床的床表面沿纵向连续有几个坡度,其床条结构较复杂,如图 2-6-31 所示。粗砂床面床条断面呈梯形,细砂床面床条上表面为锯齿形,矿泥床面采用刻槽法制成床条,沟槽断面为三角形。

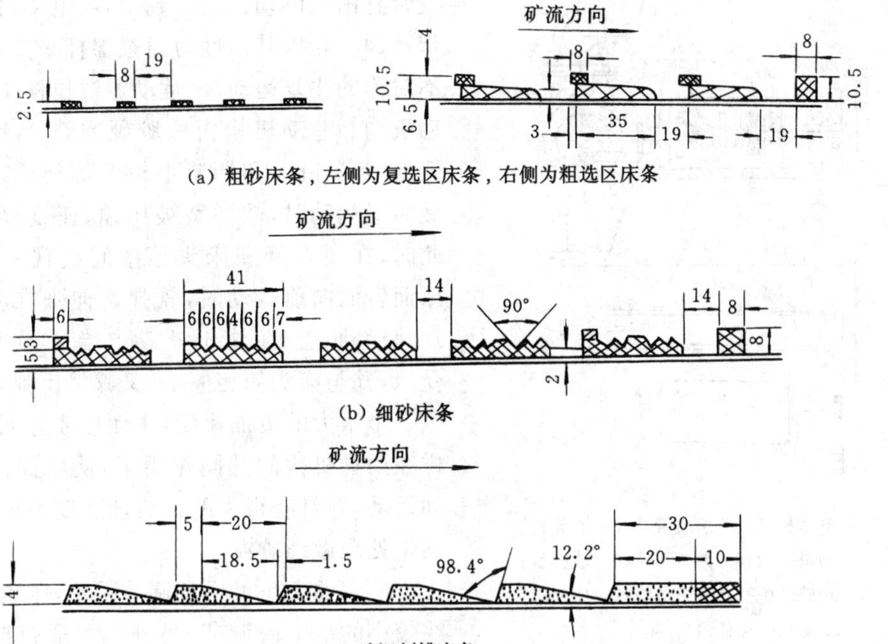

(a) 粗砂床条，左侧为复选区床条，右侧为粗选区床条

(b) 细砂床条

(c) 矿泥刻槽床条

图 2-6-31　云锡摇床床条类型

云锡式摇床床头不对称性较大，又有较宽的差动性调节范围，可适应不同给料粒度和分选要求。床头机构运转可靠，易磨损件少，又不漏油，但调节冲程和检修不太方便，床面横向坡度调节范围小(0°～5°)。因此，该摇床适于处理细粒物料或矿泥。

3. 弹簧摇床

弹簧摇床与前两种摇床不同，是以软、硬弹簧作为差动运动机构的。经生产实践并不断改进后现已作为定型产品，其设备构造如图 2-6-32 所示。

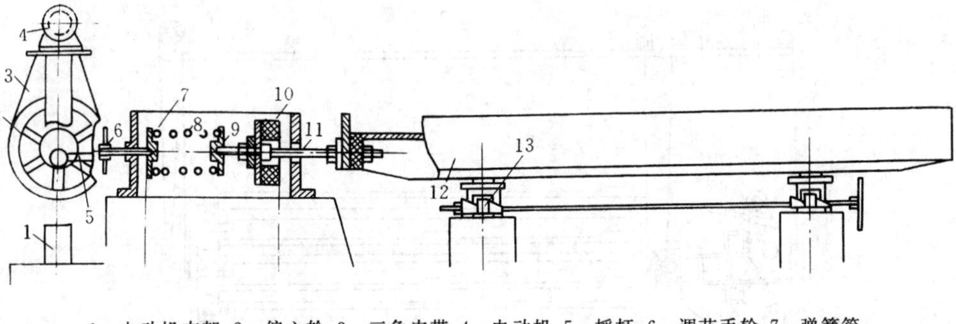

1—电动机支架；2—偏心轮；3—三角皮带；4—电动机；5—摇杆；6—调节手轮；7—弹簧箱；8—软弹簧；9—软弹簧帽；10—橡胶硬弹簧；11—拉杆；12—床面；13—支撑调坡装置。

图 2-6-32　弹簧摇床结构示意图

惯性弹簧式摇动机构(图 2-6-33)主要由惯性振动器和带有弹簧碰击的差动机构组成。传动机构(即惯性振动器)由电动机 1、偏心轮(或偏重轮)3 和摇杆 10 组成。摇杆的一端通过轴承连接在偏心轮的偏心轴上，而另一端则铰接在摇床面上。偏心轮可直接由两条三角

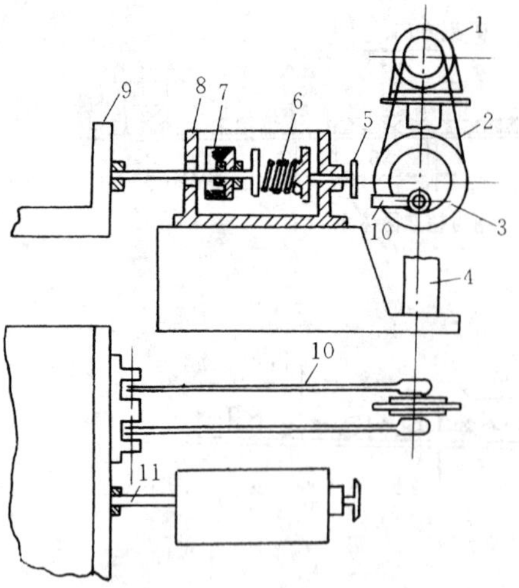

1—电动机;2—三角皮带;3—偏心轮;
4—电动机支架;5—调节手轮;6—软弹簧;
7—橡胶硬弹簧;8—床头箱;9—床面;
10—摇杆;11—拉杆。

图 2-6-33 惯性弹簧式床头

皮带悬吊在电动机皮带轮上,当电动机转动时,带动偏心轮以其惯性力通过摇杆来推动床面做不对称的往复运动,该运动通过拉杆 11 传给差动机构。差动机构由橡胶硬弹簧 7、钢丝软弹簧 6、床头箱 8 和调节手轮 5 等组成。当床面做后退运动时,软弹簧被压缩,速度逐渐减慢。此时,在硬弹簧和床头箱壁间出现一个空隙。床面转而向前运动时,软弹簧伸张推动床面做加速运动,当床面抵达运动末端时,硬弹簧突然受压,并与床头箱相撞击,又骤然反弹,因此,产生一个很大的负加速度,床面形成急回特性,这样在两种机构的共同作用下,使床面产生了差动运动,并具有很大的正负加速度差值,所以有利于处理微细矿泥。

冲程的大小可通过调节手轮,压紧软弹簧,在较小的范围内调节,另外也可通过改变偏块质量和偏心距大小进行调节。冲次可通过改变电动机转速或改变皮带轮直径来调节。

弹簧摇床的床面采用刻槽法制成床条,支承方式和调坡方法与云锡式摇床相同,横向坡度可调范围为 1°～4°,适用于矿泥的分选。

4. *新型多层摇床*

为了克服摇床占地面积大、处理能力低的缺点,国外自 20 世纪 50 年代开始,研制悬挂式多层摇床。这种多层摇床,主要是用于细粒煤炭的分选。图 2-6-34 即为我国 1977 年研制的四层悬挂式摇床的结构简图。传动装置和床面用钢丝绳分别悬吊在金属支架或建筑物的制钩上。床头的惯性力通过球窝连接器传给摇床框架,使床面与床头联动。

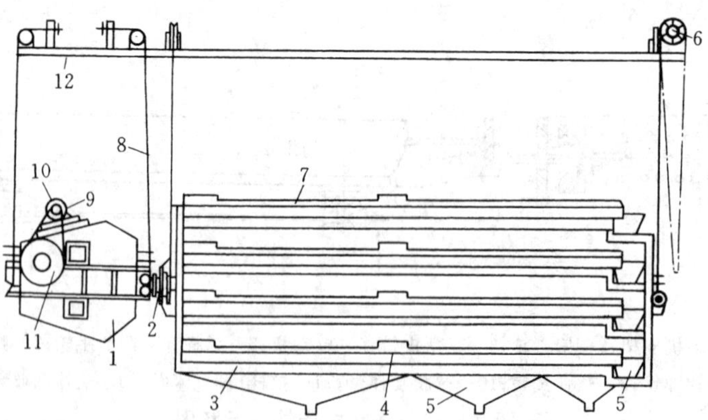

1—惯性床头;2—床头床架连接器;3—床架;4—床面;5—接矿槽;6—调坡装置;7—给矿及给水槽;
8—悬挂钢绳;9—电动机;10—小皮带轮;11—大皮带轮;12—机架。

图 2-6-34 悬挂式四层摇床简图

传动装置采用多偏心轮惯性床头，床头构造如图 2-6-35 所示。在一个密闭的油箱内安装两对齿轮。齿轮轴上安有偏重锤，按图示方式组装在一起。大齿轮的齿数比小齿轮大一倍，其速比为 2。传动电机安装在齿轮罩上方，直接带动小齿轮运动。在上下齿轮的相对转动中，偏重锤在垂直方向的分力始终是互相抵消的。而在水平方向，当大齿轮轴上的偏重锤与小齿轮轴上偏重锤同在一侧时，惯性离心力相加达到最大。而当大齿轮再转过半周，小齿轮转过一周时，惯性离心力相减，其值最小。由此便在水平方向产生了差动作用力。大齿轮的转速也就是床面的冲次。改变偏重锤的质量(用加配质块的方法)则可以改变冲程。该床头具有调节冲次时不改变冲程的特性。

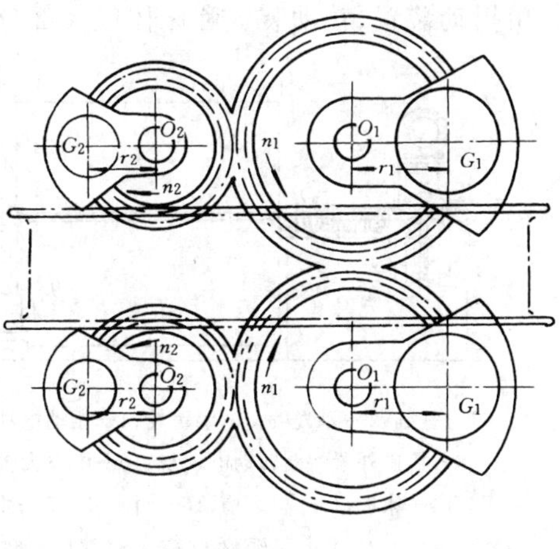

图 2-6-35　多偏心惯性床头简图

床面采用蜂窝夹层结构，由玻璃钢制成，其结构如图 2-6-36 所示，床面中心间距为 400 mm。钢架上设置了能自锁的蜗轮蜗杆调坡装置。调坡装置与重产物端的一对钢丝绳相连接。当拉动调坡链轮时，钢丝绳即在滑轮上移动，因而可改变床面的横向坡度。矿浆和冲洗水由给矿槽和给水槽分别给到各层床面。产品分别排到接连在各床面上的精矿槽和设在地面上的中矿槽及尾矿槽中。

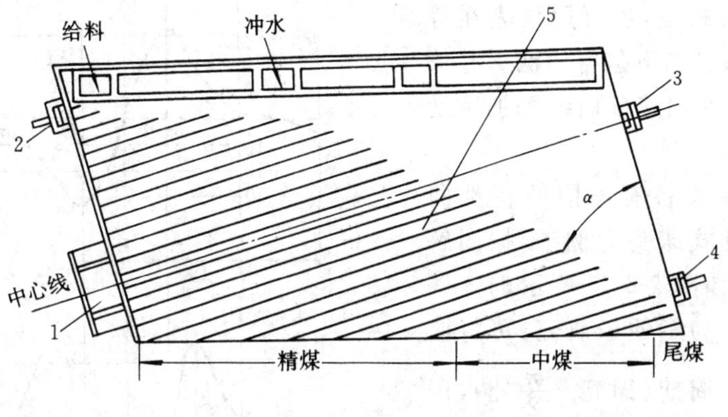

1—床头连接架；2—给料端调坡钢丝绳吊架；3—承重钢丝绳吊架；4—排料端钢丝绳吊架；5—床条区。

图 2-6-36　床面结构简图

悬挂式多层摇床提高了单机处理能力，改善了分选效果，减少了笨重的基础，对建筑物没有冲击和振动，具有运转噪声低、维护简单、节省基建投资、便于操作管理等优点。

5. 离心摇床

离心摇床是使床面在做往复摇动的同时，还做回转运动，从而借助惯性离心力强化分选过程的一种设备。我国最初是于 1969 年用在从弱磁选的尾矿中，补充回收假象赤铁矿，取得了较好效果。在此基础上，1974 年对离心摇床进行了改进，制成了双头离心摇床，用来处理小于0.5 mm的煤泥。图 2-6-37 是 SLY1.8 型双头离心摇床结构简图，从中可以看出，它主要是由摇动装置、转动装置和床体三大部分所组成。

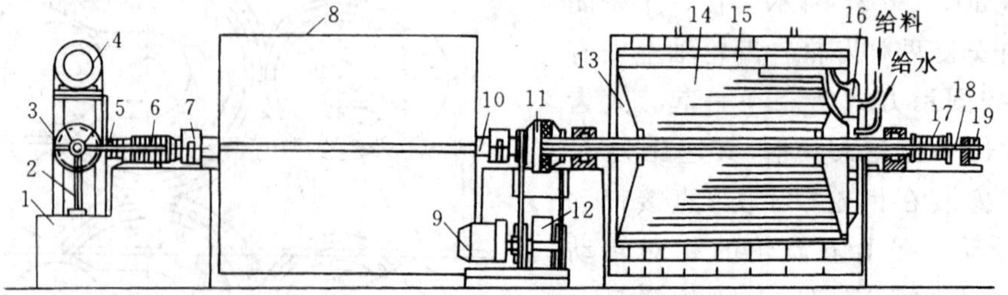

1—基础；2—弹簧板；3—偏重轮；4—振动电动机；5—连接板；6—软弹簧；7—双向滚动轴承；8—接矿外罩；9—转动电动机；10—中空大轴；11—橡胶硬弹簧；12—减速器；13—支承圈；14—床板；15—料水槽；16—料水环；17—冲程调节螺母；18—调节平衡杆；19—大螺母。

图 2-6-37 SLY1.8 型双头离心摇床结构简图

三、摇床运动特性

1. 摇床特性曲线

摇床特性曲线有床面位移曲线 $x=f_1(\omega t)$、床面速度曲线 $v=f_2(\omega t)=f_1(\omega t)$、床面加速度曲线 $a=f_3(\omega t)=f_1(\omega t)$。这些均表示床面运动的特性。

床面的位移曲线有两种表示法，既可用图解法和解析法，也可用仪表在静态状态下或动态状态下进行实测。并依据位移曲线再绘制出速度曲线和加速度曲线。

我国所用床头各有不同的特性曲线。以凸轮杠杆式床头为例：根据图解和计算，可得到如图 2-6-38 所示的 3 条运动特性曲线。为了便于研究，可将曲线向前延长 1/4 周期（即到 $-\frac{\pi}{2}$ 处），用虚线表示。则 A 与 A'、E 与 E'、F 与 F' 分别为位移曲线上的对应点。从 A 至 A' 是一个摇动周期，同样从 F 到 F' 也是一个摇动周期。因此，$F'ABC$ 为床面的前进行程，而 $CDEF$ 为床面后退的行程。$E'F'AB$ 是床面从后退转变为前进的转折阶段，BCD 又是床面从前进变为后退的转折阶段。

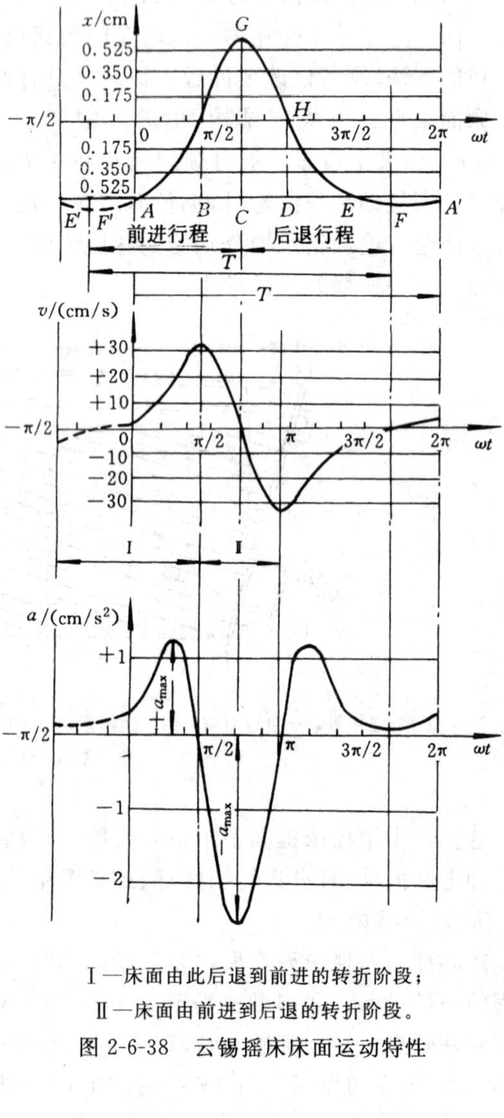

Ⅰ—床面由此后退到前进的转折阶段；

Ⅱ—床面由前进到后退的转折阶段。

图 2-6-38 云锡摇床床面运动特性

下面结合床面的运动，讨论 3 条曲

线的特性。

位移曲线：$x=f_1(\omega t)$，随着偏心轮转角的增大（$0\rightarrow 2\pi$），床面做前进与后退等距离的运动，不过前进行程所需时间大于后退行程时间，反映出床面在前进和后退行程中速度和加速度的差异。

速度曲线：$v=f_2(\omega t)$，床面在前进行程中，开始时速度逐渐增大，接近末端其速度迅速变小，到达前进的末端速度为零；而床面在后退行程中，开始时床面迅速地返回（速度的绝对值迅速增大），然后床面逐渐返回（速度的绝对值逐渐减小），当后退到行程末端时速度又减小到零。

加速度曲线：$a=f_3(\omega t)$，床面从前进到后退行程的转折阶段，具有较大的负加速度值；当床面从后退行程转为前进行程的转折阶段，具有较小的正加速度值。这种加速度特性，对矿粒在摇床面上的纵向运动具有重要意义，通常也将加速度曲线称为摇床曲线。

2. 床面运动的不对称性

前述三种主要的摇床机构的运动特性都是不对称的。但它们的不对称程度是不同的，可采用不对称系数 E_1 和 E_2 表示。

不对称系数 E_1 是表示床面在中线后半段往返时间与中线前半段往返时间的比值。即床面由终点前进时，冲程的初始半段时间长，而后期半段时间短；当床面后退时，冲程的初始半段时间短，后期半段时间长。E_1 的计算公式为：

$$E_1=\frac{\text{前进行程的前期半段所需时间}+\text{后退行程的后期半段所需时间}}{\text{前进行程的后期半段所需时间}+\text{后退行程的前期半段所需时间}} \tag{2-6-3}$$

在图 2-6-38 位移曲线上 F'到 F 周期中，

$$E_1=\frac{F'AB+DEF}{BC+CD} \tag{2-6-3a}$$

不对称系数 E_2 是表示冲程的前进行程与后退行程所需时间的比值。通常是前进行程时间长，而后退时间短。所以 E_2 为：

$$E_2=\frac{\text{前进行程所需时间}}{\text{后退行程所需时间}} \tag{2-6-4}$$

在图 2-6-38 中的 F'到 F 周期中，

$$E_2=\frac{F'AB+BC}{CD+DEF} \tag{2-6-4a}$$

不对称系数 E_1 和 E_2 相比，E_1 更加重要，因它表示了床面做急回运动的强弱。在不对称系数 E_1 与 E_2 都等于 1 时，摇床床面运动曲线为一对称的正弦曲线，此时床面不能推动矿粒前进，只能使矿粒在原地往复滑动。如云锡摇床，当 $E_1=1.88$、$E_2=1$ 时，摇床特性才能满足分选粗砂的要求；而 $E_1=1.88$、$E_2=1.24$ 时，它的运动特性对分选细砂有利。

还有人主张用加速度曲线中两个转折阶段的加速度最大值的比值表示床面运动的不对称性（参看图 2-6-38 中的 a-ωt 曲线）。即

$$E=\frac{|-a_{\max}|}{|+a_{\max}|} \tag{2-6-5}$$

摇床不对称系数的最佳值受摇床的纵向搬运能力和矿粒松散分层两个因素制约，它既要满足矿粒纵向搬运的要求，又有利于矿粒的松散和分层。

四、影响摇床工作的因素

摇床的分选指标除与摇床本身的结构有关外，在设备已定的条件下，主要取决于摇床的操作因素，包括摇床的冲程、冲次、给矿浓度、冲洗水、床面的横向坡度、原料的粒度组成及给矿量等。

1. 冲程、冲次

摇床的冲程和冲次综合决定着床面运动的速度和加速度。为使床层在差动运动中达到适宜的松散度，床面应有足够的运动速度，而从产物分选来看，床面还应有适当的正、负加速度之差值。冲程、冲次的适宜值主要与入选物料粒度的大小有关。冲程增大，水流的垂直分速以及由此产生的上浮力也增大，保证较粗较重的颗粒能够松散。冲次增加，则降低水流的悬浮能力。因此，选粗粒物料用低冲次、大冲程；选细粒物料用高冲次、小冲程。

我国现在在选矿工业中使用的三种摇床的冲程、冲次值大致如表 2-6-7 所示。

表 2-6-7 我国常用摇床的适宜冲程、冲次范围

6-S摇床			云锡式摇床			弹簧摇床			
给料	冲程/mm	冲 次/(次/min)	给料	冲程/mm	冲 次/(次/min)	给料粒度/mm	冲程/mm	冲 次/(次/min)	偏心距/mm
矿砂	18～24	250～300	粗砂	16～20	270～290	0.2～0.5	13～17	300	32
矿泥	8～16	300～340	细砂	11～16	290～320	0.074～0.2	11～15	315	29
			矿泥	8～11	320～360	0.037～0.074	10～14	330	26
						0～0.037	8～13	360	22

除了入选物料粒度外，摇床的负荷及矿石密度也影响冲程及冲次的大小。床面的负荷量增大或矿石密度大时，宜采用较大的冲程和较小的冲次，其组合值要加大，反之，则采用较小的冲程和较大的冲次，其组合值要减小。

2. 横向坡度与冲洗水

冲洗水由给矿水和洗涤水两部分组成。冲洗水的大小和坡度共同决定着横向水流的流速。横向水速大小一方面要满足床层松散的需要，并保证最上层的轻矿物颗粒能被水流带走；另一方面又不宜过大，否则不利于重矿物细颗粒的沉降。冲洗水量应能覆盖住床层。增大坡度或增大水量均可增大横向水流。处理粗粒物料时，既要求有大水量又要求有大坡度，而分选细粒物料时则相反。处理同一种物料时，“大坡小水”和“小坡大水”均可使矿粒获得同样的横向速度，但“大坡小水”的操作方法有助于省水，不过此时精矿带将变窄，而不利于提高精矿质量。因此用于粗选的摇床，宜采用“大坡小水”的操作方法；用于精选的摇床则应采用“小坡大水”的操作方法。

无论哪种操作方法，肉眼观察最适宜的分选情况应是：无矿区宽度合适；分选区水流分布均匀且不起浪，矿砂不成堆；精选区分带明显，精选摇床分带尤应更宽。

3. 给矿性质

给矿性质包括：给矿的粒度组成、给矿浓度和给矿量等。

给矿量和给矿浓度在生产操作中应保持稳定。给矿量和给矿浓度变化，将影响物料在

床面上的分层、分带状况，因而直接影响分选指标。当给矿量增大，矿层厚度增大，析离分层的阻力也增大，从而影响分层速度。同时因横向矿浆流速增大，也使尾矿损失增加。如果给矿量过少，在床面上难以形成一定的床层厚度，也会影响分选效果。适宜的给矿量还与物料的可选性和给矿的粒度组成有关。当给矿粒度小、含泥量高时，应控制较小的给矿浓度。正常给矿浓度，一般为15％～30％。

因在摇床分选中析离分层占主导地位，所以，最佳的给矿粒度组成，应是密度大的矿粒粒度均比密度小的矿粒粒度小。这就需要物料在分选前进行水力分级，因为分级结果不但改变了物料的粒度组成，而且原料还被分成了不同的粒度级别，便于按物料粒度及粒度组成的不同，选用不同结构型式的摇床。

第六节　液固流化床粗煤泥选矿

利用颗粒和水组成的悬浮液及干扰沉降环境中颗粒的粒度和密度对干扰沉降速度的影响完成分离，若将颗粒的粒度控制在一定范围内，弱化形状的影响，强化密度对干扰沉降速度的影响，这种选矿方法称为液固流化床粗煤泥选矿，也称为干扰床分选。这种分选方法可有效分选选煤工艺中已经单独回收且灰分一般比精煤灰分高的粗煤泥。近年来随着精煤灰分要求的进一步提高，螺旋分选机在低密度分选粗煤泥时分选效果变差，很难有效分选粗煤泥。虽然液固流化床粗煤泥分选机（TBS）在选煤领域应用时间不长，但因优势明显，推广应用速度很快，目前新设计或改造的选煤厂一般都优先考虑液固流化床粗煤泥选矿。

一、粗煤泥分选的作用

工业上常用的煤炭分选方法与技术从粒度上讲主要包括粗粒（＞0.5 mm）重选和细粒（＜0.5 mm）浮选两大类。分选粒度界限为0.5 mm，由于重选随着粒度的减小，分选效果逐步变差（图2-6-39），而浮选的最佳分选粒度范围为0.25～0.074 mm，因此介于重选和浮选有效分选粒度界限附近的煤粒分选效果最差。而这部分煤粒就是粗煤泥。

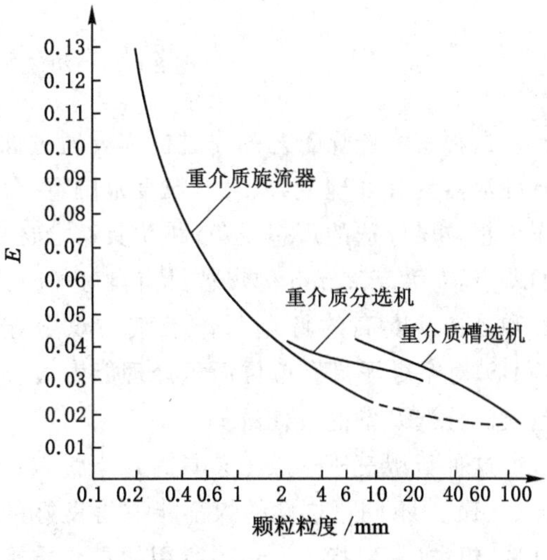

图2-6-39　颗粒粒度与重介质分选精度的关系

我国的国家标准GB/T 7186—2008中粗煤泥的定义为：粒度近于煤泥，通常在0.3～0.5 mm以上，不宜用浮选处理的颗粒。

粗煤泥根据来源可分为：原生粗煤泥、破碎粗煤泥和次生粗煤泥三种；根据从选煤工艺中所分离出来的途径不同可分为原煤脱泥产生的粗煤泥和重介或跳汰分选过的粗煤泥两种。通常煤炭具有随着粒度的减小，煤与矸石的解离更充分，煤的可选性越易选的特性，因此粗煤泥的特点总结为：① 粒度处于重选的分选粒度下限附近；② 煤与矿物解离比较充分，可选性比较好；③ 灰分一般比重介精煤高几个百分点，选后精煤产率较高；④ 经重介或跳汰分选过的粗煤泥，分选密度很高，仅仅进行了排矸，呈现随着粒度的减小灰分逐步升高的趋势，需要分选密度较低；⑤ 粒度范围较窄，大部分颗粒在 2～0.25 mm 甚至 1～0.25 mm；⑥ 选煤工艺已将粗煤泥单独回收，为分选提供了有利条件；⑦ 因前段技术与方法导致粗煤泥中含有数量不等的高灰细泥。粗煤泥灰分较高导致目前的重介或跳汰＋浮选选煤厂中的粗煤泥去向难以确定，如图 2-6-40 所示。

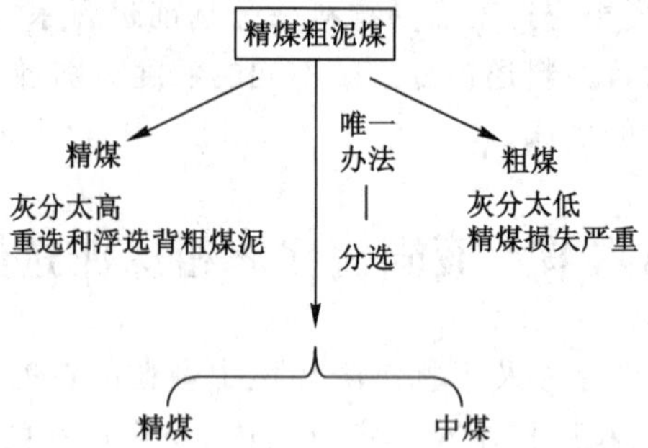

图 2-6-40 精煤粗煤泥的去向现状

目前我国的选煤工艺流程基本上是两段(重介或跳汰＋浮选)选煤模式。而我国细粒煤多，采用三段选煤工艺更加合理，即在重介或跳汰和浮选之间增加粗煤泥分选环节，图 2-6-41 为粗煤泥在选煤中的作用示意图。

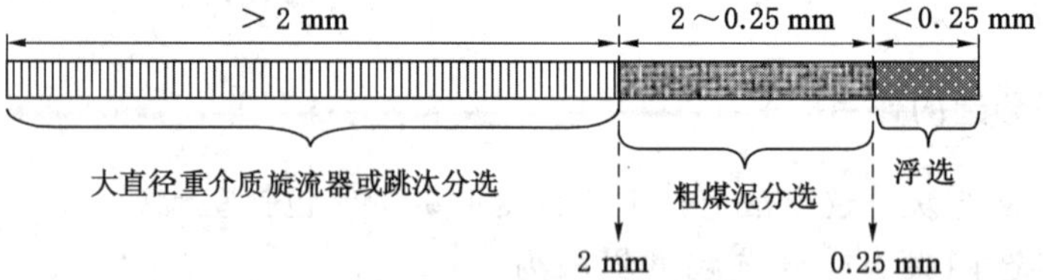

图 2-6-41 粗煤泥分选在选煤中的作用

这种三段选煤工艺的先进性需要通过性能优越的分选设备来体现。目前，大直径重介质旋流器具有处理量大、入料粒度范围宽、分选效果好、对煤种和可选性适应性强的特点而作为粗粒煤分选的理想设备；跳汰具有分选成本低、对易选煤分选效果好、单台处理能力大的特点，对大于 2 mm 的煤粒具有良好的分选效果；浮选柱对细粒煤和超细粒煤具有选择性好和分选精度高的特点而作为细粒煤分选设备的最佳选择；液固流化床粗煤泥分选机(TBS)对粗煤泥具有单位面积处理能力大、动力负荷和维修量小、分选效果好等特点而作为粗煤泥分选设备的最佳选择。

这种新型三段选煤工艺具有以下优点：

(1) 对不同可选性的煤都能取得良好的降灰脱硫效果；将原煤按粒度分成三部分进行分选，粗粒(一般指＋2 mm)所用的重介质旋流器对煤的可选性适应性强，液固流化床粗煤泥分选机(TBS)在一定的入料粒度范围内对可选性的变化不太敏感，分选效率高，而浮选柱在细粒煤分选方面的高效和优势已得到国内外的认同。

(2) 三种分选方法可保证全粒级精煤产率最大化，且各种分选方法的粒度范围可根据物料粒度组成进行适当调整，工艺灵活。在重选和浮选之间增加粗煤泥分选，分别压缩了大直径重介质旋流器和浮选的允许粒度范围，减少了重选和浮选分选过程中粗细粒的相互干扰，分选效率将会有明显的提高。粗煤泥分选的粒度范围与大直径重介质旋流器和浮选柱的有效分选范围均有一定的重叠，因此，可根据煤质粒度组成的变化做适当的调整。

(3) 可大幅度降低全厂的动力负荷，减少浮选入料量和加工成本，减轻选煤厂煤泥水处理负荷，有助于增加少量投资的情况下较大幅度扩大选煤厂生产能力。粗煤泥分选系统的增加使大直径重介质旋流器的分选下限降低，入料压力下降，降低介耗，浮选入料量减少，也使得浮选系统的功耗大幅度下降，煤泥水沉降所需的面积和浮选精、尾煤的脱水面积减少，在不增加煤泥水系统投资的情况下，循环水浓度降低，减少对其他环节的影响。

二、液固流化床粗煤泥分选机(TBS)分选原理

液固流化床粗煤泥分选机(TBS)的分选原理是利用不同颗粒在干扰沉降条件下的沉降速度差异实现分选的。在液固流化床粗煤泥分选机(TBS)内，利用沉降末速公式建立起自由沉降与颗粒密度、粒度之间的关系为：

$$v_0=\frac{g(\delta-\rho)d^2}{18\mu+0.61d[(\delta-\rho)\rho gd]^{1/2}} \tag{2-6-6}$$

又根据 Richardson 的经验公式建立起干扰沉降末速与自由沉降末速之间的关系为：

$$v_t=v_0(1-\lambda)^n \tag{2-6-7}$$

Garside 和 AI-Dibouni 建立起了 n 与雷诺数之间的关系为：

$$n=\frac{5.1+0.27Re^{0.9}}{1+0.1Re^{0.9}}$$

根据 Zigrang and Sylvester 公式可建立起雷诺数与颗粒粒度及密度之间的关系：

$$Re=\left[\left(14.51+\frac{[g(\delta-\rho)\rho]^{0.5}\times 1.83d^{1.5}}{\mu}\right)^{0.5}-3.81\right]^2 \tag{2-6-8}$$

结合式(2-6-6)至式(2-6-8)可推导出干扰沉降末速与颗粒密度、粒度、固体容积浓度之间的关系式为：

$$v_t=\frac{g(\delta-\rho)d^2}{18\mu+0.61d[(\delta-\rho)\rho gd]^{1/2}}(1-\lambda)^{\frac{5.1+0.27\left[\left(14.51+\frac{[g(\delta-\rho)\rho]^{0.5}\times 1.83d^{1.5}}{\mu}\right)^{0.5}-3.81\right]^{1.8}}{1+0.1\left[\left(14.51+\frac{[g(\delta-\rho)\rho]^{0.5}\times 1.83d^{1.5}}{\mu}\right)^{0.5}-3.81\right]^{1.8}}} \tag{2-6-9}$$

由式(2-6-9)可知：干扰沉降末速与颗粒的粒度和密度之间的关系非常复杂，难以看出它们之间的直接相互关系，为此，可通过计算不同粒度、密度颗粒干扰沉降末速并绘制曲线来理解，见图 2-6-42。

由于入料颗粒密度、粒度不同，颗粒的沉降速度产生了差别，在颗粒下降速度等于上升水流速度的情况下，颗粒在分选设备中呈悬浮状态形成分选床层；当颗粒运动速度小于上升水流速度时，颗粒在上升水流的作用下被携带至溢流，成为精煤；当颗粒运动速度大于上升水流速度时，颗粒向下运动，穿过分选床层成为尾煤，从底流口排出，从而实现了精煤与尾煤的有效分离。在这个过程中，床层中一部分颗粒经过不断置换，沉降速度比较均一，与水形成分选床层，因而也伴随着流化床分选的过程。

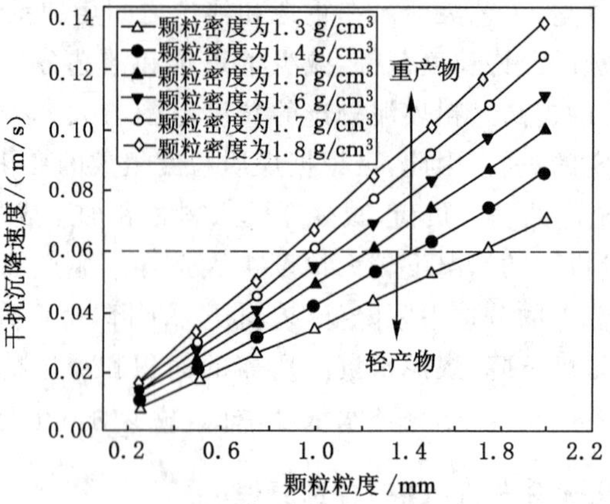

图 2-6-42　不同粒度、密度级颗粒的干扰沉降末速

三、液固流化床粗煤泥分选机(TBS)基本结构与工作过程

图 2-6-43 为液固流化床粗煤泥分选机(TBS)的基本结构，它主要包括四部分：给料系统、排料系统、控制系统和分选机主体。水流由分选机的下部圆孔进入，供水箱和入水口利用水流的正压力和初速度形成一股上升扰动水流，为分选提供上升水流，形成干扰床层。同时，原料通过一个入料缓冲筒切向进入分选机，使矿浆在分选机的上部混合得更加均匀。在分选机中形成高密度层会干扰上升水流。当达到稳定后，入料中密度低、干扰沉降速度小的颗粒会浮起，并进入溢流；凡密度高、干扰沉降速度大的颗粒则透过床层，进入底流成为尾煤产品。分选

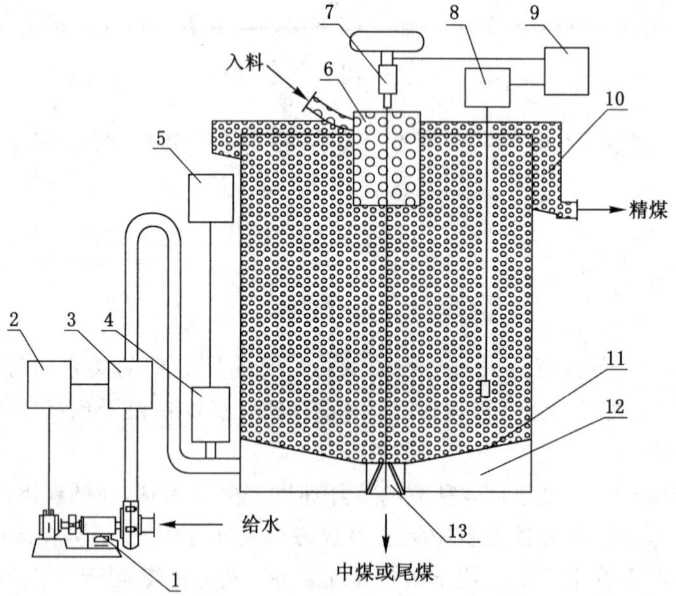

1—上升水流给水泵；2—流量变频控制器；3—在线流量计；4—压力传感器；
5—给水压力在线显示仪；6—入料缓冲筒；7—尾矿排放执行机构；8—密度传感器；
9—密度控制器；10—精煤溢流槽；11—水流分布器；12—水箱；13—尾矿阀。

图 2-6-43　液固流化床粗煤泥分选机(TBS)基本结构简图

机的溢流经过脱泥脱水后作为精煤产品。在分选机的底部有排料管，管口装有阀门，用来排出底流物料。分选机的中心底部设一个大的排料管，用于维修设备时的快速排料。

液固流化床粗煤泥分选机(TBS)的控制系统是保持分选机内扰动悬浮液相对稳定和高效分选的关键，主要包括密度控制系统、上升水流流量或压力控制系统。图 2-6-44 为其控制系统的原理示意图。密度控制系统是由位于分选机流体分配器上方的密度传感器、PID 控制器和电子式电动调节尾矿排料阀组成。上升水流流量或压力控制系统是由位于给水管道的电磁流量计/压力表、内置 PID 的变频控制器和上升水流给水泵组成，其中流量和压力两者之一作为上升水流控制输入参数，另一个在线显示。

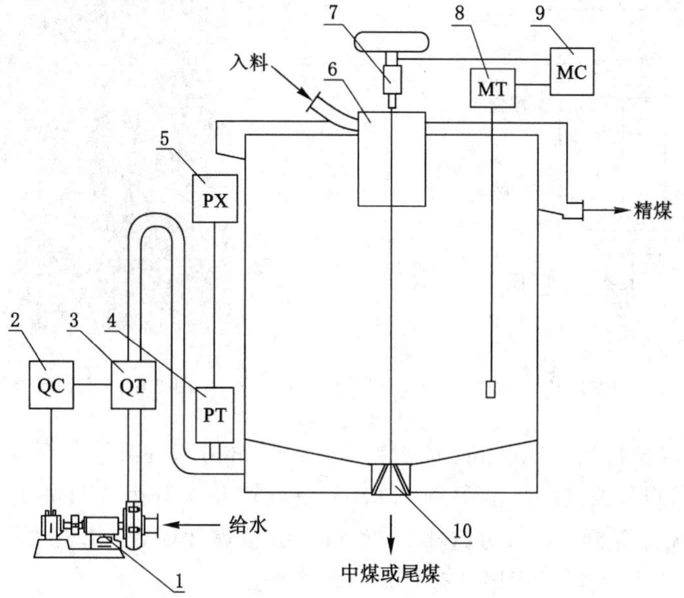

1—上升水流给水泵；2—流量变频控制器(QC)；3—在线流量计(QT)；
4—压力传感器(PT)；5—给水压力在线显示仪(PX)；6—入料缓冲筒；
7—尾矿排放执行机构；8—密度传感器(MT)；9—密度控制器(MC)；10—尾矿阀。

图 2-6-44　液固流化床粗煤泥分选机(TBS)控制系统原理示意图

工作过程：经分级和脱泥的粗煤泥矿浆沿切线进入液固流化床粗煤泥分选机(TBS)，与上升水流相遇开始分离成精煤或尾煤。在分离过程中，PID 控制器接收安装于分选机内的密度传感器的 4～20 mA DC 电流信号，该电流信号与分选悬浮层的实际密度成正比。实际密度与设定的密度值进行比较，若实际密度过高，则加大排料阀门的开度，加大排出扰动床层中的物料；反之，则限制床层的物料排放。尾矿排料阀设有人工和自动两种控制方式。位于给水管路上的电磁流量计将其测定的 4～20 mA DC 电流信号传递给内置 PID 的变频器，变频器将其与设定的流量信号值进行比较，若高于设定流量信号值，则通过变频器增大给水泵的频率，增大流量；反之降低频率减少流量。

四、液固流化床粗煤泥分选机(TBS)的分类

液固流化床粗煤泥分选机(TBS)的种类很多，分选原理相同，主要差别在于结构方面，尤其是流体分布器和给料的不同，总结国内外的各种 TBS，总体可划分为：Teetered-Bed

Separator(TBS)、CrossFlow Separator 和 Reflux Classifier (RC) 三种。

1. Teetered-Bed Separator (TBS)

其结构如图 2-6-45 所示,它是最早的液固流化床形式,从顶部中心直接给料,底部采用胶管挤压阀控制尾矿排放,仅设置密度控制系统。TBS 技术在处理 3~0.25 mm 粒级物料所具有的优势已得到越来越多的认可,它的分选密度可小于 1.60 g/cm³。TBS 技术还可用在处理毛煤和螺旋分选机的产品再选等。图 2-6-46 为 TBS 外形图。

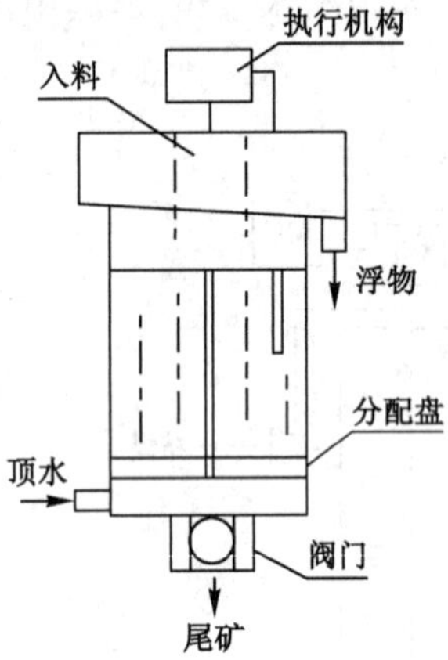

图 2-6-45 TBS 结构示意图

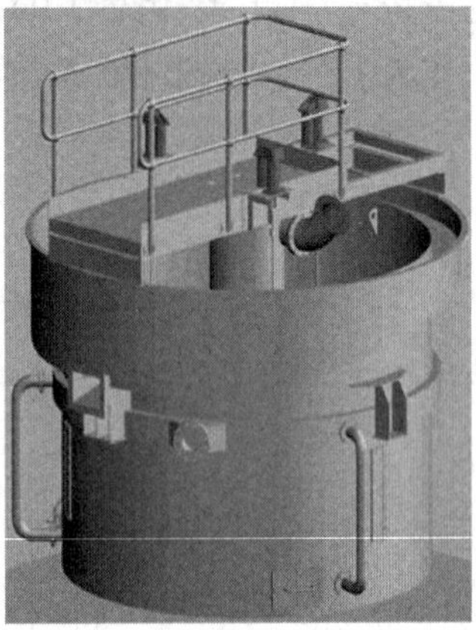

图 2-6-46 TBS 外形图

澳大利亚斯特拉特福 (Stratford) 选煤厂于 1997 年 6 月安装了一台 ϕ2.1 m 的 TBS 分选机,用于主选螺旋分选机产品的再选,TBS 的精煤产品灰分由入料的 15%降至 11%,再经脱泥与脱水,灰分降到 10%,分选+0.35 mm 级粗煤泥时,分选密度和 E 值分别达到 1.43 g/cm³ 和 0.10。入料对床层具有一定的破坏作用。

2. CrossFlow Separator

其结构如图 2-6-47 所示。为减少给料对床层的破坏,Kohmuench 研究出一种新型的干扰床分选机叫作 CrossFlow 分选机。在给料端设置一缓冲箱,实现分选机顶端沿切线方向低速给料,这种入料方式可使入料中的大部分水通过分选机顶部而成为溢流,而不会向下进入分选区,弱化破坏颗粒悬浮层。上升水流是由成排的管子喷水产生的,而不再是传统的多孔板喷头。这种分选机适于分选粒度和密度差异较大的矿物(如矿砂和磷酸盐),尤其是密度组成差异悬殊的混合矿物(如含有矸石和硫铁矿的毛煤)。如美国用 CrossFlow Separator 对富含锆石的钛尾矿进行分选,入料中锆石含量为 3%~8%,氧化铝 18%~22%,同时还有 1%的二氧化钛及大量的石英。结果表明,石英的排出率为 80%,锆石回收率>90%。

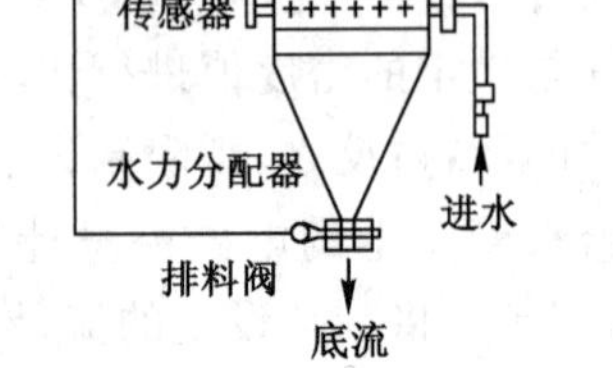

图 2-6-47 CrossFlow Separator 结构示意图

3. Reflux Classifier (RC)

其结构如图 2-6-48 所示。为提高沉降面积,进一步提高处理能力,K. P. Galvin 在分选机中加入了几层倾斜板，物料从中部分选槽给入，轻产物在底部上升水流带动下，向上依次经过中矿板和溢流板形成溢流，由溢流口排出；重产物则沿底流板向下滑动形成底流，从底流口排出。K. P. Galvin 采用 RC(0.6 m×0.6 m) 对 2～0.125 mm 粒级的煤泥进行半工业试验。在处理量为 42 t/(m^2・h)、入料灰分为 16%左右时，获得的精煤灰分为 10.4%，尾煤灰分为 73.2%，精煤产率高达 90%。他又用 RC(1.8 m×1.9 m)对 2～0.25 mm 粒级的相同煤样进行了工业性试验，同样获得良好的分选效果。试验结果表明：RC 的处理量能力为 TBS 的 3 倍以上，其分选性能也优于 TBS。图 2-6-49 为 Reflux Classifier 外形图。

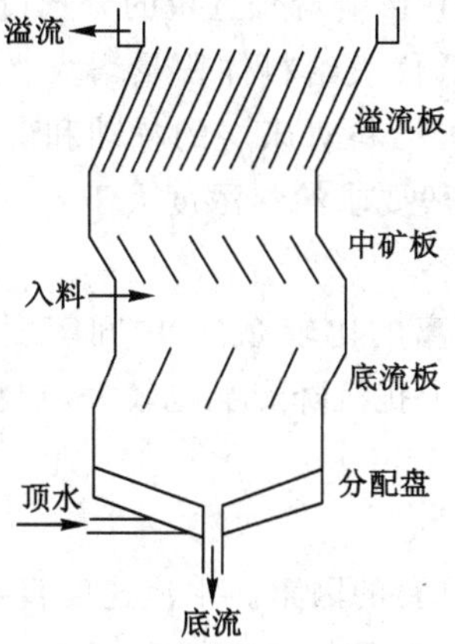

图 2-6-48　Reflux Classifier 原理图

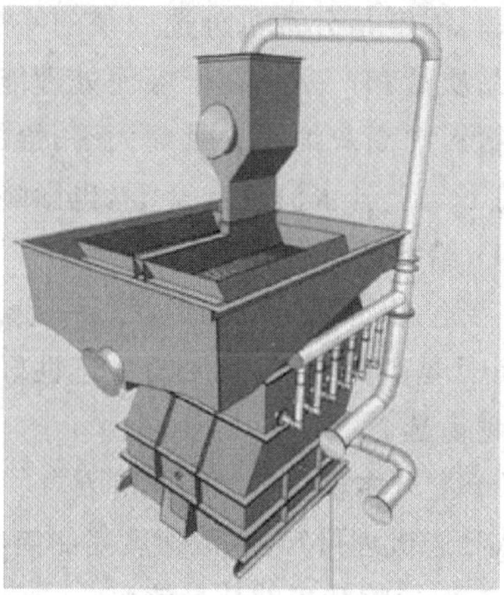

图 2-6-49　Reflux Classifier 外形图

目前，塔山选煤厂、柳湾选煤厂等均已应用该设备。但因其结构较复杂，体积庞大，冲洗、检修不方便，该设备在推广应用方面比较缓慢。

五、影响液固流化床粗煤泥分选机(TBS)工作的因素

影响分选的因素包括设备因素和操作因素。前者主要包括密度传感器的检测精度、电磁流量计的检测精度、密度控制精度、上升水流流量控制精度等；后者主要包括处理量、给矿浓度、给料性质、密度设定值和上升水流流量设定值等。

1. 设备因素

(1) 密度计和电磁流量计的测量精度

作为分选机控制最重要的两个参数的检测传感器，其检测精度的高低直接决定了控制精度的高低，检测精度越高，床层控制的稳定性就越好，但执行机构动作越频繁，寿命缩短。

(2) 密度和上升水流流量控制精度

控制精度取决于检测精度、控制器的精度和执行机构的精度。同样控制精度越高，相应的控制系统的配置和造价也越高，寿命相应缩短，反之亦然。

2. 操作因素

(1) 入料粒度组成

分选机分选物料的粒度范围为 3～0.15 mm，选煤厂的粗煤泥一般控制在 1.5～0.15 mm，最佳分选粒度应在 1～0.25 mm。粒度范围越窄，分选效果越好，此外分选的粒度上下限可在一定程度同时上移或下移，如 4～1 mm 或 0.75～0.074 mm。

(2) 细泥含量

入料中的细泥含量对分选效果和最终精煤产品的灰分影响很大，经过跳汰或重介质分选过的粗煤泥中－0.125 mm 的灰分一般高达 40%甚至更高，而选前脱泥的粗煤泥中－0.125 mm 的灰分一般为 50%甚至 60%以上，粒度更细部分灰分更高，根据液固流化床粗煤泥分选机(TBS)的分选原理，这部分高灰细泥绝大多数进入溢流，即使经过多段脱泥，TBS 溢流的脱泥效率也不会太高，将会导致选后精煤灰分高。

(3) 入料浓度

入料浓度是分选机分选效果的一个主要工艺参数，它影响着分选机的分选过程、生产能力、产品质量和产率。在干煤泥处理能力一定时，浓度低代表给料体积量增大、给料中的水增多、给料中高灰细泥含量增大等，给料体积增大扩大了给料对床层的扰动和破坏，入料中的水向下与上升水流逆向交汇，也影响床层和分选。一般要求给料浓度大于 40%。

(4) 给料的其他性质

主要包括密度组成和形状。一般粗煤泥粒度小，解离的比较充分，中间密度物少，低密度和高密度含量高，粗煤泥的可选性好。颗粒的形状对干扰沉降影响也较大，颗粒的形状越均匀，越易选。

(5) 上升水流流量、流速和压力

从分选机理可知，水流速度是影响物料分选效果最重要的因素。水流速度直接决定分选密度，进而影响精矿的数量效率。一般来说，水流量高，精矿灰分和产率高，床层密度低，最终导致分级效果明显。上升水流速与上升水流量成正比，与干扰床截面面积成反比。上升水流的入口压力一般为 0.07～0.1 MPa，上升水流的流量一般为 10～20 $m^3/(m^2 \cdot h)$。上升水最好应选择清水或不带杂质和浓度较低的循环水，否则容易堵塞布水孔和影响精煤灰分。

(6) 处理能力

这类分选机的处理能力适应性较大，处理量大时相应的上升水流也应增大，反之亦然，但必须保持床层松散度的稳定，一般处理能力控制在 15～20 $t/(m^2 \cdot h)$之间。

(7) 密度设定值和上升水流流量设定值

这两个是分选机的最主要操作参数，两者共同决定了床层的密度和松散度，设定时两者应相互匹配，否则达不到稳定床层的目的，如有时将密度值设定得较高，而上升水流很大，大部分物料从溢流排走，而床层很松散，床层密度一致达不到设定值，尾矿始终不能排放，分选过程无法进行。表 2-6-8 列出了一般液固流化床粗煤泥分选机(TBS)的主要技术规格。

表 2-6-8　液固流化床粗煤泥分选机(TBS)技术规格表

序号	筒体直径 /m	处理能力 /(t/h)	用水量 /(m^2/h)	给水压力 /MPa	尾矿口 /个	入料浓度 /%	入料粒度 /mm	可调分选密度 /(g/cm^3)
1	1.5	30～45	30～50	0.07～0.12	1	40～60	3～0.25 mm 最好应控制在 1～0.25 mm	1.40～1.90
2	1.8	45～60	50～70	0.07～0.12	1	40～60		1.40～1.90
3	2.1	60～80	65～90	0.07～0.12	1	40～60		1.40～1.90
4	2.4	80～100	80～120	0.07～0.12	3	40～60		1.40～1.90
5	3	110～140	120～180	0.07～0.12	3～4	40～60		1.40～1.90
6	3.6	150～180	180～240	0.07～0.12	3～4	40～60		1.40～1.90

六、液固流化床粗煤泥分选工艺

由于液固流化床粗煤泥分选机(TBS)分选的有效粒度范围较窄及高灰细泥易进入溢流，所以其应用前后的工艺流程和对粒级范围控制的精确程度对其分选效果产生重要影响，图 2-6-50 为张双楼选煤厂 TBS 应用前后细泥对生产的影响，TBS 溢流的灰分为 16.46%，经弧形筛和煤泥离心机脱水脱泥后，精煤灰分降低为 12.48%，降低了近 4 个百分点。相关工艺主要承担的任务是：① 脱除入料中的高灰细泥(控制入料下限)，减少污染精煤；② 去除入料中的过粗颗粒(控制入料下限)，减少粗粒低灰矿物进入尾煤；③ 选前脱水，提高入料浓度；选后脱水，降低产品水分。可用于粗煤泥脱泥脱水的设备主要包括弧形筛、煤泥离心机、旋流器、高频筛、斗子捞坑、永田沉淀槽、倾斜板沉淀池、角锥沉淀池、高频振网细筛、德瑞克筛等，相关工艺的关键是各种脱泥设备的合理搭配，在降灰的同时减少细泥在 TBS 分选前后和精煤脱泥工艺中的循环，下面介绍几种常见的液固流化床粗煤泥分选机(TBS)分选工艺。

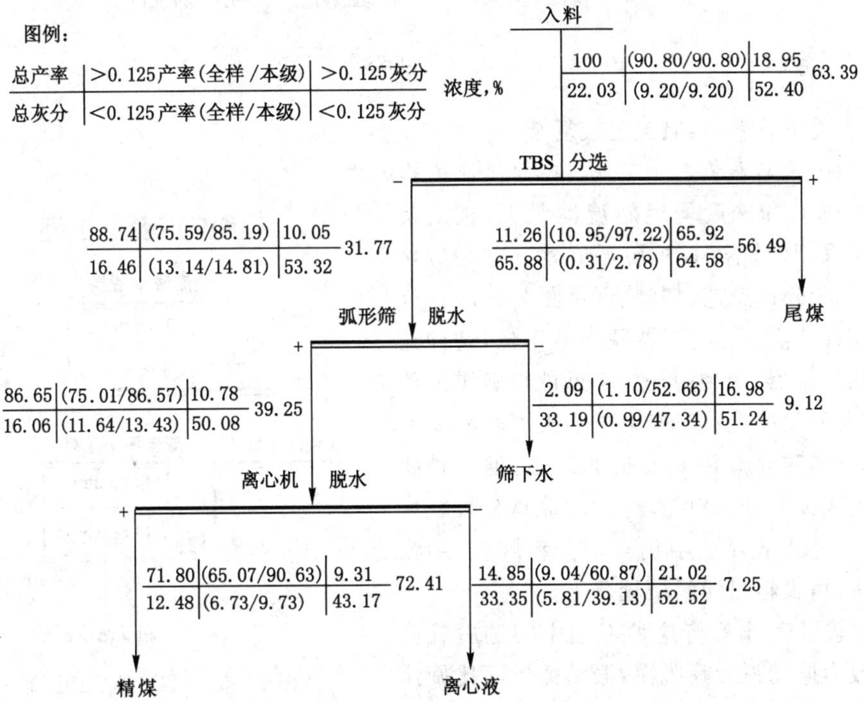

图 2-6-50　张双楼选煤厂粗煤泥分选机分选脱水数质量流程图

1. 选前脱泥 TBS 分选三(或两)产品工艺

选前脱泥筛的筛孔采用 0.75 mm 或 1 mm，实际筛下为 −1.5 mm 粗煤泥，TBS 选前采用旋流器脱除 −0.25 mm 细泥，TBS 分选后出精煤、中煤(难选时)和矸石三产品(难选时)或两产品。弧形筛和煤泥离心机成为选后脱泥脱水的把关设备。其流程见图 2-6-51。

其流程特点：① 对原煤可选性变化的适应性强。② 中煤和矸石的筛下水和离心机离心液直接返回尾煤浓缩机，减少其高灰细泥对浮选及后续作业的影响，减少浮选量。③ 精煤离心机的离心液返回原煤脱泥筛，工艺操作方便，大部分高灰细泥在选前已经旋流器排出，避免高灰细泥循环；若返回到精煤弧形筛，有部分细泥循环，可能污染粗煤泥精煤。

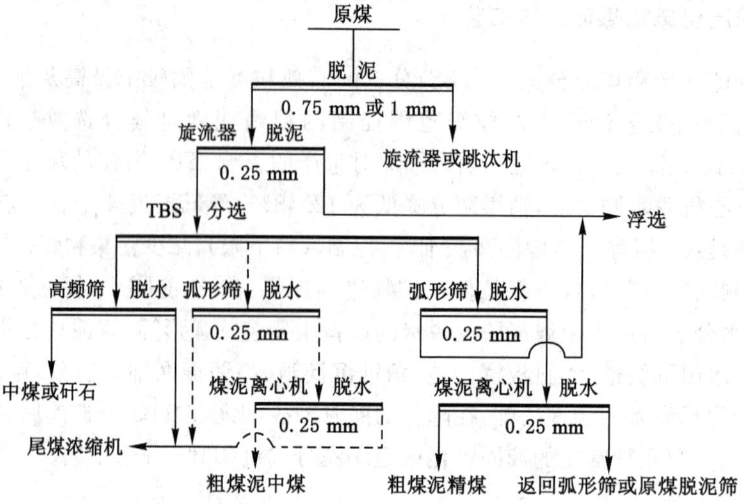

图 2-6-51　原煤脱泥 TBS 分选工艺流程

④ 该工艺脱泥效率高，但工艺较复杂。

2. TBS 选后旋流器＋煤泥离心机脱泥工艺流程

TBS 选前和选后均经旋流器脱泥，选后旋流器底流采用煤泥离心机脱泥脱水。这是应用最多的 TBS 分选工艺。其流程见图 2-6-52。

其流程特点：① 旋流器脱泥效率低，选前选后均采用旋流器，两种脱泥效率低的设备重复使用，总体脱泥效率低；② 煤泥离心机离心液返回旋流器，虽然防止煤泥离心机的跑粗，但这种闭路流程造成旋流器入料量增大，旋流器分级粒度控制不严，易造成浮选中仍有部分粗颗粒，细泥循环严重，精煤粗煤泥污染较严重。

许多设计工作者将这种工艺中的选后旋流器脱泥改为振动弧形筛脱泥，振动弧形筛比旋流器脱泥效率高，且对粒度控制严格，可避免上述不足。

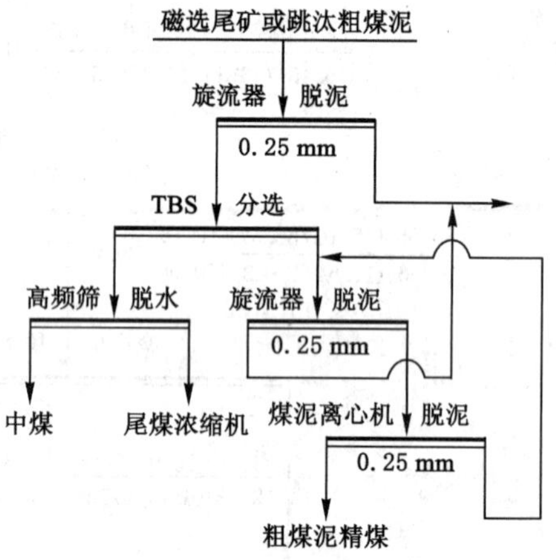

图 2-6-52　TBS 选后旋流器＋煤泥离心机脱泥工艺流程

3. TBS 选后旋流器＋德瑞克高频振网细筛脱泥工艺流程

选前采用角锥池或沉降池脱泥，选后采用旋流器和德瑞克细筛脱泥，其流程见图 2-6-53。

其流程特点：① 选前采用角锥池或沉降池脱泥，对入料矿浆的变化适用性强，TBS 入料稳定，但脱泥效率较低；② 选后采用旋流器＋德瑞克细筛脱泥，旋流器仍然具有上述的不足，但旋流器底流经德瑞克振网细筛脱泥，脱泥效率高，产品水分低，可避免煤泥离心机的离心液跑粗现象。

将 TBS 溢流的旋流器脱泥改为振动弧形筛脱泥，与德瑞克高频振网细筛配合，其流程见图 2-6-54。这两类设备基本是严格按照粒度进行分级的，它们的筛下水可直接去浮选，细泥不循环和集聚，粗煤泥精煤污染很小。

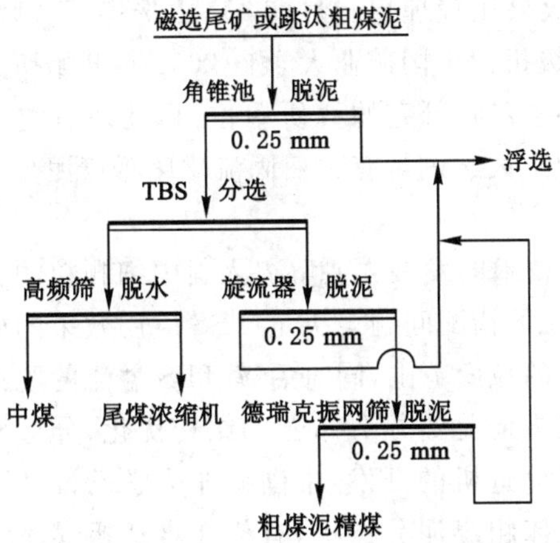

图 2-6-53　TBS 选后旋流器＋德瑞克筛脱泥工艺流程

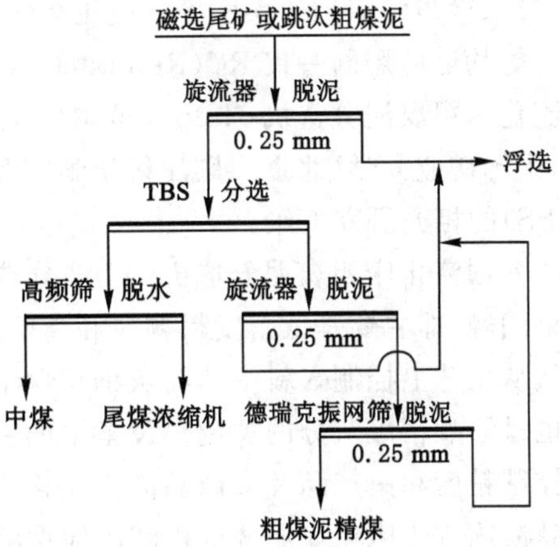

图 2-6-54　TBS 选后弧形筛＋德瑞克筛脱泥工艺流程

以上几种工艺中德瑞克振网细筛也可采用高频电磁振网细筛。

4. TBS 选后德瑞克筛脱泥工艺流程

TBS 溢流直接采用德瑞克细筛脱泥，工艺简单，其流程见图 2-6-55。

其流程特点：工艺简单，德瑞克高频振网细筛对细泥控制严格，避免细泥循环，由于 TBS 溢流的浓度低，一定程度上降低了德瑞克高频振网细筛的处理能力，投资大。

在 TBS 分选应用中，除了考虑上述各类脱泥设备的配合和工艺外，还应考虑厂房的空间、安装和产品的走向问题，各种工艺的优缺点都是相对的，应具体问题具体分析。

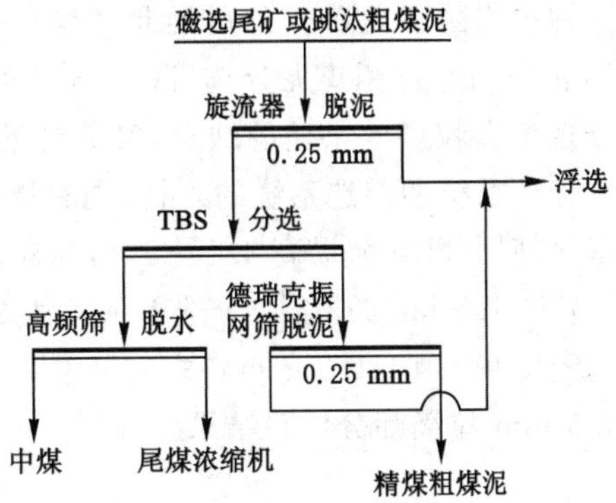

图 2-6-55　TBS 选后德瑞克筛脱泥工艺流程

七、液固流化床粗煤泥分选机(TBS)的应用与发展

液固流化床粗煤泥分选机(TBS)是由国外首先开始研制并成功应用于粗煤泥分选的主要设备。随着用户对精煤质量的提高，粗煤泥与重介精煤灰分的差距进一步加大，粗煤泥的分选开始受到重视。螺旋分选机的分选精度差、分选密度高、产品质量易波动，煤泥重介存在以下弊端：① 细粒分选时介质回收与再生难；② 两重介系统相互影响，系统稳定性差；③ 分选密度不能精确调节。而液固流化床粗煤泥分选机(TBS)与这两种粗煤泥分选设备相比具有以下优点：① 不用磁铁矿粉或类似的介质，不用药剂，生产成本低；② 无运动部件，几乎无动力消耗，用水量小于 1 m^3/t；③ 能实现低密度分选，生产低灰精煤；④ 分选密度可以全自动调节，简单易行，对入料的变化适应性强；⑤ 结构紧凑，占地面积小，基建费用低，运行过程无须专人看守，且维护保养简单方便。因此，液固流化床粗煤泥分选机(TBS)虽然开始应用时间较短，但其应用发展非常迅速，目前已成为我国粗煤泥分选方面的主体设备。

液固流化床粗煤泥分选机(TBS)于20世纪80年代开始进入选煤领域,英国、美国、澳大利亚、加拿大、南非等都有生产厂家。我国的贵州响水选煤厂、沈阳红菱选煤厂、沈阳西马选煤厂、徐州张双楼选煤厂等已应用多年，分选效果比较理想。目前，塔山选煤厂、柳湾选煤厂等均已应用新一代RC(Reflux classifier)分级机。中国矿业大学自2001年开始研究液固流化床粗煤泥分选机(TBS),是国内最早从事这方面研究的科研单位,目前还有沈阳科迪、中国矿业大学(北京)、黑江科技学院和河南理工大学进行有关液固流化床粗煤泥分选机(TBS)的相关研究工作。

液固流化床粗煤泥分选机(TBS)分选效果与技术的发展主要解决入料中细颗粒的分选效果问题,即主要是低密度粗颗粒和高密度细颗粒的错配问题。决定TBS应用效果的好坏必须从工艺上控制入料中的高灰细泥含量和入料的粒度范围,同时后续TBS溢流的脱泥效率也是影响精煤灰分的关键。设备上的主要发展方向是流体分布器的结构优化、分选密度的控制精度和三产品及多产品液固流化床粗煤泥分选机的开发,中国矿业大学已设计了多产品液固流化床粗煤泥分选机和脱泥型液固流化床粗煤泥分选机,有望在难选粗煤泥和细泥含量高的粗煤泥分选方面取得进展。由澳大利亚开发的一种命名为RC(Reflux classifier)粗煤泥分选机是在进料口上下方各有一组增加了的沉降面积的倾斜板,可以提高固体颗粒的沉降速度,提高处理能力。

神火集团新龙矿业公司梁北选煤厂于2006年引进英国MEP公司生产的1台TBS/2100液固流化床粗煤泥分选机(TBS),分选经原煤脱泥后的粗煤泥,既避免了大直径旋流器分选细颗粒煤效果差的缺点,又充分发挥了浮选床分选细煤泥的优势，最大限度地减少了重介质系统和浮选系统的入料,同时提高了脱介设备的处理能力和脱介效果。全厂精煤产率比使用TBS前提高4%～5%,介质消耗由原来的3.6 kg/ t原煤下降至2.1 kg/t原煤，节约1.5 kg/t原煤。分选下限可达0.1 mm,上限可达2～3 mm,E值为0.06～0.13,分选密度在1.4～1.9 g/cm^{3}之间任意调节,分选指标见表2-6-9。表2-6-10为各产品中的−0.5 mm粒级筛分试验结果。

表2-6-9 梁北选煤厂TBS运行数据

煤样	入料灰分/%	精矿灰分/%	尾矿灰分/%
1	24.69	15.36	72.44
2	19.79	12.97	78.27
3	18.15	12.12	62.95
4	22.26	13.13	63.62
5	19.45	13.29	59.09
6	20.08	13.21	63.14
7	19.98	14.04	71.51
8	27.33	14.42	63.21
9	20.14	14.14	71.28
10	17.65	14.49	61.89
平均	20.96	13.72	66.74

表 2-6-10　−0.5 mm 粒级筛分试验结果

粒级/mm	入料		溢流				底流	
	产率 r/%	灰分 A_d/%	溢流产率 r/%	灰分 A_d/%	累计产率 r/%	累计灰分 A_d/%	产率 r/%	灰分 A_d/%
+0.450	24.24	18.00	20.18	9.54	20.18	9.54	54.46	58.46
0.450～0.300	18.88	15.82	19.32	10.38	39.50	9.95	19.95	64.36
0.300～0.200	22.58	15.04	25.92	12.62	65.42	11.01	15.57	67.23
0.200～0.075	26.33	17.35	27.87	16.90	93.29	12.77	8.56	68.53
0.075～0.043	5.13	32.64	4.15	45.60	97.44	14.17	1.06	66.81
−0.043	2.84	3.32	2.56	26.96	100.00	14.49	0.40	42.30
合计	100.00	17.08	100.00	14.49			100.00	61.89

复习思考题

1. 简述块煤选煤溜槽的工艺操作因素。
2. 简述影响螺旋选矿机工作的因素。
3. 简述螺旋滚筒选煤机的工作原理及结构特点。
4. 简述影响离心选矿机工作因素。
5. 简述摇床的各结构组成部分及其特点。
6. 简述摇床选矿的特点。
7. 简述摇床分选的基本原理。
8. 粒群在摇床床面上的松散、分层作用(按 δ 及 d)是怎样发生的？在分层过程中最易混淆和最易分清的是哪些矿粒？用示意图表示床面上的格条间物料最终分层结果。
9. 简述影响摇床工作的因素。
10. 简述液固流化床粗煤泥分选的基本原理。
11. 简述影响液固流化床粗煤泥分选的主要因素。
12. 简述典型的液固流化床粗煤泥分选工艺流程。

第七章 重选生产工艺

物料在重选设备中分选结果的好坏，除与物料性质、设备结构性能、操作制度有关外，在很大程度上还取决于选煤厂工艺流程。最佳的工艺流程，一方面要能满足选煤技术上的要求，另一方面还要能获得最大的经济效益。制定选煤工艺流程在技术上的主要依据是：原料煤的工艺性质，用户对产品的质量要求，设备自身的性能。

第一节 炼焦煤选煤典型重选工艺

炼焦煤的主要加工方法目前仍以跳汰选、重介选为主，由于煤的可选性难度增加，用户对精煤灰分的要求较严，为了提高选煤效率、精煤产率和企业的经济效益，在新建和改扩建工程中，均重视采用重介质选煤法。

在选煤厂建设中，粗颗粒一般均采用跳汰选、重介选或跳汰与重介联合流程及其他方法，但煤泥大多采用浮选法处理。实例如图 2-7-1～图 2-7-8 所示。

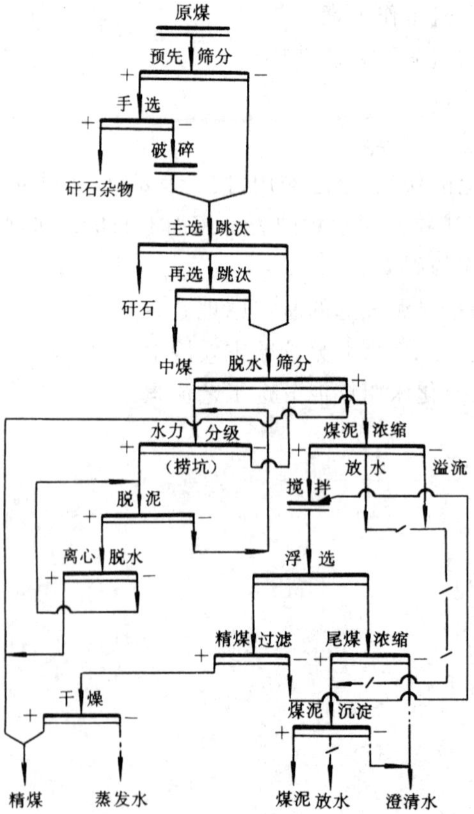

图 2-7-1 跳汰主再选-煤泥浮选工艺流程

一、跳汰主再选-煤泥浮选工艺

选煤工艺为:50～0 mm 用跳汰主再选,－0.5 mm 煤泥直接浮选。工艺流程如图 2-7-1 所示。

该工艺适用条件:原煤可选性属易选、中等或偏难选的炼焦煤,对产品灰分要求不严,不要求出低灰精煤时常用这些流程。本流程生产操作容易,当原煤属易选时,可获得较高精煤产率。

二、块煤重介-末煤跳汰-煤泥浮选联合工艺

选煤工艺为:100～13 mm 块煤用主、再选斜轮精选,13～0.5 mm 末煤跳汰选,－0.5 mm 煤泥浮选,其工艺流程图见图 2-7-2 所示。

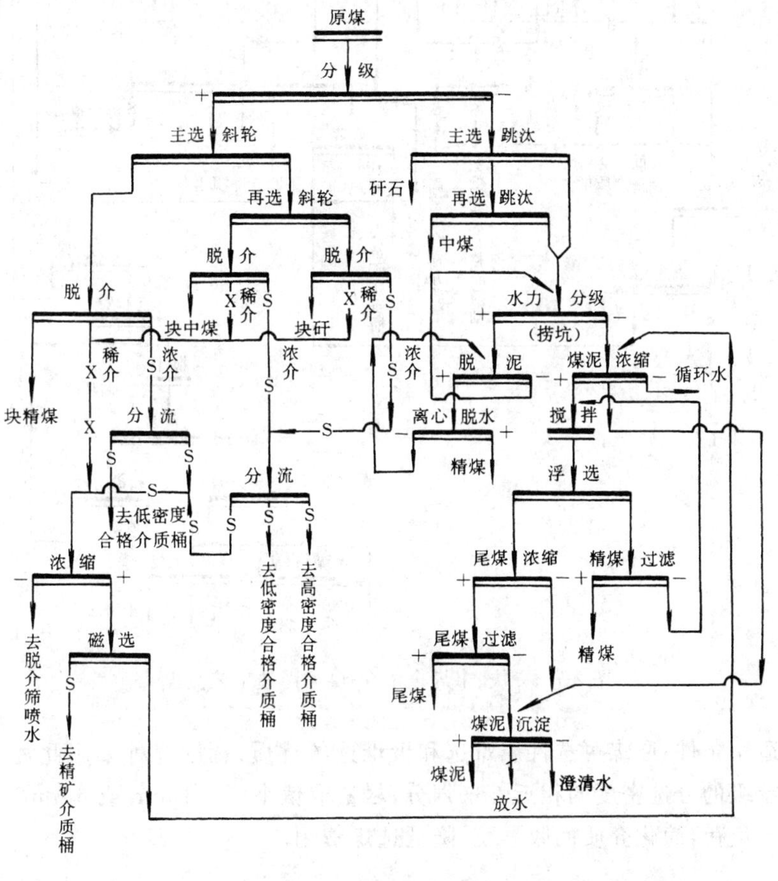

图 2-7-2　块煤重介-末煤跳汰-煤泥浮选工艺流程

该工艺适用条件:块煤含量多且难选、末煤较易选的原煤宜采用此流程。采用本流程时,应在重视各粒级可选性差异的前提下,既要考虑适当减少重介入选量,又要考虑提高分级和脱介筛的效率,综合权衡利弊确定分级粒度。

三、块、末煤全重介-煤泥浮选工艺

选煤工艺为:300～13 mm 块煤用斜轮分选机主再选,13～0.5 mm 末煤用重介质旋流

器选，—0.5 mm 煤泥浮选。工艺流程见图 2-7-3。

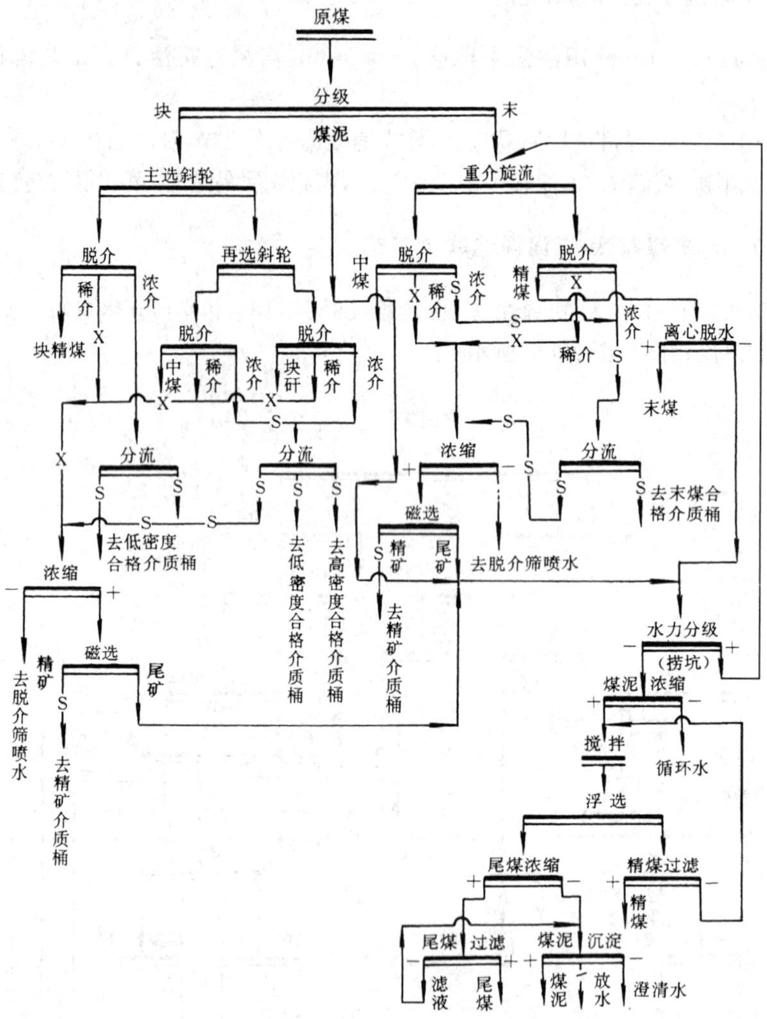

图 2-7-3　块、末煤全重介-煤泥浮选工艺流程

该工艺适用条件：原煤可选性属难选和极难选的优质、稀缺煤种采用此种流程，分级粒度应根据各粒级的分选密度的相近性来划分，尽量取偏小值(13 mm 或 6 mm)为宜，以减少重介质旋流器负荷，简化介质回收系统，降低选煤费用。

四、跳汰粗选-粗精煤用重介质旋流器精选-煤泥浮选工艺

选煤工艺为：—50 mm 原煤用跳汰机粗选、跳汰粗精煤按 37 mm 分级，50～37 mm 块精煤破碎到 37～0 mm 作为 2# 精煤，37～0.5 mm 末精煤用重介质旋流器再选，轻产物为 1# 精煤，重产物为中煤。工艺流程见图 2-7-4。

该工艺适用条件：用于分选难选和极难选原煤，且对产品有特殊的要求。如：气煤出高灰分块精煤和低灰分配焦精煤两种产品；或者对稀缺煤种炼焦煤，将跳汰块粗精煤破碎后与末粗精煤合并作为重介质旋流器原料，出合格精煤。这种流程可以利用较简单的跳汰选特

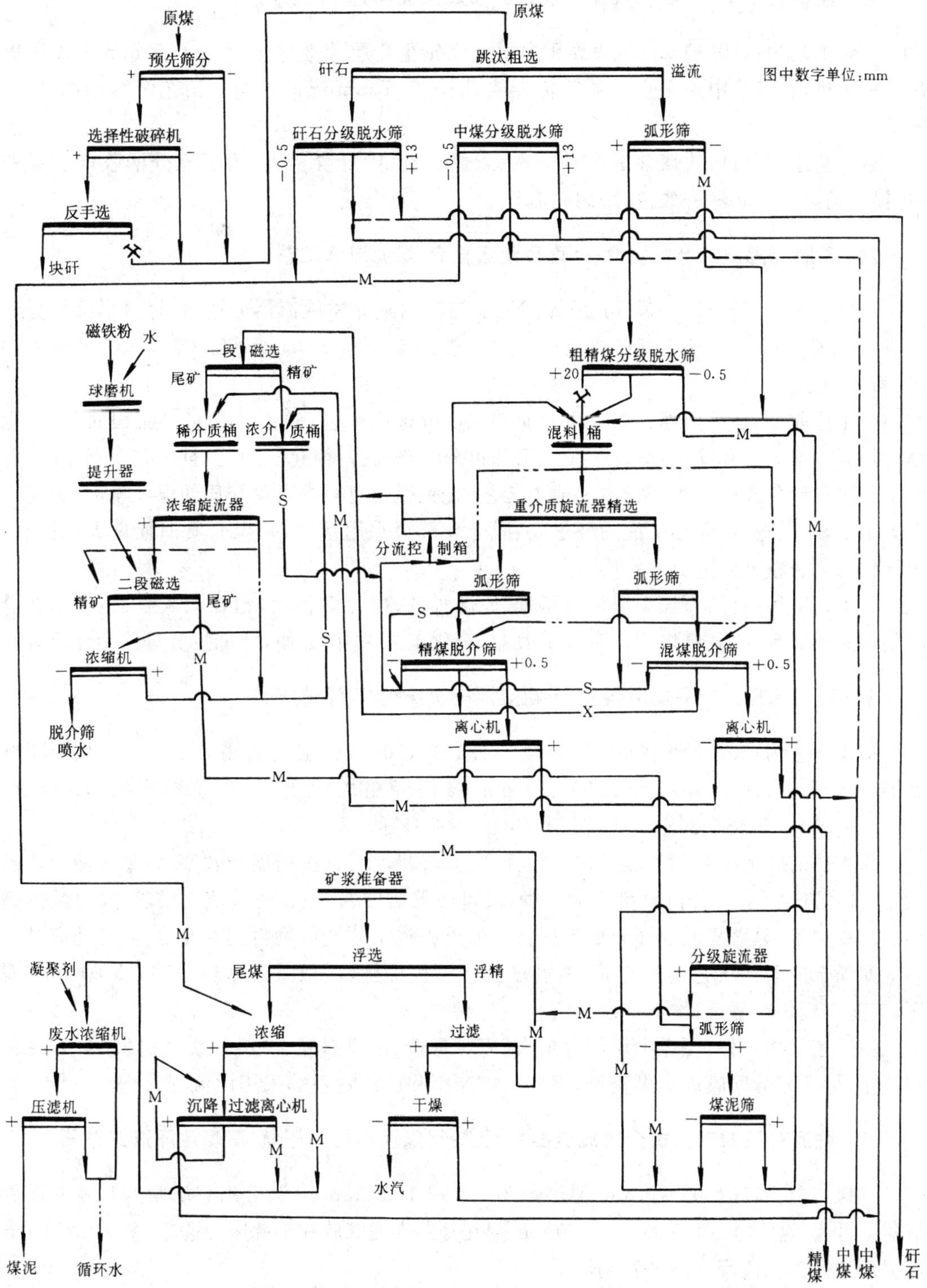

图 2-7-4　跳汰粗选-粗精煤重介质旋流器精选-煤泥浮选工艺流程

点，减少重介质旋流器负荷，以达到提高产品产率和降低选煤费用的目的。

五、块煤重介-末煤跳汰-跳汰中煤重介质旋流器再选-煤泥浮选工艺

选煤工艺为：120～13 mm 块煤用主再选立轮重介质分选机选；13～0.5 mm 末煤用巴达克跳汰机选；跳汰中煤用重介质旋流器再选；－0.5 mm 煤泥浮选。工艺流程如图 2-7-5 所示。

该工艺适用条件：块煤含量多且难选、末煤难选、中煤含量大，为了充分回收炼焦煤资源，提高精煤产率和经济效益，采用此流程。

六、不脱泥无压三产品重介-小直径煤泥重介-煤泥浮选工艺

选煤工艺为：50(80)～0 mm 原煤用无压三产品重介质旋流器分选，精煤弧形筛下分流介质和煤泥 1～0 mm 经小直径煤泥重介质分选，－0.3(0.25) mm 煤泥浮选。工艺流程如图 2-7-6 所示。

采用选前不脱泥、全部原煤入重介质旋流器分选的工艺，其主要优点是流程简单、粗煤泥能得到一定分选和降灰，减少了脱泥筛和再分级筛设备，简化了工艺，且工艺布置紧凑，降低了厂房和设备投资及生产成本。但该工艺的缺点是，使得进入重介质的煤泥量大，分流量大大增加，对磁选、脱介环节能力要求高，脱介环节喷水用量大，吨煤介质消耗量大，对细粒级物料的分选精度会造成一定影响。

该工艺适用条件：原煤中煤泥含量低、原煤难选、中煤含量大、粗煤泥灰分低，为了充分回收炼焦煤资源，提高精煤产率和经济效益，简化工艺，操作方便，降低投资等采用此流程。

七、脱泥无压三产品旋流器重介-粗煤泥干扰床-煤泥浮选工艺

选煤工艺为：50(80)～0 mm 原煤经 2(1.5 或 1.0) mm 脱泥后用无压三产品重介质旋流器分选，脱后的 2(1.5 或 1.0)～0 mm 煤泥经粗煤泥干扰床（TBS 或 CSS）分选，－0.3(0.25) mm 煤泥浮选。工艺流程如图 2-7-7 所示。

原煤选前脱泥工艺的优点是进入重介质的煤泥量少，分选精度和效率高；悬浮液中非磁性物（煤泥）含量少，分流量可大大减少，既可降低对磁选、脱介环节能力要求，又可减少磁性物的补加量，显著降低吨煤介质消耗量。另外脱泥工艺使得物料润湿充分，对分选有利。

原煤选前脱泥工艺的缺点是：需要增加大型脱泥筛，一般采用 ϕ2(1.5 或 1.0) mm 脱泥，工艺布置相对复杂，增加基建投资和生产成本。

该工艺适用条件：原煤中煤泥含量大、原煤难选、中煤含量大、粗煤泥灰分高、矸石泥化不严重，为了充分回收炼焦煤资源，提高精煤产率和经济效益等采用此流程。

八、脱泥有压两产品重介质旋流器主再选-粗煤泥螺旋＋干扰床-煤泥浮选工艺

选煤工艺为：50(80)～0 mm 原煤经 2(1.5 或 1.0) mm 脱泥后用有压两产品重介质旋流器主再选，脱后的 2(1.5 或 1.0)～0 mm 煤泥经粗煤泥螺旋和干扰床分选，－0.3(0.25) mm 煤泥浮选。工艺流程如图 2-7-8 所示。

该工艺适用条件：原煤中煤泥含量高、矸石含量高、原煤难选、粗煤泥灰分高，为了充分回收炼焦煤资源，提高精煤产率和经济效益等采用此流程。

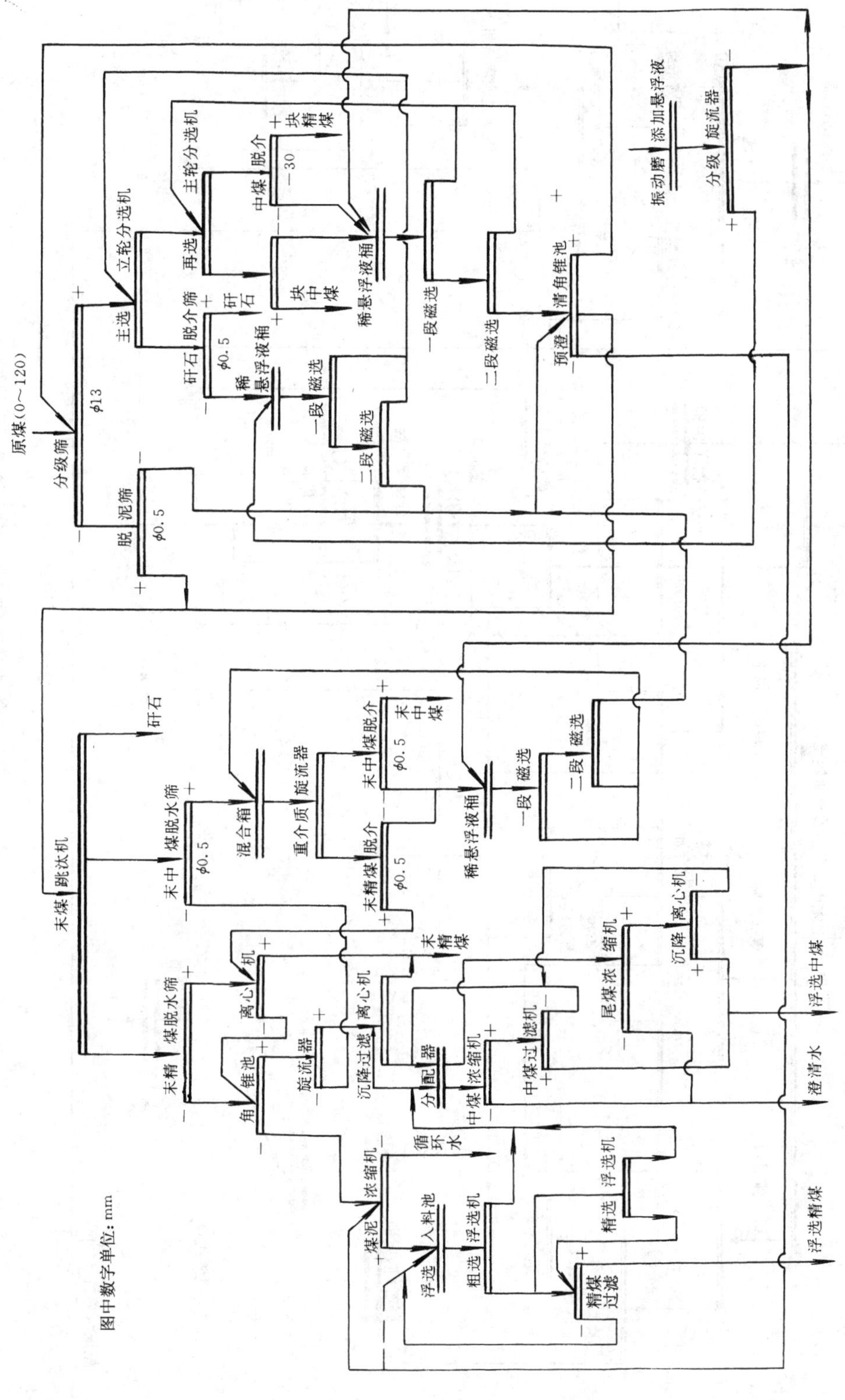

图 2-7-5　块煤重介-末煤跳汰-跳汰中煤重介质旋流器再选-煤泥浮选工艺流程

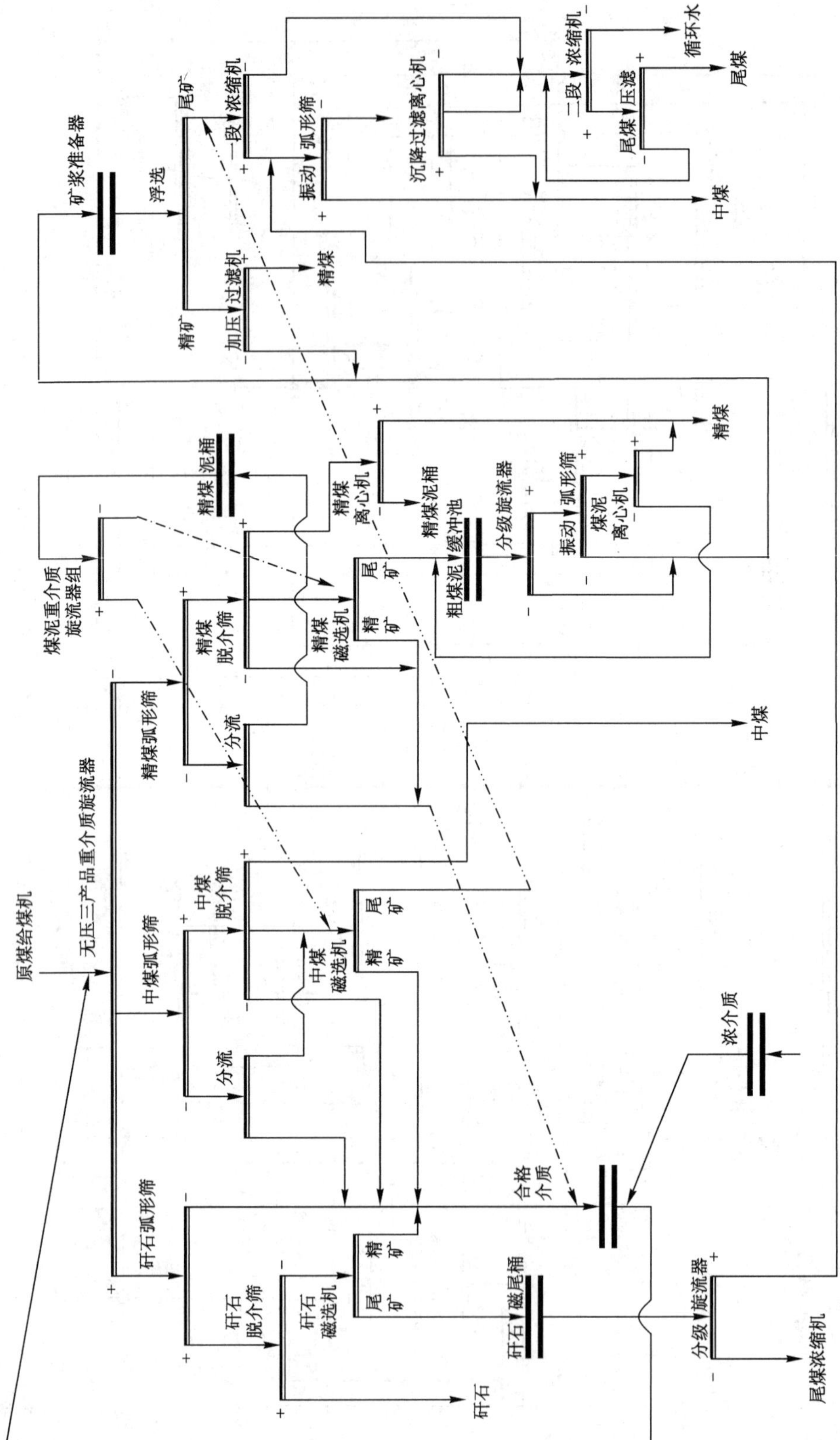

图 2-7-6 不脱泥无压三产品重介-小直径煤泥重介-煤泥浮选工艺流程

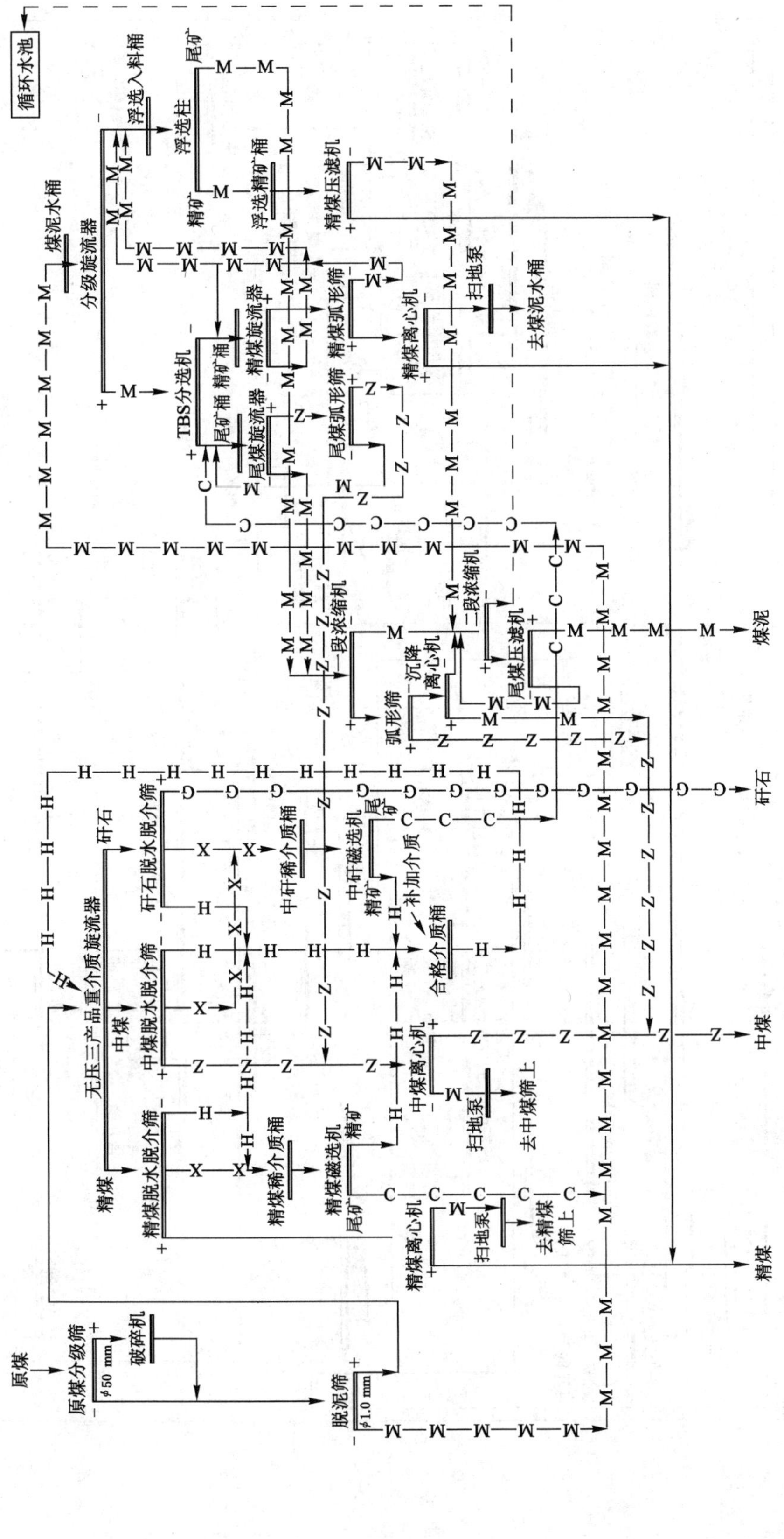

图 2-7-7　脱泥无压三产品旋流器重介-粗煤泥干扰床-煤泥浮选工艺流程

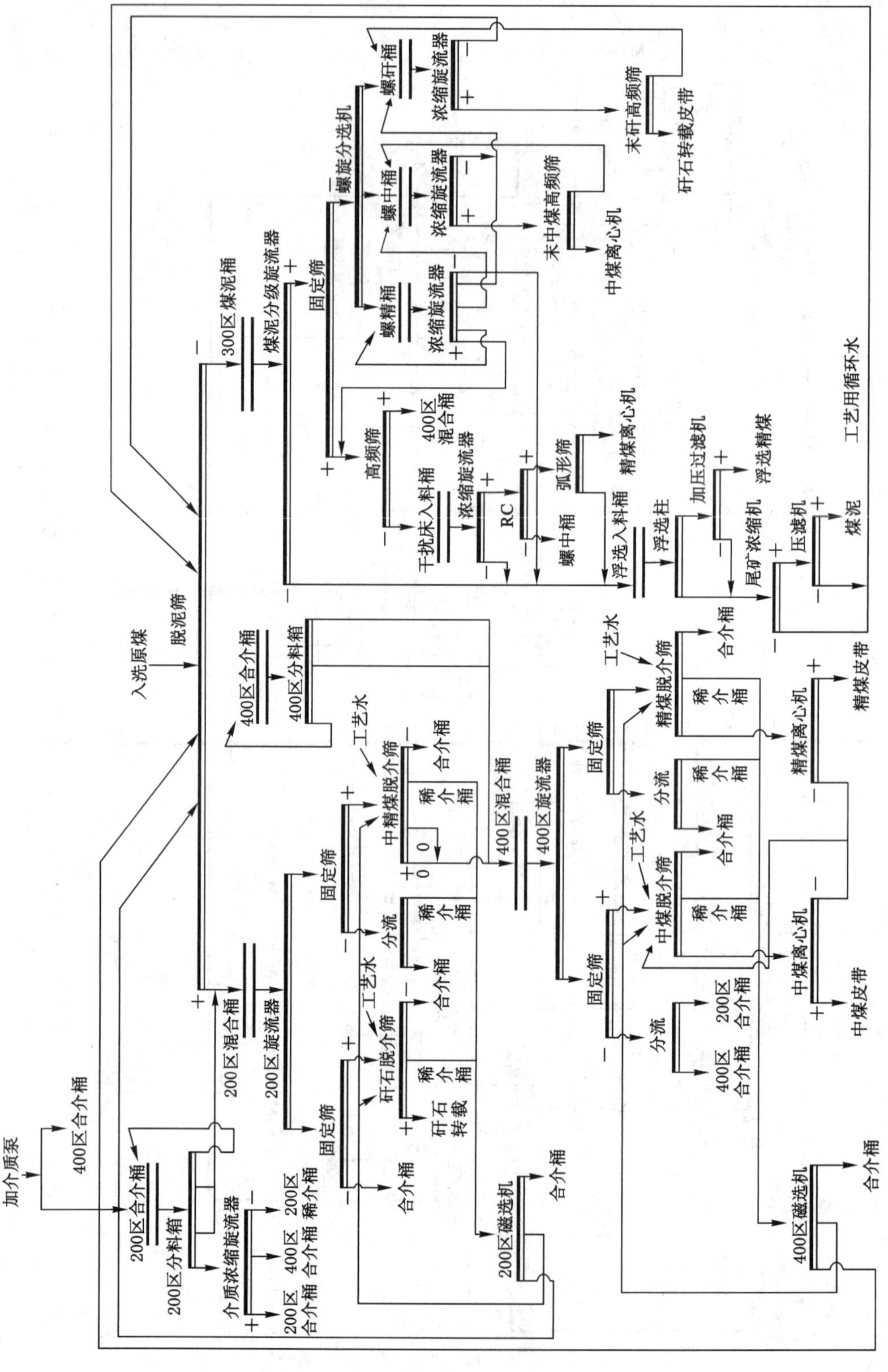

图 2-7-8 脱泥有压二产品重介质旋流器主再选-粗煤泥螺旋+干扰床-煤泥浮选工艺流程

第二节　动力煤选煤典型重选工艺

我国动力煤的分选，主要是选高灰分长焰煤、气煤、黏结煤、无烟煤、贫煤及少量褐煤。入选级主要是含矸量较大的块煤和高灰分末煤。

一、块煤重介质分选-末煤不入选工艺

1. 块煤斜轮重介质分选-末煤不入选工艺

北京矿务局某选煤厂的年设计处理能力为 135 万 t。原煤牌号为无烟煤。采用的工艺为：原煤经 13 mm 分级后，13～300 mm 经斜轮重介质分选机分选，13 mm 以下末煤不入选。其工艺流程见图 2-7-9。采用此工艺的有凤凰山矿、五龙矿、阳泉一矿及二矿选煤厂等。

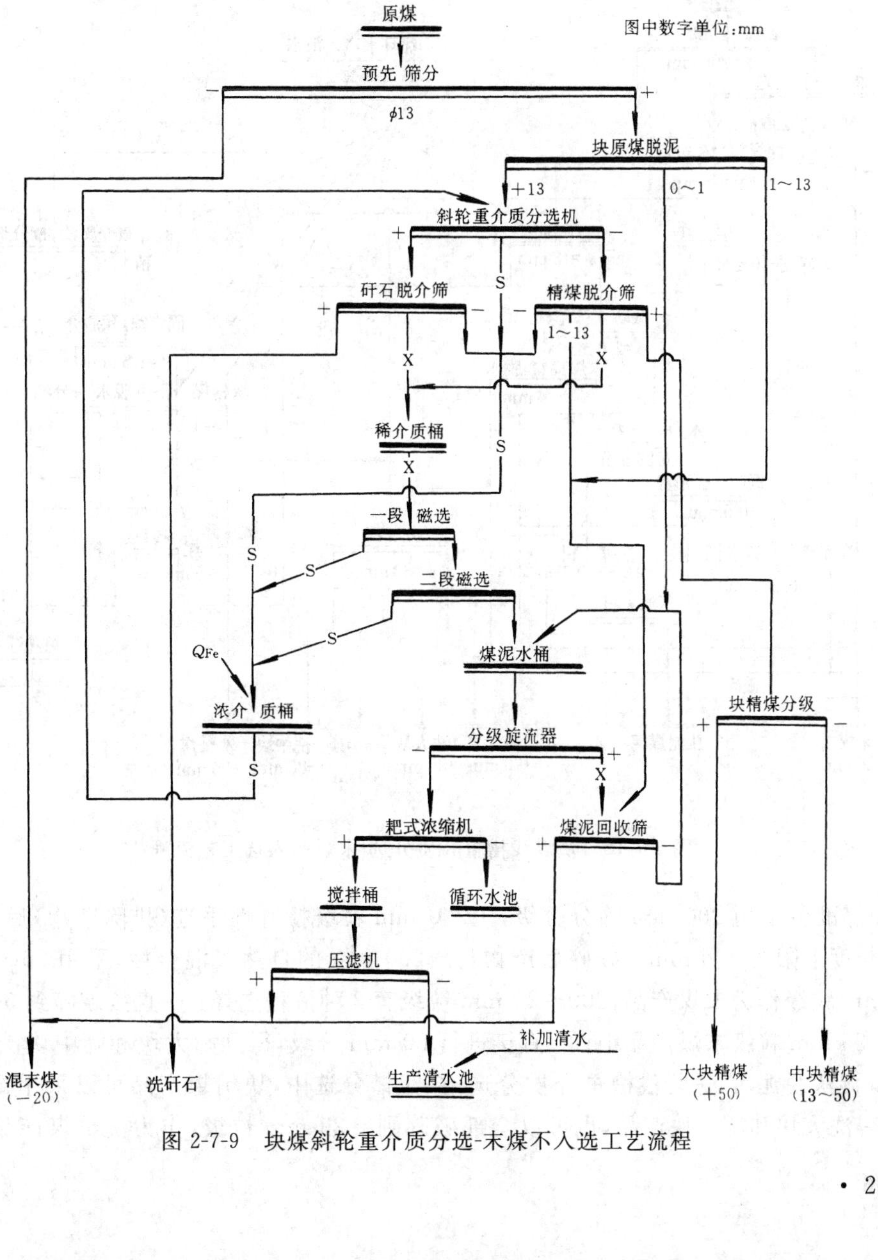

图 2-7-9　块煤斜轮重介质分选-末煤不入选工艺流程

该工艺适用范围：中块煤含量大且含矸率高、可选性属较难选且末煤灰分不高、水分较低、易于分级的原煤。分级粒度一般为 25 mm 或 13 mm。当原煤水分较高，分级粒度在 25 mm 以下时，分级效率可能偏低，且块煤表面黏附有煤粉，因此对分级后的入选块原煤须预先脱泥。

2. 块煤浅槽重介质分选-末煤不入选工艺

国家能源集团宁夏煤业有限责任公司石槽村选煤厂的年设计处理能力为 600 万 t。该选煤厂供煤矿井为石槽村煤矿，矿井的年处理能力也为 600 万 t。入选原煤的主要牌号为不黏煤，部分为长焰煤。采用的工艺为：原煤经 25 mm 分级，－25 mm 粒级末煤不入选，200～25 mm 粒级块原煤经 13 mm 湿法脱泥后进入重介质浅槽分选。其工艺流程图见图 2-7-10。

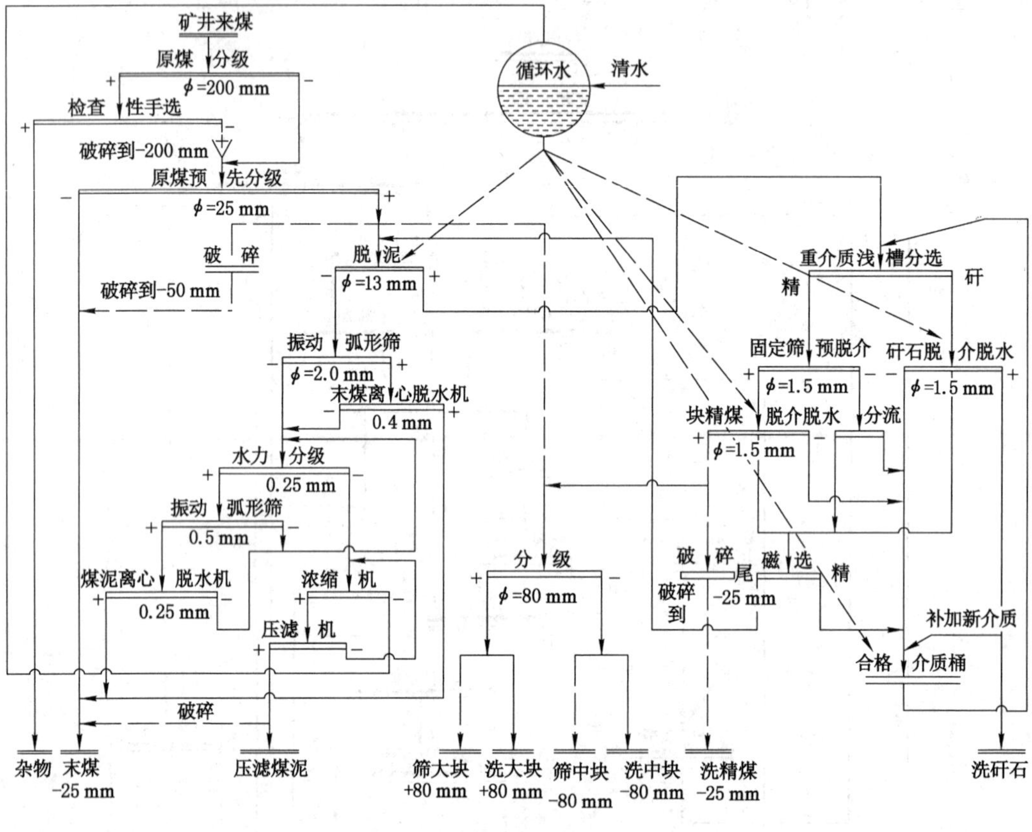

图 2-7-10　块煤浅槽重介质分选-末煤不入选工艺流程

原煤准备采用 200 mm 筛分分级，＋200 mm 粒级检查性手选（排除杂物）后开路破碎（破碎粒度上限为 200 mm），破碎后产物与－200 mm 的自然级混合后，采用 25 mm 分级，－25 mm 粒级作为末煤产品，200～25 mm 粒级有 3 种流程选择：① 直接破碎到 50 mm 后，掺入－25 mm 粒级末煤产品中；② 直接进行 80 mm 分级，得到筛大块和筛中块产品；③ 经 13 mm 湿法脱泥后，进行浅槽重介质分选，在浅槽分选中，块精煤产品可以采用 80 mm 分级，获得洗大块和洗中块产品，也可以全部破碎到－25 mm 粒级，作为洗精煤产品，还可以直接破碎到－50 mm 掺入－25 mm 粒级末煤产品中。脱泥筛下的－13 mm 粒级末煤采用振动弧形筛脱水，振动弧形筛筛上产物经末煤离心机脱水回收粗颗粒末煤，掺入－25 mm 粒级末煤产品中；振动弧形筛筛下煤泥水经水力分级旋流器分级后，底流经振动弧形筛和煤泥离心机脱水回收细颗粒末煤并掺入－25 mm 粒级末煤产品中。所有煤泥水采用浓缩机和压滤机回收，既可以破碎后掺入－25 mm 末煤产品中，亦可单独作为压滤煤泥产品。

该工艺适用范围：中块煤含量大且含矸率高、可选性属较难选、末煤灰分不高、发热量较高、水分较低、易于分级的原煤。分级粒度一般为 25 mm 或 13 mm。当原煤水分较高且分级粒度在 25 mm 以下时，分级效率可能偏低，且块煤表面黏附有煤粉，因此对分级后的入选块原煤需经 13 mm 或 6 mm 预先湿法脱泥。

二、块煤重介质分选-末煤入选工艺

1. 块煤斜轮重介质分选-末煤跳汰选工艺

阜新矿业(集团)有限责任公司某选煤厂的年设计处理能力为 200 万 t，入选原煤为长焰煤，采用斜轮分选机分选 50～300 mm 大块煤，0～50 mm 原煤用跳汰分选。其工艺流程见图 2-7-11。采用该工艺的有抚顺西露天煤矿、新邱煤矿、平庄煤矿、岭北煤矿选煤厂等。

该工艺适用范围：大型矿或露天矿生产的动力原煤(如长焰煤等)，各粒级灰分均较高，特大块矸石含量较多，必须经过分选才能满足用户要求。其分级粒度取决于各粒级分选密度的相近性和原煤水分大小，一般取 20～35 mm。

2. 块煤浅槽重介质分选-末煤无压两产品重介质旋流器分选工艺

国家能源集团宁夏煤业有限责任公司金凤选煤厂的年设计处理能力为 400 万 t。供煤矿井为金凤煤矿，矿井年处理能力也为 400 万 t。入选原煤的牌号为不黏煤。采用的工艺为：原煤经 25 mm 分级，200～25 mm 粒级块原煤经 6 mm 湿法脱泥后进入重介质浅槽分选。－25 mm 粒级末原煤经 1.5 mm 湿法脱泥后采用两产品无压重介质旋流器分选排矸，精、矸稀介质混合磁选；脱除的 1.5 mm 以下粒级粗煤泥采用螺旋分选机分选降灰。其工艺流程图见图 2-7-12。

原煤采用 200 mm 筛分分级，＋200 mm 检查性手选(排除杂物)后开路破碎(破碎粒度上限为 200 mm)，破碎后产物与－200 mm 的自然级混合后，采用 25 mm(或 13 mm)分级。＋25 mm(＋13 mm)粒级块煤经 6 mm 湿法脱泥后采用重介质浅槽分选机分选，获得两产品。浅槽分选块精煤产品采用 50 mm、25 mm 分级，获得 200～50 mm 粒级洗大块、50～25 mm 粒级洗中块产品，－25 mm 粒级精煤掺入混煤产品；6 mm 脱泥筛脱除的－6 mm 粒级末煤既可以与重介质浅槽分选系统的磁尾一起采用弧形筛、直线振动筛、煤泥离心机脱水后直接掺入混煤产品，也可以与－25 mm(或－13 mm)粒级末原煤混合经 1.5 mm 粒级湿法脱泥后，采用无压两产品重介质旋流器分选，获得矸石和混煤两个产品，脱除的 1.5 mm 以下粒级粗煤泥采用浓缩分级旋流器分级后，底流进螺旋分选机分选，轻产物采用浓缩旋流器浓缩处理，底流经振动弧形筛和煤泥离心机脱水回收掺入混煤产品；螺旋分选机分选后的重产物经浓缩旋流器浓缩分级后，底流既可以进高频筛脱水后掺入矸石产品，也可以进振动弧形筛脱水回收后掺入煤泥产品。－25 mm(或－13 mm)粒级末原煤可以不分选直接作为混煤产品。所有细煤泥水采用两段浓缩脱水回收，其中一段浓缩机底流采用沉降过滤式离心机脱水回收掺入混煤产品，二段浓缩机底流采用压滤机回收作为煤泥产品。

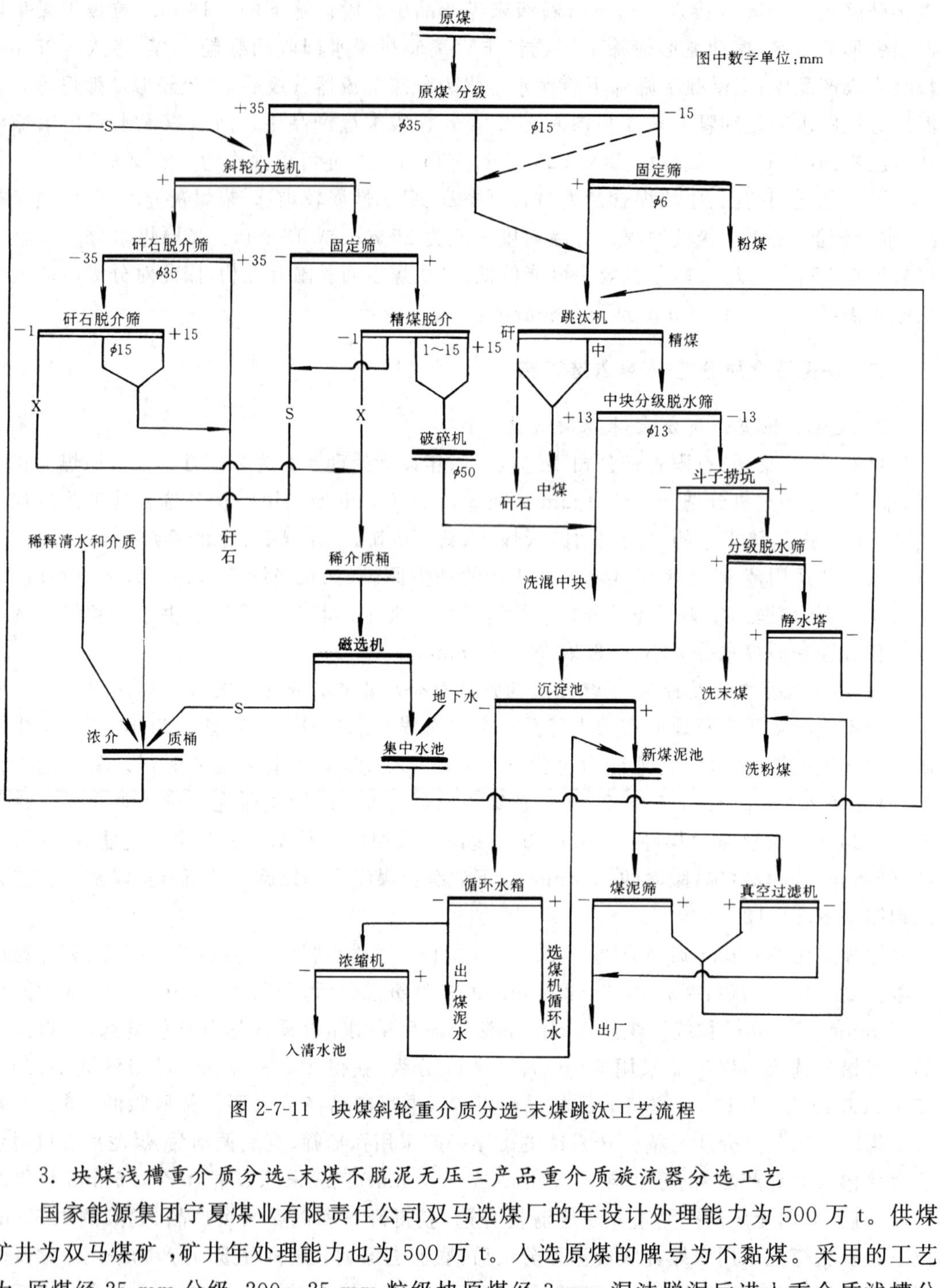

图 2-7-11 块煤斜轮重介质分选-末煤跳汰工艺流程

3. 块煤浅槽重介质分选-末煤不脱泥无压三产品重介质旋流器分选工艺

国家能源集团宁夏煤业有限责任公司双马选煤厂的年设计处理能力为 500 万 t。供煤矿井为双马煤矿，矿井年处理能力也为 500 万 t。入选原煤的牌号为不黏煤。采用的工艺为：原煤经 25 mm 分级，200～25 mm 粒级块原煤经 3 mm 湿法脱泥后进入重介质浅槽分选。−25 mm 或 25～13(6) mm 粒级末原煤采用不脱泥无压三产品重介质旋流器分选，精、中煤均作为末精煤产品，精、中稀介质混合磁选，矸石稀介质单独磁选；粗煤泥不分选直接脱水回收。其工艺流程图见图 2-7-13。

原煤准备采用 200 mm 筛分分级，+200 mm 粒级检查性手选（排除杂物）后开路破碎

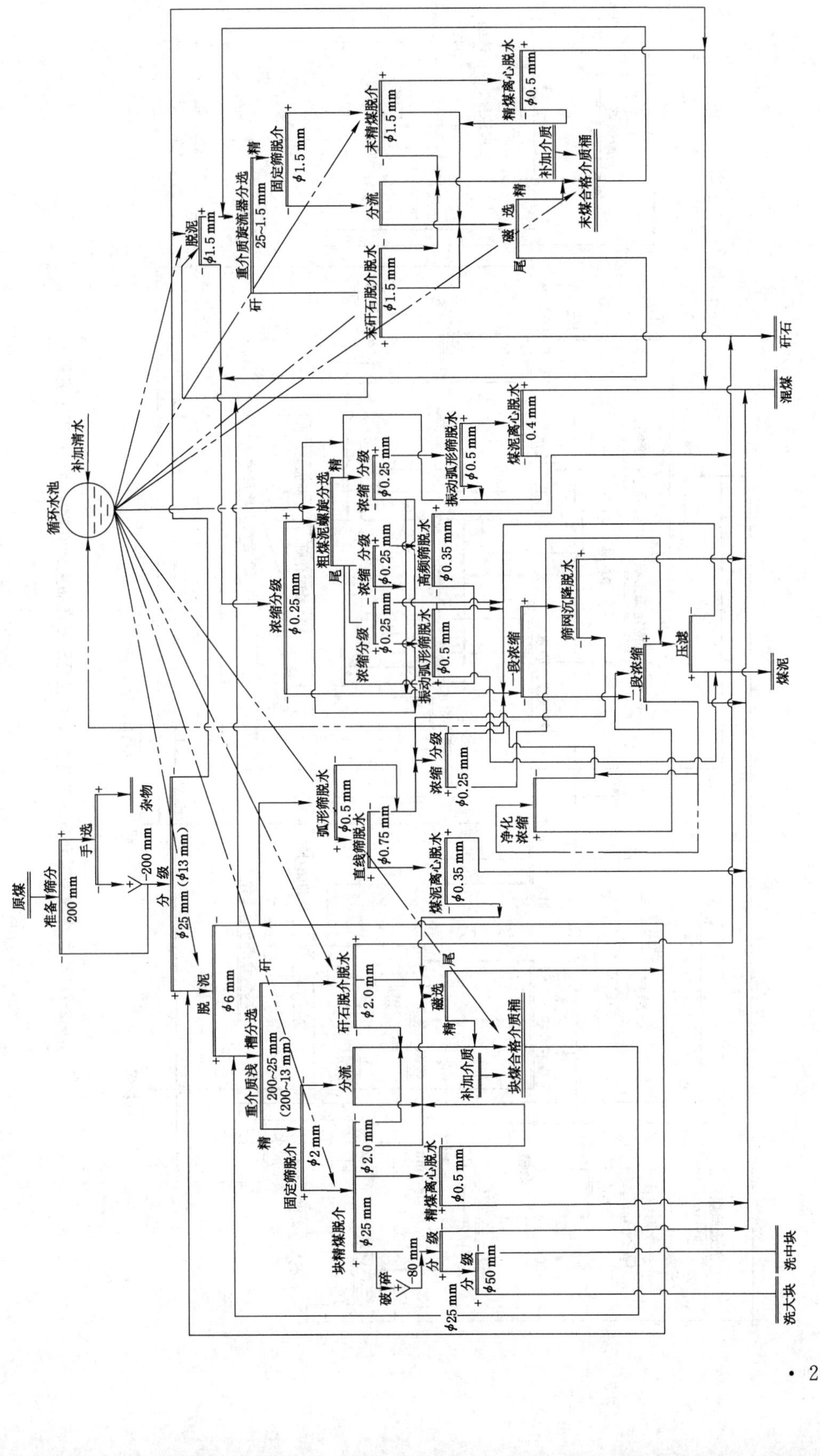

图2-7-12　块煤浅槽重介质分选-末煤无压二产品重介质旋流器分选工艺流程图

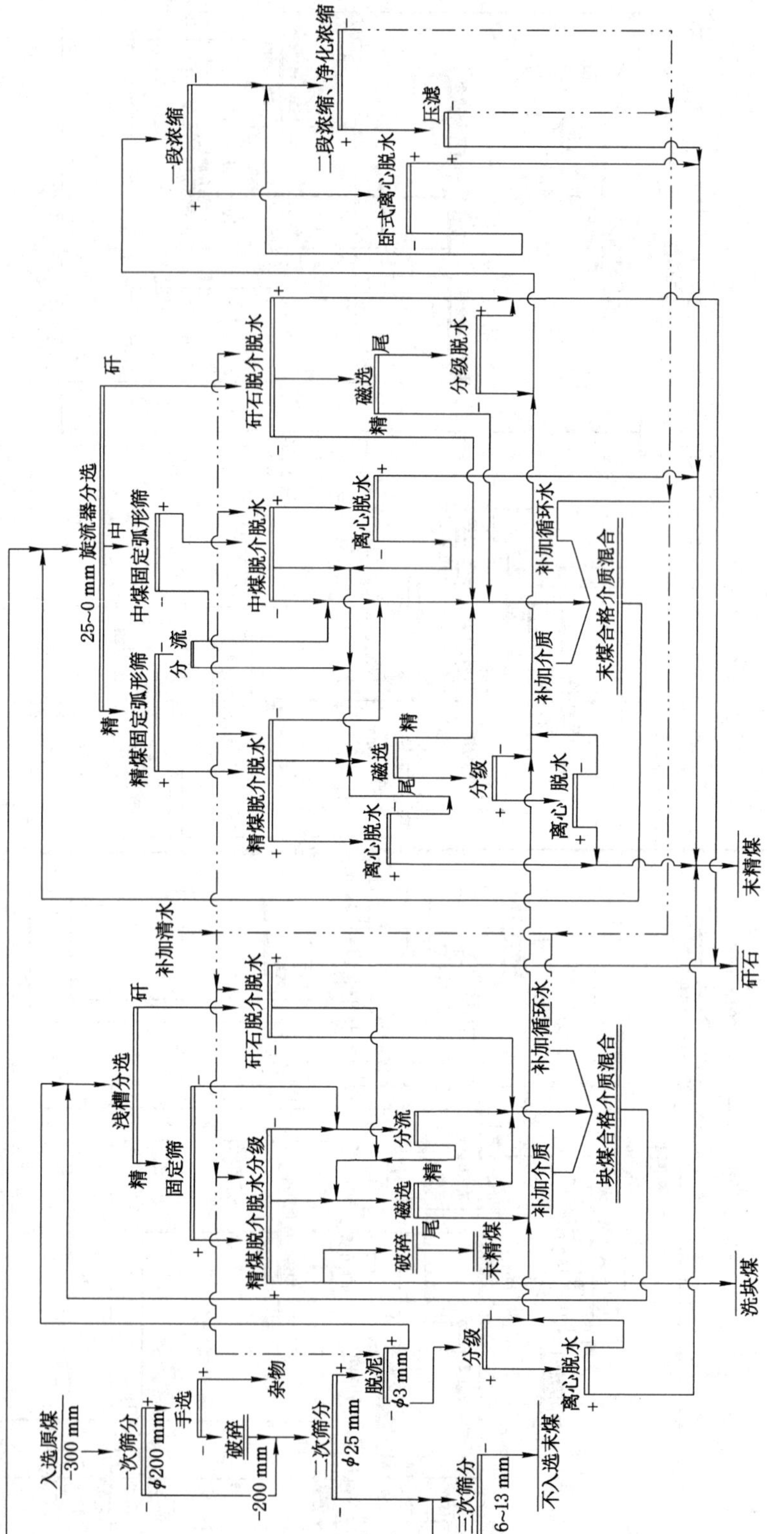

图2-7-13 块煤浅槽重介质分选-末煤不脱泥无压三产品重介质旋流器分选工艺流程

(破碎粒度上限为 200 mm),破碎后产物与－200 mm 的自然级混合后,采用 25 mm 分级。＋25 mm 粒级块煤经 3 mm 湿法脱泥后采用重介质浅槽分选机分选,获得矸石和块精煤两产品,浅槽分选块精煤可以直接作为洗块煤产品,也可以破碎后作为末精煤产品。3 mm 脱泥筛筛下－3 mm 粒级产品经分级、离心脱水回收后掺入末精煤产品。－25 mm 粒级可以不脱泥,也可以先进行 13(6) mm 分级后 25～13(6) mm 进入末煤三产品旋流器进行分选,获得三个产品。而－13(6) mm 粒级直接作为不入选末煤产品,实现减量入选。三产品重介质旋流器的精煤、中煤经固定筛、弧形筛、振动脱介脱水筛、离心脱水机回收后均掺入末精煤产品;矸石经脱介脱水筛回收后掺入矸石产品。精煤和中煤稀介混合磁选回收介质,磁选尾矿经分级、离心脱水后掺入末精煤产品;矸石稀介单独磁选回收介质,磁选尾矿分级脱水后掺入矸石产品,磁选尾矿分级后的筛下水均进入浓缩机回收。细煤泥水采用两段浓缩、两段脱水回收。一段浓缩机底流采用卧式离心脱水机回收掺入末精煤产品,二段浓缩机底流采用压滤机回收也掺入末精煤产品。

三、块煤智能干选机分选-末煤不分选工艺

国家能源集团宁夏煤业有限责任公司灵新选煤厂的年设计处理能力为 320 万 t。供煤矿井为灵新煤矿,矿井年处理能力也为 320 万 t。入选原煤的牌号为不黏煤。采用的工艺为:原煤经 40 mm 分级,＋40 mm 粒级块煤智能干选机分选排矸,末煤不分选;干法分选无煤泥水系统。其工艺流程见图 2-7-14。

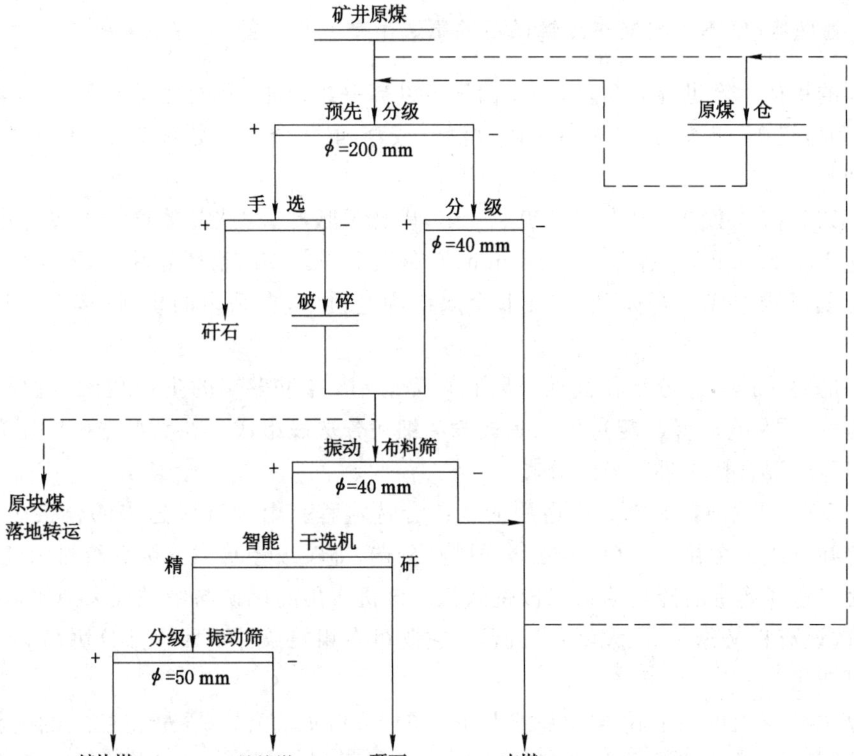

图 2-7-14　块煤智能干选机分选-末煤不分选工艺流程

矿井原煤既可到原煤仓后返料回原煤准备系统，也可直接进入原煤准备系统。进入原煤准备系统的原煤采用 200 mm 预先分级，＋200 mm 粒级进行手选，排除大块矸石后进行开路破碎。－200 mm 自然级原煤经 40 mm 分级，其中－40 mm 粒级直接作为末煤产品，或者返回原煤仓，200～40 mm 自然级和经手选后的＋200 mm 破碎级混合后有两种处理方式：① 不分选直接作为原块煤落地转运。② 采用振动布料筛进行 40 mm 分级，其中＋40 mm 粒级采用智能干法机分选；－40 mm 粒级直接作为末原煤产品，或者返回原煤仓。智能干选机的块精煤产品采用 50 mm 分级，获得精块煤和精粒煤两种产品，保证产品块度。

第三节 金属矿物典型重选工艺

在金属矿选矿生产中，重选的应用大概有如下几方面：① 进行矿石的预选，在粗、中粒以至细粒条件下提早选出部分最终尾矿，以减少细磨分选的矿量，降低生产费用；② 处理含高密度矿物的矿石，重选一直是分选黑钨矿、锡石传统的方法，并且也是分选含稀有金属（铌、钽、钛、锆）和贵金属（金、铂）矿石的基本方法，在处理弱磁性的铁、锰矿石中也较多应用；③ 与其他选矿方法如浮选、磁选组成联合流程，进行粗、细粒级分选综合回收有用成分；④ 作为其他选矿工艺的补充作业，回收伴生的重矿物或对主要成分进行补充回收。

一、处理粗、细不均匀嵌布黑钨矿石的重选生产

我国的钨矿生产世界驰名，钨的总储量占世界一半以上，具有工业价值的是黑钨矿（钨锰铁矿）和白钨矿（钨酸钙矿）。白钨矿以浮选或浮-重联合方法处理为主，黑钨矿则主要用重选法回收。

黑钨矿矿物密度为 7 200～7 500 kg/m^3，矿物呈板状、粒状晶体产于石英脉中，结晶粒度最大达 10～25 mm，小者 0.1～0.5 mm，嵌布很不均匀。矿物性脆易碎，不少的黑钨矿物与伴生金属矿物组成集合体，嵌布在非金属矿物基质中，在采出的矿石内，中、细粒级矿粒较多。

我国的钨矿选矿厂分布在江西、湖南、广东等省，经过多年的生产摸索，流程已基本定型。全流程主要由预选段（粗选段）、重选段和细泥分选段组成。在大型选矿厂还有精选段，在那里对重选混合精矿进行最终分离。

图 2-7-15 为我国钨矿选矿厂通用的二段分选流程。由预选段送来的合格矿石选用双层振动筛筛分成三个粒级。粗、中粒级送跳汰分选，细粒级经水力分级后给摇床处理。第一段跳汰尾矿送棒磨机磨碎后给第二段跳汰机。该机产出的尾矿与细粒摇床中矿返回至第一段给矿，故该流程又称“二段大闭路”流程。它既可在粗粒条件下回收部分块钨，又可避免流程过分复杂化。

大型选矿厂则可在上述流程基础上予以扩大，例如将第一段最粗粒级的跳汰尾矿单独破碎、跳汰分选，构成第二分选段。选后的尾矿再与中粒级跳汰尾矿合并磨矿，这样便构成了三段分选流程。对于细粒级的摇床中矿亦可单独再磨再选，不再返回最初给矿，而实行贫富分选。流程作这样的扩展将更有利于降低尾矿品位，提高综合选矿指标，但

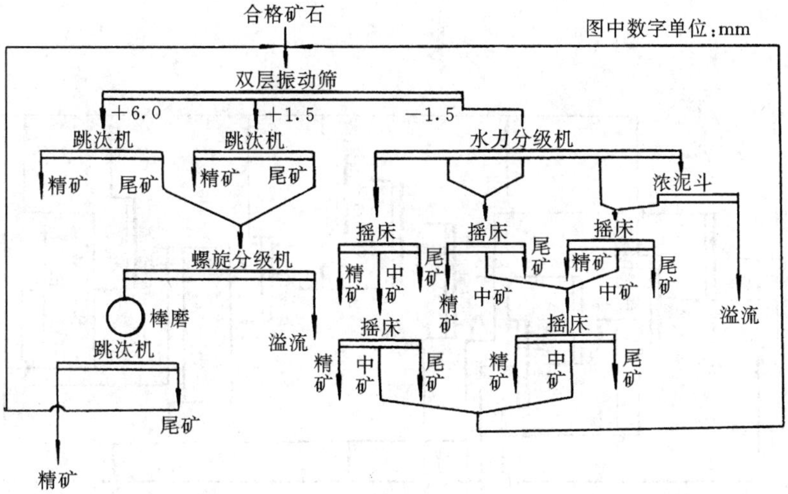

图 2-7-15　黑钨矿重选的二段通用流程

基本未脱离“破碎-跳汰”“磨矿-摇床”这一分选模式，满足早收、多收、减少过粉碎的原则要求。

二、处理锡矿石的重选生产

我国的锡矿资源极为丰富，锡精矿的产量也居于世界前列。锡矿可分为砂锡矿和脉锡矿两类，我国现有的锡矿储量中脉锡矿约占65%，从矿物组成上看脉锡矿还可以分为锡石-氧化矿、锡-钨-石英脉矿和锡石-硫化矿三种类型。其中以第三种最为重要，锡石与硫化矿物共生，分离困难。锡石的密度为6 800～7 200 kg/m^3，故常用重选法与脉石分离。

我国广西大厂矿务局长坡选矿厂处理的矿石产自高、中温热液充填交代多金属硫化矿床。金属矿物主要有锡石、黄铁矿、铁闪锌矿、脆硫锑铅矿以及毒砂等；脉石矿物以石英、方解石为主；围岩为灰岩、硅化灰岩。该厂采用的工艺为重介质旋流器预选，重产品以重-浮-重联合流程除回收主元素锡外，还综合回收铅、锌及硫等元素，流程见图2-7-16。

原矿破碎到20 mm后，筛出4～20 mm粒级，送至重介质旋流器预选。分选介质密度为2 300～2 600 kg/m^3，丢废率为25%～40%，锡、铅、锌的金属回收率(包括-4 mm原矿)均在93%以上。重产品经第一段磨矿后与-4 mm筛下产品合并，然后送跳汰、摇床分选，丢弃部分最终尾矿并获得混合粗精矿和贫中矿。混合粗精矿经第二段磨矿后，进行硫化矿的混合浮选，浮选尾矿送摇床回收锡石。贫中矿送贫系统进行混合浮选与重选。混合浮选的精矿合并后经第三段磨矿再作分离浮选。

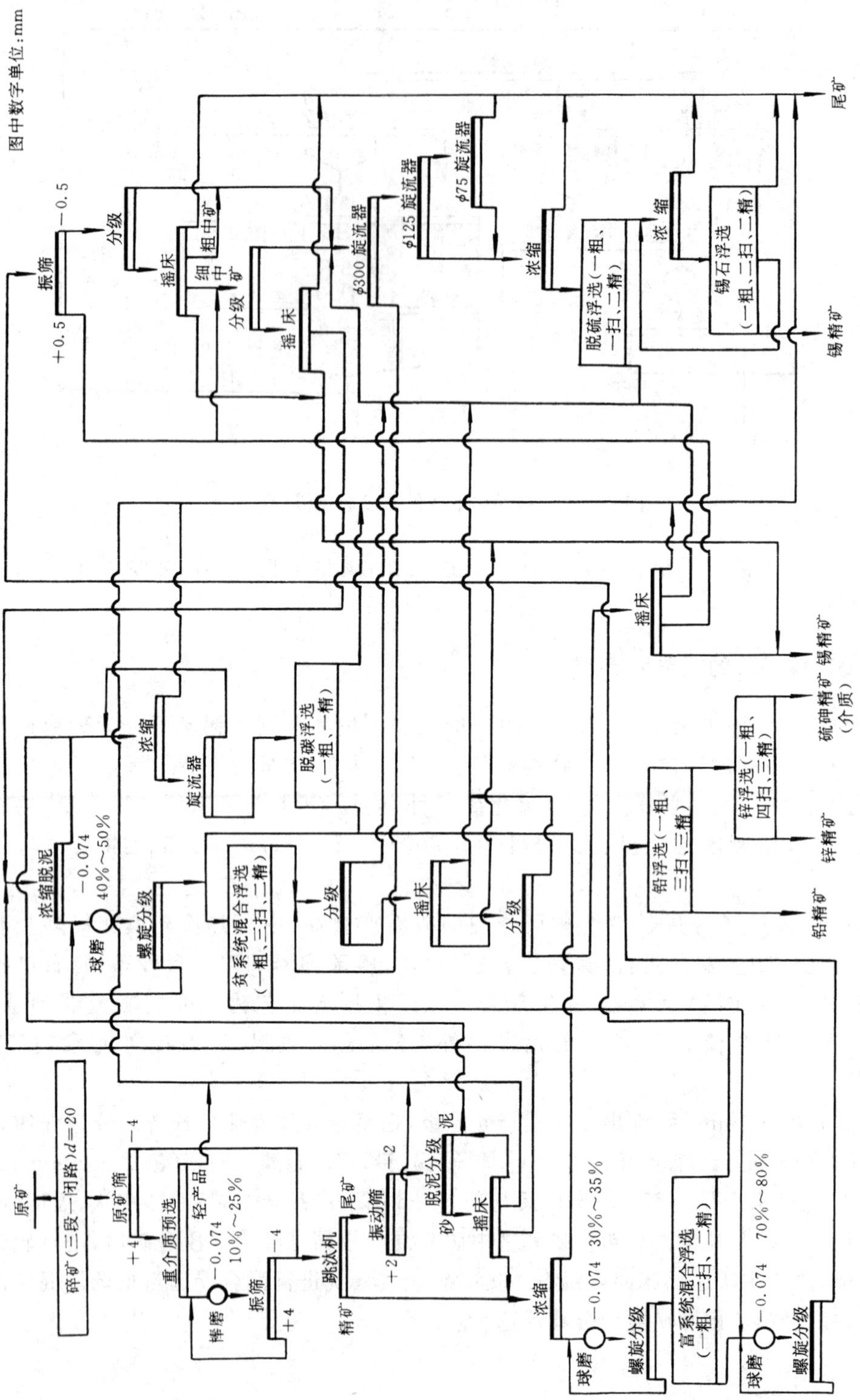

图 2-7-16 锡石-硫化矿的重-浮-重联合生产工艺流程

第四节　非金属矿物典型重选工艺

我国是世界上少数几个非金属矿产种类较齐全、储量较丰富的国家之一。目前，全国探明保有储量的非金属矿产近 80 种，其中石膏、石墨、滑石、膨润土、石棉、萤石、重晶石、硅石、石灰石、大理石和花岗岩的储量均居世界前列；高岭土、沸石、珍珠岩、菱镁矿的储量在世界上也占重要地位；凸凹棒石、海泡石、硅灰石、霞石、正长石等矿产的潜在储量十分可观。由此可见，我国非金属矿产工业有着良好的发展前景。

由于非金属矿产种类繁多，在不同的工业领域内有不同的应用，而不同工业部门对产品质量的要求又有所不同。因此往往使非金属矿产的加工流程具有特殊性、多样性和灵活性。以下介绍两种典型非金属矿物的重选工艺。

一、处理萤石重选工艺

萤石又名氟石，成分为氟化钙(CaF_2)，是工业上氟的主要来源。

萤石属等轴晶系，晶体多呈立方体和八面体，集合体多为粒状和致密状，其颜色多种多样，但以浅绿、紫色和紫黑色最为常见，无色透明萤石对紫外线和红外线有很高的滤光性，莫氏硬度为 4，密度 3 100～3 200 kg/m^3，熔点 1 270～1 350 ℃，熔后为玻璃状物质，其与盐酸和硝酸作用微弱，但在热浓硫酸中完全分解而放出氟化氢。

萤石在冶金工业中作碱性平炉、碱性转炉和电炉炼钢的助熔剂，它能够提高炉渣的流动性，促使 S、P 进入炉渣内。

化工上用萤石制造氢氟酸及氟化物。乳化含氟化学药品可作血液的代用品，能进行氧的输送，和模拟血清一块使用时，可具备血液的许多功能。

在陶瓷工业中萤石用于制造乳光玻璃、不透明及着色玻璃、珐琅和搪瓷涂料。

无色透明的优质萤石在光学仪器中可作消除色相差、玻面差的透镜和三棱镜，色泽艳丽者可作美术工艺品。

无机氟化物可作杀虫剂、防护剂、防腐剂、抗氧化剂和催化剂等。

某矿属多金属硫化矿-萤石矿床，主要矿物有黄铁矿、方铅矿、重晶石、萤石、方解石等矿物。根据矿石组成和性质采用跳汰-摇床-浮选联合流程。其工艺流程见图 2-7-17，最终产品为萤石、方铅矿和黄铁矿三种。

某铅-萤石选矿厂采用典型的重选-浮选联合流程。矿石先进行手选，得酸级萤石精矿。手选尾矿经过破碎、筛分，进行重介质选矿、跳汰以及浮选，最终得冶金级及陶瓷级萤石精矿、酸级萤石精矿和硫化矿精矿。其重介质密度为 2 630～3 100 kg/m^3，工艺流程见图2-7-18。

二、处理天青石矿物的重选工艺

天青石的化学分子式为 $SrSO_4$，是自然界中最重要的含锶矿物。纯净的天青石晶体呈浅蓝色或天蓝色，故称天青石，有时为无色透明，当有杂质混入时呈黑色。多数天青石矿床为外生沉积而成，赋存于沉积的白云岩、石灰岩或含石膏黏土的泥灰岩中。

天青石主要用于生产锶的碳酸盐和硝酸盐，碳酸锶的最主要用途是生产彩色显像管

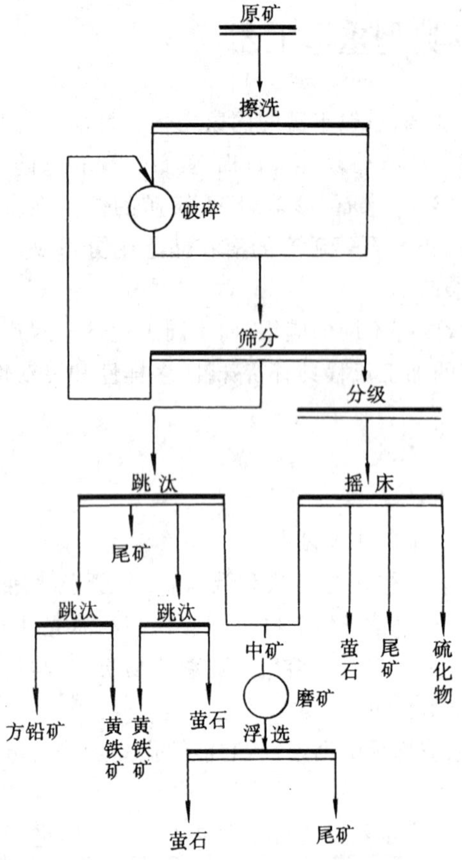

图 2-7-17 硫化矿-萤石重选工艺流程

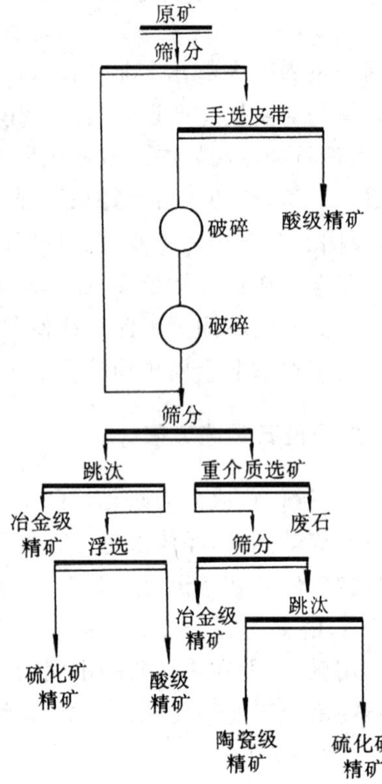

图 2-7-18 铅-萤石重选工艺流程

的荧光屏玻璃，这是因为锶能吸收 X 射线；其次还用于冶炼永磁合金和锌电解精炼的脱铅剂。硝酸锶是红色烟火和信号弹的着色剂。极少量的锶化物用于润滑脂、陶瓷釉料和药品方面。

某选矿厂处理的矿床为沉积型矿床，与岩盐、石膏、黏土共生。矿石中有用矿物为天青石，脉石矿物为石膏、方解石、石英、褐铁矿和黏土矿物。天青石的粗大晶体可达 100 mm。其重选工艺流程见图 2-7-19。

原矿经颚式破碎机碎至 50 mm 后，给入擦洗滚筒，脉石矿物中的无水石膏、黏土、褐铁矿很容易在擦洗机内碎解，擦洗产物再经筛孔尺寸为 15 mm 的筛子筛分，筛上产物进重介质振动溜槽，经振动溜槽分选后，重产物的 $SrSO_4$ 品位由给矿的 67%提高到 77%，回收率为 97%，重介质分选尾矿含 $SrSO_4$ 为 13%。重介质分选的精矿进一步在与振动筛（筛孔尺寸 10 mm）组成闭路工作的反击式破碎机内破碎，3～10 mm 粒级进行跳汰，－3 mm 粒级进行摇床分选，跳汰和摇床的精矿合并，在干燥台上干燥。

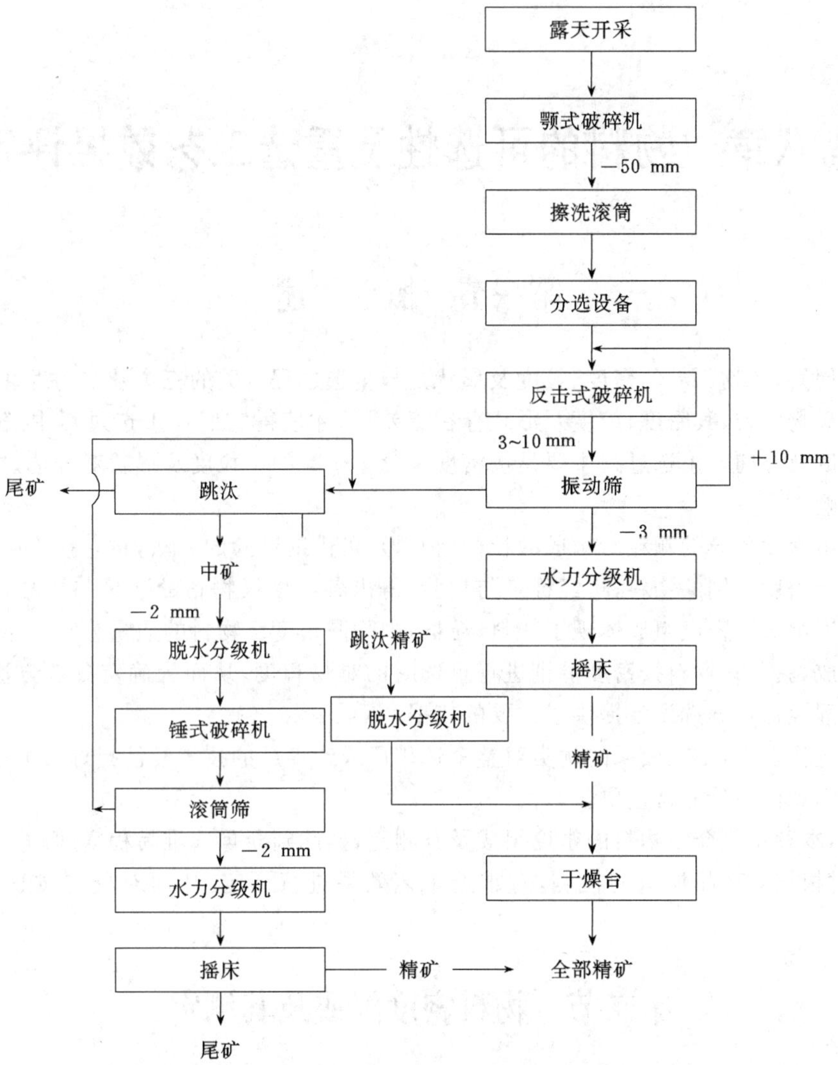

图 2-7-19　天青石重选工艺流程

复习思考题

1. 跳汰与重介联合工艺流程主要有哪四种类型？

2. 简述在不脱泥无压三产品重介质旋流器-煤泥重介工艺流程中，煤泥重介质旋流器的入料来源和产品去向。

3. 简述在脱泥无压三产品重介质旋流器-粗煤泥干扰床工艺流程中，粗煤泥干扰床的入料来源与产品去向。

第八章 物料的可选性及重选工艺效果评定

第一节 概 述

众所周知,矿物颗粒的密度、粒度及形状是与重选过程有关的三个基本物理性质。因性质不同的矿物颗粒,其密度、粒度及形状存在着差异,才使得它们在重选过程中表现出不同的运动速度及方向。重选过程主要是按密度来分选矿粒的。粒度及形状对分选过程也产生一定的影响。

对于由密度各异的颗粒所构成的粒群(物料),可借助试验的方法,将它按不同的密度范围分成若干密度级别的物料,再经称量与化验,得出各密度级物料的数量与质量,这就是该物料的密度组成。密度组成体现了物料(粒群)中不同密度级物料的质量分布。了解了物料的密度组成,就可知物料按密度差别进行重选时的难易程度,从而为确定分选方法、制定分选工艺流程及选择分选设备提供了重要的依据。

在重选作业中,工艺效果的优劣对整个选矿厂或选煤厂的技术经济指标影响很大,因此进行科学客观的评价非常重要。

因此,本章主要介绍物料的密度组成及其测定,据此判断重选难易程度即确定物料的可选性,同时根据对产品质量的检测,对重选工艺效果进行评定,从而对分选过程实行最佳控制。

第二节 物料密度组成及其测定

测定物料的密度组成,是指将有代表性的试样区分成密度范围不同的成分,计算各密度级物料所占的重量百分比(称为产率),再按工业要求进行各密度级物料的化学分析或矿物分析(如分析灰分、硫分、金属元素含量、矿物含量等)。这就可以确定物料中各成分的质与量的关系。若把试样先进行按粒度分级,算出各粒级物占原料的百分比,然后再对各粒级物料进行密度组成的测定,这样所获得的资料就更全面地反映物料的特性。

煤炭密度组成的测定,主要是测定选前原煤的密度组成,目的是通过浮沉试验考察不同密度成分在原煤中的数量和质量,从而来研究原煤的性质。对于选后产品,也应测定其密度组成,为分析分选过程进行的优劣提供必要的资料。

一、煤炭的浮沉试验

煤炭的浮沉试验按煤样粒度分为两种:一是粒度大于 0.5 mm 煤样的浮沉试验;再一是粒度小于 0.5 mm 的煤泥(粉)浮沉试验,这种浮沉试验又叫小浮沉试验。两者的区别在于配制重液所用药剂不同,以及操作过程有别。

1. 粒度大于0.5 mm褐煤、烟煤和无烟煤等煤样的浮沉试验

如前所述，浮沉试验是将煤样用不同密度的重液分成不同密度级，并测定各级产物的产率及特性。为使浮沉试验尽量准确，一般情况下都是用筛分分析所得到的窄粒级的煤进行浮沉。只有在特定的情况下，才进行不分级煤的浮沉试验。如对跳汰机分选效果的考核，或因时间、人力的限制，浮沉试验时煤样可不分级。

浮沉试验煤样的重量，可以根据试验目的的不同而有所变化。但它与第一粒度级别的大小有关，根据国家标准，不同粒度级别所用煤样的最小重量应符合表2-8-1规定。

表2-8-1　浮沉试验煤样重量与粒度级别的关系

煤样粒级/mm	>100	100～50	50～25	25～13	13～6	6～3	3～0.5	<0.5
煤样最小重量/kg	150	100	30	15	7.5	4	2	1

至今，煤炭浮沉试验都是用氯化锌和水配制的重溶液作为分离介质。根据阿基米德原理，密度小于重液密度的煤必定浮在液面上，捞出称之为浮物；密度大于重液密度的煤必定沉到重液底部；而密度刚好等于重液密度的煤，则在重液中悬浮。将沉到底部和悬浮其中的取出称之为沉物。根据国家标准规定，煤样可按下列密度分成不同密度级：1.30、1.40、1.50、1.60、1.70、1.80、2.00 g/cm^3。必要时可增加1.25、1.35、1.45、1.55、1.90、2.10 g/cm^{3}等密度。当小于1.30 g/cm^{3}密度级的产率大于20%时，必须增加1.25 g/cm^{3}密度。无烟煤可依具体情况适当减少或增加某些密度。

用氯化锌($ZnCl_2$)和水配制重液时，各种不同密度重液的配比，见表2-8-2。

表2-8-2　不同密度氯化锌重液中氯化锌含量

重溶液密度/(g/cm^3)	1.30	1.40	1.50	1.60	1.70	1.80	1.90	2.00
氯化锌含量/%	31	39	46	52	58	63	68	73

配制不同密度的重液，对不同的煤样进行浮沉试验。浮沉试验的操作程序如下：

(1) 按规定或试验的需要，首先配制好不同密度的重液，分别装入各个容器中去，并用密度计检查各重液是否都达到了规定的密度值，密度一定要调整准确。

(2) 将干煤样过秤称重后，用清水冲洗一遍，将附着在颗粒表面上的小于0.5 mm的煤泥洗去，待沉降下来烘干后计量；脱泥后的煤样，经烘干后放进带有筛网的漏桶中。

(3) 把盛有煤样的漏桶浸入到配制好的重液容器中去。如图2-8-1所示，要从低密度开始，顺序地浸入到重液中去，轻轻地加以搅拌，待全部被重液浸湿以后，稍微静置一些时间，则漏桶中的煤样，必将以重液的密度为界分成两部分，小于该密度的浮在上面，大于该密度的将沉至漏桶底部，部分煤粒的密度恰好等于该重液的密度，在重液中悬浮着，既不上浮，也不沉到底部。

(4) 待分层完毕后，用漏勺将浮煤捞出，在捞取浮物时，漏勺伸到液面下一定深度(100 mm左右)，在此范围内悬浮的颗粒，就作为浮煤的一部分捞起。

(5) 将沉下的部分(连同未被捞出的悬浮部分)用提起漏桶的办法全部捞起，待重液脱掉之后，再放进密度高一级的重液中进行另一个密度级的浮沉。如此重复，直到进入最后一

个最高密度的重液，分出最后的浮物和沉物。这样，就可以把煤样分成 $n+1$ 个密度级。

(6) 将 $n+1$ 个密度级的煤样，用清水洗掉氯化锌后，烘干、称重、计算百分数并化验灰分。

(7) 检验试验误差。浮沉前煤样重量与浮沉后各密度级产物重量之和的差值，不得超过浮沉前煤样重量的 2%，否则应重新试验。浮沉试验前煤样的灰分与试验后各密度级产物灰分的加权平均值的误差，应符合如下要求：

——煤样中最大粒度大于或等于 25 mm 时：煤样灰分小于 20%，相对误差不能超过 10%；煤样灰分大于或等于 20%，绝对误差不应超过 2%。

——煤样中最大粒度小于 25 mm 时：煤样灰分小于 15%，相对误差不能超过 10%；煤样灰分大于或等于 15%，绝对误差不应超过 1.5%。

通过浮沉试验可以考察出任一部分煤样的密度组成与灰分（以及其他质量）之间的关系。浮沉试验程序如图 2-8-1 所示。

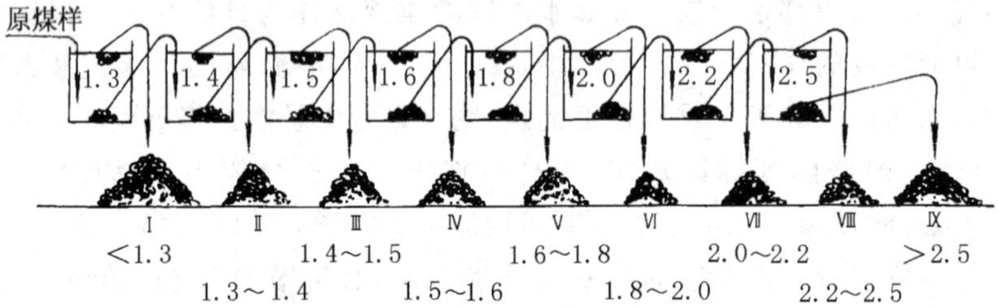

(a) 浮沉试验进行程序

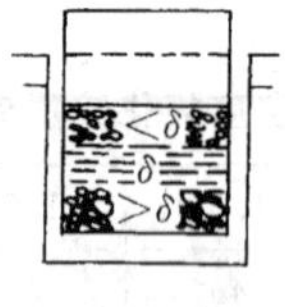

(b) 漏桶盛煤样浸入重液容器示意图。重液的密度为 δ，浮上者密度 $<\delta$，沉下者密度 $>\delta$。

图 2-8-1　浮沉试验程序图

2. 粒度小于 0.5 mm 煤泥（粉）的浮沉试验

小浮沉试验由于物料粒度细、沉降速度慢，故其浮沉过程应在离心力场中进行。

试验所用的煤样必须是空气干燥状态，重量不得少于 60 g。若某密度级产物的重量不够化验用时，该密度级应做双份煤样。

小浮沉试验一般也用氯化锌的重液。若要求重液密度较高或煤样的粒度过细，由于氯化锌水溶液具有黏度大、产物清洗困难等缺点，可采用四氯化碳、苯及三溴甲烷等有机溶液配制。有机溶液不同密度的配制比例见表 2-8-3。

表 2-8-3　有机溶液不同密度的配比表（15 ℃条件下）

重液密度/(g/cm^3)	1.3	1.4	1.5	1.6	1.8	2.0
四氯化碳 CCl_4/%	60	74	81	98	79	59
苯 C_6H_6/%	40	26	19			
三溴甲烷 $CHBr_3$/%				2	21	41

小浮沉试验与前述浮沉试验的试验步骤有别，它是将 60 g 煤样分成 4 份，每份 15 g，分别倒入 4 个离心管内，然后都倒入同一密度（从最低密度开始）的重液，如 1.3 g/cm³ 的重液，并搅拌之。管内液面的高度为离心管高度的 85%，分别装入离心机对置位置上，使其在离心力场中浮沉。达到分离时间后，取出离心管，将浮物倒出。存留沉物的离心管再加入密度为 1.4 g/cm³ 的重液，再使其进行离心浮沉。以此类推，直至加入 1.8 g/cm³ 密度的重液试验完毕为止。最后将各密度级产物分别过滤、烘干、称重、化验和计算。

二、煤炭浮沉试验资料的整理与计算

每一粒级煤样浮沉试验完毕，要将试验记录数据（各密度级煤及煤泥重）、计算数据（各密度级煤及煤泥产率）和化验数据（煤样、各密度级和煤泥灰分）填到浮沉试验报告表内。表的格式可参看表 2-8-4，表中数据为某一煤样的浮沉试验结果。

表 2-8-4　浮沉试验报告表

浮沉试验编号：　　　　　　　　　　　　试验日期：　年　月　日
煤样粒级：13～25 mm（自然级）　　　　本级占全样产率：18.322%
试验前干燥煤样重量：24.965 kg　　　　煤样灰分：22.42%；全硫　　%

密度级/(g/cm³)	重量			质量		累计			
						浮物		沉物	
	/kg	占本级产率/%	占全样产率/%	灰分/%	全硫/%	产率/%	灰分/%	产率/%	灰分/%
1	2	3	4	5	6	7	8	9	10
<1.30	1.645	6.72	1.219	3.99		6.72	3.99	100.00	22.14
1.30～1.40	11.312	46.18	8.380	7.99		52.90	7.48	93.28	23.45
1.40～1.50	5.280	21.56	3.912	15.93		74.46	9.93	47.10	38.64
1.50～1.60	1.370	5.59	1.014	26.61		80.05	11.09	25.54	57.74
1.60～1.70	0.660	2.70	0.490	34.65		82.75	11.86	19.95	66.47
1.70～1.80	0.456	1.86	0.338	43.41		84.61	12.56	17.25	71.45
1.80～2.00	0.606	2.47	0.448	54.47		87.08	13.74	15.39	74.84
>2.00	3.165	12.92	2.345	78.73		100.00	22.14	12.92	78.73
合　计	24.494	100.00	18.146	22.14					
煤　泥	0.238	0.96	0.176	19.16					
总　计	24.732	100.00	18.322	22.11					

表 2-8-4 中第 2 栏的合计重量，是指煤样冲洗除去小于 0.5 mm 煤粉后各浮沉密度级重量之和，并以此为 100%算出各密度级产率填到该表第 3 栏之中。总计的重量是指各密度级重量加上煤泥重量，并以此为 100%算出第 3 栏煤泥占本级产率。煤泥是指各粒度级煤样浮沉之前冲洗时所得的小于 0.5 mm 煤粉，经沉淀、过滤、烘干之后称重的总量，即第 2 栏中的煤泥重量。

表头本级占全样产率乘以第 3 栏中煤泥占本级产率，便得煤泥占全样产率，填入第 4 栏相应的格内。本级占全样产率减去煤泥占全样产率，则为合计占全样产率。合计占全样产率与第 3 栏中各密度级占本级产率相乘，可得第 4 栏中的全部数据。

表中第 5 栏中煤泥灰分是化验值；合计灰分是各密度级灰分的加权平均值；总计灰分是

合计灰分与煤泥灰分的加权平均值。显然,表第5栏中的总计灰分与表头所标本级灰分很难一致,但必须在前述允许误差范围之内。

表中第7栏的数据是小于某一密度浮物的累计产率,由表第3栏数据自上而下累计所得。第8栏累计浮物灰分,是小于某一密度的浮物中各密度级浮物的加权平均灰分。

表中第9栏的数据是大于某一密度沉物的累计产率,由表第3栏数据自下而上累计所得。第10栏累计沉物灰分是大于某一密度的沉物中各密度级沉物的加权平均灰分。

煤样各粒级的浮沉试验全部完成后,经检查误差符合规定要求,就需进一步将各粒级中的自然级与破碎级的浮沉试验结果综合在一起,提供一个该粒级整体的浮沉试验资料,其表格形式与表2-8-4相同。然后将各粒级(包括自然级、破碎级和综合级)浮沉试验报告表再综合一起,编制筛分浮沉试验综合报告表,其格式见表2-8-5。

表2-8-5中各粒级煤样的筛分浮沉资料,是抄于各筛分粒级煤样(包括自然级与破碎级)的综合级浮沉试验报告表。表2-8-5中的第17、18、19栏,即0.5～50 mm粒级筛分浮沉数据,是把各窄粒级筛分浮沉资料综合所得。例如表2-8-5中第18栏的数据,是该表中第3、6、9、12、15各栏数据相加而得。而第17栏数据是以第18栏中的合计(即表中的94.132%)为百分之百换算出来的(例如第18栏中<1.30 g/cm^3 密度级0.5～50 mm占全样产率是10.062被合计94.132%除之得第17栏第一行数据10.69%)。表中第19栏是各粒级占全样产率与灰分相乘之和被第18栏占全样产率相应数据除后而得,所以它是一个加权平均值。

为了研究0.5～50 mm级入选原煤的浮沉组成,进一步分析它的密度组成特性,就必须把表2-8-5中0.5～50 mm粒级浮沉资料的第17、19两栏数据转抄到另一表中的第2、3两栏内,见表2-8-6,称为0.5～50 mm粒级原煤浮沉试验综合表。

表2-8-6中第8栏的所谓分选密度,是指浮沉试验分离过程(即重力分选过程)中,两种产物的分界密度。

表2-8-6中第9栏,即分选密度±0.1 g/cm^3 含量,有两种计算方法:一是以该表第2栏合计100.00%计算(表2-8-6第9栏数据即是)。再一是当采用的理论分选密度小于1.70 g/cm^{3}时,以扣除沉矸(+2.00 g/cm^3)为100%计算;当采用的理论分选密度等于或大于1.70 g/cm^3 时,以扣除低密度物(−1.50 g/cm^3)为100%计算。这是根据《煤炭可选性评定方法》(GB/T 16417—2011)中规定可选性等级采用"分选密度±0.1含量法"进行评定的。

三、矿石密度组成的测定

查明矿石中不同矿物的密度差别和含量组成,对判断矿石的重选可选性有重要意义。同样,对选后产物进行密度组成测定,帮助了解产物中所含杂质的性质及如何进一步处理,也可提供方向。矿石密度组成的测定与煤炭密度组成的测定方法相同,均是进行浮沉试验。这是矿石可选性研究工作中的重要内容,尤其当选择重介质选矿方案时,这项试验工作是必不可少的。

当矿石试样不很多时,可用重液作为分离介质进行浮沉试验。因一般矿石密度都高于煤炭的密度,因此配制重液时所用的有机溶剂要求密度更高。测定金属矿石常用的重液有:

(1) 三溴甲烷($CHBr_3$)或四溴乙烷($C_2H_2Br_4$)——最高密度可达2.9～3.0 g/cm^3。应用苯、甲苯或四氯化碳与之混合,调整配比,可获得不同密度的重液。

表 2-8-5　筛分浮沉试验综合报告表

煤样粒级：0.5～50 mm　　　重量：　kg　　　灰分：　%

煤样名称：　　　取样日期：　年　月　日　　　试验日期：　年　月　日

密度级/(g/cm³)	25～50 mm			13～25 mm			6～13 mm			3～6 mm			0.5～3 mm			0.5～50 mm		
	产率/%		灰分/%	产率/%		灰分/%	产率/%		灰分/%	产率/%		灰分/%	产率/%		灰分/%	产率/%		灰分/%
	33.029		21.71	24.605		21.63	15.874		22.83	13.283		19.24	8.303		15.94	95.094		21.03
	占本级/%	占全样/%	灰分/%	占本级/%	占全样/%	灰分/%	占本级/%	占全样/%	灰分/%	占本级/%	占全样/%	灰分/%	占本级/%	占全样/%	灰分/%	占本级/%	占全样/%	灰分/%
1	2	3	4	5	6	7	8	9	10	11	12	13	14	15	16	17	18	19
<1.30	7.67	2.519	4.49	8.65	2.112	4.35	9.35	1.478	2.97	15.51	2.047	2.69	24.17	1.906	2.32	10.69	10.062	3.46
1.30～1.40	52.94	17.380	9.29	46.86	11.437	8.31	43.30	6.847	7.12	38.78	5.117	6.83	33.68	2.656	6.47	46.15	43.437	8.23
1.40～1.50	19.50	6.401	17.03	20.25	4.943	15.92	20.48	3.238	14.77	20.94	2.764	13.55	20.41	1.610	12.72	20.14	18.965	15.50
1.50～1.60	3.63	1.191	26.68	5.33	1.301	26.64	6.37	1.007	24.87	6.40	0.844	24.39	6.64	0.524	23.01	5.17	4.867	25.50
1.60～1.70	2.08	0.683	34.92	2.41	0.587	35.11	2.99	0.473	33.67	3.11	0.410	34.05	3.13	0.247	32.07	2.55	2.400	34.28
1.70～1.80	1.36	0.447	44.33	1.67	0.408	43.39	1.85	0.292	42.08	1.92	0.254	42.34	1.62	0.128	39.81	1.62	1.529	42.94
1.80～2.00	1.96	0.642	53.46	2.32	0.567	54.57	2.17	0.344	52.32	2.17	0.286	50.38	2.16	0.170	49.94	2.13	2.009	52.91
>2.00	10.86	3.566	81.12	12.51	3.053	79.43	13.49	2.133	79.29	11.17	1.474	78.19	8.19	0.646	76.99	13.67	10.872	79.64
合　计	100.00	32.828	20.74	100.00	24.408	21.69	100.00	15.812	21.59	100.00	13.196	19.19	100.00	7.887	15.90	100.00	94.132	20.50
煤　泥	0.61	0.200	17.24	0.80	0.197	18.80	0.39	0.062	21.16	0.65	0.087	21.59	5.01	0.416	17.13	1.01	0.962	18.16
总　计	100.00	33.029	20.72	100.00	24.605	21.67	100.00	15.874	21.59	100.00	13.283	19.21	100.00	8.303	15.96	100.00	95.094	20.48

表 2-8-6 0.5～50 mm 粒级原煤浮沉试验综合表

密度级 /(g/cm³)	产率 /%	灰分 /%	累计				分选密度±0.1 /(g/cm³)	
			浮物		沉物			
			产率 /%	灰分 /%	产率 /%	灰分 /%	密度级 /(g/cm³)	产率 /%
1	2	3	4	5	6	7	8	9
<1.30	10.69	3.46	10.69	3.46	100.00	20.50	1.30	56.84
1.30～1.40	46.15	8.23	56.84	7.33	89.31	22.54	1.40	66.29
1.40～1.50	20.14	15.50	76.98	9.47	43.16	37.85	1.50	25.31
1.50～1.60	5.17	25.50	82.15	10.48	23.02	57.40	1.60	7.72
1.60～1.70	2.55	34.28	84.70	11.19	17.85	66.64	1.70	4.17
1.70～1.80	1.62	42.94	86.32	11.79	15.30	72.04	1.80	2.69
1.80～2.00	2.13	52.91	88.45	12.78	13.68	75.48	1.90	2.13
>2.00	11.55	79.64	100.00	20.50	11.55	79.64		
合 计	100.00	20.50						
煤 泥	1.01	18.16						
总 计	100.00	20.48						

(2) 杜列液——是碘化钾与碘化汞按 KI∶HgI_2＝1∶1.24 比例配成的水溶液，最高密度可达 3.2 g/cm³。这种重液配制方便，实际工作中应用较多，但它对硫化矿物有分解作用。

(3) 二碘甲烷(CH_2I_2)——用苯或其他有机溶剂稀释，可配制密度高达 3.3 g/cm³ 的重液。

(4) 克列里奇液——是由甲酸铊(HCOOTl)和丙二酸铊[$CH_2(COOTl)_2$]配制成的水溶液。配制密度最高达 4.25 g/cm³。与硫化矿物不起反应，但对人体有伤害。

金属矿石的浮沉试验，由于受到重液所能达到的最高密度的限制，要获得纯净的金属矿物是很难的，而且多数情况下是不可能的。因此，对金属矿石来说，浮沉试验的应用远不如煤炭使用得那么普遍。

测定矿石密度组成和测定煤炭的密度组成是一样的，也以窄粒级进行，以便考查在不同粒度下矿石的可选性差异。

用重液作为分离介质进行浮沉试验时，根据对测定精度要求的不同，可配制 4～8 个密度各相差 0.5～1.0 g/cm³ 的重液。例如，最简单情况是配制 2.7 g/cm³、2.8 g/cm³、2.9 g/cm³、3.0 g/cm³ 四种密度不同的重液，分别置于容器内。将试样装入漏桶中，依次由低密度至高密度进行浮沉。每经一种密度的重液浮沉后，将浮物捞出，取出漏桶中的沉物，将沉物洗净、烘干，然后将其重新置于漏桶中，再放到高一密度级的重液中进行浮沉，以此类推，直到最高密度重液的浮沉做完为止。这样便可得到一系列密度为<2.70 g/cm³、2.70～2.80 g/cm³、2.80～2.90 g/cm³、2.90～3.00 g/cm³ 及>3.00 g/cm³的各密度级产物。最后将各密度级产物分别称重、化验并计算出各密度级的产率、金属分布率等数据，这就基本展示了该矿石密度组成的情况。

第三节　可选性曲线及其应用

通过浮沉试验，了解到了某些特定密度下物料的数、质量情况，但要了解到任意条件下的情况，只能有两种办法：一是把浮沉试验的密度间隔划得无限小，从而获得无穷多个极窄密度级产物的产率与灰分，实际上这显然是不可能的。二是利用浮沉试验中有限的几个密度级产物量与质的数据，用图示的方法，将其关系曲线化，从而解决在任意条件下都能提供各种密度范围的物料的量与质的关系。因此，根据物料浮沉试验结果而绘制出的一组曲线，称为可选性曲线。它能反映该物料所有密度级或任一密度物的质量分布情况。

所谓可选性，它的含义是：按所要求的质量指标，从原料中分选出产品的难易程度。因此，原料的可选性，与对产品的质量要求、分选的方法和原料本身所固有的特性等因素有关。

根据同一浮沉资料，绘制可选性曲线的方法可不同。目前物料的可选性曲线有两种：一种是 1905 年，由亨利(Henry)提出，1911 年又被列茵卡尔特(Reinhard)作了补充，因此简称 H-R 曲线；另一种是 1950 年由迈耶尔(Mayer)提出的迈耶尔可选性曲线，简称 M 曲线。但由于 H-R 曲线比 M 曲线要早近半个世纪，故 H-R 曲线使用得更多、更普遍。尤其是原煤可选性曲线更多采用 H-R 曲线。相比之下 M 曲线目前为止使用较少，尽管它比 H-R 曲线有更多优点，但这是出于人们的习惯所造成的。作为分析物料可选性的一种手段，可选性曲线在选煤工艺中是必不可少的，比在分选金属矿物中的应用，显得更加突出的重要和广泛。

一、原煤可选性曲线(H-R 曲线)的绘制及应用

1. H-R 曲线的绘制

原煤可选性曲线是根据表 2-8-6 的数据绘制出来的。而表 2-8-6 中第 2、3 两栏的数据所表征的 0.5～50 mm 级原煤特性，由表 2-8-5 中各粒级煤样浮沉试验资料，经计算、综合所得。

H-R 曲线是一组曲线，它包括灰分特性曲线(λ 曲线)、浮物曲线(β 曲线)、沉物曲线(θ 曲线)、密度曲线(δ 曲线)和密度±0.1 曲线(ε 曲线)等 5 条曲线。

原煤可选性曲线，按规定一般是绘制在 200 mm×200 mm 的坐标纸上。

(1) 坐标轴的确定

200 mm×200 mm 正方形坐标面积是代表除去小于 0.5 mm 煤粉以后入选粒级的原煤量。

图 2-8-2(此图是 100 mm×100 mm 正方形坐标)下方的横坐标轴为灰分 A_d，自左至右由 0 到 100%；上方横坐标轴为密度 δ，自右向左从 1.20 g/cm³ 标注到 2.10 g/cm³ 以上。

左边纵坐标轴是浮物产率 γ_β，自上而下由 0 到 100%；右边纵坐标轴是沉物产率 γ_θ，自下而上由 0 到 100%。

根据上述坐标的规定，在正方形 $ABCD$ 面积上，任做一条垂直纵坐标轴的横线(图 2-8-2 中的横线 EF，即小于 1.40 g/cm³ 煤的累计)，将该面积分成上、下两部分。EF 横线以上的面积，为该原煤中小于某一密度(图中为小于 1.40 g/cm³)的浮物所占的分量，横线 EF 与纵坐标 AB 的交点，即浮物的产率；横线 EF 以下的面积，为该原煤中大于某一密度(图中为大于 1.40 g/cm³)的沉物所占的分量，横线 EF 与纵坐标轴 CD 的交点，即沉物

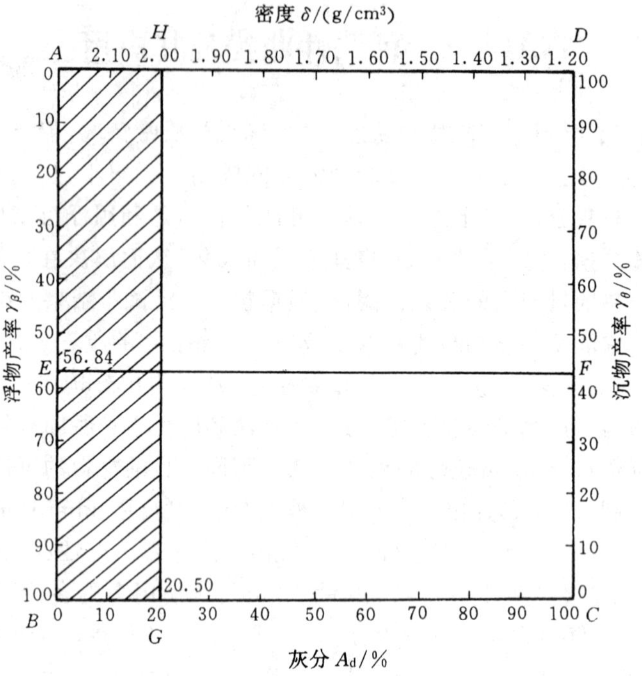

图 2-8-2 可选性曲线坐标的确定及含义

的产率。浮物和沉物产率之和为 100%，而整个正方形 $ABCD$ 面积即代表了除去小于 0.5 mm 粒级煤粉之后，入选粒级的原煤量，或者说，它表示了 0.5～50 mm 粒级入选原煤浮沉试验所用的整个煤样。

同理，在灰分 A_d 横坐标轴上找到原煤灰分值(从表 2-8-6 中可知 0.5～50 mm 粒级煤的灰分为 20.50%)，并从此点作垂线 GH，也将正方形 $ABCD$ 划分为两部分。此时垂线 GH 左侧画斜线阴影 $ABGH$ 面积代表原煤完全燃烧后残余物(灰分)的分量；垂线 GH 右侧 $GHDC$ 面积则代表了该原煤中可燃及挥发物之和的分量。当然，这两块面积之和，即面积 $ABDC$ 体现着整个入选原煤。

由上述可知：在可选性曲线的四个坐标轴中，两个纵坐标轴将反映浮煤和沉煤的数量指标，而上、下两横坐标轴，各从不同意义上来表述煤炭的质量。

(2) 灰分特性曲线(λ 曲线)的绘制

灰分特性曲线，曾称基元灰分曲线，简称 λ 曲线，它是可选性五条曲线中最基本的一条曲线。因这条曲线能形象和完整地反映原煤中各成分间的结合特性，故它最能集中体现原煤的可选性。

代表原煤的煤样，经浮沉试验之后，可划分若干个不同密度级，根据表 2-8-6 中第 2 栏数据将其画出来，如图 2-8-3 所示(为了图示清楚，该图采用 150 mm×150 mm 的坐标纸)。如果说图 2-8-2 正方形 $ABCD$ 代表未经浮沉以前的原煤，各密度级物料是杂乱相混的。则图 2-8-3 是各密度级物料从低到高，且自上而下按顺序排列起来的。每一个横向长方形面积(图 2-8-3 的长方形 $A\beta_1\theta_7D$、$\beta_1\beta_2\theta_6\theta_7$、$\beta_2\beta_3\theta_5\theta_6$、$\beta_3\beta_4\theta_4\theta_5$、$\beta_4\beta_5\theta_3\theta_4$、$\beta_5\beta_6\theta_2\theta_3$、$\beta_6\beta_7\theta_1\theta_2$ 及 $\beta_7BC\theta_1$ 八个面积)，代表了相应密度级产物所占的分量。

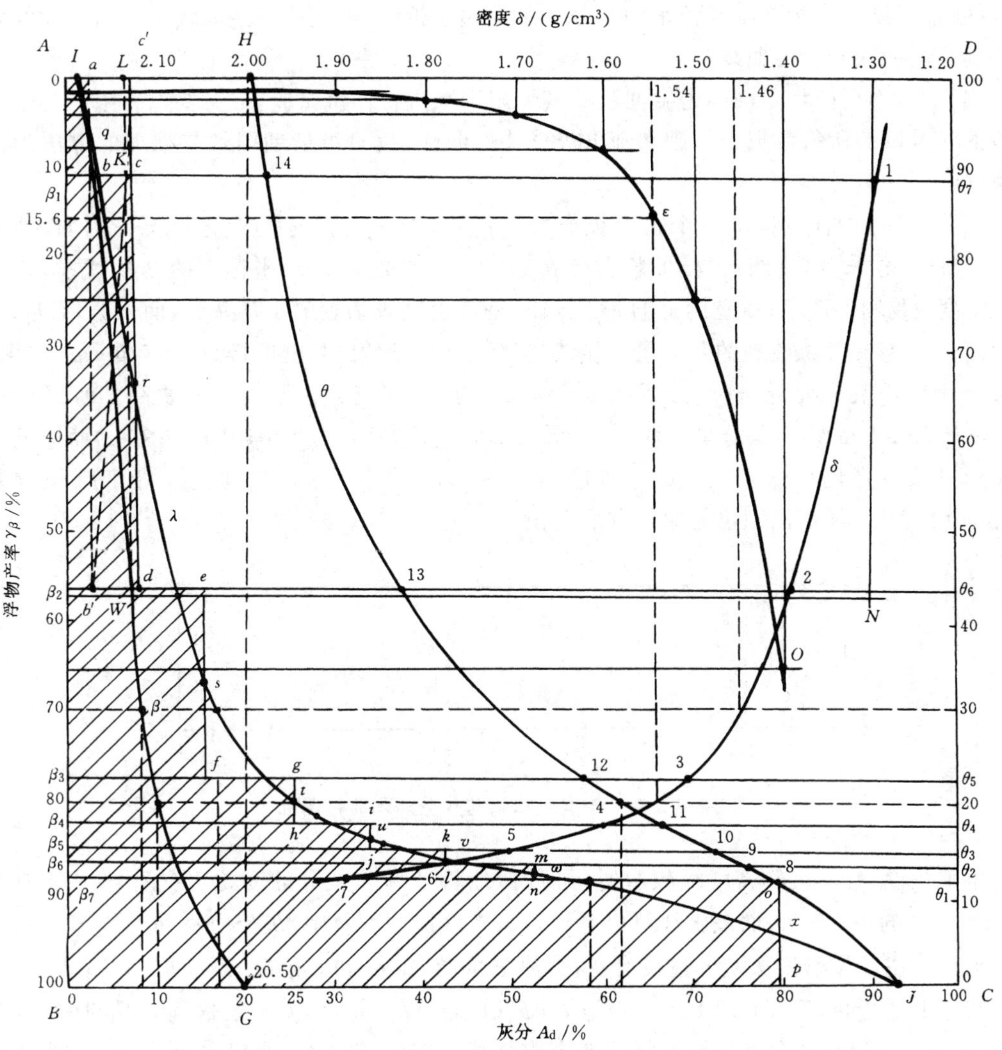

图 2-8-3　入选原煤 0.5～50 mm 粒级可选性曲线绘制过程的图示

各密度级产物同样都是由可燃物和不可燃物(灰分)所构成的。若将各个密度级物料中的灰分量画出来(图 2-8-3 中长方形 $A\beta_1 ba$、$\beta_1\beta_2 dc$、$\beta_2\beta_3 fe$、$\beta_3\beta_4 hg$、$\beta_4\beta_5 ji$、$\beta_5\beta_6 lk$、$\beta_6\beta_7 nm$ 及 $\beta_7 Bpo$ 八个面积),使用表 2-8-6 中第 3 栏数据即可。图 2-8-3 中画有斜线阴影的阶梯形面积即为各个密度级灰分量之总和,当然该面积与图 2-8-2 中从原煤灰分点所画垂线之左侧长方形 $ABGH$ 面积相等,它们仅仅是图形有别,但都是反映该原煤中不可燃物灰分所占的多少。

每个密度级产物的灰分,是该密度级的平均灰分。因此,图 2-8-3 中围成阶梯面积的那条折线 $abcdefghijklmnop$,是表示了浮沉原煤中,各密度级产物的产率与其平均灰分的关系。

如把浮沉试验所用的重液,让其密度间隔无限地减小,则各密度级产物的分量也就无限小,无限小的量可称其为“基元”。于是每个密度级产物中代表其灰分量的那块面积也就近于一条横线段,该线段的长度代表基元灰分。根据煤炭的密度越高,灰分也就越大这一规律，反映各密度级产物产率与其平均灰分关系的那条折线，就变成一条曲线了。这条曲线就是所要绘制的灰分特性曲线。

实际上，不可能将重液的密度间隔令其无限窄来进行浮沉试验，但又要以有限的几个密度级的浮沉试验所得数据为基础来画出灰分特性曲线，故只可借助图解与推理的方法加以解决。

从图 2-8-3 中任意抽出一个密度级产物，观察其产率与灰分的变化情况。例如，抽出 1.40～1.50 g/cm^3 密度级产物，即长方形 $\beta_2\beta_3\theta_5\theta_6$，见图 2-8-4。纵坐标上的 $\beta_2\beta_3$ 线段，代表了该密度级物料的产率；横坐标上的 $\beta_3 f$ 线段，是该密度级物料的平均灰分；而长方形 $\beta_2\beta_3 fe$ 这块面积，是该密度级物料的灰分量。显然，实际上这个产物中，密度接近 1.40 g/cm^3 的煤，其灰分比平均灰分要低；密度接近 1.50 g/cm^3 的煤，其灰分比平均灰分要高。所以代表 1.40～1.50 g/cm^3 物料灰分量的面积，其形状不应是长方形（图 2-8-4 中的 $\beta_2\beta_3 fe$）而应近似于梯形。该梯形的中线（即图 2-8-4 梯形 $\beta_2\beta_3 A_{d_2} A_{d_1}$ 的中线 ys）长度大致等于原长方形（$\beta_2\beta_3 fe$）的底边，梯形面积也与原长方形面积相等。

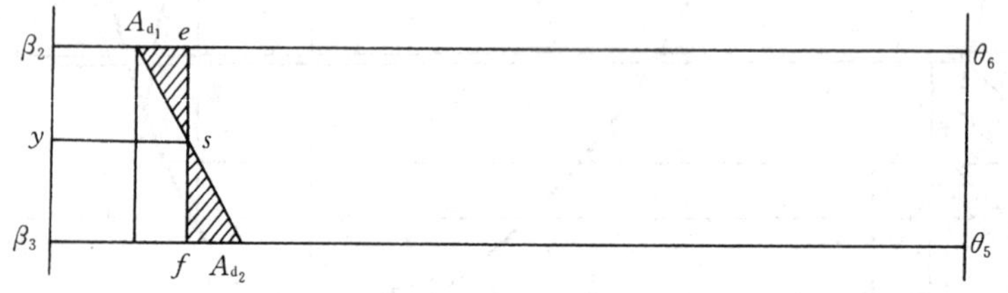

图 2-8-4　任一密度级产物其灰分非均质性图标

也就是说，当浮沉物密度级较窄时，可近似地将产率与灰分的变化情况看作一条斜线（图 2-8-4 中的 $A_{d_1}A_{d_2}$），而该斜线可以看成是该密度级的物料中，灰分由小到大全部基元灰分的累计。由于该密度级灰分量没有变化，故三角形 $A_{d_1}es$ 和三角形 sfA_{d_2} 应相等。

按照上述分析，定出图 2-8-3 中 ab、cd、ef、gh、ij、kl、mn 及 op 8 条垂直线段的中点，即 q、r、s、t、u、v、w 及 x 8 个点。然后将这 8 个点连成一条平滑曲线，曲线与上、下两个横坐标的交点，即为灰分特性曲线的两个端点，端点是根据曲线两端走向延伸来确定的。上端点 I 的横坐标，表示浮沉原煤中，密度最小的那部分物料的灰分；下端点 J 的横坐标，则表示浮沉原煤中最高密度物的灰分。从 I 到 J 整个曲线，就是所要求绘制的灰分特性曲线（λ 曲线）。

经 λ 曲线上的任一点做一条横线，可将原煤分成上、下两部分。上部分为浮物数量，其纵坐标显示了浮物占原煤的百分比，即浮物产率；下部分为沉物数量，其纵坐标显示了沉物占原煤的百分比，即沉物产率。而被 λ 曲线任一点分为两段的那条横线，其左侧横线段在灰分 A_d 坐标轴上的读数，则是浮物与沉物的分界灰分。该分界灰分既是浮物中的最高灰分，也是沉物中的最低灰分。因此，也可将分界灰分称为边界灰分。

λ 曲线的概念，可以理解为是表示浮物（或沉物）产率与其分界灰分关系的曲线，或者说是小于某一规定密度的浮物（或大于某一规定密度的沉物）累计产率与密度刚好等于该密度时煤的灰分关系曲线。换而言之也可说，λ 曲线是小于某一规定灰分物的产率和这个灰分的关系曲线。上述概念均可用数学形式表述，即

$$\gamma_{-\delta} = f(A_\delta) \quad 或 \quad \gamma_{-A} = f(A) \tag{2-8-1}$$

式中　δ——某一规定密度；

$\gamma_{-\delta}$——小于某一规定密度之煤的产率；

A_δ——规定密度之煤的灰分；

A——某一规定灰分；

γ_{-A}——小于某一规定灰分之煤的产率。

(3) 密度曲线(δ曲线)的绘制

它是用表2-8-6中的第4栏和第8栏数据绘制而成的。δ曲线是表示煤中浮物(或沉物)累计产率与相应密度关系的曲线。

具体画法是在图2-8-3中上方表示密度的横坐标上，自密度1.30、1.40、1.50、1.60、1.70、1.80及1.90 g/cm³ 7个点，各自向下引画垂线，分别与$\beta_1\theta_7$、$\beta_2\theta_6$、$\beta_3\theta_5$、$\beta_4\theta_4$、$\beta_5\theta_3$、$\beta_6\theta_2$及$\beta_7\theta_1$ 7条横线相交于1、2、3、4、5、6、7等7个点。然后，将这7个点连成一条平滑曲线，即为δ曲线。密度曲线上任一点在横坐标DA上的读数是既定密度，该既定密度表示某一理论分选密度；该点在曲线左边纵坐标AB上的读数，是小于这个既定密度的浮煤产率，在右边纵坐标CD上的读数，是大于这个既定密度的沉煤产率。

由于δ曲线是一条连续曲线，因此可以找出表2-8-6第8栏所列分选密度以外的任意一个分选密度时，浮煤和沉煤的理论产率。例如任意确定一分选密度为1.46 g/cm³，则其浮煤理论产率为70.0%；当然也可在确定浮煤理论产率为70.0%时，找出其理论分选密度为1.46 g/cm³。

密度曲线的概念，也可用数学形式表述，即

$$\gamma_{-\delta} = f(\delta) \tag{2-8-2}$$

式中　δ——某一既定密度；

$\gamma_{-\delta}$——小于某一既定密度的浮物累计产率。

(4) 浮物曲线(β曲线)的绘制

浮物曲线简称β曲线，它是根据表2-8-6中第4、5两栏数据绘制而成的。β曲线表示煤中浮物累计产率与其平均灰分的关系。写成数学表达式，即

$$\gamma_{-\delta} = f(A_{-\delta}) \tag{2-8-3}$$

式中　$\gamma_{-\delta}$——小于某一既定密度的浮物累计产率；

$A_{-\delta}$——小于该既定密度的浮物的平均灰分。

小于既定密度的浮物，可能包括两个或两个以上密度级的浮物，为了便于理解浮物混合的平均灰分的意义，可用作图法加以说明(图2-8-3)。例如：小于1.40 g/cm³的浮物，包含<1.30 g/cm³和1.30～1.40 g/cm³两个密度级的煤。现求上述两密度级的煤混合之后的平均灰分。将ab线延长至b'，再将dc延长至c'，则构成矩形$ab'dc'$。其中矩形$bb'dc$是灰分实体，矩形$abcc'$是不含灰分的可燃体。欲求两部分煤的平均灰分，就意味着从矩形$bb'dc$灰分实体中取出一部分灰分，补到矩形$abcc'$中去，构成新的灰分实体。为此，在矩形$ab'dc'$中引一对角线$c'b'$交bc于K点，把原来的矩形变成了两个全等三角形，即$\triangle ab'c' \cong \triangle b'dc'$。通过$K$点平行于纵坐标轴引直线$LKW$，则新的灰分实体$\triangle bb'K \cong \triangle b'WK$，可燃体$\triangle LKc' \cong \triangle c'Kc$，因此，长方形$abKL$等于长方形$KWdc$。这意味着从1.30～1.40 g/cm³密度级煤的灰分实体中取出一部分长方形$KWdc$灰分量与小于1.30 g/cm³密度级煤的可燃

体长方形 $abKL$ 交换。于是直线 LKW 左侧面积是两部分煤混合后的灰分量；$\beta_2 W$ 则为平均灰分百分数，其值为7.33%。该数也就是表2-8-6第5栏第二个数据，即密度小于1.40 g/cm³ 的累计浮煤之平均灰分。可见1.40～1.50、1.50～1.60、1.60～1.70、1.70～1.80、1.80～2.00及>2.00 g/cm³ 各密度级煤依次混合累计，便可逐步求出每混合一次之后的产率及平均灰分，直到>2.00 g/cm³ 密度级煤全部作为浮物混合累计之后，其产率为100%，平均灰分为20.50%，此即原煤灰分。当然，具体画时，无需如此，只要利用表2-8-6中第4、5两栏数据，在坐标纸上标点连线即可，见图2-8-3所画出的 β 曲线。显然，β 曲线下端与横坐标交点 G，是原煤灰分，表示全部原煤均为浮物累计混合。β 曲线向上延伸势必与 λ 曲线端点 I 重合，因浮物中灰分最低的煤也是原煤中灰分最低的那部分煤。

总之，浮物曲线上的任意一点都是表示在某一既定浮煤产率下的浮煤灰分或某一既定浮煤灰分下的浮煤产率。

(5) 沉物曲线(θ 曲线)的绘制

沉物曲线是根据表2-8-6中第6、7栏数据绘制的，表示煤中沉物累计产率与其平均灰分的关系。用数学形式表述，可写成

$$\gamma_{+\delta} = f(A_{+\delta}) \tag{2-8-4}$$

式中　$\gamma_{+\delta}$——大于某一既定密度沉物之累计产率；

$A_{+\delta}$——大于该既定密度之沉煤的平均灰分。

具体画法是利用表2-8-6第6、7栏中每行的一对数据，自下而上在图2-8-3中逐个标定出8、9、10、11、12、13及14这7个点，由于这些点都代表着沉物的产率与灰分的关系，所以由这7个点连成的一条平滑曲线，就是所要求绘制的沉物曲线。沉物曲线上端与横坐标的交点 H 必然与 β 曲线下端与横坐标的交点 G 在同一垂直线上。因此 G 点表示原煤灰分(20.50%)，也就是说当100%都是沉物时，沉物的平均灰分也就是原煤灰分了。沉物曲线下端势必与 λ 曲线同交于横坐标轴上的 J 点，因为沉物中灰分最高的煤必定是原煤中灰分最高的那部分煤。

显然，沉物曲线上的任意一点，都是表示在某一既定沉煤产率下的沉煤平均灰分或在某一既定沉煤灰分下的沉煤产率。

(6) $\delta \pm 0.1$ 曲线(ε 曲线)的绘制

选煤工艺上要求了解原煤在不同情况下分选的难易，实践表明，分选密度邻近物含量的多少，对煤炭可选性的影响很大。因此，需要绘制 $\delta \pm 0.1$ 曲线，从而可以提供任一分选密度时邻近物的产率。

$\delta \pm 0.1$ 曲线是根据表2-8-6第8、9栏数据绘制的，表示分选密度邻近物的含量与该密度的关系。用数学形式可表述为：

$$\gamma_{\delta \pm 0.1} = f(\delta) \tag{2-8-5}$$

$\delta \pm 0.1$ 曲线的具体画法，是在浮物产率的纵坐标轴上，根据表2-8-6第9栏数据，依次作出7条平行于横坐标的横线，再从密度坐标轴上按第8栏所既定的各分选密度点引下7条平行垂线，它们的7个交点，用平滑曲线连之，即得 $\delta \pm 0.1$ 曲线，简称 ε 曲线。

注意，如前所述表2-8-6中第9栏数据是以0.5～50 mm 粒级入选原煤产率为100%计算的，按规定当分选密度小于1.70 g/cm³ 时，以扣除沉矸(+2.0 g/cm³)为100%来计算；当分选密度等于或大于1.70 g/cm³ 时，以扣除低密度物(−1.50 g/cm³)为100%计算。例如，

求出表 2-8-6 中第 9 栏各数据，以此为据再画 $\delta \pm 0.1$ 曲线也可。

$\delta \pm 0.1$ 曲线上任何一点的坐标值都表示在某一既定分选密度 δ 时，其邻近密度物的产率（$\gamma_{\delta \pm 0.1}$%）。从曲线形状还可以看出，分选密度越低，曲线越陡峭，表示邻近密度物含量越多，也就是说分选密度稍有增减，则其邻近物增减幅度较大，故难以分选。

根据表 2-8-6 中第 9 栏的数据，分选密度为 1.30 g/cm^3 时，$\gamma_{1.30 \pm 0.1}$ 为 56.84%，该数值比 $\gamma_{1.40 \pm 0.1}$ = 66.29%小，说明前一分选密度已经十分接近煤的最低密度，而原煤中接近最低密度的物料又很少。如果把这一点也包括在 ε 曲线中，则在密度 1.30～1.40 g/cm^3 范围内线段应是一条折线 ON（图 2-8-3）。实际上从 λ 曲线的形状可知，即使分选密度真的是 1.30 g/cm^3（实际上是不可能的，因原煤中只有极少数煤密度小于 1.30 g/cm^3），同样也很难分选。因此，ε 曲线的两端没有什么实际意义。

2. 可选性曲线的应用

可选性曲线的主要用途有三个方面，一是评定原煤的可选性；二是利用曲线确定重力选煤过程的理论工艺指标；三是为计算数量效率和质量效率提供精煤理论产率及精煤理论灰分的数据。

(1) 评定原煤可选性

评定原煤可选性是指定性判断重力分选煤炭时的难易程度，判断时的依据是灰分特性曲线 λ 或密度曲线的形状。

① 观察与分析 λ 曲线的形状。λ 曲线的形状反映了入选原煤中可燃物与不可燃物的结合特性，而这一结合特性，正是在对产品质量有一定要求的前提下，判断可否分选及分选时的难易。现举几种特殊情况的例子加以说明。

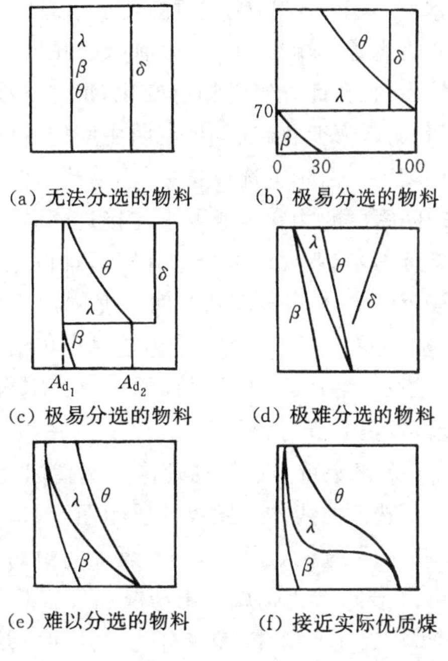

图 2-8-5　几种特殊煤炭的可选性曲线

图 2-8-5(a)是根本无法分选的物料可选性曲线，从图中可知，λ 曲线与纵坐标平行，说明在这种煤炭中，可燃的有机质与非可燃的矿物质呈微细、致密而又均匀的相互结合或浸染。故绝不可能用物理的方法分离出质量（灰分）不同的两种产物。此时的 β 曲线、θ 曲线都与 λ 曲线合为一体。

图 2-8-5(b)与前一种恰好完全相反，其 λ 曲线与横坐标轴平行。说明该煤炭是由可以全部燃尽的“纯煤”与根本不能燃烧的“纯矸石”混合而成的。从图中可以看出，当浮物产率为 70%时，浮物灰分为 0。而此时沉物产率为 30%，其灰分为 100%。可见是极易分选的煤。

图 2-8-5(c)所展示的可选性曲线中，λ 曲线是由相互垂直的折线所构成的，情况与图 2-8-5(b)相似，区别仅在于选出的浮物灰分为 A_{d_1}，选出的沉物灰分为 A_{d_2}。必须指出，若想选出灰分低于 A_{d_1} 的浮物和灰分高于 A_{d_2} 的沉物，那是不可能的，其理由同图 2-8-5(a)。因此，它也是极易选的煤。

图 2-8-5(d)中 λ 曲线是一条陡峭的斜直线，说明此种煤炭中有机质可燃物与矸石矿物

微细而致密地结合在一起，并且随着密度的增大，矸石在煤中的含量成正比地增加，因此极为难选。并且λ曲线越接近垂直，则分选越趋向不可能。

图 2-8-5(e)所反映的原煤，从低密度到高密度灰分变化情况近于图 2-8-5(d)所示，既不能从中选出低灰分精煤，也不能从中选出高灰分矸石。如若进行分选，精煤产率很低，经济上是不合理的。

图 2-8-5(f)中的λ曲线说明，其上部呈陡峭状，灰分低并且质地均匀，下部灰分高也均匀，中间线段近于水平，表明中间密度级的物料极少，基本情况大致近于图 2-8-5(c)。只要合理确定分选密度，煤与矸石易于分离，故仍属易选煤。

总之，在图 2-8-5 中所列的几种煤的可选性曲线，不少属于极端情况，实际上是根本遇不到或极难遇到的。但实际的λ曲线却往往是上述几种极端情况的综合或几种极端情况的过渡形式。因此，在实际生产中，要根据原煤总体性质，合理确定工艺指标，这是直接影响分选过程难易程度的关键。

② 观察和分析密度曲线的形状。密度曲线的形状反映了性质不同的煤，以及其密度和数量在原煤中的变化关系。这种关系可以代表该原煤的某种特征。例如，δ曲线上段(图 2-8-3)的形状近于垂直，表示原煤中低密度很多，若密度稍有增减，则浮煤量增减很大；而δ曲线另一端与 BC 坐标轴接近并且形状变化缓慢近于水平，这表示原煤中高密度的矸石较少，且在此处密度稍有变化，沉煤量变化不大。δ曲线的中段，即在 1.40～1.80 g/cm^3 之间，其斜率变化越明显，说明中间密度的煤量越多，若分选密度稍有变化，浮煤和沉煤的变化均较大。由于重选设备中，不易严格维持某一既定的分选密度，实际上总有些波动，因此如中间密度的物料多或要求在接近δ曲线陡峭线段处的分选密度进行分选时，该原煤是属于难选的，或者说这种分选制度是难以收效的。故有时可用 1.40～1.80 g/cm^3 或 1.50～1.80 g/cm^3 这个范围的中间密度物占原煤的百分比，作为评定原煤分选难易程度的指标，这一评定可选性的方法，曾称全量中煤法。

当然，用 δ±0.1 曲线同样可以评定入选原煤的可选性，而且比用全量中煤法更为科学合理，将在下节讨论。

(2) 确定重力选煤的理论分选指标

可选性曲线作为原煤性质的图示，是表示了被选原煤的质与量的关系。因此，除用来判断原煤的可选性，还可解决选煤工艺中的理论工艺指标和分选条件的问题。

① 要求重力选煤产出精煤和矸石两种产物，确定其理论指标。根据表 2-8-6 的入选原煤资料，决定要求精煤灰分为 10%时，从图 2-8-3 原煤可选性曲线上查找其他各项理论指标。

具体步骤：在 BC 坐标轴上找出灰分为 10%的点，由此点向上做一条垂直线与β曲线相交。过交点再做一平行 BC 的横线，该横线与 AB 轴的交点就是精煤产率，为 80%；与λ曲线的交点在 BC 坐标轴的读数为 25%，此乃分界灰分；与θ曲线的交点，从 BC 坐标轴可知矸石灰分为 61.5%，从 CD 纵坐标上知矸石产率为 20%；横线还与δ曲线有交点，由此交点向横坐标 DA 引一垂线，该垂线与 DA 横坐标交于 1.54 g/cm^3 密度处，即为理论分选密度；横线与δ曲线交点处向上引垂线，并与ε曲线相交，其交点在 AB 纵坐标轴上的读数为 15.6%，这就是当分选密度为 1.54 g/cm^3 时，分选密度±0.1 邻近物的产率。此原煤可选性等级属于易选。注意，若横线与δ曲线交点处向上所引的那条垂直线不与ε曲线相交，则

通过 δ 曲线也可计算出 $\delta \pm 0.1$ 的产率，即 $\gamma_{\delta \pm 0.1} = \gamma_{\delta + 0.1} - \gamma_{\delta - 0.1}$，而 $\gamma_{\delta + 0.1}$ 及 $\gamma_{\delta - 0.1}$ 通过 δ 曲线均可在纵坐标轴 AB 上查知。

② 重力选煤分选出精煤、中煤和矸石三种产物时，要求确定其分选的各项理论指标。当分选过程选出精煤、中煤及矸石三种产品时，三种产品的质与量的工艺理论指标不可能全部由可选性曲线上查出。其中有些指标需经计算方可求得，有的指标甚至还需再绘一条补充中煤曲线才能够获取。

(3) 计算重力选煤其分选作业的数量效率(η_e)和质量效率(η_z)

分选作业的数量效率是指精煤的实际产率与相当于精煤实际灰分时的理论产率的百分比，可用代号 η_e 表示。当已知精煤的实际产率后，利用图 2-8-3 中的 β 曲线，找出在该实际灰分时的精煤理论产率。可用数学式表述，即

$$数量效率\ \eta_e = \frac{精煤实际产率\ \gamma_p}{精煤理论产率\ \gamma_t} \times 100\% \tag{2-8-6}$$

分选作业的质量效率是指相当于精煤实际产率时的精煤理论灰分与精煤实际灰分的百分比，可用代号 η_z 表示。当已知精煤的实际产率后，利用图 2-8-3 中的 β 曲线，找出在该实际产率时的精煤理论灰分。用数学形式表述如下：

$$质量效率\ \eta_z = \frac{精煤理论灰分\ A_t}{精煤实际灰分\ A_p} \times 100\% \tag{2-8-7}$$

二、迈耶尔曲线(M 曲线)的绘制及应用

迈耶尔曲线是一种绘制简单，并可以扩展的可选性曲线。最初应用在选煤工艺上，很快获得推广，以后又迅速地应用在选矿工艺。目前我国选煤工艺中，H-R 曲线和 M 曲线同等使用。根据 1999 年 11 月出版的《选煤标准使用手册》中，亦推荐采用迈耶尔曲线(M 曲线)和密度曲线(δ 曲线)作为评定分选效果的可选性曲线。因此，有必要介绍 M 曲线的绘制及应用。

1. 绘制 M 曲线所用资料及坐标的确定

绘制 M 曲线仍使用原煤的筛分浮沉试验的综合资料，它与 H-R 曲线相比，绘制 M 曲线时，仅使用表 2-8-6 中浮物累计的两栏数据。

一般要求迈耶尔曲线(M 曲线)绘制在 200 mm×350 mm 坐标纸上。M 曲线在功能上代替了 H-R 曲线中的 λ、β 和 θ 三条曲线。为了使用方便，绘出 M 曲线后，可在同一坐标纸上，上方横坐标代表密度 δ，再绘出密度曲线 δ 和密度±0.1 曲线 ε。

绘制 M 曲线同样使用直角坐标。左侧纵坐标表示物料产率 γ，通常用 2 mm 长度表示 1%产率，自上而下由 0 到 100%，故该坐标总长为 200 mm；下方横坐标表示灰分，一般 10 mm 长度代表 1%的灰分。如果灰分也由 0 到 100%，那么，横坐标 A_d 总长度可达 1 000 mm，这既不便绘制，使用也没必要。因为实际上原煤灰分不会为 100%，多数灰分在 20%～30%之间，极个别高达 40%以上。因此横坐标轴 A_d 的长度应根据原煤平均灰分的大小来决定，一般横坐标多采用 350 mm，主要是考虑统一作图规范。如在实际工作中，确需标注大于 35%以上的高灰分值，可用相似三角形原理，将灰分坐标延伸到右侧的纵坐标轴上，其具体做法见图 2-8-6。注意，横坐标也可表示灰分量，即产率与灰分的乘积 γA_d，此时 10 mm 长度代表 100%%，作为分析 M 曲线时应用。

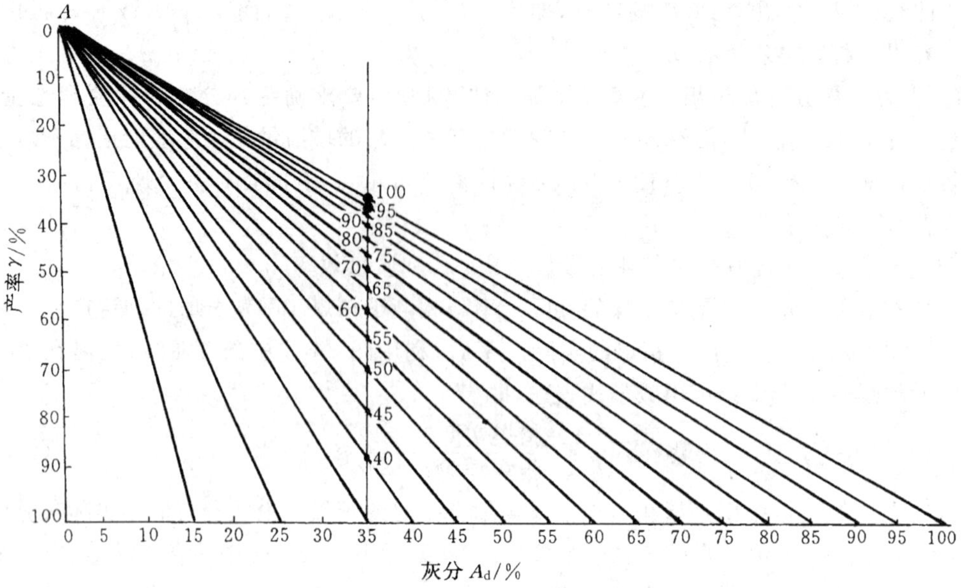

图 2-8-6 用作图法将大于35%的灰分值标注到右侧纵坐标

标注灰分的横坐标长度仅为 350 mm，即所能标注的最大灰分值为 35%，若想将大于35%的各灰分值，标注到由横坐标 350 mm 处所做垂线的右侧纵坐标上，可采用从左侧纵坐标 A 点连线的方法。左侧纵坐标的 A 点与横坐标上各灰分点的连线，必然都与右侧纵坐标轴有一个交点，该交点就是横坐标上相应灰分值的反射点，即代表了横坐标上大于 35%的各灰分值。这样，横坐标上的刻度可以放大，而总长度却缩短了，便于使用。

使用计算的方法，将大于横坐标上难以标注的各个灰分值计算出来，根据计算的数据直接绘图，该计算方法根据的是相似三角形原理，见图 2-8-7。

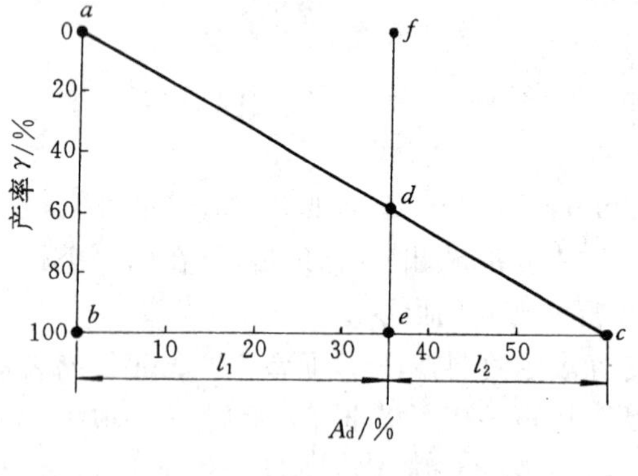

图 2-8-7 按相似三角形原理求出右侧纵坐标的各反映值

图 2-8-7 中横坐标 be 其长度 l_1 代表规定的灰分值，例如可取为 35%；ec 线段长度为 l_2，它的 c 点若标注的灰分为 60%，显然 l_2 长度代表灰分为 25%；若将 l_2 所代表的 25%灰分值反映到右侧纵坐标轴 fe(注意，$fe=ab$，但它是自 e 到 f 由 0 到 100%)上，按前述作图法，直线 ac 与 ef 有交点 d，它是横坐标 c 点灰分值的反射点。d 点在 ef 纵坐标上的位置，无需作图，计算就可以。因$\triangle abc \backsim \triangle dec$，故

$$\frac{de}{ab} = \frac{l_2}{l_1 + l_2}$$

因 $ab = 100\%$，用 10 mm 代表 1% 灰分，则 $l_1 = 350$ mm，$l_2 = 250$ mm，将全部数值代入上式，则

$$de = \frac{250}{350 + 250} \times 100\% = 41.67\%$$

即横坐标上灰分为 60%反映到右侧纵坐标时，是由下往上在 41.67%的位置(即 d 点所在

处)上。换而言之,在右侧纵坐标上 41.67%那点,代表横坐标 60%的那个灰分点。用这种方法,可将横坐标上大于某一规定灰分值的各灰分点,经计算转换标注到右侧纵坐标 fe 上。现将大于 35%的各灰分在右侧纵坐标上转换点位置的计算值列于表2-8-7。

表 2-8-7　横坐标灰分值在右侧纵坐标上的对应点位置

横坐标灰分值/%	36	37	38	39	40	41	42	43	44	45	46
右侧纵坐标对应点/%	2.78	5.41	7.90	10.26	12.50	14.63	16.67	18.60	20.45	22.22	23.91
横坐标灰分值/%	47	48	49	50	55	60	65	70	80	90	100
右侧纵坐标对应点/%	25.53	27.08	28.57	30.00	36.36	41.67	46.15	50.00	56.25	61.11	65.00

若横坐标长度不是取 350 mm,而是其他数值,同样可按上述办法算出在右侧纵坐标上各相应点的位置。

2. 迈耶尔曲线的基本原理

迈耶尔曲线的基本原理是将不同密度级的煤或不同种的煤之数量与质量特征用矢量表示,并用矢量相加的方法解决若干个密度级物料的数量和质量的累计,或解决两种及两种以上不同种煤混合后的数、质量和。

为了便于表述 M 曲线的基本原理,以表 2-8-8 的数据为例加以说明。

表 2-8-8　某种煤样浮沉试验综合资料

密度级 /(g/cm³)	浮沉煤样			浮物累计		
	产率 γ /%	灰分 A_d /%	灰分量 $\gamma\times A_d$ /%%	产率 γ /%	灰分 A_d /%	灰分量 $\gamma\times A_d$ /%%
1	2	3	4	5	6	7
<1.30	40	5.0	200.0	40	5.0	200.0
1.30～1.40	20	8.0	160.0	60	6.0	360.0
1.40～1.50	20	12.0	240.0	80	7.5	600.0
>1.50	20	20.0	400.0	100	10.0	1 000.0
合　计	100	10.0	1 000.0			

将表 2-8-8 中的各项数据表示在图 2-8-8 中,而图 2-8-8 的左侧纵坐标表示产率 γ,横坐标代表灰分量,即每 10 mm 长度代表灰分量 100%%。需要时还可当灰分坐标轴使用,即每 10 mm 长度表示 1%的灰分。

小于 1.30 g/cm³ 的煤,其数量和质量表示在图 2-8-8 上的方法是根据表 2-8-8 中第 2、4 两栏数据,确定出 A 点,自原点 O 画出矢量$\boldsymbol{OA}$,则矢量$\boldsymbol{OA}$就表示了小于 1.30 g/cm³ 煤的数量和质量特征。在$\triangle ONA$ 中,ON 表示了该煤的产率为 40%;NA 表示了该煤的灰分量 200%%(也可以说矢量$\boldsymbol{OA}$在纵坐标上的投影为该煤浮物产率,而在横坐标上的投影即为该煤的灰分量);而矢量$\boldsymbol{OA}$的斜率,则代表了该煤的灰分。从图 2-8-8 中可以看出,$\triangle ONA \backsim \triangle OPE$。而小于 1.30 g/cm³ 煤的累计灰分量 $NA=\sum^{-1.30}\gamma A\,\%\%$,其产率 $ON=\sum^{-1.30}\gamma\%$,则小于 1.30 g/cm³ 煤的灰分 $A_{-1.30}=\dfrac{\sum^{-1.30}\gamma A\,\%\%}{\sum^{-1.30}\gamma\%}=\dfrac{NA}{ON}$,故$\dfrac{NA}{ON}$是$OA$ 的斜率。OA 延线交横

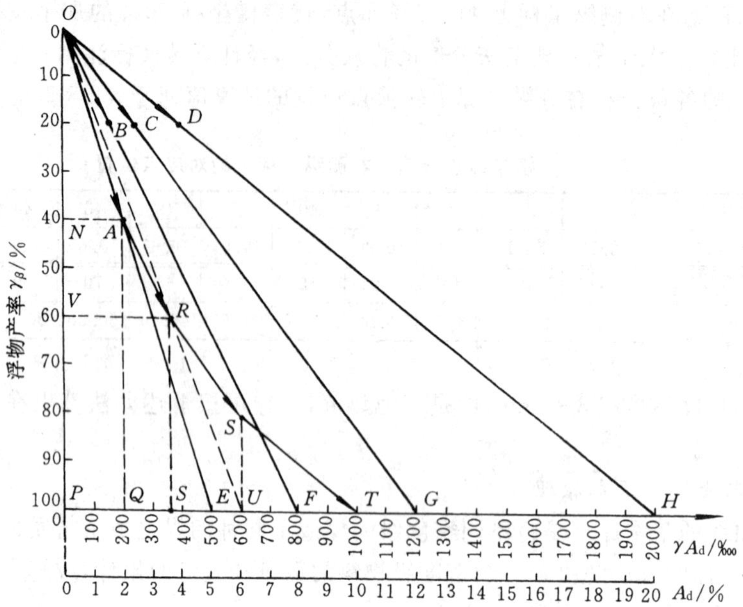

图 2-8-8 迈耶尔曲线基本原理的图示

坐标于 E 点，$\frac{NA}{ON}=\frac{PE}{OP}$，而 $OP=100\%$，所以 $A_{-1.30}=PE\%=5.0\%$。

同理，密度为 1.30～1.40 g/cm³ 的煤，用表 2-8-8 中第 2、4 两栏数据画出矢量 $\boldsymbol{OB}$。以此类推，矢量 $\boldsymbol{OC}$ 和矢量 $\boldsymbol{OD}$ 分别表示 1.40～1.50 g/cm³ 和大于 1.50 g/cm³ 两个密度级物料。

小于 1.40 g/cm³ 的浮物累计，是自 A 点作矢量 $\boldsymbol{AR}$，方向与 $\boldsymbol{OB}$ 平行，长短与 $\boldsymbol{OB}$ 相等。自原点 O 与 R 点的连线 $\boldsymbol{OR}$ 是 $\boldsymbol{OA}$ 与 $\boldsymbol{OB}$ 两矢量之和，从图中可知，OR 在 OP 上的投影 OV 即是小于 1.40 g/cm³ 浮物的累计产率 60%；OR 在横坐标上的投影 PS 是小于1.40 g/cm³ 浮物的累计灰分量 360%%，这与表 2-8-8 第 7 栏数据一致；而其累计灰分则等于矢量 $\boldsymbol{OR}$ 的斜率 $\frac{VR}{OV}$，因 $\triangle OVR \backsim \triangle OPU$，$U$ 是矢量 $\boldsymbol{OR}$ 延线与横坐标的交点，如横坐标表示灰分，则 U 点恰落在灰分坐标轴上 6.0%点上。同理，自 R 点作矢量 $\boldsymbol{RS}$，令其平行并等于矢量 $\boldsymbol{OC}$，再从 S 点画出矢量 $\boldsymbol{ST}$，平行并等于矢量 $\boldsymbol{OD}$，于是形成了 $OARST$ 折线，此折线表示了表 2-8-8 中 4 个密度级累计后的数、质量特征。如不是 4 个密度级的煤，而是无穷多个密度由低到高的煤，利用上述矢量相加的方法，逐渐累计后，所得到的将不再是一条折线，而是一条平滑曲线。这就是根据原煤浮沉试验资料，绘制成迈耶尔曲线的基本原理。

3. 迈耶尔曲线的绘制

从 O 点开始在纵坐标 γ_β 和横坐标 A_d 上按照表 2-8-6 第 4、5 栏各数据点画出可选性曲线，该曲线取代 H-R 曲线中 β、λ 和 θ 三条曲线，其具体画法如图 2-8-9 所示。左侧纵坐标轴为浮物产率 γ_β，下方横坐标轴为灰分 A_d（必要时可视其为灰分量坐标轴，此时每 10 mm 长度代表 100%%）。为了考虑使用方便，加一上方横坐标轴代表密度 δ，以绘制 δ 曲线和 ε 曲线。根据需要右侧纵坐标作延伸 A_d 之用。

各灰分值点连线，得 Oa、Ob、Oc、Od、Oe、Of、Og 和 Oh 共 8 条斜线；再用第 4 栏累计浮物产率的数值，在左侧纵坐标轴上标注出各相应的累计产率点，自这些产率点，由上而下依

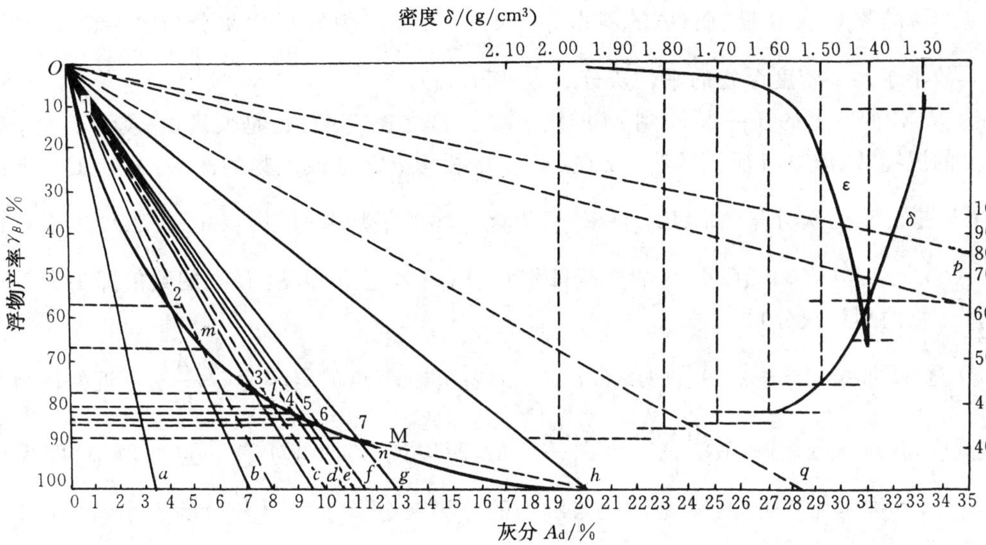

图 2-8-9　0.5～50 mm 粒级入选原煤 M 可选性曲线及 δ、ε 曲线

（根据表 2-8-6 原煤浮沉试验资料绘制）

次引出 7 条水平线。7 条水平线分别与 Oa、Ob、Oc、Od、Oe、Of 及 Og 7 条斜线相交于 1、2、3、4、5、6、7 各点。包括 O 点及 h 点在内将上述 9 个点以平滑曲线连之，即得 M 曲线。

在实际工作中，有人使用细丝线绘制迈耶尔曲线，即根据表 2-8-6 中的浮物累计数据，从左侧纵坐标上端之原点 O 与各平均灰分点一一连接绷紧，然后找出累计产率与各斜线的交点，用平滑曲线将各交点连接，就获得一条 M 曲线。

4. 迈耶尔曲线的特点

通过制作 M 曲线的过程及对 M 曲线基本原理的分析可以看出，M 曲线能起到 β、λ 及 θ 三条曲线的作用，参看图 2-8-10 可得如下分析：

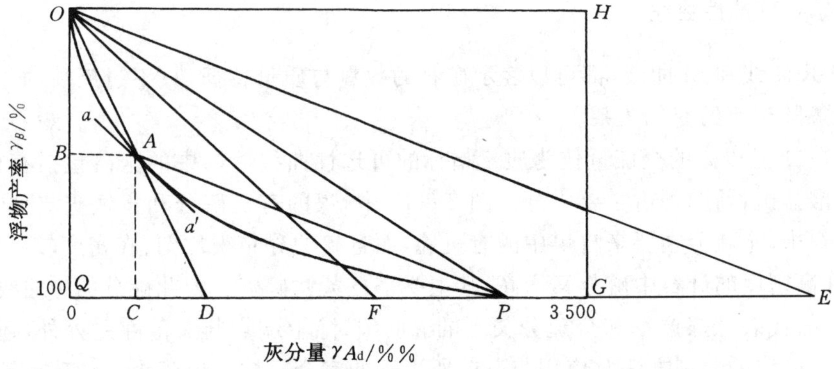

图 2-8-10　迈耶尔曲线特性图示

① 从浮物产率的纵坐标上端点 O 与 M 曲线上任一点 A 之连线，表示矢量**OA**，体现了小于某一密度的浮物数量与质量的特征。

② 矢量**OA**在 OQ 坐标上的投影 OB，是浮物的累计产率，**OA**在横坐标 QG 上的投影

QC，是浮物的累计灰分量；而$\boldsymbol{OA}$的斜率$\frac{BA}{OB}=\frac{QD}{OQ}$为该浮物的平均灰分（$BA=QC$，$OQ=100\%$，故小于某一密度浮物的平均灰分$A_{-\delta}=QD\%$）。

③ 从M曲线上的任一点A到M曲线末端点P之连线$\boldsymbol{AP}$也是矢量，它表示了大于某一密度的沉物数、质量特征。显然，$\boldsymbol{AP}$在OQ上的投影BQ是该沉物的产率；$\boldsymbol{AP}$在QG上的投影CP是沉物的灰分量，而$\boldsymbol{AP}$之斜率$\frac{CP}{AC}$为该沉物的平均灰分$A_{+\delta}$（$AC=BQ$，自O点作$OE /\!/ AP$，E点是OE和QG延线的交点，因为$\triangle PCA \backsim \triangle EQO$，故$E$点的数值即为大于某一密度沉物的累计灰分）。

④ 过M曲线上任一点A做切线aa'，aa'的斜率即A点的斜率为$\frac{\mathrm{d}(\gamma A)}{\mathrm{d}\gamma}$，可近似认为在$\mathrm{d}\gamma$范围内，各点灰分相同，故$\frac{\mathrm{d}(\gamma A)}{\mathrm{d}A}=\frac{A_{\delta}\mathrm{d}\gamma}{\mathrm{d}\gamma}=A_{\delta}$，所以说M曲线上任一点的斜率，即为该点的灰分，可称基元灰分，也就是浮物与沉物的分界灰分。求分界灰分的大小，可自O点做一平行于aa'的斜线交QG于F点，F点在横坐标的数值即A点处的分界灰分（基元灰分）。

通过上述分析，迈耶尔曲线的特点归纳起来，有下述两点：

① 曲线上任意点的纵坐标表示浮物产率，横坐标表示浮物的累计灰分量。曲线上任何一点的斜率表示该点的分界灰分，即基元灰分。曲线上任意点与P点的连线，在纵坐标上的投影表示沉物的累计产率；在横坐标上的投影表示沉物的累计灰分量。

② 曲线上做任何一条割线（如OA、AP、OP等）均可认为它代表某一密度级或某一种煤，该割线在纵坐标上的投影代表这部分煤的产率，而在横坐标上的投影表示该煤的灰分量，割线的斜率为该煤的灰分。既然将每条割线都可看成代表相应的某种煤的矢量，因此，可将一种煤分成几种，也可将几种煤合成一种，其办法都是用矢量相加或相减的原则，例如，$\boldsymbol{OA}+\boldsymbol{AP}=\boldsymbol{OP}$。

三、矿石可选性曲线

用H-R曲线和M曲线，都可以表示矿石的数量与质量特征，只不过反映的是产品品位和金属量等随产率的变化关系。

图2-8-11是以煤的全硫量作为质量指标的可选性曲线。煤中的全硫包括有机硫、黄铁矿硫和硫酸盐硫，前两种占主要成分。图2-8-11中，煤的有机硫分和黄铁矿硫分含量都高。在低密度煤中，全硫分主要来自煤中的有机硫，而且硫的分布很均匀；在密度较高的煤中，硫分最低；在高密度的矸石中硫分又增高，其主要来自黄铁矿硫。因此硫分的λ曲线不是一条规则的曲线，代表浮煤产率和全硫分关系的β曲线，除上端点与λ落在一处外，还与λ曲线相交。各条曲线的绘制方法及应用与以前所论述的完全一样。由于煤中的硫分不如灰分那样高，因此代表硫分的坐标值比例尺也可稍大些。

图2-8-12是铁矿石含铁量的可选性曲线。铁矿石中的有用矿物是高价氧化铁矿物，密度高；氧化硅等密度较低的矿物是杂质矿物。图中沉物产率γ_{θ}代表精矿的数量指标，而浮物产率γ_{β}则代表尾矿的数量指标。从图2-8-12中的λ曲线形状可知，有用矿物与杂质矿物的结合是很致密的，故它是难选矿石。

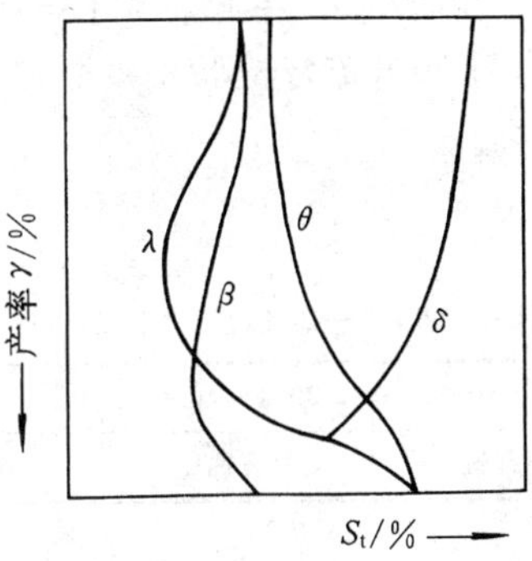

图 2-8-11　煤中含硫量的可选性曲线

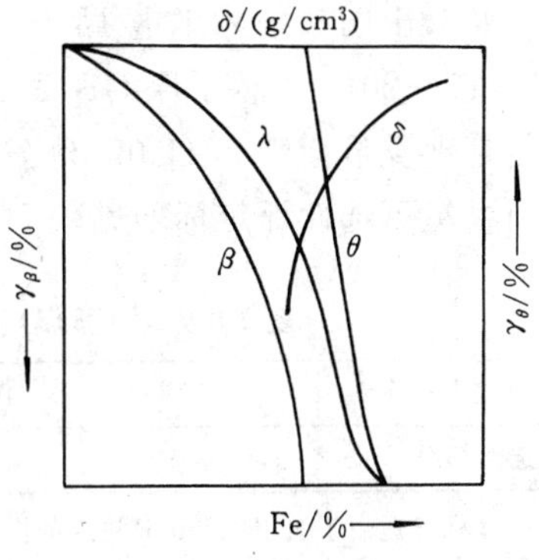

图 2-8-12　铁矿石含铁量的可选性曲线

图 2-8-13 为某矿 0.1～5 mm 锰矿石的迈耶尔可选性曲线。绘制该曲线时，只需该矿石浮沉试验资料综合表中的沉物累计产率 γ_θ 和金属量 $\gamma_\theta\beta_\theta$（沉物累计产率与沉物累计金属量之乘积）两栏数据即可。精矿品位 β 可根据 M 曲线的斜率求出，因而一条 M 曲线同样表达了精矿产率、精矿品位和金属回收数量的关系。为了求任一产率下的精矿品位，可用解析法，也可用图解法。图 2-8-13 中，M 曲线上 b 点处，其产率等于 Ob 在横坐标上的投影 Oa，金属量等于 Ob 在左侧纵坐标上的投影 Oc，品位

$$\beta = \frac{ab}{Oa} = \frac{Oc}{Oa}$$

若用图解法，则可由坐标原点 O 引直线经 b 点交于右侧纵坐标之 d 点，根据相似三角形对应边成比例的原理，则可得

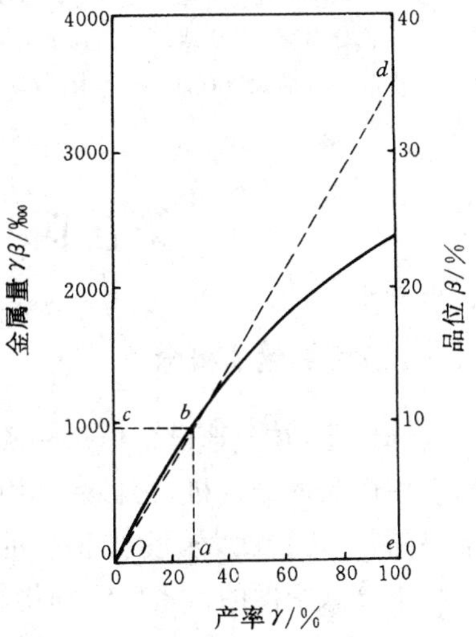

图 2-8-13　某锰矿石的 M 曲线

$$\beta = \frac{ab}{Oa} = \frac{ed}{Oe}$$

因线段 Oe 代表产率为 100%，故线段 ed 的长度即代表品位，从图中可看出其数值比对应的 $\gamma\beta$ 值小 100 倍。

第四节　中国煤炭可选性的评定标准

煤炭的密度组成特征用可选性曲线表示，从 λ 曲线的形状或 β 曲线的形状可以反映出该煤分选的难易程度，但这仅是性质上的概念，而没有数值上的概念，不便于比较和评定。为此，需要对煤炭的可选性有一个比较科学而又能切合实际的评定标准。各国煤质情况不尽相同，加上经济技术的发展水平也存有差异，故各国均有适应自己国情的煤炭可选性评定标准。在 20 世纪 80 年代以前，我国煤炭可选性分类没有自己的评定标准，而是采用其他国家所使用的、不适合我国煤质情况的评定标准。MT 56—81 是我国第一个煤炭可选性评定方法的行业标准，1982 年 1 月 1 日开始执行。经修订，并将其升格为国家标准，GB/T

16417—1996，由国家技术监督局于1996-06-14批准、1997-02-01实施。现行的国家标准GB/T 16417—2011代替了原GB/T 16417—1996，由国家质量监督检验检疫总局和中国国家标准化管理委员会于2011-09-29发布、2012-03-01实施。

中国煤炭可选性评定标准见表2-8-9。

表2-8-9 中国煤炭可选性评定标准(GB/T 16417—2011)

δ±0.1含量/%	≤10.0	10.1～20.0	20.1～30.0	30.1～40.0	>40.0
可选性等级	易选	中等可选	较难选	难选	极难选

注：(1) 本标准适用于大于0.5 mm粒级的煤炭；

(2) δ±0.1含量按理论分选密度计算；

(3) 理论分选密度按指定的精煤灰分确定(取小数点后两位)；

(4) 当采用的理论分选密度小于1.70 g/cm³时，则以扣除沉矸(+2.00 g/cm³)为100%计算δ±0.1含量，当理论分选密度等于或大于1.70 g/cm³时，以扣除低密度物(−1.50 g/cm³)为100%计算δ±0.1含量；

(5) δ±0.1含量以百分数表示，计算结果取小数点后一位。

第五节 分配曲线及其特性参数

一、分配曲线的概念

重选作业，在分选设备中每一次按密度分选只能得到两种产物，即重产物和轻产物，对于出三种产品的分选机，物料在其中实际上是进行了两次分选。物料在分选机中理想的分选结果是：一切密度大于分选密度的高密度级别物料应百分之百地分配到重产物中去，一切密度小于分选密度的低密度级别物料应百分之百地分配到轻产物中去。见图2-8-14(a)的情况，这是理想的分选。但是，实际上这是不可能的。好的分选情况是：高密度级别物料只能是大部分地进入重产物，低密度级别物料必然会有一小部分误入重产物中去。同样，低密度级别物料也只能是大部分地进入轻产物中去，高密度级别物料也必然会有一小部分误入到轻产物中去，见图2-8-14(b)的情况。它服从数理统计中的统计规律。

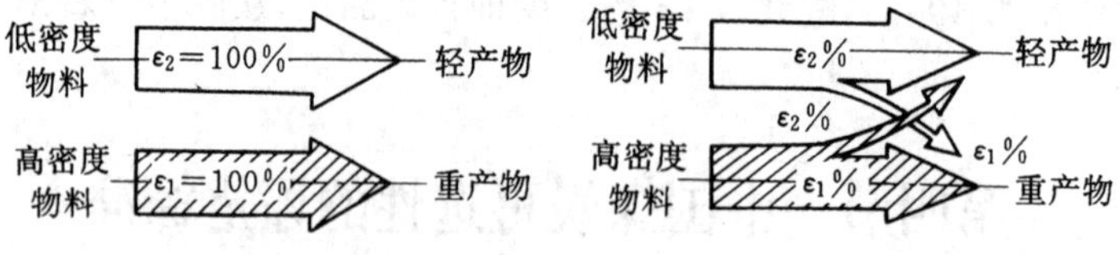

(a) 理想的分选结果　(b) 实际的分选结果

图2-8-14 物料在产物中分配规律示意图

把矿粒在产物中按密度分配的统计规律用分配率来表示。在分选过程中，把原料中某个密度级别进入到重产物中去的数量占原料中该密度级别的百分数称为该密度级别在重产物中的分配率，以符号“ε_1”表示。这个密度级别进入到轻产物中去的数量占原料中该级别的百分数，称为该密度级别在轻产物中的分配率，以符号“ε_2”表示。由于每一次分选只出两种产物，因此ε_1和ε_2之和恒等于百分之百，即

$$\varepsilon_1 + \varepsilon_2 = 100\% \tag{2-8-8}$$

从分配率的上述定义中可以看出，一个密度级别的分配率 ε_1，实际上就是这个密度级别在分选过程中落入重产物中去的概率。例如 $\varepsilon_1 = 70\%$ 时，就意味着该密度级在分选机中有 70%的可能性或 70%的机会将进入重产物中去。重选分选结果服从数理统计规律。

在生产、科研实践中，可以根据技术检查资料计算出每个密度级在重产物（或轻产物）中的分配率 ε_1（或 ε_2）。以密度级别的平均密度值为横坐标、分配率 ε_1（或 ε_2）为纵坐标，将资料中各密度级别的相应数值标在坐标系中，将各点连成曲线，该曲线称为分配曲线。按重产物分配率 ε_1 值绘出的曲线称为重产物的分配曲线，即图 2-8-15 中的实线；按轻产物分配率 ε_2 值绘出的曲线称为轻产物分配曲线，即图 2-8-15 中的虚线。分配曲线最早是由荷兰工程师特鲁姆普(K. F. Tromp)于 1937 年提出来的，所以在一些著作及技术文献中也将其称为 T 曲线或特鲁姆普曲线。

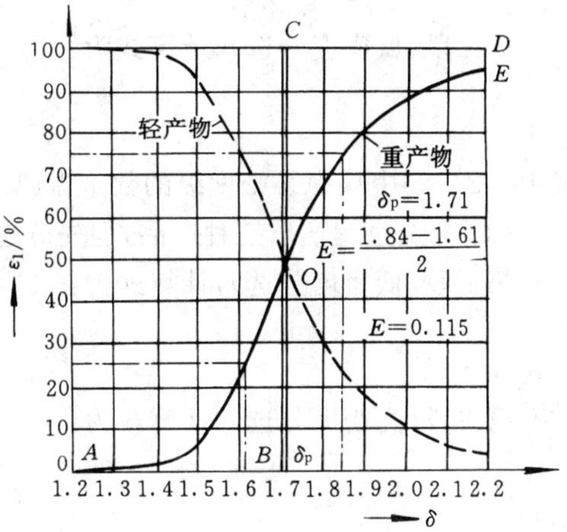

图 2-8-15　分配曲线

由于 $\varepsilon_1 + \varepsilon_2 = 100\%$，所以这两条曲线是完全对称的，而且必然在分配率为 50%处相交。使用时只画其中一条曲线就够了，习惯上经常使用重产物的分配曲线。密度愈高，进入重产物中去的机会自然愈多，ε_1 也愈大，因此，重产物分配曲线表现为一条单调上升的曲线。

分配率为 50%处的密度称为分配曲线的实际分选密度，以符号“δ_p”表示。分配曲线的统计意义说明分配率为 50%时的密度级别进入到轻、重两种产物中去的机会均等，各为 50%。而密度小于实际分选密度 δ_p 的物料，大部分进入了轻产物；密度大于 δ_p 的物料，则大部分进入了重产物。

在按密度分选的理想条件下，密度小于 δ_p 者，在重产物中的分配率 ε_1 均为零；密度大于 δ_p 者，ε_1 均应为 100%。此时所得的分配曲线应是图 2-8-15 中的折线 *ABCD*，实际生产过程不可能达到如此完善的程度，因此，实际的分配曲线将偏离于这条折线。曲线形状愈平缓，偏离的程度愈大，表明分选效果愈差；曲线形状愈陡，偏离的程度愈小，表明分选效果愈好。因此，可以根据分配曲线的形状陡与缓的程度来评定分选效果的好与坏。

二、分配曲线的绘制

绘制分配曲线采用常数直角坐标。左边纵坐标为重产品分配率，下面原点为 0，上面终点为 100；右边纵坐标为轻产品分配率，上面原点为 0，下面终点为 100，以 2 mm 长度代表 1%分配率。横坐标为密度，密度范围视需要而定，以 2 mm 长度代表 0.01 g/cm^3，总长度可取 200 mm。按规定只画重产品一条分配曲线。

绘制分配曲线时，采用重产品分配率，计算方法如下：

(1) 分选过程为两种产品，其计算式为：

$$\varepsilon = \frac{G}{J + G} \tag{2-8-9}$$

式中 J、G——分别为精煤及矸石中某密度级的数量占原煤的百分数。

(2) 分选过程产出三种产品，若先分选出重产品(如矸石)时，

第一段(高密度分选)，计算式为：

$$\varepsilon_{\text{I}} = \frac{G}{J+Z+G} \tag{2-8-10}$$

第二段(低密度分选)，计算式为：

$$\varepsilon_{\text{II}} = \frac{Z}{J+Z} \tag{2-8-11}$$

式中 Z——中煤中某密度级的数量占原煤的百分数。

(3) 分选过程产出三种产品，但先分选出轻产品(如精煤)时，

第一段(低密度分选)，计算式为：

$$\varepsilon_{\text{I}} = \frac{Z+G}{J+Z+G} \tag{2-8-12}$$

第二段(高密度分选)，计算式为：

$$\varepsilon_{\text{II}} = \frac{G}{Z+G} \tag{2-8-13}$$

式中 ε、ε_{I}、ε_{II}——分配率(数值取到小数点后第二位)。

现通过实例，叙述分配率的计算和分配曲线的绘制。

我国某选煤厂，采用立轮重介质分选机处理 0.5～80 mm 粒级经跳汰机分选后的中煤，选出精煤和最终中煤两种产物。精煤实际产率 γ_j=18.60%，中煤实际产率 γ_z=81.40%，其入料及各产物的密度组成如表 2-8-10 所示。

表 2-8-10 分配率计算表

密度级 /(g/cm³)	平均密度 /(g/cm³)	入料密度组成/%	中煤密度组成		精煤密度组成		计算原煤 /%	分配率 ε/%
			占产物/%	占入料/%	占产物/%	占入料/%		
1	2	3	4	5	6	7	8	9
～1.30	1.25	1.9	0.3	0.24	8.8	1.64	1.88	12.8
1.30～1.40	1.35	16.3	6.4	5.21	67.7	12.59	17.80	29.3
1.40～1.50	1.45	20.6	21.3	17.34	16.9	3.14	20.48	84.7
1.50～1.60	1.55	14.6	17.6	14.33	3.4	0.63	14.96	95.8
1.60～1.80	1.70	16.9	17.9	14.57	2.4	0.45	15.02	97.0
+1.80	2.10	29.7	36.5	29.71	0.8	0.15	29.86	99.5
合 计		100	100	81.40	100	18.60	100	

第一步：将产物的密度组成中各密度级占产物的百分数换算成占入料的百分数。

根据已知产物的产率 γ_j、γ_z，将产物密度组成中各密度级的质量百分数，即表中第 4 栏和第 6 栏的各项数据，换算成占入料质量的百分数，并填入表中第 5 栏及第 7 栏。这样，就使两产物的密度组成质量百分数具有统一的基础。

具体换算方法是：

第 5 栏数据 = 第 4 栏数据×γ_z/100； 第 7 栏数据 = 第 6 栏数据×γ_j/100

第二步：求计算原煤的密度组成。

将中煤及精煤中各密度级占入料的百分数两两相加(即第 5 栏和第 7 栏数据对应相加)即计算原煤的密度组成,列入第 8 栏中。

第 8 栏计算原煤是根据产物的密度组成综合求得的,与第 3 栏对比,可以看出:计算原煤的密度组成与实际入选原煤的密度组成虽然相近,但并不相同。其原因,一是虽然两者同指同一原料的密度组成,但因试验资料本身不可避免地存在着误差,致使两者不能完全吻合;二是原料煤在分选过程发生解离与泥化。入选原料煤的密度组成是选前取样得到的,而计算原煤则是由选后产品的浮沉组成,再经综合计算求出的。故两者会有差异。在计算分配率时应采用计算原料煤的数据。

第三步:计算分配率。

根据分配率定义,按下式可求出各密度级在重产物(中煤)中的分配率 ε%:

$$\varepsilon = \frac{\text{第 5 栏数据}}{\text{第 8 栏数据}} \times 100\%$$

将上式计算结果列于表第 9 栏中。

第四步:画分配曲线。

根据分配率和表中第 2 栏平均密度值,在常数坐标纸上画出各密度级的分配点,用描点法将各点连成曲线。如图 2-8-16 所示。

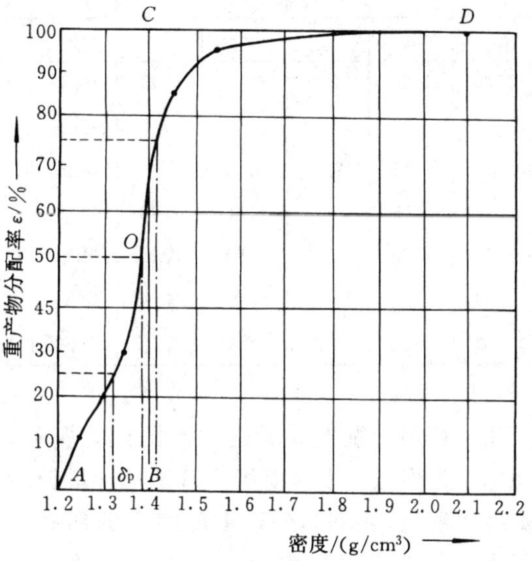

图 2-8-16　分配曲线

如前所述,各密度级的分配率所对应的密度为该密度级上下限的算术平均值。至于小于 1.30 g/cm³ 及大于 1.80 g/cm³ 的两个密度级的平均密度应采用实测值为佳。当然,从该选煤厂入选原煤的密度-灰分关系曲线上查得也可以。由于原煤性质的不同,对于没有下限或没有上限的密度级,其平均密度值有时差别很大。表 2-8-11 中列出了我国某选煤厂各种原煤中小于 1.30 g/cm³ 和大于 1.80 g/cm³ 平均密度值供参考。

表 2-8-11　某选煤厂－1.30 g/cm³ 及＋1.80 g/cm³ 密度级的平均密度

项　目		煤种							
		萍乡煤	资兴煤	石节煤	笠山煤	牛马司煤	五阳煤	桥头河煤	王庄煤
－1.30 g/cm³	灰分/%		1.96	2.20			3.84		
	平均密度/(g/cm³)		1.26	1.27			1.27		
＋1.80 g/cm³	灰分/%	78.65	80.64	74.73	69.34	81.45	71.05	75.16	80.06
	平均密度/(g/cm³)	2.39	2.35	2.25	2.31	2.40	2.50	2.50	2.31

在缺乏资料时,－1.30 g/cm³ 密度级的平均密度可近似地取 1.25 g/cm³;＋1.80 g/cm³ 密度级的平均密度由矸石的组成和灰分而定,一般可取 2.20～2.30 g/cm³。

对于出三种产物的跳汰机,应分别绘制跳汰机第一段和第二段的分配曲线。在第一段如前所述，重产物是矸石，轻产物是中煤加精煤的中间产物。中间产物进入跳汰机第二段以后继续进行分选，得到第二段的重产物——中煤及轻产物——精煤。三产品原料及产物的浮沉组成、分配率计算见表 2-8-12。分配曲线见图 2-8-17。根据需要，有时把矸石和中煤合在一起作重产物，精煤作轻产物，而绘出的分配曲线称为整机的分配曲线。

表 2-8-12 三产品跳汰机分配率计算表

密度级 /(g/cm³)	平均密度 /(g/cm³)	入料浮沉组成 /%	矸石浮沉组成 占产物 /%	矸石浮沉组成 占入料 /%	中煤浮沉组成 占产物 /%	中煤浮沉组成 占入料 /%	精煤浮沉组成 占产物 /%	精煤浮沉组成 占入料 /%	计算原煤浮沉组成 /%	计算精煤和中煤组成 /%	分配率 第一段 ε_{I-1}	分配率 第二段 ε_{II-1}
1	2	3	4	5	6	7	8	9	10	11	12	13
−1.30	1.25	19.38	0.68	0.21	20.17	3.72	36.10	18.20	22.13	21.92	0.95	17.00
1.30～1.40	1.35	33.79	1.19	0.37	30.28	5.61	44.52	22.62	28.60	28.23	1.29	19.90
1.40～1.50	1.45	12.02	0.89	0.28	18.25	3.38	13.75	6.94	10.60	10.32	2.64	32.75
1.50～1.60	1.55	5.80	2.45	0.76	13.34	2.47	3.89	1.96	5.19	4.43	14.67	55.70
1.60～1.80	1.70	5.59	8.09	2.52	11.16	2.06	1.12	0.57	5.14	2.63	48.90	78.40
+1.80	2.30	23.42	86.70	26.96	6.80	1.26	0.22	0.11	28.34	1.37	95.00	92.10
合 计		100.00	100.00	31.10	100.00	18.50	100.00	50.40	100.00	68.90		

用于绘制分配曲线所需的浮沉试验资料，理想情况是多做几个密度级。对于其含量较高的那些密度级，尤其是分选密度附近的那些密度级别，最好按密度间隔为 0.05 g/cm³ 将它们进一步划窄，进行浮沉。此外，浮沉试验的最高密度级，理想情况配制为 2.00 g/cm³。对于无烟煤用于排矸的重介质分选机，由于实际分选密度较高，所以浮沉试验只能配到 1.80 g/cm³ 密度级，因此在分配曲线的右方只有一个密度点，甚至连一个密度点也没有，画不出一条完整的曲线，用起来较困难。一般说来，应使分配曲线在分选密度两侧都能有 2～3 个点才合适。

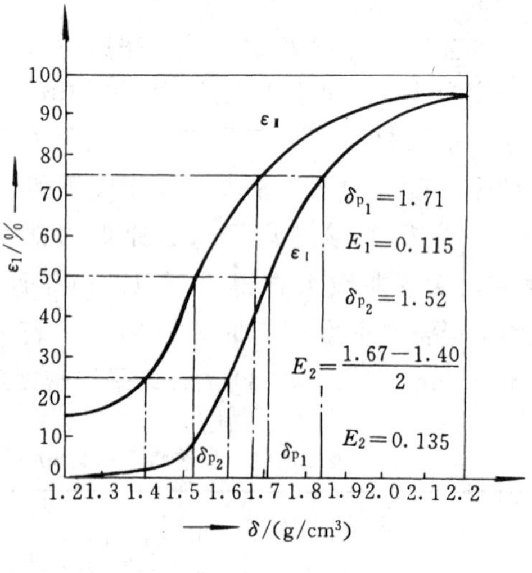

图 2-8-17 三产品跳汰机分配曲线

在分配曲线上分配率为 50% 的分选密度与在可选性曲线上所求的分选密度是不同的。在分配曲线上查得的分选密度表示选煤过程中实际的分选密度；而在可选性曲线上查得的分选密度则是理想的（或称理论的）分选密度。同样，分配曲线是根据产物的实际产率计算的分配率绘制的，而可选性曲线上所查得的产率则是理论产率。

三、分配曲线的特性参数

物料经重力分选过程，获得了按密度分选的结果，这个结果的好坏，用分配曲线的图形得到最直观和最详尽的描述。但是分配曲线的形态是多种多样的，为了便于对比和分析，因此将整个分配曲线归纳成几个特性参数。基于对分配曲线是正态分布还是非正态分布的认识不同，故其特性参数也不一样。

1. 呈正态分布的特性参数

分配曲线在坐标中的位置及形状就决定了分配曲线的特性，而表征该特性的参数，根据脱拉的理论，认为分配曲线符合按密度分布的正态累计概率曲线，故用分选密度 δ_p 作为表示曲线位置的特性参数，用可能偏差 E 值作为衡量分配曲线形状的特性参数。分配曲线表达式为：

$$P = \frac{1}{\sigma\sqrt{2\pi}}\int_{-\infty}^{\delta} e^{-\frac{(\delta-\delta_p)^2}{2\sigma^2}} d\delta \tag{2-8-14}$$

式中　σ——任一随机变量 δ 偏离分布中心 δ_p 的方根差，在数理统计中称为标准误差；

　　　e——自然对数的底。

以后别留戈提出分配曲线应符合按 $\lg(\delta-\rho)$ 分布的理论，所以又出现用不完善度 I 值作为特性参数，来评定分选过程的效果。

分选密度是实际重选过程中，轻、重两种产物的分离密度，也就是实际分选密度。从数学上说，它是正态分布的分布中心，即分配率为 50%所对应的密度，密度等于该密度的物料进入到两种产物中去的机会具有相等的可能性。

可能偏差 E 是从数学中的可能误差（或然误差）引用来的。可能误差是指有一半的概率（即有 50%的机会）可能发生，有一半概率不可能发生的误差。如果分选密度为 δ_p，则可能误差相当于分配率为 25%（或 75%）处的密度值 δ_{25}（或 δ_{75}）与 δ_p 之间的差值。因为从累计概率曲线的意义上看，误差超过 δ_{25} 及 δ_{75} 的概率都占 25%，故在 $\delta_{75}\sim\delta_{25}$ 之间出现的概率正好为 50%。若是完全的正态分布，则分配曲线在分配率为 50%左右是对称的，即 $\delta_{75}-\delta_p=\delta_p-\delta_{25}$，但实际上往往不对称，故常取

$$E = \frac{\delta_{75}-\delta_{25}}{2} \tag{2-8-15}$$

对于一个重选过程或者说对于一台重选设备，其分选效果的好坏，可用 E 值作为一个评定指标。基于分配曲线符合正态分布规律，除位置取决于分选密度 δ_p 外，曲线形状则完全由标准误差 σ 来决定。从统计学可知：

$$E = \delta_{75}-\delta_p = \delta_p-\delta_{25}$$

且

$$t_{75} = \frac{1}{\sigma}(\delta_{75}-\delta_p) = 0.674\ 5 \tag{2-8-16}$$

式中　t_{75}——分配率为 75%时的标准化离差。

可导出正态分布的标准误差 σ 与可能偏差 E 间有下列函数关系：

$$E = \delta_{75}-\delta_p = 0.674\ 5\sigma \tag{2-8-17}$$

所以说可能偏差 E 值，可以用来表征整个分配曲线的形状特点。

实际的分配曲线往往不是正态分布的，此时应用 E 值就难以反映整个分选过程的精确程度。图 2-8-18 两个分选过程的 E 值相同，但是在密度 δ 大于 δ_{75} 及密度 δ 小于 δ_{25} 以外的区域，两者偏离正态的程度不同，曲线 1 所反映的分选效果显然要优于曲线 2。由于这个原因，过去和现在都有人反对使用 E 值作为一个评定指标。

在提出使用 E 值之前，最初特鲁姆普也曾提出用误差面积作为评定指标。所谓误差面积是指分选密度 δ_p 左半部分曲线下部的面积 aod（图 2-8-18）及右半部分曲线上部面积 boc。当然，这两块面积越小，说明分选的效果越好。但误差面积作为评定指标的方法有三个缺点：① 有时分配曲线两端不与坐标轴相交，不闭合的面积不能求其大小；② 使用不方便，若用求积仪或用数学方格的方法来计算，都很繁琐；③ 由于曲线左右不对称，左边和右边误差面积分别说明两种不同的污染情况，左边误差面积越大，说明轻产物（精煤）回收不良，右边误差面积越大，说明重产物（矸石）对轻产物的污染越严重。若将这两个误差面积组合在一起计算就分不清问题的所在。所以使用误差面积虽然能比较全面地反映整个分配曲线形状的特征，从而可评定分选过程的好坏，但基于上述缺点，故采用者甚少。

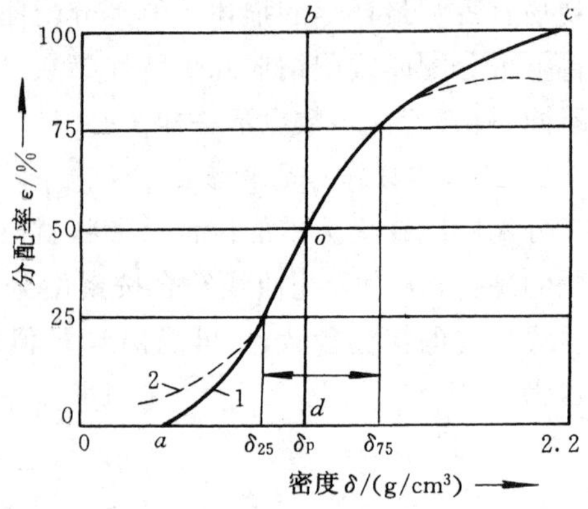

图 2-8-18 两个分选过程的曲线

别留戈认为分配曲线是符合 $\lg(\delta-1)$ 分布的正态累计概率曲线。在这种情况下，可能偏差仍应是指概率为 75% 或 25% 时所对应的随机变量与分布中心之间的差值，或在此种条件下的可能偏差用 E' 表示，应写成

$$E' = \frac{\lg(\delta_{75}-1)-\lg(\delta_{25}-1)}{2} \tag{2-8-18}$$

所以

$$E' = \frac{1}{2}\lg\frac{\delta_{75}-1}{\delta_{25}-1}$$

因为

$$\delta_{75} = \delta_p + E, \quad \delta_{25} = \delta_p - E$$

所以

$$E' = \frac{1}{2}\lg\frac{\delta_p - 1 + E}{\delta_p - 1 - E} = \frac{1}{2}\lg\frac{1+\dfrac{E}{\delta_p-1}}{1-\dfrac{E}{\delta_p-1}} \tag{2-8-19}$$

从式(2-8-19)可知，反映整个分配曲线形状的特性参数 E' 实际上不再是原来含义上的 E 值，而是由 $E/(\delta_p-1)$ 的比值来决定的，只要 $E/(\delta_p-1)$ 比值一定，则 E' 就是固定的，因而，曲线的形状也就完全可以确定下来。于是可用 I 值表示，即

$$I = \frac{E}{\delta_p - 1} \tag{2-8-20}$$

式(2-8-20)分子 E 的单位是密度，而分母是分选密度（实际分选密度）与水介质密度的差值。所以 I 值是一个无量纲。

对于风力选煤设备，由于以空气作为分选介质，而空气的密度（1.23 kg/m^3）很小，与分选密度相比可略而不计，故此时不完善度 I 值为：

$$I = \frac{E}{\delta_p} \tag{2-8-21}$$

目前国内外规定，可能偏差 E 值作为评价重介质选煤设备工艺效果的指标，而评价跳汰机等水介质分选设备工艺效果指标则用 I 值。

2. 呈非正态分布的特性参数

分配曲线一般均呈非正态分布，其形状如何利用特性参数加以描述，迄今尚未圆满解决。对其理论形态的数学表述，虽然近 30 年来先后提出 10 多个公式，都难尽人意。张荣增在这方面的研究是引人注目的。他将分配曲线看成有效分选密度波动的累计概率曲线，分配曲线不一定呈正态分布，而是一种经验分布。他建议按照数理统计的一般方法，用三个参数来描述分配曲线的特征。一是取有效分选密度的数学期望 $E(\delta)$，即以它的分布中心 δ_c 作为实际的分选密度；二是取它的标准误差 σ 作为分选误差参数；三是用偏度系数 S_p 反映分选密度两侧分选误差分布的不对称程度。

有效分选密度的数学期望，即它的分布中心 δ_c 为：

$$\delta_c = E(\sigma) = \sum_{i=1}^{n+1} \frac{\delta_i + \delta_{i-1}}{2}(\varepsilon_i - \varepsilon_{i-1})/100 \tag{2-8-22}$$

分选误差参数 σ(标准误差)为：

$$\sigma = \sqrt{\sum_{i=1}^{n+1}\left(\frac{\delta_i + \delta_{i-1}}{2} - \delta_c\right)^2 \frac{(\varepsilon_i - \varepsilon_{i-1})}{100}} \tag{2-8-23}$$

偏度系数 S_p 为：

$$S_p = \frac{\sigma_2}{\sigma_1} \cong \frac{\delta_2 - \delta_c}{\delta_c - \delta_1} \tag{2-8-24}$$

式中　δ_i、δ_{i-1}——分别表示密度级 i 及密度级($i-1$)的平均密度；

ε_i、ε_{i-1}——分别表示密度级 i 及密度级($i-1$)的分配率；

ε_c——实际有效分选密度 δ_c 的分配率；

σ_1、σ_2——分别为实际有效分选密度 δ_c 左、右两侧的分选标准误差。

诚然，目前国际标准、我国规程以及习惯上，都仍沿用可能偏差及不完善度作为评定重选误差的指标。但对其他的特性参数进行介绍有助于对分配曲线的理解和认识。

第六节　重选工艺效果的评定

重选设备的分选效果对整个选矿厂(或选煤厂)的技术经济指标影响很大，一直是选矿工作者关注的焦点。为了便于使用和国际交流，全国煤炭标准化技术委员会选煤分会参照国际标准化组织 ISO/FDIS 923：2000《选煤设备性能评定》，制定了《煤用重选设备工艺性能评定方法》(GB/T 15715—2014)的标准。该标准用于评定煤炭的重介质、水介质和气体介质的各种重选设备工艺性能，采用可能偏差或不完善度、数量效率和错配物总量三种指标。在上述规定的指标中，除错配物外，前面均已介绍，现进一步明确如下。

一、重力选煤工艺效果的评定

1. 可能偏差与不完善度

可能偏差和不完善度是国际评定重选作业效率的通用标准，已为许多国家所采用。

可能偏差 E 值按式(2-8-15)计算，即

$$E = \frac{1}{2}(\delta_{75} - \delta_{25})$$

式中　E——可能偏差，g/cm³。

不完善度 I 值按式(2-8-20)计算，即

$$I = \frac{E}{\delta_{50} - 1}$$

式中　I——不完善度(评定方法规定，数值取到小数点后第三位。而且只用于评定水介质重选设备)。

2. 数量效率

数量效率指标是一种相对效率。它是指灰分相同时，精煤实际产率和理论产率的比值，是生产、技术管理中的一个重要指标。但该指标的试验与计算工作量均较大，不能及时指导生产。数量效率按下式计算：

$$\eta_e = \frac{\gamma_p}{\gamma_t} \times 100\% \quad (2\text{-}8\text{-}25)$$

式中　η_e——数量效率，计算精度取到小数点后第一位；

γ_p——精煤实际产率，%；

γ_t——精煤理论产率，即原煤中与精煤质量(灰分)相同时的浮煤量，%。

精煤理论产率可以从原煤可选性曲线上求出。数量效率和可能偏差一样，是使用得较多的一个指标。

3. 错配物总量

物料分选或分级时，混入各产品中非规定成分的物料称为错配物。特鲁姆普把它们称为"迷路的精煤""迷路的矸石"等。错配物总量按下式计算：

$$M_o = M_h + M_l \quad (2\text{-}8\text{-}26)$$

式中　M_o——错配物总量，%，精度取到小数点后第一位；

M_h——轻产品中大于分选密度的数量占原料的百分数，%；

M_l——重产品中小于分选密度的数量占原料的百分数，%。

一般情况下，计算错配物总量分选密度采用分配密度 δ_p 或等误密度。等误密度指在两重选产品中，错配物相等时的密度。等误密度用符号"δ_e"表示。

错配物总量能较为明确地表达出物料分选的结果及设备的潜力。试验与计算的工作量也较少。在日常检查中可用占产品的百分数来表达(即污染指标或快速浮沉指标)，分选密度采用接近理论分选密度的数值，密度级差取 0.05 g/cm³。理论分选密度：即相应于分选过程中获得的实际灰分的产品，从密度曲线上查得的相应密度。若理论分选密度用符号"δ_t"表示。则

$$\delta_e = \delta_t - 0.05 \quad (2\text{-}8\text{-}27)$$

在原煤可选性变化不大的情况下，只要注意分选密度的一致性，就可以把日常检查、月综合、年度检查等结果联系对比加以分析，具有对比性。故用此指标指导生产比数量效率方便。

例如，根据表 2-8-12 资料计算产物错配物指标。

第一步：列表计算各密度级的错配物数量，见表 2-8-13。

表 2-8-13　错配物数量计算表

密度级/(g/cm³)	高密度分割						低密度分割					
	数量/%		密度/(g/cm³)	错配量/%			数量/%		密度/(g/cm³)	错配量/%		
	精煤+中煤	矸石		精煤+中煤中的沉物	矸石中的浮物	合计	精煤	中煤		精煤中的沉物	中煤中的浮物	合计
	表2-8-12(11)	表2-8-12(5)		↑∑(2)	↓∑(3)	(5)+(6)	表2-8-12(9)	表2-8-12(7)		↑∑(8)	↓∑(9)	(11)+(12)
(1)	(2)	(3)	(4)	(5)	(6)	(7)	(8)	(9)	(10)	(11)	(12)	(13)
−1.3	21.92	0.21		68.90	0.00	68.90	18.20	3.72		50.40	0.00	50.40
1.3～1.4	28.23	0.37	1.3	46.98	0.21	47.19	22.62	5.61	1.3	32.20	3.72	35.92
1.4～1.5	10.32	0.28	1.4	18.75	0.58	19.33	6.94	3.38	1.4	9.58	9.33	18.91
1.5～1.6	4.43	0.76	1.5	8.43	0.86	9.29	1.96	2.47	1.5	2.64	12.71	15.35
1.6～1.8	2.63	2.52	1.6	4.00	1.62	5.62	0.57	2.06	1.6	0.68	15.18	15.86
+1.8	1.37	26.96	1.8	1.37	4.14	5.51	0.11	1.26	1.8	0.11	17.24	17.35
				0.00	31.10	31.10				0.00	18.50	18.50

第二步：绘制错配物曲线。

根据表 2-8-13 中第 4、5 栏和第 4、6 栏数据绘制高密度分割错配物曲线：污染曲线和损失曲线，见图 2-8-19。

由图 2-8-19 可查出高密度分割时错配物指标为：

分选密度 $\delta_{p1}=1.71$ g/cm³ 时，轻产品中的错配量 $M_h=2.0\%$；重产品中的错配量 $M_l=3.1\%$；错配物总量 $M_o=5.1\%$。

等误密度 $\delta_{e1}=1.67$ g/cm³ 时，轻产品中的错配量 $M_h=2.6\%$；重产品中的错配量 $M_l=2.6\%$；错配物总量 $M_o=5.2\%$。

根据表 2-8-13 中第 10、11 栏和第 10、12 栏数据，分别绘制精煤和中煤的低密度分割错配物曲线，见图 2-8-20。

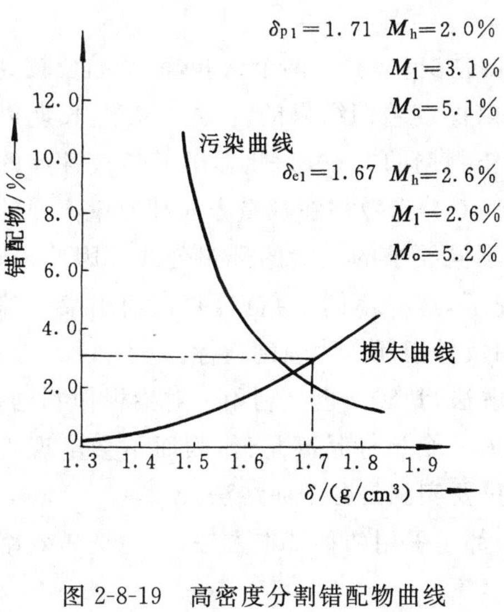

图 2-8-19　高密度分割错配物曲线

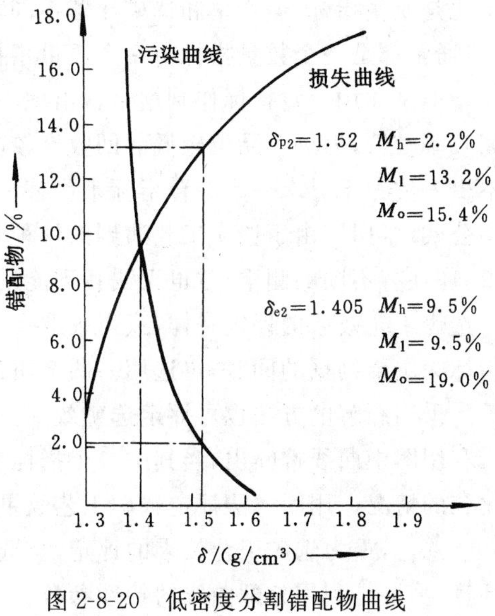

图 2-8-20　低密度分割错配物曲线

由图 2-8-20 查出低密度分割时错配物总量指标为：

分选密度 $\delta_{p2}=1.52\ g/cm^3$ 时，轻产品中的错配量 $M_h=2.2\%$；重产品中的错配量 $M_l=13.2\%$；错配物总量 $M_o=15.4\%$。

等误密度 $\delta_{e2}=1.405\ g/cm^3$ 时，轻产品中的错配量 $M_h=9.5\%$；重产品中的错配量 $M_l=9.5\%$；错配物总量 $M_o=19.0\%$。

重力选煤设备工艺效果所有评定指标得出后，填入指定格式的表中，即表 2-8-14。

表 2-8-14 重力选煤设备工艺效果试验报告表

型式及规格	作业性质	原煤性质				处理能力/[t/(h·台)]		介质循环量/(m^3/t)	分选结果						分选效果						
		粒级/mm	理论分选密度	理论精煤产率	理论分选密度±0.1含量/%	设计	实际		精煤		中煤		矸石		密度		可能偏差 E	不完善度 I	数量效率 η_e	错配物/%	
									产率/%	灰分 A_d/%	产率/%	灰分 A_d/%	产率/%	灰分 A_d/%	分配	等误				分配	等误
1	2	3	4	5	6	7	8	9	10	11	12	13	14	15	16	17	18	19	20	21	22

二、重力选矿工艺效果的评定

通常用以判断重力选矿工艺分选过程（也包括筛分、分级等其他分离过程）效果的指标有回收率 ε、品位 β、产率 γ、金属量 P、富矿比和选矿比等。但是其中任一指标，都不能同时从数量和质量两个方面反映选矿过程的效率。例如，回收率和金属量是数量指标，品位和富矿比是质量指标；但产率和选矿比若不同其他指标连用，根本不能说明问题。故在实际工作中，通常都是一个数量指标与一个质量指标连用。

但是如用一对指标作判据常常出现不易分辨的情况。例如，两个试验，一个品位较高而回收率较低，另一个品位较低而回收率较高，就难以评定它们结果的优劣。为此，长期以来不少人致力于寻求一个综合指标来代替一对指标作判据的方法，为此提出了各式各样的效率公式。可是，由于选矿工艺遇到的各种具体情况，对分选效率在数量方面和质量方面的要求，往往有不同的侧重，故也无法找到能反映这种不同要求的灵活的理想公式。因此，与重力选煤工艺效果的评定一样，只得采取在不同情况下，选择不同的判据，并在利用某一综合指标为主要判据的同时，再选用一两个质量指标和数量指标作为辅助指标。

采用图解的方法也可评定选矿效率。所谓图解法，其实质也是利用一对指标作判据，但可利用图中曲线推断出，当其中一个指标相同时，另一个指标是高是低，因而不会出现不易比较的情况。用图解法评定选矿工艺效果的一个重要实例是分配曲线法。

总之，重力选矿工艺效果的评定，与选煤一样，都是采用两种基本方法，一是选矿效率的计算，另一是利用分配曲线的特性参数。

1. 选矿效率的计算

(1) 质量效率(简称质效率)指标

用实际精矿品位β同理论最高品位β_{max}的比值,表示质效率,即

$$\frac{\beta}{\beta_{max}}\times 100\%$$

例如,某黄铜矿石,理论上可达到的最高精矿品位是纯黄铜矿含铜量,即$\beta_{max}=34.5\%Cu$,若实际精矿品位$\beta=25\%Cu$,应该可以满意;而辉铜矿矿石,理论最高品位应是纯辉铜矿的含铜量,即$\beta_{max}=79.8\%Cu$,如实际精矿$\beta=25\%Cu$,则说明选矿效率太低了。显然,若只用β作为分选过程质量效率的判据,是不合适的,故用β与β_{max}的比值。

但是,若原矿品位为α,那么即使是一个简单的分样过程,毫无分选作用,精矿品位β也不会等于0,而是等于α,当然,这决不会被看作反映了选矿过程的质效率。因此,提出用$(\beta-\alpha)$代替β作为度量分选过程的质效率。这时,前述分样过程,$\beta=\alpha$,$\beta-\alpha=0$。显然,如以$(\beta-\alpha)$作为质效率指标,对于分样过程来说,其分选的质效率为0。

经上述分析,分选过程的质量效率公式应写为:

$$\frac{\beta-\alpha}{\beta_{max}-\alpha}\times 100\% \tag{2-8-28}$$

(2) 数量效率(简称量效率)指标

最常用的量效率指标是回收率ε,其计算公式为:

$$\varepsilon=\frac{\beta(\alpha-\theta)}{\alpha(\beta-\theta)}\times 100\% \tag{2-8-29}$$

式中,α、β、θ,对分选过程,分别代表原矿、精矿、尾矿的品位;对分级过程,则分别代表原矿、细粒级产品(分级溢流)、粗粒级产品(分级的沉砂)中小于规定粒度物的含量。

(3) 综合效率

计算分选(包括分级)过程的综合效率公式,可以分成两类:第一类是以1918年美国学者R. T. 汉考克所提出的分离效率公式为代表;第二类则是以弗来敏-斯梯芬斯公式和道格拉斯公式为代表。

① 第一类效率公式——汉考克效率公式

$$\eta=\frac{(\alpha-\theta)(\beta-\alpha)100}{\alpha(\beta-\theta)(100-\alpha)}\times 100\% \tag{2-8-30}$$

式中　η——分选效率;

α、β、θ——分别代表原矿、精矿及尾矿中有用矿物的含量。

由于实际生产或试验工作中获得的品位数据一般均为元素(或化合物)含量,故利用上式时,应预先将化验品位换算为矿物含量,即

$$有用矿物含量=\frac{该产品中有用元素(或化合物)的含量}{纯有用矿物中有用元素(或化合物)的含量}\times 100\%$$

故若以β_m表示纯矿物中有用元素(或化合物)含量,则只要将上述公式中含量指标均除以$\beta_m/100$,即可直接按化验品位计算分选效率η。此时,式(2-8-30)则变换成:

$$\eta=\frac{(\alpha-\theta)(\beta-\theta)}{\alpha(\beta-\theta)(1-\alpha/\beta_m)}\times 100\% \tag{2-8-31}$$

可见，这类综合效率公式推导的指导思想，不仅考虑有用成分在精矿中的回收率，而且还考虑无用成分在精矿中的混杂率，设法从“有效回收率”中扣除“无效回收率”的影响。这样便使综合效率公式既反映过程的量效率，又反映过程的质效率。

② 第二类综合效率公式

(i) 弗来敏-斯梯芬斯公式

$$\eta=\frac{100\beta(\alpha-\theta)(\beta-\alpha)}{\alpha(\beta-\theta)(\beta_{\max}-\alpha)}\% \tag{2-8-32}$$

(ii) 道格拉斯公式

$$\eta=\frac{(\alpha-\theta)(\beta-\alpha)}{\alpha(\beta-\theta)\left(1-\frac{\alpha}{\beta_{\max}}\right)}\frac{(\beta-\alpha)}{(\beta_{\max}-\alpha)}\times 100\% \tag{2-8-33}$$

式中各符号意义同前。

该类综合效率公式，是将质效率同量效率的乘积作为综合效率。

2. *图解法评定分选效率*

利用分配曲线评定分选的工艺效果，是图解法中的一个重要方法。该方法主要应用于重力选矿过程工艺效果的评定，但也可以用于磁选（磁性组分的分配）、分级（粒度组分的分配）等。它的主要优点是最终判据为单一数据，容易得出明确结论。分配曲线的绘制及应用前已详述，不再赘述。

在一般场合下，也可以利用下列方法作图来评价分选效果。首先将每个待比方案采用分批截取的方法进行试验，然后分别绘制回收率 ε 与产率 γ 的关系曲线、金属量 P 与产率 γ 的关系曲线及回收率 ε 与精矿品位 β 的关系曲线等。这时再看哪一个方案的曲线位置比较高，那么它的分选效果必然也较好。例如在 $\varepsilon=f(\gamma)$ 图上（图 2-8-21），曲线位置较高，意味着在给定的相同精矿产率下，回收率 ε 较高，既然产率相同，ε 较高则精矿品位 β 也必然较高；而在 $\varepsilon=f(\beta)$ 图（图 2-8-22）中，曲线位置较高表明在相同的给定精矿品位时 ε 较高。

$\varepsilon=f(\gamma)$ 曲线，与第三节中的迈耶尔曲线是一致的，纵坐标是 $\gamma\beta$，横坐标是 γ，因而斜率就是 β。该曲线的优点是，所需要的原始数据仅为精矿质量和精矿品位，而不涉及尾矿或者原矿品位，因而误差比较小，且规律性也比较好。

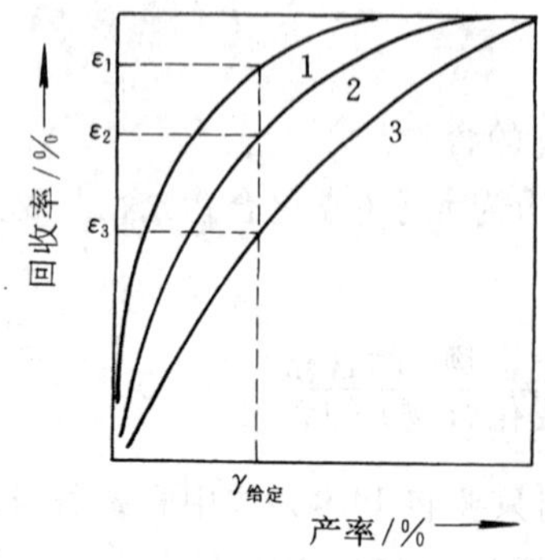

图 2-8-21　$\varepsilon=f(\gamma)$ 关系曲线

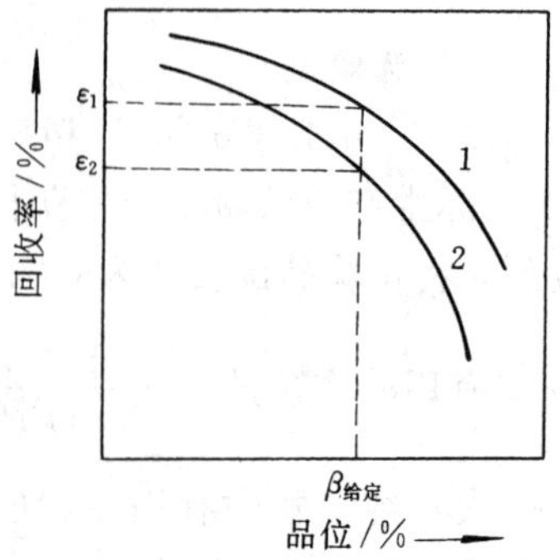

图 2-8-22　$\varepsilon=f(\beta)$ 关系曲线

复习思考题

1．何为物料的密度组成？研究其意义何在？简述物料密度组成的几种测定方法。

2．简述浮沉试验操作程序及注意事项、资料与计算及试验误差规定。

3．简述可选性及可选性曲线的定义，可选性曲线绘制方法及各条曲线的名称、意义、用途及各曲线间的图解关系。

4．简述中国煤炭可选性评定标准。

5．简述矿粒在产物中的分配规律。

6．简述分配曲线定义及用途，绘制分配曲线应具有的原始数据和绘制方法。

7．简述分配曲线的特性参数及其意义，并分析影响分配曲线形状的因素。

8．可能偏差 E 与不完善度 I 分别用于评价何种分选效果的指标？正常的变化范围是什么？

9．重力选煤工艺效果的评定指标有哪些？其物理意义如何？

10．简述错配物总量的计算方法及错配物曲线的绘制方法。

11．简述可能偏差 E 在不同坐标下的表示方法及推导过程。

第三篇

磁电选矿

第一章　磁选基本原理

第一节　概　　述

一、磁选的应用领域

磁选是在不均匀磁场中利用矿物之间的磁性差异而使不同矿物实现分离的一种选矿方法。磁选既简单又方便，不会产生额外污染。磁选法广泛地应用于黑色金属矿石的分选、有色和稀有金属矿石的精选、重介质选矿中磁性介质的回收和净化、非金属矿中含铁杂质的脱除、来矿中铁物的排除以及垃圾与污水处理等方面。

磁选是处理铁矿石的主要选矿方法。我国铁矿石资源丰富，目前保有的探明储量已达500亿t，居世界前列，但贫矿占90%左右，富矿仅占10%左右，而富矿中又有5%左右因含有有害杂质不能直接冶炼，因此铁矿石中有90%以上需要选矿。世界上其他国家的情况大体如此。铁矿石经选矿后，提高了品位，降低了二氧化硅和有害杂质含量，有益于冶炼过程。根据我国的实践，铁精矿品位每提高1%，高炉利用系数可增加2%～3%，焦炭消耗量可降低1.5%，石灰石消耗量可减少2%。

许多有色金属和稀有金属矿物具有不同的磁性。当用重选和浮选不能得到最终精矿时，可用磁选结合其他方法进行分选。例如，用重选得到的黑钨粗精矿中，含有一定量的锡石，利用黑钨矿具有弱磁性而锡石无磁性这一特点采用磁选法进行处理后，可得到合格的钨精矿。

在重介质选煤或选矿时，多采用磁铁矿粉或硅铁作为加重质，由于作为重介质的悬浮液要循环使用，需要用磁选法回收和净化加重质。

非金属原料中一般都含有有害的铁杂质，磁选就成为非金属选矿中重要的作业之一。例如，当高岭土中含铁高时，高岭土的白度、耐火度和绝缘性都降低，严重影响制品质量。一般地，铁杂质除去1%～2%，白度可提高2～4个单位。现有的最有效的高岭土除铁方法是高梯度磁选。

蓝晶石、红电气石、长石、石英及霞石、闪长岩的分选，很早就使用了干式磁选。

进入选矿厂或选煤厂的原矿中常混有开采时带入的铁器，为保护破碎机等设备，需要在大块物料破碎前用磁选法除铁。

随着人类环境保护意识的提高和资源再生的需要，磁选法被广泛用于钢渣及废金属的回收与分离以及污水处理等过程中。医学上还用磁选法来分离血液中的红细胞等。

二、磁选发展简况

中国是最早发现磁现象的国家，在公元前一千多年就利用磁石的极性发明了指南针。在17～18世纪人们就开始了用手提永久磁铁从锡石和其他稀有金属精矿中除铁的初次尝试。工业上开始用磁选法分选矿石是在19世纪末,1890年瑞典出现了湿式筒式磁选机,它是现代磁选机的原型。到1955年,几乎所有磁选机都是电磁的。

1955年以后,随着永磁材料的研究和应用,磁选机的磁系材料开始采用铝镍钴合金,以后又逐渐应用铁氧体,使得弱磁场磁选机实现了永磁化、系列化、大型化。近年来,又研制出了高性能的稀土永磁体,用该种磁铁制成的磁选设备表面磁场强度高,磁场梯度大,分选粒度范围宽,处理能力大,使弱磁场磁选机的分选效率更高。

19世纪末,为了磁选弱磁性矿物,美国研制出闭合型电磁系强磁场带式磁选机。以后苏联和其他国家又研制出强磁场盘式、辊式和鼓式磁选机。但它们的分选空间小,处理能力低,生产成本高。20世纪60年代,琼斯型强磁选机首先在英国问世,它处理能力大,是强磁场磁选机的一个重要突破。高梯度磁选机是20世纪70年代发展起来的一项磁选工艺,它能有效回收磁性很弱、粒度很细的磁性矿粒,为解决品位低、粒度细、磁性弱的氧化铁矿石的分选开辟了新途径。近年来,将高梯度技术和超导技术结合起来,又研制发展出高梯度超导磁选机。

超导技术是当代非常活跃的一个研究领域。我国从20世纪70年代就开始研究超导磁选机。这种磁选机采用超导电材料作线圈,在极低的温度(绝对零度附近)下工作。线圈通入电流后可在较大的分选空间内产生1 600 kA/m以上的强磁场,并且线圈几乎不消耗电能,磁场长时间内不衰减。目前,超导磁选已逐渐从实验室走进了工业生产中,德国洪堡尔特公司DESCOS超导筒式磁选机、英国CCL的CRYOFOS磁选机、美国的Eriezr4"磁选机、捷克的VUCHPT介质型往复式磁选机、英国IO的小型介质型超导磁选机等已在实际生产中得到了应用。

磁流体分选作为磁选的一门新兴学科,其分选理论、磁流体的制备及分选设备尚在不断完善阶段。磁流体分选是以特殊的流体如顺磁性液体、铁磁性悬浮液和电解质溶液作为分选介质,利用流体在磁场或磁场和电场的联合作用下产生的“加重”作用,按矿物之间的磁性和密度的差异或磁性、导电性和密度的差异,而使不同矿物实现分选的一种新的分选方法。可以分为磁流体静力分选和磁流体动力分选。磁流体分选工艺能否得到广泛的工业应用取决于廉价磁流体的制备,水基铁磁流体有望成为有效且价廉的磁流体。

除了提高磁选机性能来达到磁分选目的外,还可加入磁性相到矿浆中,通过目的颗粒和磁性颗粒选择性的吸附来提高目的矿物的磁性,这就是载体磁选工艺。磁选载体可以是较大的磁性颗粒,也可以是细颗粒磁种或磁矩较大的离子如镧、铒等。载体磁选技术可用于细粒浸染矿物细磨后的分选、废水中悬浮粒子的脱除等过程。

用综合力场分选近年来发展较快,通过各种力场的叠加,就可以改善分选体系的竞争力,从而改善分选设备的性能。主要有以下几种力场组合:振动力场与磁选结合、离心力场与磁选结合、重力与磁选结合、浮选与磁选结合等。

第二节 磁选原理

一、磁学基础

磁场是物质的特殊状态,并显示在载电导体或磁极的周围。描述磁场大小和方向的物

理量有磁感应强度 B 和磁场强度 H。在国际单位制中，磁感应强度 B 的单位为特斯拉(Tesla)，记为 T，量纲为 $I^{-1}MT^{-2}$。有时用高斯这一单位，1 T＝10 000 高斯。磁场强度 H 的国际单位为安培每米(A/m)，量纲为 IL^{-1}。磁感应强度与磁场强度间存在如下关系：

$$B = \mu H \tag{3-1-1}$$

式中，μ 称为物质的磁导率。

当磁介质被置于磁场中时，由于磁场的作用而磁化，从而在介质内产生磁矩。单位体积内的磁矩称为磁化强度，磁化强度是表征磁介质磁化程度的物理量。在一般情况下，磁介质中某点的磁化强度 M 与该点的磁感应强度成正比，在国际单位制中表示为：

$$M = \kappa B/\mu = \kappa H \tag{3-1-2}$$

式中，κ 称为物质的体积磁化率，无因次。

在磁介质中，磁场中任意点处的磁感应强度，除了原磁场外，还应包括磁介质磁化后产生的附加磁场。因此，在有磁介质的磁场中，任一点的磁感应强度 B、磁场强度 H、磁化强度 M 之间存在如下关系：

$$B = \mu_0(H + M) \tag{3-1-3}$$

比较式(3-1-1)、式(3-1-2)和式(3-1-3)可知

$$\mu = \mu_0(1 + \kappa)$$

令 $\mu_r = 1+\kappa$，称 μ_r 为磁介质的相对磁导率。

κ 只与磁介质的性质有关。它是表示物质被磁化难易程度的量，κ 值愈大，表明该物质愈容易被磁化。对大多数物质，κ 是常数，强磁性物质的 κ 不是常数。

物质的体积磁化率与其本身密度的比值，称为物质的质量磁化率，或物质的比磁化率(系数)，即

$$\chi = \kappa/\delta \quad (m^3/kg) \tag{3-1-4}$$

二、磁选基本条件

磁选是在磁选设备所提供的非均匀磁场中进行的。被磁选矿石进入磁选设备的分选空间后，受到磁力和机械力(包括重力、离心力、流体阻力等)的共同作用，沿着不同的路径运动，对矿浆分别截取，就可得到不同的产品，如图 3-1-1 所示。

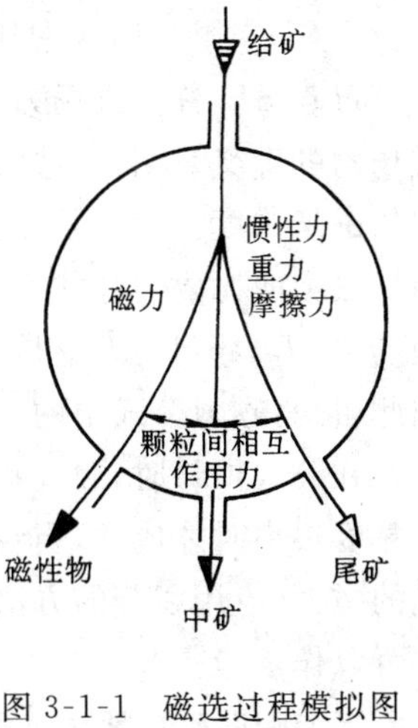

图 3-1-1　磁选过程模拟图

因此，对较强磁性和较弱磁性颗粒在磁选机中成功分选的必要条件是：作用在较强磁性矿石上的磁力 F_1 必须大于所有与磁力方向相反的机械力的合力，同时，作用在较弱磁性颗粒上的磁力 F_2 必须小于相应机械力之和。即

$$F_1 > F_{机1}$$
$$F_2 < F_{机2}$$

这一公式说明，磁选的实质是利用磁力和机械力对不同磁性颗粒的不同作用而实现的。进入磁选机的矿石将被分成两种或多种产品，在实际分选中，磁性矿石、非磁性矿石不可能完全进入相应的磁性产品、非磁性产品和中矿中，而是呈一定的随机性。因此，磁选过程的效果可用回收率、品位、磁性产品中磁性物质与给矿中磁性物质之比和磁性产品中磁性物

质的含量来表示。

三、磁力

磁场有均匀磁场和非均匀磁场之分。磁场的均匀性可用磁场梯度来表示，即 grad$H$ 或 grad$B$。

作用在磁选机磁场中磁性颗粒上的磁力，可由它在磁化时所获得的位能来确定，其位能可用下式求出：

$$U=-\int_V \frac{\mu_0 \kappa H^2}{2}\mathrm{d}V \tag{3-1-5}$$

式中 U——被磁化颗粒的位能；

μ_0——真空磁导率；

κ——颗粒的体积磁化率；

dV——颗粒的体积元；

H——外磁场强度。

根据力学定律，作用在颗粒上的磁力可用颗粒位能的负梯度值来表示，即

$$F_{磁}=-\mathrm{grad}U=\mathrm{grad}\int_V \frac{\mu_0 \kappa H^2}{2}\mathrm{d}V$$

当颗粒粒度不大时，可假定颗粒的体积磁化率在所占的体积范围内是个常数，其所占的体积内 Hgrad$H$ 也近似为常数，则磁力 $F_{磁}$ 为：

$$F_{磁}=\mu_0 \kappa V H \,\mathrm{grad}H$$

式中 V——颗粒体积。

在磁选研究中常用比磁力的概念，它是作用在单位质量颗粒上的磁力。运用比磁力的概念可消除矿物颗粒中实际存在的空隙对磁力计算的影响。

$$f_{磁}=F_{磁}/m=\frac{\mu_0 \kappa V H \,\mathrm{grad}H}{\delta V}=\mu_0 \chi H \,\mathrm{grad}H \tag{3-1-6}$$

式中 m——颗粒的质量，kg；

δ——颗粒的密度，kg/m^3

χ——颗粒的比磁化率，m^3/kg。

Hgrad$H$ 称为磁场力，单位为 A^2/m^3，它在数值上相当于 $\mu_0\chi=1$ Hm^2/kg 时的比磁力。磁场力的定义表明，磁选时，仅仅只有一个适宜的磁场强度是不够的，这个磁场还必须有一定的磁场梯度。这就是在前面强调的磁选是在一个非均匀的磁场中进行的原因。

磁力或比磁力公式均表明，作用在磁选颗粒上的磁力决定于颗粒的磁性和磁选设备的磁场力 Hgrad$H$。无论是提高磁场力或提高颗粒的比磁化率，都可以提高颗粒所受的磁力。因此，提高磁力公式中的任何一项，都可以达到磁分选的目的。

在公式推导时，假设颗粒所占体积内磁场力 Hgrad$H$ 近似为常数。这一假定只有当颗粒粒度很小时才成立，当颗粒粒度较大时，该假定就会引起很大的误差。因此，对大颗粒所受的磁力，应用积分的方法来计算，但颗粒形状是不规则的，所以积分计算很难做到。经验法可以作参考。

当强磁性矿粒紧贴或靠近磁系时，会增加磁极间气隙的磁导，使磁场发生很大畸变，致使

磁场强度和磁场梯度有所提高，矿粒实际所受的磁力大于公式计算值。此时，需在公式中引入一个修正系数，该系数考虑了矿粒的平均直径与磁系极距的比值。修正系数见表3-1-1。

表 3-1-1　磁力计算修正系数

矿粒平均直径 d/极距 l	<0.05	0.05～0.2	>0.2
修正系数	1.1	1.5	2～2.5

磁性矿粒与非磁性矿粒分离的必要条件是作用在矿粒上的磁力大于机械力的合力，但区分和计算所有的机械力是很困难的，机械力多是根据磁选机的类型并结合经验估算的。

第三节　矿物的磁性

一、物质的磁性

磁性可看成是物质内带电粒子运动的结果，是物质的基本属性之一。自然界中各种物质都具有不同程度的磁性，大多数物质的磁性都很弱，只有少数物质才有较强的磁性。就磁性来讲，物质可分为三类：顺磁性物质、逆磁性物质和铁磁性物质。

顺磁性物质在磁化场中呈现微弱的磁性，磁化后产生的附加磁场与磁化场方向相同。属于顺磁性的物质很多，有 Na、K、Cr、Mn 以及许多稀土金属、铁族元素的盐类等。

逆磁性物质在磁化场中呈现微弱的磁性，磁化后产生的附加磁场与磁化场的方向相反。但只有在磁化场不存在、原子本身磁矩等于 0 时才显出逆磁性。在其余条件下逆磁性则被顺磁性和铁磁性效应所掩盖。属于逆磁性的物质较多，有金属 Cu、Zn、Ag、Sb 等，非金属 Si、P、S 等，惰性气体及许多有机化合物等。

铁磁性物质磁化后在磁化场中能产生很强的而且与磁化场方向相同的附加磁场，呈现很强的磁性。铁磁性是由于分布在物质晶格节点上的大量顺磁性原子交换作用的结果，使原子磁矩平行排列。

此外，还存在反铁磁性物质和亚铁磁性物质。反铁磁性物质的原子磁矩反向平行排列，正好相互抵消。亚铁磁性物质是离子磁矩反向平行排列，但由于离子磁矩不相等，所以不能完全抵消，还剩余一部分。铁磁性物质、亚铁磁性物质和反铁磁性物质在一定温度以上表现为顺磁性。这个温度称为居里点或居里温度。由于反铁磁性物质的居里温度很低，所以在常温下可把反铁磁性物质列入顺磁性物质一类。亚铁磁性物质的宏观磁性大体上与铁磁性物质相类似，从应用角度把它们列入铁磁性物质之中。

典型的顺磁性、逆磁性、铁磁性物质的磁化强度和磁场强度间的关系，如图 3-1-2 所示。

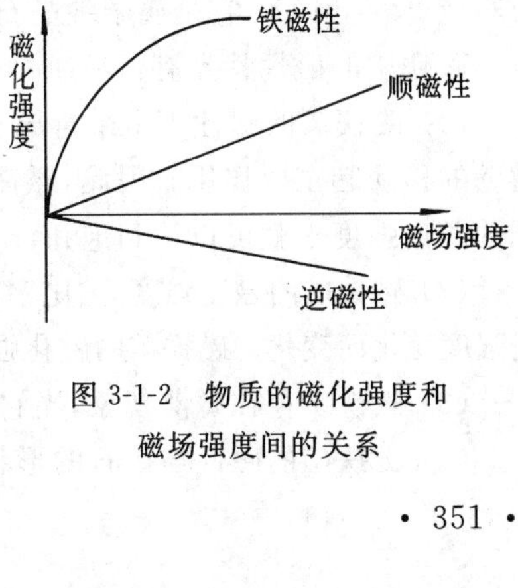

图 3-1-2　物质的磁化强度和磁场强度间的关系

顺磁性物质的上述关系是斜率为正的直线关系；逆磁性物质为负斜率直线关系；铁磁性物质为一渐近曲线，随磁场强度增大，物质磁化强度开始变化很快，然后趋于平缓，最后达到饱和。值得注意的是，当磁场强度相当小的时候，磁化强度就趋于饱和值了。

二、磁选中矿物磁性的分类

磁选中矿物磁性的分类不同于物质磁性的物理分类，通常，按比磁化率大小把所有矿物分成强磁性矿物、弱磁性矿物和非磁性矿物。

强磁性矿物物质比磁化率 $\chi>4.0\times10^{-5}\ m^3/kg$，在磁场强度达 80～136 kA/m 的弱磁场磁选机中可以回收。这类矿物主要有磁铁矿、磁赤铁矿、钛磁铁矿、磁黄铁矿和锌铁尖晶石等，这类矿物大多属于亚铁磁性物质。

弱磁性矿物物质比磁化率 $\chi=1.26\times10^{-7}\sim7.5\times10^{-6}\ m^3/kg$，在磁场强度 $H=480\sim$ 1 840 kA/m 的磁选机中可以选出。该类矿物较多，如大多数铁锰矿物：赤铁矿、镜铁矿、菱铁矿、褐铁矿、水锰矿、硬锰矿、软锰矿和菱锰矿等；一些含钛、铬、钨的矿物：钛铁矿、金红石、铬铁矿、黑钨矿等；一些造岩矿物：黑云母、角闪石、绿泥石、绿帘石、榴石、橄榄石、辉石等。这类矿石多属于顺磁性物质，也有一些属于反铁磁性物质。

非磁性矿物物质比磁化率 $\chi<1.26\times10^{-7}\ m^3/kg$，是目前无法用磁选法回收的矿物。这类矿物很多，如部分金属矿物：辉钼矿、闪锌矿、方铅矿、辉锑矿、白钨矿、锡石、红砷镍矿、金等；大部分非金属矿物：煤、自然硫、金刚石、高岭土、石膏、萤石等；大部分造岩矿物：石英、长石、方解石等。这类矿物有的属于顺磁性物质，也有的属于逆磁性物质，如方铅矿、金、辉锑矿和自然硫等。

应当指出，上述分类是建立在当今磁选技术水平上的，各国的具体分类指标也有一定的出入，尤其是弱磁性矿物和非磁性矿物的界限，该界限会随着磁选技术的发展，磁选机磁场力的提高而逐渐淡化，所以这仅仅是一种大致的分类。另外，矿物的磁性还受粒度、形状的影响，因此，对具体矿物，还需通过实际测定，才可准确得知它的磁性大小。

三、强磁性矿物的磁性及其影响因素

磁铁矿、磁赤铁矿、钛磁铁矿、磁黄铁矿等强磁性矿物，它们的磁性具有共同的特性。磁铁矿是典型的强磁性矿物，又是磁选所处理的主要矿石。

磁铁矿属于亚铁磁性物质，是典型的铁氧体。铁氧体的晶体结构主要有三种：尖晶石型、磁铅石型和石榴石型。尖晶石型铁氧体的化学分子式为 XFe_2O_4，其中，X 代表二价金属离子，常见的有 Fe^{2+}、Co^{2+}、Ca^{2+}、Mg^{2+}、Zn^{2+}、Cd^{2+}、Mn^{2+} 等，磁铁矿的分子式为 Fe_3O_4，还可写成 $Fe^{2+}Fe_2O_4$，它是属于尖晶石型的铁氧体。

磁铁矿的磁性特点有：

(1) 磁铁矿的磁性不是来自原子磁矩的转动，而是来自磁畴壁移动和磁畴转动，而且磁畴壁的移动起主要作用。因此，磁铁矿的磁化强度和磁化率很大，存在磁饱和现象，且在较低的磁场强度下就可以达到饱和。

(2) 磁铁矿的磁化强度、磁化率和磁场强度间具有曲线关系，磁化率不是常数，而是随磁场强度变化而变化。磁铁矿的磁化强度除与矿石性质有关外，还与磁场强度变化历程有关。

(3) 磁铁矿存在磁滞现象，当它离开磁化场后，仍保留一定的剩磁。

(4) 磁铁矿的磁性与矿石的形状和粒度有关。

1. *磁铁矿的磁化过程*

图 3-1-3 是我国某矿山磁铁矿的比磁化强度、比磁化率与磁场强度间的关系，从磁化曲线 $J=f(H)$ 看，当磁场强度 $H=0$ 时，磁铁矿的比磁化强度 $J=0$。随着磁场强度的提高，磁铁矿的比磁化强度 J 开始缓慢增加（0～1 段），随后迅速增加（1～2 段），接着又缓慢增加（2～3 段），达到某一特定的值后不再变化，这一特定的点（3）称为磁饱和点，用 J_{max} 表示 [$J_{max}=135$ A/(m·kg)]。再降低磁场强度 H，比磁化强度 J 随之减小，但并不是沿原来的曲线（0～1～2～3），而是沿高于原来的曲线（3～4）下降。当磁场强度降为 0 时，比磁化强度 J 并没有降到 0，而是保留一定的数值，这一数值称为剩磁，用 J_r 表示[约 5 A/(m·kg)]。这种现象称为磁滞现象。如要消除剩磁 J_r，需要对磁铁矿施加一个反方向的退磁场。随着退磁场逐渐增大，比磁化强度 J 沿着曲线（4～5）下降，直到 $J=0$。消除剩磁 J_r 所施加的退磁场强度称为矫顽力，用 H_c 表示（$H_c=1.7$ kA/m）。

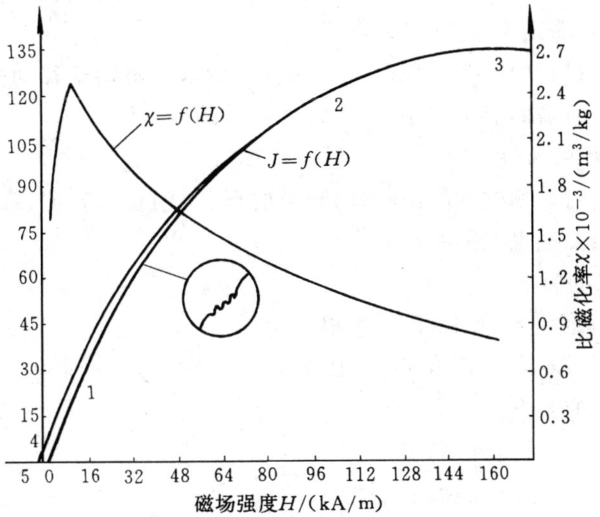

图 3-1-3　磁铁矿的比磁化强度、比磁化率与磁场强度的关系

从比磁化率曲线 $\chi=f(H)$ 看出，磁铁矿的比磁化率不是一个常数，而是随磁场强度 H 变化而变化。开始时，随磁场强度增加比磁化率迅速增大，在磁场强度约为 8 kA/m 时达到最大，2.5×10^{-3} m³/kg。之后，再增加磁场强度 H，比磁化率下降。不同的矿物，比磁化率不同，达到最大值所需的磁场强度也不同，它们所具有的剩磁和矫顽力也不同。即使是同一种矿物，如磁铁矿，由于晶格构造、晶格缺陷、类质同象等生成特性的不同，它们的比磁化率、剩磁、矫顽力也不同。

2. *磁铁矿的磁化本质*

磁铁矿的磁化本质，可以用磁畴理论解释。

磁铁矿属于亚铁磁性物质，内部存在许多磁畴，相邻磁畴间由磁畴壁分开。在外加磁场强度 $H=0$ 时，各磁畴无规则排列[图 3-1-4(a)]，总磁矩为 0，此时比磁化强度 $J=0$，矿物不显示磁性（图 3-1-3 的 0

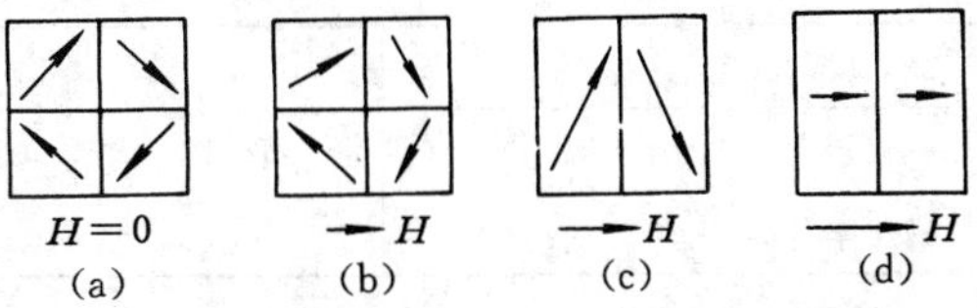

图 3-1-4　磁场作用下磁畴的运动情况

点)。当有较小的磁场作用时,自发磁化方向与外加磁场方向相近的磁畴因磁场作用而扩大,自发磁化方向与外加磁场方向相差很大的磁畴则缩小[图 3-1-4(b)],这一过程是通过磁畴壁的移动而实现的,这时矿物的总磁矩不等于 0,$J\neq 0$,矿物开始显示磁性,J 缓慢增加,χ 迅速增大(相当于图 3-1-3 中的 0～1 段)。当磁场强度增加到一定值时,磁畴壁以相当快的速度跳跃式移动,直到自发磁化方向与磁场方向相差很大的磁畴被吞并,产生一个突变[图 3-1-4(c),相当于图 3-1-3 中的 1～2 段],J 增加很快,χ 从迅速增加经过一个最大值而下降,开始下降快,随后下降缓慢。在这个阶段,J 的增加是由许多跳跃式的突变组成的,是不连续的,因此它是一个不可逆的过程。再增加磁场强度,磁畴方向逐渐转向磁场方向,直到所有磁畴的方向都与磁场方向相同为止[图 3-1-4(d)]。这时磁化达到饱和,J 达到最大值(相当于图 3-1-3 中的 2～3 段)。降低磁场强度时,由于磁畴壁的不可逆跳跃移动以及在它内部有杂质和组成不均匀性的存在等对磁畴壁移动产生阻挠,磁畴壁不能恢复到原来的位置,因而产生了磁滞现象。

从磁畴在磁化过程中的变化规律看,在磁化前期,以磁畴壁移动为主,后期以磁畴转动为主。磁畴壁移动所需的能量较小,磁畴转动所需的能量较大。

3. 颗粒性质对磁性的影响

除了磁场强度对矿物磁性的影响外,颗粒的形状、颗粒的粒度、强磁性矿物的含量和矿物的氧化程度等对磁性也有影响。

(1) 颗粒形状的影响

图 3-1-5 表征的是组成相同、含量相同而形状不同的磁铁矿的比磁化强度、比磁化率与磁场强度的关系。

从图 3-1-5 看出,不同形状的矿粒,在相同的磁场中被磁化时显示的磁性不同。长条形矿粒的比磁化强度和比磁化率都比球形矿粒大。表 3-1-2 则提供了组成相同、含量相同的圆柱形磁铁矿在同一磁场强度作用下比磁化强度和比磁化率与其长度的关系:长度越大的矿粒,比磁化强度和比磁化率也越大。由此可见,矿粒的形状或相对尺寸对矿粒的磁性有一定的影响,这种影响与矿粒在磁化时本身产生的退磁场有密切关系。

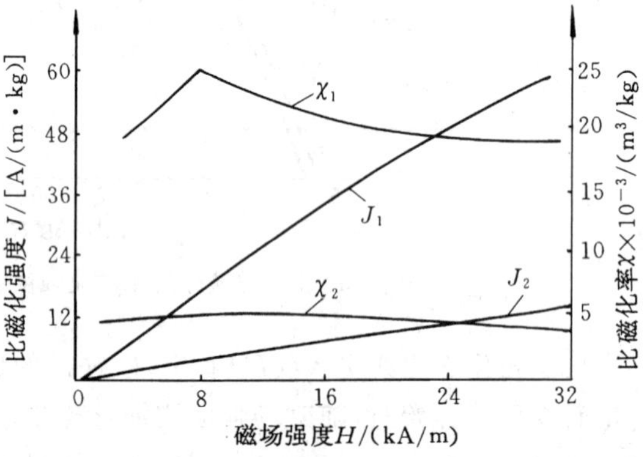

J_1,χ_1—长条形;J_2,χ_2—球形。

图 3-1-5　不同形状矿粒的比磁化强度、比磁化率与磁场强度的关系

表 3-1-2　磁铁矿的比磁化强度、比磁化率与其长度的关系

样品长度/cm	2	4	6	8	28
比磁化强度/[A/(m·kg)]	32.1	55.0	59.9	63.9	96.4
比磁化率/(m^3/kg)	40.1	68.8	74.9	79.9	120.6

如图 3-1-6 所示,将一个形状为椭圆形的磁铁矿石放入磁场强度为 H_0 的均匀磁场中,

则在磁铁矿石两端产生感应磁极，这个感应磁极与外加磁场方向相反，由于它的出现，削弱了矿粒内部的磁场强度。称这个感应磁场为退磁场，退磁场强度以 $H_{退}$ 表示。因此，实际作用在矿粒上的有效磁场强度 $H_{有效}$ 为：

$$H_{有效} = H_0 - H_{退} \quad (3\text{-}1\text{-}7)$$

假定矿粒被均匀地磁化，经研究表明：矿粒本身所产生的退磁场强度 $H_{退}$ 与矿粒在磁场中被磁化时的磁化强度 M 成正比，即

$$H_{退} = NM \quad (3\text{-}1\text{-}8)$$

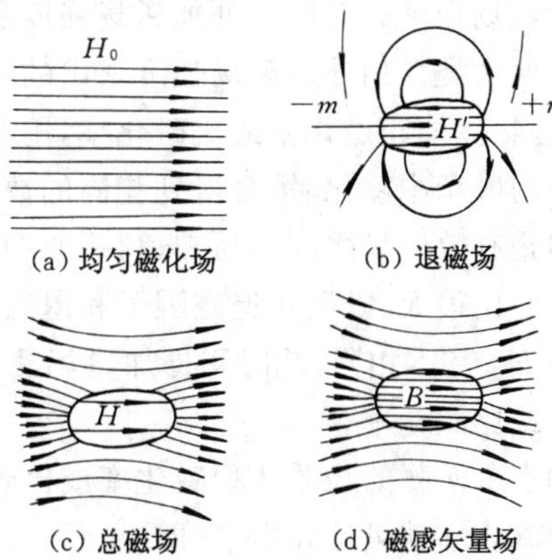

(a) 均匀磁化场　(b) 退磁场　(c) 总磁场　(d) 磁感矢量场

图 3-1-6　椭圆形磁铁矿石在磁场中磁化的示意图

式中，N 是和矿粒形状有关的比例系数，称为退磁因子或退磁系数。

矿粒与磁场方向一致的物体长度为 l，垂直于磁场方向的物体断面积为 S，则矿粒的尺寸比 m 用 $l/\sqrt{S}$ 表示。不同形状的矿粒，N 值不同。表 3-1-3 是不同形状物体的退磁系数值。

表 3-1-3　椭圆体、圆柱体和棱柱体的退磁因子

尺寸比 $m=l/\sqrt{S}$	退磁因子 N				
	椭圆体	圆柱体	棱柱体		
			1∶1	1∶2	1∶4
10	0.020	0.018	0.018	0.017	0.016
8	0.033	0.024	0.023	0.023	0.022
6	0.051	0.037	0.036	0.034	0.032
4	0.086	0.063	0.060	0.057	0.054
3	0.104	0.086	0.083	0.080	0.075
2	0.174	0.127			
1	0.334	0.279			

从表 3-1-3 知，随尺寸比 m 增加，退磁因子逐渐减小。当尺寸比 m 很小时，物体的几何形状对退磁因子影响很大，而当尺寸比 m 大于 10 时，物体的几何形状对退磁因子的影响已基本没有。尺寸比小，导致矿粒内的退磁场强度增大，使实际作用在矿粒内的磁场强度减小，客观上造成了矿粒比磁化强度和比磁化率的减小。而尺寸比达 10 以上时，矿粒的退磁因子已很小，此时矿粒内部的退磁场强度便可忽略不计，可近似认为矿粒内部的磁场强度就是外磁场的强度。在 SI 单位制中，$0<N<1$。

实际上矿粒的形状是不规则的，并且磁选机中的磁场也是不均匀的，矿粒受不均匀磁场磁化的情况不同于均匀磁场，因此，表中所列数据只能用来近似确定矿粒的退磁因子 N。实际中矿粒或矿块，一般都是某一方向稍长些，它们的尺寸比 m 近似等于 2，退磁因子平均可取为 0.16。

实际作用在矿粒上的磁场强度不是外加磁场强度而是外加磁场强度减去退磁场强度后

的有效磁场强度。对应于外加磁场强度和有效磁场强度，体积磁化率和比磁化率分成物体和物质两大类。用外加磁场强度求出的没有考虑形状尺寸的影响，随矿粒形状尺寸而变化的，称为物体体积磁化率或比磁化率，用有效磁场强度求出的消除了形状尺寸的影响，在同等大小的磁场中磁化时，会得到相同的数值，称为物质体积磁化率或比磁化率。

但是有效磁场强度不易知道，一般在进行矿物磁化率测定时都将矿物样品制成长棒形，并使尺寸比很大，以消除退磁因子和退磁场的影响，这样，作用在矿物上的总磁场 H 就与外加磁场 H_0 基本相同，此时用外加磁场测得的体积磁化率或比磁化率就可认为是物质体积磁化率或比磁化率。

知道了矿物的物质体积磁化率或比磁化率，不同形状或尺寸比的矿物的物体体积磁化率或比磁化率就可计算出来，即

$$\kappa_0 = \frac{M}{H_0} = \frac{M}{H_{有效} + H_{退}} = \frac{\kappa H_{有效}}{H_{有效} + N\kappa H_{有效}} = \frac{\kappa}{1 + N\kappa} \tag{3-1-9}$$

$$\chi_0 = \frac{\kappa_0}{\delta} = \frac{\chi}{1 + N\delta\chi} \tag{3-1-10}$$

物体体积磁化率或比磁化率与物质体积磁化率或比磁化率间的关系为一条过 0 点、极限值为 $1/N$ 或 $1/N\delta$ 的曲线：

对 $\kappa \ll 1$ 的弱磁性矿物，$\kappa_0 = \kappa$　　$\chi_0 = \chi$

对 $\kappa \gg 1$ 的强磁性矿物，$\kappa_0 = 1/N$　　$\chi_0 = 1/N\delta$

(2) 颗粒粒度的影响

图 3-1-7 显示的是磁铁矿的比磁化率、矫顽力与其粒度的关系。从图中看出，强磁性矿粒粒度的大小，对矿粒的磁性有显著影响。随粒度的减小，矿粒的比磁化率也随之变小，矫顽力随之增大。即矿粒粒度越小，则越不易磁化，磁化后又不易退磁，尤其是当粒度小于 20～30 μm 时。

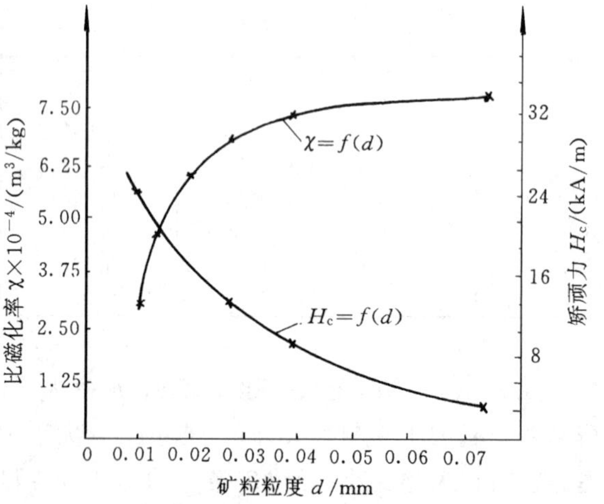

图 3-1-7　磁铁矿的比磁化率、矫顽力与其粒度的关系（H=160 kA/m）

上述关系可用磁畴理论来解释。研究认为，大粒度矿粒的磁性是由磁畴壁的移动和磁畴转动产生的，其中以磁畴壁移动为主。随着粒度减小，每一个矿粒中包含的磁畴数减少，磁化时，磁畴壁的移动相对减少，磁畴转动逐渐起主导作用。当粒度减少到单磁畴状态时，就没有磁畴壁移动了，此时矿粒的磁性完全由磁畴转动产生。磁畴转动所需的能量比磁畴壁移动要大得多，所以，随着粒度的减小，磁铁矿的比磁化率减小，矫顽力增加。

矿石粒度越细，其磁性越弱，磁选时就越容易造成损失，所以磨矿时不能过磨。只要目的矿物单体解离就行。但另一方面，粒度细，矫顽力大，使得细粒矿石较牢固地结成磁团或磁链，而磁链要比单个矿粒大得多，其整体磁性也变大，分选过程中，细粒损失相应减小。

磁铁矿在磁选时，很少以单个矿粒出现，绝大多数呈磁团或磁链状态存在。磁团聚现象的存在，可以减少金属流失。但磁团聚会使一部分脉石包裹在磁团或磁链中，从而造成对磁性精矿的污染。另外，当采用阶段磨矿阶段分选的工艺流程时，有些磁团或磁链会作为沉砂去再磨；也有些磁团或磁链，进入分级机溢流，使分级粒度变粗，这都影响下面磨矿分级作业的工艺效果。因此，在分级作业前，需用脱磁设备对物料脱磁。

(3) 矿物氧化程度的影响

磁铁矿在矿床中经长期氧化以后，局部或全部变成假象赤铁矿(结晶外形为磁铁矿，而化学成分已变成赤铁矿了)。随着磁铁矿氧化程度的增加，磁性减弱，比磁化率显著减小。比磁化率的最大值越来越不明显，曲线越来越接近为一条水平线。

对矿石组成比较简单，铁矿石中硅酸铁、硫化铁、铁白云石等含量小于3%，主要的铁矿物又为磁铁矿、赤铁矿和褐铁矿，可采用磁性率法即矿石中 FeO 含量和全铁(Fe_t)含量的百分比来反映铁矿石的磁性。纯磁铁矿的磁性率＝(56＋16)/(56×3)×100%＝42.8%。铁矿石的磁性率低，说明它的氧化程度高，磁性弱。工业上把磁性率＞37%的铁矿石划为磁铁矿石；把磁性率＝28%～37%的铁矿石划为半假象赤铁矿石；把磁性率＜28%的铁矿石划为假象赤铁矿石。

对矿石组成复杂，铁矿石中的硅酸铁、硫化铁和铁白云石等含量较多，不能采用磁性率法反映铁矿石的磁性。例如，某些铁矿石中含有较多的硅酸铁矿物，它的磁性率很高有时甚至大于纯磁铁矿石的磁性率，但实际磁选效果很差；又如铁矿石中含有较多的磁黄铁矿，它的磁性率不高，但实际的磁选效果很好；再如某些铁矿石中的半假象赤铁矿在弱磁选时也可被选出，磁选效果仍较好，所以可将它划属磁铁矿石类型之中。遇到这种情况，最好用矿石中磁性铁 Fe_m 对全铁 Fe_t 的占有率大小来划分铁矿石类型，该比例可简称为磁铁率，划分标准为：$Fe_m/Fe_t>85\%$ 为磁铁矿石，$Fe_m/Fe_t=15\%\sim85\%$ 为混合矿石，$Fe_m/Fe_t<15\%$ 为赤铁矿石。

(4) 强磁性矿物含量的影响

磁铁矿与脉石矿物的连生体，在生产过程中极容易混入磁性精矿中，影响精矿的质量。连生体的磁性与连生体的结构、磁畴强度和分选介质有关。

连生体的比磁化系数与其中磁铁矿含量的关系如图3-1-8所示。

从图3-1-8看出，连生体的比磁化率随磁铁矿含量 $\alpha_{磁}$ 增大而增大。开始时比磁化率增加较缓，当 $\alpha_{磁}>50\%$ 时，增加较快。当 $\alpha_{磁}=10\%$ 时，连生体的比磁化率为 $37.5\times10^{-6}\ m^3/kg$；当 $\alpha_{磁}=50\%$ 时，连生体的比磁化率则为 $185.5\times10^{-6}\ m^3/kg$，可见，强磁性矿物的贫连生体，其比磁化率要比弱磁性脉石矿物的比磁化率大得多，而富连生体的比磁化率则更大。因此，在使用恒定磁场的磁选机分选时，连生体进入磁性精矿的可能性是很大的。分析精矿组成发现，单体脉石含量很小，而以连生体形式存在的脉石却很多，所以连生体是影响精矿

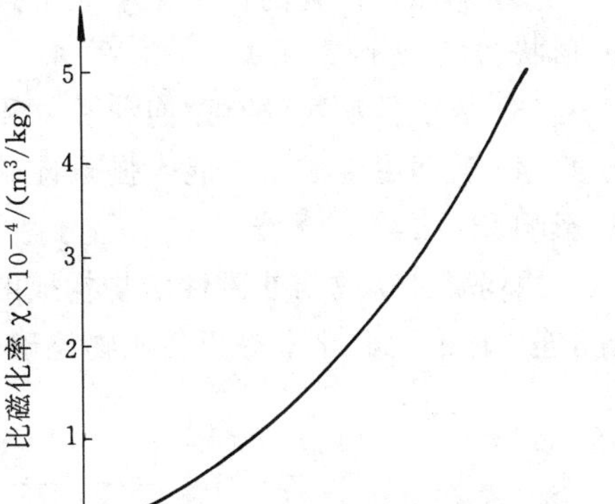

图3-1-8　磁铁矿连生体的比磁化率与其中磁铁矿含量的关系

质量的重要因素。

在磁场强度为60～120 kA/m范围内，连生体的比磁化率$\chi_{连}$可按经验公式计算：

$$\chi_{连}=\left(\frac{\delta_m}{\delta_{连}}\right)\left(\frac{\alpha}{72.4}\right)^2\chi_m \tag{3-1-11}$$

式中 χ_m——磁铁矿比磁化率，m^3/kg；

δ_m和$\delta_{连}$——磁铁矿和连生体的密度，kg/m^3；

α——连生体中以磁铁矿形式存在的铁含量；

72.4——纯磁铁矿化学式的铁含量。

在磁场强度为10～20 kA/m范围内，连生体的比磁化率$\chi_{连}$可按经验公式计算：

$$\chi_{连}=[(\alpha_m+27)/1\ 360]^3 \tag{3-1-12}$$

若在介质中分选强磁性矿物与非磁性矿物的混合物时，其情况与连生体类似。此时，整个分散体系的磁化率，不仅决定于强磁性矿物的容积浓度，而且还取决于分选介质的种类。图3-1-9的曲线表示磁铁矿和石英混合物的比磁化率与磁铁矿体积含量间的关系。由图3-1-9知：当以空气为介质干法磁选混合物时，混合物的比磁化率与磁铁矿含量的关系，类似于磁铁矿连生体的情况，而以水为介质湿法磁选混合物时，混合物的比磁化率与磁铁矿含量的关系呈正比的直线关系。

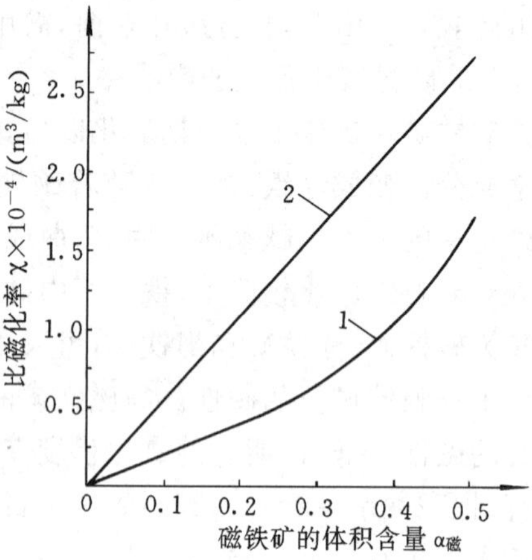

1—磁铁矿和石英的干式混合物；

2—磁铁矿和石英的悬浮液。

图3-1-9 磁铁矿和石英混合物的比磁化率与磁铁矿体积含量间的关系

四、弱磁性矿物的磁性及其影响因素

与强磁性矿物相比，弱磁性矿物的磁性有明显的不同：

(1) 弱磁性矿物的比磁化率比强磁性矿物的小得多；

(2) 弱磁性矿物的比磁化率大小只与矿物组成有关，为一常数，与磁场强度及矿物本身的形状、粒度等因素无关；

(3) 弱磁性矿物没有磁饱和现象和磁滞现象，它的磁化强度与磁场强度间为直线关系；

(4) 若弱磁性矿物中混入强磁性矿物，即使少量也会对其磁特性产生一定甚至是较大的影响。

由弱磁性矿物与非磁性矿物构成的连生体，其比磁化率大致与弱磁性矿物的含量成正比，连生体的比磁化率等于各矿物比磁化率的加权平均值，即

$$\chi_{连}=\frac{\gamma_1\chi_1+\gamma_2\chi_2+\cdots+\gamma_n\chi_n}{\gamma_1+\gamma_2+\cdots+\gamma_n}=\frac{\sum_{i=1}^{n}\gamma_i\chi_i}{\sum_{i=1}^{n}\gamma_i} \tag{3-1-13}$$

式中 γ_i——组成连生体的第i种矿物含量；

χ_i——组成连生体的第i种矿物的比磁化率；

n——组成连生体的种类。

关于弱磁性矿物的磁性，研究较多的是弱磁性铁矿物和弱磁性锰矿物。

对于弱磁性铁矿物：赤铁矿、褐铁矿、菱铁矿、黄铁矿，可以通过磁化焙烧的方法人为地提高它们的磁性，这样它们就变成了人工强磁性矿物：Fe_3O_4 或 γ-Fe_2O_3，可用弱磁场磁选机进行分选。

人工强磁性矿物与天然强磁性矿物的磁性基本相同，但人工磁铁矿的剩磁和矫顽力比天然的大，而比磁化率要小。因而在选矿中磁团聚现象严重，精矿质量和回收率要比天然的低。

第四节　矿物磁性的测量

一、矿物磁性的测定

矿物磁性的测量方法可分成三大类：有质动力法、感应法和间接法。选矿中常用的是有质动力法，它装置简单，有足够的灵敏度，对一般情况，采用磁力天平就可以满足要求。有质动力法可分成古依(Gouy)法和法拉第(Faraday)法。下面介绍这两种方法分析磁性矿物比磁化率的原理、仪器及分析步骤。

1. 古依(Gouy)法测矿物的比磁化率

此法是直接测量比磁化率的方法，适用于强磁性矿物和弱磁性矿物的比磁化率测定。

测量装置——测量装置和线路如图 3-1-10 所示。主要由分析天平、薄壁玻璃管、多层螺管线圈、直流安培计、电阻器和开关组成。

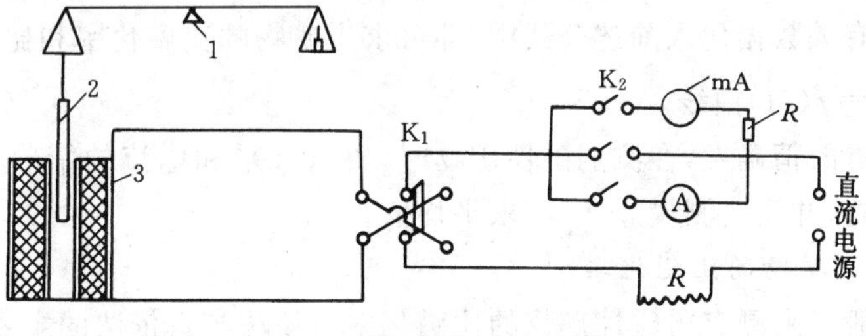

1—分析天平；2—薄壁玻璃管；3—多层螺管线圈。

图 3-1-10　矿物比磁化率测量装置

测量原理——将截面相等的长试样悬挂在天平的一端，使之处于磁场强度均匀且较高的区域，而另一端处于磁场强度较低的区域，试样在磁场中便受到和它的长度方向一致的磁力的作用。

$$F_{磁} = \int_V \mu_0 \kappa_0 H \mathrm{grad} H \mathrm{d}V = \mu_0 \kappa_0 \int_V H \frac{\partial H}{\partial y} S \mathrm{d}y = \frac{1}{2}\mu_0 \delta \chi_0 S(H_1^2 - H_2^2)$$

式中　μ_0——真空磁导率；

S——样品截面积；

χ_0——样品物体比磁化率；

δ——样品的假密度；

$\mathrm{d}V$——样品的体积元；

H_1, H_2——样品两端最高和最低的磁场强度。

当样品足够长时，近似取 $H_2=0$，即

$$F_{磁}=\frac{1}{2}\mu_0\delta\chi_0 SH_1^2$$

由于
$$F_{磁}=\Delta mg$$

所以
$$\Delta mg=\frac{1}{2}\mu_0\delta\chi_0 SH_1^2=\frac{\mu_0\chi_0 mH_1^2}{2l} \tag{3-1-14}$$

式中 Δm——样品在磁场中的外观质量增加值；

m——样品质量($m=lS\delta$)；

l——管中样品长度；

g——重力加速度。

由式(3-1-14)可得
$$\chi_0=\frac{2l\Delta mg}{\mu_0 mH_1^2}=\alpha\frac{\Delta m}{H_1^2} \tag{3-1-15}$$

式中
$$\alpha=\frac{2l}{\mu_0 m}g$$

上式中 l,m,g 均为已知数，试验时改变 H_1 的大小，测定 Δm，就可求出 χ_0 值。如果样品很长，截面积很小时，则其退磁因子很小，此时样品的物体比磁化率可作为样品的物质比磁化率。

测定方法——在测定前先称量玻璃管的质量，将样品装入玻璃管中并捣固到所要求的程度时为止。再称量样品和玻璃管的质量，然后将装有样品的玻璃管挂在分析天平的左秤盘下，使它的下端接近螺线管的中心，将线圈接通电流，在不同电流下测量样品所受磁力的大小。将测得的有关数据代入前述公式中，即可求出矿物的比磁化率和比磁化强度，并绘制出 $\chi=f(H)$ 和 $J=f(H)$ 曲线。

为了提高测量的精确度，在测弱磁性矿物时，要求天平和电流的精确度高一些，磁场强度也应当适当提高，并反复测量 3～4 次求平均值。

2. 法拉第法测矿物的比磁化率

法拉第法一般用来测定弱磁性矿物的比磁化率。该法与古依法的主要区别是样品的体积较小，因此可近似认为在样品所占的空间内磁场力是个恒量。测定原理是在预先已知 $H\text{grad}H$ 的不均匀磁场中测定矿物所受的比磁力，然后按下式求出样品的比磁化率，即

$$\chi=\frac{f_{磁}}{\mu_0 H\text{grad}H} \tag{3-1-16}$$

假如 $H\text{grad}H$ 是未知数，则可利用与已知比磁化率的标准试样相比较的方法来确定试样的比磁化率。由

$$\frac{f_{磁1}}{f_{磁2}}=\frac{\mu_0\chi_1 H\text{grad}H}{\mu_0\chi_2 H\text{grad}H}=\frac{\chi_1}{\chi_2}$$

得
$$\chi_2=\chi_1\frac{f_{磁2}}{f_{磁1}} \tag{3-1-17}$$

式中 χ_1——标准试样的比磁化率；

χ_2——被测试样的比磁化率。

常见的标准物质比磁化率值如下：

焦磷酸锰（$Mn_2P_2O_7$） $146\times10^{-8}\ \text{m}^3/\text{kg}$ 氯化锰($MnCl_2$) $143.1\times10^{-8}\ \text{m}^3/\text{kg}$

硫酸锰($MnSO_4 \cdot 4H_2O$) $81.5\times10^{-8}\ m^3/kg$　　纯水(H_2O)　　$-9\times10^{-9}\ m^3/kg$

法拉第法可采用不同的测量装置,如普通天平、魏斯天平、自动平衡天平、库利-琴奈沩扭秤、苏克史密斯环秤、切娃利尔-皮尔测量仪器等。其中普通天平法(即磁力天平法)的精度虽然不高(精度只达 10^{-6}),但由于结构简单,所以国内普遍采用,它用的是标准试样与被测试样的比较法;扭称测量精度可达 $10^{-6}\sim10^{-8}$,已成为测定矿物比磁化率的主要装置,它测出的是绝对比磁化率。测量装置和步骤可参考有关文献。

二、磁性矿物含量的分析

实验室常用磁选管、磁力分析仪、感应辊式磁力分离机、强磁矿物分离仪等磁力分析器分析矿石中磁性矿物的含量,确定矿石磁选可选性指标,对矿床进行工艺评价,检查磁选机的工作情况,提纯各种单矿物以进行物质组成、矿物组成、可选性等方面的工作。在磁选厂特别需要对原矿和选矿产品进行磁性分析,查明尾矿中金属损失量及原因,以改善工艺过程和磁选指标。上述磁力分析仪中,以磁选管较为常用。

磁选管是用于湿式分析矿物中强磁性矿物含量的磁分析设备,它主要由电磁铁和电磁铁工作间隙内可移动的玻璃管组成,其构造如图 3-1-11 所示。电磁铁由 C 形铁芯和线圈组成,铁芯末端的角度约为 90°的圆锥形极头,两极头间为磁选管的工作空间。装有传动装置的由非磁性材料制成的架子固定在电磁铁上,玻璃管被嵌在与传动装置相连的夹头里。玻璃管与水平成 40°～45°角,可上下移动 40～50 mm,并可在不大的角度回转。玻璃管一端敞开以便试样和冲洗水的进入,另一端尖缩为锥形并套有一带夹具的胶皮管,夹具可调节水的排出量,磁选管的最高磁场强度可达 240 kA/m。

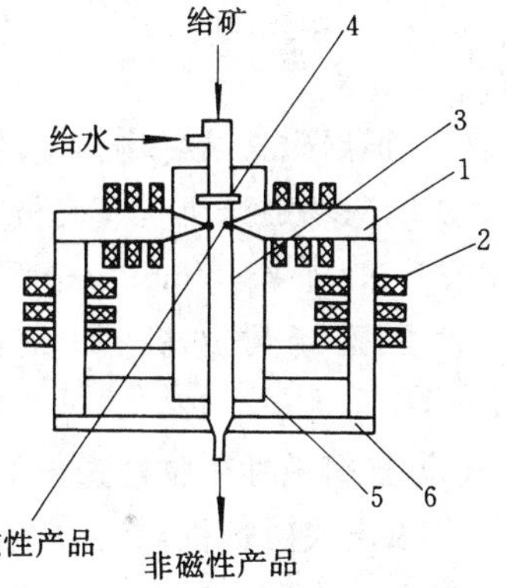

1—C 形铁芯;2—线圈;
3—玻璃分选管;4—筒环;
5—非磁性材料支架;6—支座。
图 3-1-11　磁选管示意图

操作时首先调节冲洗水量和夹具,使磁选管中水面保持在磁极头以上 100～120 mm;然后接通直流电源并开动传动装置;接着将试样给入磁选管中,试样中的强磁性矿物被吸附在磁极附近的管内壁上,非磁性矿物随冲洗水从玻璃管下端排出。玻璃管的上下移动和左右回转有利于非磁性矿物的排出,在连续冲洗 5～15 min 管内水清晰时,分选可停止。关闭夹具,切断电流,排除磁性物料。将磁性产品和非磁性产品澄清、烘干、称量,计算试样中磁性产品的含量。

试样应根据矿物的嵌布粒度磨细到 1 mm 以下,每次试样量视磁选管直径大小一般为 5～10 g 或 10～20 g。

复习思考题

1. 简述实现磁选的基本条件。
2. 简述矿物磁性的分类原则和典型矿物的磁性。
3. 简述矿物磁性的测量方法和原理。

第二章 磁选设备

第一节 概 述

磁选机的结构多种多样,分类方法也比较多。通常根据以下特征来分类。

(1) 根据承载介质的不同,可分为:

① 干式磁选机——在空气中进行,主要用于分选大块、粗粒的强磁性和细粒弱磁性矿石。

② 湿式磁选机——在水或磁性液体中进行,主要用来分选细粒强磁性和细粒弱磁性矿石。

(2) 根据磁选机磁场强度的高低可分为:

① 弱磁场磁选机——磁极表面的磁场强度 H_0 为 80～120 kA/m,磁场力 $(H\text{grad}H)_0$ 为 $(3\sim6)\times10^5$ kA^2/m^3,用于强磁性矿物与脉石矿物的分离。

② 强磁场磁选机——磁极表面的磁场强度 H_0 为 800～1 600 kA/m,磁场力 $(H\text{grad}H)_0$ 为 $(3\sim12)\times10^7$ kA^2/m^3,用于弱磁性矿物与脉石矿物的分离。

(3) 根据磁性矿物被选出的方式可分为:

① 吸出式磁选机——被选物料给到距工作磁极或运输部件一定距离处,磁性矿粒从物料中被吸出,经过一定时间才吸在工作磁极或运输部件表面上。这种磁选机的精矿质量一般较好。

② 吸住式磁选机——被选物料直接给到工作磁极或运输部件表面上,磁性矿粒被吸住在工作磁极或运输部件表面上。这种磁选机的回收率一般较高。

③ 吸引式磁选机——被选物料给距工作磁极表面一定距离处,磁性矿粒被吸引到工作磁极表面的周围,在本身的重力作用下排出成为磁性产品。

(4) 根据给入物料的运动方向和从分选区排出分选产品的方法可分为:

① 顺流型磁选机——被选物料和非磁性矿粒的运动方向相同,而磁性矿粒偏离此运动方向。这种磁选机一般不能得到高的回收率。

② 逆流型磁选机——被选物料和非磁性矿粒的运动方向相同,而磁性产品的运动方向与此方向相反。这种磁选机的回收率一般较高。

③ 半逆流型磁选机——被选物料从下方给入,而磁性矿粒和非磁性矿粒的运动方向相反。这种磁选机的精矿质量和回收率一般都比较高。

(5) 根据磁性矿粒在磁场中的行为特征可分为:

① 有磁翻转作用的磁选机——在这种磁选机中,由磁性矿粒组成的磁链在其运动时受到局部或全部破坏。有利于精矿质量的提高。

② 无磁翻转作用的磁选机——在这种磁选机中,磁链不被破坏,这有利于回收率的提高。

(6) 根据排出磁性产品的结构特征可分为:圆筒式、圆锥式、带式、辊式、盘式和环式等。

(7) 根据磁场类型可分为:

① 恒定磁场磁选机——这种磁选机的磁源为永久磁体和直流电磁体、螺线管线圈。磁场强度的大小和方向不随时间变化。

② 旋转磁场磁选机——磁选机的磁源为极性交替排列的永久磁体,它绕轴快速旋转。磁场强度的大小和方向随时间变化。

③ 交变磁场磁选机——磁选机的磁源为交流电磁体。磁场强度的大小和方向随时间变化。

④ 脉动磁场磁选机——磁选机的磁源为同时通直流电和交流电的电磁体。磁场强度的大小随时间变化,但方向不变。

(8) 根据产生磁场的方法,磁选机又可分为:永磁型磁选机、电磁型磁选机、超导型磁选机等。用于分选弱磁性矿石的磁选机一般采用电磁磁系,分选强磁性矿石的磁选机大都采用永磁磁系。

第二节 磁选设备常用磁性材料及其特性

在各种磁性材料中,最重要的是以铁为代表的铁磁性材料,钴、镍、钆、镝等也具有铁磁性。常用的铁磁性材料多是铁和其他金属或非金属的合金,以及某些含铁的氧化物。

铁磁性材料的磁特性常用特性曲线的形式来表示,其中最常用的是反映铁磁性材料的磁感应强度与外磁场强度之间关系的 $B=f(H)$ 曲线。材料的磁特性,不仅与磁场强度、温度和机械应力有关,而且与磁化过程有关。在获得 $B=f(H)$ 曲线前,材料样品应预先退磁,使样品中磁畴没有磁化,从优取向,材料处于磁化强度等于零的退磁状态。材料磁化时可分成以下几种 $B=f(H)$ 曲线。

一、起始磁化曲线

起始磁化曲线是外磁场 H 单调增加时得到的曲线,见图 3-2-1(a)所示。铁磁性材料的起始磁化曲线的共同点是曲线由陡峭段和平坦段组成。陡峭段对应于易磁化的情形,而平坦段对应于难以磁化的情形。

根据 $B=\mu H$ 的关系,$B=f(H)$ 曲线上一点 A 与 O 点连线的斜率 $\tan\alpha$ 代表该点对应的磁化状态下的磁导率 $\mu_0\mu_r=\frac{B_A}{H_A}$。其相对磁导率为:

$$\mu_r=\frac{B_A}{\mu_0 H_A} \tag{3-2-1}$$

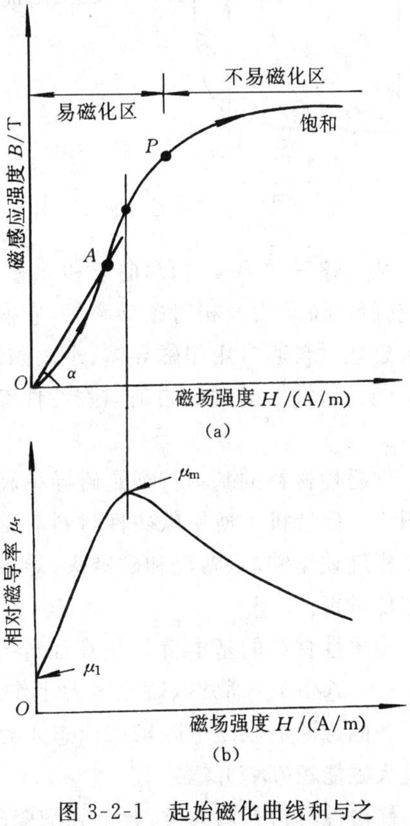

图 3-2-1 起始磁化曲线和与之对应的相对磁导率与磁场强度的关系

μ_r 随磁场 H 变化曲线见图 3-2-1(b)，μ_1 和 μ_m 叫作起始相对磁导率和最大相对磁导率。

二、磁滞回线

当磁场强度 H 在正负两个方向上往复变化时，材料的磁化过程经历了一个循环的过程，见图 3-2-2。闭合曲线叫作磁滞回线。如果材料在磁化曲线两端都达到饱和，所得回线就叫作饱和磁滞回线或主磁滞回线。

三、正常磁化曲线

磁场 H 的循环范围逐渐缩小，所得一系列磁滞回线的顶端的轨迹就是正常磁化曲线，见图 3-2-3。这一曲线可以复制，能说明材料的磁特性。正常磁化曲线和起始磁化曲线的形状很相似。

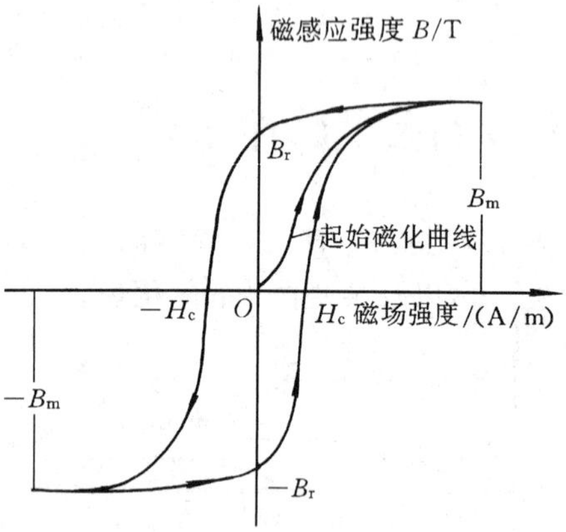

图 3-2-2　磁滞回线

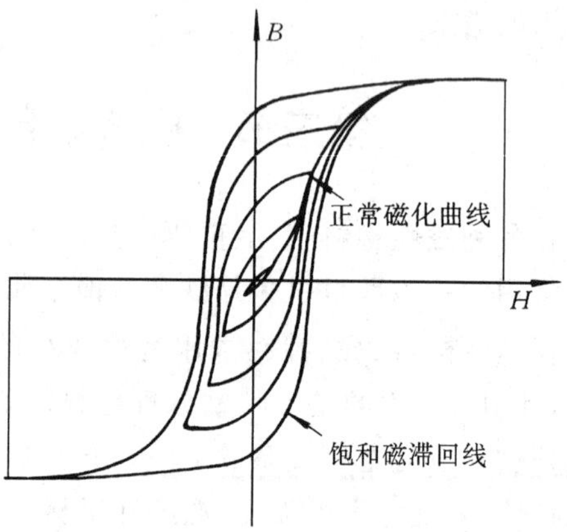

图 3-2-3　正常磁化曲线和各自相关磁滞回线

从上述三种 $B=f(H)$ 曲线和 $\mu_r=f(H)$ 曲线可以知道材料的饱和磁感应强度、剩余磁感应强度、矫顽力及相对磁导率等，它们是标志磁性材料的磁特性参数。

磁性材料通常用作磁导体、永久磁铁和特殊磁性元件。用途不同，需要材料的磁特性参数不同。通常根据材料的基本磁特性参数将磁性材料分成两大类别：软磁性材料和硬磁性材料。

软磁性材料的基本特征是磁导率高，矫顽力小($H_c<10^3$ A/m)，磁滞回线狭长，包围的面积小。磁选机上所用软磁性材料有工程纯铁、导磁不锈钢和低碳钢等。一般强磁选机选用工程纯铁作铁芯、磁轭和磁极头；导磁不锈钢用作感应磁介质；中磁场或弱磁场磁选设备选用低碳钢。

硬磁性材料的基本特征是在工作空间能产生很大的磁场能。它的矫顽力很大($H_c \approx 10^4 \sim 10^6$ A/m)。通常以矫顽力大小作为判断材料磁硬度的依据。硬磁性材料主要用在磁选设备的磁源上以产生磁场。标志永磁体磁特性的基本参数是其剩余磁感 B_r、矫顽力 H_c 和最大磁能积 $(BH)_{max}$。

硬磁性材料有两大类：合金和陶瓷磁体(或铁氧体磁体)。铁氧体磁体和合金磁体比较，其剩余磁感 B_r 低得多，但矫顽力 H_c 高几倍，这将影响磁选机磁系磁极的大小和形状。铁氧体价格便宜，原料来源广泛，在弱磁场磁选机中常采用这种材料。

含有稀土元素的永磁材料，其磁性能要比铁氧体和常用合金磁体高得多，已可用作永磁强磁选机的磁源材料。表 3-2-1 是几种永磁体的特性。

永磁体采用的磁性材料为硬磁性材料，具有的剩余磁感 B_r 高、矫顽力 H_c 大，这两者也就决定了单位体积的磁能积 $(BH)_{max}$ 大。剩余磁感 B_r 值表征提供永磁体磁感应强度的能力，矫顽力 H_c 值表征保持磁感应强度不衰减的能力。

表 3-2-1 永磁体的特性

材料	B_r/T	H_c/(kA/m)	$(BH)_{max}$/(kJ/m^3)
AlNiCo	1.280	51	44
铁氧体	0.385	235	28
$SmCo_5$	0.87	637	146
$Nd_{15}Fe_{77}B_8$	1.23	881	290

永磁体在导磁体的空气隙里具有的磁场能量 W 与退磁曲线工作点上的磁感应强度和磁场强度的乘积成正比。例如，对于工作点 d，该点磁能积等于 B_dH_d（图 3-2-4）。从退磁曲线看，在 $B=B_r$、$H=H_c$ 两点上 $BH=0$，在 D 点时具有的磁能积 B_DH_D 达到最大值 $(BH)_{max}$。材料的磁能积越大，在具有最大能量的空气隙里产生的磁感应强度越大。单位体积空气隙的磁能 $W_{max}=B_DH_D/2$。从经济方面考虑，永磁体的最佳工作点应和磁能积最大的点相同。

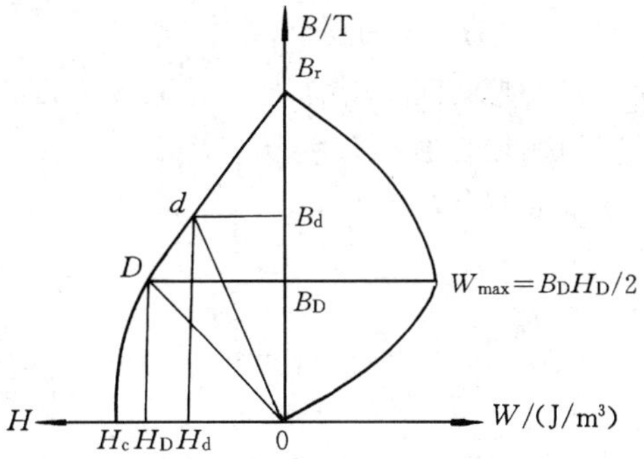

图 3-2-4 退磁曲线和工作点

第三节 磁选机的磁系

磁选机中产生磁场的磁源叫磁系。根据磁系中磁极的配置方式，可将磁系分成开放磁系和闭合磁系。

一、开放磁系

所谓开放磁系是指磁极在同一侧作相邻配置且磁极之间无感应磁介质的磁系。按磁极的排列方式分为曲面磁系和平面磁系两种，如图 3-2-5 所示，前者用于弱磁场筒式磁选机，后者用于带式磁选机。开放磁系磁路长，磁阻大，漏磁多，产生的磁场强度低，用于分选强磁性矿物的弱磁场磁选机。

根据磁场的基本特性可知，开放磁系磁场中任意一点 (x,y) 的磁场强度为：

$$H_x=H_0e^{-cy}\sin\frac{\pi}{l}x \tag{3-2-2}$$

$$H_y = H_0 e^{-cy} \cos \frac{\pi}{l} x \tag{3-2-3}$$

式中　H_0——极面或极隙面上的磁场强度(此时 $y=0$),A/m;

c——磁场的非均匀系数,m^{-1};

l——极距,m;

x——距磁极对称面的距离,m,$-l/2 \leqslant x \leqslant l/2$。

在磁极对称面上,$x=0$,$\sin \frac{\pi}{l} x = 0$,$\cos \frac{\pi}{l} x = 1$,所以

$$H_x = 0,\ H_y = H_0 e^{-cy}$$

在磁间隙对称面上,$x = -l/2$ 或 $l/2$,$\left|\sin \frac{\pi}{l} x\right| = 1$,$\cos \frac{\pi}{l} x = 0$,所以

$$H_x = H_0 e^{-cy},\ H_y = 0$$

故在磁极或极间隙对称面上的磁场强度沿高度 y 的变化有通式 $H = H_0 e^{-cy}$。

在极面水平上,$y=0$,有

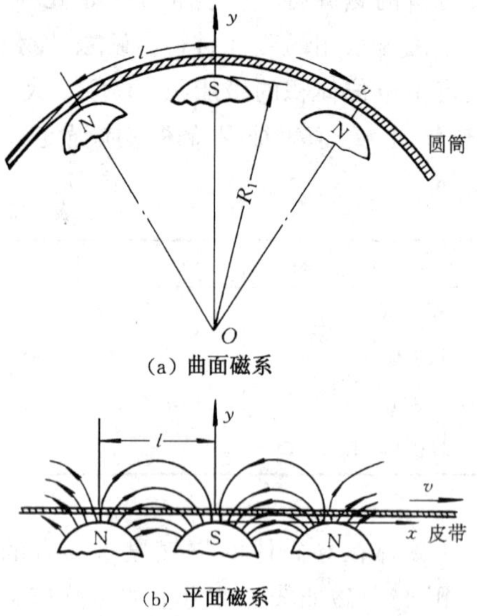

图 3-2-5　开放磁系

$$H_x = H_0 \sin \frac{\pi}{l} x \tag{3-2-4}$$

$$H_y = H_0 \cos \frac{\pi}{l} x \tag{3-2-5}$$

当磁极表面沿圆柱面排列时,磁场的非均匀系数 c 为:

$$c = \frac{\pi}{l} + \frac{1}{R} \tag{3-2-6}$$

当 $R \to \infty$ 即磁极按平面排列时,磁场的非均匀系数 c 为:

$$c = \frac{\pi}{l} \tag{3-2-7}$$

将 $H = H_0 e^{-cy}$ 对 y 求导数,得磁场梯度为:

$$\frac{dH}{dy} = \mathrm{grad}H = -cH_0 e^{-cy} = -cH \tag{3-2-8}$$

式(3-2-8)中负号是指磁场强度随 y 值增加而减小。若不考虑负号,则得

$$c = \frac{\pi}{l} + \frac{1}{R} = \mathrm{grad}H/H\text{(曲面)}$$

或

$$c = \frac{\pi}{l} = \mathrm{grad}H/H\text{(平面)} \tag{3-2-9}$$

由上式可知,磁场非均匀系数 c 在理论上是单位磁场强度下的磁场梯度。它是极距 l 的函数,对圆柱面磁系,还是圆柱面半径 R 的函数。由于考虑了极距和磁系曲面半径的影响,非均匀系数 c 比磁场梯度更便于表示磁场的非均匀性。

磁极对称面或极间隙对称面上任意一点上的磁场力为:

$$(H\text{grad}H)_y = cH_0^2 e^{-2cy} \tag{3-2-10}$$

从这一公式看，当极面的磁场强度一定时，磁场力的大小决定于非均匀系数 c 和位置 y。当 R 一定时，它就只决定于极距 l 和位置 y。

以上公式是在特定的条件下得到的，这些条件是：磁极头为半径近似为 $0.4l$ 的圆弧；磁极宽度与磁极间隙的比值在 1.0～1.5 之内。对实际磁选机磁系，上面两个条件很难满足，因此，需在理论非均匀系数上乘以修正系数 k(表 3-2-2)以进行修正。

表 3-2-2 平面排列各向异性陶瓷磁铁磁系的磁场非均匀系数

极面宽/极隙宽	6.5/3.0	6.5/4.5	6.5	7.5	13/6	13/9	13/12	19.5/4.5	19.5/9	19.5/13.5	26/9	26/12	26/18
π/l	0.33	0.29	0.22	0.17	0.14	0.13	0.13	0.12	0.11	0.10	0.09	0.08	0.07
极对称面 k	0.89	0.93	1.05	0.88	0.91	1.05	0.90	0.92	0.98	1.06	0.88	0.97	1.00
极隙对称面 k	0.95	0.87	0.73	0.90	0.80	0.67	1.14	1.02	0.96	0.70	1.08	0.87	0.56

二、闭合磁系

闭合磁系是磁极作相对配置的磁系。分选空间是磁极间的空气隙。通常空气隙较小，磁通通过空气隙的磁阻小，漏磁少，故分选空间具有较强的磁场，用于分选较弱磁性矿物的强磁选机。但这种磁系的处理能力较低。强磁场磁选设备中的闭合磁系如图 3-2-6 所示。

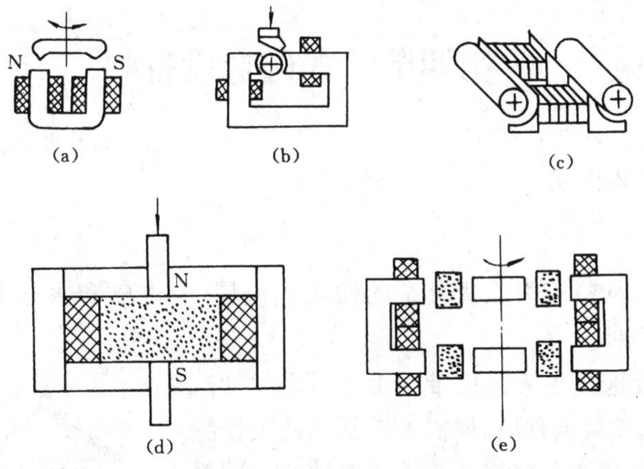

图 3-2-6 几种闭合磁系

在闭合磁系中，一种是具有一定形状的单层感应磁极与原磁极构成闭路的磁系，一种是相对磁极间装有特殊形状的铁磁介质的磁系。

对前一种磁系，形成的分选空间是单层的，原磁极常为平面或槽形磁极，感应极多为尖齿或平齿极，目的是使磁通在感应极上形成合理密集状态，使分选空间产生强磁场和大的磁场梯度。这种磁极对有以下几种(图 3-2-7)：① 由平面磁极与单个尖形感应齿极组成[图 3-2-7(a)]；② 由两个双曲线形磁极组成[图 3-2-7(b)]；③ 由平面原磁极与多个平齿或尖形感应齿极组成[图 3-2-7(c)(d)]；④ 由槽形原磁极和多个平齿或尖形感应齿极组成[图 3-2-7(e)(f)]；⑤ 由弧面极和凹形极组成[3-2-7(g)]。

对相对磁极间装有特殊形状的铁磁介质的磁系，可进一步提高磁场梯度和磁场力，常见的磁介质有球、棒、齿板、钢板网和钢毛等，这些磁介质的曲率半径顺次变小，单磁场梯度和磁场力依次增大。

闭合磁系的磁场特性与磁极形式和填充介质特性有关，比较复杂，欲详细了解，可参阅相关的磁路和磁选理论。

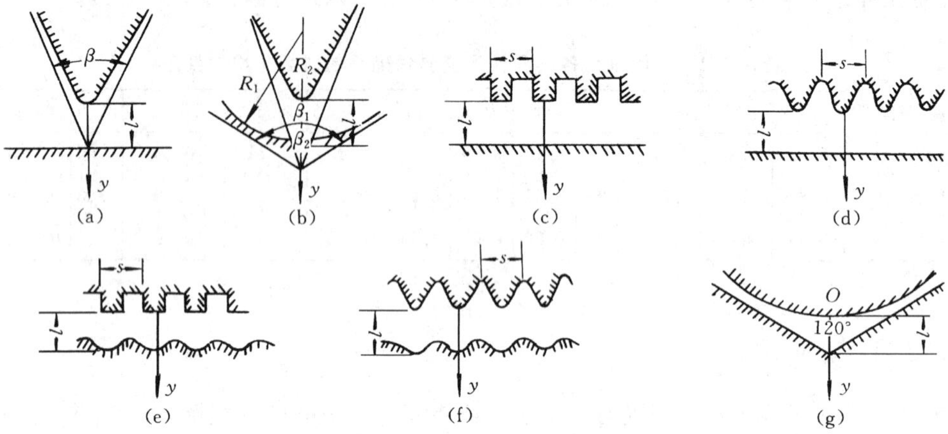

图 3-2-7　用于闭合磁系磁选机的磁极形状

第四节　弱磁选设备

一、干式弱磁场磁选机

1. 除铁器

除铁器主要用来从料流中除去夹杂的铁块或铁屑，有电磁和永磁两种。除铁器分固定悬挂式和带式悬挂两种。

固定悬挂式一般悬挂在运料皮带的上方(图 3-2-8)，从料流中拣出夹杂的铁块或铁屑，但需人工从磁铁上排除杂铁，故一般用在含铁较少的料流中除铁。磁铁的宽度要与料流的宽度或皮带运输机的宽度相适应。

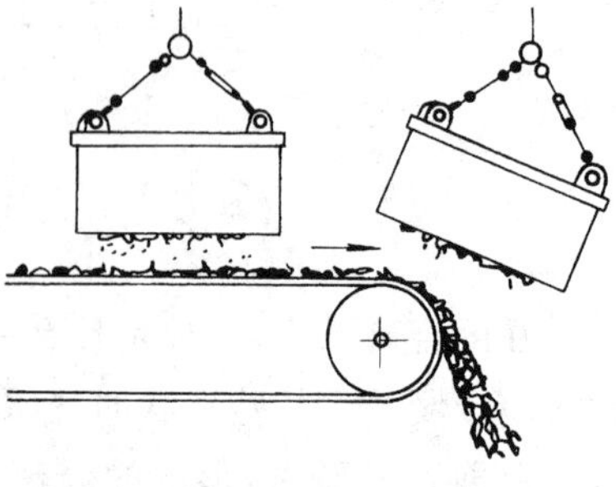

图 3-2-8　固定悬挂式除铁器

带式悬挂除铁器有两种方式，一种与运料皮带成直角交叉，杂铁从运料带的侧边排出；另一种与运料皮带方向一致，杂铁从料流的前端排出，见图 3-2-9。主要用于从非磁性料流中拣出块状铁质物料，可用在煤炭、铁渣和钢渣、工业垃圾等物料的除铁或回收铁的作业中。

2. 磁滑轮

磁滑轮，又称磁力滚筒，有电磁和永磁两种。永磁滑轮结构简单，不耗电能，工作可靠，易于维修，应用较广。下面主要介绍永磁滑轮。

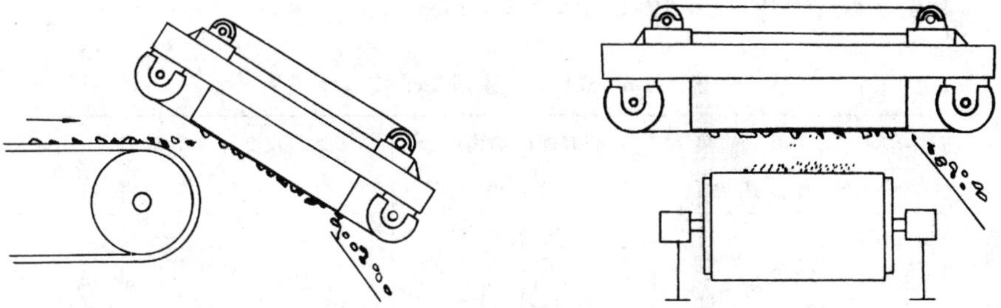

图 3-2-9 带式悬挂除铁器

(1) 设备结构

主要由锶铁氧体组成磁包角 360°的多极磁系，套在磁系外面的由非导磁材料制成的旋转圆筒组成，如图 3-2-10 所示。磁系和圆筒套在一个轴上，作为皮带的首轮。

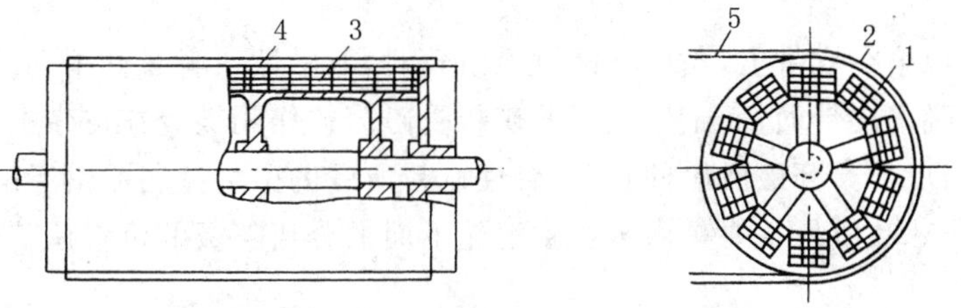

1—多极磁系；2—圆筒；3—磁导体；4—铝环；5—皮带。

图 3-2-10 CT 型磁滑轮

(2) 磁系和磁场特性

沿物料运动方向磁极有交变的，也有单一的。当处理的物料粒度小于 120 mm 时，采用交变极性有利于提高选矿效率。交变磁场特性如图 3-2-11 所示，其特点是磁极间隙中间和极面上磁场强度最低，磁极边缘处最高。距极面越远，同距离处磁场强度变化越小。离极面太近的磁场对分选粗粒物料起不了太大作用。

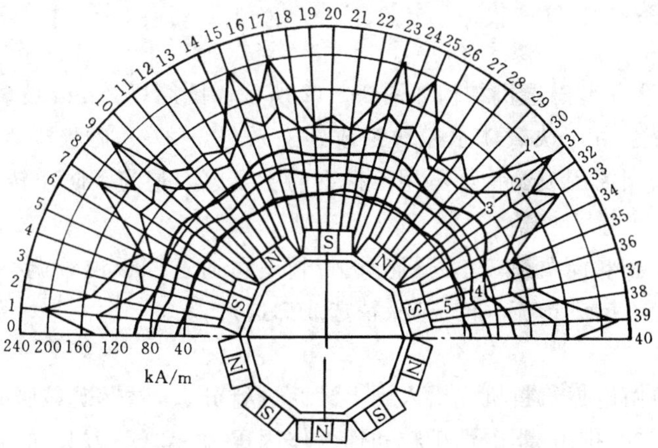

距磁系表面距离：1—0 mm；2—10 mm；3—30 mm；4—40 mm；5—50 mm。

图 3-2-11 CT 型磁滑轮磁场特性

国产 CT 型永磁滑轮的技术特性见表 3-2-3。

表 3-2-3 CT 型永磁滑轮的技术特性

型号	筒体尺寸/mm	皮带宽度/mm	筒表面磁场强度/(kA/m)	入选粒度/mm	处理能力/(t/h)	质量/kg
CT-66	630×600	500	120	10～75	110	724
CT-67	630×750	650	120	10～75	140	851
CT-89	800×950	800	124	10～100	220	1 600
CT-811	800×1 150	1 000	124	10～100	280	1 850
CT-814	800×1 400	1 200	124	10～100	340	2 150
CT-816	800×1 600	1 400	124	10～100	400	2 500

(3) 分选过程

矿石均匀地给在皮带上，当矿石经过磁滑轮时，非磁性或者磁性很弱的矿粒在离心力和重力的作用下脱离皮带面，而磁性较强的矿粒受磁力的作用被吸在皮带上，并由皮带带到磁滑轮的下部，当皮带离开磁滑轮伸直后，磁性矿粒所受的磁力减弱而落于磁性产品槽中。分选时，产品的产率和质量主要是由装在磁滑轮下面的分离隔板的位置调节的。

(4) 应用

用于大块(10～120 mm)强磁性矿石的预选，能分选出混入矿石中的围岩，降低原矿石的贫化现象，一般可分离出产率占原矿 15%～35%的废弃尾矿以及再需处理的中间产品，此时磁滑轮多安装在粗碎作业之后。另有一些选矿厂，在细碎作业和磨矿作业之间设置磁滑轮，分出部分废弃尾矿，既可降低入磨入选矿石量，又可提高入选矿石的品位。在赤铁矿石还原焙烧作业中，用磁滑轮控制焙烧质量，使没有充分还原的矿石经磁滑轮分出再返回焙烧炉磁化焙烧，磁性强的质量合格的焙烧矿进入下一道工序。

3. 筒式磁选机

筒式磁选机由以下主要部件组成：永磁固定磁系、给料机构(上部或下部给料)、排料机构、传动机构和机架。

(1) 结构

我国制造的 CTG 型磁选机结构如图 3-2-12 所示。圆筒用 2 mm 玻璃钢制造，表面粘上一层耐磨橡胶。磁系由锶铁氧体永磁块组成。磁系包角 270°，磁极极性沿圆周方向交变，沿轴向极性一致。圆筒用玻璃钢而不用不锈钢的主要原因是为了防止转速高使滚筒因涡流发热。

磁选机有单筒和双筒两种。单筒机分选带长度可通过挡板位置调整，双筒机可通过调整磁系偏角来适应不同分选流程的需要(精选或扫选)。

(2) 分选过程

磨细的干矿粒由电振给料机先给入到上滚筒进行分选，磁性矿粒吸附在筒面上被带到无极区卸下，从精矿区排出；非磁性矿粒和连生体因重力和离心力共同作用被抛离筒面，进入下滚筒进行分选，非磁性矿粒进入尾矿槽，富连生体同前面选出的磁性矿粒进入精矿槽。分选箱在负压状态下工作，管道和除尘器相连。

(3) 应用

用于细粒强磁性矿石的干选，也适用于从粉状物料中剔除磁性杂质和提纯磁性材料。在冶金、机械、化工、电力、建材等方面都获得广泛应用。

国外的干式弱磁场筒式磁选机有苏联的 CЭ 型筒式磁选机、萨拉-莫特赛(Sala-Mortsell)型磁选机等。

CTG-69/5 型磁选机的磁场特性如图 3-2-13 所示。CTG 型磁选机的技术性能列于表 3-2-4。

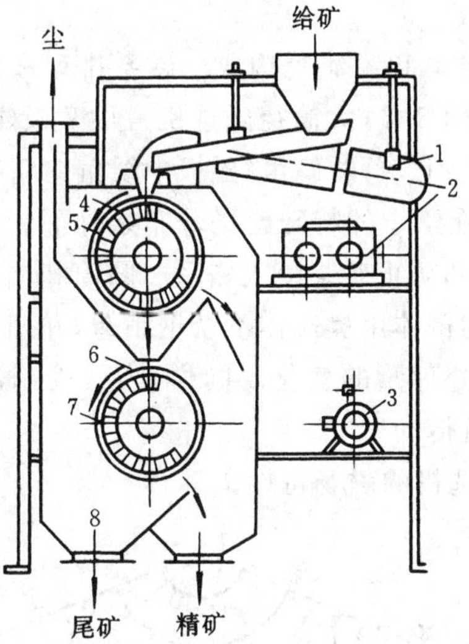

1—电振给料机；2—无级调速机；
3—电动机；4—上圆筒；
5、7—圆缺磁系；6—下圆筒；8—分选箱。

图 3-2-12　CTG 型磁选机

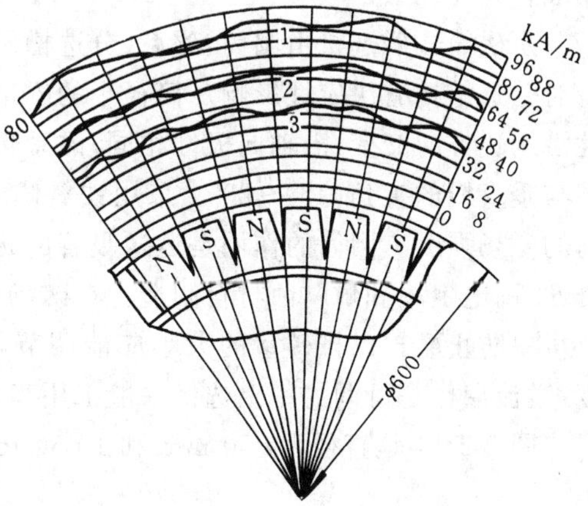

1—筒表面；2—距筒面 5 mm；3—距筒面 10 mm。

图 3-2-13　CTG-69/5 型磁选机的磁场特性

表 3-2-4　CTG 型永磁筒式磁选机的技术性能

型　号	极距 /mm	分选箱型　式	给矿粒度 /mm	入选允许湿度 /%	筒面场强 /(kA/m)	筒体转速 /(r/min)	处理能力 /(t/h)	电机功率 /kW	机器质量 /t	外形尺寸 /mm
CTG-69/3	30	两产品	0～0.5	≤1	84	150～300	3～5	2.2	2.52	2 000×1 650×1 980
CTG-69/5	50	两产品	0～1.5	≤2	92	150～300	5～10	2.2	2.60	2 000×1 650×1 980
2CTG-69/9	90	两产品	0～5	≤3	100	75～150	10～15	2.2	2.60	2 000×1 650×1 980
CTG-69/3/3	30	两产品	0～0.5	≤1	84	150～300	3～5	2.2	4.0	2 000×1 650×2 880
2CTG-69/5/5	50	两产品	0～1.5	≤2	92	150～300	5～10	2.2	4.1	2 000×1 650×2 880
2CTG-69/9/9	90	两产品	0～5	≤3	100	75～150	10～15	2.2	4.1	2 000×1 650×2 880
2CTG-69/3/5	30/50	三产品	0～0.5	≤1	84/92	150～300	3.5	2.2	4.1	2 000×1 650×2 880
2CTG-69/5/9	50/90	三产品	0～1.5	≤2	92/100	150～300/ 75～150	5～10	2.2	4.1	2 000×1 650×2 880

二、湿式弱磁场磁选机

湿式弱磁场磁选机有电磁和永磁两种。鉴于永磁弱磁场磁选机具有明显的优点，所以比电磁的应用广泛。

1. *永磁筒式磁选机*

永磁筒式磁选机是应用很广泛的一种湿式弱磁场磁选设备。该类设备国内外都已系列化，大型化。永磁筒式磁选机广泛用于磁铁矿分选、磁性加重介质回收及为湿式强磁选给矿作准备。

永磁筒式磁选机由圆筒、磁系、分选槽及给料、排料和溢流机构成。磁系排列和磁极数量对分选结构有决定性影响。筒径小的磁选机一般用 5 极，大筒径磁选机常用 7 极磁系，极性沿周边方向交变，沿轴向极性相同；磁系包角 106°～135°，磁偏角（磁极中线偏向精矿排出端与垂直线的夹角）15°～20°。采用铁氧体永磁体，在给定的特殊磁场分布条件下能产生最高的磁场强度。圆筒的作用是运送吸着的磁性颗粒和防止矿浆浸入磁系。圆筒和端盖用非磁性、高电阻率和耐腐蚀材料制造。在磁场中工作的槽体用奥氏体不锈钢制造，并用合成材料衬里防止磨损。排矿室的大小应能调节，以适应处理量的变化。同样，为了控制溢流速度，溢流堰也是可调的。磁选机一般都用齿轮电动机传动。

图 3-2-14 是直径为 750 mm 和 1 050 mm 的磁选机的磁场特性。

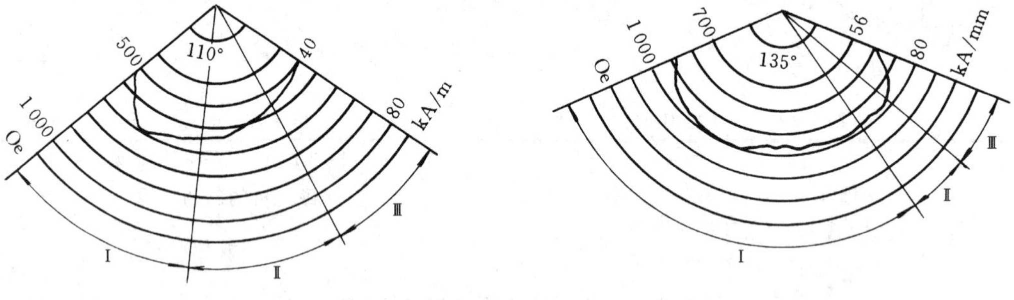

(a) 直径为 750 mm　　(b) 直径为 1 050 mm

Ⅰ—分选区；Ⅱ—输送区；Ⅲ—脱水区。

图 3-2-14　磁选机的磁场特性

为了提高生产能力和分选效果，若在永磁筒式磁选机的主磁极的空隙中增加辅助磁极（图 3-2-15），磁极表面和分选空间的磁场强度和磁场作用深度都会得到改善。辅助磁极极性应当与相邻主磁极相同，以便降低磁通漏损，从而增加极隙间和极面的磁场强度。

根据磁选机槽体结构形式的不同，湿式圆筒磁选机有三种槽体结构形式：顺流式、逆流式和半逆流式，如图 3-2-16 所示。国产永磁筒式磁选机对应的型号为 CTS、CTN 和 CTB。它们的技术性能见表 3-2-5。

这种磁选机的槽体结构为顺流型（图 3-2-17）。磁选机的给矿方向与圆筒的旋转方向或磁性产品的移动方向一致。矿浆由给矿箱直接进入到圆筒的磁系下方，非磁性矿粒和磁性很弱的矿粒由圆筒下方的两板之间的间隙排出。磁性矿粒被吸在圆筒表面上，随圆筒一起旋转，到磁系边缘的低磁场区排出。

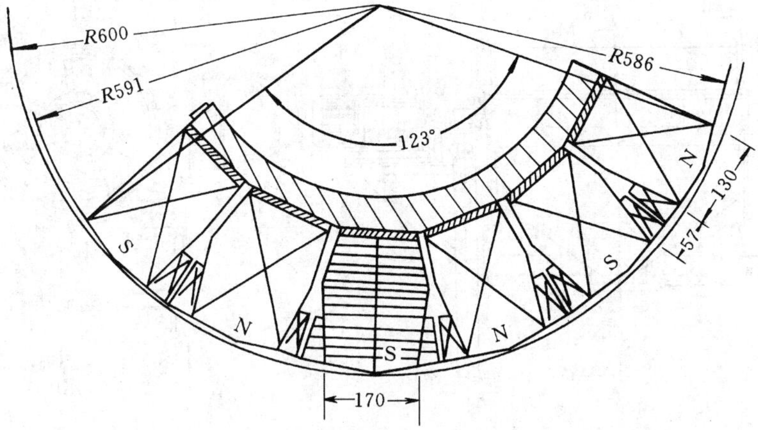

图 3-2-15 CTB-1218 永磁筒式磁选机 T 形磁极结构示意图

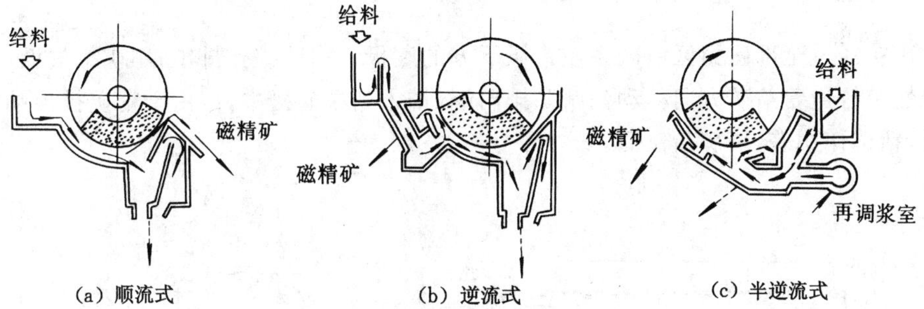

图 3-2-16 磁选机的三种槽型

表 3-2-5 CT 型永磁筒式磁选机的技术性能

型号			筒体尺寸 (D×L)/mm	磁场强度/(kA/m)		电机功率 /kW	筒体转速 /(r/min)	处理能力	
顺流	逆流	半逆流		距极表面 50 mm	距极表面 10 mm			/[t/(h·m)]	/[m³/(h·m)]
CTS-712	CTN-712	CTB-712	750×1 200	700	1 600	3.0	35	20～40	30～50
CTS-718	CTN-718	CTB-718	750×1 800	700	1 600	3.0	35	20～40	30～50
CTS-1018	CTN-1018	CTB-1018	1 050×1 800	1 000	1 700	5.5	24	60～80	70～90
CTS-1024	CTN-1024	CTB-1024	1 050×2 400	1 000	1 700	5.5	24	60～80	70～90
CTS-1230	CTN-1230	CTB-1230	1 250×3 000	1 100	1 750	7.5	18	80～100	90～120

(1) CTS 永磁筒式磁选机

顺流型磁选机常用于处理粒级为 5 mm 以下较粗的磁性矿粒的粗选，运转可靠性高，功耗低，但无法获得最大回收率和最佳精矿质量。

(2) CTN 永磁筒式磁选机

这种磁选机的槽体结构为逆流型(图 3-2-18)。磁选机的给矿方向与圆筒的旋转方向或磁性产品的移动方向相反。矿浆由给矿箱直接进入到圆筒的磁系下方，非磁性矿粒和磁性

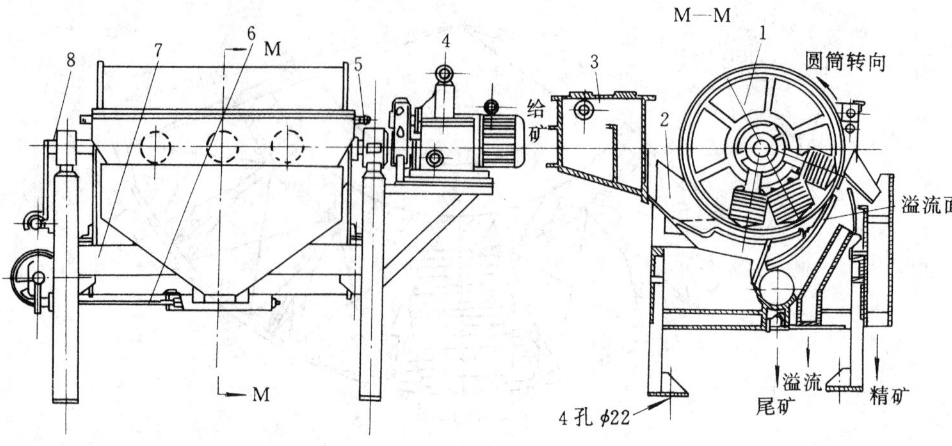

1—圆筒;2—槽体;3—给矿箱;4—传动部分;
5—卸矿水管;6—排矿调节阀;7—机架;8—磁偏角调整装置。

图 3-2-17 CTS 永磁筒式磁选机

很弱的矿粒经过全部磁力区由磁系左边缘下方的底板上的尾矿孔排出,尾矿损失低,回收率高。磁性矿粒逆着给矿方向移动到精矿排出端,排入到精矿槽中,但由于精矿排出端距给矿口很近,精选作用差,精矿品位低。

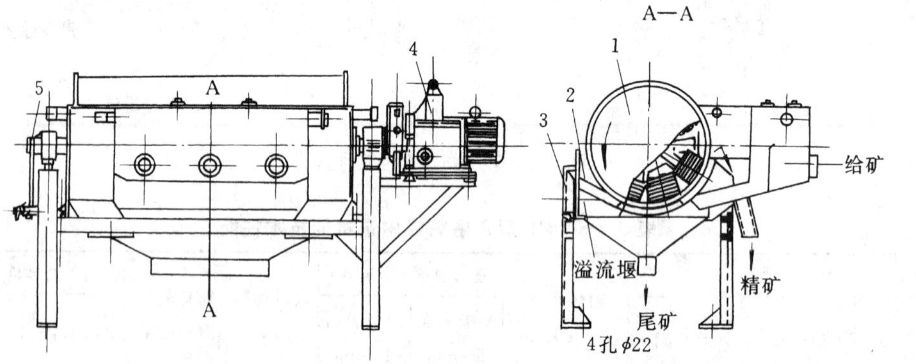

1—圆筒;2—槽体;3—机架;4—传动部分;5—磁偏角调整装置。

图 3-2-18 CTN 永磁筒式磁选机

逆流型磁选机适用于 0～0.6 mm 强磁性矿石的粗选和扫选,以及选煤工业中的重介质回收。该机型能耗高。

(3) CTB 型永磁筒式磁选机

这种磁选机的槽体结构为半逆流型(图 3-2-19)。矿浆从槽体的下方给到圆筒的下部,非磁性产品移动方向与圆筒的旋转方向相反,磁性产品移动方向与圆筒的旋转方向相同。矿浆导入后,磁性矿粒吸在圆筒表面,受到洗涤水的清洗,同时,由于磁系的交替变化,磁性矿粒成链状进行翻滚,夹杂在磁性矿粒中的一些脉石矿粒被清洗出来,从而提高磁性产品的质量。槽体下部的给矿区,安置了喷水管,有利于矿浆的悬浮、清洗和提高分选指标。非磁性矿粒从槽体对面末端经过尾矿排出口排出。

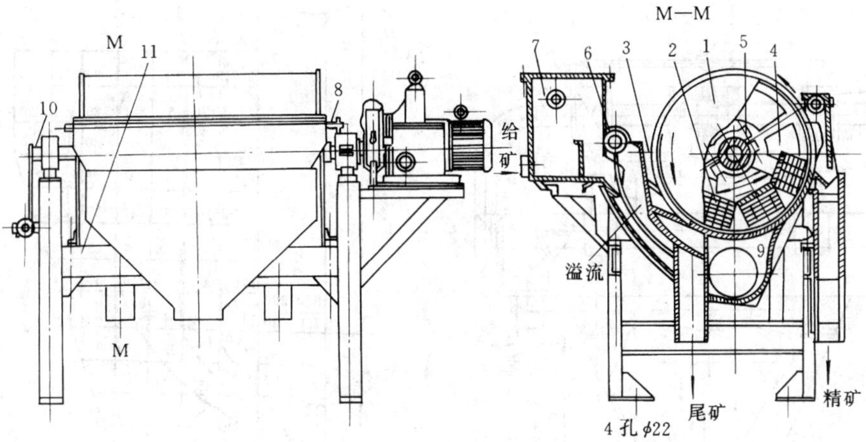

1—圆筒；2—磁系；3—槽体；4—磁导板；5—支架；6—喷水管；
7—给矿箱；8—卸矿水管；9—底板；10—磁偏角调整装置；11—支架。

图 3-2-19　CTB 型永磁筒式磁选机

这种磁选机的矿浆以松散悬浮状态从槽底下方进入分选空间，矿浆运动方向与磁场方向基本相同，所以矿浆可以达到磁场力最高的圆筒表面上。另外，尾矿是从底板上的尾矿口排出的，这样，溢流面高度可保持槽体中的矿浆水平。以上两个特点决定了半逆流型磁选机可以得到较高的精矿质量和回收率。半逆流型磁选机适用于 0～0.5 mm 的强磁性矿石的粗选和精选，尤其适用于 0～0.15 mm 的强磁性矿石的精选。入料中过粗粒的矿粒在槽体中能产生沉淀，使分选恶化。

2. 辅助磁力设备

细粒嵌布的磁铁矿石选矿厂和铁磁性加重介质再生作业，常常采用一些辅助磁力设备：预磁器、脱磁器、磁力脱泥槽、磁力转筒过滤机和选择性磁絮凝器等。

(1) 磁力脱泥槽

磁力脱泥槽又叫磁力脱水槽。它是一种重力和磁力联合作用的分选设备，广泛用在磁选工艺中，用来脱去矿泥和细粒脉石，也作为过滤前的浓缩设备。磁力脱泥槽具有结构简单、无运动部件、维护方便、操作简单、处理能力大和分选指标较好等优点。

磁力脱泥槽由倒置的平底圆锥型槽体、磁系、给矿、排矿和给水装置组成。

在磁力脱泥槽中，矿粒在分选区受到的力主要有：重力、磁力和水流作用力。重力的作用是使矿粒沉降，磁性矿粒在磁场中受到磁力，方向垂直于等磁场强度线，指向磁场强度高的方向，磁力可以加速磁性矿粒向下沉降并吸附在磁系表面周围，而上升水流的作用是阻止非磁性的细粒脉石和矿泥的沉降，并使它们顺上升水流进入溢流中，从而与磁性矿粒分开，同时上升水流作用也可以使磁性矿粒呈松散状态，把夹杂在其中的脉石冲洗出来，提高精矿品位。

从磁源分，磁力脱泥槽有电磁和永磁两种，其中，永磁的应用较多。

根据磁源在槽体上方和槽中的特点，脱泥槽可分为顶部磁系磁力脱泥槽和底部磁系磁力脱泥槽。

图 3-2-20 是我国研制生产的 CS 型顶部永磁脱泥槽的结构简图，图 3-2-21 是槽内磁场强度分布图。表 3-2-6 列出了 CS 型永磁脱泥槽的技术性能。

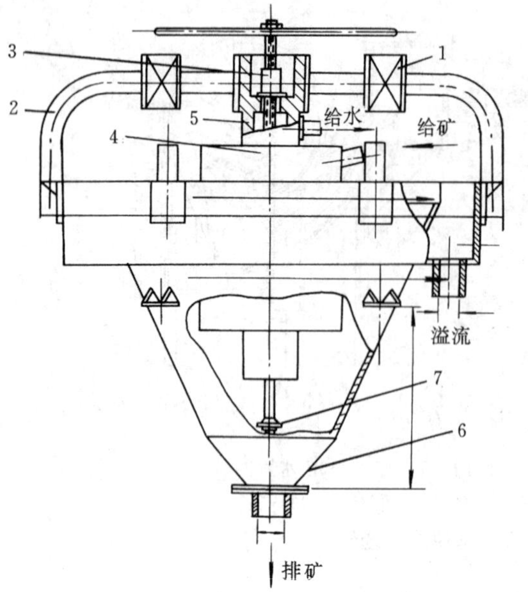

1—磁体；2—磁导体；3—排矿装置；
4—给矿筒；5—空心筒；6—槽体；7—返水盘。

图 3-2-20 CS 型顶部永磁脱泥槽的结构简图

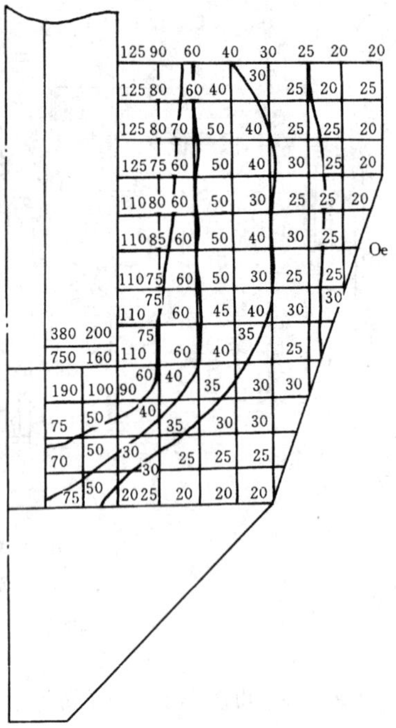

图 3-2-21 CS 型顶部永磁脱泥槽的槽内磁场强度分布图

表 3-2-6 CS 型永磁脱泥槽的技术性能

型　号	槽口直径/mm	给料粒度/mm	磁场强度/(kA/m)	处理能力/(t/h)
CS-12S	1 200	1.5～0	≥24	25～40
CS-16S	1 600	1.5～0	24～32	30～45
CS-20S	2 000	1.5～0	24～32	35～50

(2) 预磁器

为了提高磁力脱泥槽的分选效果，在入选前将矿粒进行预先磁化，使矿浆经过一段磁化磁场的作用，细粒强磁性物料被磁化凝聚成较大的磁团粒，这种磁团粒在离开磁场后，由于矿粒具有剩磁和较大的矫顽力，仍能保持下来。磁团粒的沉降速度要比非磁性颗粒快，有利于后续的磁力脱泥等作业。产生此磁场的设备叫预磁器。现在的预磁器大都用永磁体制造。预磁器常见的有“Π”形和“O”形两种。“Π”形预磁器由磁铁、磁导板和工作管道(非磁性材料)组成(图 3-2-22)，管道内平均磁场强度为 40 kA/m。“O”形预磁器(图 3-2-23)的中心磁铁是由 3 个 LNG-4 合金的圆环和铁质端头构成的，在它的外面套有一铁管。它的磁场强度可达 80 kA/m。

(3) 脱磁器

为使强磁性团粒分散需要通过脱磁器脱磁。常用的脱磁器结构如图 3-2-24 所示，它是套在非磁性材料管上的塔形线圈，并通过交流电来工作。

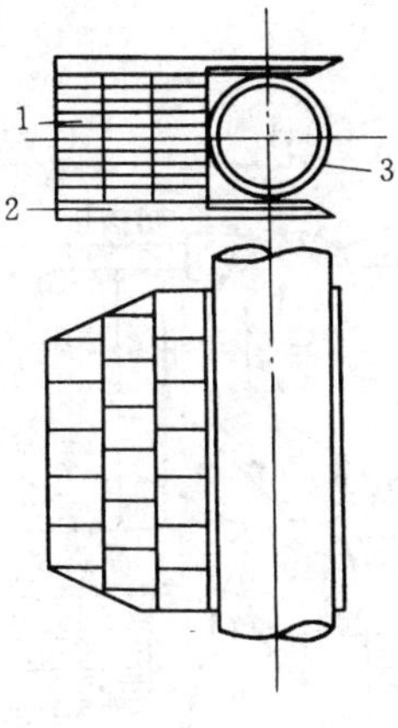

1—磁铁；2—磁导板；3—工作管道。

图 3-2-22 “Π”形预磁器

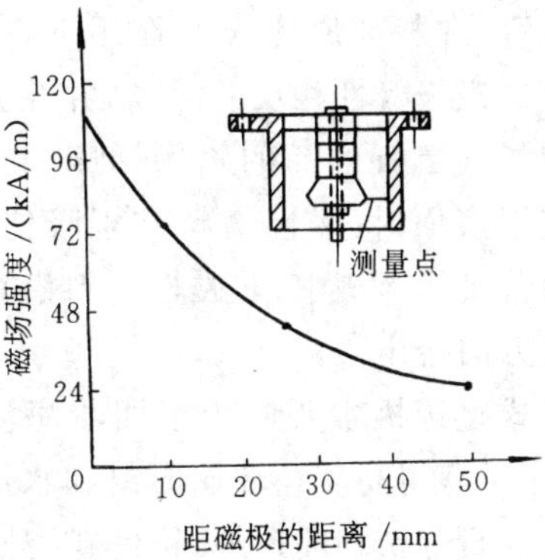

图 3-2-23 “O”形预磁器

当铁磁性团粒通过一个磁场强度由大变小的交变磁场时，磁团粒被多次反复磁化，使磁性颗粒的磁能积一次比一次小，最后失去剩磁。脱磁过程如图 3-2-25 所示。

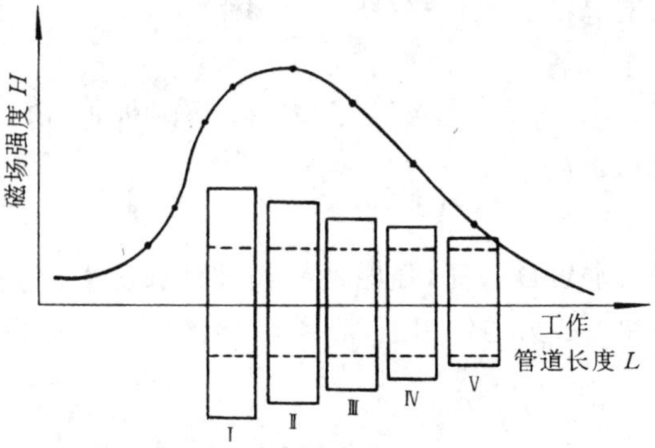

图 3-2-24 脱磁器和其沿轴线的磁场分布

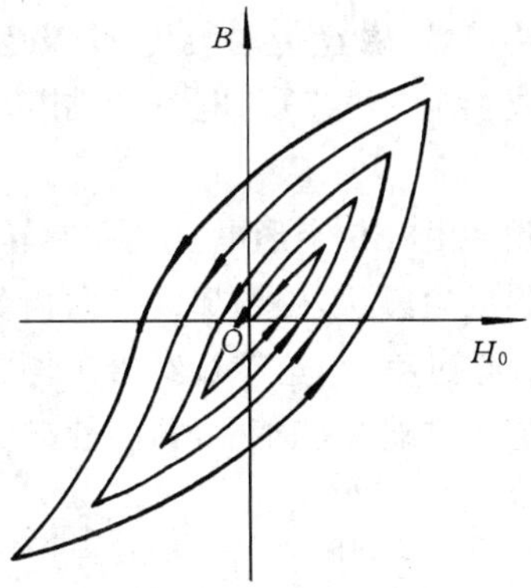

图 3-2-25 脱磁过程

第五节 强磁选设备

一、干式强磁场磁选机

分选弱磁性矿物最早的工业型磁选机是干式的，迄今为止干式强磁选机仍然广泛用于分选锰矿石、铁矿石、海滨砂矿、黑钨矿、锡矿和磷矿石等。现在干式强磁选机有感应辊式、盘式、筒式和永磁辊式四类。

1. *感应辊式磁选机*

这是一种应用最广的干式强磁选机。图 3-2-26 是三段感应辊式磁选机的工作原理图。全机由电磁系统、分选系统和传动系统组成，为了减少涡流发热和传动功率，辊子用薄的导磁钢片和非磁性圆片交替叠成。

分选过程：在相邻原磁极的作用下，磁辊表面感生出与相邻磁极极性相反的磁场，并在磁辊齿尖上产生方向指向磁辊的高的磁场梯度。当欲选物料落到感应辊表面时，磁性物料被辊吸住，随着辊转离磁场后落到接料槽中，非磁性物料沿重力和离心力的合力方向排出。

感应辊式磁选机主要应用于回收海滨砂矿的钛铁矿；也用于获得高质量玻璃原料和水泥工业原料，长石、红柱石等矿物的提纯，铬铁矿、独居石、黑钨矿、铁矿石等矿物的分选。

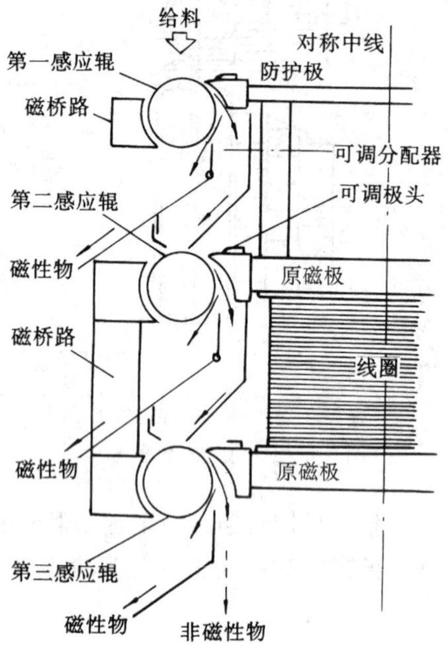

图 3-2-26 感应辊式磁选机示意图

2. *盘式磁选机*

盘式磁选机有单盘（直径 900 mm）、双盘（直径 576 mm）和三盘（直径 600 mm）三种，其中，双盘干式强磁场磁选机已经系列化。

双盘磁选机主要由给料斗、永磁分矿筒、偏心振动给矿盘、磁盘传动装置、电磁系统和机架等部件组成（图 3-2-27）。电气控制箱为该机的附属设备。

磁系由“山”字形电磁铁和旋转钢盘构成，盘的边缘制成尖齿状，磁场梯度指向齿尖。

分选过程：入选矿石经给矿槽的下部进入永磁分选筒，强磁性矿物被分选出来，其余经斜槽落入首端接矿斗中，弱磁性矿物在重力和离心力的作用下，落到筛子上。筛上物（少量）

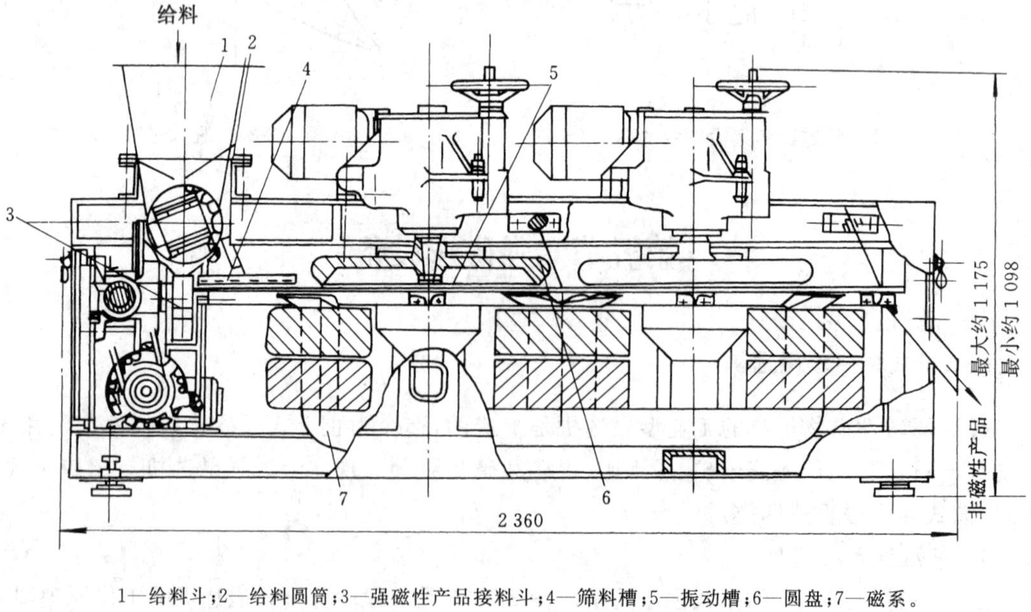

1—给料斗；2—给料圆筒；3—强磁性产品接料斗；4—筛料槽；5—振动槽；6—圆盘；7—磁系。

图 3-2-27 ϕ576 mm 干式强磁场双盘磁选机

由筛框一侧排出送其他工序，筛下物(弱磁性矿物)由给矿盘送到回转的磁盘下面的强磁区进行分选，吸到磁盘上的矿物被带到侧面的弱磁区，矿物在重力和离心力的作用下，落到两侧的接矿斗中，未坠落的矿物，由卸矿刷强迫脱落，经磁盘四次分选后，非磁性矿物沿给矿盘被送入尾矿的接矿斗中。

盘式磁选机用于稀有金属(黑钨矿、钛铁矿、独居石及锆英石等)粗精矿的精选。

二、湿式强磁场磁选机

1. 湿式感应辊式强磁选机

CS-1 型电磁感应辊式强磁选机是我国研制的双辊湿式强磁选机，目前已成功地用于锰矿石和铁矿石生产。

该机结构如图 3-2-28 所示，主要由给矿箱、分选辊、电磁铁芯和机架等组成。磁选机主体部分是由电磁铁芯、磁极头与感应辊组成的磁系。感应辊和磁极头均由工业纯铁制成。两个电磁铁芯和两个感应辊对称平行配置，四个磁极头连接在两个铁芯端部，感应辊与磁极头组成“口”字形闭合磁路，两个感应辊与四个磁极头之间构成的间隙就是四个分选带。最高磁场强度可达 1 488 kA/m。磁选机的技术性能列于表 3-2-7。

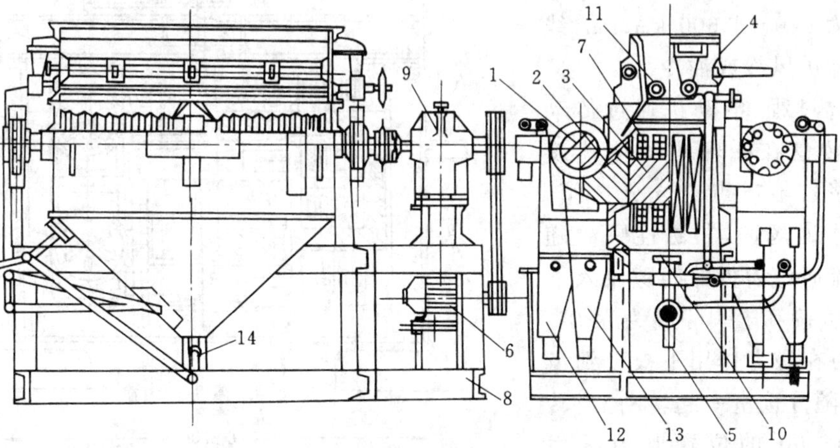

1—辊子；2—座板(磁极头)；3—铁芯；4—给矿箱；5—水管；6—电动机；7—线圈；8—机架；9—减速箱；10—风机；11—给料辊；12—精矿箱；13—尾矿箱；14—球形阀。

图 3-2-28 CS-1 型电磁感应辊式强磁选机

表 3-2-7 CS-1 型磁选机的技术性能

参 数	数 值	参 数	数 值
感应辊直径/mm	375	传动功率/kW	13×2
感应辊数量	2	线圈允许温度/℃	130
感应辊转速/(r/min)	40、45、50	线圈冷却风机功率/kW	0.3
分选间隙/mm	14～28	外形尺寸/mm	2 350×2 374×2 277
给矿粒度/mm	0～5	机器质量/t	14.8
磁场强度/(kA/m)	800～1 488		

分选过程:原矿进入给矿箱,由给料辊将其从箱侧壁桃形孔引出,沿溜板和波形板给入感应辊和磁极头之间的分选间隙之后,磁性矿粒在磁力的作用下被吸到感应辊齿上并且随感应辊一起旋转,当离开磁场区之后,在重力和离心力的作用下脱离齿辊卸入精矿箱中;非磁性矿粒随矿浆流通过梳齿状的缺口进入尾矿箱内,然后分别从精矿箱、尾矿箱底部的排矿阀排出。

2. 琼斯型湿式强磁选机

现代琼斯型湿式强磁选机采用多层齿板形磁介质,通过分选转盘构成磁路。该磁选机适用于处理细粒(0.03~1 mm)弱磁性物料。由于其具有单机处理能力大、比能耗低和机器工作可靠性大等优点,因此被世界各国的选矿厂广泛使用。

琼斯型强磁选机的类型很多,但是基本结构相同,如图 3-2-29 所示。由磁导体、密封罩保护的励磁线圈、装有分选箱的转环、给矿和给水装置、精矿的清洗和高压冲洗机构、排矿机构和传动机构组成。它有一个钢制门形框架,在框架上两个"C" 形电磁铁和两个带分选箱的转环构成一个闭合磁系,闭合磁系可以减少空气磁阻。分选箱分成若干个分选室,内装不锈钢导磁材料制成的齿形聚磁极板,聚磁极板可以提供较高的磁场强度和磁场梯度,可以大大提高磁选机的处理能力。分选间隙的最大磁场强度为 640~1 600 kA/m。线圈的冷却用风冷或油冷。

分选过程:电动机通过传动机构使转盘在磁轭之间慢速旋转。矿浆自给矿点给入分选箱,随即进入磁场内,非磁性颗粒随着矿浆流通过齿板的间隙流入下部的产品接矿槽中,成为尾矿。磁性颗粒在磁力作用下被吸到齿板上,并随分选室一起转动,当转到离给矿 60°的位置时用压力 20~50 Pa 水清洗,磁性矿物中夹杂的非磁性矿物被冲洗下去,成为中矿。当转到离给矿 120°的位置时(磁场中性区),用压力 40~50 Pa 水将吸附在齿板上的磁性矿物冲下,成为精矿。

国产的 SHP 型湿式强磁选机是在琼斯型湿式磁选机结构的基础上改进研制成的,SHP 型湿式强磁选机的技术性能列于表 3-2-8。

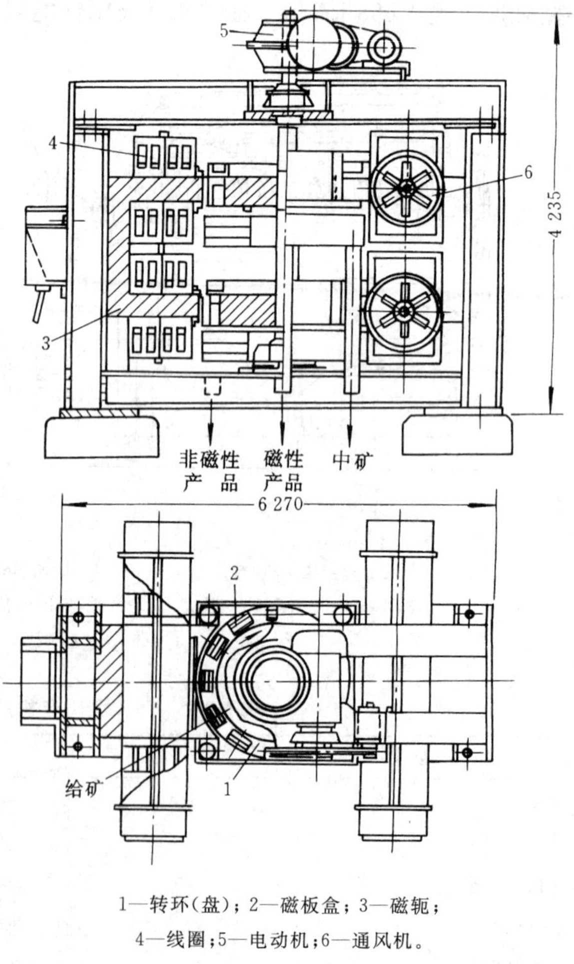

1—转环(盘);2—磁板盒;3—磁轭;4—线圈;5—电动机;6—通风机。

图 3-2-29 琼斯型 DP-317 双转盘式磁选机

表 3-2-8 SHP 型湿式强磁选机的技术性能

参 数	SHP-700	SHP-1000	SHP-2000	SHP-3200
转盘直径/mm	700	1 000	2 000	3 200
转盘转速/(r/min)	5	5	4	3.5
传动功率/kW	4	5.5	22	30
磁场强度/(kA/m)	1 200	1 200	1 200	1 200
最大励磁功率/kW	11	21	52	87
给矿点数量	4	4	4	4
处理能力/(t/h)	5～6	12～15	45～50	100～120
给矿粒度上限/mm	0.9	0.9	0.9	0.9
给矿浓度/%	35～50	35～50	35～50	35～50
最大吊装质量/t	2.8	3.5	11	18
机器质量/t	16	23	63.5	110
外形尺寸 (长×宽×高)/mm	3 000×1 360 ×3 192	3 594×1 500 ×3 675	4 900×2 434 ×4 300	6 600×3 600 ×4 653

3. 平环式磁选机

平环式磁选机有国产的 SQC-6-2770 型湿式强磁选机、英国的 HIW 型磁选机、德国的 Sol 型磁选机等。

(1) SQC-6-2770 型湿式强磁选机

SQC-6-2770 型湿式强磁选机的结构如图 3-2-30 所示。它主要由给矿装置、分选转环、磁系、精矿和中矿冲洗装置、接矿装置、传动装置等部分组成。该机的特点是采用了环式链状闭合磁路、空心铜管绕制线圈、低电压大电流、水内冷散热降温、齿板作分选介质。

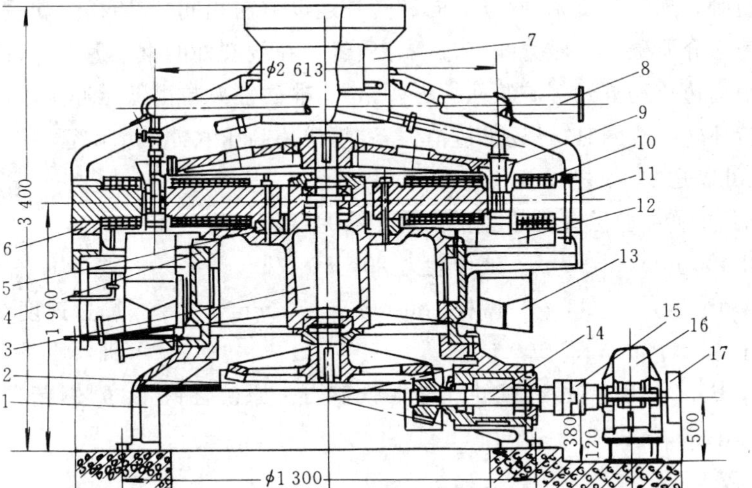

1—下机座；2—大伞齿轮；3—内铁芯座；4—外铁芯座；5、6—内外铁芯铝垫块；
7—给矿装置；8—精、中矿清洗装置；9—分选环；10—线圈；11—铁芯；
12—防溅槽；13—接矿槽；14—小伞齿轮轴；15—联轴器；16—减速箱；17—皮带轮。

图 3-2-30 SQC-6-2770 型湿式强磁选机

磁系由内外同心环形磁轭、放射状铁芯和线圈构成,见图 3-2-31。

分选过程:带分选室的分选环在传动装置驱动下慢速旋转。当分选室进入磁场后,齿板介质被磁化,物料通过六个分选点给到分选室内,非磁性矿粒在重力和矿浆流的作用下通过齿板介质空隙排入尾矿槽中;磁性矿粒受磁力作用被吸附在齿板的尖端上,并随分选环转动,当转到中矿清洗位置时,给入少量清洗水,将磁性矿粒中夹杂的非磁性矿物冲掉排入尾矿槽中;当分选室转到精矿冲洗位置时,被压力 0.3～0.5 MPa 水冲入精矿槽。

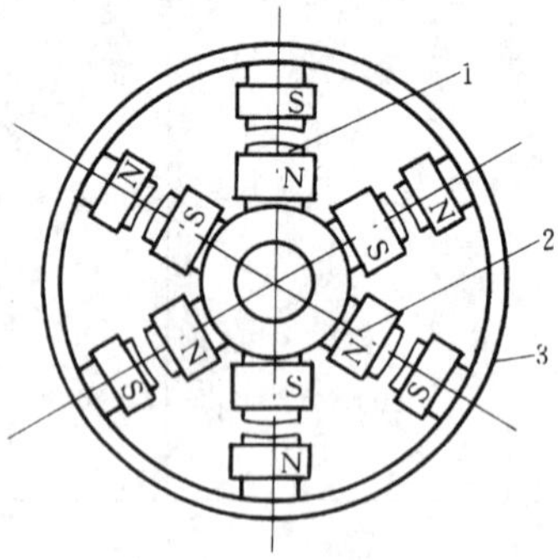

1—铁芯;2—线圈;3—磁轭。

图 3-2-31 SQC-6-2770 型湿式强磁选机磁系

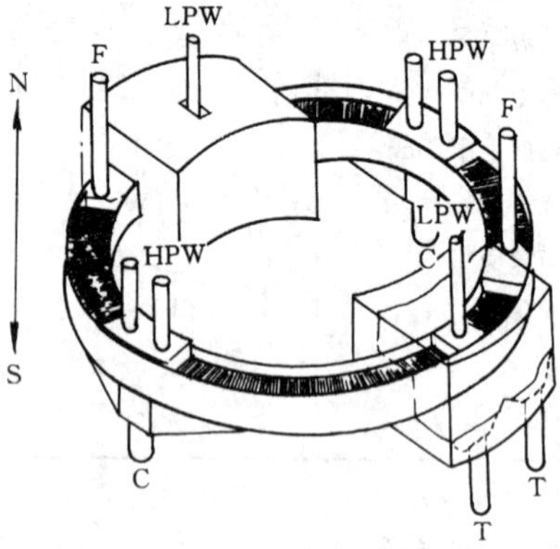

F—给料;C—精矿;T—尾矿;

LPW—低压水;HPW—高压水。

图 3-2-32 Sol 磁选机结构原理图

(2) Sol 型磁选机

该机由德国克鲁伯公司制造。结构原理如图 3-2-32 所示。Sol 磁选机与其他磁选机的区别是采用横卧式螺线管磁系,磁场方向和转环运动方向相同,与给矿方向垂直。转环穿过螺线管磁场使磁介质磁化。磁力线穿过磁介质经包在线圈外的钢壳返回,形成闭合磁路。

转环采用周边传动方式。矿浆从给料管给入,非磁性矿粒由低压冲洗水冲出,进入尾矿管排出。当转环转离线圈时,磁场迅速消失,磁精矿用高压水冲入精矿管中。磁系数目由转环直径决定,可以是 2、4、6 个。

Krupp-Sol 24/14 型磁选机的主要技术参数为:

环直径 2 400 mm	处理能力 20～40 t/h	磁介质 槽形齿板
磁极头 4 个	齿板 180 mm×170 mm	周边速度 0.37 m/s
外形尺寸 ϕ3 500 mm×2 500 mm		机器质量 10 t

用 Krupp-Sol 24/14 型磁选机处理瑞典铁矿石。原矿含铁 44.7%,精矿含铁 65.0%,回收率 89.7%。

第六节 高梯度与超导磁选设备

一、高梯度磁选机

高梯度磁选机是在上述强磁选机的基础上发展起来的,它的特点是:均匀的背景磁场,细丝状铁磁性磁介质及均匀的料浆流速场。

均匀的磁场在充填了磁介质后，产生非均匀磁场。常用的磁介质有导磁不锈钢毛、纤维、细丝、细线、编织网、细拉伸板网等。由于磁介质半径很小，形成的磁场梯度比琼斯型磁选机的磁场梯度(2×10^3 T/m)高1～2个数量级，达到了10^5 T/m。从而使磁场力提高10～100倍。而由于磁饱和极限，通过提高磁场强度只能使磁场力提高2～3倍。大的磁场力$H\mathrm{grad}H$为磁性颗粒提供了强大的磁力来克服流体阻力和重力，使分选的粒度下限可降到1 μm。

高梯度磁选机分选空间中磁介质的充填率仅为5%～12%，而一般强磁选机的介质充填率为50%～70%，介质所占空间大为降低，可以提高分选区的利用率。介质轻，传动负载轻，处理量大。

高梯度磁选机的应用，已经从常规磁选、高岭土提纯等领域扩展到环境保护、生物化学等领域。有人建议用高梯度磁分离这个名词替代高梯度磁选。

根据分离的持续性和连续性，高梯度磁选机可分为周期式和连续式两种。

1. 周期式高梯度磁选机

周期式高梯度磁选机又叫磁分离器或磁滤器。

该磁选机主要由外铁轭螺线管磁体、装有磁介质的分选罐、出入管道和阀门系统组成，如图3-2-33所示。

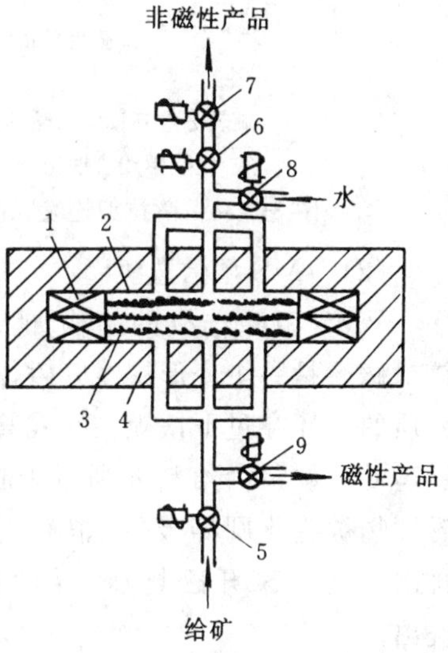

1—螺线管；2—分选箱；3—钢毛；4—外铁轭；5—给料阀；6—排料阀；7—流速控制阀；8、9—冲洗阀。

图3-2-33 周期式高梯度磁选机

分选过程：各种工作分给矿、漂洗和冲洗三个阶段，工作可按程序自动进行。磁体给磁，矿浆从下端进入分选罐，磁性颗粒被吸附在磁介质上，非磁性颗粒则从上端排出。一段时间后，给料结束，给入同样流速的清洗水，洗出残留在磁介质中的非磁性颗粒。最后，磁体退磁，用高压水冲洗出磁性颗粒。完成一个生产周期需10～15 min。

周期式高梯度磁选机最早由瑞典的萨拉(Sala)公司制造，用在美国一家高岭土公司的高岭土提纯上，并相继在英国、德国、中国、波兰、捷克等国得到应用。主要用在高岭土提纯、钢铁厂水净化等过程中。

2. 连续式高梯度磁选机

处理弱磁性矿物含量高、生产量大的多种矿石时，周期式高梯度磁选机就不适用了，这时必须用连续式高梯度磁选机。

(1) 萨拉(Sala)型连续式平环型高梯度磁选机

萨拉型连续式平环型高梯度磁选机的结构如图3-2-34所示。它主要由分选环、马鞍形螺线管线圈、铠装螺线管铁壳以及装铁磁性介质的分选箱等部分组成。分选环由多个分选室组成，室内装有不锈钢网或钢毛。为了使转环能方便通过线圈，做成由上下两部分合成的马鞍形。螺线管常采用方形空心铜管，通水内冷，激磁电源采用大电流低电压。

分选过程：矿浆由上导磁体的长孔流到处在磁化区的分选室中，弱磁性颗粒被吸附到磁化了的聚磁介质上，非磁性颗粒随矿浆流通过介质的间隙流到分选室底部排出成为尾矿，被吸附的弱磁性颗粒随分选环转动，进入磁化区域的清洗段，进一步清洗掉非磁性颗粒，接着，

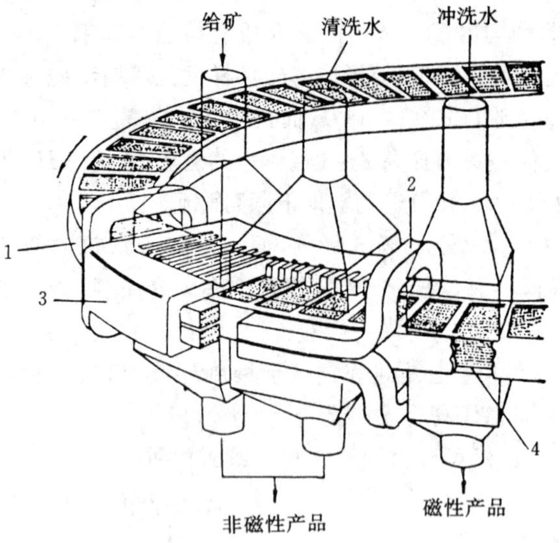

1—旋转分选环；2—马鞍形螺线管线圈；
3—铠装螺线管铁壳；4—分选室。
图 3-2-34 萨拉型连续式高梯度磁选机

转离磁化区，弱磁性颗粒在冲洗水的作用下成为精矿。

美国萨拉公司设计了五种规格的磁选机：环中径 1 200 mm、1 850 mm、2 400 mm、3 500 mm 和 4 800 mm，每台磁极头为 2～4 个，背景磁场强度 0.5 T、1.0 T、1.5 T 和 2.0 T 四种。美国蓝晶石采矿公司用萨拉 185-15 型磁选机从蓝晶石浮选精矿中除铁，使精矿的 Fe_2O_3 含量从 5%～10%降到 0.5%～1.5%。塞拉利昂马兰帕(Marampa)铁矿厂用一台萨拉 480-05 型磁选机处理－75 μm 铁矿石，得精矿含铁 64%，回收率 87%，处理量 130 t/h。

与萨拉型磁选机相似的国产磁选机是 LG-1700-1.0 型高梯度磁选机。

(2) VMS 型磁选机

VMS 型磁选机的结构如图 3-2-35 所示。该机磁系是一个变形螺线管磁体。装有棒形磁介质的立环穿过下铁轭在螺线管磁场中沿反时针运动。矿浆由给料斗通过上铁轭给入立环，磁性物被磁化圆棒吸住，非磁性物通过下铁轭排出。立环离开磁场后，磁性物从磁介质中洗出。

VMS 型磁选机的规格为：磁场强度为 0.3～0.8 T、1.0～1.2 T 和 1.5～1.7 T；立环数 2；环直径 2 000 mm；环宽 2×1 000 mm；处理量 300 t/h；机器质量视磁场强度而定，分别为 80 t、120 t和 210 t。

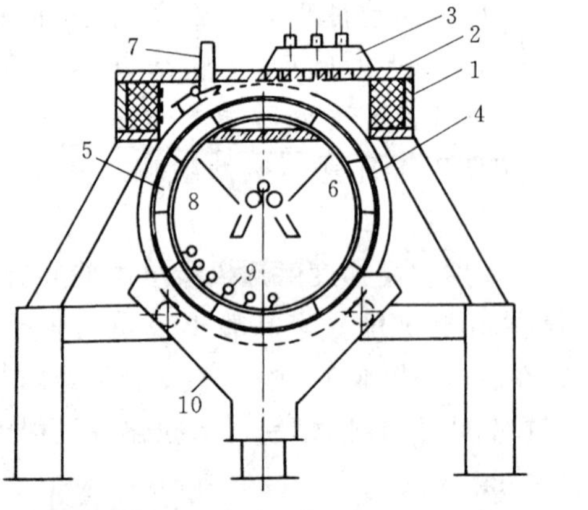

1—螺线管；2—包铁；3—给矿斗；4—转环；
5—分选室；6—尾矿流槽；7—漂洗水管；
8—中矿流槽；9—冲洗水管；10—精矿斗。
图 3-2-35 VMS 型磁选机

VMS 型磁选机被用于锰矿和铁矿的分选。与 DP-317 型琼斯磁选机相比，VMS 磁选机处理每吨含铁氧化石英岩的能耗是 DP-317 的 1/3，铁回收率要高 1.7%。

二、超导磁选机

磁选机的主要磁性材料——铁磁性物质受磁饱和现象和线圈温度的限制，最大磁场强度通常不超过 1 600 kA/m。要突破这一极限，只有把磁性材料由铁磁体改为超导体。

某些物质在温度降至绝对零度时，电阻突然消失，这种现象称为超导电现象，具有超导电现象的物质称为超导体。

超导磁选机的结构大致可分为三个系统:超导磁系、制冷系统和分选系统。

超导磁系——具有超导性能的元素有铌(Nb)、锆(Zr)、钛(Ti)等。超导材料基本可分成超导合金和超导化合物两类,合金包括二元合金材料(Nb-Ti、Nb-Zr)和三元合金材料(Nb-Zr-Ti、Nb-Ti-Ta)。Nb-Ti 合金的承载电流密度大(10^4 A/cm^2),临界磁场强度高(约10 T),稳定性好,成本低,应用最广。超导化合物有 Nb_3Sn、V_3Ga 等,Nb_3Sn 超导性能比 Nb-Ti 合金更好,但材料硬且脆,无法用合金的加工方法加工成材,需用其他如表面扩散、等离子喷涂等方法形成于适当的基带或基线上,所以价格昂贵。以上材料都需在很低的温度(4.2 K)下工作,虽然已经发现许多能在温度大大高于液氦温度的条件下显示超导行为的材料,但这些材料大都是很复杂的陶瓷晶体结构,目前用它制造磁铁还不太容易。超导磁铁使用的是技术成熟的 Nb-Ti 超导材料。

制冷系统——目前实际使用的超导磁铁都是在 4 K(−269 ℃)或 4 K 温度以下工作的,一般用液氦进行冷却。为了使液氦能保持在这样的温度,一般用一个闭路制冷系统来实现。

以超导磁体作磁源的磁选机和常导磁选机相比有以下突出优点:① 高场强,用 Nb-Ti 超导材料做的磁体具磁场强度可达到 5 T;② 体积小且重量轻,超导材料的电流密度比铜导线高 2 个数量级,因此使磁体体积和重量大大减小;③ 能耗低,比常导磁体节能 90%;④ 高磁场带来的高磁力使磁选机处理能力大大提高。

鉴于超导磁体的上述优点,20 世纪 70 年代以来中国、英国、美国、德国、法国、芬兰、奥地利等国先后开展了超导磁选机的研制工作并取得了相当大的进步。现在超导磁选机已发展到工业应用阶段。

根据超导磁选机是否具有磁介质,将其分为高梯度超导磁选机(有磁介质)和开梯度超导磁选机(无磁介质)。

1. 开梯度超导磁选机

德国洪堡尔特公司研制的工业型 DESCOS 型筒式磁选机已作为商品向市场推出。

DESCOS 由三部分组成:超导磁系、制冷系统和转筒分离器。该设备外形基本上与目前常用的圆筒弱磁场磁选机类似,Nb-Ti 线制成的低温超导线圈近似椭圆形,固定在铁支架的凹槽内,如图3-2-36所示。5 个超导体线圈浸入液氦中,线圈能在筒表面产生 3.2 T 的磁感应强度。

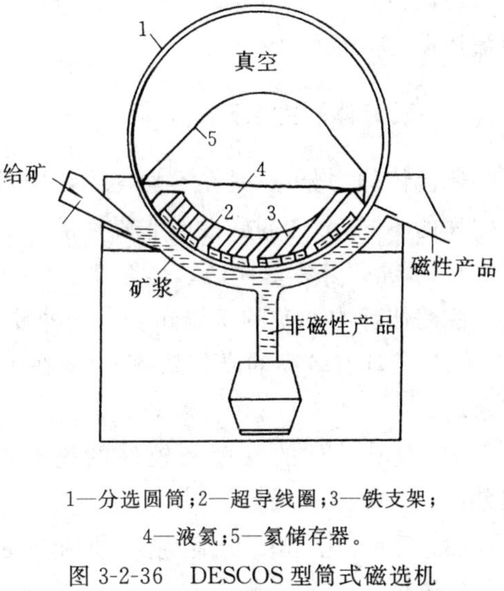

1—分选圆筒;2—超导线圈;3—铁支架;4—液氦;5—氦储存器。

图 3-2-36 DESCOS 型筒式磁选机

磁选机转筒直径为 1 216 mm,长 1 500 mm,转速 2～30 r/min,处理能力 100 t/(m^2 · h)。该机用于非磁性产品如铝矾土、萤石、磷灰石等的提纯,一次分选的效果可达到其他强磁选机多次分选所获得的效果。

2. 高梯度超导磁选机

开梯度超导磁选机不能分选微细粒物料。高梯度超导磁选机的背景磁场强度可达 5 T,使高梯度磁分离作业的经济效益大为提高。

高梯度超导磁选机有串罐往复式磁选机、快速开关式超导高梯度磁选机等。下面介绍卧式串罐往复式高梯度超导磁选机。

如图 3-2-37 所示，卧式串罐往复式高梯度超导磁选机由螺线管式超导磁系、分选罐列、铁磁屏、液压往复运动装置和机座组成。

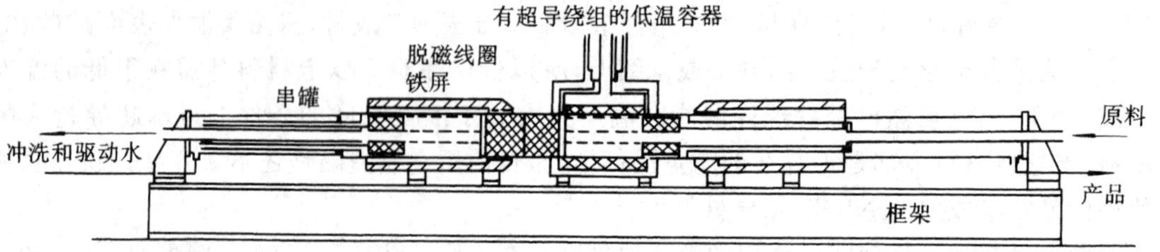

图 3-2-37　卧式串罐往复式高梯度超导磁选机

分选过程：工作时，超导磁体激磁，一个分选罐位于磁场空腔内，给入矿浆，捕获磁性粒子，洗涤磁介质。另一个分选罐位于相应的磁屏腔内等待工作。当往复罐借往复传动装置退出磁场时，到达相应的磁屏腔内，冲出介质上的磁性粒子。原停在磁屏腔内的另一分选罐进入磁场，依次往复重复前一个分选罐进行的程序。这种方法允许超导磁体像永磁体一样工作而不消耗能量，可使制冷系统的能耗降到最低限度。

第七节　磁流体选矿

磁流体选矿是 20 世纪 60 年代发展起来的一项选矿新技术，它分为磁流体静力分选和磁流体动力分选两种。

一、磁流体静力选矿

磁流体静力分选，是在不均匀磁场中，以顺磁性液体为工作介质，根据矿物之间密度、比磁化率的不同，分选弱磁性或非磁性矿物的一种分选技术。

1. *磁流体静力选矿的工作介质*

磁流体静力选矿的工作介质是一种顺磁性的液体。对它有三项基本要求：

(1) 应具有较高的磁化系数，以便在不均匀磁场中能产生较高的磁浮力，提高液体的视在密度；

(2) 具有较低的黏度和较好的流动性，不发生沉淀和凝聚，以便提高对矿物的分选精度；

(3) 无毒、无气味，价廉易得，使用方便，回收与再生容易。

磁流体一般有三类：

(1) 高磁化系数的顺磁性电解质溶液

一般由顺磁性金属盐类溶解于水或有机溶剂中制成。这些金属盐类包括氯化镍、氯化钴、硫酸锰、碳酸锰、氯化锰、硝酸锰、氯化铁以及稀土族的几种金属如铒、铽、镝和钬的化合物。其中氯化锰、硝酸锰的水溶液具有较高的磁化系数，且无毒、无味，黏度小，透明度好，价格也比较低，是较理想的工作介质。氯化铁磁化系数低，并有一定的腐蚀性，但来源广泛，价格低廉，也不失为一种有工业前途的工作介质。几种顺磁性电解质水溶液的物理性能见表 3-2-9。

表 3-2-9 几种顺磁性电解质水溶液的物理性能(温度=14 ℃)

电解质名称	密度/(g/cm^3)	比磁化率 $\chi\times10^{-6}$/(m^3/kg)	颜色
氯化镍	1.237	8.383	绿色透明
氯化钴	1.137	16.844	紫红色
硝酸钴	1.402	19.914	紫红色
硝酸锰 1	1.578	43.202	淡肉红色透明
硝酸锰 2	1.477	36.784	淡肉红色透明
氯化锰	1.463	46.780	肉红色透明
氯化铁	1.570	39.462	深棕黑色
氯化镝	1.458	65.386	淡黄色透明
氯化铒	1.767	64.386	淡肉红色透明
氯化锰(饱和)	1.783	67.262	淡肉红色透明

(2) 铁磁性胶体悬浮液

它是将磁铁矿等物质的微粒经过表面活性处理后形成的在重力和磁力作用下均能保持稳定的悬浮液。其制备方法有三种：粉碎法、分散法和胶溶法。

(3) 液态金属或低熔点金属

如伍德合金(Bi 50%、Pb 25%、Sn 12.5%、Cd 12.5%)，它在 65.5 ℃时熔化。液态金属不润湿矿石，在操作过程中，矿粒能自行分离，不仅避免了金属溶液的损失，也不需配置金属溶液净化和再生流程，液态金属密度大，最大可达 11.5 g/cm^3，对分选有利。但生产费用高，在高温下操作困难。

2. *磁流体特性*

磁流体特性可用一组试验来说明：

将磁铁矿粉碎成微粒，以煤油为溶剂、油酸为分散剂，制成比水略轻的磁流体。将磁流体装入烧杯，当烧杯向侧卧的马蹄形永久磁铁的极头靠近时，靠近磁铁极头的磁流体升起成一斜坡状(爬坡现象)，移去磁铁，现象消失。

将磁流体放入试管中，再放入一定量的清水，并加入一个玻璃球(密度 2.7 g/cm^3)和一个铜球(密度 8.9 g/cm^3)，此时磁流体位于清水上面，玻璃球和铜球沉在水底。将试管放置于电磁铁的极头上方，然后开始通电，并逐渐增大电流，首先看到水向上升，磁流体向下沉，水和磁流体上下易位。进一步增加电流，则玻璃球和铜球先后浮于磁流体上。断开电源，试管中一切恢复到通电前状态。

磁流体特性可概括为以下几点：

(1) 磁流体本身是一种磁性介质，犹如一块固体磁铁，在外磁场中恒被吸附在磁通量最大的地方；

(2) 磁流体受外磁场作用，力图排开磁通量最大处已被其他弱磁性或非磁性颗粒所占据的空间，这就表现为液体的“加重”现象，或具有某一数值的“视在密度”；

(3) 由于磁流体总是存在于外磁场磁通量最大处，所以它可以“悬挂”于开底容器中而不坠落，利用这个特性，可以制成无底的分选槽，以便轻矿物从分选槽上面溢出，重矿物从分选槽下面落出，从而把矿物按密度和磁性分开；

(4) 改变外界磁场磁极形状，可以将不同(或相近)密度和比磁化系数的矿物分别在分选槽中定位悬浮，然后再把定位悬浮的各个组分分别提取出来，达到分选多组分矿物原料的目的。

3. *磁流体静力分选原理*

楔形磁极系统是最简单、最常见的磁极系统，以此为例说明矿粒在楔形磁极系统的磁流体中的运动规律。矿粒在该系统中磁流体内的运动，可分解为 x、y、z 三个方向的运动，如图 3-2-38 所示。在该分选系统中，由非磁性材料制成的槽体放置在上宽下狭的楔形磁极间。

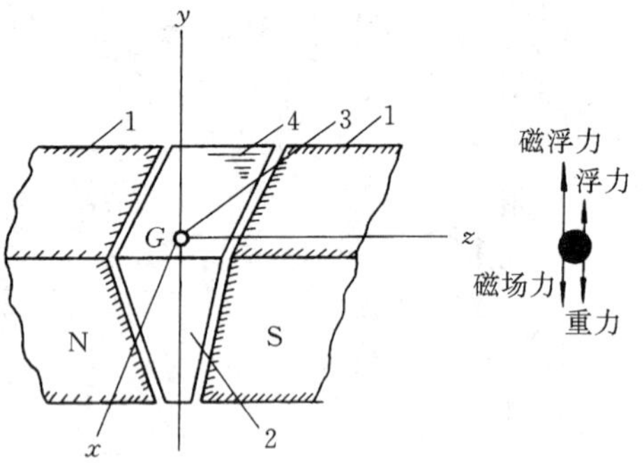

1—磁极；2—槽体；
3—矿粒；4—顺磁性溶液。

图 3-2-38 矿粒在楔形磁极间隙中顺磁性盐溶液内的受力情况

(1) 矿粒在 y 轴方向垂直运动

设 δ、ρ 分别代表矿粒和磁流体的密度，χ、χ_0 分别代表矿粒和溶液的比磁化率，ΔV 代表矿粒的体积，g 为重力加速度，槽内 y 位置上的磁场强度为 H，磁场梯度为$\frac{\partial H}{\partial y}$。

磁极间的磁场强度从上到下逐渐变大，槽内各水平层的“视在密度”也逐渐变大，不同密度的矿粒也会在其中分层悬浮。矿粒将在重力($\delta\Delta Vg$)、介质浮力($\rho\Delta Vg$)、磁场力 $\chi\Delta VH\frac{\partial H}{\partial y}$和磁浮力 $\chi_0\Delta VH\frac{\partial H}{\partial y}$的共同作用下处于静力平衡状态：

$$\delta\Delta Vg-\rho\Delta Vg+\chi\Delta VH\frac{\partial H}{\partial y}-\chi_0\Delta VH\frac{\partial H}{\partial y}=0 \tag{3-2-11}$$

上式两边同除以矿粒体积 ΔV，整理得

$$\frac{\delta-\rho}{\chi_0-\chi}g=H\frac{\partial H}{\partial y}=C$$

或

$$(\delta-\rho)g-(\chi_0-\chi)H\frac{\partial H}{\partial y}=0 \tag{3-2-12}$$

C 值是矿粒在磁流体中悬浮高度的表征值，如果两矿粒的 C 值相同，则它们在磁流体中的悬浮高度也相同。当矿粒满足上式的条件时，矿粒在 y 位置上悬浮，否则矿粒将向上或向下运动，从而实现不同性质矿粒的分离。

(2) 矿粒在 x 轴方向水平运动

矿粒在 x 轴方向水平运动是由该空间内水平面 x 轴方向上的磁场强度不均匀造成的。这种不均匀性表现为间隙中部磁场强度大于间隙两侧磁场强度，所产生的磁场力 f_x 由间隙指向间隙中央，所产生的磁推力 F_x 则由间隙中央指向间隙两侧，如图 3-2-39 所示。

对弱磁性或非磁性矿粒来说，磁流体产生的磁推力大于磁场力，$F_x-f_x>0$，所以在分选过程中，当矿粒在各自的高度上开始悬浮的同时，开始沿 x 轴方向由间隙中央向间隙两

侧运动。利用这种行为，可以设计一种中间给料式磁流体静力分选机。

假如要求分选机一端进料、一端排料，磁极 x 轴与水平面要有一定角度，使磁极间隙形成一个斜槽。角度的大小应保证矿粒在介质中受到的重力在倾斜方向上的分力大于磁推力。

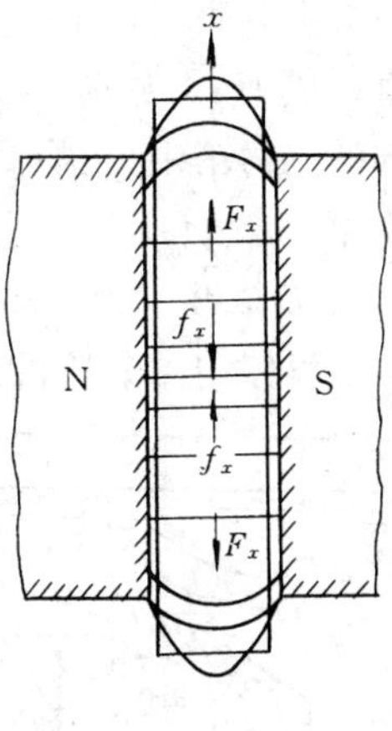

图 3-2-39　矿粒在 x 轴方向水平运动受力情况

(3) 矿粒在 z 轴方向运动

在楔形磁极间隙中的球形颗粒，受到磁场力的影响，其 z 轴运动轨迹，在理论上必然会沿着磁场磁力线方向前进。在间隙下部，矿粒受力由槽中心线指向磁极面，在间隙上部，由于磁极边缘效应，矿粒受力由磁极面指向槽中心线。因此在不同区间矿粒分别向磁极面或槽中心线运动，形成了矿粒的拥挤，这是楔形磁极的重大缺点。总的说来，矿粒在 z 轴方向运动对分选不利。

除了楔形磁极外，还有双曲线形磁极、等磁力线磁极等，后两者虽然降低了矿粒在 z 轴方向的运动，但还不能从根本上解决这一问题。

二、磁流体动力选矿

磁流体动力分选是在磁场与电场的联合作用下，以强电解质溶液为分选介质，根据矿物之间密度、比磁化率和导电性的不同，分选弱磁性或非磁性矿物的一种选矿技术。

磁流体动力分选不同于磁流体静力分选之处在于它除了具有和磁流体静力分选一样有一个磁场（可以是不均匀磁场，也可以是均匀磁场）外，还有一个电场。电场中有电子通过，在磁场中产生洛仑兹力，其大小为电流密度 J（矢量）与磁感应强度 B（矢量）的乘积：

$$F_e = BJ \tag{3-2-13}$$

矿粒在磁流体动力分选机中处于静力平衡状态时有：

$$\delta\Delta Vg - \rho\Delta Vg + \chi\Delta VH\frac{\partial H}{\partial y} - \chi_0\Delta VH\frac{\partial H}{\partial y} - BJ = 0 \tag{3-2-14}$$

工作介质向上的作用力为：

$$f = \rho\Delta Vg + \chi_0\Delta VH\frac{\partial H}{\partial y} + BJ \tag{3-2-15}$$

工作介质的视在密度为：

$$\rho' = \rho + \chi_0 H\frac{\partial H}{\partial y}\Big/ g + BJ/(\Delta Vg) \tag{3-2-16}$$

当磁场为均匀磁场时，磁场梯度为 0，以上三式中磁场力不存在。

磁流体动力分选的优点是分选介质为导电的电解质，来源广，价格便宜，黏度较低，分选设备简单，处理量大。缺点是分选介质的视在密度较小，一般为 3～4 g/cm^3，分选精度较低。

三、磁流体分选机

1. 磁流体静力分选机

日本利用磁流体分选非磁性金属的磁流体静力分选机结构如图 3-2-40 所示。它是利用一对永久磁极产生一个强度为220～260 kA/m磁场，磁极夹角为30°，磁极的对称轴线与垂直线成15°。分选时，从给料端给入的原料经过磁极间隙空间时，重物自动沉入磁极开口下部的沉物箱中，轻物受原料给入端物料的推动，沿等视在密度线的倾斜方向越过磁极进入浮物箱。

2. 磁流体动力分选机

磁流体动力分选机类型很多，但它们的构造大同小异。图3-2-41是其中的一种。

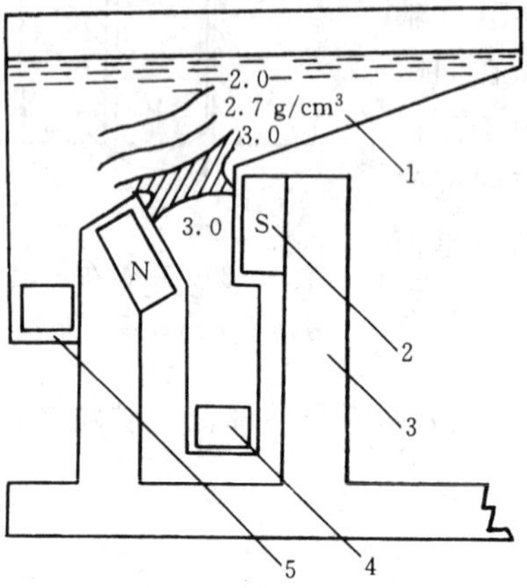

1—分选槽；2—磁极；3—支架；4—沉物箱；5—浮物箱。

图3-2-40　磁流体静力分选机

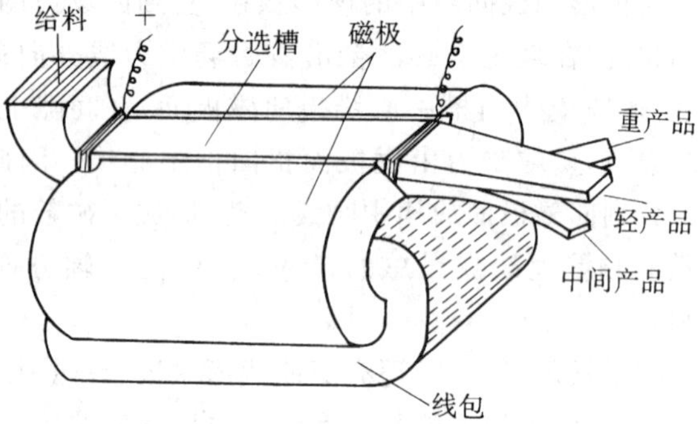

图3-2-41　磁流体动力分选机

磁流体动力分选机的截面为矩形，给料区与排料区一定要用水平隔板分层，以防止由于电场磁场联合作用所形成的涡流破坏分层作用。电极安装在分选区的适当位置处，以使溶液通电。电极的极性应与磁极极性配合，以便产生与重力方向相反的洛仑兹力。电场与磁场电源需使用经过整流后的直流电。

第八节　磁　选　柱

磁选柱是一种新型高效的柱式磁重选设备，主要由给矿斗、分选柱、磁系、底锥、溢流槽、精矿排矿管和电源等组成。磁选柱主机采用电磁磁系及非磁性材料构成，结构简单，无运转部件，操作容易，单位面积处理能力高，占地面积小，耗电低。电磁磁系由多个励磁线圈构成，磁场强度可调，顺序通断，周期可变，在柱内形成特殊的磁场变化机制。

给矿矿浆由给矿斗经给矿管给入磁选柱中上部，在磁选柱的分选空间内存在顺序向下、循环往复的变化磁场。同时，通过底部切向给水管给入切向上升水流。磁性矿粒，特别是单体磁铁矿粒在由上而下磁场力作用下，团聚与分散交替进行，再加上由下而上切向上升水流动力的冲洗淘汰作用，使夹杂于其中的单体脉石及中、贫连生体不断得到冲刷淘洗，由上升水流带动上升，最后由柱体上缘溢出成为尾矿。磁铁矿颗粒，包括单体磁铁矿颗粒和磁铁矿富连生体，在相对强大的连续向下的磁力及团聚磁链重力作用下，不为上升水流动力所冲带，经过反复多次聚合—分散—聚合，品位逐渐提高，由底锥下部精矿管排出成为高品位磁铁矿精矿。

磁选柱自 20 世纪 90 年代开始研制应用，到现在为止进行了不断的改进，一是主体结构的改进，二是操作上由人工调整向智能化自动调整转变，从而诞生了各种新型的磁选柱。目前得到应用的主要包括智能化磁选柱、脉冲振动磁场磁选柱、磁选环柱及复合闪烁磁场精选机等。图 3-2-42 是智能型磁选柱结构示意图。

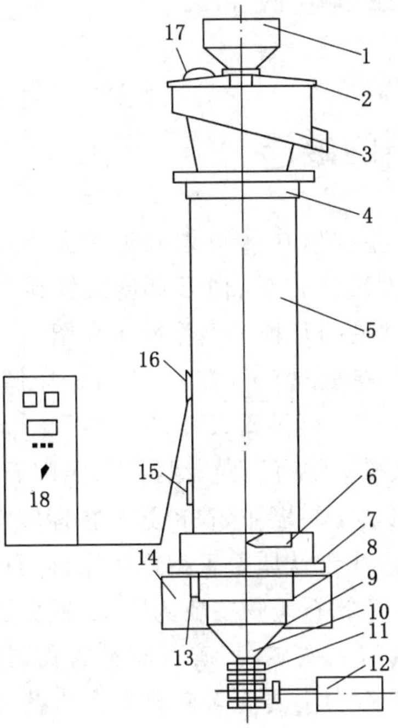

1—给矿斗及给矿管；　2—给矿斗支架；
3—尾矿溢流槽；　4—封顶套；
5—上分选筒及上磁系；　6—切线给水管；
7—承载法兰；　8—下分选筒及下磁系；
9—下给水管；　10—底锥；
11—浓度传感器；　12—阀门及其执行器；
13—下小接线盒；　14—支撑板；
15—上小接线盒；　16—总接线盒；
17—上给水管；　18—电控柜及自控柜。

图 3-2-42　智能型磁选柱结构示意图

复习思考题

1. 简述磁选机的分类。

2. 磁性材料的磁特性参数有哪些？软磁性材料和硬磁性材料的基本特征是什么？

3. 简述湿式弱磁场永磁筒式磁选机的基本构造、磁场特性、分选过程和不同槽体结构的优缺点。

4. 简述磁力脱水槽、退磁器、预磁器的工作原理。

5. 简述常见强磁场磁选机和高梯度磁选机的类型和分选对象。

6. 简述磁流体特性和磁流体静力分选原理。

第三章　磁选工艺

第一节　铁矿石的磁选

按矿床的地质成因和工业类型，我国已探明的主要铁矿床可划分为9大类：鞍山式铁矿、镜铁山式铁矿、大西沟式铁矿、攀枝花式铁矿、大冶式铁矿、白云鄂博式铁矿、宁芜式铁矿、宣龙-宁乡式铁矿、风化淋滤型铁矿等。下面就常见的几种类型作简单介绍。

鞍山式铁矿是我国最重要的铁矿床，它不仅占总储量的50%左右，而且矿床储量规模一般较大，单个矿体的规模和厚度较大，埋藏不深，不少矿床可供露天开采。矿石中金属矿物以磁铁矿为主，其次是赤铁矿、菱铁矿、假象赤铁矿；脉石矿物有石英、绿泥石、角闪石、云母、长石、白云石和方解石等。鞍山式铁矿贫矿多，结晶粒度细，要得到较高的选矿指标较困难。

镜铁山式铁矿主要分布在我国西北部甘肃境内，属于铁质碧玉型铁矿床，矿石中主要金属矿物为镜铁矿、菱铁矿等，共生有价矿物为重晶石。脉石矿物主要为碧玉、铁白云石等。

攀枝花式铁矿是一种伴生钒、钛、钴等多种元素的磁铁矿，其矿石储量居我国铁矿总储量的第二位，约占15%，位于四川省攀枝花地区。矿石中主要金属矿物有含钒钛磁铁矿、钛铁矿，硫化物以磁黄铁矿为主，脉石矿物以钛普通辉石、斜长石为主。

大冶式铁矿是各类型铁矿床中矿点数量最多、分布最广的矿床，规模以中小型为主，占我国铁矿总储量的10%左右。本类矿床矿石组分比较复杂，往往伴生有Cu、Sn、Co、Mo、S、Zn、Au等元素。矿石中以磁铁矿为主，容易选别。金属矿物主要为磁铁矿，其次为赤铁矿、菱铁矿，还有少量黄铜矿、黄铁矿和磁黄铁矿等。除了铁矿外，一般综合回收Cu、Co等矿物。

白云鄂博式铁矿是我国独特类型的铁矿床，是大型铁与多金属复合的矿床。矿区由东、西矿体组成，已发现的组成元素有71种，形成矿物129种。东矿体主要元素的赋存状态：平均含铁品位36.48%，铁元素的90%以上主要赋存在磁铁矿、原生赤铁矿、假象赤铁矿等含铁矿物中；稀土氧化物主要是氟碳铈矿和独居石，品位5.18%；氟元素主要赋存在萤石和氟碳酸盐中，品位5.95%；铌元素主要赋存在钛铁金红石、铌铁矿、易解石和黄绿石中，铌氧化物品位0.129%。

根据含铁矿物的不同，有工业价值的铁矿石主要有：磁铁矿石、赤铁矿石、褐铁矿石、菱铁矿石和混合型铁矿石（赤铁矿-磁铁矿混合矿石、含钛磁铁矿石、含铜磁铁矿石）等。

一、磁铁矿石磁选

磁铁矿石属高中温热液接触交代矿床的矿石（矽卡岩型），这种矿石最有效的选矿方法是磁选，典型的分选流程如图3-3-1所示。其分选工艺多配有一段或二段干式磁选分选中碎或细碎产品，作为分选前的准备作业。

干式磁选主要是排出粗粒尾矿和获得进一步进行深选的产品。对进一步深选产品经二段或三段细磨，再进行二段或三段湿式磁选，得最终精矿产品。湿式磁选一般用永磁圆筒型磁选机进行分选。一段或二段磁选机底槽多采用顺流型；三段或四段多为半逆流型；球磨机排矿直接磁选时多用逆流型或顺流型。

二、磁铁石英岩矿石磁选

磁铁石英岩属于沉积变质矿床的矿石，目前国内外广泛采用磁选法分选这种类型矿石，该种类型矿石在我国被称为鞍山式贫磁铁矿石，在国外被称为铁燧岩、磁铁石英岩等，这类矿石在铁矿资源中占有重要地位，是目前磁选的主要对象。

磁铁石英岩选矿工艺的特点是采用阶段磁选阶段磨矿流程，这样可阶段排出单体脉石，减少下一阶段的磨矿量。

磁选设备多采用圆筒型磁选机，其底槽为逆流型和半逆流型。在国内和国外也有采用磁力脱水槽进行脱泥的实例。

下面以首都钢铁公司大石河铁矿选矿厂为例进行介绍。

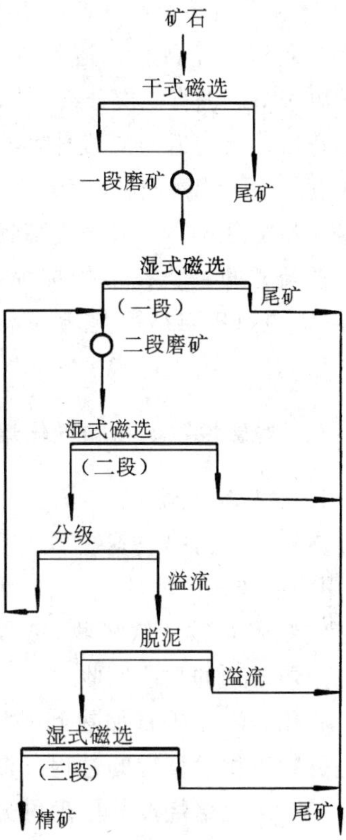

图 3-3-1 磁铁矿石的磁选流程

大石河铁矿选矿厂是首都钢铁公司主要原料基地，位于河北省迁安市境内。大石河铁矿石属鞍山式贫磁铁矿，构成各矿体的岩层系属于前震旦纪麻岩并呈条带状和片麻状构造。在矿体之间和矿体内部广泛发育着各种类型的夹石，开采过程中混入15%左右的废石，矿石贫化严重，地质品位30.18%，入选矿石品位只有25%左右。

矿石中金属矿物主要为磁铁矿，其次有少量假象赤铁矿和赤铁矿；脉石矿物以石英为主，其次为辉石、角闪石等，有害杂质较少。

磁铁矿与脉石共生形态简单，容易解离。磁铁矿嵌布粒度较粗且均匀。结晶粒度为0.062～0.5 mm的晶粒占60%～70%，0.5～2 mm占10%～20%，0.062 mm以下含量占10%左右。赤铁矿粒度较细。脉石矿物结晶粒度亦较粗，在0.18～0.35 mm之间。矿石磨至−200网目占75%～80%时，有用矿物与脉石基本达到单体解离。

矿石化学多项分析结果见表3-3-1。

表 3-3-1 大石河铁矿石化学多项分析结果

	Fe_t	FeO	SiO_2	Al_2O_3	CaO	MgO	P	S
1号矿样	29.90	11.18	47.20	0.75	1.24	2.19	0.038	0.02
2号矿样	30.73	10.99	47.92	0.73	0.58	1.91	0.025	0.16

流程采用阶段磨矿-弱磁选流程，如图3-3-2所示。首先，用磁滑轮对球磨机入料进行预

选，在磨矿前可丢弃产率8%、品位9%左右的废石，使入磨产品品位提高2%，磁性铁回收率为99%。对第一段磁选精矿进行二次分级、二次磨矿，二次磁选精矿经细筛后筛上物返回二段球磨机，由于三段磁选的入选粒度得到了严格控制，提高了矿物的单体解离度，精矿最终品位由64%～65%提高到67%～68.5%。

该流程的主要技术指标为：原矿品位 26.28%，精矿品位 68.42%，尾矿品位 6.41%，回收率 82.64%。

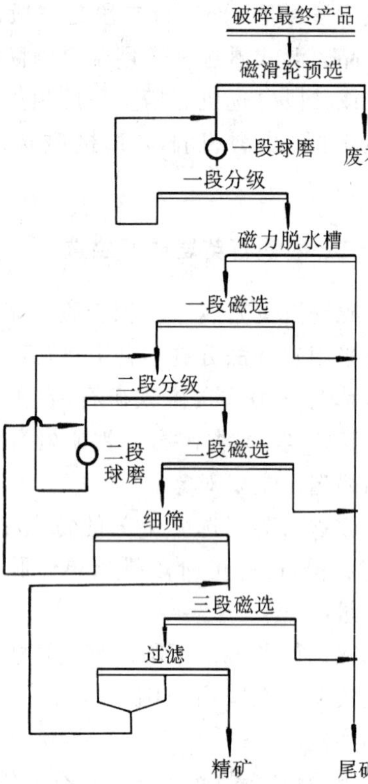

图 3-3-2 大石河铁矿选矿厂生产流程

三、弱磁性铁矿物的磁化焙烧与弱磁选

1. 磁化焙烧简介

赤铁矿、褐铁矿、菱铁矿、黄铁矿等矿物的磁性较低，用弱磁选无法回收，但可以利用磁化焙烧的方法将它们变成强磁性铁矿物（磁铁矿或 γ-赤铁矿），然后利用弱磁选的方法回收。

磁化焙烧是矿石加热到一定温度后在相应气氛中进行物理化学反应的过程。根据矿石不同，化学反应不同。磁化焙烧按其原理可分为还原焙烧、中性焙烧和氧化焙烧等。

(1) 还原焙烧

适用于赤铁矿和褐铁矿。常用的还原剂有 C、CO 和 H_2 等。赤铁矿的化学反应如下：

$$3Fe_2O_3 + C \xrightarrow{-570\ ℃} 2Fe_3O_4 + CO$$

$$3Fe_2O_3 + CO \xrightarrow{-570\ ℃} 2Fe_3O_4 + CO_2$$

$$3Fe_2O_3 + H_2 \xrightarrow{-570\ ℃} 2Fe_3O_4 + H_2O$$

褐铁矿在加热过程中首先排出化合水，变成不含水的赤铁矿，然后按上述反应被还原成磁铁矿。

(2) 中性焙烧

适用于菱铁矿。菱铁矿在不通空气或通入少量空气的条件下，加热到 300～400 ℃时，被分解为磁铁矿，化学反应如下：

$$3FeCO_3 \xrightarrow{300\sim400\ ℃} Fe_3O_4 + 2CO_2 + CO \qquad \text{（不通空气）}$$

$$2FeCO_3 + \frac{1}{2}O_2 \xrightarrow{300\sim400\ ℃} Fe_2O_3 + 2CO_2 \qquad \text{（通入少量空气）}$$

$$3Fe_2O_3 + CO \xrightarrow{300\sim400\ ℃} 2Fe_3O_4 + CO_2$$

(3) 氧化焙烧

适用于黄铁矿。黄铁矿在氧化气氛中（或通入大量空气）短时间焙烧时被氧化变成磁黄铁矿，化学反应如下：

$$7FeS_2 + 6O_2 \longrightarrow Fe_7S_8 + 6SO_2$$

如果氧化时间很长，则磁黄铁矿变成磁铁矿：

$$3Fe_7S_8 + 38O_2 \longrightarrow 7Fe_3O_4 + 24SO_2$$

除了上述三种焙烧方法外，还有氧化还原焙烧和还原氧化焙烧，但最主要的还是还原焙烧。

焙烧中加热原料和还原过程用的还原剂可分为气体、液体和固体三种。工业上最常用的是煤气、重油和煤。

2. 焙烧产物的磁选

鞍山式赤铁矿在我国铁矿石资源中占重要地位。矿石中矿物组成比较简单，主要的铁矿物为假象赤铁矿、赤铁矿、磁铁矿，其次为镜铁矿、黄铁矿以及少量的褐铁矿、针铁矿、菱铁矿和铁白云石等。脉石矿物主要是石英，其次为透闪石、角闪石、阳起石、绢云母、绿泥石和方解石等。

镜铁山式铁矿石在铁矿石资源中也占有一定的地位。酒泉钢铁公司选矿厂处理的就是这类铁矿石。矿石中主要的铁矿物为镜铁矿、褐铁矿和菱铁矿。主要脉石矿物有重晶石、石英、碧玉和铁白云石等。矿石具有条带状和块状两种构造，以条带状为主。铁矿物之间嵌布粒度细小，呈粒状或鳞片状，同时存在硬度不大的矿物如重晶石、菱铁矿等，因此破碎或解离不甚困难。

上述两类矿石中的块矿部分一般进入磁化焙烧炉中磁化，磁化产物用弱磁选的方法进行分选，粉矿用强磁选或浮选的方法分选。

酒钢选矿厂生产流程见图 3-3-3。其焙烧矿弱磁选流程与一般磁选流程基本相同，原则流程见图 3-3-4。流程中，有时配合有螺旋溜槽、旋流器等重选设备。

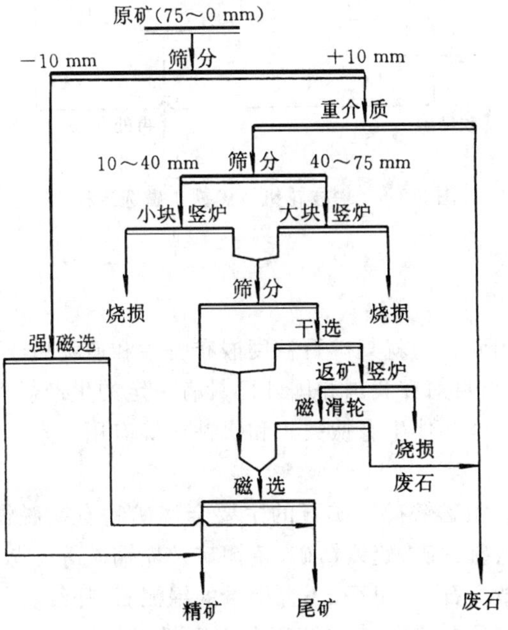

图 3-3-3　酒钢选矿厂生产流程

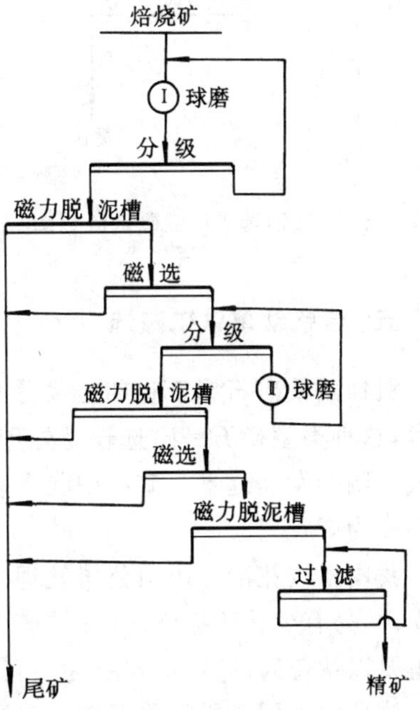

图 3-3-4　酒钢选矿厂弱磁选原则流程

四、弱磁性铁矿物的强磁选

由于新型强磁选机不断研制成功，单独用磁选方法大规模处理弱磁性矿石，特别是氧化铁矿石成为可能。但是，在某些场合，磁选仍需与其他选矿方法联合，才能达到分选目的和要求。

琼斯湿式强磁选机已被大量用于氧化铁矿石的磁选。现在已有巴西、挪威、利比里亚、加拿大、西班牙、美国、瑞典等国家采用德国洪堡尔特 DP317 型琼斯磁选机分选氧化铁矿石。我国酒泉钢铁公司选矿厂、大冶铁矿选矿厂和海南铁矿选矿厂等采用我国制造的 SHP 型湿式强磁选机分选氧化铁矿石。

酒泉钢铁公司选矿厂采用两段连续磨矿、弱磁-强磁选流程处理 0～10 mm 粉矿。粉矿经一段、二段磨矿和分级，用 ϕ1.0 m 圆筒筛脱渣，ϕ1050 mm×2100 mm 中磁磁选机选出强磁性矿物，其尾矿再用 SHP3.2 m 双盘磁选机进行一次粗选、两次扫选，其流程见图 3-3-5。

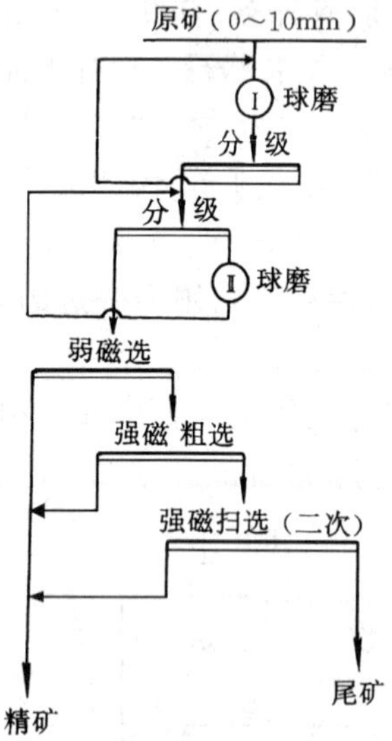

图 3-3-5 酒钢选矿厂强磁选流程图

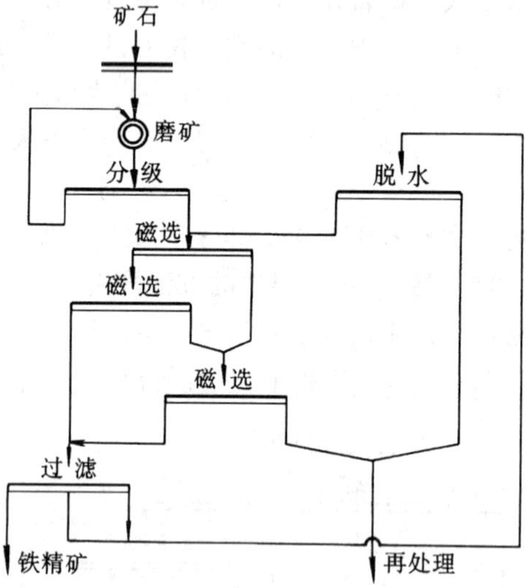

图 3-3-6 攀枝花钒钛磁铁矿磁选流程

五、含钒钛磁铁矿磁选

钒钛磁铁矿石属于晚期岩浆分凝矿床的矿石。就其矿石粒度嵌布特性和矿物磁学性质而言，这种类型矿石是磁选较易处理的对象。目前在我国和国外已具有一定的生产规模，且有较广阔的发展远景。矿石中除含有磁铁矿外多伴生有钛铁矿和钒钴镍等有用元素。脉石矿物多为辉长岩。

我国攀枝花冶金矿山公司处理的就是钒钛磁铁矿。矿石的主要金属矿物有钛磁铁矿、钛铁矿，另有少量磁赤铁矿、褐铁矿、针铁矿、硫钴矿、硫镍钴矿、黄铜矿及墨铜矿等。脉石矿物主要以钛普通辉石、斜长石为主，其次为橄榄石、钛闪石，还有少量的绿泥石、蛇纹石等。

该公司采用一段闭路磨矿和二段磁选一段扫选的工艺流程分选磁性矿，见图 3-3-6，同时结合其他方法回收钛矿物和钒钴镍矿物。磁选指标为：原矿品位 30.81%，精矿品位 51.59%，尾矿品位 14.17%，回收率 74.5%。

第二节 锰矿石的磁选

世界锰矿资源主要分布在南非、澳大利亚、中国等国家。除中国外，世界陆地锰矿储量约为172.92亿t。中国截至1999年已探明的储量为5.66亿t，居世界第四位。

主要的锰矿物有软锰矿、硬锰矿、黑锰矿、褐锰矿、菱锰矿等。

锰矿石的分类方法很多，按矿床成因分为沉积型、变质型、风化型等锰矿石；按矿石中铁、锰含量分为锰矿石及铁锰矿石；按工业用途分为冶金锰矿和化工锰矿。此外，还有按矿物的自然类型和所含伴生元素分为碳酸锰矿石、氧化锰矿石、混合型矿石及多金属锰矿石。

碳酸锰矿石——矿石中以各种碳酸锰矿物形态存在的锰，其含量占矿石中锰含量的85%以上。

氧化锰矿石——矿石中以各种氧化锰矿物形态存在的锰，其含量占矿石中锰含量的85%以上。

混合锰矿石——矿石中以各种碳酸锰矿物或氧化锰形态存在的锰，其含量均占矿石中锰含量的85%以下。

多金属锰矿石——不同于上述三种锰矿石，除锰外还含有其他金属和非金属矿物。

我国碳酸锰矿多，约占锰矿总量的57%。目前，锰矿选矿方法有重选、重介质-强磁选、焙烧-强磁选、单一强磁选、浮选以及多种方法联合等。

锰矿物属于弱磁性矿物，其比磁化率与脉石矿物的差别较大，因此，锰矿石的强磁选占有重要的地位。对组成比较简单、嵌布粒度较粗的碳酸锰矿石和氧化锰矿石用单一磁选流程可获得较好的分选指标。分选碳酸锰矿石时，磁选机磁场强度需在480 kA/m以上，而分选氧化锰矿的磁选机的磁场强度要更高，一般在960 kA/m以上。

下面结合我国几个锰矿选矿厂介绍锰矿石的磁选。

一、氧化锰矿石的磁选

氧化锰矿石多数属于风化淋滤矿床的次生矿石，质地松软，含有较多的黏土矿物，在采矿和搬运过程中极易泥化，含泥量通常在20%～70%，为了提高矿石中含锰品位和改善破碎、筛分、选矿及运输条件，全部需进行洗矿。粗粒（5 mm以上）用跳汰等重选方法分选，细粒（约5 mm以下）可以用强磁分选方法进行分离。

福建连城锰矿庙前矿区为风化壳型氧化锰矿床，分淋滤型、坡积型和淋滤与坡积混合型，以淋滤型为主。矿石中主要金属矿物有硬锰矿、软锰矿、锰土和褐铁矿等，脉石矿物以石英为主，其次为绢云母、蛋白石、重晶石，其他杂质主要是黄土、黏土等。

矿石流程为洗矿-跳汰-强磁选工艺流程。破碎到70 mm以下后，先洗矿、筛分分级，+30 mm进行手选，4.5～30 mm矿石用AM-30型跳汰机重选，－4.5 mm颗粒用QC-200型感应辊式强磁场磁选机分选。强磁入选品位35.68%，精矿品位41.23%，回收率93.6%。

SPH型强磁选机也用于氧化锰矿石的磁选。

二、碳酸锰矿石的磁选

碳酸锰矿床，属于海相沉积型锰矿床，储量和规模较大，是生产商品锰矿石的重要资源。

湖南省桃江锰矿强磁选厂处理的是菱锰矿和锰方解石。矿石经细碎、磨矿和分级后，0.5～4 mm 矿石进入 CGDE-210 强磁选机分选，0～0.5 mm 进入 SHP 强磁选机分选，所得精矿合并后烧结，流程如图 3-3-7 所示。

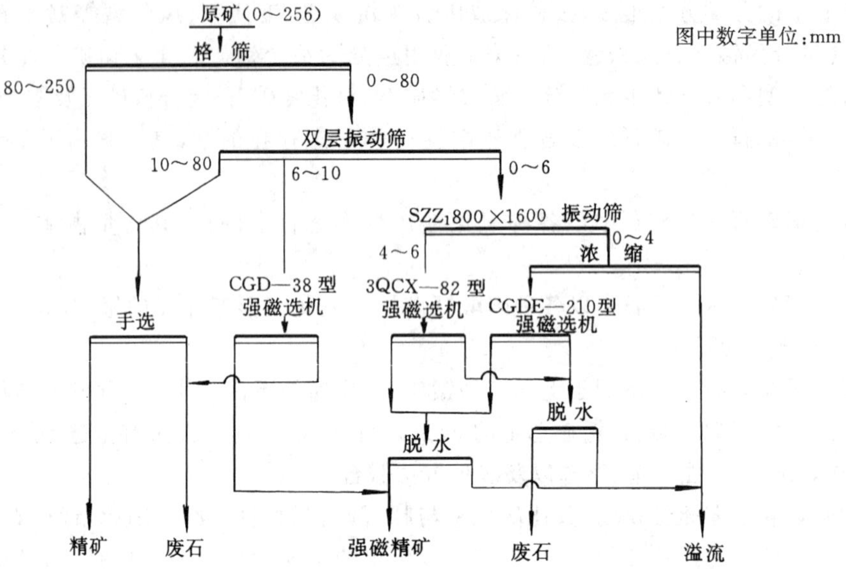

图 3-3-7　桃江锰矿强磁选流程

第三节　有色和稀有金属矿石的磁选

磁选广泛应用于有色和稀有金属矿石(脉钨矿、脉锡矿、砂锡矿和海滨砂矿等)重选粗精矿的精选。

一、钨粗精矿的精选

自然界已发现的钨矿物约有 20 种，其中具有工业价值的为黑钨矿和白钨矿两种。钨矿石一般也分成黑钨矿类和白钨矿类。我国是世界上钨矿最丰富的国家，石英脉型钨矿占我国当前开采量的 90%以上，钨矿物以黑钨矿为主，常含有白钨矿，另有锡石、辉钼矿、辉铋矿、黄铜矿、黄铁矿、方铅矿、闪锌矿等金属矿物，非金属矿物以石英、长石、云母为主。

黑钨矿的主要选矿方法是重选，粗、中粒用跳汰机，细粒用摇床。在重选过程中，一些密度较高的矿物，如锡石、白钨矿和大多数的硫化矿，都伴随黑钨矿一道进入粗精矿中。因此，需要精选以提高钨精矿的品位，同时回收各种副产品。

黑钨矿属于弱磁性矿物，而锡石、白钨矿是非磁性矿物，因此，利用磁选法可将它们分开。图 3-3-8 是我国某钨矿精炼厂钨粗精矿磁选精选流程：分选前将物料用对辊机破碎到−3 mm，筛分成 0.83～3 mm、0.2～0.83 mm 和 0～0.2 mm 三级，分级磁选得到黑钨精矿。其中

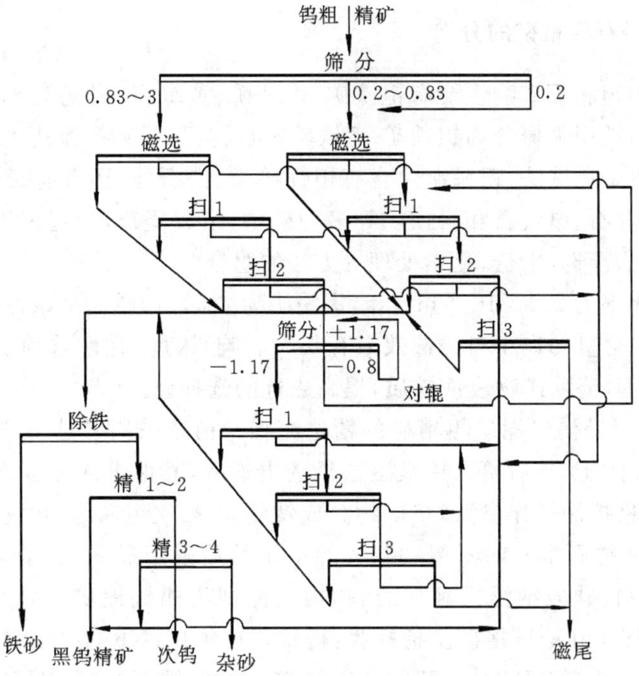

图 3-3-8 某钨矿精炼厂钨粗精矿磁选精选流程

0.83～3 mm 的磁选尾矿，经对辊机破碎到 1.17 mm 以下，使钨的连生体解离，再分级磁选，各粒级磁选作业的次数视物料的性质而定。使用 ϕ900 mm 单盘磁选机分选，磁场强度为 955～1 194 kA/m。分选过程除可调整电流、电压、极距和给料粒度外，物料水分和铁污染的程度也会影响分选指标。磁选尾矿包含白钨矿、锡石和硫化矿，可用其他方法综合回收。

磁选分选结果见表 3-3-2。

表 3-3-2 磁选分选结果

产品名称	产率/%	品位/%			回收率/%	
		WO_3	Sn	S	WO_3	Sn
原矿	100	56.98	4.21		100	100
黑钨精矿	70.2	70.93	0.13	0.48	87.31	2.17
中矿Ⅰ	2.37	24.21	0.88		1.00	0.50
中矿Ⅱ	1.90	34.20	3.88		1.14	1.75
尾矿	22.52	20.82①	17.46	9.02	8.23	93.37
破碎粉尘	1.32	44.87	2.40		1.04	0.75
磁选粉尘	0.64	49.87	2.19		0.56	0.33
风机粉尘	0.75	37.74	5.82		0.49	1.03
铁屑	0.11	55.76	3.79		0.11	0.10
片状钼矿	0.19	14.43②			0.05	

注：① 白钨矿的品位为 18.41%WO_3；

② 筛分得出，含 35.21%Mo。

二、含钽铌-独居石粗精矿的分选

具有工业价值的钽和铌矿物主要有钽铁矿、铌铁矿、黄绿石、褐钇铌矿、黑稀金矿、钛铌钙铈矿等。钽铌矿石类型大概分为钽铁矿-铌铁矿矿石、黄绿石矿石和其他含钽铌矿矿石。

钽铌矿粗选主要是重选法，粗精矿除含有钽铌矿物、锆石外，还含有磁铁矿、钛铁矿、独居石、石英、云母、石榴石、电气石和褐铁矿等多种矿物，组成复杂，分选困难，常常需要采用磁选、重选、浮游重选、浮选、电选、化学处理等方法的组合。

钽铁矿的比磁化率为 $2.4\times10^{-8}\ m^3/kg$，铌铁矿为 $2.5\times10^{-8}\ m^3/kg$，褐钇铌矿为 $5.8\times10^{-8}\ m^3/kg$。鉴于铁含量的大小对磁选效果有很大影响，因此，在磁选前，一般先用酸作短时间(5～15 min)处理，清除矿物表面铁质，提高磁选的选择性。

图 3-3-9 是广西里松褐钇铌矿粗精矿的精选流程。精选采用磁选-重选-浮游重选组合流程。粗精矿先经过烘干，然后给入单盘磁选机选出铁屑，其他进入三盘磁选机，利用各种矿物磁性的差异，严格控制操作参数，将矿物分成钛铁矿-褐钇铌矿组、褐钇铌矿-独居石组、独居石-褐钇铌矿组和锆石组。前三组物料先经酸洗然后采用摇床-磁选或磁选，选出的磁性物料用油酸、碳酸钠、硅酸钠浮出独居石，槽内产品即为褐钇铌矿。后一组采用摇床-磁选-摇床分选出褐钇铌矿和锆石精矿。指标为：褐钇铌矿精矿(Nb_2O_5)品位35.72%，精矿回收率87.62%；独居石精矿($TR_2O_3+ThO_2$)品位65.23%；锆石精矿(ZrO_2)品位60.48%；同时还回收了钛铁矿。

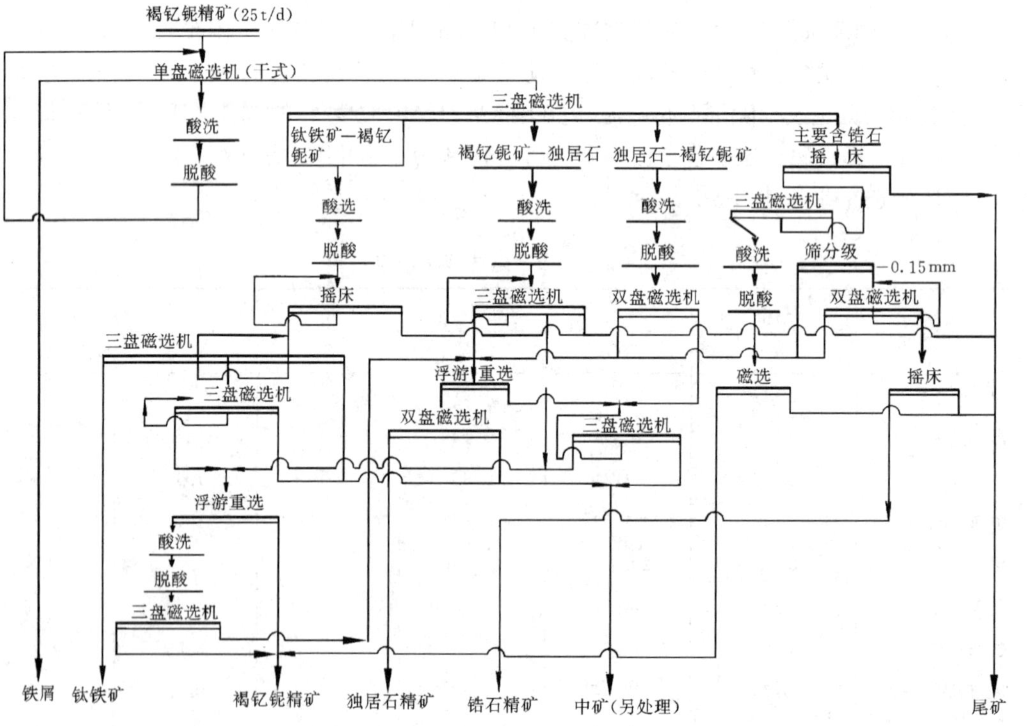

图 3-3-9　广西里松褐钇铌矿粗精矿的精选流程

三、海滨砂矿粗精矿的精选

海滨砂矿重选精矿中主要回收的矿物为钛铁矿、独居石、金红石和锆石等。钛铁矿磁性最强，独居石次之，金红石和锆石都是非磁性矿物，而金红石的导电率比锆石高得多。因此，处理这种矿石时，一般采用磁选-电选联合流程。

乌场钛矿精选厂位于海南省，是我国海滨砂矿主要的生产厂矿之一。该厂精选工艺流程采用摇床预先重选丢尾，磁选回收钛铁矿，然后电选分组，再用强磁选、电选、浮选及重选等联合工艺进行分离及提纯，综合回收锆石、独居石、金红石、锡石及残存的钛铁矿。该厂精选流程见图 3-3-10。

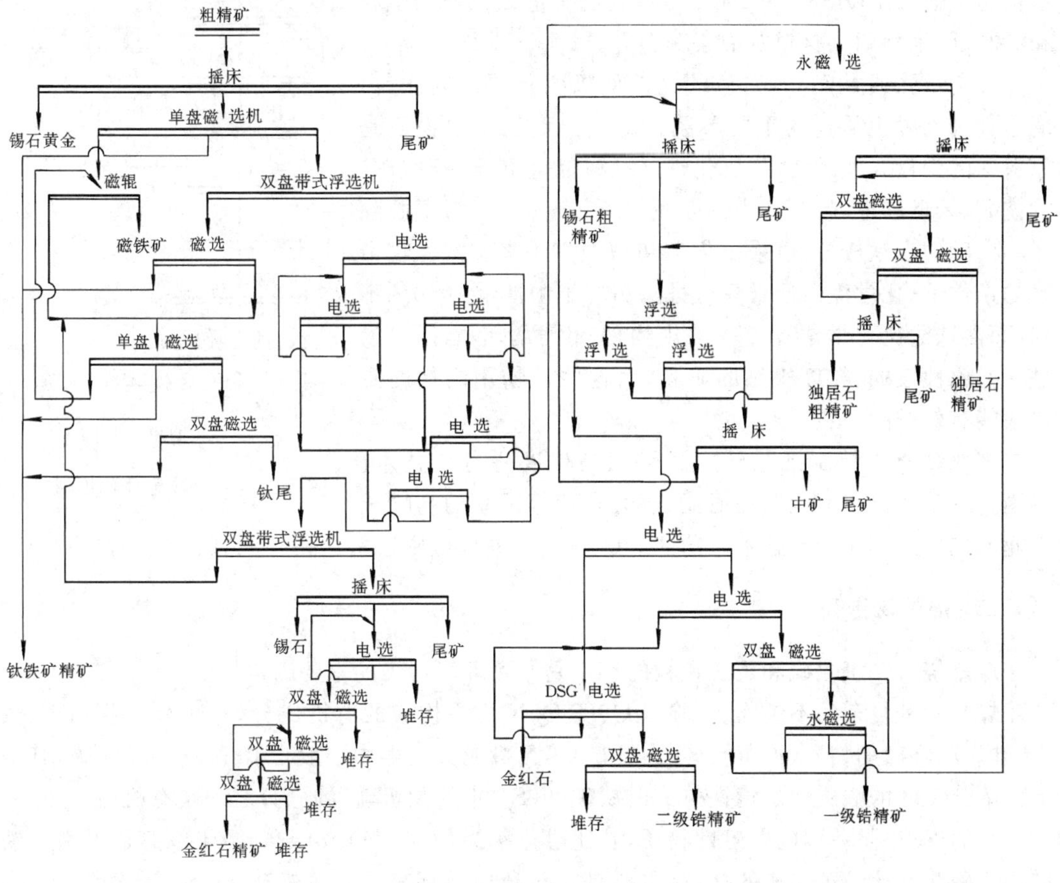

图 3-3-10　乌场钛矿精选厂流程

精选指标为：钛铁矿（TiO_2）品位 50.40%，回收率 81.70%；锆石（$ZrHfO_2$）品位 65.15%，回收率 51.0%；金红石（TiO_2）品位 90.05%；独居石（$TR_2O_3+ThO_2$）品位60.90%。

第四节　非金属矿物的提纯和煤的脱硫

一、工业矿物的提纯

工业矿物(如石英、蓝晶石、黏土矿物等)中的铁和钛氧化物是有害杂质。现代高梯度磁分离技术的发展能使40多种工业矿物用这种方法提纯。下面以高岭土为例加以说明。

高岭土也称瓷土，它的主要成分是高岭石矿物，一种含水铝硅酸盐($Al_2O_3SiO_2 \cdot 2H_2O$)，主要用于造纸工业的填料和涂料、陶瓷和耐火材料及油漆颜料等。

无论纸张或是陶瓷，白色的光洁面极为重要。因此，白度是评价高岭土质量的重要参数。影响白度的主要物质是原料中的少量含铁矿物，如氧化铁、锐钛矿、金红石、菱铁矿、黄铁矿、云母和电气石等，占总量的0.5%～3%。为了脱除影响白度的含铁成分，可采用化学和物理方法来实现。在最好的条件下，化学漂白通常只可排除高岭土中铁量的50%不到，而浮选法比化学法还差。常规物理、化学法不能排除的是一些磁性较弱、粒度很细的矿物，而这些矿物用高梯度磁选法能有效排除。

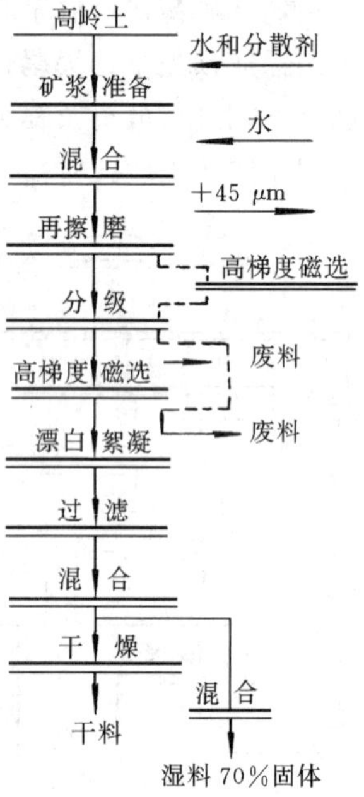

图3-3-11　高岭土高梯度磁选

现代高岭土精制工艺已广泛采用高梯度磁分离技术。英国、美国、德国、日本、罗马尼亚、澳大利亚等国家的高岭土工业已先后采用这一新技术。图3-3-11是应用高梯度磁选精选高岭土的一个流程。

二、煤的磁选

煤燃烧时二氧化硫和飞灰颗粒的产生是导致环境污染的重要因素。

煤是一种复杂的不纯物质，除以C、H、O、N为主构成的有机成分外，还有一些黏土、页岩、砂岩和含硫的物质(如黄铁矿、白铁矿)等无机成分。煤中一般含有1%～5%的硫，其中绝大部分是弱的顺磁性的黄铁矿或白铁矿(FeS_2)中的无机硫，约三分之一是有机硫。

纯的FeS_2是一弱的顺磁性物质，其比磁化率为$(3.4 \sim 5) \times 10^{-9}\ m^3/kg$，但是煤中黄铁矿的比磁化率比纯黄铁矿的高，这主要是含有杂质或部分向磁黄铁矿Fe_7S_8转化所致。在硫化铁FeS_x体系中(其中，$1 \leqslant x \leqslant 2$)，在$1.08 \leqslant x \leqslant 1.2$的狭窄范围内，若$x = 1.143$时，$FeS_x$是强磁性的。即使极少部分黄铁矿颗粒向$Fe_7S_8$转化，也可导致比磁化率大幅度提高，这对于用磁选法脱硫是极为有利的。煤中主要矿物的比磁化率见表3-3-3。

煤可以用高梯度磁选、开梯度磁选等方法脱硫降灰，但现在还没有大规模运用到实际生产中，下面对几个试验结果作简要说明。

1. *煤的湿式高梯度磁选*

用磁感应强度为2 T、磁介质为直径100 μm的钢毛、充填率10%的高梯度磁选机，对巴西煤脱硫，总硫量降到20%～50%，矿物硫降到14%～21%，即无机硫排除率达80%以上。

表 3-3-3 煤中主要矿物的比磁化率

组 分	比磁化率 $\times 10^{-9}/(m^3/kg)$	组 分	比磁化率 $\times 10^{-9}/(m^3/kg)$
黄铁矿	3.4	方解石	12.0
磁黄铁矿	强磁性	黏土	250～490
褐铁矿	700	页岩	490～570
菱铁矿	4 000	砂岩	180～250
铁的硅酸盐	1 260	煤	−5.0

对微米级的弗里波特(Freeport)煤，当磁感应强度为 2 T 时，灰分可以从 16.3%降到 6.5%，进一步降至 4%时磁感应强度需高达 15 T。

2. 煤的干式高梯度磁选

干式磁选无需脱水、干燥，可使流程简化，易在工业生产中推行。但由于细粒煤粒与含硫矿物间的无选择性黏附而使干式分选的效率降低，所以要用 65 ℃热空气低速输送给矿来加以消除。部分煤的高梯度磁选结果列于表 3-3-4，磁选机磁感应强度为 2 T，磁介质为钢板网。

表 3-3-4 煤的高梯度磁选

煤	低流速/(m/s)	降低率/%		回收率/%
		S	灰分	
Freeport	0.25	63.3	56.3	94.7
	0.46	61.7	62.0	95.6
Kentucky	0.25	19.9	49.1	93.0
150～600 μm	0.46	18.4	40.8	93.9
Kentucky	0.25	23.0	45.6	89.2
75～150 μm	0.46	23.0	51.9	92.4

结果表明，煤种对高梯度磁选结果有影响：Freeport 煤的硫脱除率 60%以上，灰分降低 55%～60%以上，发热量的回收率超过 90%；干式分选结果也表明，对 Kentucky 煤，硫和灰分的降低不很明显，这可能与它们的存在状态有关。

复习思考题

1. 简述弱磁性铁矿物强磁选工艺流程的特点。
2. 简述强磁选机在碳酸锰矿石中的磁选工艺流程。
3. 简述高梯度磁选在煤炭脱硫降灰中的应用。

第四章　电选的基本原理

第一节　概　　述

电选是利用各种矿物及物料电性质不同而进行分选的一种物理选矿方法。

电选在工业上的应用始于1908年，此后在相当长的时期内进展不大，直到20世纪50年代末期，才有了新的发展，得到了更为广泛的应用。

电选的内容很广泛，包括电选、电分级、摩擦带电分选、介电分选、高梯度电选、电除尘诸方面。

摩擦电选是利用两种矿物互相接触、碰撞和摩擦，或使之与某种材料做成的给矿槽摩擦，产生大小不同而符号相反的电荷，然后给入到高压电场中，由于矿粒带电符号不同，产生的运动轨迹也明显不同，从而使两种矿物分开。

介电分选是在液体介质或空气介质中进行的，通常大多在液体介质中进行。两种介电常数不同的矿粒或物料，在非均匀电场中，如果某种矿粒的介电常数大于液体介电常数，则该种矿粒被吸引，反之，介电常数小于液体者则被排斥，从而使之分开。

高梯度电选是在介电分选原理的基础上发展起来的一种新方法，它主要是针对微细粒矿物的分选。在介电液体中放入介电体(非导体)纤维或小球，此种介电体受到电场极化后，在其表面产生极不均匀的电场，从而增加了非均匀电场的作用力。当其中一种矿粒的介电常数大于液体介电常数时，粒子被吸向电场强度及梯度最大区域，反之则被排斥而进入低的电场区域，两种矿粒的运动轨迹也不同，故能使之分开。高梯度电选，很类似于高梯度强磁选，放入分选罐内的纤维或球介质，与高梯度磁选的钢毛或其他介质相似，也是一种捕获介质。

对于磁性、密度及可浮性都很近似的矿物，采用重选、磁选、浮选均不能或难以有效分选，但可利用它们的电性质差别使之分选。目前除少数一些矿物直接采用电选外，在大多数情况下，电选主要用于各种矿物及物料的精选。电选前，大多先经重选或其他选矿方法粗选后得出粗精矿，然后采用单一电选或电选与磁选配合，得出最终精矿。

除介电分选及高梯度电选是在介电液体中进行外，其余均为干式作业，对缺水地区具有优越性。对一些只适宜于干式分级的物料，电分级具有明显的优点。电选对周围环境不产生污染，因而在世界上一些发达国家，得到了更广泛的应用。

电选的有效处理粒度通常为0.1～2 mm，但对片状或密度小的物料如云母、石墨、煤等，其最大处理粒度则可达5 mm左右，而湿式高梯度电选机的处理粒度则可下降到微米级。

在大多数情况下，电选都是在高压电场中进行的，除少数采用高压交流电源外，绝大多数均用高压直流电源，将负电输到电极，个别情况下才采用正电。

目前电选广泛用于下列诸方面：

有色和稀有金属矿物的分选——这两种类型的矿物常先经重选或其他选矿方法，除去大量的脉石矿物或围岩，得到一定品位的粗精矿，然后电选，或与磁选配合精选，使各种有用矿物彼此分开。典型的如白钨与锡石的分离；海滨砂矿或陆地砂矿重选后，得出的各种重矿物如磁铁矿、钛铁矿、金红石、独居石、锆石、磷钇矿等的分选；钽铌矿与石榴石、电气石、石英、长石、云母等的分选。

黑色金属矿的分选——少数铁矿、锰矿及铬矿直接采用电选，大部分仅在精选过程应用电选。电选对除去铁精矿、锰矿及铬矿中的硅酸盐类矿物（如石英等）有特殊的效果。现在一些国家常在这些矿石分选后，再增加一段电选以进行精选，不仅能进一步提高精矿品位，且大大降低了二氧化硅的含量，这对降低炼铁中的焦比、节约能源、提高高炉利用系数，具有重要意义。

砂金矿的精选——砂金也是先经重选，得出重矿物，通常包括黄金、磁铁矿、钛铁矿及少量石英等，将此重矿物用磁选与电选配合进行精选。当用磁选除去磁性矿物后，再用电选精选黄金，可以得到品位很高、富集比很大的黄金精矿，比一般选矿方法或混汞法要优越得多。

非金属矿物的分选——此类矿物包括石墨、石棉、金刚石、磷灰石、煤、钾盐、石英及长石的分选或精选，国外应用电选分离这些矿物者较多。

各种固体物料的分级——包括各种金属和非金属以及其他固体物料，在工业发达国家中对各种化工原料、涂料及冶金中的金属粉末、刚玉粉等的粒度要求很严格，当这些物料又不能采用湿式分级方法时，电分级就成为一种最为可行的方法，并能克服湿式分级而带来的一系列困难和省去必需的一系列浓缩、过滤和干燥设备。

各种固体物料或废料中回收非铁金属——即从各类切削加工的废料、塑料中回收非铁金属；从火力发电厂及其他烟囱灰中回收煤及燃烧中产生的铝硅酸盐的球形颗粒及粉煤灰。

此外，电选还用于农业中选种、茶叶与茶杆的分选等。

第二节　矿物的电性质

矿物的电性质是电选的依据。所谓矿物电性质是指矿物的电阻、介电常数、比导电度以及整流性等，它们是判断能否采用电选的依据。由于各种矿物的组分不同，它们表现出明显不同的电性质，即使是同一种矿物，由于所含杂质不同，其电性质也会有所差别。然而，无论如何，这些性质总有一定的变动范围，可根据其数值大小来判定其可选性。

一、电阻

矿物的电阻是指矿物的粒度 $d=1$ mm 时所测定出的欧姆数值。根据所测出各种矿物的电阻值，常将矿物分成下列三种类型：

导体——电阻小于 10^6 Ω 者，表明此类矿物的导电性较好，在通常的电选中，能作为导体分出。

非导体——电阻大于 10^7 Ω 者，此类矿物的导电性很差，在通常的电选中，只能作为非导体分出。

中等导体——即其导电性介于导体与非导体之间，电阻大于 10^6 Ω 而小于 10^7 Ω 者，此类矿物常作为电选中矿分出。

电选中的导体与非导体的概念与物理学中的导体、半导体和绝缘体是有很大差别的。所指的导体矿物是指在电场中吸附电子后，电子能在矿粒上自由移动，或在高压静电场中受到电极感应后，能产生正负电荷，这种正负电荷也能自由移动。非导体则相反，它在电晕场中吸附电荷后，电荷不能在其表面自由移动或传导，在高压静电场中只能极化，正负电荷中心只发生偏离，并不能移走，只要一脱离电场则又恢复原状，而不表现出正负电性。导电性中等(或称半导体)的矿物，则是介于导体与非导体之间的这类矿物，除确有一部分这类矿物外，在电选实际中，通常是连生体居多。

矿物中的杂质对矿物的导电性有显著影响。在实际中，一些矿物表面常常被其他物质污染，从而改变了矿物的电性质。例如，在钽铌矿、白钨锡矿的精选中，由于表面黏附有铁质，原本属于非导体的矿物如石英、石榴石、长石、锆石等，变成了导体矿物，给电选造成困难。解决的方法是采用酸洗，清除表面杂质。

对于电阻小于 10^6 Ω 者，电子的流动是很容易的，反之，电阻大于 10^7 Ω 者，电子不能在表面自由运动，这在电晕选矿时表现最明显。当用电选分选导体和非导体时，两者电阻值悬殊愈大，则愈容易分选。

二、介电常数

介电常数是指带有介电质的电容与不带介电质(指真空或空气)的电容之比，用 ε 表示。在相同的电压下，如果在电容器两极之间放入介电质后，则电容器之电容必然会增加。介电常数可用下式表示：

$$\varepsilon = C_k/C_0 \tag{3-4-1}$$

式中　C_k——矿物或物料的电容，F；

C_0——空气的电容，F。

介电常数值的大小是目前衡量和判定矿物能否采用电选分离的重要判据，介电常数越大，表示其导电性越好，反之则表示其导电性差。一般情况下，介电常数 ε 大于 12 者，属于导体，用常规电选可作为导体分出，低于 12 者，若两种矿物的介电常数仍然有较大差别，则可采用摩擦电选而使之分开，否则，难以用常规电选方法分选。大多数矿物属于半导体矿物。

根据研究结果，介电常数的大小并不决定于电场强度的大小，而取决于测定所用交流电源的频率，且与温度有关。R. M. Fuoss 研究后得出了结论，低频时介电常数大，高频时介电常数小。现在常见的矿物介电常数都是在 50 Hz 或 60 Hz 的交流电条件下测出的数值，在 SI 制中，真空介电常数 $\varepsilon = 8.858 \times 10^{-12}$ F/m。

矿物的介电常数，可以用平板电容法及介电液体法测定。前者为干法，适应于大块结晶纯矿物，后者为湿法，可用来测细颗粒的介电常数。

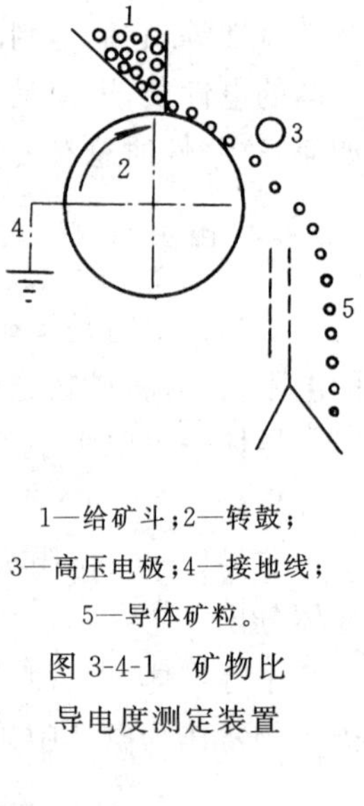

1—给矿斗；2—转鼓；
3—高压电极；4—接地线；
5—导体矿粒。

图 3-4-1　矿物比导电度测定装置

三、比导电度

测定装置如图 3-4-1 所示，由一接地的金属滚筒和一个平行于滚筒的带高压电的金属圆管组成。被测矿物给到滚筒上，在电场的作用下，颗粒由于感应而迅速产生表面电荷，当电压达到一定数值时，颗粒变成导体，迅速变成等电位表面，与接地滚筒的电位相同，因此被吸向电极，使之落下轨迹发生偏离，此时电压即为最低电压。反之，如电压低，矿粒不表现出导体的偏离作用，而被吸附在滚筒上沿普通轨迹落下。为此可采用不同电压、不同电性(正电或负电)测定出各种矿物所需的最低电压。石墨是良导体，所需电压最低，仅为 2 800 V，国际上习惯以它作为标准，将各种矿物所需最低电压与它相比较，此比值即定义为比导电度。例如钛铁矿所需最低电压为 7 800 V，则其比导电度为 7 800/2 800＝2.79，其他矿物比导电度依此类推。

必须说明的是，这些测出和标定的电压乃最低电压，而不是最佳分选电压，实际分选电压常比最低电压要高得多。

四、整流性

在测定矿物的比导电度时会发现，有些矿物只有当高压电极带负电时才作为导体分出，如方解石；而另一些矿物则只有高压电极带正电时才作为导体分出，如石英；还有一些如磁铁矿、钛铁矿等，无论高压电极的正负，均能作为导体分出。矿物表现出的这种与高压电极极性相关的电性质称作整流性。为此规定：

只获得正电的矿物叫正整流性矿物，如方解石，此时电极带负电；

只获得负电的矿物叫负整流性矿物，如石英，此时电极带正电；

不论电极正负，均能获得电荷的矿物叫全整流矿物，如磁铁矿等。

根据矿物介电常数和电阻的大小，可以大致确定矿物用电选分离的可能性；根据矿物的比导电度，可大致确定其分选电压，当然此电压乃是最低电压；根据矿物的整流性，可确定电极的极性。但实际上往往采用负电进行分选，正电很少采用，因为采用正电时对高压电源的绝缘程度要求较高，且不能带来更好的效果。

第三节　矿粒的带电方式

电选机采用的电场有静电场、电晕电场和复合电场三种。矿粒带电的方法有传导、感应、电晕以及接触摩擦带电。

一、传导带电

传导带电方法是最简单的方法。在静电场中，矿粒与带电电极直接接触，由于矿粒本身的电性质不同，与带电电极接触后所表现出的行为也明显不同。图 3-4-2 表示导体与非导体与带电电极接触后的行为。

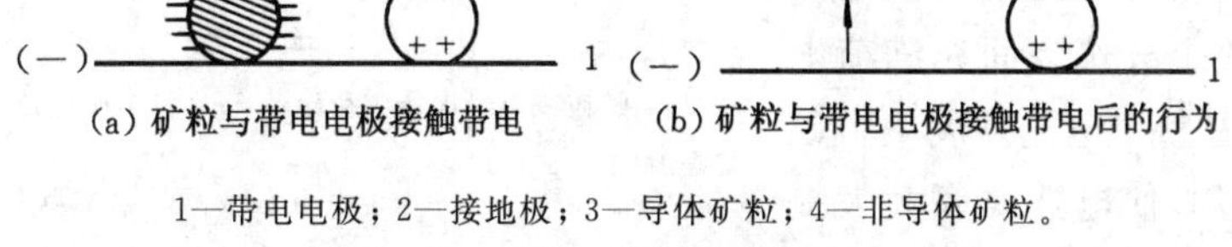

(a) 矿粒与带电电极接触带电　　(b) 矿粒与带电电极接触带电后的行为

1—带电电极；2—接地极；3—导体矿粒；4—非导体矿粒。

图 3-4-2　矿粒与带电电极接触带电

图中，负极表示高压电，正极表示接地极。导体矿粒与带电电极接触后，由于其导电性良好，电极立即将电荷传导给矿粒，矿粒获得与电极符号相同的电荷，从而受到排斥而吸向正极，如图 3-4-2(b)所示，且所获电荷全部传走。非导体矿粒则由于本身导电性很差，只能受到电场极化，电荷不能直接传导到矿粒上，极化后产生正负电荷中心偏移，靠近电极一端产生正电，另一端产生负电，而此电荷又均不能传走，所以被负电极吸住。一离开电场，仍又恢复原状。20 世纪 50 年代英国曾经生产过直接传导的鼓筒式电选机，但实际分选效率低，目前已很少使用。

二、感应带电

感应带电与传导带电显然不同，感应带电是矿粒并不与带电电极接触，完全靠感应的方法而带电，如图 3-4-3 所示。

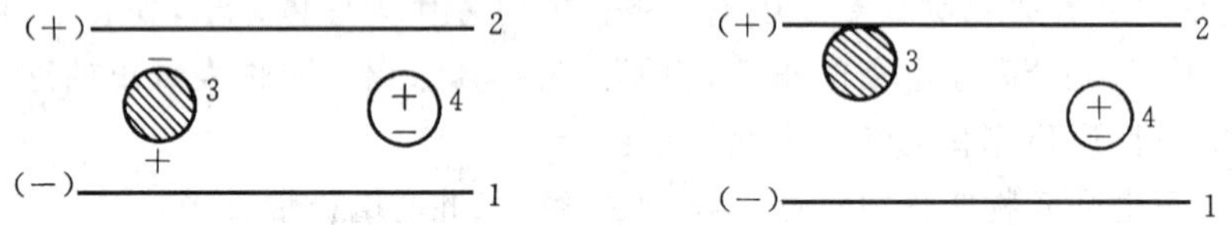

(a) 两种不同电性质的矿粒置于带电电场中的情况　(b) 带电后两种矿粒的运动行为

1—带电电极；2—接地极；3—导体矿粒；4—非导体矿粒。

图 3-4-3　颗粒的感应带电

导体矿粒在电场中感应后，靠负极的一端感应为正电，另一端则为负电；非导体矿粒则只受到电场极化，正负电荷中心产生偏转，表现出的电荷为束缚电荷，不能移走。根据正负电互相吸引的原理，导体矿粒立即吸向负极(带电电极)，在此一瞬间，正负电均通过传导而移走，然后从负极得到负电荷而被排斥，最终矿粒停留在接地极上。如两电极不是平行板极而带电电极又为尖电极，则导体颗粒会被吸向尖电极，非导体矿粒则仍停留在原来的位置。

三、电晕电场中带电

传导、感应带电均属静电场，两者均不放电。而电晕电场不同，构成电场的电极之一采用直径很小的丝电极，曲率很大，通以高压直流正电或负电；而另一电极为平面或直径很大的鼓筒并接地。在高电压作用下，丝电极周围空气被击穿，正电荷迅速飞向高压负电极，负电荷迅速飞向接地正电极，从而在整个分选空间充满荷电体。电晕带电在整个电选发展史上起了很重大的作用，使电选效率大大提高。其带电过程如图 3-4-4 所示。

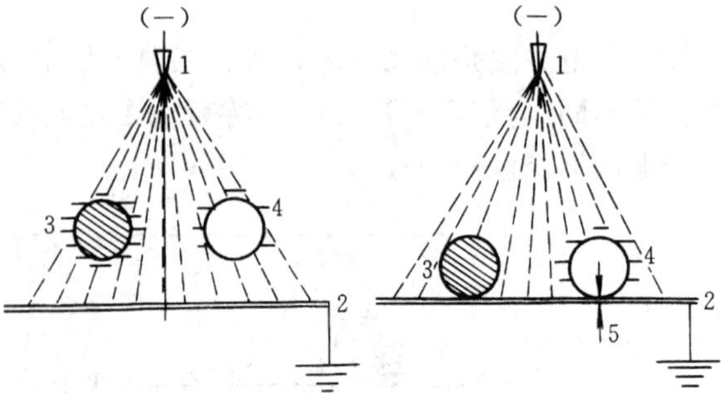

(a) 矿粒在电晕电场中荷电　(b) 矿粒荷电后的情况

1—带负电电晕极；2—接地极；

3—导体矿粒；4—非导体矿粒；5—镜面吸力。

图 3-4-4　电晕电场中带电

由图 3-4-4 可见，不论导体和非

导体均能在电场中获得电荷，导体矿粒的介电常数大，获得的电荷多，但因其导电性好，吸附在表面的电荷能在表面自由流动，故能很快地分布于矿粒表面。而吸附于非导体表面的电荷不能自由流动，一旦导体和非导体颗粒与接地极接触，导体上的电荷瞬间（为 1/40～1/1 000 s）传导至接地极而消失，非导体由于导电性很差或不导电，表面吸附的电荷不能传走或要花比导体至少多 100 乃至 1 000 倍的时间才能传走一部分，所以与接地极相互吸引。此种情况在高压电选时更为突出，这有利于导体和非导体的分离。

四、复合电场中带电

所谓复合电场是指电晕电场与静电场相结合的电场，采用复合电极是鼓筒式电选机发展史上的一个大进展，复合电场电选机的分选效果要好于单一的静电场或电晕电场电选机。复合电极的形式一种是电晕电极在前，静电极在后；另一种则是电晕极与静电极混装在一起，图 3-4-5 为两种电极结构示意图。

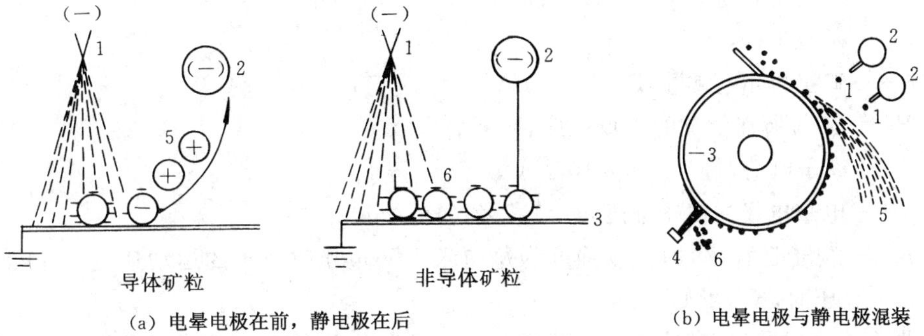

1—电晕电极；2—静电极；3—接地极；4—毛刷；5—导体矿粒；6—非导体矿粒。

图 3-4-5　矿粒在复合电场中带电情况

图 3-4-5(a)，不论导体和非导体矿粒均先在电晕场中荷电，但随着矿粒往前运动，立即受到静电极的作用，导体传走电荷后，受到静电极的感应而带电并吸向静电极方向，非导体则不同，由于所吸附之电荷不能传走，受到静电极的斥力，将矿粒压于接地极（鼓筒面或平面极），显然两者的运动轨迹很不相同，据此将导体和非导体分开。

电晕电极与静电极混装强化了静电场的作用，对导体加强了静电极的吸引力，对非导体则加强了斥力，使之紧吸于鼓面。

五、摩擦带电

摩擦带电是通过接触、碰撞、摩擦的方法使矿粒带电。一种是矿粒与矿粒互相摩擦，使各自获得不同符号之电荷；另一种是矿粒与某种材料摩擦、碰撞（包括滚动）使之带电。互相摩擦碰撞带电的根本原因是电子的转移。介电常数大的矿粒，具有较高的能位，容易受到极化，易于给出外层电子而带正电，而介电常数小者能位低，难于极化，易于接受电子而带负电。必须指出，并非所有矿物都能采用摩擦带电的方法进行分选，只有两种矿物都属于非导体矿物，且两者的介电常数要有明显的差别，才能产生电子转移并保持电荷，从而可以采用摩擦带电的方法实现分离。由于摩擦获得的电荷比较少，且受到摩擦处理量的影响，故该方法未能广泛地应用于生产。

第四节 电选过程的理论

电选实践中用得最多的是高压电晕电场及静电场，用得最普遍的是鼓筒式电选机。所以，主要介绍与它们相关的理论。

一、矿粒在电晕电场中获得的电荷

球形矿粒在电晕电场中所获得的电荷，通常以下式表示：

$$Q_t = \left(1 + 2\frac{\varepsilon - 1}{\varepsilon + 2}\right) Er^2 \frac{\pi Kent}{1 + \pi Kent} \tag{3-4-2}$$

式中 Q_t——球形矿粒在时间 t 内所获得的电荷，C；

t——矿粒在电场中所停留的时间，s；

r——矿粒半径，cm；

ε——矿粒的介电常数，F/m；

E——矿粒所在位置的电场强度，V/m；

e——离子电荷，等于 1.6×10^{-19} C；

n——电晕电场内离子浓度，$n=1.7\times10^{8}$ 个/cm^3；

K——离子迁移率，即电场强度为每厘米 1 V 电压时离子的运动速度。在标准大气压时，$K=2.1$ cm/s。

根据上式可以看出，矿粒获得电荷主要与电场强度 E、矿物颗粒半径和矿物的介电常数直接有关。电场强度越高，矿粒半径越大，则经过电晕电场时所获得的电荷越多。

矿粒在电晕电场中荷电与达到荷电极大值 Q_{max} 的时间关系见表 3-4-1。

表 3-4-1 矿粒在电晕电场中荷电与达到 Q_{max} 值所需时间

矿粒荷电时间/s	达到 Q_{max} 的百分数/%	矿粒荷电时间/s	达到 Q_{max} 的百分数/%
1×10^{-3}	9.1	1×10^{-1}	91.0
5×10^{-3}	33.3	5×10^{-1}	98.0
1×10^{-2}	50.0	1	99.0
5×10^{-2}	84.0		

二、矿粒在电场中所受到的各种电场力和机械力

颗粒进入电场后，既受到各种电场力的作用，又受到各种机械力的作用。电场力和机械力的大小决定了矿粒的运动轨迹。对电选效果有影响的电场力主要有库仑力和镜面吸力，机械力主要有离心力和重力。矿粒在鼓面上受电场力和机械力情况图见图 3-4-6。

1. 库仑力

矿粒在电场中获得电荷后，立即受到库仑力的作用，即使是导体矿粒，当它在高压静电场中受到感应而带电时，同样受到库仑力的作用。库仑力大小为：

$$F_1 = QE \tag{3-4-3}$$

式中　F_1——作用于矿粒上的库仑力，N；

Q——矿粒在电场中所获得的电荷，C；

E——电场强度，V/m。

对导体矿粒而言，库仑力为静电极对它的吸引力，其方向朝向带电电极；对非导体矿粒而言，则为斥力，方向朝向接地极。

2. 镜面吸力

对非导体矿粒而言，表面荷有大量电荷而不能传走，必然与金属构件的鼓筒发生感应，而对应地感应出正电荷，从而吸在鼓筒表面。虽然这种电荷比较弱，但由于电场强度大，并同时受到库仑力的作用，非导体颗粒能更紧地被吸附在鼓面上。对导体矿粒而言，表面的电荷很容易传走，剩余电荷极少或等于零，一般不存在镜面吸力的作用，所以，镜面吸力是使导体矿粒和非导体矿粒分开的重要电场力。镜面吸力以下式表示：

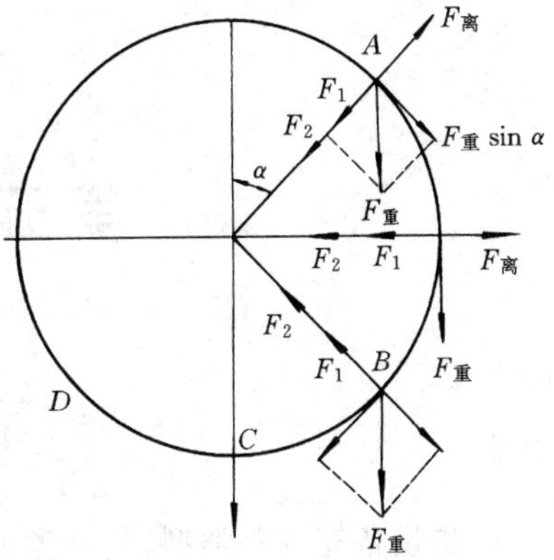

图 3-4-6　矿粒在鼓面上受电力和机械力情况图

$$F_2 = \frac{Q_R^2}{r^2} \tag{3-4-4}$$

式中　Q_R——矿粒剩余电荷，C；

r——矿粒中心与接地极之间的距离，m。

3. 机械力

矿粒在鼓筒上受到的离心力为：

$$F_离 = m\frac{v^2}{R}$$

重力为：

$$F_重 = mg$$

为了将不同电性的矿粒分开，矿粒在鼓筒电选机上所受的合力应满足下列要求。

对于导体矿粒，应在鼓筒的 AB 范围内落下，关系式为：

$$F_离 + F_1 > F_2 + mg\cos\alpha$$

对于非导体矿粒，应在鼓筒的 CD 范围内落下，关系式为：

$$F_1 + F_2 > F_离 + |mg\cos\alpha|$$

对于中等导电性矿粒，应在鼓筒的 BC 范围内落下，关系式为：

$$F_离 + |mg\cos\alpha| > F_1 + F_2$$

复习思考题

1. 矿物在电场中的常用带电方法有哪些？
2. 矿物在电场中的电力和机械力有哪些？
3. 简述矿物电选的分离条件。

第五章 电 选 机

第一节 概 述

电选设备有许多类型，其分类方法各不相同，常见的有以下几种。

按矿物带电方式，电选机分为：传导带电电选机、摩擦电选机、介电分选机、热电黏附电选机。

按电场特性，电选机分为：静电场电选机、电晕电场电选机、复合电场电选机。

按设备结构形式特征分类，电选机分为：鼓筒式电选机、室式电选机、自由落下式电选机、溜板式电选机、皮带式电选机、圆盘式电选机、摇床式电选机、旋流式电选机。

按分选或处理的粒度大小，电选机分为：粗粒电选机、中粒电选机、细粒电选机。

目前普遍采用的是以结构特征为主，结合其他特性的分类方法，如鼓筒式高压电选机、旋流式细粒电选机、自由落下式电选机等，以区别于其他电选机。

国内外广泛使用的是鼓筒式电选机，次之为自由落下式及筛板式电选机，其他形式使用的不多，本章将介绍一些常用的电选机。

第二节 鼓筒式电选机

无论是采用静电极或电晕电极，当它们单独使用时，其分选效果都不好。只有将静电极和电晕电极结合起来，形成复合电极，才能获得较好的分选效果。那些单一电极的电选机基本上已处于淘汰状态，目前国内生产的几乎全是复合电场的鼓筒式电选机，因此只介绍复合电场电选机。

一、DXJϕ320×900 型高压电选机

DXJϕ320×900 型高压电选机结构如图 3-5-1 所示。鼓筒直径为 320 mm，由无缝钢管加工而成，鼓筒可以用电加热器加温至 50～80 ℃，鼓筒转速用直流马达无级变速并能显示。

电极采用栅状弧形电极，有 1 根静电电极，3～5 根电晕电极，静电电极正好安装在第二根电晕电极上。根据分选的矿物和要求不同，电极不仅能沿水平位置调节，而且可沿鼓面圆弧上下调节。给矿装置由给矿斗、闸门、给矿辊、电磁振动给矿器等组成。毛刷的作用是从鼓面上强制刷下被吸住的非导体矿物。分矿板的位置可调节，以适应产出精、中、尾矿的要求。

矿粒经闸门由给矿辊均匀地排料至振动给矿板上，在给矿板上安装有电加热装置，使矿粒能在此过程中充分加热。然后，矿粒给入鼓筒，由鼓筒带入高压电场，由于采用了多根电晕电极，加之鼓筒直径较大，所以电场的作用区域比较大，从电晕电极上放出的电子也较多，导体矿粒和非导体矿粒都有更多的机会吸附电子。导体矿粒吸附的电荷会很快传走，并因

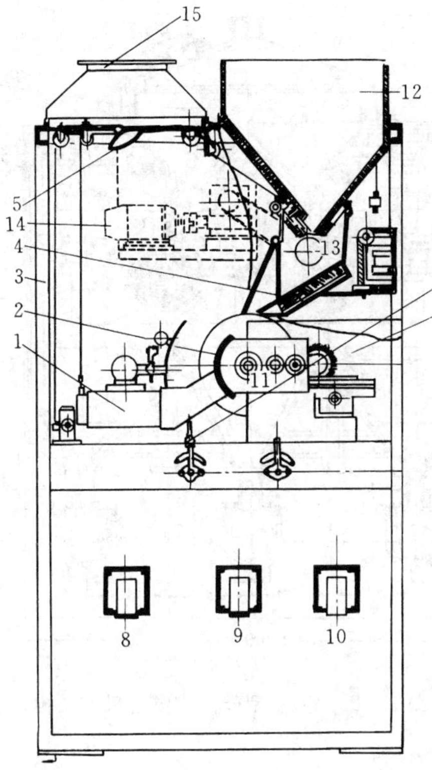

1—电极传动平衡装置;2—转鼓(正极,接地);3—机壳;4—给矿板;5—照明装置;6—分矿板;
7—毛刷传动装置;8—导体排出口;9—中矿排出口;10—非导体排出口;11—入选角和极距调节装置;
12—给矿斗;13—给矿辊;14—给矿辊传动装置;15—排风罩。

图 3-5-1 DXJϕ320×900 型高压电选机

为静电场的感应而荷正电,在离心力、重力和电力的综合作用下,从鼓筒的前方落下成为精矿;非导体矿粒获得电荷后,由于其导电性很差,未能迅速传走所获的电荷,剩余电荷多,因而在鼓面产生较大的镜面吸力,被吸在鼓面上,随鼓筒转到后方,用毛刷刷落到尾矿斗中,由振动器排出成为尾矿。

该电选机用于海滨砂矿、白钨锡石分离及钽铌矿的精选。

该电选机的缺点是只设计了一个鼓筒,处理量较小,给中矿再选带来不方便。

二、YD 型鼓筒式电选机

YD-3A、YD-4 型电选机是目前国内最大的电选设备,YD-3A 型为三鼓筒按垂直线上下排列,YD-4 型为两鼓筒平行排列。两类型的鼓筒直径为 300 mm,筒长 2 m。

YD-4 型鼓筒式电选机的结构如图 3-5-2 所示。

这类电选机与其他鼓筒式电选机的不同之处主要是电极结构,电晕电极不采用普通的镍铬电阻丝,而是采用厚度仅为 0.1 mm 的薄钢片,也称为刀片电极,安装 7 片刀片电极。其电晕结构如图 3-5-3 所示。

刀片电极比电阻丝电极的寿命长,生产的精矿品位也高一些,但回收率较低。

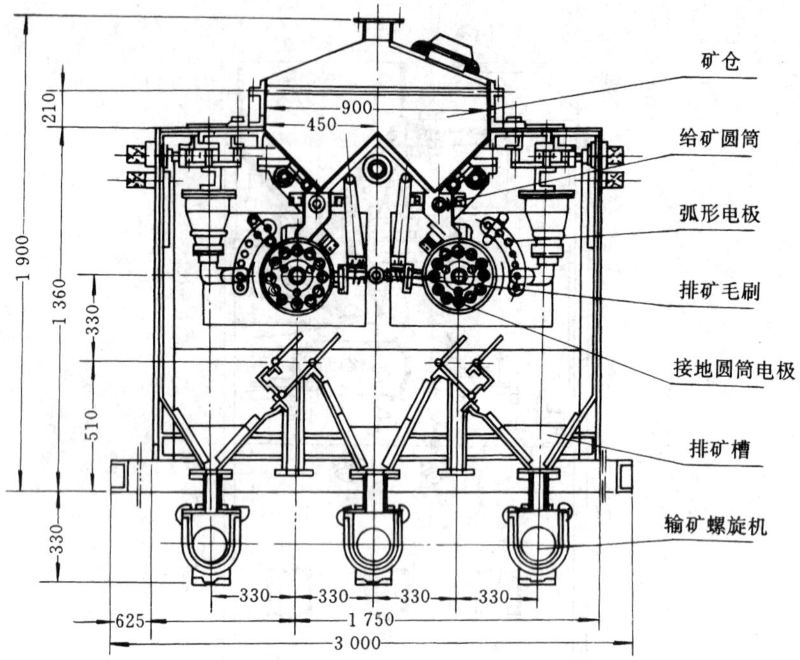

图 3-5-2 YD-4 型鼓筒式电选机的结构

三、美国卡普科高压电选机

美国卡普科公司是专门生产各种高压电选机的著名公司，已形成了大型多鼓筒、中型单鼓筒及试验研究型等系列产品，主要用于铁矿、海滨砂矿等的精选。

目前世界各国广泛采用的鼓筒式电选机多数是该公司制造的。卡普科公司产品质量高，电极结构也比较特殊，静电电极与电晕电极结合在一起，可从电极向鼓筒表面产生束状电晕放电，高压电源可用正电或负电，电压最高可达 40 kV。电极结构见图 3-5-4。

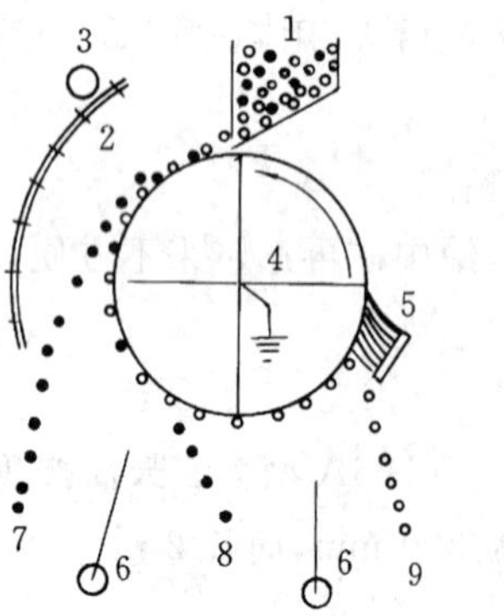

1—给矿；2—电晕电极；3—静电电极；
4—转鼓；5—毛刷；6—分矿板；
7—导体矿；8—中矿；9—非导体矿。

图 3-5-3 YD 型电选机电极结构图

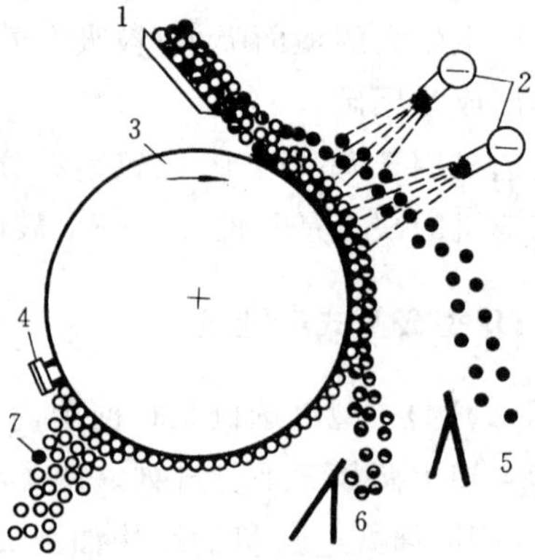

1—给矿；2—电极；3—转鼓；
4—毛刷；5—导体矿；6—中矿；
7—非导体矿。

图 3-5-4 卡普科电选机电极结构

第三节　其他型式电选机

一、摩擦电选机

此类电选机用来分选介电常数有明显差别的非导体矿物。物料在摩擦荷电前，先加温到 120～200 ℃，然后进入给矿槽中，使之互相摩擦并与槽底接触碰撞，介电常数大的矿粒荷正电，介电常数小的荷负电。将已带电荷的物料给到分选机的电场(静电场)中，不同电荷的矿粒，在电场中受力不同，运动轨迹也不同，从而实现分选。

摩擦电选机有鼓筒式摩擦电选机、室式摩擦电选机、自由落下式摩擦电选机等，它们的分选原理图分别见图 3-5-5、图 3-5-6、图 3-5-7。

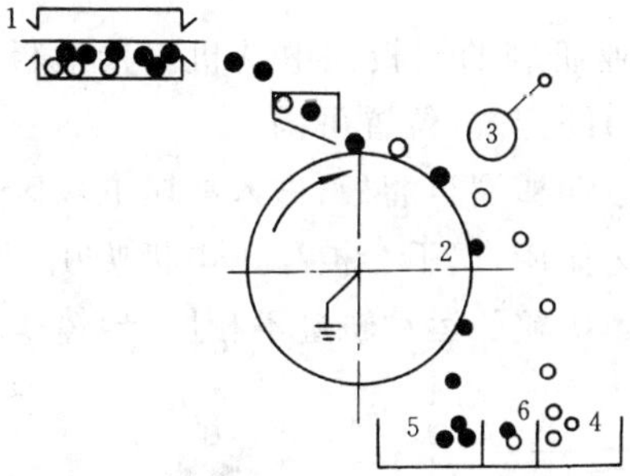

1—摩擦带电给矿槽；2—转鼓电极(接地)；3—带电电极(负电)；
4—带正电矿粒接矿槽；5—带负电矿粒接矿槽；6—中矿槽。

图 3-5-5　鼓筒式摩擦电选机分选原理图

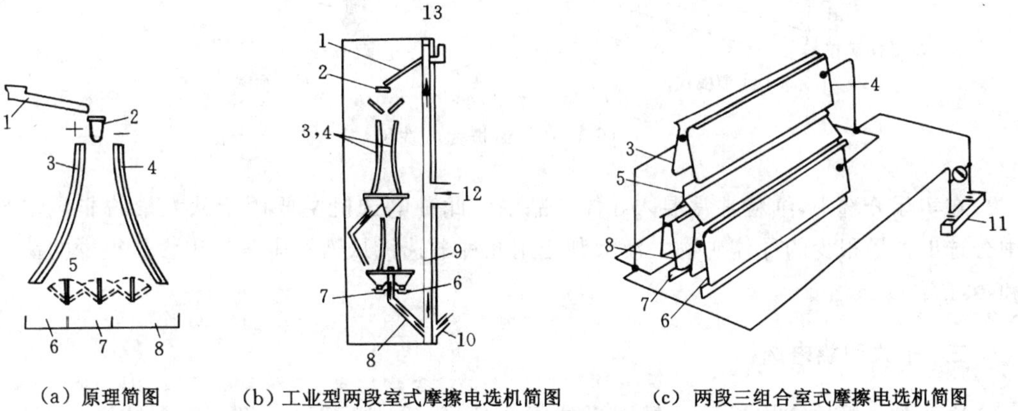

(a) 原理简图　　(b) 工业型两段室式摩擦电选机简图　　(c) 两段三组合室式摩擦电选机简图

1—振动摩擦给矿槽；2—导向给矿斗；3、4—电极；5、6、7、8—接矿斗；9—提升机；
10—物料给入口；11—高压电源设备；12—气体给入口；13—气体排出口。

图 3-5-6　室式摩擦电选机分选原理图

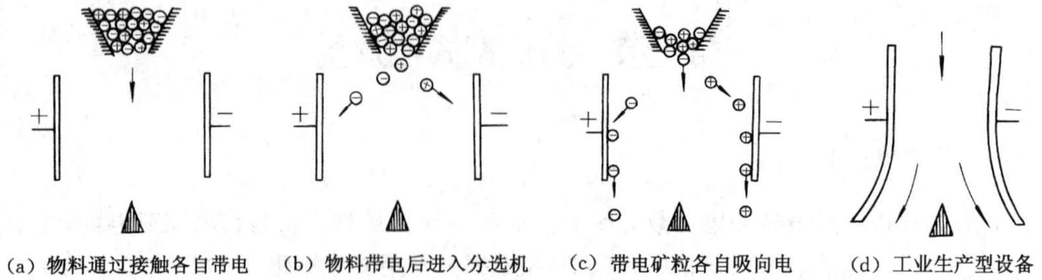

图 3-5-7　自由落下式摩擦电选机分选原理图

此类电选机处理的是较粗的物料。

二、溜板式电选机

图 3-5-8 所示为澳大利亚研制的溜板式电选机。接地板为一溜板，在溜板上安装有一椭圆形高压静电极，此电极为固定式，位置可调。

分选过程：给矿经给矿振动槽溜至溜板，进入高压电场区，导体矿粒被感应带电，被电极吸引，非导体矿粒虽受到电场作用，但不会被高压电极吸引，加上共同受到的振动和料流的向下运动，导体矿粒和非导体矿粒的运动轨迹不相同，导体矿粒从前方排出。

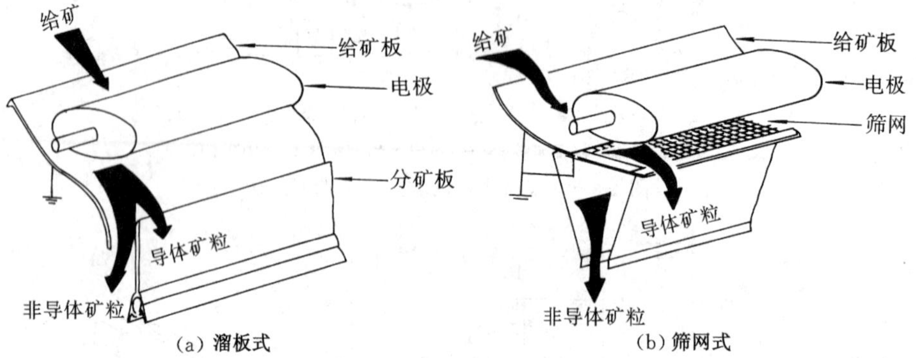

图 3-5-8　溜板式电选机

在实际分选中，细粒常常混入导体产品中。此种电选机主要用于从大量的非导体产品中分选出含量很少的导体矿物。澳大利亚用此种电选机从锆石中分选出含量很少的钛铁矿和金红石。

三、干式回旋电选机

这种电选机的结构近乎一椭圆形的闭合环形，垂直截面为矩形，基本结构如图 3-5-9 所示。

由图中 1 处给入热风，2 为调节阀门，3 处给入物料。物料沿管道随热风运动，在流经由 4、5 构成的电晕电场后，矿粒荷电，物料继续流动至 D，进入分选区域，导体矿粒与接地极接触后电荷迅速由接地极 5 传走，矿粒随气流被带至排矿孔 9 排出；非导体矿粒所荷电荷不能立即传走，吸附于管内壁，由气流带至排矿孔 8 排出，介乎两者之间的中矿则与空气循环再进行分选。

根据分选物料所带电荷和转变所需的时间，电极尺寸 BC、CD 长度可做适当改变。当分选摩擦带电的物料时，不必安装电晕电极。

该机型适用电压可至 50 kV，分选粒度小于5 μm。

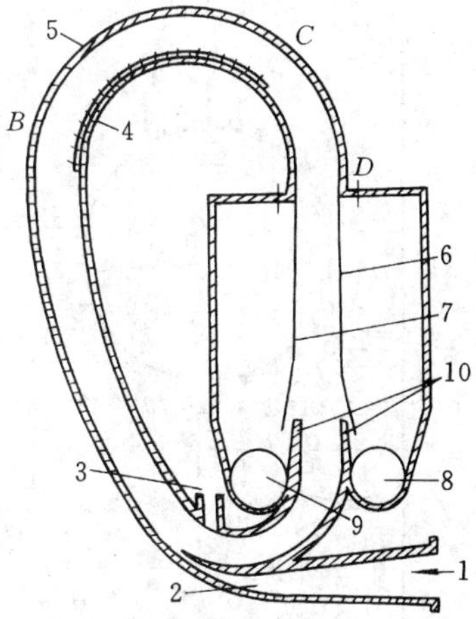

1—热风管道连接口；2—调节阀门；
3—物料给入口；4—电晕电极；
5—接地极；6、7—静电极；
8、9—排矿孔；10—分隔板。

图 3-5-9 干式回旋电选机

四、湿式介电分选机

不同于上述各种干式电选机，湿式介电分选机是在介电液体中进行的。

在介电液体中电场对介电矿粒产生的电场力为：

$$F = \varepsilon_L r^3 \frac{\varepsilon_m - \varepsilon_L}{\varepsilon_m + 2\varepsilon_L} E \mathrm{grad} E \qquad (3\text{-}5\text{-}1)$$

式中 F——电场力，N；

ε_m，ε_L——矿粒及介电液体的介电常数；

r——矿粒粒度，m；

E——电场强度，V/m；

$\mathrm{grad}E$——电场梯度，V/m²。

当矿粒粒度 r、电场强度 E 和电场梯度 $\mathrm{grad}E$ 为常数时，电场力只与矿粒和介电液体的介电常数有关。

当 $\varepsilon_m > \varepsilon_L$ 时，$F>0$，电极吸引矿粒；当 $\varepsilon_m < \varepsilon_L$ 时，$F<0$，电极排斥矿粒。

只要选择的介电液体的介电常数介于两种矿物的介电常数之间，根据矿粒所受电场力方向的不同，就可将两种矿物分开。

介电液体常采用四氯化碳和甲醇的混合物，也可采用煤油和硝基苯的混合物。根据需要调整混合物中各成分的比例，即可获得所需的介电液体。

湿式介电分选机采用的电源不同于一般电选机，一般采用 2～5 kV 的交流电源，也可使用直流电源。

1. 鼓筒式介电分选机

鼓筒式介电分选机结构如图 3-5-10 所示。鼓筒 2/3 浸入介电液体中，在鼓筒上安装有很多细丝，与之对应的为一筛板网，通电后在鼓筒与筛板间形成非均匀电场。

给料从鼓筒的上部给入鼓面后，由转鼓带动到介电液体中，此时矿粒进入筛子与转鼓所形成的电场中，由于非均匀电场的作用，介电常数大于液体介电常数的矿粒吸在转筒上面，随鼓筒转动离开电场后落在右边槽中，而介电常数小于液体介电常数的却被排斥而通过筛孔落入左边槽中。该机分选效果很好，但生产能力低。

2. 高梯度电选机

类似于高梯度磁选机。采用介电体纤维在电场中被极化而产生的极化力，以提高电场梯度，进而提高对矿粒的电场力，电场力计算式同式(3-5-1)。

图 3-5-11 为周期式高梯度电选机结构简图。分选罐中装有绝缘的介电液体，罐中所用

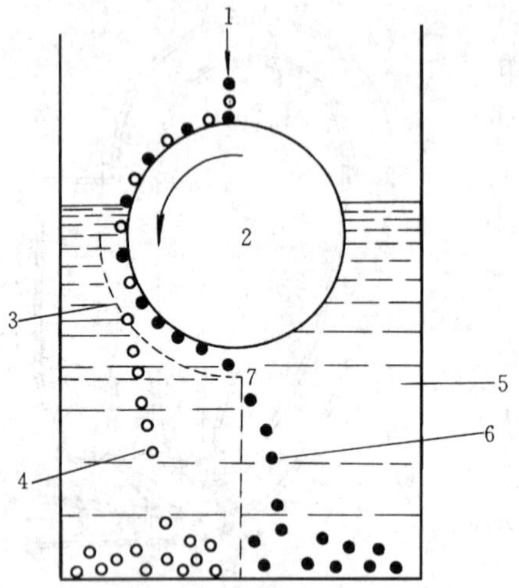

1—给矿；2—转鼓电极；3—筛网电极；
4—低介电常数矿粒；5—介电常数为 K 的中间介电液体；
6—高介电常数矿粒；7—分隔板关键位置。
●—高介电常数矿粒（$>K$）；
○—低介电常数矿粒（$<K$）。

图 3-5-10　鼓筒式介电分选机简图

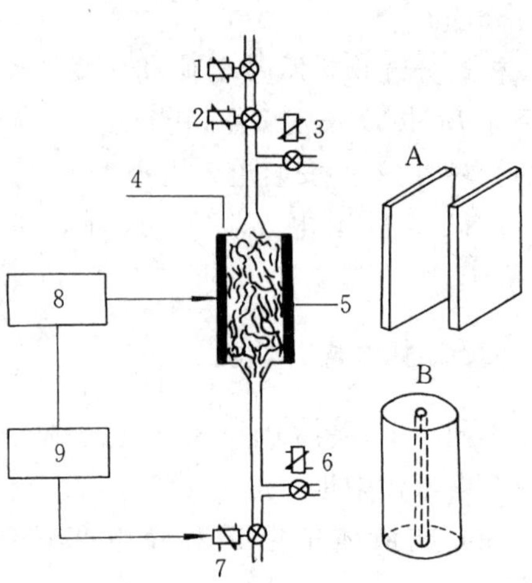

A— 平行板式；B— 圆筒式。
1—流速控制阀门；2—给料阀门；
3—清洗阀门；4—分选罐及介质；5—电极；
6—清洗阀门；7—给料阀门；
8—直流电源及电场控制；9—自控装置。

图 3-5-11　周期式高梯度电选机

介电体为玻璃纤维、球或棒形钛酸盐、陶瓷纤维等。

分选过程：两极板接通电源后，介电体纤维被极化，两端出现了正负电荷，形成梯度很高的单元电场，从而产生很大的电场力，捕集矿粒，而捕集的矿粒所产生的聚电效应又建立了新的捕集点。研究表明，电场力可超过重力的 50～150 倍。只要中断电源，被捕集在纤维或球体表面的矿粒能立即冲洗掉。

此种设备已发展成为连续式高梯度电选机，处理粒度可达微米级，甚至可处理胶体粒子。此种设备已在石油精炼、金属和植物油工业上得到应用，在选矿、化工、废物处理等方面也有广泛的应用前途。

复习思考题

1. 电选机常见的分类有哪几种？
2. 简述电晕—静电复合电场电选机的结构及工作原理。

第六章 电选实践

第一节 黑色金属矿物的电选

铁矿的电选局限于铁矿的精选。国内尚无电选铁精矿的实例,国外用电选降低铁精矿中 SiO_2 和磷矿物含量,提高铁精矿品位。

一、降低 SiO_2 含量,提高铁精矿品位

最典型的是加拿大瓦布什选矿厂的铁矿石电选。原矿(赤铁矿)经破碎、磨矿,粒度小于 0.56 mm 后重选。重选所得铁精矿进行干燥后,进行电选,最终铁精矿杂质很低,称之为超纯铁精矿。所用电选机为美国卡普科型高压电选机。工艺流程见图 3-6-1。

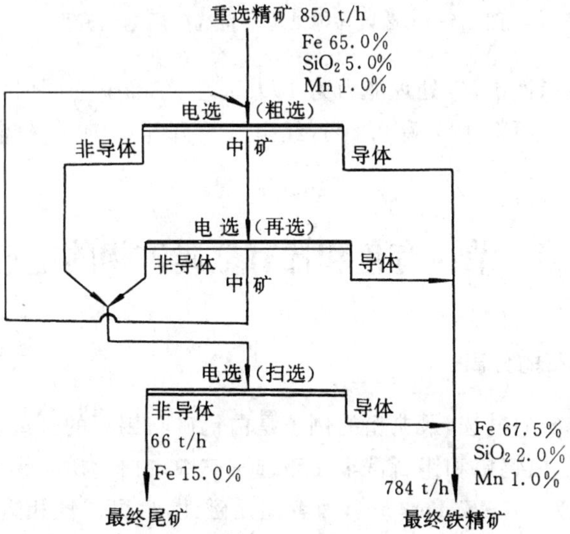

图 3-6-1 加拿大瓦布什选矿厂电选流程

该厂处理能力为 850 t/h,是世界上最大规模的电选厂。铁精矿的品位虽然只由 65% 提高到 67.5%,但精矿中 SiO_2 含量由 5.0%降低到2.0%。采用此法除去 1 t SiO_2 的费用是高炉中除去费用的 1/32,虽然铁矿精选中干燥也耗费能源增加成本,但综合成本核算后,总成本比原来降低 25%,效果显著。

二、铁精矿电选降磷

瑞典北部的马姆贝里耶特选矿厂是铁精矿降磷的典型。该厂早在 1972 年就采用电选处理铁精矿,以降低其中的磷含量,其流程见图 3-6-2。

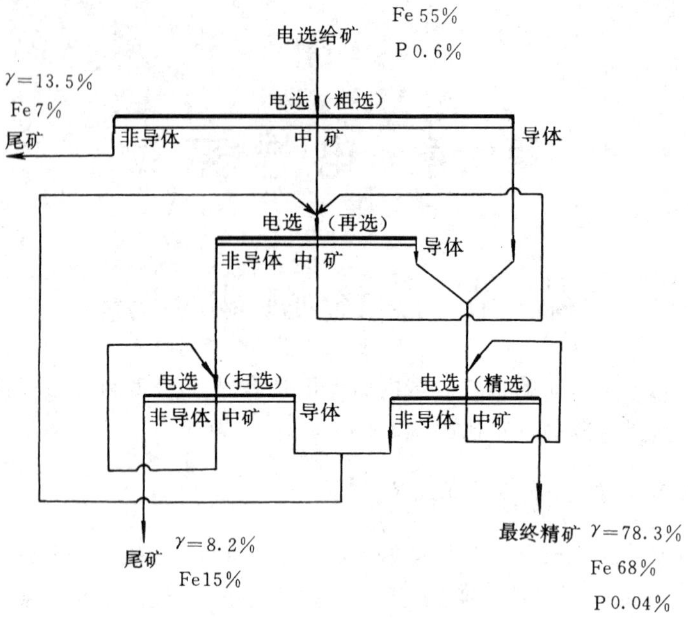

图 3-6-2　瑞典马姆贝里耶特选矿厂电选流程

该厂原矿同样为赤铁矿，年处理能力为 100 万 t。在降磷的同时，也降低了 SiO_2 含量，提高了铁精矿的品位。原料中含磷 0.6%，经电选后降至0.04%，铁精矿品位由 55%提高到 68%。

第二节　有色和稀有金属矿物的电选

一、白钨矿与锡石的分离

有色和稀有金属矿的电选，最典型的例子是白钨矿与锡石的分离。在第三章中，介绍了钨粗精矿的磁选分离，白钨矿和锡石富集在磁选尾矿中。白钨矿与锡石的密度很相近，前者 5.9～6.2 g/cm^3，后者 6.8～7.1 g/cm^3，两者均无磁性，且可浮性相近，因此用重选、磁选或浮选都不能使两者分开。但两者的电性明显不同，锡石的介电常数大，为 24～27 F/m，白钨矿的介电常数小，仅为 5～6 F/m，锡石为导体矿物，白钨矿为半导体矿物，所以电选是使两者分开的最有效的方法。

电选前，枱浮脱除大量硫化矿，如黄铁矿、黄铜矿、辉钼矿、辉铋矿等，若还含有石英、黄玉、锆石等脉石矿物，在脱除硫化矿后用摇床富集，至此，需要进行的就是白钨矿与锡石的分离了。将矿石干燥、筛分，将物料分成若干个窄粒级，以获得好的分选效果。国内经验是分成 1.4～2 mm、0.83～1.4 mm、0.2～0.83 mm、0～0.2 mm。国内要求白钨精矿含锡(Sn)低于 0.2%，含钨(WO_3)必须大于 65%，如采用 DXJϕ320×900 型高压电选机，只经 1～2 次电选，就可获得符合标准的白钨精矿。

二、钛铁矿、金红石的电选

钛铁矿、金红石的粗精矿绝大多数来自海滨砂矿及陆地砂矿，次之为原生矿。在砂矿粗精矿中，主要含磁铁矿、钛铁矿、金红石、独居石、锆石等，其中含量最高者为钛铁矿，次之为金红石，视产地的不同，还含有锆石和独居石等。按电性质，可将这些矿物分成：

导体矿物——磁铁矿、钛铁矿、金红石、褐铁矿、黄金、锡石、白钛矿等。

非导体矿物——锆石、独居石、磷钇矿、石英、电气石、石榴石、绿帘石、十字石、蓝晶石等。

用弱磁选选出磁铁矿后，余下的矿物中钛铁矿磁性最强，独居石次之，金红石和锆石都是非磁性矿物。对这些矿物，需用电选-磁选-浮选联合流程，才能获得较好的分选效果。分选流程及分选效果参见第三章第三节中海滨砂矿粗精选的相关内容。

三、脉矿中钛铁矿的精选

攀枝花选钛厂处理的是选铁车间的磁选尾矿（磁选流程见图 3-3-6），其中含有钛铁矿、磁铁矿、硫化矿、钛辉矿、斜长石等，粒度为 0.04～0.4 mm。

对磁选尾矿首先采用螺旋溜槽富集，丢弃大量尾矿，再用浮选及磁选分出硫钴精矿，并得到部分次铁精矿，余下的为电选的原料。电选原料采用热风干燥，旋风分级，用 YD-3 型 ϕ300×3000 三鼓筒式电选机，其工艺流程如图 3-6-3 所示。

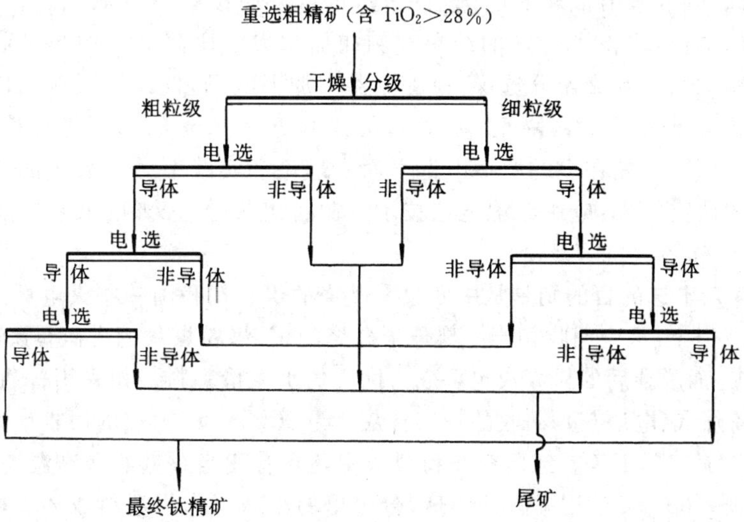

图 3-6-3　攀钢选钛工艺流程

采用上述流程，能获得含 TiO_2 为 47%的钛精矿，电选作业回收率为 80%～82%，尾矿含 TiO_2 可降至 9.5%～10%。

四、钽铌矿的精选

含钽铌矿物中并非所有矿物都能电选，只有重钽铌矿、钽铌铁矿、钛钽铌矿、钛铌钙铈矿、铌铁矿的导电性较好，能用电选，而黄绿石、细晶石等则属于不良导体，不能用常规电选方法分选。

钽铌粗精矿中，除少量钽铌矿物外大量为石榴石，并含有电气石、黄铁矿、石英、长石和云母等。鉴于石榴石也属于弱磁性矿物，其磁性与钽铌矿相近，用强磁分选效果不好。而石榴石、石英、长石、电气石、云母等属于非导体，钽铌矿物基本属于导体，可以采用电选的方法提高钽铌精矿品位和回收率。通常采用图 3-6-4 的原则流程，由于钽铌矿的导电性并不是太好，所以电选机要用 DJXϕ320×900 型高压电选机。

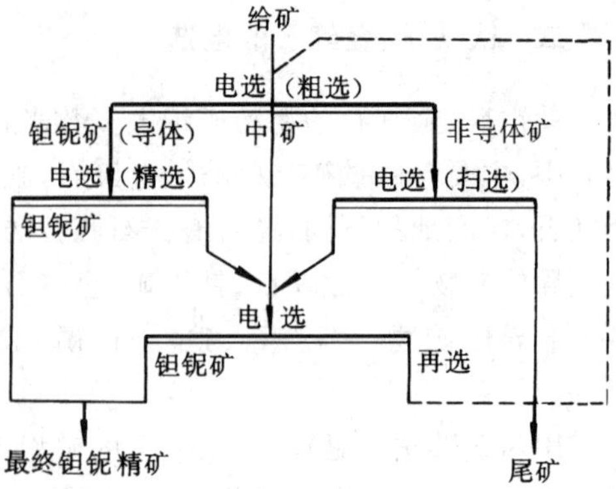

图 3-6-4　钽铌矿电选流程

第三节　煤及其他矿石的电选

一、煤及粉煤灰的电选

煤电选的目的是除去无机硫和降低灰分，提高含碳量。

煤的电选，既可采用常规的电选法处理，也可采用接触摩擦电选法。目前许多国家都在研究煤的电选，取得了较好的结果。例如加拿大已研制成煤的半工业型电选机，德国采用了不锈钢风力旋流器分选煤，在旋流器中加上电场，仅经一段或二段分选，就可将原煤中无机硫含量由 0.82%降至 0.33%，灰分由 20%降至 5%，效果是相当理想的。中国矿业大学在国内率先在煤的摩擦电选方面从理论和实践上做了大量的研究工作，取得了令人满意的研究结果：应用摩擦电选技术可制备出灰分＜2%的低灰精煤，黄铁矿硫脱除率达 50%～85%。

电厂粉煤灰电选的目的则是从中回收未燃烧的煤。在我国一些火电厂的飞灰中，含碳量常高达 20%以上，从中回收相当一部分未燃烧的煤，将粉煤灰的含碳量降低到 4%以下，不仅回收了煤，而脱碳后的粉煤灰也可成为优质的水泥掺和料。如采用普通的高压鼓筒式电选机分选粉煤灰（电厂灰），回收的精煤含灰分为 20%～30%，煤的回收率为 75%～89%，灰渣中含煤 3%～9%不等。经研究在粉煤灰中还含有相当数量的在高温燃烧时所形成的一种直径为 5～100 μm 的铝硅酸盐小球，分选出的小球可作为塑料或环氧树脂的掺和料，既绝缘又具有很高的抗压强度。

二、其他矿石的电选

目前电选的应用范围越来越广，美国和加拿大等国采用电选分离长石与石英，美国、英国还采用电选分选钾盐，并取得不少专利。此外还有用接触带电方法分选磷灰石和石英等。

第四节 影响电选的因素

影响电选的因素很多，可概括为两大类，一是电选机本身的各种因素，二是物料的各种性质。

一、电选机的结构参数

1. 电极结构及其相对于鼓筒的位置

电极结构指的是电晕电极根数、位置和偏极的大小等。一般来说，单根电晕电极和一根静电电极选矿时导体矿物的回收率比较高，但是精矿品位低，分选效率很低。电晕电极根数多，只对提高精矿品位有利，而对导体的回收率不利，电晕电极与鼓筒的相对位置以45°为宜。

极距对电选也是重要的影响因素，小极距所需电压低，但因为容易引起火花放电，影响分选效果，在生产中难以实现。一般采用60～80 mm的极距，在较高的电压下，既不易引起火花放电，又能保证分选效果。

2. 鼓筒转速

鼓筒转速的大小直接影响入选物料在电场区的停留时间。物料经过电场区的时间应近乎0.1 s，以保证物料能获得足够的电荷，否则分选效率必然降低。转速的大小与入料粒度有关，粒度大，要求转速慢，粒度小，要求转速快。

当转速慢时，矿粒通过电场时获得的电荷比较多，对非导体来说，就能产生较大的镜面吸力，从而不易脱离鼓筒。转速越低，导体矿物品位越高；如转速太大，不论导体或非导体矿粒的离心力都会增大，而非导体的镜面吸力减小，致使非导体矿粒过早脱离鼓面，混杂于导体矿物中，造成导体矿物品位下降，而此时非导体矿物的品位则很高。

所以，分选作业的要求不同，转速也应当不同。当精矿为导体矿物时，扫选作业宜用高转速，尽可能保证导体矿物的回收率，精选作业时，为保证导体矿物的品位，宜用低转速。

3. 分矿板的位置

分矿板的位置也直接影响精矿的质量和数量。因此，应根据作业要求，选择适当位置。若要求非导体矿物很纯，则鼓筒下分离非导体矿粒的分矿板应当向鼓筒倾斜，使中矿多一些返回再选；反之，如要求导体矿物很纯，则分离导体矿粒的分矿板应当更偏离鼓筒，多余的中矿返回再选。

此外，电压也是影响电选效果非常重要的因素。理论和实践均表明，提高电压对分选效果有好处。矿粒获得电荷直接与电场强度有关，电压越高，电场强度越大，从电晕电极逸出的电子越多，越有利于分选。但也不能笼统认为电压越高越好，因为对各种具体矿物所要求的分选电压是不同的。如对钽铌矿，电压太低时，难以与脉石矿物分开；电压过高时，又会影响导体矿物的回收率。

二、物料的性质

1. 物料的粒度组成

电选要求窄级别分选，即粒度越均匀越好，无论何种电选机大都如此，这与它的分选原理有关。如鼓筒式电选机分选矿物时，在电场电压、电极结构已定的情况下，转速与粒度有明显的交互作用。粗粒需要在电场中获得较多的电荷，转速不能太快；细粒则相反，粒度小，质量轻，要求获得的电荷也少，故要求的转速高。粗细粒有不同的分选条件，若混在一起分选，势必影响分选效果。

但分级与生产实际有许多矛盾，粒级越窄，要求的筛分工序越多，生产成本自然会增加，特别是细粒筛分和分级不仅效率低，而且会带来诸如除尘等一系列问题，所以在实际生产中，在物料粒度基本符合要求的条件下，就应尽可能减少分级或不分级。

解决粒度均匀的方法之一是采用多鼓筒电选机，第一个鼓筒只作分级用，下面的几个鼓筒才用作分选。另一个解决方法是在干燥前进行湿式分级，分别干燥后再入选。

电选的有效分选粒度为 0.1～2 mm，现在分选粒度下限已降到 20～30 μm。

2. 物料的加温

矿粒含有水分时，会使非导体矿物的导电性提高，容易混进导体产品中，严重影响分选效果。为此，预先加热是非常重要的。加温干燥的目的是除去矿物的表面水分，恢复不同矿物的固有电性，并使物料松散。但是加温不能一概而论，应视具体矿物而定。过高的温度，反而会使分选效果变差。如钽铌矿与石榴石分选，当温度超过 300 ℃时，非导体的石榴石的导电性增加，使分选困难。白钨矿和锡石的分选，适宜的温度是 200 ℃，过高或过低分选效果都不好。

3. 矿石表面处理

表面处理指的是采用各种药剂对矿物表面进行处理，以改善电选效果。表面处理包括两方面，一是表面污染物的清理，二是用药剂对矿粒进行表面改性。

(1) 表面污染物的清理

矿粒表面的污染物有两种，一是泥质或微细粒物料的表面黏附，二是矿粒表面在成矿和分选过程中因铁质污染形成的铁质薄膜。前者通常用水即可清洗掉，后者则不行。表面污染物的存在，使一些原为非导体的矿物变成了良导体，同时也可能使一些原本属于导体的矿物的导电性下降，从而大大影响了电选效果。

如果是铁质污染，则必须用酸清洗，先用少量水将物料润湿，然后加入 1%左右的硫酸，使之发热，再加入占物料质量 5%～6%的粗盐酸，不断强烈搅拌 5～10 min，使之能均匀地受到盐酸清洗，随后加入清水冲洗稀释并强烈搅拌，澄清后排出，如此重复加水搅拌 2～3 次，最后将物料烘干电选，自然会提高电选效果。必须指出，酸洗会增加生产成本，所以只适于处理那些较为贵重的矿物，如钽铌粗精矿及钨锡矿等。

(2) 采用药剂对矿粒进行表面改性

一些难选矿物用一般电选方法无法分开，可添加化学药剂进行处理，以改变其电性，达到提高电选的效果。表面处理可以在水介质中进行，也可以将药剂与固体物料混合，使药剂对矿物表面起作用。表 3-6-1 是部分矿物表面改性的参考方法。

氢氟酸对长石与石英既有清洗作用，又有化学作用，可在钾长石表面生成导电性优于钾长石的氟化钾。脂肪酸类药剂可以防止细粒矿的互相黏附。在金刚石与重矿物的分选中，NaCl 吸附于重矿物表面后，增加了重矿物的导电性，而金刚石的导电性不变，从而提高了分选效果。

表 3-6-1 部分矿物表面电性改性的方法

处理矿物名称	采用药剂及大致用量
长石与石英	氢氟酸(HF),100～200 g/t
白钨与脉石矿物	NaCl 1 000 g/t,水玻璃,硫酸盐
黄绿石	油酸钠,11 胺,C_{18}～C_{25}氨基脂肪酸
磷灰石	HF,矿物质量的 5%～10%
白钨矿与锡石	甲酚(250 g/t),混合脂肪酸(400 g/t)
锡石与硅酸盐矿物	甲酚(250 g/t),油酸钠(400 g/t)
重晶石与锡石	混合脂肪酸
金刚石与质矿物	NaCl(矿物质量的 0.5%)

复习思考题

1. 简述电选在煤炭分选中的应用。
2. 影响电选效果的因素有哪些?

第四篇

浮游选矿

第一章 浮选基本原理

第一节 概 述

浮游选矿又称浮选，是细粒和极细粒物料分选中应用最广、效果最好的一种选矿方法。由于物料粒度细，粒度和密度作用极小，重选方法难以分离；而对一些磁性或电性差别不大的矿物，也难以用磁选或电选分离，但根据它们的表面性质的不同，即根据它们在水中对水、气泡、药剂的作用不同，通过药剂和机械调节，可用浮选法高效分离出有用矿物和无用的脉石矿物。

新中国成立后建设了几千家选矿厂，最大的处理能力达 5 000 万 t/a 以上，其中 80%都有浮选作业，有的还是主要作业。因此浮选在选矿中占有非常重要的地位。

浮选虽是继重选之后发展起来的，但随着矿石资源越来越贫，有用矿物在矿石中分布越来越细和越来越杂，再加之材料和化工行业对细粒、超细物料分选的要求和精度越来越高，浮选法越来越显示出优越于其他方法的特点，成为目前应用最广且最有前途的选矿方法（目前在煤炭分选中尚少于重选）。浮选不仅用于分选金属矿物和非金属矿物，还用于冶金、造纸、农业、食品、医药、微生物、环保、石油、水处理等行业的许多原料、产品或废弃物的回收、分离、提纯等。随着浮选工艺和方法的改进，新型、高效浮选药剂和设备的出现，浮选法将会在更多的行业和领域得到更广泛的应用。

新世纪以来，浮选一方面在一些较成熟的应用领域继续扩大规模，另一方面浮选作为一种分离方法也在努力拓展其应范围，无论是在矿物加工领域还是其他分离技术方面。

一般而言，从水的悬浮液中（称矿物和水的悬浮液为矿浆）浮出固体的过程称为浮选。浮选已有几百年历史。工业中最早采用的全油浮选是将细粒矿石与大量的油和水一起搅拌，矿石中某些疏水亲油的矿物进入油中后浮起，其他亲水疏油的矿物则留在水中，然后从油和水中再分离出不同的矿物。随后工业上采用的表层浮选法也有百年历史，它是将细矿石粉撒在流动水面，矿石中某些疏水亲气的矿物浮在水面，另一些亲水疏气的矿物则沉到水中，分别收集后实现分离。上述方法虽都很简单，但效率也很低。

20 世纪初开始出现了现代浮选法的雏形——泡沫浮选法，即利用矿浆中产生的气泡增加气液界面，提高分离效率。最早是通过矿物在悬浮液中产生化学反应生成的气泡；也有的是将气体直接引入矿浆产生气泡；还有的是将空气和矿浆加压后在常压下释放产生气泡。1909 年发现了松油和醇等作为起泡剂，可形成适宜的气泡。1910 年发明浮选机，使泡沫浮选工业化。1925 年又发明了黄药作为捕收剂，浮选得到飞速发展。基于它的高效分离，近几十年浮选又向其他领域迅速扩展。随着对浮选的逐步认识，加上新型、高效浮选药剂的出现及浮选机的大型化和多样化，浮选工艺和方法不断改进，应用范围和规模也不断扩大，仅我国目前就有浮选厂数千家，现全世界每年用浮选处理的矿物数量已达数十亿吨。

现代的泡沫浮选过程一般包括以下作业：① 磨矿——即先将矿石磨细，使有用矿物与其他矿物或脉石矿物解离；② 调浆加药——调整矿浆浓度适合浮选要求，并加入所需的浮选药剂，以提高效率；③ 浮选分离——矿浆在浮选机中充气浮选，完成矿物的分选；④ 产品处理——浮选后的泡沫产品和尾矿产品进行脱水分离。泡沫浮选的过程和基本概念见图 4-1-1。

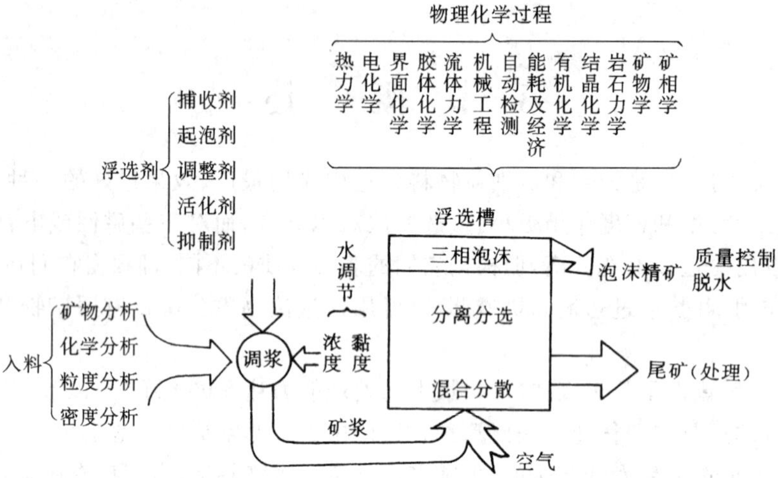

图 4-1-1　浮选过程基本概念

在图 4-1-1 中，固体矿物颗粒和水构成的矿浆（矿浆通常来自分级或浓缩作业）首先要在搅拌槽内用适当的浮选药剂进行调和，必要时（在选煤厂）还要补加一些清水或其他工艺的返回水（如过滤液）调配矿浆浓度，使之符合浮选要求。用浮选药剂调和矿浆的主要目的是使欲浮的矿物表面增加疏水性（捕收剂或活化剂），或使不欲浮的矿物表面变得更加亲水，抑制它们上浮（抑制剂），或促进气泡的形成和分散（起泡剂）。调好的矿浆被送往浮选槽，矿浆和空气被旋转的叶轮同时吸入浮选槽内。空气被矿浆的湍流运动粉碎为许多气泡。起泡剂促进了微小气泡的形成和分散。在矿浆中气泡与矿粒发生碰撞或接触，并按表面疏水性的差异决定矿粒是否在气泡表面上发生附着。结果，表面疏水性强的矿粒附着到气泡表面，并被气泡携带升浮至矿浆液面形成泡沫层，被刮出成为精矿；而表面亲水性强的颗粒不和气泡发生黏附，仍然留在矿浆中，最后随矿浆流排出槽外成为尾矿。这种有用矿物进入泡沫、成为精矿称正浮选，反之称为反浮选。图 4-1-2 详细描述了浮选槽内所发生的固液气三相混合、气泡分散和矿化、完成浮选的过程。由上所述不难看出矿粒表面性质差异的重要，这也是浮选的基本依据。

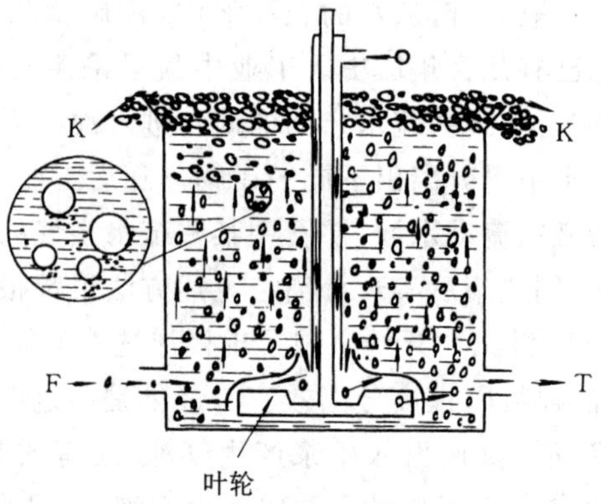

F—入料；K—泡沫精矿；T—尾矿；○—空气；●—矿粒。

图 4-1-2　浮选槽内的浮选过程

第二节　固、液、气各相性质

如上所述，浮选是由于不同固体矿物的表面性质差异，通过它们对矿浆中液体和气体的作用不同而实现分选的。有的矿物疏水、亲气，可黏附到气泡上，进入泡沫成为精矿，另一些亲水、疏气的矿物则不和气泡黏附，留在矿浆中成为尾矿（正浮选）。浮选中矿物的表面性质差异主要是由固体的不同组成和结构引起的。由于浮选是一个涉及固、液、气三相体系的过程，所以与液相和气相的性质密切相关。

一、固相的结构和性质

浮选中固相由有用矿物和无用的脉石矿物组成，它们以颗粒形式存在。自然界的矿物按工业用途可分为两大类：工业矿物（如 NaCl）和能源矿物（如煤）。前者多为晶体矿物，后者则为非金属矿物。

1. *矿物的晶体结构*

矿物表面性质是决定矿物向气泡附着难易程度的主要因素（又称可浮性），而影响矿物表面性质的主要因素是矿物的化学组成和结构。所有的矿物都是由离子、原子、分子等质点以一定的键（作用力）联系起来的。这些质点在矿物内部可呈规则排列，也可呈不规则排列。规则排列时称为晶体，不规则排列时称为非晶体。正是由于不同矿物具有不同晶型结构，因而具有不同表面性质和可浮性。

经破碎解离后的矿物表面由于晶体受到破坏，表面便具有了剩余的不饱和键能，因此具有一定的“表面能”。如图 4-1-3 所示的一立方体颗粒，晶格内部的 A 质点和周围质点的作用力（键力）处于饱和平衡状态，所以 A 质点和周围质点联系的键称为饱和键。表面层的三个质点 B、C、D 则分别有一、二、三个不饱和键指向空间。这些指向空间的不饱和键有吸引周围物质来满足或补偿其表面不饱和键能的特性，依据其性质和强弱的不同，对矿物表面与水、与浮选药剂、与气泡、与水中的离子和分子等的吸附作用起决定性的影响。而这种矿物表面的离子、原子或分子的不饱和表面键能特性及大小又取决于矿物内部的质点性质、键能特点及断裂面特性。

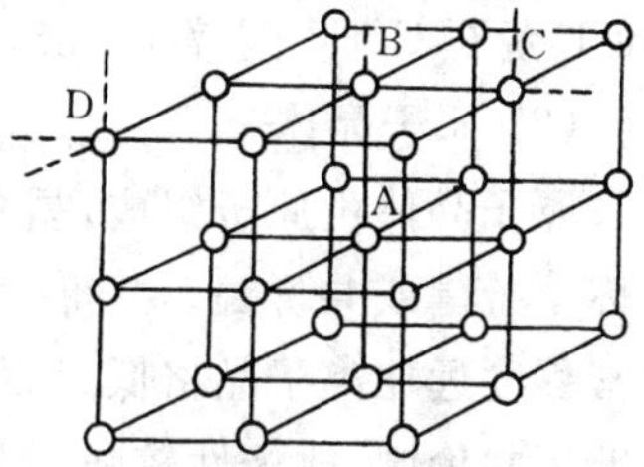

图 4-1-3　晶体内部的饱和键和表面的不饱和键

在晶体结构中，各质点以最高的对称形式按最紧密方式排列，质点间的相互作用力（键力）使质点相互靠近，到一定距离时由于电子云的穿插又会产生斥力，达到平衡后质点距离一般不再变化。组成晶格的质点不同，其键力不同，晶体的结构类型也不同，因而决定了其破碎后断裂面的表面可浮性也就不同。从浮选角度看，即如何从复杂多样的晶体结构中认识晶体的内部结构与其表面性质的关系，关键是了解晶体内部的质点性质和强弱，其次是了解矿物从哪部分断裂，然后其表面具有何种性质就大致清楚了。

晶体化学中根据晶体内部质点和键的性质将矿物晶体分为四类：离子晶体、原子晶体（共价晶体）、分子晶体和金属晶体。图 4-1-4 列出六种典型矿物晶体的晶格结构和可能的断裂面（虚线）。

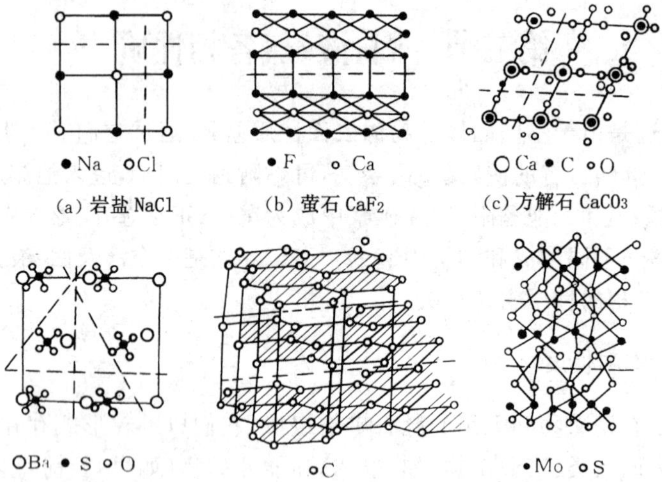

(a) 岩盐 NaCl (b) 萤石 CaF_2 (c) 方解石 $CaCO_3$

(d) 重晶石 $BaSO_4$ (e) 石墨 C (f) 辉钼矿 MoS_2

图 4-1-4 典型矿物晶格及可能断裂面

(1) 离子晶体

离子晶体由阴离子和阳离子组成，阴、阳离子交替排列在晶格节点上，它们之间以静电引力相结合，这种结合力所形成的键称离子键。矿物断裂时，沿离子界面断开，断裂后表面露出的是不饱和的离子键。由于阴、阳离子的电子云可以近似地看成球形对称，故离子键没有方向性，一般配位数较高、硬度较大、极性较强。具有典型离子键的晶体矿物有岩盐 NaCl、萤石 CaF_2、闪锌矿 ZnS、金红石 TiO_2 和方解石 $CaCO_3$ 等。

(2) 原子晶体

原子晶体由原子组成，晶格节点上排列的是中性原子，靠共用电子对结合在一起，这种键称原子键或共价键。共价键具有方向性和饱和性，一般配位数很小，因此，该晶体结构的紧密程度远比离子晶格低。原子晶格中没有自由电子，故晶体是不良导体；晶格断裂时，必须破坏共价键，故极性较强。共价键键合强度比离子键高，因此晶体的硬度比离子晶体高。自然界单纯以共价键结合的晶体在矿物中较少见，最典型的如金刚石，多数晶体为离子键和共价键的混合键型，如石英 SiO_2、锡石 SnO_2 等。

(3) 分子晶体

分子晶体的晶格中分子是结构的基本单元，分子间由极弱的范德瓦耳斯力（即分子间力）或分子键连接。晶格破裂时暴露出的是弱分子键，分子间的引力与分子间距离的 7 次方成反比。分子晶体的特点：分子间无自由电子运动，故为不良导体。组成晶体的分子键很弱，因此硬度较小，对水的亲和力弱。多数层状构造矿物层与层之间常以弱分子键相连，如石墨、辉钼矿等。

以上是 3 种典型的晶体构造，除此之外还有金属晶体。金属晶体的节点上为金属阳离子，周围有自由运动的电子，阳离子与公有电子相互作用，结合成金属键。金属键无方向性和饱和性，具有最大的配位数和最紧密的堆积。晶格断裂后其断裂面上为强不饱和键。自然金和自然铜属于此类。实际上，自然界矿物很少由单一的键组成，常见的矿物多为混合键或过渡键型晶体。例如，硫化矿物和氧化矿物多为离子-共价键或离子-共价-金属键；氢氧化物和含氧盐类矿物则多为离子-分子键和离子-共价键。又如金红石 Ti—O 之间是以离子键为主向共价键过渡的键型，但离子键占主导地位，故划为离子晶体。多种元素所构成的晶体常同时存在几种不同性质的键。同一元素组成的晶体内，有时也有不同的键。因此，具体矿物的内部成键性质应作具体研究。

从断裂面来看，如萤石 Ca^{2+} 与 F^- 之间作用力较弱，故易于沿此界面断裂。重金石与方解石各含有基团 SO_4^{2-}、CO_3^{2-}，基团内部都是共价键，金属离子与基团之间是离子键，晶格往往沿离子交界面断裂。石墨与辉钼矿具有典型的层状结构。石墨中的碳原子，在同一层内相距 1.42×10^{-10} m，层与层之间距离为 3.39×10^{-10} m，所以易沿层片间断裂。

2. *矿物的表面键能、极性与天然可浮性的关系*

矿物晶格破裂时，由于暴露在表面的键型不同，矿物表面性质也就不同，其规律大致如下：

① 当断裂面以离子键为主，表面不饱和键具有强的静电吸引力，为强不饱和键。

② 当断裂面以共价键为主，表面不饱和键多为原子键。该类表面有较强静电力或偶极作用，亦为强不饱和键。

③ 当断裂面以分子键为主，其表面不饱和键多为弱键。如矿物表面以定向力、诱导力为主，此种弱键又强于色散力为主的弱键。

矿物表面键能的差异对矿物的可浮性有极大的影响。这就是决定矿物可浮性的“键能因素”。当矿物表面具有较强的离子键、共价键时，其不饱和程度较高，矿物表面有较强的极性和化学活性，对极性水分子有较大的吸引力，矿物表面表现出亲水性，称之为亲水性表面，此时的矿物可浮性差。当矿物表面是弱的分子键时，其不饱和程度较低，矿物表面的极性和化学活性均较弱，对极性水分子的吸引力小，这种矿物表面具有疏水性，称为疏水性表面，此时的矿物可浮性好。

自然界中天然可浮性好的矿物较少。通常，具有分子键的晶体，如石蜡、硫黄具有良好的天然可浮性；片状或层状结构的晶体，如石墨、滑石则具有中等天然可浮性；其他多数矿物都具有强的亲水性，其天然可浮性较差。大多数硫化矿、氧化矿、硅酸盐矿等都具有强的亲水性。要实现各类矿物的浮选主要是依靠人为地改变矿物的可浮性。要人为地改变可浮性，最有效的方法是靠调节不同的浮选药剂在不同矿物表面的吸附。如捕收剂定向吸附在矿物表面，其一端具有极性，朝向矿物表面，可满足矿物表面未饱和的键能，另一端具有非极性朝外，从而造成矿物表面的“人为可浮性”如石蜡或烃类油那样疏水。

3. *矿物表面不均匀性和可浮性*

浮选中常发现，同一种矿物的可浮性差别相当大。其原因是实际矿物很少是理想典型的纯矿物，它们存在着许多物理不均匀性、化学不均匀性和物理-化学不均匀性（半导体），从而造成了表面的不均匀性，使可浮性发生各种变化。矿物表面不均匀性是多种原因作用的结果，但主要是物理的和化学的两类。

（1）矿物的物理不均匀性

典型完整的矿物晶体是少见的，总有各种结构上的缺点。矿物在生成及经历地质矿床变化过程中，矿物表面呈现的宏观不均匀性和晶体产生各种缺陷、空位、夹杂、错位以至镶嵌现象，统称物理不均匀性。

实际矿物的缺陷常见的有：存在阴离子空位，或夹带有间隙阳离子；存在阳离子空位，或夹带间隙阴离子。前两种情况使矿物的金属阳离子过量；后两种情况使非金属阴离子过量。晶体的错位是晶体的一种不整合现象，是晶体受外力的作用产生变形或沿着某一晶面产生滑动或晶格产生错乱的现象。实际晶体往往是由许多不同取向的微晶互相镶嵌而成的，形成所谓的“镶嵌现象”。实际晶体的“微缺陷”造成矿物的不均匀性，对矿物的可浮性有直接的影响。

自然界金属硫化矿物如方铅矿、黄铜矿、黄铁矿，都具有半导体性质。N 型半导体靠电子导电，P 型半导体靠空穴导电。矿物的半导体性质主要受晶体所含杂质的影响。当晶体中存在阴离子空位或夹带间隙阳离子时，则构成 N 型半导体；当晶体中存在阳离子空位或夹带间隙阴离子时，由于“正孔”的存在构成 P 型半导体。一般硫化矿物在和氧作用以前属于 N 型半导体，靠电子导电。和氧作用以后，矿物表面自由空穴的浓度增大，可以转变为 P 型半导体。硫化矿物吸附氧转变为 P 型半导体以后吸附捕收剂黄原酸阴离子的能位增高，硫化矿物易于实现浮选。

实际矿物表面经常存在细微的空隙和裂纹。不同矿物由于内部空隙与裂纹的多少不同，矿物的比表面积相差很大。例如：粒度为 147～208 μm 的石英比表面积为 3 000 cm^2/g，软锰矿的比表面积为 155 000 cm^2/g，同样粒度的烟煤其比表面积竟高达 1 500 000 cm^2/g。

(2) 矿物的表面化学不均匀性

在实际矿物中，各种元素的键合，不像矿物化学分子式那样单纯，常夹杂许多非化学分子式的非计量组成物。Cu、Pb、Zn、Hg、Ag 对 S 有很强的键合强度，具有形成硫化物的条件，因而常形成这类金属的硫化矿物。但是 As、Sb、Bi 却以络硫阴离子的形式与 Cu^+、Pb^+、Ag^+ 等形成含硫矿物，并且还可呈 AsS、As_2S_3、Bi_2S_3 等形式。Se 和 Te 的性质与 S 相近，因而就常以类质同象的方式混入各种硫化矿物（如黄铁矿、磁黄铁矿）中。

在硫化矿物中，有些非计量夹杂物往往具有重要意义。如磁黄铁矿中的镍，黄铁矿及黄铜矿中的金，方铅矿中的银等。掌握金属共生规律，认识矿物的化学不均匀性与可浮性的关系，对综合回收有用成分、提高选矿效果具有重大的实际意义。

(3) 矿物表面不均匀性与可浮性

矿物表面的不均匀性直接影响矿物表面和水及药剂的作用。近代采用示踪原子研究药剂和矿物的作用表明，药剂在矿物表面的分布是不均匀的，经常呈斑点状。在某个部位没有吸附药剂，而在另一部位吸附了几个甚至几十个分子厚度的药剂。与药剂作用的活泼部位称为活化中心。一般认为，药剂与矿物的作用首先从活化中心开始，然后再往外延伸。总之，由于矿物表面的不均匀性造成了矿物表面各区域浮选性质的差异。

图 4-1-5 是一种矿物的物理不均匀性（晶格缺陷，阳离子空位）与一种浮选捕收剂——黄药的反应示意图。由于阳离子空位，化合价及电荷状态失去平衡，在空位附近的电荷状态使硫离子对电子有较强的吸引力，而阳离子则形成较高的电荷状态及较多的自由外层轨道。缺陷使晶体成为 P 型，因而形成对黄原酸（阴）离子较强的吸附中心。相反，若缺陷使晶体成为 N 型（阴离子空位或阳离子间隙），则不利于黄原酸（阴）离子吸附。

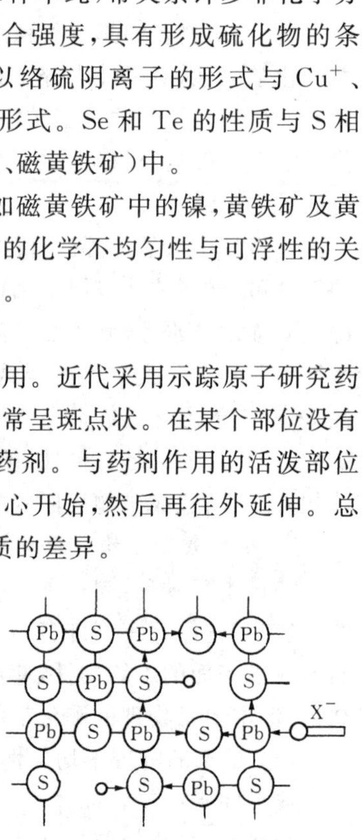

图 4-1-5 方铅矿(PbS)的缺陷与黄药离子反应示意图

理想的方铅矿晶体内部，Pb—S 之间大部分为共价键，只有少量为离子键，其内部价电荷是平衡的，故对外界离子的吸附力不强。缺陷使内部价电荷不平衡，从而形成表面活性，这就是缺陷的类型及浓度（缺陷数目）直接影响可浮性及使不同的方铅矿具有不同可浮性的原因之一。对硫化矿而言，缺陷除影响捕收剂吸附外还影响氧化还原状态及界面电化学反应。

图 4-1-6 是磷灰石的化学不均匀性与可浮性的关系。如前所述，方铅矿、闪锌矿、黄铜矿、黄铁矿等许多硫化矿物的可浮性异常都与化学组成的不规则性有关。例如，不同矿床的闪锌矿（ZnS）具有不同颜色便与其中所含杂质有关。绿色、灰色和黄绿色是二价铁离子引起的；深棕色、棕褐色和黄棕色是锌离子本身显色特性和同晶形镉离子的取代所致。随着闪锌矿晶格中铁离子增加，其颜色由浅变深，当铁离子含量达 20%左右，甚至达到 26%时，闪锌矿变成黑色，并称之为高铁闪锌矿。各种颜色的闪锌矿可浮性异常极为明显。一般 Ag、Cu 和 Pb 这类杂质能够提高闪锌矿的可浮性，而另一些杂质，特别是铁则降低闪锌矿的可浮性，并影响到锌精矿的质量。杂质的取代交替，使得闪锌矿中的离子键分布、晶格参数、晶体表面能及半导体电性发生变化，从而使闪锌矿有广泛的化学不均匀性。

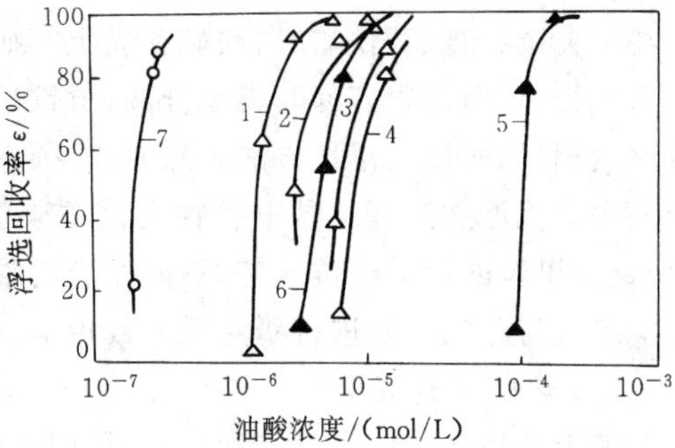

1—F 磷灰石 $Ca_5(PO_4)_3F$（人工合成）；
2—F 磷灰石 $Ca_5(PO_4)_3F$（西班牙）；
3—F 磷灰石 $Ca_5(PO_4)_3F$（苏联）；
4—Cl 磷灰石 $Ca_5(PO_4)_3Cl$（人工合成）；
5—Cl 磷灰石 $Ca_5(PO_4)_3Cl$（挪威）；
6—方解石；7—萤石。

图 4-1-6 磷灰石的化学不均匀性与可浮性

矿物化学组成不规则性对非硫化矿的影响亦很明显，例如，磷灰石有两种：OH 磷灰石和 F 磷灰石。它们的成分分别为 $Ca_5(PO_4)_3OH$ 和 $Ca_5(PO_4)_3F$，其中的 Ca^{2+} 可以被下列成分所置换：Mn、Sr、Mg、Na、K、Cu、Sn、Pb 和稀土元素等；PO_4^{3-} 可被 SO_4^{2-}、SiO_4^{4-}、CO_3^{2-}、AsO_4^{3-}、VO_4^{3-} 及 CrO_4^{2-} 等所取代；F^- 可被 OH^-、Cl^- 所取代。这些取代，使磷灰石有广泛的化学不均匀性，从而具有不同的可浮性。如图 4-1-6 所示，不同组分及产地的磷灰石，其可浮性有很大差别。

4. 煤的组成结构与可浮性

煤是最主要的能源矿物，从矿物加工利用的角度看，可把煤当作一种非晶质矿物。近年来的大量研究证实，不同煤的化学组成、杂质分布和结构特点等不均匀性对其浮选性质影响是很大的。

(1) 煤的基本组成

煤的组成有明显的不均匀性。煤是由有机质和多种无机矿物组成的复合体，其成分随煤化程度的变化而大幅度变化。因此，不同的煤具有不同的可浮性。按煤岩学的观点，煤有四种主要组分：丝炭、暗煤、镜煤和亮煤。丝炭具有纤维状结构，各小块中的纤维平行排列，性脆，外表很像木炭，呈暗淡光泽。暗煤具有不太明显的层理，一般较致密，有时出现粒状结构，其硬度和韧性都比较大。亮煤中常嵌布扁豆状的其他成分，往往是逐渐向暗煤转化的，在显微镜下观察，亮煤很像暗煤但带有大量无结构基质。镜煤与其他三种组分有很大的差别，其结构均匀，有贝壳状断口，并有明亮的光泽；由于劈理面截然不同，很容易把镜煤与其他组分区分开来。应该指出，煤的各种组分具有不断互相转化的性质，这就使煤粒表面的组成更加复杂，更不均匀，很难进行不同组分的优先浮选。

在煤泥浮选时，伴生矿物的性质对浮选效果有很大影响。进一步研究煤中夹杂的矿物种类及嵌布情况，对煤泥浮选是很重要的。煤中夹杂的氧化物主要是石英，石英颗粒多呈圆形，有时也带有棱角，白色透明。煤中夹杂的碳酸盐主要是呈椭圆形的乳白色方解石。煤中还经常夹杂石膏、黄铁矿、白铁矿和黏土等矿物。在这些伴生矿物中，石英和方解石的自然可浮性很差，所以很容易与煤粒分离；黄铁矿是硫化矿物，比较容易浮游，它的浮选活性与煤粒比较相近，所以用浮选方法脱除时，必须选择适宜的药剂制度；煤中若夹杂大量黏土矿物，会大大恶化浮选过程。黏土矿物会使矿浆泥化，同时，常常由于静电吸引而黏附于煤粒表面，致使煤粒的电动电位改变，不能浮起而混到尾煤中。近年来，许多研究工作者在对煤的化学组成与浮选性质进行研究后一致指出，煤的化学组成对其浮选性质的影响是很大的。

(2) 煤的结构模型

煤不是晶体结构，它的表面并不是均一的，而是由各种各样不规则的有机化合物组成。煤表面有大量空隙，因此，很容易从液体中吸附大量无机和有机物质；此外，煤炭表面很容易氧化，这些都影响了煤的浮选性质，使煤炭表面的浮选活性变得复杂。

关于煤的结构模型较多，以万-克列维廉提出的结构为例，它考虑了煤的物理性质、物理化学性质和化学性质(图 4-1-7)，指出了煤主要是由芳香网络所组成，即是多环芳香族高分子化合物，是由大量苯核结合的芳香族化合物，由多层平面碳网组成，但也存在侧链。煤在变质过程中侧链容易分解，生成含氧、含硫和含氮的官能团，如图 4-1-8 所示。研究表明，在煤中存在大量多环芳香族的结构成分，随变质程度的增加，碳网层间距缩小，组成芳香族的碳原子数增加，侧链部分减少。除多核芳香族的结构成分外，烟煤中还含有带脂肪链的氢化芳香族核。用红外线光谱分析法可证明烟煤中有氢键存在，这一点对煤与极性药剂作用机理有重要意义。煤的多环芳香核之间常以—O—键、—CH_2—键相连或通过由烷烃环和脂肪链所形成的氧化物中的氢键而互相联系。亮煤和镜煤组分含有比丝炭和暗煤组分更多的酚基，这就使亮煤和镜煤具有更大的吸附活性。必须指出，含氧官能团的吸附活性很强，它必然对煤与水、煤与浮选药剂的相互作用产生很大的影响，甚至起决定性的影响。

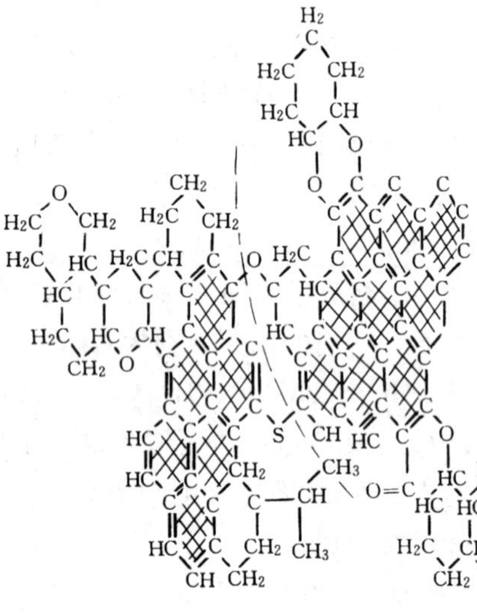

图 4-1-7 煤的结构模型

芳香核的化学性质不活泼，具有疏水性，但上面提到的羧基、羰基、醌基、羟基和苯酚官能团都具有亲水性。

(3) 煤的可浮性

煤是多环芳香族化合物，各基本单元和周围侧链及官能团随变质程度不同有很大变化，因此，煤具有如下性质：

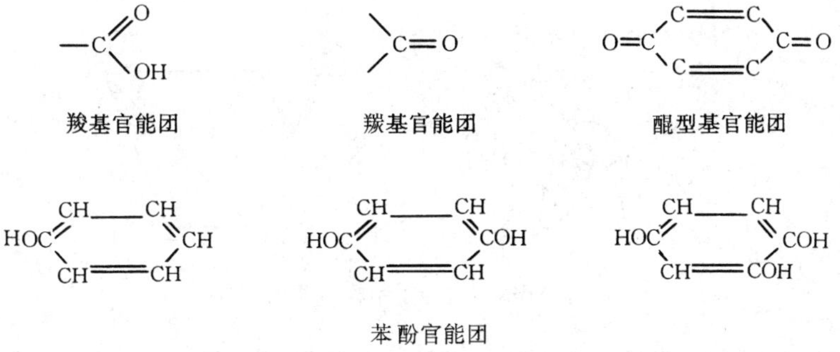

图 4-1-8　煤中有机体的多种含氧官能团

① 组成不同，各组分实际无法分离，浮选好坏与各组分含量和性质有很大的关系。

② 煤的主体是多苯芳香核，芳香核的化学性质不活泼，具有疏水性。因此，煤的主要表面是疏水的。

③ 在芳香核的碳网上，有数量不等的侧链，在氧化过程中很容易生成含氧官能团，使煤的某些部位具有亲水性。

④ 煤的结构中还含有一定数量的矿物质，多数矿物质具有一定极性，因而使煤部分表面具有亲水性。

⑤ 煤表面上的含氧官能团和无机矿物质虽使煤具有了一定亲水性，但这些部位也有较高的化学活性，捕收剂中的某些杂极性分子可以吸附在这些活性部位，从而提高整个煤粒的疏水性。

⑥ 煤的变质程度对煤的可浮性有很大的影响。通常，中等变质程度的煤具有最好的可浮性。变质程度高和变质程度低的煤，其可浮性均有下降。变质程度低时，含氧官能团数量大，孔隙度达 10%以上；变质程度高时，亲水的含氧官能团数量虽有所降低，但侧链含量也减少，而且侧链变短，使疏水程度降低，孔隙度也比中等变质程度时有所增加，因此，在这两种情况下，可浮性均较差。

⑦ 煤表面易氧化。煤氧化后可浮性变差。煤表面是否存在官能团是决定煤能否氧化的重要因素。煤在水中时的氧化比在空气中剧烈得多，所以煤的浸泡时间对煤可浮性有很大的影响。

二、液相的结构和性质

浮选时液相为水，液体水的结构和性质对矿物表面性质、浮选药剂的性质及浮选过程均产生极大的影响，决定了浮选的特征。

1. 水分子的结构特点

水分子由两个氢原子和一个氧原子组成，三个原子核构成以两个质子为底的等腰三角形，见图 4-1-9。其中氧的两个独对电子不成键，形成两个负电中心，两个杂化轨道与氢成键，形成水分子的两个正极，成为由两个正极和两个负极的四极结构，其电荷集中在四面体的顶部。由水分子的结构可见，水分子的正负电荷中心距离较远，因此为强偶极子，偶极长度为 0.386×10^{-10} m，偶极距为$(5.69\sim6.56)\times10^{-30}$ C·m。

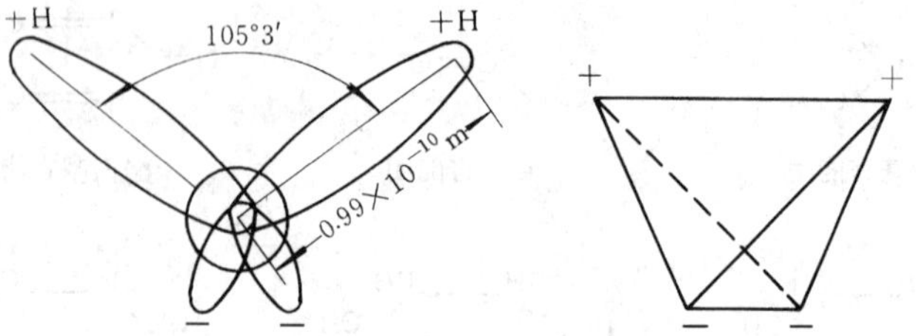

图 4-1-9 水分子结构示意图

水的宏观结构特点主要是由于水的氢键缔合和偶极缔合所引起的“四面体笼架结构”和“闪动簇团”，见图4-1-10和图 4-1-11。

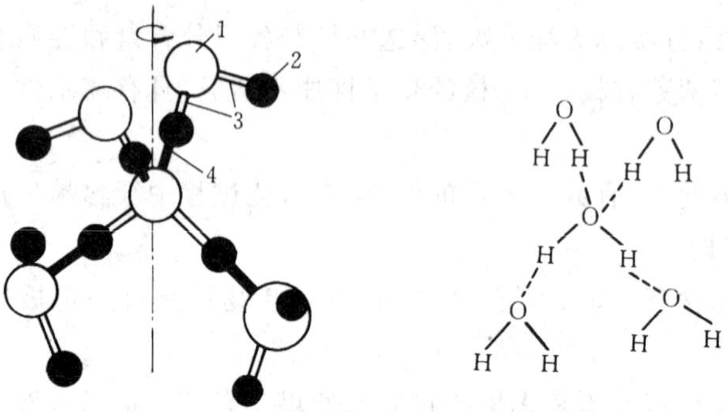

1—氧原子；2—氢原子；3—O—H 共价键；4—氢键。

图 4-1-10 水分子通过氢键结合形成的四面体结构

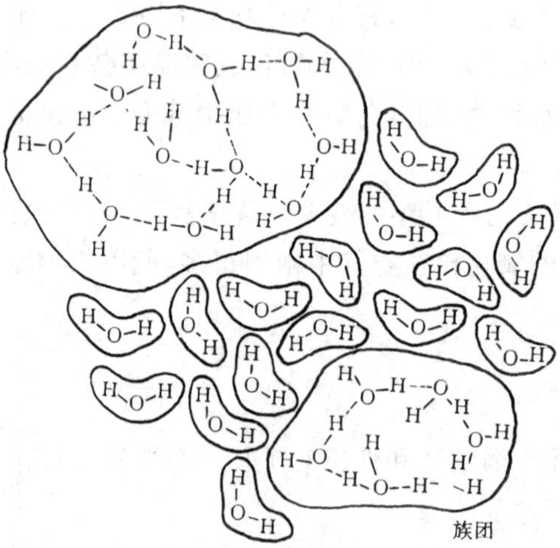

——O—H 共价键；……氢键。

图 4-1-11 液相水的闪动簇团模型

水分子有两个正极和两个负极，且相距较远。水分子的两个正电性的氢原子同相邻水分子中的氧原子的独对电子相互吸引，形成氢键(氢键缔合)。氢键能约为 18.9 kJ/mol，这是水分子的主要缔合能。每个水分子都可能和邻近的四个水分子通过氢键结合形成四面体笼架结构。此外，作为强偶极分子，水分子间还具有分子作用能（分子缔合），其分子缔合能为 4～8 kJ/mol，其中 85%为定向效应（永久偶极—永久偶极），10%为色散效应（瞬间偶极—瞬间偶极），5%为诱导效应（永久偶极—诱导偶极）。由此可见，水分子主要可能通过氢键缔合（其次是分子缔合），形成宏观上如图 4-1-10 所示的"大分子"特性。

根据 Frank、Wen 等提出的"闪动簇团"模型，水是由四面体笼架结构构成的簇团在略为"自由"（氢键断开，仅有分子缔合作用）的水中漂游的一种混合体；簇团本身并非恒定不变，它是不断形成又不断破坏，具有"闪动性"；非簇团状态的水分子其氢键已断裂，分子间仅有分子缔合作用，作用较弱，如图 4-1-11 所示。

水分子具有强极性结构特点，这导致了与浮选相关的主要性质：具有很高的介电常数、很高的溶解能力和很强的水分子间的缔合作用。这些性质决定了浮选相界面某些作用的重要性质。

2. 水分子对矿物表面的作用

矿物破裂后，其断裂面上具有不饱和键。将断裂面置于真空中，则得不到任何补偿；如置于空气中，虽可得到部分补偿，但由于氧、氮分子密度很低，不具有极性，所得到的补偿极小；如果将断裂面置于水中，则矿物表面的不饱和键与水偶极子发生作用，得到部分补偿。

由于矿物构成晶格结构的差异，当矿物破裂时，其断裂面上希望得到补偿的不饱和键特性也不同，因此矿物表面的极性也会有所不同。水分子会根据矿物表面的极性不同在其表面进行不同形式的定向排列，形成不同性质的水化层或水化膜，从而改变矿物表面的自由能。

矿物断裂面上不饱和程度高时，水分子易与其作用，作用后形成水化层，取代原先表面上的空气，且作用后的固-水界面能小于作用前的固-气界面能，因而属自发过程；而不饱和程度低的表面则相反，水分子不易与其作用，作用前后表面自由能增加，所以水难以自发取代原先矿物表面的空气，形成水化层。水分子与矿物表面的作用严重影响矿物与气泡的接触过程与稳定状态。

3. 水的溶解能力

水的溶解能力在浮选过程中具有相当重要的作用。由于水会对矿物表面的一些离子溶解，从而改变矿物表面的化学组成、界面电性及液相的化学组成，结果也改变了矿物在浮选过程中的行为。

对一般矿物，当水化能高于其晶格能时，矿物即发生溶解，一直进行到被溶解的离子在固、液两相的化学位相等时为止。除盐类和氧化程度较高的矿物外，多数矿物的溶解度均不高。矿物的溶解度除受上述晶格能、水化能的影响之外，还受固体颗粒和水中含有的其他化学元素（通常称之为杂质）的影响。当水中含有矿物组成的同名离子时，水对矿物的溶解能力降低；而含有其他离子时，可以提高水对矿物的溶解能力。例如，在溶液中含 Ca^{2+} 和 F^- 时，水对萤石 CaF_2 的溶解能力降低，含有其他离子时，水对萤石的溶解能力提高，其结果见图 4-1-12。

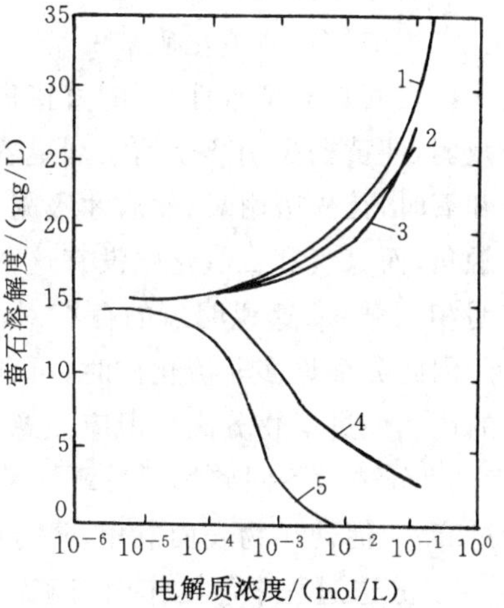

1—Na_2SO_4；2—NaCl；
3—NH_4Cl；4—$CaCl_2$；
5—NaF。

图 4-1-12　水中离子（无机电解质）对萤石溶解的影响（20 ℃）

矿物的溶解使矿浆中含有多种离子，这些所谓的“难免离子”是影响浮选的重要因素之一。虽然大部分矿物的溶解度不大，但进入矿浆中的矿物质还是显著的，如换算成每吨待浮矿石的克数，则完全可与常规使用的浮选药剂单位加入量相比拟。“难免离子”的影响是多方面的：包括相互作用生成原矿浆中没有的新化合物及其相互间作用的产物改变矿物表面的组成与电位；“难免离子”与浮选药剂及水中存在的硬度盐类离子(Na^+、K^+、Ca^{2+}、Mg^{2+}、Cl^-、碳酸盐和碳酸氢钠离子等)发生反应，使矿浆 pH 值向某侧移动等。在每一具体情况下，“难免离子”会对浮选产生不同的影响。

水对大多数盐类矿物溶解比较复杂，溶解下来的离子还要发生一系列水解和形成络合物等反应，因而在水中出现大量复杂的离子、分子和络合物，从而大大影响和改变分选过程。所以在浮选过程中应注意水对这些矿物的作用和生成物对浮选的影响。

三、气相及其性质

泡沫浮选过程中，空气所形成的气泡是一种选择性的运载工具。浮选矿浆中某些颗粒能够黏附到气泡上浮出，其余则不能黏附到气泡上而留在矿浆中，从而将它们分离。矿粒表面黏附了气泡以后，其可浮性改变。气泡还可以由于压力降低从溶液中析出，并优先地吸附到矿物的疏水表面上，促进矿粒与大气泡的黏附。气相在溶液中必须形成足够数量的气泡，保证上浮的矿物有足够的气泡面积供其黏附。气泡的粒径应与浮选矿物的粒度相适应，并有一定数量的空气溶解后析出的微泡，才能保证浮选效果最好。浮选中的气相主要是空气，空气主要是由氧、氮、二氧化碳等组成的混合物。空气中不同成分在水中的溶解度不同，因而与矿物和水的作用也不同，对分选有不同影响。

1．空气的性质及对分选的影响

空气是一种典型的非极性物质，具有对称结构。易和非极性表面结合，分选时可优先与非极性的疏水性表面附着。

空气中的氧对硫化矿来说是一种浮选促进剂。试验证明，不含杂质的、未经氧化作用的硫化矿表面具有亲水性，不能直接进行浮选。氧在硫化矿表面吸附后，可使矿物表面水化作用减弱，使黄药类阴离子捕收剂更容易在矿物表面吸附和固着。矿浆中同时存在黄药阴离子和氧时，首先吸附氧，然后才吸附黄药阴离子。接触角测定表明，氧气能增加矿物表面的接触角，而氮气和二氧化碳没有这种作用。对硫化矿、非硫化矿和煤炭的接触角进行的测定表明相同结果，这说明氧的存在对浮选有利，特别是用黄药类捕收剂浮选硫化矿时更是如此。因此分离许多非硫化矿时，可利用氧作为活化剂、氮作为抑制剂，利用改变矿浆中氧与氮的比例促进矿物分离。但应注意：

① 分选时不同矿物所需氧气量不同，超过最适宜的值后，就会起抑制作用。同时，含氧量过高，会促使矿物表面氧化，降低矿物表面的疏水性，对浮选不利。

② 分选过程中氧的作用与矿物在运输、存放过程中氧的作用不同。前者是指分选过程中溶解于矿浆中的氧可活化某些矿物的浮选。而后者只对矿物起氧化作用，使硫化矿变成氧化矿、煤变成氧化煤，增加矿物表面的亲水性，使浮选过程难以进行。因此，应严格区分这两个过程中的氧的不同作用。

2．空气在矿浆中的溶解

空气中各种成分在矿浆中的溶解度是不同的。各组分的溶解度与该组分的分压、温度、水中溶解的其他物质浓度有关:空气在水中的溶解度随水中溶解的其他物质浓度增加而降低;随分压增大,溶解度增加。许多新型浮选机就是利用这一特点。如喷射式浮选机就是将含有大量气体的矿浆加压,然后从喷嘴喷出时随矿浆压力降低,利用已溶解的气体呈过饱和状态而析出时产生的微泡来强化浮选效果。

3. 煤的氧化及可浮性变化

煤容易氧化,并且氧化后的表面可浮性下降,影响浮出。煤的氧化是由苯核或苯核侧链氧化而生成酚基、羰基和醌基等官能团,从而增加了煤的含氧官能团数量,增加其亲水性。通常芳香烃上的含氧、氮和硫官能团能促进煤氧化,而失去侧链的芳香烃最难氧化,因此煤表面有无官能团是决定煤是否能氧化的主要因素。如果官能团数量在氧化过程中不断增加,氧化过程就更快,并由表及里进行。值得注意的是煤泥在水中浸泡较长时的氧化比在空气中还要剧烈,这是由于水和含氧官能团产生氢键结合,使煤氧化加剧。因此,在煤泥浮选和煤泥水处理时要避免煤泥在水中时间过长,从而影响其可浮性。

第二节 相界面性质与可浮性

以上从孤立的角度介绍了固、液、气三相与浮选有关的性质,但浮选时三相是相互联系、影响和作用的,应从与浮选有关的相界面的性质方面入手,进一步加深对浮选过程实质的认识和了解。

一、润湿性、水化现象与可浮性

1. 矿物表面的润湿性

(1) 润湿现象

润湿是自然界常见的现象。例如往干净的玻璃上滴一滴水,水会很快地沿玻璃表面展开,成为平面凸镜的形状。但若往石蜡表面滴一滴水,水则力图保持球形,但因重力的影响,水滴在石蜡上形成一椭圆球状而不展开。这两种不同现象表明,玻璃能被水润湿,是亲水物质;石蜡不能被水润湿,是疏水物质。

同样,将一水滴滴于干燥的矿物表面上,或者将一气泡引入浸在水中的矿物表面上(图 4-1-13),就会发现不同矿物的表面被水润湿的情况不同。在一些矿物(如石英、长石、方解石等)表面上水滴很易铺开,或气泡较难于在其表面上扩展;而在另一些矿物(如石墨、辉钼矿等)表面则相反。图 4-1-13 所示的这些矿物表面的亲水性由右至左逐渐增强,而疏水性由左至右逐渐增强。

由此可知,为了占有固体表面,在气相与液相之间存在着一种竞争。但矿物表面液相为另一相(气相或油相)取代的条件是非常重要的。杜普雷(Dupre)首先应用热力学进行研究,奥斯特豪夫(Osterhof)等人提出了三种基本润湿形式,即附着润湿、铺展润湿和浸没润湿,如图 4-1-14 所示。图中的液相是水,另一相为空气。如果以油代替空气,并以其他液体代替水,其关系仍然相同。

许多学者用润湿过程来说明浮选的原理,认为:① 表层浮选基本上取决于矿物表面的空气是否能被水所取代,如水不能取代矿物表面的空气,此矿物就将漂浮在水面上;② 全油浮选是基于被浮矿物表面的亲油性和疏水性;③ 泡沫浮选是因被浮矿物经浮选剂处理后表

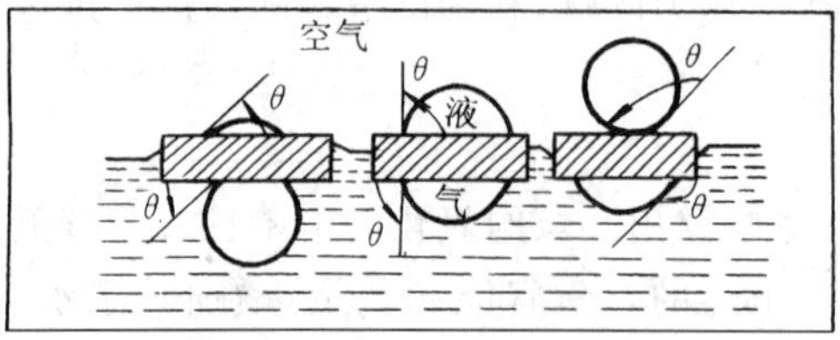

图 4-1-13 矿物表面润湿现象

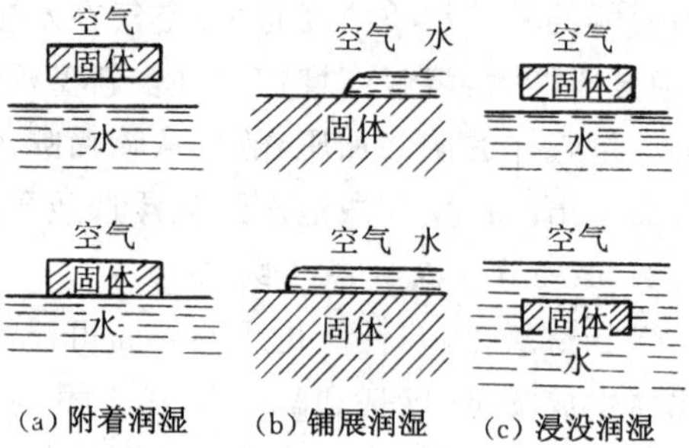

图 4-1-14 三种基本润湿形式

面变得疏水，从而附着于气泡上浮。

任意两种流体与固体接触后，所发生的附着、展开或浸没现象（广义地说）均可称为润湿过程。其结果是一种流体被另一种流体从固体表面部分或全部被排挤或取代，这是一种物理过程，且是可逆的。例如，浮选过程就是调节矿物表面上一种流体（如水）被另一种流体取代（如空气或油）过程（即润湿过程），其规律性对浮选有实际意义。

（2）接触角

矿物表面所谓"亲水""疏水"之分是相对的。为了判断矿物表面的润湿性大小，常用接触角 θ 来度量，如图 4-1-13 和图 4-1-15 所示。在一浸于水中的矿物表面上附着一个气泡，当达平衡时气泡在矿物表面形成一定的接触周边，称为三相润湿周边。在任意二相界面都存在着界面自由能，以 σ_{SL}、σ_{LG}、σ_{SG} 分别代表固-水、水-气、固-气三个界面上的界面自由能。固-水与水-气两个界面自由能所包之角（包括水相）称为接触角，以 θ 表示。可见，在不同矿物表面接触角大小是不同的，接触角可以标志矿物表面的润湿性：如果矿物表面形成的 θ 角很小，则称其为亲水性表面；反之，当 θ 角较大，则称其疏水性表面。亲水性与疏水性的明确界限是不存在的，只是相对的。θ 角越大说明矿物表面疏水性越强；θ 角越小，则矿物表面亲水性越强。

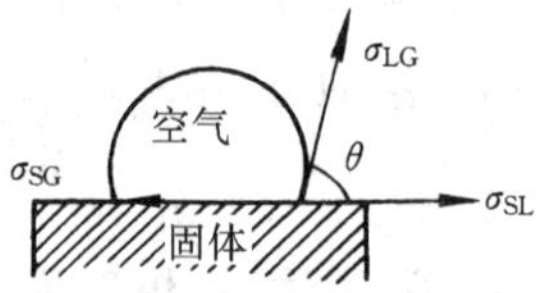

图 4-1-15 气泡在水中与矿物表面相接触的平衡关系

矿物表面接触角大小是三相界面性质的一个综合效应。如图 4-1-15 所示，当达到平衡时（润湿周边不动），作用于润湿周边上的三个表面张力在水平方向的分力必为零。于是其平衡状态（杨氏 Young）方程为：

$$\sigma_{SG} = \sigma_{SL} + \sigma_{LG}\cos\theta$$

$$\cos\theta = (\sigma_{SG} - \sigma_{SL})/\sigma_{LG} \tag{4-1-1}$$

式中，σ_{SG}、σ_{SL} 和 σ_{LG} 分别为固-气、固-液和液-气界面自由能。

上式表明了平衡接触角与三个相界面之间表面张力的关系，平衡接触角是三个相界面张力的函数。接触角的大小不仅与矿物表面性质有关，而且与液相、气相的界面性质有关。凡能引起任何两相界面张力改变的因素都可能影响矿物表面的润湿性。但上式只有在系统达到平衡时才能使用。

由上式可见：当 $\theta>90°$ 时，$\sigma_{SL}>\sigma_{SG}$，矿物表面不易被水润湿，称为疏水表面；当 $\theta<90°$ 时，$\sigma_{SL}<\sigma_{SG}$，矿物表面易被水润湿，称为亲水表面。原则上，取 $\theta=90°$ 为分界线，$\theta=0°\sim90°$ 时称亲水性表面，$\theta=90°\sim180°$ 时称疏水性表面。实际上，固、水、气三相系统中最大接触角

均小于110°，据测定，固、水、气系统中石蜡所具有的接触角最大，为106°。一些矿物的接触角见表4-1-1。新鲜煤炭表面的接触角见表4-1-2。

表4-1-1　矿物接触角

矿物名称	接触角/(°)	矿物名称	接触角/(°)
硫	78	黄铁矿	30
滑　石	64	重晶石	30
方铅矿	60	方解石	20
辉钼矿	47	石灰石	0～10
闪锌矿	46	石　英	0～4
萤　石	41	云　母	≈0

表4-1-2　煤炭表面接触角

煤　种	接触角/(°)	煤　种	接触角/(°)
长焰煤	60～63	瘦　煤	79～82
气　煤	65～72	贫　煤	71～75
肥　煤	83～85	无烟煤	≈73
焦　煤	86～90	页　岩	0～10

从式(4-1-1)中可见，接触角θ值越大，$\cos\theta$值越小，说明矿物润湿性越小，而可浮性越好。因为$\cos\theta$值界于-1至1之间，因此对矿物的润湿性和可浮性的度量可定义为：

$$润湿性 = \cos\theta \qquad 可浮性 = 1-\cos\theta$$

故通过测定矿物接触角可大致评价矿物的润湿性和可浮性。

(3) 润湿阻滞对浮选的影响

液滴移动时，润湿周边的移动受到阻碍，使开始时的平衡接触角发生改变，这种润湿周边的移动受到阻碍的现象称润湿阻滞。当一个液滴已经和矿物接触，并已形成平衡接触角，如将固体倾斜α角，若α很小时，此时润湿周边不移动，但接触角却发生了变化，如图4-1-16所示。液滴前移方向所形成的接触角用θ_1表示，称前接触角、阻滞前角；液滴前移之后的接触角用θ_2表示，称接触后角、阻滞后角。前角通常大于平衡接触角，后角通常小于平衡接触角，常取前角和后角之和的一半作为矿物的平衡接触角。矿物的接触角越大，前角与后角的差别也越明显。润湿阻滞的大小受许多因素影响，如润湿顺序、矿物表面组成、化学成分、不均匀性、粗糙度及矿物表面润湿性等。润湿过程中的前角和后角分别代表两种阻滞效应，前角θ_1代表润湿过程中水排气时的阻滞效应；后角θ_2代表润湿过程中气排水时的阻滞效应。浮选过程中，矿粒向气泡附着时，属于气排水，相当于阻滞效应中的后角。后角小于平衡接触角，即在矿物本身可浮性不变的情况下，相当于接触角变小，使矿粒向气泡的附着难于进行，因此润湿阻滞对浮选过程的进行是不利的。当矿粒与气泡已经附着，由于其他因素的影响，矿粒有可能从气泡上脱落。矿粒从气泡上脱落的过程属于水排气，此时的阻滞效应为前角，前角大于平衡接触角，在矿物可浮性不变的情况下，使水难于从矿物表

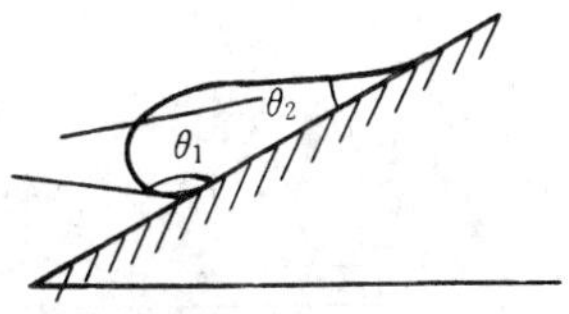

图4-1-16　润湿阻滞现象

面将气泡排开，即防止矿粒从气泡上脱落，因此，阻滞现象对浮选过程的进行是有利的。而对于不该上浮的脉石矿物，润湿阻滞的影响刚好与上面的分析相反。

(4) 接触角的测定

接触角的测定方法有很多，如观察测量法、斜板法、光反射法、长度测量法和浸透测量法等。这些方法可以在表面化学方面的资料中找到。然而，由于矿物表面的不均匀和可能存在的污染，准确测定接触角是比较困难的，再加上润湿阻滞的影响也使得达到平衡接触角更加困难。因此，通常会采用测量接触前角和后角，再取平均值的方法作为矿物接触角。

值得说明的是杨氏定律有它的专用性，严格地说该定律只适合于固体表面液滴的接触角，而不适用于液体中固体表面的气泡接触角。从这两个接触角在三相周边上力的分析，气泡接触角多了一个气泡上浮力，该力并不能由杨氏方程计算出，因而所形成的接触角和液滴接触角是不同的，其应用范围也不同。若在测定和应用时忽视这一点会产生较大偏差。

2. 矿物表面的水化作用

(1) 水化膜(层)的形成

从矿物宏观的接触角深入到矿物与水溶液界面的微观润湿性，可认为润湿是水分子(偶极)对矿物表面的吸附所形成的水化作用。水分子是极性分子，矿物表面的不饱和键能也具有不同程度的极性。因此，极性的水分子会在极性矿物表面吸附，并在矿物表面形成水化膜。水化膜中的水分子是定向、密集排列的，它们与普通水分子的随机、稀疏排列不同。最靠近矿物表面的第一层水分子受表面键能吸引最强，排列最为整齐严密。随着键能影响的减弱，离表面较远的各层水分子的排列秩序逐渐混乱，表面键能作用达不到的地方，水分子已呈普通水那样的无秩序状态。所以水化膜实际上是介于固体矿物表面与普通水之间的过渡层，故又称为“界间层”。图 4-1-17 是水化膜的示意图。

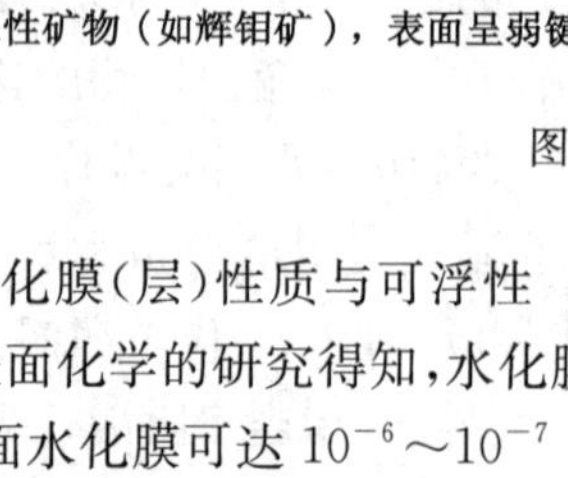

(a) 疏水性矿物（如辉钼矿），表面呈弱键，水化膜

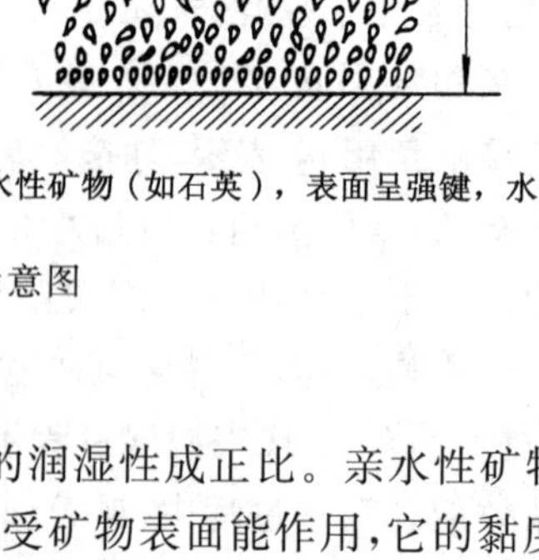

(b) 亲水性矿物（如石英），表面呈强键，水化膜厚

图 4-1-17　水化膜示意图

(2) 水化膜(层)性质与可浮性

通过表面化学的研究得知，水化膜的厚度与矿物的润湿性成正比。亲水性矿物(如石英、云母)的表面水化膜可达 10^{-6}～10^{-7} cm。这层水化膜受矿物表面能作用，它的黏度比普通水大，并且具有同固体相似的弹性，所以水化膜外观是液相，但其性质近似固相。水化层中的水分子由于受矿物表面键能的作用，牢固地黏附于矿物表面，所以黏度比普通水大，稳定性较高，要实现矿物颗粒向气泡的附着就必须排开矿物表面水化层，其前提必须外加一定能量。

矿物表面能否发生水化作用，要看矿物水化前后自由能的变化。矿物水化前，其表面与空气接触，其自由能以 E_{SA} 表示，水化后，矿物表面与水分子接触，其自由能以 E_{SW} 表示。只有在系统自由能减少时水化过程才能自发进行，即只有 $E_{SW}-E_{SA}<0$ 时，水分子才能在矿物表面定向排列。因此，$E_{SW}-E_{SA}$ 数值的大小，可以用来衡量水分子与矿物表面作用的强弱。$E_{SW}-E_{SA}$ 负值越大，水分子就容易与该矿物表面进行作用，矿物的水化作用就越强。所以可近似地把 $E_{SW}-E_{SA}$ 看作矿物表面的水化能 $\Delta G_{水化}$。

煤泥浮选时，由于煤的表面是非极性表面，其表面未饱和键是分子键，水化作用是煤表面分子与极性水分子之间的作用，属于诱导效应和色散效应的作用力，比水分子之间的定向力和氢键作用弱许多，故水化作用较弱，其表面不易被水润湿。当煤粒与气泡发生碰撞时，煤粒就容易黏附到气泡表面，从而进入泡沫产品。矸石的表面主要是极性表面，其表面与水分子之间的作用主要是离子与极性水分子之间的作用，在一定范围内作用力超过水分子之间的作用力，所以，在矸石表面能定向吸附大量的水分子，形成较厚的水化层，这种表面与气泡碰撞时，水化层很难破裂，矸石颗粒就很难附着到气泡表面，因此矸石留在矿浆中，从而可实现煤泥中煤粒与矸石颗粒的分离。

二、矿物的表面电性与可浮性

矿物在水溶液中受水偶极及溶质的作用，表面会带一种电荷。矿物表面电荷的存在影响溶液中离子的分布：带相反电荷的离子会被吸引到表面附近，带相同电荷的离子则被排斥而远离表面，于是矿物-水溶液界面产生电位差（但整个体系是电中性的）。这种在界面两边分布的异号电荷的两层体系称为双电层。

1. *矿物表面电性起源*

矿物表面电性起源，归纳起来，主要有以下四种类型：

(1) 优先解离（或溶解）

离子型矿物在水中由于表面正、负离子的表面结合能及受水偶极的作用力（水化）不同而产生的向水中非等当量转移的结果，使矿物表面荷电。如组成矿物的正负离子在介质中的溶解能力不同，若正离子溶解能力大于负离子，则固体表面荷负电；反之固体表面荷正电。正负离子的溶解能力差别越大，固体表面荷电越多。

部分矿物和水作用后在两相界面上生成新的物质，界面电性与生成的新产物密切相关。例如，石英在水中破裂后，界面和水作用生成类似硅酸的产物（H_2SiO_3），在水中解离为 H^+ 和 SiO_3^{2-} 或 $HSiO_3^-$。其中，H^+ 溶解在水中，其他成分留在矿物晶格上，使矿物表面荷负电。石英表面 H_2SiO_3 的解离程度与溶液的 pH 值有关，改变溶液的 pH 值就能影响石英表面 H_2SiO_3 的解离情况，从而影响石英表面的荷电符号与数量。据对纯石英在蒸馏水中的测定表明，当水的 pH 值大于 2～3.7 时，石英表面荷负电；当 pH 值小于 2～3.7 时，石英表面荷正电。

(2) 优先吸附

这是矿物表面对电解质阴、阳离子不等量吸附而获得的电荷。矿物表面和水对不同离子的亲和力是不同的，因而导致矿物表面对电解质溶液中正、负离子的不等量吸附，如某种离子的吸附多于其他的离子，可使矿物表面带某种电荷。溶液中正负离子的数量对矿物表面吸附的影响极大，过量的离子容易吸附到矿物表面，结果改变了矿物表面的电性。矿物表面本身的电性对吸附也有一定影响。一般，反号离子更容易吸附到矿物表面。

由于正、负离子的半径不同，通常阳离子半径较小，水化作用较强，阴离子半径较大，水化作用较弱，因此，阳离子留在水介质中的趋势更大，导致固体表面常有过量的阴离子而呈负电。如固体碘化银，在室温下，它在水中的溶度积为 10^{-16}。由于 Ag^+ 比 I^- 具有更大的溶解能力，碘化银表面荷负电。如果设法使水中的 Ag^+ 的活度增大，碘化银表面的电负性就会逐渐减小。当 Ag^+ 的活度增大到 $10^{-5.5}$、I^- 的活度减少到 $10^{-10.5}$ 时，碘化银表面不再带电。溶液中的 Ag^+ 和 I^- 决定了碘化银表面荷电的性质和数量，我们称其为定位离子。对矿物晶体，矿物晶格的同名离子或与晶格上元素呈类质同象的离子可看成矿物晶体的定位离子（也有例外）。对一些氧化物，研究表明水中 H^+ 和 OH^- 是它们的定位离子。

（3）吸附和电离

对于难溶的氧化矿物或硅酸盐矿物表面，因吸附 H^+ 或 OH^- 而形成酸类化合物，然后部分电离而使表面荷电，或形成羟基化表面，吸附或解离 H^+ 而荷电。

（4）晶格取代

黏土、云母等硅酸盐矿物是由铝氧八面体和硅氧四面体的层状晶格构成的。在铝氧八面体层片中，当 Al^{3+} 被低价的 Mg^{2+} 或 Ca^{2+} 取代，或在硅氧四面体层片中 Si^{4+} 被 Al^{3+} 置换，结果会使晶格带负电。为维持电中性，矿物表面就吸附某些正离子（例如碱金属离子 Na^+ 或 K^+）。当矿物置于水中时，这些碱金属阳离子因水化而从表面进入溶液，故这些矿物表面荷负电。

2. 双电层结构及电位

（1）双电层结构

矿物表面在水溶液中荷电后，会吸引水溶液中符号相反的离子，在固体表面形成双电层。即在其表面形成吸引了一定数量带电离子的结构。描述双电层结构，最早是由 Helmholtz 提出的平板双电层模型。该模型强调了离子环境的稳定性，以后 Gouy-Chapman 对平板模型提出了修正，建立了扩散双电层模型，但又过分强调了离子的稳定性。上述两种模型都不能全面说明双电层的正确结构。1942 年斯特恩（Stern）将上述两种见解结合起来，构成了斯特恩的修改模型。斯特恩以离子代替点电荷，他认为扩散分布于溶液中的离子靠近固体表面不超过一定的距离 d。斯特恩模型比较实际地反映了双电层结构，因此在浮选理论上被广泛采用。

图 4-1-18 是修正后的双电层结构模型。斯特恩认为在双电层内层和扩散层之间紧贴固体表面还有一层，称斯特恩层（紧密层）。这一层将双电层内层和扩散层隔开，厚度以水化离子的半径 δ 表示。在这一层内可以产生离子的特殊吸附，当离子受双电层内层静电力、范德瓦耳斯和化学键力的作用，足够克服离子的热运动时，离子在该层内产生吸附。

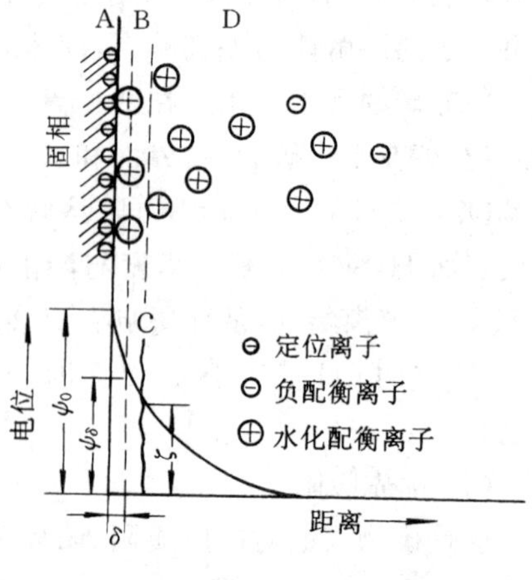

A—内层（定位离子层）；B—紧密层（Stern）；C—滑动界面；D—扩散层；ψ_0—表面电位；ψ_δ—Stern 层电位；ζ—电动电位。

图 4-1-18 矿物表面双电层结构

在双电层内层吸附的离子称为定位离子。定位离子可以在界面间实现转移。这些离子在相界面上进行转移是由于化学吸附作用吸附到矿物表面，所以它们可以决定矿物表面的电性。这些离子与矿物表面必须有特殊的亲和力，它们之间的作用力必须与晶格质点间作用力相同。

在双电层外层吸附的离子，称为配衡离子，也称反号离子。这些离子同矿物的表面没有特殊的亲和力，主要是靠静电引力吸引着，其离子的电性与双电层内层的相反，起着电性平衡的作用。

（2）双电层中的电位

① 表面电位

双电层的表面电位是指固体表面与溶液之间的电位差，又称表面总电位或电极电位，常用 ψ_0 表示。对于导体或半导体矿物，如一些金属硫化矿，可将矿物制成电极测出 ψ_0。不导电的矿物，不能直接测定，但 ψ_0 主要由溶液中定位离子的活度决定，因此可以用溶液中定位离子的活度根据耐斯特公式进行计算。

② 斯特恩电位

斯特恩电位是指紧密层与溶液之间的电位差。

③ 电动电位

当颗粒在外力作用下移动时，双电层中的扩散层与固体表面斯特恩层之间有一个滑动界面，滑动界面上的电位和溶液内部的电位差称为电动电位，又称 Zeta 电位，常用 ξ 表示。斯特恩层与固体表面也有电位差，常用 ψ_δ 表示。实际上，ψ_δ 是水化配衡离子最紧密靠近矿物表面的假设平面与溶液之间的电位差。通常，ξ 和 ψ_δ 很接近，可以认为相等。当双电层内层电位较高、电解质浓度很高或吸附有非离子型表面活性剂时，ξ 可小于 ψ_δ。电动电位是颗粒在静电力、机械力或重力等作用下，颗粒带着吸附层沿滑动界面做相对运动时产生的电位差。影响电动电位的因素很多，凡能影响表面电位的因素都能影响电动电位。有些因素不能改变矿物的表面电位，但可以改变电动电位；有些惰性电解质只能改变电动电位大小，但不能改变其符号；还有一些表面活性电解质，可以在矿物表面产生特殊吸附，既可改变电动电位大小，也可改变其符号。电动电位在浮选研究上很有实际意义。不论矿物导电性能如何，矿物的电动电位可实际测得。常用的方法有微电泳法、电渗法和流动电位法。

（3）零电点和等电点

① 零电点

矿物的表面电位由定位离子活度决定，当溶液浓度很低时，就等于它的浓度。在某一定位离子浓度下，矿物表面的正电荷数恰好等于负电荷数，此时，矿物表面的净电荷为零。这时，溶液中定位离子浓度的负对数值称为该矿物的零电点（ZERO POINT OF CHARGE，简称 ZPC 或 PZC）。如定位离子为 H^+ 或 OH^-，则 $\psi_0=0$ 时的 pH 值就是零电点。当溶液的 pH 值大于矿物的零电点时，矿物表面荷负电；当溶液的 pH 值小于矿物的零电点时，矿物表面荷正电。

矿物的零电点是矿物的重要特性之一，在此条件下，矿物表面电荷密度等于零。矿物的零电点取决于矿物本身性质，如果矿物表面没有污染或其他离子的特性吸附，对于难溶性金属氧化矿，零电点与等电点相等，在水中测得矿物的等电点也就是其零电点。零电点可以采用电位滴定法测定。部分矿物的零电点见表 4-1-3 和表 4-1-4。虽然测定零电点时规定了严格条件，但由于试料纯度和预处理方法不同，零电点的实测值波动很大。

表 4-1-3　某些矿物的零电点(电泳法测定)

矿　物	零电点 pH	矿　物	零电点 pH
白云母	0.4	方铅矿	2.4,3.0
石　英	1.3 ,3,3.7	闪锌矿	2.0,3.0,7.5
透辉石	2.8	黄铜矿	2.0,<3.0
膨润土	<3.0	辉铜矿	<3.0
高岭土	3.4	蓝铜矿	9.5
绿柱石	3.1,3.3,3.4	硅孔雀石	2.0
石榴石	4.4	黄铁矿	6.2～6.9
电气石	4.0	磁黄铁矿	3.0
铁镁闪石	5.2	辉锑矿	2.5±0.5(电渗法)
锆英石	5.8	辉钼矿	<0.3
软锰矿	5.6,7.4	辰　砂	3.5±0.5(电位滴定法)
赤铁矿	5.0,6.6,6.7	天然闪锌矿(99.99%ZnS)	5.0～5.8
褐铁矿	6.7	天然闪锌矿(含 0.3%的铁)	6.2
针铁矿	6.7	天然闪锌矿(含 1.45%的铁)	10(电位滴定法)
磁铁矿	6.5	天然闪锌矿(含 5.4%的铁)	3.0～3.5
铬铁矿	5.6,7.0,7.2	天然闪锌矿(含 11.0%的铁)	3.0～6.5
刚　玉	9.0,9.4		

表 4-1-4　离子矿物的零电点

矿　物	分子式	定位离子	饱和溶液中表面荷电符号	零电点
萤　石	CaF_2	Ca^{2+},F^-	+	pH=6
方解石	$CaCO_3$	Ca^{2+},CO_3^{2-}	−	pH=9.5
重晶石	$BaSO_4$	Ba^{2+},SO_4^{2-}	+	P_{Ba}=6.7①
氟磷灰石	$Ca_5(PO_4)_3(F,OH)$	Ca^{2+},PO_4^{2-}	−	pH=6
硫酸铅矿	$PbSO_4$	Pb^{2+},SO_4^{2-}	+	
天青石	$SrSO_4$	Sr^{2+},SO_4^{2-}	+	
白钨矿	$CaWO_4$	Ca^{2+},WO_4^{2-}	−	P_{Ca}=4.8

注:① 有的资料上提到重晶石的零电点 P_{Ba}=3.4。

② 等电点

一些表面活性电解质可在矿物表面产生特性吸附,这既可改变电动电位大小,也可改变其符号。电动电位改变符号或电动电位恰好等于零时的电解质活度负对数值称为等电点或电荷转换点(POINT OF ZERO REVERSAL,简称 PZR,或称 ISOELECTRIC POINT,简称 IEP)。通常,等电点用 pH 值表示。即在一定的表面活性剂浓度下,改变溶液的 pH 值,当电动电位等于零时,溶液的 pH 值即为在该条件下该矿物的等电点。一种矿物的等电点既和 pH 有关,也和产生特殊吸附的离子浓度有关,因此,说明某矿物的等电点时,应把有关的条件同时加以表述。图 4-1-19 为金红石在油酸钠溶液中电动电位的变化,金红石的零电点为 pH=6.7,不同浓度油酸钠溶液中金红石的等电点分别在 pH=7 至 pH=3～4。如体系中不存在特殊吸附，当电动电位为零时，电荷密度也为零，对该体系测得电动电位为零时的定位离子活度对数值即为该矿物的零电点。有些矿物的零电点通过电泳法或电渗法进行测定，就是利用了这一原理。

（4）双电层的影响因素、电位曲线及调节

① 双电层的影响因素：许多因素，如溶液的 pH 值、水中离子组成、电解质的浓度等都能影响矿物表面双电层，有时可以改变矿物的表面电位和电动电位，有时虽不影响表面电位，但可以影响电动电位。

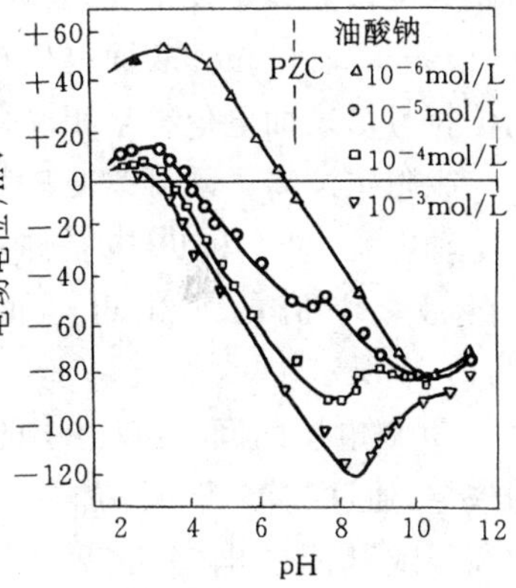

图 4-1-19 油酸钠溶液 pH 值对金红石电动电位的影响

杂质元素的特性吸附——无机盐类对矿物表面电动电位有明显的影响。如微量的氯化钙对降低煤粒电动电位极其明显，而对矸石的电动电位影响却很微弱。无机电解质对矿物表面电动电位的影响规律如下：阳离子价数越高，其电动电位降低越显著。原因是价数高，离子的静电力场大，压缩双电层的作用也大。当阳离子价数相同时，阳离子的体积大，对电动电位的影响也大。金属阳离子在矿物表面有特性吸附时可导致矿物零电点变化。阴离子在矿物表面特性吸附可使零电点降低。中性电解质和非极性有机分子对零电点和等电点几乎没有影响。极性有机分子可以改变零电点和等电点，但与无机质不同，有机质分子的性质决定了零电点的漂移方向，其浓度决定了漂移的多少。

温度的影响——氧化矿物的零电点随温度增高而降低。这是由于氧化矿物由表面带正电转为表面电荷为零的过程是放热反应。

固液悬浮体中固体含量的影响——试验表明，电动电位随固体含量的增高而增高。

此外，氧化作用对矿物的电动电位也有影响。

② 电位曲线：电位曲线系指双电层内电位随矿物表面的距离变化而变化的关系曲线。由于矿物表面电位和电动电位受多种因素影响，电位曲线也受到影响，如图 4-1-20 所示，电位曲线的变化情况如下：

——双电层内层产生了定位离子吸附，从而既改变了矿物的表面电位，又改变了电动电位，如图 4-1-20(a)所示。

——溶液中离子的吸附没改变表面电位，但由于扩散层厚度被压缩，电动电位变化，因

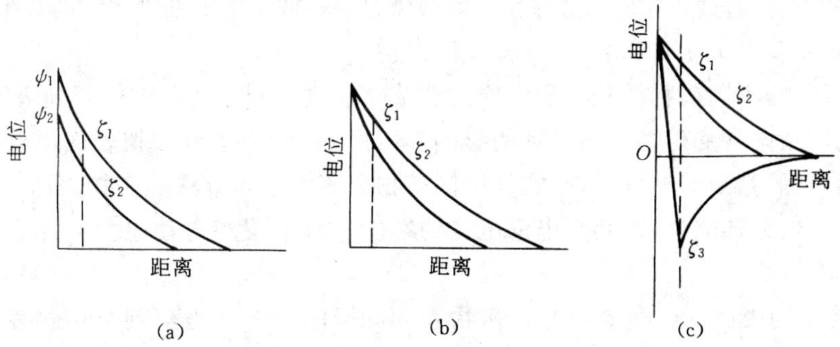

图 4-1-20 双电层的电位曲线

而整条电位曲线也发生变化，如图 4-1-20(b)所示。

——电动电位和表面电位符号可以相同，也可以不同，当反号离子发生过量吸附，电动电位符号与表面电位符号相反，如图 4-1-20(c)所示。

吸附定位离子既可改变矿物的表面电位，也可改变电动电位。H^+ 和 OH^- 是许多氧化矿的定位离子，故溶液 pH 值的变化可同时改变电动电位，如图4-1-21 所示。

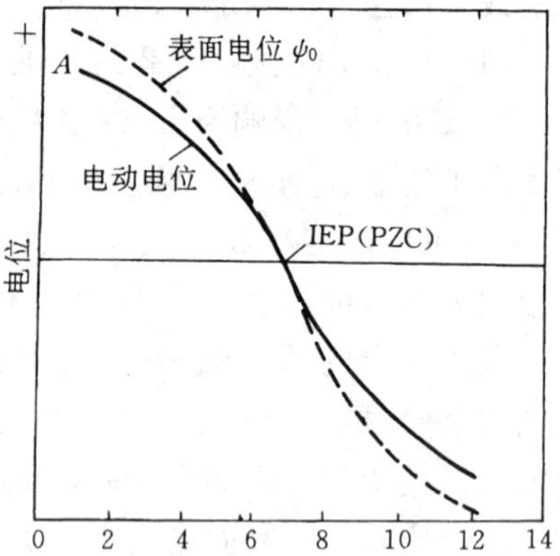

图 4-1-21 溶液中定位离子对矿物表面电位和电动电位的影响

③ 双电层的调节：双电层的调节也正是利用以上的规律，通过往溶液中添加具有不同特性、可产生不同离子或基团的电解质、表面活性物质及有机分子等，利用它们在溶液中产生的各种阴、阳离子及带电基团等在双电层不同区域的吸附，改变双电层的电位曲线，影响固体表面的电性质。

(5) 双电层的测定

双电层的测定实际上包括矿物的表面电位和电动电位。表面电位或热力学电位主要表现了矿物颗粒表面本身固有的电性特点，而电动电位表示该颗粒在某种条件下所呈现出的特有电性质。

① 表面电位测定：固相在水溶液中能构成一个可逆电极，它的表面电位(ψ_0)可根据不同条件下定位离子的活度，用能斯特公式加以计算。但实际矿物情况比较复杂，不导电的矿物，如一些金属硫化矿，在水溶液中能否构成可逆电极，目前认识不一。浮选理论研究中，将导电的矿物制成电极，置于水溶液中，实际测出矿物电极的电位称之为电极电位，有的资料上称之为静电位或残余定位(REST POTENTIAL)，用来表示表面电位。

② 电动电位测定：电动电位对浮选过程影响很大，加上其测定容易，因而在浮选研究中具有重要的意义。现常用三种方法测定。

电泳法——是在给定电势梯度的外加静电场中测量电解质溶液内部悬浮带电胶体颗粒的流动性或迁移率后算出的。该法所需物料少，装置较完备，测试简单，是浮选研究中采用最多的。

流动电位法——是通过流体流过一根毛细管或压缩的固体颗粒所构成的多孔柱形塞毛细管组时在两端产生的电位差来计算的。

电渗法——是通过在外加电势作用下溶液流过一根或一组毛细管系统的数量来计算的。

3. *矿物表面电性与可浮性*

浮选过程中，不同矿物颗粒表面性质的调节是通过不同浮选药剂的不同吸附来实现的，而浮选药剂的吸附常受矿物表面电性的影响。因此，研究和调节矿物表面电性的变化是研究药剂作用机理、判断矿物可浮性、实现不同矿物分离的重要方法。矿物表面双电层在很多方面影响矿物的分选效果，尤其是电动电位的影响。双电层和电动电位对浮选影响主要表现在以下几个方面。

① 影响不同极性(电性)的药剂在矿物表面的吸附。尤其当药剂与矿物表面的吸附主要靠静电力为主的物理吸附时，矿物的表面电性更起决定作用。如果药剂的电性与矿物表面电性相反，且表面电荷的数量越多，则药剂在矿物表面吸附的数量越多。

图 4-1-22 是一个典型的例子。针铁矿的零电点 pH＝6.7，当 pH＜6.7 时，矿物表面荷正电，采用阴离子型（负电性）捕收剂十二烷基硫酸钠时药剂大量吸附，浮选效果很好，而采用阳离子型（正电性）十二胺捕收剂时则很难吸附，几乎不能浮选。同样当 pH＞6.7 时，矿物表面带负电，用阳离子型十二胺浮选效果很好，而用阴离子型捕收剂则基本不浮。

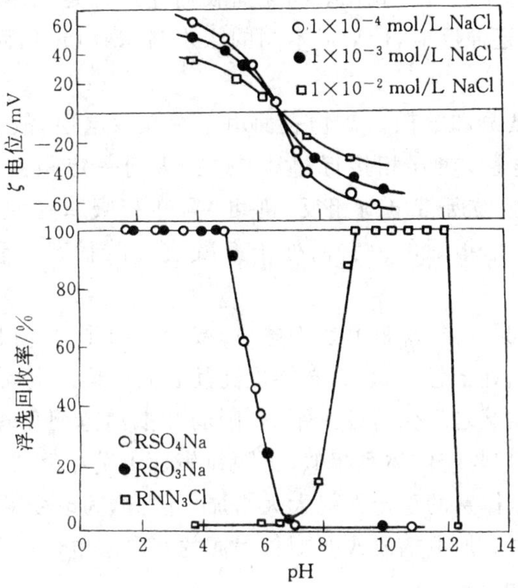

图 4-1-22 针铁矿的浮选特性与表面电荷的依赖关系

石英的零电点为 pH＝2，针铁矿和石英混合物浮选效果见图 4-1-23。在 pH＝2 时用阴离子型捕收剂有最好的分选效果，用阳离子型捕收剂时则在 pH＝6.7 效果最好。故在实际浮选时用阳离子型十二醋酸胺浮选氧化矿时最适宜的零电点为 pH＝6～8，用磺酸盐类浮选时推荐 pH＝3～4。

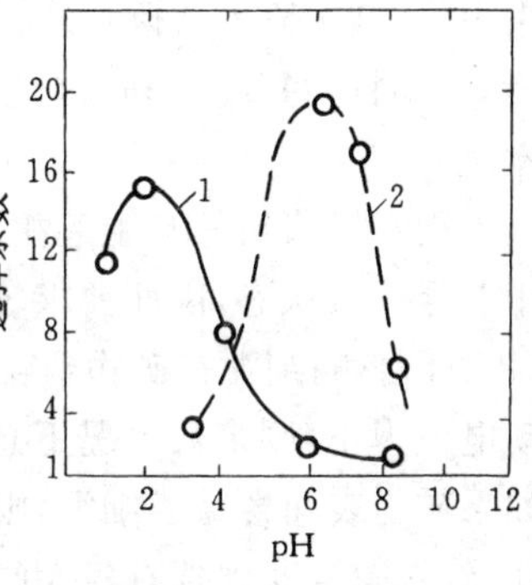

1—$R_{12}OSO_3Na$；2—$R_{12}NH_3Cl$。

图 4-1-23 针铁矿与石英混合物的分选

一般地说，化学吸附在浮选中占头等重要地位。但当表面电荷符号与捕收剂离子的电荷符号相同且电荷很高时，静电斥力可以抑制捕收剂离子的化学吸附，若此时仍发生捕收剂的吸附，则表明捕收剂离子已克服静电阻碍作用，发生了特性吸附（化学吸附或半胶束吸附）。

② 调节矿物表面电性可调节矿物表面的抑制或活化作用，从而实现多种混合矿物的分选。以阳离子型捕收剂浮选石英为例，当 pH 值大于零电点时，石英表面荷负电，可用胺类进行捕收。如果在加入捕收剂前先加入无机阳离子，使矿物表面电性降低，石英受到抑制。当十二胺浓度为 1.5×10^{-4} mol、pH＝4.6 时，10^{-2} mol KNO_3 就能完全抑制石英的浮选。随 pH 值的升高，石英表面负电性增高，抑制所需的 KNO_3 浓度也要增高。除 K^+ 以外，Na^+ 或 Ba^{2+} 等对石英均有抑制作用。

再以刚玉浮选为例说明无机离子的活化作用。刚玉的零电点在 pH＝9 左右。当

pH＝6 时，刚玉表面荷正电，用胺作捕收剂因电性相同，药剂与矿物互相排斥，不能捕收。如果加入足量 SO_4^{2-}，因为 SO_4^{2-} 在刚玉表面有特性吸附，可使电动电位变号，然后再用胺浮选刚玉时，在 pH＝6、加入 10^{-2} mol Na_2SO_4、采用 5×10^{-4} mol 的十二胺作捕收剂，刚玉完全可浮。

当前，一种新的浮选工艺——硫化矿物无捕收剂浮选正是利用调节矿浆电位的方法来控制硫化矿表面的氧化还原反应，使形成不同的亲水疏水物质，从而改变矿物的可浮性，实现彼此分离。

③ 影响矿物颗粒絮凝和分散。矿物表面由于存在双电层，故有一定电性。如果这些颗粒表面带有相同的电性，在互相接近过程中，当达到一定距离以后，就会产生静电斥力，使颗粒分开。如果颗粒所带电荷相反，则可“异性相吸”，使它们凝聚。通常，同种矿物在相同溶液中其电性是相同的。它们处于絮凝或分散状态主要取决于其表面电荷的数量大小。

为了使悬浮颗粒絮凝，必须降低其表面电位，减少其间斥力，使其互相接近，最终形成絮团；反之，要使它们分散、处于悬浮状态，必须提高其表面电位。电动电位增高，扩散层变厚，增加颗粒间斥力，颗粒相互之间保持较大距离，削弱和抵消范德瓦耳斯引力，使颗粒分散体系更稳定。该过程的原理与胶体体系相似，将颗粒表面电荷中和，胶体体系即失稳；而在胶体颗粒上加上同种电荷，体系的稳定性就大大增加。因此，为改变颗粒在溶液中的分散或絮凝状态，可通过向矿浆中添加电解质改变颗粒表面的双电层电位来实现。通常，所加电解质价数越高，其作用也越大。

在选煤厂煤泥水处理的浓缩或澄清过程中，为得到澄清水供选煤循环使用，希望煤泥水中的颗粒能尽快、尽多地沉淀下来，故应使颗粒的电动电位等于零或接近于零，使之容易凝聚，加速其沉降。实际中煤泥水澄清，多在中性或弱碱性条件下进行，煤粒表面通常带负电荷，对煤粒的絮凝不利，因此，常要添加一些电解质，使电动电位降低，或加进絮凝剂使之絮凝。

而水煤浆恰好与上述相反，水煤浆是要在很高固体浓度下保持其流动性，即颗粒必须处于悬浮分散状态，因而要求较高的电动电位，扩散层越厚越好，以提高其稳定性。

④ 影响细泥在矿物颗粒表面的吸附和覆盖。通常细泥的表面带负电。如果矿物的电动电位为正，则多数情况下意味着矿物表面荷正电，因此，细泥极易吸附到矿物的表面上。如果矿物表面覆盖了细泥，则会改变矿物表面原来的润湿性，并降低分选过程的选择性。因此，细泥覆盖对浮选有极大的影响。

⑤ 电动电位与浮选的关系。研究表明：电动电位与浮选之间有着密切关系，可用电动电位来评价矿物与各种药剂作用后浮选活性的变化。电动电位绝对值降低可使浮选效果变好。对煤等矿物的试验表明，在等电点时，矿物表面吸附的捕收剂数量最多，即等电点时矿物的浮选活性最好。因此，可认为随矿物表面电动电位降低，矿物与捕收剂的作用变好，捕收剂在矿物表面的吸附量增多，矿物表面水化作用减弱，水化层变薄，提高了矿物表面疏水性和可浮性。

矿物表面与药剂作用后，可使电动电位降低。一些药剂与矿物表面有特殊亲和力，可作为双电层的定位离子吸附到矿物表面。当它们吸附到双电层内层后，既改变了矿物的表面电位，又改变了矿物电动电位。使矿物表面电位和电动电位同时降低。结果，一方面可使矿物表面极性降低，减弱其水化作用，提高分选过程中的可浮性；另一方面可改善矿物表面与捕收剂的作用，增加捕收剂在矿物表面的吸附量。此外，还可减少细泥在矿物表面的覆盖。

可见，随矿物电动电位降低，矿物可浮性提高，浮选效果变好。因而可用药剂与矿物作用前后电动电位之差评价矿物浮选活性的改变，电动电位差越大，药剂与矿物的作用越好，浮选活性提高就越大。

三、吸附现象与可浮性

1. 吸附与浮选

吸附是液体（或气体）中某种物质在相界面上产生浓度增高或降低的现象。对液体，当将某种溶质加入到溶液中，如果能使溶液表面能降低，表面层溶质的浓度大于溶液内部，则称该溶质为表面活性剂或表面活性物质，这种吸附称为正吸附。反之，加入溶质后，使溶液的表面能升高，表面层溶质的浓度小于溶液内部，则称该溶质为非表面活性剂或非表面活性物质，这种吸附称为负吸附。当吸附达到平衡时，单位面积上所吸附的吸附质的物质的量，称为在该条件下的吸附量，通常用 Γ 表示。

浮选是在固、气、液三相中进行的过程，因此吸附是浮选过程中不同相界面上经常发生的现象。矿浆中加入药剂时，一些药剂可吸附在固液界面，另一些药剂则吸附在气液界面，还有一些药剂可吸附在液液界面，矿物在矿浆中还可吸附矿浆中的其他分子、离子等。药剂在矿物表面的吸附量有两种表示方法：一种用单位面积上吸附的药剂物质的量，称吸附密度，如 mol/cm^2；一种用单位质量矿物吸附的药剂量，如 mol/g、mol/mg 等，前一种表示方法较好，但需要测定矿物的表面积。

吸附的结果使矿物表面性质改变，矿物的可浮性得到调节，矿浆中气泡的稳定性得到改善，药剂的分散得到提高，所以，研究浮选过程中的吸附现象，对探索浮选理论和指导浮选实践均有重要意义。

2. 吸附的种类

浮选是复杂的物理化学过程，由于矿物表面性质不均匀，所采用药剂各种各样，水的成分也不相同，因此矿浆中溶解的成分性质比较复杂，不同种类药剂和成分可以吸附到不同的相界面上，因而所发生的吸附类型是多种多样的。表 4-1-5 列出了药剂在颗粒表面的吸附类型。

(1) 按吸附的本质，可分为物理吸附和化学吸附两类。

① 物理吸附

凡是由范德瓦耳斯力（分子键力）引起的吸附都可称物理吸附。其特征是热效应小（一般仅 20 kJ/mol 左右）、无选择性、吸附快、具有可逆性、易解吸、吸附的分子可在矿物表面形成多层等。

② 化学吸附

凡是由化学键力引起的吸附称化学吸附。该吸附质可在矿物表面之间发生电子转移，并在矿物表面形成难溶性化合物，但不能生成新相。其特征是热效应大（通常在 84～840 kJ/mol 之间）、吸附牢固、不易解吸、吸附不可逆、通常只有单层吸附、吸附具有很强的选择性、吸附慢。

表 4-1-5　药剂在颗粒表面的吸附

吸附性质	吸附部位	吸附形式	吸附特点	实　例
表面化学反应①	固相反应	在表面生成独立新相	多层	硫化钠对重金属氧化矿的作用
化学吸附	双电层内层	非类质同象离子或分子的化学吸附	生成表面化合物(单分子层)	黄药对硫化矿物的吸附
		类质同象离子交换吸附	可深入固相晶格内部	Cu^{2+}对闪锌矿的吸附
		定位离子吸附	非等电量的吸附,改变表面电位	H^{+}、OH^{-}对金属氧化物的吸附
物理吸附向化学吸附的过渡	双电层外层	离子的特性吸附	可引起电动电位变号	高价阳离子对石英的吸附,羧酸阴离子对氧化物的吸附
		离子的扩散层吸附	压缩双电层,静电物理吸附性质	Na^{+}、K^{+}、胺离子对氧化物的吸附
物理吸附	相界面	分子的氢键吸附	强分子吸附,向化学吸附的过渡性质	中性聚丙烯酰胺对颗粒的吸附
		偶极分子吸附	较强分子吸附	水及醇类分子在极性表面的吸附
		饱和碳氢化合物分子的色散吸附	弱分子吸附	烃类分子在非极性表面的吸附
黏附①	相-相作用		机械黏附性质	中性油液珠与疏水颗粒的作用

注:① 并非吸附现象,而是体相间的作用。

(2) 按吸附物的形态又可分为分子吸附、离子吸附、半胶束吸附及捕收剂等在矿浆中反应的产物在矿物表面的吸附。

① 分子吸附

溶液中被溶解的溶质以分子形式吸附到固-液、气-液等相界面上。如起泡剂醇类分子在气-液相界面的吸附;中性的烃类油分子在非极性矿物表面的吸附,等等。分子吸附属物理吸附,其特征是吸附的结果不改变矿物表面的电性。

② 离子吸附

溶液中以离子形态存在的溶质离子(如捕收剂和活化剂离子)在矿物表面的吸附称离子吸附。浮选药剂在矿浆中多呈离子状态,故研究离子吸附更为重要。离子吸附后常在矿物表面生成不溶性盐类,可改变矿物表面电性,包括电荷数量和符号。故离子吸附多属化学吸附。

③ 半胶束吸附

溶液中长烃链捕收剂浓度较高时,矿物表面吸附捕收剂非极性端,在范德瓦耳斯力的作用下,发生缔合作用,形成类似胶束的结构,称为半胶束吸附。与溶液中形成胶束的情况相比,形成半胶束时溶液中溶质的浓度可比形成胶束时低两个数量级;溶液中形成的胶束结构是三维的，而在矿物表面由药剂吸附形成的半胶束是二维的。图 4-1-24 为捕收剂离子在矿物表面吸附形成半胶束示意图。利用半胶束吸附原理可提高浮选药剂作用效果。如采用胺类时，适当加入一些长链的中性分子，可减少捕收剂离子之间的斥力，降低形成半胶束时的浓度，增加捕收剂在矿物表面的吸附量，对分选有利。中性分子在矿物表面的覆盖，增加了矿物表面的疏水性，减少了捕收剂的用量，可提高分选效果。形成半胶束的药剂浓度与烃基有关，烃基越长，形成半胶束所需浓度越低。

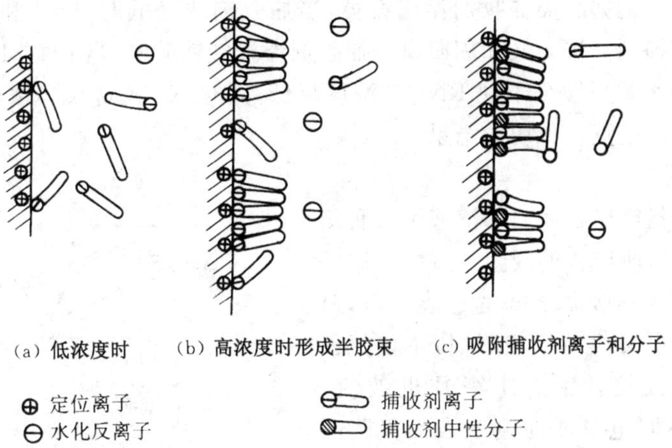

图 4-1-24　捕收剂阴离子在双电层中吸附的示意图

④ 捕收剂等在矿浆中反应的产物也可在矿物表面产生吸附。

(3) 按吸附作用方式和性质可分为交换吸附、竞争吸附和特性吸附。

① 交换吸附

交换吸附是指溶液中某种离子与矿物表面上另一种相同电荷符号的离子发生等当量交换，并吸附在矿物表面的过程。参与交换的离子可以是阳离子，也可以是阴离子，吸附可发生在双电层内层或外层。交换吸附在浮选中是常见的。如硫化矿物浮选常使用金属离子作为活化剂，例如 Cu^{2+}、Ag^{+} 与闪锌矿表面晶格中 Zn^{2+} 交换吸附的结果，使闪锌矿可浮性提高。

$$Zn(S) + 2Ag^{+} = Ag_2(S) + Zn^{2+} \tag{4-1-2}$$

反应的平衡常数很大，表明 Cu^{2+}、Ag^{+} 从闪锌矿表面交换 Zn^{2+} 的速度是很快的。又如，方铅矿表面在轻度氧化过程中表面的 S^{2-} 会被 OH^{-}、SO_4^{2-}、CO_3^{2-} 等交换。

矿物表面对离子的吸附量与溶液中该离子的浓度成正比。如以 c 代表某种离子在溶液中的浓度，Γ 代表该离子在矿物表面的吸附量，则有 $\Gamma \propto c$ 的关系。对交换吸附，如以 M_1 代表矿物表面的离子，M_2 代表溶液中的某种离子，矿物晶格以 X 表示，则交换吸附可用下式表示：

$$XM_1 + M_2 = XM_2 + M_1 \tag{4-1-3}$$

又因 $\Gamma \propto c$，分别以 Γ_1、Γ_2 代表 M_1、M_2 在矿物表面的吸附量；c_1、c_2 代表 M_1、M_2 在溶液中的浓度，则有

$$\frac{\Gamma_1}{\Gamma_2} = K\frac{c_1}{c_2} \tag{4-1-4}$$

式(4-1-4)为交换吸附的最基本方程,在该方程的基础上可以导出一些其他形式的吸附方程。

② 竞争吸附

当矿浆溶液中存在多种离子时,它们在矿物表面的吸附决定于表面的活性及其在溶液中的浓度,即决定于相互竞争。这种吸附被称为竞争吸附。

物理吸附的捕收剂离子在双电层中起配衡作用,其吸附密度取决于与溶液中任何其他配衡离子的竞争。例如胺类捕收剂浮选石英,当捕收剂浓度低时,Ba^{2+} 和 Na^{+} 在石英表面与捕收剂竞争而抑制浮选。又如用阳离子捕收剂浮选针铁矿时,当 pH>12 浮选终止,是由于阳离子捕收剂水解成胺分子使 RNH_3^+ 浓度降低,同时 Na^+(或 K^+)浓度迅速提高,结果与捕收剂阳离子产生竞争作用的结果。

③ 特性吸附

特性吸附是指当矿物表面对溶液中某种组分有特殊的亲和力所产生的吸附。特性吸附是介于物理吸附和化学吸附之间的过渡形态,具有极强的选择性。发生特性吸附时,不仅界面电动电位大小改变,而且其符号也改变。图 4-1-25 表示不同电解质在刚玉表面吸附时电动电位的变化情况,刚玉的零电点为9.4。由图可见,随着 NaCl 浓度增高,刚玉表面电动电位逐渐减小,但速度缓慢,且已接近于零,但未能改变其符号。这说明反号离子在刚玉表面的作用除静电力以外,不存在其他力,所以电解质浓度增高只能压缩双电层的扩散层。但在电解质 Na_2SO_4 的作用下,刚玉的电动电位变化较大,并可改变符号。这说明了刚玉与 SO_4^{2-} 之间除静电力外,还有化学键力的作用。吸附作用不仅发生在扩散层,而且已进入紧密层。该种吸附属于特性吸附。而对于烷基硫酸钠(RSO_4Na),电动电位的改变就更明显。当捕收剂浓度超过 10^{-5} mol/L 时,刚玉表面的电动电位降低得更快,说明 RSO_4^- 阴离子与刚玉表面具有更强的亲和力。因此,十二烷基硫酸钠在刚玉表面的吸附,也属于特性吸附。

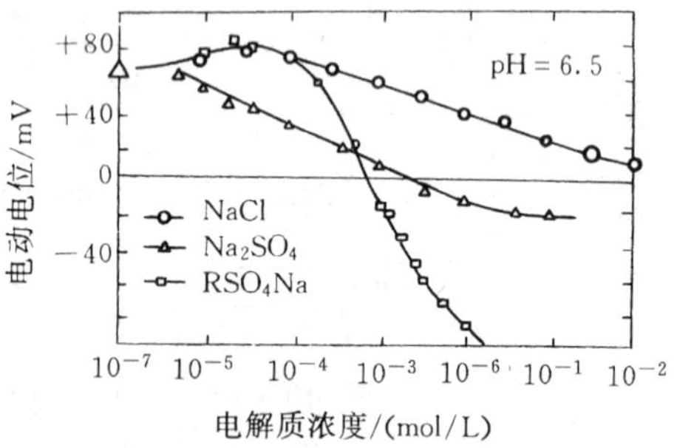

图 4-1-25 刚玉表面电动电位与电解质浓度的关系(pH=6.5)

高价阳离子也可以在氧化矿物和硅酸盐矿物的表面发生特性吸附。这些高价阳离子有 Fe^{2+}、Ca^{2+}、Mg^{2+}、Pb^{2+}、Ni^{2+} 和 Cu^{2+} 等,它们在一定的 pH 值范围内,可在水溶液中形成羟基络合物,如 $FeOH^+$、$CaOH^+$、$MgOH^+$、$PbOH^+$、$NiOH^+$、$CuOH^+$,等等。这些络合物可被吸附到负电性矿物的紧密层中,使矿物表面的负电荷逐步被中和。如吸附的阳离子超过矿物表面上的负电荷,会导致矿物的电动电位改变符号。

(4) 按双电层中吸附的位置可分为双电层内层吸附和双电层外层吸附。

① 双电层内层吸附(又称定位离子吸附)

矿物表面吸附溶液中的晶格离子、晶格类质同象离子和其他双电层定位离子(例如 H^+),吸附到双电层内层,吸附结果使矿物表面电位改变数值或符号,这种吸附称定位离子吸附。例如离子型矿物吸附溶液中的组成矿物晶格离子;氧化矿物或硅酸盐矿物吸附 H^+ 等。这类吸附具有很高的选择性,离子和矿物表面作用强度大,但需要的活化能不大,且作用速度快,可把矿物周围,甚至水化层中的水分子排挤掉。发生这类吸附时,离子与矿物之间的作用力必须与晶格质点之间的相互作用力相同,否则吸附不能进行。

② 双电层外层吸附

双电层外层吸附是溶液中溶质分子或电荷符号与矿物表面相反的离子在双电层外层上的吸附。根据双电层外层的结构又可以分为紧密层吸附和扩散层吸附。紧密层吸附的作用力除静电力外,还有范德瓦耳斯力和化学键力;而扩散层的吸附则完全由静电力引起。外层吸附往往缺乏选择性,吸附是可逆的。凡与表面电荷相反的离子都可产生这样的吸附,因此在矿浆中原吸附的配衡离子可被其他配衡离子交换。

外层吸附不能改变矿物的表面电位,但可以改变电动电位。在紧密层的吸附,因同时存在静电力、化学键力、范德瓦耳斯力等,当吸附强烈时,不仅改变电动电位的大小,还可改变电动电位的符号。此时紧密层上所吸附的反号离子电荷密度必须大于固体表面的电荷密度,否则,不能改变电动电位的符号。扩散层的吸附,只有静电力,因此,只能改变电动电位的大小,这种吸附常称为静电吸附。惰性电解质,如 NaCl、KNO_3、KCl 等在双电层外层的吸附,只改变电动电位的大小。表面活性物质及含表面活性离子的电解质,则既可在扩散层吸附,又可在紧密层吸附。讨论药剂在双电层中的吸附时,常将静电吸附以外的吸附统称为特性吸附。

3. 浮选相界面吸附

吸附是浮选过程中相界面间一种相互作用的主要形式。如起泡剂主要吸附在气-液界面,捕收剂主要吸附在固-液界面,乳化剂主要吸附在液-液界面,矿浆中离子可吸附在不同界面,等等。吸附的结果导致相界面性质的变化,使浮选过程得以调节和进行。

① 气-液界面的吸附

浮选过程用起泡剂使引入矿浆的空气形成稳定的气泡。起泡剂多为表面活性剂,并以分子形式吸附、定向排列在气-液界面,非极性基朝向气相,极性基朝向水。因此,浮选过程中要研究表面活性物质在气-液界面的吸附。在气-液界面,表面活性物质的平衡浓度 c 及表面张力 σ 与气-液界面吸附密度 Γ 的变化规律可由吉布斯(Gibbs)等温吸附方程计算:

$$\Gamma = \frac{-c\mathrm{d}\sigma}{RT\mathrm{d}c} \tag{4-1-5}$$

式中,R 为气体常数,T 为绝对温度,$\frac{\mathrm{d}\sigma}{\mathrm{d}c}$称表面活性。

如吸附质能使吸附剂的表面张力显著降低,即$\frac{\mathrm{d}\sigma}{\mathrm{d}c}$小于零,则 Γ 大于零,即吸附质在表面层的浓度大于体相浓度,则称为正吸附,此吸附质就称为表面活性物质(剂)。例如浮选中常用的长烃链羧酸盐、硫酸酯、磺酸盐及胺类捕收剂等。如果吸附质使表面张力升高,即$\frac{\mathrm{d}\sigma}{\mathrm{d}c}$大于零,则 Γ 小于零,此时吸附质在表面层的浓度小于体相浓度,则称为负吸附。这种吸附质被称为非表面活性物质,如浮选中使用的无机酸、碱、盐调整剂等。

对表面活性物质的同系物而言,每增加一个 CH_2,表面活性约增加三倍,起泡剂的性能与其表面活性密切相关,此关系称为特劳伯法则。

② 固-液界面的吸附

浮选体系中固-液界面吸附相当复杂。浮选过程中无论添加何种药剂,绝大多数情况下都在固-液界面发生吸附,从而使界面性质发生变化。因此,研究固-液界面吸附主要是研究不同药剂质点在固-液界面的吸附。

固体的吸附作用同液体的吸附作用类似，只发生在表面层而不深入到内部，属于表面现象。如果吸附的物质扩展到固体深处，则称为吸收。被吸附的溶质称吸附物，吸附吸附物的物质称为吸附剂。因为固体表面存在表面能，故也有吸附某种物质降低表面能的倾向，因此，吸附剂总是吸附那些能降低其表面能的物质。溶液中药剂在固-液界面的吸附服从朗缪尔(Langmuir)吸附等温式：

$$\Gamma = \Gamma_m \frac{bc}{1+bc} \tag{4-1-6}$$

式中，Γ、Γ_m、c、b 分别为平衡吸附量、饱和吸附量、吸附质平衡浓度和常数。利用式(4-1-6)可准确地计算高、低浓度下单分子层的吸附结果。该式同样也适用气体在固体表面的吸附。对朗缪尔吸附等温式的研究表明，常数 b 值等于吸附量为 $0.5\Gamma_m$ 时的吸附质浓度。

对于固体表面不均匀的多层吸附，可用费兰德利希吸附经验方程来计算：

$$\Gamma = kc^{1/n} \tag{4-1-7}$$

式中，k 和 n 均为经验常数，可用双对数图的方法获得。水溶液中，捕收剂在矿物表面的吸附常符合此式。此外固-气界面的吸附也可采用此式。

③ 液-液界面吸附

泡沫浮选过程中经常使用非极性烃类油作捕收剂，尤其在浮游选煤时烃类油是最主要的药剂。此外，油团、全油或乳化浮选时，也需要采用大量非极性烃类油。但在泡沫浮选时要将油分散在水中形成O/W(水包油)型乳状液；而对全油浮选等，要将水分散在油中形成W/O(油包水)型乳状液。

由于液-液界面界面面积和界面自由能储量极高，系统处于多相热力学不稳定状态，力图向自由能降低的方向发展、以求达到稳定状态，即减少液-液界面面积。故单靠物理作用形成的乳状液只能暂时地增加界面面积，很快会发生破乳(油和水分层)。而欲维持此乳状液的稳定，有一个途径就是用表面活性剂降低油-水界面自由能，这种办法可获得分散度适宜和稳定性较高的乳状液。制备这样的乳状液对烃类油浮选剂很有实际应用价值，所以浮选中研究液-液界面吸附主要就是研究油-水界面表面活性物质的分布规律以及对油和水分散性能及形式的影响。

浮选过程中使用着大量表面活性物质，绝大多数情况下属正吸附。图4-1-26为三种类型物质的表面张力与浓度的关系曲线。曲线1为无机盐类表面惰性物质的 σ-c 曲线，这类物质为负吸附，表面张力稍高于水；曲线2为浮选中常用的表面活性物质，多为烃链较短的复极性分子，例如 C_9 以下的醇和羧酸、萜烯醇、醚醇、含氧烷基衍生物及黄原酸盐类，等等。该类物质在浮选中多为优良的起泡剂和硫化矿物的捕收剂，故通常称为表面活性物质；曲线3多为碳链较长的烷基硫酸盐或磺酸盐类、胺盐、皂类和多元醇类，特点是在低浓度时就可显著降低表面张力，并以曲线上最低点标志其在溶液中形成的胶束的临界点，而后表面张力随浓度增加又有所回升。此类物质通称为表面活性剂。在

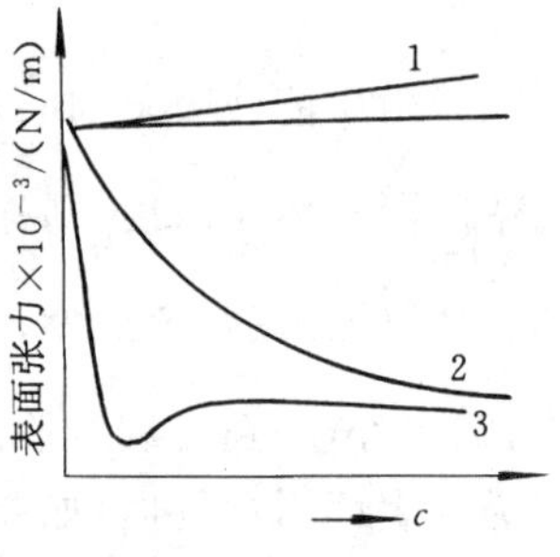

1—无机盐；
2—表面活性物质；
3—表面活性剂。

图4-1-26 不同类型物质的表面张力等温线

浮选中多作为氧化矿物的捕收剂，也作为非极性油类的乳化剂和分散剂。

当水中加入表面活性物质后，这些长烃链表面活性剂分子的疏水基被水排斥，亲水基被水吸引。由于烃链较长，所以被水排斥的力大于水对极性基的吸引力，因此这样的单个分子在水中处于不稳定状态。为了趋于稳定状态，该类分子只能采取两种存在形态：一是在油-水界面上定向吸附，把亲水基留在水中，疏水基插入油中，如图 4-1-27 中的(a)和(b)；二是在水中形成胶束，以尽量减少疏水基与水的接触，疏水基之间靠分子内聚力互相紧靠在一起；当水中的表面活性剂浓度很低时，可以形成二或三个分子的聚集体，如图中(c)所示。当表面活性剂浓度增高到一定程度，表面张力、电导率会发生突变(图 4-1-26 中曲线 3)，这个转折点的浓度就是形成胶束的临界浓度，称 CMC。此时，由几十个至几百个组成球形、薄叶形、小棒形胶束，见图 4-1-28，这种胶束的尺寸为几个纳米。

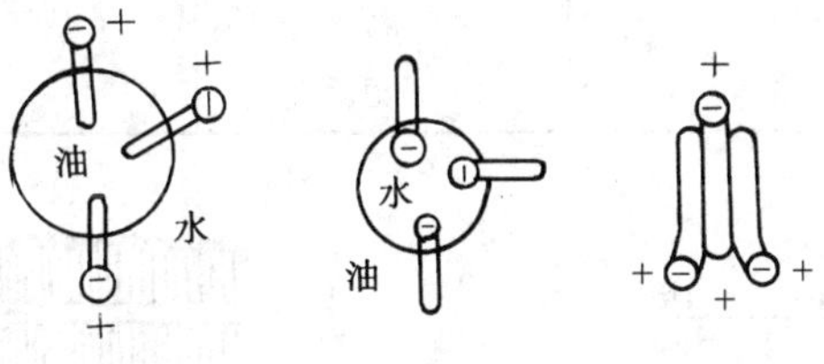

(a)　(b)　(c)

图 4-1-27　胶束雏型

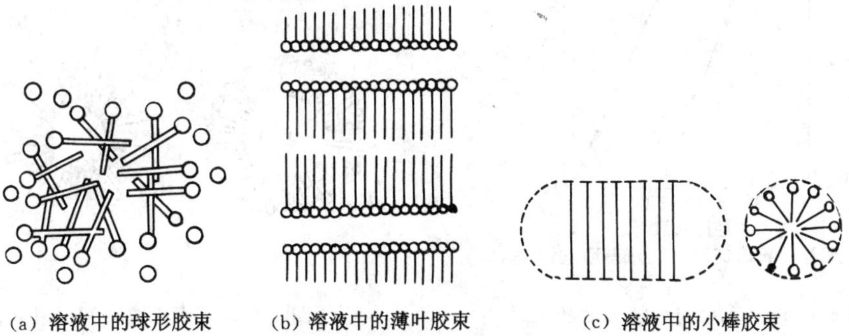

(a) 溶液中的球形胶束　(b) 溶液中的薄叶胶束　(c) 溶液中的小棒胶束

图 4-1-28　溶液中的胶束形状

CMC 表示表面活性剂形成胶束时的浓度。也可作为度量表面活性剂的标志。CMC 越小，表示表面活性剂形成胶束所需的浓度越低，改变界面性质所需的浓度也越低。临界胶束浓度还是表面活性剂溶液的性质发生显著变化的一个转折点。一般地说，对于某一同系物，CMC 值随烃链中碳原子数增加而降低，可用下列经验式表示：

$$\lg \mathrm{CMC} = A - B_n \tag{4-1-8}$$

式中，n 为烃链中的—CH_2 基的数目；A 和 B 为常数，由分子类型和温度所决定，见表 4-1-6。CMC 与烃链长度的关系如图 4-1-29 所示。

在胶束溶液中加入少量烃类油，它们立即渗入表面活性剂分子的烃链间，构成薄叶胶束的夹层，称为膨松胶束，如图 4-1-30 中(a)和(b)所示。其容积较原胶束膨胀了，这种胶束的尺寸可达 50 nm；如果在上述系统中加入助剂，则可以从膨松胶束进一步发展为球形胶束，即微乳状液。其尺寸由 30～80 nm 至 100 nm，如图 4-1-30 中(c)和(d)所示。

表 4-1-6　各种表面活性剂的 *A*、*B* 常数

化合物	*T*/℃	*A*	*B*
RCOOK	25	1.63	0.290
RCOOK	45	1.74	0.292
RSO_3Na	40	1.59	0.294
RSO_3Na	50	1.63	0.294
RSO_4Na	45	1.42	0.295
RNH_2Cl	45	1.79	0.296
$RN(CH_3)_3Br$	60	1.77	0.292
$RCH(COOK)_2$	25	1.54	0.220
$RCH(COOK)CH(COOK)_2$	25	1.70	0.226
2-烷基苯磺酸钠	55	—	0.292
烷基葡萄糖甙	25	2.64	0.530

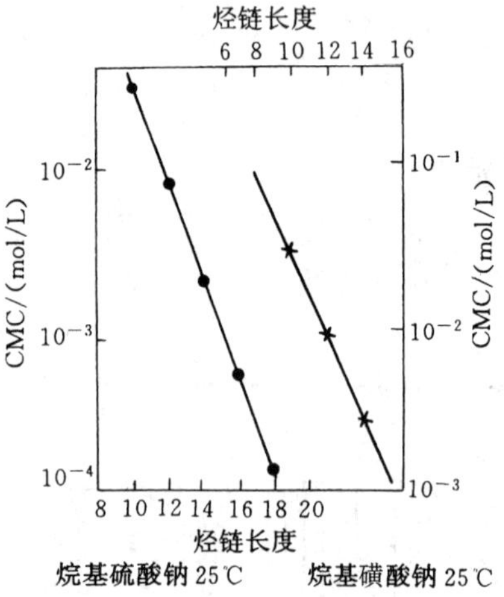

图 4-1-29　CMC 与烃链长度的关系

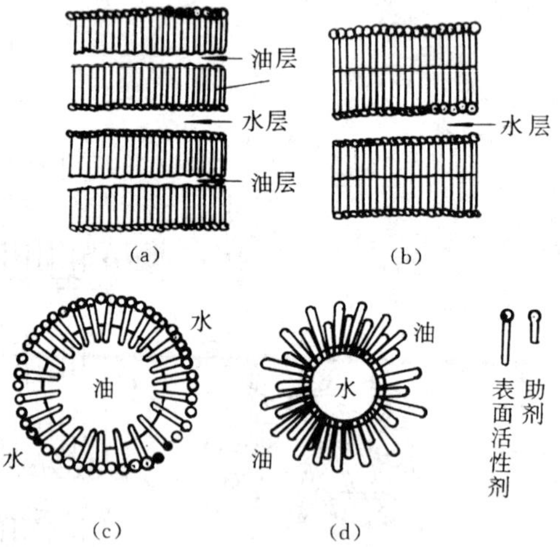

图 4-1-30　膨松胶束和微乳状液

第四节　气泡矿化

浮选过程中颗粒附着于气泡上的过程称为气泡的矿化。在气泡矿化过程中，表面疏水的矿粒优先附着在气泡上，构成气泡-矿粒的联合体；表面亲水的矿粒很难附着到气泡上，即使有可能附着也不牢固。即气泡矿化过程具有选择性。但除了颗粒表面润湿性对气泡矿化有影响外，颗粒的物理性质(如粒度、密度、形状、带电状态等)、气泡的尺寸及浮选槽内流体动力学形态等多种因素均对气泡矿化有影响，如图 4-1-31 所示。

一、气泡矿化的影响因素

浮选过程可以分为四个阶段：第一为接触阶段，矿粒在流动矿浆中以一定的速度和气泡接近，并进行碰撞接触；第二为黏着阶段，矿粒与气泡接触后，表面疏水的矿粒和气泡之间的

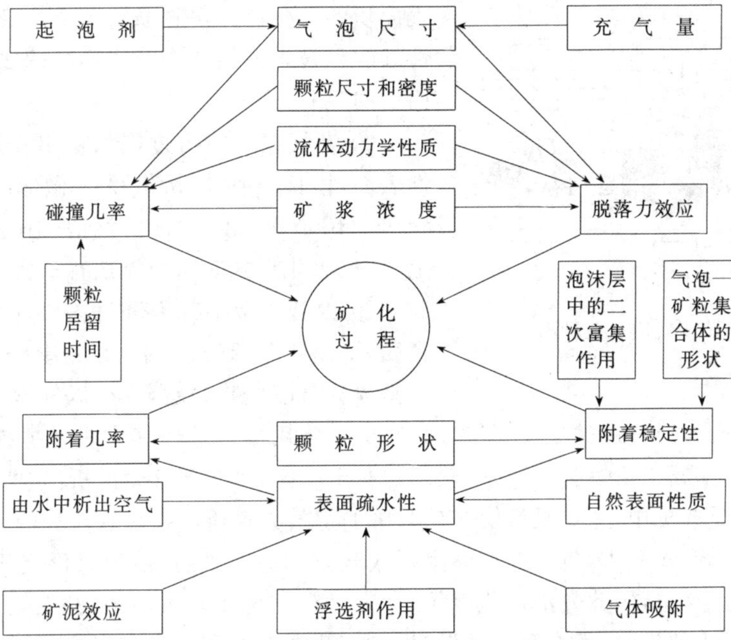

图 4-1-31　影响气泡矿化过程的各种因素

水化层逐渐变薄、破裂、在气、固、液三相之间形成三相接触周边，实现矿粒与气泡的附着；第三为升浮阶段，附着了矿粒的气泡（即矿化气泡）互相之间形成矿粒气泡的联合体，在气泡上浮力的作用下进入泡沫层；第四为泡沫层形成阶段，最后形成稳定泡沫层，并及时刮出。泡沫浮选过程中，疏水矿粒能否作为精矿上浮，取决于这四个阶段的进展情况。如果每个阶段都处于良好状态，就能得到满意的浮选结果。浮选时，矿粒能否上浮的总概率应由上述四个分过程的分概率来决定，即：

$$p = p_c \cdot p_a \cdot p_n \cdot p_s \tag{4-1-9}$$

式中，p、p_c、p_a、p_n、p_s 分别为矿粒进入泡沫产品的总概率、碰撞阶段的碰撞概率、黏着阶段的黏着概率、升浮阶段中的不脱落概率、泡沫层形成阶段的稳定性概率。

p_c 与气泡直径、矿粒直径、水流运动状态及矿浆浓度等有关。矿粒和气泡能否黏着，即 p_a 的大小与矿粒表面疏水程度、碰撞速度及气泡与矿粒的碰撞角度有关。p_n 则和气泡与矿粒黏着的牢固程度关系密切。p_n 受气泡和矿粒黏着面积、气泡给予矿粒的提升力、矿浆运动速度及其他矿粒对它的干扰程度等因素影响。p_s 主要受气泡寿命及气泡与矿粒黏附牢固程度的影响。为提高气泡和矿粒附着的总概率，必须提高四个分过程的概率，才能有利于浮选过程的进行。

二、气泡矿化形式

浮选矿浆中气泡的矿化是气泡群和矿粒群之间的群体行为，有别于单一的矿粒和气泡的情况，大半个世纪以来，大量学者通过高速摄影和测定，将现代浮选槽内的气泡矿化现象归纳为三种形式，如图 4-1-32 所示。

① 矿粒附着于由碰撞和搅拌切割而成的气泡上，形成矿化气泡，气泡运动时，黏附的矿粒群往往聚集于气泡尾部，形成所谓矿化尾壳，如图 4-1-32(a)所示。矿化尾壳占据气泡总

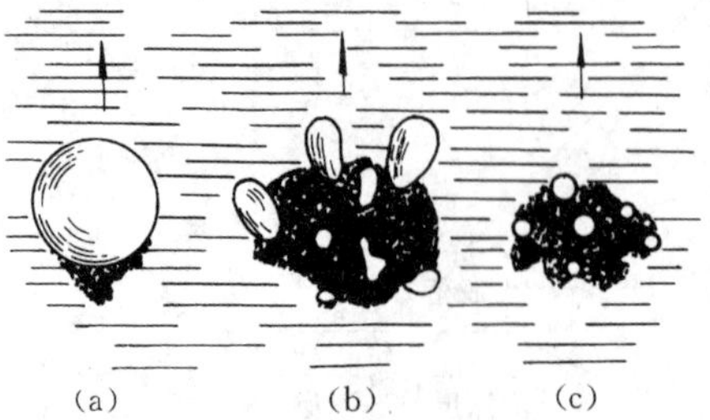

图 4-1-32　矿化气泡的三种形式

表面积的百分比因浮选条件不同而不同，在可浮性好的颗粒多的精选作业中可高达 20%～30%，而低的只有 1%～2%。

② 空气在水中由过饱和析出在颗粒的疏水性表面，增长和兼并，析出颗粒-微泡联合体，如图 4-1-32(b)所示。此时许多气泡黏附在一个矿粒上，此种矿化形式对粗粒浮选有重要意义。

③ 由若干微小气泡和许多细小颗粒构成气絮团，如图 4-1-32(c)所示，此先决条件是形成疏水絮凝体，此种疏水粒群往往以气絮团浮出。

气泡矿化形式与浮选机类型及充气方式有关。常用的浮选机多是机械搅拌式，属正压充气，气泡矿化基本属于第一种，但在叶轮周围有负压区，可有部分微泡析出，即兼具第二种形式。在减压式浮选机中，主要是溶解在矿浆中的空气大量析出在疏水矿粒的表面，形成微泡。因此以第二种形式为主，也可互相黏附形成气絮团。在喷射、旋流式浮选机中，喷嘴处压力降低类似减压浮选，因此气泡矿化以第二、三种形式为主。实际上，只要物料中有细小颗粒，又有直径较小的气泡，就有第三种形式。通常，浮选过程中这三种形式的矿化气泡是并存的，只是所占比例不同。虽在理论上已认识到第二种形式具有最高的选择性和捕收能力，但实践中却以第一种形式为主。

三、气泡矿化热力学及动力学

从热力学观点看，矿粒向气泡黏附，必须在外力作用下排开水化层才能实现，并且黏附前后矿粒和气泡体系的自由能要减少才能形成稳定的气泡矿化体系。用热力学方法分析能够确定矿化过程的方向和结果，但不能确定过程的机理和动力学，所以应将二者结合起来。

1. 黏附功

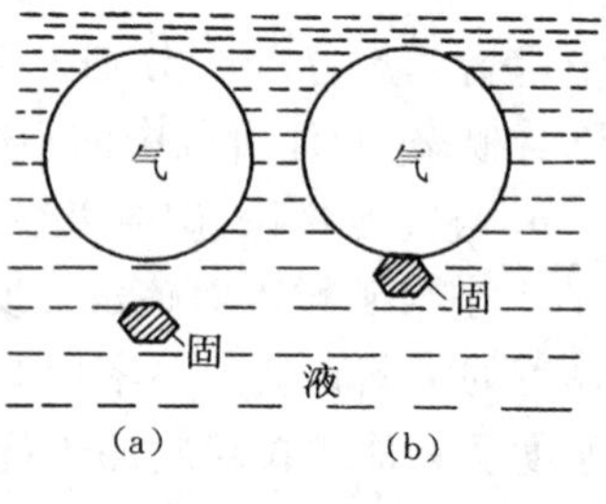

图 4-1-33　矿粒与气泡固着前后状态

浮选过程中的最基本行为是气泡矿化，该过程进行的基本依据是矿物润湿性不同。一些矿物可黏附到气泡上，而另一些则不能，从而实现不同矿物的分离。过程能否自发进行服从热力学第二定律。即在恒温恒压条件下，行为发生后如系统自由能降低则过程自发进行，反之，则不能自发进行。运用热力学分析方法可以将这一体系简化到如图 4-1-33 所示的状态，(a)表示矿粒附着于气泡之前；(b)表示矿粒附着于气泡之后。若将体系看作一个等温等压体系，那么矿粒与气泡附着前体系的自由能为 W_1，即

$$W_1 = S_{LG}\sigma_{LG} + S_{SL}\sigma_{SL} \qquad (4\text{-}1\text{-}10)$$

式中，S_{LG}、S_{SL} 表示气泡、矿粒在水中的表面积；σ_{LG}、σ_{SL} 表示水气、固水界面表面自由能。

假定我们只讨论附着一个单位表面积，即 $S_{SG}=1$，σ_{SG} 为固气界面表面自由能，且附着后气泡仍保持球形不变，矿粒与气泡附着后的体系自由能为 W_2，即

$$W_2 = (S_{LG}-1)\sigma_{LG} + (S_{SL}-1)\sigma_{SL} + \sigma_{SG}\cdot 1 \qquad (4\text{-}1\text{-}11)$$

附着前后体系自由能的变化为 ΔW，则

$$\Delta W = W_1 - W_2 = \sigma_{LG} + \sigma_{SL} - \sigma_{SG}$$

式中，σ_{SG}和σ_{SL}目前尚不能直接测定，用杨氏方程代入得

$$\Delta W = \sigma_{LG}(1 - \cos\theta) \tag{4-1-12}$$

ΔW为附着一个单位表面积前后体系自由能的变化，浮选上称为可浮性指标或黏附功。如果$W_1 > W_2$，则$\Delta W > 0$，说明黏附过程体系自由能是降低的，按热力学第二定律，此过程可以自发进行。从式(4-1-12)可见，可浮性指标是气液界面表面自由能和矿物表面接触角θ的函数。对绝对亲水的矿物，$\theta = 0°$，$\Delta W = 0$，矿粒不能自发附着于气泡；$\theta > 0°$，则$\Delta W > 0$，θ越大，ΔW值也越大，故越是疏水的矿粒附着于气泡的自发趋势越显著。疏水性矿粒能附着于气泡而亲水性矿粒则不能附着这一现象在这里得到了初步解释。

2. 矿粒与气泡碰撞附着

(1) 水化层薄化

如图 4-1-34 所示。浮选过程中，矿粒与气泡互相接近，先排除在两者夹缝间的普通水。由于普通水的分子是无序而自由的，所以易被挤走。当矿粒向气泡进一步接近时，矿粒表面的水化膜受气泡的排挤而变薄。水化膜变薄过程的自由能变化与矿物表面的水化特性有关：

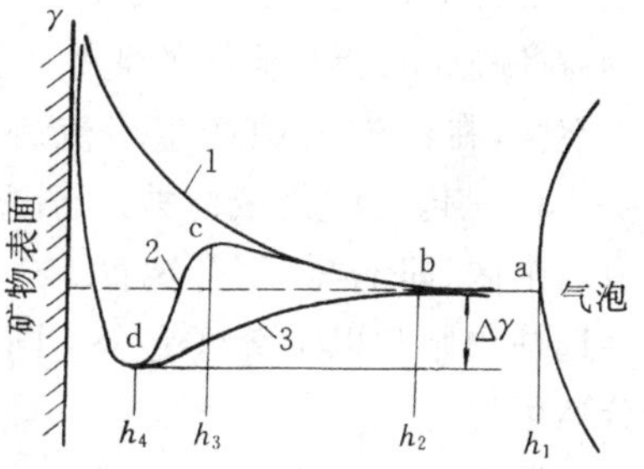

1—强水化性表面；2—中等水化性表面；3—弱水化性表面。

图 4-1-34 水膜的厚度与自由能变化

① 矿物表面水化性强（亲水性表面），则随着气泡向矿粒逼近，水化膜表面自由能增加，如图 4-1-34 曲线 1 所示。当矿粒与气泡不断接近时，其表面能不断升高，除非有外加的大能量，否则水化膜不会自发薄化。水化膜的厚度与自由能的变化表明，表面亲水性的矿物不易与气泡接触附着。

② 中等水化性表面，如图 4-1-34 曲线 2 所示，这是浮选常见的情况。

③ 弱水化性表面，即疏水性表面，如图 4-1-34 曲线 3 所示。疏水性表面的水化膜比较脆弱，有一部分自发破裂，此时自由能降低。但到很近表面的一层水化层，仍很难排除，曲线 3 在左侧急剧上升说明了此点。

浮选常见的矿物既非完全亲水，也非绝对疏水，往往是中间状态，即图 4-1-34 中曲线 2 的情况。矿粒向气泡附着的过程，详细可分为 a、b、c、d 四个阶段，相对应的矿粒与气泡间距离分别为h_1、h_2、h_3和h_4。

a 阶段为矿粒与气泡的互相接近，这是由浮选机的充气搅拌、矿浆运动、表面间引力、矿粒和气泡的大小等因素综合造成的。此时自由能变化不多。b 阶段是矿粒与气泡的水化层接触，原来矿粒与气泡间的普通水层，逐步从夹缝中被挤走，直至矿粒表面的水化层与气泡表面水化层相互接触。由于水化层的水分子是在表面键能的作用力场范围内，故水分子偶极是定向排列的，这与普通水分子的无序排列不同。因此，要挤走水化层中的水分子，如曲线 2 由 b 向 c 处推进时，就需要外界向体系做功，才能克服 b 到 c 的能峰。c 阶段是水化膜的变薄或破裂。水化层受外加能的作用变薄到一定程度，成为水化膜，间隔距离为h_3，相应曲线 2 由 c 到 d。此时水化膜表现出不稳定性，即已越过能峰 c，再逼近，距离h_3缩为h_4，自由能减低，水化膜厚度会自发变薄。据测定，大致间隔为$(1\sim100)\times10^{-9}$ m。此时矿粒与气

泡自发靠近。d 阶段是矿粒与气泡接触。从 c 自发进行到 d,此时矿粒与气泡开始接触。接触发生后,如为疏水矿物表面,接触周边可能继续扩展。

根据一些研究,在矿粒与气泡接触面积上,可能有“残余水化膜”,就此膜特性而论,已近于半固态,要除去此膜,需要很大的外加能,如果存在残余水化膜,则矿粒与气泡只是两相接触,即只有固-液和液-气两种界面。于是三相接触的平衡式应改写为两相。

(2) 碰撞过程及影响因素

矿粒与气泡的碰撞附着过程和影响因素与浮选机中流体的性质、二者相对运动的轨迹、气泡和矿粒的大小等因素有关,而前二者又主要和浮选机的型式有关。当气泡和矿粒的大小在一定范围内时,根据矿浆的运动形式及矿粒和气泡相对运动轨迹,可把碰撞附着分成层流碰撞和湍流碰撞。

① 层流碰撞

通常将雷诺数小于 10^3 的流动称为层流。在层流情况下,颗粒顺流线运动,流体的惯性可以忽略。根据浮选机的型式不同,在浮选机中产生层流碰撞的区域是不相同的。图 4-1-35 是传统的机械搅拌式浮选机中不同的分区,通常分为四个区,即泡沫区、分离区、矿化运输区和混合区。而在浮选柱中则和以上分区完全不同,基本没有混合区,主要为分离区。

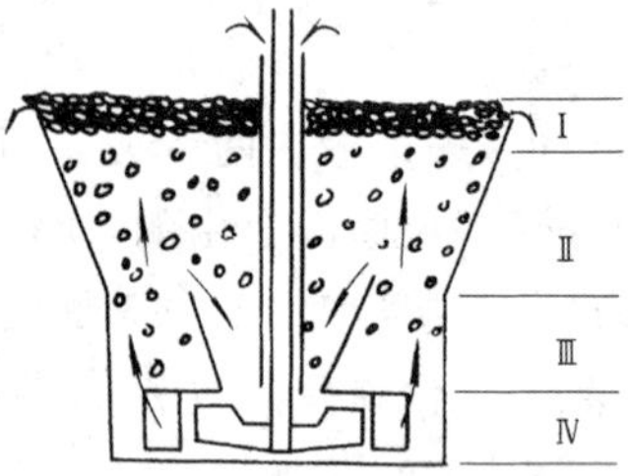

Ⅰ—泡沫区;Ⅱ—分离区;
Ⅲ—矿化运输区;Ⅳ—混合区。
图 4-1-35 气泡运动示意图

在混合区中气固液三相进行激烈混合。气流被切割、分散成气泡,气泡群与悬浮的颗粒群进行大量的碰撞和接触。在该区内气泡和矿粒的运动没有一定的方向,不属于层流,其碰撞属于紊流碰撞。在分离区和矿化运输区中,气泡随矿浆流或靠浮力向上运动,矿粒主要靠重力向下运动或随矿浆流向上运动,气泡和矿粒的运动属于层流范围。在该区内的碰撞属于层流碰撞。研究浮选中气泡和矿粒碰撞过程的绝大部分照片上都是在这种条件下拍摄的,可以用于层流条件下碰撞过程的分析。

为使整个系统简化,假定有一个矿粒自气泡的上方落下,见图 4-1-36,矿粒的半径为 R_P,气泡的半径为 R_B。当气泡和水介质之间没有其他相对运动时,在气泡上方,半径为 R_P+R_B 水柱中的矿粒均可借重力沉降与气泡接触。当气泡和水流有相对运动,水掠过气泡时,使流线弯曲,位于水中的矿粒受介质黏滞力的影响,其运动轨迹将偏离气泡,则只有半径为 b 的流束管中的矿粒,才可能与气泡接触,即 $b<R_P+R_B$。b 的大小取决于矿粒受介质黏滞力作用及矿粒本身的惯性力。黏滞力使矿粒沿流线弯曲,离开气泡;惯性力使矿粒偏离流线,有可能与气泡接触碰撞。矿粒和气泡发生碰撞的部位在矿粒和气泡相向运动的气泡半球上。

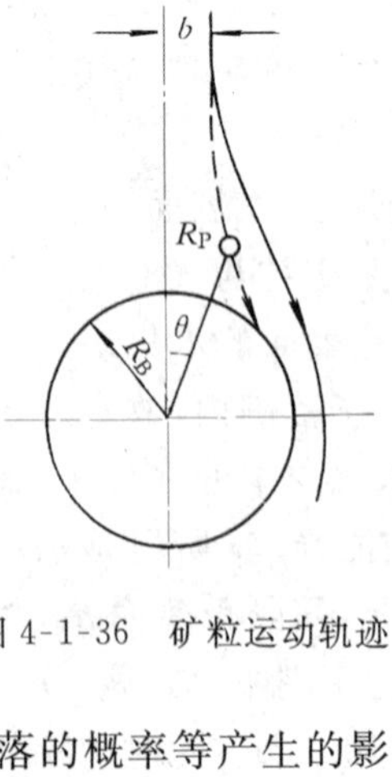

图 4-1-36 矿粒运动轨迹

② 湍流碰撞

通常将雷诺数介于 $10^4\sim10^6$ 的流动称为湍流,湍流碰撞发生在浮选机的搅拌混合区,在此区域,矿粒、气泡运动方向不定,碰撞可发生在任何部位,并且湍流的强度对碰撞的效果、上浮的速度和脱落的概率等产生的影响都有一定的随机性。

湍流中，颗粒和气泡的碰撞概率除受湍流强度影响外，还受矿浆浓度、矿浆中颗粒数目和气泡数量的影响。若湍流强度、矿浆浓度、矿浆中颗粒数目、气泡数量提高，均可使碰撞概率提高。但如上所述，湍流强度提高后，气泡和颗粒之间的脱落力也随之增高。而且粒度越粗、密度越大、颗粒表面亲水性越强，这种湍流的副作用也越显著。因此湍流强度增加后，颗粒的浮出率不一定随湍流强度的增加而提高。在工业条件下，要保证粗颗粒的最大回收率，应选择适宜的湍流强度。为了克服绕流的影响，对细粒物料可选用较高的湍流强度，这对附着有利。且湍流强度提高后，机械搅拌式浮选机可产生更多的小气泡，有助于提高微细颗粒（－10 μm）的碰撞概率和浮选速度。

3. 微泡析出附着

在正常情况下，水中都溶解有一定数量的空气，溶解的多少服从亨利定律，随压力和温度的变化，溶解的空气数量也发生变化。如在恒温降压、降压加温或压力不变温度升高的情况下，原来溶解于矿浆中的气体就会以微泡的形式析出。浮选矿浆中析出的微泡均是在恒温降压条件下析出的。

悬浮在水中的微泡核直径的数量级为 10^{-4} μm。理论研究认为，含有这种微泡核的水比溶有气体的水更易断裂，这有利于微泡核在矿粒表面析出及扩大。矿物表面疏水性越强，气泡增长的速度越快，见图 4-1-37。在任何湍流的旋涡中心（速度中断面和局部降压区），也都可看到微泡核发展成微泡的现象。水中气体的过饱和度越高和大气泡含量越多，微泡核发展为微泡的概率也越高。

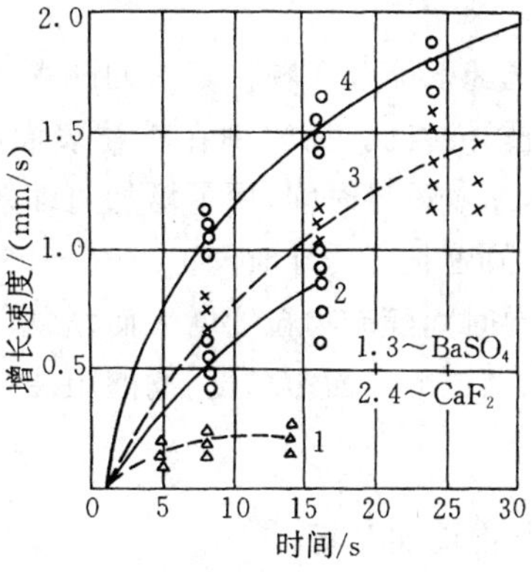

1—重晶石、油酸钠 1.0 mg/L；

2—萤石、油酸钠 1.0 mg/L；

3—重晶石、油酸钠 10.0 mg/L；

4—萤石、油酸钠 10.0mg/L。

图 4-1-37　不同油酸钠浓度，由液相析出气体在重晶石和萤石上成泡后的增长速度

附在微细颗粒表面的微泡可以携带微粒上浮，或微泡和微粒互相形成气絮团，促使它们上浮。前者的上浮速度要比大气泡慢得多，后者可借微泡群的浮力进行有效的浮选。附在粗粒表面的微泡，因浮力不够，不能直接浮选粗粒物料，但微泡可以成为颗粒和大气泡之间附着的桥梁，促使它们之间的附着。颗粒通过微泡和大气泡的附着比一般颗粒和气泡之间的附着更牢固。这是因为它们之间的附着接触面积较大，而且颗粒和微泡之间的附着是没有残余水化层的气固直接接触。

微泡是颗粒表面疏水区的气核，可以提高表面疏水性不均匀颗粒和难浮颗粒的附着概率，特别是提高粗、重颗粒的回收率和浮选速率，并可改善细粒矿物的选择性。克拉辛曾用三种不同充气方法对 0.074～0.147 mm、经油酸处理的萤石进行浮选，见图 4-1-38，结果证明，微泡和大气泡同时存在时，浮选效果最好。

4. 诱导时间和接触时间

当矿粒和气泡发生碰撞开始进入附着阶段后，水化层要变薄甚至破裂，即从碰撞到附着，要完成水化层薄化、破裂、三相润湿周边的扩展以及颗粒稳定地黏附于气泡之上四个过程，这段时间称诱导时间，也称感应时间。一个有可能和气泡附着的颗粒，与气泡发生碰撞

后，一般会沿着气泡表面向下滑动，一直到下半部或尾部才能和气泡附着。

在颗粒和气泡的附着过程中，颗粒和气泡从开始碰撞到颗粒从气泡上脱落这段时间称为接触时间。一个颗粒要附着到气泡上，其诱导时间必须小于接触时间。即在接触时间内颗粒和气泡应能完成水化层薄化、破裂、三相润湿周边扩展及颗粒稳定地黏附于气泡之上几个过程；反之，诱导时间大于接触时间，在接触时间内不能完成上述几个阶段，颗粒和气泡不能够附着。诱导时间越短，颗粒越容易附着到气泡上。诱导时间短则千分之几秒，长达十分之几秒以上，取决于颗粒表面的疏水程度，随颗粒表面疏水程度提高而缩短。浮选药剂、矿物颗粒大小等也影响诱导时间。

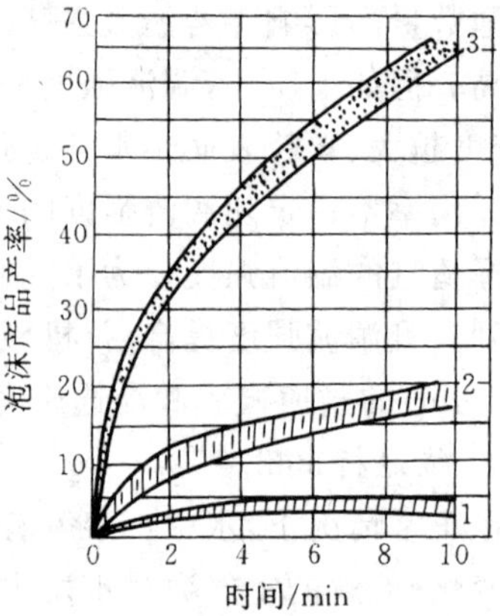

1—由溶液析出气体；
2—多孔隔膜充气；
3—气体析出与多孔膜充气联合方式。

图 4-1-38　三种充气方式的浮选效果

浮选药剂能改变颗粒表面的疏水性或亲水性，因而影响诱导时间。捕收剂在矿粒表面吸附能增加其疏水性，缩短诱导时间，用量增加可缩短诱导时间；抑制剂在颗粒表面的吸附增加颗粒表面亲水性，故延长了诱导时间。

诱导时间随矿物粒度增大而增加，但当粒度大于 50 μm 后，诱导时间趋向于常数。气泡尺寸、颗粒的表面粗糙度、润湿阻滞效应、颗粒形状等都能或多或少影响水化膜的破裂和诱导时间。

四、泡沫层分析

1. 两相泡沫

两相泡沫是气相在液相中的一种分布形式，其特点是气相体积远大于液相体积，故液相呈薄层状分割气体。液相中的气泡分散体浮升至液面稳定聚集即成泡沫，没有固相参与的泡沫叫两相泡沫。浮选中形成的含有大量矿粒或其他第三相物质泡沫称三相泡沫。两相泡沫比较简单，在评价及研究起泡剂及泡沫时经常用到。

图 4-1-39 为两相泡沫的结构。在相邻气泡大小相差不大的情况下，往往形成水层夹角互为 120°的三气泡结构单元，由三叉水层分隔。此种三叉水层结构又称普兰台边界。普兰台边界对泡沫的脱水起作用。图 4-1-40 是三相泡沫层的结构。在泡沫层的下部以圆球状的小气泡为主，分隔水层很厚，含水较多；泡沫层上部水层逐渐变薄，气泡逐渐变大，主要由多面体的大气泡组成，水层很薄，含水很少。三相泡沫除分隔水层中有大量矿粒外，结构与两相泡沫相似。

同其他的二元分散体系（如乳浊液、气溶胶）一样，泡沫是不稳定体系。泡沫层总是处于表层的老气泡不断破灭及下部不断补充新鲜气泡的动态平衡状态。泡沫层中气泡破灭的主要原因如下：

① 脱水作用

泡沫层中分隔气泡的水层由于受重力、蒸发及表面张力等作用而逐渐变薄。重力作用

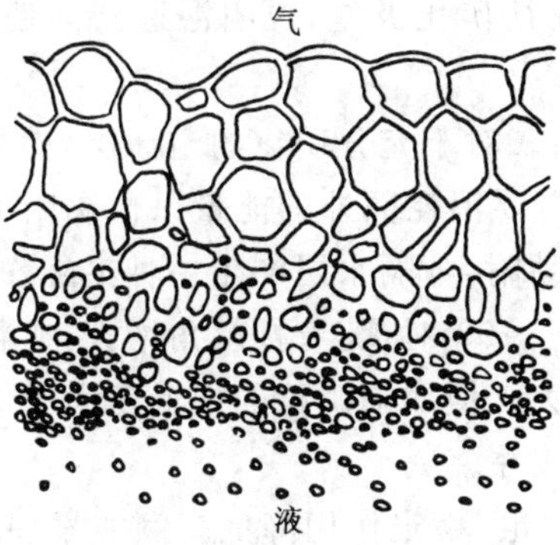

图 4-1-39　两相泡沫剖面图

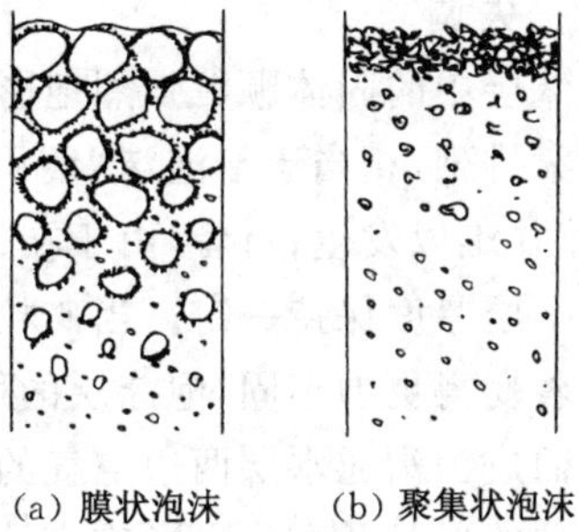

图 4-1-40　三相泡沫纵剖面图

使泡沫层上部的水向下流动，最终进入液相。在泡沫层表面的水层又因水分不断蒸发而进一步变薄。表面张力的作用如图 4-1-41 所示。在普兰台边界的交界处(标以 x)形成凹面，按曲面压力公式 $\Delta p=\frac{2\gamma}{R}$(液相与气相界面的压力差为 Δp，液面的曲率半径为 R)，凹液面处 Δp 为负值，而平液面 y 处 Δp 为零，故水层在 x 处的压力小于 y 处，使 y 处的水向 x 处汇集，y 处水层变薄。

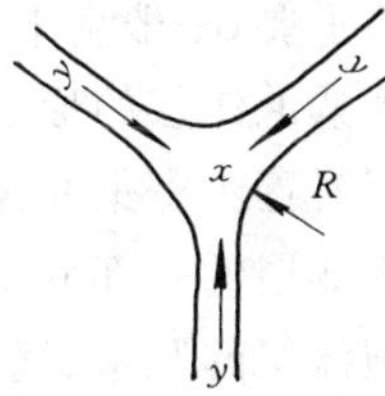

图 4-1-41　普兰台三角区

② 泡沫层中气泡的兼并

泡沫中相邻气泡直径不同时，气泡内的毛细压力 p 不同($p=\frac{4\gamma}{R}$)，小气泡的毛细压力 p_1 大于大气泡的压力 p_2，压力差为 $p_1-p_2=4\gamma\left(\frac{1}{R_1}-\frac{1}{R_2}\right)$，使得小气泡内的空气透过水层向大气泡扩散，最终导致小气泡被大气泡兼并。

③ 分隔水层的破裂

泡沫层的脱水作用使分隔水层变薄到极限厚度$(1.0\sim1.5)\times10^{-8}$ m，此时的水膜叫黑斑(Black Spot)或黑膜。由于两气液面非常靠近，位于界面层的起泡剂分子及水分子以氢键及分子力互相吸引，加之界面双电层的静电斥力作用，黑膜变得极为稳定，如无外力作用，可持续存在一定时间，一旦受外力和药剂影响，顷刻破裂。

由此可见，两相泡沫层的破灭，可分为分隔水层变薄和黑膜破裂两段。泡沫寿命也由这两段的进展状况而定，往往黑膜的破裂速度起决定性作用。

2. 三相泡沫——*矿化泡沫层*

如上所述，含有矿粒或第三相的泡沫就是三相泡沫。三相泡沫有许多与两相泡沫相似之处，如泡沫层中气泡自上而下由大变小，分隔水层自上而下由薄变厚，泡沫层上部的大气泡显著变形等。常见的矿化泡沫层如图 4-1-40 所示。

浮选过程中理想的三相泡沫是由矿化充分、大小适度的气泡组成的，不发黏，有较好的流动性，除气泡顶端外，其他气泡表面均被矿化。有时在浮选过程中可以观察到由疏水絮凝体和许多小气泡形成的矿化泡沫，这种泡沫含大量的疏水矿粒和少量的水，有较高的稳定性，不易破裂。在扫选过程中经常碰到“水泡”，此种泡沫矿化程度较差，含大量的水，气泡较大且易碎。有时，在泡沫层上出现喷水雾现象，此种现象多半是由起泡剂用量过多引起的，使气泡变脆，水分增高，这种脆泡往往矿化极差，说明浮选药剂使用不当，浮选过程失调。

泡沫层中的固体颗粒强烈地影响泡沫的稳定性。对于充分矿化的泡沫层，矿粒在气液界面密集排列，相当于给泡沫“装甲”，气泡兼并时需要消耗额外的能量以使黏附的矿粒脱落，使兼并难以发生；再者，由于在气液界面有矿粒黏附，分隔水层产生一种毛细作用力，此种力使水层厚度保持一定。当矿粒的接触角介于 0°～90°时，随着接触角增大，矿粒在气泡上的黏着变得更加牢固，泡沫层的稳定性亦相应增大。但如果矿粒的接触角大于 90°，疏水矿粒反而成为沟通水层两边空气的媒介，促使气泡兼并。

矿粒的形状及大小也影响泡沫层稳定。矿粒过粗，稳定作用降低。例如添加 0.1 mm 的方铅矿矿粒可使异戊醇溶液的泡沫层寿命由 17 s 增加到几小时，而 0.3 mm 的方铅矿只能使泡沫层寿命由 17 s 增至 60 s。小于 0.1 μm 的疏水胶粒破坏泡沫的稳定性。矿粒的形状也很重要，一般扁平矿粒产生较稳定的泡沫。

浮选泡沫层的形成和破灭是一个动平衡过程。气泡带着一定厚度的矿浆层上浮，到达泡沫层时逐步密集并互相干扰，并以一定速度继续上升；与此同时，由于泡沫层的脱水作用，进入泡沫层的一部分水挟带未黏着或黏附不牢的矿粒下落并返回矿浆。

泡沫层的脱水、气泡互相兼并使气液界面减少、气泡壁破裂时的颠动等，使黏附于气液界面的矿粒根据黏附牢固性大小竞争气液界面。矿粒黏附的牢固性主要取决于其疏水性及形状。疏水性较差的矿粒黏着不牢，首先脱落，随向下流动的水返回液相。于是，泡沫层中矿粒的矿物组成或品位随泡沫层高度而变化，精矿品位随泡沫层高度而提高，脉石矿物则主要聚集在泡沫层下部，如图 4-1-42 所示。这种目的矿物在泡沫层的富集现象叫二次富集作用。二次富集作用对提高精矿品位有利。为了充分利用此种作用，应注意刮泡方式及刮泡速度，同时应为脉石矿粒在泡沫层中下落创造必要条件。如调整药剂制度，减少泡沫黏性，扩大目的矿物与脉石矿物的可浮性差别等，甚至可在泡沫层上适当喷洒清水。但要注意喷水量，过大过小都不好。

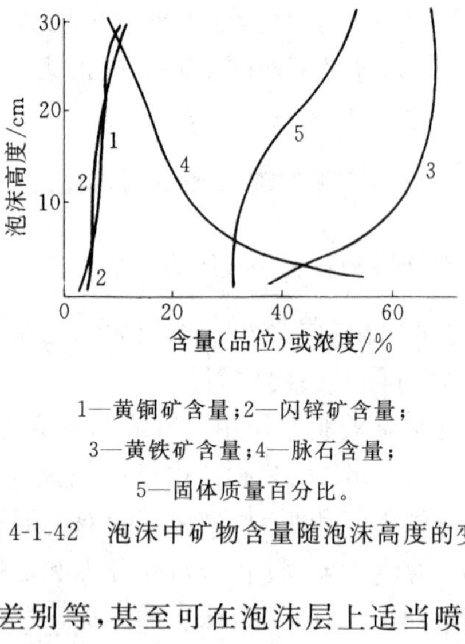

1—黄铜矿含量；2—闪锌矿含量；
3—黄铁矿含量；4—脉石含量；
5—固体质量百分比。

图 4-1-42　泡沫中矿物含量随泡沫高度的变化

根据对泡沫层结构的分析，国内外的一些研究者设计了一种泡沫分选机。它的原理在于经过充气器和事先在槽内加入适量的起泡剂和捕收剂，使分选槽的表面形成一层厚厚的已吸附起泡剂和捕收剂的泡沫层。另外，与一般的浮选方法不同之处是浮选入料加入泡沫层的表面，由于各种矿物的疏水性不同，因而泡沫层对各种矿物的选择作用也不同。疏水性好的矿物很容易黏附于泡沫而进入精矿；疏水性差的矿物则由于矿物的重力作用穿透泡沫层而进入矿浆，随尾矿排除。泡沫分选机的分选原理就在于泡沫层与不同疏水性矿物的作用不同。

第五节 浮选动力学

浮选过程进行的速度快慢可用单位时间内浮选矿浆中欲浮矿物的浓度变化或精矿产品回收率来衡量，称之为浮选速率。浮选动力学的主要任务是研究浮选速率的规律性，分析各种影响因素。研究浮选动力学的意义是改善浮选流程、发展浮选新工艺，改进浮选机设计，改革浮选试验研究方法，研制浮选流程的计算机仿真，应用于浮选厂模拟设计，实现浮选回路的最佳化控制及自动化。

一、浮选动力学影响因素

浮选是包括许多分过程的复杂过程，这些分过程大体上包括：

① 给料引入，矿浆引入、空气引入；

② 矿粒和气泡的附着，矿粒和气泡碰撞、矿粒向气泡附着、矿粒从气泡上脱落；

③ 矿粒在矿浆和泡沫间的转移，矿化气泡进入泡沫、矿粒直接带入泡沫、矿粒从泡沫上返回矿浆；

④ 浮选产品的排除，泡沫的排除、尾矿的排除。

上述各分过程均会对浮选速率产生影响。另一方面，矿物浮选又是一个复杂的现象，除受机械、工艺及操作条件影响外，物理化学因素对速率也产生重要影响。归纳起来，影响浮选速率的因素可分为四类：

① 矿石和矿物的性质，如矿物的种类和成分、粒度分布、矿粒形状、单体解离度、矿物表面性质等；

② 浮选化学方面诸因素，如捕收剂的选择性、捕收能力强弱、活化剂、抑制剂、起泡剂的种类和用量、介质 pH 值、水质等；

③ 浮选机特性，如浮选机结构和性能、充气量、气泡尺寸分布及分散程度、搅拌程度、泡沫层的厚度及稳定性、刮泡速度等；

④ 操作因素，如矿浆浓度、温度等。

人们从不同角度，针对不同目的进行了大量探索。通过这些因素对浮选速率影响的研究表明，所涉及问题实际上十分复杂，很难得出每一因素对浮选速率影响的一致结果，这也给浮选动力学研究带来很大困难。

二、浮选速率方程和级数

矿粒向气泡附着是浮选过程的基本行为。这一过程与化学反应相类比，矿粒与气泡的碰撞和黏附相当于化学过程中的分子、原子、离子等粒子间的相互作用，当用化学过程中的一级反应描述矿物浮选行为时，在窄粒级纯矿物浮选条件下是拟合良好的；而对于实际矿石的浮选过程，则令人失望，一般情况下均得不到满意的结果。因为与相对比较均匀的分子、原子和离子间的化学反应相比，在浮选槽内进行的浮选过程要复杂得多。

1. 一级反应

实验室纯矿物试验和对工业浮选产品进行筛析研究的结果均表明，就窄级别单一矿物而言，浮选速率与浮选槽内矿浆中该种矿粒的浓度成正比，遵循一级反应速率方程：

$$\frac{\mathrm{d}c}{\mathrm{d}t}=-kc \tag{4-1-13}$$

式中 c、t、k——矿浆中目的矿物的浓度、浮选时间和浮选速率常数。

由于浮选槽内目的矿物浓度的变化与回收率的变化是相对应的，为了使用上的方便，将式(4-1-13)写成如下形式：

$$\frac{\mathrm{d}\varepsilon}{\mathrm{d}t}=k(1-\varepsilon) \tag{4-1-14}$$

式中 ε——目的矿物的回收率。

$$\varepsilon=1-\mathrm{e}^{-kt} \tag{4-1-15}$$

由于实际矿石中存在不能浮起的目的矿物，浮选时间无限延长时所能达到的回收率不是100%，只能是ε_∞(最大回收率，纯矿物取100%)。

$$\varepsilon=\varepsilon_\infty(1-\mathrm{e}^{-kt}) \tag{4-1-16}$$

式(4-1-16)可变为：

$$\ln\frac{\varepsilon_\infty}{\varepsilon_\infty-\varepsilon}=kt \tag{4-1-17}$$

令$k=k_1$，为一级反应速率常数，以$\ln\frac{\varepsilon_\infty}{\varepsilon_\infty-\varepsilon}$对$t$作图，当符合一级反应时，则应得到通过坐标原点的直线，斜率为速率常数k_1。或将测得的各组ε和t的数据代入式(4-1-17)，如果算出的k值为基本一致的常数，则也可确认为是一级反应。

2. n级反应

对于一般实际矿石浮选，用式(4-1-16)来描述时误差很大。如果浮选槽内目的矿物浓度下降不是与槽内该矿物的浓度成正比，而是与浓度的n次方成正比，则式(4-1-13)变成：

$$\frac{\mathrm{d}c}{\mathrm{d}t}=-kc^n \tag{4-1-18}$$

式(4-1-18)即为n级浮选速率模型的基本形式。同理，可将式(4-1-16)写成便于应用的形式：

$$\frac{\mathrm{d}\varepsilon}{\mathrm{d}t}=(\varepsilon_\infty-\varepsilon)^n \tag{4-1-19}$$

多年来，国内外对n的取值进行了大量研究工作，结果发现，为了与实际矿石浮选结果相拟合，n的取值范围是$0\leqslant n\leqslant 6$，n是整数，也可是非整数。当$n=2$，称为二级反应，可由式(4-1-19)推得：

$$\frac{t}{\varepsilon}=\frac{1}{\varepsilon_\infty^2 k}+\frac{t}{\varepsilon_\infty} \tag{4-1-20}$$

即在t、ε-t坐标系中，式(4-1-20)的图形应是一条直线。n级浮选速率模型的提出，可以使实际矿石浮选过程被一个适宜的n值来表征，模型的适应性和拟合度均有所改善，但模型本身并没有揭露出过程的实质，也没有解释清楚为什么有的过程具有线性特征($n=1$)，有的过程具有非线性特征($n\neq 1$)。

如果n不是整数，则称之为“非整数级反应”。此时$(\varepsilon_\infty-\varepsilon)^{1-n}$对$t$是直线关系。图4-1-43是30～45 μm粒级的赤铁矿浮选结果。当$n=1.4$时是一条直线，表明它的浮选速率为非整数级。当n值大于该值时，在相应坐标中为向下凹曲；而当n值小于该值时，在相应坐标中则为向上凸起的曲线。

由于浮选速率正比于速率常数和回收率的n次方，因此在比较浮选过程的快慢时，对于

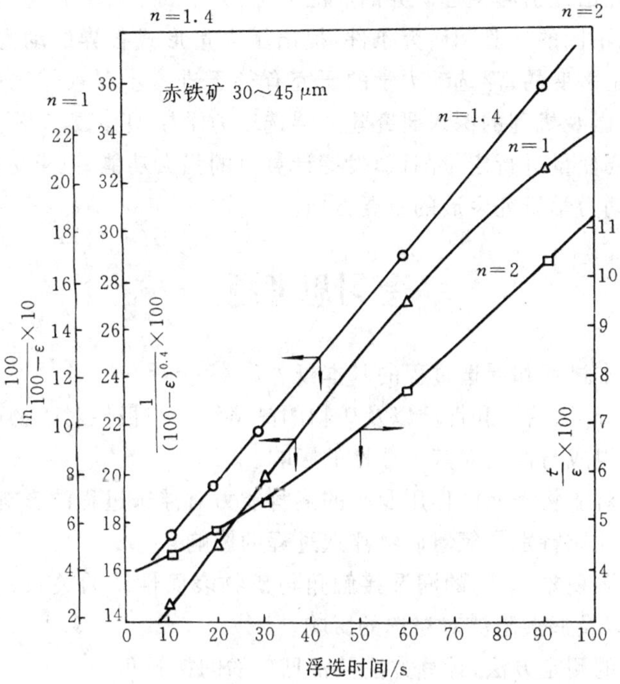

图 4-1-43　30～45 μm 粒级赤铁矿的浮选反应级数

同一反应级数，可直接比较速率常数的大小。速率常数大，则浮选速率快。如果反应级数不同，则必须直接算出某时刻的浮选速率来比较。

三、浮选速率常数分布特性

浮选实践表明，当组成浮选物料的各粒子的可浮性越来越相近（例如纯矿物粒级越来越窄），直至它们中的每一颗粒的可浮性都相同时，这一物料的浮选速率是符合一级反应的。这时各矿粒的速率常数应是相等的，此时，我们把可浮性相同并具有相同的一级反应速率常数的这些矿粒称为一个品种（级）（species）。在实际矿石中，同一品种的矿粒群中可能存在有组成不同、颗粒不同、解离度及表面性质不同的颗粒。因此，若以一级动力学方程来描述实际矿石的浮选，可以认为：k 值不是常数，而是随时间变化的。在实际矿石浮选时，由于浮选物料由不同 k 值的品种组成，所以，具有较大速率常数的品种将以较快的速率浮选，而速率常数低的以较慢速率浮选，随着较大速率常数的品种不断浮出，浮选机中剩余物料的平均 k 值就随着浮选时间延长逐步降低，即 k 值是时间的函数。

由于浮选物料是由不同 k 值品种组成的，那么其中不同 k 值的品种数量占多大比例、如何分布，是一个研究课题，也决定了实际浮选动力学模型的使用效果。因为浮选物料组成实际上是十分复杂的，因此 k 值的分布也有多种表达式，可以分为两大类，即连续分布形式和离散分布形式。

关于反应级数和速率常数的分布函数的研究都属经验方程的范围。可以认为，浮选反应级数问题，实际上是浮选速率的宏观表示。而 k 值分布问题，则是对物料中不同速率的矿种组成规律的微观分析。

浮选动力学研究已经引起了选矿界的广泛兴趣，并取得了相当的进展，研究者针对不同种类和特性的矿物、不同的试验和研究条件，提出了大量形式各异的动力学模型。然而，影响浮选过程的因素是多变的，浮选动力学的研究有待于进一步深入与发展。以浮选速率常数分布为基础，通过微观机理的深入研究建立浮选动力学模型参数与操作变量的关系，应用现代测试技术对重要变量进行定量测试，发挥计算机的强大功能，以求更精确地描述实际浮选过程是今后浮选动力学研究发展的重要方向。

复习思考题

1. 简述浮选基本过程和浮选过程的基本概念。

2. 简述晶体的分类、结构和性质以及矿物的晶格结构与极性对矿物可浮性的影响。

3. 简述煤基本组成与性质对其可浮性的影响。

4. 简述水分子对矿物表面的作用及水的溶解能力对浮选过程的影响。

5. 简述空气的性质特别是氧对矿物浮选过程的影响。

6. 举例说明润湿现象、矿物的润湿接触角与矿物表面性质的关系，说明影响润湿阻滞大小的因素有哪些以及润湿阻滞对浮选的影响。

7. 简述接触角的测定方法、计算方法及常见矿物的接触角。

8. 简述吸附类型及浮选中常见的吸附现象。

9. 气泡矿化及其途径有哪些？简述强水化性、中等水化性、弱水化性矿物和气泡碰撞时，其系统自由能的变化规律。

10. 简述浮选动力学研究的内容及意义。影响浮选速率的主要因素有哪些？

第二章 浮选药剂

第一节 浮选药剂的分类与作用

矿物能否浮选取决于矿物表面的润湿性。自然界中的矿物，绝大多数可浮性都很差，必须用浮选药剂来加强，而且这种加强必须要有选择性，即只能加强一种矿物或某几种矿物的可浮性，而对其他矿物不仅不能加强有时还要削弱。这样，就可以人为地控制矿物的浮选行为。浮选之所以能被广泛应用于矿物加工，重要的原因在于它能通过浮选药剂灵活、有效地控制浮选过程，成功地将矿物按人们的要求加以分开，使资源得到综合利用。例如多金属硫化矿石，矿石中经常共生方铅矿、黄铁矿、闪锌矿、黄铜矿等硫化矿物，这些硫化矿物具有相似的物理性质，用重选等选矿方法很难使之分离。虽然它们的天然可浮性也相似，但通过浮选药剂的作用，可以成功地浮选分离，得到四种精矿，分别送冶金和化工企业回收铜、铅、锌、硫等元素。使用浮选药剂是控制矿物浮选行为最灵活、最有效、最方便的手段。此外，通过浮选药剂得到稳定的大量气泡也是浮选能够高效进行的前提。

浮选药剂的种类很多，既有有机化合物又有无机化合物，既有酸和碱又有不同的盐类等。浮选药剂分类法很多，最基本的方法是根据药剂的用途分类，通常分为三类，见表 4-2-1。

表 4-2-1 浮选药剂的分类

按用途分类	系 列	种 类	典型代表
捕收剂	非离子型	烃类油 酯类	煤油、柴油 黄原酸酯、烃基硫代氨基甲酸酯
	阴离子型	巯基类 烃基酸及皂	黄药、黑药 油酸、烃基硫酸钠
	阳离子型	胺类衍生物	混合胺、月桂酸
起泡剂	表面活性剂	醚类 醇类 醚醇类	丁醚油 松醇油、混合醇 醚醇油
	非表面活性剂	酮醇类	双丙酮醇油
调整剂	活化剂	无机盐类	硫酸铜、硫化钠
	抑制剂	无机盐类 有机物	硫化钠、水玻璃 单宁、淀粉
	pH 调整剂	电解质	酸、碱
	絮凝剂	无机电解质 天然高分子 合成高分子	石灰、明矾 淀粉、骨胶 聚丙烯酰胺、聚氧乙烯
	分散剂	无机盐类 高分子化合物	水玻璃、苏打 各类聚磷酸盐

（1）捕收剂

能选择性地作用于矿物表面并使其疏水的有机物质称为捕收剂。捕收剂作用于矿物-水界面，通过提高矿物的疏水性，使矿粒能更牢固地附着于气泡而上浮。

（2）起泡剂

为表面活性物质，主要富集在水-气界面，促使空气在矿浆中弥散成小气泡，防止气泡兼并，并提高气泡在矿化和上浮过程中的稳定性，保证矿化气泡上浮后形成泡沫层刮出。

（3）调整剂

用于调整其他药剂（主要是捕收剂）与矿物表面的作用，调整矿浆的性质，提高浮选过程选择性。调整剂的种类较多，可细分为四种：

活化剂——能促进捕收剂与矿物的作用，从而提高矿物可浮性的药剂（多为无机盐），这种作用称活化作用。

抑制剂——与活化剂相反，能削弱捕收剂与矿物的作用，从而降低矿物可浮性的药剂（各种无机盐及一些有机化合物），这种作用称为抑制作用。

介质 pH 调整剂——主要是调整矿浆的性质，形成对某些矿物浮选有利、而对另一些矿物浮选不利的介质性质，例如用它调整矿浆的离子组成、改变矿浆的 pH 值、调整可溶性盐的浓度等。

分散剂与絮凝剂——调整矿浆中细泥的分散、团聚与絮凝。

浮选药剂的作用和分类是相对的，某种药剂在一定条件下属于此类，而在另一条件下可能属于另一类。如硫化钠（Na_2S）在浮选有色金属硫化矿时是抑制剂，而在浮选有色金属氧化矿时是活化剂，但用量多时又是抑制剂。

第二节　捕　收　剂

一、捕收剂的分类与结构

捕收剂按其在水中解离程度分成两大类：非离子型捕收剂和离子型捕收剂。

非离子型捕收剂主要是非极性烃类油和不溶性的酯类。前者本身是非极性物质，主要用于分选非极性矿物，如煤、石墨等，也可以作某些极性矿物的辅助捕收剂。后者用于分选重金属硫化矿。

离子型捕收剂的分子结构中一般有两个基团：极性基和非极性基。极性基能够活泼地与矿物表面发生作用，使捕收剂固着到矿物表面；非极性基起疏水作用。所以，这类捕收剂也称杂极性或复极性药剂。离子型捕收剂的非极性基是烃基。烃基内部键能很强，表面是很弱的分子键，基本上不与水分子起作用，故含有非极性基的离子称为疏水离子。疏水离子中能与矿物发生作用的基团称为亲固基。捕收剂疏水能力的强弱取决于疏水离子中烃基的结构和长度，而捕收剂与矿物表面的固着强度和选择性则取决于亲固基的性质。以丁基黄药为例，其分子结构与组成如下：

<table>
<tr><td colspan="3">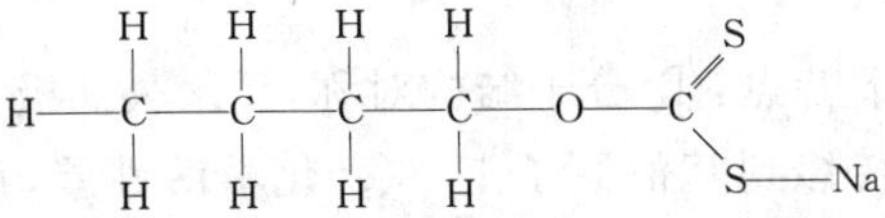</td></tr>
<tr><td colspan="3">分　　子</td></tr>
<tr><td>非 极 性 基</td><td colspan="2">极 性 基</td></tr>
<tr><td colspan="2">阴 离 子</td><td>阳离子</td></tr>
<tr><td colspan="2">疏 水 离 子</td><td rowspan="2">非疏水离子</td></tr>
<tr><td>烃　基</td><td>亲 固 基</td></tr>
</table>

这类捕收剂在水中可解离为离子，其疏水离子可能是阴离子，也可能是阳离子，据此可分为两类：如果疏水离子是阴离子，称阴离子捕收剂；反之则称阳离子捕收剂。对阴离子捕收剂，按照亲固基的组成和结构进一步又可分为两类：

(1) 巯基类捕收剂，又称硫代化合物类捕收剂，最典型的是黄药、黑药。这类捕收剂的亲固基中都含有二价的硫，常用作硫化矿的捕收剂。如黑药由两个烃基和亲固基

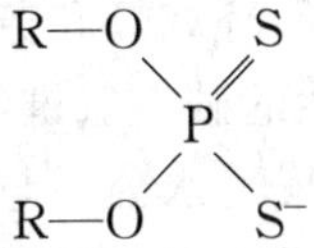

组成，起捕收作用的是$(RO)_2PSS^-$。

(2) 烃基酸及皂类捕收剂，该类捕收剂的亲固基是羧基、硫酸基、磺酸基、羟肟酸基或胂酸基等，常用作氧化矿的捕收剂。

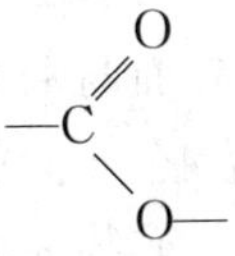

羧基

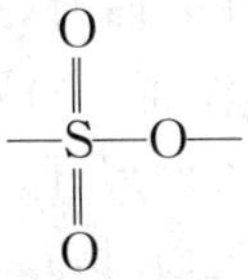

磺酸基

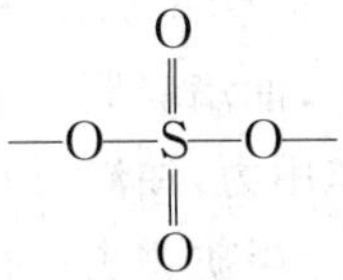

硫酸基

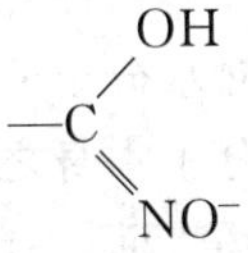

羟肟酸基

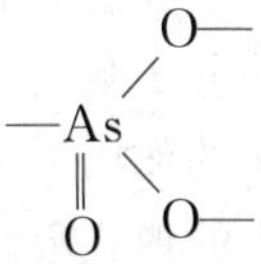

胂酸基

工业应用的阳离子捕收剂主要是脂肪胺。其疏水离子是阳离子(RNH_3^+)，在某些情况下胺分子起捕收作用。这类捕收剂目前主要用以分选使用阴离子捕收剂效果不明显的硅酸盐、铝硅酸盐和某些氧化矿物等。

捕收剂也可根据分选矿物的类型进行分类。通常分为非极性矿物捕收剂、硫化矿物捕收剂及氧化矿物捕收剂。

二、非极性烃类油捕收剂及其捕收机理

非极性烃类油是煤、石墨、辉钼矿等非极性矿物浮选时的捕收剂，也广泛用作磷灰石、氧化铁矿和石英等矿物浮选时的辅助捕收剂。硫化矿浮选也可用非极性烃类油作捕收剂，帮助粗粒和难浮颗粒上浮。据美国20世纪70年代统计，非极性烃类油占浮选药剂消耗量的一半，其中主要为燃料油，其次为煤油。对选煤来说，非极性烃类油是最主要的捕收剂，特别是煤油、柴油和改性煤油等，占药剂耗量的80%～90%。故非极性烃类油是重要的捕收剂。

1. 非极性烃类油特性

非极性烃类油具有如下特点：① 分子结构对称，无永久偶极，分子内部的原子以共价键结合，电子共有，而且不能转移到其他原子上。② 化学活性差，在水中不解离成离子、溶解度小、疏水性强，对呈分子键的、天然疏水性强的矿物表面具有良好的吸附性能。③ 矿物表面疏水性越好，在其表面的吸附量越多；吸附时，与矿物表面不发生化学反应，只能以物理吸附的形式固着到矿物的表面。④ 由于只能以物理吸附的形式吸附到矿物表面上，烃类油只能作为天然可浮性较好的矿物的捕收剂。⑤ 因其难溶于水，实际上是以油滴形式存在于水中，故其用量较大。

非极性烃类油主要有两方面来源：① 石油工业产品，如煤油、轻柴油等；② 其他工业副产品。

2. 非极性烃类油与矿物表面的作用机理

非极性烃类油能否吸附到矿物表面并起作用，主要取决于它们与水和矿物表面作用力的大小。

(1) 非极性烃类油与水之间的作用

非极性烃类油的主要成分为脂肪烃、环烷烃和芳香烃，其分子都是由碳和氢原子组成，原子之间以非极性的碳—碳键和弱极性的碳—氢键结合，属于非极性分子。分子之间由色散力聚集在一起。而水分子是强极性分子，水分子与非极性烃类油分子之间的作用力为诱导力和色散力，并以色散力为主。水分子由于是强偶极子，有极强的定向力、诱导力，并且以定向力为主，加上水分子之间的氢键缔合作用，水分子本身之间的吸引力比油水之间作用力大，所以，油不溶于水，有很好的疏水性，非极性烃类油在水中只能以油滴状态存在。

(2) 非极性烃类油与矿物之间的作用

矿物表面有极性和非极性之分。当矿物表面属于非极性表面时，$\sigma_{固油} < \sigma_{固水}$，矿物表面对油分子吸引力大于对水分子的吸引力，油滴吸附到矿物的表面。如果矿物表面与油分子之间的作用力大于油分子本身之间的作用力，油滴可在矿物表面展开。反之，油分子只能以油滴的形式吸附在矿物表面，不能展开。当矿物表面是极性表面时，$\sigma_{固水} < \sigma_{固油}$，矿物表面对油分子的吸引力小于对水分子的吸引力，矿物表面覆盖了一层水分子，并形成水化膜，油分子不能在矿物表面吸附，仍以油滴状态留在水中。非极性烃类油对这种表面没有捕收作用。

在煤泥分选过程中，大部分煤粒表面是非极性的，因此，煤粒和油分子之间表面张力 $\sigma_{煤油}$ 小于煤粒与水分子之间的表面张力 $\sigma_{煤水}$。非极性烃类油可以在煤粒表面展开，见图 4-2-1(a)。非极性烃类油在煤粒表面形成疏水的油膜，进一步提高了煤粒表面的疏水性。而矸石绝大部分表面是极性表面，有很强的亲水性，$\sigma_{矸油}$ 远大于 $\sigma_{矸水}$，矸石表面被水分子覆盖，形成水化膜。非极性烃类油不能在矸石表面吸附，或仅能吸附极少量的烃类油到局部疏水部位，基本上不能提高矸石的疏水性。从而扩大了煤粒与矸石表面润湿性的差别，促使分选顺利进行。

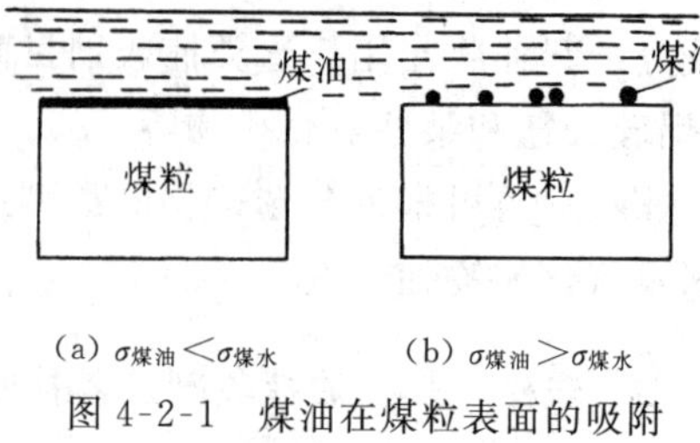

(a) $\sigma_{煤油} < \sigma_{煤水}$　　(b) $\sigma_{煤油} > \sigma_{煤水}$

图 4-2-1　煤油在煤粒表面的吸附

非极性烃类油的捕收作用是由于它能够在非极性矿物表面吸附及在矿物表面展开并形成油膜。非极性烃类油对矿物捕收作用的强弱取决于矿物表面非极性部分所占比例。例如煤粒局部属于极性表面时，在此部位上 $\sigma_{煤油}>\sigma_{煤水}$，见图 4-2-1(b)，如果极性部位面积较小，相邻的油滴可以互相合并，形成连续的油膜，使煤粒表面小部分亲水表面的影响变小；若极性部位较大，则不可能形成连续油膜，没有油膜的地方仍保持亲水性。非极性烃类油不溶于水，在矿浆中以油滴存在。使用前，如果先将非极性烃类油乳化，分散成小油滴，可增加非极性烃类油在矿物表面的覆盖面，并减少药剂用量。

3. 非极性烃类油的捕收作用

非极性烃类油的捕收作用主要表现在三个方面：

(1) 非极性烃类油可以提高疏水性矿物和气泡的附着。由于非极性烃类油在矿物表面展开，增加矿物表面的疏水程度，削弱其水化作用，使矿粒与气泡碰撞时，水化膜易破裂，附着过程易进行。

(2) 非极性烃类油可有效提高疏水性矿粒在气泡上附着的牢固程度。原因是非极性烃类油能沿着三相接触周边富集，形成三相接触油环。

(3) 细粒的物料表面黏附油滴后互相兼并，还可以形成气絮团。

非极性烃类油用量与煤粒和气泡黏附牢固度的关系为：一定范围内，煤粒和气泡黏附牢固度大，药剂用量过大，黏附牢固度降低。主要原因是随非极性烃类油用量增大，气泡与矿物之间油膜增厚，油分子与油分子之间易断开，矿粒从气泡上脱落；用量较小时，矿粒与气泡分离，油分子留在矿物表面或随气泡带走，但 $\sigma_{固油}$ 和 $\sigma_{气油}$ 均较小，所以分离较困难。

4. 非极性烃类油中杂极性物质的其他作用

非极性烃类油组成中，除非极性组分外，还有少量的非烃杂质。例如，吡啶、喹啉、吡咯、酚、酸、醇酯和羰基化合物等杂极性物质。这些杂极性物质在结构上一端为极性亲固基，另一端为疏水的非极性基，它们对煤粒的捕收作用是因为杂极性分子可在煤粒表面极性部位定向吸附，即极性亲固基与煤粒表面的多种含氧官能团相互作用，产生吸附，非极性基朝水，使煤粒表面少量极性部位疏水，提高煤粒的可浮性，然后再促使非极性烃类油吸附到这部分表面上，进一步提高疏水性。但杂极性物质超过一定量后，会在煤粒表面形成反向吸附层，使已经疏水的煤粒表面重新变成亲水，见图 4-2-2。杂极性成分的存在可使浮选活性大为提高，既可节约药剂用量，又可提高工艺效果，见表 4-2-2。所以，在一定范围内，增加杂极性成分的比例，对提高浮选效果是有利的，特别对精煤产率和尾煤灰分提高比较明显。但杂极性比例增加后精煤灰分增加较大，杂极性含量过高时，精煤质量恶化。

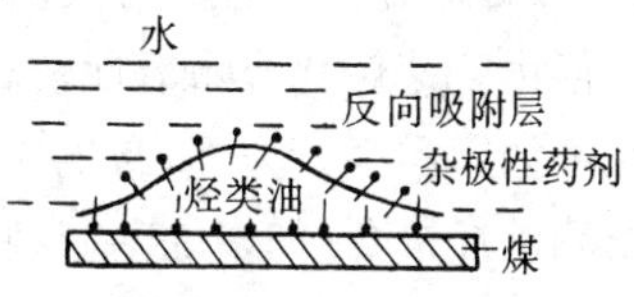

图 4-2-2 杂极性烃类油在煤表面上的固着情况

表 4-2-2 非极性烃类油中杂极性物质含量对浮选指标的影响

非极性烃类油与杂极性物质比例	精煤产率 /%	精煤灰分 /%	尾煤灰分 /%	原煤灰分 /%
15∶1	71.22	8.01	35.50	15.92
9∶1	78.55	8.24	42.92	15.68
7.5∶1	81.00	8.60	46.86	15.87
5∶1	85.07	9.47	52.82	15.94

杂极性成分除捕收作用外，还有起泡作用。杂极性成分的起泡作用，是由于杂极性分子定向吸附和排列在气-水界面上，并以其极性基朝水，非极性基朝气，在气泡的外面形成水化膜，防止了气泡兼并。

杂极性成分的乳化作用则是由于其分子吸附在油-水界面，形成非极性基朝油，极性基朝水的定向排列。由于极性基的水化作用，在油滴周围形成了阻止油滴合并的水化膜，并使油滴表面张力减少，使油滴的分散度大大提高。由于乳化作用，既可降低药剂量，又可提高药剂效能。

由于杂极性物质的上述作用，国内外越来越多地用电化学、氧化、超声波等方法处理非极性烃类油，改变非极性烃类油的组分，使之形成不饱和烃或表面活性物质，达到提高非极性烃类油浮选活性的目的。

5. 非极性烃类油组成对捕收作用的影响

非极性烃类油的捕收性能与其化学组成关系密切，而其组成又随产地、加工方法、馏分温度的不同有较大差异。非极性烃类油按照烃族组成可分为芳烃、烯烃和烷烃。烷烃又可分为正构烷烃、异构烷烃和环烷烃。其中，还有一些含氧、含氮的化合物。经长期实际使用及研究表明，非极性烃类油各组分的捕收作用（活性）按下列顺序递减：

芳烃＞烯烃＞异构烷烃＞环烷烃＞正构烷烃

上述规律是因为煤是多环芳香族高分子化合物，主体是芳香核，周围分布有脂肪链、脂肪环和含氧、氮、硫等官能团。芳烃的润湿热大于烯烃和烷烃。遵循热力学第二定律，系统自由能降低，吸附过程才能自发进行，且降低幅度越大，过程越容易进行。因此，芳烃的吸附活性大于烯烃和烷烃。芳烃组分活性较高的另一原因是它们的油-水界面张力较低，在其他条件相同时，有较好的分散度，浮选过程中，很容易乳化成很小的油滴固着到矿物的表面，提高其浮选活性。但由于芳烃化合物活性较高，容易和水分子结合，发生水化作用，亲水性也较强，本身的疏水性不如饱和烃。另外，产生的泡沫黏度也较高，选择性较烷烃低。为了改善药剂的性能，使芳烃和烷烃结合（如多烷基苯型或多烷基萘型），对煤有最佳的捕收性能。

烯烃双键处活性高，且有一定极性，容易和水结合，发生水化。因此，不饱和烃比饱和烃具有较高的捕收性能，但选择性稍差，而且泡沫带水量增多。

异构烷烃与相同碳数的正构烷烃相比，沸点和凝固点较低。侧链越多者，沸点和凝固点也越低；分子结构越不对称，凝固点也越低。侧链多的烷烃凝固时，不容易形成结晶，可以提高浮选效果。异构体的支链占有较大空间，每摩尔分子覆盖面积较大，可以提高矿物表面的疏水效果，并节省药剂用量。

煤是极为复杂的化合物，任何单一成分的非极性烃类油都不会是最佳的捕收剂，最佳成分应是各非极性烃类油组分合理配合的混合物。

6. 非极性烃类油馏分对分选的影响

不同烃类油，其最佳馏分不同。芳烃活性最高部分温度为 170～220 ℃、异构烷烃和环烷烃 230～260 ℃、正构烷烃 190～240 ℃、煤油则是 170～245 ℃。石油各馏分中，活性最高的馏分 180～240 ℃，碳链长 8～15。非极性烃类油最佳的黏度范围是 $(1\sim2)\times10^{-4}\ m^2/s$。

分馏温度对浮选活性的影响，实际上主要是碳链长度或相对分子质量的影响。分馏温度高，所得馏出物碳链长，其疏水性也强。但碳链愈长，相对分子质量愈大，分子间的内聚力愈大，黏度愈大，浮选过程中不易乳化分散，在煤粒表面吸附速度慢，浮选活性降低。分馏温度低时，馏出物碳链较短，本身疏水性差，加之分子间凝聚力小，挥发性高，在煤粒表面不易形成稳定的油膜，从而降低浮选活性。

所以，药剂选择时应尽量考虑选用芳烃、烯烃或富含芳烃、烯烃的非极性烃类油；药剂中应含有适量杂极性成分；分馏温度应是浮选活性高的烃类馏出温度，或这部分成分尽量高。

7. 常用的非极性烃类油捕收剂

国内外选煤厂煤泥浮选常用的捕收剂多数是石油产品，主要有煤油、轻柴油和一些人工合成的非极性烃类油捕收剂，如我国生产和使用过的 FS201、ZF 浮选剂等。此外，还有一些其他工业的副产品。以前使用的焦油产品现已很少采用。

(1) 煤油

煤油是煤泥浮选中应用最广泛的非极性烃类油捕收剂之一。煤油分馏温度为 200～300 ℃，其主要成分为 C_{11}～C_{16} 的烷烃。煤油基本上不溶于水，只具有捕收性，当芳烃含量较大时，具有一定起泡性能。煤油用量一般为 0.5 kg/(t 煤泥)。用量过大，有显著的消泡作用。矿石浮选时，煤油用量可取下限。

根据不同的用途，煤油分为灯用煤油、拖拉机煤油、航空煤油等品种。按照规定，其中小于 270 ℃的馏出物含量不小于 70%，大于 310 ℃馏出物含量应小于 2%。煤油中常含少量芳烃、烯烃等，但由于来源不同，其性质差异很大，芳烃含量一般在 8%～15%之间。例如，灯用煤油含芳烃量少；拖拉机煤油含芳烃量大；航空煤油含异构烷烃多。我国浮选中这三种煤油均有应用。

(2) 轻柴油和页岩柴油

柴油是广泛使用的非极性烃类油捕收剂。按加工方法的不同，轻柴油可分为催化柴油、直馏柴油、热裂化柴油和焦化柴油等，密度 0.74～0.95 g/cm^3。除特殊需要外，通常根据用户需要，由上述各种柴油按一定配比调和而成。轻柴油碳链为 15～18 个碳，分馏温度为 165～365 ℃。冬季用的柴油初馏点应比夏季的低。上述轻柴油含碳 85.5%～86.5%，氢 13.5%～14.5%，此外，还含少量的硫、氮、氧有机化合物及金属化合物。

轻柴油具有馏分重、密度高、黏度大、在水中分散的油珠尺寸大、在煤表面展开速度慢等特点，但疏水性强，被表面孔隙吸收的数量少，因此，低价煤浮选时作捕收剂较为有利。

轻柴油用量通常为 1～3 kg/(t 煤泥)，个别可达 4 kg/(t 煤泥)以上，并与煤泥浮选活性剂和起泡剂用量有关。其组成波动比煤油大，尤其芳烃含量，如催化裂化轻柴油芳烃含量比直馏轻柴油高得多，故其成分不如煤油稳定。此外，因芳烃含量高，所以浮选活性较煤油高，但选择性不如煤油。

页岩轻柴油系页岩焦油所得馏出物经冷压脱蜡，再经酸碱洗涤后的产品。按馏程可分为页岩 1 号轻柴油和页岩 2 号轻柴油。前者为小于 340 ℃馏出物，后者为小于 375 ℃馏出物。组成中有较多的含氧、氮化合物的杂质，故其兼具捕收性和起泡性。通常用于易选或中等易选煤泥，用量为 1.5～2 kg/(t 煤泥)。

(3) FS-201 和 FS-202

FS-201 是以 180～280 ℃的烯烃与苯在三氯化铝催化作用下进行烷基化反应，反应物经碱洗、水洗再经脱苯、精馏，截取 255 ℃以前的馏分即为 FS-201。255 ℃以后的馏分为烷基苯。FS-201 的主要成分为轻质烷基苯。药剂用量比煤油低 30%左右。

FS-202 是以直馏煤油为原料，经加氢、脱蜡并提取正构烷烃后的抽余油。其中捕收活性强的 190～230 ℃馏分含量达 84%，芳烃含量占 20%左右。由于异构烷烃和芳烃含量较高，作浮选药剂使用时，浮选活性较一般煤油和轻柴油高，耗油量比煤油低 40%左右。FS-202 已在很多选煤厂使用，亦称脱蜡煤油。但该产品因是航空煤油的原料，所以来源和供应受到限制。

(4) 燃料油

燃料油是煤炭、石油和页岩加工所得的重质产品，分为 1～6 个等级：1 号指煤油，燃料油号数越大，着火点越高。国外选煤厂常用燃料油作为捕收剂，多为 5 号燃料油。燃料油除用于选煤外，还可用于选矿。

(5) 天然气冷凝油

天然气冷凝油是天然气凝析油经精馏所得的煤油馏分。我国天然气资源丰富，西南地区有的选煤厂用凝析油制得煤油、轻柴油作捕收剂，国外也有采用。

(6) ZF 浮选剂

ZF 浮选剂是由煤油经烃类液相催化氧化制得的，其煤油组成中浮选活性强的 170～230 ℃馏分含量高，230 ℃以上的重馏分含量低，仅占 15.8%。烃类氧化后可得到酸 37.41%、醛和酮 23.77%、醇 38.82%、烃和氧化烃的比例为 60∶40 的浮选剂。

ZF 浮选剂兼具起泡性和捕收性，其中烃氧化物含量较高时，醇、醛、酮的含量对改善浮选药剂的选择性有利。浮选剂的浮选活性与馏分有密切的关系。87～100 ℃和 100～130 ℃馏分的药剂用量较低，说明这两种馏分的烃氧化物浮选活性最高。在技术指标相同的条件下，ZF 浮选剂比其他药剂(起泡剂和捕收剂的总量)用量可降低一半左右。并可降低浮选精煤水分，但价格较高。如能脱除产品中羧酸和羟基酸，不仅有利于改善药剂的活性和选择性，而且还可降低其成本。

8. 提高非极性烃类油浮选活性的途径

随着煤炭浮选的迅速发展，需要不断提高浮选药剂活性、降低药剂用量，国内外对提高浮选药剂的活性进行了不少研究，行之有效的方法有：

(1) 辐射化学作用

煤油的捕收性能主要由大于 170 ℃馏分的含量及结构所决定。含量越高，组分中亚甲基与甲基的比值(CH_2∶CH_3)也越大，煤油的浮选活性就越高。采用高能射线的辐射化学作用能够改善煤油的物理化学性质和浮选活性。辐射结果能使烃类中(包括饱和烃、不饱和烃、环烷烃和芳烃)大部分结构变得更加复杂，烃类分子中相当大的部分(可达 60%)发生二聚或多聚作用，使低分子烃变为长链高分子化合物，还可产生异构化作用，并使亚甲基与甲基的比值发生变化。用 6×10^5 rad/h 的 PX-γ-30 型 Co^{60} 源作辐射源，辐射剂量为 3×10^5 rad/h，辐射煤油所做的半工业性试验表明，精煤灰分降低，尾煤灰分提高，在一些情况下还可以提高精煤产率。辐射后的煤油不产生感应放射性，不需专门防护措施，并可保证一段时间的浮选性能。

(2) 磁场处理

20 世纪 60 年代后期，苏联、保加利亚、波兰、罗马尼亚和日本等国均进行过磁场处理浮选过程的研究。据报道，浮选前用磁场预先处理矿浆、浮选用水和药剂，能提高回收率、改善选择性、加快浮选速度、降低药剂用量和增进产品脱水的效果。苏联研究了用磁场处理浮选药剂后对煤泥浮选的影响，结果表明，药剂经磁场处理后，精煤产率较处理前提高 5%～

7%，精煤中难浮的 0.5～1 mm 级数量增加。这可用药剂处理后在煤粒表面黏着的稳定性提高来解释。但效果不太稳定，有待于进一步的研究。

(3) 电化学处理

非极性烃类油经电化学处理后可提高其活性。电化学处理的实质是：煤油吸附在阳极表面，放出电子，和水分子解离放出的羟基反应，使饱和烃氧化为羧基化合物，非极性烃类油中羧酸含量明显增加，大大提高了对矿物的捕收活性。

(4) 烃类催化氧化法

烃类在有催化剂时通入空气进行液相氧化，使其按照自由基机理进行连锁反应，根据反应的氧化深度不同，可生成许多不同的含氧化合物，诸如烷基过氧化物、醇、酸、酮、醛、酯以及复杂的含氧化物、羟基酸、内酯和酮酸等。采用此类方法可制备兼有起泡和捕收性的综合浮选药剂，使非极性烃类油的浮选活性大大提高。如我国用温度低于 270 ℃、馏分含量在 90%以上的煤油为原料，环烷酸锰作催化剂，在温度为 135～145 ℃的条件下常压液相氧化制成的 ZF 浮选剂，可单独用于浮选煤泥。实验室和工业性试验结果证明，此药剂用量少，比煤油加起泡剂的总量低一半左右。

9. 煤泥浮选新型药剂的研究和发展

近些年来，对煤泥浮选的药剂进行了很多研究，除上述介绍以外，主要致力于两方面：煤泥浮选的促进剂和复合浮选药剂。

(1) 煤泥浮选促进剂(promotor)

促进剂是一种能够改善捕收剂和起泡剂效果的药剂，通常是一种表面活性剂，具有杂极性分子结构。多数促进剂本身不是捕收剂和起泡剂，但少量添加后即可大大提高捕收剂、起泡剂效果，并降低药剂用量。其作用主要是在气泡和煤粒之间起联系作用。因促进剂吸附在煤粒表面上以其烃基缔合非极性烃类油，加强非极性油类的捕收作用。也可以同样的方式和气泡作用，提高起泡剂的起泡性能。

乳化剂也可认为是促进剂的一种，它可节省烃类油的用量，改善药剂的作用效果。但乳化剂作用机理与上述不同，乳化剂是通过使烃类油乳化，更容易在矿浆中分散成小油珠，形成乳状液；或使起泡剂分散，起到调整作用，从而改善捕收剂、起泡剂的作用效果。

目前促进剂中研究较多的是乳化剂。如我国研究的 RY 乳化油中使用的 RM-1 型乳化剂；美国氰胺公司生产的 Accoal4433 中的磺化琥珀酸类乳化剂。由于添加了乳化剂，浮选药剂得到乳化，大大提高了煤泥浮选过程中的浮选速率，并可降低药剂用量。

(2) 复合浮选药剂

复合浮选药剂，即兼具捕收、起泡两种性能的药剂。煤泥浮选过程中，只需用一种药剂，可同时起到捕收剂和起泡剂的作用，简化了浮选过程的药剂制度。

我国生产的 MB 系列浮选剂和 ZF 浮选剂均属于复合浮选药剂，选煤时可单独使用。但对于入选可浮性变化较大的多种原煤的中央型选煤厂适应性较差。

三、硫代化合物类捕收剂

该类捕收剂是硫化矿浮选常用的捕收剂。其特点是相对分子质量小、烃链短、极性亲固基都含有二价硫原子、水解后生成含—SH 基的产物，故也被称为含巯基化合物捕收剂。在浮选过程中，起作用的是解离出来的阴离子，阳离子通常不起作用，故又被称为含二价硫的阴离子捕收剂，典型的代表有黄药、黑药等。

1. 黄药

(1) 黄药的名称、组成和结构

黄药学名黄原酸盐。按化学组成也称为烃基二硫代碳酸盐。黄药的一般化学组成与结构式如下：

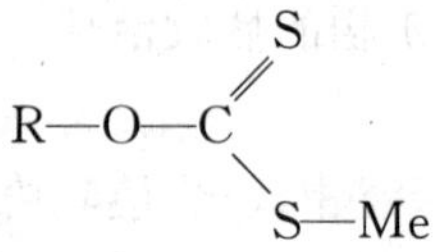

式中，R 为烃基；Me 为 Na^+ 或 K^+；$—OCSS^-$ 为亲固基。烃基为烷烃基及亲固基的结构如图 4-2-3 所示。其分子长度，如戊基黄药为 1.2×10^{-9} m，烃基每增加一个碳原子，长度增加 1.26×10^{-10} m。极性基最大宽度为 7×10^{-10} m，厚度为 3.8×10^{-10} m，烃基的厚度为 4×10^{-10} m，故每个分子在矿物表面的覆盖面积等于 2.8×10^{-18} m^2。其他黄药只要烃基都是烷烃，那么覆盖面积都是 2.8×10^{-18} m^2。

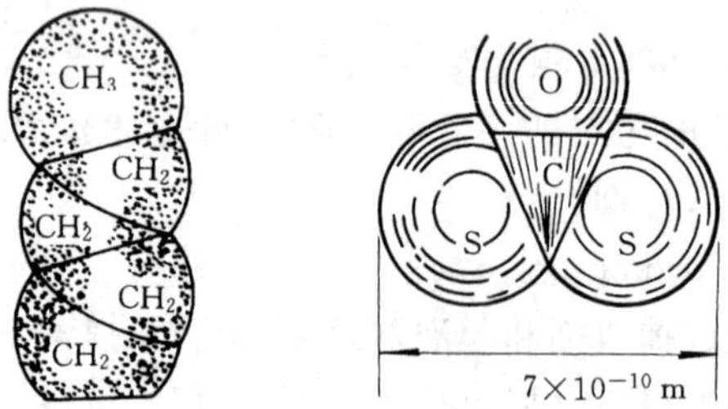

图 4-2-3　烃基为烷烃基及黄药亲固基结构

按烃基中碳原子数的多少，在黄药前冠以不同名称，$C_2H_5OCSSNa$ 称乙基黄药，$C_4H_9OCSSNa$ 称丁基黄药。黄药有钾盐和钠盐两种，分别称之为钾黄药和钠黄药。两者捕收性能基本相同，钾黄药较稳定，钠黄药成本略低。我国生产的黄药主要是钠黄药。国外异丙基黄药及戊基黄药应用得较多，而国内应用较少，原因是原料异丙醇及戊醇的来源较少，成本较高。

制造黄药的原料是醇、烧碱(NaOH)和二硫化碳(CS_2)。工业上一般采用直接合成法生产黄药，反应如下：

$$ROH+NaOH+CS_2 = ROCSSNa+H_2O$$

工业上生产的黄药含二硫化碳酸盐的量约为 85%，其他为杂质和水分。杂质一般为硫化物和硫代碳酸盐。

(2) 黄药的性质

① 物理性质

常温下是黄色粉末状固体，常因杂质的存在而使颜色稍深。有刺激性臭味，有毒，可燃，易溶于水、丙酮和醇。

② 稳定性

黄药是一种不稳定的化合物，遇热分解，遇水或酸也可分解，遇水引起分解的速度较慢，遇酸则很快分解。分解后产物为醇、二硫化碳和苛性钠。黄药遇碱，或者本身含有游离的碱时可以引起分解而生成一些硫代碳酸盐、硫化物及其他一些杂质。因此黄药要储存于干燥及阴凉的地方，防止水、酸、碱等物质的作用。工业上使用的黄药或多或少含有一些水分，因此黄药不能长时间保存以免失效。使用时必须注意它的颜色，不正常时停止使用。

黄药溶于水后解离为黄酸阴离子和碱金属阳离子（Na^+ 或 K^+）。$C_2 \sim C_5$ 的黄酸是弱酸，解离常数 $K=1\times10^{-5}$。黄酸离子在碱性介质中是很稳定的，但在某些情况下黄酸离子会产生水解，生成黄原酸。

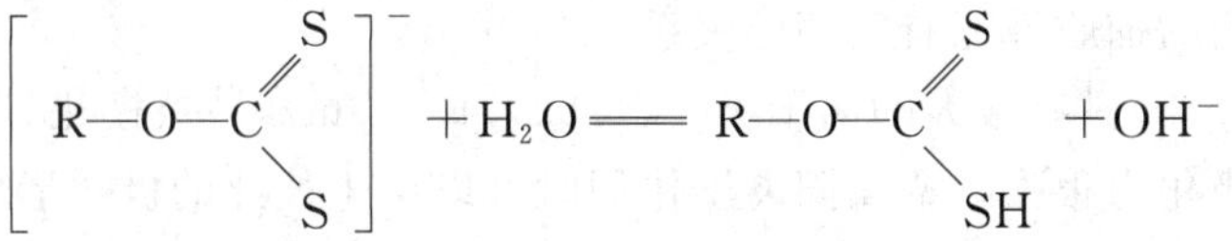

水解产物黄原酸是一种很不稳定的化合物，能很快地自发进行分解。

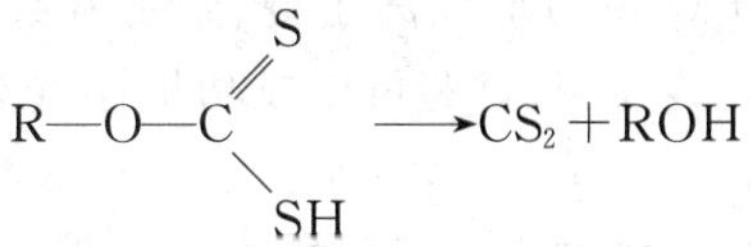

黄原酸分解的速度远远快于黄酸离子水解的速度，因此黄酸阴离子水解的速度决定了黄药分解成醇与 CS_2 的速度。一旦黄酸离子产生水解，黄药的捕收作用将随之消失。实践中经常控制矿浆的 pH 值以防止黄酸离子的分解，矿浆 pH 值越低分解越快。乙基黄药的浓度为 0.01 g 分子/L、温度为 25 ℃时的半分解周期为：pH＝3.4 时为 10.5 min；pH＝5.6 时为 1 023.0 min；pH＝8.0 时为 25 d。因此在碱性矿浆中黄药是足够稳定的。

③ 氧化性

黄药本身是强还原剂，易于氧化，当与空气中氧接触，或与溶液中高价金属离子相作用生成高价金属黄原酸后，具有不稳定性，可被氧化生成双黄酸（或称双黄药）。

④ 捕收性

主要取决于烃基长度和烃基结构。黄药固着于矿物表面是亲固基与矿物表面金属阳离子吸附，而其烃基朝外排水。所以，黄药疏水性强弱，即捕收能力的强弱，很大程度上取决于烃基的长度。一般的规律是，烃基越长（即碳原子数越多），捕收性能越强。以黄药浮选方铅矿为例（图 4-2-4），甲基黄药捕收能力较弱，乙基以上的黄药有较强的捕收能力。随着烃基长度的增加，捕收能力也增强。使用烃基较长的黄药达到同一回收率所需的用量较短链的黄药要少。

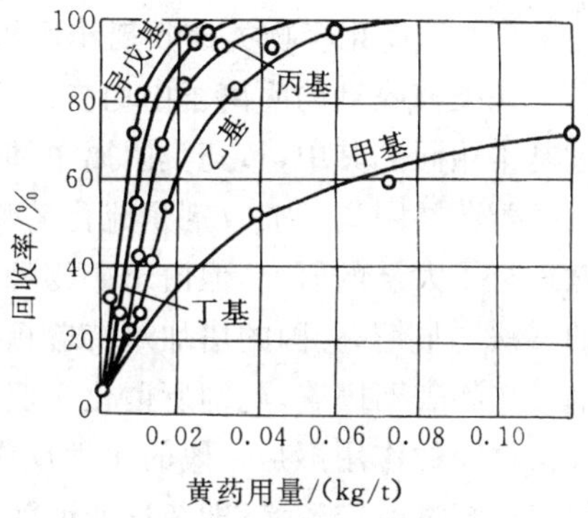

图 4-2-4 黄药烃基长度对方铅矿浮选的影响

增加烃基的长度使捕收能力增强的原因在于：烃基越长，所显示的非极性越强，因而捕收剂分子本身的水化性就越小；烃基越长，捕收剂固着于矿物表面后烃基之间的分子键力（色散力）越强。捕收剂在矿物表面附着得就越牢固；烃基越长，捕收剂在矿物表面的"覆盖层"就越厚，于是矿物表面显示的烃基疏水性就越明显。由此可见，捕收剂的烃基长度在一定范围内长些为好。但又不宜过长，因过长往往捕收能力过强而降低选择性。同系列化合物的烃基每增加一个—CH_2 基，在水中的溶解度平均减少 4.25 倍。

所以，烃基过长反而会降低捕收效果，对浮选不利，对黄药来说，实践中常用的烃基为 C_2～C_5。通常，捕收性越强时选择性越差。

(3) 黄药的捕收性能及应用

某一捕收剂能浮选什么样的矿物既决定于矿物本身的性质又决定于药剂亲固基的性质。药剂的非极性基仅能决定该药剂对某一类矿物的捕收能力的强弱。黄药的亲固基是—$OCSS^-$，它通过二价硫和矿物表面的金属离子键作用，使药剂固着于矿物表面。因此二价硫的性质与黄药的捕收性能有密切的关系。

二价硫离子(S^{2-})具有很大的离子半径(1.82×10^{-10} m)，易被极化，可以形成离子键和共价键。当它和极化力很强的金属阳离子作用时可以产生彼此的极化形成金属键。硫化矿物晶体具有类似于金属的性质，如都具有金属光泽和导电性等。由于二价硫离子可以和矿物表面上极化力强的金属离子(Me^+)形成离子键、共价键或金属键，故可使黄药阴离子牢固地固着于这类矿物表面。实践表明，黄药可以成功地浮选有色金属硫化矿和经硫化后的有色金属氧化矿。

黄药对矿物的捕收能力与生成的金属黄酸盐的溶解度大小有关。黄药和重金属阳离子可生成难溶性化合物，例如乙基和丁基黄酸盐可以和铜、汞、金等阳离子生成溶度积很小的产物，实践表明这些金属离子的硫化矿很容易用乙基黄药浮选。对于含 Zn^{2+} 和 Fe^{2+} 等金属离子的硫化矿物，由于生成的黄酸盐溶度积较大，矿物须经活化后才能浮选。

黄药和碱土金属离子不能生成难溶性化合物，故黄药不能浮选含碱土金属的矿物。这就保证了黄药具有较高的浮选选择性。黄药是以下三类矿物最广泛应用的捕收剂：贵金属和自然铜；硫化矿物；铅、铜和锌的氧化矿物(经硫化后)。

黄药不能浮选氧化物、硅酸盐、铝硅酸盐和碱土金属的盐类矿物，由于这些矿物在浮选硫化矿物时经常是脉石矿物，故保证了黄药的良好选择性。黄药的用量一般为 50～100 g/(t 煤泥)，常配成 5%～10%溶液使用。

(4) 硫代化合物类捕收剂作用机理

该类捕收剂的阴离子中均有二价硫，又都以二价硫为其亲固基，因此，与矿物的作用机理基本相同。其中，黄药类阴离子捕收剂与矿物的作用机理研究得最多。

黄药类阴离子捕收剂是硫化矿物的有效捕收剂，已应用了半个多世纪，对其作用机理虽然进行了大量的研究，但由于矿物种类繁多，不同矿物具有不同的性质，因此至今没有一致的看法。早期，美国的塔加尔特曾提出黄药和矿物表面可以产生一般的化学反应，结果使药剂在矿物表面固着，此即所谓化学假说。同时代的澳大利亚学者瓦克则认为捕收剂与矿物表面之间的作用不是一般的化学反应，而是离子交换吸附。当矿浆中金属离子和黄酸离子的浓度超过一定数值，即超过所谓的吸附溶度积时，黄酸离子就能在矿物表面产生吸附，此即所谓吸附假说。苏联的什维多夫则认为硫化矿和氧作用，可以生成一种处于硫化物与硫酸盐中间状态的产物，什维多夫称之为硫化物-硫酸盐的半氧化产物。这种产物对黄药阴离子有较强的吸附活性，没有氧化或过度氧化的表面均不能进行有效的吸附，此即所谓半氧化假说。普拉克辛则指出，硫化矿是一种半导体，当有氧存在时，可从矿物表面夺取电子，而使矿物表面产生大量空穴，即形成 P 型半导体，促使阴离子捕收剂在矿物表面吸附，此即所谓半导体见解。

近些年来浮选理论研究方法不断发展，尤其是红外光谱和电化学方法的应用，对黄药类阴离子捕收剂与硫化矿物的作用机理有了更深入的认识。提出的新的作用机理主要有化学吸附说、双黄药见解和共吸附等。

① 化学吸附说

黄药捕收剂对矿物进行捕收作用，前提是必须有氧的存在。在有氧存在的条件下，首先是硫化矿物的表面发生氧化反应，生成硫氧盐或硫酸盐。以方铅矿为例：

$$PbS(固)+2O_2(气)\rightleftharpoons PbSO_4(固)$$

氧化后硫化矿表面的硫酸根离子，可以和水中的氢氧根离子、碳酸根离子等进行交换生成碳酸铅和氢氧化铅。

$$PbSO_4(固)+CO_3^{2-}\rightleftharpoons PbCO_3(固)+SO_4^{2-}$$

$$PbSO_4(固)+2OH^-\rightleftharpoons Pb(OH)_2(固)+SO_4^{2-}$$

加入黄药后，黄药阴离子和矿物表面的 OH^-、CO_3^{2-}、SO_4^{2-} 等离子产生交换吸附。这种吸附在前阶段为化学吸附，后阶段可形成溶积相物质——金属黄原酸盐。以 $PbCO_3$ 为例：

$$PbCO_3+2ROCSS^-\rightleftharpoons Pb(ROCSS)_2+CO_3^{2-}$$

黄原酸铅 $Pb(ROCSS)_2$ 具有强烈的疏水性，在矿物表面的沉积可提高矿物表面的可浮性，起到了捕收作用。

黄药与矿物表面金属离子能否生成不溶性的金属黄原酸盐主要取决于生成产物的溶度积大小，如果生成的黄原酸盐溶度积大，则不利于离子交换吸附的进行，黄药对这类矿物不易进行捕收；反之，生成的黄原酸盐溶度积越小，离子交换吸附越容易进行，黄药对其捕收效果越好。因此，可根据各种金属黄原酸盐溶度积大小，定性判断相应硫化矿物的可浮性。

② 双黄药见解

用电化学方法对黄药与硫化矿的作用进行研究后指出，黄药对硫化矿的捕收作用是由于黄药经氧化后生成双黄原，双黄原具有疏水作用，吸附在硫化矿物的表面，从而使矿物表面疏水。双黄药见解和化学吸附说同样认为，必须有氧存在时黄药才能浮选硫化矿。黄药阴离子在矿物表面产生的反应为：

$$2ROCSS^-+\frac{1}{2}O_2+2H^+\longrightarrow(ROCSS)_2+H_2O$$

硫化矿物对反应起催化作用。持双黄药见解的学者认为，是黄药在硫化矿物表面经氧化生成双黄药，使矿物实现浮选；某些情况下氧化还原产物是金属黄酸盐和元素硫时同样也可实现浮选。

③ 共吸附

共吸附实际是上述两种观点的综合。托隆用电化学方法研究方铅矿与黄药的作用后提出，在矿物表面仅有黄原酸铅或双黄药时都不能使方铅矿很好浮选，只有这两种产物并存时，才能使矿物表面具有足够的疏水性。而且，两种产物应有一最佳比例。阿伯拉莫夫认为，为了保证方铅矿、黄铜矿、黄铁矿的有效浮选，双黄原的吸附量应占总吸附量的10%～30%；而巴格达诺夫对黄药在方铅矿表面吸附的测定表明，双黄原的吸附量可占总量的50%左右，此时可得到最理想的分选效果。1972 年爱立松和古德应用有机溶剂萃取与红外光谱分析方法相结合，对 16 种硫化矿和 6 种黄药进行作用后的产物研究后指出，上述三种情况均存在。在一些矿物表面生成的是双黄原，在另一些矿物表面生成的是金属黄原酸盐，还有一些矿物表面既有双黄原,又有金属黄原酸盐。值得指出的是,由于采用的试验手段不同,得出的机理可能不同,导致了某些观点的分歧。

2. 黑药

(1) 黑药的组成、结构与性质

黑药学名为二烃基二硫代磷酸盐。最早使用的是二甲酚二硫代磷酸,组成是$(CH_3C_6H_4O)_2PSSH$,它是黑色(实际为暗绿色)油状液体,故得名黑药。以后使用的相似物质,如二乙基二硫代磷酸钠$(C_2H_5O)_2PSSNa$,虽然是白色粉末,也称之为钠黑药。正丁基二硫代磷酸铵$(C_4H_9O)_2PSSNH_4$也不是黑色,而是白色或灰色粉状物料,但也称之为丁铵黑药。黑药的结构式为:

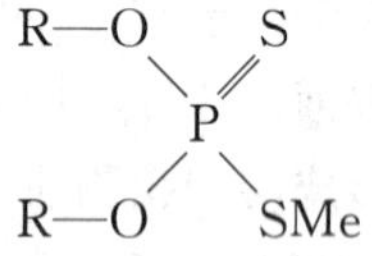

式中,Me 可为Na^+、H^+或NH_4^+。黑药为弱电解质,可在水中解离:

$$(RO)_2PSSH \rightleftharpoons (RO)_2PSS^- + H^+$$

它比黄药稳定,在酸性矿浆中不易分解。黑药较难氧化,氧化后生成双黑药,如有Cu^{2+}、Fe^{3+}或黄铁矿、辉铜矿存在时,也能氧化成双黑药:

$$2(RO)_2PSS^- - 2e \longrightarrow (RO)_2PSS-SSP(OR)_2$$

$(CH_3C_6H_4O)_2PSSH$是以甲酚为原料制成的,称之为甲酚黑药。甲酚黑药有三种牌号,制造时加入15% P_2S_5得到的黑药称15号黑药;加入25% P_2S_5得到的黑药称25号黑药;25号黑药中溶入6%的白药,称之为31号黑药。甲酚黑药为暗绿色油状液体。25号黑药有硫化氢臭味,微溶于水,水溶液呈酸性,酸性强于黄原酸。甲酚黑药中或多或少含有甲酚,故有起泡性,有毒,有很强的腐蚀性,可以灼伤皮肤,长时间放置会被氧化分解而失去捕收作用,但仍保留其起泡性。阳光与热能加快其分解,故宜贮藏在阴凉的地方。黑药是易燃品,应注意防火。

钠黑药(也称苏打黑药)是一种白色粉末,易溶于水,无起泡性。丁基铵黑药是白色或灰色粉末,易溶于水,无腐蚀性,性质较稳定,不易变质,对黄铁矿与磁黄铁矿的捕收能力较弱。近年国内对该药剂的应用引起了重视,用它部分地代替黄药,可使方铅矿与黄铁矿的分离、黄铜矿与黄铁矿的分离得到改善,为采用无氰分离工艺创造了条件。

(2) 黑药的捕收能力

黑药和黄药比较,两者都是通过二价硫原子和矿物晶格表面金属离子结合,故黄药可以捕收的矿物,黑药也能捕收。实践中黑药是仅次于黄药被广泛应用的一种硫化矿物捕收剂。但黑药具有较强的选择性,特别对于硫化铁的捕收能力较弱。黑药在酸性介质中不易分解,如果必须在酸性介质中使用时常采用黑药。黑药中溶有少量硫化氢,有一定硫化作用,所以黑药用于已经微氧化的硫化矿石,有时可以得到较好的效果,黑药用量一般不超过125 g/(t 原煤)。

3. 硫氮捕收剂——烃基二硫代氨基甲酸盐

硫氮捕收剂系指分子中硫氮两个原子同时起捕收作用的捕收剂。它的学名为二烃基二硫代氨基甲酸钠。组成为$R_2NCSSNa$。我国试制的有两种,其组成结构如下:

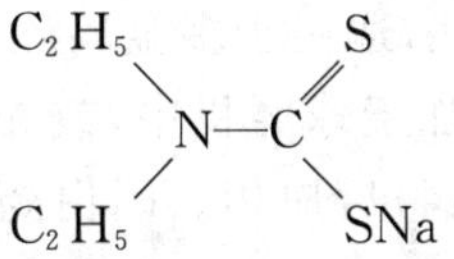

二乙基二硫代氨基甲酸钠

（硫氮 9 号）

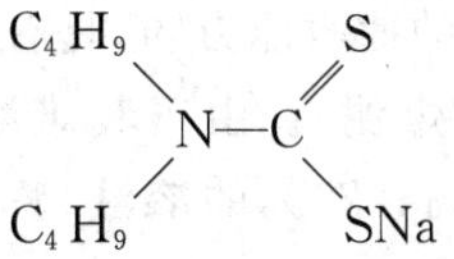

二丁基二硫代氨基甲酸钠

（硫氮 10 号）

硫氮捕收剂和黄药的差异在于一个氮原子代替了黄药中的氧原子，而且有两个疏水基。二烃基二硫代氨基甲酸盐的捕收能力比黄药强，浮选速度快，药剂用量比黄药小，在高碱度矿浆中选择性强，但生产成本比黄药略高，其他性质和黄药非常接近。

4．酯类捕收剂

近些年来，我国在硫化矿捕收剂方面研究最多的是酯类捕收剂——黄原酸酯类及硫代氨基甲酸酯类。这类捕收剂一般不溶或微溶于水，大多为油状液体，是非离子型捕收剂。但与非极性油类捕收剂不同，它是重金属硫化矿的捕收剂，而非极性油是非极性矿物的捕收剂。酯类捕收剂由于比较安定、不易分解、浮选选择性好且用量小、适应酸性强的矿浆等特点，目前国内外十分重视其发展。

（1）黄药的酯类捕收剂

其通式为 R—O—C(=S)—S—R′。相当于黄药中一个 H 被另一个烃基 R′取代。

（2）烃基硫代氨基甲酸酯

其通式为：

R—NH—C(=S)—O—R′

烃基一硫代氨基甲酸酯

R—NH—C(=S)—S—R′

烃基二硫代氨基甲酸酯

该药剂可看作烃基硫代氨基甲酸的衍生物，也可看作黄原酸的衍生物，RNCSSH 中—SH 基被—RNH 取代。

5．其他硫代化合物类捕收剂

（1）白药

白药学名硫代二苯脲，是碳酸的衍生物，成分为$(C_6H_5NH)_2CS$。其结构如下：

C_6H_5—NH—C(=S)—NH—C_6H_5

硫代二苯脲（白药）

白药呈白色粉末，微溶于水，在水中可生成两种异构体：

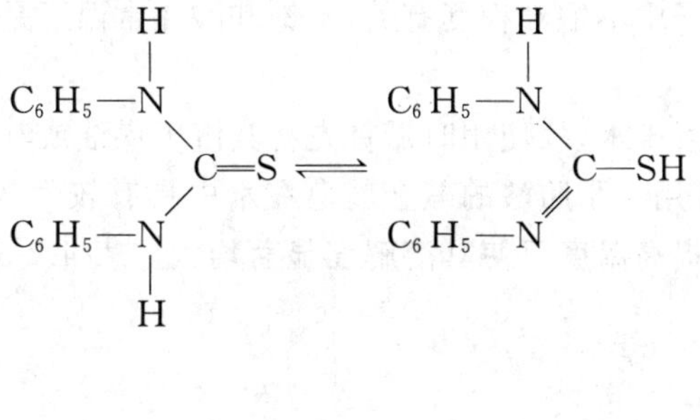

白药对黄铁矿的捕收能力弱，具有较好的选择性，适用于多金属硫化矿的优先浮选，用量一般为 100 g/(t 煤泥)。由于其难溶于水，一般加于球磨机中，或先溶于苯胺等有机溶液，配成浓度为 10%～20%的溶液(称为 TT 混合剂)后应用。因白药比黄药贵且使用不便，目前已很少使用。

(2) 硫醇和硫酚

硫醇和硫酚的组成为 R—SH，R 为脂肪烃者称硫醇，R 为芳香烃者称硫酚。分子中—SH 基可以和硫化矿物表面重金属离子发生作用起捕收作用。由于它的价格高，有难闻的臭味，实际中未获得广泛应用。

(3) 噻唑和咪唑硫醇

噻唑和咪唑硫醇均为弱电离的阴离子捕收剂，在水中解离为 RS^-(为咪唑硫醇阴离子)，和矿物表面作用生成难溶化合物。

四、有机酸类捕收剂

有机酸也称烃基酸。它是浮选氧化矿物的阴离子捕收剂。品种很多，按亲固基的组成和结构，有以下五种：

① 羧酸及其皂——组成为 RCOOH(Na、K)。R 为烃基，一般为 C_{12}～C_{17}。由于常用的含羧基的有机酸最早是由脂肪水解得到的，这些酸又称脂肪酸。

② 烃基磺酸盐——RSO_3H(Na、K)。

③ 烃基硫酸盐——RSO_4H(Na、K)。

④ 胂酸——如甲苯胂酸：$CH_3(C_6H_4)AsO_3H_2$。

⑤ 烃肟酸——如烃肟酸钠： 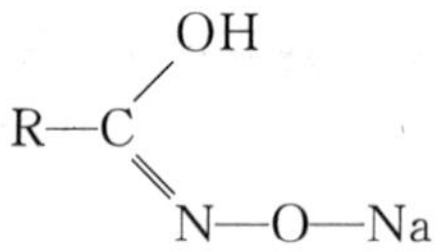 。

其中，应用最广泛的是脂肪酸及其皂。

1. 脂肪酸及其皂的组成和性质

脂肪酸的组成为 RCOOH，分子中氢被 Na 或 K 取代就成为皂。R 一般为直链的饱和或不饱和烃。选矿上应用的脂肪酸一般为饱和或不饱和的一元酸。脂肪酸的亲固基为 COO—基。脂肪酸是一种弱酸，在水溶液中可以解离为羧酸阴离子和氢离子：

$$RCOOH = RCOO^- + H^+ \qquad 解离常数\ K = \frac{[RCOO^-][H^+]}{[RCOOH]}$$

所有的羧基酸的 pK 值在 4.7±0.5 范围内。以油酸为例，它的 pK 值为 4.7，故当介质 pH 值为 4.7 时，油酸分子与油酸阴离子浓度相等。在强酸性介质中油酸主要以分子状态存在，在中性及碱性介质中主要以阴离子状态存在。脂肪酸的碱金属皂在水溶液中具有碱性。

脂肪酸的熔点与分子中不饱和程度有关，不饱和酸在常温下是液体，而碳原子数相同的饱和酸却为固体。

高分子的脂肪酸难溶于水，故使用时需首先将其溶于煤油或其他有机溶剂中，或经超声波乳化，或强烈搅拌后使用。脂肪酸的碱金属皂在水中具有较大的溶解度。脂肪酸皂可直接以水溶液状态应用。提高温度可使其溶解度显著增大。表 4-2-3 列出了几种脂肪酸的组成、结构和溶解度。

表 4-2-3　几种脂肪酸的组成、结构和溶解度

脂肪酸		组成与结构	溶解度(20 ℃) /(g 分子/L)
Capric	癸　酸	$CH_3(CH_2)_8COOH$	3.0×10^{-4}
Lauric	月桂酸	$CH_3(CH_2)_{10}COOH$	1.2×10^{-5}
Myristic	十四酸	$CH_3(CH_2)_{12}COOH$	1.0×10^{-6}
Palmitic	棕榈酸	$CH_3(CH_2)_{14}COOH$	6.0×10^{-7}
Stearic	硬脂酸	$CH_3(CH_2)_{16}COOH$	3.0×10^{-7}
Elaidic	反油酸	$CH_3(CH_2)_7CH=CH(CH_2)_7COOH$	
Oleic	油　酸	$CH_3(CH_2)_7CH=CH(CH_2)_7COOH$	
Linoleic	亚油酸	$CH_3(CH_2)_4CH=CHCH_2CH=CH(CH_2)_7COOH$	

脂肪酸的离子或分子在水中浓度达到一定值时便开始生成胶束。这些胶束一般由几十个离子或分子组成。如油酸钠的临界胶束 CMC 为 2.1×10^{-3} g 分子/L。

2. 有机酸及其皂的捕收性能和应用

脂肪酸及其皂的亲固基 $-\overset{\displaystyle O}{\overset{\|}{C}}-O^{-}$ 中存在一个羰基,从而造成亲固基有较大的极性,和水分子的作用能力较强。它的离子或分子固着于矿物表面时当烃基较短时尚不足以消除矿物表面的亲水性。实践表明有机酸类捕收剂当烃基长度达 12～17 个碳时才有足够的捕收能力。

有机酸类捕收剂的捕收能力与烃基的不饱和程度有关。碳原子数相同的烃基不饱和程度越高,即烃基中双键数目越多,捕收能力越强,这是因为不饱和程度越高的酸越容易溶解,临界胶束浓度越大,捕收剂覆盖面积越大。这一影响在降低矿浆温度时更为明显。在温度较低的矿浆中,不饱和程度高的酸的捕收活性变化不大,而饱和酸和不饱和程度低的酸的捕收能力却显著降低。

有机酸及其皂的一个重要的特征是它可和碱土金属 Ca^{2+}、Mg^{2+}、Ba^{2+}、Sr^{2+} 等生成难溶性盐。因此,含这些碱土金属阳离子的非硫化矿物可以用它浮选,而这些矿物却不能用含硫氢基类捕收剂浮选。有机酸和一些有色金属、黑色金属离子,例如:Pb^{2+}、Mn^{2+}、Fe^{2+} 等也可以生成难溶性金属皂。故有机酸及其皂也可以浮选这些金属的非硫化矿物。

实际中用有机酸及其皂浮选下列一些矿物:

① 含碱土金属阳离子的极性盐类矿物,如:方解石($CaCO_3$)、萤石(CaF_2)、重晶石($BaSO_4$)、白钨矿($CaWO_4$)、菱镁矿($MgCO_3$)、白云石($CaCO_3 MgCO_3$)和磷灰石等。

② 有色金属氧化矿物,一般是碳酸盐和硫酸盐类,如:孔雀石和白铅矿等。

③ 氧化矿物,如:赤铁矿、氧化锰和菱铁矿等。

④ 经活化的硅酸盐类,未被活化的硅酸盐不能被有机酸及其皂浮选,经活化后表面吸附 Ca^{2+}、Mg^{2+}、Fe^{2+} 等金属离子才能被有机酸浮选。

⑤ 易溶于水的含碱和碱土金属的可溶性矿物,如:盐岩、硼矿物。

必须指出,使用有机酸及其皂直接浮选有色金属氧化矿物实践上常很困难,因为伴生的脉石也会被浮起,浮选过程将失去选择性。有机酸及其皂可浮选硫化矿物,但实践上不用它,因硫化矿中脉石矿物经常也能被它浮起,况且已有选择性更好的捕收剂——含硫氢基类捕收剂代替它。

使用该类捕收剂时还要注意：① 有机酸及其皂都是表面活性物质，有强烈的起泡性；② 用量要严格控制，适宜时有选择性，过多时将失去选择性；③ 要有调整剂的良好配合，常配合使用苏打或苏打与水玻璃合用；④ 矿浆温度影响较显著，一般宜在 30 ℃进行浮选。

3. 常用的有机酸及其皂

有机酸及其皂有三方面来源：动植物油脂经水解而得到的饱和及不饱和脂肪酸的混合物；工业副产品，如造纸工业所得的副产品——塔尔油；有机合成产品，如氧化石蜡、氧化煤油、石油磺酸盐等。

(1) 油酸和油酸钠

油酸和油酸钠的学名为十八烯酸，有一双键，分子式见表 4-2-3，是从动植物油脂中提取的，较难溶于水，常先溶于煤油等溶剂后使用。油酸对浮选温度很敏感，一般不应低于它的熔点（＋14 ℃）。油酸钠是油酸皂化后的产品，易溶于水，溶液呈碱性。

(2) 高级脂肪酸及其皂

将各种动植物油进行水解得到各种高级脂肪酸，它的组成视原料而异，是各种脂肪酸的混合物。我国铁矿石浮选曾用过一种植物油脂肪酸及其皂——大豆油高级脂肪酸和大豆油磷酸化皂，浮选指标很好，但因原料来源的限制已停用。

(3) 塔尔油和粗硫酸盐皂

以木材为原料的碱法造纸厂中，松木切片和硫化钠、氢氧化钠一起蒸煮，其中纤维不溶，成为造纸原料，其余黑色纸浆废液静止分层，上层的油状物称粗硫酸盐皂。粗硫酸盐皂的杂质太多，起泡性很强，选择性差，需进一步分馏净化制成粗塔尔油。粗塔尔油再经减压蒸馏和浓硫酸处理得到精制塔尔油。粗塔尔油中脂肪酸主要为不饱和脂肪酸，如油酸、亚油酸、亚麻酸等，它们的捕收能力很强，但其中树脂酸（主要为松香酸）含量很高，起泡性很强。精制后树脂酸含量大大降低，更符合浮选要求。目前塔尔油广泛用于磷灰石、氟石、锰矿石、铁矿石等氧化矿物的捕收剂。

(4) 氧化石蜡皂和氧化煤油

前者以天然软蜡或人造软蜡为原料，在 150～170 ℃条件下氧化，氧化产物经皂化及脱除不皂化石蜡皂精制而成。其用途和塔尔油相同，但捕收能力较差，起泡性也较弱，所以常和塔尔油混合使用。后者是煤油经氧化所得的产物，其主要组成为羧基酸、醇酸、酯和未氧化的烃类油。酸价可达 35.1～44.2，其捕收能力随酸价的增大而增强。可作为浮选铁锰矿物的捕收剂。

(5) 环烷酸和碱渣

环烷酸和碱渣都是石油工业的副产品。环烷酸的分子式为 $C_nH_{2n-1}COOH$。碱渣中起捕收作用的主要组分是环烷酸，尚有少量中性油和游离碱。主要用于代替油酸，目前用于磷灰石、赤铁矿浮选。

4. 烃基磺酸盐和烃基硫酸盐

(1) 烃基磺酸盐

其通式为 RSO_3Na，R 为烃基，如烷基、芳基或环烷基，为各种烃类油经浓硫酸作用所得产品。例如将煤油磺化所得产品称磺化煤油，以石油副产品为原料经磺化、皂化所得产品称石油磺酸盐。

烃基较短的烷基磺酸钠捕收能力不强但起泡性较好，可作为起泡剂。C_{14}～C_{18} 的烷基磺酸钠是一种洗涤剂，C_{10}～C_{14}的烷基磺酸盐也是一种洗涤剂。只有碳原子数更多的烷基磺酸盐才作为氧化矿的捕收剂，可代替羧酸及皂类捕收剂，分为水溶性和油溶性两种。

(2) 烃基硫酸盐

其通式为 $ROSO_3Na$，也称烃基硫酸酯，是醇和硫酸作用的产物。其结构和性质与烃基酸盐类差别较大，捕收剂性质接近于脂肪酸及其皂。和相同碳链的脂肪酸相比捕收能力较弱，选择性较好，能耐硬水，受温度的影响也较小，在酸性介质中仍有很好的浮游活性。

不饱和脂肪酸和浓磷酸作用，然后用 NaOH 皂化所得产物称硫酸化皂。如以大豆油为原料，制成的产物称大豆油硫酸化皂。硫酸化皂的特点是有两个极性基：$—COO^-$ 和 $—OSO_3^-$。它既有脂肪酸的捕收能力，又有耐硬水和选择性较好的优点。

5. 两性捕收剂

该类捕收剂的通式：$R_1X_1R_2X_2$，其中 R_1，R_2 为烃基；R_2 也可以是 H；X_1 为阳离子基，如 $—N\langle$ ，—NH— 等；X_2 为阴离子基，如 S^{2-}、—COOH、$—SO_3H$ 等。两性捕收剂属于哪一类要视亲固基的性质而定。两性捕收剂的解离状态与溶液的 pH 值有关，以氨基酸为例，在碱性介质中：

$$RNHCH(CH_3)CH_2COOH + OH^- \rightleftharpoons RNHCH(CH_3)CH_2COO^- + H_2O$$

在酸性介质中：

$$RNHCH(CH_3)CH_2COOH + H^+ \rightleftharpoons RNH_2^+CH(CH_3)CH_2COOH$$

在适当的 pH 值下，$R_1X_1^+R_2X_2^-$ 处于电中性状态。分子呈电中性时的介质 pH 值称为该药剂的零电点。例如：十六氨基乙酸（$C_{16}H_{33}NHCH_2COOH$）的零电点为 $pH_0=4.5$。

两性捕收剂因其成本太高，目前尚处于研究阶段。

6. 有机酸类捕收剂浮选氧化矿作用机理

该类捕收剂可浮选多种氧化矿，它们与矿物表面有不同的作用形式，研究结果表明，主要有以下几种吸附方式：

① 物理吸附，如十二烷基硫酸盐在针铁矿表面的吸附。

② 化学吸附，如油酸钠在金红石表面的吸附。

③ 半胶束吸附，如十二烷基硫酸盐在刚玉表面的吸附。

这三种吸附的形式、特点及实例以上已作了介绍。现还有一种观点认为吸附是通过药剂离子和分子在水溶液中产生一系列反应，反应的络合物在矿物表面的吸附所致。

五、胺类（阳离子）捕收剂

1. 胺类捕收剂的结构与性质

因起捕收作用的是阳离子，故称之为阳离子捕收剂。常用的阳离子捕收剂主要是氨的衍生物。氨中氢原子被烃基取代的数目不同可得到不同的胺：第一胺盐（伯胺盐）RNH_3Cl；第二胺盐（仲胺盐）$RR'NH_2Cl$；第三胺盐（叔胺盐）$R(R')_2NHCl$；第四胺盐（季铵盐）$R(R')_3NCl$。分子式中 R 代表长链烃基，一般在 C_{10} 以上，R'代表短链的烃，一般为 CH_3 基。浮选上常用的胺盐主要是 8～18 个碳原子的烷烃第一胺及其盐。

胺与氨的性质相似，其水溶液呈碱性。胺难溶于水，但与酸（盐酸或醋酸）反应生成胺盐后易溶于水。胺和有机酸盐捕收剂相似，当浓度达到一定程度后，水溶液中可形成胶束。胺在水中可以呈分子或呈离子状态存在，这取决于溶液的 pH 值。浓度为 10^{-4}g 分子/L 的十二胺水溶液，当胺分子浓度与胺离子浓度相等时，溶液的 pH 值为 10.6，pK 值为 3.4。胺的 pK 值反映了它的离子浓度与分子浓度相等时介质的 pH 值或 pOH，pH＜10.6 时胺主要以离子形式存在，pH＞10.6 时胺主要以分子形式存在。

2. 胺类捕收剂的应用

主要用于浮选：① 硅酸盐和铝硅酸盐矿物，如：石英、绿柱石、锂辉石、长石、云母等；② 碳酸盐矿物，如菱锌矿等；③ 可溶性盐，如钾盐等。

使用胺类捕收剂必须注意以下几方面问题：① 用量必须严格控制。少时可捕收矿物，多时将失去选择性；② 不同矿物有不同的适宜 pH 值；③ 由于矿泥表面经常荷负电，能吸附大量胺盐，浮选前脱泥可改善浮选过程并降低药耗。

胺盐用量一般为 0.1～0.5 kg/(t 原煤)。由于胺较难溶于水，常先溶于醋酸或盐酸中生成胺盐后使用。配制时胺与盐酸的当量比为胺∶盐酸＝1∶1～1∶1.5。

我国在选矿上实际应用的有十二胺和混合胺，已试制成功可以应用于生产的还有醚胺。其中醚胺的捕收性能最佳。醚胺是烷基丙基醚胺（或 3-烷氧基-正丙基胺）系列的简称。化学通式为：$R—O—CH_2CH_2CH_2NH_2$，式中 R 为 C_8～C_{18} 的烷基。我国试制的醚胺有 R 为 $C_{7\sim9}$、$C_{10\sim13}$、$C_{10\sim16}$ 三种。醚胺具有水溶性好、浮选速度快、选择性好等优点。

3. 胺类捕收剂浮选氧化矿作用机理

胺及其盐类是浮选石英等硅酸盐矿物的典型捕收剂。该类药剂与矿物之间的作用机理主要有物理吸附、半胶束吸附及形成络合物吸附等类型。

(1) 胺类捕收剂与矿物之间的物理吸附

主要是矿物与药剂之间的静电力引起的。用十二胺浮选石英，当浓度较低时，药剂吸附对石英电动电位的影响和普通电解质相似，说明捕收剂胺离子是通过静电力吸附到矿物表面上的，见图 4-2-5。随 pH 值增高，石英表面电负性增强，与捕收剂之间静电力作用增大，对胺类阳离子吸附更强烈，有利于捕收剂在矿物表面吸附，但不能改变电动电位的符号。

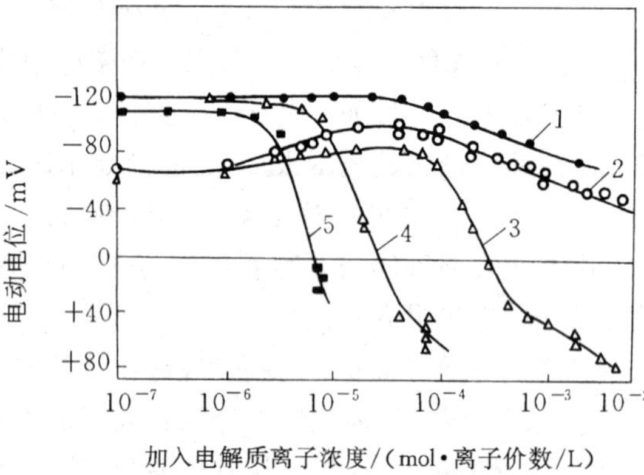

1—NaCl(pH＝10)；2—NaCl(pH＝7)；3—RNH_3AC(pH＝7)；4—RNH_2AC(pH＝10)；5—RNH_3AC(pH＝11)。

图 4-2-5　石英在十二烷基醋酸钠及氯化钠溶液中的电动电位

(2) 胺类捕收剂与矿物之间形成半胶束吸附

图 4-2-5 中，随胺类捕收剂浓度增加，矿物表面与药剂之间除静电力以外，还有范德瓦耳斯力，促使捕收剂阳离子和胺类分子的碳链互相缔合，形成半胶束。由于在矿物表面形成半胶束，吸附密度增大，石英表面电动电位明显增加，最终改变电动电位符号，使原来的石英表面变得疏水，促使石英的浮选。

(3) 胺类捕收剂在矿物表面形成络合物吸附

在碱性介质中，胺分子中N原子的弧对电子与氧化矿中Cu^{2+}、Zn^{2+}、Ca^{2+}、Co^{2+}等金属离子可以形成络合物。这些络合物具有疏水性，使亲水的氧化矿表面变得疏水。

第三节　起　泡　剂

浮选矿浆经捕收剂和调整剂处理，使矿物的表面性质达到了浮选要求，此时如果矿浆中存在性质良好的泡沫就能实现浮选。普通的水或矿物悬浮液中通入气体只能形成少量大而易碎的气泡，不能形成泡沫，但往水中加入少量异极性表面活性物质，例如：醇、有机酸等，便可以得到小而不易兼并的气泡，气泡浮到水面，生成具有一定稳定性的泡沫。这些具有起泡作用的表面活性物质称为起泡剂。

一、起泡剂的结构与性质

广泛采用的起泡剂通常是一种异极性表面活性物质（有机物），由两部分组成：一端为极性基，亲水；另一端为非极性基，亲气。因此，起泡剂能在气-液界面上定向吸附和排列，起泡剂起泡能力与这两个基的性质密切相关。

按其在水中的解离情况，起泡剂可分为离子型和非离子型两大类。离子型有：羧酸及其皂类，极性基为—COOH(Na)；烷基磺酸及皂类，极性基为$—SO_3H(Na)$；吡啶类，极性基为三价的N；酚类，极性基为—OH。非离子型有：醇类，极性基为—OH；聚醇醚类，极性基为—O—和—OH；氧烷类，极性基为—O—。非离子型起泡剂性质比较单一，一般不具有捕收性能；而离子型多数还具有捕收性能。

1. 非极性基对起泡性能的影响

不同系列的表面活性物质，烃基每增加一个碳原子，表面活性可以增大3.14倍。表面活性越大，起泡能力越强。所以起泡剂非极性基越长，起泡能力就应越强。但非极性基过长，溶解度会显著降低，反而会使起泡能力下降。常用起泡剂非极性基长度有一定范围：烃基中无双键的醇，一般6～8个碳，有双键的醇由于溶解度较大，烃基可以更长一些，如萜烯醇$C_{10}H_{17}OH$。烃基属性对起泡能力也有影响，烃基为芳香烃的表面活性没有脂肪烃大。带支链的异构药剂应用较多，如萜烯醇、甲基异丁基甲醇等。

不同极性基的起泡剂适宜的烃基长度范围也不一样。如十六烷醇($C_{16}H_{33}OH$)由于溶解度很小，基本上没有起泡作用；而十六烷基硫酸($C_{16}H_{33}SO_4H$)却具有很强的起泡能力。所以非极性基的长短要与极性基配合。

2. 极性基对起泡性能的影响

实际使用的起泡剂极性基有以下几种：—O—、—OH、—COOH、$>C{=}O$、$—NH_2$、$—SO_4H$、$—SO_3H$。极性基的结构和数量影响起泡剂的物理性质（如溶解度、解离度、黏度等）和化学性质（如对矿物表面活性、与矿浆中离子的化学反应等），因此，对起泡剂性能有很大影响。

(1) 极性基对起泡剂溶解度的影响

主要取决于其性质和数量，极性基与水分子作用越强，其溶解度越大。几种常见极性基对水作用力的顺序为：—O—＜—COOH＜—OH＜$—SO_3H$＜$—SO_4H$。因此，当非极性基相近时各类起泡剂溶解度按上面顺序逐渐增大。此外,极性基数目越多,溶解度越大。如,醇分子中只有一个羟基,醇醚类分子中除一个羟基外,还有醚基,因此,醇醚类的溶解度比醇类大;而氧烷类只有醚基,没有羟基,醚基与水的作用力较小,所以溶解度较低。

溶解度高的起泡剂溶于水中之后,溶质分子大部分处于溶液内部,在气-液表面吸附量较少,因而表面活性也较低。这类起泡剂可以迅速产生大量气泡,但气泡较脆,寿命短,不能持久。为了保持适当的泡沫层,必须多次不断添加起泡剂,即分段加药。溶解度低的起泡剂,多数不容易分散在矿浆中,除少量溶于水中外,大部分集中在矿浆表面,容易随泡沫层及水层排出,因此,不能产生有效作用。这种起泡剂起泡速度慢,但泡沫延续时间长,泡沫层较稳定。但过于稳定时,将给后续作业带来困难。

(2) 极性基对起泡剂解离度的影响

各种醇类、醚类等非离子型起泡剂,在水中不能解离。羧酸类由于—COOH 基中—C═O 对—OH 基有诱导效应和共轭效应,氢有一定程度的解离,使之具有酸性。酚虽然和醇一样有极性基—OH,但酚的羟基连在苯环上,由于苯环的共轭作用,羟基中的氢易解离,酚呈酸性。磺酸盐和硫酸盐类起泡剂则是较强的电解质。

离子型起泡剂在水中的解离度受溶液 pH 值的影响,故起泡能力也受 pH 值的影响。解离后使溶液呈酸性的起泡剂称酸性起泡剂。酸性起泡剂在碱性介质中解离度较高,使其表面活性降低,对起泡剂的使用不利。所以,酸性起泡剂一般应在酸性介质中使用为好;同理,碱性起泡剂应在碱性介质中使用较理想。

非离子型起泡剂,如松油和醇类,虽然不解离,但分子中有羟基,可视作碱性物,一般在碱性介质中使用较好。

(3) 极性基水化能力对起泡性能的影响

起泡剂分子或离子,在水中与水偶极作用,发生水化,在气泡表面形成一层水膜,使气泡不容易破裂,提高其稳定性。极性基水化能力较强的,气泡稳定性也较强。根据极性基在气-水界面吸附自由能的大小,大致可以判断各种极性基水化能力的强弱,—COOH 吸附能最大,最容易吸附到气-液界面,因此,其泡沫发黏,选择性较差;$—SO_4$、$—NH_2$ 吸附能小,形成的泡沫性脆,选择性好;—OH 居中。我们希望起泡剂只有起泡性而无捕收性,这样才便于浮选过程的调节。

3. 起泡剂的溶解度对起泡性能的影响

起泡剂的溶解度对起泡性能及形成气泡的特点有很大的影响。溶解度过高,则药剂耗量大,或迅速产生大量泡沫,但不能耐久;溶解度过低,部分起泡剂来不及溶解,随泡沫流失,或起泡速度缓慢,延续时间较长,难于控制。

起泡剂的溶解度列于表 4-2-4。

表 4-2-4 常见起泡剂的溶解度

起泡剂	溶解度/(g/L)	起泡剂	溶解度/(g/L)	起泡剂	溶解度/(g/L)
正戊醇	21.9	庚醇	4.5	樟脑醇	0.74
异戊醇	26.9	正壬醇	0.586	甲酚酸	1.66
正己醇	6.24	壬醇	1.28	1,1,3-三乙氧丁烷	~8
甲基异戊醇	17.0	松油	2.50	聚丙烯乙二醇	全溶
正庚醇	1.81	α-萜醇	1.98		

4. 对起泡剂的要求

具有起泡性质的物质很多，如醇类、酚类、酮类、醛类、醚类及酯类等。但作为浮选用的起泡剂，对其还有特殊要求：

① 用量低，能形成量多、分布匀、大小合适、韧性适当和黏度不大的气泡。

② 有良好的流动性、适当的水溶性，无毒，无臭，无腐蚀，易使用。

③ 无捕收性，对矿浆 pH 值及各组分有较好的适应性。

由以上要求可见，醇类是比较合适的起泡剂之一：醇在水中不解离，属于非离子型起泡剂；起泡性能强，不具有捕收性能；在水中的溶解度较大，分散好，药剂用量小；对矿浆 pH 值改变影响较小。所以，醇类是应用最广泛的起泡剂。

二、起泡剂的作用

1. 使空气在矿浆中分散成小气泡，并防止气泡兼并

浮选过程，希望生成的气泡直径较小，而且具有一定的寿命。但气泡直径也不能太小，太过于稳定，否则会对分选不利。在矿浆中，气泡直径大小与起泡剂浓度有关。试验表明，矿浆中没加起泡剂时，气泡平均直径为 3～5 mm，加入起泡剂后，可降到 0.5～1 mm。浮选过程希望气泡不兼并，升浮到矿浆表面后，也不立即破裂，能形成一定稳定性的泡沫，保证浮选过程的顺利进行。这些都是靠起泡剂来实现的。

2. 增大气泡机械强度，提高气泡的稳定性

气泡为了保持最小面积，通常呈球形。起泡剂在气-液界面吸附后，定向排列在气泡的周围，见图 4-2-6。气泡在外力作用下发生变形时，使气泡表面的起泡剂分子吸附密度发生变化。变形地区表面积增加，起泡剂密度降低，表面张力增大。但降低表面张力，是体系的自发趋势。因此，气-液界面存在有起泡剂，增强了抗变形的能力。如果变形力不大时，气泡将不致破裂，并能恢复原来的球形，增加了气泡的机械强度。

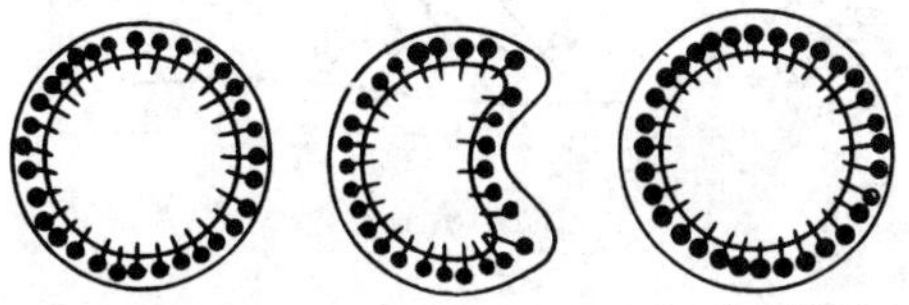

(a) 未变形前　(b) 产生变形　(c) 恢复原形

图 4-2-6　起泡剂增大气泡的机械强度示意图

3. 降低气泡的运动速度，增加气泡在矿浆中停留时间

首先，起泡剂极性端有一层水化膜，气泡运动时必须带着这层水化膜一起运动，由于水化膜中水分子与其他水分子之间的引力，将减缓气泡运动速度；其次，为了保持气-液界面张力为最小，气泡要保持其球形，不容易变形，增大了运动过程的阻力，使气泡运动速度降低；最后，由于起泡剂作用的结果，产生的气泡直径小，数目多，小气泡的运动速度通常较慢。因此，增加了气泡在矿浆中的停留时间，使矿粒与气泡的碰撞机会增多，提高了分选效果。

实践表明，起泡剂用量不宜过大，否则会降低起泡能力。起泡剂浓度、溶液的表面张力和起泡能力之间的关系如图 4-2-7 所示，由图可见，当起泡剂浓度开始增大时，溶液的表面

张力降低比较明显，起泡能力显著增大。当起泡剂浓度达到饱和状态（B 点）时，和纯水（A 点）一样，溶液不能生成稳定的泡沫层。因此，溶液的起泡能力不完全由表面张力降低的绝对值决定。

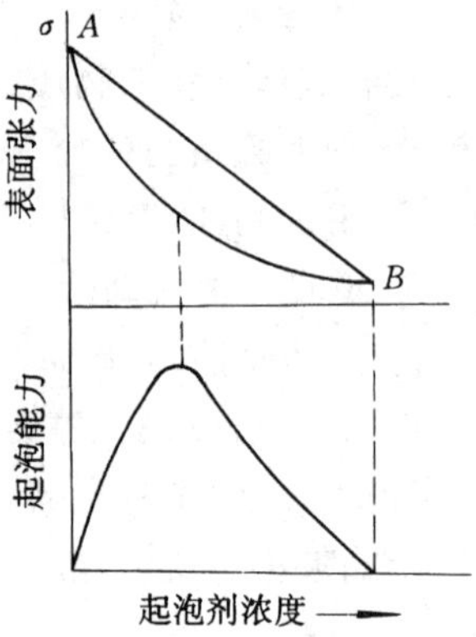

图 4-2-7 起泡剂浓度与溶液表面张力及起泡能力的关系

三、起泡剂作用机理

1. 单纯起泡剂的作用机理

起泡剂多数是杂极性表面活性剂，可以在气-液界面吸附浓集，降低气-液表面能，使气泡体系能量降低，促使空气分散，生成直径较小的气泡，并能在相界面上进行定向排列，以其极性端指向水，非极性端指向气。由于极性端和水分子发生作用，在气泡表面形成一层水化层，阻碍了气泡的兼并，同时还可增加气泡抗变形及破裂的能力。

2. 起泡剂与捕收剂的共吸附作用

一些捕收剂本身虽没有起泡作用，但能够在气泡表面吸附，对起泡剂的起泡作用产生影响。例如，黄药本身是捕收剂，无起泡能力，但若与醇一起使用，就会提高醇类的起泡能力，且高级黄药的影响比低级黄药要大，如图 4-2-8 所示。该现象说明捕收剂与起泡剂在气-液界面有联合作用，这种现象称为共吸附。捕收剂与起泡剂不仅在气泡表面产生共吸附现象，而且也在矿物表面产生共吸附。当矿粒与气泡碰撞时，起泡剂与捕收剂由于在界面上共吸附而产生互相穿插，使气泡与矿物固着稳定。

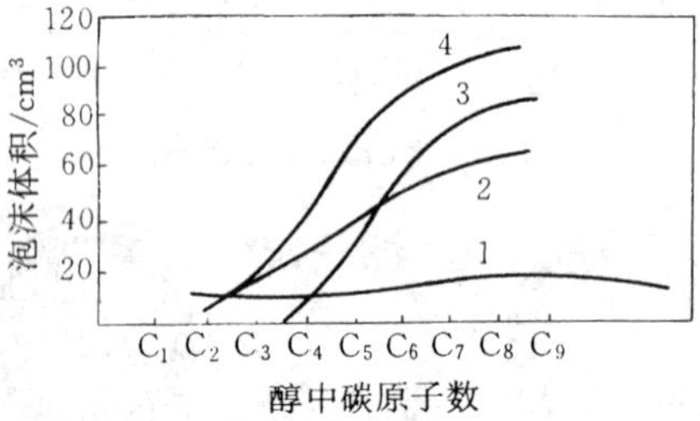

1—单用黄药；2—单用醇 3—乙黄药＋醇；4—戊黄药＋醇。

图 4-2-8 捕收剂（黄药）对起泡剂（醇）起泡能力的影响

非表面活性物质有两个极性基，易溶于水，在气-液界面没有吸附活性，因而不会产生两相泡沫，一般不作起泡剂；非表面活性物质虽能吸附于矿物表面，但在浮选用量范围内，并不能使矿物表面疏水化，所以也不是捕收剂。新的一些研究表明，部分非表面活性物质如与捕收剂一起使用，可以产生很好的泡沫，并可提高精矿品位及回收率。例如，双丙酮本身不起泡，虽能吸附到固-液界面，却并不能使矿物表面疏水。但如与捕收剂一起使用，由于它与捕收剂在矿物颗粒和气泡表面发生共吸附的结果，可形成良好的泡沫层。共吸附的穿插机理见图 4-2-9。

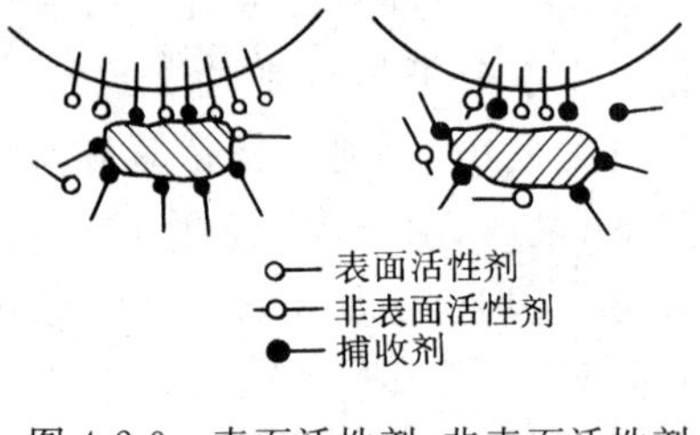

图 4-2-9 表面活性剂、非表面活性剂与捕收剂共吸附及互相穿插机理

四、起泡剂起泡性能的测定

起泡剂性能的好坏，取决于起泡能力、泡沫的稳定性。此外，泡沫的大小，泡沫的比表面积（可用显微镜或透射光进行测量）以及泡沫的黏度、弹性、抗张强度也很重要，但一般很少测量。

测定起泡剂水溶液的起泡性能，主要有四种基本方法：

① 用手或机械法搅动起泡剂水溶液数分钟，然后测量泡沫层体积。

② 用旋转的搅拌器或者上下移动的多孔盘，在起泡剂水溶液中搅拌，然后测量泡沫体积。

③ 在带有砂芯细孔的玻璃管内，将空气、其他气体的小气泡鼓入被测试的水溶液中，然后测量泡沫体积。

④ 从一定高度将起泡剂水溶液滴下，对所产生的泡沫进行测量。

上述方法的共同特点是在没有固体颗粒存在的条件下，在两相体系内测量泡沫的体积，一般来说，只适用于测试表面活性剂。

五、常用起泡剂

起泡剂可分为三大类，天然类、工业副产品和人工合成品。

1. 天然起泡剂

该类起泡剂是由林木直接蒸馏和加工后的产品。

(1) 松油

松油是最早的天然起泡剂，主要成分为 α-萜烯醇（$C_{10}H_{17}OH$），结构为：

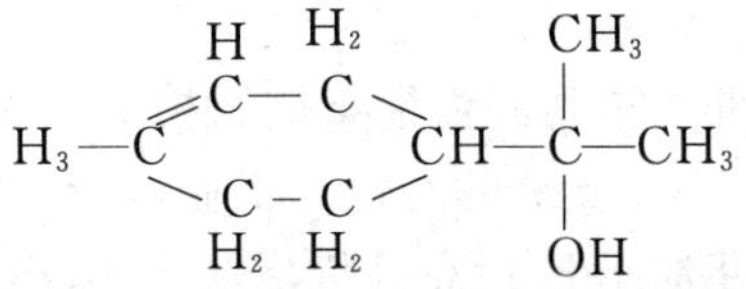

萜烯醇含量随原料而异，为 40%～60%，其他为萜烯和醚类化合物。松油为淡黄色或棕色液体，密度 0.9～0.95 g/cm^3。起泡能力较强，一般无捕收性。若萜烯醇含量较低，杂质含量较高时，有一定捕收性。用量一般为 10～60 g/(t 原矿)。

(2) 2 号油

2 号油亦称松醇油，曾是我国选矿厂应用最广泛的一种起泡剂。占起泡剂总用量的 95%以上。2 号油以松节油为原料，经水合反应制得，为淡黄色油状液体，密度 0.9～0.91 g/cm^3。主要成分为 α-萜烯醇，含量 40%～60%，高者可达 80%，其余为萜烯类化合物。起泡性能较松油稍弱，泡沫稍脆，无捕收能力，组成和性质较稳定。用量为 20～100 g/(t 原矿)。

(3) 樟脑油

樟树的枝、叶、根干馏得到原油，提取樟脑后再分馏便得各种樟脑油，分红、白、蓝三种：白色油可代替松油作起泡剂，选择性较松油好，并可用于优先浮选，用量为 100～200 g/(t 原矿)；红色油生成的泡沫发黏；蓝色油则兼具起泡性和捕收性，可用于浮选煤泥或与其他起泡剂配合使用。

(4) 桉叶油

桉叶油由桉叶经蒸馏得到，主要成分为桉叶醇，含量 50%～70%。起泡性比松油弱，但选择性好,用量较大。

我国南方盛产樟树、桉树,可充分利用枝叶提取樟脑油和桉叶油。

2. 工业副产品起泡剂

(1) 杂醇

杂醇来源较广,是选煤厂应用较多的起泡剂。如用发酵法制酒精时的副产品,其主要成分为丙醇、丁醇和戊醇的混合物,生成的泡沫较脆,选择性好,可以用于难选煤和高硫煤的浮选。用量200～300 g/(t 煤泥)。此类杂醇密度为0.8 g/cm³ 左右,黄色透明液体,80～132 ℃馏分占95%,其余为大于132 ℃的馏分。此外,糖厂、酒厂、用一氧化碳和氢合成甲醇工艺也有此类杂醇。

(2) 仲辛醇

仲辛醇是蓖麻子生产葵二酸时的副产品,仲辛醇含量70%～80%,辛酮10%～20%。仲辛醇是我国选煤厂广泛应用的起泡剂,起泡性能较杂醇强,用量一般100 g/(t 煤泥)。

(3) 杂醇油

杂醇油是生产丁醇的高沸点残留液,主要成分为伯醇、仲醇和少量酮类化合物。

(4) 混合醇

C_6～C_8 混合醇有两个来源,一是乙炔法生产丁醇、辛醇的副产品分出丁醇后的剩余馏分;二是石油工业混合烯烃的羰基合成产品,主要成分为已醇、庚醇、辛醇的混合物(外观为棕红色透明油状物)。C_8～C_{16} 醇(蒸馏塔底的高沸物),主要成分为辛醇和辛醚(辛醇21.6%,辛醚61.5%,其他成分16.9%)。该类起泡剂泡沫多,脆而不黏,并对过滤脱水有利。用量100～150 g/(t 煤泥)。

(5) 酯油

高压法羰基合成丁醇、辛醇时得到大量带支链结构的残液,以浓硫酸为催化剂,使之反应生成酯类化合物,主要含 C_4～C_8 支链的酯油。工业试验证明,酯油作煤泥浮选的起泡剂其效果与仲辛醇类似,代号为酯油190,优点是价格低、气味小、毒性低。

充分利用工业上的各种副产品,寻找新的品种,并进行加工和调整作为起泡剂使用,这是浮选药剂的一个发展方向,具有很高的经济和社会意义。

3. 人工合成起泡剂

该类起泡剂是人工合成专门生产用作起泡剂的化工产品。

(1) 醚醇类起泡剂

醚醇类起泡剂是由石化产品合成的新型起泡剂,有甲基醚醇、乙基醚醇、丁基醚醇等。我国生产的乙基醚醇是由还氧丙烷和乙醇在苛性钠催化下聚合而成的。其结构式为 $C_2H_5—(OC_3H_6)_n—OH$,平均相对分子质量为200,也称醚醇油。国外金属矿浮选大量使用,几乎占一半。

这也是一种可以严格按照还氧丙烷数目和醇的碳链长度由人工合成的起泡剂,其起泡性能可以预先设计,并在过程中进行调节。起泡能力随还氧丙烷数目及醇的烃链碳原子数增加而提高。同时捕收性能增加,选择性降低。

该类起泡剂水溶性较高,泡沫结构致密,不黏,选择性好,消泡快,用量少,仅为10～80 g/(t 原矿)。并能生成大量对浮选有利的小于0.2 mm 的微泡,但价格较贵。美国的OWFROTH 系列、氰胺公司的 Aerofroths 系列、英国的 Teefroths 系列及澳大利亚 TERIC

系列产品，均属于该类产品。常称为烷基聚丙烯二醇醚。

(2) 醚类起泡剂

醚类起泡剂是一种新型起泡剂，国内的 4 号油属此类，成分为三乙氧基丁烷，又称丁醚油，主要原料是合成聚乙烯醇过程中的副产品，来源广泛，其结构式为：

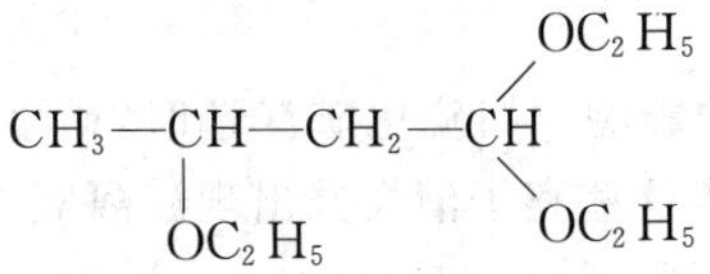

纯 4 号油是无色油状液体，工业品含少量树脂杂质，呈橙黄色，带水果香味。4 号油的价格低，纯度高，起泡能力较 2 号油强，用量仅为 2 号油的一半，生成的泡沫脆。4 号油能在尾矿水中很快分解、氧化，失去有害作用，是一种毒性较小的起泡剂。

(3) 甲基异丁基甲醇

亦称甲基戊醇，代号 MIBC，美国大量使用。MIBC 由丙酮经缩合脱水和常压加氢制成，结构式为：

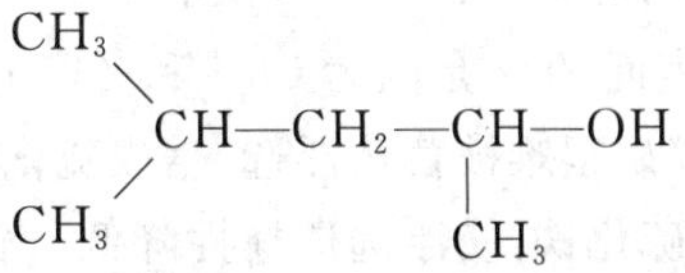

MIBC 为无色透明液体，20 ℃时密度为 0.8 g/cm^3，在水中的溶解度为 1.79%。特点是选择性强，活性好，生成的泡沫细且脆而不黏，消泡容易，不具捕收性，用量少，仅 20～40 g/(t 煤泥)。但由于丙酮取自粮食，我国未在工业上应用，只作为实验室浮选标准起泡剂。

由于人工合成起泡剂有很多优点，现已开始逐步取代天然起泡剂，同时一些化工副产品起泡剂仍在选煤厂广泛应用。

第四节 调 整 剂

广义而言，浮选过程所使用药剂除捕收剂和起泡剂以外均可称为调整剂。调整剂是控制矿物与捕收剂作用的一种辅助药剂，也可视为控制矿浆中不同矿物颗粒相互之间分散或聚集状态的调节剂。对于一些复杂的多金属矿石或难选矿石，合理使用调整剂是获得高指标的关键。调整剂按作用可分为活化剂、抑制剂、矿浆 pH 调整剂、分散与絮凝剂四类。究竟属于哪一类，和具体作用条件密切有关。同一药剂在一定条件下属于活化剂，在另一条件下却属于抑制剂，有时在某一条件下还能同时起两种或更多作用。

一、活化剂

凡能增强矿物表面对捕收剂的吸附能力的药剂称为活化剂。活化剂一般通过以下几种方式使矿物得到活化：

① 难溶的活化薄膜在矿物表面生成。当矿物本身很难被某种捕收剂捕收，在活化剂的作用下矿物表面生成了一层难溶性活化薄膜后能够成功地被捕收。例如：白铅矿很难被黄药捕收，但经硫化钠作用后，白铅矿表面生成了硫化铅的薄膜后很容易用黄药浮选。

② 活化离子在矿物表面的吸附。最典型的例子是石英对 Ca^{2+}、Ba^{2+} 离子的吸附。纯

石英不能被脂肪酸类捕收剂浮选，但石英吸附 Ca^{2+}、Ba^{2+} 离子后借 Ca^{2+}、Ba^{2+} 离子对脂肪酸捕收剂的吸附，就能实现浮选。

③ 清洗矿物表面的抑制性亲水薄膜。如黄铁矿，在强碱介质中矿物表面上生成了亲水的 $Fe(OH)_3$ 薄膜，使之不能被黄药浮选。用硫酸使黄铁矿表面亲水薄膜消失后便能用黄药浮选。

④ 消除矿浆中有害离子的影响。如硫化矿浮选时，矿浆中存在 S^{2-} 或 HS^- 离子，硫化矿往往不能被黄药浮选，只有当这些离子消失并出现游离氧以后才能实现浮选。

以下是实践中常用的活化剂。

1. 硫酸铜及有色重金属可溶性盐

硫酸铜($CuSO_4 \cdot 5H_2O$) 是实际中最常用的一种活化剂。它可以活化闪锌矿、黄铁矿、磁黄铁矿和钴镍等硫化矿物的浮选。其他一些重金属可溶性盐，如 Hg^{2+}、Ag^+、Pb^{2+}、Pd^{2+}、Cd^{2+} 等金属离子的可溶性盐也是活化剂。理论上研究最多的是硫酸铜中 Cu^{2+} 对闪锌矿的活化作用，普遍认为是在闪锌矿表面生成硫化铜的薄膜：

$$ZnS)ZnS + Cu^{2+} = ZnS)CuS + Zn^{2+}$$

Cu^{2+} 之所以能取代闪锌矿表面 Zn^{2+} 是因为 Cu^{2+} 和 Zn^{2+} 的离子半径相近且硫化铜的溶度积比硫化锌小。未被活化的闪锌矿很难被黄药浮选，生成硫化铜外表后就很容易用黄药浮选。但硫酸铜要适量，过量时将活化硫化铁，使浮选选择性降低。硫酸铜一般配成 5%～10%溶液使用，用量为 0.25～0.75 kg/(t 原矿)，输送管道一般用铅管不能用铁管，以免腐蚀。

2. 碱土金属和部分重金属的阳离子

属于这一类的活化剂有：Ca^{2+}、Mg^{2+}、Ba^{2+}、Fe^{3+} 等金属阳离子。当使用脂肪酸类捕收剂时，这些离子可活化石英和其他硅酸盐矿物的浮选。研究较多的是 Ca^{2+}、Ba^{2+} 等对石英的活化作用。纯净的石英在中性或碱性介质中表面呈负电性，不能吸附脂肪酸类捕收剂，但经 Ca^{2+}、Ba^{2+} 等金属离子活化后，石英便可吸附脂肪酸类捕收剂而浮出。

Ca^{2+}、Ba^{2+} 等金属离子活化石英的机理过去认为是 Ca^{2+}、Ba^{2+} 等在石英表面吸附的结果。近代的研究表明，起活化作用的主要是金属的氢氧络合离子 $MeOH^+$ 在矿物表面的进一步吸附。

3. 可溶性硫化物

包括硫化钠($Na_2S \cdot 9H_2O$)、硫氢化钠、硫化氢及硫化钙等，最常用的是硫化钠。硫化物的主要作用有：① 活化多种有色金属氧化矿的浮选，这种作用也称为硫化作用；② 抑制各种硫化矿物；③ 解吸硫化物表面上的捕收剂，用在硫化矿浮选时混合精矿的脱药；④ 调整矿浆 pH 值。硫化钠溶解于水后，相当于在水中加入 Na^+、OH^-、HS^-、S^{2-} 离子和 H_2S 分子。一般认为硫化钠对矿物的活化作用主要是 HS^- 和 S^{2-} 作用的结果。

有色金属氧化矿，如孔雀石、铅矾、白铅矿等直接用黄药不能浮选，但与硫化钠作用后却能很好地用黄药浮选。因此，对有色金属氧化矿来说，硫化钠是不可缺少的活化剂，亦称之为硫化剂。硫化钠对有色金属氧化矿的活化作用是由于在硫化钠的作用下在矿物表面生成了硫化物薄膜。

4. 无机酸、碱

有时使用硫酸、苛性钠、苏打等作为活化剂。它们的主要作用是清洗掉矿物表面的氧化膜或黏附的矿泥。如黄铁矿表面存在氢氧化铁亲水薄膜时失去可浮性，用硫酸清洗掉薄膜后黄铁矿恢复可浮性。被石灰抑制的黄铁矿或磁黄铁矿，用苏打可以活化它们的浮选，原因是使矿物表面吸附钙生成的 $CaCO_3$ 沉淀自矿物表面剥落，露出新鲜的表面以吸附黄药离子实现浮选。

二、抑制剂

凡能够破坏或削弱矿物对捕收剂的吸附，增强矿物表面亲水性的药剂称之为抑制剂。它通过以下三种方式抑制矿物：

① 从溶液中消除活化离子作用。如某些矿物在活化离子的作用下可以实现浮选，若将这些活化离子消除就使矿物达到抑制。例如石英在 Ca^{2+}、Mg^{2+} 离子的活化下才能被脂肪酸类捕收剂浮选，若在浮选前加入苏打，使 Ca^{2+}、Mg^{2+} 离子生成不溶性盐的沉淀，消除了 Ca^{2+}、Mg^{2+} 离子的活化作用，可使石英失去可浮性。

② 消除矿物表面的活化薄膜。如前所述，闪锌矿表面生成硫化铜薄膜后可用黄药浮选，当硫化铜薄膜被氰化物溶解后闪锌矿就失去可浮性，从而达到抑制的目的。

③ 在矿物表面形成亲水的薄膜，提高矿物表面的水化性，削弱对捕收剂的吸附活性。形成抑制性亲水薄膜有几种情况：第一，形成亲水的离子吸附膜。例如矿浆中存在过量的 HS^-、S^{2-} 离子时，硫化矿物表面可吸附它们形成亲水的离子吸附膜。第二，形成亲水的胶体薄膜。例如水玻璃在水中生成硅酸胶粒，吸附于硅酸盐矿物表面，形成亲水的胶体抑制薄膜。第三，形成亲水的化合物薄膜。例如方铅矿被重铬酸盐抑制，在矿物表面生成亲水的 $PbCrO_4$ 抑制薄膜。

上述这些作用有时并不孤立存在。某些药剂往往同时通过几方面作用的配合才能有效地实现对矿物的抑制。以下是几类常用的抑制剂。

1. 硫化钠及其他可溶性硫化物

硫化钠和其他可溶性硫化物是有色金属氧化矿的活化剂，但用量过多时被活化的矿物又被抑制。硫化矿物浮选时加入硫化钠，很多矿物受到抑制。瓦克和他的同事们研究了硫化钠对不同硫化矿物的抑制作用。研究表明，硫化矿物的抑制作用决定于硫化钠本身的浓度和介质的 pH 值，即主要和溶液中 HS^- 浓度有关。瓦克认为，硫化钠的抑制作用在于 HS^- 离子在硫化矿和黄药阴离子间进行竞争，HS^- 浓度达到临界值时，矿物被抑制。

硫化钠在矿浆中易氧化，浓度不易控制，对矿物的抑制往往带有时间性，故实践上很少采用单一的硫化钠作为硫化矿物的选择性抑制剂。目前硫化钠主要用于下述三种情况：① 多金属硫化矿混合精矿的脱药；② 铜-钼分离时用于抑制黄铜矿及其他硫化物，用煤油浮选辉钼矿；③ 铜-铅混合精矿的分离。

2. 氰化物

氰化物是闪锌矿、黄铁矿和黄铜矿的有效抑制剂。过去广泛应用于铜锌、铅锌及铜铅锌多金属硫化矿石的浮选。近年由于环保，很多已放弃使用，仅少数分离工艺复杂的尚在使用。常用的有氰化钾（KCN）和氰化钠（NaCN）。

氰化物毒性很强，易溶于水，其水解产物 HCN 易挥发，剧毒。在浮选过程中起抑制作用的是 CN^- 离子。所以氰化物只能在碱性矿浆中使用，这样不仅能降低其耗量和毒性，并能增强抑制作用。氰化物对矿物的抑制作用，可以归纳为如下几个方面：

① 消除矿浆中的活化离子，防止矿物被活化。

② 除去矿物表面活化离子，降低捕收剂的作用能力。

③ CN^- 吸附在矿物表面，增强矿物的亲水性，并阻止矿物表面与捕收剂作用。

④ 溶解矿物表面的磺酸盐捕收剂薄膜。

因氰化物有剧毒，保存、使用必须有严格的制度。尾矿水排放必须符合国家标准。

3. 硫酸锌（$ZnSO_4 \cdot 7H_2O$）

硫酸锌是白色晶体，易溶于水，是闪锌矿的抑制剂，只有在碱性矿浆中才有抑制作用，矿浆 pH 值越高其抑制作用也就越强。硫酸锌在碱性矿浆中生成氢氧化锌 $Zn(OH)_2$ 胶体，一般认为硫酸锌的抑制作用主要是由于生成的氢氧化锌的亲水胶粒吸附在闪锌矿表面，阻碍了矿物表面与捕收剂的作用。单独使用硫酸锌对闪锌矿的抑制作用较弱，通常与其他抑制剂配合使用。实践上硫酸锌常与氰化物联用，这样不仅加强了抑制作用，而且节省了氰化物用量。一般常用的氰化物与硫酸锌的用量比为 1∶2～1∶10。

近代无氰（不用氰化物）工业的发展，使硫酸锌与氰化物联合应用制度已很少采用。目前的应用主要有：① 在碱性介质中单独应用硫酸锌；② 硫酸锌与碳酸钠合用；③ 硫酸锌与亚硫酸合用作为闪锌矿与黄铁矿的抑制剂。

4. 二氧化硫、亚硫酸及其盐类

这类药剂包括二氧化硫气体（SO_2）、亚硫酸（H_2SO_3）、亚硫酸钠（Na_2SO_3）和硫代硫酸钠（$Na_2S_2O_3$），主要作为闪锌矿和硫化铁的抑制剂。用这类药剂代替氰化物也是目前研究的重要课题。由于这类药剂无毒，不溶解金等贵金属，所以应用日益广泛。目前主要应用于以下几种情况：

① 铅-锌分离：二氧化硫或亚硫酸和石灰、硫酸锌配合，抑制闪锌矿浮选方铅矿。

② 锌-硫分离：用亚硫酸盐抑制硫化铁，活化闪锌矿，进行锌-硫分离。

③ 铜-铅分离：但铜-铅混合精矿的分离通常是一个困难的问题。

④ 铜-锌分离：用亚硫酸或其盐抑制闪锌矿、浮选铜矿物应用广泛。为提高对闪锌矿的抑制，常配合少量氰化物或硫酸锌。

使用时注意用量：量少抑制作用不充分，量多又会抑制方铅矿与黄铜矿。因 SO_3^{2-} 或 $S_2O_3^{2-}$ 会氧化生成 SO_4^{2-} 而失效，一般采用分段加药。亚硫酸法对于一般不含或少含次生铜矿物的多金属铜-锌或铅-锌矿石的分离是一种有前途的方法。

5. 重铬酸盐

重铬酸钾 $K_2Cr_2O_7$ 或重铬酸钠 $Na_2Cr_2O_7$ 是方铅矿的有效抑制剂，对黄铁矿也有抑制作用。在多金属硫化矿浮选中，重铬酸盐主要用于铜-铅混合精矿分离时抑铅浮铜。例如重铬酸盐在弱碱性矿浆中生成铬酸离子，铬酸离子化学吸附在方铅矿表面，生成难溶而亲水的铬酸铅薄膜，使方铅矿受到抑制。

重铬酸盐或铬酸盐都是强氧化剂，为促使方铅矿表面的氧化，要进行较长时间搅拌（30 min～1 h）。由于铬盐对环境的污染，目前已限制使用。

6. 水玻璃（$Na_2O \cdot mSiO_2$）

水玻璃是非硫化矿浮选时最常用的一种调整剂，它既是硅酸盐脉石矿物的抑制剂又是矿泥的分散剂。水玻璃又称硅酸钠，化学组成 $Na_2O \cdot mSiO_2$，m 为模数，一般为 2～4.5。模数过高不易溶解，模数过低则抑制、分散作用不强。选矿上常用的水玻璃模数为 2～3。

水玻璃是由强碱和弱酸构成的盐，在水中可水解，矿浆呈碱性，形成大量 SiO_3^{2-}、

$HSiO_3^-$、H^+和OH^-离子，各种离子的含量视溶液的浓度、pH值及水玻璃的模数而定。对$Na_2O \cdot 3SiO_2$的水玻璃溶液，当浓度为1 mg/L，pH<8时未解离的H_2SiO_3分子占优势；pH=9～13时$HSiO_3^-$占优势；pH>13时SiO_3^{2-}占优势。

水玻璃的抑制作用主要是由水化性很强的$HSiO_3^-$离子和硅酸分子及胶粒吸附在矿物表面，使矿物表面呈强亲水性。硅酸胶粒在矿物表面的吸附一般认为是物理吸附。另外，硅酸离子（SiO_3^{2-}、$HSiO_3^{2-}$）和H^+、OH^-为石英及硅酸盐矿物的定位离子，因而水玻璃可以强烈地增强石英及硅酸盐矿物的负电位，使带有相同电荷的粒子互相排斥，处于稳定的分散状态。水玻璃对矿泥的分散作用也可用同样的机理加以解释。

水玻璃的抑制作用与用量密切相关：用量小时有选择性，用量大时失去选择性。为提高其选择性，常采用的措施有：① 与苏打配合使用；② 与多价金属阳离子配合使用；③ 加温处理。使用时一般配成5%～10%溶液，用量0.2～2 kg/(t原矿)，作矿泥分散剂时用量约1.0 kg/(t矿泥)以下。

7. 有机抑制剂

许多有机化合物可以用作抑制剂，如糖类（淀粉和糊精）、丹宁类、木质素及纤维素、动植物胶等。

(1) 淀粉

淀粉是高分子化合物。分子式为$(C_6H_{10}O_5)_n$，亲水基主要是—OH。淀粉的水解产物称糊精。淀粉的组成与作用因来源不同略有差异，通常有两种结构：一种为含直链的链淀粉，另一种为含支链的胶淀粉，前者占25%左右，溶于热水，后者占75%左右，不溶于水，但能在水中膨润。淀粉制成糊精后易于溶解。实践上使用较多的是玉米淀粉或木薯淀粉。使用时一般先制成苛性淀粉，即加入相当于淀粉量0.5%～1.0%的苛性钠，配成5%溶液，加温至90～98 ℃，煮15～30 min，再稀释至1%～3%溶液后使用。淀粉主要用于抑制辉钼矿和赤铁矿。糊精主要用作如滑石、石英等脉石矿物的抑制剂。

(2) 丹宁

丹宁是一种多羟基的芳香酸，也称鞣酸。分子组成较复杂，亲水基是—COOH和—OH。丹宁从植物中提取，由于原料及提取方法的不同，其组成也有差异。将富含丹宁的植物（如橡子壳、五倍子树皮、铁杉皮等）破碎后用水浸泡，溶出丹宁，再将浸出液加热蒸干得到的固体（主要含丹宁），称为烤胶。丹宁在萤石、白钨矿、磷灰石浮选时抑制白云石和方解石，对石英也有一定抑制作用。

(3) 羧基甲基纤维素（1号纤维素CMC）

羧基甲基纤维素的原料是各种植物的纤维，溶于水，可作为含镁脉石矿物（如蛇纹石）的抑制剂。常配成2%溶液使用，用量25～250 g/(t原矿)，用量小于10 g/(t原矿)时有利于提高浮选精煤质量。

(4) 木质素

木质素是含于木材等植物中的高分子物质。木质素经磺化、氯化等反应，生成可溶于水的磺化木素或氯化木素，可作为浮选的抑制剂。

关于有机抑制剂的作用机理，普遍认为是它们相对分子质量很大，在分子结构中存在很多极性基，当分子被吸附在矿物表面后其他极性基朝向水，致使矿物表面呈现亲水性。极性基数量越多、分布越均匀、化学活性越大、水化能力越强，抑制能力也越大。分子中有非极性基时，碳链越长，抑制作用越弱，其作用与捕收剂的作用相反。用量大时抑制作用失去选择性。

(5) 腐殖酸

腐殖酸富含于褐煤、泥煤和风化烟煤中，是一种天然高分子聚合电解质，平均相对分子质量为 25 000～27 000，具有胶体化合物的性质。光谱分析证实其富含羧基，是一种高度氧化的木质素，易溶于苛性钠。作浮选抑制剂用的是腐殖酸钠。用小于 100 网目的褐煤 50 kg，加水 500 kg、苛性钠 20 kg，加热、搅拌至微沸 3～5 h，可将煤中腐殖酸全部溶解，成为腐殖酸钠溶液。再用离心机脱泥，即得可应用的腐殖酸钠溶液。腐殖酸钠可作亮煤、暗煤、褐铁矿、赤铁矿、磁铁矿等的抑制剂，还可作煤泥的絮凝剂。腐殖酸来源广泛、制造容易、成本低，这是其作为浮选药剂的最大优点。

三、介质 pH 调整剂

介质的 pH 值是浮选的重要工艺参数。矿物通常要在一定的 pH 值范围，浮选过程才有最佳的选择性。调整介质 pH 值，一般有以下作用。

① 调整重金属阳离子的浓度。矿浆中许多“难免离子”(多为重金属阳离子)，通常可生成氢氧化物沉淀 $Me(OH)_m$。它的溶度积 $K_{sp}=[Me^{m+}]\cdot[OH^-]^m$ 为常数。提高介质 pH 值，可明显降低金属阳离子浓度，如果 Me^{m+} 是有害离子，则可减少它的有害影响。

② 调整捕收剂的离子浓度。捕收剂在水中呈分子或离子状态存在与介质 pH 值有密切关系，调整 pH 值可调整呈分子或离子状态存在的比例。

③ 调整抑制剂的浓度。一些抑制剂由强碱和弱酸构成，在水中可以水解，故介质 pH 值直接影响它的水解程度。

④ 调整矿泥的分散与凝聚。实际应用的 pH 调整剂也是矿泥的分散剂或凝聚剂，起到分散矿泥或使矿浆产生凝聚的作用。

⑤ 调整捕收剂与矿物之间的作用。捕收剂离子与矿物的作用与矿浆的 pH 值有密切关系，调整介质 pH 值可改变矿物表面电性及药剂的性能。当介质 pH 值大于矿物的零电点时，矿物表面荷负电，反之荷正电。如果矿物与药剂之间作用属物理吸附，矿物表面电性就能决定药剂能否吸附到矿物的表面，即 pH 值决定了药剂能否与矿物起作用。各种矿物浮选时都有最佳的 pH 值范围，如煤泥应在中性或弱碱性矿浆中才能有最佳可浮性。另外，捕收剂阴离子与 OH^- 之间可在矿物表面产生竞争，pH 值愈高，OH^- 离子浓度愈大，愈能排斥捕收剂阴离子的作用。在一定的捕收剂浓度下矿物开始被 OH^- 抑制时的 pH 值称为矿物的临界 pH 值。不同矿物的临界 pH 值是不同的。实际浮选时，因同一种矿石中同一种矿物的可浮性常有一些差异，临界 pH 值是一个范围。矿物的临界 pH 值与捕收剂浓度有关。

常用的 pH 调整剂有：石灰、苏打、硫酸和苛性钠。

① 石灰，又称白灰，有效组成为 CaO，是一种最廉价、最广泛的 pH 调整剂，特别是在硫化矿浮选上。石灰除调节矿浆 pH 值外还可作为黄铁矿与磁黄铁矿的抑制剂。石灰是一种强碱，可使矿浆 pH 值提高到 11～12 以上。石灰的作用一方面是 OH^- 的作用，另一方面是 Ca^{2+} 的作用。黄铁矿与磁黄铁矿在碱性介质中表面可生成氢氧化铁亲水薄膜。当有黄药存在时黄药阴离子和 OH^- 发生竞争，降低了黄药的捕收性能，提高了矿浆 pH 值，从而加强

了对硫化铁矿物的抑制。Ca^{2+} 可在黄铁矿表面生成 $CaSO_4$ 难溶化合物，也可起到抑制作用。石灰对泡沫的性质也有明显的影响。因石灰还是一种凝聚剂，能引起矿浆中微细矿粒的凝聚，所以当石灰用量适当时，泡沫有一定黏度，较稳定。但用量过大时，由于微细矿粒的凝聚，会使泡沫发黏，甚至“跑槽”。使用时应将石灰配成石灰乳后再加入矿浆中。

② 苏打，即碳酸钠（Na_2CO_3），是一种强碱弱酸盐。在矿浆中水解后得到 OH^-、HCO_3^- 和 CO_3^{2-} 等离子。它是比石灰弱得多的一种碱性调整剂，调整范围在 8～10。苏打有一定的缓冲作用，调整的 pH 值较稳定。

石灰和苏打都可调整矿浆 pH 值。由于石灰便宜并且对黄铁矿有抑制作用，因而在硫化矿的浮选中得到广泛的应用。非硫化矿浮选中苏打是极为重要的 pH 调整剂。在采用脂肪酸类捕收剂时，苏打能消除矿浆中 Ca^{2+}、Mg^{2+} 等有害离子的影响，并且对矿泥有分散作用，能减弱或消除矿泥的不良影响。

③ 苛性钠是强碱，因价格贵而较少使用，只有在不能用石灰但又必须在强碱矿浆中浮选时才使用。

④ 硫酸在欲降低矿浆 pH 值时常使用，它可活化硫化铁矿物的浮选，因为硫酸可以消除硫化铁表面的氢氧化铁亲水薄膜。在浮选绿柱石、锆英石、金红石等时常用硫酸作预处理，以调整矿物的可浮性。经酸洗后，这些矿物的表面得到净化，从而有利于浮选分离。

四、分散剂与絮凝剂

1. 颗粒的分散与聚集状态

细粒物料，特别是粒度小于 5～10 μm 的矿泥，由于具有很大的比表面积，是一个热力学不稳定体系，故细粒物料之间的黏附常可自发产生，也由于范德瓦耳斯力作用而互相吸引，常呈无选择的黏附状态。加上矿浆中一些“难免离子”的作用，使粒子表面电位降低，从而更使细泥产生黏附。矿浆中细粒物料之间的黏附，根据作用本质的差异可分为三种，如图 4-2-10 所示。① 细粒受无机电解质的作用，粒子表面电动电位下降，从而引起互相聚集生成聚合体，称为凝聚（coagulation）；② 颗粒在捕收剂作用下，表面形成疏水膜，各颗粒疏水膜之间黏附缔合成团，称为团聚（agglomeration）；③ 细粒通过高分子絮凝剂的桥联作用构成松散的、多孔的、具有三度空间结构的絮状体，称为絮凝（flocculation）。

2. 常用分散剂

为使矿浆中矿粒处于分散状态必须加入分散剂。常用的分散剂有苏打、水玻璃、三聚磷酸盐、丹宁、木素磺酸盐等。分散作用的共同特征是使矿粒表面的负电性增强，增大矿粒之间的排斥力，并使矿粒表面呈现强的亲水性，防止矿粒聚结。需强烈分散矿泥时要在加入分散剂前先加苛性钠，使矿浆 pH 值升高，在强碱介质中矿泥才具有高分散性。

（1）水玻璃

水玻璃是最广泛使用的分散剂。价廉，分散效果好。水玻璃在水中生成 H_2SiO_3 分子、SiO_3^{2-} 和 $HSiO_3^-$ 离子及水玻璃胶粒，它们能吸附在矿粒表面，大大地增强了矿粒表面的亲水性，故水玻璃是良好的分散剂。

（2）苏打

苏打既可调节矿浆 pH 值，又具有分散作用。当要求矿浆 pH 值不太高，又希望矿粒分散时，苏打是一种有效的药剂。有时为增强苏打的分散作用可配合使用少量水玻璃。

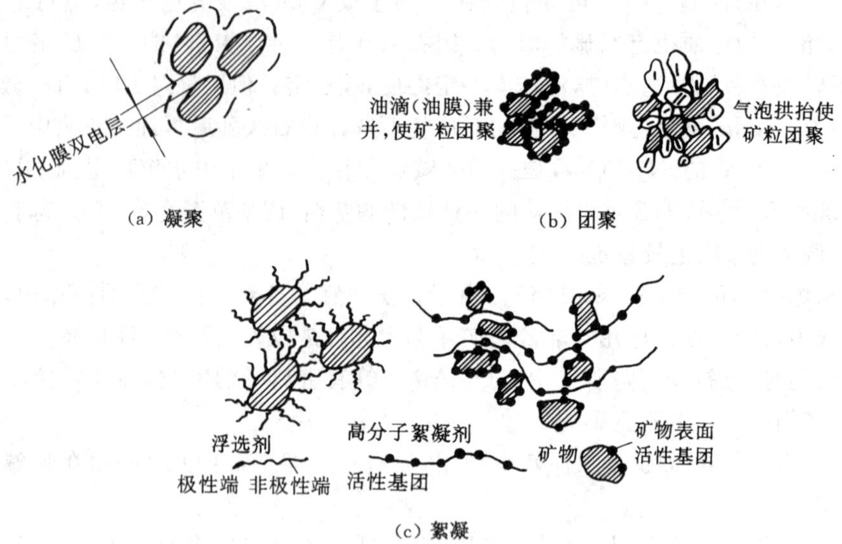

图 4-2-10 微细颗粒的聚集状态

(3) 各种聚磷酸盐

常用的有三聚磷酸盐($Na_5P_3O_{10}$)和六偏磷酸盐$(NaPO_3)_6$。

(4) 木素磺酸盐、丹宁等

这类药剂专作为分散剂用比较少。

3. 常用絮凝剂

能使矿浆中细粒物料产生聚结的有三类物质:① 无机电解质,如石灰和明矾(硫酸铝)等。② 有机捕收剂,如非极性烃类油。③ 有机高分子絮凝剂。有机高分子絮凝剂就其来源又分为天然和人工合成两类。天然类有淀粉、糊精、羧甲基纤维素等;人工合成类主要是聚丙烯酰胺及其他类型的水溶性高分子聚合物。

聚丙烯酰胺为白色粉末,产品常是纯含量 7%～8%的含水聚合物,外观为无色透明胶体。主要活性基团是酰胺基($—CONH_2$)。非离子型聚丙烯酰胺(简称 PAM)和常用的阴离子型聚丙烯酰胺(简称 PHP)的分子式为:

$$\left[\begin{array}{c} CH_2—\underset{\displaystyle CONH_2}{\underset{|}{CH}} \end{array}\right]_n \quad (PAM) \qquad \left[\begin{array}{c} CH_2—\underset{\displaystyle COONa}{\underset{|}{CH}} \end{array}\right] \quad (PHD)$$

其中 n 是聚合分子数。它的平均相对分子质量可达几十万至上千万,一般在 300 万～800 万范围。非离子型聚丙烯酰胺通过酰胺基反应可以制成阴离子型或阳离子型聚丙烯酰胺。水解的或磺化的聚丙烯酰胺,在分子上都有阴离子活性基团,属于阴离子聚丙烯酰胺。由于阴离子基团的作用,增强了选择性。高分子絮凝剂的共同特点是相对分子质量大、链长、链上有大量活性官能团,它可以吸附于几个或几十个或更多的矿粒上,通过桥联作用把矿粒连接在一起,构成松散、多孔的大絮团。

由于合成的高分子絮凝剂絮凝能力强,用量少,价廉,已广泛用于尾矿水净化、循环水澄清等方面。使用时先配成 0.1%～0.5%的水溶液,用量在 2～50 g/(m^3 矿浆)。

高分子絮凝剂的絮凝机理可用"架桥理论"来解释。这一理论可以描述为多个矿粒吸附高分子絮凝剂分子；通过絮凝剂的连接使矿粒产生不规则的絮团。但使用时要注意：小用量时絮凝具有选择性，超过一定量时成为无选择性的全絮凝，用量再大时则出现保护溶胶作用而不起絮凝作用。

在煤浮选中，有时为了抑制煤中的矿物杂质黏附到煤表面随精煤上升进入泡沫层，可加入抑制剂或者分散剂改善。它们可通过下列途径在矿物表面形成的亲水性薄膜起到抑制或分散的作用：① 在矿物表面形成难溶性亲水化合物薄膜；② 在矿物表面形成胶体吸附膜；③ 在矿物表面形成离子吸附膜。其结果是当捕收剂量增多，精煤产率升高、灰分下降。

第五节　近年浮选药剂的变化与发展

(1) 新浮选药剂的研制仍是浮选药剂研究的重要方向，其主要目的和作用是提高分选效果，同时针对低品位和复杂硫化矿和氧化矿分选研发的捕收剂和抑制剂也受到普遍关注。在新药的研发过程中，人们的环境保护意识有较大提高，许多毒性试验显示新药毒性较低。

(2) 混合用药的研究仍是浮选药剂研究的重要方向之一，特别是在捕收剂的混合用药和抑制剂的混合用药方面。

(3) 许多新药用代号表示药剂名称，这虽可以保护知识产权，但阻碍了新药剂机理方面的研究，也制约了新药的传播和推广。

(4) 选煤中乳化药剂更多被使用，尤其是对于使用非极性油类和焦油类作为捕收剂时，对减少药剂用量、提高浮选效果十分明显。

复习思考题

1. 根据在浮选过程中的作用说明浮选药剂的分类，并简述浮选药剂应具有的性质。

2. 简述捕收剂的作用。常用的捕收剂有哪些？各用于分选何种矿物？

3. 常用煤泥浮选的捕收剂有哪些？煤油作为浮选煤泥最广泛的捕收剂，请简述其作用机理和提高烃类油浮选活性的途径。

4. 巯基类阴离子捕收剂主要有哪几种？它们与矿物的作用机理有哪几类？

5. 脂肪酸及其皂类的捕收剂的性能与其本身的性质有何联系？

6. 什么情况下应用阳离子捕收剂？使用时应注意什么？简述胺类阳离子捕收剂浮选矿物的种类及作用机理以及使用胺类捕收剂的注意事项。

7. 简述起泡剂作用机理及在浮选中的作用。

8. 简述常用起泡剂的种类及用得最多的起泡剂的类型。选煤厂常用的起泡剂有哪些？

9. 调整剂按其作用原理如何分类？简述活化剂、抑制剂、pH 调整剂的种类及作用机理。

10. 简述分散剂与絮凝剂的分类及作用机理。

第三章　浮选机及辅助设备

第一节　浮选机的基本作用及评价

一、浮选机的基本作用

浮选机是实现浮选的工业设备。其关键部件——充气搅拌机构决定了浮选机的类型、特点和效能。从浮选的过程看，浮选机应具有以下作用：

① 使矿浆处于湍流状态，以保证矿粒的悬浮和药剂的分散，并以一定动能运动、碰撞，实现矿粒和药剂的附着；

② 引入空气，产生大小合适、数量足够、稳定性适宜的气泡，使之分散在矿浆中，以一定的动能运动，并和药剂、矿粒碰撞，产生选择性黏附，实现矿化；

③ 矿化气泡能升至液面，形成三相泡沫层，并产生二次富集作用；泡沫精矿和尾矿能及时排出。

图 4-3-1 表示浮选各过程之间的联系。虚线方框表示搅拌桶功能，实线方框表示浮选机功能。图 4-3-2 是机械搅拌式浮选机内各作用区分布图。混合区中，气泡群和矿粒进行大量碰撞，有些跟随叶轮搅拌做紊流运动，其气泡速度可达 100 cm/s，但气泡的升浮运动较慢。在浮选区，矿化的气泡在上浮过程中随静水压力的减小，升浮速度逐渐加大。到了泡沫区(或刮泡区)，大量矿化气泡聚集，气泡升浮速度降低，甚至停止，气泡兼并增加，兼并过程中水化膜破裂时泄下的部分水带走夹在泡沫层中的疏水性差、吸附较弱的杂质颗粒，起到二次富集作用。

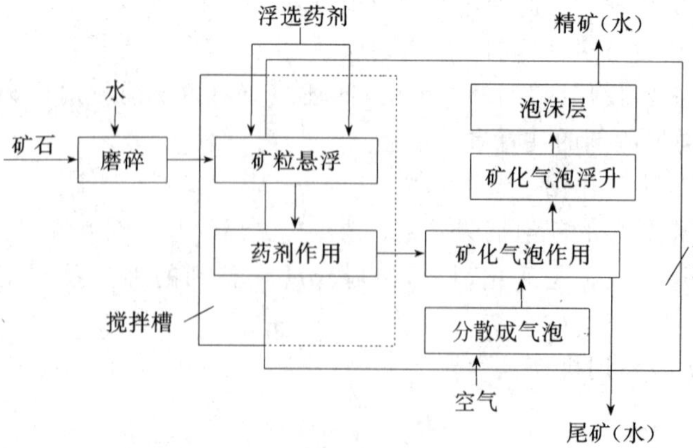

图 4-3-1　泡沫浮选过程示意框图

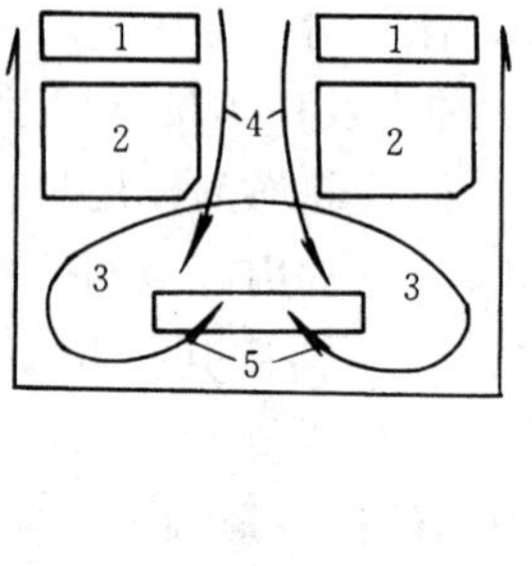

1—刮泡区；2—浮选区；
3—浆气混合区；4—充气路线；
5—矿浆循环路线。

图 4-3-2　浮选机内各作用区的分布

二、对浮选机的基本要求和评价

浮选生产中，性能优良的浮选机应满足下列要求：

① 充气量大且易调节。气泡数量直接影响浮选速度。选煤时由于精煤产率大，决定浮选机生产能力的主要因素是充气量。此外，不同矿物或浮选的不同作业（粗选、扫选、精选）各有其合适的充气量，这就要求充气量要易于调节。

② 搅拌强度要足够，以保证矿浆浓度、颗粒和气泡在浮选机内的分布均匀及药剂的分散，满负荷停车后易于直接重新启动。

③ 矿浆通过能力大，以适应较高的处理量；槽内矿浆循环量大，以保证矿粒与气泡接触机会多。

④ 形成稳定的矿浆液面和泡沫层，及时稳定地排出泡沫精矿。

⑤ 结构简单，维修方便，能耗低，寿命长，能长期安全运转。

⑥ 适应自动化需要，调节方便、灵活，减少检测仪表和执行机构数量。

目前各行业尚无统一的标准评价浮选机性能，下列指标采用较多，可作为评价的参考依据：

① 充气性能与浮选指标（精矿、尾矿质量和数量）；

② 处理能力（各种形式）；

③ 动力消耗（吨原矿计）；

④ 价格、安装、操作、维修费用及占地面积等。

三、浮选机中矿浆的充气

浮选机的主要作用之一就是向矿浆中充入空气，分散成大量小气泡，再与矿粒碰撞形成矿化气泡。所以浮选矿浆充气是浮选的前提，是决定浮选机效果的主要因素。浮选矿浆的充气主要包括两个过程：气泡的生成及气泡的兼并和溶解。

1. 气泡的生成

气泡生成原则上有三种方法。

(1) 机械搅拌作用将空气流粉碎形成气泡

机械搅拌式浮选机气泡生成主要通过此法。此时，形状不同的转子或叶轮对矿浆进行激烈搅拌，使矿浆产生强烈的旋涡运动。由于旋涡的剪切作用，吸入浮选机的空气被分散成直径不等的气泡。矿浆和气泡相对速度越大，紊流程度越高，气-液界面张力越低，气流被矿浆的旋涡剪切分割成的气泡直径越小，数量越多。但搅拌过强，能耗大，液面不稳，气泡直径太小时，对矿粒浮出也不利。

机械搅拌式浮选机的关键部件是转子和定子。转子即叶轮，它的工作部件可以是类似水泵叶轮的形状——涡轮、带直立叶片的水平圆盘、混合式叶轮等，也可以是垂直排列成笼形的棒或辐射状的板。转子转动时，叶片后方形成空穴，吸入空气。绕过叶片的矿浆形成两列相向旋转的涡漩（卡门涡漩），空气被这些涡漩吸至涡心，形成气泡。已形成的气泡在湍流脉动速度产生的动压力和剪切力作用下可能分裂成更小的气泡。离开叶片愈远，气泡分裂得愈小。

图 4-3-3 是叶轮将空气分散成气泡的情况。试验表明，转子分散空气的能力是有限度的，叶轮自吸式浮选机吸入空气的能力取决于转子的分散能力，不会超过这个限度。增加叶片数量或提高叶片转速可增大充气量，但动力消耗及磨损会加大，液面也可能不稳，对粗粒

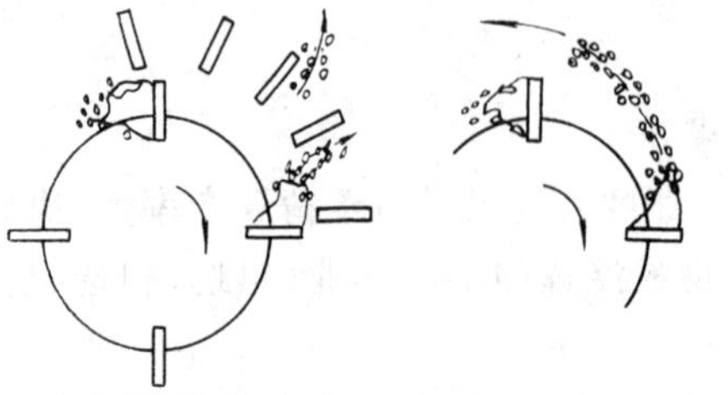

图 4-3-3 叶轮转动时叶片后方的空气穴与气泡生成

分选不利。

(2) 空气通过多孔介质的细小眼孔形成气泡

压入式浮选机(如浮选柱等)的气泡生成采用此法。压入的空气通过带有细小孔眼的多孔介质,如微孔陶瓷、帆布等特别的充气器后便会产生细小气泡,如图 4-3-4 所示。但空气的压力要适当:太小时不利于空气透过,气泡数量少;过大时又易形成喷射气流而不成泡,并造成液面不稳。压力大小由充气器决定。此外,充气器上孔的大小及间隔也影响气泡生成,孔的大小影响空气通过的阻力;间隔太小时相邻孔眼形成的气泡易相遇而兼并,间隔太大充气量过小。

(3) 气体从矿浆中析出形成微泡

在标准状态下,空气在水中的溶解度约为 2%,当压力降低,溶解的气体便会以微小气泡的形式从溶液中析出。析出的微泡具有直径小、分散度高、气-液界面大、有选择地优先在疏水性较高的表面析出等特点,因而称为活性微泡。近代浮选机设计时很注意确保大量微泡并以此强化浮选过程。微泡在矿粒表面的析出有利于突破矿粒与气泡之间的水化层。当粗粒表面有微泡时,其他气泡可通过微泡附着到矿粒上,形成无残余水化膜的附着,或许多微泡附着到粗粒矿物上构成气泡絮凝体而上浮,加强了粗粒的浮选。

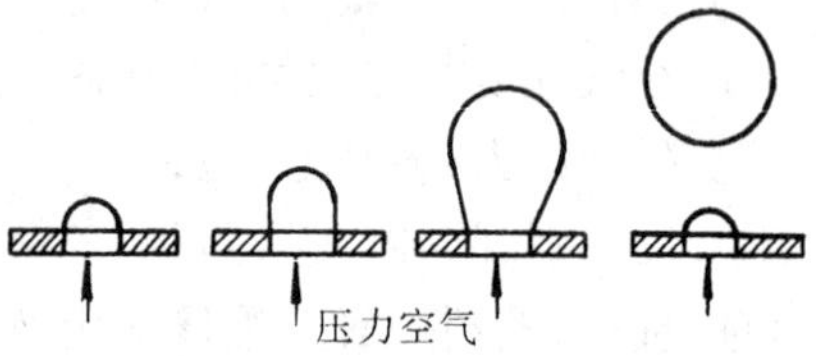

图 4-3-4 空气通过细孔形成气泡示意图

影响微泡析出的主要因素有:

① 开始时矿浆中空气的饱和程度,即空气的溶解度。矿浆在空气中有许多溶解机会,如搅拌、泵送等都可促进矿浆的溶解。为加大溶解度,对矿浆加压是重要措施,这也是近代喷射浮选机等采用压力矿浆的依据。

② 随后矿浆的降压程度。矿浆降压的原因很多,如压力矿浆的喷射、矿浆由槽底向槽顶移动、叶轮叶片后缘压力的降低、叶轮甩出矿浆时造成瞬间的压力波动和降低等。

③ 是否具有微泡析出的“核心”。当有“核心”(如矿物的疏水性表面)时,微泡可优先在这些“核心”析出。疏水性表面越多,越有利于微泡的析出,特别是疏水性矿粒表面的微孔、裂纹和缺口等处若被气体分子填补(称气体幼芽),它们便成了微泡析出的“核心”。因此矿浆中疏水性矿粒的存在改善了微泡析出的条件,而微泡的析出又强化了疏水性矿粒的浮选。

不同结构的浮选机微泡析出数量是不同的。增加矿浆初始压力(如搅拌,加压)和降压程度(如喷射等)即增大了气泡析出前后的压力差,是获得大量微泡的有效措施。

上述三种气泡生成方法中第一种应用最多。在一种浮选机中,也可同时采用两种以上的气泡生成方法。

2. 气泡的兼并和溶解

矿浆最终充气程度不仅取决于充气和分散过程,还取决于已生成的气泡的兼并和溶解过程。气泡兼并使其直径变大、不稳定和易于破灭、气泡减少、气泡总面积减少、对矿化不利。气泡的溶解使气泡消失，但影响不像兼并那样明显。一般气泡越小，液相中气体饱和程度越低，则溶解度越大。但溶解后在降压时还会以微泡析出，故主要应控制气泡的兼并。加入起泡剂可提高气泡稳定性，减缓气泡的兼并。浮选机中气泡的生成和消失是两个相反的过程，并很快达到动态平衡。提高搅拌强度、加入起泡剂等均可使平衡朝生成方向发展。据测定，在常用的机械搅拌浮选机中，气泡直径介于 0.05～1.5 mm 之间，其中 0.5～1.2 mm 的占多数，其表面积占气泡总表面积的 80%左右。

四、浮选机内矿浆充气程度的测定及评价

矿浆充气程度是指矿浆中的空气含量、气泡的弥漫程度和气泡在矿浆中分布的均匀性。矿浆的充气程度与浮选机类型、充气器结构、分散气流的方法、搅拌强度、浮选槽尺寸及形状、矿浆浓度、起泡剂种类及用量等有关，且相互联系和影响。

矿浆充气程度直接影响气泡矿化过程、浮选速度、工艺指标和浮选药剂的用量。强化充气可使浮选速度加快，增加浮选机生产能力，还可在一定程度上降低药剂用量，尤其是起泡剂用量。

1. 充气量及其测定

就国内外使用的三大类浮选机而言，充气式浮选机充气量最大，机械搅拌式最小，充气搅拌式居中。以使用最广泛的机械搅拌式浮选机为例，充气搅拌机构在工作时类似于离心式水泵，如图 4-3-3 所示，充气量大小取决于叶轮在矿浆中的浸没深度和转速，即甩出矿浆时在叶轮中产生的真空度大小。真空度越大，可吸入的空气就越多。所以，叶轮旋转时产生的真空度 h_o(Pa)、叶轮旋转圆周线速度 v(m/s)和叶轮出口处矿浆静压头 H(m)之间有如下关系式：

$$h_o = \frac{3v^2}{2g} - H \tag{4-3-1}$$

从公式可见，当 H(叶轮浸水深度)一定时，叶轮转速越快，甩出的矿浆速度越快，叶轮所形成的工作压头(动能)越大，h_o 就越大，吸入空气也越多，且叶轮线速度和工作压头间为 2 次方关系。但转速增大时，叶片所受阻力也与叶轮圆周线速度平方成正比，所以必然导致功耗增大及搅拌装置磨损。故机械搅拌式浮选机的叶轮线速度一般不超过 10 m/s。

减少浮选槽深度或叶轮浸水深度可提高充气量，因为此时叶轮旋转所形成的工作压头和槽内矿浆对叶轮的静压头差值增大，矿浆甩出速度增大，h_o 增大，充气量也因此增加。降低槽深还能降低电耗。所以，在保证浮选机正常工作前提下(保持液面平稳)，应尽可能降低槽深。浅槽是浮选机发展的重要趋势。

此外，充气器的结构参数，如叶轮直径、形状、叶片高度和数目、叶轮距槽底距离、定子叶片形状、倾角、叶轮的间隙等均会影响充气量和气泡分散。机械搅拌式浮选机在充气量良好时，其空气的平均体积为 20%～30%，充气量再提高会显著增加气泡兼并；过分充气还会将大量矿粒夹带到泡沫中，降低精矿质量，同时造成矿浆液面不稳，能耗增加，尤其对机械搅拌式浮选机还会加剧叶轮磨损和矿物泥化等。

充气量的测定可用量筒法或充气量测量仪，计算出单位时间、单位浮选机面积或单位浮选机体积所吸进空气量即可。

(1) 量筒法

测定时将一容积为 500 mL 的量筒装满清水,倒置于浮选机中,由于浮选机液面溢出的空气进入量筒将清水排出,记录空气将清水排出的时间,用下式计算:

$$Q_i = 0.6H/t \tag{4-3-2}$$

式中,Q_i、H 和 t 分别为被测点充气量[$m^3/(m^2 \cdot min)$]、量筒排出清水的高度(cm)和量筒内一定体积清水排出所用的时间(s)。该法简单,但误差较大。

(2) 充气量测量仪

充气量测量仪如图 4-3-5 所示,由测量筒和指示仪两部分组成。测量筒直径为 50 mm,为测量不同深度的充气量,配有不同长度的加长副筒。管内有 A、B、C、D 四个电极,电极 A 与 B 和 A 与 C 之间电容差为已知数。指示仪由秒表、表头、变压器、继电器及其他元件组成。测量时将测量筒插入浮选机内,筒内的空气即从小孔 f 排出,煤浆注满筒内,再用大拇指将小孔堵住,由于空气进入测量筒将筒内煤浆排出,当液面下降到离开电极 A 下端面的瞬间,表头指示满刻度,液面离开电极 B 下端面的瞬间,表头返回零点,记录时间,用式(4-3-2)计算其充气量。

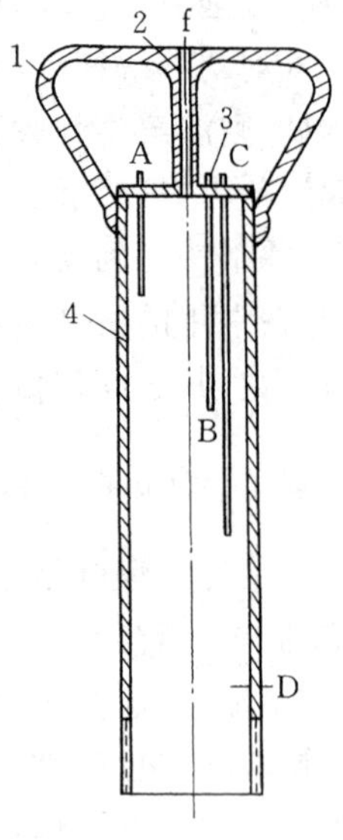

1—手把;2—排气孔;

3—不锈钢电极;4—主筒。

图 4-3-5 充气量测量仪

在一般情况下,浮选机的充气量也可由泡沫情况粗略判断。

2. *矿浆中空气的弥漫程度*

充气量表示充气数量,而空气弥漫程度是指一定充气量时空气分散成气泡的程度,表示充气质量。弥漫程度越高,生成的气泡越小,气泡数量越多,所提供的气泡总面积越大,因此矿粒与气泡碰撞黏附机会也越大。但气泡过小时升浮速度减慢,不利于携带矿粒上浮。添加起泡剂可改善气泡弥漫程度:一定程度内,起泡剂用量增大,气泡直径减少。如纯水中添加 20 mg/L 松油后气泡平均直径由 4.5~8 mm 降至 0.38 mm。增加搅拌程度也可提高弥漫程度。

3. *气泡在矿浆中分布的均匀性*

气泡在矿浆中分布的均匀性也用于表示充气质量。浮选机内不同部位充气量是不同的,随浮选机结构类型不同,气泡分布的均匀性差别很大。气泡在矿浆中分布的均匀性影响着浮选机槽体的"有效容积"或"充气容积"。并不是浮选机所有容积都存在气泡,只有存在气泡的那部分容积才能实现矿粒和气泡的碰撞和附着,故含有气泡的那部分容积称"有效容积"或"充气容积"。提高搅拌强度可改善气泡分布的均匀性。气泡分布的均匀性可用"充气均匀度"K 衡量,其计算公式为:

$$K = 100 - \frac{\sum_{i=1}^{n} \left| Q_i - Q_m \right|}{nQ_m} \times 100\% \tag{4-3-3}$$

式中 Q_i——被测点充气量,$m^3/(m^2 \cdot min)$;

Q_m——各测点充气量的算术平均值;

n——测量点数。

此式可较准确表示浮选机的充气均匀程度,但此式是以从槽液面测得的充气量来计算的，由此要求测量点数要足够，测量间距应小于 300 mm。

气泡分布的均匀性也可通过测量矿浆液面不同深处的充气量后用“充气容积利用系数”F 来衡量，F 比 K 更准确，其计算公式为：

$$F=\frac{n-n'}{n}\times 100\% \tag{4-3-4}$$

式中　n 和 n'——分别为充气量测定的总点数和充气量小于 0.1 $m^3/(m^2\cdot min)$的点数。

气泡在矿浆中分布的均匀性直接影响浮选机工作效率，充气均匀度或充气容积利用系数越大，按单位槽体衡量的浮选机生产能力越大。

五、浮选机的分类

浮选机的种类繁多，差别主要表现在充气方式、充气搅拌装置结构等方面，所以目前应用最多的分类法是按充气和搅拌方式的不同将浮选机分为两大类，即机械搅拌式和无机械搅拌式。利用叶轮-定子系统作为机械搅拌器实现充气和搅拌的统称为机械搅拌式浮选机。根据供气方式的不同又细分为机械搅拌自吸式和机械搅拌压气式两种。前者的搅拌器搅拌同时完成吸入空气和将空气分割成细小气泡；后者的搅拌器仅用于搅拌和分割空气，空气是依靠外部系统强制压入的。不用叶轮-定子系统作为搅拌机构，而用专门设备从浮选机外部强制吸入或压入空气的统称为无机械搅拌式浮选机，又称充气式浮选机。根据生成气泡的方法不同，有使空气通过微孔而强制弥漫的压气式；有用喷射旋流手段产生强制涡流切割空气及使空气溶解后再析出的喷射式；也有用真空减压法使气泡从矿浆中析出的真空减压式等。据此可将国内外常用的结构上有特色的浮选机分类如表 4-3-1 所示。

表 4-3-1　浮选机分类表

<table>
<tr><th>类别</th><th colspan="3">充气方式</th><th>浮选机型号及产地</th></tr>
<tr><td rowspan="2">机械搅拌式</td><td colspan="3">自吸式</td><td>XJ 型(中)、米哈诺布尔(MexaHoбp)A 型(苏)、丹佛(Denver)Sub-A(美)、FF 型(日)、SF 型(中)、JJF 型(中)、XJQ 型(中)、法格古伦(Fagergren)FM(美)、维姆科(Wemco)1+1(美)、布思(Booth)(美)、棒型(中)、HCC 型②(中)、瓦曼(Warman)②(澳)、XJM 型(中)、XJN 型(中)、ФM-2.5 型①(苏)、米温迈(Minemet)HC(法)、V-F 型(日)、洪堡尔特(Humbolt)(德)、维达克(Wedag)(德)、ФMY-63 型①(苏)、MФY2-63 型①(苏)、MФY-12 型①(苏)</td></tr>
<tr><td colspan="3">压气式</td><td>CHF-X 型(中)、BS-X 型(中)、XJC 型(中)、丹佛(Denver)DR(美)、KYF 型(中)、BS-K 型(中)、OK 型(芬)、道尔·奥利弗(Dorr-Oliver)(美)、阿基泰尔(Agitair)(美)、Minemet BCS 型(法)、马克斯韦尔(Maxwell)(加)、萨拉(Sala)BFP 型(瑞典)、博利登(Boliden)BFR(瑞典)、艾克(Aker)(挪威)、ФПM-63Y 型①(苏)、ФПP 型①(苏)</td></tr>
<tr><td rowspan="5">无机械搅拌式</td><td rowspan="2">空气压入式</td><td colspan="2">单纯压入式</td><td>浮选柱(中、加、美)、米克罗塞尔(Microcell)浮选柱(美)、柱形浮选机(加、苏、德、美)</td></tr>
<tr><td colspan="2">气升式</td><td>SW 型(Forrester)、AФM-2.5(苏)</td></tr>
<tr><td rowspan="3">空气析出式</td><td colspan="2">真空式</td><td>科珀(Copper)(英)</td></tr>
<tr><td rowspan="2">加压矿浆析气式</td><td>吸气式</td><td>喷射吸气式(苏)、旋涡式(日)、XPM 喷射旋流式①(中)</td></tr>
<tr><td>压气式</td><td>H&P 旋流式(美)、Wedag 气升旋流式(德)、洪堡尔特(Humbolt)旋流式(德)</td></tr>
</table>

注：① 选煤专用机型；

② 亦可用鼓风机供气。

第二节 机械搅拌式浮选机

一、机械搅拌式浮选机的特点

机械搅拌式浮选机分自吸式和压气式两类，自吸式具有如下特点：

① 搅拌力强，可保证密度、粒度较大的矿粒悬浮，并可促进难溶药剂的分散与乳化。

② 对分选多金属矿的复杂流程，自吸式可依靠叶轮的吸浆作用实现中矿返回，省去大量砂泵。

③ 对难选和复杂矿石或希望得到高品位精矿时，可保证得到较好的稳定指标。

④ 运动部件转速高、能耗大、磨损严重、维修量大。

压气式是压入空气来完成充气的，故具有以下特点：

① 充气量大，便于调节，对提高产量和调整工艺有利。

② 搅拌不起充气作用，故转速低、磨损小、能耗低、维修量小。

③ 液面稳定、矿物泥化少、分选指标好，但需压气系统和管路。

二、机械搅拌式浮选机的结构

1. 转子-定子系统

浮选机的充气搅拌机构实际上是个转子-定子结构，转子和电机相连，高速旋转；定子和机体连接固定。转子-定子的结构不同形成了不同的浮选机系列，决定了各自的充气搅拌性能。

图 4-3-6 描述了曾广泛应用的几种型号浮选机的转子-定子系统结构。其中丹佛 DR 型、阿基泰尔型、OK 型、维姆科 1+1 型在一些国家占领了市场，前三种属压式，后一种属自

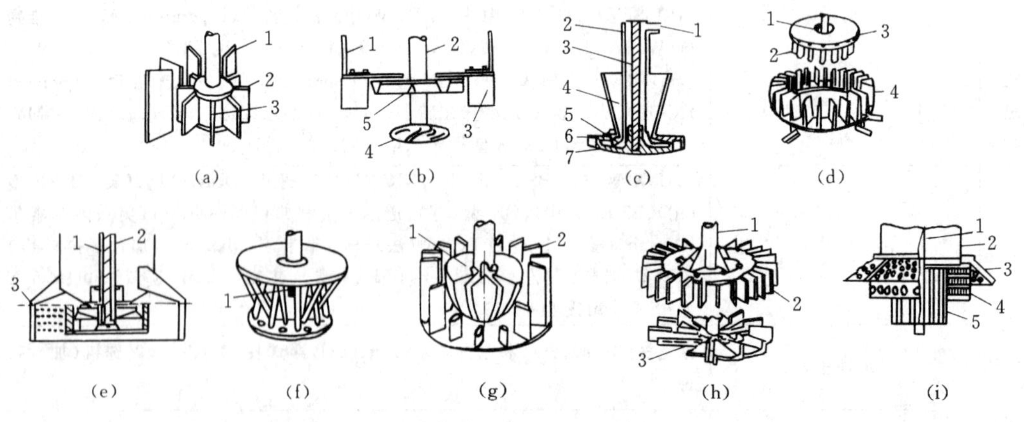

(a) 艾克型：1—扩散片；2—叶轮；3—进气孔；(b) 布思型：1—立管；2—轴；3—扩散片；4—搅拌叶轮；5—充气叶轮；(c) 丹佛 DR 型：1—进气孔；2—立管；3—轴；4—矿浆循环管；5—空气通道；6—扩散片；7—叶轮；(d) 阿基泰尔型：1—矿浆进入孔；2—棒条；3—Pispsa 叶轮；4—扩散片；(e) 维达克型：1—轴；2—立管；3—稳定器；(f) Minemet BCS 型：1—进气孔；(g) OK 型：1—叶轮；2—扩散片；(h) 萨拉 BFP 型：1—立管；2—扩散片；3—叶轮；(i) 维姆科 1+1 型：1—轴；2—立管；3—分散器罩；4—分散器；5—转子。

图 4-3-6 各种型号的浮选机的转子-定子系统

吸式。以上四种浮选机不能自吸浆，需阶梯配置。我国曾使用量最大的是 XJ（或 XJM 型）型，有良好的性质，有利于在投产后改变浮选流程。

充气搅拌机构转子叶轮可分为两大类：叶片状离心叶轮和棒条叶轮。

叶片状离心叶轮大致分四种：① 单面（层）叶轮，叶片放射状布置，仅位于圆盘上表面。② 双面（层）叶轮，圆盘上下两面均有叶片，搅拌能力较强。③ 离心泵叶轮，叶片为弯曲状，位于上下两个圆盘中间，形成封闭通道。槽外矿浆从下圆盘中心的吸入口进入叶轮。上圆盘上面的副叶片与叶轮外罩组成真空室，吸入空气，或者在叶轮顶部开孔，加罩，空气吸入叶轮内部，如我国的 XJM 型。④ 混流泵叶轮，如图 4-3-7 所示。其叶片位于圆锥形底盘上，叶片与圆锥面的母线呈较大夹角，叶轮的下方必须要有一固定的起导流作用的圆锥台，叶轮转动时，叶轮罩内为负压区，空气被矿浆裹挟带入（一次充气作用）。当矿浆沿锥面射向槽底时，空气从叶轮背面经叶轮外缘与圆锥台之间的缝隙被吸入（二次充气作用）。亦即叶轮正面和背面均能形成负压区，这种叶轮用于浅槽浮选机时可采用自吸式，但若用于深槽时可改为压气式，将低压空气自中空轴引入叶轮背面，同时仍可保持自吸浆状态。

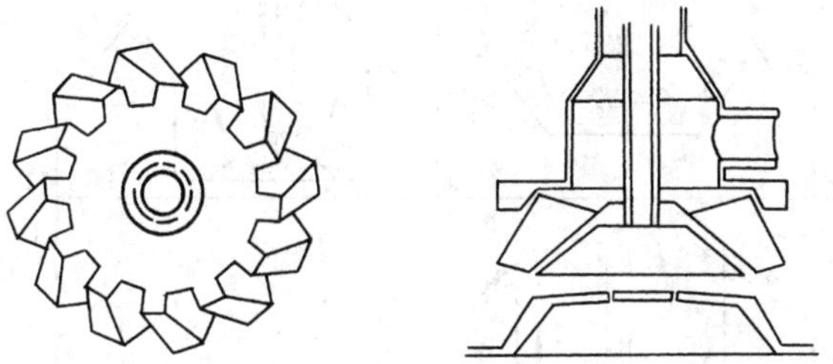

(a) 叶轮俯视图　　(b) 进浆罩，凸台与叶轮的相对位置

图 4-3-7　HCC 型环射式浮选机的叶轮

棒条叶轮（转子）是用圆形棒条作为搅拌和充气工具，由一些棒条有规则地固定在一个或两个圆盘上构成的，与泵的叶轮毫无共同之处，故常称为转子。可归纳为两类：① 棒条安装在圆盘的下方，如阿基泰尔型；② 棒条位于上下两个圆盘之间，如法格古伦型。棒条转子的直径与高度之比远大于离心叶轮，已近于 1，其原因是运动时棒条所受阻力远低于高度相等的宽叶片。棒条转子充气量大，用电量小。

新型浮选机叶轮设计已突破传统的叶片状离心叶轮与棒条型叶轮的界线。如维姆科 1＋1 型的星形叶轮既有棒条叶轮充气量大，又有离心叶轮矿浆流通量大的特点；OK 型转子像半个椭圆球[图 4-3-6(g)]，按叶片与圆盘的相对位置看，属单面叶轮，但叶片高度大，与直径比达 0.61，此特征又接近于棒条转子；再如布思型，一根轴上安装两个叶轮[图 4-3-6(b)]，既有充气叶轮，又有搅拌叶轮或者循环叶轮，这种分开的双叶轮结构适合于大型浮选机和粗粒物料的浮选。

转子设计是决定浮选机工艺性能的主要方面，但定子及稳流板的作用也不可忽视。离心叶轮的外围均设置定子，棒条型叶轮的外围也有定子，伞形及环射式叶轮用槽底稳流板代替定子。通常定子是由固定在叶轮盖板上的径向或与径向成一定角度的导向叶片或在浮选机槽底安装的径向或弯曲的叶片组成，这两类叶片亦称为扩散片。定子的作用和稳流板一样，主要是消除矿浆自旋，保证液面平稳。当叶轮甩出的矿浆与定子叶片撞击时，产生新的旋涡，有利于卷吸（分割）空气和气泡分裂。因此，定子设计的优劣会影响泡沫层稳定性和充气量。

2. 槽体

浮选机断面形状多为矩形，其下部也可为圆形，传动部件直接支撑在槽体上，槽体的几何特征可用槽深（溢流堰与槽底之距离）与槽宽之比（简称深宽比）表示。浮选机的叶轮切线速度与叶轮直径同槽宽之比（简称径宽比）有关。槽体深度由浮选机内三个作用区（图 4-3-2）所必需的高度决定，一般介于 1～2 m 之间，容积特别大的（>16 m^3），高度要超过此数。通常，容积越大，深宽比愈小，浅槽型与深槽型可按深宽比划分，但没有明确界限。习惯上将深宽比大于或接近 1 的称深槽型，小于 1 者称浅槽型。径宽比由转子-定子设计决定，就同一型式浮选机而言，径宽比变化不大。图 4-3-8 是当前常用浮选槽剖面形状。

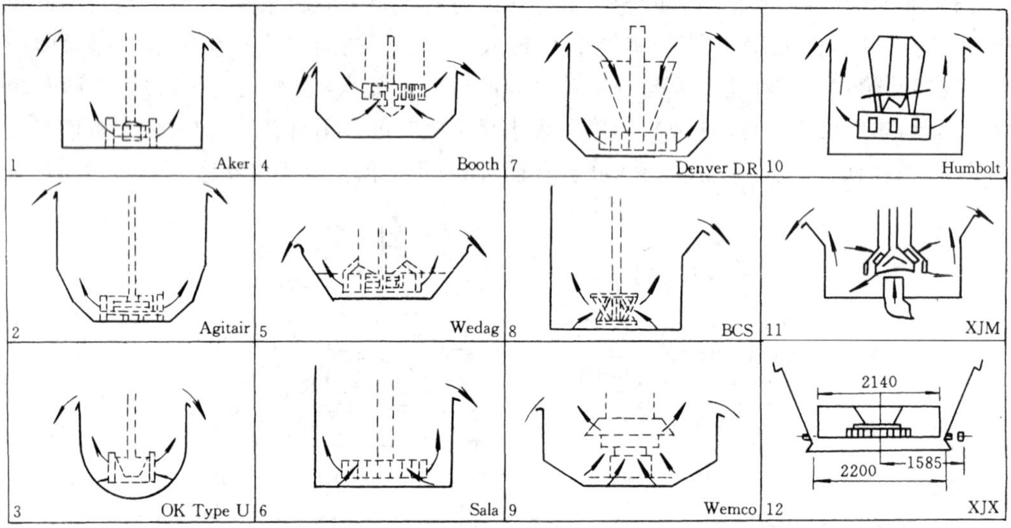

图 4-3-8　常用浮选槽剖面的几何形状

三、常用机械搅拌式浮选机

1. XJM 型浮选机

XJM-4 型浮选机是我国 20 世纪 70 年代初自行研制、在我国使用最广泛的浮选机之一，其规格见表 4-3-2。该机由浮选槽、中矿箱、搅拌机构、刮泡机构和放矿机构几部分组成。每台浮选机有 4～6 个槽体，单槽容积 4 m^3，两槽体之间由中矿箱连接，最后一槽有尾矿箱。中矿箱、尾矿箱均有调整矿浆液面的闸板机构。每个槽内有个搅拌机构和放矿机构，两侧各有刮泡机构。槽体与前室中矿箱通过下边的 U 形管连通。

表 4-3-2　XJM-4 型浮选机规格

单室有效容积 /m^3	4	搅拌装置功率 /kW	11
处理能力 /[t/(m^3·h)]	约 1.0	刮泡器转速 /(r/min)	23
槽深 /mm	1 100	刮泡器电动机功率 /kW	1.1
叶轮直径 /mm	500	外形尺寸(长×宽×高) /mm	约 12 700×3 000×2 500
叶轮转速 /(r/min)	390	机器总质量 /kg	约 15 500

充气搅拌机构由固定部分和转动部分组成，结构见图 4-3-9，用四个螺栓将其固定在浮选槽的角钢上。固定部分由伞形定子 1、套筒 2 和轴承座 3 等组成。套筒上装有对称的两根进气管 4，管端设有进气量调整盖 5。轴承座和套筒之间设有调节叶轮和定子间轴向间隙的调节垫片 6。转动部分由伞形叶轮 7、空心轴 8 和皮带轮 9 组成。空心轴上端有可更换的、带有不同直径中心孔的调节端盖，用以调节叶轮-定子组的真空度，从而调节空心轴的进气量，并调整浮选机的吸浆量和动力消耗。

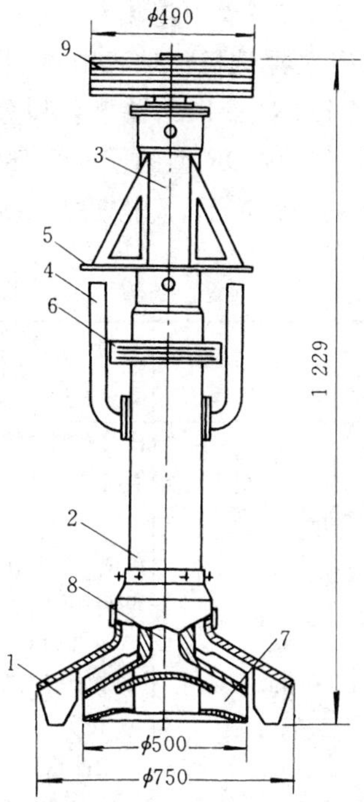

图 4-3-9　XJM-4 型浮选机搅拌机构的示意图

该机的特点是采用了三层伞形叶轮。第一层(上部)有 6 块直叶片，与定子配合吸入循环矿浆和套筒中的空气；第二层伞形隔板与第一层之间构成吸气室，由中空轴吸入空气；第三层是中心有开口的伞形板，与第二层隔板之间形成吸浆室，前室矿浆通过中矿箱和 U 形管由此吸入。定子也呈伞形，在叶轮上方，由圆柱面和圆锥面两部分组成，其上分别开有 6 个和 16 个矿浆循环孔，定子锥面下端有 16 块与径向呈 60°夹角的定子导向片，倾斜方向与叶轮旋转方向一致。定子可以稳定矿浆液面，定子上的导向片与叶轮甩出的矿浆气流一致，可减少叶轮周围矿浆的旋转和涡流，提高矿浆、空气的混合程度，并使叶轮吸气能力提高。定子盖板可使叶轮在停机时不被淤塞。定子循环孔可改善矿浆循环，使没黏附气泡的颗粒再入叶轮，强化分选。

XJM-4 型浮选机工作时，叶轮转动甩出矿浆，形成负压，来自套筒的空气和循环孔吸入的循环矿浆被吸到叶轮上部直叶片所作用的空间进行混合，入料矿浆从叶轮底部中心吸入管吸到吸浆室。在离心力作用下，上述各股浆气物料分别沿各自锥面向外甩出。自空心轴吸入的空气与吸浆室吸入的矿浆先在叶轮内混合后再甩出，甩出的所有的浆气混合物在叶轮出口处相遇，激烈混合，并通过定子导向叶片和槽底导向板冲向四周斜下方，然后在槽底折向上，形成 W 形矿浆流动型式。运动过程中气泡不断矿化，稳定升到液面，形成泡沫层。

XJM-4 型浮选机属浅槽型，槽体的深宽比为0.61，由于是浅槽，叶轮所受静水压力小，叶轮甩出矿浆的出口速度增大，提高了浮选机的吸气能力和生产能力，并可降低电耗。大量研究证实：随槽深减小，浮选机的充气量按近似二次方函数关系增加，而功率消耗按一次方函数关系降低。该机的液面高度调节是通过伞齿轮调节每个浮选槽与中矿箱之间的闸板高度来实现的，而每个浮选槽底的瓶塞式放矿机构可通过手轮和丝杆方便地开启。

因采用了小直径、高转速的三层伞形斜叶轮和浅槽型机构，浮选机能同时互不干扰地吸气、吸浆、循环矿浆，形成 W 形矿浆流，且液面稳定、充气量大、易于调节、电耗低[3 kW/(t·h)]、处理量大[0.6～1.2 t/(m^3·h)]，且气泡分布均匀、充气均匀度高(90%左右)、浮选快、流程灵活。这些均由其本身的结构特点所致。对入料浓度较高、可浮性不太差的煤泥，该机可充分发挥充气量大、浮选速度快、处理量大的特点，但对可浮性差的煤泥，尤其是细粒高灰物料多时，该机选择性较差，此外，该机对粗粒浮选效果也欠佳，在尾煤中损失较多。

2. XJX 型大型浮选机

XJX 型浮选机曾是我国研制的大容积浮选机，XJX 型浮选机多为 XJX-8、XJX-Z8、XJZ-8 和 XJX-12、XJX-T12，单槽容积分别为 8 m^3 和 12 m^3。该机型是在洪堡尔特型浮选机基础上吸取了丹佛 DR 型的槽内循环筒、维姆科型的假底和米哈诺布尔型的加强底部循环等优点设计的一种产品，规格见表 4-3-3。

表 4-3-3　XJX 型浮选机技术规格

名　称	XJX-8	XJX-Z8	XJX-T12
型式	浅槽机械搅拌式双侧刮泡	浅槽机械搅拌式双侧刮泡	浅槽机械搅拌式双侧刮泡
给料方式	直流式	直流式	吸入式
单槽容积/m^3	7.9～8.5	8	12
设计煤浆通过量/(m^3/h)	A 型叶轮 300～400 B 型叶轮 400～500	320～500	一次粗选 500～700 二次粗选 300～400
单位充气量/[m^3/(m^2·min)]	A 型叶轮 0.59 B 型叶轮 1.15		0.67～1.25
充气均匀系数/%	A 型叶轮 79.61 B 型叶轮 81.29		83～85
槽深/mm	1 300～1 400	1 400	1 600
叶轮直径/mm	660	660	760
叶轮线速度/(m/s)	8.6	8.6	8.6
叶轮转速/(r/min)	249	249	273
搅拌机构电机功率/kW	30	22	37
刮泡器转速/(r/min)	33.3	33.3	33.3
外形尺寸(长×宽×高)/mm	14 744×3 500×2 942	14 828×3 685×2 945	15 870×3 840×3 500
设备质量/t	约 26.4(6 槽)	27.0(6 槽)	31.0(5 槽)

(1) XJX-8 型浮选机

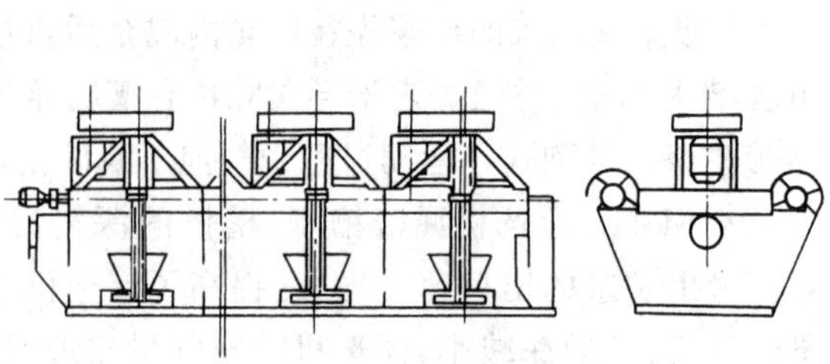

图 4-3-10　XJX-8 型浮选机示意图

其结构见图 4-3-10，由槽体、刮泡机构、搅拌机构和液面自动控制机构等组成。搅拌机构如图 4-3-11 所示，由空心轴 1、套筒 2、倒锥循环筒 3、叶轮 4、定子 5 和调节片 6 组成。浮选机工作时由于叶轮的旋转，在离心力的作用下充满定子叶轮内的矿浆被甩出，同时叶轮内产生负压，经套筒和空心轴吸入空气和药剂，然后又从叶轮上下盖板的循环孔吸入矿浆。在叶轮的回转作用下，矿浆、空气和药剂三相不断混合并向外甩出，使气泡得到矿化。矿化气泡经稳流板的稳流作用升到液面形成泡沫层。未矿化的物料可以进行循环，再次进入叶轮，或去下一槽浮选。该机具有以下特点：

① 采用双偏摆叶轮，叶轮分上下两层，由一个与水平呈 7°角的斜圆盘隔开，上下两层各有 6 个高度不同、呈辐射状对称排列的直叶片，叶轮的底部有个水平圆板，根据板上循环孔

的大小和形状不同，而分成 A 型和 B 型叶轮，从而产生不同的吸浆量和充气量，以适应不同可浮性的煤(A 型充气量 0.6、B 型充气量 1.0 左右)。双偏摆叶轮在旋转时，叶轮圆盘与上下盖板和叶片所形成的空间随时都在变化，充气矿浆从叶轮内向外流出时，交替受到扩展和碾压作用，当充气矿浆受碾压时，部分空气溶解于矿浆，当充气矿浆扩展时，溶解于矿浆中的空气又以微泡在疏水性表面析出，可大大增加疏水矿粒向气泡的黏着速度和牢固性。因采用斜叶轮，充气矿浆从叶轮甩出时，对叶轮一周矿浆的每一点，甩出的矿浆产生的搅拌力是交替变化的。因此，双偏摆叶轮具有更强的搅拌力，可采用较低的速度。

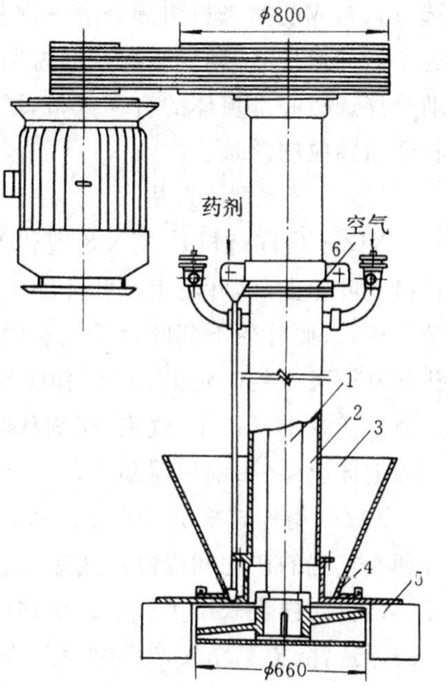

图 4-3-11　XJX-8 型浮选机搅拌机构

② 该机定子固定在空心轴套筒的下端，盖板周围有 24 块与径向成 45°角的导向板，盖板上开有两排循环孔，两排之间有一倒锥形矿浆循环筒，外排 24 个 ϕ42 mm 循环孔供浮选槽下部矿浆循环，内排 20 个 ϕ39 mm 循环孔供槽体中上部矿浆循环，未经矿化的矿浆再折向下，重新进入叶轮区循环，实现了矿浆立体循环。既兼有定子循环孔和套筒循环孔的优点，又避免了开设套筒循环孔影响浮选机性能的问题。

③ 为适应直流式给料，每个槽体侧壁上开有矩形直流通道，供矿浆流过，省去了中矿箱，减少了叶轮吸浆负担过重和通过量受限的问题，并省去吸浆动力，有利于液面(整机)的自动控制，适应了大型化的发展。但由于通道较大，易造成矿浆短路或串料。

④ 该机也采用了新型气溶胶加药方式。如图 4-3-11 所示，每个槽均设有加药漏斗，分段加药时，药剂可由定子循环孔和空心轴直接加入叶轮腔内。例如药剂通过位于定子循环孔的喷嘴(直径 4 mm)进入上层叶轮时，被叶轮腔内的气液矿浆流带出而形成雾状，直径为 6～15 μm；从空心轴加入药剂进入下层叶轮，形成气溶胶，直径在 10^{-8} cm 左右，提高了药剂的分散度。且药剂首先覆盖在气泡上，这种气泡表面除吸附起泡剂分子外，还吸附一层药剂薄膜，减弱了气泡表面水化层厚度和坚固度，是活化气泡。

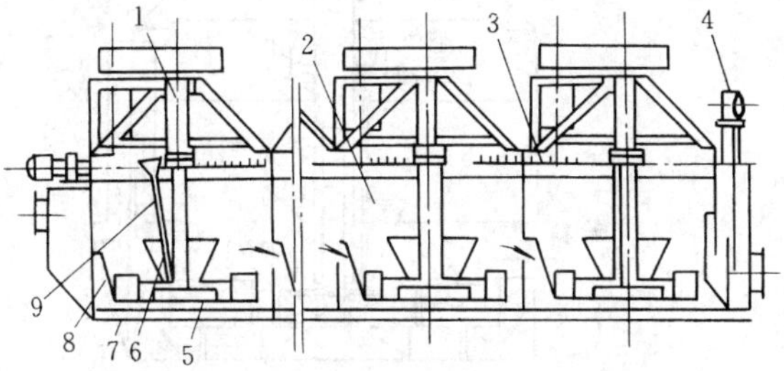

1—搅拌机构；2—槽体；3—刮泡机构；
4—液面自动控制机构；5—叶轮；
6—倒锥循环筒；7—稳流板及假底；
8—直流通道；9—气溶胶加药装置。
图 4-3-12　XJX-Z8 型浮选机机构

实践证明，由于采用了双偏摆叶轮、矿浆立体循环、直流式给料和气溶胶加药等方式，该机每小时可处理 300～500 t 矿浆，或 50 t 左右干煤泥。

(2) XJX-Z8 型浮选机

XJX-Z8 型浮选机是 XJX-8 型的改进型，见图 4-3-12。主要在以下两方面进行了结构改造：一是设置直流通道，把浮选机入料或前室来料引导到下一浮选槽的叶轮-定子区，使部分矿浆即刻由叶轮吸进，通过这个最佳搅拌区，减少了矿浆的短路或串料，增加了矿化概率；二是增设了导向板和假底，有助于浮选槽底部流体的合理分布，增加浮选槽底部矿浆循环量，可防止底部颗粒的沉积，有利于粗颗粒的浮选。

(3) XJZ-8 型浮选机

XJZ-8 型浮选机是 XJX-8 型和 XJX-Z8 型的改进型，见图 4-3-13。矿浆经头部槽体入料管给到叶轮上部，叶轮上部叶片除了吸入从入料管来的新鲜矿浆外，还从锥型筒吸入槽内的循环矿浆；而叶轮下部叶片吸入经假底进入的循环矿浆。同时，空气经套筒和空心轴的进气孔分别被吸入到叶轮上、下叶片中；浮选药剂则从空心轴和定子的加药斗给入，并呈气溶胶弥散于矿浆中。矿浆、气泡、药剂从叶轮甩出后经定子导向叶片和稳流板进行分散导流，矿化的泡沫上浮，由刮泡器刮出。

XJZ-8 型浮选机的特点在于采用了给料管中心吸料方式，全部矿浆经叶轮吸入浮选槽，有利于气泡的矿化和提高浮选速度，还可对每个浮选槽单独调整液面，操作方便，分选指标好。该机同样也采用了假底以增加槽底部矿浆循环量和防止底部颗粒的沉积，有利于粗颗粒的浮选，能提高精煤产率和尾煤灰分，还可减少功率消耗，提高充气量和充气均匀系数。此外，叶轮倾斜圆盘的倾斜角比较小，相应提高了圆周速度，增大了叶轮底盘循环孔面积，以满足矿浆吸入量、循环量和充气量的要求。叶轮采用了合金耐磨材料，提高了使用寿命。该机对浮选入料的灰分和浓度变化的适应性较强。

(4) XJX-12(T12)型浮选机

XJX-12(T12)型浮选机也是在 XJX-8 型的基础上研制的单槽容积为 12 m^3 的大型浮选机，见图 4-3-14。针对直流通道易串料，矿浆不能全部进入叶轮区从而影响分选效果的问

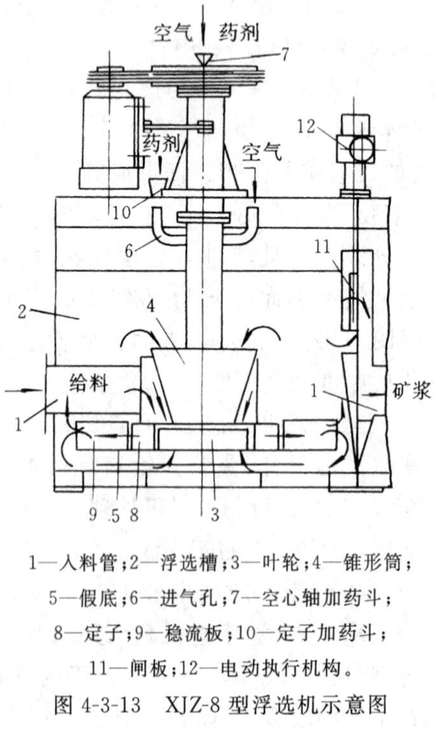

1—入料管；2—浮选槽；3—叶轮；4—锥形筒；
5—假底；6—进气孔；7—空心轴加药斗；
8—定子；9—稳流板；10—定子加药斗；
11—闸板；12—电动执行机构。

图 4-3-13 XJZ-8 型浮选机示意图

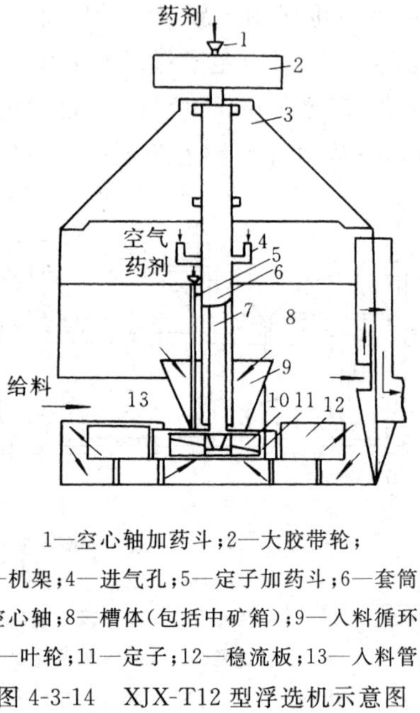

1—空心轴加药斗；2—大胶带轮；
3—机架；4—进气孔；5—定子加药斗；6—套筒；
7—空心轴；8—槽体(包括中矿箱)；9—入料循环筒；
10—叶轮；11—定子；12—稳流板；13—入料管。

图 4-3-14 XJX-T12 型浮选机示意图

题，XJX-T12 型采用了中心入料管入料，即用一个水平管将前槽矿浆导入倒锥循环筒下部的外壁和定子盖板组成的截面为三角形的旋转体，从定子盖板上的循环孔进入叶轮上部，防止串料。由于全部矿浆均进入叶轮，和下吸式类似，矿浆处理量有所减少，动力消耗有所增大，但提高了分选效果，加快了浮选速度，增强了选择性，更适应难浮煤泥的分选。

另外，XJX-T12 型浮选机为适应煤泥可浮性变化较大的特点，采用了五槽结构，在三、四槽之间设有灵活机动、便于调整的新型中矿箱，矿浆由此可进入下槽分选，也可方便地返回前槽或进入另外的浮选机进行二次分选，适应性强。

XJX 型浮选机属于中等槽深，并有假底，能得到较厚的泡沫层，利于二次富集，特别适合粗粒、难浮煤和低浓度煤泥的浮选。

3. XJM-S 型浮选机

XJM-S 型浮选机是以 XJM-4 型为基础，总结该机型和国内外浮选机的特点，采用模拟放大的方法设计出的结构合理、新颖、浮选效果好、运转可靠、操作维修方便、能耗低的煤用浮选机，有的选厂用于替换原 XJM 系列产品，现在也是一些选煤厂使用的主要机型之一。XJM-S 型浮选机的结构和搅拌机构见图 4-3-15 和图 4-3-16，技术性能见表 4-3-4。其单槽最大容积已达 20 m^3 以上。本机采用了矩形槽体、双层伞形叶轮、自吸式的吸气方式、混合的入料方式。

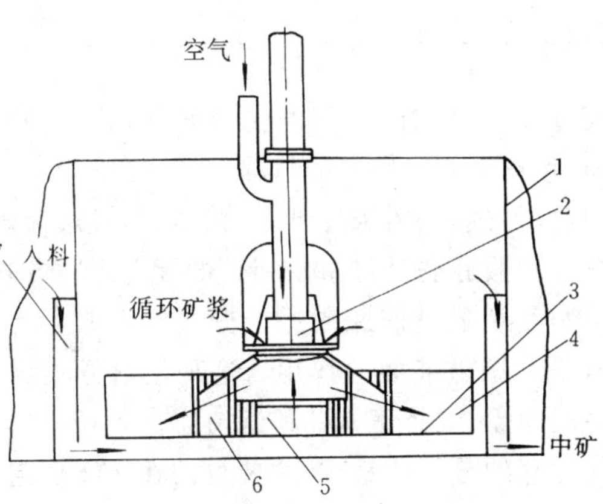

1—槽体；2—搅拌机构；3—假底；4—稳流板；
5—吸料管；6—定子导向板；7—中矿箱。

图 4-3-15　XJM-S16 型浮选机示意图

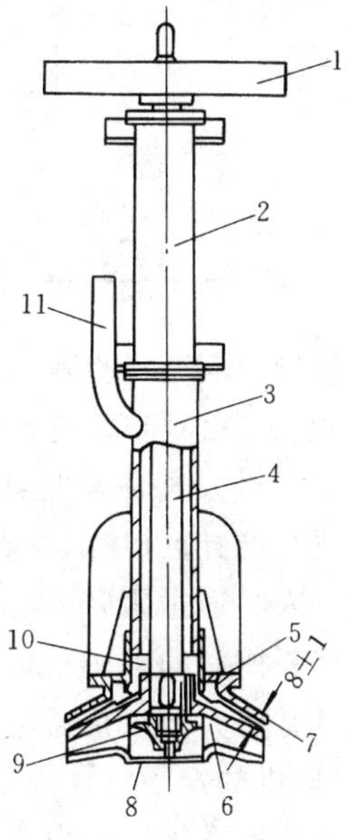

1—胶带轮；2—轴承座；3—套筒；4—轴；
5—上调节环；6—叶轮；7—定子盖板；
8—下调节环；9—锁紧螺母；10—导向管；
11—吸气管。

图 4-3-16　XJM-S 浮选机搅拌机构

采用双层伞形主要是为降低叶轮的功耗，把原 XJM-4 型的分隔空气和矿浆的伞形隔板用其他机构代替，重新对叶片高度和叶轮腔高度进行优化设计，使三层叶轮变为两层，既保持原叶轮的浸水浅、功耗低的优点，又解决了原叶轮铸造、加工困难、轮腔易堵的问题。本机装机功率同其他吸入式相比是最低的。本机的叶轮上下循环量均可调节,以适应不同可浮性煤泥。上循环量通过定子盖板上的调节装置改变循环流道的截面调节,下循环量通过更换下吸口的调节板调节。对易浮煤,加大下循环量,对难浮煤,增大上循环量。

表 4-3-4 XJM-S 型浮选机的技术性能

技术参数	XJM-S3	XJM-S4	XJM-S6	XJM-S8	XJM-S12	XJM-S14	XJM-S16
单槽容积/m^3	3	4	6	8	12	14	16
单位处理能力/[t/(m^3·h)]	0.6～1	0.6～1	0.6～1.2	0.6～1.2	0.6～1.2	0.6～1.2	0.6～1.2
充气速率/(m^3/min)	0～1.2	0～1.2	0～1.2	0～1.2	0～1.2	0～1.2	0～1.2
电机功率/kW							
搅拌电机	11	15	18.5	22	30	30	37
刮板电机	1.5	1.5	1.5	1.5	1.5	1.5	2.2
外形尺寸/mm							
长 3 槽	5 867	6 875	7 685	8 200	9 495	10 199	10 971
4 槽	7 472	8 690	9 890	10 555	12 255	13 204	14 176
5 槽	9 077	10 595	12 095	12 910	15 015	16 209	17 381
6 槽	10 682	12 500	14 300	—	—	—	—
宽	1 850	2 150	2 450	2 750	3 120	3 270	3 450
高	2 732	2 758	2 806	2 956	3 250	3 310	3 433
设备总质量/kg							
3 槽	7 600	9 364	12 800	15 100	22 863	24 570	27 344
4 槽	9 800	12 224	16 300	19 758	28 334	31 350	33 966
5 槽	11 800	14 814	19 800	24 415	33 805	37 140	40 564
6 槽	13 500	17 404	23 300	—	—	—	—

进气管管口有气量控制阀,可随时调节充气量。进入的空气通过套筒分别进入叶轮的上下两层,起到 XJM-4 型空心轴和套筒分别向叶轮上下层供气的目的。

在确定入料方式时考虑到我国大量采用直接浮选,入料浓度低,矿浆量大,且难浮煤多,应加大矿浆在搅拌区搅拌,提高矿化速度,故采用"假底底吸,周边串料"的混合入料方式,即大部分前室入料通过假底中心吸料管吸入叶轮,其余通过假底周边与槽壁的间隙上升串入搅拌区。相邻槽间的中矿箱埋入前槽矿浆里,不起调节液面的作用。这种给料方式比单纯中心给料具有更大的矿浆通过量,还能避免短路现象,保持正常的矿浆流态。

此外,该机的定子设计成定子盖板和导向叶片的分体式结构,主要目的在于实现定子上的吸浆管与叶轮下吸口对中,保证两者的轴向间隙及叶轮与定子叶片的径向间隙。搅拌机构自重和叶轮转动时的不平衡力通过定子和假底作用于槽底,避免了悬挂式搅拌机构不平衡、晃动的问题。为避免叶轮从下吸口吸入循环矿浆,将叶轮下吸口伸入吸浆管内一定尺寸,保证吸入足够新鲜矿浆。

浮选机工作时矿浆从浮选机端部入料箱或前室中矿箱进入假底的下面,其主流及一部分循环矿浆经吸浆管进入叶轮的下层腔内,循环矿浆的主流及部分从假底周边泄出的新鲜矿浆一起从叶轮上部的搅拌区进入叶轮的上层,所有矿浆在离心力作用下从叶轮甩出,叶轮中心部分产生负压,通过吸气管和套筒吸入空气,空气和矿浆在叶轮腔内混合,并在叶片和液流的剪切作用下分散成微细气泡,与疏水性颗粒碰撞并黏附生成矿化气泡上升至液面被刮出。假底上面的定子导向板和稳流板起到分配和稳定液流的作用。未分选的颗粒随液流流经中矿箱进入下一浮选槽重复上述过程，直至最后一槽排出尾矿，完成浮选过程。固体颗粒在槽内多次循环与气泡接触，有利于提高浮选速度及粗颗粒和难浮煤泥的浮选。

该机的液位控制系统见图 4-3-17。

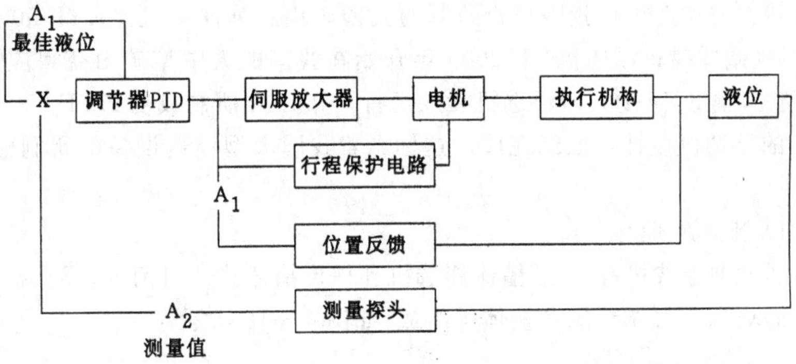

图 4-3-17 液位控制框图

该机需用功率随叶轮转速和循环孔的面积增加呈线性增长，说明功率主要消耗在矿浆的循环上。充气速率随叶轮转速呈线性增长，随循环孔面积呈非线性增长，循环孔面积达一临界值时充气速率达最大，而后反而减少。因此，在满足浮选工艺的充气速率前提下正确选择叶轮转速可以得到最合理的功率消耗。

在 XJM-S 型浮选机中，使用较多的是 XJM-S12 型和 XJM-S16 型。由于 XJM-S 型对不同的煤种(从气煤到无烟煤)、较宽的粒级(0～0.5 mm)、较大的浓度范围(40～150 g/L)及不同可浮性的煤泥均有很强的适应能力，因此在选煤厂得到广泛应用并取得了良好的效果，如表 4-3-5 所示。XJM-S 大型浮选机为原 XJM 型浮选机改造和扩容以及原 XJX-T 系列的更新改造提供了可行办法。

表 4-3-5 XJM-S 系列浮选机生产指标

选煤厂		八一煤矿	平八	焦作	赵各庄	高坑	山东临朐
煤种		1/3 焦肥	1/3 焦煤	无烟煤	焦煤	焦煤	焦煤
可浮性		易	中等	中等	极难	难	难
机型/室数		XJM-S16/3	XJM-S16/3	XJM-S12/4	XJM-S12/4+3	XJM-S8/5	XJM-S4/6
处理量	/[$m^3/(m^3 \cdot h)$]	6.2～7.1	>8.3	>8.3	粗选 6.88 精选 7.8	>6.5	5.8
	/(t/h)	45	>25	25	>40	>28	12
原煤	灰分%	13.26～16.00	17.00	18.31	>20	25～30	20～30
	浓度/(g/L)	120～150	60～80	75	120	120	100
精煤	产率%	91.16	>80	79.40	>70	>70	>60
	灰分%	9.10	<9	7.80	<12.5	12	12.5
尾煤	灰分/%	56.02	>50	58.82	>40	70～80	45

XJM-KS20 型浮选机是在 XJM-S 型浮选机的基础上研制的更大容积的浮选机，不仅将容积扩大到单槽 20 m^3，而且取消了常规浮选流程中单独设置的矿浆准备作业，简化了工艺，节省了占地面积，通过管式预矿化器的微泡预选，强化了浮选效果。

4. KYF 系列大型浮选机

KYF 系列大型浮选机是我国自行研制的大型矿用系列浮选机。KYF-50 型（单槽容积 50 m^3 的充气机械搅拌式浮选机）于 2000 年开始在我国的大中型矿山获得应用，并批量出口。2005 年超大型 KYF-160 型浮选机投入运行。2007 年研制成功 KYF-200 浮选机，单槽容积 320 m^3 的浮选机设计也已经完成。这标志着我国大型浮选设备的研制已达到了国际先进水平。

(1) 结构及工作原理

KYF 系列大型浮选机有 U 形槽体浮选机和柱形槽体浮选机两种，浮选机主要由叶轮、定子、主轴、轴承体、空气调节阀和槽体等组成，如图 4-3-18 所示。

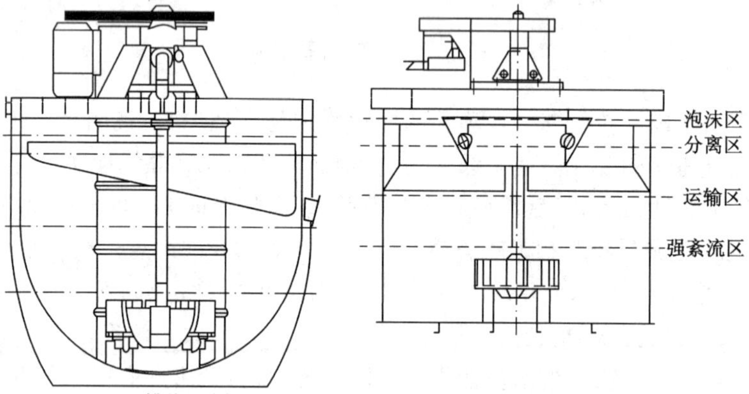

(a) U形槽体浮选机　　(b) 柱形槽体浮选机

图 4-3-18　KYF 系列大型浮选机结构示意图

KYF 系列大型浮选机的工作原理为：叶轮旋转时，槽内矿浆从四周经槽底由叶轮下端吸入叶轮叶片间，同时，由鼓风机给入的低压空气经风道、空气调节阀、空心主轴进入叶轮腔的空气分配器中，通过分配器周边的孔进入叶轮叶片间，矿浆与空气在叶轮叶片间进行充分混合后，由叶轮上半部周边排出，排出的矿流向斜上方运动，由安装在叶轮四周斜上方的定子稳定和定向后，分散到整个槽子中。矿化气泡上升到槽子表面形成泡沫，泡沫自流到泡沫槽中，矿浆再返回叶轮区进行再循环，另一部分则通过槽间壁上的流通孔进入下槽进行再选别。

(2) 结构参数的设计研究

① 槽体设计

对于充气机械搅拌式浮选机，由于不需要靠叶轮造成负压来吸气，而是靠鼓风机向槽内压入空气，因此槽体可以适当加深：一方面空气消耗量随槽深增加而减少，气泡上升距离大，气泡在槽内的时间延长，气泡与矿粒碰撞机会相应增加，气泡能得到充分利用；第二方面由于浮选机叶轮直径的大小直接与浮选槽的长宽有关，长宽加大则所需的叶轮直径也大，长宽减小则所需的叶轮直径也小，所以在容积一定的情况下槽深增加，则浮选槽的长宽可以减小，叶轮直径就相应减小，功耗就会降低；第三方面深槽在浮选过程中容易形成比较平稳的泡沫区和较长的分离区，有利于精矿质量的提高和回收率的提高；第四方面深槽设备占据厂房的面积小，可减少基建投资。对于单槽容积 50 m^3 及其以下的浮选机，为避免矿砂堆积、有利于粗重矿粒向槽中心移动以便返回叶轮区再循环，减少矿浆短路现象，将槽底设计为 U 形，截面形状有正方形和八角形两种，泡沫分别采用刮板机械排出和自溢两种；容积在 50 m^3 以上浮选机槽底设计为平底，为保证矿浆分散均匀，将槽体截面设计为圆形。

② 叶轮设计

叶轮是机械搅拌式浮选机最主要的部件，它担负着搅拌矿浆、循环矿浆和分散空气的作用。浮选机的叶轮设计中需着重考虑下列问题：第一搅拌力要适中，不应在槽内造成较大的速度头，这是因为速度头大会造成分选区不稳定、液面翻花，影响气泡矿化，降低有用矿物的回收，同时增加了不必要的功率消耗；第二通过叶轮的矿浆循环量要大，这有利于矿粒悬浮、空气分散和改善选别指标；第三矿浆在叶轮中的流线合理，磨损轻且均匀；第四形式合理，结构简单，功耗低。KYF 系列大型浮选机叶轮形状和结构如图 4-3-19 所示。

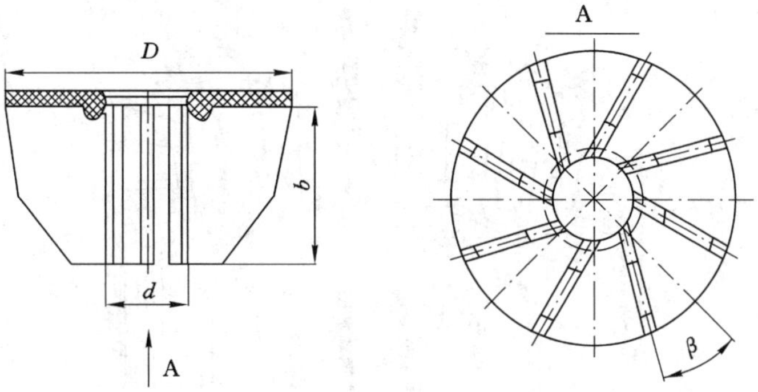

D—叶轮直径；d—进浆口径；b—叶片高度；β—叶片倾角。

图 4-3-19 KYF 系列大型浮选机叶轮形状和结构

叶轮形状——根据离心泵的设计理论，叶轮叶片出口安装角 B 有三种情况，即叶片前倾、叶片径向和叶片后倾。对后向叶片而言，当流量大时产生的理论压头低，总理论压头中动压头成分相应较小，速度头较低，这对于稳定矿浆液面有好处，符合浮选机流体动力学的要求。另外后向叶片流量较大时，功耗较低，因此，采用后向叶片形式完全符合浮选机流体动力学的要求。

在叶片的方向确定后，还有一个确定叶轮形状的问题。比转数是确定叶轮形状的主要依据，对于高比转数泵而言，具有流量大、压头小的特点，反之，则流量小、压头大。浮选机叶轮的情况与高比转数泵相似，由于高比转数泵叶轮进口直径和出口宽度相对较大，出口直径和进口宽度相对较小，因此在设计浮选机叶轮时采用类似于高比转数泵叶轮的形状是一个正确的方向。

叶轮的另一个重要作用是分散空气，为此在叶轮腔中设有空气分配器，空气分配器能预先将空气较均匀地分布在转子叶片的大部分区域内，提供大量的矿浆-空气界面，从而大大改善叶轮弥散空气的能力，提高空气分散度。根据以上分析和通过试验，KYF 系列大型浮选机的叶轮设计成叶轮叶片后向、高比转数离心式，并在叶轮中心配以空气分配器。

叶轮参数确定——确定叶轮结构参数是一个复杂的过程，除了进行理论计算外，还必须利用以往经验进行大量试验,逐步取得合理的参数。由于确定叶轮结构之间的关系一般要进行大量的试验,为了减少试验费用,通常只在实验室小型浮选机内进行,待叶轮结构参数之间的关系确定后,再用叶轮直径这个表征叶轮结构参数的参数通过研究确定的放大倍数进行放大,并在工业型浮选机内进行试验,最后得出所需的合理参数。

③ 定子设计

根据大型浮选机的设计原则,定子应有利于将叶轮产生的旋转矿流变成径向矿流,形成细微空气泡,稳定液面,防止翻花现象的发生并降低能耗。浮选槽内充气-搅拌区需要较强的混合效果,矿浆处于紊流状态,雷诺数一般大于 10^4,而分离区和泡沫区又需要相对稳定,定子必须能够将叶轮产生的切向旋转的矿浆流转化为径向矿浆流,防止矿浆在浮选槽中打旋,促进稳定的泡沫层形成,并有助于矿浆在槽内进行再循环。其次,在叶轮周围和定子叶片间产生一个强烈的剪力环形区,促进细小气泡的形成。KYF 系列大型浮选机定子形状和结构如图 4-3-20 所示。

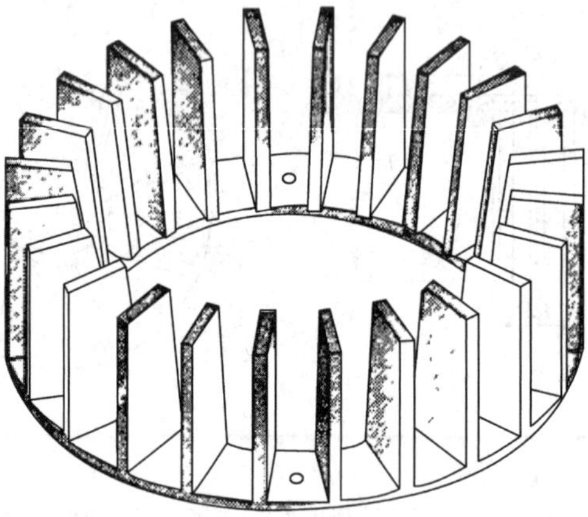

图 4-3-20 KYF 系列大型浮选机定子形状和结构

KYF 系列浮选机采用低阻尼直悬式定子,采用径向短叶片,安装在叶轮周围斜上方,由支脚固定在槽底。这样可使得定子下部区域周围的矿浆流通面积增大,消除了下部零件对矿浆的不必要干扰,有利于矿浆向叶轮下部区域的流动,同时降低了矿浆循环阻力,降低了动力消耗,增强了槽体下部循环区的循环和固体颗粒的悬浮能力。叶轮中甩出的矿浆-空气混合物可以顺利地进入矿浆中,空气得到了很好的分散。定子的关键参数定子的直径可通过放大方法得到。

5. XCF 型浮选机

充气机械搅拌式浮选机具有浮选工艺指标好、可以降低能耗和功耗、结构简单以及操作、维护和管理方便等特点。传统的充气机械搅拌式浮选机无吸浆能力,浮选作业间采用阶梯配置,中矿返回必须采用泡沫泵。由于泡沫泵容易磨损,对黏而不易破碎的泡沫难以扬送,流程难以畅通,并且对于复杂流程及精选作业配置困难;新建选矿厂由于采用阶梯配置,将增加基建投资;而对于老厂改造,由于厂房高度和流程高差均已固定,改造困难,限制了充气机械搅拌式浮选机的应用范围。

因此,研制一种既具有一般充气机械搅拌式浮选机优点、又具有吸浆能力的自吸浆充气机械搅拌式浮选机，有利于节省中矿返回泵，降低厂房高度，减少基建费用等，对新老选矿厂的建设及改造具有重要意义。XCF 型自吸浆充气机械搅拌式浮选机即针对此而研制，XCF 型浮选机也是我国自行研制成功的具有独立知识产权的高效大型浮选机，它可以单独使用，也可以与 KYF 型充气机械搅拌式浮选机组成联合机组，使浮选作业间水平配置，不再选用泡沫泵。目前已有十多种规格的浮选机联合机组用于选矿厂。

XCF 型自吸浆充气机械搅拌式浮选机结构如图 4-3-21 所示，由容纳矿浆的槽体、带上下叶片的大隔离盘叶轮、径向叶片的座式定子、对开式圆盘形盖板、对开式中心筒、带有排气孔的连接管、轴承体以及空心主轴和空气调节阀等组成。分开式和封闭式两种结构，轴承体有座式和侧挂式，安装在兼作给气管的横梁上。它的叶轮由上叶片、下叶片和隔离盘组成，为双层叶轮。上叶片负责从槽外吸入矿浆称为吸浆区，下叶片负责循环矿浆和分散空气称为充气区，隔离盘则有效地将充气区和吸浆区分隔开。盖板封闭叶轮上叶片，使上叶片中心区形成负压来吸浆，同时还起使吸浆区与槽内部区的隔离作用，并有效防止充入的空气被导入吸浆区。

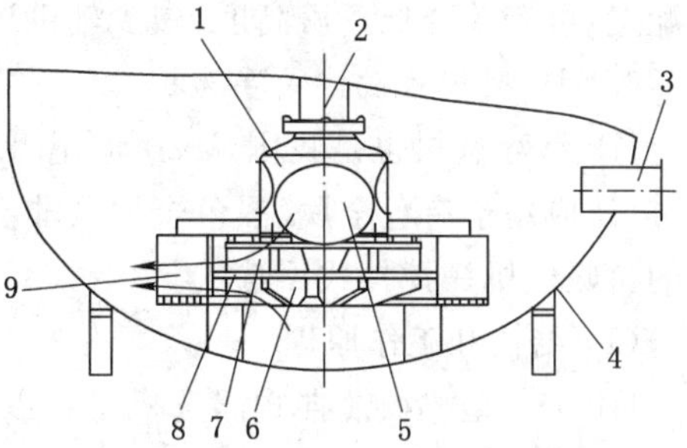

1—中心筒；2—空心主轴；3—中矿管；4—槽体；5—给矿管；6—叶轮下叶片；7—叶轮上叶片；8—隔离盘；9—定子。

图 4-3-21　XCF 型浮选机结构原理图

图 4-3-22 为 XCF 型自吸浆充气机械搅拌式浮选机与 KYF 型充气机械搅拌式浮选机形成的联合机组。XCF 型浮选机和 KYF 型浮选机可以单独使用，也可以联合使用，例如当联合使用时，如果是使用四室，则第一室用 XCF，后三室用 KYF。待选矿浆给入给矿箱后通过给矿管由 XCF 浮选机抽吸到槽中，矿浆依次通过后三室 KYF 型浮选机分选，精煤由刮板（或推泡锥）刮到泡沫溜槽中，尾矿从尾矿箱排出。矿浆流由设在尾矿箱的闸板闸门和锥形阀门来控制。为适应直流式给料，室与室间槽体侧壁上开有矩形直流通道，供矿浆流过。针对特殊情况的煤泥浮选也可以在室与室间设置内置中间箱，室与室间的矿浆流动通过内置

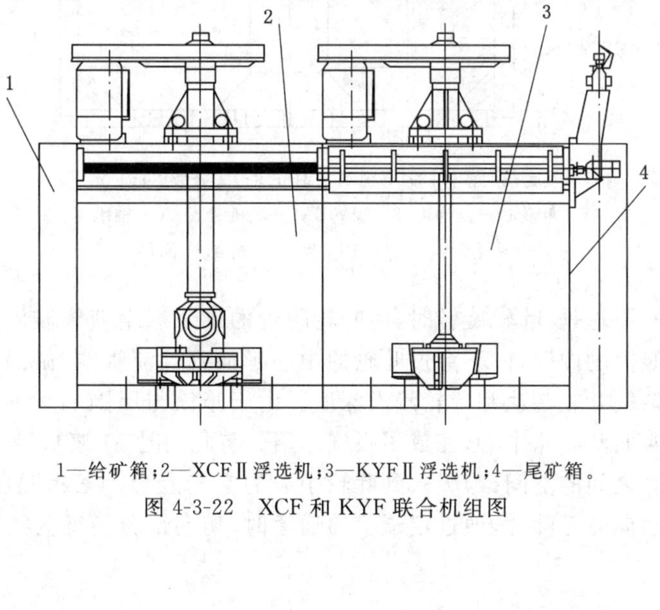

1—给矿箱；2—XCFⅡ浮选机；3—KYFⅡ浮选机；4—尾矿箱。

图 4-3-22　XCF 和 KYF 联合机组图

中间箱来实现。

由于此类浮选机具有独创的高比转数后倾叶片叶轮-悬空径向短叶片定子的结构形式，矿浆运动状态合理，矿粒分布均匀，泡沫层稳定，充气量大，能耗低。槽体设计合理，减少矿浆短路，解决了国外大型浮选机对粗粒级矿物回收率低的难题。开发了自吸给矿和中矿的吸浆槽，解决了国际上大型充气式浮选机不能自吸矿浆的难题，率先实现了大型浮选机的平面配置，可有效降低厂房高度，减少辅助装置，降低直接投资。

6. JJF 型机械搅拌式浮选机

JJF 型浮选机也是我国从 20 世纪 80 年代开始研制的自吸气式矿用机械搅拌浮选设备，广泛应用于有色金属、黑色金属及非金属矿山企业的选别作业。JJF-130 型浮选机是最大的自吸气机械搅拌式浮选机。

(1) 结构和工作原理

JJF-130 型机械搅拌式浮选机是在以往中、小型 JJF 浮选机研究和应用的基础上，针对超大型浮选机流体动力学的特殊规律，分析了超大型浮选机槽内不同粒级矿物与气泡的碰撞、黏附、脱落的过程及影响这些过程的原因和如何防止浮选过程短路、提高气体分散度并保证气泡与矿浆均匀混合等问题后研制成功的。图 4-3-23 给出了 JJF-130 型浮选机的结构图，核心部分由假底、导流筒、叶轮、定子、分散罩、推泡锥、主轴、轴承体和槽体等组成。

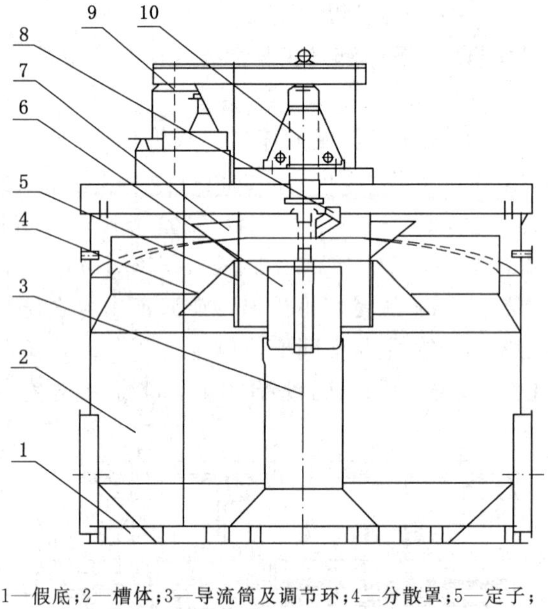

1—假底；2—槽体；3—导流筒及调节环；4—分散罩；5—定子；
6—叶轮；7—推泡锥；8—吸气管；9—电机装置；10—轴承体。

图 4-3-23 JJF-130 型浮选机结构简图

浮选机的工作原理是：叶轮旋转时，使叶轮附近的矿浆产生液体漩涡，这个漩涡的气液界面向上扩展到竖筒的内壁，向下穿过叶轮的中心延伸到导流管，在漩涡中心形成负压区，其负压大小主要取决叶轮转速和叶轮浸没深度。由于竖筒与周围的大气相通，漩涡产生的负压使空气吸入竖筒和叶轮中心，完成了吸气作用。与此同时，矿浆从槽子底部通过导流管向上进入叶轮叶片之间的空间，与吸入到叶轮中心的空气混合。三相混合物以较大的切向及径向动量离开径向叶轮叶片，通过定子上的通道时，切向部分转变为径向，同时产生一个局部湍流场，使空气与矿浆进一步混合。三相混合物离开定子后进入浮选区，浮选分离过程就在该区内完成，矿化气泡上升到泡沫区，剩下的矿浆向下返回到槽底进入再循环。

由于该机采用深型叶轮，形状星型，叶片为辐射状，定子为圆筒形，其上均布长孔作为矿浆通道，定子遮盖叶轮高度仅为三分之二，定子外增加表面均布小孔的锥形分散罩，起稳定液面的作用，能自吸空气，叶轮下部又增设导流管和假底，以便在槽内产生大循环，有助于槽子下部矿粒的循环，防止沉槽。该机的特点是叶轮高度大、叶片面积大、安装深度浅，既能保证自吸足够空气，又有较强的搅拌力，叶轮直径小、周速低，叶轮与定子间隙大，因此叶轮与定子寿命长。

(2) 结构参数的设计研究

JJF 大型浮选机的研制的关键问题在于设计可达到和满足所需流体动力学状态的叶轮-定子系统和槽体结构。因此设计重点应放在槽体、泡沫槽、叶轮和定子上。

① 槽体设计

国内外大型机械搅拌式浮选设备大都采用圆柱形槽体，其对称性可提高充气的分散度和矿浆表面的平稳度。可改善浮选机的效率。为避免槽底矿砂堆积，JJF-130 型浮选机将槽底设计为锥底形，有利于粗重矿粒向槽中心移动以便返回叶轮区再循环，减少矿浆短路现象。并且在浮选槽内增加折流板，提高矿浆表面的稳定性，防止矿浆在槽内打转，保证浮选的有利环境。

② 泡沫槽设计

在浮选机的设计过程中，要考虑到泡沫的特性，设计一个良好的泡沫溢流设备，直接关系到浮选目的矿物的工艺指标。对于大型浮选机要考虑到泡沫输送距离、泡沫水平方向的流动速度以及泡沫整体的均匀运动。相对于中小型浮选机，大型浮选机的体积、泡沫表面积相对来说都较大，并且泡沫的输送距离相对较长；局部泡沫停滞也是设计过程要考虑到的一个问题，如果中部泡沫停滞，靠近泡沫槽边缘的泡沫就易于流动，并且溢流出去的泡沫都是新生的白色泡沫，对指标会有一定的影响。本机设计充分考虑了上述问题，在设计中采用了周边溢流方式和锥形推泡器加速泡沫的流动。采用周边溢流方式利用矿浆的自然流动方向，加速泡沫的溢流，提高浮选速度；矿浆流在向上流动过程中，碰到锥形推泡器会改变流向，向上流变成了水平流，这样就加速了泡沫的水平流动，缩短了泡沫的驻留时间，并且锥形推泡器和泡沫槽会降低泡沫表面积，相应增加泡沫层的厚度，有利于泡沫的二次富集。提高泡沫的品位。

③ 叶轮设计

叶轮是机械搅拌式浮选机最主要的部件之一，它担负着搅拌矿浆、循环矿浆、自吸空气和分散空气的作用。JJF 大型浮选机的叶轮为：星形叶轮，径向倒角叶片。确定叶轮结构参数是一个复杂的过程，需要进行大量的试验才能逐步取得合理的参数。在给定槽容积的情况下，转子机构一般将决定所必需的吸气能力和矿浆循环能力。在给定功率情况下，转子纵横比(长度/直径)将影响转子的吸气能力和矿浆循环能力。如果纵横比太小，空气吸入量将超过循环量，而如果比率太大，则相反。系统的水力学试验断定，从空气吸入和矿浆循环的观点来看，转子的纵横比接近 1.0 是最佳的。

为了找出 JJF 大型浮选机合理的叶轮结构参数，进行了试验。试验中保持吸气量和叶轮直径不变，改变叶轮线速度，最终确定了 JJF 型浮选机的叶轮结构参数。

④ 定子设计

浮选槽内吸气-搅拌区需要较强的混合，矿浆处于紊流状态，而分离区和泡沫区又需要相对稳定，因此定子必须能够将叶轮产生的切向旋转的矿浆流转化为径向矿浆流，防止矿浆在浮选槽中打旋，促进稳定的泡沫层的形成，并有助于矿浆在槽内进行再循环。其次，在叶轮周围和定子间产生一个强烈的剪力环形区，促进细小气泡的形成。本设计中采用了悬挂式鼠笼定子，安装在叶轮上方，由螺栓固定在竖筒底部。定子设计中考虑的两个主要因素：一是定子与槽体的距离；二是定子通道面积的大小。在叶轮机构运转中，三相流体离开定子，带有较大的动量径向地撞击到槽壁上，因此槽壁的位置将影响到三相流体的运动。在给定转速和浸没深度条件下，距离太小，会引起吸气量和循环量二者减小，槽边也可能出现翻花；距离太大，通过定子的三相矿浆又甩不到槽边，气泡分散度不好。定子上通道面积对吸气量和液面稳定性有一定影响，通道面积过小，甩出矿流所受到的阻力增大，将引起吸气量减小。通道面积过大，虽然吸气量显著增加，但液面不稳。浮选槽内的流体动力学运动比较复杂，影响的因素较多，流体通过定子通道的径向速度难以依据理论计算来确定，因此定子至槽壁的距离以及定子通道面积的大小，就有待于通过试验，从吸气量、循环量、液面稳定性等各方面兼顾考虑，适当的确定其数值。

⑤ 分散罩设计

JJK-130 浮选机叶轮安装位置较高，浸没深度较浅，矿浆甩出后容易引起矿浆表面的波动，不能保证良好的浮选环境。分散罩的作用就是稳定矿浆液面，维持一个相对静止的分离区，完成矿浆由强烈混合区过渡到相对静止的分离区，从而使矿化气泡能比较均匀地上升到泡沫区。分散罩固定在定子的上沿，锥度为 90°。

第三节　充(压)气式浮选机

一、充(压)气式浮选机特点

这类浮选机结构特点是无机械搅拌器，无传动部件，矿浆的充气靠外部压入空气，故称为充(压)气式浮选机。最典型的是浮选柱，压入的空气通过特制的、浸没在矿浆中的充气器(亦称气泡发生器)形成细小气泡。因浮选柱属单纯的压气式浮选机，对矿浆没有机械搅拌或搅拌较弱，为使矿粒能与气泡得到充分碰撞接触，通常矿浆从浮选柱上部给入，产生的气泡从下部上升，利用这种逆流原理实现气泡矿化。同机械搅拌式相比，浮选柱具有结构简单、制造容易、占地小、维修方便、操作容易、节省动力、对微细颗粒分选效果好等优点。适用于组分简单、品位较高的易选矿石的粗、扫选作业。在选煤厂用于脱除细粒灰分和黄铁矿已显示出优越于常规浮选机的效果。但由于气泡发生器容易发生堵塞、运转不稳定等问题而使浮选柱未能得到更广泛应用。20 世纪 80 年代后由于这些问题基本解决，再次掀起了浮选柱的研究与应用高潮，出现了一批各具特色的浮选柱，如加拿大的 CFCC，德国的 KHD，美国的 Flotair 浮选柱、VPI 微泡浮选柱、MTU 充填介质浮选柱、Wemco 利兹浮选柱，苏联的乌克兰浮选柱、ΦΠ 浮选柱，澳大利亚的詹姆森及全泡沫浮选柱，印度的电浮选柱和磁浮选柱，我国大量推广的旋流浮选柱等。其中一些取得了较大的成功，尤其在处理极细粒物料时有常规浮选机所不可比拟的分选效果。

二、浮选柱的类型及结构

在众多浮选柱中，最引人注目的有短体自由喷射式和高柱体的逆流式浮选柱，后者被认为是效果最佳的，它有两种形式：一是充填介质式——柱内充满某种结构的材料以粉碎气泡和创造良好的浮选环境；另一是无充填式(开式)——柱内无充填，以其他方法创造必要的分选条件。逆流式浮选柱有以下几个特点：

其一，比常规机械搅拌式浮选机和短体喷射式浮选柱有更大的矿化区。前者的矿化区仅在转子周围的高剪切区，后者的也仅在射流所及的范围内，而逆流式浮选柱从给料口到气泡入口的整个捕集区都是矿化带，所以容积利用率高，单位容积的处理能力也大。

其二，矿物颗粒与气泡的碰撞及黏附概率大。机械搅拌式和喷射式浮选机的矿物颗粒和气泡高速甩出时运动方向基本一致，依靠紊流中两者间的速度差碰撞并实现黏附。但紊流不仅可使两者黏附，也可使两者脱离。且为了产生紊流要消耗很大的能量。逆流式浮选柱内颗粒和气泡的运动总体上是相向的，虽然运动的绝对速度较小，但相对速度却不小。由于紊流程度低、能耗低，颗粒和气泡的脱离概率也低。

其三，产生的气泡分散度高、微细气泡多，因而同样的充气量可产生更大的气-液界面，与矿物颗粒就有更多的碰撞机会，而且可产生多个气泡黏附于一个颗粒的气-固絮团，降低了气泡和颗粒的脱落概率。此外大量微细气泡上升速度较慢，基本处于层流状态，创造了和颗粒碰撞的有利条件，也提高了浮选的速率和回收率。

其四，减少了高灰细泥的污染。机械搅拌式浮选机的泡沫精煤中常夹带高灰细泥，而逆流式浮选柱的湍流程度低，顶部又有冲洗水，迫使泡沫间夹带的入料水和高灰细泥排出，有利于生产低灰精煤和浮选脱硫。许多采用机械搅拌式浮选机的选煤厂，为提高精煤质量，或采用精选、扫选等复杂的流程，或以降低重选精煤的灰分来平衡全厂的精煤灰分，若采用逆流式浮选柱处理细泥，提高其分选效果，则有可能以简单的浮选工艺取得全厂的最高精煤产率。

由于浮选柱的发展和应用时间较短，对其原理、结构和操作因素的影响还了解得不够，加上气泡发生器易堵塞和操作不便等问题仍未彻底解决，因此，对浮选柱有必要进行更深入的研究，不断改进，才能使它的长处充分发挥。

1. 传统浮选柱

图 4-3-24 是国产浮选柱示意图，为高 6～7 m 的圆柱体，底部装有一组微孔材料制成的充气器，上部设有给矿分配器，给入的矿浆均匀分布在柱体的横断面上，缓缓下降，在颗粒下降过程中与上升的气泡碰撞，实现矿化。浮选柱内浮选区的高度远大于其他浮选机，因此矿粒与气泡碰撞和黏着的概率大。浮选区内矿浆气流的湍流强度较低，黏附在气泡上的疏水性矿粒不易脱落。浮选柱的泡沫层可达数十厘米，二次富集作用特别显著，且可向泡沫层淋水加以强化，往往一次粗选便可获得高质量最终精矿。如加拿大研制的浮选柱高达 12～15 m，这种浮选柱的最显著特点也是正压微孔充气和气泡与颗粒的逆流碰撞矿化。浮选柱在我国应用

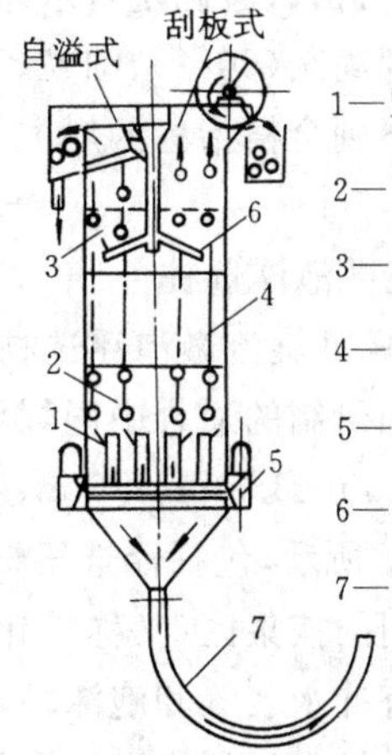

图 4-3-24　浮选柱结构示意图

已多年，选择性好，适于对细粒物料进行有效分选。但充气器易堵塞是其推广应用的主要障碍。

2. 新型浮选柱

近些年来，国内外对浮选柱进行了深入广泛的研究，新型充气器和新型结构已用于工业生产，其中最引人注目的有静态浮选柱、微泡浮选柱和旋流浮选柱。

(1) 静态浮选柱

静态浮选柱是美国 1986 年研制的，如图 4-3-25 所示，特点是在柱中充填波纹板，形成众多孔道。当空气通过众多孔道时被粉碎成气泡。两层波纹板在堆放时呈直角相交，同一层中相邻两块板的波纹又是交叉的，这样可使浆气混合物均匀地分布在整个断面上，延长了矿粒和气泡的停留时间。上升的气泡被强制地与矿粒接触，增加了矿化概率。顶部给入的淋洗水顺着孔道向下流，不断带走脉石，尾矿从底部阀门排出。断面 0.61 m×0.61 m、高 6 m 的该机每小时可处理煤泥 0.25 t，效果很好。

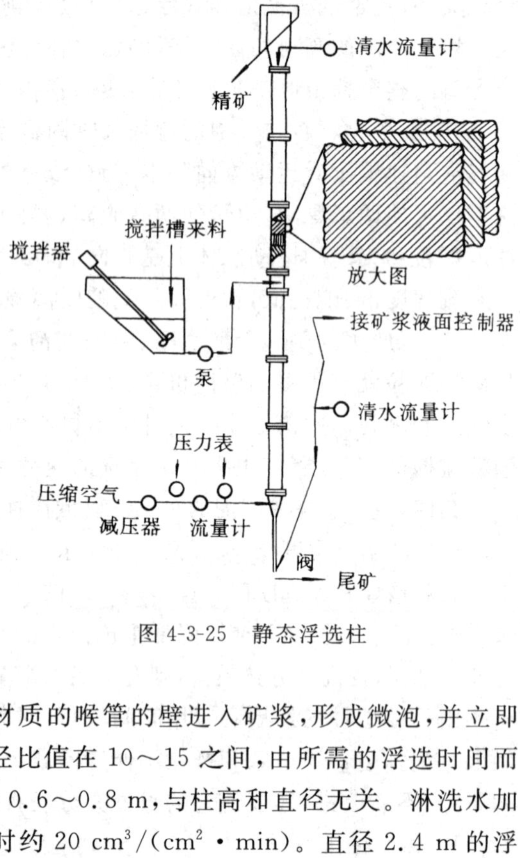

图 4-3-25 静态浮选柱

(2) 微泡浮选柱

图 4-3-26 是微泡浮选柱结构图，特点是采用新型的微泡发生器。这种多孔管微泡发生器是在压力管道上设一微孔材质的喉管，喉管通过密封的套管同压缩空气相连，当矿浆快速经过喉管时，压缩空气经过套管从多孔材质的喉管的壁进入矿浆，形成微泡，并立即被流动的矿浆带走。微泡浮选柱的高度与直径比值在 10～15 之间，由所需的浮选时间而定。煤浆由上部柱高2/3处给入，泡沫层厚度为 0.6～0.8 m，与柱高和直径无关。淋洗水加入泡沫中间(可由试验确定)，水量按断面计算时约 20 $cm^3/(cm^2 \cdot min)$。直径 2.4 m 的浮选柱用于处理高灰(60%)、细粒(小于 150 网目)、低浓度(3%～6%固体)、曾经用大型浮选机处理但得不到合格指标的煤泥水时，一次分选便得出灰分 10%、可燃体回收率 60%的好指标。

(3) 旋流微泡浮选柱

① FCMC 型旋流微泡浮选柱结构和工作原理

这是我国研制的适合中国煤泥的浮选柱。1992 年投入工业应用以来已形成直径 1 m、1.5 m、2 m、3 m、3.5 m、4.0 m、4.5 m、5.0 m、5.5 m 的系列规格。旋流浮选柱的结构和原理如图 4-3-27 所示，包括浮选段、旋流段和气泡发生器三部分。浮选段又分两个区：旋流段和入料点之间的捕集区(又称矿化区)及入料点与溢流口之间的泡沫区(又称精选区)。在浮选段顶部设有冲水装置和泡沫精煤收集槽。给矿管位于柱顶约三分之一处，最终尾矿从旋流器的底流口排出。气泡发生器位于柱体外部，沿切线方向与旋流段相衔接。气泡发生器上设有空气入管和起泡剂添加管。

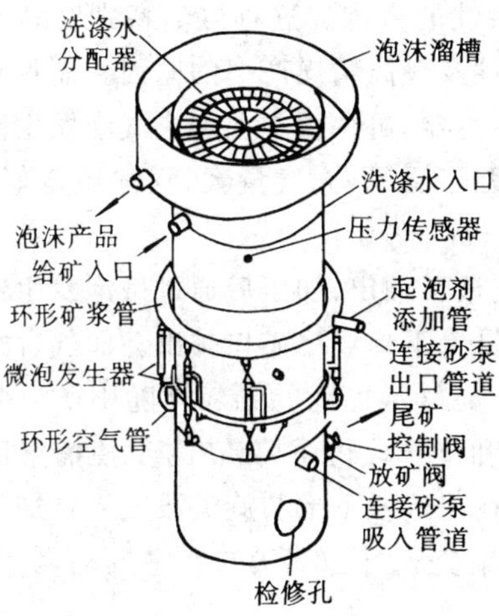

图 4-3-26 微泡浮选柱

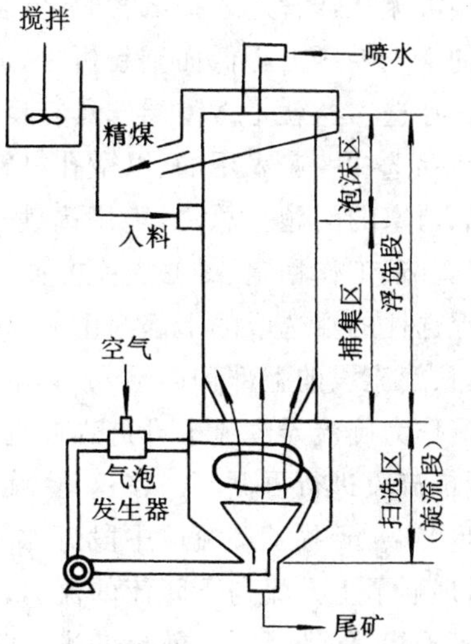

图 4-3-27 旋流微泡浮选柱结构原理图

气泡发生器利用循环矿浆加压喷射的同时吸入空气与起泡剂，进行混合和粉碎气泡，并通过压力降低释放、析出大量微泡，然后沿切线方向进入旋流段。气泡发生器在产生合适气泡的同时，也为旋流段提供旋流力场。

含气、固、液三相的循环矿浆沿切线高速进入旋流段后，在离心力作用下做旋流运动，气泡和已矿化的气固絮团向旋流中心运动，并迅速进入浮选段。气泡与从上部给入的矿浆反向运动、碰撞并矿化实现分选。旋流段的作用是对在浮选段未及分选的煤粒进行扫选，以提高精煤产率。矿化气泡在柱体内上升到柱体上部较厚的泡沫层中，由于冲洗水的喷淋作用，上升的泡沫不断受到清洗，清除夹带的高灰杂质，使精矿的品位进一步提高。

② 旋流微泡浮选柱的特点

旋流微泡浮选柱除具有逆流浮选柱的特点外还具有如下独特之处：

集浮选与重选于一体，强化分选。该浮选柱实质是在旋流器上方安一逆流式浮选柱，利用泡沫浮选，又与旋流力场中的重选相结合。工作时旋流器的给料是浮选柱的中矿，用循环泵加压后经气泡发生器给入水介质旋流器进行再次分(扫)选，旋流器内产生的气团和气泡进入浮选段精选，而最终尾矿由底流排出。由于气团与矸石及黄铁矿的密度差别巨大，在旋流力场中可以实现有效的强化分选。这是利用浮选段保证选择性，利用重选旋流强化回收，故不仅处理量大，精煤产率高、灰分低，且可降低柱体高度。

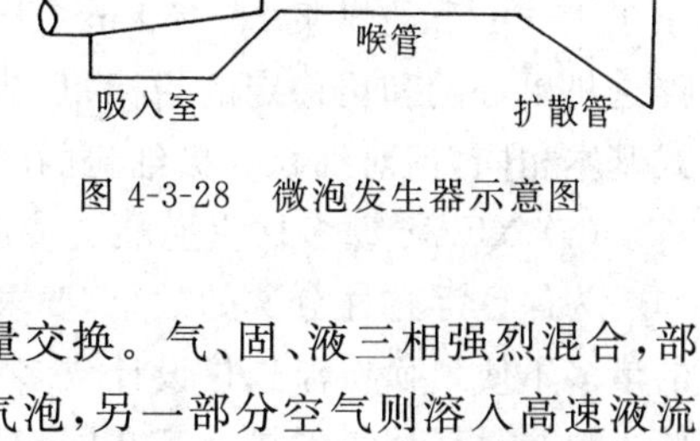

图 4-3-28 微泡发生器示意图

该类浮选柱还采用了数个外置型自吸式微泡发生器，见图 4-3-28。微泡发生器的充气量与其工作压力、长径比、面积比有很大关系。由泵送来的矿浆(压力为 0.16～0.20 MPa)从喷嘴高速喷出，矿浆的部分动能转变成为势能，使吸气室产生负压，吸入空气及起泡剂。喷嘴通过吸气室与喉管相连接，喷嘴喷出的矿浆和吸入的空气、起泡剂一起进入喉管，在此发生能量交换。气、固、液三相强烈混合，部分空气被搅拌粉碎成气泡，在与颗粒碰撞中生产矿化气泡，另一部分空气则溶入高速液流中。当液流从喉管进入扩散管时，混合液流速度突然减小，压力陡然降低，使在喉管内溶入矿浆的空气随压力降低而重新析出，成为一种具有活性的微泡。这种微泡特别有利于微细颗粒的浮选。这就是微泡浮选具有良好的浮选选择性及较高精煤产率的原因。而且它区别于一般浮选柱普遍采用的、以微孔材料制作的气泡发生器，可从根本上解决气泡发生器容易结垢和堵塞的问题。总之，利用高速矿浆自吸空气无需压风、充气量大、气泡质量好、不堵塞、易调节、工作稳定、维修更换方便，同时还节能。

浮选柱的浮选段的下部为中矿出口，中矿浆由此被泵抽出，加压后通过微泡发生器充气混合，从旋流段的上部切向给入，其重产品沿旋流段锥壁下降经尾矿口排出。而气、固、液混合液流作为旋流器溢流上升进入浮选段的捕集区，未与气泡黏附的颗粒则随中矿流向下运动，到旋流段进行再循环。在这里，旋流段的上升流和浮选段的下降流相撞，使捕集区内液流严重混杂，干扰了旋流段中段流力场的分选作用，在浮选段下部与旋流段交界处加上稳流板后，理顺了上升流与下降流的流向，使捕集区的液流变成“柱塞”状的有序流态，各种物料流互不干扰，保证了浮选效果的进一步改善。

此外，柱体结构合理，可随时开停机而无需放矿，也不会产生沉积堵塞现象。

③ FCMC 型旋流浮选柱的应用

目前煤用浮选柱的应用主要围绕三个方面：一是在大型选煤厂取代工业浮选机；二是在中、小型厂形成以浮选柱为核心的高效、简易煤泥分选回收系统；三是在低灰、低硫煤制备及高灰、细粒分选方面取得工业应用。

影响浮选柱工作的参数很多，如给矿浓度、速度、充气量、泡沫层厚度、冲洗水用量及药剂耗量等。其中一些是操作因素，设计时主要考虑充气量、泡沫层厚度和冲洗水用量等几个参数。充气量一般被认为是达到浮选柱最佳化控制中最灵活、最敏感的一个因素，对浮选产品的数、质量有直接的影响。一般随充气量的增加，精煤产率和灰分同时增加，但充气量超过一定值后精煤产率反而下降。泡沫层厚度增加可提高精煤质量，但过高的泡沫层泡沫不能自溢，减少捕集区高度，使矿浆滞留时间增加，捕集区的回收率减少，精煤灰分反而提高。合适的泡沫层厚度应以刚好能排净泡沫间杂质为宜，这与泡沫的溢出速度、泡沫层的含水情况、冲洗水的位置及速度有关。研究表明：泡沫层夹带的杂质可在矿浆液面以上数厘米范围内排出。因此，浮选柱可采用相对薄的泡沫层。冲洗水的目的在于迫使泡沫间的杂质随水流向下运动进入尾矿，这是提高浮选柱选择性的一个重要措施。冲洗水一般要求获得所谓的“正偏流”，即从尾矿排出的水量大于给矿的水量。

在进行工业性试验前曾用许多厂不同粒度和可浮性的煤泥进行了实验室或半工业性试验，效果均较好。工业性试验选择的为高硫煤选煤厂，试验充分说明：直径 1 m 的旋流微泡浮选柱（高度 5.2 m）在降灰和降硫方面均有较好的选择性和分选效果，每小时可处理浓度小于 150 g/L 的煤浆 20～60 m^3、干煤 2～6 t，冲洗水量小于 6 m^3，能够获得比机械搅拌式浮选机更好的和更稳定的指标，且节能、降耗，适合宽粒度入料，分选的粒度上限和机械搅拌式基本相同，但对细粒和极细粒的降灰脱硫却更为有利。

（4）XFZ-8 型多柱室逆顺交替流动式浮选柱

为保证浮选柱分选的效果，要求柱体有一定的高度，这给厂房布置带来一定困难和操作的诸多不便。而将浮选柱设计成多柱室逆顺交替流动方式（图 4-3-29），可降低柱体的高度，使入料、精煤、尾煤的排出都在同一平面上，操作非常方便。

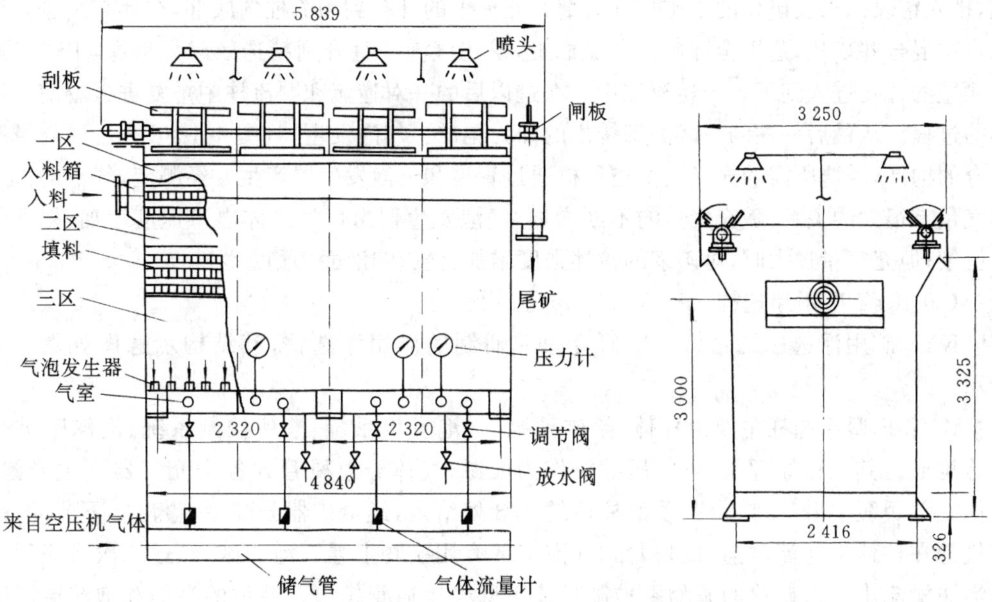

图 4-3-29　XFZ-8 型浮选柱示意图

浮选柱共有四个柱室(每个容积为 8 m^3),按顺序单数为逆流柱,双数为顺流柱。柱体的上部和中部设有两组填料带,将柱体分为一、二、三 3 个区。在逆流柱中一区是入料区,其上面为精选区,下面为捕集区,三区是中矿排出区;在顺流柱中三区是入料区,二区是矿化气泡分离区,一区是中(尾)矿排出区。每组填料带由数层交叉垂直放置的平行板组成,见图 4-3-30,这样就形成了上下相互垂直的矩形小流道,而在两层的界面上构成许多小方块。流体做上下运动时先在一个方向被切割成小矩形块,到另一层时又从另一方向被切割,此时各矩形液流重新组合,使液、固、气三相得以更加充分混合。一、三区的空间内没有填料带,可促使矿浆沿柱体整个截面均匀分布,同时使气泡有足够的空间扩散到整个截面上。在泡沫层的上方设置了冲洗水喷洒装置。

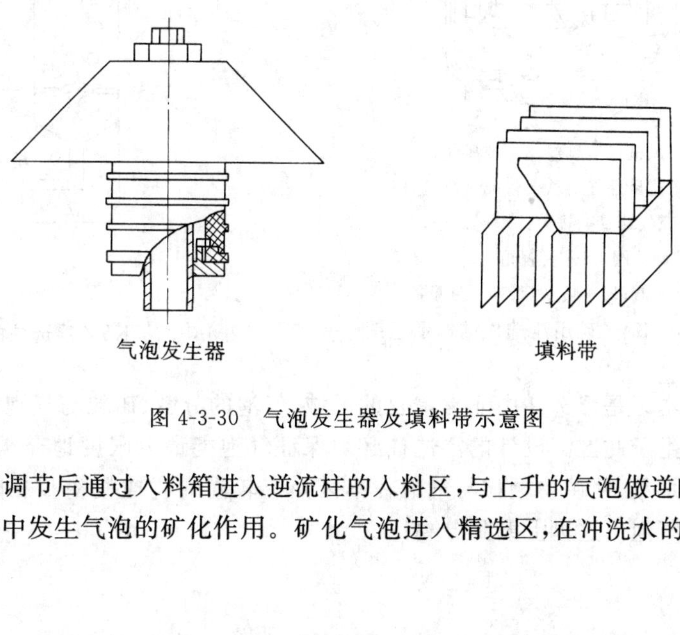

图 4-3-30　气泡发生器及填料带示意图

矿浆经药剂调节后通过入料箱进入逆流柱的入料区,与上升的气泡做逆向流动,继续上升至捕集区的过程中发生气泡的矿化作用。矿化气泡进入精选区,在冲洗水的作用下进一步净化，排入精煤。未及矿化的中矿从柱底部经侧壁上的开孔到顺流柱的底部，在此与新进入的气泡再次混合并矿化，这里全部矿浆顺流而上，矿化气泡一直升到精选区成为精煤，中矿则从一区侧壁的开孔进入到下一个逆流柱中。在这以后的一对逆流和顺流柱中重复进行着前一对同样的过程。从最后一柱的一区侧壁排出的即为尾矿。气泡发生器(图 4-3-30)为金属与橡胶相结合的构件，浮选所需的充气量由空压机通过管道和气泡发生器产生。经测定，气泡的大小和充气量有很大的关系：随充气量的不断增加，气泡发生器出口处气体出口速度增加，得到的气泡更细；但充气量过大时，对矿浆的搅拌强度增加，会影响液面的稳定性。

(5) KYZ 矿用浮选柱

KYZ 矿用浮选柱是北京矿冶研究总院研制的矿用浮选柱，其结构示意图如图 4-3-31 所示。

KYZ-B 型浮选柱主要由柱体、给矿系统、气泡发生系统、液位控制系统、泡沫喷淋水系统等构成。其工作原理是：空气压缩机作为气源，气体经总风管到各个充气器产生微泡，从柱体底部缓缓上升；矿浆由距顶部柱体约 1/3 处给入，经给矿器分配后，缓慢向下流动，矿粒与气泡在柱体中逆流碰撞，被附着到气泡上的有用矿物上浮到泡沫区，经过二次富集后产品从泡沫槽流出。未矿化的矿物颗粒随矿流下降经尾矿管排出。液位的高低和泡沫层厚度由液位控制系统进行调节。

浮选柱的浮选动力学区域如图4-3-32 所示，可分为捕收区和分离区。

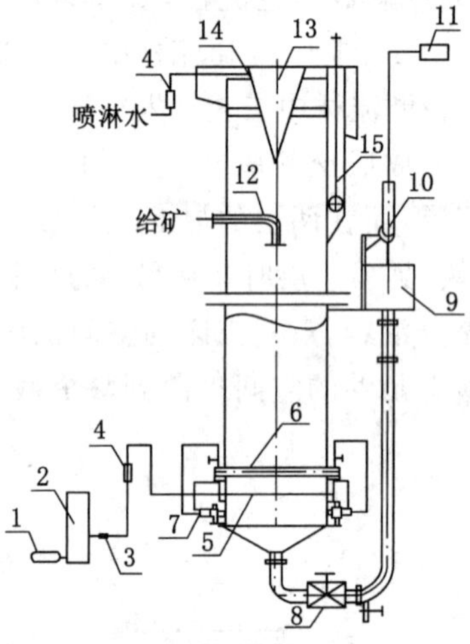

1—风机；2—风包；3—减压阀；
4—转子流量计；5—总水管；6—总风管；
7—充气器；8—排矿；9—尾矿箱；
10—气动调节阀；11—仪表箱；12—给矿管；
13—推泡器；14—喷水管；15—测量筒。

图 4-3-31　KYZ 矿用浮选柱结构示意图

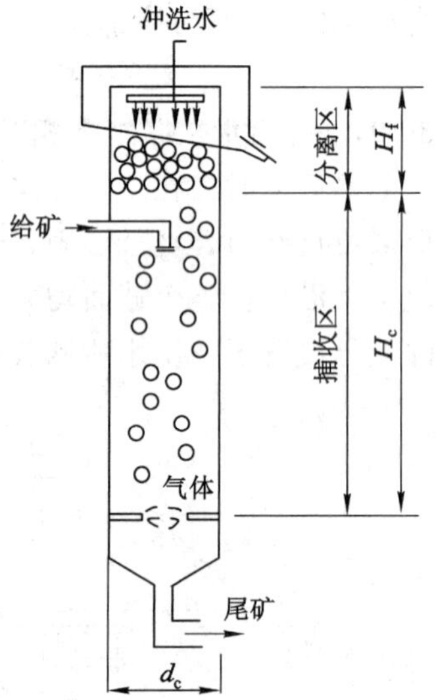

图 4-3-32　KYZ 浮选柱的浮选动力学区域

捕收区——本区是浮选柱中非常重要的区域，气泡的分散、矿粒与气泡的碰撞和附着等过程大部分均发生于此区。设计的浮选柱必须保证气泡能最大限度地充满该区，提高该区容积的有效利用系数，使矿物颗粒与气泡在本区具有较高的碰撞概率和黏附概率。捕集了大量矿物颗粒的气泡由这里上升到分离区。

分离区——本区主要是泡沫层，脉石颗粒与矿化气泡可通过冲洗水的作用进行充分分离，同时增强脱落的矿物颗粒二次富集作用，通过进一步富集作用，保证泡沫层中的矿物不致脱落，泡沫能顺利地流入泡沫槽内，达到在保证回收率的同时提高精矿质量的要求。

第四节　空气析出式浮选机

一、空气析出式浮选机的特点

这是一类能从矿浆中析出大量微泡为特征的浮选机，故称之为空气析出式浮选机，或降压式浮选机。属于这类浮选机的有通过矿浆加压的喷射式(旋流式)和真空式浮选机。它们都无机械搅拌器，无传动部件。这类浮选机进一步又可分为吸气式和真空减压式，而矿浆加压式可再细分为吸气式和压气式两类。由于真空减压式结构复杂，使用很少，在此仅介绍矿浆加压式。

二、XPM 喷射(旋流)式浮选机

1. XPM 喷射(旋流)式浮选机

XPM 喷射(旋流)式浮选机是我国自行研制的煤用浮选机，早期选煤厂使用过的有 XPM-4 和 XPM-8 两种型号，也被称为我国的第一代和第二代喷射(旋流)式浮选机，单槽容积分别为 4 m^3 和 8 m^3。第一代在生产现场使用不多，第二代使用较多。喷射(旋流)式浮选机主要由充气搅拌机构、槽体、矿浆循环系统及放矿、刮泡机构等组成，如图 4-3-33 和图 4-3-34 所示。槽体、放矿、刮泡机构和 XJM-4 型相似，也多为 6 室结构。XPM 型采用直流式给料、无中矿箱。每两个槽设一矿浆加压循环系统，即从两室之间抽出部分矿浆，经砂泵加压后从分布在每个槽内的 4 个喷嘴喷射，以产生充气和搅拌作用。见图 4-3-35 所示。

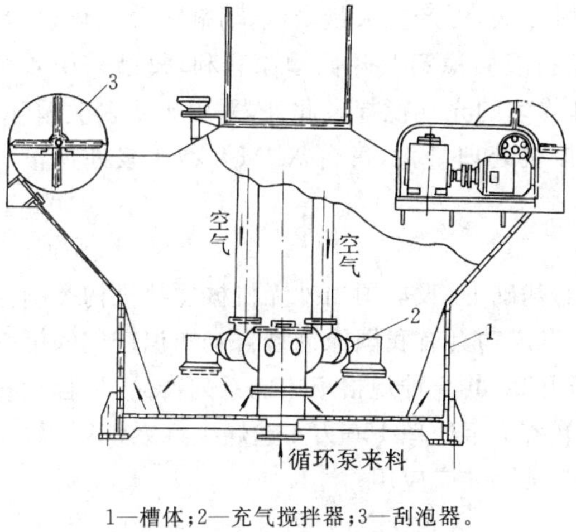

1—槽体；2—充气搅拌器；3—刮泡器。

图 4-3-33　XPM-4 型喷射旋流式浮选机结构图

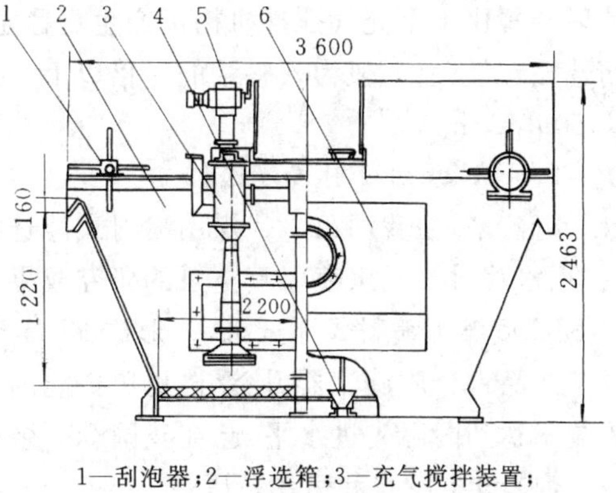

1—刮泡器；2—浮选箱；3—充气搅拌装置；

4—放矿机构；5—液面自动控制机构；6—入料箱。

图 4-3-34　XPM-8 型喷射式浮选机结构示意图

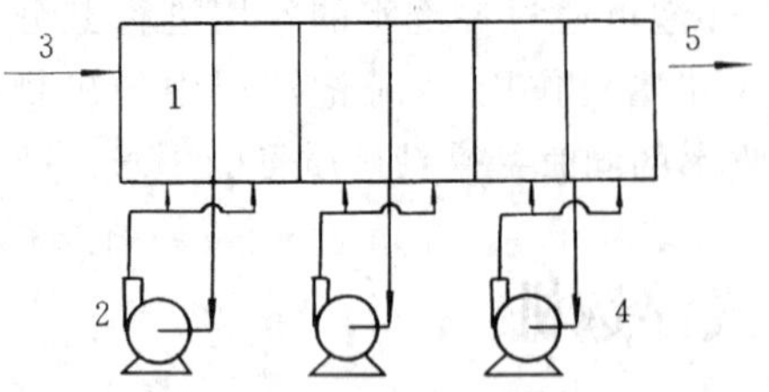

1—槽体；2—循环泵；3—入料；
4—循环矿浆；5—槽内产品(尾矿)。

图 4-3-35 XPM 型浮选机和
泵配置结构示意图

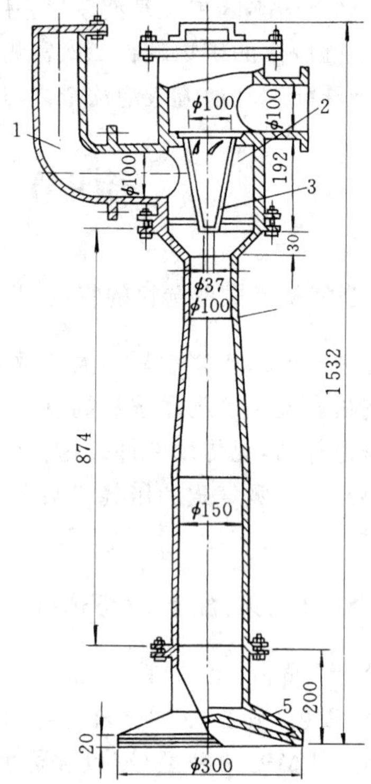

图 4-3-36 XPM-8 型喷射式浮选机
的充气搅拌装置

XPM-4 型的充气搅拌机构安放在矿浆液面下的槽体下部。为改进喷嘴易堵、更换困难，XPM-8 型将充气搅拌机构放在液面以上，见图 4-3-36。XPM-4 型浮选机工作时，经砂泵加压的矿浆以 20 m/s 速度从设有螺旋叶片的喷嘴中螺旋状高速射出，在混合室产生负压，吸入空气，由高速射流粉碎成小气泡，并沿切线方向进入旋流器，高速旋转后呈伞状甩向槽底，故称 XPM-4 型为喷射旋流式。而 XPM-8 型喷射出的矿浆直接射到伞形分散器上，然后呈伞状甩向槽底，故称喷射式。在矿浆加压过程中，空气溶解度加大，喷射时由于混合室的负压使矿浆减压，溶解的空气以微泡形式在疏水性煤粒表面析出，增强了煤粒(尤其是粗粒)的上浮力和向气泡的附着力。没有浮出的煤粒则可通过砂泵对矿浆的循环再次完成分选。

XPM 型浮选机由于独特的矿浆循环和喷射方式，可产生大量微泡，药剂充分乳化，伞状甩出的矿浆形成槽内 W 形矿浆流，对矿粒碰撞和液面稳定及降低槽深有利，每槽采用 4 个喷射装置比 1 个充气搅拌机构可产生更稳定和均匀的充气搅拌。此外，采用矿浆多次循环，精选循环量大(一般为入料量的一倍以上)，故该机处理量大，每台 XPM-8 型矿浆处理量可达 500 m^3/h。

2. FJC 系列喷射式浮选机

近年来，在我国第二代煤用喷射式浮选机的基础上，吸取国内外无机械搅拌机构类型浮选机、水喷射泵及水喷射真空泵的研究成果，研发成功具有我国原创型自主知识产权的第三代 FJC 型煤用喷射式浮选机，并形成 FJC4 至 FJC20 共 6 种规格组成的系列产品，配合大直径三产品重介质旋流器，该浮选机单机能满足单系统年处理 150 万 t 选煤生产系统需要，总体技术达到国际先进水平，已在我国 250 余座选煤厂推广应用。

(1) 设备特点和适用范围

FJC 系列煤用喷射式浮选机保留了第二代煤用喷射式浮选机的特点，同时对核心部件充气搅拌装置的结构和参数进行了优化；改进原有直流式入料为直流、吸入兼备的入料方式；改进浮选槽箱内煤浆的循环方式，使 FJC 系列煤用喷射式浮选机的结构和参数更趋完善，浮选机的性能指标有较大幅度的提高。与此同时优选了与FJC系列煤用喷射式浮选机配套的高效煤浆循环泵，因此，FJC系列煤用喷射式浮选机具有以下特点：① 处理能力大；② 充气性能好：平均充气量大，充气均匀度高；③ 分选选择性好；④ 浮选剂耗量小；⑤ 能耗小；⑥ 已完成与选煤厂规模相匹配的系列化、大型化和整合化；⑦ 检修、维护工作量小；噪声低，工作环境好。

FJC系列喷射式浮选机适用于各种牌号、不同可浮性等级的粒度小于等于0.5 mm的煤泥浮选，特别适用于低浓度、大流量的浮选入料。目前，FJC系列煤用喷射式浮选机已形成以2^n型谱的FJC4、FJC6、FJC8、FJC12、FJC16、FJC20、FJC28、FJC36和FJC44共9种规格的系列产品。其处理能力为6～8 $m^3/(m^3 \cdot h)$，单位充气量≥0.8 $m^3/(m^2 \cdot min)$，充气均匀系数≥80%。

(2) 结构特征与工作原理

FJC系列煤用喷射式浮选机由充气搅拌装置、槽箱、刮泡机构、放矿装置、液面调整机构和用于煤浆循环的循环泵组成，见图4-3-37，其核心部件充气搅拌结构如图4-3-38所示，该机有如下工作特点：

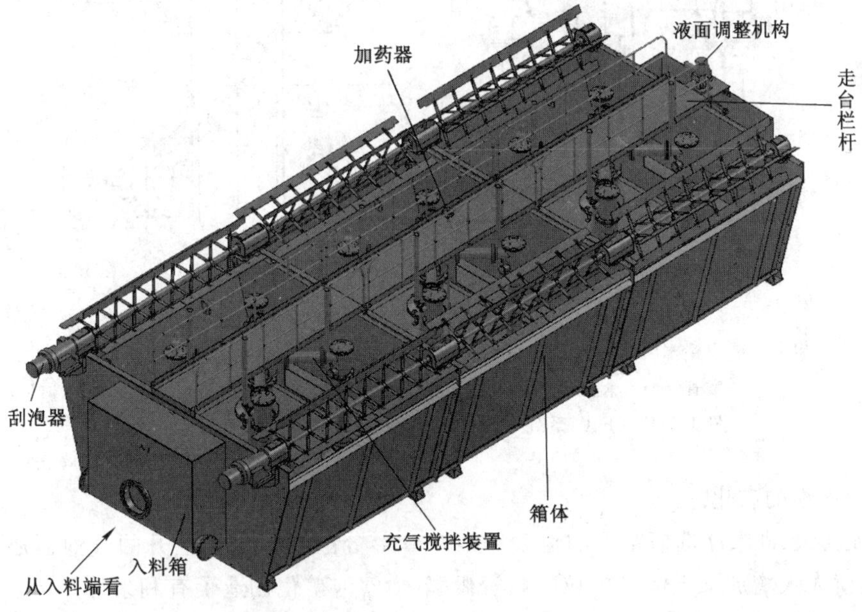

图4-3-37　FJC系列喷射式浮选机结构图

① 大量析出具有活化作用的微泡是喷射类型浮选机最主要的特点之一。FJC系列煤用喷射式浮选机将浮选煤浆用循环泵加压到0.16～0.18 MPa，空气即溶解于煤浆中，当压力煤浆从喷嘴高速喷出后，处于混合室的高负压区，溶解于煤浆中的空气即呈过饱和状态，以微泡状从煤浆中析离出来。这种微泡是一种很好的“活化剂”，它能首先有选择性地在疏水性煤粒表面析出，增加固、液、气三相接触周边，使煤粒向气泡黏着的速度和黏着力大大增加，从而强化气泡矿化过程。

② FJC系列煤用喷射式浮选机的充气搅拌装置，实质上也是一种乳化装置，除对不易在水中分散的浮选剂有乳化作用外，同样也能将空气剪切成微细气泡，显然这必将有利于煤

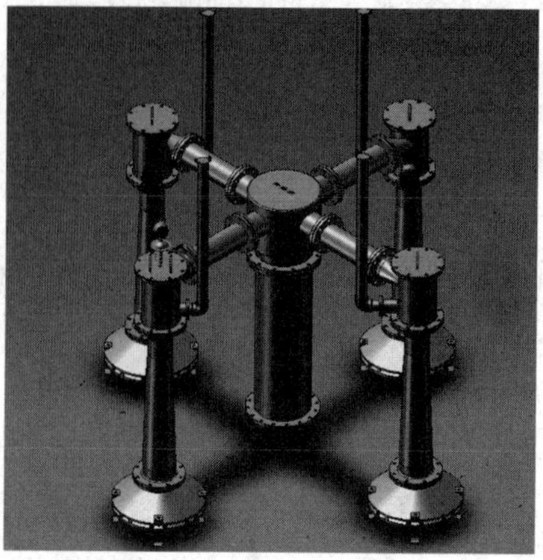

(a) 外形图

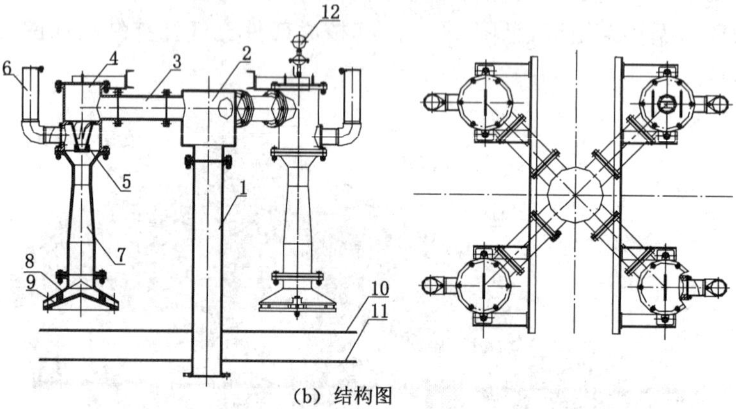

(b) 结构图

1—入料管；2—分配室；3—分配管；4—混合室；5—喷嘴；6—吸气管；
7—喉管；8—上伞轮；9—下伞轮；10—假底；11—槽底；12—测压装置。

图 4-3-38 FJC 系列喷射式浮选机充气搅拌机构示意图

浆的充气和气泡的矿化。

③ 浮选煤浆进入浮选槽箱后的运动路线与伞形分散器甩出后上升的气泡群成垂直交叉运动，这就大大增加了气泡与煤粒的黏着概率，为气泡矿化创造了有利条件。

④ 采用直流、吸入兼备的入料方式，因而具备有直流、吸入两种入料方式的优点，并克服了缺点。

⑤ 含气浮选入料经伞形分散器斜射到槽底，形成“W”型煤浆运动流态，从而达到降低充气搅拌装置的浸水深度，保持浮选机槽箱内上升液流平稳和液面稳定，有利于气泡矿化和二次富集作用。

⑥ 由于槽箱内安装有四个呈辐射状布置的充气搅拌装置(FJC4、FJC6 为 2 个)，因此充气煤浆能均匀地分布于槽箱内，提高充气均匀度和充气容积利用系数。

(3) 主要部件结构、作用

① 充气搅拌装置

充气搅拌装置是浮选机的主要工作部件，结构见图 4-3-38，由混合室、吸气管、喷嘴、喉管和伞形分散器组成，采用垂直安装，主体部分在浮选机液面之上，检修方便，不需放矿。

喷嘴——为圆锥形，喷嘴锥体内铸有导流叶片，其作用是使煤浆呈旋转扩大状喷出，增加其与空气的接触界面，提高浮选机的充气量。喷嘴叶片体采用高铬铸铁，喷嘴出口采用刚玉耐磨材料，其使用寿命在 1 万小时以上。

喉管——喉管的作用是使从喷嘴喷出的高速煤浆在喉管内进行较充分的动能转换，有利于提高充气量及混合室的负压程度；煤浆通过喉管的喉颈时将混合室密封，防止空气回流而破坏混合室的负压区。

伞形分散器——伞形分散器由上伞轮、下伞轮组成。循环煤浆经喉管在伞形分散器内分成 6 股(8 股)液流斜射到浮选机假底后折向上升，起到水力搅拌作用，消耗大部分动能，因此浮选槽箱内上升流稳定，液面平稳。

混合室和吸气管——循环煤浆经喷嘴以 14～16 mm/s 的速度旋转喷出，产生了强烈的抽吸作用，大量空气经吸气管进入混合室。利用吸气管上盖板的开启程度就能方便地调节充气量。

② 槽体

一台浮选机一般由 3～6 个槽箱组成，双侧刮泡，除 FJC4、FJC6 型在每个槽箱内沿中轴线左右两侧安装 2 个充气搅拌装置外，其余各型均在每个槽箱内呈辐射状布置 4 个充气搅拌装置，保证充气煤浆能均匀分布于槽箱内，提高气泡分布均匀程度；相邻二槽箱之间开设有长方形的流通孔，供煤浆通过；各槽箱两侧刮泡堰上均增设活动刮泡堰，调整其高度，可保持相邻两槽箱的液位差，实现煤浆静压直流。该机设有假底，循环煤浆可沿槽壁绕经假底进入循环煤浆口，有利于优化槽箱内的液流流态，使得矿化气泡能平稳上升。在第 1 槽箱端面设有入料箱，入料口为对称燕尾槽状，以便煤浆能沿槽体宽度均匀给入。尾矿箱上方设有一台直行程电动执行器，其出轴与尾矿箱闸板相连。用控制电动执行器的行程来调整浮选机液面高度。

③ 循环泵

循环泵与浮选机槽箱的连接见图 4-3-39 和图 4-3-40，不同规格喷射式浮选机循环泵规格见表 4-3-6。其中图 4-3-39 用于 FJC4、FJC6、FJC8、FJC12 型喷射式浮选机，浮选机每两个槽箱配分为一段，每段配一台循环泵，如槽箱数为奇数，则第一槽箱单独为一段。图 4-3-40 用于 FJC16、FJC20、FJC28、FJC36 和 FJC44 型喷射式浮选机，每个槽箱配用一台循环泵。

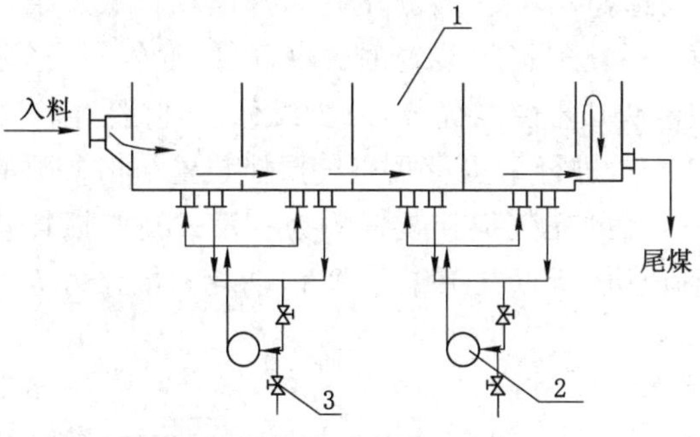

1—浮选机；2—循环泵；3—检修放料阀。

图 4-3-39　两个槽箱配用一台循环泵

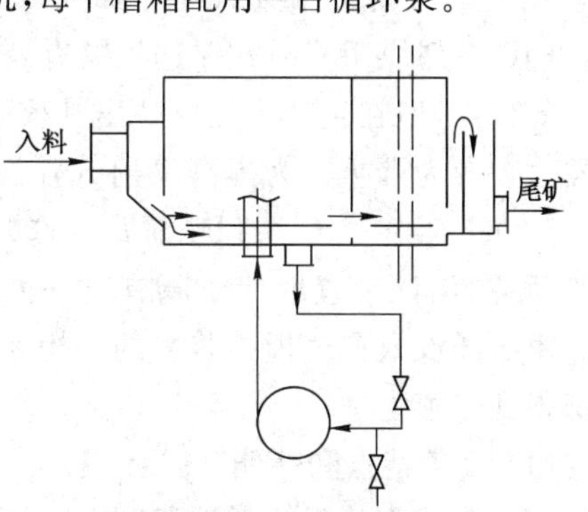

图 4-3-40　每个槽箱配用一台循环泵

表 4-3-6 不同规格 FJC 煤用喷射式浮选机循环泵规格

浮选机型号	FJC-4	FJC-6	FJC-8	FJC-12	FJC-16①	FJC-20	FJC-28	FJC-36	FJC-44
循环泵型号	100D-A35	200D-B45	200D-B45	200D-B45	200D-B45	200D-B45	200D-B45	200D-B45	200D-B45
转速/(r/min)	1 020	780	820	940	820	880	880	940	980
功率/kW	22	30	37	55	37	45	45	55	75

注:① 当浮选入料为极易、易浮选等级时,也可采用两个槽箱配用一台循环泵,型号为 300D-A60,转速为 620 r/min,功率为 75 kW。

(4) 影响工作的主要因素

入料浓度是影响浮选效果的重要因素之一,随着入料浓度的升高,分选选择性变差,导致精煤灰分升高,尾矿灰分降低。浮选入料的最佳浓度在 80 g/L 左右,当入料浓度超过 100 g/L 时,应当补加稀释水,以保证最佳的入料浓度,从而获得良好的浮选效果。

充气量是影响浮选机工作效果特别是影响浮选机处理能力和浮选选择性的重要因素。FJC 系列煤用喷射式浮选机的单位充气量可达 1.0 $m^3/(m^2 \cdot min)$左右,而实际生产时可以用吸气管上的盖板将充气量调节在 0.6～0.8 $m^3/(m^2 \cdot min)$范围内。操作时要根据浮选入料的可浮性难易等级、粒度组成、煤质变化、入料浓度和精煤、尾煤质量指标,并观察泡沫层的状况等来调整吸气管盖板开启程度(一般开启 10 mm 缝隙即可),以保持适宜的充气量。当入料可浮性变易,粒度组成较粗,精煤灰分低时,为提高精煤产率,加大处理量,可适当增大充气量;反之当入料可浮性变难、入料粒度组成较细、精煤灰分偏高时,应当减小充气量。当入浮煤浆浓度低时,可适当减小充气量;当入浮浓度高时,应适当加大充气量。

充气搅拌装置的工作压力是影响浮选机工作效果的重要因素,它直接影响浮选机的搅拌力、循环量和充气量。安装在浮选机混合室上的压力表可显示充气搅拌装置的工作压力,喷射式浮选机的设计工作压力为 0.16～0.18 MPa。

当精煤灰分低时,可适当提高尾矿闸板(即提高浮选机液面),以保持适宜泡沫层厚度为原则,加大刮泡量,提高尾煤灰分和精煤产率;当煤质变差,为保证精煤质量,要有较厚的泡沫层,以利于二次富集作用,可适当降低尾矿闸板(即降低浮选机液面)。尾矿闸板不宜过低,因为泡沫层过厚,刮泡不及时,粒度较粗、灰分较低的煤粒可能从泡沫上脱落。这样,精煤灰分也会偏高,尾煤灰分也必将降低。

3. FJC-A 系列喷射式浮选机(浸没式充气搅拌装置)

FJC 系列煤用喷射式浮选机具有处理量大、选择性较好、浮选剂用量和电耗较低及结构简单等优点,但在生产中也反映出其核心机构——充气搅拌装置的关键部件:喉管、伞形分散器磨损较为严重。为提高喷射式浮选机的整体工艺性能优势,减少维修量,降低生产成本,于 2006 年在 FJC 系列喷射式浮选机的基础上,进行了浸没式充气搅拌装置结构参数的试验研究,用该装置取代了原有充气搅拌装置,新的充气搅拌装置称为浸没式充气搅拌装置。由于浸没式充气搅拌装置的结构参数得到改进,所以在工作可靠性、功耗和搅拌力等方面都得到完善。

(1) 设备特点和性能

FJC-A 系列喷射式浮选机和 FJC 系列喷射式浮选机类除了充气搅拌机构不同外,其他方面基本类似。FJC-A 系列喷射式浮选机结构见图 4-3-41。浸没式充气搅拌装置由喷射室、喷嘴、短喉管和吸气管组成,见图 4-3-42。除吸气管上端伸出浮选机液面外,其余部件都浸没在煤浆中，短喉管较原喉管长度缩短 3/4，并在其内壁粘贴刚玉内衬，能长期经受旋转射流摩擦，并取消了易磨损的伞形分散器，可保证充气搅拌装置免维护使用 8 年。2007 年先后在不同大型选煤厂，对不同规格的 FJC 型喷射式浮选机用浸没式充气搅拌装置进行改装试验，取得了成功。从 2008 年开始已批量生产制造带有这种新颖充气搅拌装置的 FJC-A 系列煤用喷射式浮选机 200 余台。

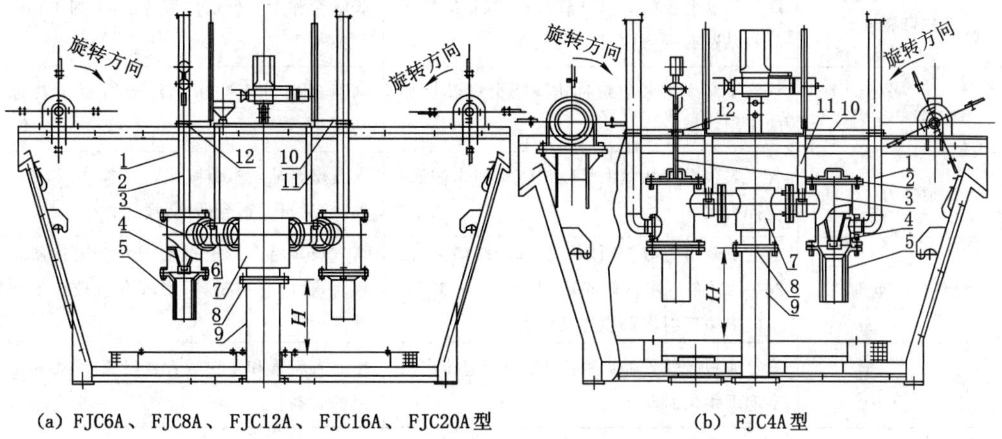

1—吸气管；2—测压装置；3—喷射室；4—喷嘴；5—喉管；6—分配短管；7—分配室；
8—中心入料管上法兰；9—中心入料管；10—吸气管固定架；11—充气搅拌装置吊架；12—测压装置固定架。

图 4-3-41　FJC-A 系列喷射式浮选机结构图

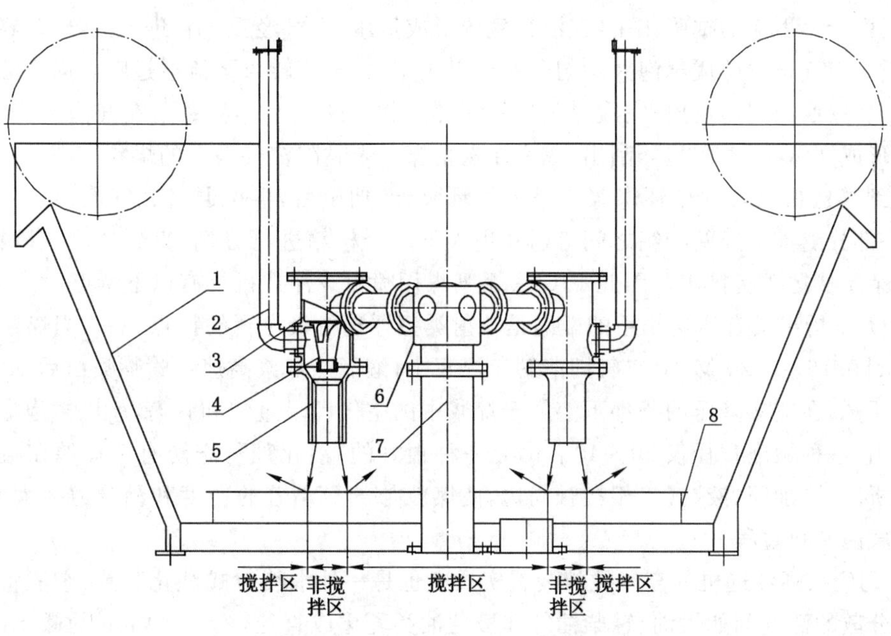

1—槽体；2—吸气管；3—喷射室；4—喷嘴；
5—短喉管；6—分配室；7—中心入料管；8—箅子。

图 4-3-42　FJC-A 喷射式浮选机和充气搅拌机构图

由于 FJC-A 喷射式浮选机的充气搅拌机构不动，其充气搅拌性能发生变化，和原 FJC 型的区别见表 4-3-7。

表 4-3-7 浸没式充气搅拌装置和长喉管式性能比较

充气搅拌装置	浸没式	长喉管式
工作可靠性	取消了易磨损的伞形分散器；将喉管缩短了 3/4，粘贴有耐磨内衬，8 年免维护	长喉管和伞形分散器易磨损，不到 1 年就需更换
功耗	消除了高速煤浆射流冲击伞形分散器所做的无用功耗	高速煤浆射流冲击伞形分散器消耗部分功耗
搅拌力	含气煤浆射流从短喉管喷出直接撞击假底，搅拌力大	含气煤浆从长喉管喷出，首先冲击伞形分散器，然后再斜射到假底，搅拌力小
充气搅拌范围	含气煤浆由短喉管顺 360°圆周旋转喷出，以 20°～25°夹角撞击假底后，又呈 10°～15°夹角向周边反射底部搅拌区增大	含气煤浆沿伞形分散器的 6 个通道斜射到假底，再向周边反射，底部存有较大的非搅拌区
泡沫层游动性	只有 4 根吸气管伸出液面，有利于泡沫层向刮泡堰均匀游动	中心入料管和 4 根喉管伸出液面，影响泡沫层的游动性

本机也是利用喷射吸气、微泡析出原理实现充气搅拌和煤泥分选的。经预处理的煤浆进入浮选机第一槽箱端面的入料箱后，一部分直接流入浮选机槽箱，另一部分经假底下部的循环煤浆口进入循环泵。由循环泵加压的循环煤浆进入充气搅拌装置的混合室，从喷嘴高速喷出，由于喷射流的抽吸作用，在混合室内形成负压，空气经吸气管进入混合室，经喷射流卷裹剪切，空气被粉碎成气泡并均匀分布于煤浆中，含气旋转煤浆流通过喉管向下喷射到浮选机假底，然后向周边反射，完成煤浆充气搅拌过程。疏水性煤粒黏附在气泡上，上升至液面聚集形成泡沫层，由刮泡器刮出，成为浮选精煤。未黏附在气泡上的煤粒一部分随液流绕经假底到浮选机槽底的循环煤浆口进入循环泵，经加压后，再次通过充气搅拌装置实现分选，另一部分随液流经两槽箱之间流通孔进入下一个槽箱进行分选，直到最后一槽箱，高灰分矿物杂质从尾矿箱排出。因此 FJC-A 系列煤用喷射式浮选机具有以下特点：

① 大量析出具有活化作用的微泡是喷射类型浮选机最主要的特点之一，当煤浆经循环泵加压到 0.16～0.20 MPa，空气即溶解于煤浆中，继而当煤浆高速从喷嘴喷出后，处于混合室的负压区，在突然降压的条件下溶解于煤浆中的空气即呈过饱和状态，就以微泡形式从煤浆中析出，这种微泡直径仅 20～40 μm，是一种很好的“活化剂”，它能有选择地在疏水性煤粒表面析出，增加固、液、气三相接触周边，使煤粒与气泡黏着的速度和黏着力大大增加，从而强化气泡矿化过程。

② FJC 系列浮选机的充气搅拌装置实质上也是一种水喷射式乳化装置，它能将极不易在水中分散的浮选剂如煤油、轻柴油等非极性油类乳化成直径仅 5～20 μm 的微小油滴；同样它也能利用喷射流的高速剪切将空气分散成微细气泡，显然这必将有利于煤浆的充气和气泡矿化。

③ 浮选入料进入浮选槽箱的水平流动路线与从充气搅拌装置的伞形分散器甩出后垂直上升的气泡群运动方向呈垂直相交，这就大大增加了气泡与煤粒的黏附概率，为气泡矿化

创造了有利条件。

④ 采用兼备有直流和吸入两种入料方式优点，又克服两者存在的缺点的独特入料方式，保证浮选机具备处理能力大又不易“跑煤”的优点。

⑤ 充气煤浆经伞形分散器斜射到浮选槽箱内的假底，消耗大部分动能后折向上升，形成槽箱内“W”形煤浆流动形式，这种流动形式能降低充气搅拌装置的浸水深度、防止粗粒沉淀、保持浮选机的液面稳定，有利于气泡矿化和泡沫产物的二次富集作用。

⑥ 充气搅拌装置中有一由圆锥和圆柱体组成的喉管，它具有煤浆从喷嘴高速喷出完成吸进空气和析出微泡功能后，利用喉管扩散部分(圆锥体部分)完成转化动能为势能的功能，从而大幅提高混合室的负压程度，增加微泡的析出量并降低浮选槽内煤浆的紊流程度。

⑦ 浮选槽箱内安装有 4 个呈辐射状布置的充气搅拌装置，因此充气煤浆能均匀地分布于浮选槽箱内，大大提高浮选机的充气均匀系数和充气容积利用系数。

⑧ 充气搅拌装置各部件均用定位止口法兰和螺栓紧固，装配精度易于保证，各部件按其磨损程度采用高铬铸铁、HT300 耐磨铸铁、刚玉等耐磨材质，可较长期在最佳工况点工作。

⑨ 浮选机本身除刮泡装置外无运动部件，因此工作噪声小(浮选机操作面为 78 dB，循环泵操作面为 80 dB)，有利于操作人员身心健康，且设备的维修工作量小。

⑩ 由渣浆泵专业生产厂专门为 FJC 型系列煤用喷射式浮选机研发、设计和生产配套的高效、可靠专用煤浆循环泵，工况点效率可达 75%左右，大幅度降低了 FJC 型系列煤用喷射式浮选机的功耗指数(kW/m^3)。

浮选机的工艺效果极大程度上取决于它的充气性能指标。浸没式充气搅拌装置在合适的结构参数条件下，喷射室工作压力≥0.15 MPa 时，单位充气量≥0.8 $m^3/(m^2 \cdot min)$(液面下 120 mm)；充气均匀系数≥85%；充气容积利用系数为 100%。也正是由于 FJC-A 系列煤用喷射式浮选机具有以上特点，所以该浮选机具有以下性能：① 处理能力大；② 充气性能好：平均单位充气量大，充气均匀度高；③ 分选选择性好；④ 浮选剂耗量小；⑤ 能耗小；⑥ 检修、维护工作量小，浸没式充气搅拌装置 8 年内免维护；⑦ 噪声低，工作环境好。

FJC-A 系列喷射式浮选机主要适用于各种牌号、不同可浮性等级的粒度≤0.5 mm 的煤泥浮选，特别适用于低浓度、大流量的浮选入料。

(2) 主要机构及特点

① 充气搅拌装置：充气搅拌装置是浮选机的主要工作部件，由喷射室、吸气管、喷嘴和喉管组成。

喷嘴——喷嘴为圆锥体形，喷嘴锥体内铸有导流叶片，其作用是使煤浆呈旋转扩大状喷出，增加其与空气的接触界面，提高浮选机的充气量。喷嘴采用耐磨材料制造。

喉管——喉管的作用是煤浆通过喉管时将喷射室密封，有利于提高它的负压值和充气量。喉管内壁粘贴刚玉内衬。

喷射室和吸气管——循环煤浆经喷嘴高速旋转喷出，产生了强烈的抽吸作用，空气经吸气管进入喷射室。利用吸气管上盖板的开启程度就能方便地调节充气量。

② 槽体：浮选机槽体一般由 3～6 个槽箱组成，双侧刮泡。除 FJC4A 型在每个槽箱内沿中轴线左右两侧安装 2 个充气搅拌装置外，其余各型均在每个槽箱内呈辐射状布置 4 个充气搅拌装置，保证充气煤浆能均匀地分布于槽箱内，提高气泡分布均匀程度。

相邻二槽箱之间开设有长方形的流通孔，供煤浆通过；各槽箱两侧刮泡堰上均增设活动刮泡堰，调整其高度，即可保持相邻两槽箱的液位差，实现煤浆静压直流。

设有假底，循环煤浆可沿槽壁绕经假底进入循环煤浆口，有利于槽箱内的液流流态，使得矿化气泡能平稳上升。在第一槽箱端面设有入料箱，入料口为对称燕尾槽状，以便煤浆能沿槽体宽度均匀给入。

尾矿箱上方设有一台直行程电动执行器，其出轴与尾矿箱闸板相连。用控制电动执行器的行程来调整浮选机的液面高度。

③ 循环泵：用于矿浆循环和加压喷射，循环泵与浮选机槽箱的连接同以上的 FJC 型。循环煤浆通过各槽箱槽底的煤浆口进入循环泵，加压后经由入料管、分配室分配到各个充气搅拌装置中。充气搅拌装置的工作压力≥0.15 MPa。循环泵入料管上设有闸阀，用以调节泵压和控制电机工作电流不超过额定值。在其入料管上还设有小阀门，用于检修泵时放水。其配套的循环泵性能见表 4-3-8。

表 4-3-8 FJC-A 浮选机配套型循环泵性能

型号	流量/(m^3/h)	扬程/MPa	配套电动功率/kW
FJC4A	≥230	≥0.17	22
FJC6A	≥350	≥0.17	30
FJC8A	≥460	≥0.17	45
FJC12A	≥690	≥0.17	55
FJC16A	≥920	≥0.17	75
FJC20A	≥1 150	≥0.17	90

④ 刮泡机构：该机双侧设有刮泡机构，采用 BWD4-87-2.2 型摆线针轮减速机，功率 2.2 kW，转速 17 r/min；槽箱间的刮泡器分别用 12A-2X18（FJC4、FJC6、FJC8、FJC12）和 16A-2X20（FJC16、FJC20）滚子链联结，可保证正常平稳工作。刮泡板则选用超高分子塑料板。

（3）主要操作影响因素

为了提高 FJC-A 系列喷射式浮选机的选择性，提高精煤产率，降低精煤灰分，增大处理量，降低电耗，在生产过程中对这些主要的影响因素遵循以下操作要点，并不断积累、总结经验，提高操作水平。

① 药剂制度和分段加药：药剂制度指浮选剂的种类、用量、捕收剂和起泡剂的配比以及加药方式，药剂制度应根据在实验室浮选试验的基础上确定，并在生产中根据浮选入料可浮性、粒度、产品质量、泡沫层情况等及时调整。为降低浮选剂耗量、提高分选选择性，应采用分段加药。为了实施分段加药，在 FJC-A 系列喷射式浮选机上设置有分段添加点，各添加点的添加量应根据实验室试验及生产经验予以确定。浮选剂的添加量要根据泡沫层、尾煤的变化及快速技术检查结果及时调整。当入料可浮性变易、粒度组成较粗且精煤灰分可确保时，可适当加大起泡剂的比例，反之则可加大捕收剂的比例。

② 入料浓度：入料浓度是影响浮选效果的重要因素之一，随着入料浓度的升高，分选选择性变差，导致精煤灰分升高，尾矿灰分降低。浮选入料的最佳浓度在 80 g/L 左右，当入料

浓度超过 100 g/L 时，应当补加稀释水，以保证最佳的入料浓度，从而获得良好的浮选效果。

③ 充气量：充气量是影响浮选机工作效果特别是影响浮选机处理能力和分选选择性的重要因素。FJC-A 系列煤用喷射式浮选机的最大单位充气量达 1.0 $m^3/(m^2\cdot min)$以上，而实际生产时单位充气量可调节在 0.6～0.8 $m^3/(m^2\cdot min)$范围内。操作时要根据浮选入料的可浮性难易等级、粒度组成、煤质变化、入料浓度和精煤、尾煤质量指标，并观察泡沫层的状况等来调整吸气管盖板开启程度(一般开启 10 mm 缝隙即可)，以保持适宜的充气量。当入料可浮性变易、粒度组成较粗、精煤灰分低时，为提高精煤产率，加大处理量，可适当增大充气量；反之当入料可浮性变难、入料粒度组成较细、精煤灰分偏高时，应适当减小充气量。当入浮煤浆浓度低时，可适当减小充气量；当入浮煤浆浓度高时，应适当加大充气量。

④ 泡沫层厚度和液面高度：用升、降尾矿箱闸板高度来控制整个浮选机的泡沫层厚度和液面高度。当精煤灰分低时，可适当提高尾矿闸板(即提高浮选机液面)，以保持适宜泡沫层厚度为原则，加大刮泡量，提高尾煤灰分和精煤产率。当煤质变差，为保证精煤质量，要有较厚的泡沫层，以利于二次富集作用，可适当降低尾矿闸板(即降低浮选机液面)。尾矿闸板不宜过低，因为泡沫层过厚，刮泡不及时，粒度较粗、灰分较低的煤粒可能从泡沫上脱落。这样，精煤灰分也会偏高，尾煤灰分也必将降低。

⑤ 充气搅拌装置的工作压力：充气搅拌装置的工作压力是影响浮选机工作效果的重要因素，它直接影响浮选机的搅拌力、循环量和充气量。安装在浮选机混合室上的压力表可显示充气搅拌装置的工作压力，喷射式浮选机的设计工作压力≥0.15MPa。

⑥ 保证泡沫层的游动性：如果浮选机槽箱内某一部分的泡沫层“发死”，缺乏游动性，可能是由于相应的充气搅拌装置充气量太小，可适当增加进气管盖板的开度，如无效，则可能是喷嘴出口被堵所致，这时需要立即停泵，打开喷射室上端的盖板清除杂物。为了防止可能发生的喷嘴喷出口堵塞，应加强管理，杜绝棉纱、煤块、木片、金属等杂物进入浮选机。

4. 特大型煤用喷射式浮选机的发展和展望

目前，我国原煤年产量超过 40 多亿 t，原煤的入选率超过 70%。进入选煤厂的原煤中，约有 30%粒度小于 0.5 mm 的煤泥需要精选。迄今为止，浮选法仍是精选煤泥最有效、技术最成熟的方法，利用浮选技术不但能回收大量优质的炼焦精煤，提高选煤厂的经济效益，而且可以为选煤厂的煤泥水处理提供良好的条件，是选煤厂正常生产的重要保证，因此浮选作业是选煤厂特别是炼焦煤选煤厂必不可少的作业之一。

从目前来看，采用高效重介质选煤工艺是＋0.5 mm 原煤的首选，尤其是快速发展的大直径三产品重介质旋流器不分级、不脱泥原煤全部入选工艺。利用喷射原理和微泡析出机理实现煤浆充气和气泡矿化的喷射式浮选机，是目前浮游选煤方面发展最快、最具潜力的浮选机之一，也是国内外正在重点开发的设备。

具有我国自主知识产权并大量推广应用的 FJC(FJC-A)型煤用喷射式浮选机，现已形成多种规格组成的系列产品，在选煤厂广泛使用。为了建设大型选煤厂的需要，配合大直径三产品重介质旋流器不分级、不脱泥原煤全部入选工艺的发展，开发并推广应用处理能力最大、单机能满足年处理 150 万～300 万 t 原煤的大型选煤生产系统需要的系列齐全、处理能力大、分选选择性好、浮选剂及电耗省的大型煤用喷射式浮选机具有重要的现实意义。因此在 FJC4～FJC20 型煤用喷射式浮选机的基础上，吸取国内外煤用浮选机的研究成果，开发出 FJC44 型大型煤用喷射式浮选机，这也是目前我国规格和单机处理能力最大的高效节能煤用浮选机，单机可以满足年处理能力300万t(易浮煤、煤泥量较小)、200万t(难浮煤、煤泥量较大)选煤生产系统需要，因此具有更广阔的应用前景。

从2009年11月首台FJC28、FJC36和FJC44大型煤用喷射式浮选机投入市场以来，由于清水性能指标和工艺技术指标先进，得到了不少大型选煤厂的应用。

三、达夫可勒(喷射-压气)式浮选机

达夫可勒式浮选机是澳大利亚研制的矿浆加压、空气强制吹入的喷射式浮选机，如图4-3-43所示。其结构简单，主要是一个带有旋流喷嘴的槽体，喷嘴多少可根据槽体大小选择。工作时加压矿浆从螺旋喷嘴沿切线方向进入，并沿喷嘴内壁旋转后从喷嘴孔喷入槽内，压缩空气由安装在喷嘴中心的空气导管压入。空气导管与喷嘴在同一中心线上，空气导管的管口靠近喷嘴出口但稍后于喷口，当空气喷出时形成一股中心空气束(区)。由于快速运动的空气束和周围慢速旋转矿浆的相互作用，空气和矿浆得到充气混合，空气被分散成小气泡。当矿浆从喷嘴喷出时，由于压力的降低会析出大量活性微泡。喷嘴射出的浆气流射向一块挡板，以保证中心空气束完全分散。射入槽内的浆气流碰击挡板后消耗了喷射能，并沿喷入流体周围旋转折回，这一方面可保证空气的分散，另一方面使水平喷射运动转成垂直运动，保证了附着矿粒的气泡平稳上升，形成泡沫层。尾矿从挡板后的排矿管排出，矿浆液面由尾矿排出管控制。

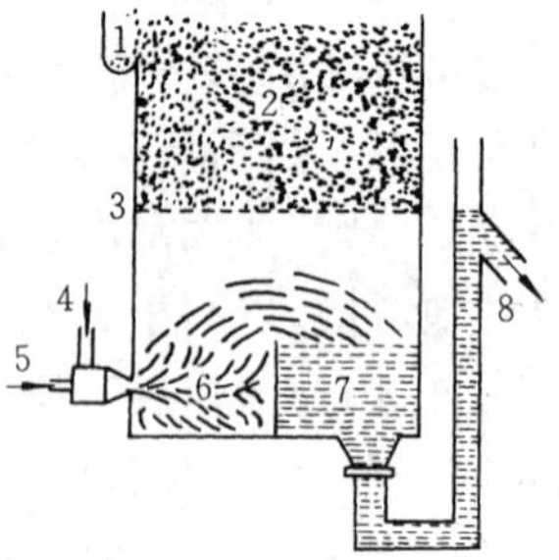

1—泡沫溢流槽；2—泡沫层；
3—矿浆液面；4—给矿管；
5—空气导管；
6—空气弥散混合与气泡矿化带；
7—外充气区；8—尾矿排出管。

图4-3-43 达夫可勒式浮选机

该机浮选速度快，处理量大，动力消耗小，适应于单槽浮选，如磨矿循环中浮出已解离的可浮矿粒以减少过磨。

该机用于金属矿选矿，未见在选煤厂推广使用的报道。国内有的厂使用的喷射式的微泡浮选机与此类似，矿浆加压和空气加压后在矿化单元中的矿化气器中混合，经过矿化管进一步混合，由在矿浆中的喷嘴喷射到分选槽的矿浆中，微泡进一步析出。

第五节 浮选机的发展趋势和研究动态

浮选机的发展一直处于竞争状态，20世纪60年代后，为适应选矿厂和选煤厂的大型化、自动化和节能的需要，进行了大量的研究，生产出了许多跨学科技术创新、大型、高效节能、低操作成本、低污染浮选机，并用于生产。浮选机发展侧重于两方面：一是适于粗粒浮选的浮选机；二是浮选机的大型化。此外，适于细泥浮选的浮选机也逐渐引起重视，煤用浮选机和适用于专门原料浮选的专门的浮选机系列得到发展，由此而形成了当代浮选机的发展趋势和研究动态。这些发展和进步主要与转子-定子结构的改进和更新密切相关，同时也与其他有关学科的技术发展息息相关。

一、浮选机大型化

随着矿产资源条件恶化、能源日益紧张和经济发展对矿产资源需求的不断增长，大型浮选设备的研究开发已成为国际潮流。国外的浮选设备已实现了大型化、高效化、多样化和自动化，浮选机单槽容积达到 300 m^3。大型浮选机以其高效率和低能耗，在国外得到广泛应用，极大地提高了资源综合利用率，取得了较好效果。

现浮选机单槽容积已达数百立方米，单槽容积超过 100 m^3 的更是广泛应用，我国的 KYF 系列充气搅拌式单槽最大容积已达 200 m^3，世界上单槽最大容积已达 300 m^3，最大规格的浮选柱容积达 220 m^3。大型浮选机的发展是由于近年来对金属、非金属矿开采量剧增，特别是低品位矿石数量增多，因而要求浮选机与之适应，以及大型浮选机具有的节能、降耗、占地少、投资省、便于管理等优点所致。研制大型浮选机的关键是解决矿粒及气泡在槽内保持良好悬浮、高度分散及合适的碰撞与附着，但又要避免矿浆液面过分扰动。为此，各种大型浮选机采用了不同的方式。

1. 采用某些不同矿浆循环方式

如维姆科型采用星形转子配假底，促使矿浆在槽内下部循环；CHF-X14 型及丹佛 DR 型采用喇叭形或垂直循环筒，以促使矿浆在大容积浮选槽内垂直大循环，克服了矿浆分层和沉淀。

2. 采用串联式双机构

如大型布思及丹佛-M 型在竖轴上距槽底不同深度设两个不同转子，上部大转子主要用于充气，下部小转子主要用于搅拌。

3. 采用并列的“双机构”或“多机构”

如 CHF-14 型充气搅拌式浮选机的两槽背靠背连接并安装两个相同转子；阿基泰尔 No.120 型在一个槽内并列安装了四个搅拌器。研究认为，多个并列小转子比一个大转子效果好，空气弥散、气泡分布及搅拌程度均能得到改善。

二、矿浆直流化给料

矿浆在浮选机内从一个浮选槽流向下一个浮选槽的方式分为两种：一种是两槽之间用中间室和调节液面装置隔开，矿浆经中间室溢流堰经管路流向后一槽底部，再由叶轮吸入，称为吸入(槽)式。另一种在浮选槽之间仅开一矩形孔，矿浆从前一槽可自由畅通流往后一槽，习惯上称为自流式或直流式结构。吸入槽式可调性好，便于根据矿石性质的变化进行调节，工艺灵活，适合于精选作业或多矿物混合的优先浮选作业。但当槽数多时，调节、操作、维修麻烦，不便于实现自动化。直流式结构由于有足够的开口断面让矿浆迅速通过，可适应矿浆流量大及快速浮选的要求，如粗选、扫选、混合浮选等。同时直流式便于操作、管理和控制，又节省吸浆动力，所以随选矿(煤)厂规模的不断扩大，浮选槽日趋大型化的同时，浮选机也趋于采用直流式结构。但同时正致力解决的问题是浮选机液面的水力坡度和矿浆串料。现多采用以下方法：① 在一系列浮选槽中若干个直流槽配一个吸入槽的槽体组合形式；② 浮选机按台阶安装，前几槽和后几槽保持固定落差；③ 浮选机带有可调的活动溢流堰，根据矿浆量使浮选槽溢流堰高度从头部箱体到尾部箱体保持一定高差。

三、改进转子-定子系统结构以及采用新型耐磨的材料

转子-定子是浮选机的关键部件，决定了浮选机工作好坏。从前述三类转子叶轮来看，离心式叶轮的充气能力与转子转速、转子和定子间隙密切相关。转速增大，充气量、电耗、磨损及液面波动都增加。转子与定子间隙增大，充气量、吸浆量均下降。所以，对离心式叶轮，进一步改进结构、提高充气和搅拌程度是一个趋势。如洪堡尔特型采用偏摆叶轮结构比类似的圆盘式法连瓦尔德型充气量提高一倍以上。

棒形叶轮不论从充气、搅拌、分散、动力等方面都有显著优点。它可从上部吸气，下部吸浆，在转子内混合后甩出，受定子作用，充气量大，弥散好，所以棒形叶轮应用广泛。棒形叶轮的一个趋势是采用伞形叶轮，即棒形叶轮从上往下逐渐扩大，造成矿浆流方向倾斜向下(矿浆的斜流化)，既防止了矿粒沉淀，又保证了液面平稳，易实现浅槽结构，所以我国研制的棒形和环射形浮选机均采用伞形叶轮。

此外，混合形叶轮突破两类叶轮界限，将离心式叶轮和棒形叶轮的优点结合起来，成功用于大型浮选机，如维姆科 1+1 型的星形叶轮既有棒形的充气量大，又有离心式叶轮矿浆通过量大的优点，最大单槽容积已达 85 m^3。

此外，随着材料工业的发展，一些浮选机的叶轮和定子，或充气搅拌系统采用了新的材质，例如新型尼龙、橡胶、聚氨酯或复合材料等。

四、广泛采用压(充)气式

压气式能在低转速条件下保持较大充气量，磨损件寿命长，搅拌功率低，调节充气量方便迅速，处理能力大，可快速调节泡沫层厚度和泡沫排出量，为自动控制创造了条件。但对低速叶轮对空气的分散能力也存在争议，所以解决压入空气的分散性是重点。另外，中间产品的返回要泵送，限制了压气式的使用范围，也需解决。一些大型浮选机采用了此类结构，如国产的 KYF 系列。有的是在若干个压气搅拌槽之间设一个吸入槽。

五、增大槽内矿浆通过叶轮的循环量

这有利于提高充气量，促进矿粒悬浮和浮选速度的提高。这也是一个值得关注的发展方向。如采用定子循环孔、套筒循环孔以及在定子盖板上设置的定子循环筒等。通过矿浆内部循环，槽内产生矿浆上升流，克服了分层与沉淀，粗粒浮选得到改善。对机械搅拌式或者充气机械搅拌式浮选机来说，为了取得更好的浮选效果，最好使得所有的矿浆都经过叶轮循环，因此浮选机设计时应该充分注意。

六、普遍采用浅槽

即深宽比小于 1，且容积越大，深宽比越小。浅槽形充气量大，功耗低，矿浆不易产生分层，有利于提高浮选粒度上限，故目前倾向于采用浅槽。浅槽的关键是保证液面稳定。目前常采用下列方法：一是将搅拌区和浮选区分开，使激烈的搅拌只限于搅拌区；二是在槽内采用特殊形状的叶轮，以产生特殊的矿浆流动形式，如用伞形叶轮产生 W 形矿浆流；三是槽内采用多种稳流、导向叶片，阻止矿浆在槽内旋转。

当然也有一种使用深槽的趋势，例如大量的柱型浮选设备用于生产实践。

七、无机械搅拌式较迅速发展

尤其是20世纪60年代后，中、苏、加、澳、美、波等国先后出现各种浮选柱和气体析出式浮选机，都具有构造简单、处理量大、电耗低等一系列优点。此方面的热点是研究新型高效的喷射器和气泡发生器。还有一些新概念的浮选机，例如德国KHD公司的和澳大利亚进口的新型喷射式浮选机等，像喷射式浮选旋流器、喷射式(自吸式)(圆形)离心浮选机。国华公司的大型FJC系列和大型三产品重介质旋流器配套，已经形成1(一个旋流器)+1(一台浮选机)的标准设计，一个生产线每年可以分选150万t炼焦煤。

八、新概念浮选机以及一些专为某些矿物的浮选机出现

一些新概念的浮选机出现，例如喷射式的圆形离心浮选机、磁选预处理的浮选机、振荡浮选机，以及适用于专门矿物物料的浮选机出现，例如某些煤用浮选机或贵重金属的浮选机等，有的大型机采用圆柱型和圆锥型结构。浮选设备的多样化，粗粒、细粒浮选设备得到快速发展，离心力、磁力和谐振力等复合力场的引入，都大大增强了浮选机对越来越多的、不同可浮性、不同粒度上限和下限的“贫、杂、细、难”矿物颗粒浮选的适应性。

外置式气泡发生器的出现解决了浮选柱内置式充气器的堵塞问题，由此带来浮选柱短矮化的发展，克服了浮选柱槽体过高的弱点，使传统浮选设备机与浮选柱的区别趋于模糊。

九、浮选设备的节能降耗和自动化控制程度越来越高

通过叶轮结构设计、外加充气、浅槽、合适的矿浆流和槽体结构等方式，使浮选的效率提高的同时降低浮选机的电耗和减少了浮选机部件的磨损。自动化控制程度越来越高，智能化控制技术将在浮选设备中逐渐应用。但需要适应浮选设备的特点，如矿浆停留时间短、矿化速度快、波动速度敏感等，研究适用灵敏的测定元器件和检测仪表，以实现浮选设备的充气量、给水量、矿浆液位及精矿品位等参数的在线检测，进而实现全流程信息化控制。

第六节　浮选机的选择、计算、调节和测定

一、浮选机的选择

浮选机类型、规格的选择与给矿性质(密度、粒度、可浮性、含泥量等)、产品要求、生产规模、流程结构等因素有关，选择时应考虑。此外，浮选机的经济问题(电耗和维修费)和操纵性能也起着十分重要的影响。

1. *矿石性质及分选作业*

对粒度和密度大的给料应优先考虑浮选机的悬浮能力，即槽内矿浆循环性能，应优先选用浅槽、搅拌力强的浮选机。煤泥浮选时应选择煤用浮选机。一般说来浮选机的充气量是可调的，能适应粗选、精选作业的不同需求，设计时往往更关心的是最大充气量和泡沫层的稳定性。

2. *矿浆流量*

大型浮选机由于具有一系列优点，应优先选用，但每一作业的浮选机槽数应合理确定。精选

通常不少于2槽,粗选和扫选不少于4～6槽,由此计算出必需的单槽容积,确定浮选机规格。

3. 磨损件的寿命及磨损后搅拌能力和充气量变化

目前机械搅拌式浮选机占统治地位,浮选柱及新型浮选机也应考虑选用,如微泡浮选柱等。

二、浮选机的计算

在新厂设计时,通过对试验所得的有关数据或相似(邻)厂的指标可求得与浮选机有关的指标和参数。

1. 常规的浮选机计算方法

(1) 浮选时间的确定

某个物料所需的浮选时间取决于许多因素,如可浮性、对精矿的要求、药剂制度、浮选机的结构特点,等等,一般是根据浮选试验(一次给料的小型单槽浮选机上进行)结果并参照类似原料的浮选厂或车间实例确定。浮选时间决定了矿浆在浮选机中的停留时间或浮选机的处理量。由于浮选机生产是在连续给料的串联浮选槽中进行的,和浮选试验所得出的浮选时间迥然不同,通常设计时是将浮选试验所需浮选时间延长一倍(国外)或延长50%(国内)。此外,由于浮选试验时的小浮选机充气量和工业浮选机不同,所以也应调整浮选时间。可根据小浮选试验的浮选时间 t_0(min)和充气量 q_0[$m^3/(m^2 \cdot min)$]及工业上选用浮选机的充气量 q[$m^3/(m^2 \cdot min)$]按下式设计所需的浮选时间 t:

$$t = t_0\sqrt{\frac{q_0}{q}} + \Delta t \tag{4-3-5}$$

式中,Δt 是根据经验增加的浮选时间,$\Delta t = kt_0$(min),$k = 0.5 \sim 1$。

(2) 浮选机干矿处理量和矿浆处理量的确定

指工业浮选机单位容积(或单台)在单位时间所处理的物料量,包括干矿处理量和矿浆处理量。干矿处理量 Q[t/(台·h)]可根据浮选机的单槽有效容积 V(m^3)和槽数 n、矿浆液固比 R、矿物真密度 δ 及所需的浮选时间 t(min)按下式计算:

$$Q = \frac{60KVn}{(R + 1/\delta)t} \tag{4-3-6}$$

式中,K 是浮选机的矿浆体积与有效容积之比(选煤时取0.9～0.95,选矿时取0.65～0.85),矿浆处理量 W(m^3/min)则根据浮选机处理的干矿量和矿浆液固比计算:

$$W = \frac{K_1 Q(R + 1/\delta)}{60} \tag{4-3-7}$$

式中,K_1 为不均衡系数,$K_1 = 1 \sim 1.3$。

(3) 浮选机槽数的确定

浮选机所需槽数 n 根据计算出的矿浆处理量 W(m^3/min)、浮选时间 t(min)、选用浮选机的几何容积 V(m^3),按下式计算:

$$n = \frac{Wt}{K_2 V} \tag{4-3-8}$$

式中,K_2 为浮选槽有效容积与几何容积之比,取值和计算干矿量时相似。

2. 现代大型浮选机的设计计算原则

在选矿工艺设计中,浮选机的计算关键是确定合适的设计浮选时间。因为浮选时间的长短对浮选机容积的大小和浮选指标的好坏影响很大。通常应根据试验结果并参照类似矿石选矿厂生产实例确定浮选时间。浮选机规格及台数的选择一般要满足以下的要求：① 为节省投资和生产费用，减少占地面积，应尽量选用较大规格的浮选机，但是必须与矿石性质、选矿厂规模或系列的生产能力、浮选作业性质等相适应。② 确定浮选机台数时，要注意防止矿浆"短路"，每列粗、扫选作业浮选机的槽数总和不宜过少，一般不少于 8 个槽，但每个作业所用的浮选机应不少于 2 台。同时每系列各作业浮选机槽数必须保证其泡沫产物自流到相邻的前作业浮选槽的可能，因为由于同列的浮选机泡沫槽起坡点标高和其前作业浮选机中矿回流管标高是定值，即高差是定值，流至前作业的行程越长则坡度越小，故同一坡度泡沫槽所连接的浮选机槽数又不宜多，一般每系列每个粗选、扫选或精选作业浮选机的槽数不应大于 6 槽。③ 粗选和扫选作业一般用同规格的大浮选机，精选作业一般采用比粗扫选规格小些的浮选机，因为粗选泡沫精矿量变少了。

浮选机槽数按下式计算：

$$n=(W\times t)/(V\times K) \tag{4-3-9}$$

式中，n 为浮选机计算槽数，台；W 为计算矿浆体积，m^3/min；t 为设计浮选时间，min；V 为设计选用浮选机的几何容积，m^3；K 为浮选机有效容积与几何容积之比的系数，对有色金属矿石 $K=0.8\sim0.85$，对铁矿石 $K=0.65\sim0.75$，泡沫层厚时取小值，反之取大值。

(1) 浮选矿浆体积的计算

浮选矿浆体积按下式计算：

$$W=[K_1\times q\times(R+1/\rho)]/60 \tag{4-3-10}$$

式中，W 为计算矿浆体积，m^3/min；K_1 为处理量不均衡系数，当浮选前为球磨时取 1.0，为湿式自磨时取 1.30；q 为设计作业流程量(包括返矿量)，t/h；R 为作业矿浆的液体与固体质量之比；ρ 为矿石密度，L/m^3。

(2) 浮选时间的确定

试验的浮选时间比工业生产的时间要短，故在设计中应将试验浮选时间加长，国外通常是乘以 2 的调整系数，国内则乘以 1.5，但是实际设计时应视具体情况而确定合适的浮选时间调整系数。如新设计的选矿厂安装的浮选机的充气量与试验用的浮选机的充气量不同，则应按下式加以调整：

$$t=t_0\times(q_v/q_v')^{1/2}+K_2t_0 \tag{4-3-11}$$

式中，t 为设计浮选时间，min；t_0 为试验浮选时间，min；q_v、q_v'分别为试验及设计选用浮选机的充气量，$m^3/(m^2\cdot min)$；K_2 为浮选时间调整系数，一般取 0.75～1.0。

由上式可知，首先既要知道试验所用浮选机的充气量又要知道设计中欲选用浮选机的充气量，然后选择一个合适的浮选时间调整系数，代入公式中计算才能得到设计浮选时间。而实际上要知道试验用浮选机的充气量是件很不容易的事，往往试验所用的浮选机充气量是无法知道的。这种情况下一般是首先假设试验及设计选用浮选机两者的充气量相等，然后根据试验中各种金属的浮选难易程度将浮选时间调整系数定为 1.75～2.0，即易浮选的金属的浮选段流程各作业的浮选时间调整系数设为 1.75，而将难浮选的金属的浮选段流程各作业的浮选时间调整系数设为 2.0，也就等于设计浮选时间为试验浮选时间的 1.75～2.0 倍。最后预先选取 2～3 种相邻规格的浮选机分别进行计算，再通过多方案比较各种规格的浮选机的总台数、总装机功率和总重量，权衡投资、生产费用和占地面积等方面的优势和劣势选择相对合适的大规格浮选机。

三、浮选机操作的调节

浮选机工作时应根据原料性质、处理量、产品要求、设备磨损情况等作适当调节，主要包括：矿浆液面高低、充气量、矿浆循环量及搅拌机构间隙等的调节。叶轮转速虽影响很大，但一般不进行调节。

1. 矿浆液面高低

通常由尾矿堰闸口高低控制，有中矿箱时其闸口大小控制各槽液位。在保证精、尾矿质量前提下应适当加大闸门，使处理量提高。但闸口过大时液面低，泡沫层厚，刮泡深度控制不好时已矿化的气泡不能及时刮出会造成精矿损失。反之液面太高时泡沫层薄，二次富集差，部分未矿化的脉石颗粒易进入精矿。

2. 充气量

充气量太大时液面翻花，没有平稳的泡沫层，恶化浮选效果，但充气量不足时，部分有用矿物不能及时附着于气泡浮出，影响处理量，造成精矿损失。压入式浮选机充气量可通过调节空气压入量进行调节，自吸式浮选机空气一般通过套筒或套筒与空心轴同时进入，此时进气量将影响进浆量，应注意调整进气量和进浆量，通常套筒和空心轴的进气量是通过其端部的盖板或端板来调节的。套筒进气量对吸浆量影响较小，空心轴进气量对吸浆量影响较大，应在保证充气量的前提下，同时考虑吸浆量。

3. 循环孔面积

循环孔面积会影响矿浆循环量和吸气量。增大循环孔面积可增加矿浆再次矿化机会，但也增加电耗、磨损及矿粒的粉碎，应根据产品质量和浮选机处理量，调整循环孔面积，使之有合适(较小)的循环量。可将部分循环孔堵住，或将每个循环孔堵住一部分，同时也应注意定期清除非人为堵在循环孔上的杂物。

4. 搅拌机构间隙

叶轮长时间工作会使搅拌机构磨损，使叶轮和定子间隙加大，会同时减少吸气量和吸浆量。一般通过轴承座和套筒间的调节垫片来调整叶轮和定子之间的轴向间隙。径向间隙较难调整，间隙过大无法调整时应更换叶轮或定子。

四、浮选机的测定

浮选机的测定主要用于检查浮选机的实际工作性能，通常包括：充气性能、加料性能、动力性能和其他指标的测定。

1. 充气性能

包括充气量、充气均匀度、充气容积利用系数和气泡弥散度(气泡直径测定)，这在前面已经介绍。这些是在清水中测定的，故称为浮选机的清水性能。

2. 加料性能

如矿浆通过量、干矿处理量、精矿、尾矿数质量指标等，用于检查浮选机的实际生产能力和分选效果。矿浆通过量可用流量计或简易法测定(可参考水力学中的堰流量计、弯头流量计等)，而干矿处理量是由矿浆通过量及矿浆浓度计算求得的。精矿、尾矿的数、质量指标通过实际测定精、尾矿数、质量求得。

3. 动力性能

即动力指数，指浮选机每消耗 1 kW 功率所获得的空气输入量。可根据浮选机消耗的功率 N(kW)、浮选机的充气面积 S(m^2)和浮选机充气量 q[m^3/(m^2·min)]，按下式计算：

$$动力指数 = qS/N \tag{4-3-12}$$

国内所用的浮选机动力指数在 0.08～0.4 之间。

4. 其他指标

包括药剂耗量等，但这些不作为主要的评价指标。

第七节　浮选辅助设备

浮选辅助设备主要包括调浆设备和浮选药剂的添加及乳化装置。

一、调浆设备

浮选入料必须有合适、稳定的浓度，且有些药剂与矿浆必须有一定的接触时间，因此浮选前应设置调浆设备。调浆设备主要包括搅拌桶、矿浆准备器和矿浆预处理器，还有近年出现的表面改质机等。

1. 搅拌桶

搅拌桶是选煤厂和选矿厂最广泛使用的调浆设备，结构如图 4-3-44 所示。作用是使药剂与矿浆充分接触；为浮选提供合适的浓度和一定的接触时间；保证浮选机给料的稳定压头和稳定性。工作时矿浆由入料管给入桶内，药剂由上部加入，搅拌过程中与矿粒进行作用，上部矿浆还可通过循环孔不断循环，加强药剂分散及与矿粒的接触。浓度过高时可向桶内补加清水或循环水，调浆后的矿浆由溢流口排入浮选机。

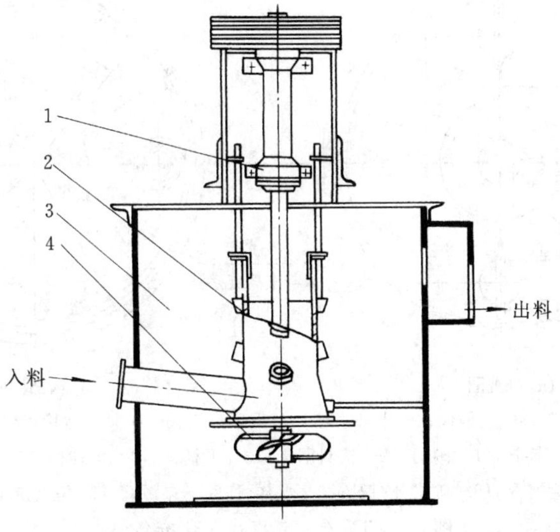

1—搅拌机构；2—循环套筒；3—桶体；4—搅拌叶轮。

图 4-3-44　煤浆搅拌桶结构示意图

2. 矿浆准备器

矿浆准备器的作用与搅拌桶相同,但结构已改变(图 4-3-45),故效果也更好些。工作时矿浆沿筒体侧壁切线方向给入(浓度大时加入部分清水或滤液),在上环形槽内流动并混合,上环形槽的矿浆溢流进入下环形槽,进一步分散后进入扇形分散槽,将其分成若干股矿浆流后去浮选机。药剂经由给药漏斗和油管喷嘴给入药剂雾化装置的起雾盘底面中央,圆盘高速旋转时产生负压,将药剂吸附在圆盘的底面上,在离心力的作用下,向外扩展,形成薄膜,被圆盘边缘的锯齿切割成液滴,沿切线方向分散在桶体内成微小油珠,与分散槽分散的多股矿浆均匀混合后再经底部排料管去浮选。未雾化的药剂经回药管回收后循环使用。矿浆准备器直径有 2 m、2.5 m、3 m 等几种规格,其处理能力比搅拌桶可提高 50%,节电和节药达2/3和 1/3 以上。但药剂乳化器在桶内检修不便,扇形分散槽排料端狭窄,易堵塞。

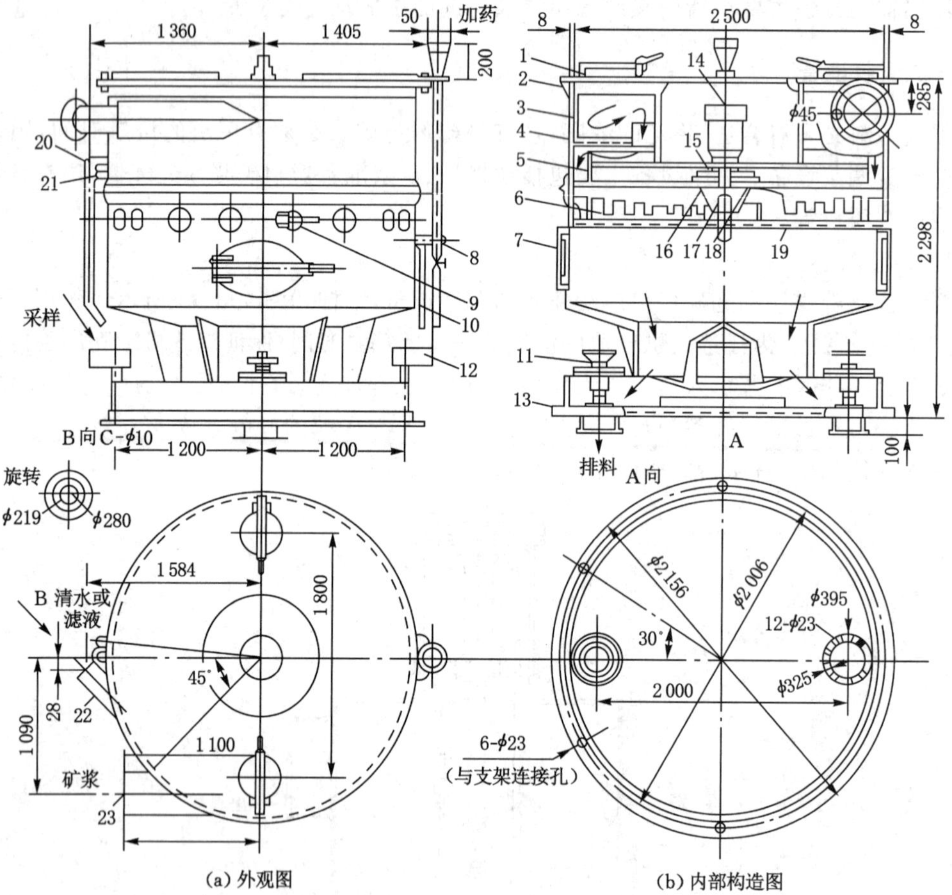

1—观察孔;2—顶盖;3—上桶体;4—上环形槽;5—下环形槽;6—矿浆分散槽;7—人孔;8—给药管;9—清理孔;10—回药管;11—阀门;12—接料漏斗;13—下桶体;14—电动机;15—上盘;16—下盘;17—药剂出口;18—起雾盘;19—矿浆分布盘;20—取样管;21—排污管;22—清水或滤液管;23—进浆管。

图 4-3-45 2.5 m 直径矿浆准备器

3. 矿浆预处理器

矿浆预处理器是 XJX 大型浮选机的配套调浆设备,规格为 XY 型,直径为 1.6 m、2.0 m、3.0 m,分别配套于 XJX-4 型、XJX-8 型和 XJX-12 型浮选机。其结构如图 4-3-46 所示，由进料口、稀释水入口、桶体、锥形循环筒、叶轮定子混合器、进气管、加药嘴和排料口组成。工作时伞形叶轮上层叶片吸入空气和药剂，形成气溶胶，下层叶片具有大流量特性，从底部吸入新鲜矿浆，并促进矿粒悬浮和循环，同时完成预矿化。矿浆预处理器也比搅拌桶省电、省药、处理量大，是强化浮选的有效设备。

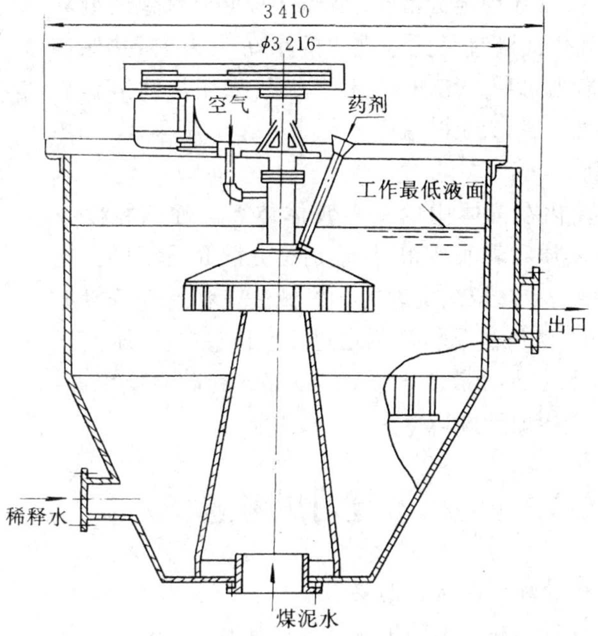

图 4-3-46　XY-3 矿浆预处理器

二、药剂的添加和乳化装置

1. 药剂添加装置

主要有给药机和阀门式给药装置。给药机在选矿厂部分采用，如轮式和杯式。但选煤厂几乎全部采用阀门式（即“龙头”），这是由于选煤厂药剂多以液态加入。通常“龙头”有两个旋钮，一个粗调，一个细调，该装置简单、可靠又方便，可用烧杯定时测定给药量。

2. 药剂乳化装置

对难溶的烃类油等，为提高药效和降低用量，可先乳化，再与矿物表面作用。常用的乳化方法为流体喷射、机械或超声乳化及添加乳化剂等。

（1）水喷射乳化器

结构如图 4-3-47 所示，压力为 10^5 Pa 左右的清水以 20 m/s 速度从喷嘴喷出时在乳化器内腔形成负压，药剂吸入乳化室后由高速水流冲击和切割将其分散成 5～20 μm 小油滴，在混合室形成乳浊液。在浮选指标相同时乳化可降低药耗 25%左右。为保证乳化效果，乳化器内真空度应在 8×10^4 Pa 左右。

（2）机械或超声乳化

即利用机械装置或超声波产生的强烈搅拌、切割、冲击、振动等使药剂分散乳化。超声波频率为 20～50 MHz。

(3) 添加乳化剂、增溶剂

与上述方法相比，该法更为简单、有效，实际上可作为上述方法的辅助措施来提高乳化液的稳定性。添加的乳化剂一般为表面活性物质，如烷基磺酸钠，添加后可使油水表面张力降到原来的几十分之一，使油类以微细粒稳定分散在水介质中，形成水包油型乳状液。乳化剂可使乳化油滴直径比未乳化的小 90%左右，并保持稳定地分散。增溶剂则可使难溶药剂提高效果，如用煤油溶解油酸，松油溶解脂肪胺。

(4) 气溶胶加药

气溶胶是药剂乳化在气体中的一种胶体体系。油滴粒度在 10～50 μm 之间，其实质和乳浊液相同，差别是分散介质不同。气溶胶一般是通过机械法或高压法实现的。机械法是将药剂直接加入高速旋转的转子中，高压法是将药剂通过 10^8 Pa 左右高压空气直接压入矿浆，使药剂立即分散成 1 μm 左右雾珠和矿物作用，但油珠也不宜太小，如选煤时油珠以 5～10 μm 为宜。

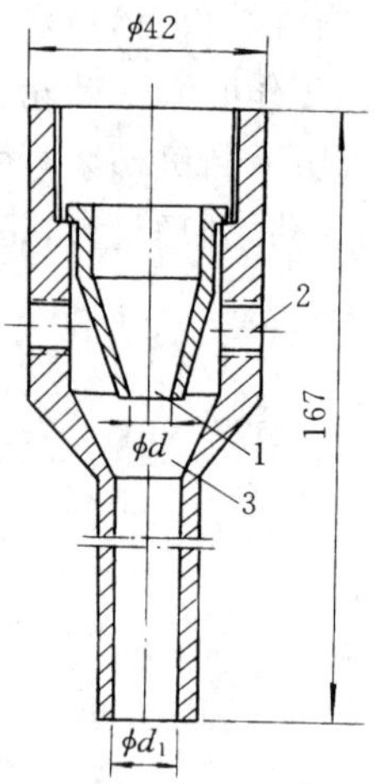

1—喷嘴；2—药剂入口；3—混合室。

图 4-3-47 水喷射乳化器

复习思考题

1. 简述对浮选机及煤用浮选机的要求。
2. 浮选机的充气过程和气泡的生成方式如何？
3. 何为矿浆充气程度？其影响因素是什么？如何评价？
4. 简述浮选机的分类，各种浮选机的主要区别和特点。
5. 简述机械搅拌式浮选机的结构特点。
6. 简述 XJM-4 型浮选机的结构工作原理、主要特点及影响其工作性能的因素。
7. 简述 XJX 大型浮选机中，XJX-8 型、XJX-Z8 型、XJZ-8 型结构的主要特点及工作原理以及与 XJX-T12 型浮选机的主要差别。
8. 简述 XJM-S 型浮选机与 XJM-4 型浮选机结构特点的区别及工作原理。
9. 简述充气浮选机的特点及工作原理。
10. 简述 XPM 喷射浮选机和达夫可勒型浮选机的结构组成、工作原理及特点。
11. 简述国内外浮选机的发展趋势。
12. 简述浮选机的计算、调节和测定内容。
13. 简述浮选工艺过程中调浆设施给药装置的主要种类。
14. 简述矿浆准备器、矿浆预处理器的结构组成、工作原理及优缺点。
15. 简述药剂乳化的实现方式。

第四章 浮选工艺和实践

第一节 影响浮选的工艺因素

影响浮选工艺过程的因素很多，可归纳为以下几个主要方面：① 矿物的物质组成和化学组成；② 矿浆制备；③ 浮选药剂制度；④ 浮选机所造成的工作条件；⑤ 浮选工艺流程。

以煤浮选为例，其影响因素见图 4-4-1。

- 煤泥浮选
  - 矿物的物质组成和化学组成
    - 煤的变质程度
    - 煤岩组成
    - 氧化程度
    - 矿物杂质的嵌布特性及数量
  - 矿浆制备
    - 矿浆浓度
    - 矿浆温度
    - 粒度组成和颗粒形状
    - 矿浆的 pH 值
    - 矿浆中的离子浓度
    - 矿浆中各种剩余药剂的浓度
  - 药剂制度
    - 药剂种类
    - 加药方式和地点
    - 药剂耗量
    - 药剂与矿浆的接触时间
  - 浮选机造成的条件
    - 矿浆处理量
    - 矿浆充气量及充气均匀程度
    - 气泡尺寸
    - 搅拌强度和浮选时间
  - 浮选工艺流程
    - 浮选原则流程
    - 浮选内部流程

图 4-4-1 影响煤泥浮选的工艺因素

第二节 原煤性质对浮选的影响

一、煤的变质程度对浮选的影响

按成煤过程中煤的变质程度（或称煤化程度）不同，煤分成不同的煤阶，每个煤阶又分不同煤种。不同煤阶或煤种具有不同的表面性质和可浮性。

通常，低变质程度的煤具有较高的表面孔隙度和较多的含氧官能团，亲水性较强，可浮性较差；当变质程度增大，煤的排列变得致密，孔隙度降低，表面含氧官能团减少，疏水性增强，在焦煤时可浮性最好；然后，随变质程度进一步提高，孔隙度又增加，侧链减少，碳链变短，疏水性又降低。各煤阶煤的表面疏水性变化也可用接触角的变化来定性说明，即接触角随煤的含碳量增加而增大，在焦煤时达最大，然后又随含碳量增加而变小，如图 4-4-2 所示。

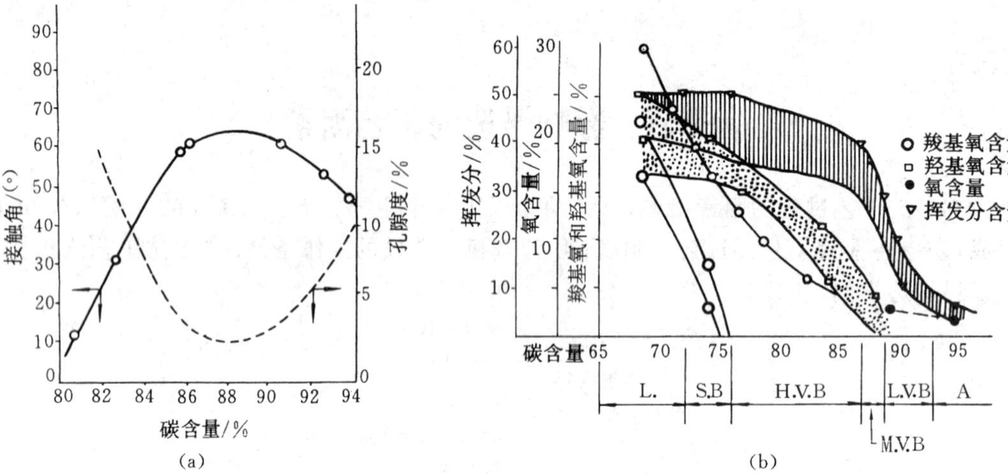

(a)　　(b)

L. —褐煤；S. B—次烟煤；H. V. B—高挥发分烟煤；

M. V. B. —中等挥发分烟煤；L. V. B—低挥发分烟煤；A—无烟煤。

图 4-4-2　各煤阶煤的接触角和孔隙度(a)

及各煤阶煤的挥发分、氧、羧基氧和羟基氧的含量(b)

不同煤阶或煤种表面疏水性的变化很难定量解释，目前比较权威和公认的是以煤的工业分析和元素分析的数据为基础的经验式，称为表面成分理论或假说，其要点是认为煤这种不均匀物质由可浮的和不可浮的两组化学成分构成，因此煤的自然可浮性由这两部分的比例所决定，煤表面可浮的成分占优势时，其可浮性变好，反之则变坏。可浮性成分具有疏水性，非可浮性成分具有亲水性。按此经验公式计算的可浮性和接触角基本为线性关系。

二、煤的密度组成对浮选的影响

通常煤泥中密度越低的部分灰分越低，可浮性越好，所以我国传统上根据煤泥的小浮沉试验来判断煤泥的可浮性及浮选效果。煤阶越低的煤可浮性受相对密度影响越明显。密度增高对可浮性的影响不仅仅是质量偏大造成的结果，更主要是表面疏水性降低所致。至于相对密度增高可能是由于：① 煤基元灰分高；② 煤-矿物质连生体存在；③ 煤的显微组分不同。但必须注意，由于煤的品种和产地不同，同一密度级其基元灰分可能不同，可浮性也就不同。当中间级密度高时，较难以同时得到低灰精煤和高灰尾煤。

三、煤的显微组分对浮选的影响

煤颗粒表面显微组分对可浮性影响显著，通常镜质组分含量越高，煤的可浮性越好；而丝质体和壳质体可浮性差，这两种组分含量高时煤的可浮性差。

四、煤中矿物组成对浮选的影响

煤中主要影响其可浮性的矿物质有两类:泥质矿物和硫化矿物。前者包括高岭土、水云母、绿泥石、蒙脱石、泥质页岩等;后者主要为黄铁矿、白铁矿等。尤其是黄铁矿,在高硫煤中大量存在。

煤中矿物质对浮选的影响主要是粒度嵌布特性和泥化特性。矿物质以细粒或微细粒嵌布时,如果解离不彻底则难以分离,解离度过细时又会降低选择性。泥质矿物易泥化,含量较高时使浮选过程受到干扰,严重影响分选作业,有时甚至要采用脱泥作业预先脱泥。此外,硫化矿的可浮性和煤相近,加上其组成和结构的碳质污染,使其可浮性更接近煤,影响精煤质量,必须采用好的药剂或流程抑制硫化矿物。

第三节　粒度特性对浮选的影响

一、粒度对浮选的影响

浮选粒度的确定:一是根据矿物和脉石嵌布特性所需的单体解离度;二是根据矿物的密度确定的气泡负载能力。未经解离的矿物虽然粒度适合气泡附着和负载,但其分选效果也不理想;但若解离过度,粒度太细甚至泥化,也影响浮选。实践中的单体解离是通过磨矿来实现的。各类矿物的浮选粒度上限不同,硫化矿一般为0.2～0.25 mm;非硫化矿为0.25～0.3 mm;非金属矿如煤等粒度上限还可提高至0.5 mm左右。

实践证明,各种粒度的浮选行为有较大的差别:通常粗粒级浮选速度慢,但选择性较好,但过粗时浮不出,易损失在尾矿中,俗称“跑粗”;细粒级浮选速度快,选择性差,过细时则失去选择性;只有中等粒度才具有最佳可浮性。对过粗和过细的入料,要采取特殊的工艺。浮选过程中要及时测定入料和产品的粒度变化并及时调整,可采用筛析的方法每1～2 h测定一次。

二、煤泥粒度对浮选的影响

煤泥浮选入料的粒度一般在0～0.5 mm,是煤在开采、运输、分选过程中自然形成,并由选煤的工艺技术所确定的。通常不需专门磨矿工艺。但随着洁净煤技术的发展,尤其是脱硫(黄铁矿)的需求,对煤泥进一步磨矿解离也是一个趋势。

煤泥浮选前通常经重(水)力分级作业控制其粒度上限(通常为0.5 mm),大于上限的粒度控制在重选作业。但有时水力分级作业会因负荷过大、面积不够、浓度过高等使颗粒沉降效率降低,使部分大于0.5 mm颗粒去了浮选作业,造成粗粒煤泥的损失。通常可将浮选煤泥按粒度分为几种类型:① 粗粒或过粗粒,指大于0.4 mm的颗粒,灰分通常较低;② 适宜的颗粒,指0.4～0.074 mm的颗粒;③ 细泥,指0.074～0.01 mm的颗粒;④ 微粒或超细粒,指小于0.01 mm颗粒。

实验室试验和工业生产均证实:① 粒度越大,回收率越低,只有在适宜粒度方可获最大回收率,通常0.074～0.5 mm的颗粒在不同浓度下均有最高的回收率,过粗或过细回收率均下降。② 不同粒度具有不同浮选速度,通常前两室浮起的粒度较细,粗颗粒总在后几室浮出，各粒级的浮选速度大致为：160～200网目＞＋200网目＞120～160网目＞60～120网目＞－60网目。在用药量充足时，40～100网目具有最快浮选速度，而药剂量不足时，细粒级首先浮起。③ 不同粒级具有不同选择性，对浮选精煤污染最严重的是细粒杂质，高灰粗粒物料对精煤污染较小，但易损失在尾矿中，故浮选时选择性随粒度减小而降低。通常浮选精煤灰分随粒度减小逐渐增加，而尾煤灰分随粒度增加有时降低(跑粗时)。细粒杂质由于巨大的表面积，首先吸附大量药剂，占据大量气泡表面并覆盖粗颗粒表面，更加剧了粗粒的跑粗。这些高灰细泥对精煤的影响是随着浮选室从前到后逐室增加，可使精煤灰分增加2%～3%，甚至4%～8%。我国浮选入料绝大多数细粒级含量较大，灰分较高，这些高灰细泥对精煤的数量和质量、药剂量影响较大，且这种趋势随采煤机械化程度提高还会有所发展，所以，提高细粒级选择性和粗粒级回收率是煤泥浮选的重要任务。

三、粗粒和细粒煤泥的浮选工艺

(1) 粗粒煤泥主要应解决在尾矿中的损失问题，即增加粗粒与气泡的附着并防止其脱落。

① 增加药剂与煤粒的接触机会：如适当加大药剂浓度、完善加药方式(气溶胶加药、药剂乳化等)、用矿浆准备器或预处理器等新型调浆设备来提高煤粒与药剂的接触机会。

② 改善浮选机充气：主要是充气质量，应有适当小气泡。对粗粒煤，为保证足够的浮力，可用气泡群进行浮选，以保证有足够的浮力，并能加强粗粒与气泡的附着强度。

③ 采用分级或脱泥浮选：粗粒分选时为避免大量细泥存在，将浮选入料分成粗细两级分别浮选，采用不同的、符合各自特点的工艺条件可提高效果，降低药耗。也可将高灰细泥脱除，单独处理粗粒物料，消除细泥对粗粒的影响。

④ 浮选机设计时既要考虑粗粒悬浮所需的搅拌强度，又要考虑防止已附着的颗粒从气泡上脱落。

(2) 细粒煤泥主要应解决选择性差，即提高浮选选择性。

① 尽量采用选择性好的药剂，并严格控制用量；选用起泡剂产生的泡沫应有脆性，以便增强二次富集作用，减少细泥夹带；严格掌握捕收剂与起泡剂的比例；药剂采用分段加药方式，使药剂处于亏量状态；延长细粒浮选时间，提高其分选效果。

② 降低浮选入料矿浆浓度，以降低矿浆和泡沫层黏度；在泡沫层适当加喷水淋洗，加强泡沫的二次富集作用。

③ 选择合适、有效的黏土抑制剂。

第四节 矿浆浓度对浮选的影响

一、矿浆浓度的影响

矿浆浓度是矿浆中固体颗粒的含量，常用三种方法表示。

① 液固比：表示矿浆中液体与固体质量(或体积)之比，有时又称稀释度。

② 固体含量百分数：表示矿浆中固体质量(或体积)所占的百分数。

③ 固体含量：表示每升矿浆中所含固体的克数。

矿浆浓度是浮选过程中重要的工艺因素，影响下列各项技术、经济指标。

① 回收率：矿浆浓度和回收率之间有明显的规律性，当矿浆很稀时回收率较低，矿浆浓度逐渐提高，回收率也逐渐提高，并达到最大值，超过最佳的矿浆浓度后回收率又降低。

② 精矿质量：一般是矿浆较稀时，精矿质量较高，矿浆较浓时，精矿质量下降。

③ 药剂用量：矿浆中须保持一定药剂浓度才能取得好的浮选结果。矿浆较浓时，液相中药剂浓度增加，吨矿石的用药量可减少，反之则增大。

④ 浮选机的生产能力：随浓度加大，浮选机生产能力(按处理量计)可提高。

⑤ 浮选时间：矿浆较浓时，浮选时间会延长，有利于提高回收率或增大浮选机的生产能力。

⑥ 水电消耗：矿浆越浓，处理吨矿石的水电消耗越小。

实际生产时，浮选适宜的浓度除考虑上述因素外，还须考虑原料性质和具体浮选条件。一般原则是：大密度、粗粒度的物料用较高浓度，反之则用较低浓度；粗选作业采用较高浓度，以保证较高回收率和较少药剂量，精选作业则用较低浓度，以利于提高精矿质量，扫选作业浓度受粗选影响，一般不另行控制。

二、煤浆浓度对煤泥浮选的影响

煤浆浓度对煤泥浮选同样有重要影响(图 4-4-3)，主要表现在以下方面：

① 提高煤泥入浮浓度，精煤产率、精煤和尾煤灰分也相应增加，浓度过高时其变化比较平缓。但实际浮选时，过高的浓度会导致精煤产率下降，精煤灰分增高，尾煤灰分下降。

② 煤浆浓度对药剂耗量的影响见图 4-4-3 曲线 2，即低浓度时，单位容积矿浆中药剂浓度显著降低，必须增加以入料干煤量计算的药剂用量。

③ 影响入浮浓度选择的最大因素是浮选入料中细泥含量。低浓度浮选速度快，矿浆通过量大，但干煤处理量低，对消除细泥污染、提高选择性、降低精煤灰分有利；高浓度浮选矿浆处理量低，但干煤处理量高。实际浮选时两种处理量均要适当才能保证好的浮选效果。

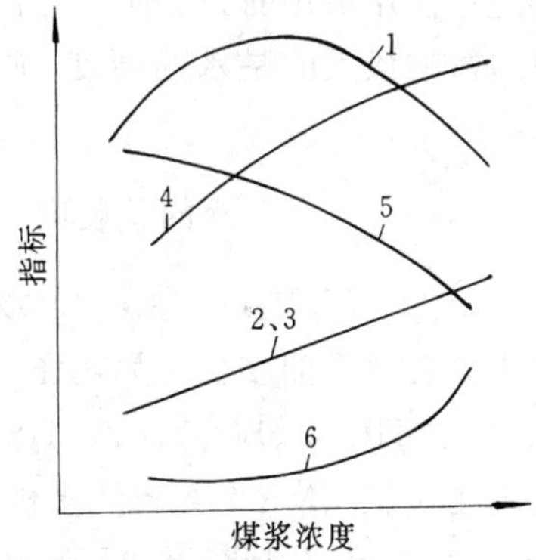

1—煤浆充气程度；
2—药剂体积制度(单位质量煤的药剂耗量相同)；
3—煤浆在浮选机中的停留时间；
4—细颗粒的可浮性；5—粗颗粒的可浮性；
6—煤的破碎程度。

图 4-4-3　煤浆浓度对各浮选因素的影响

三、煤泥浮选浓度的选择

我国选煤厂入浮浓度多为 10%～15%，也有高达 20%，低至 4%。太高或太低均不正常。通常选择入浮浓度需根据以上规律，并注意以下几个方面：

① 入料可浮性好、灰分低、粒度较粗时可适当提高入浮浓度；工艺指标允许时，为降低药耗和提高处理量，应尽量提高浓度。

② 难浮煤，精煤质量要求高时，应适当降低浓度。

③ 细泥含量高，精煤质量要求高时，应降低入浮浓度。

④ 粗选可采用高浓度，精选宜采用低浓度。

⑤ 直接浮选工艺入浮浓度较低，在条件许可时应尽量提高入浮浓度以更有利于分选，此时只要保证其煤浆处理量即可；浓缩浮选时浓度可提高，但必须同时满足煤浆处理量和干煤处理量。

第五节 矿浆液相组成对浮选的影响

一、不同浮选用水的性质和影响

浮选是在水介质中进行的，用于浮选的水会因地、因时而变化，从而导致对浮选的不同影响。如水中不同的离子、分子和某些化合物、气体等都会影响浮选过程。水中最常见的离子有：Ca^{2+}、Mg^{2+}、K^{+}、Na^{+}、Cl^{-}、SO_4^{2-}、CO_3^{2-} 等；水中溶解的气体有氧、二氧化碳等。此外，矿物在磨矿、浮选过程中本身溶解或氧化产物的溶解也使水中含有某些与矿物组成有关的阳离子或阴离子。上述这些离子在一般情况下是难以避免的，称“难免离子”，它们的影响是多样的。

浮选中使用最多的为江河、湖泊水，其特点是含盐量较低（小于 0.1%），含多价金属离子较低。影响最大的是水的硬度，即水中 Ca^{2+}、Mg^{2+} 离子的含量。水的总硬度可按下式计算：

$$水的总硬度 = \frac{[Ca^{2+}]}{20.04} + \frac{[Mg^{2+}]}{12.16}\ (mmol/L) \tag{4-4-1}$$

式中 $[Ca^{2+}]$、$[Mg^{2+}]$——Ca^{2+}、Mg^{2+} 离子在水中的浓度。

硬水含有较多的多价金属离子，如 Mg^{2+}、Ca^{2+}、Fe^{2+}、Fe^{3+}、Ba^{2+}、Sr^{2+} 等，也含有较多的阴离子，如 HCO_3^{-}、SO_4^{2-}、Cl^{-}、$HSiO_4^{-}$ 等。实践表明，硬水对脂肪酸类药剂浮选是有害的。表现在：Ca^{2+}、Mg^{2+} 及 Fe^{3+} 多价金属离子会与脂肪酸类药剂发生反应，生成难溶化合物，使捕收剂失效。因此，浮选用水必须严格控制高价金属离子的浓度。

海水和部分湖水属于咸水，含盐量较高，一般为 0.1%～0.5%，咸水用于浮选对沿海矿区和咸湖地区具有重要意义。天然疏水性的矿物，如煤，在咸水中浮选甚至可以不加任何药剂，且浮选速度比淡水还高。但应注意对设备的腐蚀。

可溶性盐类，如岩盐、钾盐、硼砂等浮选时，需要在其饱和溶液中进行，为减少有用成分的损失，还必须充分利用回水（母液）。在饱和溶液中浮选时选用捕收剂必须满足下列条件：

① 能在饱和溶液中溶解，不会与溶液中离子形成沉淀；

② 能在饱和溶液中被盐类吸附；

③ 所需的浓度不应超过形成胶束的临界浓度。

常用的捕收剂有烃基硫酸酯、磺酸盐、胺类和短烃链的脂肪酸。

从环保和节省药剂、节约用水的角度，尾矿水循环复用已成为必需。已明确规定选煤厂要实现洗水闭路循环。尾矿循环水又称回水，特点是含有较多的有机和无机药剂，组成较复杂，特别是细粒矿粒，复用时必须考虑它们对浮选的影响。通常，处理单金属矿石时回水利用比较简单，可全部复用，而处理多金属矿石时，则比较复杂，原则上是同一回路排出的废水对同一回路比较合理。具体的利用方案以及新鲜水与回水的使用比例一般要通过试验来确定。

二、选煤厂水质特性

选煤厂虽不像选矿厂要加许多无机盐类调整剂，但由于水中本身含有多种离子和化合物，对浮选还是有一定影响的。表 4-4-1 列出了国内几个选煤厂用水的化学组成。可能因多年未发现这些离子对浮选有严重影响，或已习以为常，所以也没引起人们的足够重视。但随着选煤厂的洗水闭路循环，盐类离子、浮选药剂及絮凝剂的聚集变得十分明显，其聚集速度和煤中所含矿物质数量及所用药剂有关。据丹契娜对某原煤的试验表明，SO_4^{2-} 聚集最快，其次是 Na^+ 和 K^+，Ca^{2+} 和 Mg^{2+} 变化不大。但柯沃罗娃对另三种煤的试验却表明，Ca^{2+} 的聚集较快。总之，各种盐离子在液相中的聚集速度取决于矿物盐离子在溶液中的溶解速度，由于盐离子的聚集，矿浆中盐离子浓度发生变化，对浮选产生影响，但在低浓度下一般没有不良影响，甚至可改善浮选指标。

表 4-4-1　选煤厂用水及矿井水的化学组成

项　　目	南山选煤厂自来水	南山选煤厂尾矿水	兴山矿六井水	兴山矿二四井水	南山矿立井水	夹河选煤厂尾矿水	唐山矿(厂)工业用水	汪家寨	
								工业用水	浓缩机溢流水
硬度/德国度	1.16	4.59	21.30	29.53	9.06	13.04	23.48	2.407	—
碱度/(毫克当量/L)	0.29	1.60	7.26	7.33	3.23	—	—	—	—
pH	6.10	7.30	8.10	7.90	8.10	—	7.60	7.50	7.40
Ca^{2+}/(mg/L)	5.76	24.11	100.44	45.42	20.09	30.42	85.90	43.63	34.07
Mg^{2+}/(mg/L)	1.54	5.25	31.52	39.87	5.91	24.03	45.70	2.80	3.28
$K^{+}+Na^{+}$/(mg/L)	4.65	26.84	107.26	83.03	93.15	322.63	—	—	—
Cl^{-}/(mg/L)	1.06	27.60	29.22	40.59	34.33	203.84	66.20	2.85	54.06
SO_4^{2-}/(mg/L)	16.05	27.16	202.66	272.41	66.25	196.19	263.42	9.46	104.11
CO_3^{2-}/(mg/L)	—	—	—	—	—	7.35	—	—	—
SiO_3^{-}/(mg/L)	—	—	—	—	—	11.39	—	—	—
HCO_3^{-}/(mg/L)	17.69	97.60	442.06	447.13	197.03	370	721.73	124.72	124.23

三、选煤厂循环用水对浮选的影响

1. 无机盐离子的影响

表 4-4-2 是丹契娜用循环了不同次数、不同矿化度的循环水进行浮选试验的结果，表明：在低矿化度(6 000 mg/L 以下)时具有良好的浮选效果，这是起泡性能得到增强的缘故，但选择性会有所降低。根据丹契娜的结论，在高矿化度(20 000 mg/L 以上)将会产生不良影响。矿浆中盐离子对浮选的影响表现在起泡能力上。各种离子的起泡能力是不同的，浮选介质中阳离子的起泡能力差别不大，阴离子的起泡能力差别较大，其顺序为：

$$SO_4^{2-} > Cl^- > NO_3^-$$

当用硬水作介质时，钙离子可加强起泡性能，但当钙离子浓度过大(400 mg/L)时，这种作用几乎消除。同时钙离子对煤的可浮性也产生影响，其主要作用是改变煤表面电位，所以钙离子量少时对浮选有利，多时会降低选择性，增加精煤灰分。因此水质较硬时应注意钙离子对煤产生的抑制作用。

表 4-4-2 循环水矿化度对浮选的影响

循环水循环次数	循环水矿化度/(mg/L)	精煤		尾矿灰分/%	浮选时间/min	泡沫体积		泡沫产品中的固体含量/%
		产率/%	灰分/%			/cm^3	/%	
1	3 170	68.09	9.13	57.90	5.0	110	100	29.0
6	3 520	70.46	9.28	60.40	5.0	120	108	32.5
11	4 050	71.11	9.13	62.70	5.0	120	108	36.5
16	4 330	71.91	9.47	63.50	4.5	130	118	39.0
21	4 540	72.58	9.84	64.40	4.0	140	127	42.0
26	5 130	74.24	9.55	67.20	4.0	150	136	44.0
30	5 920	75.74	9.86	70.40	4.0	150	136	48.0

2. 循环水中剩余浮选药剂的影响

浮选过程添加的药剂往往不能被煤泥全部吸附，总有部分随尾矿排出，当尾矿水澄清后作浮选补给水时，这些药剂又返回浮选作业。随着尾矿水不断循环使用，循环水中剩余药剂不断积累，含量不断提高，这样，浮选就不是在最佳化的药剂条件下进行，对浮选产品的数、质量指标会有一定影响，这也是生产中很少注意到的问题。

浮选尾矿中的药剂剩余含量与药剂的初始浓度和化学性质有关：脂肪族醇类起泡剂是随着初始用量增加而增加，且碳链长度不同，剩余含量也不同；非极性捕收剂的剩余含量比复极性药剂低得多。对于同一类浮选药剂来说，在尾矿中剩余浓度越小，其浮选效果越好。

丹契娜对此进行了浮选尾矿水人工闭路循环试验，把每次浮选尾矿澄清水作为下次浮选试验用水。当煤油和起泡剂的总耗量为 160 mg/L 时，每次循环时水的药剂剩余浓度和矿化度及浮选数、质量指标见表 4-4-3。循环 10 次后在给药量不变时，进入浮选的药剂量已增加了 92%，浮选指标也发生了很大变化。当然生产中由于块煤对药剂的吸收，药剂剩余量的影响不像实验室试验那么显著，且在实际操作时，发现浮选指标变化后便会改变药剂用量。但对在闭路循环以及使用浮选精煤滤液作为浮选补给水的选煤厂，都应注意剩余药剂的积聚和影响，尽可能使用剩余浓度低的药剂，以保持浮选过程的最佳化和指标的稳定性。

表 4-4-3 药剂剩余含量对浮选的影响

循环水循环次数	循环水矿化度/(mg/L)	药剂剩余浓度/(mg/L)	精煤		尾矿灰分/%	浮选时间/min	泡沫体积		泡沫产品中的固体含量/(g/L)
			产率/%	灰分/%			/cm^3	/%	
1	890	62	53.01	7.40	44.02	6.0	220	100	258
2	1 050	75	70.68	8.99	66.28	4.0	290	136	280
3	1 250	86	77.88	9.02	71.64	3.5	335	152	319
4	1 450	—	73.85	9.85	72.08	3.5	345	157	477
5	1 700	94	74.20	9.89	72.52	3.5	360	163	464
6	1 910	112	75.88	9.66	71.99	3.5	365	166	456
7	2 080	—	75.97	10.08	75.87	3.5	405	184	415
8	2 340	120	76.39	10.26	76.80	3.5	450	204	360
9	2 560	132	77.40	10.59	78.91	3.5	485	220	397
10	2 750	147	76.81	10.76	80.06	3.0	500	227	400

3. 絮凝剂对浮选的影响

絮凝剂已广泛应用于浮选尾矿的澄清作业，使用最多的是合成的高分子絮凝剂——聚丙烯酰胺类。关于其在水中的残余量对浮选的影响，意见不一。有的认为它会被块煤和末煤吸收，所以循环水中残余量不至于影响浮选过程；有的认为它会被矿浆中大量的黏土类矿物颗粒吸收，对煤粒不会产生抑制；也有的认为它的浓度会积累，达到一定量后会对煤粒产生抑制。但缺乏实际资料证实絮凝剂对浮选生产的影响程度。实验室的研究表明：常规浮选条件下，矿浆中聚丙烯酰胺的浓度在 2.5 g/L 以下时浮选指标无明显变化；在 5 g/L 以上时煤粒受到抑制，选择性降低；浓度再高时精煤产率下降，灰分明显增加，达 50 g/L 时浮选过程完全遭到破坏。

由此可见，聚丙烯酰胺对浮选过程影响与否取决于其在矿浆中剩余浓度的大小。在选煤厂实际生产中，由于实际絮凝剂耗量低(0.3～3 g/L)，也可能是由于块煤和黏土矿物的大量吸收，故残余量少，积聚慢，尚未发现对浮选生产的严重影响。但长期闭路循环时，应注意和控制聚丙烯酰胺的浓度变化。

第六节　浮选药剂及影响

浮选能否进行并得到满意指标，很大程度上取决于浮选的药剂制度，在一些处理多金属矿石或复杂难选矿石的选矿厂，药剂制度更是生产中的突出问题。药剂制度主要包括：药剂的配制、药剂种类和用量、药剂的添加顺序、加药点和加药方法、药剂作用时间、联合用药、药剂最佳化控制和调节等。

一、配制浮选药剂

同一药剂，配制方法不同，用量和效果就不同。配制方法主要取决于药剂的性质、功能和添加方法。常见的配制方法有：

① 配制成水溶液——大多数溶于水的药剂均可采用此法，如黄药、水玻璃，配成 5%～10%的水溶液；聚丙烯酰胺，配成 1%的水溶液。

② 加溶剂配制——有些不溶于水的药剂可先溶于特殊溶剂，如白药需先溶于 10%～20%苯胺，配成苯胺混合液后使用。

③ 乳化——可采用机械搅拌、水射流、超声波等配合乳化剂，对如烃类油等难溶、难分散的药剂乳化可提高效能。

④ 配制悬浮液或乳浊液——对一些不易溶的固体药剂，如石灰，可磨细后用水调成乳状悬浮液(石灰乳)使用。

⑤ 气溶胶法——利用特殊的喷雾装置将药剂在空气中雾化后，直接加入浮选槽。

⑥ 皂化——对脂肪酸类捕收剂，皂化是最常用方法。

⑦ 酸化——阳离子捕收剂水溶性差，须用盐酸或醋酸进行质子化处理，然后才能溶于水。

⑧ 电化学处理——即在药剂溶液中通直流电，以改变药剂本身状态、溶液的 pH 值和氧化还原电位，从而提高活化组分的浓度、形成胶粒的浓度以及难溶药剂在水中的分散程度等。

二、制定浮选方案

制定浮选方案是对矿石的性质和可能采用的浮选方案进行分析，同时参考类似厂的经验，决定采用什么流程，如混合浮选或优先浮选？先浮哪种？抑制哪种？哪种活化？等等。通常可参考以下几点：① 先浮易浮的矿物，后浮难浮的矿物。② 抑制好抑制的或可浮性差的，不抑制难抑制的或可浮性好的。③ 当矿物可浮性相似时，先浮数量少的，抑制数量多的。④ 活化量少的矿物，抑制量多的矿物。⑤ 浮选价值高的，抑制价值低的。⑥ 浮选精矿质量要求高的矿物，抑制精矿质量要求低的矿物。这些经验通常是可行的，但特殊情况应具体对待。

三、选择药剂种类

通过以上考虑，可进一步拟定浮选流程方案，提出药剂处方。药剂处方包括用哪几种药剂、用量的大致范围。在考虑这些问题时，参考类似厂实践十分重要。应先提出几套流程方案和药剂处方，通过比较分析后初选 1～2 个，最终通过试验确定。在分析、试验、研究过程中要处理好以下几方面的矛盾或交互关系：① 捕收与抑制的关系；② 活化与抑制的关系；③ 分散与絮凝的关系；④ 捕收与起泡的关系。

四、合理添加浮选药剂

为保证矿浆中最佳药剂浓度，药剂必须合理添加。这包括选择合适的加药顺序、加药地点、加药方式等。合理添加的另一原因是加到矿浆中的药剂通常有好几种，加上矿浆中原有的组分，它们之间的交互作用很复杂，且相互影响和制约。好的药剂制度可充分利用这些作用，发挥药剂效能；而药剂添加不当，可能造成整个工艺过程混乱。应根据矿石特性、药剂性能、工艺要求等选择合理的加药顺序、加药地点、加药方式。

1. 加药顺序

应根据药剂的作用和机理确定。一般按下列顺序：pH 调整剂—活化剂或抑制剂—捕收剂—起泡剂。

2. 加药地点

视药剂性质和要求的作用时间确定。pH 调整剂、抑制剂多加在球磨机中，难溶的捕收剂可加在球磨机中，易溶的捕收剂、活化剂和起泡剂一般加在浮选前的搅拌桶中。还可加 20%～40%的捕收剂和起泡剂在浮选机中。如两种药剂互相影响，有抵消作用，则应分别加入，让第一种充分作用后，再加第二种。

3. 加药方式

有集中加药和分批加药两种。前者是将全部药剂一次加入矿浆中，简单，方便，药剂浓度在一点较高、作用较强，可提高浮选初期的速度；后者是分批或逐点添加，以维持浮选整个过程的均衡浓度，对提高一些难浮物料的选择性和回收率有利。分批加药适用于下列药剂：① 易被泡沫带走的；② 在矿浆中易起反应的；③ 用量要求严格控制的。细粒物料，尤其是细泥含量高时，为提高选择性，宜采用分批加药，使药剂处于亏量状态。常用药剂所需的接触时间根据经验一般为 1～3 min。

五、混合用药(联合用药)

是将两种或两种以上的同类型或不同类型药剂按一定比例加入,以提高效果。已在实践中广泛采用。联合用药的形式有:

① 同系药剂联(混)用,如低级与高级黄药共用。

② 溶剂、乳化剂、润湿剂混(共)用,如煤油、柴油与乳化剂共用。

③ 同类药剂混用,如各种硫化矿捕收剂共用,像强弱性能不同、可溶与不可溶药剂的共用,常以一种为主,另一种为辅。

④ 阳离子捕收剂与阴离子捕收剂共用,如十二胺与油酸钠或黄药的共用。这种混合用药的机理有两种解释,一种认为阳离子药剂先在荷负电的矿物表面吸附,使矿物表面电荷符号变正,以利于阴离子药剂的吸附;另一种认为在酸性介质中,阳离子捕收剂为离子吸附,阴离子为中性分子吸附(在碱性条件下情况相反)。前一种称“电荷补偿”机理,后一种称分子离子共吸附机理。

⑤ 氧化矿与硫化矿捕收剂共用。

⑥ 大分子与小分子药剂共用,如所谓的聚-复捕收剂就是由水溶性差的高分子聚合物与普通捕收剂混合所制成的水溶液混合物,据认为捕收剂分子是沿着聚合物烃链发生定向吸附构成复合物,复合物的性能比原捕收剂更好。

⑦ 此外,调整剂的联合使用更是经常采用。

混合用药捕收效果较好的原因一方面可能是矿物表面的不均匀性,不同类型和特性的药剂可有选择地吸附在不同区间或部位,提高药剂在矿物表面的吸附密度和药剂覆盖面,提高矿物表面疏水性;另一方面可能是由于不同药剂在矿物表面产生“共吸附”,强化了捕收剂在矿物表面的吸附。共吸附有两种模型:一是穿插型,即一种药剂先吸附在矿物表面,另一种药剂再穿插在中间,在矿物表面垂直排列,形成共吸附,如图 4-2-9 所示。如捕收剂和起泡剂的分子或离子常互相穿插,在矿物或气泡表面形成共吸附,提高了选择性。二是层叠型,即一种药剂先和矿物作用,改变其原有特性,再引起其他药剂在其上发生二次层叠作用。如杂极性药剂先吸附在矿物表面,烃类油再在其非极性端吸附,使矿物更疏水。

六、矿浆中浮选药剂最佳用量的控制和调节

浮选回路中的药剂制度最佳化和控制对浮选过程的稳定和最大限度降低药耗至关重要。主要应通过实验室和工业性试验,了解矿浆中各种药剂与矿物之间及各种药剂浓度之间的相互关系,建立在不同条件下的数学模型,并求出各种矿物在不同条件的特征参数,然后用自动控制体系实现。

七、煤泥浮选的药剂制度

1. 药剂种类

通常为捕收剂和起泡剂,少数加调整剂或兼具捕收和起泡性能的复合药剂。

捕收剂主要是非极性烃类油,最广泛使用的是煤油和柴油。因加工方法不同,煤油或柴油性质有些不同。易浮煤可采用活性低的,难浮煤、细泥多时采用活性高的。

起泡剂多为化工副产品,我国没有专门产品作起泡剂供煤泥浮选。这些副产品化学组

成和性质差别大。极性基比例高的起泡剂具有较高的亲水性和较低的浮选活性；非极性基比例高的起泡剂具有较高的表面活性。起泡剂的选择对精煤质量有较大的影响，选择时应考虑煤泥中高灰细泥含量及浮选机的充气情况。当煤泥中精煤含量大，应选用起泡多、气泡小、寿命长的起泡剂，以利于粗粒在气泡上的固着和回收；当细粒含量高，应选用气泡大、性脆、寿命不太长的起泡剂，以加强二次富集作用，提高浮选的选择性。

2. 加药方式和地点

分为一点(集中)加药和多点加药。一点加药常将捕收剂和起泡剂同时加到搅拌桶中；多点加药则将药剂按比例分别加到搅拌桶和浮选槽中。采用何种方式与地点加药主要取决于煤泥性质。易浮煤常采用一点加药，难浮煤或浮选活性较高的药剂应采用多点加药，即将药剂总量的60%～70%加入搅拌桶中，其余加到浮选机的中矿箱或搅拌机构中。对于六室浮选机，可分2～4段添加：第一段加在搅拌桶中，第二段加在第二室中矿箱，以后每隔一室添加一次。但起泡剂不应在搅拌桶加入过多，以免造成前室泡沫过多。分批加药通常比一点加药的回收率高(尤其对粗粒级)、选择性好(尤其对细粒级)。对需用接触时间较长的药剂，应尽量加在搅拌桶中，反之则可考虑加在浮选机中。

3. 药剂消耗与油比

药剂消耗与药剂种类、煤泥表面性质、粒度组成及矿浆浓度等有关。我国选煤用的捕收剂(煤油或柴油)一般耗量在0.5～3 kg/(t煤泥)之间，醇类起泡剂的耗量随种类不同而变化，一般在100～300 g/(t煤泥)之间。通常变质程度低、氧化程度高、疏水性差的煤药剂耗量较大。粒度越细，矿浆浓度越低，耗量也越大。

油比是指捕收剂和起泡剂用量的质量比，油比大小与煤泥的性质及流程有关，我国的油比常在5∶1～10∶1。疏水性强、可浮性好、细泥少、粒度较粗的煤泥可用小油比，甚至于1∶1，反之用大油比，可超过10∶1；直接浮选时油比可达20∶1。油比大，泡沫层对入料变化的缓冲性大，即反应不敏感，浮选过程比较稳定，因此，入料性质和浓度变化较大时应用大油比，但过大会浪费捕收剂。

第七节 浮选流程

浮选流程定义为矿石浮选时矿浆流经各个作业的总称。不同类型矿石应用不同的流程处理。流程也反映了被处理矿石的工艺特性，故称为浮选工艺流程。浮选流程的选择主要取决于矿石的性质及对精矿的质量要求。矿石性质主要是：原矿品位和组成；矿石中有用矿物的嵌布特性及共生关系；矿石在磨矿过程中的泥化情况；矿物的物理化学特性等。此外，浮选的规模和技术经济条件也是确定流程的依据，并且往往决定了流程的繁简程度。规模较小、技术经济条件较差的厂不宜采用较复杂的流程；为获得好的技术经济指标可采用较复杂的流程。应该指出，有时多种有用矿物紧密共生，单一浮选流程不能最大限度地综合回收各种有用成分，必须采用浮选与其他选矿方法或冶金方法的联合流程。

选择浮选流程时，必须确定浮选的原则流程和浮选流程的内部结构。

一、浮选原则流程

浮选原则流程又称骨干流程，即只指出了处理各种矿石的原则方案，如段数、循环(又称回路)和矿物的分选顺序。

1. 段数

指磨矿与浮选结合的数目。磨一次(粒度变化一次)、浮选一次叫一段。矿石中常不止一种矿物,有时一次磨矿之后要分出好几种矿物,这还是叫一段,只是几个循环而已。当矿物粒度嵌布较细,进行两次以上磨矿才能浮选,而两次磨矿之间没有浮选作业,这也叫一段。一段流程适用于粒度嵌布较均匀、粒度相对较粗且不易泥化的矿石。多段流程指两段以上的流程,且种类较多,如何选择与应用主要由矿物的粒度嵌布和泥化特性决定。以两段流程为例,可能的方案有三种:精矿再磨、尾矿再磨和中矿再磨,如图 4-4-4 所示。精矿再磨适用于有用矿物嵌布较细而集合体又较粗的矿石,粗磨条件下集合体就能与脉石分离,并选出粗精矿和废弃尾矿,第二段对少量精矿再磨再选,这种流程在多金属矿浮选时较常见。尾矿再磨适用于有用矿物嵌布很不均匀,或容易氧化和泥化的矿石,一段在粗磨条件下分出一部分合格精矿,二段将含有细粒矿物的尾矿再磨再选。中矿再磨适用于矿物以细粒浸染为主,一段浮选能得到部分合格精矿和尾矿,但中矿含有大量连生体。

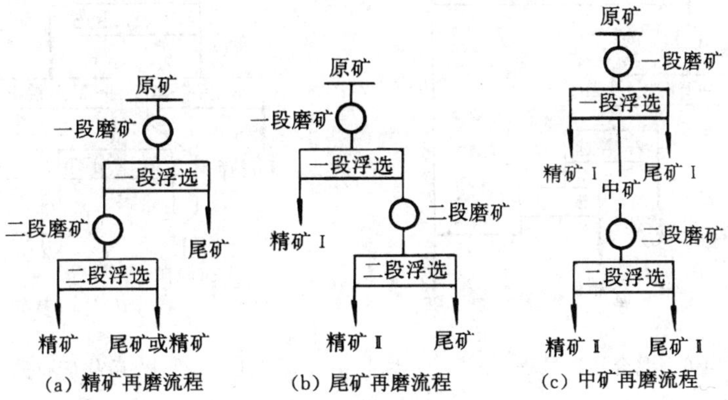

图 4-4-4　两段磨选流程的类型

2. 循环

又称回路,凡经一次浮选,得到一种产品称一个循环。通常以所选矿物中的金属(或矿物)来命名,如图 4-4-5 所示的铅、锌、铜、硫循环等。

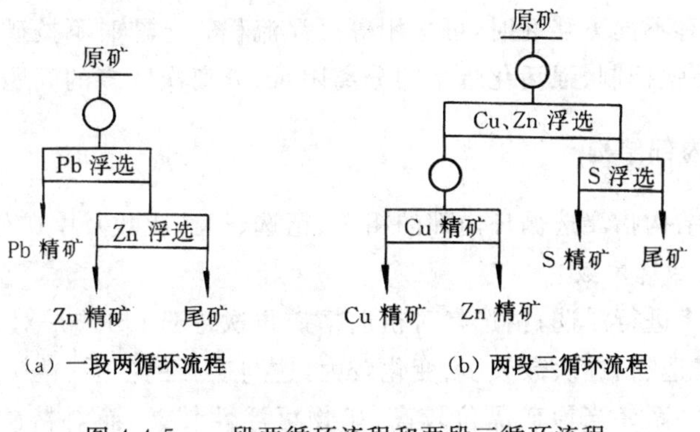

图 4-4-5　一段两循环流程和两段三循环流程

3. 矿物的分选顺序

矿物的分选顺序取决于矿石中各矿物的可浮性、矿物之间的共生关系等，常有以下几种：

(1) 优先浮选流程

即每次只浮选一种矿物，抑制其他矿物，然后再活化并浮选第二种矿物，抑制其余矿物，逐次回收有用矿物。如图 4-4-5(a)所示，先浮 Pb、再浮 Zn。

(2) 混合浮选流程

即先将矿石中几种有用矿物一同浮出，得到混合精矿后再对混合精矿进行分离，得到各种合格精矿，如图 4-4-6 所示。适用于有用矿物呈集合嵌布、粒度较粗、不同的有用矿物可浮性又接近、在粗磨下就能废弃尾矿的矿石。

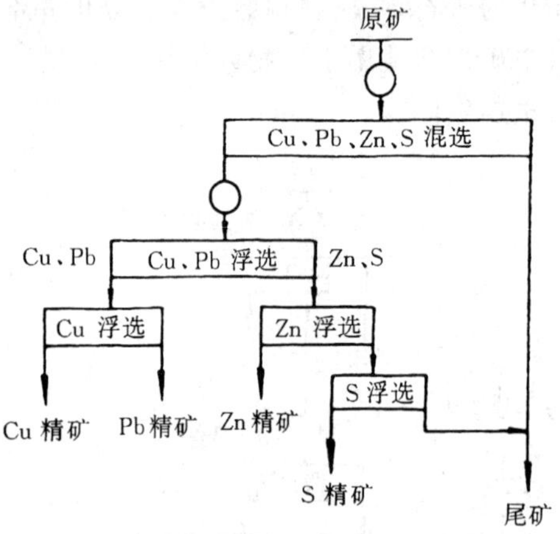

图 4-4-6 混合浮选过程

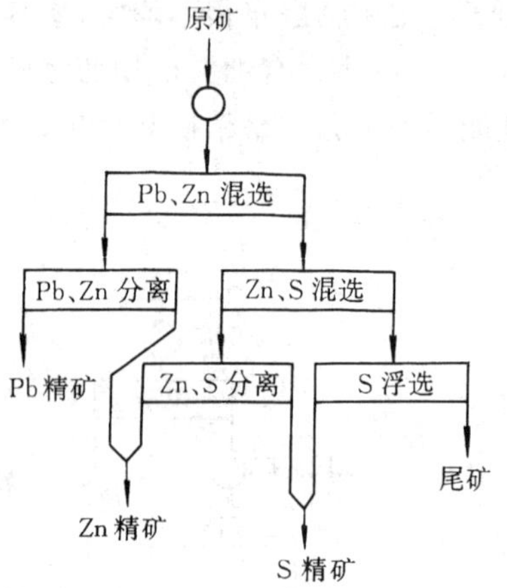

图 4-4-7 铅-锌-硫化矿石的等可浮流程

(3) 部分混合优先浮选流程

即先浮矿石中某几种有用矿物，抑制其余矿物，然后活化并浮选被抑制的矿物，先浮出的混合精矿再浮选，得到合格精矿，如图 4-4-5(b)所示。当矿石中有几种有用矿物可浮性接近，而有的可浮性又不同时可采用。

(4) 等可浮流程

同一种矿物当有不同可浮性时，可采用等可浮流程。分选时不按矿物进行，而按其可浮性进行，这样可免除强抑制、强活化带来的分离困难、分离次数多的问题，如图 4-4-7 所示。

二、浮选流程内部结构

浮选流程内部结构指浮选循环内部的粗选、精选、扫选次数及中矿处理方式。

1. 粗选、精选、扫选次数

粗选是对原矿浆进行浮选；精选是对粗选精矿再次浮选；扫选是对粗选尾矿再次浮选。粗选通常是一次，精选、扫选次数较多、变化较大，这与矿石的性质、精矿的质量要求、欲选成分的价值等有密切关系。当原矿品位较高，矿物可浮性较差，而对精矿质量又要求不很高时，应在粗选基础上直接出精矿，不精选或少精选，加强扫选，保证回收率，如图 4-4-8 所示；当原矿品位低，对精矿质量要求又很高，有用矿物可浮性较好，则应加强精选，减少扫选，如

图 4-4-9 所示。但实践中多数是既包括精选又包括扫选的流程，如图 4-4-10 所示。精、扫选次数根据试验和实践而定。

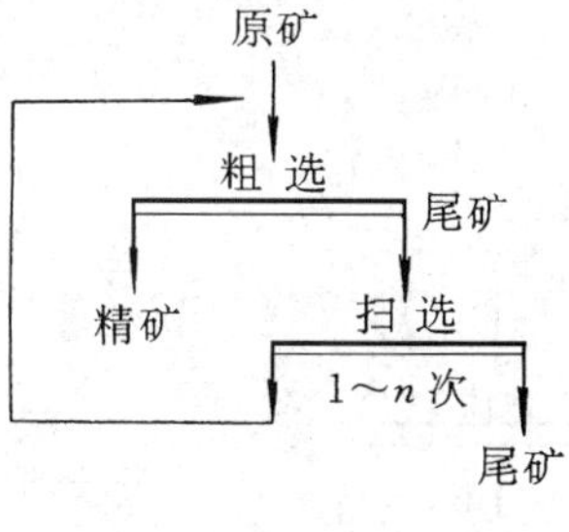

图 4-4-8 往扫选方向发展的浮选流程结构

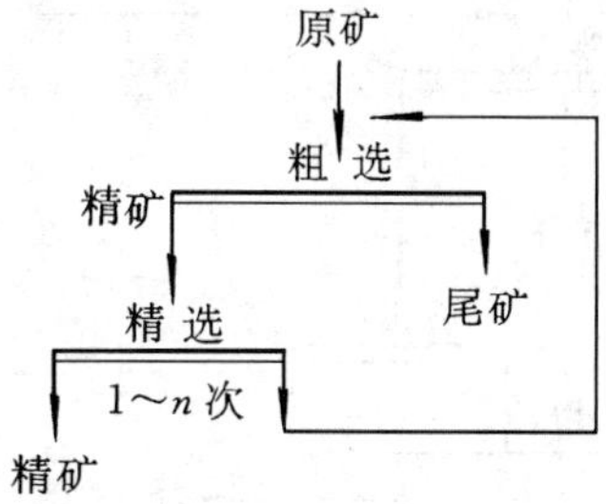

图 4-4-9 往精选方向发展的浮选流程结构

2. 中矿处理方式

精选作业的尾矿和扫选作业的泡沫产品一般统称为中矿，处理方式视中矿的组成、连生体含量、有用矿物可浮性、药剂的含量及对精矿的质量要求而定。通常有以下几种：① 中矿依次返回前一作业。有用矿物基本解离的中矿可采用这一方式，可简化中矿运输（多数情况下可自流运输），我国多采用此方法。② 中矿合一返回粗选或磨矿作业。当有用矿物可浮性良好，对精矿质量要求高时中矿合一返回粗选；当含有较多连生体时可合一返回磨矿。③ 中矿单独处理。在一单独的回路中，将中矿再磨后单独处理或返回主回路处理，此流程较复杂。④ 在浮选困难时，采用火法或化学方法处理；或不处理直接作低品位精矿销售。

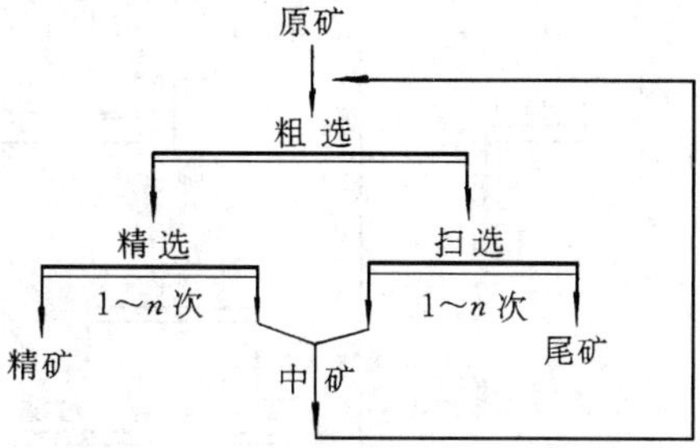

图 4-4-10 实践中常见的浮选流程结构

三、煤泥浮选流程

1. 煤泥浮选原则流程

现工业的煤泥浮选无磨矿作业（但随煤炭脱硫的发展，用磨矿使黄铁矿解离是一个方向），所以煤泥浮选流程简单。其原则流程是指浮选与前面作业的连接形式，按其特点分为：浓缩浮选、直接浮选和半直接浮选。

（1）浓缩浮选

浓缩浮选是指重选过程产生的煤泥水经浓缩后再进行浮选的流程，如图 4-4-11 所示。我国 20 世纪 70 年代前的选煤厂均采用此流程。其特点一是因采用浓缩机底流作浮选入料，故入料浓度高，浮选过程要添加较多的补充水；二是当细粒含量高时，大量微细颗粒在浓缩机中不易沉降下来，集中在溢流中，往复循环，影响重选、浮选等各环节效果。

（2）直接浮选

近些年我国新厂设计及国外多采用此流程。特点是重选过程的煤泥水直接进入浮选环节，如图 4-4-12 所示。浮选尾煤经彻底澄清后返回作循环水使用，浓度为 0.5 g/L 左右，大大提高了分级、浓缩、重选、浮选和过滤等作业的效果。此外，取消了浓缩机，简化了工艺，降

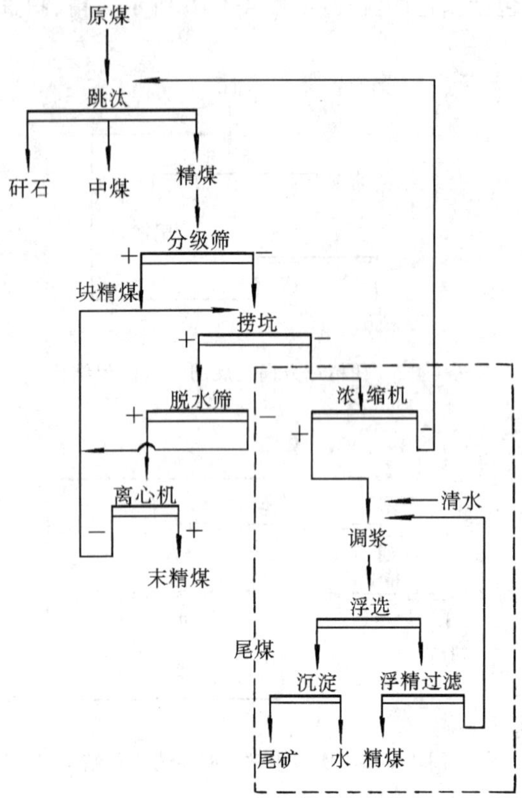

图 4-4-11 浓缩浮选流程

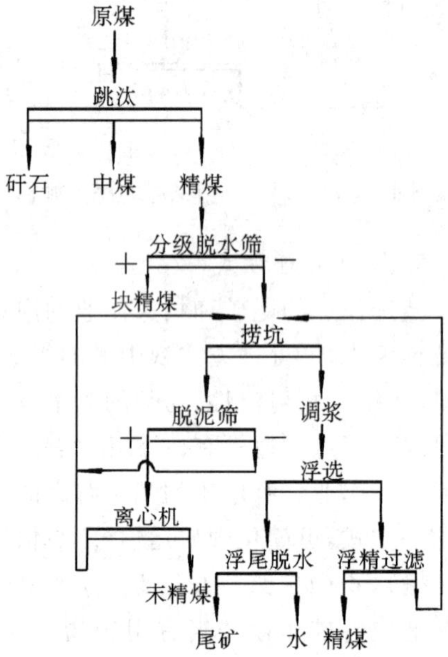

图 4-4-12 直接浮选流程

低了费用，便于管理。其主要问题是入浮浓度较低(有的厂低于 40 g/L)，故生产中要严格控制添加清水量。

(3) 半直接浮选

这是考虑到直接浮选入浮浓度低而采用的一种改良措施。根据重选产品的脱水、分级设施——捞坑的溢流水流向可有几种不同形式：

浓缩浮选时分出小部分捞坑溢流水不经浓缩直接去作浮选入料稀释水，既降低入浮浓度，减少了清水补加量，又减轻浓缩机负荷，提高了沉降效果，降低了循环水中煤泥循环量，此又称部分浓缩，部分直接浮选。

重选设有主、再选捞坑的大型厂，将主选捞坑溢流(浓度高)作为入浮原料，再选捞坑溢流作为循环水(浓度常在 10 g/L 左右)，此又称部分循环，部分直接浮选。

主、再选不分设捞坑时，为减轻进入浮选矿浆量和提高入浮浓度，可将少部分捞坑溢流水直接作为循环水，其余去浮选。但这也会导致循环水中煤泥循环量增加。仅在细泥含量少时采用，此也属部分循环，部分直接浮选。

2. 煤泥浮选流程内部结构

由于煤泥可浮性好，精煤量大及对精煤质量要求不高，煤泥浮选不需多次精选与扫选，流程相对简单得多，可根据煤泥性质、对精煤质量要求和规模等因素选择合适的流程内部结构。常用的煤泥浮选流程内部结构如下：

(1) 一次浮选(粗选)

如图 4-4-13 所示,适用于易选或中等易浮煤泥,或精煤质量要求不高时。特点是流程简单,水、电耗量小,便于操作管理,处理量大。

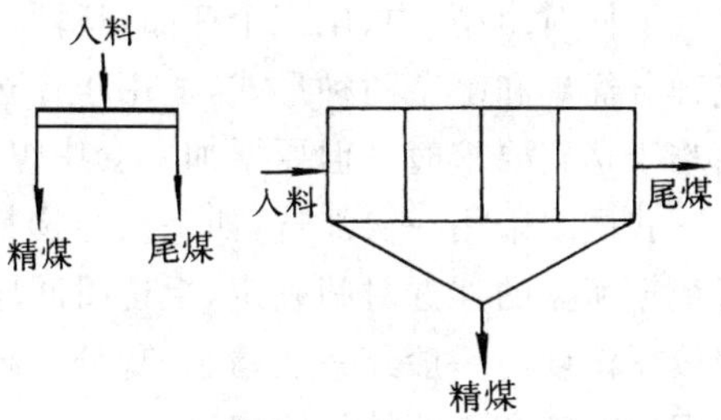

图 4-4-13　一次浮选流程

(2) 中煤再选

如图 4-4-14 所示,中煤可返回再选或单独再选,适用于较难浮煤泥,可保证精、尾煤质量。返回再选可将粗选的后 1～2 室泡沫返回前几室浮选,以提高精煤回收率或降低其灰分;单独再选对降灰、提高精煤产率有利,但增加了设备,加大了管理难度。

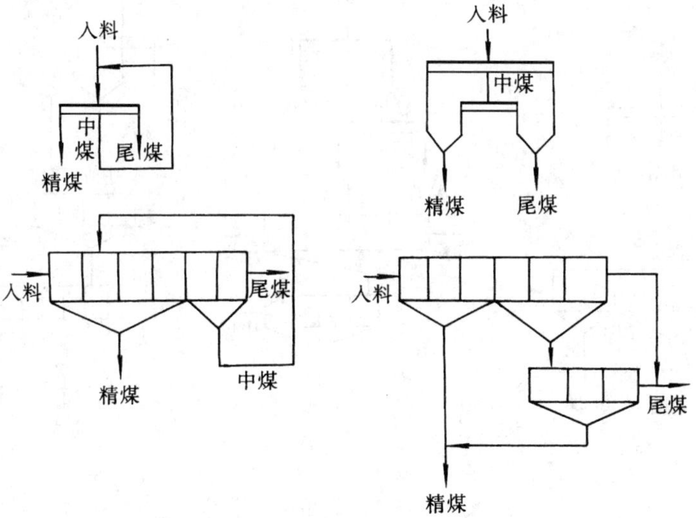

(a) 中煤返回再选　　(b) 中煤单独再选

图 4-4-14　中煤再选流程

(3) 精煤再选

如图 4-4-15 所示,适用于高灰细泥含量大的难浮煤或对精煤质量要求高时。由于增设了浮选机,流程、操作、管理较复杂,水、电消耗也较高。可采用大型浮选机解决。

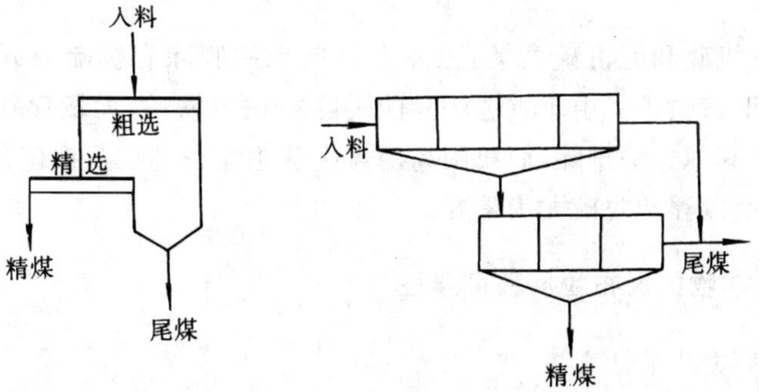

图 4-4-15　精煤再选流程

(4) 三产品流程

即同时出精、中、尾三个产品，比两产品更容易保证精、尾煤质量，如图 4-4-16 所示。该流程分简单和复杂两种形式，适用于浮选入料中煤含量较大，精、尾煤指标又要求较高，两产品难于达到要求时。但要增加一套中煤过滤设备。

我国多采用一次浮选，如一次浮选精煤不合要求时需用精选作业。粗选、精选所需室数可根据所需的浮选时间确定，粗选时间应比精选长。因此粗选时可采用较高浓度，精选时采用较低浓度。一般经一次精选，灰分可降低 1～2 个百分点，但处理量要降低。具体流程应根据实验室和工业性试验确定。

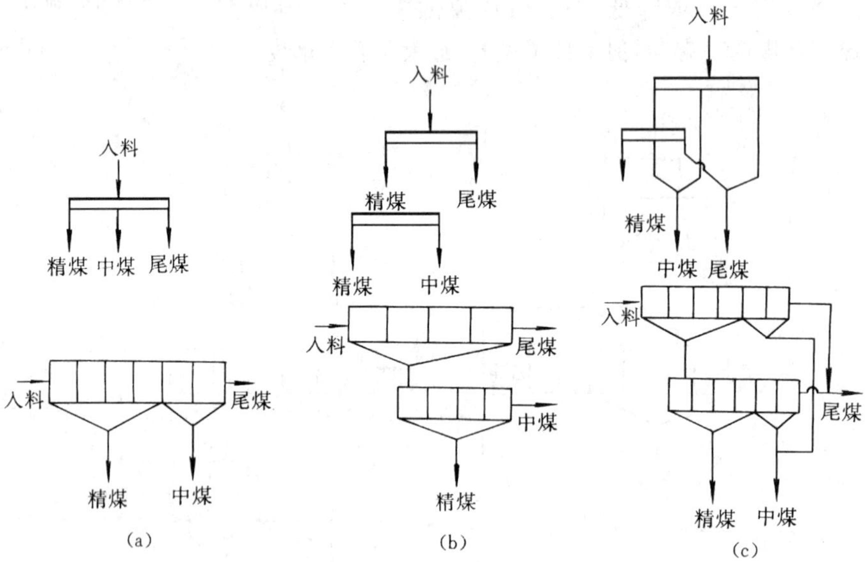

图 4-4-16　三产品浮选流程

第八节　煤炭浮选脱硫

由于燃煤导致严重的大气污染和酸雨，煤炭脱硫已引起世界各国的普遍重视。发达国家选煤的重点已转向脱硫。以美国为例，如煤炭的脱硫问题获得解决，则煤炭的可采储量可增加十倍。

煤中硫分分有机硫和无机硫两类，工业上目前无法脱除有机硫，只能脱除主要的无机硫——硫铁矿硫，即黄铁矿。由于重选法只能脱除粗粒黄铁矿，大量存在的、细粒嵌布的黄铁矿只能用浮选或其他方法排除，而我国高硫煤中硫主要以细粒黄铁矿存在，加之浮选在我国又有广泛基础，所以浮选脱硫尤为重要。

一、煤中硫化矿物的嵌布粒度和可浮性

1. *煤中黄铁矿的嵌布粒度*

黄铁矿硫在煤中的嵌布特征和粒度分三种情况：① 粗粒嵌布，呈块状或扁豆状，粒度较大，结构致密；② 细粒嵌布，呈多孔或块状结构，在煤中分布不均匀，有时为极薄的夹层；

③ 显微粒度嵌布，呈球状，在煤中分散极细。显微嵌布粒度在 25～40 μm 之间。为了使不同粒度的黄铁矿能单体解离，必须破碎到嵌布粒度以下。浮游选煤中很少遇到单体解离的纯黄铁矿颗粒，绝大部分情况下都是不同类型的含煤结合体。

2. 黄铁矿的可浮性

黄铁矿的物理性质与其他硫化矿物相似，但在浮选过程中黄铁矿对各种浮选药剂有不同的反应。如黄药阴离子不能捕收黄铁矿；黄铁矿易被氰化物或氢氧化物抑制，但不容易被硫化物阴离子抑制；氢氧化物的抑制作用主要是氢氧化物增加了溶液中的氢氧根数量，阻止了双黄原的生成。氰化物抑制机理有人认为是氰离子的作用，有人认为是铁离子和氰离子形成的铁氰化合物，或亚铁氰离子的缘故。一般说来，亚铁氰化合物比铁氰化合物抑制更有效；在酸性介质中，铁氰化合物和亚铁氰化合物比氰化物抑制更有效。黄铁矿氧化后可以提供更多的铁离子，可使氰化物发挥其抑制作用。但黄铁矿的过度氧化也会大大降低其可浮性。

二、使用选煤药剂时，煤中黄铁矿的可浮性

采用磺化煤油、烷基芳基磺酸钠、6～8 个碳原子的脂肪醇混合物等药剂用单泡浮选法进行试验研究，结果表明，上述药剂对煤中黄铁矿有显著的捕收作用，而且煤中黄铁矿比一般黄铁矿更可浮。这是由于煤中黄铁矿含有有机物质，所用药剂可以很好捕收这些有机物，因而使煤中的黄铁矿具有较高的疏水性，易和精煤一起加入到泡沫产品中。因此，浮选法脱除黄铁矿时，为了提高过程的选择性，最好采用适当的调整剂。但由于煤中含有其他的共生矿物，会使调整剂的选择性降低。

三、煤炭浮选时，黄铁矿硫的脱除

由于黄铁矿的可浮性较好，捕收煤用的捕收剂也都能捕收黄铁矿，常规的浮选脱硫效果不太好，但也还能脱除部分黄铁矿。为更多脱除黄铁矿，有的采用抑制黄铁矿浮出的方法，如美国采用多羟基黄原酸、巯基乙酸、聚酸、石灰或重铬酸钾；加拿大采用羧甲基纤维素；中国矿业大学采用联苯双酚；煤炭科学研究总院唐山分院采用 PF 抑制剂等，且均取得一定的效果。也有的采用粗选-精选两段浮选法，但费用高。美国曾采用煤-黄铁矿反浮选的方法代替两段浮选法：即第一段为常规浮选，浮出精煤，但含硫量较高，第二段为精煤反浮选，抑制精煤，浮黄铁矿。所用抑制剂为 Aero633，为美国氰胺公司产品，是一种含氰、氯、钙、钠的氰化物，可抑制含碳脉石，但含氰，有毒性。美国过去也曾使用过淀粉、树胶等有机胶体物，用于处理美国东部的易选煤时取得了较好的效果，一般能脱除煤中 44%～65% 的黄铁矿硫。但工业性试验结果不很理想。原因可能是浮硫抑煤时，一段浮选精矿中所带杂质和煤一起被抑制，留在浮选槽内的结果。在有机硫含量低时，采用煤-黄铁矿浮出法脱硫是有效的。

浮选脱硫抑制剂是关键，因此必须寻找安全高效的捕收剂和抑制剂。但采用浮选柱脱除细粒黄铁矿也是正在发展的先进技术。浮选柱由于流态平稳，选择性好，对可浮性差别不大的煤和黄铁矿能较好分离，尤其对于细粒黄铁矿，再配用合适的黄铁矿抑制剂效果会更好。

此外，浮选脱硫方面还有一种正在研究的微生物表面处理后浮选的方法，即用具有一定亲水性的细菌微生物，如氧化硫杆菌或氧化亚铁硫杆菌等，利用它们对黄铁矿的选择性吸附和大量吸附后对黄铁矿表面的改性作用(增加亲水性)，使得黄铁矿被抑制，通过浮选尾矿排

出。这种微生物脱硫法不同于传统的微生物浸出脱硫法。主要区别在于该法不是通过细菌对硫的氧化而脱硫，而是通过细菌在矿浆中对黄铁矿的快速吸附，而改变黄铁矿的表面性质，因而分选速度快，数分钟即可实现，具有一定应用价值和前景。此外，采用微生物作为抑制剂无毒、无公害，符合科学发展和技术进步的趋势。这种矿业生物工程脱硫技术目前存在的主要问题是多数细菌生长和作用都是在酸性条件下，且细菌生长较慢。现正致力于发现和培育能在中性条件下快速生长和改性的微生物。

第九节 煤泥浮选工艺效果检查和评定

一、浮选机的单机检查和分析

浮选机应定期进行检查和分析，以确定浮选机工作效果，及时发现问题并进行调整。有经验的操作者通过对泡沫精矿的观察和触摸能大致判断精煤的质量，通过对尾矿的观察和触摸能大致判断尾矿中的粗粒级损失和灰分多少。但作为准确的科学资料，应进行浮选机的单机检查，内容包括：处理量、药剂耗量、总的及各室的精煤、尾煤的数量和质量。

1. 浮选机单机检查取样和计量点

为了得到浮选机单机检查所需要的资料，可按图 4-4-17 进行取样和计量。取样应在生产正常时进行，同时应测定入料的浓度。对所取样品进行灰分测定，有条件时应做小筛分试验。煤泥的分选过程是逐室进行的，总效果是各分室效果的综合。因此，分析浮选过程还要检查各室浮选效果。

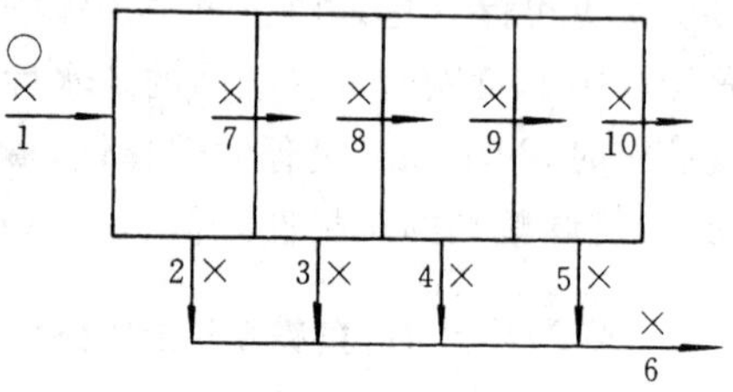

○—计量点；×—取样点。

图 4-4-17 浮选机单机检查取样和计量点

2. 浮选机的处理能力

浮选机的处理能力包括矿浆处理量和干煤处理量。通过浮选入料的计量可直接求得浮选机的矿浆处理量，并可计算单位容积矿浆处理量。根据浮选机的矿浆处理量和浮选入料浓度可算出浮选机的干煤处理量和单位容积矿浆干煤处理量。

假定计量结果矿浆处理量为 G(m^3/h)，浮选机单槽容积为 V(m^3)，n 室一组，浮选入料浓度为 q(g/L)。则：

$$单位容积矿浆处理量 = \frac{G}{nVK} \quad [m^3/(h \cdot m^3)] \tag{4-4-2}$$

$$干煤处理量 = Gq \times 10^{-3} \quad (t/h) \tag{4-4-3}$$

$$单位容积干煤处理量 = \frac{Gq}{nVK} \times 10^{-3} \quad [t/(h \cdot m^3)] \tag{4-4-4}$$

式中，K 为容积利用系数，煤泥浮选取 K=0.65～0.75。

3. 计算各室精煤产率

根据各浮选室取样的灰分化验结果，用灰分平衡公式来计算各浮选室的精煤产率：

$$\gamma_j = \frac{A_y - A_w}{A_j - A_w} \times 100\% \tag{4-4-5}$$

式中　γ_j——精煤产率，%；

A_y——入料灰分，%；

A_j——精煤灰分，%；

A_w——尾煤灰分，%。

例：图 4-4-17 中各产物灰分分别以 A_1、A_2、A_3…表示，则产物 2 的产率：

$$\gamma_2=\frac{A_1-A_7}{A_2-A_7}\times 100\%;\qquad \gamma_7=\gamma_1-\gamma_2$$

计算第二室精煤产率时，γ_7 为入料。注意：用上式计算出来的 γ 是以入料 γ_7 为 100 时所占的百分数，而逐槽取样中要计算的 γ_3 应以总入料 γ_1 为 100 时所占的百分数。因此，计算第二室的精煤产率 γ_3 时，应乘以本室入料 7 占总入料 1 的百分数 γ_7，所以，γ_3 应为：

$$\gamma_3=\frac{A_7-A_8}{A_3-A_8}\times\gamma_7$$

同理，可逐室计算出精煤产率 γ_4、γ_5、…。由此再进一步计算出各室精煤的吨数。

4. 测定充气量、计算充气均匀度、用药量，计算油比

充气量和充气均匀度按浮选机一章所述方法进行测定和计算；用药量可用量筒法，捕收剂和起泡剂应分别测定、计算，用秒表计时，换算成单位时间的用药量；根据浮选机的干煤处理量，换算成吨干煤所用捕收剂和起泡剂用量，并计算油比。

5. 逐槽试验结果分析

(1) 浮选入料和产品小筛分组成

浮选入料和产品的小筛分应到 200 网目，有条件时可到 320 网目。入料中粗、细粒级含量的多少、灰分的高低对浮选有很大的影响。所以，从浮选入料小筛分组成可大致判断浮选过程能达到的效果。结合产品的小筛分可分析浮选的实际效果，分析各产物中高灰细粒物料的分选效果和对精煤的污染程度，分析粗粒低灰物料的捕收情况和在尾煤中的损失程度。如果细粒级含量大且灰分高，则可能造成对精煤的污染。如果各产品与尾煤的各粒级灰分相差较大，说明浮选效果好。粗粒灰分低，易损失在尾煤中，如尾煤中粗粒物料量少，则说明粗粒的捕收效果较好。

(2) 各室产品的数量和质量

① 各浮选室的产率

浮选过程中，浮选机各室的浮选速度应该逐渐降低，各室浮出的精煤数量逐渐减少，但开始时必须有足够的速度和数量，否则，使可燃体在尾煤中损失增多，使浮选尾煤灰分过低，造成浮选槽不足的假象。应注意分析造成该情况的原因，是煤泥本身可浮性低，还是浮选操作条件控制不当造成的，如充气量、药剂、给矿量、给矿浓度等不合适所致。如是后者则可作适当调整。

② 各浮选室产品的质量

各室泡沫产品的质量也应逐渐发生变化。煤泥浮选过程是个不断优化的过程，因此，灰分应逐室递增。如果各浮选室泡沫产品灰分很相近，尾煤灰分又不高，属不正常现象。首先要分析前几室，看操作上是否有问题，如药剂用量、液面高低、充气量是否合适。前几室产品的灰分如果很相近、灰分又低时，应采取措施提高浮选速度。通常，浮选机各室泡沫产品灰分的变化，前面的应较慢，后面的较快。但最末室的泡沫产品灰分不应高于原煤灰分。有时

第一室的灰分会略高于第二室，这主要是细粒煤泥含量比较大，导致无选择性吸附，从而污染泡沫精煤的结果。

(3) 结合浮选机其他指标分析

通过结合浮选机的其他指标，如处理量(矿浆量和干煤量)、药剂用量(捕收剂和起泡剂以及油比)的分析，可了解浮选机的工作状况、药剂消耗量、有无潜力提高处理能力、药剂添加是否合理等。但以上因素常常互相影响，分析时应全面考虑。

二、煤泥浮选效果评定

为评价选煤厂浮选生产状况，比较选煤厂之间的浮选效果，可采用标准 MT/T 180—1988，该标准适用于粒度小于 0.5 mm 的烟煤和无烟煤浮选工艺过程效果的评定。该标准采用了浮选精煤数量指数和浮选精煤完善指标。

1. 浮选精煤数量指数 η_{jf}

用于评定不同煤泥之间的分选工艺效果，即用于不同选煤厂之间浮选工艺效果的比较：

$$\eta_{jf} = \frac{\gamma_j}{\gamma'_j} \times 100\% \tag{4-4-6}$$

式中 γ_j——实际浮选精煤产率，%；

γ'_j——精煤灰分相同时的标准浮选精煤产率，%。

标准浮选精煤产率按《选煤实验室分步释放浮选试验方法》(MT/T 144—1997)结果绘制的精煤产率曲线确定。

浮选精煤数量指数的意义和选煤数量效率十分相似，只是分母的产率得到的方法不同。选煤数量效率的分母是浮沉试验所作的可选性曲线上查到的理论精煤产率。

2. 浮选完善指标 η_{wf}

用于评定同一煤泥在不同工艺条件下的浮选完善程度：

$$\eta_{wf} = \frac{\gamma_j}{100 - A_y} \cdot \frac{A_y - A_j}{A_y} \times 100\% \tag{4-4-7}$$

式中 η_{wf}、A_y、A_j——分别为浮选完善指标、计算入料和浮选精煤灰分，%。

η_{wf}实际上就是选煤广泛应用的汉考克效率公式。

复习思考题

1. 影响浮选的主要工艺因素有哪些？
2. 煤的变质程度对浮选有何影响？
3. 简述粒度对分选的影响。选矿为什么必须经常测定浮选的粒度？
4. 矿浆浓度对浮选有何影响？
5. 矿浆液相组成如何对浮选产生影响？以选煤厂为例说明。
6. 浮选药剂制度对浮选的影响包括哪些方面？如何产生影响？
7. 简述加药地点、加药方式对浮选效果的影响。如何实现药剂的合理添加？
8. 试述浮选的原则流程及其对浮选的影响。
9. 试述浮选流程内部结构的不同如何对浮选过程产生影响。

10. 简述煤泥浮选的几种原则流程。
11. 简述煤中黄铁矿的可浮性及浮选脱除的方法。
12. 煤泥浮选单机检查和分析包括哪些内容？
13. 煤泥浮选效果如何评定？

第五章 矿石的浮选实践

第一节 矿物可浮性分类

自然界矿物的种类很多，根据矿物在浮选过程中所表现的特征，可将可浮性相似的矿物归纳在一起，以便于我们系统地掌握各种矿石的浮选规律。以矿物表面性质为基础，根据矿物的浮选行为和实践，将矿物分为六类：

① 自然金属和重金属硫化矿物——铜、铅、锌、汞、锑等硫化矿物和自然金、铂、铜等属于这一类。这类矿物当没氧化时表面难被水润湿，浮选时最有效的捕收剂是黄药类。

② 非极性非金属矿物——如石墨、硫、煤和滑石等。表面难被水润湿，自然疏水性强。浮选可用非极性油类捕收剂，有时只用起泡剂。

③ 有色金属氧化矿物——即铜、铅、锌的碳酸盐和硫酸盐矿物以及其他含氧酸的相应的盐类矿物，例如白铅矿、铅矾、菱锌矿、孔雀石、石膏、彩钼铅矿等。这类矿物经硫化后可用黄药类捕收剂浮选。不硫化直接用脂肪酸及其皂也可浮选。

④ 极性盐类矿物——即晶格中含有碱土金属阳离子（如钙、镁、钡、锶）的矿物，且晶格上键的离子性很强，不用活化晶格上的阳离子就能与捕收剂阴离子发生作用，用脂肪酸很容易浮选。这类矿物有：白钨矿、钼钨钙矿、磷灰石、磷钙土、萤石、重晶石、方解石、白垩、菱镁矿、白云石等。

⑤ 氧化物、硅酸盐和铝硅酸盐矿物——这类矿物很多，一部分有工业价值，大部分在浮选时作为脉石丢弃。大多数可用脂肪酸类捕收剂或阳离子捕收剂浮选，然而，其可浮性与矿物表面有无受外来阳离子的作用有关。故其可浮性与矿物的生成条件及矿浆的预处理有密切关系。这类矿物主要有：石英、刚玉、水铝矿、锆石、金红石、钼华、赤铁矿、磁铁矿、锡石、钛铁矿、软锰矿、蓝晶石、红柱石、长石、锂辉石、各种云母、高岭土、石棉、铬铁矿、绿柱石等。

⑥ 碱金属和碱土金属的可溶性盐——这类矿物有些在其饱和溶液中可用脂肪酸或阳离子捕收剂浮选，如已能浮选的矿物有：钠盐、钾盐、镁钒、硼酸盐等。

第二节 非极性非金属矿物的浮选

一、非极性非金属矿物的浮选特点

该类矿物主要有石墨、滑石、高岭土、自然硫和煤等，具有非极性表面，自然疏水性强，在水中的平衡接触角介于 50°～90°，密度小，硬度低。浮选时有如下特点：

① 可浮性好，药方简单。在多数情况下，只需添加捕收剂和起泡剂，较少使用调整剂。

② 浮选粒度较粗。因矿物疏水性强，与气泡的附着力大，密度又小，故粒度可以较粗。

③ 磨矿时，应避免过粉碎。因矿物硬度低，磨矿时易造成粉碎或泥化，降低选择性，应避免过磨现象。

二、石墨浮选

石墨是元素碳结晶的矿物之一，具有质轻、耐高温、导热、导电、润滑、可塑性和化学稳定性好等优良性能，获得广泛应用。根据石墨形成条件，可将石墨矿床分为五类，由于其结构和共生矿物种类均不同，影响可浮性，浮选方法也略有不同。天然石墨的可浮性相当好，浮选法可以从品位为5%～10%的原矿中选出品位为80%～90%的精矿。特别是鳞片状的石墨，几乎都可用浮选的方法分选。

1. 浮选原则流程及流程内部结构

(1) 原则流程

为保护石墨鳞片不受破损，应采用多段磨选流程。经多次再磨再选，使精矿质量满足要求。磨矿次数与矿石的矿物组成、嵌布特性、原矿品位和对精矿的质量要求有关。再磨是为了将夹在石墨鳞片间的脉石杂质剥离掉，而对石墨本身的粒度影响应尽量小。所以，磨矿设备采用以磨剥作用为主的棒磨机、碾磨机，它们要比以打击力为主的球磨机好。为了提高磨矿效果，磨矿之前应设浓缩作业，将磨矿浓度保持在40%～45%，浓缩设备可采用水力旋流器或沉淀式离心机。精选过程中，如有大于80网目的石墨单体鳞片，应提前分离，可作为冶炼用坩埚的原料。分离方法可用湿法筛分。

(2) 流程的内部结构

多数石墨浮选采用向精选发展的流程结构。粗选时间一般12～15 min。扫选次数较少，但是，扫选时间不能太短，否则会导致回收率降低。在石墨充分单体解离的条件下，精选的次数直接影响精矿质量。例如，当最终精矿品位要求89%～90%时，应采用5～6次精选，精矿品位要求95%时，还应再加2～3次精选。中矿可视其性质采用单独再磨再选或循序返回的流程，当中矿品位较高，为连生体较少的富中矿时，可以采用循序返回的流程，反之，应该采用单独再磨再选流程。

2. 药剂制度

石墨浮选时，常用煤油或柴油进行捕收，松油为起泡剂，其用量分别为250～300 g/(t原矿)和50～150 g/(t原矿)。用水玻璃对脉石进行抑制，用量为1.5～2 kg/(t原矿)。介质pH调整剂常采用石灰。使用时常将2/3的煤油和水玻璃加在分级机的溢流中，其余的1/3加在一、二次扫选中。松油则全部加在分级机溢流中。

三、滑石浮选

滑石是一种含水的硅酸盐层状矿物，层内为离子键。因此，表面呈非极性，疏水性较高。滑石的硬度很小，有滑感，密度2.7～2.8 g/cm^3，有玻璃光泽，致密块体呈油脂光泽，常与菱镁矿、赤铁矿共生。滑石有片状、块状、混合状等，不同结构有不同性质和用途。因滑石具有润滑性、柔性、耐火性、绝缘性、化学稳定性及对油类有强烈的吸附性等特点，广泛用于造纸、陶瓷、橡胶、油漆、医药、铸造等工业部门。

细磨是滑石浮选的重要作业。滑石产品的粒度分为：－74 μm占98%、－44 μm占98.5%及－44 μm占99.5%三种，且每种都含有相当数量的15～35 μm的微粉。滑石的可浮性较好，流程结构简单，一般经1次粗选、3～4次精选和1次扫选即可。浮选可在pH=13至中性介质中进行。捕收剂可用短链的阳离子胺类、石油磺酸盐、高级醇的硫酸盐酯、非极性烃类油等。叶片状的滑石只需用起泡剂。而纤维状滑石需要添加胺类捕收剂，才能浮选。当矿石中含有氧化铁，滑石颗粒受其包裹时，浮选很困难。据报道，将pH值降到6可增加浮选的选择性。浮选时添加适量硅酸钠可使黏土和氧化铁分散，提高分离效果。

四、高岭土浮选

高岭土一般呈白色致密块状，以高岭土族矿物为主要成分。如混入长石、石英等，就有粗糙的感觉。也常因夹杂硫化铁、氢氧化铁等杂质而降低制品的质量。随着低品位矿床的开采，其加工过程包括：破碎→磨矿→浮选(磁选)→分级→漂白→浓缩→干燥。高岭土可作为陶瓷、耐火砖、美术印刷纸、铜版纸、合成橡胶电线等的原料。

高岭土矿床的伴生矿物杂质有很多，其中铁的状态和数量是高岭土矿床开采和利用的突出问题。铁含量即使很低，也可能不满足要求，一般情况可用浮选去除，但当含有非晶形或接近于非晶形的微粒状的氢氧化铁时，则较难去除。

高岭土浮选可采用十二烷胺、三乙醇胺、吡啶之类作捕收剂，并以木素磺酸钠或钙作调整剂。介质pH值影响较大，在酸性介质中(pH值小于3)，高岭土的品位可达80%以上，回收率可达60%～68%。

还可采用超细粒浮选，目的是分选那些难以用泡沫浮选处理的微细颗粒，即采用小于44 μm的载体矿物，使可浮的微粒附着在载体矿物上，随泡沫产品分离。载体矿物可用方解石、重晶石、硫黄等。超细浮选没有专门药剂，一般与去除原矿中杂质采用相同的浮选药剂，并采用水玻璃作分散剂，以提高分选效果。

第三节 硫化矿浮选

自然界的硫化矿众多，其中以铜、铅、锌、钼等的硫化矿物最为重要。

一、硫化铜矿石的浮选

自然界含铜矿物繁多，具有工业价值的有十几种。浮选处理的主要铜矿物为黄铜矿、辉铜矿、铜蓝、斑铜矿等。我国处理的铜矿石大多数是黄铜矿矿石。所有硫化铜矿石中或多或少地含有硫化铁(黄铁矿)，所以硫化铜的浮选任务是与硫化铁和脉石矿物分离，得到铜精矿。如硫化铁含量较大，应将其同时回收。铜矿石中有时还含有金、银、钴、镍等，可考虑这些共生矿的综合回收。

1. 硫化铜矿石的分类

我国铜矿石的工业类型有：层状铜矿、细脉浸染型铜矿、矽卡岩型铜矿、黄铁矿型铜矿和斑岩铜矿。目前世界上60%左右的铜来自斑岩铜矿石。

铜矿石浮选的难易和矿石中硫化铁的含量有密切关系。按硫化铁含量的多少，硫化铜矿石分为两类，一类是致密块状铜矿石，一类是浸染状铜矿石。前者的特点是矿石中黄铁矿含量高，有时可达80%～85%，脉石含量很少，硫化铜和硫化铁矿物致密共生。这类矿石在选出硫化铜矿物后剩下的尾矿通常即为硫化铁精矿。如果脉石含量较高，则需对黄铁矿进行分选，得到黄铁矿精矿。后者的矿体中以脉石矿物为主体，硫化铜和硫化铁含量均较低，并浸染状分布在脉石中。我国多数铜矿选矿厂处理的是浸染状铜矿石。

2. *硫化铜矿石的可浮性*

我国铜矿石中最常见的铜矿物是黄铜矿（$CuFeS_2$，含铜 66.49%），其次是辉铜矿（Cu_2S，含铜 79.83%）、铜蓝（CuS，含铜 66.49%）、斑铜矿（Cu_3FeS_3，含铜 55.5%）。从可浮性看，辉铜矿和铜蓝最易浮选。它们都是次生铜矿，硬度很低，极易泥化。黄铜矿是分布最广的原生矿物，可浮性也好，典型的捕收剂是黄药类，氰化物可抑制它的浮选，重铬酸盐、亚硫酸盐等不能抑制它。斑铜矿的可浮性介于辉铜矿与黄铜矿之间。

归纳起来，硫化铜矿石的可浮性有如下规律：

① 不含铁的矿物，如辉铜矿、铜蓝等，其可浮性相似。用氰化物、石灰对它们进行抑制时效果较差。

② 含铁的矿物，如黄铜矿、斑铜矿等，在碱性介质中易受氰化物和石灰抑制。

③ 用黄药捕收时，其捕收能力顺序为：辉铜矿＞铜蓝＞斑铜矿＞黄铜矿。由于主要是黄药阴离子和阳离子 Cu^{2+} 起化学吸附而起捕收作用，表面含 Cu^{2+} 越多的矿物，与黄药作用越强。

④ 氧化矿物和铜盐含量越高，分选越困难。这一方面降低铜矿物的回收率；另一方面造成与硫化铁难于分离。

⑤ 嵌布粒度越粗，矿泥含量越少，越容易浮选，并可得到较高的浮选指标。硫化铜矿物和硫化铁矿物呈致密共生，进行细磨时矿泥含量增加，会造成分离困难，浮选指标恶化。

⑥ 次生铜矿物本身可浮性好，但矿浆中 Cu^{2+} 多时易活化其他矿物。次生铜矿物的泥化程度较高，容易氧化，造成细粒级的损失，并增加浮选的困难程度。

⑦ 当矿石中含有滑石、高岭土、绢云母等脉石时，或可浮性较好，或易于泥化，容易污染精矿，难以得到高质量的精矿。

3. *铜矿石的浮选*

常有两种方案，即优先浮选和混合浮选。

(1) 优先浮选

常先浮铜，再浮硫。捕收剂可用黄药或与黑药混用。对于致密块状含铜黄铁矿，浮铜时为了抑制大量的黄铁矿，要在 pH＝11～12 的强碱性介质中进行，矿浆中的游离 CaO 控制在 700～1 000 g/L。对黄铁矿含量较低的浸染状矿石，pH＝8～9 时可进行铜矿石浮选。

(2) 混合浮选

常在 pH＝7～8 的中性介质中选出铜硫混合精矿，矿浆中的游离 CaO 控制在 100～150 g/L。然后再对铜硫混合精矿进行分离。混合精矿的分离有石灰法、石灰加氰化物法和加热法。

① 石灰法——提高介质 pH 值使之呈强碱性，抑制黄铁矿。

② 石灰加氰化物法——在黄铁矿活性较大、不易被石灰抑制时采用。

③ 加热法——对比较难分离的铜硫混合精矿采用，以加速黄铁矿表面氧化。

以上铜硫分离方法，也可用于铜的优先浮选中。

4. *铜矿石的浮选实例*

(1) 浸染状铜矿石的浮选

一般采用比较简单的流程，经一段磨矿，细度－200 网目占 50%～70%，1 次粗选，2～

3次精选,1～2次扫选。如铜矿物浸染粒度比较细,可考虑采用阶段磨选流程。处理斑铜矿的选矿厂,大多采用粗精矿再磨-精选的阶段磨选流程,其实质是混合-优先浮选流程。先经一段粗磨、粗选、扫选,再将粗精矿再磨再精选得到高品位铜精矿和硫精矿。粗磨细度－200网目占45%～50%,再磨细度－200网目占90%～95%。

(2) 致密铜矿石的浮选

致密铜矿石由于黄铜矿和黄铁矿致密共生,黄铁矿往往被次生铜矿物活化,黄铁矿含量较高,难于抑制,分选困难。分选过程中要求同时得到铜精矿和硫精矿。通常选铜后的尾矿就是硫精矿。如果矿石中脉石含量超过20%～25%,为得到硫精矿还需再次分选。处理致密铜矿石,常采用两段磨矿或阶段磨矿,磨矿细度要求较细。药剂用量也较大,黄药用量100 g/(t原矿)以上,石灰8～10 kg/(t原矿)以上。

二、多金属硫化矿石的浮选

多金属硫化矿石主要是铜、铅、锌等和硫的共生矿。自然界单一金属的铅矿石或锌矿石很少见,常见的为铅-锌、铜-锌、铜-铅-锌、铅-锌-硫、铜-铅-锌-硫共生的矿石。这些矿石中或多或少含有黄铁矿或磁黄铁矿。分选多金属硫化矿石的任务是分别获得铜、铅、锌精矿,当硫化铁含量高时还必须获得硫精矿。矿石中含有金、银和其他伴生元素时,必须考虑回收。

1. 铅锌硫化矿物的可浮性

铅的硫化矿物主要是方铅矿,锌的硫化矿物主要是闪锌矿。

方铅矿(PbS,含铅86.6%)——性脆,新鲜表面具有疏水性,未氧化时易浮选,氧化后可浮性降低。典型的捕收剂是黄药或黑药,重铬酸盐是典型抑制剂,氰化物不能抑制它。硫化钠对方铅矿的可浮性很敏感,过量硫离子的存在可抑制方铅矿的浮选。

闪锌矿(ZnS,纯闪锌矿含锌67.1%)——自然界纯闪锌矿很少,常见的是黄色或黑色的闪锌矿变种——铁闪锌矿,铁含量在0～20%,含铁越高颜色越深。闪锌矿还常含有铜、镉等元素,含铜可达2%,含镉可达1.0%～1.5%。这些元素以类质同象交换存在于晶格中,有的以极细的包裹体状态存在。闪锌矿是最难浮的硫化矿物。天然的闪锌矿或多或少受矿床中铜或其他离子的活化。一些如汞、铜、银、铅、镉等的重金属盐都可活化闪锌矿的浮选。由于杂质含量不同,闪锌矿可浮性差异很大。常用的活化剂是硫酸铜。氰化物可以强烈地抑制闪锌矿。硫酸锌、亚硫酸盐、硫代硫酸盐、硫化钠等都可以抑制闪锌矿的浮选。

2. 分离方法及药剂制度

多金属硫化矿石的浮选要解决的主要问题是:铅-锌分离,铜-锌分离,铜-铅分离,含硫化铁时解决和硫化铁的分离。硫化矿物与脉石矿物的分离通常不是很困难。

(1) 铅-锌分离

用巯基类捕收剂浮选铅-锌矿时,几乎都采用抑锌浮铅的方案,抑铅浮锌的方案很少用,仅作为锌精矿脱铅或铅精矿脱锌时采用。抑制闪锌矿有两类方法:氰化物法和非氰化物法。

① 氰化物法

氰化物常配合其他药剂,如硫酸锌,既可以减少氰化物的用量,又可以加强抑制作用。

氰化物抑制闪锌矿可使铅-锌分离得到较好的指标,且过程较易控制。但因氰化物有毒且溶解金和银,现已逐步被无氰工艺取代。

② 非氰化物(无氰工艺)法

该类方法主要抑制剂为亚硫酸、亚硫酸钠、二氧化硫气体及硫代硫酸钠等。也可和硫酸锌联合使用。该类药剂无毒，被抑制的闪锌矿容易再度活化。

铅锌矿石分选时，磨矿粒度可稍粗，矿浆 pH 值低，分离制度简单。对含硫较高的矿石，磨矿粒度一般细些，矿浆 pH 值高些。

(2) 锌-硫分离

锌-硫分离普遍采用石灰抑制硫化铁，pH＝10～12 甚至更高时用硫酸铜活化闪锌矿，并用黄药捕收。还可以升高温度，使闪锌矿和硫化铁表面氧化程度不同，利用加温抑制硫化铁。混合精矿经加温充气搅拌后，硫化铁表面受到氧化，可浮性降低，而闪锌矿在温度低于 65 ℃时不受影响，超过该温度后，闪锌矿的回收率也要下降。

(3) 铜-锌分离

铜-锌分离目前是难题，其原因很多，也很复杂，药剂制度难于控制。目前铜-锌分离主要采用硫酸锌、亚硫酸钠和硫化钠等抑锌浮铜或抑锌浮铜、硫，再进行铜-硫分离。

(4) 铜-铅分离

铜、铅硫化矿中的铜和铅常以方铅矿和黄铜矿的形式出现，它们可浮性相近，通常先得到铜-铅混合精矿，再进一步分离。分离方案选择要注意以下几个方面：

① 对未经活化或表面氧化的方铅矿，可用重铬酸盐和亚硫酸盐抑制，但对已被铜离子活化的方铅矿，抑制作用较差。辉铜矿可用硫化钠抑制，黄铜矿、斑铜矿则应用氰化物抑制。

② 铜含量较大时，应以抑铅浮铜为主。

③ 尽量选择无氰无铬工艺，减少环境污染。

(5) 混合精矿的脱药

混合精矿的分离通常较困难，原因在于混合精矿含有过剩的药剂。分离前脱除这些药剂可以明显改善分离效果。我国常用的脱药方法有：① 混合精矿浓缩，浓缩溢流丢弃，底流加入清水后再浮选；或浓缩、过滤后加入清水再浮选；② 混合精矿浓缩，浓缩产品再磨，以擦洗矿物表面后再分离浮选；③ 用硫化钠使矿物表面捕收剂薄膜解吸，再经浓缩、过滤将药剂脱除后浮选；④ 用活性炭吸附矿浆中过剩的药剂，这是一种简便而有效的方法，得到广泛应用。

3. 国内多金属硫化矿石浮选发展趋势

(1) 铅-锌矿石普遍采用优先浮选流程。

(2) 铅-锌-硫矿石浮选类型：① 铅-锌-硫优先浮选；② 铅-锌-硫混合浮选，混合精矿再磨后铅-锌-硫依次分离浮选；③ 铅-硫混选，锌优先浮选，混合精矿再铅-硫分离浮选；④ 铅优先浮选，锌-硫混选，再锌-硫分离浮选；⑤ 铅和易浮锌混选，难浮锌与硫混选，以后再分别进行分离浮选。

铅-锌-硫矿石的浮选流程、类型多样，其原因主要是矿石中闪锌矿与硫化铁矿物可浮性差异比较大。当矿石中存在易浮与难浮的闪锌矿，矿石中硫化铁可浮性较好时，一般应顺着活化时应采用优先浮选流程。

(3) 铜-铅-锌矿石或铜-铅-锌-硫矿石浮选流程：目前较普遍采用铜-铅混选，以后优先选锌、硫；个别厂用铜-铅-锌混选，以后铜与铅锌分离，再铅与锌分离；也有个别厂采用铅-铜-锌-硫混选，混精再磨后铜-铅-锌与硫分离，铜与铅锌分离，最后铅锌精矿送冶炼厂处理。

三、钼矿石浮选

自然界主要钼矿物是辉钼矿(MoS_2,含钼 60%)。在钼矿床上部尚有一些钼的氧化矿物,如钼酸钙矿、钼铅矿、钼华。钼矿石有三种类型:① 单一钼矿石,主要回收辉钼矿,其他金属矿物含量很少;② 铜钼矿石,回收铜为主,辉钼矿含量很低,一般为 0.01%～0.1%;③ 钼钨矿石,有时是铜、钼钨矿石,矿石中钼、钨含量达到工业回收价值,钨矿主要是白钨矿。

辉钼矿是最易浮选的矿物之一,晶体呈鳞片状结构,属于非极性矿物,易被非极性烃类油浮选。辉钼矿也可被离子型捕收剂(如黄药)浮选,但实践上很少采用。因为离子型捕收剂同时能浮选其他硫化矿物。辉钼矿较难氧化,也较难抑制。常用的抑制剂有糊精、淀粉。浮选的调整剂常用苏打。含有矿泥时常用水玻璃加以分散。钼的氧化矿物很少见,也很难浮。

1. 单一钼矿石的浮选

单一硫化钼浮选须注意以下特点:① 辉钼矿很脆,须防止过粉碎。② 辉钼矿常呈集合体浸染,磨到 0.5～0.6 mm 就能将集合体与脉石矿物分离。欲使集合体中辉钼矿完全解离,必须磨到 90%～95%达－200 网目。实践上常采用粗精矿再磨再选的阶段磨选流程。③ 原矿品位都很低,对钼精矿质量要求又高,必经多次精选。④ 为防止硫化矿物和矿泥对精矿的污染,实践上常用硫化钠、氰化物、重铬酸盐等抑制硫化矿物的浮选。

2. 铜-钼矿石的浮选

世界上很多类型铜矿都含有钼,虽含钼量很低(0.01%～0.1%),但综合回收经济价值很大。我国大约 20%的钼是从铜-钼矿石中回收的。铜-钼矿石的浮选一般都采用铜-钼混合浮选、混合精矿再分离的方案。故抑制硫化铜是关键。铜-钼混合精矿分离的方法很多,主要采用硫化钠抑制铜和铁的硫化物,以浮选辉钼矿为主;也可采用(亚)铁氰化合物或水玻璃或诺克斯试剂抑铜浮钼。用胺盐浮选时矿泥有显著的影响,因矿泥能大量吸附胺类药剂,并附着于矿物表面,使浮选选择性大大降低。因此,必须进行预先脱泥或采用分散剂以克服矿泥的不良影响。

第四节 有色金属氧化矿石和混合矿石的浮选

自然界中硫化矿物受空气或水中氧及水中离子的作用生成氧化矿物,氧化过程通常发生在矿床的上部,根据地质条件不同氧化层厚度可达 10～50 m。按矿石氧化率(指某金属以氧化矿物状态存在的百分数)不同可将矿石分为氧化矿、硫化矿和混合矿。一般规定,氧化率在 30%以上为氧化矿,氧化率在 10%以下为硫化矿,介于两者之间为混合矿。有色金属氧化矿的主要矿物有氧化铜、氧化铅及氧化锌矿。

有色金属氧化矿石具有如下特点:① 结构较复杂,浸染粒度较细,不易解离,一般很脆,细磨时易泥化;② 矿物组成十分复杂,同一矿床内常含多种同一金属的氧化矿物,而可浮性差别却很大;③ 常含有大量矿泥和可溶性盐;④ 不同矿床中氧化矿性质的差别很大,甚至同一矿床中不同地段的氧化程度及矿石性质变化很大,因而氧化矿石的浮选是较困难的。

一、氧化铜矿及其混合矿石的浮选

常见的主要氧化铜矿物有:孔雀石[$CuCO_3 \cdot Cu(OH)_2$,含铜 57.4%,密度 4 g/cm^3,硬

度 4]；蓝铜矿[石青，$2CuCO_3 \cdot Cu(OH)_2$，含铜 55.2%，密度 4 g/cm^3，硬度 4]。其次有：硅孔雀石($CuSiO_3 \cdot 2H_2O$，含铜 36.2%，密度 2～2.2 g/cm^3，硬度 2～4)及赤铜矿(Cu_2O，含铜 88.8%，密度 5.8～6.2 g/cm^3，硬度 3.5～4)。

脂肪酸类捕收剂对有色金属氧化矿物具有良好的捕收性，但因选择性差(特别当脉石是碳酸盐矿物时)，精矿品位不易提高。黄药类捕收剂中仅高级黄药对有色金属氧化矿物有一定捕收作用。但未经硫化，直接用黄药浮选氧化铜矿时因成本高在工业上未得到应用。实践上得到应用的方法有：

1. 硫化法

最为普遍，工艺简单，凡能进行硫化的氧化铜矿均可用此法进行浮选。经硫化后的氧化矿具有硫化矿的性质，可用黄药进行浮选。孔雀石和蓝铜矿很容易用硫化钠硫化，而硅孔雀石和赤铜矿较难硫化。

硫化时硫化钠用量可达 1～2 kg/(t 原矿)。因硫化钠等硫化剂本身易氧化，作用时间短，生成的硫化膜不稳固，强烈搅拌容易脱落，所以应分批添加，并不需预先搅拌，直接加入浮选机第一槽。硫化时，矿浆 pH 值越低，硫化越快。

矿泥多、需分散时应加分散剂，通常用水玻璃。捕收剂一般用丁基黄药或同黑药混合使用。矿浆 pH 值通常保持 9 左右，过低时，可适量添加石灰。

2. 有机酸浮选法

有机酸及其皂类可很好地浮选孔雀石及蓝铜矿。如脉石矿物不是碳酸盐类矿物时可用此法。否则，将使浮选失去选择性。当脉石中含有大量可浮的铁、锰矿物时，会产生同样的效果，使浮选指标变坏。用有机酸类捕收剂进行浮选时，通常还要添加碳酸钠、水玻璃、磷酸盐作脉石的抑制剂和矿浆调整剂。

也有混合应用硫化法与有机酸浮选法的实例。先用硫化钠及黄药浮起硫化铜及部分氧化铜，然后再用有机酸类浮选残余的氧化铜。

3. 浸出-沉淀-浮选法

当采用硫化法和有机酸法都不能得到满意的效果时采用。该法利用氧化铜矿物比较容易溶解，将氧化矿先用硫酸浸出，然后用铁粉置换，沉淀析出金属铜，再用浮选法浮出沉淀铜。该法首先应根据矿物嵌布粒度，将其磨到单体解离，(−200 网目占 40%～80%)。浸出液为 0.5%～3%的稀硫酸溶液，酸的用量随矿石性质在 2.3～45 kg/(t 原矿)变化。对于难浸出的矿石，可采用加温(45～70 ℃)浸出。浮选在酸性介质中进行，捕收剂用甲酚黑药或双黄药。未溶解的硫化铜矿物和沉淀金属铜一起上浮，进入浮选精矿。

4. 氨浸-硫化沉淀-浮选法

如矿石中含大量碱性脉石，使用酸浸耗量大、成本过高时采用。该法将矿石细磨后，加入硫黄粉，然后氨浸。浸出过程中，氧化铜矿中的铜离子与 NH_3、CO_2 作用的同时，被硫离子沉淀，成为新的硫化铜颗粒，将氨蒸发回收，进行硫化铜的浮选。矿浆 pH=6.5～7.5，用一般硫化铜矿的浮选药剂可得到良好指标。此法应注意氨的回收，否则会造成环境污染。

5. 离析-浮选法

实质是将粒度适当的矿石同 2%～3%的煤粉、1%～2%的食盐混合，在 700～800 ℃之间进行氯化还原焙烧，生成铜的氯化物，从矿石中挥发出来，在炉内被还原成金属铜，并吸附在煤粒上，再用浮选法与脉石分离。此法适用于处理难选的氧化铜矿，特别是含泥量较多、结合铜占总铜30%以上的难选氧化铜矿，及含大量硅孔雀石和赤铜矿的矿石。综合回收金、银及其他稀有金属时，离析法比浸出-浮选法优越。缺点是热能消耗大、成本较高。

6. 混合铜矿石的浮选

混合铜矿石的浮选流程应依据试验确定，可采用硫化后氧化矿物和硫化矿物同时浮选的流程，也可采用先选硫化矿物、尾矿硫化后再选氧化矿物的流程。同时浮选氧化铜矿物和硫化铜矿物的工艺条件和浮选氧化矿物的基本相同，但硫化钠和捕收剂用量应随矿石中氧化物含量的减少相应减少。

国外氧化铜矿石多采用两种工艺：硫化浮选法和酸浸-沉淀-浮选法。

二、铅锌氧化矿及其混合矿石的浮选

1. 氧化铅矿物及其浮选方法

有工业意义的氧化铅矿物主要有白铅矿（$PbCO_3$，含铅 77.6%，密度 6.5 g/cm^3，硬度 3）和铅矾（$PbSO_4$，含铅 68.3，密度 6.3 g/cm^3，硬度 3）。这两种矿物都可以硫化，故浮选上常用硫化浮选法。氧化铅矿石经硫化后用黄药或黑药作捕收剂，一般高级黄药效果较好。硫化前通常先经脱泥处理，脱去黏土、氢氧化铁及其他泥质物质。但脱泥会造成金属损失，亦可以不经脱泥处理，添加水玻璃等分散剂以消除矿泥的有害影响。硫化剂用硫化钠或硫氢化钠。过量的硫化钠对白铅矿、铅矾和方铅矿均有抑制作用。实践表明，白铅矿硫化时适宜的 pH 值为 9～10，过多的 Ns_2S 造成 pH 值过高，将生成易从矿物表面脱落的胶质硫化铅，从而降低硫化效果。实践中为降低硫化时 pH 值，有时添加部分硫氢化钠代替硫化钠，或添加硫酸铵、硫酸等往往也能加快硫化速度，改善浮选指标。硫化剂加入方式有两种，即一次加入或分批加入，一般通过试验加以确定。

2. 氧化锌矿物及其浮选方法

主要的氧化锌矿物有菱锌矿（$ZnCO_3$，含锌 52%，密度 4.3 g/cm^3，硬度 5）和异极矿（$H_2Zn_2SiO_5$，含锌 54%，密度 3.3～3.6 g/cm^3，硬度 4.5～5.0）。

氧化锌矿石浮选在工业上得到应用的主要有两种方法：

(1) 加温硫化浮选法

在室温下氧化锌矿物可形成硫化锌胶质沉淀，但不易固着在其表面。需将矿浆加热到 60～70 ℃，然后加硫化钠进行硫化，在氧化锌表面生成硫化锌薄膜，硫化后用硫酸铜活化，加黄药进行浮选。此法主要用于浮选菱锌矿，也能浮选异极矿，但效果较差。

(2) 脂肪胺浮选法

即在常温下用硫化钠调整矿浆 pH 值达 10.5～11，然后用阳离子捕收剂脂肪族第一胺浮选氧化锌。这一方法对菱锌矿及异极矿均有较好的浮选效果。该法的特点是硫化钠仅用于矿浆 pH 值的调整，过量的硫化钠并无抑制作用。因而加入硫化钠后，不需要一定的搅拌时间，就可以添加捕收剂浮选。但用胺盐浮选时矿泥有显著的影响，因为矿泥能大量吸附胺类药剂，并能附着于矿物表面，使浮选过程的选择性大大降低。因此，必须进行预先脱泥以消除矿泥的影响。也可用六聚偏磷酸钠与水玻璃分散矿泥，将胺与硫化钠按 1∶50 左右配成乳浊液浮选，可取消预先脱泥作业，取得良好的浮选效果。

3. 铅锌混合矿石的分选顺序

对于既有铅锌硫化矿物又有铅锌氧化矿物的矿石，通常采用先选硫化矿物后选氧化矿物的流程，即按硫化矿物（混合浮选或优先浮选）—氧化铅—氧化锌的顺序浮选。实践上也有先选铅后选锌的流程，即：先选硫化铅、氧化铅，再选硫化锌、氧化锌的流程。前者为先硫后氧流程，后者为先铅后锌流程。

用脂肪胺浮选氧化锌时硫化锌也能很好浮游，故当矿石的氧化率很高、硫化锌不多时，可以用胺将它们同时回收。矿石的分选顺序要根据矿石的特点，经试验后加以确定。

第五节　多价金属的极性盐类矿物的浮选

这一类矿物的晶格上都含有碱土金属的阳离子，也包括含铁、锰阳离子的极性盐类矿物。属于这一类的矿物种类很多，主要浮选的矿物有磷灰石、白钨矿、萤石、重晶石、菱镁矿和菱铁矿等。这一类矿物共同的特点是：矿物晶格为离子键，矿物破裂后表面有强的亲水性，矿物的自然可浮性差；矿物不能被硫代化合物类捕收剂浮选，但能直接被脂肪酸及其皂类捕收剂浮选，浮选过程的选择性差，故必须使用好调整剂及控制好矿浆 pH 值。

一、磷灰石的浮选

磷灰石，通式为 $Ca_{10}X_2(PO_4)_6$，式中 X 代表 F、Cl 或 OH 基，含 P_2O_5 40.9%～42.2%，是制造磷肥和磷酸盐的主要原料。磷块岩是一种沉积生成的含磷灰石的磷矿石。全国已发现的磷矿石中，储量 80% 以上属于中低品位含硅-钙质磷块岩矿石。矿石中伴生有硅质脉石和碳酸盐脉石。实践上分离磷灰石与硅质脉石并不困难，但分离碳酸盐质脉石却很困难，关键在于没有一种良好选择性的抑制剂。

国外对含硅-钙质磷灰石一般采用反-正浮选流程。将矿石磨至－0.15 mm，脱除小于 10～20 μm 矿泥，用 H_3PO_4 调介质至酸性，用合成脂肪酸浮选碳酸盐。然后再用苏打调介质至碱性，用塔尔油浮出磷灰石，硅石成为槽内产品。也有采用阴离子捕收剂先浮出碳酸盐，再用阳离子捕收剂浮出硅石，P_2O_5 的回收率为 79%。

二、白钨矿的浮选

有工业价值的钨矿物有：黑钨矿 $(Fe,Mn)WO_4$，含 WO_3 76.5%，又名钨锰铁矿；白钨矿 $CaWO_4$，含 WO_3 80.56%；钨铁矿 $FeWO_4$，含 WO_3 76.3%；钨锰矿 $MnWO_4$，含 WO_3 76.6%。由于这些矿物的密度较大，且产出时结晶粒度比较粗，故分选这些矿物的主要方法是重选。白钨矿的可浮性比较好，性质较脆。故浮选主要用于处理白钨矿矿石和从重选厂细泥中回收的白钨矿。其余钨矿物的浮选实践很少采用。白钨矿可用油酸钠浮选，用苏打调介质 pH＝9～10.5。硅质脉石矿物可用水玻璃加以抑制。

钨矿石中含钙矿物有方解石、萤石、磷灰石，有时还有重晶石。这些含钙矿物都能被脂肪酸类捕收剂浮选。

三、萤石矿的浮选

萤石 (CaF_2) 含氟 48.9%，密度 3.18 g/cm^3，硬度 4。我国是世界上萤石精矿的主要生产国之一，萤石的用途极为广泛，主要用于化工、冶炼、陶瓷等工业部门。

萤石的选矿方法：块矿可用手选、重选。化工部门所需高品位萤石精矿必须采用浮选。

萤石很易用脂肪酸类捕收剂浮选。萤石浮选一般要满足下述条件：① 使用温水（60 ℃以上）；② 使用软水；③ 矿浆 pH= 8～9.5；④ 精选次数至少 3 次；⑤ 浮选药剂——pH 调整剂为碳酸钠、苛性钠，脉石抑制剂用水玻璃、淀粉、糊精，捕收剂用油酸、植物油脂肪酸、精制塔尔油。

浮选含硅质脉石的萤石矿并不困难，但浮选含碳酸盐脉石的萤石矿却较困难。抑制方解石常用丹宁、白盾树胶、重铬酸盐等药剂，同时添加水玻璃与可溶性铝盐可提高对方解石的选择性抑制作用。浮选含重晶石的萤石矿也较困难。常使用淀粉、木素磺酸盐、氟化物等药剂抑制重晶石，浮选萤石。当重晶石含量高时可先用重选或浮选除去重晶石再浮选萤石。以石油磺酸盐为捕收剂，水玻璃和氯化钡作矿浆调整剂浮选重晶石，再从浮选尾矿中用油酸浮选萤石。

第六节　氧化物及硅酸盐矿物的浮选

属于这一类矿物的种类很多，例如：石英、赤铁矿、长石、云母、绿柱石、锂辉石、锆英石、软锰矿、铬铁矿、锡石、钛铁矿及含铀矿物等。这类矿物一般的浮选特征是：具有很强的亲水性，矿物不能被硫化（极个别矿物例外，如赤铜矿 Cu_2O 可以被硫化），因此不能用硫代化合物类捕收剂浮选，实践上使用有机酸及其皂类捕收剂浮选。矿物之间可浮性差异很大，有的必须经活化方能浮选，有的可不经活化直接浮选。也可用胺类阳离子捕收剂浮选。下面重点介绍铁矿石的浮选。

许多矿物中都含有铁，只有含铁量为 25%～72%的铁矿物才是铁的有用矿物。有工业意义的铁矿物有：磁铁矿（Fe_3O_4 含铁 72.4%），赤铁矿（Fe_2O_3 含铁 70%），褐铁矿（$Fe_2O_3 \cdot nH_2O$，含铁 48%～63%），菱铁矿（$FeCO_3$，含铁 48.3%）。对强磁性铁矿石，最经济的选矿方法是磁选；对弱磁性铁矿石，实践中采用的方法很多，主要有：① 焙灼磁选；② 重选；③ 浮选（用于处理细粒浸染的赤铁矿、选矿厂的矿泥等）。

浮选铁的氧化物和氢氧化物的典型捕收剂是脂肪酸及皂。以赤铁矿的可浮性最好，菱铁矿居中，含水的氧化铁矿物的可浮性最差。介质 pH 值对铁矿物可浮性的影响比较明显。研究表明：赤铁矿的可浮性在 pH=6～7 最好，抑制铁矿物浮选最有效的药剂是淀粉。铁矿石的工业浮选主要有以下四种方案：

① 在苏打介质中以脂肪酸及其皂类为捕收剂浮选铁矿物，即阴离子捕收剂正浮选方案。

② 在弱酸性介质中（使用少量硫酸）经脱泥后以脂肪酸类捕收剂浮选铁矿物，以水玻璃为脉石矿物抑制剂。也属于阴离子捕收剂正浮选方案。

③ 选择性絮凝-脱泥-阳离子反浮选方案。以苛性钠为介质调整剂，在强碱介质中以水玻璃为脉石矿物的分散剂，以淀粉为铁矿物的选择性絮凝剂，用阳离子捕收剂浮选石英。

④ 脱泥后用阳离子反浮选方案。这一方案和方案③的差异仅在于没有前一段选择性絮凝作业。

第七节　可溶性盐的浮选

主要的可溶性盐有（KCl）、岩盐（NaCl）和硼酸盐等。这些矿物在水中溶解度很大。浮选必须在其饱和的水溶液中进行。

在自然界的钾盐中常含有一些岩盐、镁盐、石膏、黏土等杂质,必须除去这些杂质。浮选钾盐以胺盐或烃基硫酸盐为捕收剂。胺盐只能浮选钾盐不能浮选钠盐。含有黏土时可以采用脱泥等方法。

主要的硼矿物有硼砂($Na_2B_4O_7 \cdot 10H_2O$)、硼酸钙矿($Ca_2B_6O_{11} \cdot 5H_2O$)、水硼酸钙镁石($MgCaB_6O_{11} \cdot 6H_2O$)和方硼石[$Mg_6(B_{14}O_{26})Cl_2$]。脉石矿物主要为黏土和石膏。含$Ca^{2+}$、$Mg^{2+}$的硼矿物可用脂肪酸及其皂浮选,浮选硼砂先用钡盐活化后用脂肪酸浮选。黏土可通过脱泥除去,石膏可用淀粉等抑制剂加以抑制。当硼矿石中存在含镁的硅酸盐矿物时,选择性地浮选硼矿物通常是比较困难的。

复习思考题

1. 简述非极性非金属矿物的浮选特点。
2. 简述硫化矿物的浮选特点,用一种矿物举例说明。
3. 简述有色金属氧化矿的特点,以氧化铜矿浮选为例说明其浮选特点。
4. 简述多价金属的极性盐类矿物的特点,并用浮选实例说明。
5. 简述氧化矿物和硅酸盐矿物的特点及铁的氧化物浮选方案。

第六章 特殊浮选技术和工艺

第一节 特殊浮选的定义和类型

一、特殊浮选的发展

传统的浮选法由选矿已开始向冶金、化工、食品加工、轻工、水处理等部门引入；由固固分离扩大到固液、液液以及溶质组分间的分离；由处理数百微米至数十微米的宏观粒级物料向分子、离子、分子团、胶粒的数埃至数微米的微观粒级发展。由此相应形成了不同于传统的矿物泡沫浮选的理论、实践和技术。为便于区别，把用于微观粒级的固固、固液及液液、溶质分离的浮选技术称为特殊浮选技术。特殊浮选主要包括离子浮选、沉淀浮选和吸附浮选，与常规矿物浮选的区别见表 4-6-1。

表 4-6-1 特殊浮选与常规矿物泡沫浮选的异同

项目		特殊浮选	常规矿物浮选
分离媒介		液-气界面(气泡)	液-气界面(气泡)
目的		溶质(分子、胶体、离子)分离，液液分离，固液分离，固固分离	矿物分离(固固分离)
处理对象		有机、无机离子、分子、表面活性剂，色素，细菌，藻类，微生物，纤维，蛋白质，沉淀，微细矿物	各种矿物
目的物与气泡间的作用形式		疏水黏附，机械黏附，吸附，化学反应	疏水黏附
适应粒度范围		数埃至数米微观粒级至宏观粒级	数十微米至数百微米
浓度	固体含量(质量)	<10%	10%～45%
	目的物含量(百万分率)	≥0.01	≥1 000
主要工艺过程		预处理(介质调整，沉淀，吸附，疏水化等)→浮选→浓缩→处理或回收	破碎→磨矿→分级→浮选→脱水
常用浮选设备特点和类型		搅拌力弱、充气量大 气体析出式浮选机(加压、减压、电解等)、浮选柱、黏附分选设备、搅拌较弱的机械搅拌式浮选机	搅拌力强 机械搅拌式、充气机械搅拌式浮选机
用途		水处理，微量分析，海洋资源开发，食品、化工医药产品提纯，废弃物再生，微细粒矿物分选	矿物分选

特殊浮选仅有40多年的历史，尚在不断地研究发展。1959年南非的F. 塞巴首次提出离子浮选的概念；1960～1963年R. E. 巴尔森等人实现了从海水中提镁及其他金属氢氧化物的沉淀浮选；斯克雷列夫等人于1961年用亚铁氰化物吸附共沉铀，用明胶浮选吸附共沉物；佐佐木在1969年用皂土吸附钴离子而后浮选，从而建立了吸附浮选法。经过大量研究工作，这些方法在20世纪70年代开始工业应用。

二、特殊浮选的类型

1. 按浮选过程泡沫多少及收集被浮产品分类

① 泡沫浮选——形成稳定泡沫层的浮选过程，目的物富集在泡沫中。

② 浮膜浮选——在浮选体系表面出现一层很薄的不稳定泡沫，并形成固体疏水性产物浮膜。目的物富集在浮膜中，类似于浮选中的表层浮选。

③ 萃取浮选——被气泡浮起的目的物聚集在水-油界面上的有机液体层中。有机液体层中的目的物以溶解的形式或悬浮的形式存在。

④ 无泡沫浮选——气泡将目的物从设备的下部运送到上部液面后立即破裂，形成在垂直方向上目的物分布的浓度梯度。被富集的目的物仍为水相。

2. 按分选机理和被浮物形态分类

可分为三类，见表4-6-2。

表4-6-2　特殊浮选的分类

项　目	离子浮选	沉淀浮选	吸附浮选
待浮物形态	分子、离子	沉淀物	吸附了目的物的载体颗粒
分选机理	液-气界面吸附	溶度积规则及固相浮选机理	吸附过程及浮选过程
泡沫特征	二相泡沫或三相泡沫	三相泡沫	三相泡沫
待分离物浓度	10^{-4}～10^{-3} mol/L	≥0.01 g/L	≥10^{-3} mol/L
与气泡间作用	吸附、黏附或化学反应	疏水黏附或气泡析出及机械黏附	疏水黏附或气泡析出及机械黏附
工艺要点	按化学当量加入捕收剂	先加入沉淀剂后加入捕收剂	先加入载体后加入捕收剂
处理物料实例	表面活性物质，Ag、Au、Hg^{+}、Cu^{2+}、Co^{2+}、Ni^{2+}等贵金属、重金属离子的分离和回收，CN^{-}、PO_4^{3-}等阴离子的去除	Fe^{3+}、Al^{3+}、Cu^{2+}、Pb^{2+}、Co^{2+}、Ni^{2+}等金属离子的分离	≤5 μm的矿物，细菌，色素，蛋白质，藻类，各种金属离子，F^{-}、CN^{-}、PO_4^{3-}等阴离子的分离
文献中曾用过的名称	离子浮选，分子浮选，泡沫分离，逆离子浮选，第Ⅱ类沉淀浮选，疏水性沉淀浮选	第Ⅰ类沉淀浮选	吸附胶体浮选，吸附粒子浮选，共沉淀浮选，载体浮选

① 离子浮选——利用表面活性剂易在液-气界面吸附富集的特性，以溶质分子或离子为对象的浮选过程。离子浮选包括几种情况：原有或浮选时加入表面活性剂；表面活性剂与目的离子或分子生成或不生成沉淀；被富集的产品是均质溶液或以沉淀、浮渣产出。

具有极性-非极性结构的有机物，例如烷基黄药、烷基硫醇、双苯硫脲及丁二肟等有机药剂能沉淀大多数的有色金属、稀有金属和贵金属阳离子，形成高疏水性难溶产物。此时有机药剂既是沉淀剂又是捕收剂，有人称之为第Ⅱ类沉淀浮选或疏水性沉淀浮选。

② 沉淀浮选——加入沉淀剂，使溶液中的目的组分生成沉淀后再加入捕收剂或不加捕收剂进行浮选。与离子浮选的主要区别是：所用沉淀剂通常是不具捕收作用的无机物，生成的沉淀称为第Ⅰ类沉淀，通常需另加捕收剂，但捕收剂加入量低于化学当量，有时也不需添加捕收剂。

③ 吸附浮选——加入载体，利用载体对目的物的吸附、交换吸附、共沉淀、吸收作用，预先捕获目的物，然后再用捕收剂浮选载体颗粒。目的物可以是溶解的离子、分子，也可以是胶粒、微细粒；载体可使用固体粒子或在溶液中生成的沉淀物。

第二节　特殊浮选的基本原理

一、离子浮选的基本原理

离子浮选的基础是表面活性剂在气-液界面吸附和目的物与表面活性剂之间发生作用。若分离物就是表面活性剂本身，则只有前一作用。如上所述，表面活性剂在液-气界面组分符合吉布斯吸附式。影响表面活性物质在液-气界面吸附量的因素主要有：表面活性剂结构、表面活性剂浓度和介质环境。作为捕收剂的表面活性物质与目的矿物之间的作用形式大体分为三种。

(1) 静电缔合作用

离子型表面活性剂可在液-气界面吸附形成双电层，电荷符号相反的目的离子靠静电引力聚集在此双电层的紧密层和扩散层中，并随气泡进入泡沫层形成两相泡沫[图 4-6-1(a)]。由于静电引力和分子热运动，形成扩散双电层，目的离子在扩散双电层中的分布按玻尔兹曼方程。影响目的离子在气-液界面双电层中吸附量 Γ 的参数有浓度 c、离子价数 z 和电位

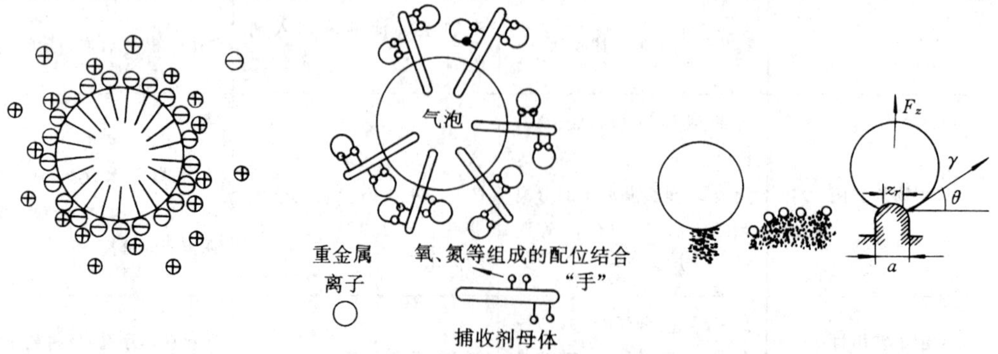

(a) 静电吸附机理　　(b) 络合或螯合机理　　(c) 化学沉淀黏附机理

图 4-6-1　离子浮选机理示意图

Ψ_T。当溶液中有其他反电离子存在时，将与目的离子发生竞争，干扰目的离子的分选。

(2) 络合或螯合作用及疏水性沉淀

捕收剂与重金属离子形成的络合物（或螯合物），无论为可溶性或水不溶性沉淀，由于非极性基朝气，极性基及其所结合的金属离子朝水，因而具有表面活性（疏水性），易在气泡上吸附或黏附，形成液-气二相泡沫，或形成亚晶物或沉淀物与水、气相构成的三相泡沫或浮膜[图 4-6-1(b)]。

(3) 烷基黄药等大量药剂与大多数有色金属、稀有金属、贵金属离子生成沉淀，这种沉淀物有疏水性，直接向泡沫富集[图 4-6-1(c)]。这种靠络合螯合或疏水性沉淀的分选过程具有较好的选择性。

二、沉淀浮选的基本原理

沉淀浮选是向体系中按化学当量加入所需的沉淀剂，使目的物全部转为沉淀，再加入表面活性剂覆盖颗粒的部分表面使之能向气泡黏附或气泡在其疏水面析出。沉淀浮选能否成功，关键在于目的物向沉淀转化程度和沉淀物的浮选行为。如脱除或回收水溶液中金属离子时，大多使其形成氢氧化物或硫化物沉淀，有时也采用碳酸盐或磷酸盐沉淀形式。

沉淀浮选在许多方面都与矿物浮选相类似，它不需要加入化学当量的表面活性剂。浮选非硫化物的捕收剂也可用于氢氧化物、碳酸盐、磷酸盐沉淀浮选；硫化矿捕收剂可用于硫化物沉淀浮选。捕收剂在沉淀颗粒表面上的吸附与在矿物表面吸附一样，有物理吸附、化学吸附等方式。

但由于沉淀颗粒的性质与矿物颗粒有所差别，因而沉淀浮选与矿物浮选不尽相同。沉淀物颗粒的集合体呈松散絮团状，含水量达 99%～99.9%。对沉淀物表面疏水性要求比矿物浮选低，通常每升只需数毫克的捕收剂，而絮凝剂的添加却显得更为重要。各个单独的未经聚合的沉淀物粒子尺寸在微米或毫微米级，且呈活泼状态，难以浮选。一旦形成了絮团状沉淀，有时不加捕收剂也可浮选，因为天然水中通常每升含有数毫克有机物，其所造成的疏水性有时足可使絮状体上浮。

颗粒与气泡之间的附着机理也不完全相同。矿物浮选时，矿粒与气泡之间的黏附力随固体表面疏水性增加而增大，也即随接触角 θ 的增大而增大，疏水性大小是影响黏附概率的主要因素。沉淀浮选时，气泡在沉淀物上的析出是主要形式，而且在沉淀生成过程中，包含夹带的气体，为气泡的析出创造了有利条件。与絮状沉淀结构有关的机械黏附、过滤夹带（絮团状沉淀物在沉降过程中与上浮的气泡相遇，絮团的网状结构把气泡机械夹带阻留在絮团内部）作用也增加了颗粒与气泡的黏附概率。因而沉淀浮选时气泡与颗粒之间附着率不仅取决于表面疏水性，还与絮状结构有一定关系。

三、吸附浮选的基本原理

吸附浮选处理的对象是离子、分子、胶团、细菌、藻类、微细粒矿物等，通常的吸附载体是活性炭、硅藻土、分子筛、活性矾土、磺化煤、离子交换树脂、氢氧化铁、氢氧化铝等。由于吸附浮选是通过浮选载体而达到对象的富集分选，因而载体的吸附特性、吸附容量、再生性能、浮选特性等是影响吸附浮选的重要因素。吸附载体是一种吸附剂。载体的固体组成、结构及表面状态、比表面积等对吸附特性、吸附容量影响很大。比表面积大、总表面能高的物质可成为优良的吸附剂。固体在溶液中的吸附规律，大多数可用弗兰德利希经验公式或朗缪尔公式表达。对于缺乏孔隙的吸附剂的多层吸附可用 BET 公式表达。

加入的吸附载体如果是铁盐或铝盐，则主要机理是利用氢氧化铁或氢氧化铝沉淀生成过程中的吸附、吸收、混晶、裹藏、凝聚等共沉作用，将目的物从溶液中富集在氢氧化物的载体上。这种情况下载体的添加时间、地点及介质的 pH 值对吸附共沉容量影响很大。与沉淀浮选一样，载体既可靠自身的可浮性，又可靠捕收剂作用产生的疏水性上浮，这与矿物浮选相类似。

第三节 特殊浮选工艺和设备

与常规矿物浮选相比，特殊浮选工艺比较简单，多为无浮选回路的单槽操作，浮选槽容积大。特殊浮选各种工艺方法的特点及应用见表 4-6-3。

表 4-6-3 特殊浮选工艺特点

浮选工艺方法	气泡尺寸/μm	能量消耗/[W/(m³·h)]	气泡停留时间/min	主要应用
充气浮选	100～500	20～30	2～5	油脂，表面活性剂
机械搅拌浮选	100～1 000	100～200	2～16	矿物，聚合物，乳胶或沉淀颗粒
加压减压气析浮选	40～70	45～60	20～30	碳氢化合物，溶剂，纤维，细悬浮体，絮凝颗粒，细菌，藻类
电解浮选	50～70	150～300		加热盐水的条件下与加压气析式相同
黏附分选	50，有扩展性	100		油类，乳浊液，疏水粒子

一、充气浮选

分离表面活性剂、蛋白质、有机物、油类等较轻物质及浓缩活性污泥时多采用充气浮选机。使气体通过多孔装置，分散成几毫米直径的气泡鼓入液体中。遇到很浓的液体时，需设置中等大小气泡的扩散器，以便产生局部紊流促使气泡破碎。气泡的大小必须适当，以保证在待浮颗粒上有较高的黏附率。

用来除去轻物质（油脂、纤维、纸、有机物）的装置中，一般设置两个分区，其一为混合和乳化作用区，其二为比较平静的浮选区。图 4-6-2 是其运行原理，在乳浊液区，悬浮固体靠空气的搅拌和混合所产生的螺线流加长了气泡运动的路程；在浮选分离区，横向流动非常缓慢，因而降低了对水流的紊动。

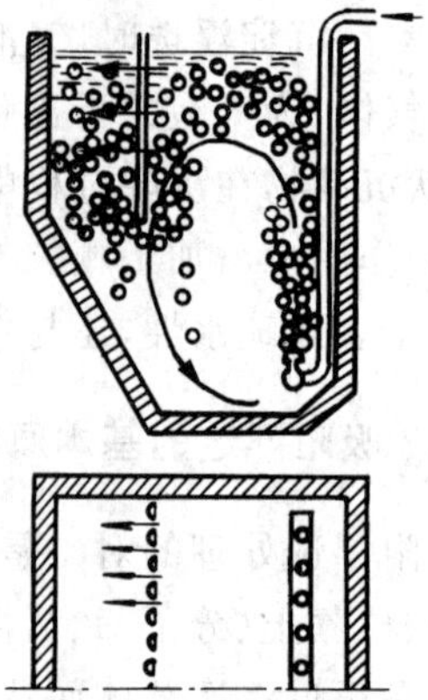

图 4-6-2 充气式浮选运行原理

充气式浮选机又分为浮选柱和槽式泡沫分离器，见图 4-6-3。浮选柱有几种操作方式，其中“浓缩型”是让部分泡沫返回柱内泡沫区，以得到浓度更高的泡沫产品。“净化型”是向即将排出的底流中补加捕收剂，使底液进一步得到提纯净化。为了得到浓稠的泡沫产品应采用收缩形式的泡沫排出面，这样能挤压泡沫，促进泡沫聚结。与此相反，扩大泡沫排出面能使泡沫较好地排出，使槽中泡沫大量减少。

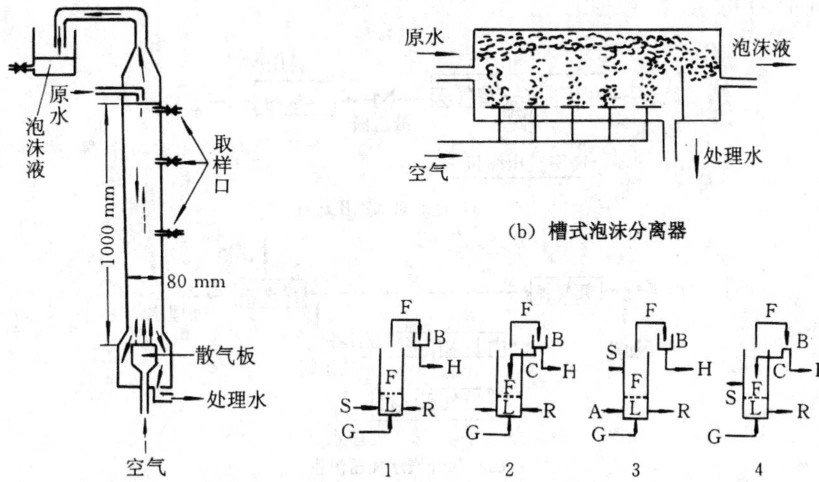

(a) 试验室用浮选柱　(b) 槽式泡沫分离器　(c) 浮选柱操作方

1—单一型；2—浓缩型；3—净化型；4—复合型。

A—捕收剂；B—破泡器；C—还流；F—泡沫；G—送气；H—泡液；L—液相；S—给料。

图 4-6-3

浮选柱除单槽操作之外，还可像矿物粗选、扫选那样把多个浮选柱串联布置，以达到高度净化；亦可把泡沫产品再次充气鼓泡，以得到高品位泡沫产品。

消泡方法有：

① 化学消泡法——喷入消泡剂。

② 物理消泡法——使温度骤变(骤热或骤冷)消泡、超声波振动消泡、旋风消泡、喷射消泡。

③ 机械消泡法——机械搅拌消泡、离心消泡。

④ 组合式消泡法——各种热装置和机械装置组合。

二、气析式浮选

气析式浮选工艺分为加压浮选、减压浮选(或称为真空浮选)、电解浮选三种类型。其中加压浮选因发泡量容易调节控制、流程灵活可变等优点，得到广泛应用。减压浮选需在密封条件下操作，仅用于有毒或难闻气体的浮选分离过程。电解浮选因能耗大，尚处于研究阶段。

1. 加压浮选

加压浮选装置主要由压力泵、空气压缩机、溶气罐、减压阀、浮选槽等组成。其工作程序为：压力泵将原水或部分处理水连同 0.19～0.49 MPa 压力的压缩空气导入密闭的溶气罐，水在溶气罐停留 1～5 min 后再经减压阀连同未加压的废水导入开放于常压的浮选槽，空气在浮选槽析出，与目的物形成泡沫或浮渣，由刮板刮出；水在浮选槽内停留 10～30 min，处理水由浮选槽底部或槽的另一端排出。

(1) 加压浮选流程

① 全部原水加压流程

该流程适用于原水中悬浮物含量高,需发泡量大且絮凝体的破坏对浮选无影响的浮选过程[图 4-6-4(a)]。

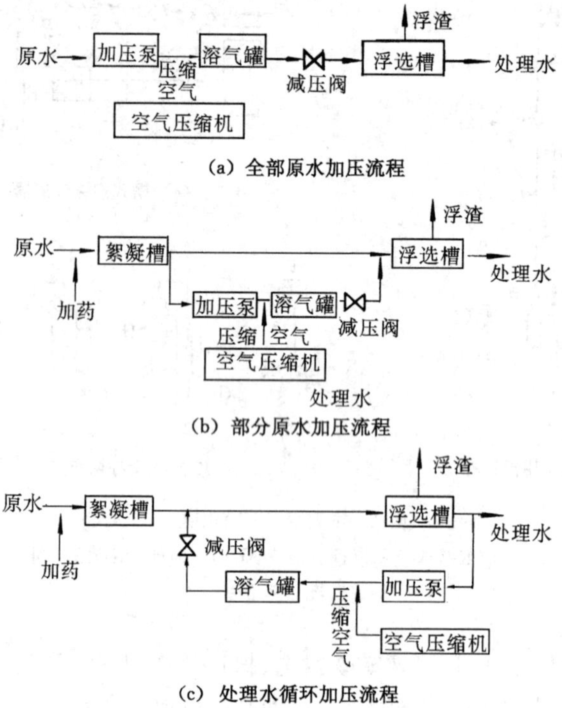

图 4-6-4 加压浮选流程

② 部分原水加压流程

部分原水加压溶气后再与未加压的原水混合进入浮选槽[图 4-6-4(b)]。该过程动力消耗减少,适于絮凝体加压破坏后一旦与未加压原水混合可再次絮凝的水质。多以水的澄清净化为目的。

③ 处理水循环加压流程

根据原水所需的发泡量,将处理水的 10%～30%加压溶气,再与原水混合进入浮选槽[图 4-6-4(c)]。该流程不破坏絮凝体,可根据原水灵活调节发泡量。但相应浮选槽容积较大,动力费用稍高。适用于污泥浓缩。

(2) 溶气方式

溶气罐的压力和气体的溶解度是加压浮选的重要影响因素。气体在水中的溶解度符合亨利定律,与气体的分压成正比。实践证明空气在溶气罐内的溶解效率与压力、水和压缩空气进入溶气罐的方式、送气速度、滞留时间、流动搅拌条件等因素有关。

图 4-6-5 是几种溶气方式。其中图 4-6-5(a)和图 4-6-5(b)两种方式的溶气效率很低。当溶气罐的压力为 690 kMa,送气速度为 70 L/min 时,水在罐内滞留时间需 45 min 以上空气溶解才能达到饱和。若再增加或减小进气速度,达饱和所需滞留时间更长。若空气从压力泵的吸入端与水同时进入压力泵,如图 4-6-5(c)所示,则由于压力泵叶片的剪切搅拌作用,溶气效率有所提高。但由于空气和水同时进入压力泵,泵的排水速度和压力降低,进气

量受到限制。在溶气罐保持690 kMa的压力下，这种进气方式只能使空气饱和率达23%。若在压力泵的排水端设置支管，如图4-6-5(d)所示，使压缩空气形成分支环流，可大大提高溶气效率，可使空气溶解度达到饱和溶解度的75%～85%。此外，在溶气罐内填充适当深度的多孔物质，水从埋于充填料中央的周围开有小孔的水管给入溶气罐，增加空气和水的接触面积，也可以大大提高饱和率，如图4-6-5(e)所示。

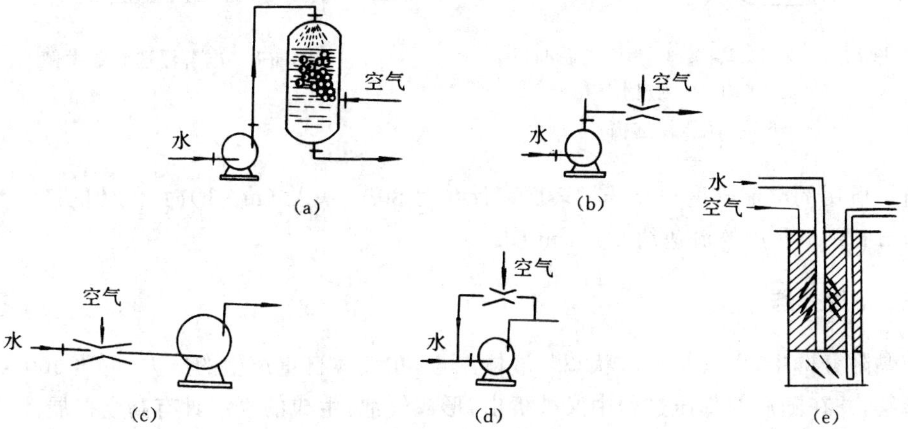

图4-6-5　加压浮选的溶气方式

(3) 加压浮选槽的类型

加压浮选槽有矩形、圆形两种。为了提高表面负荷率，把斜板沉淀池的原理与浮选槽组合，形成一种多段式加压浮选槽，如图4-6-6所示。这种多段式浮选槽的标准处理能力为：三段30 m^3/h，六段60 m^3/h。

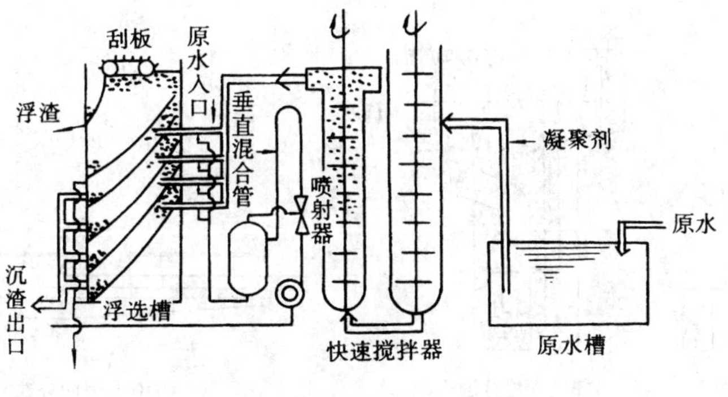

图4-6-6　多段式加压浮选槽

2. 减压浮选

减压浮选也叫真空浮选，是使空气在常压下溶解，而后在密闭槽内抽真空减压，使在常压下溶解的气体析出，产生气泡，从而实现浮选。图4-6-7是一种减压浮选槽。减压浮选适于有臭气、有害气体挥发的浮选过程。缺点是发泡量受限制，需间断操作。

3. 电解浮选

电解浮选也可属气泡析出型浮选之列。气泡的产生是靠电解时在阴极和阳极分别析出氢和氧形成的。图4-6-8是电解浮选装置举例。在浮选槽内设置电极，两电极之间通低压

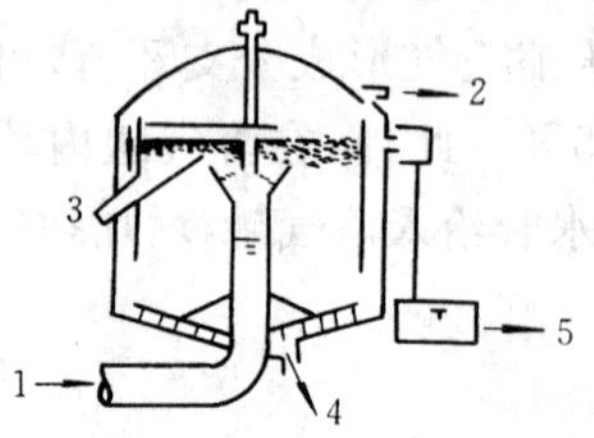

1—原水进口；2—接真空泵；3—泡沫产品出口；
4—沉渣出口；5—处理水。

图 4-6-7　减压浮选槽

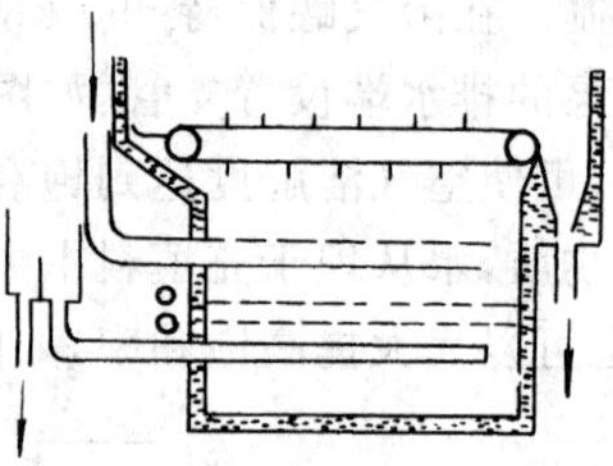

图 4-6-8　电解浮选装置举例

直流电。所用的电流密度按浮选槽表面积计算为 80～90 A/(m·h)时，气体的产量为 50～60 L/(m·h)。所用的流速约 4 L/(m·h)。

三、黏附分选

在黏附分选中，空气呈分散状态与液体混合，在液体自重产生的压力(可达 600 kMa)下气体溶解，并在随后的降压过程中又被析出，形成气泡，生成的气泡具有高度扩展性的表面，在这些表面上负载富集着各种疏水性物质和表面活性物质，在黏附分选中，负载气泡被带到水-大气的界面上，不是由于空气泡的上浮(常规浮选中的情况)而是由液体流动所带动。此种液流的速度，比浮选机中液流速度更大(50 cm/s 以上)；同时气泡与液流间相对运动很小。

黏附分选过程按工艺设备特征分为三种形式：串级分选、深度分选和表面分选。分别示于图 4-6-9 中，三者实现分选的原理完全相同。

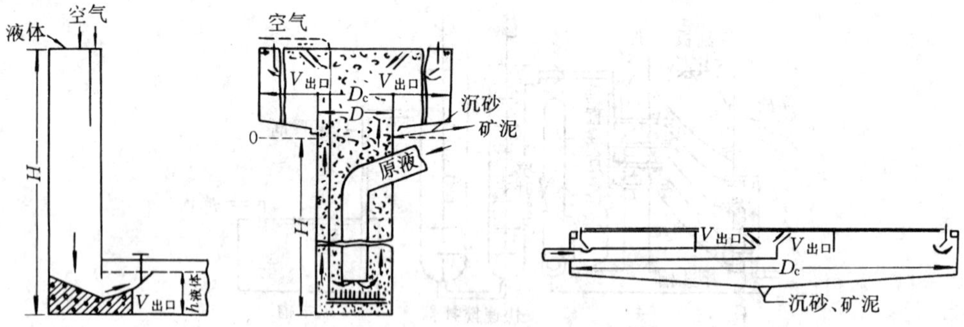

(a) 串级分选　(b) 深度分选　(c) 表面分选

图 4-6-9　黏附分选过程

四、特殊浮选的操作因素

特殊浮选的操作因素大致与泡沫浮选相同，主要有表面活性剂浓度、辅助药剂浓度、介质 pH 值、离子强度、温度、黏度等基本变量和气流速度、气泡大小、气泡层高度、给矿速度、回流比等操作变量。

复习思考题

1. 简述特殊浮选的分类及特征。
2. 简述离子浮选的基本原理。
3. 简述沉淀浮选的基本原理。
4. 简述吸附浮选的基本原理。
5. 简述充气浮选的基本原理及设备的工作过程。
6. 简述气析式浮选的分类及各类设备的工作过程。
7. 简述黏附浮选的基本原理及特点。

第五篇

固液、固气分离技术

第一章 概　述

分离技术广泛用于化工、矿业、发电、制药、环保等许多工业部门。分离技术主要是指固液之间的分离和固气之间的分离。对选煤厂而言，固液分离是指煤与水的分离，又叫脱水；固气分离是指煤粒和气体的分离，又叫除尘。

一、脱水

1. 脱水方法

根据不同的工艺环节，使用的脱水方法很多，大致可以分为以下几种。

① 重力脱水：是指靠重力而实现的脱水。它又可细分为以下两种形式。

自然重力脱水——即利用物料颗粒表面水分的重力作用而脱水，如脱水斗子及脱水仓的脱水。

重力浓缩脱水——即依靠细粒物料的重力作用，在液体中沉降的方法来实现固液分离，如浓缩机、沉淀池等的浓缩脱水。

② 机械力脱水：是指靠机械力而实现的水和物料的分离。它又分为以下三种形式。

筛分脱水——靠物料与筛面做相对运动时产生的惯性力而脱水，如直线振动筛的脱水。

离心脱水——利用离心力作用使固液分离或提高煤泥水的浓度，如过滤式离心机和沉降式离心脱水机等的脱水。

过滤脱水——使液体透过细密的纤维织或金属丝网而留住固体，并用真空或压力以加速其分离的一种固液分离过程。如真空过滤机、板框压滤机、加压过滤机等的脱水。

③ 热能脱水：是指利用热能使物料中的水汽化而蒸发的脱水，如火力干燥及日光曝晒等。

④ 磁力脱水：是指利用强磁场对磁性矿物产生的磁力来实现的固液分离，如磁力脱水槽。

⑤ 其他脱水法

物理化学脱水法——用吸水性的物体或化学品（如生石灰）吸收水分，从而实现固液分离。

电化学脱水——固液混合物在外加电场作用下，水分子带正电荷移向阴极，固体细粒带负电荷移向阳极，从而实现固液分离。

选煤厂常用的脱水方法是重力脱水、机械脱水和热能脱水。

2. 脱水的作用

① 降低产品中的水分，满足一定的产品质量要求。在湿法选矿（或选煤）厂中，分选后的产品带有大量水分，若不及时脱除，产品就无法成为商品。如对于炼焦用煤来说，水分过高，将延长炼焦时间、增加炼焦炉瓦斯消耗量以及降低炼焦炉的使用寿命。所以，煤炭产品的水分是一个较重要的指标。

② 减少运输的费用。铁路运费是以重量作为计费依据的，水分越大，运输费用就越高，所以应尽量减少产品中的水分含量。

③ 防止冻车或涨车，影响冬季铁路运输。如在选煤厂，各种精煤产品的综合水分规定为 12%～13%，但个别用户、出口煤和高寒地区湿煤冬运则要求精煤水分在 8%～9%以下。

④ 回收分选过程所用大量的水。湿法选矿(或选煤)厂，水的用量非常大。如选煤厂一般情况下，跳汰机每处理 1 t 原煤需用 2.5～4 t 水；重介质分选机选煤，1 t 原煤需用水约 0.7 t；重介质旋流器选煤，1 t 原煤需用水为 1.8～2 t。大量的水若不回收，将造成极大的浪费。另外，回收大量水的同时也可减少对环境的污染。

二、除尘

将散布在空气中的细微颗粒与空气分离的过程叫除尘。选矿过程中的尘埃主要从筛分、破碎、干燥、运输、干法分选等作业中产生。

1. 除尘方法

选矿中使用的除尘方法主要有以下三种：

① 密封——把散尘的设备加密封罩，限制尘埃的扩散，再进行抽风除尘。

② 湿法除尘——通过喷水加湿物料，减少粉尘的产生。

③ 机械除尘——选煤厂常用的除尘器有单筒旋风除尘器、多管旋风除尘器、水膜除尘器、袋式除尘器。

2. 除尘的意义及作用

① 一定生产工艺的必备作业。如干法分选工艺，除尘系统是其工艺的重要组成部分。

② 减少对环境的污染，改善工人的工作条件。粉尘对人体健康的危害程度与其在空气中的含量、化学成分及溶解度等性质有关。人体受害最大的器官是呼吸器官、食道和眼睛等。

③ 回收细微颗粒再利用。

④ 杜绝尘埃的积聚，以免引起粉尘爆炸。煤尘的含量达到一定程度时，如遇火花，便有燃烧爆炸的危险。按照防火技术规程的规定，煤尘在空气中浓度不应超过 120～130 g/m^3。

随着水资源的日益紧张，我国的干法分选比重会逐渐增大，与干法分选相配套的除尘作业应受到足够的重视，加紧研制处理量更大、除尘效率更高的除尘器将是大势所趋。

复习思考题

1. 简述各种脱水的方法和作用。
2. 简述各种除尘方法、意义及作用。

第二章 悬浮液的性质

第一节 液相的性质

在绝大多数工业部门，构成悬浮液的液相是水。水的性质很多，这里所介绍的水的性质都是与脱水有关的，主要包括水的极性、黏性、表面张力和硬度等。

一、水的极性

在氢和氧组成的水分子中，由于正负电荷的中心是不重合的，因此水分子是极性分子，正是这种分子极性使得水具有独特的性质。水分子的极性能与负电性元素形成氢键，它一方面影响到液态水的结构，一方面还影响到水与固体物料的作用方式，显然氢键的作用将强化水分子在物料表面的附着状态，而不利于固液分离的进行，要去除这些水分子，必须额外提供打断氢键所需要的能量，这无疑会增加脱水的难度。

二、水的黏性

黏性是流体反抗变形的一种性质，从本质上来说，黏性反映的是流体分子间的相互作用。研究流体黏性的学科称为流变学，根据流变学的研究，流体所受的剪切应力与流体的变形率之间存在相应的数学关系。习惯上，人们把动力黏度简称为流体的黏度。水的黏度是温度的函数，在 20 ℃时为 0.001 Pa·s；温度每升高 1 ℃，水的黏度大约降低 2%。在实际的脱水过程中，温度变化对浆体黏性的影响是非常明显的。例如，在过滤过程中，引入蒸气加热滤饼，可使滤饼的水分降低。不过，在一般情况下，固液体系的温度对分离过程不会产生大的影响。所以，通过提高温度改变介质黏度来降低产品水分的方法是不经济的。

三、水的表面张力

表面张力，又可称表面自由能，其定义为物质增加单位表面积时外界所做的功。它是由于物质表面分子与内部分子相比，其化学键总处于不平衡状态，从而表面分子比内部分子具有更高的能量，这部分高出的能量就是表面自由能(或表面张力)。

在除了汞以外的所有液体中，水具有最高的表面张力，这显然与水分子的强极性有关。像大多数液体一样，水的表面张力随温度的升高而下降，表 5-2-1 所列为水的表面张力随温度的变化情况。

水的表面张力对固液分离过程有重要影响。例如在固体物料的孔隙内往往含有所谓的孔隙水，水在孔隙内深入的程度(即孔隙水的含量)与水的表面张力直接相关；再如水在固体表面的附着(润湿或形成水化层)也在很大程度上受到表面张力的影响。一般来说，液体介质的表面张力越大，固液分离就越困难。因此，降低水的表面张力是提高固液分离效率的有效途径之一。由于水的表面张力随温度的升高变化速度很小(表 5-2-1),因此借助提高温度来降低水的表面张力并没有多大意义。大量试验表明,向固液体系添加表面活性物质是降低水的表面张力的有效途径。

表 5-2-1 不同温度时水的表面张力

温度/ ℃	20	25	30
表面张力/(N/m)	0.072 88	0.072 14	0.071 40

四、水的硬度

工业用水和生活用水都有硬水、软水之分,水的硬度反映水中钙镁离子的含量多少,所含钙镁离子越多,水的硬度越大。衡量水硬度的单位很多,常用的有两种,它们是毫克当量硬度和德国硬度,1 毫克当量硬度相当于 1 L 水中含有 20.04 mg 的钙离子或 12.16 mg 的镁离子。水的硬度等级见表 5-2-2。

表 5-2-2 水的硬度等级

水的类型	硬 度	
	毫克当量 /L	德国硬度
极软水	<1.5	<4.2
软 水	1.5~3.0	4.2~8.4
中等硬度	3.0~6.0	8.4~16.8
硬 水	6.0~9.0	16.8~25.2
极硬水	>9.0	>25.2

水的硬度对悬浮液的分离和沉降有很大影响。因为,当硬度较大时,水中的钙镁离子含量增高,这些离子可以在颗粒表面进行吸附,从而改变颗粒表面的电位,使表面的水化作用发生变化,促使颗粒分散或凝聚,最终导致分离特性发生变化。例如,在选煤厂的煤泥水处理中,若水的硬度大,煤水的分离就会很容易,这正是某些水硬度大的选煤厂,在煤泥水的处理中少用甚至不用絮凝剂的原因。

第二节 固相的性质

固体颗粒是悬浮液中的分散相,固体物料本身的性质是构成悬浮液基本性质的重要组成部分。煤泥水中的固体颗粒是煤泥,煤泥的性质直接影响煤泥水的性质。这里主要介绍煤泥的粒度组成和煤泥的矿物组成及其对煤泥脱水的影响。

一、煤泥的粒度组成

1. 粒度的表示方法

颗粒粒度是颗粒体积的线性表征,固体颗粒的形状绝大多数是不规则的。表示这些不规则颗粒大小的方法很多,表 5-2-3 列出了与固液分离有关的各种粒度的定义,它们适用于不同的场合。选取粒度表示方法时，应选用与所研究的颗粒性质关系最密切的粒度。例如，自由沉降粒度和斯托克斯粒度适用于重力沉降、离心沉降、水力旋流器等场合；而表面粒度或比表面粒度则在絮凝、过滤等过程中用得较多。

表 5-2-3　颗粒粒度的表示方法

名　称	符号	定　　义	类　别
筛分粒度	d_{a}	能够通过颗粒的最小方孔宽度	当量球体直径
表面粒度	d_{S}	与颗粒具有相同表面积的球体直径	当量球体直径
体积粒度	s_{V}	与颗粒具有相同体积的球体直径	当量球体直径
比表面积粒度	d_{S_p}	与颗粒具有相同比表面积的球体直径	当量球体直径
投影粒度	d_{p}	在垂直于稳定平面方向上与颗粒具有相同投影面积的球体直径	当量圆直径
自由沉降粒度	d_{f}	在同一流体中与颗粒具有相同沉降速度的球体直径	当量球体直径
斯托克斯粒度	$d_{\mathrm{S_t}}$	雷诺数 $Re<0.2$ 时的自由沉降粒度	当量球体直径

2．粒度对固液分离的影响

在固液分离过程中，颗粒粒度在很大程度上决定了固液分离的难易程度。这主要是由于颗粒粒度是决定固液两相间相对运动速度的主要因素之一。如在重力或离心沉降时，颗粒的沉降速度与粒度的平方成正比（详见本篇第三章第一节），颗粒越大，沉降越快，固液分离效果越好；而当粒度很小时，沉降分离或者不能实现或者进行得很慢，此时需另加凝聚剂或絮凝剂（详见本篇第三章第三节）以使小颗粒聚集成团而加速沉降。

二、煤泥的矿物组成本及对脱水的影响

煤泥的矿物组成较为复杂，随煤种、产地不同而不同。主要有石英、方解石、黏土矿物和黄铁矿等。其中黏土矿物种类很多，有高岭土、蒙脱石、绿泥石等，多达上百种。

石英、方解石本身性质稳定，对煤泥水的处理及产品的脱水影响不大，有较大影响的是黏土矿物。由于它遇水极易泥化，且粒度微细，大大增加了煤泥水中细粒级的含量，这些微细颗粒除本身难于沉降外，还使煤泥水的黏度大幅度增加。因此，黏土类矿物含量越高，意味着煤泥水处理过程越困难。另外，泥化的黏土矿物还能在煤粒表面形成覆盖作用，黏土矿物亲水、高灰导致选煤产品的灰分、水分增高，加大了脱水作业的难度。据测定，煤粒表面的电动电位是－25 mV，细泥的电动电位是－31 mV，两者的电动电位符号相同，为什么还能形成覆盖作用呢？经过深入研究发现，细泥本身的电荷在其表面上的分布是极不均匀的，在构成黏土矿物的硅酸盐网状晶体中，其鳞片的平面部分虽具有负电荷，但这些扁平黏土粒的边缘却有大量的正电荷，黏土粒正是以其边缘正电荷与带负电荷的煤粒互相吸引而形成覆盖的。减小细泥在煤粒表面的覆盖，对降低产品的灰分和水分有利。近年来的研究表明，在浮选过程中加入醇类药剂，有助于消除细泥在煤粒表面的覆盖。

第三节　固液体系的性质

当固体物料与液相介质构成混合体系时，其性质既与固相的性质有关，又与水的性质有关，并受它们之间相互关系的影响。这里主要介绍固液体系的浓度、密度和黏度。

一、体系的浓度

浓度对脱水方法的选择及脱水效果有极其重要的影响。常用三个指标表示：液固比、固体含量和重量百分比浓度。

1. 液固比

液固比常用 R 表示。其定义是指 1 t 干物料所带水的立方米数，计算公式为：

$$R = V/G \tag{5-2-1}$$

式中　G——固液混合物中固体物料的重量，t；

V——固液混合物中水的立方米数，m^3。

液固比常用于洗选、浓缩和分级作业中，对于某作业，只要知道液固比 R 和干物料处理量，就很容易算出所需要的用水量。

2. 固体含量

固体含量常用 q 表示。其定义为 1 L 固液混合物中所含固体物料的克数。固体含量可用浓度壶进行测定，若浓度壶的体积是 1 L，可按下式计算：

$$q = \frac{\delta}{\delta - 1}(G_1 - 1\ 000) \tag{5-2-2}$$

式中　q——固体含量，g/L；

δ——固体的密度，g/cm^3；

G_1——浓度壶中固体物料和水的总重量，g。

对于选煤厂煤泥的密度，可取本厂煤泥密度的多次平均值，但过一段时间就应进行重新标定。对于炼焦煤选煤厂也可用 $\delta = 1.25 + 0.013\ A_d$ 进行估算（A_d 为煤泥的灰分）。只要得到煤水混合物的总重 G_1，就可得 q 值。

固体含量是一个操作指标，很多作业对它都有一定的要求，一般常用于浮选的入料、出料、浓缩机的溢流、底流以及跳汰机循环水的浓度表示等，应用很广。

3. 重量百分比浓度

重量百分比浓度用 C 表示。其定义是指固液混合物中干物料的重量占整个固液混合物总重量的百分数，可由下式求得：

$$C = \frac{G}{G + W} \times 100\% \tag{5-2-3}$$

式中　C——重量百分比浓度，%；

W——固液混合物中水的重量，t；

G——固液混合物中固体物料的重量，t。

重量百分比浓度常用于浓缩和过滤作业。

4. 各指标之间的换算

上述指标从不同角度表示在一个湿产物中，水与固体在量的方面的关系，在工艺计算中各有其不同的用途。各指标均与产物的基本数据水重、固体重、密度有一定关系，所以，它们之间可以互相进行换算。

(1) 液固比与固体含量的换算

当已知液固比 R 和固体密度 δ，可按下式计算固体含量：

$$q = \frac{1\ 000\delta}{\delta R + 1} \tag{5-2-4}$$

(2) 重量百分比浓度与固体含量之间的换算

当已知产物的重量百分比浓度 C 和其中固体密度 δ，可按下式计算固体含量：

$$q = \frac{1\ 000C}{100 - C + C/\delta} \tag{5-2-5}$$

(3) 液固比与重量百分比浓度之间的换算

当已知产物的液固比 R，可按下式计算重量百分比浓度：

$$C = \frac{1}{R+1} \times 100\% \tag{5-2-6}$$

以上三式，根据不同形式浓度的定义就可很容易推导出，这里不一一罗列。

二、体系的密度

化学纯水的密度在 5 ℃时为 1 000 kg/m³，温度增加到 50 ℃时为 980 kg/m³，变化不大。选煤厂所用清水中含有一定量的可溶性盐，与化学纯水的差别较小，在 5～16 ℃时，可以认为等于 1 000 kg/m³。

当水中含有煤泥时，煤泥水的密度与煤泥的含量有关，见表 5-2-4。

表 5-2-4　煤泥水的密度

浓度/(g/L)	固体密度/(kg/m³)								
	1 350	1 400	1 450	1 500	1 550	1 600	2 200	2 300	2 400
50	1 012	1 014	1 016	1 018	1 019	1 021	1 042	1 048	1050
100	1 025	1 029	1 038	1 038	1 040	1 044	1 087	1 094	1 102
200	1 049	1 055	1 063	1 070	1 077	1 084	1 168	1 182	1 196
300	1 075	1 086	1 097	1 108	1 118	1 129	1 258	1 279	1 301
400	1 100	1 114	1 128	1 142	1 158	1 171	1 342	1 370	1 398
500	1 125	1 143	1 161	1 179	1 197	1 214	1 429	1 465	1 501
600	1 150	1 172	1 197	1 215	1 237	1 258	1 516	1 559	1 602

三、体系的黏度

大量生产实践表明，相同浓度和密度的固液混合物，在处理的难易程度上可能相差很大，这说明光用浓度和密度来表述固液混合物的性质是很不全面的。下面以煤泥水为例介绍另一指标——黏度。

化学纯水的动力黏度与温度有关，但影响不大。温度对含煤泥的煤泥水黏度影响也不大；含煤泥的水的黏度应考虑介质中煤泥颗粒间的相互作用。对于浓稠的非牛顿体悬浮液的黏度应采用有效黏度。不同煤泥水的有效黏度，可按下式计算：

$$\mu_e = \mu_1 \frac{t_1 \rho_1}{t_2 \rho_0} \tag{5-2-7}$$

式中　μ_e——煤泥水的有效黏度，Pa·s；

　　μ_1——纯水的动力黏度，Pa·s；

t_1——纯水自黏度计流出的时间，s；

t_2——煤泥水自黏度计流出的时间，s；

ρ_0——纯水的密度，1 000 kg/m^3；

ρ_1——煤泥水的密度，kg/m^3，见表 5-2-4。

煤泥水的有效黏度既与煤泥水的浓度有关，又与煤泥水中煤泥的粒度组成有关，后者的影响尤其明显。当水中的煤泥粒度小于 45 μm 时，煤泥水的有效黏度急剧增大；而当水中的煤泥粒度大于 45 μm 时，则煤泥水的有效黏度与普通水相差不大。表 5-2-5 所列为煤泥水的有效黏度与其粒度组成和浓度之间的关系。

随煤泥水黏度增加，颗粒沉降速度显著减小，煤与水的分离难度明显增大。

表 5-2-5　15 ℃ 时煤泥水的有效黏度　　单位：Pa・s

煤泥水的浓度/(g/L)	煤泥粒度/μm			
	<1 000	<250	<75	<45
0	0.001 145	0.001 145	0.001 145	0.001 145
100	0.001 208	0.001 204	0.001 208	0.001 211
200	0.001 275	0.001 280	0.001 308	0.001 295
300	0.001 321	0.001 339	0.001 428	0.001 429
400	0.001 434	0.001 458	0.001 607	0.001 613
500	0.001 614	0.001 720	0.001 955	0.002 114
600	0.001 704	0.002 477	0.002 955	0.003 396

复习思考题

1. 简述悬浮液的液相、固相和固液体系的性质。
2. 简述悬浮液固液体系的浓度表示方法及换算。

第三章　煤泥水处理

第一节　粗颗粒煤泥水的处理

对于采用湿法分选的选煤厂来说，经主选作业后就会产生大量的煤泥水，那么煤泥水的处理就从主选作业的下一道工序开始。

经主选作业产生的煤泥水，粒度组成极为复杂，但是粗颗粒含量最大，我们把这部分煤泥水称为粗颗粒煤泥水。它是煤泥水处理的第一步。粗颗粒煤泥水处理一般是进行分级，由于湿法选煤大都用水作介质，所以分级有时又叫水力分级。它是根据颗粒在水介质中的沉降速度不同，将宽级别粒群分成两个或多个粒度相近的窄级别的过程。煤泥水的分级只分成粗、细两个不同的粒级。分级作业和筛分作业的性质相同，均是将粒度范围宽的粒群分成粒度范围窄的产物。但是筛分是比较严格地按几何尺寸分开，而分级则是按沉降速度差分开。

一、分级的实质

分级是在水介质中进行的，颗粒在水介质中的自由沉降速度可按斯托克斯公式求得：

$$v_{0S} = \frac{1}{18\mu}d^2(\delta - \rho)g\chi \tag{5-3-1}$$

颗粒在煤泥水中的沉降为干扰沉降，其沉降速度可按利亚申柯公式计算：

$$v_g = v_{0S}(1 - \lambda)^n \tag{5-3-2}$$

式中　v_{0S}—— 颗粒在水中的自由沉降速度，cm/s；

v_g——颗粒在煤泥水中的干扰沉降速度，cm/s；

μ——常温下水的黏度，μ=0.01 P；

δ——颗粒的密度，g/cm^3；

d—— 颗粒的粒度，cm；

χ——颗粒的球形系数，一般取 χ=0.3；

ρ——水的密度，ρ=1 g/cm^3；

g——重力加速度，一般取 g=981 cm/s^2；

n——试验指数，一般取 n=5～6；

λ——煤泥水的固体容积浓度(以小数表示)，$\lambda=\frac{1}{R\delta+1}$；

R——煤泥水的液固比。

把上述已知数值代入式(5-3-2)，可得：

$$v_g = 1\,635(\delta - 1)d^2\left(1 - \frac{1}{R\delta + 1}\right)^n \tag{5-3-3}$$

从上式可以看出，v_g 取决于颗粒的粒度、颗粒的密度以及悬浮液的浓度。其中 $v_g \propto d^2$，即颗粒的粒度对 v_g 的影响最大，而 v_g 又决定分级，因此可以说对分级起主要作用的是颗粒的粒度，或者可以说粒度决定分级，有的书中习惯叫分级粒度，用 d_P 表示。但 v_g 又受颗粒的密度和悬浮液浓度的影响，实际中应尽量克服两者的干扰。选煤厂分级设备的分级粒度应与主选设备的分选下限相一致，这是因为分级的目的是把主选设备已完成分选的部分和未完成分选的部分区分开来，分别进行处理。分选设备的分选下限一般为 0.3(0.2)～0.5 mm。另外，在工艺上分级设备的分级粒度还与沉淀面积及设备的入料量有关。

二、分级原理

由于分散体系的煤泥水沉降可用在层流状态下的斯托克斯公式来描述，那么分级设备中的沉降分离过程，一般可引用海伦模型。该模型假定：煤泥水的颗粒和流动速度在整个水池断面上是均匀分布的，并保持不变。悬浮液在分级设备中流动是理想的缓慢流动，颗粒只要一离开流动层，就认为已经成为沉物。该模型又称浅池原理。

在实际生产中，分级工作是一个连续的过程。物料由一端给入，溢流由另一端排出，沉物则由下部排出。若分级设备的长度为 L，宽度为 B，进入设备的煤泥水量为 W。如果分级设备有足够的深度，煤泥水溢流从另一端排出时，其上部有一流动层，其厚度设为 h，在流动层的下部的煤泥水可以认为是静止的。流动层中的颗粒同时受到两个力的作用，其一为重力，使颗粒具有一个下沉速度 v；其二物料给入容器后有向前的推动力，因此，有一水平速度 u。所以，颗粒在流动层中的运动轨迹是一条曲线。当入料量 W 一定时，曲线倾斜程度主要受颗粒大小的影响。按照海伦模型，颗粒从给料端运动到溢流端以前，不管在何处由于轨迹的偏移离开了流动层，那么该颗粒在流动层下部将继续下沉，最终作为沉物排出。反之，颗粒从给料端运动到溢流端，仍处于流动层中，则该颗粒将从溢流排出，成为溢流产品，见图 5-3-1。

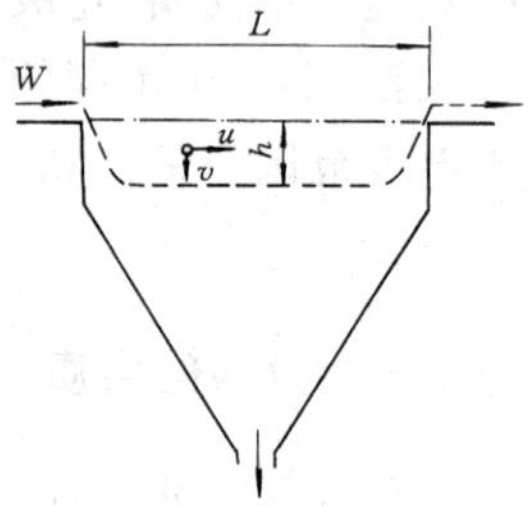

图 5-3-1　分级原理示意图

按上面的分析有如下关系，煤泥水在设备中的水平流速 u 为：

$$u = \frac{W}{Bh} \tag{5-3-4}$$

颗粒从给料端运动到溢流端所需时间 t_1 为：

$$t_1 = \frac{L}{u} = \frac{Sh}{W} \tag{5-3-5}$$

式中　S——分级设备面积($S=BL$)。

任一粒度为 d 的颗粒，其下沉速度为 v，通过流动层所需时间 t_2 为：

$$t_2 = \frac{h}{v} \tag{5-3-6}$$

如果，某颗粒从给料端运动到溢流端所需时间 t_1 大于其通过流动层的时间 t_2，即 $t_1 > t_2$，则该颗粒未到达溢流端时，已通过流动层，即成为沉物；反之，当 $t_1 < t_2$，颗粒到达溢流端时，仍处在流动层中，则从溢流排出，成为溢流产品。如果某颗粒其 $t_1 = t_2$，则该颗粒运动到溢流端时，恰好在流动层的边界上。这种颗粒成为沉物和成为溢流的机会均等，有可能从溢流排出，也可能成为沉物，该颗粒的大小被称为分级粒度。

当 $t_1=t_2$ 时，可得下式

$$W = Sv \tag{5-3-7}$$

该式为煤泥水流量、设备面积和分级粒度下沉速度之间的关系。对于固定的设备，不同的处理量，可求出不同的 v 值，即有不同的分级粒度。当要求分级粒度一定时，所需要的分级面积 S 与煤泥水的流量成正比。当煤泥水的流量一定时，所需的分级面积 S 与分级粒度的下沉速度成反比，即与分级粒度成反比。要求的分级粒度越细，所需要的分级设备面积则越大。因此，可以通过控制分级设备的面积来控制分级粒度。

通常以每平方米沉淀面积、每小时所能处理的矿浆量的立方米数表示分级沉淀设备的能力，称为分级沉淀设备的单位负荷，用 ω 表示。

式(5-3-7)中的 S 以 1 m^2 代入，得

$$W = v = \omega \tag{5-3-8}$$

该式说明分级粒度的下沉速度与分级设备的单位负荷在数值上是相等的。

分级设备面积选取，在设计中常用沉淀设备的单位面积负荷来计算。该法为经验数据法。

$$S = \frac{KW}{\omega} \tag{5-3-9}$$

式中　K——不均衡系数(煤泥水系统通常取 1.25)。

常用分级沉淀设备的单位负荷见表 5-3-1。

表 5-3-1　常用分级沉淀设备的单位负荷　　单位：$m^3/(m^2 \cdot h)$

斗子捞坑、角锥沉淀池	倾斜板沉淀池	煤泥捞坑	沉淀塔	浓缩机
15～20	50～70	13～15	5～8	2.0～3.5

若取斗子捞坑的单位负荷为 17.5 $m^3/(m^2 \cdot h)$，则分级粒度沉降速度约为 4.86 mm/s。

三、常用的分级设备

1. 重力场中的分级设备

(1) 角锥沉淀池

角锥沉淀池由若干个并列的底部为角锥形的钢筋混凝土容器组成，各分级室之间及其内部无隔板，角锥底部的倾角为 65°～70°，角锥池一端入料，另一端为溢流端，沉物沉到锥底，锥底装有闸门以便排卸沉淀物料。煤泥水的入料方式有并联和串联两种，见图 5-3-2。当以串联方式给料时，入料端底流排放物粒度组成较粗，出料端底流排放量小且粒度组成较细；当以并联方式给料时，底流物的质量没有差别。若要获得不同粒度的产品时，可选择串联给料方式。但当给料量一定时，采用串联给料方式，会使液流在角锥池中的流速较大，这对分级不利，所以选煤厂实际生产中多用并联给料。

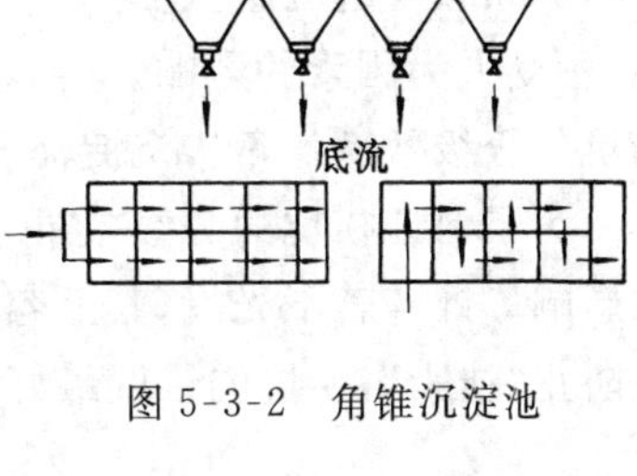

图 5-3-2　角锥沉淀池

角锥沉淀池对入料的浓度和粒度都有一定的限制，较理想的入料浓度是 100～150 g/L，入料粒度一般为 0～

1 mm。根据现场试验，得出了关于角锥池的一组经验数据：当要求分级粒度为 0.3 mm，入料的固体物含量为 50 g/L 时，其单位负荷不应超过 15 $m^3/(m^2 \cdot h)$；入料的固体物含量为 150 g/L时，单位负荷不应超过9.5 $m^3/(m^2 \cdot h)$；固体物含量为200 g/L时，单位负荷不应超过 8 $m^3/(m^2 \cdot h)$；而固体含量为 250 g/L 时，单位负荷不应超过 7 $m^3/(m^2 \cdot h)$。由此可看出，入料浓度对角锥池的工作效果影响较大。

角锥池的溢流自动排出，其底流由阀门靠人工控制排放，有时为了防止堵塞底流排放管路，需在其管路的侧壁接清水管或压缩空气管。由于人工控制底流排放阀门，所以分级粒度难以掌握。这是角锥分级设备的一大缺陷，应研制根据粒度检测来自动排料的装置。

（2）斗子捞坑

捞坑通常为方锥形或圆锥形钢筋混凝土结构，锥壁倾角为 60°～70°，由中心或单侧给料，从周边或旁侧流出溢流。广泛采用的是中心给料周边溢流的方式。锥形容器中安有一台斗子提升机，用它来排出沉淀物，排出沉物的同时，还对物料有脱水的作用。沉淀物进入斗子的方式有三种：喂入式、挖掘式和半喂入式。喂入式的斗子提升机位于捞坑倒锥之外[图 5-3-3(a)]；挖掘式的斗子提升机置于捞坑之中[图 5-3-3(c)]；而半喂入式介于上面两者之间，吸取了前两种形式的优点，机尾在捞坑外部，但斗子位于捞坑之内，见图 5-3-3(b)。半喂入式既避免了检修斗子提升机时的不便，又避免了物料在池内堆积的缺点。因此，实际中以第二种形式应用最多。

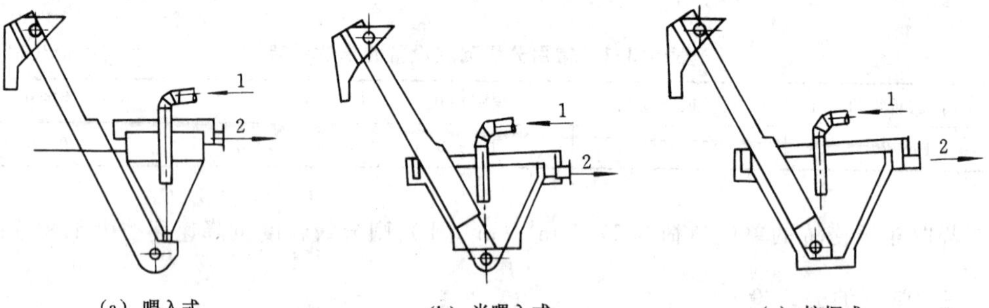

（a）喂入式　　（b）半喂入式　　（c）挖掘式

1—入料；2—溢流。

图 5-3-3　斗子捞坑中斗子的给料方式

斗子捞坑在选煤厂应用十分普遍。它的适应能力较强，入料的粒度范围宽，一般为 0～50 mm。但有时为了提高捞坑的分级精度，应尽量缩小捞坑入料的粒度范围，实际捞坑的入料粒度以 0～13 mm 多见。捞坑的分级粒度一般为 0.2～0.5 mm。

斗子捞坑的工作原理同角锥沉淀池一样，都是借重力作用实现颗粒沉淀的。但是，斗子捞坑中颗粒沉淀的条件与角锥沉淀池不同，一是煤泥在斗子捞坑中将随同较粗精煤颗粒(如 6～13 mm)一起沉淀，这对较细颗粒的沉淀有利；二是沉淀物及时用斗子提升机从捞坑中排出，不受人为因素的影响。所以它的沉淀与排料条件都比角锥沉淀池理想。这也正是斗子捞坑的分级效率比角锥沉淀池分级效率高的原因。

为了保证捞坑的分级效果，入料处应设缓冲套筒，以减小入料的流速对分级设备流动层的影响。锥壁若不光滑，其上容易“挂腊”，严重时捞坑“棚拱”，导致捞坑不能正常工作。为了防止“挂腊”，捞坑的锥壁最好铺瓷砖。

(3) 倾斜板分级设备

通常,自然沉淀设备的面积均较大。如能提高设备的处理能力,缩小设备的体积,则可减少基建费用。由于分级设备是利用浅池原理进行工作的,物料在池中的沉降分级与池深无关。因此,为了提高设备的单位面积处理量,应该充分利用池深。在分级沉淀设备中,加设一组倾斜放置的沉淀板面,即倾斜板装置,可提高分级沉淀设备的处理能力。

倾斜板的安装可以缩短颗粒的沉降距离,减少沉降时间,增大分级设备的沉淀面积,使沉淀好的物料顺利排出。如图 5-3-4 所示。倾斜板的安装角度 $\alpha=50°\sim60°$,α 越小越有利于增大沉淀面积,但不利于沉淀后煤泥的排出。选煤厂倾斜板的实际安装角度多采用 60°。倾斜板的层数增多,也有利于增加沉淀面积。层数越多则板间距越小,过小的板间距,会使水流的流动对沉物的沉淀及排放产生干扰。板间距一般可取 100～150 mm。

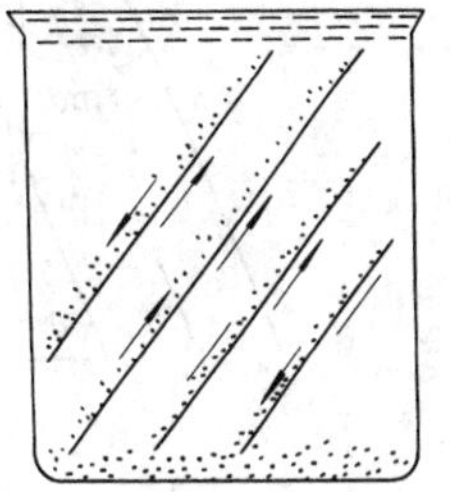

图 5-3-4　倾斜板沉降示意图

制作倾斜板的材料必须是质轻、平整光滑且耐磨、耐腐。最好采用质轻的乙烯树脂板,也可采用塑料板、不锈钢或铁板。用铁板时,必须涂上耐磨、耐腐蚀的涂料。

① 倾斜板的入料形式

倾斜板的入料形式有三种,即上向流、下向流和横向流。如图 5-3-5 所示。

(a) 上向流　(b) 下向流　(c) 横向流

图 5-3-5　倾斜板的入料类型

上向流——煤泥水由下部给入,溢流由上部排出,沉物由下部排出。特点:液流运动方向与沉物运动方向相反,故液流对已沉积在板表面上的物料有干扰作用,粗颗粒先沉到板的下部,不易下滑的细颗粒沉在板的上部,这些细颗粒沉淀物易被上升流带走。另外,上升流还会对沉淀物的滑落有阻滞作用。但上向流的有效沉淀面积最大。

下向流——煤泥水从上部给入,沉物由下部排出,溢流由下部排出。特点:入料及沉物运动方向相同,对沉淀有利,细颗粒沉在板的下部,粗颗粒沉在上部,对沉物排放有利,但把沉物和溢流很好地分开确较困难。

横向流——其入料是一侧给入,沉物由下部排出,另一侧出溢流。特点:液流方向与沉淀物排出方向有一定夹角,液流对沉淀物的干扰作用较小,产物的排除也易于实现。

② 上向流倾斜板设备工作原理

图 5-3-6 所示为上向流倾斜板装置的几何尺寸和沉淀过程各参数的关系。

从下部给入的煤泥水,沿着与水平方向成 θ 角的一组平行倾斜的空间,以平均速度 u 向上方运动,当煤泥水量为 W 时,其流速 u 为:

$$u=\frac{W}{Bl\sin\theta} \tag{5-3-10}$$

煤粒下沉落到倾斜板上面后,就不再受水流运动的影响,只能沿着倾斜板下滑,最后集中在槽底,作为沉淀物排出。

煤粒在倾斜板空间的下沉速度 v 可以分解成垂直于倾斜板和平行于倾斜板两个方向的

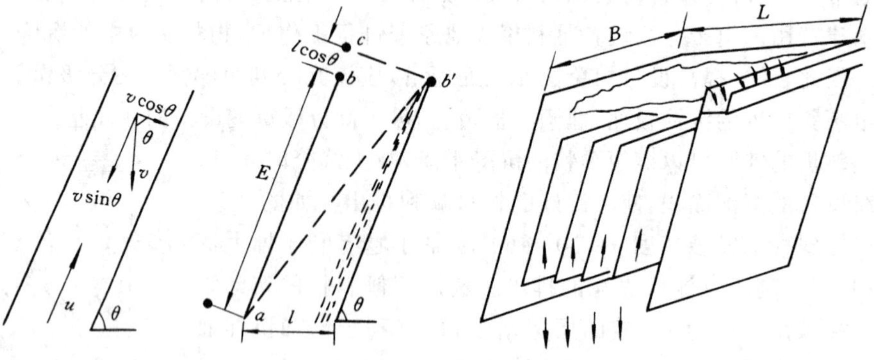

图 5-3-6　上向流倾斜板装置

分速度 $v\sin\theta$ 和 $v\cos\theta$。当煤粒通过两块倾斜板之间垂直距离 cb' 所需时间等于通过从倾斜板一端到另一端的距离 ac 所需的时间时，这个煤粒有 50%的机会落在 b' 点上，作为底流排出，同时也有 50%的机会成为溢流产品，该煤粒的大小即为分级粒度。分级粒度颗粒的实际运动路径为 ab' 曲线。

按照上述条件，分级粒度的颗粒通过两块倾斜板之间垂直距离所需时间与从倾斜板一端到另一端所需时间有如下关系：

$$\frac{E+l\cos\theta}{u-v\sin\theta}=\frac{l\sin\theta}{v\cos\theta}$$

把式(5-3-10)代入，经整理得：

$$v=\frac{W}{Bl+BE\cos\theta} \tag{5-3-11}$$

对于长为 B、宽为 l 的地方，其本身所具有的沉淀面积为 Bl，加倾斜板后增加的面积为板的面积在水平方向上的投影，即 $BE\cos\theta$。若加倾斜板前原有的沉淀面积用 A 表示，加倾斜板后增加的面积用 A_e 表示，那么对于 L 长的空间，所加倾斜板的板间距为 l，加倾斜板的个数为 $n=L/l$，则式(5-3-11)可写成：

$$v=\frac{W}{BL+nBE\cos\theta}=\frac{W}{A+A_e} \tag{5-3-12}$$

为了充分利用倾斜板沉淀设备中的倾斜板面积和原有设备的沉淀面积，实际工作中，倾斜板上面应该有一定高度的自由水面，才能保证分级粒度的颗粒恰好落到 b'。

以上是以上向流为例推导出的公式，同理可以推导出下向流和横向流的公式。

下向流：
$$v=\frac{W}{A_e-A} \tag{5-3-13}$$

横向流：
$$v=\frac{W}{A_e} \tag{5-3-14}$$

③ 倾斜板沉淀槽

倾斜板沉淀槽是以倾斜板为主要工作部件的煤泥水分级设备。图 5-3-7 为上向流倾斜板沉淀槽的简图。槽体是一个斜方体的容器，下部接两个作收集和排放沉淀物用的倒锥体。在斜方体容器内排列着斜置的倾斜板。每块板的下部都有“L”形的入料隔板。容器的侧板下部有很多开口，每个开口均与“L”形入料隔板相接。侧板与扩散状的入料槽相连，煤泥水通过入料槽和各开口分配到各倾斜板之间。由于“L”形入料隔板的作用，进到每个隔间的煤泥水转为上升流，并使入料不致干扰顺板下滑的沉淀煤泥。槽体的上部有溢流汇集管，溢流由此排出。

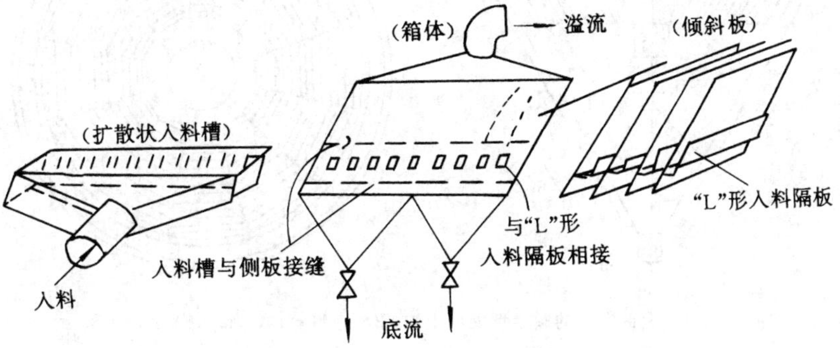

图 5-3-7　上向流倾斜板沉淀槽

通过大量的生产实践，发现沉淀槽的溢流排放不合理。溢流是按整个槽宽产生的，而排放时却汇集到一个很细的溢流管，这就使得溢流管处的液流速度急剧增高，对分级不利；而沉淀槽两端由于受锥形罩的阻力，溢流运动速度很低，大量煤泥淤积在溢流箱两端，堵塞了板与板之间溢流水通道(图 5-3-8)，使板的利用率下降。改进后的倾斜板沉淀槽将封闭式的溢流箱改为敞开式，消除了原溢流箱两端对上升水流的阻力，防止沉淀槽两端煤泥的淤积，使溢流的流速正常，提高了分级效率。

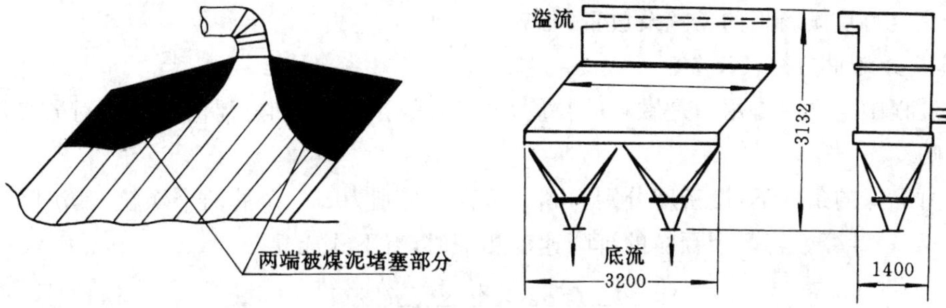

图 5-3-8　倾斜板沉淀槽的弊端及改进

④ 圆锥形倾斜板沉淀池

倾斜板沉淀槽的单位面积处理量虽较大，但单台体积小，单台的处理量也小。在大型选煤厂中，由于煤泥水量大，需要的台数很多，从而造成物料收集、排放管路复杂。因此，倾斜板沉淀槽的应用面并不广。为了充分发挥倾斜板沉淀设备体积小、效率高、配置灵活、投资省等优点，应该寻找新结构的倾斜板沉淀设备，圆锥形倾斜板沉淀池即是一种新型的倾斜板装置，见图 5-3-9。

⑤ 倾斜板装置的设计

由于倾斜板设计安装都很容易实现，所以它可以应用到很多分级设备中去，以补充原分级设备的面积不足。

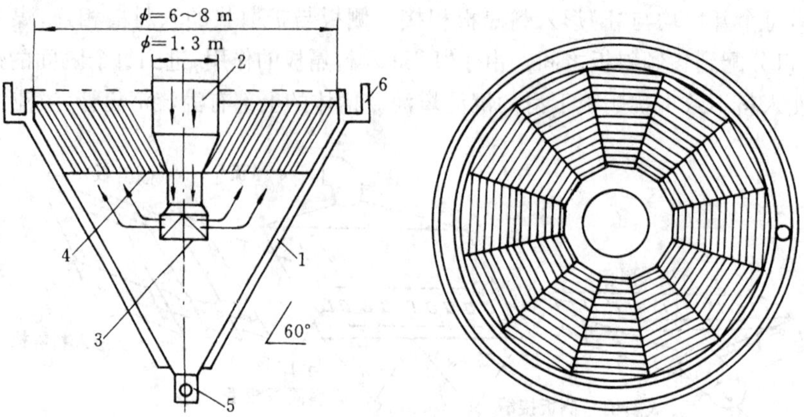

1—上部敞开的圆锥形混凝土池；2—进料管；3—布水帽；
4—斜板沉淀区；5—排料管及闸门；6—溢流槽。

图 5-3-9 圆锥形倾斜板沉淀池

倾斜板的设计，一般包括如下几个方面的内容：

——决定采用倾斜板的形式。

——确定分级粒度颗粒的下沉速度。如在原有设备中加设倾斜板，则应算出原设备分级粒度颗粒的下沉速度，亦即沉淀设备的单位面积负荷。

——计算上述分级粒度下，应采用的沉淀面积；或保持相同沉降效果时新的沉淀面积。

——计算所需倾斜板面积，并决定倾斜板的安装角度。

——决定每块倾斜板的长宽及放置距离。

2. 离心力场中的分级设备

分级过程中起主要作用的是颗粒的粒度，同时，颗粒的密度和悬浮液的浓度对分级也有一定的影响。

在自由沉降的条件下，设密度分别为 δ_1、δ_2，直径分别为 d_1、d_2 的两个颗粒，其沉降速度可由式(5-3-1)计算。当两个颗粒的沉降速度相等时，有下式成立：

$$\frac{d_1^2(\delta_1-\rho)g\chi}{18\mu}=\frac{d_2^2(\delta_2-\rho)g\chi}{18\mu}$$

即

$$d_1^2(\delta_1-\rho)=d_2^2(\delta_2-\rho)$$

则其等沉比为：

$$e=\frac{d_1}{d_2}=\sqrt{\frac{\delta_2-\rho}{\delta_1-\rho}} \tag{5-3-15}$$

由式(5-3-15)可知，如有 $\delta_1=1.4$、$\delta_2=1.8$ 的两个煤泥颗粒，在自由沉降速度相等时，其等沉比约为 1.5。由此可见，在重力场的分级设备中，即使煤泥处于自由沉降的情况下，如保证使 $\delta_1=1.4$、$d_1\geqslant0.5$ mm 的低灰煤泥颗粒能成为沉物，则 $\delta_2=1.8$、$d_2\geqslant0.5/1.5=0.34$ mm 的高灰煤泥颗粒也将成为沉物。这些未经分选的高灰细颗粒将污染已经过分选的低灰粗粒煤泥，使分级效果恶化。所以，颗粒的密度对分级的影响是很明显的，这也正是重力场中水力分级设备分级效率不高的原因。

另外，随着选煤技术的发展，选煤厂主选设备的分选下限已降至 0.3～0.2 mm，这就要求分级粒度更细，且对分级粒度要求更严。只有这样才能保证主选设备的分选下限，提高主选设备的分选精度。

为了克服密度对分级效果的影响，保证分级的粒度和精度，人们又开发研制了离心力场中的水力分级设备（如水力旋流器、电磁振动旋流筛、煤泥离心筛分器等）。关于水力旋流器已在第二篇第三章中介绍，这里不再赘述。

(1) 电磁振动旋流筛

电磁振动旋流筛构造如图 5-3-10 所示。该筛的外壳由钢板焊制而成，上、下壳体用螺栓连接。其主要工作部件是导向筛和锥形筛。导向筛固定不动，筛面向外倾斜 15°，由三块或四块筛板组成，可根据磨损情况及时进行更换。锥形筛支撑在外壳下部四个支柱橡胶弹簧上。圆形防水电磁振动器与锥形筛下部底盘用螺栓固定，振动时使锥形筛面沿垂直方向上下振动。

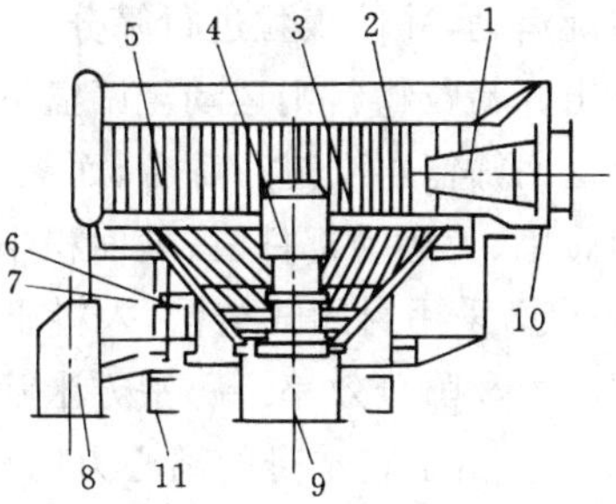

1—喷嘴；2—导向槽；3—锥形筛；4—电磁振动器；5—导向筛；6—橡胶弹簧；7—壳体；8—滤液出口；9—固体物料出口；10—固液混合物入口；11—支撑架。

图 5-3-10　电磁振动旋流筛

锥形筛的外形是倒圆台形，筛面与竖向呈 45°角，筛条上部是竖向布置，下部是圆环状水平排列，且筛缝比上部宽 50%，这主要是由于物料运动到下部时，已经脱除了一部分水，使物料的浓度增高，阻力加大，横向布置筛条有利于物料的运输。另外，浓度增大后，其运动速度变小，透筛概率降低，为保证同一分级粒度，加大了筛缝的宽度。

旋流筛工作时，将固液混合物料用定压箱或泵导入旋流筛喷嘴，物料经喷嘴沿切线方向进入导向筛。在离心力、摩擦力及物料重力的联合作用下，混合物料由直线运动转变为沿筛壁呈螺旋式下降的旋流运动。大颗粒物料因为重量大，受的离心力也大，贴着导向筛及锥形筛网旋转形成外物料层。含有细颗粒的液流形成内层，而外层和内层都分别以螺旋形式向下流动。

在沿筛网的纵向旋流运动中，外层大颗粒物料受的摩擦阻力大，导致旋流速度低（切向运动速度小），使得向下螺旋坡度大（即纵向运动速度大）；而内层含液体较多，物料粒径且密度较小，受到的摩擦阻力小，因而旋流速度高（即切向运动速度大），向下螺旋坡度小（即纵向运动速度小）。因此，切向运动速度和纵向运动速度的差异，导致合成运动有明显差异，从而使内层液体与外层物料错开。内层含有小颗粒固体（或高灰细泥）的液体透过粗粒固体间隙和筛缝排出，而外层的大颗粒筛上物则经锥形筛底部排出。

电磁振动旋流筛主要应用于选煤厂粗煤泥的预先脱水、脱泥、分级等粗煤泥回收作业。允许入料粒度为 0～13 mm。在用于水力分级作业时，它可代替斗子捞坑。如七台河某选煤厂，用 Mϕ1600 型电磁振动旋流筛代替斗子捞坑进行跳汰精煤脱水，获得了理想的效果。筛上产品比较稳定，浓度在 26%～28%之间波动，可以直接进入离心机脱水。与斗子捞坑相比，单位面积处理量较大，能有效地控制分级粒度，使脱水工艺大大简化，并且有一定的脱泥降灰作用。该厂旋流筛的筛缝宽度为 0.5 mm，入料浓度为 100～400 g/L，处理量为 200～400 m^3/h，最佳工作压力为 0.21×10^5 Pa，最佳振幅为 0.12 mm。

旋流筛的主要缺点是筛网（特别是导向筛网）使用寿命较短。可以通过调整入料的方向，使混合物料在导向筛网内作左旋或右旋运动，增加筛网的使用寿命。另外，还应研制更耐磨的材料来满足选煤厂生产的需要。

（2）煤泥离心筛分器

煤泥离心筛分器是煤炭科学研究总院唐山分院新研制的一种高效煤泥筛分设备。该设备以离心力作为筛分动力源。其构造由圆筒形筛篮、切向入料管、筛上物收集漏斗及筛下水收集室组成。入料由切线方向给入筛篮内，由于离心力的作用，煤泥水沿筛篮内表面向下作螺旋运动，并使煤粒进行筛分。细粒物料和大部分水透过筛篮缝隙，由筛下水收集室收集后排出。粗粒物料则运动至筛篮下端的收集漏斗，其中所夹带的部分细粒物料随上升的内旋流返回筛篮再次进行筛分，而最终的粗粒物料则由收集漏斗的排出口排出。该设备不仅结构简单、无运动部件、占地面积小、操作容易，还具有下列优点：

① 采用封闭式结构，入料压力可较高，因而增大了离心力场，提高了单位面积筛篮的处理能力和筛分效率。每平方米筛篮面积的处理能力达 200 m^3/h，筛分效率大于 80%。

② 由于它本身的离心力场较大，允许采用较小的筛缝，便能实现降低分级粒度的目的。

③ 它完全按粒度筛分，其筛上物中含高灰细泥少，而筛下水中不含低灰粗煤泥。

④ 筛上物浓度和筛分效率可凭借改变筛上物收集漏斗排出口口径的大小来调节。

⑤ 筛篮安装方便，筛缝调节容易。筛缝可根据实际需要自由选择。筛缝有1 mm、0.75 mm、0.5 mm、0.3 mm等尺寸。表 5-3-2 列出的是煤泥离心筛分器的系列规格。

表 5-3-2　煤泥离心筛分器的系列规格

直径/mm	200	300	400	500	700
筛缝/mm	任　选	任　选	任　选	任　选	任　选
筛篮面积/m^2	0.25	0.57	1.0	1.57	3.08
处理能力/(m^3/h)	30～50	70～90	110～140	200～260	400～500

在入料压力为 0.03 MPa、入料浓度为 109.85 g/L 的条件下，用缝隙为 0.5 mm 筛篮进行的筛分试验，其结果为：筛上物浓度为 312.99 g/L，筛下水浓度为 92.89 g/L，筛上物中小于 0.074 mm 级的含量仅占入料中该粒级的 5.89%，筛下水中小于 0.074 mm 级的含量为 75.66%。分级粒度为 0.275 mm，筛分效率为 83.55%。

从煤泥离心筛分器的工作效果看，其筛上物性质可满足高频振动筛的要求，即筛上物可直接用高频筛进行脱水。

四、常用粗煤泥回收流程

以上介绍了具有不同特点的水力分级设备，实际上水力分级设备是组成粗煤泥回收流程的主要设备。而粗煤泥回收又是选煤厂的重要组成部分。其任务是：① 分选后的产物进行脱水；② 回收质量合格的精煤，使之不进入煤泥水中；③ 排除没有得到分选的细粒物料，使其进入后续作业再处理。

1. 跳汰工艺下的常用粗煤泥回收流程

（1）脱水筛-斗子捞坑粗煤泥回收流程

脱水筛筛孔常为 13 mm，捞坑回收的粗煤泥经脱泥筛和离心脱水机两次脱水，成为最终产品。捞坑的溢流去细煤泥回收系统。其流程见图 5-3-11。

流程特点：① 管理方便，使用可靠，经验丰富，应用较广；② 能很好地保证浮选的入料上限,但局部有循环量。

适用范围:① 适于主选设备分选下限较低时,若分选下限高,将污染精煤质量;② 不适于细粒煤泥含量大的情况。主要是由于脱泥筛的脱泥效率较低。

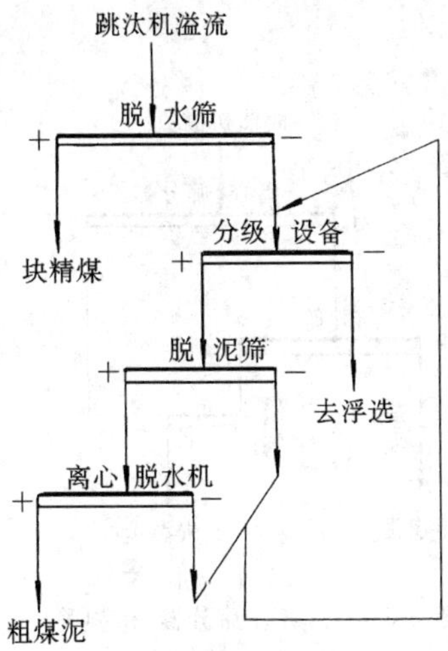

图 5-3-11　脱水筛-斗子捞坑粗煤泥回收流程

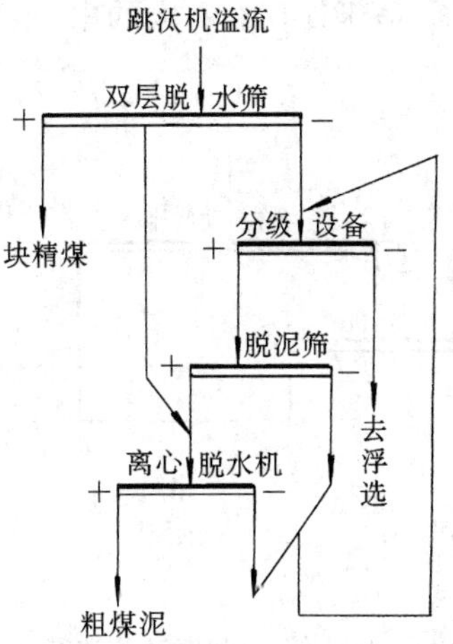

图 5-3-12　双层脱水筛-角锥池粗煤泥回收流程

(2) 双层脱水筛-角锥池粗煤泥回收流程

双层筛的上层孔径为 13 mm 或 25 mm,下层孔径为 3 mm、1 mm、0.5 mm。角锥池作为粗煤泥回收设备。其流程见图 5-3-12。

流程特点:① 进入角锥的物料量较少,对分级有利;② 高灰细泥对精煤的污染较小,主要是因为进入下层筛的水量大,易将筛网上物料表面的细泥冲走,从而提高了脱泥效率;③ 能很好地保证浮选入料上限,但局部仍有循环量。

适用范围:该流程适于细泥含量大,且灰分较高的情况。

(3) 斗子捞坑-双层脱水筛粗煤泥回收流程

双层脱水筛的孔径同上。其流程见图 5-3-13。

流程特点:① 主选设备的轻产物全部进入捞坑,流程简单,设备少;② 捞坑入料量大,分级精度低,对精煤有一定污染,当主选设备分选下限高时,污染更严重;③ 捞坑捞起物进入双层脱水筛,导致双层筛的脱泥效率低,污染精煤。

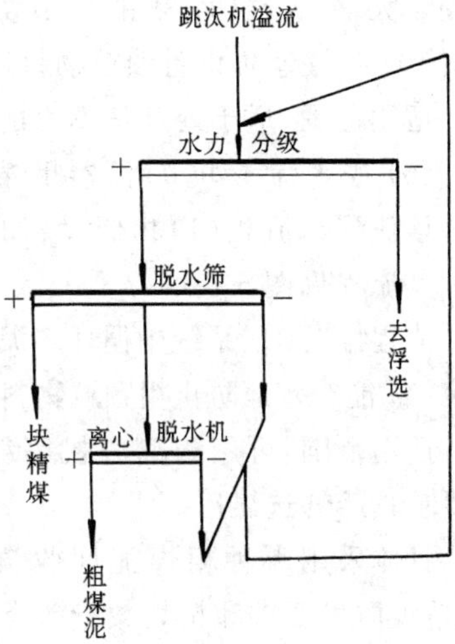

图 5-3-13　斗子捞坑-双层脱水筛粗煤泥回收流程

适用范围:适用于轻产物含量少,煤泥含量低,且灰分不高的情况。如很多选煤厂的矸石再洗工艺,正是该流程的典型代表。

(4) 脱水筛-电磁振动旋流筛粗煤泥回收流程

该流程与脱水筛-斗子捞坑粗煤泥回收流程相似,只是把斗子捞坑换成了电磁振动旋流筛。其流程见图 5-3-14。

流程特点：① 旋流筛占地面积小，处理量大，分级准确；② 旋流筛分级的同时，还有脱水降灰作用。

适用范围：适于处理量不大的中、小型选煤厂。

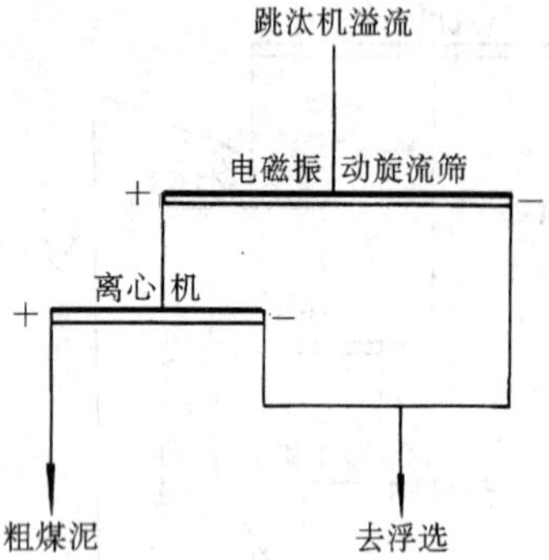

图 5-3-14　脱水筛-电弹振动旋流筛粗煤泥回收流程

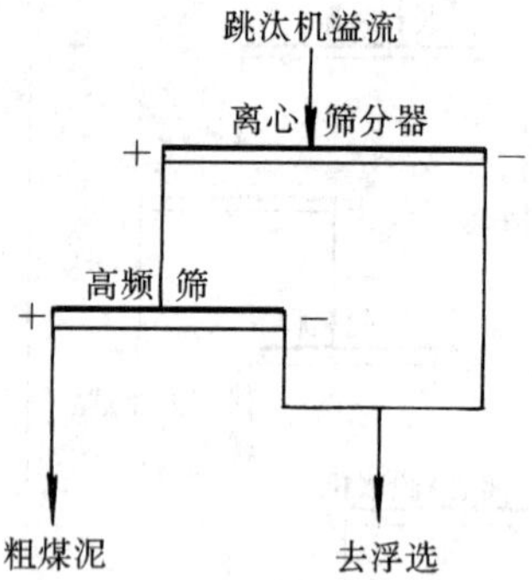

图 5-3-15　离心筛分器-高频筛粗煤泥回收流程

(5) 煤泥离心筛分器-高频筛粗煤泥回收流程

该流程用煤泥离心筛分器作为水力分级设备，用高频筛作为脱水设备。其流程见图 5-3-15。

流程特点：① 流程简单，设备少；② 本身体积小，处理量大，分级准确；③ 能减小高灰细泥对精煤的污染；④ 能有效地防止粗颗粒物料进入下一道工序。

适用范围：适于处理量不大的中、小型选煤厂。

(6) 脱水筛-捞坑-旋流器粗煤泥回收流程

该流程与流程(1)相似，增加了粗煤泥回收旋流器。其流程见图 5-3-16。

流程特点：① 系统中循环煤泥量极少，能防止细泥积聚；② 能有效地防止粗颗粒物料进入下一道工序。

适用范围：可用于离心机筛缝较宽、浮选入料上限要求较严的选煤厂。

具体采用哪种粗煤泥回收流程，取决于煤泥性质、精煤质量要求和精煤数量等条件。在选煤厂的实际工作中应具体问题具体分析。

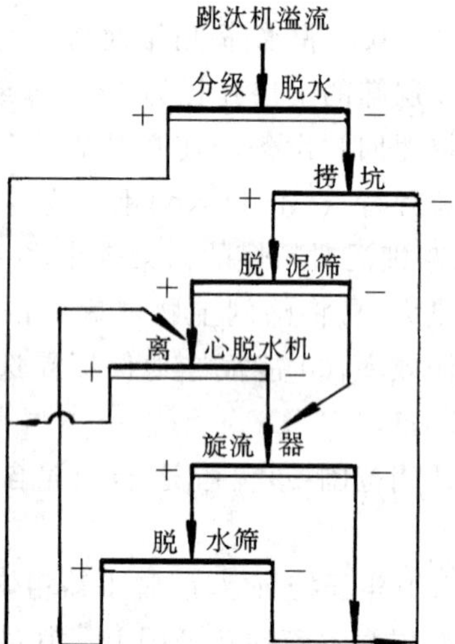

图 5-3-16　脱水筛-捞坑-旋流器粗煤泥回收流程

2. 重介工艺下的常用粗煤泥回收流程

(1) 粗煤泥直接回收工艺流程

① 精磁尾-分级旋流器-弧形筛-高频筛粗煤泥回收流程

精煤磁尾先经分级旋流器分级，分级旋流器底流再经弧形筛、高频筛两次脱水后，成为最终粗煤泥产品。分级旋流器溢流与弧形筛筛下水去细煤泥回收系统，高频筛筛下水返回精煤磁尾桶。其流程见图 5-3-17。

流程特点:a. 流程较简单,管理方便,使用可靠;b. 弧形筛、高频筛用于浓度较高的分级旋流器底流脱水、脱泥时,脱泥效率较低,另外分级旋流器按粒度分级的同时还具有按密度分选的副作用,加重了高灰细泥对粗煤泥的污染;c. 能很好地保证浮选入料上限,但局部有循环量。

适用范围:a. 适用于主选设备分选下限较低时,若分选下限高,将污染精煤质量;b. 适用于高灰细泥含量较低的情况;c. 适用于处理量不大的中、小型选煤厂。

② 精磁尾-分级旋流器-弧形筛-煤泥离心机粗煤泥回收流程

精煤磁尾先经分级旋流器分级,分级旋流器底流再经弧形筛、煤泥离心机两次脱水后,成为最终粗煤泥产品。分级旋流器溢流与弧形筛筛下水去细煤泥回收系统,煤泥离心机离心液返回精煤磁尾桶。其流程见图 5-3-18。

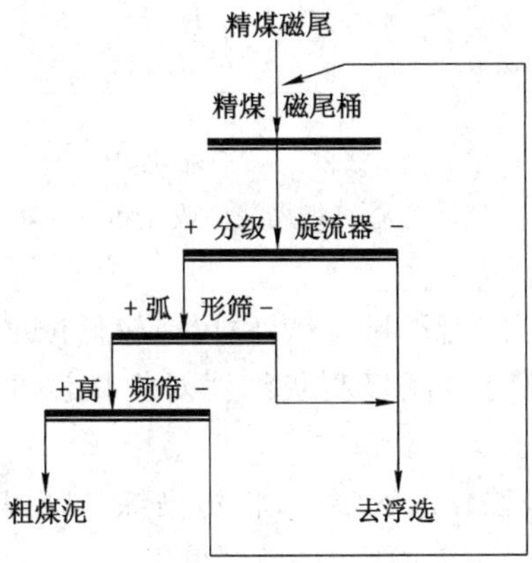

图 5-3-17　分级旋流器-弧形筛-高频筛粗煤泥回收流程

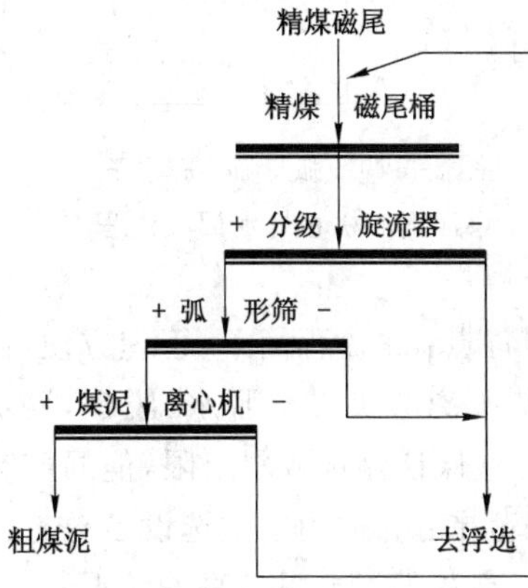

图 5-3-18　分级旋流器-弧形筛-煤泥离心机粗煤泥回收流程

流程特点:a. 流程较简单,管理方便,使用可靠;b. 煤泥离心机的脱泥效率虽高于高频筛,但由于分级旋流器底流浓度较高且具有按密度分选的副作用,高灰细泥对粗精煤的污染仍较严重;c. 能很好地保证浮选入料上限,但局部有循环量。

适用范围:a. 适用于主选设备分选下限较低时,若分选下限高,将污染精煤质量;b. 适用于高灰细泥含量较低的情况;c. 适用于处理量不大的中、小型选煤厂。

③ 精磁尾-弧形筛-高频筛-煤泥离心机粗煤泥回收流程

精煤磁尾经弧形筛、高频筛及煤泥离心机三次脱水后,成为最终粗煤泥产品。弧形筛筛下水去细煤泥回收系统,高频筛筛下水与煤泥离心机离心液返回精煤磁尾桶。其流程见图 5-3-19。

流程特点:a. 流程较简单,管理方便,使用可靠;b. 精煤磁尾在较低浓度下,先经弧形筛预脱水、脱泥,高灰细泥脱除率较高,但由于高频筛一般料层较厚,对高灰细泥的夹带比较严重,且会影响煤泥离心机的脱泥效果;c. 能较好地保证浮选入料上限,但局部有循环量。

适用范围:a. 适用于主选设备分选下限较低时,若分选下限高,将污染精煤质量;b. 适用于高灰细泥含量中等偏低的情况;c. 适用于处理量不大的中、小型选煤厂。

④ 精磁尾-弧形筛-煤泥离心机粗煤泥回收流程

精煤磁尾经弧形筛、煤泥离心机两次脱水后，成为最终粗煤泥产品。弧形筛筛下水去细煤泥回收系统，煤泥离心机离心液返回精煤磁尾桶。其流程见图 5-3-20。

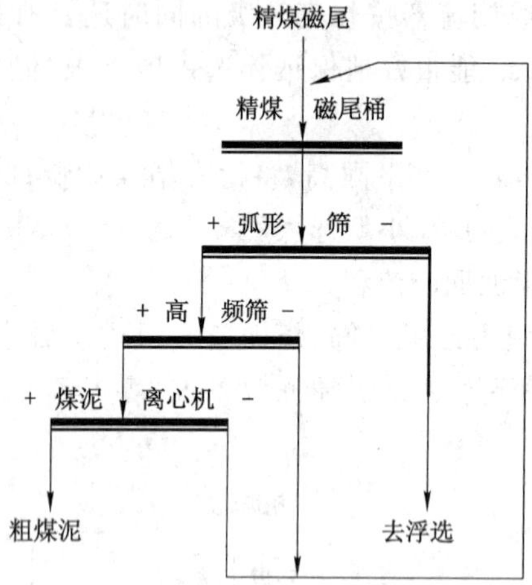

图 5-3-19　弧形筛-高频筛-煤泥离心机粗煤泥回收流程

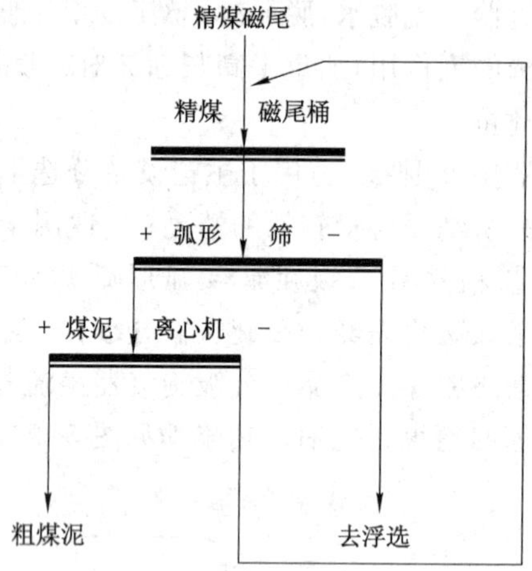

图 5-3-20　弧形筛-煤泥离心机粗煤泥回收流程

流程特点：a. 流程简单，管理方便，使用可靠，应用广泛；b. 精煤磁尾在较低浓度下，经弧形筛、煤泥离心机二次脱水、脱泥，脱泥效率高，可有效减轻高灰细泥对粗煤泥的污染；c. 能较好地保证浮选入料上限，但局部有循环量。

适用范围：a. 适用于主选设备分选下限较低时，若分选下限高，将污染综合精煤质量；b. 适用于高灰细泥含量较高的情况；c. 适用于处理量不大的中、小型选煤厂。

(2) 粗煤泥分选回收工艺流程

① 脱泥重介工艺下 TBS 干扰床分选粗煤泥回收流程

在该流程的实际应用中，部分选煤厂只用 TBS 分选原煤脱泥筛筛下的原生煤泥；随着重介质旋流器直径(厂型)的增大，其分选下限会相应升高，直接从精磁尾中回收的粗精煤灰分往往偏高，导致重介精煤“背灰”。因此，在使用该流程时，原生煤泥与精磁尾要共同参与 TBS 分选。

原生煤泥与精煤磁尾共同经分级旋流器分级，旋流器底流入 TBS 分选；TBS 溢流经弧形筛、煤泥离心机脱水、脱泥后，成为最终粗精煤产品；分级旋流器溢流、弧形筛筛下水去细煤泥回收系统，煤泥离心机离心液返回煤泥水桶；TBS 底流去中煤(中矸)磁尾桶。其流程见图 5-3-21。

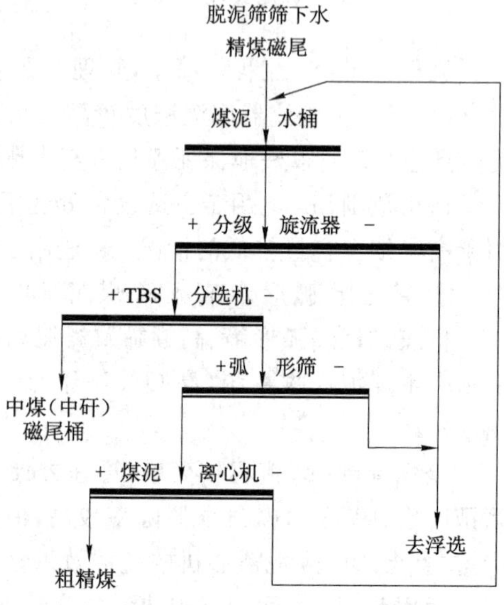

图 5-3-21　脱泥重介工艺下 TBS 干扰床分选粗煤泥回收流程

应用该流程时应注意以下两点：一是分级旋流器本身的结构参数与工况参数要合理，确保其底流(TBS入料)中，－0.25 mm粒级含量小于15%；二是TBS溢流中，－0.25 mm粒级未得到有效分选，为减轻该粒级对最终精煤的污染，要将其尽量脱除干净。为此，在TBS溢流后续脱水、脱泥过程中，不推荐采用目前常用的“分级旋流器＋弧形筛＋煤泥离心机”工艺；可直接采用“弧形筛＋煤泥离心机”工艺，该工艺可使TBS溢流脱水、脱泥在较低浓度下进行，提高脱泥效率，同时避开了分级旋流器按密度分选的副作用。

流程特点：a. 该流程为脱泥筛下原生煤泥与精煤磁尾中的粗煤泥全部通过TBS分选，其有效分选粒度范围为1.0～0.25 mm，在有效控制入料中－0.25 mm粒级含量的情况下，TBS分选的精度较高；b. TBS溢流在较低浓度下，经弧形筛、煤泥离心机二次脱水、脱泥，脱泥效率高，可有效减轻高灰细泥对粗精煤的污染；c. 能较好地保证浮选入料上限，但局部有循环量。

适用范围：a. 不受主选设备分选下限的限制，适用于大、中、小各类型选煤厂；b. 适用于高灰细泥含量较高的情况；c. 由于采用脱泥重介工艺，适用于煤泥含量较高的情况。

② 不脱泥重介工艺下TBS干扰床分选粗煤泥回收流程

精煤磁尾经分级旋流器分级，分级旋流器底流入TBS分选；TBS溢流经弧形筛、煤泥离心机脱水、脱泥后，成为最终粗精煤产品；分级旋流器溢流、弧形筛筛下水去细煤泥回收系统，煤泥离心机离心液返回精煤磁尾桶；TBS底流去中煤(中矸)磁尾桶。其流程见图5-3-22。

应用该流程时应注意的问题同①。

流程特点：a. 该流程为精煤磁尾中的粗煤泥全部通过TBS分选，其有效分选粒度范围为1.0～0.25 mm，在有效控制入料中－0.25 mm粒级含量的情况下，TBS分选的精度较高；b. TBS溢流在较低浓度下，经弧形筛、煤泥离心机二次脱水、脱泥，脱泥效率高，可有效减轻高灰细泥对粗精煤的污染；c. 能较好地保证浮选入料上限，但局部有循环量。

适用范围：a. 不受主选设备分选下限的限制，适用于大、中、小各类型选煤厂；b. 适用于高灰细泥含量较高的情况；c. 由于采用不脱泥重介工艺，适用于煤泥含量中等偏低的情况。

③ 不脱泥重介工艺下煤泥重介分选粗煤泥回收流程

合格介质分流通过煤泥重介质旋流器进行分选。煤泥重介质旋流器溢流去精煤磁选机，磁选精矿去合介桶，精煤磁尾先经分级旋流器分级，分级旋流器底流再经弧形筛与煤泥离心机脱水后，成为最终粗精煤产品；分级旋流器溢流、弧形筛筛下水去细煤泥处理系统；煤泥离心机离心液返回精煤磁尾桶。煤泥重介质旋流器底流自流至中煤磁选机，磁选精矿去合介桶，中煤磁尾去尾煤处理系统。其流程见图5-3-23。

流程特点：a. 该流程入料为精煤脱介弧形筛下的合格介质分流，为部分粗煤泥重介分选，大部分精煤磁尾未经煤泥重介分选直接回收，容易污染最终精煤；b. 精磁尾先经分级旋流器分级，底流再经弧形筛、煤泥离心机二次脱水、脱泥，由于分级旋流器底流浓度升高及其按密度分选的副作用，加重了高灰细泥对粗精煤的污染；c. 能较好地保证浮选入料上限，但局部有循环量。

适用范围：a. 受主选设备分选下限限制，适用于处理能力中等及以下的选煤厂；b. 适用于高灰细泥含量较低的情况；c. 由于采用不脱泥重介工艺，适用于煤泥含量中等偏低的情况。

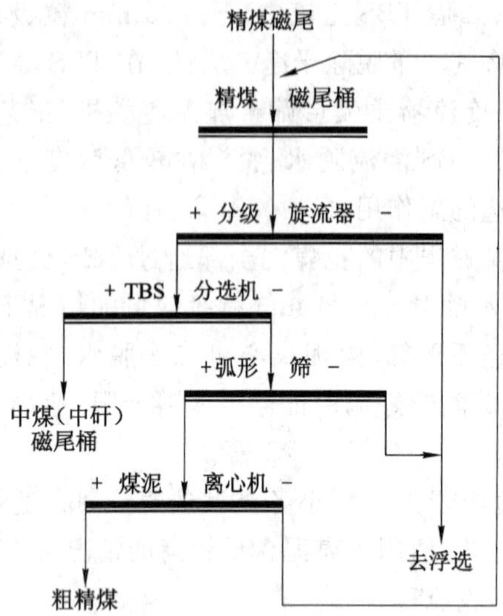

图 5-3-22 不脱泥重介工艺下
TBS 干扰床分选粗煤泥回收流程

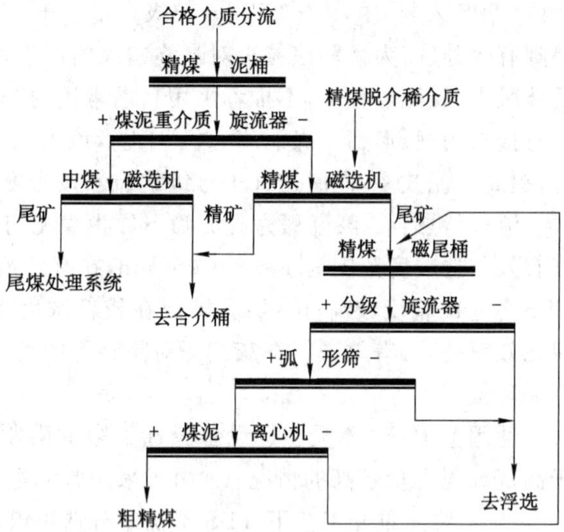

图 5-3-23 不脱泥重介工艺下
煤泥重介分选粗煤泥回收流程

第二节 细颗粒煤泥水的处理

所谓细颗粒煤泥水就是那些水力分级设备产生的溢流。这部分煤泥水处理的原则流程有三种形式:浓缩浮选流程、直接浮选流程和半直接浮选流程。由于浮选已在第四篇中介绍过,这里主要介绍与煤泥水处理有关的各原则流程特点及相关的沉降、浓缩原理及设备。

一、浓缩浮选流程

1. 沉降试验及沉降曲线

(1) 沉降试验

将一定浓度的煤泥水装入量筒中,经过均匀搅拌并静止后进行观察。其沉降过程见图 5-3-24。

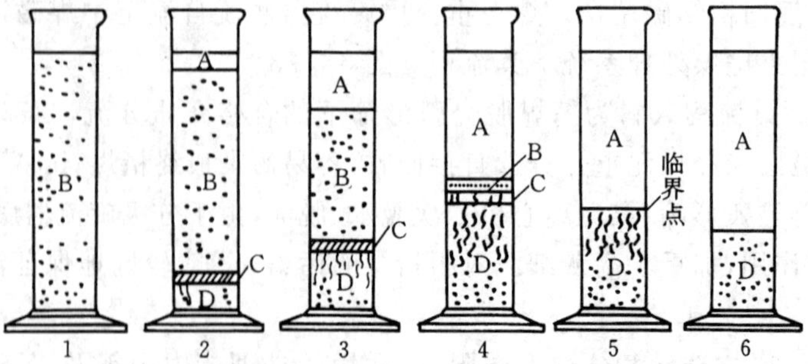

A—澄清区;B—沉降区; C—过渡区; D—压缩区。

图 5-3-24 量筒沉降过程

在沉降开始时，整个悬浮液浓度均匀，如图中的量筒 1。沉降开始后，悬浮液中的固体颗粒以其沉降末速进行沉降，颗粒越大沉降越快，并逐渐堆积在容器的底部。因此，底部悬浮固体密度增大，如量筒 2 中的 D 区，称为压缩区。同时，量筒的上部出现澄清区 A。澄清区的下部是沉降区，称作 B 区。该区的浓度和开始沉降时的悬浮液浓度相同。沉降区和压缩区之间没有明显的界线，中间存在一个过渡区 C。随着沉降时间的增长，A 区和 D 区逐渐增加，B 区则逐渐减小直到消失。B 区消失后，过渡区 C 也随之消失，只剩下澄清区 A 和压缩区 D，如图中的量筒 5。再过一段时间，压缩区的煤泥由于重力挤压作用，其高度还要继续减小，澄清区继续扩大。B 区消失时的点称为临界点。

(2) 沉降曲线

根据沉降试验，每隔一定时间，记录澄清区的高度。以沉降时间为横坐标，澄清区的高度为纵坐标，作出沉降时间与澄清高度的关系曲线，如图 5-3-25 所示，称为沉降曲线。

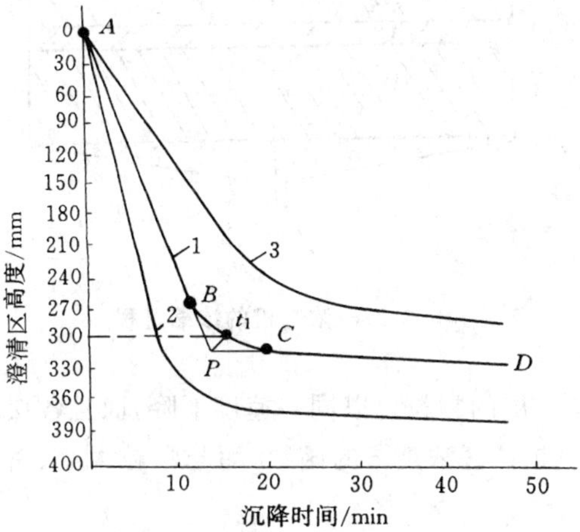

1—煤泥水浓度 25 g/L；2—煤泥水浓度 10 g/L；3—煤泥水浓度 50 g/L。

图 5-3-25　沉降曲线

沉降曲线一般由三段组成。第一段和第三段为直线，而中间段为曲线。第一段如图中的 *AB* 段，表明悬浮液在沉降区是等速沉降，直线的斜率越大，沉降速度越快；而后，曲线的斜率减小，并且是个渐变过程，曲线呈弯曲状，如 *BC* 段，主要因为悬浮液浓度渐增，沉降速度减小。第三段 *CD* 为斜率很小的直线，已属沉淀物被压缩的阶段，压缩区的高浓度浆体在上面的压力作用下，逐渐把存于颗粒间的部分水向上压挤出去，压缩区的体积逐渐缩小，直到过程终止。

AB 段和 *CD* 段延长线夹角的分角线与曲线的交点 *P* 称为临界点。在达到临界点之前，即沉降时间小于 t_1 时，沉降区存在，接近 t_1 时沉降区迅速消失，沉降速度减慢。沉降时间大于 t_1 时，即达临界点以后，澄清区与压缩区相连。沉降区消失的瞬时，压缩区致密程度稍差，空隙较多，所以开始时的压缩区沉降速度变化较快，曲线呈弯曲状。线段 *CD* 的斜率代表悬浮液在压缩区的沉降速度。

实际生产中在沉淀、浓缩设备中矿浆的沉降过程都是连续的。矿浆连续进入设备，并且不断地排出产品。因而，沉降区总是存在的。矿浆的澄清速度可由沉降区的沉降速度计算。

(3) 沉积曲线

以沉降时间 t 为横坐标，沉积层高度为纵坐标，作出的关系曲线称为沉积曲线，如图 5-3-26 中的曲线 *OCD*。将沉降曲线与沉积曲线画在同一图上，即为沉降-沉积曲线。

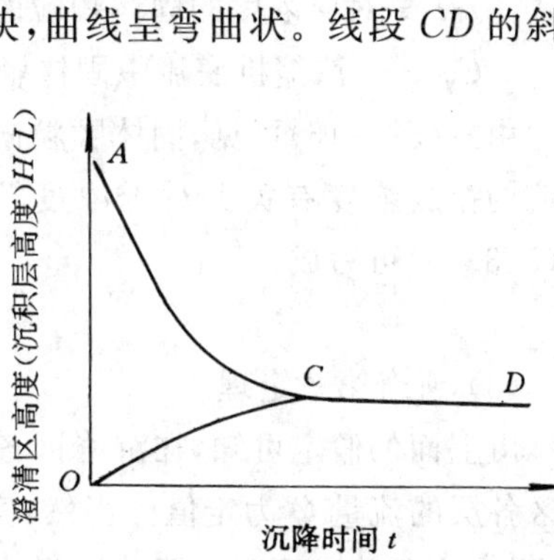

图 5-3-26　沉降-沉积曲线

2. 浓缩原理

(1) 浓缩过程

煤泥水在浓缩机中的沉淀浓缩过程通常可分为五个区。如图 5-3-27 所示。前四个区与量筒中的沉降试验完全相同。即 A 区为澄清区，B 区为自由沉降区，C 区为过渡区，D 区为压缩区。压缩区的下面，便是浓缩物区 E。由于该区有刮板运输，刮板对浓缩物产生挤压作用，使水分渗出，进一步提高浓度，最终由浓缩机的底流口排出，成为底流产品。

在这五个区中，B、C、D 反映了浓缩的过程，A、E 反映的是浓缩的结果，即产物区。为使浓缩过程顺利进行，浓缩机池体需有一定深度，该深度应包括 5 个区各自的高度。

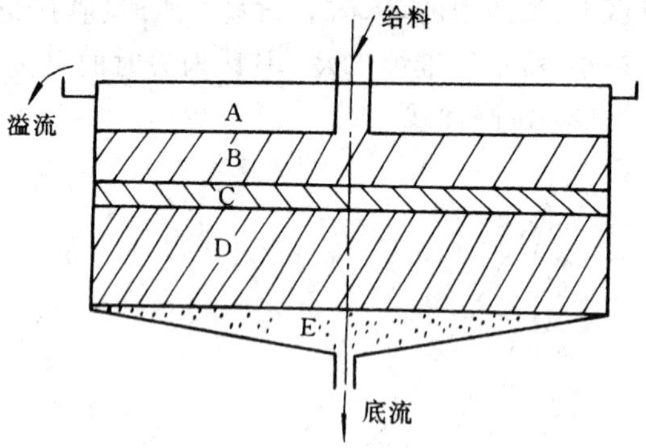

图 5-3-27　浓缩机的浓缩过程

(2) 科-克莱文杰(Coe-Clevenger)静态沉降模型

模型的中心论点是：① 自由沉降区的浓度通常等于进入浓缩机的悬浮液的初始浓度；② 在自由沉降区内颗粒呈群体以相同速度沉降，称为区域沉降，以别于两向流中固体颗粒的自由沉降；③ 区域沉降的特点是在该区内每一个截面均以同一速度下降，同一层的颗粒也以同一速度下降，而且各层均相同；④ 悬浮液在自由沉降区的这种沉降速度只是该区浓度 c 的函数，而与颗粒大小、密度无关。即：

$$v = f(C)$$

固体流量，是指单位面积上通过的固体速率，即单位时间通过的固体物的量。

对于任一水平面上固体向下流动的流量，科-克莱文杰导出了如下公式：

$$Q = \frac{v}{\dfrac{1}{C} - \dfrac{1}{C_u}} \tag{5-3-16}$$

式中　Q——任一水平面上颗粒向下流动的固体流量；

C——该水平层固体颗粒的浓度；

v——对应浓度的固体颗粒的沉降速度；

C_u——浓缩机底流中固体颗粒的浓度。

由式(5-3-16)可见，固体颗粒向下流动的量，除与通过水平层的固体浓度有关外，还与底流的排放浓度有关。对于浓度较低的自由沉降区，底流排放浓度的影响可以忽略，则式(5-3-16)可写成：

$$Q = vC \tag{5-3-17}$$

(3) 凯奇第三定理

由上面的假定可知，在沉降区各层悬浮液浓度均相等，其沉降速度也相等，因此通过沉降区各层的流量 Q 为定值。当然，实际上也有少许波动。在过渡区，各层浓度自上而下逐渐增加，按照前述原则各层的沉降速度必逐渐减小，可以想象必会存在一个最小通量 Q_{min}，此 Q_{min} 即限制了浓缩机的处理能力或者说浓缩机的处理能力不能超过 Q_{min}，或其最大处理

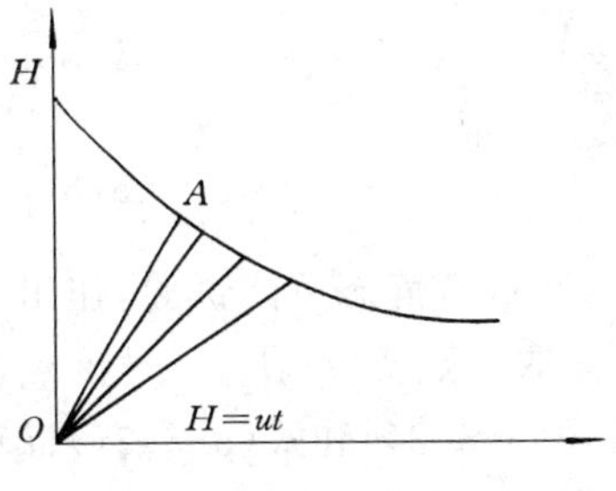

图 5-3-28　悬浮液沉降曲线及特征浓度线

量为 Q_{min}。理论上把具有最小单位面积处理能力的浓度层称为速度限制层。

在沉降曲线上，第一直线段代表了沉降区和澄清区界面的下降速度 u，实际上就是理论上的沉降区的沉降曲线，其特征是等浓度、等速度、等流量，据此，图 5-3-28 中的 HAO 区就是等浓度区；沉降曲线上的第二曲线段的斜率渐减，一方面表示悬浮液沉降速度渐减，同时也表示其浓度渐增。而显然，沉降曲线上每一点的斜率就是该时刻悬浮液的沉降速度 v，即

$$v = \frac{\mathrm{d}H}{\mathrm{d}t} \tag{5-3-18}$$

凯奇在研究悬浮液颗粒的沉降行为时引入了“特征浓度”这一概念。因为在悬浮液沉降过程中，必发生浓度分层，下层高浓度浆体必向上层低浓度层扩散，其扩散速度为浓度的函数，每个浓度均有其相应的扩散速度，凯奇把这种浓度称为特征浓度，把它们向上扩散的轨迹，即随时间的变化线称为特征浓度线。因为每个浓度均有其相应的扩散速度，所以每一条特征浓度线都是直线。因为扩散现象实际上自悬浮液开始沉降便已出现，所以凯奇认为每条特征浓度线均发自沉降曲线的原点，如图 5-3-28 所示，亦即特征浓度方程应为：

$$H = ut \tag{5-3-19}$$

上式还表明，在此直线上的每一点的悬浮液浓度均相等。

在沉降过程中，速度限制层首先在底部形成，再逐渐向上推移，因此速度限制层是向上扩散的。所以悬浮液在沉降过程中存在着一个向上的流速和一个向下的沉速。其相对速度为两者的代数和。

假设量筒的横截面积为 A，悬浮液的高度为 H_0，浓度为 C_0，则筒中固体总量为 C_0H_0A。沉降中，速度限制层逐渐向上扩散，假设它一直扩散到沉降层界面，所需的时间为 t，此时，通过该层的固体量应为 $C_xA(u_x+v_x)$，而此量应该等于量筒中的全部固体量。即：

$$C_xAt(u_x+v_x) = C_0H_0A \tag{5-3-20}$$

由图 5-3-29，得

$$v_x = \frac{H_z - H_x}{t} \tag{5-3-21}$$

$$u_x = \frac{H_x}{t} \tag{5-3-22}$$

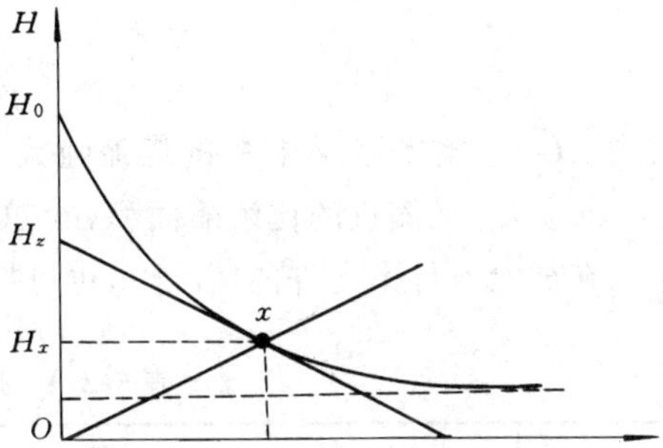

图 5-3-29　悬浮液沉降曲线解析

于是可得到：

$$C_xH_z = C_0H_0 \tag{5-3-23}$$

式(5-3-23)称为凯奇第三定理。此关系式表明：① 在量筒的任一 H_z 处的浓度 C_x 可由该式计算；② 浓度为 C_x 的悬浮液的沉降速度可由式(5-3-21)计算。所以只用一个单元沉降就可以得到任一时刻的浓度和沉降速度。

以上计算只能知道浓缩机的内部情况，下面介绍应用沉降一沉积曲线法计算浓缩机底流浓度及比浓缩面积的公式和工作步骤。

底流浓度

$$C_u=\frac{C_0H_0}{H_2-H_j}\frac{t_2}{t_2-t_1}\exp\left(-\frac{t_1}{t_2-t_1}\right) \tag{5-3-24}$$

比浓缩面积

$$q=\frac{t_2-t_1}{C_0H_0}\exp\left(\frac{t_1}{t_2-t_1}\right) \tag{5-3-25}$$

工作步骤：① 配制与设计的浓缩机给料浓度相同的悬浮液，进行静态沉降试验，作出沉降-沉积曲线，如图 5-3-30 所示；② 在沉降曲线上的过渡段任取一点 $B(t_2,H_2)$，过该点作沉积曲线的切线，与纵轴交于 H_j，切点为 $A(t_1,L_1)$；③ 根据式(5-3-24)和式(5-3-25)计算浓缩机底流浓度 C_u 及比浓缩面积 q，重复地在沉降曲线过渡段上取点并计算相应的 C_u 及 q 值；④ 根据计算出的几组 C_u 及 q 值，作出比浓缩面积与底流浓度图，其形式如图 5-3-31 所示。根据要求从曲线上找出合适的 C_u 及 q 值。

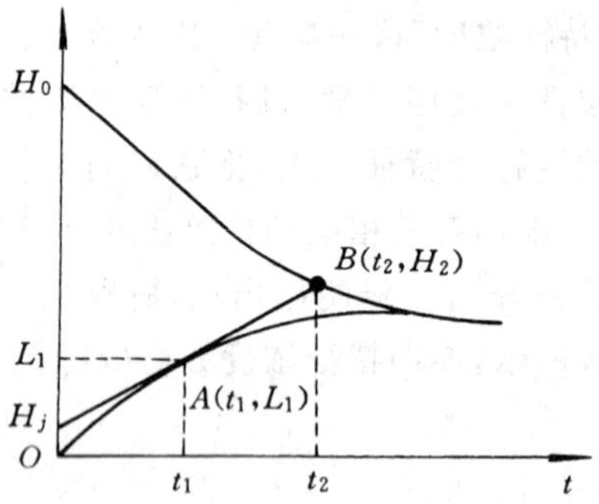

图 5-3-30　沉降-沉积曲线

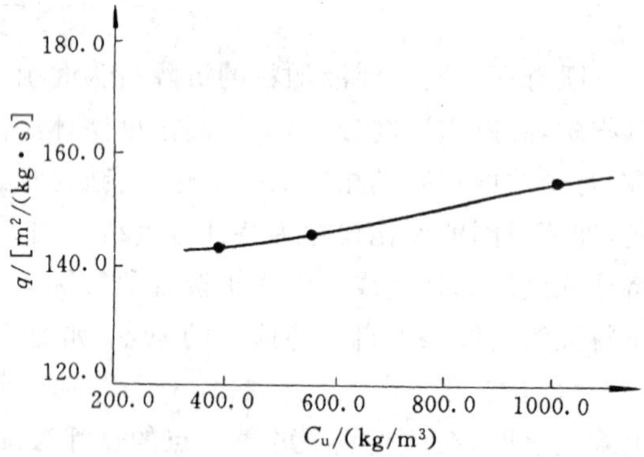

图 5-3-31　比浓缩面积与底流浓度的关系曲线

已知 q 后就可计算浓缩机的面积及直径：

$$S=qG \tag{5-3-26}$$

$$D=1.13\sqrt{S} \tag{5-3-27}$$

式中　G——浓缩机入料中的煤泥吨数，t/h；

q——浓缩机的比浓缩面积，$m^2/(t\cdot h)$。

在试验条件不允许的情况下，也可按表 5-3-3 选取 q 值。

表 5-3-3　煤泥沉淀时的比浓缩面积

液固比 R	沉淀 1 t 煤泥所需的澄清面积/[m²/(t·h)]											
	沉淀煤泥粒度＞0.05 mm 时的底流液固比/(m³/t)						沉淀煤泥粒度＞0.1 mm 时的底流液固比/(m³/t)					
	8	6	5	4	3	2	8	6	5	4	3	2
25	17.5	19.6	20.6	21.6	22.7	23.7	4.4	4.9	5.2	5.4	5.7	5.9
20	12.6	14.7	15.8	16.8	17.9	19.0	3.2	3.7	4.0	4.2	4.5	4.8
15	10.0	11.1	12.2	13.3	14.4	15.6	1.95	2.5	2.8	3.1	3.35	3.6
12	4.7	7.0	8.1	9.35	10.5	11.7	1.2	1.75	2.06	2.3	2.6	2.9
10	2.5	4.95	6.2	7.4	8.65	9.9	0.6	1.2	1.5	1.85	2.15	2.5
9	1.3	3.85	6.15	6.4	7.7	9.0	0.3	1.0	1.3	1.6	1.95	2.25
8		2.7	4.0	5.4	6.7	8.05		0.7	1.0	1.35	1.7	2.0
7		1.45	2.85	4.8	5.7	7.15		0.35	0.7	1.1	1.45	1.8
6			1.6	3.15	4.7	6.6			0.4	1.1	1.2	1.6
5				3.15	3.7	5.5				0.8	0.9	1.4
4				1.8	2.45	4.9				0.45	0.6	1.2

3. 浓缩设备

重力场中的浓缩设备很多，这里主要介绍沉淀塔、耙式浓缩机、深锥浓缩机和较典型的高效浓缩机。

(1) 沉淀塔

沉淀塔是一种高度较大、直径较小（通常直径在 12 m 左右）的倒立圆锥形水塔式浓缩澄清设备，用钢筋混凝土浇制，锥角 60°，塔高可达 20 m，如图 5-3-32 所示。中心入料，周边溢流，底流通过锥体底部的自重阀门排放。沉淀塔主要用于循环水的浓缩和澄清，由于塔身较高，其溢流水可直接进入跳汰机，而不用定压水箱。该设备由于处理量较小，逐渐被其他浓缩设备取代。

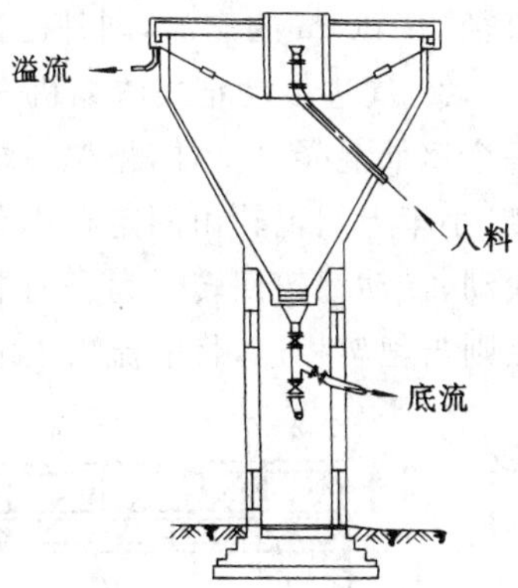

图 5-3-32　沉淀塔

(2) 耙式浓缩机

耙式浓缩机通常可分为中心传动式和周边传动式两大类，构造大致相同，都是由池体、耙架、传动装置、给料装置、排料装置、安全信号及耙架提升装置组成。

浓缩机的池体一般用水泥制成，小型号的可用钢板焊制，为了便于运输物料，底部有 6°～12°的倾角；与池底距离最近的是耙架，耙架下有刮板；浓缩机的给料一般是先由给料溜槽把矿浆给入池中的中心受料筒，而后再向四周辐射；矿浆中的固体颗粒逐渐浓缩沉降到底部，并由耙架下的刮板刮入池底中心的圆锥形卸料斗中，再用砂泵排出；池体的上部周边设有环形溢流槽，最终的澄清水由环形溢流槽排出；当给料量过多或沉积物浓度过大时，安全装置发出信号，通过人工手动或自动提耙装置将耙架提起，以免烧坏电机或损坏机件。

① 中心传动耙式浓缩机——大型中心传动耙式浓缩机的结构见图 5-3-33。其耙臂由中心桁架支承，桁架和传动装置置于钢结构或钢筋混凝土结构的中心柱上，由电动机带动的蜗轮减速机的输出轴上安有齿轮，它和内齿圈啮合，内齿圈和稳流筒连在一起，通过它带动中心旋转架[如(b)图中点线示意]绕 Q 中心柱旋转，再带动耙架旋转。可以把一对较长的

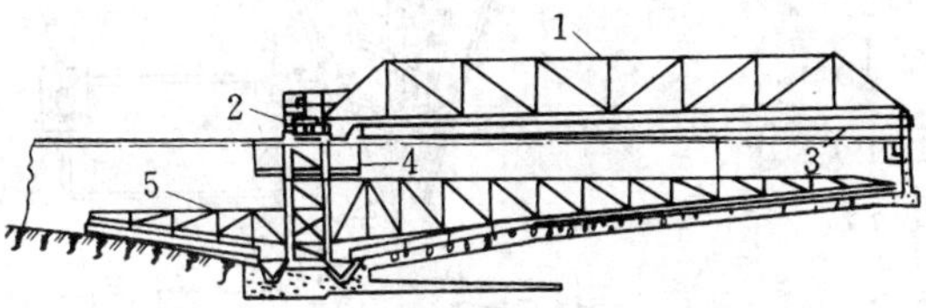

(a) 中心柱式中心传动耙式浓缩机

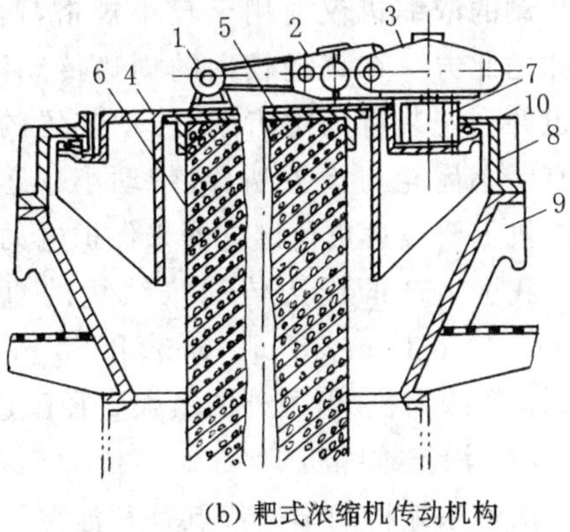

(b) 耙式浓缩机传动机构

(a) 1—桁架；2—传动装置；3—溜槽；4—给料井；5—耙架；

(b) 1—电动机；2—减速器；3—蜗轮减速器；4—底座；5—座盖；

6—混凝土支柱；7—齿轮；8—内齿圈；9—稳流筒；10—滚球。

图 5-3-33

耙架的横断面做成三角形，三角形的斜边两端用铰链和旋转架连接，因为是铰链连接，耙架便可绕三角形斜边转动，当发生淤耙时，耙架受到的阻力增大，通过铰链的作用，可以使耙架向上向后提起。大型中心传动浓缩机的国产规格为 16 m、20 m、30 m、40 m 和 53 m，已有直径达 100 m 的产品，国外已达 183 m。

② 周边传动耙式浓缩机——周边传动耙式浓缩机的构造如图 5-3-34 所示。池中心有一个钢筋混凝土支柱，耙架一端借助于特殊轴承置于中心支柱上，其另一端与传动小车相连接，小车上的辊轮由固定在小车上的电机经减速器、齿轮齿条传动装置驱动，使其在轨道上滚动，带动耙架回转。为了向电机供电，在中心支柱上装有环形接点，而沿环滑动的集电接点则与耙架相连，将电流引入电机。

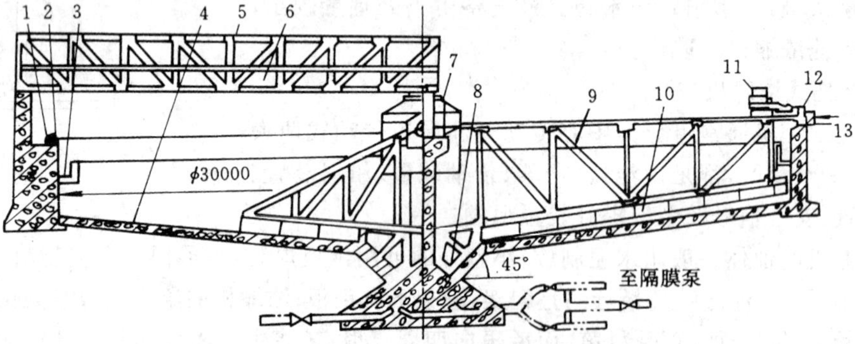

1—齿条；2—轨道；3—溢流槽；4—浓缩池；5—托架；6—给料槽；7—集电装置；
8—卸料口；9—耙架；10—刮板；11—传动小车；12—辊轮；13—齿轮。

图 5-3-34　周边传动耙式浓缩机结构

借助于辊轮和轨道间的摩擦力而传动的浓缩机，不需设特殊的安全装置，因为当耙架所受阻力过大时，辊轮会自动打滑，耙子就停止前进。但这种周边传动的浓缩机仅适用于较小规格，而且不适用于冻冰的北方。在直径较大的周边传动浓缩机上，与轨道并列安装有固定齿条，传动装置的齿轮减速器上有一小齿轮与齿条啮合，带动小车运转。在这种浓缩机上要设过负荷继电器来保护电动机和耙架。

我国生产的周边传动浓缩机的直径有 15 m、18 m、24 m、30 m、38 m、45 m、和 53 m，并已生产出 100 m 的浓缩机，但国外的最大直径已达 198 m。

(3) 深锥浓缩机

深锥浓缩机的结构特点是其池深尺寸大于池的直径尺寸，如图 5-3-35 所示。整机呈立式桶锥形。深锥浓缩机工作时，一般要加絮凝剂。

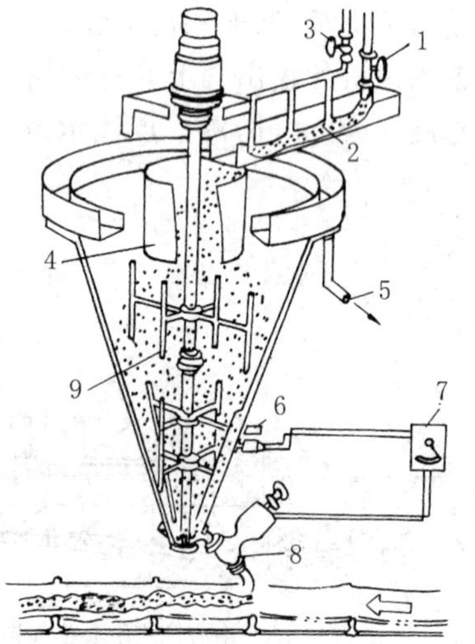

1—入料调节器；2—给料槽；3—药剂调节阀；
4—稳流管；5—溢流管；6—测压元件；
7—排料调节器；8—排料阀；9—搅拌器。

图 5-3-35　英国深锥浓缩机

煤泥水和絮凝剂的混合是深锥浓缩机工作的关键。为了使絮凝剂与矿浆均匀混合，理想的加药方式是连续的多点加药。

深锥浓缩机不加絮凝剂也可用于浓缩浮选尾煤，其浓缩结果见表5-3-4。

由表5-3-4可见，当单位处理量高时，深锥浓缩机溢流中固体含量大，不宜作循环水使用。所以当处理量超过0.5 $m^3/(m^2 \cdot h)$时，必须添加絮凝剂。不加絮凝剂，浓缩产品的浓度较低。实践表明，当添加絮凝剂时，即使处理量为2.5～3.5 $m^3/(m^2 \cdot h)$，底流固体含量也在200～800 g/L的范围内变化。

我国最近生产的用于浓缩浮选尾煤的深锥浓缩机，其直径5 m，在尾煤入料浓度30 g/L、入料量为50～70 m^3/h、絮凝剂添加量3～5 g/m^3 的条件下，底流浓度可达55%。

表5-3-4　深锥浓缩机不添加絮凝剂处理浮选尾煤的效果

单位处理量 /[$m^3/(m^2 \cdot h)$]	溢流水中固体含量 /(g/L)	单位处理量 /[$m^3/(m^2 \cdot h)$]	溢流水中固体含量 /(g/L)
0.2～0.25	—	0.6	3～4
0.4	0.3～0.5	0.8～1	15～18

(4) 高效浓缩机

高效浓缩机是新型浓缩设备，其结构与耙式浓缩机相似。主要特点是：① 在待浓缩的物料中添加一定量的絮凝剂，使矿浆中的固体颗粒形成絮团或凝聚体，加快其沉降速度，提高浓缩效率；② 给料筒向下延伸，将絮凝料浆送至沉积及澄清区界面下；③ 设有自动控制系统，控制药剂用量、底流浓度等。有资料报道，高效浓缩机的单位处理能力为常规耙式浓缩机的4～9倍，单位面积造价虽然较高，但按单位处理能力的投资来算，比常规浓缩机约低30%。

高效浓缩机的种类很多。但主要区别还在于给料-混凝装置和自控方式。下面简要介绍艾姆科型高效浓缩机。见图5-3-36。

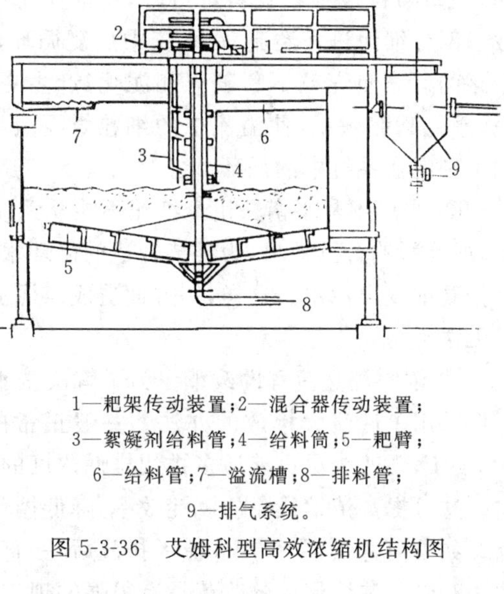

1—耙架传动装置；2—混合器传动装置；
3—絮凝剂给料管；4—给料筒；5—耙臂；
6—给料管；7—溢流槽；8—排料管；
9—排气系统。

图5-3-36　艾姆科型高效浓缩机结构图

这种高效浓缩机的给料筒4内设有搅拌器，搅拌器由专门的调速电动机系统2带动旋转，搅拌叶分为三段，叶径逐渐减小，使搅拌强度逐渐降低。料浆先给入排气系统9，排出空气后经给料管6进入给料筒，絮凝剂则由管3分段给入筒内和料浆混合，混凝后的料浆由下部呈放射状的给料筒直接进入浓缩-沉积层上、中部，料浆絮团迅速沉降，液体则在浆体自重的液压力作用下向上经浓缩-沉积层过滤出来，形成澄清的溢流排出。

4. *浓缩浮选流程的特点及改进*

(1) 流程特点

我国在20世记80年代以前，选煤厂沿用的细煤泥处理流程基本上都是浓缩浮选流程。其特点是全部煤泥水，包括分级设备的溢流、回收粗煤泥的旋流器溢流、煤泥回收筛筛下水及离心机的离心液等，均进入浓缩设备进行浓缩。浓缩的溢流作循环水，其底流经稀释后作为浮选入料。为了防止粗粒物料进入浮选，常将煤泥回收筛的筛下水及离心机的离心液返回原分级设备，进行再分级。其流程见图 5-3-37。

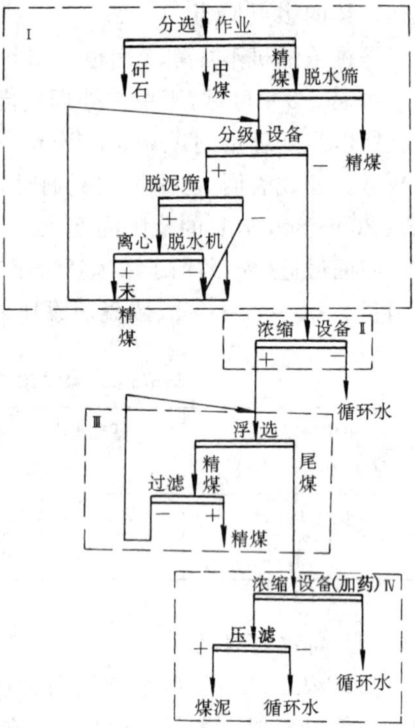

图 5-3-37　浓缩浮选流程

通常可以把上述流程分成四个作业区，即选煤脱水作业区Ⅰ、浓缩作业区Ⅱ、煤泥精选作业区Ⅲ及尾煤澄清作业区Ⅳ。以上四个区是选煤厂的基本组成部分。但对于不同的厂，相同的作业区可以用不同的设备。

（2）流程弊端及改革

① 细泥不能从系统中排除。由于浓缩设备的溢流水有一定的浓度，而这些溢流水又作为主选设备循环水使用，循环水经过分选设备和分级设备后，又回到浓缩设备。浓缩设备一般都是在重力场中沉降，一些细粒极细粒物料重量轻，不能全部沉淀，导致一部分细泥进入溢流，在系统中反复循环，经泵及管路的运输使煤粒不断破碎和泥化，产生更细粒煤泥，恶化沉淀效果，使溢流中的细粒煤泥量增大，增加了细泥在系统中的循环。

② 水量不易平衡。由于细泥不能从系统中排除，循环煤泥越来越多，循环水的浓度大增，严重影响分选效果，为维持合适的循环水浓度，不可避免地补加清水来稀释循环水，同时外排高浓度煤泥水。这样，一方面造成煤泥流失，另一方面使循环水不能全部复用，造成水量无法平衡。

③ 浓缩浮选流程的改革。为了解决洗水浓度过高、浮选补加清水过大的问题，一些选煤厂采用了底流大排放的办法。一般正常的浓缩流程，浓缩机底流的排放浓度在 300～400 g/L，现改为尽可能地多排快排低浓度的底流，低到矿浆作为浮选入料时，少加或不加清水。这可提高浓缩设备的沉淀效率，降低循环水浓度，减少浮选补加清水量，使水量容易平衡。如夹河选煤厂，采用底流大排放后，一直使循环水浓度保持在 10 g/L 以下。底流大排放法对老厂浓缩流程的改革具有很强的现实意义。

底流大排放法在很大程度上是浮选操作上的变革，因为实施该方法整个浮选系统不需要大的改动。但它也有一个限制条件，即浮选及过滤系统要有足够的处理能力。

二、直接浮选流程

采用传统跳汰与真空过滤工艺时，跳汰机每处理 1 t 原煤需用 2.5～4 t 水，而现行重介质旋流器分选工艺中，每处理 1 t 原煤需用水量为 1.8～2.0 t，很显然，现行重介工艺中无一例外均使用煤泥直接浮选工艺，且由于入浮浓度高，均需加稀释水调节入浮浓度。但对传统跳汰工艺中采用直接浮选时有一定的使用条件和局限性。

1. 直接浮选流程的优点

直接浮选流程的优点有：① 取消了浓缩作业，流程简化；② 彻底解决了煤泥在系统中的循环，对主选作业有利；③ 煤泥与水的接触时间缩短，使煤泥的可浮性和选择性提高；④ 加强Ⅳ区的作业管理，可实现清水洗煤。

2. 直接浮选流程的缺点

直接浮选流程虽有很多优点，但从一些采用传统跳汰与真空过滤工艺的选煤厂的实际生产中显示出了诸多缺点。① 浮选机及过滤机的单位处理能力低。浮选机一般仅为0.25～0.4 t/(m^3·h)，过滤机一般仅为0.08～0.1 t/(m^2·h)。② 浮选、过滤、压滤等工艺环节对原煤性质的变化反应敏感。当原煤泥质增多，灰分增高时，精煤灰分也随之增高。为了保持精煤灰分，必然压低尾煤，使过滤效果急剧恶化，由于压滤机的入料粒度发生变化，也干扰了压滤机的工作。③ 生产成本较高，由于浮选机和过滤机的单位处理能力较低，势必增加了吨精煤的电耗；直接浮选的入浮浓度较低，使吨精煤的药耗也增高。④ 直接浮选需要的浮选机的台数要比其他形式的浮选多。

3. 直接浮选流程的使用条件

通过以上直接浮选流程缺点的分析，直接浮选流程并不是对每个选煤厂都适用，在应用直接浮选流程时，必须满足下列条件：① 控制选煤脱水作业区的用水量。因为用水量过大，可导致浮选入料浓度过低，对浮选机、过滤机单位处理能力影响较大，增加生产成本。② 浮选前应设适当容积的缓冲池。用缓冲池的缓冲作用，对原煤的含泥量及用水量的变化进行调节。③ 浮选尾煤需彻底澄清。使用直接浮选流程后，浮选尾煤澄清溢流水是选煤所用循环水的唯一来源，浮选尾煤粒度细、灰分高，若不彻底澄清，会随循环水进入选煤作业，导致精煤污染。因此，浮选尾煤必须彻底澄清，煤泥水浓缩与压滤能力必须足够大。

三、半直接浮选流程

以上分析了浓缩浮选流程和直接浮选流程的优缺点，为了发挥它们的优点，避免两者的缺点，人们对于传统跳汰工艺下煤泥浮选又提出了半直接浮选工艺。其类型主要有以下几种。

1. 分级设备溢流不全浓缩流程

其流程见图 5-3-38。

该流程的特点是分级设备的溢流一部分去浓缩机浓缩，其底流和另一部分溢流合起来去浮选。

流程优点：① 因分级设备的溢流分出一部分直接去浮选，从而有一部分细泥不参加系统循环，适当调节分出量的大小，可实现系统的煤泥动平衡。② 由于浮选入料是由分级设备溢流和浓缩机底流混合而成的，所以入浮浓度可根据需要任意调节。

流程缺点：① 系统中仍有一部分细泥在循环中不断泥化。② 浓缩机并未取消，工艺环节较复杂，生产管理不够方便。

2. 分级设备溢流不全浮选流程

其流程见图 5-3-39。该流程把分级设备的溢流分出一部分去浮选，另一部分作为循环水。

流程优点：① 取消了浓缩设备，流程简化。② 浮选的入料浓度要比直接浮选的高。这有利于降低浮选成本。③ 需要浮选机的台数要比直接浮选流程少。

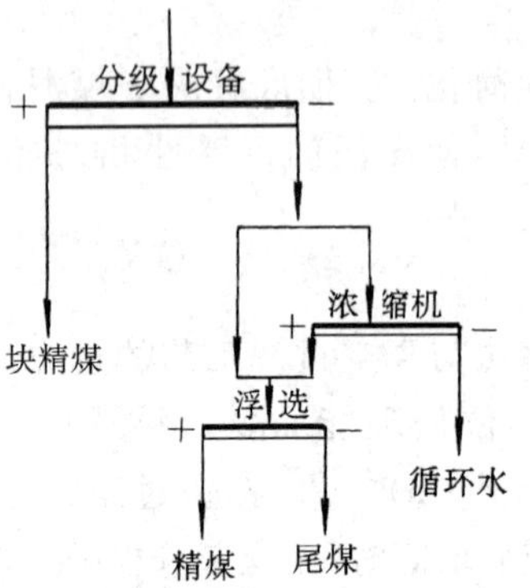

图 5-3-38 分级设备溢流不全浓缩流程

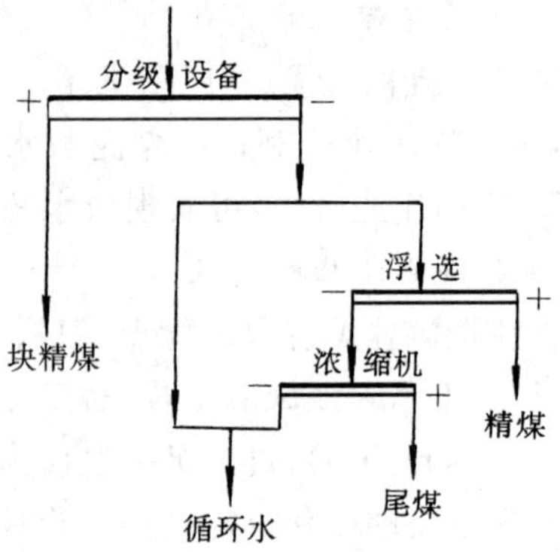

图 5-3-39 分级设备溢流不全浮选流程

流程缺点：① 由于有一部分含细泥的溢流返回主选作业，就不可避免地仍有一部分细泥在系统中循环。② 主选设备不能实现清水洗煤。

3. 主、再选分级设备单设流程

其流程见图 5-3-40。该流程的特点是：主选和再选的轻产物分别进入各自的分级设备，主选分级设备的溢流分成两部分，一部分作为再选设备的循环水，另一部分与再选分级设备的溢流合起来去浮选。

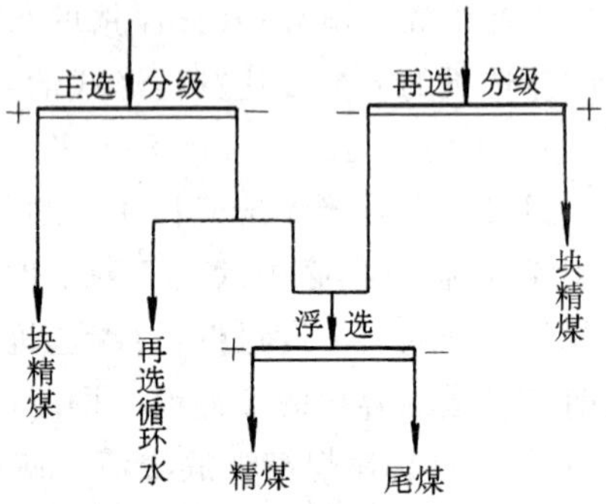

图 5-3-40 主、再选分级设备单设流程

流程优点：① 取消了浓缩机，流程简化。② 浮选入料比直接浮选流程少，浓度比直接浮选流程高。③ 主选实现清水洗煤，再选虽不是清水洗煤，但对分选效果影响不大。因为再选的入料本身含煤泥较少。另外分出的这部分煤泥只在再选设备中停留一次，不会形成细泥积聚。

流程缺点：① 浮选的入料浓度因受再选设备用水量的限制，浓度不能随意调整，灵活性差。② 系统操作比较复杂。

第三节 极细颗粒煤泥水的处理

所谓极细颗粒煤泥水是指浮选的尾煤水和负标高捞坑的溢流。它们的共同特点是粒度组成很细。根据斯托克斯公式，颗粒的沉降速度和其直径的平方成正比，如直径 10 μm 的颗粒，其沉降速度约是 1 μm 颗粒的 100 倍。而粒度越小，其重力作用也越小，布朗运动加剧，促使颗粒保持悬浮状态。由此看来选煤厂的极细粒煤泥水是很难沉降的。在选煤厂的实际生产中，为了保证清水洗煤，实现洗水闭路循环，对这些极细粒煤泥水的处理必须寻找强化细颗粒物料沉降的方法。选煤厂通常采用凝聚和絮凝的方法来强化细颗粒煤泥水的沉降。

一、凝聚及凝聚原理

在悬浮液中加入电解质，使悬浮液失稳的现象，叫凝聚。

由于选煤厂的极细颗粒煤泥水可以近似地看成胶体，我们可以引用 D. L. V. O. 理论来分析凝聚原理。该理论认为胶体微粒之间具有范德华引力和静电斥力。即颗粒的凝聚和分散特性,是受颗粒间双电层静电能及分子作用能的支配,其总作用能为二者的代数和。

颗粒之间分子作用能指分子间的范德华引力。两个单分子的范德华力与其间距的六次方成反比。间距增大时,分子之间引力显著减小。当颗粒的直径很小时,微粒间的引力是多个分子综合作用的结果,它们与间距的关系不同于单分子,该力与间距的三次方、二次方及一次方成反比。间距越小,方次也越低。因此,多分子范德华力的作用较单分子更大。

颗粒间的静电能主要是由于颗粒接近到一定距离时,带有同号电荷的微粒产生斥力引起的。由于固体颗粒表面常带有剩余电荷,在固液界面上存在有一定的电位差,因而在颗粒周围形成了双电层结构,在自然 pH 值下,多数颗粒带负电。由于带有电性,在固体外围吸附了一定数量的反号离子,使整个颗粒处于电中性状态。当两个颗粒相互靠近时,其间产生斥力。特别是当两个颗粒双电层重叠时,产生的斥力更大。

通过以上分析,范德华力是引力,对颗粒的凝聚有利。静电力是斥力,对颗粒的凝聚不利。在正常状态下,两者处于力的平衡。若减小颗粒间的斥力,就会破坏这一平衡,使凝聚发生。向悬浮液中加入电解质,可实现这一意图。煤泥颗粒一般带有负电荷,加入的电解质在悬浮液中很快电离出带正电的离子,这些带正电的离子中和了颗粒表面的电荷,使其双电层被压缩,降低了它的电动电位,减小了斥力,使凝聚发生。

由于凝聚改变了颗粒表面的电性质,所以产生的凝聚体小而密实。凝聚体有时易碎,但碎后又可重新凝聚,即凝聚过程属可逆过程。大量试验表明,凝聚对胶体粒子或悬浮液中的微细粒子作用明显。

二、絮凝及絮凝原理

在悬浮液中加入高分子化合物,由于它的架桥作用,使悬浮液失稳的现象,叫絮凝。

一般高分子化合物都有很长的分子链,而且链上有很多活性基团,这些活性基团能和颗粒表面进行吸附,若一个这样的分子链能同时吸附两个或两个以上微粒,那么就把微粒像架桥一样连接起来,形成絮团。这种作用又称架桥作用。用高分子化合物进行架桥作用时,无论悬浮液中颗粒表面荷电状况如何,只要添加的絮凝剂分子具有可在颗粒表面吸附的官能团,或吸附活性,便可实现絮凝。

絮凝剂在颗粒表面的吸附,主要有静电键合、氢键键合和共价键键合三种类型。

1. 静电键合

它主要由双电层的静电作用引起。例如,颗粒表面带正电荷,阴离子型高分子絮凝剂可进入双电层取代原有的配衡离子,两者的吸附紧密。

2. 氢键键合

当絮凝剂分子中有—NH_2 和—OH 基团时,可与颗粒表面电负性较强的氧进行作用,形成氢键。虽然氢键键能较弱,但由于絮凝剂聚合度大,氢键键合的总数也大,所以该项能量不可忽视。但单纯氢键的选择性较差。

3. 共价键键合

高分子絮凝剂的活性基团在矿物表面的活性区吸附,并与表面离子产生共价键合作用。此种键合,常可在颗粒表面生成难溶的表面化合物或稳定的络合物,并能导致絮凝剂的选择性吸附。

三种键合可以同时起作用，也可仅一种或两种起作用，具体视颗粒与聚合物体系的特性和水溶液的性质而定。

大量试验表明，絮凝剂使用时用量不宜过大。因为过量的絮凝剂会将颗粒包裹住，不利于与其他颗粒作用，使絮凝作用削弱。一般颗粒表面被絮凝剂半饱和覆盖时，絮凝效果最佳。图 5-3-41 所列为高分子絮凝过程模型。絮凝作用由于没有改变颗粒表面的电性质，即颗粒与颗粒之间的斥力仍然存在，所以产生的絮团大而蓬松，其间含有大量的水。絮团有一定强度，但强烈搅拌也会破碎，且碎后一般不再成团，即过程不可逆。絮凝对粒度较粗的颗粒作用明显。

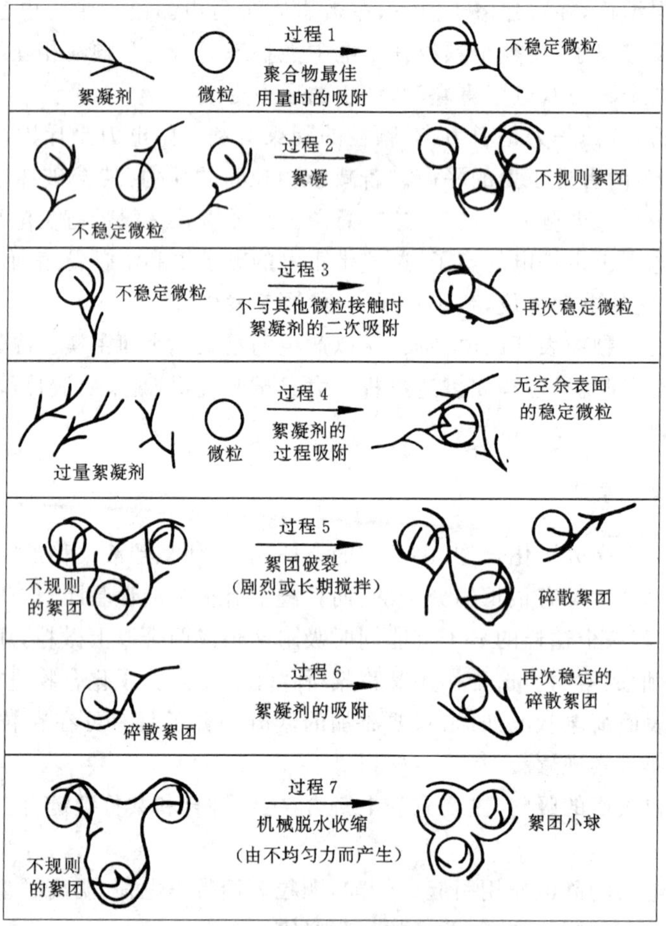

图 5-3-41　高分子絮凝过程模型

三、凝聚剂和絮凝剂

1. 凝聚剂

凝聚剂主要为无机电解质。其电离出来的离子应和颗粒所荷离子的电性相反，且离子的价态越高，所起凝聚作用越强。凝聚剂分阴离子型和阳离子型，由于大部分物质的颗粒荷负电，因此工业上常用的凝聚剂多为阳离子型。可分为以下几种。

无机盐类有硫酸铝、硫酸钾铝、硫酸铁、硫酸亚铁、碳酸镁、氯化铁、氯化铝、氯化锌、铝酸钠等。

金属的氢氧化物类有氢氧化铝、氢氧化铁、氢氧化钙和生石灰等。

聚合无机盐类有聚合铝、聚合铁。又可细分为碱式氯化铝(BAC)$[Al_2(OH)_nCl_{6-n}]_m$，碱式硫酸铝 (BAS)$[Al_2(OH)_n(SO_4)_{3-n/2}]_m$，碱式氯化铁(BFC)$[Fe(OH)_nCl_{6-n}]_m$和碱式硫酸铁(BFS)$[Fe(OH)_n(SO_4)_{i-n/2}]_m$。上述各分子式中的 m 为聚合度。

在各类凝聚剂中，聚合物凝聚剂作用效果最好，但作用机理也最复杂。因为其凝聚作用并非只是单个的金属离子，起主要作用的是聚合离子。下面以硫酸铝和碱式氯化铝为例来介绍其凝聚原理。

① 硫酸铝——硫酸铝是强酸弱碱盐，使用时通常将它配成浓度为10%～20%的溶液，溶液的 pH 值为 4。硫酸铝在水中的电离式为：

$$Al_2(SO_4)_3 \rightleftharpoons 2Al^{3+} + 3SO_4^{2-}$$

将硫酸铝溶液加入悬浮液后，将继续发生下列水解和聚合反应：

$$Al^{3+} + nH_3O^+ \rightleftharpoons [Al(OH)_n]^{3-n} + 2nH^+$$

反应式中的 n 值为 1～6。显然，此反应和溶液的 pH 值有关。而起主要凝聚作用的不是 Al^{3+} 离子而是$[Al(OH)_n]^{3-n}$离子。

② 碱式氯化铝——它是用氧化铝生产中的废渣为原料制成的氯化铝和氢氧化铝的中间物的水解产物，其凝聚作用更为复杂。下面根据铝盐的水解过程来分析聚合铝的凝聚作用。

水解方程式为：

$$Al(OH_2)_6^{3+} \xrightarrow{H_2O} [Al(OH_2)_6OH]^{2+} + H_3O^+$$

水解产物通过 OH^- 架桥，形成多核络合物，这种无机大分子化合物和悬浮液的 pH 值关系十分密切：

当 pH<4 时，以$[Al(OH)_n]^{3+}$离子形式存在，n=6～10。

当 4 ≤ pH < 6 时，以$[Al_6(OH)_{15}]^{3+}$、$[Al_7(OH)_{17}]^{4+}$、$[Al_8(OH)_{20}]^{4+}$、$[Al_{13}(OH)_{34}]^{5+}$等离子形式存在。

当 6≤pH<8 时，会发生 $Al(OH)_3$ 沉淀。

当 pH≥8 时，以$[Al(OH)_4]^-$、$[Al_8(OH)_{26}]^{2-}$等离子形式存在。

即在不同 pH 值矿浆中，聚合铝呈不同电性的高价离子，它们不仅压缩颗粒双电层，而且吸附于颗粒表面。另外，这些水合氧化物都是络合大分子，有很强的吸附能力，其本身也能同时吸附两个或两个以上的颗粒，使其成团，发生沉降，有的书上把这种作用称为聚团作用。

从以上碱式氯化铝的凝聚原理不难看出，使用凝聚剂时矿浆的 pH 值常常是很重要的。因此，硫酸、盐酸、苛性钠等酸碱化合物又被用作助凝聚剂。

聚铁无机高分子化合物是利用废铁锈及废酸等制得的，故自身呈酸性，每升聚铁溶液中含铁 90～130 g，是一种价廉高效的凝聚剂。实践表明，它不仅能使微细粒颗粒凝聚成团，而且对去除悬浮液中的 COD、BOD 色度也有很好的效果。

使用无机大分子凝聚剂需要有较长的搅拌时间，有资料报道说应在 15～30 min。可用阴离子型凝聚剂很少，最常用的是六聚偏磷酸钠，但价格较昂贵，一般不用于实际生产。

2. 絮凝剂

絮凝剂为有一定线形长度的高分子有机聚合物，絮凝剂的种类很多，按其来源可分为天然的和人工合成的两大类。

(1) 天然高分子絮凝剂

① 淀粉加工产品及其衍生物

淀粉主要来源于粮食作物，是一种高分子化合物，并且是一种混合物，不是一个单纯的分子，由可溶性的直链淀粉及不溶性的支链淀粉组成，分子式为$(C_6H_{10}O_5)_n$。多数淀粉虽不溶于水，但经热处理或碱处理后，可变为糊状的水溶性物质，具有很好的絮凝性能。淀粉的相对分子质量可达6万～10万，其分子链长度可达200 nm以上，多数在400～800 nm范围内。

② 纤维素的衍生物

自然界纤维素分布最广，是构成植物细胞壁的基础物质，其通式和淀粉相同，但淀粉的结构单元是α-葡萄糖，而纤维素的结构单元是β-葡萄糖。纤维素本身不溶于水，但经化学处理后，其衍生物溶于水，且是很有效的絮凝剂。其相对分子质量从十几万到几十万，国外此类产品有CMC(羧甲基纤维素)、HEC等。

③ 腐殖酸钠

腐殖酸类化合物富含于褐煤、泥煤和风化烟煤中，是一种天然高分子聚合电解质。其含量最高可达70%～80%，平均相对分子质量为2.5万～2.7万，具有胶体化合物的性质，腐殖酸本身不溶于水，其钾盐和钠盐易溶于水。用风化的露头煤经苛性钠处理后，就可得腐殖酸钠，这是一种很好的絮凝剂。有的选煤厂已把该凝聚剂用于实际生产。

(2) 人工合成高分子絮凝剂

人工合成的高分子絮凝剂种类很多，按其官能团分类主要有：阴离子型、阳离子型和非离子型三大类。表5-3-5为常见的人工合成高分子絮凝剂的官能团。

表 5-3-5 高分子絮凝剂主要官能团

阴离子型官能团	$-COOH$	羧基	阳离子型官能团	$-NH_2$	伯胺基
	$-SO_3H$	磺酸基		$-NH-R$	仲胺基
	$-OSO_3H$	硫酸酯基		$-\underset{R}{N}-R$	叔胺基
非离子型官能团	$-OH$	羟基		$-\overset{R}{\underset{R}{N}}-R$	季胺基
	$-CN$	氰基			
	$-CONH_2$	酰胺基			

在人工合成的高分子絮凝剂中，应用最广的是聚丙烯酰胺及其衍生物。聚丙烯酰胺的生产是由丙烯腈水解生成丙烯酰胺，然后在引发剂的作用下，加温聚合而成，其方程式为：

$$nCH_2CHCONH_2 \xrightarrow{(NH_4)_2S_2O_8,50\sim65\ ℃} \left[CH_2-\underset{\underset{NH_2}{|}}{\underset{C=O}{\underset{|}{CH}}}\right]_n$$

最终产品聚丙烯酰胺为黏稠状物质,含聚丙烯酰胺 8%。聚丙烯酰胺又叫 PAM。由于其分子侧链上的酰胺基之间可形成氢键,整个分子链呈卷曲状。对于絮凝剂来说,分子链越长,絮凝效果越好,而卷曲的分子链势必影响絮凝效果。于是人们又研制了部分水解体的聚丙烯酰胺,又称 PHP。实际用于生产的多为 PHP。其水解方程式如下:

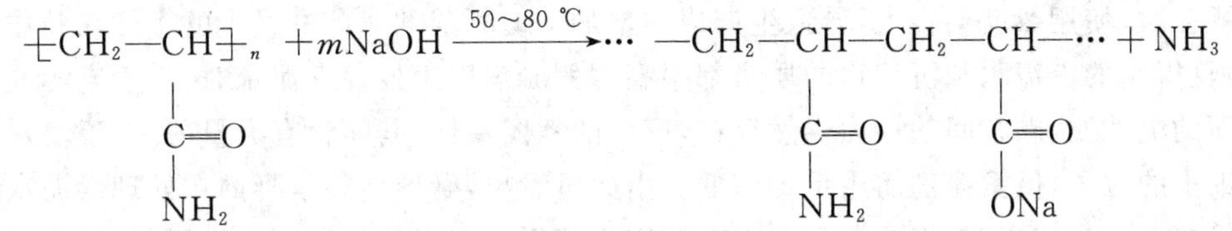

聚合物在碱性或中性溶液中进行水解,电离出钠离子,使得—COO^- 基团带负电,由此可看出 PHP 是阴离子型絮凝剂。水解度越大,带负电的基团就越多,对伸长分子链有利。由于用絮凝剂处理的细微颗粒大都带负电,而絮凝剂本身带过多的负电又对吸附颗粒不利,所以,聚丙烯酰胺的水解应有一定的限度。图 5-3-42 为水解度对分子卷曲程度的影响。

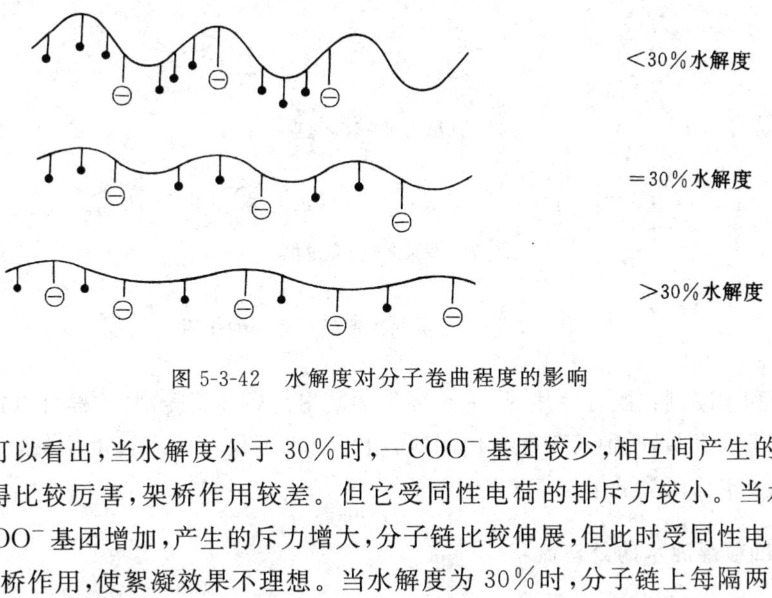

图 5-3-42 水解度对分子卷曲程度的影响

从图中可以看出,当水解度小于 30%时,—COO^- 基团较少,相互间产生的斥力较小,分子链卷曲得比较厉害,架桥作用较差。但它受同性电荷的排斥力较小。当水解度大于 30%时,—COO^- 基团增加,产生的斥力增大,分子链比较伸展,但此时受同性电荷的排斥力较大,阻止架桥作用,使絮凝效果不理想。当水解度为 30%时,分子链上每隔两个酰胺基团就有一个—COO^- 离子基团,此时电性适中,分子链也不过于卷曲,絮凝效果最好。

(3) 絮凝剂的配制及使用

絮凝剂在选煤厂中最主要的用途是提高澄清、浓缩设备固液分离的效果。另一个用途是对某些特殊设备,如深锥浓缩机、带式压滤机等,需要有适当的絮凝剂配合使用,才能充分发挥作用。另外,目前国内外的一些学者正在进行旨在提高过滤效果的助滤剂的研究,他们的研究方向大都是对絮凝剂进行改性,来达到助滤目的。

选煤厂购买的絮凝剂大都是粉末状的,使用时必须先溶解。溶解设备通常用搅拌桶,要求搅拌时叶轮的转速小于 400 r/min,时间为 1~1.5 h,若转速过快、时间过长,容易使分子链断裂,降低使用效果。溶解顺序是先在搅拌桶中加水,然后再加絮凝剂,同时开始搅拌。配制的浓度一般为 0.1%~0.15%,絮凝剂的用量一定不能过大,否则不仅增加成本,而且絮凝效果也不一定就好。絮凝剂在用于处理煤泥水时,其用量最好控制在 0.1%~1%(按体积计)以内。絮凝剂最好是现用现配,不宜长时间存放。絮凝剂添加一般采用多点加入法，使絮凝剂在煤泥水中充分分散，以提高药效。实践证明，把絮凝剂加到浓缩机的入料溜槽或管道中，絮凝效果较好。

3. 凝聚剂和絮凝剂的配合使用

由于凝聚剂是靠改变颗粒表面的电性质来实现凝聚作用的，当用它处理粒度大、荷电量大的颗粒时，使用量就会很大，导致生产成本增加。但凝聚剂对荷电量小的微细颗粒作用较好，而且得到的澄清水和沉淀物的质量都很高。絮凝剂用于处理煤泥水时，由于它不改变颗粒表面的电性质，颗粒间的斥力仍然存在，产生的絮团蓬松，其间含有大量的水，澄清水中还含有细小的粒子，但絮凝剂的用量却较低。由此可看出，凝聚剂和絮凝剂在处理煤泥水时都各有优缺点。实践表明，把两者配合起来使用将获得较理想的效果。其作用原理是：凝聚剂先把细小颗粒凝聚成较大一点的颗粒，这些颗粒荷的电性较小，容易参与絮凝剂的架桥作用，且颗粒与颗粒间的斥力小了，产生的絮团比较压实。由于细小的颗粒都被凝聚成团，产生的澄清水质量也较高。图 5-3-43 形象地描述出了凝聚剂在絮凝过程中起的作用。

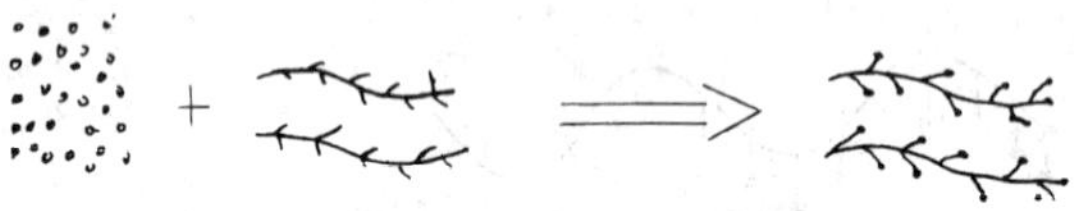

(a) 不加凝聚剂的絮凝过程

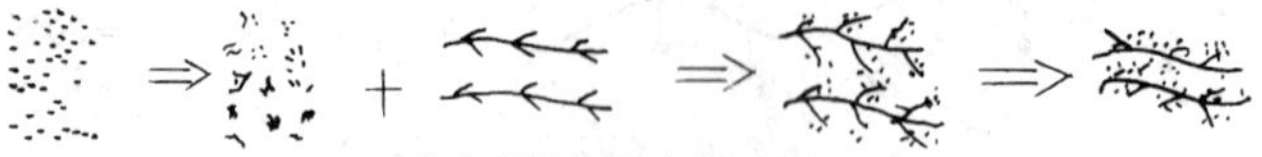

(b) 加入凝聚剂的絮凝过程

图 5-3-43　凝聚剂在絮凝过程中的作用

凝聚剂和絮凝剂在配合使用时，一定要先加凝聚剂后加絮凝剂，这样可以提高药剂作用效果。生产实践表明，两种药剂配合使用时，用药成本不仅不会大幅度增加，而且大多数选煤厂的用药成本反而降低了。

四、极细粒煤泥水的处理流程

处理流程的主要任务是回收大量澄清水，以实现清水洗煤，同时这也是洗水闭路循环的重要标志。另外还可以回收一部分细煤泥。

1. 煤泥厂内回收流程

(1) 尾煤泥水一级浓缩回收流程

其流程见图 5-3-44。

该流程可实现洗水闭路循环、煤泥厂内回收、工业用水零排放。使用该流程须满足两个条件：一是浓缩机出清水；二是回收的煤泥要有合适的去处。目前大多数选煤厂都采用此流程。

(2) 尾煤泥水两段浓缩两段回收流程

其流程见图 5-3-45。

最大限度回收以粒级＞0.045 mm 为主的粗尾煤泥，掺入中煤提高产值；以粒级＜0.045 mm 为主的细尾煤泥彻底实现固液分离；煤泥水深度澄清，实现清水洗煤；煤泥全部厂内回收，洗水闭路循环，工业用水零排放。

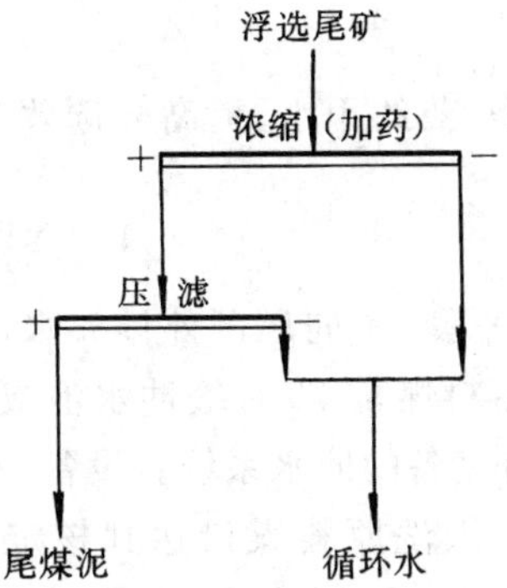

图 5-3-44　尾煤泥水一级浓缩回收流程

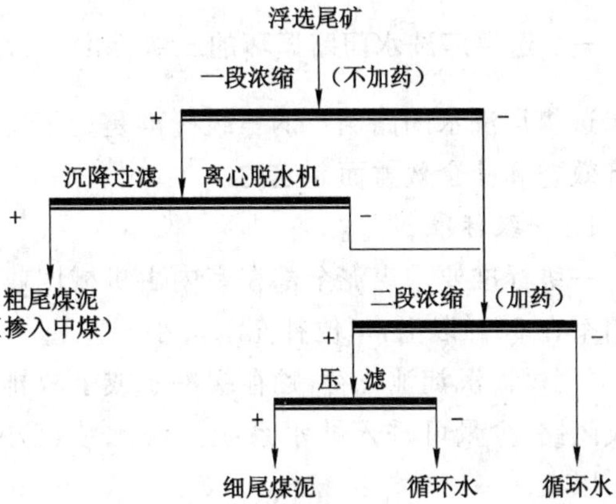

图 5-3-45　尾煤泥水两段浓缩两段回收流程

(3) 细煤泥分段处理流程

其流程见图 5-3-46。

该流程适用于原生煤泥中细泥含量较大的选煤厂。首先用浓缩机脱除大量细泥，把这些细泥同浮选尾矿一起排到尾矿浓缩机，进行再处理。

2. 煤泥厂内、厂外联合回收流程

其流程见图 5-3-47。

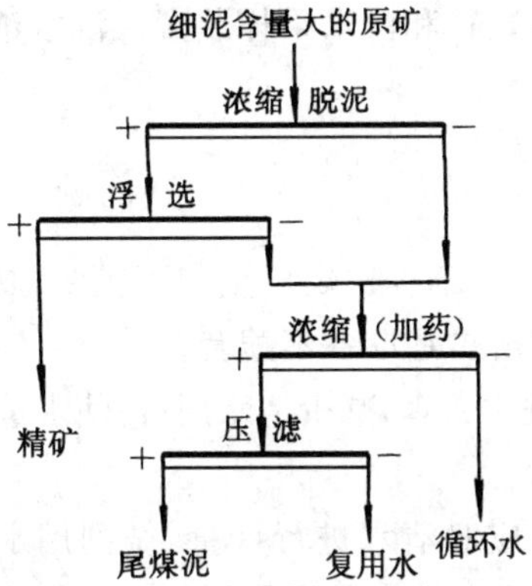

图 5-3-46　细煤泥分段处理流程

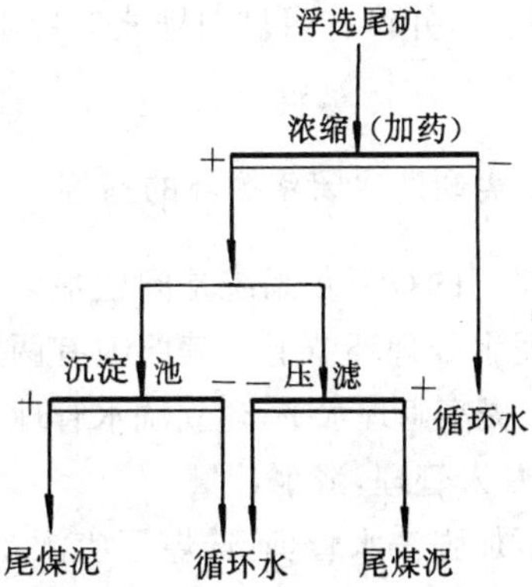

图 5-3-47　煤泥厂内、厂外联合回收流程

该流程常见于北方的一些老选煤厂，这些厂过去都是用厂外沉淀池来处理浮选尾矿的，后来通过技改上了压滤车间，滤饼在夏天还比较好处理，可到了冬天容易冻仓或冻车，于是就有了冬夏不同的处理工艺。该流程是充分利用了老厂的现有条件，也能实现洗水的真正闭路循环。

第四节　洗水闭路循环

进行洗水闭路循环、煤泥厂内回收，是消除煤泥水排放厂外、侵占农田、防止污染环境的一项有力措施。

一、选煤厂洗水闭路循环的三级标准

选煤厂洗水闭路循环的三级标准是为了防止环境污染、节约用水、提高分选效果、增加经济效益和社会效益而制定的。

1. 一级标准

一级标准要求煤泥全部在室内由机械回收，洗水动态平衡，不向厂区外排放水，水重复利用率在90%以上，单位补充水量小于0.15 m^3/t（入选原料煤）。设有缓冲水池或浓缩机（也可用煤泥沉淀池代替，贮存缓冲水或事故排放水），并有完备的回水系统。设备的冷却水自成闭路，少量可进入补水系统。洗水浓度小于50 g/L，入洗原料煤量达到核定能力的70%以上。

2. 二级标准

二级标准要求煤泥全部在厂内由机械回收，室内回收的煤泥量不少于总量的50%，机械化沉淀池应有完备的回水系统，洗水实现动态平衡，不向厂区外排放。水重复利用率在90%以上，单位补充水量小于0.20 m^3/t（入选原料煤）。洗水浓度小于80 g/L，年入洗原料煤量达到核定能力的50%以上。

3. 三级标准

三级标准要求煤泥全部在厂区内回收。沉淀池、尾矿坝等沉淀澄清设施有完备的回水系统。水重复利用率在90%以上，单位补充水量小于0.25 m^3/t（入选原料煤）。排放水有固定排放口，并设有明显的排放口标志、污水水量计量装置和污水采样装置。洗水浓度小于100 g/L。

二、实现洗水闭路循环的措施

选煤厂的煤泥水系统是问题最多、最难解决的环节。不少选煤厂生产不正常，其问题都出在煤泥水处理环节上。其原因有两点，一是管理不善；二是设备不配套。

(1) 提高管理水平，建立洗水管理规章制度，加强洗水管理，减少清水用量，使水量平衡。

① 专人管理，清水计量

为了加强洗水管理，选煤厂应派专人管理洗水，并应对清水进行计量，做到用水心中有数。及时掌握洗水变化规律，做出适当调整，适应原煤可选性变化以及原煤中含泥量变化等的要求。

② 减少各作业用水量

尽量减少各作业用水量，包括循环水和清水的用量，以便降低系统中各设备按矿浆体积计算的单位负荷，减少各作业的流动水量，方便洗水的管理。

③ 补充清水的地点应慎重选择

清水应补加在最需要的地方，如脱泥筛和脱水筛上。尤其是脱泥筛，在回收的粗煤泥中，通常均带有相当数量的高灰细泥，为了保证精煤灰分，降低高灰细泥对精煤的污染，应加部分清水对其进行喷洗。只有在产品带走水量多、清水有余量时，才可用到其他作业。要严格禁止用清水冲刷地板。

④ 加强洗水管理

各处滴水或冲刷地板的废水，或检修、事故放水均应管理好，应集中设立杂水池作缓冲。

经充分澄清处理后，其底流和溢流分别送到有关作业进行处理。

⑤ 根据实际需要决定用途

通常，再选物料中含泥量较少，可以使用浓度较高的循环水，而将浓度低的循环水留给主选，以提高主选的分选效果。分级入选时，块煤可应用高浓度的循环水，末煤则应用低浓度的循环水。

⑥ 各作业之间的配合

各作业之间应互相衔接配合，要有全局观点。

(2) 设备能力满足需要。选煤厂的浓缩、澄清和煤泥回收设备，包括脱泥筛、过滤、压滤等设备的处理能力，应满足现有生产的需要。

很多选煤厂洗水不能闭路，煤泥未能实现厂内回收，其原因在于厂内某些设备处理能力不足。例如，如果过滤设备处理能力不足，大量煤泥在浮选、过滤作业中进行循环，会使浮选机的实际处理能力降低；对于使用浓缩浮选的选煤厂，其结果则会导致浓缩机溢流水浓度急剧增高。浓缩机的溢流水是水洗作业最主要的水源，由于浓度过高，严重恶化了分选效果。为了保证生产过程正常进行，补救的办法是大量补加清水，结果造成向厂外排放煤泥，污染环境，并使洗水不能达到平衡。

因此，首先在设计上对这些环节应予以高度重视，充分考虑原煤性质，如原生煤泥量、次生煤泥量和煤泥的粒度等，保证这些环节有足够的处理能力，不至于造成浪费，使各环节能够正常工作，为后续作业提供有利的生产条件。

其次，在上述设备能力不足的情况下，应努力提高操作管理水平，并在条件允许的情况下，对设备能力进行配套。

最后，为实现洗水闭路、煤泥厂内回收，应解决煤泥销路的问题。除外销外，可以考虑在厂内或矿内进行综合利用，以消除煤泥堆积，促使煤泥采用机械回收，保证回收浮选尾煤中的洗水全部返回复用。

第五节　分级、浓缩效果的评定

煤泥水分级、浓缩作业是选煤厂生产工艺过程的中间作业，其工作效果的好坏，将直接影响其他作业的效果。由于分级与浓缩作业的工作原理基本相同，因此，其工作效果评定的内容也基本相同。但由于它们的工艺要求不同，故对其评定的侧重也有所不同，对于分级作业应着重考查粒度的变化，而浓缩作业应着重分析浓度的变化。

一、分级与浓缩设备工作效果的评价

1. 定性分析

通过产品外观可以粗略进行评价。有经验的操作人员和工程技术人员，通过观察和手感可粗略判断分级设备溢流中是否有过粗粒，浓度是否符合要求，产物的大概灰分等；还可通过小筛分资料进行分析。

(1) 浓度

对分级、浓缩作业各产品都有一定的浓度要求。对于浓缩作业，若底流浓度高、溢流浓度低，则表示浓缩作业澄清效果好，但底流的具体浓度，需看实际生产的需要。浓缩机的溢

流作循环水，浓度应越低越好。

(2) 粒度

通过入料、溢流、底流三产品的小筛分资料分析产品的数质量情况，初步估计作业的工作效果。若分级粒度为 0.5 mm，则沉物中大于 0.5 mm 的量越多越好，而溢流中小于 0.5 mm 的量越多越好。

2. 定量分析

(1) 分级作业

《选煤厂水力分级设备工艺效果评定方法》(MT/T 738—1997)标准规定以分级效率 η 和以分配曲线为基础的平均分配误差 PE_m 为评定指标，以通过粒度 S_{95} 为辅助指标。

通过粒度 S_{95} 以溢流中 95%的量通过标准筛筛孔的大小来表示。标准规定，当评定选煤厂的水力分级设备(设施)工艺效果时用分级效率 η，当新研制设备的技术鉴定、新投产设备的验收或重要的生产技术检查时，应同时使用分级效率 η 和平均分配误差 PE_m，通过粒度为辅助评定指标，在必要时使用。为了确定通过粒度，可对溢流产物做小筛分试验，作出粒度曲线，从曲线上查得。

(2) 浓缩作业

浓缩的过程也是分离的过程，这里也可引用汉考克公式。由于浓缩效果的评价侧重于浓度，所以计算指标应采用浓度，计算式如下：

$$\eta_N = \frac{100(C_G - C_Y)(C_G - C_D)}{C_G(100 - C_G)(C_Y - C_D)} \times 100\% \tag{5-3-28}$$

式中　C_G、C_Y、C_D——给料、溢流、底流中固体重量百分比浓度，%。

浓缩作业的辅助评价指标是底流固体回收率，即底流固体产率，可用下式计算：

$$\varepsilon_D = \frac{C_D(C_G - C_Y)}{C_G(C_D - C_Y)} \times 100\% \tag{5-3-29}$$

二、资料的整理与计算

1. 原始资料

需要有数量和质量两个方面的资料。数量方面包括入料、底流、溢流三产品的干煤量、矿浆量，有时还有水量。质量方面包括三个产品的小筛分资料，各产品的灰分、浓度等指标。获得资料后要检查资料的准确性。

重量误差，试验前后的相对误差应 ≤2.5%。

质量误差，主要指总样和分样之间的灰分差值。当灰分<20%时，相对误差不得超过±5%；当灰分≥25%时，绝对误差不得超过±1%。

2. 平衡计算

平衡计算除了可以用灰分进行计算外，还可以用浓度、粒度级的含量、密度级的含量等指标进行计算。选择指标时，应注意选择该作业中差别比较大的指标，这样可以减少计算中的误差。对分选作业，差别最大的是质量，如灰分、密度级的含量等。因此，可用这两个指标进行计算。对浓缩作业，不同产品之间的浓度差别最大，应选择浓度作计算指标。较典型的平衡计算公式列于表 5-3-6。

表 5-3-6　典型的平衡计算公式

计算用指标	计算公式	结果
灰分 A/%	$\gamma_J=\frac{A_G-A_W}{A_J-A_W}\times 100\%$	干煤产率
粒度级含量或密度级含量 γ/%	$\gamma_D=\frac{\gamma_{G某级}-\gamma_{Y同级}}{\gamma_{D同级}-\gamma_{Y同级}}\times 100\%$	干煤产率
重量百分比浓度 C/%	$G_D=\frac{C_G-C_Y}{C_D-C_Y}\times 100\ \%$	矿浆重量产率
固体含量 q/(g/L)	$V_D=\frac{q_G-q_Y}{q_D-q_Y}\times 100\%$	矿浆体积产率
通　式	$\gamma_{某产物产率}=\frac{入料与另一产物某指标之差}{两产物同指标之差}\times 100\%$	

对于分级和浓缩作业，进行平衡计算后还要填写数质量平衡表，其形式见表 5-3-7。

表 5-3-7　数质量平衡表

产物	矿浆量		干煤量		水　量		效率/%	辅助指标
	%	m^3/h	%	t/h	%	m^3/h		
底流								
溢流								
入料								

三、例题

1. 有关倾斜板设计的计算

某选煤厂，原有一个直径 12 m 的沉淀塔，处理煤泥水量为 350 m^3/h，由于生产量增加，预计煤泥水量将增加到 650 m^3/h。要求不增建沉淀塔，而保持相同的沉淀效果。准备在沉淀塔中安装倾斜板，增加沉淀面积。要求设计倾斜板的大小及安装形式。

① 采用横向流装置，矿浆从中心流向沉淀塔的周边，倾斜板呈辐射状排列。

② 计算原沉淀设备的单位负荷。沉淀塔中心管直径为 2 m，因此，沉淀塔用于进行沉淀分级的面积 A 为：

$$A=\frac{\pi}{4}(D^2-d^2)=\frac{\pi}{4}(144-4)=110\ m^2$$

沉淀塔的单位负荷 ω 为：

$$\omega=\frac{W}{A}=\frac{350}{110}=3.18\ m^3/(m^2\cdot h)$$

则分级粒度的下沉速度 $v=\omega=3.18$ m/h

③ 计算矿浆量增大后，保持相同的沉淀效果，需要的沉淀面积为：

$$A_1=\frac{W_1}{\omega}=\frac{650}{3.18}=204\ m^2$$

④ 所需倾斜板的面积。由于采用的是横向流，其分级粒度的下沉速度 $v=W/A_e$，此时利用的只有倾斜板的投影面积，即 $A_e=A_1$。若取倾斜板的安放角度为 60°，则保持原有的沉

淀效果所需倾斜板本身的面积为：

$$A_2 = \frac{A_e}{\cos\theta} = \frac{204}{\cos 60^\circ} = 408\ \text{m}^2$$

⑤ 倾斜板的长宽及放置位置。为了保证倾斜板拆装、检修方便，每块倾斜板面积不应过大，其长宽一般取 2 m 以下。本例中，每块倾斜板尺寸取：长 $E=1.5$ m，宽 $B=1$ m，因此所需倾斜板的块数为：

$$n = \frac{A_2}{BE} = \frac{408}{1.5\times 1} = 272$$

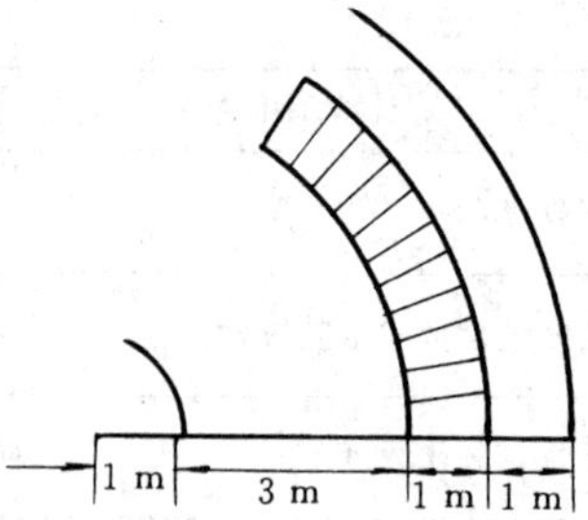

图 5-3-48 倾斜板在沉淀塔中的放置位置

倾斜板呈辐射排列，见图 5-3-48。放置时倾斜板中心直径取 9 m，则倾斜板中心的平均距离 l 为：

$$l = \frac{9\pi}{n} = \frac{9\times 3.14}{272} = 0.104\ \text{m}$$

距离过大或过小时，可对倾斜板中心位置进行调节，达到最有利于工作时为止。

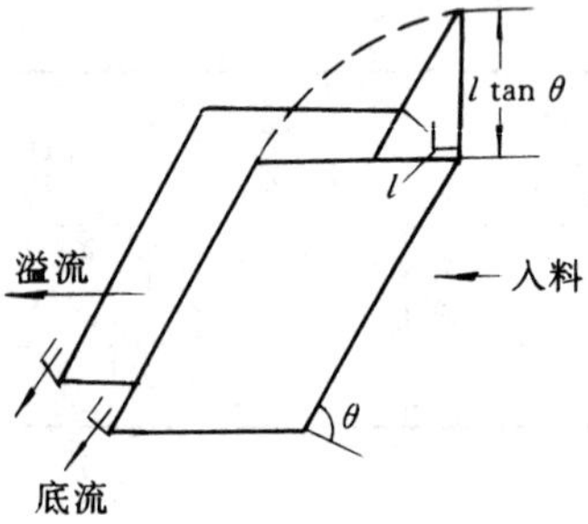

图 5-3-49 倾斜板的没入深度计算图

为了充分利用设备的沉淀面积，倾斜板放置时应没入水面一定深度。对横向流没入深度计算见图 5-3-49。其没入深度 H 为：

$$H = l\tan\theta = 0.104\tan 60^\circ = 0.18\ \text{m}$$

由于倾斜板的固定装置要占据部分板面积，对其利用率有一定影响，水流在倾斜板间的流动状态也不是完全理想的，所以设计倾斜板时，板的面积一定要取值大一些。

2. 有关平衡计算实例

某选煤厂，角锥沉淀池的有效面积为 78.4 m²，其技术检查资料见表 5-3-8。对入料量进行了测定，为 950 m³/h，角锥沉淀池的入料是跳汰机精煤脱水筛筛下水，其底流回收后作为最终精煤。在掺入总精煤前先用煤泥筛进行脱水和脱泥。角锥池的溢流入浮选进行处理。试进行平衡计算。

表 5-3-8 角锥沉淀池技术检查资料

产物	入料		底流		溢流	
浓度/(g/L)	146		380		100	
总灰分/%	15.3		13.1		15.5	
筛分试验	产率/%	灰分/%	产率/%	灰分/%	产率/%	灰分/%
1	2	3	4	5	6	7
+1 mm	4.8	10.1	11.7	9.8	—	—
1 mm～40 网目	8.3	9.7	24.0	9.4	—	—
40～60 网目	11.8	10.7	25.6	10.4	0.7	7.6
60～80 网目	10.4	12.8	14.4	14.4	5.5	9.8
80～120 网目	4.6	14.4	5.0	21.4	3.3	10.4
−120 网目	60.1	16.7	19.3	21.5	90.5	16.5
合 计	100.0	14.6	100.0	13.3	100.0	15.9

首先检查资料的准确性。对照各产物的总灰分和合计灰分，按规定均在误差范围内，数据可用。

已测定入料的矿浆量为 950 m^3/h，用固体含量计算矿浆体积产率及底流溢流的矿浆量。

$$底流矿浆体积产率\ V_D=\frac{q_G-q_Y}{q_D-q_Y}\times 100\%=\frac{146-100}{380-100}\times 100\%=16.4\%$$

底流矿浆量＝950 m^3/h×16.4%＝156 m^3/h

溢流矿浆量＝950 m^3/h－156 m^3/h＝794 m^3/h

由于分级作业粒度差别最大，干煤产率最好用粒度平衡法计算，并应选取底流和溢流中差别最大的粒度级。－120 网目各产品量相差最大，就选－120 网目这一粒级进行计算。

$$\gamma_D=\frac{\gamma_G-\gamma_Y}{\gamma_D-\gamma_Y}\times 100\%=\frac{60.1-90.5}{19.3-90.5}\times 100\%=42.7\%$$

总干煤量＝950000 L/h×146 g/L≈139 t/h

底流干煤量为＝139 t/h×42.7%＝59 t/h

溢流干煤量为＝139 t/h－59%＝80 t/h

煤泥的密度取＝1.5 t/m^3，因此

入料的水量为＝950－139/1.5＝857 m^3/h

底流水量为＝156－59/1.5＝ 117 m^3/h

溢流水量为＝857－117＝ 740 m^3/h

底流水量占入料水量百分比＝117/857

＝13.65%

角锥池是分级设备，需计算分级效率和通过粒度。若取 80 网目作为分级粒度，则从表中就可得 u_c＝75.7%，$F_{c,r}$＝35.30%，$F_{f,r}$＝64.70%，u_f = 24.3%，可计算出：E_c = 90.69%，E_f = 84.12%。然后进行分级效率计算，$\eta=E_c+E_f-100$＝90.69%＋84.12%－100%＝74.81 %。

画出溢流的粒度曲线，如图 5-3-50 所示。从曲线上确定通过粒度为 0.22 mm。

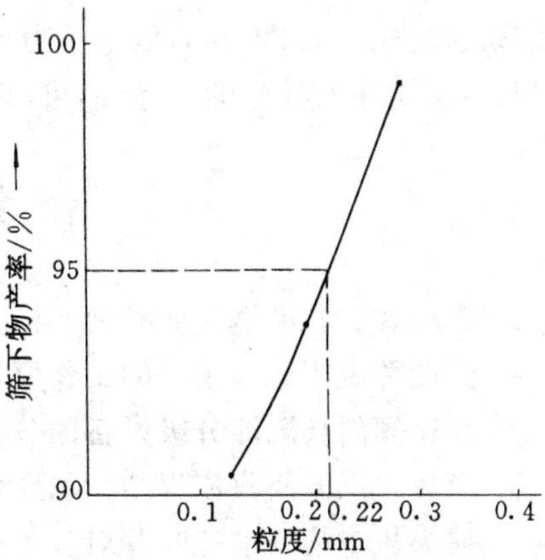

图 5-3-50 溢流粒度曲线

将所有的计算结果列于表 5-3-9 中。

表 5-3-9 数质量平衡表

产物	矿浆量		干煤量		水 量		效率/%	通过粒度/mm
	%	m^3/h	%	t/h	%	m^3/h		
底流	16.4	156	42.7	59	13.65	117		
溢流	83.6	794	57.3	80	86.35	740	74.81	0.22
入料	100.0	950	100.0	139	100.0	857		

根据技术资料及计算结果分析角锥池的工作情况。

（1）浓度

角锥池的底流用煤泥回收筛回收，为了保证脱水效果，不致产生跑水现象，浓度应在40%左右（约450 g/L），现在为380 g/L，稍低一些，但煤泥筛仍可以工作。如浓度过低时，应在脱泥筛前加固定筛或弧形筛进行预先脱水。溢流浓度100 g/L，可直接进入浮选。

（2）粒度

① 入料中＋60网目灰分较低，灰分小于10.7%，说明＋60网目物料已在跳汰机中分选，跳汰机分选下限较低。

② 入料中有相当部分＋40网目物料，甚至＋1 mm物料，说明脱水筛有粗粒进入筛下水，估计是筛板安装不严或筛条磨损较严重所致。应注意脱水筛的维护检修。

③ 底流中－60网目占38.7%，量较大，而且灰分增加较快，60～80网目灰分已达14.4%，量也较大，这部分煤泥在脱水筛上不易脱除，容易造成对精煤的污染。因此，除在脱泥时加强喷水，提高脱泥效果外，还应适当调整分级粒度。

④ 溢流中全部小于40网目，40～60网目只占溢流总量的0.7%，90.5%是－120网目的物料，而底流中细级别过多，说明分级面积较大，使分级粒度过细。可适当减少分级设备面积或减小溢流堰长度，加厚流动层以提高分级粒度，减少底流中细级别的含量。

⑤ 溢流中各级别的灰分均比底流低，说明分级过程有一定分选作用，该作用对底流粗煤泥的回收不利。但可减轻浮选的压力。如本例中＋120网目的灰分均小于10.4%，已符合精煤质量要求，可采取措施直接回收。

⑥ 通过粒度0.22 mm，偏小。为了减小细泥对精煤的污染，应适当提高通过粒度。这种粒度在浮选中有较好的可浮性，可以留待浮选处理。

复习思考题

1. 分级、浓缩、澄清作业有何异同？如何进行控制？
2. 绘图并说明分级设备的工作原理，并简述面积对分级效果的影响。
3. 简述倾斜板沉淀分级设备的分类及工作原理，并说明如何对其进行设计。
4. 简述粗煤泥回收流程结构的几种形式，并分析各自的优缺点及使用条件。
5. 何为凯奇第三定理？并对其进行推理。
6. 绘图并说明耙式浓缩机提耙的信号安全装置以及自动提耙装置。
7. 简述煤泥水处理系统的原则流程的几种形式及各自优缺点和使用条件。
8. 简述凝聚理论，并对颗粒受力进行分析。
9. 简述絮凝原理。
10. 举例说明絮凝剂水解度对絮凝效果的影响。
11. 简述使用聚丙烯酰胺时应注意的事项。
12. 简述细煤泥处理流程结构及尾煤处理方式。
13. 简述洗水闭路循环的意义、标准以及实现洗水闭路循环的措施。
14. 简述分级浓缩沉淀设备工作效果的评定指标，分级效率及浓缩效率的物理意义，并对分级效率和浓缩效果进行推导。
15. 举例说明如何进行平衡计算。

第四章　脱水及脱水机械

第一节　物料中水分的赋存形态

上一章我们介绍了煤泥水的处理流程。在煤泥水处理流程中，要产生一些产品，这些产品欲成为最终产品必须进行深一层的脱水。研究脱水前，首先弄清水分在物料中的赋存形态。

一、水分的赋存形态

物料中的水分包括成矿过程水分、开采水分、分选加工及运输、贮存过程中加入的水分。这些水分以不同形态赋存于物料中。通常有四种形态，即化合水分、结合水分、毛细管水分和自由水分。

1. 化合水分

化合水分，指的是水分和物质按固定的质量比率直接化合而成为新物质的一个组成部分。它与物质之间的结合牢固，只有在加热到物质晶体被破坏的温度时才能使化合水分释放出来。我们这里讨论的脱水不包括这部分水。

2. 结合水分

在固体物料和液相水接触时，在两相的接触界面上，由于其物理化学性质与固体内部的物理化学性质不同，位于固体或液体表面的分子具有表面自由能，将吸引相邻相中的分子，在固体表面形成水化膜。结合水分又可细分为强结合水和弱结合水。

(1) 强结合水

强结合水又称吸附结合水，指紧靠颗粒表面与表面直接水化的水分子及稍远离颗粒表面，由于偶极分子相互作用而定向排列的水分子。前者由于静电力和氢键力的作用，水分子可牢固地吸附于颗粒的表面。此种水具有高黏度和抗剪切强度，很少受温度的影响。后者与颗粒表面结合较弱，但仍有较高的黏度及抗剪切强度。

(2) 弱结合水

弱结合水指与颗粒表面结合较弱的这部分强结合水，在温度、压力出现变化时，偶极分子之间的连接破坏，使水分子离开颗粒表面，在距其稍远部位形成的一层水。这种赋存形态具有氢键连接的特点，但水分子无定向排列现象。

通常进入双电层紧密层的水分子为强结合水，在双电层扩散层上的水分子为弱结合水。结合水与固体结合紧密，不能用机械方法脱除，应用干燥法能去除一部分，当物料与湿度大的空气接触时，那部分水分又会被吸收回来。

3. 毛细管水分

松散物料的颗粒与颗粒之间形成许多孔隙，当孔隙较小时，将引起毛细管现象，水分子可保留在这些孔隙内；煤本身也存在裂缝与孔隙，同样可以保留水分，这些水分统称为毛细管水分。物料的毛细管水分与孔隙度有关。孔隙度越大，可能保留的水分越多。当孔隙度为圆柱形，直径为 d 时，由于毛细管吸力作用所能保留的水柱高度 h 可用力的平衡条件求出。平衡状态水柱高度见图 5-4-1。

$$2R\pi\sigma\cos\theta=\pi R^2 h\rho g$$

$$h=\frac{2\sigma\cos\theta}{R\rho g} \tag{5-4-1}$$

式中　σ——水的表面张力，N/m；

θ——物料的平衡接触角；

ρ——水的密度，kg/m^3；

g——重力加速度，m/s^2。

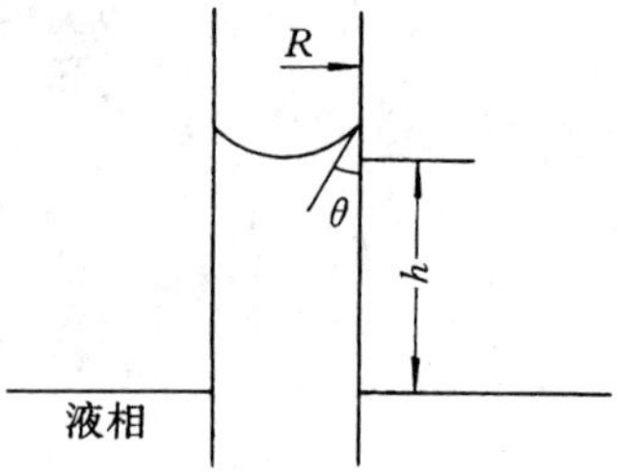

图 5-4-1　毛细管水柱示意图

毛细管中水柱高度除与水的性质有关外，还与物料性质及毛细管的直径有关。颗粒毛细管直径越小，水柱高度越大；亲水性的物料，其接触角较小，毛细管中水柱高度增大，因而毛细管水分含量增加。毛细管水分根据所采用的脱水方法及毛细管直径的大小，可脱除一部分，但不能全部脱除。

4. 自由水

自由水也称重力水，存在于各种大孔隙中，其运动受重力场控制。自由水是最容易被脱除的水。

二、物料性质对脱水的影响

1. 孔隙度

孔隙度大时，存在的水分多，但毛细管作用弱，水分易于脱除；孔隙度小时，存在的水分少，但毛细管作用强，水分不易脱除。

2. 比表面积

它是指单位重量物料所具有的总表面积。比表面积越大，吸附的水分越多，且不易脱除。

3. 密度

同样重量的物质，密度大的体积就小，从而其表面积就小，吸附的水分也少。一般选煤厂产品水分常比选矿厂产品水分高，正是这个道理。

4. 润湿性

润湿性差的疏水矿物中含水量较少，且易脱除；而亲水矿物中的含水量较疏水矿物多，脱除较困难。

5. 细泥含量

泥质物料属亲水矿物，一方面它充填于物料间隙，使毛细管作用增强；另一方面它附着在矿粒表面，使物料水分增高，这两种情况的水均不易脱除。

6. 粒度组成

物料的粒度组成越小，其比表面积越大，吸附的水分越多，且不易脱除；物料的粒度组成较均匀时，颗粒间空隙较大，容纳的水分多，但易于脱除；若粒度组成不均匀，细颗粒将充填在粗粒的孔隙中，使颗粒间孔隙微小，毛细管作用增强，水分难于脱除。

第二节　粗颗粒物料的脱水

前一章我们讲了粗细颗粒的煤泥水处理流程。就像粗细颗粒煤泥水处理流程有不同形式一样，粗细颗粒物料的最终脱水所采用的方法和机械也不相同。这里首先介绍粗颗粒物料的脱水机械。

一、脱水筛

筛分脱水是指物料以薄层通过筛面时发生的颗粒与水相脱离的过程。脱水筛是选煤厂使用最广泛的脱水设备之一。分级用的筛分设备其构造作相应的改变后即可用于脱水。选煤厂常用的脱水筛有固定筛、摇动筛和振动筛。摇动筛性能较差，已基本淘汰。

1. 固定筛

固定筛固定不动，筛面倾斜安装，物料在倾斜的筛面上完全靠自重下滑，水则通过筛孔排出。固定筛主要安装在运动的脱水筛之前，进行预先脱水，以减少进入运动脱水筛的水量，提高脱水效率。固定筛又可分为条缝筛、弧形筛和旋流筛。

（1）条缝筛

条缝筛安装在运动的脱水筛的给料溜槽上，其宽度与溜槽相等，长度一般不超过 2 m，筛缝宽一般为 0.5 mm，最高泄水能力可达 200～300 $m^3/(h \cdot m^2)$，经预先脱水后的产品液固比为 2～3。条缝筛的长度对脱水有较大的影响，若长度不够，脱水效率低，筛面太长，则脱水后的物料易在筛面上堆积，其长度一般可通过单位面积处理能力、需要排泄的总水量和溜槽的宽度确定。

（2）弧形筛

弧形筛既可用于细粒物料的脱泥、脱水，也可用于悬浮液中细小颗粒的精确分级，还可用于重介质选矿产品的脱介。

弧形筛的筛条由不锈钢或尼龙制成，截面为长方形或梯形，筛缝宽一般为 0.15～1 mm，筛条排列成弧形。其给料方式有两种：一种为无压给料，称自流弧形筛，给料速度为 0.5～3 m/s；另一种为压力给料，称压力弧形筛，给料压力为 0.1～0.2 MPa，料浆速度一般可达 10 m/s。弧形筛规格是以筛面的曲率半径（R）、筛面宽度（B）、弧度（α）表示，例如 500×700×180°。自流弧形筛的弧度有 45°、60°、90°等，多用于选煤厂的脱水及金属选矿厂的选别产品分级；压力弧形筛的弧度有 180°和 270°，其中 270°弧形筛多用于水泥工业。通常选用的筛缝可为筛下产品最大粒度的 1.5～2 倍。

弧形筛的另一个显著优点是结构简单、轻便、占地面积小、无运动部件和传动机构，处理能力大，按给料计算可达 200～250 $m^3/(h \cdot m^2)$。其缺点是筛条磨损严重，筛面的安装和维护要求较高。为了延长筛面的使用寿命，不少弧形筛制成可逆转式，当前一端磨损后，可将筛面转动 180°后继续使用另一端。为提高分级效率和减轻筛缝堵塞，可在筛面背面加设打击装置，使弧形筛产生振动。

（3）旋流筛

旋流筛同上一章讲的电磁振动旋流筛工作原理及结构相似，只是没有振动系统。其结构图见上一章的电磁振动旋流筛。

固定的旋流筛也可用于末煤跳汰机 0.5～10 mm 级精煤的初步脱水，以及末煤的脱泥和细粒煤的分级。对于末煤脱水，推荐的筛缝宽为 0.75 mm；未经脱泥的末煤脱水或浓度大于 50 g/L 的循环水脱水或末煤脱泥，推荐的筛缝宽为 1.0 mm(此处筛缝宽均指上部筛网的筛缝)。旋流筛多用于分级。

2. 振动筛

振动筛具有工艺效果好、结构简单、操作维修方便等优点，近年来发展很快。主要形式有圆运动振动筛、直线振动筛、高频振动筛和共振筛。圆运动振动筛多用于分级作业，选煤厂中多用直线振动筛和高频振动筛脱水。直线振动筛是双轴振动筛的一种，其筛箱振动的轨迹为直线，筛面水平安装，物料在筛面上的移动不是依靠筛面的倾角，而是取决于振动的方向角。我国目前主要生产和使用的直线振动筛有吊式(DS 型)和座式(ZS 型)两种，这些筛子又分别有单层和双层两种。无论是 DS 型还是 ZS 型振动筛，均由筛箱、激振器及弹簧支撑或吊挂装置组成。

直线振动筛的抛射角在 30°～65°之间，我国多采用 45°，物料行进距离远，利于脱水。物料在筛面上的脱水过程，通常分三个阶段：第一阶段为初步脱水，第二阶段为喷洗，第三阶段为最终脱水。喷洗的目的是冲洗掉混在产品中的细泥，既降低灰分又降低水分。喷水必须用澄清的循环水，水压常为 0.15～0.2 MPa。喷水点在整个筛子的中心处，沿全宽喷洒。有条件的厂最好安装 3～4 mm 的喷嘴。

对块煤脱水及脱介，为提高脱水筛的处理能力，并减少对小筛孔条缝筛的磨损，通常采用双层筛，上层用编织筛网，筛孔为 13 mm，下层用条缝筛网，筛孔为 0.5 mm。

脱水筛的处理能力与处理物料的性质和筛孔大小有直接关系，见表 5-4-1。

表 5-4-1　脱水筛单位面积处理能力

作业	块煤脱水		末煤脱水		粗煤泥回收	
筛孔/mm	13	6	1	0.5	0.5	0.25
生产能力/[t/(m²·h)]	14～16	10～12	7～9	5～7	1.5～2	1～1.5
泄水量/[m³/(m²·h)]			50～60		30～40	

高频振动筛是近几年研制成功的一种高效脱水设备。它有平面筛面和曲面筛面之分，曲面筛面的特点是弧形筛和直线筛的完美结合。高频振动筛本身具有高振次和高振动强度，另外还具有寿命长、效率高、耗电少、维修方便等优点。可用于入料粒度 0～1 mm，入料浓度＜35%的末煤及煤泥的脱水、脱介，对中小型选煤厂细粒煤泥的脱水、脱介更为适宜。处理量为 10 t/h，筛面复合网目尺寸为 60～80 网目。

二、离心脱水机

在重力场中进行的脱水，其效果受含水物料的性质影响较大，为了提高物料的脱水效果，人们又研制成功了在离心力场工作的离心脱水机。

离心脱水机是利用离心力进行固液分离的，其离心力要比重力场中的重力大上百倍，甚至上千倍，通常用分离因数表示这一关系，又称离心强度，用 Z 表示。

分离因数表示在离心力场中所产生的离心加速度和重力加速度的比值。

$$Z=\frac{a_L}{g}=\frac{R\omega^2}{g}=\frac{R\pi^2n^2}{900g}=1.12\times10^{-5}n^2R \tag{5-4-2}$$

式中 R——旋转半径,cm;

ω——角速度,s^{-1};

n—— 转速,r/min;

g——重力加速度,981 cm/s^2。

分离因数 Z 是表示离心力大小的指标,也即表示离心脱水机分离能力的指标。分离因数越大,物料所受离心力越强,越容易实现固液分离。由于离心机的分离因数与筛篮转速 n 的平方及旋转半径的一次方成正比。因此采用提高转速来提高分离因数比增加半径更加有效。生产实际中离心机的结构常采用高转速、小直径。

由于煤粒较脆,容易粉碎,过高的分离因数将使煤粒粉碎度提高,增加脱水过程煤粒在滤液中的损失;同时设备的磨损增大,动力消耗亦相应增大。

离心脱水机主要分为过滤式和沉降式两大类。过滤式主要用于较粗颗粒物料的脱水,如末精煤和粗煤泥的脱水, 般过滤式离心机的分离因数常在 80~200 之间;沉降式主要用于细颗粒物料的脱水,如浮选精煤、尾煤和细煤泥的脱水用于细颗粒物料的沉降式离心机的分离因数常在 500~1 000 之间。在此主要介绍过滤式离心脱水机。

过滤式离心脱水机按卸料方式可分为惯性卸料、刮刀卸料和振动卸料三种形式。首先以惯性卸料离心机为例来介绍其工作原理。

1. 惯性卸料离心机

惯性卸料离心机工作原理见图 5-4-2。其主要工作部件是筛篮,筛篮经传动轴由电机带动旋转,湿物料给到筛篮中心,受离心力的作用被甩到筛篮壁上,形成沉淀物层,水分通过沉淀物层和筛篮上的筛孔排出,实现物料和水分的分离。

对于惯性卸料来说,满足什么条件才能使物料顺利排出呢?

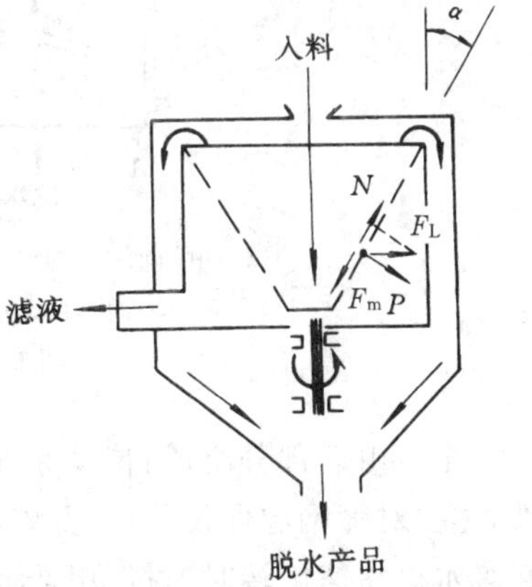

图 5-4-2 惯性卸料离心机工作简图

从图 5-4-2 的受力分析可得:

$F_L=m\omega^2r \qquad P=F_L\cos\alpha \qquad N=F_L\sin\alpha$

式中,α 为筛篮的半锥角。若物料与筛面间的滑动摩擦因数为 f,则物料沿筛面滑动时的摩擦力 F 为:

$$F_m = Pf = fF_L\cos\alpha$$

显然,只有当 $N>F_m$ 时,物料才能沿筛面滑动,则有:

$$\tan\alpha>f$$

若物料沿筛面滑动的摩擦角为 β,则有:

$$f=\tan\beta$$

根据上两式,不难得出:

$$\alpha>\beta \tag{5-4-3}$$

即只有当筛篮的半锥角大于物料沿筛面滑动的摩擦角时,物料才能沿筛面滑动并进行脱水。

惯性卸料离心机受到这一限制条件，导致其处理量小、脱水效率低，目前已经被刮刀卸料离心机和振动卸料离心机所取代。

2. 刮刀卸料离心脱水机

工作原理与惯性卸料大致相同，主要区别在于卸料方式不同，它是利用刮刀把已脱水的物料强迫排出的。

(1) 结构

以 LL-9 型离心机为例，其结构见图 5-4-3。

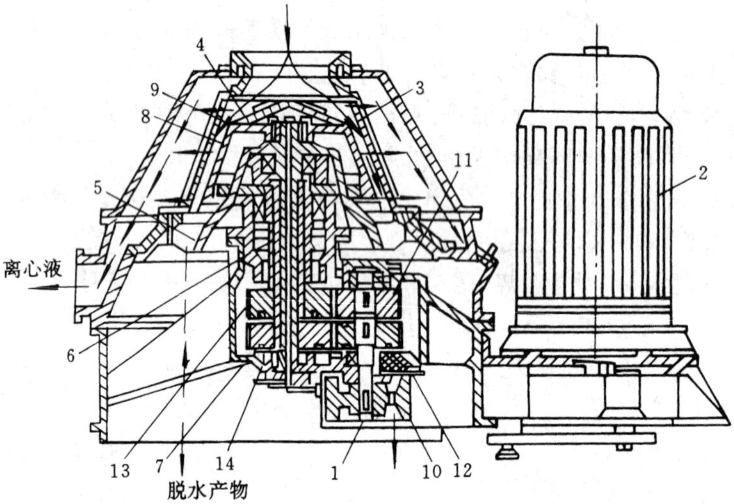

1—中间轴；2—电动机；3—筛篮；4—给料分配盘；5—钟形罩；6—空心套轴；7—垂直心轴；8—转子；9—筛网；10—皮带轮；11、12、13、14—斜齿轮。

图 5-4-3　LL-9 型螺旋卸料离心脱水机

全机由 5 部分组成：传动系统、工作部件、机壳、隔振装置和润滑装置。机壳为不动部件，主要对筛网起保护作用，并降低从筛缝中甩出的高速水流速度；隔振系统是为了减小离心脱水机高速旋转时，对厂房造成的振动；润滑系统是为了保证传动系统灵活运转；传动系统和工作部件为离心机的主要部分。

① 传动系统

LL-9 型离心脱水机传动系统的主要部件是一根贯穿离心脱水机的垂直心轴，其外有空心套轴，下部装有减速器。空心套轴和心轴通过齿轮与由电动机带动旋转的中间轴连接。空心套轴与心轴分别与筛篮和刮刀转子相连，同时旋转，而且方向相同。由于相连的传动齿轮齿数不同，齿轮 11 的齿数为 72，齿轮 12 的齿数为 71，齿轮 13 和 14 的齿数为 88，因此使筛篮和转子之间形成的速差为 7 r/min，这一速差决定了物料在离心机中的停留时间。

② 工作部件

工作部件由筛篮 3、钟形罩 5、刮刀转子 8、给料分配盘 4 和筛网 9 组成。筛篮和刮刀转子结构见图 5-4-4。

筛篮上有扁钢焊接成的圆环骨架，上面绕着断面为梯形的筛条，筛条由拉杆串在一起，构成整体结构。筛篮用螺栓安设在钟形罩的轮缘上。钟形罩旋转时，筛篮便一起旋转。

筛篮内壁是过滤式离心脱水机的工作面，因此，必须保证其呈圆形，才能保证筛面与螺

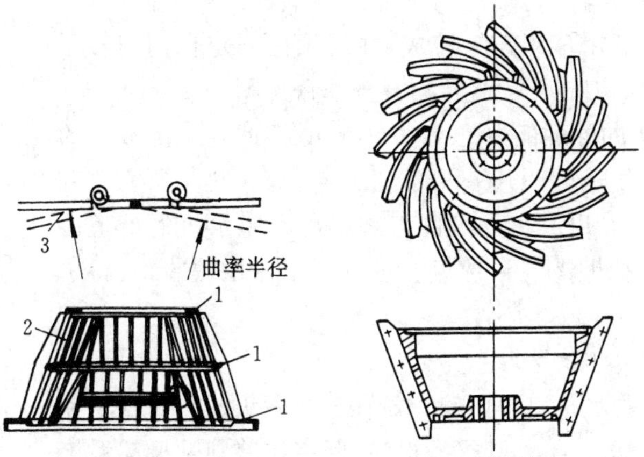

(a) 筛篮 (b) 刮刀转子

1—圆环骨架;2—拉杆;3—筛条。

图 5-4-4 筛篮和刮刀转子

旋刮刀之间的间隙。筛篮上的筛条顺圆周方向排列,筛条缝隙通常为 0.5～0.35 mm。较小的筛缝,可减轻筛条的磨损,延长筛面的寿命,并减少离心液中的固体含量。因此,在保证水分的前提下,应尽量减小筛缝。

(2) 影响因素

筛篮和刮刀转子之间的间隙,对离心脱水机的工作影响很大。随间隙的减小,筛面上滞留的煤量减小,离心脱水机的负荷降低,减小了筛网被堵塞的现象,有利于脱水过程的进行。若间隙增大,筛面上将黏附一层不脱落的物料,新进入设备的料流,只能沿料层滑动,一方面加大物料移动阻力,在相同处理能力时,使之负荷增加,动力消耗增大,并增加对物料的磨碎作用;另一方面,泄出的水分必须通过该黏附的物料层,增加水分排泄阻力,降低脱水效果。因此,筛篮和刮刀之间的间隙是离心脱水机工作中调整的主要因素之一。

对于螺旋刮刀卸料的离心脱水机,间隙要求为(2±1) mm。并可通过增减心轴凸缘上的垫片,使刮刀转子升高或降低,借以调整二者之间的间隙。磨损过于严重,无法进行调整时,应及时更换刮刀。

筛篮与刮刀转子之间的速差,使脱水物料被迫按设计的刮刀螺旋线移动,移动的煤流与筛缝斜切,使筛缝有效宽度变大,如图 5-4-5 所示。当筛缝宽度为 b、物料运动轨迹与筛条之间夹角为 β(β 即刮刀的螺旋角)时,筛缝的有效宽度应为:

$$B=\frac{b}{\sin\beta} \tag{5-4-4}$$

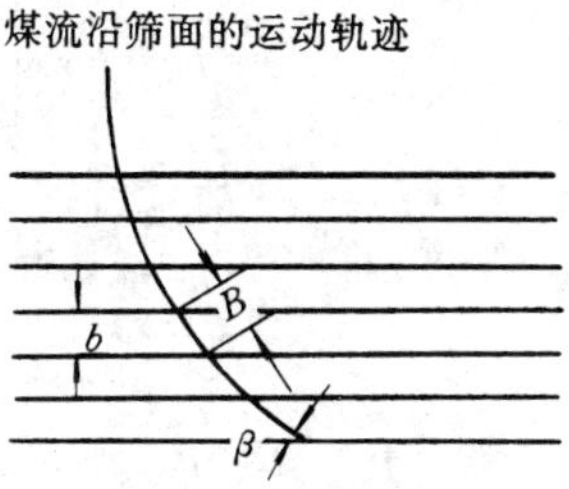

图 5-4-5 物料在筛面上移动方向

螺旋角 β 随刮刀螺距的增大而增大。因此,随螺距增大,筛缝有效宽度 B 减小,水流越难通过。但煤流沿螺旋线的运动速度加快,增加了离心脱水机的处理能力,同时离心脱水后产品的水分增加,离心脱水效果降低。所以,正确选择刮刀螺距,对离心脱水机的工作有很大意义。

分配盘用于使物料均匀地甩向筛篮内壁，以改善离心脱水机的工作效果。分配盘用球墨铸铁铸成，并用螺栓固定在刮刀转子上，因此，分配盘随刮刀转子一起转动。分配盘见图 5-4-6。

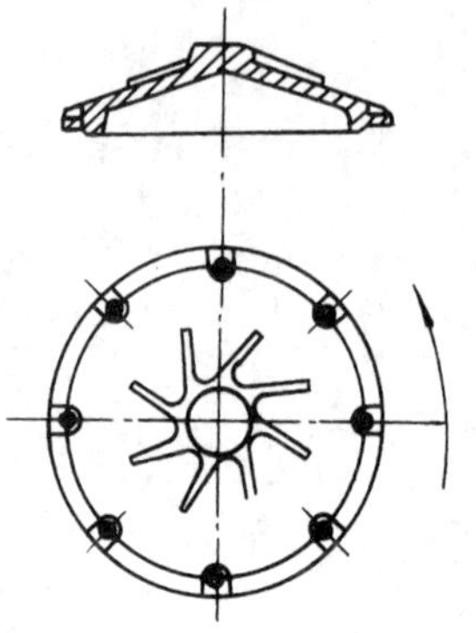

图 5-4-6　分配盘

LL-9 型离心机的处理能力是 40～50 t/h，在此基础上改进的 LL_3-9 型的处理能力达 60～100 t/h。近几年，煤炭科学研究总院唐山分院开发研制的 TLL1150 型刮刀卸料离心脱水机的处理能力已达 200 t/h，在抚顺老虎台选煤厂进行了工业性试验，获得了理想的效果。

3. 振动卸料离心脱水机

振动卸料离心脱水机出现比较晚，经过 20 多年的不断发展和改进，目前已日趋完善。虽然其机型很多，但主要差别是振动系统和激振方法不同。目前生产的振动卸料离心脱水机其分离因数一般在 60～140 之间，适用于 0～13 mm 物料脱水。

振动卸料离心脱水机的传动机构使筛篮一方面绕轴做旋转运动，另一方面又沿该轴作轴向振动，因此，强化了物料的离心脱水作用，并促使筛面上的物料均匀地向前移动。物料层抖动时，还有助于清理过滤表面，防止筛面被颗粒堵塞，减轻物料对筛面的磨损等作用。由于具有以上特点，振动离心脱水机得到了日益广泛的应用。

振动卸料离心脱水机分卧式和立式两种。前者有 WZL-1000 型、TWZ-1300 型等；后者有 VC-48 型和 VC-56 型等引进设备，并已有仿制。我国的型号为 TZ-12 和 TZ-14。

(1) 卧式振动离心脱水机

以 WZL-1000 型为例来介绍其结构和工作原理。

① 工作原理

在卧式振动离心脱水机中，物料在筛篮内除受径向旋转的离心力作用外，还受轴向振动的惯性力作用，因为重力比离心力小得多，可将其忽略。物料在筛篮中的受力分析见图 5-4-7。

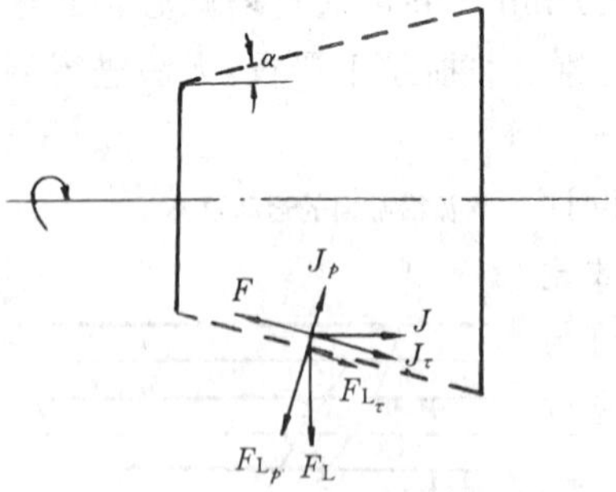

图 5-4-7　振动离心脱水机物料的受力分析

物料在运动过程中，其振动惯性力的方向和大小都是变量。下面讨论惯性力向右达到最大值时的情况。

离心力 F_L 和振动惯性力 J 均可分解为对筛面的正压力 F_{L_p} 和 J_p，以及沿筛面的切向分力 F_{L_τ} 和 J_τ。如果筛篮的半锥角为 α，则分力分别为：

$$F_{L_p} = F_L \cos\alpha; \quad F_{L_\tau} = F_L \sin\alpha$$

$$J_p = J \sin\alpha; \quad J_\tau = J \cos\alpha$$

如果两个切向分力之和大于摩擦力，物料就克服摩擦力向筛篮大直径端即卸料端运动。若摩擦因数用 f 表示，物料能够在筛面上滑动的条件应为：

$$F_L \sin\alpha + J \cos\alpha > f(F_L \cos\alpha - J \sin\alpha)$$

整理后，得：

$$\tan\alpha > \frac{fF_L - J}{F_L + fJ} \tag{5-4-5}$$

煤与金属筛网之间摩擦因数为 0.3～0.5。考虑筛网表面比较光滑，由于振动作用，物料又不是处于密集状态，所以摩擦因数取小值，摩擦角相当于 17°，而筛篮的半锥角常在 10°～15° 之间，因此，单靠离心力的切向分力 F_{L_τ}，物料不可能沿筛面滑动。由于振动惯性力的切向分力 J_τ 的方向和大小都是变量，因此，两个作用力的切向分力之和也是变量。当其合力大于摩擦力时，物料在筛面上可以向排料端运动；当其合力小于摩擦力时，物料停止运动，即物料在筛篮中是间断地向前运动的，筛篮的锥角越大，物料向排料端运动的速度亦越大。

在物料运动和停止的交替过程中，使物料处于松散状态，促使水分通过物料间空隙排出，强化了细粒物料的脱水作用，改善了脱水效果。

② 构造

卧式振动离心脱水机由工作部件、回转系统、振动系统和润滑系统四大部分组成。其构造见图 5-4-8。

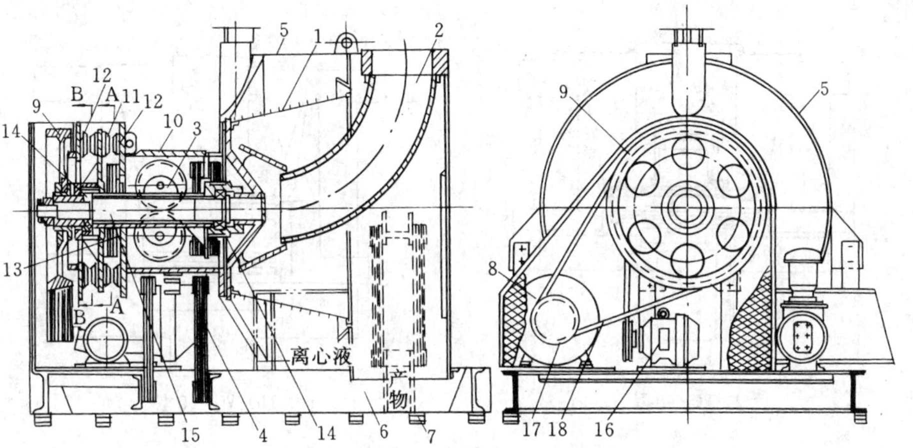

1—筛篮；2—给料管；3—主轴套；4—长板弹簧；5—机壳；6—机架；7—橡胶弹簧；8—主电机；9—皮带轮；10—偏心轮；11—橡胶弹簧；12—冲击板；13—短板弹簧；14—轴承；15—主轴；16—激振用电动机；17—皮带轮；18—三角皮带。

图 5-4-8 WZL-1000 型卧式振动离心脱水机

筛篮是离心脱水机的主要工作部件，由筛座和筛框两部分组成。见图 5-4-9。

筛框是一焊接件，它先将支杆、横梁和不锈钢楔形筛条在接触焊机上焊成扇形筛板，然后压成弧形，并在专用胎具上拼焊而成。为了减小物料在筛面上的运动阻力，筛条按锥体母线排列，筛缝宽度为 0.25 mm。筛篮极易磨损，一般寿命为 1 500～2 000 h。筛篮报废也可按工艺要求而定，对末精煤脱水，筛缝的磨损极限可定为实际筛缝宽度大于 0.6 mm 的数量超过 90%时报废。检测筛缝时，可用标准的筛测尺。筛座是一个铸钢件，上有锥形突出部分，又叫分配锥。它与底座间由四个羽板相连而铸成一体。分配锥的作用是用来减小给料对筛篮底部的冲击力，并将物料均匀送入筛网。

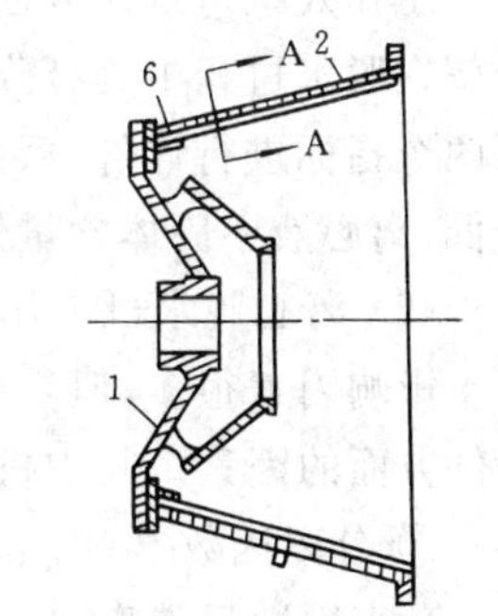

1—筛座；2—筛框；3—支杆；4—横梁；5—筛条；6—衬圈。

图 5-4-9 卧式振动离心机的筛篮

回转系统是使筛篮旋转的系统。包括传动装置、主轴装置和支承装置三部分。

为了适应设备大型化的发展，现又研制了 TWZ-1300 型卧式振动离心脱水机。该机将原来的振动系统改为双质量的非线性振动系统，并用环形剪切弹簧代替了原来的短板弹簧。提高了离心脱水机的工作稳定性，改善了脱水效果。

(2) 立式振动离心脱水机

立式振动离心脱水机已从美国引进，其型号为 VC-48 和 VC-56 两种。该设备可用于 0.5～75 mm 物料的脱水，其结构见图 5-4-10。

工作原理：物料经入料漏斗进入离心脱水机，并均匀地分配到筛篮底部。在摩擦力的作用下，逐渐加速，并达到和筛篮同速运动。筛篮除做旋转运动外，同时作垂直的振动。物料在振动力作用下，沿筛篮表面向上运动，在此过程中，水分通过筛孔排出，脱水后产品最终从筛篮顶部进入卸料区。振动作用还促使物料处于松散状态，有利于固液分离，提高物料脱水的作用。

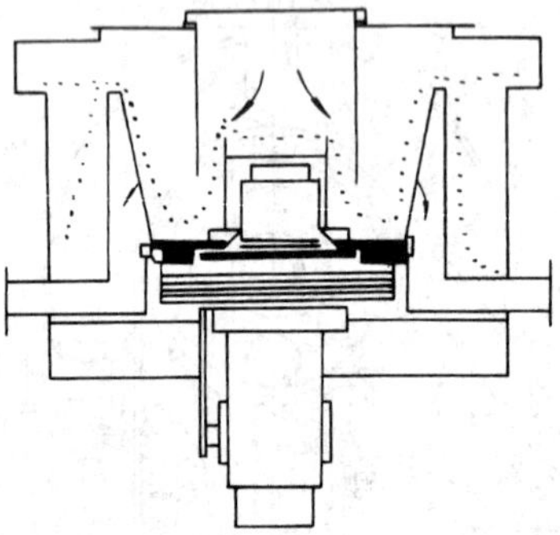

(a) VC-48型

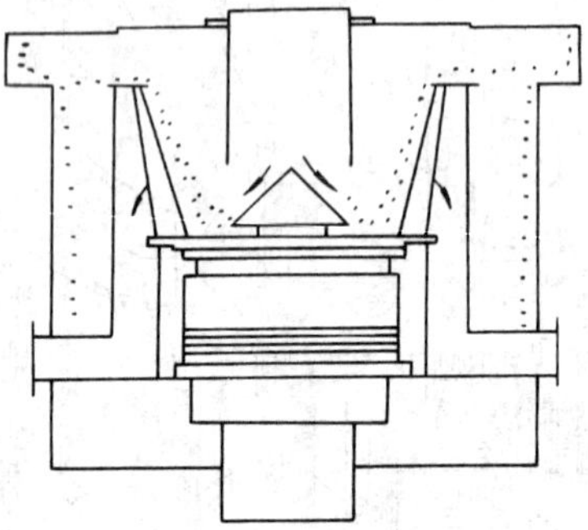

(b) VC-56型

图 5-4-10　立式振动离心脱水机的结构

4. 过滤型离心脱水机工作效果的评价和主要影响因素

(1) 过滤型离心脱水机工作效果的评价

工作效果可从两方面进行评价：一是脱水产品的水分；二是离心液中固体含量。此外，希望在脱水过程中具有降灰作用，以及物料在脱水过程的粉碎程度尽可能地低。主要以前面两个指标进行评价，后面两个是辅助评价指标。理想的离心脱水机应具有脱水后产品水分低、离心液中固体含量低、脱泥降灰效果好及粉碎程度低等特点。

(2) 离心脱水机工作效果的影响因素

影响因素很多，但主要可以分为两类，一类属于机械结构方面的因素，另一类属于工艺条件方面的因素。其中机械结构参数有分离因数、筛篮直径、锥角、高度、筛网特征等。

① 分离因数

分离因数反映离心力的大小，它由转速决定，并影响脱水后产品的水分。通常，产品水分在 10%以下时，再提高分离因数，不但不能降低产物水分，反而增高离心液中的固体含量，增加物料在离心液中的损失。水分在 10%以上时提高分离因数可增强离心机的脱水作用，降低产品水分。

② 筛篮的结构参数

在螺旋卸料离心脱水机中，由于物料的运动速度由筛篮与刮刀的相对转速决定，所以筛篮的高度和半锥角对螺旋卸料离心脱水机影响不大。振动卸料离心脱水机，筛篮高度越大，产品水分越低；而半锥角主要影响离心液中的固体含量，半锥角越小，离心液中固体含量越低，对水分影响较小。

③ 筛篮直径

筛篮直径主要影响设备的生产能力。不适宜的提高生产能力，使筛面上物料层过厚，影响脱水过程顺利进行，增加脱水后产品水分。

④ 筛网特征

筛网特征通常指筛缝宽度。螺旋卸料离心脱水机和振动卸料离心脱水机，都采用条缝筛网，缝宽为 0.25～0.5 mm。在一定范围内，缝宽对脱水后产品水分影响不明显，而对物料在离心液中的损失有较大影响，而且缝宽与损失量几乎成正比。

(3) 刮刀卸料离心脱水机与振动卸料离心脱水机的比较

在入料水分相近时，刮刀卸料离心脱水机的产物水分较低。其原因主要是离心强度较大。当入料粒度组成相似时，卧式振动卸料离心机的离心液浓度较低。对入料的粒度上限，振动卸料的适应性较强，最大甚至可达 60 mm，而刮刀卸料的入料粒度最人不能超过 25 mm。另外，振动卸料的离心强度较小，对煤的破碎程度较低。

第三节　细颗粒物料的脱水

在选煤厂中，细颗粒物料的脱水较为困难，采用的脱水机械主要有沉降式离心脱水机、真空过滤机、压滤机等。

一、沉降式离心脱水机

沉降式离心脱水机是利用离心力使煤水混合物中的固体浓缩并沉降在筒壁上，用螺旋刮刀进行卸料的一种脱水设备。它在选煤厂主要用于含泥较多的原生煤泥、浮选尾煤和浮选精煤的脱水，以及洗水的澄清。其入料粒度上限一般为 1～3 mm，但有时可达 13 mm。这种离心机既能够在入料浓度较低的情况下工作，又可用于处理经过浓缩的浓度达 300～500 g/L的煤浆。其离心强度为 400～1500，有的甚至更高。

1. 沉降式离心脱水机的工作原理

沉降式离心脱水机的工作原理见图 5-4-11。需进行固液分离的混合物由中心给料管 5 给入，在轴壳内初步加速后，经螺旋转子 2 上的喷料口 6 进入到分离转筒内。因物料密度较大，在离心力作用下，被甩到转筒筒壁上，形成环状沉淀层。再由螺旋转子将其从沉淀区运至干燥区，进一步挤压脱水，然后由沉淀物排出口 3 排出。在沉淀物形成过程中，外转筒 1 中的液体不断澄清，并连续向溢流口流动，最终从溢流口 4 排出，从而实现固液分离。

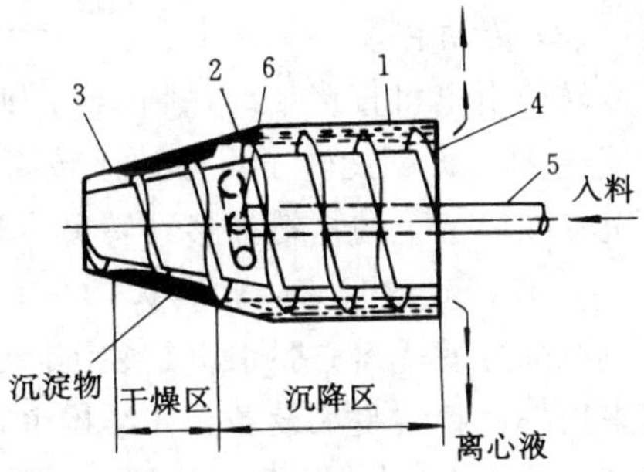

1—外转筒；2—螺旋转子；
3—沉淀物排出口；4—溢流口；
5—中心给料管；6—喷料口。

图 5-4-11　沉降式离心脱水机工作原理图

物料在离心机中的脱水过程由两个阶段组成，第一阶段为离心沉降阶段，固体颗粒在沉降区受离心力作用进行沉降，形成沉淀层；第二阶段为挤压脱水阶段，通过螺旋转子的挤压作用，挤出沉淀物间隙中的残余物水分。第一阶段为主要脱水阶段。

2. 沉降式离心脱水机的构造

沉降式离心脱水机的种类很多，按其入料方式可分为顺流型和逆流型两种。工作原理基本相同，只是一些结构参数有所差别。如顺流型入料从转筒大端给入，沉淀物和澄清水同向运动，澄清水再返回从大端溢流排出；而逆流型入料从中部给入，沉淀物和澄清水向相反方向运动。下面以顺流 TC 型沉降式离心脱水机为例介绍其构造，结构见图 5-4-12。

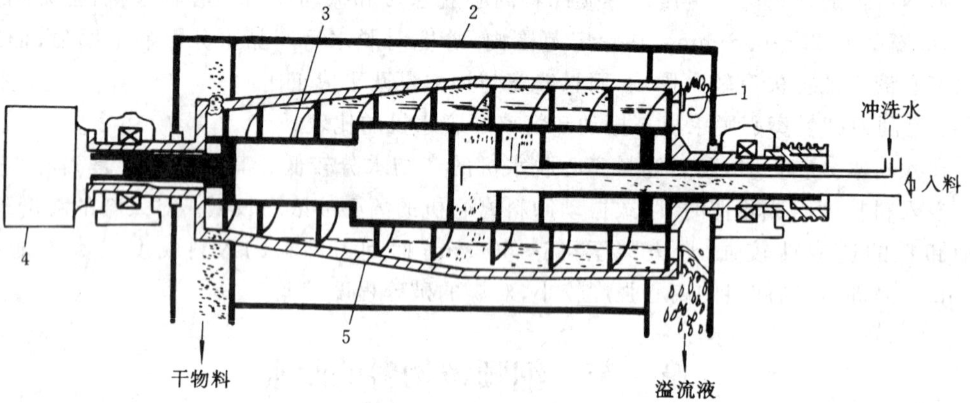

1—溢流挡板；2—外罩；3—螺旋输送器；4—差速器；5—转筒。

图 5-4-12 TC 型沉降式离心脱水机结构原理图

(1) 转筒

转筒形状为圆柱-圆锥形，两端支在主轴承上。圆锥形端部设有沉淀物排出口，圆柱形端部设有溢流排出口，用闸板调节溢流口的高低。改变溢流口大小，脱水区和干燥区的长度比例也相应改变。

(2) 螺旋转子

螺旋转子的轴颈与围绕在螺旋转子轴壳外部的螺旋叶片两端相接。轴颈一端与减速器相连，另一端为空心轴，并设有给料管。

(3) 传动装置

转筒由电机直接带动，螺旋转子则由电机通过齿轮减速器带动。两者的旋转速度有一个速差 2%，即螺旋转子每分钟比转筒慢 2%转，使转筒与螺旋转子之间产生相对运动，借此将沉淀在筒壁上的物料推移到转筒小端排出。

3. 沉降过滤式离心脱水机

沉降过滤式离心脱水机是在沉降式离心脱水机的基础上，于 20 世纪 60 年代中期发展起来的一种新型脱水设备。在结构上，它是沉降式离心机和过滤式离心机的组合。因而兼有两者的优点，其结构及工作原理见图 5-4-13。

沉降过滤式离心脱水机的构造除转筒与沉降式离心脱水机不同外，其他结构大同小异。沉降过滤式离心脱水机转筒由圆柱-圆锥-圆柱三段焊接组成。筒体大端为溢流端，端面上开有溢流口，并设有调节溢流口高度的挡板。转筒的小端为脱水后产品排出端，脱水区筒体上开设筛孔。脱水区进一步脱除的水分可通过筛孔排出。

矿浆经给料管给入离心脱水机转鼓锥段中部，依靠转鼓高速旋转产生的离心力，使固体

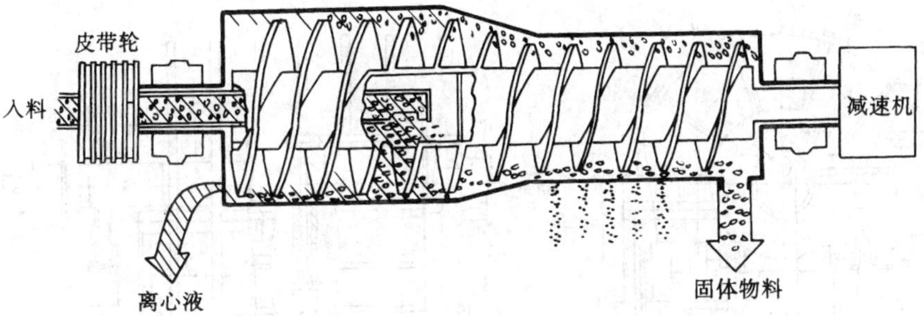

图 5-4-13　沉降过滤式离心脱水机工作原理图

在沉降段进行沉降，并脱除大部分水。沉降至转鼓内壁的物料，依靠与转鼓同方向旋转，但速度低于转鼓 2%的螺旋转子推到离心过滤脱水段。在离心力作用下，物料进一步脱水，脱水后的物料经排料口排出。由溢流口排出的离心液中含有少量微细颗粒。由过滤段排出的离心液，通常含固体量较高，需进一步处理。

该离心脱水机沉淀物的水分约比沉降式离心脱水机低一半。这种离心机常用于浮选精煤、浮选尾煤和水力旋流器底流的脱水。我国选煤厂已有国产 TCL 型、WLG 型和美国伯德、德国洪堡尔特-维达克型沉降过滤式离心脱水机用于脱水作业。

生产实践证明，沉降式离心机与沉降过滤式离心机处理细颗粒都很有效，但两种离心机不能互相替代，各有最佳的使用条件。处理－0.5 mm 细粒级煤泥，当－0.045 mm（－325 网目）粒级含量不超过 20%时，所需离心强度在 250～500 就可实现固液分离，这时选用沉降过滤式离心机较为合理；若－0.045 mm 含量大于 50%，固液分离困难，这时就应选离心强度大的沉降式离心机。

二、真空过滤机

工业上凡通过某种介质使固体颗粒和液体分开而实现固液分离的过程，均称为过滤。过滤介质是过滤过程中不可缺少的重要部分。工业中常用的过滤介质很多，主要有三类：织物介质、粒状介质和多孔陶瓷介质。在选煤厂中多用织物介质。

我国在 20 世纪 80 年代以前，选煤厂大多是采用传统跳汰浮选工艺，浮选精煤采用真空过滤脱水。选煤厂的真空过滤设备可分为两大类：圆盘式真空过滤设备和圆筒式真空过滤设备。它们主要用于过滤浮选精煤，也可用于过滤煤泥或浮选尾煤。现行重介工艺下，真空过滤机已被淘汰。浮选精煤脱水主要采用加压过滤机或快开压滤机。

1. 圆盘真空过滤机

其结构如图 5-4-14 所示。由槽体、主轴、过滤圆盘、分配头和瞬时吹风装置等五部分组成。

槽体由钢板焊制而成。除贮存煤浆外，还起支承过滤机零件的支架作用。槽体下部有轮叶式搅拌机，防止煤浆在槽体内沉淀。

主轴是传动机构的一部分，由数段空心轴组成，轴的断面上有 8～16 个滤液孔，一般采用 10 个。主轴安装在槽体中间，上面装有过滤圆盘。主轴转动时，过滤圆盘也随之转动。主轴的两个端面分别与分配头相连。

过滤圆盘是过滤机进行过滤的主要工作部件，由若干个扇形过滤板组成。过滤板的数

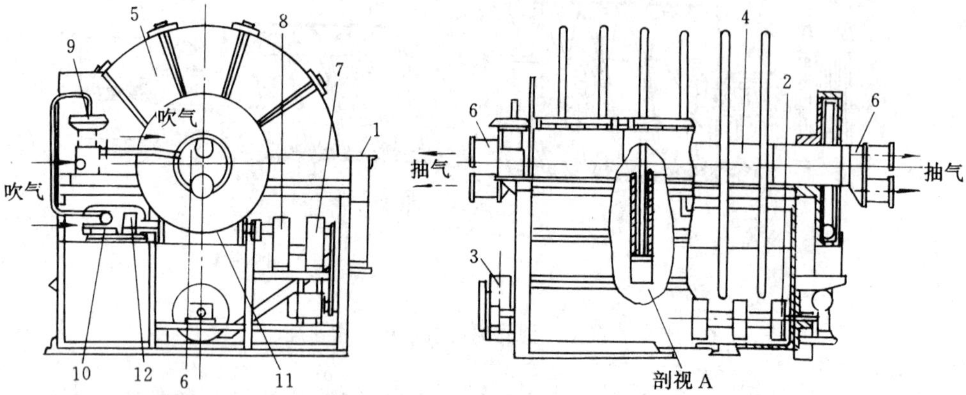

1—槽体；2—轮叶式搅拌器；3—蜗轮减速器；4—空心主轴；5—过滤圆盘；6—分配头；
7—级变速器；8—齿轮减速器；9—风阀；10—控制阀；11—蜗杆、蜗轮；12—蜗轮减速器。

图 5-4-14　圆盘真空过滤机

目与空心主轴上的滤液孔数一致，一般采用 10 块。用螺栓、压条和压板将过滤板固定在主轴上，见图 5-4-15。

每块过滤板都是一独立的过滤单元。本身是由较轻金属或塑料制成的空心结构，滤板内腔圆管与主轴的滤液孔相通。为了避免漏气，影响真空度，圆管与主轴连接处有橡胶衬垫。过滤盘的外面包有滤布。滤布应具有较高的机械强度、较小的过滤阻力且易于清洗等特点。选煤厂中使用的滤布，以尼龙或金属丝滤布居多。滤布的孔径为 0.15～0.25 mm。

分配头装在主轴两端固定不动，它把过滤过程分成过滤、干燥和吹落三个区。在不同的区中，过滤扇分别和真空泵、鼓风机轮换相通。由于分配头固定不动，它与主轴之间是通过分配垫来实现动配合的，因此两者接触面的光洁度要求较高，一般要求 Δ_7 以上。见图 5-4-16。分配头上装有楔形块，用它可调节各区范围的大小。

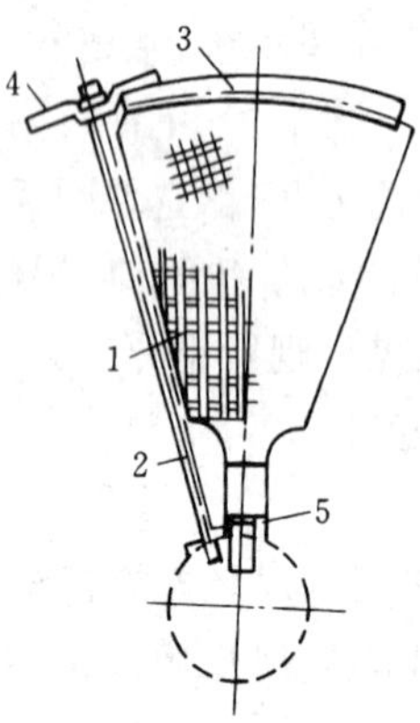

1—扇形过滤板；2—螺栓；
3—压条；4—压板；5—橡胶衬垫。

图 5-4-15　扇形过滤板

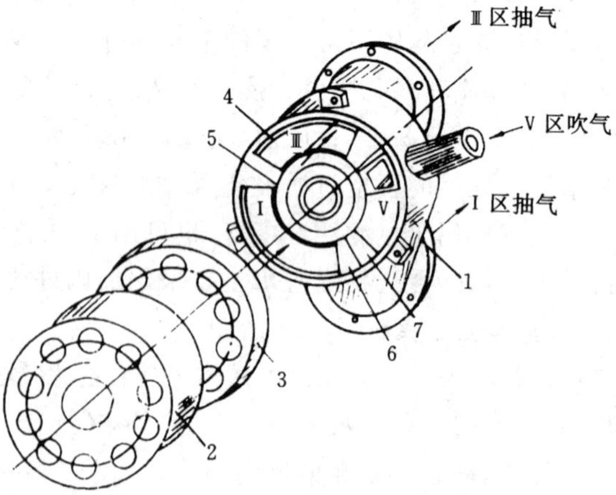

1—分配头；2—过滤机主轴；3—分配垫；
4—外边缘；5—内边缘；6、7—楔形块。

图 5-4-16　分配头构造

瞬时吹风系统见图 5-4-17，它由蜗轮减速器 5、控制阀 1 和风阀 2 组成。当过滤盘转入吹落区时，风阀开启，压缩空气由风阀给入分配头，通过分配头与其对应的滤液孔进入扇形滤块。借压缩空气突然鼓入的冲力将滤饼吹落。扇形滤块转过吹落区时，风阀关闭，压缩空气停止给入。至下一个扇形块进入吹落区时，再重复上面的过程。过滤扇每转一周，风阀开启的次数与扇形滤块的块数相一致。

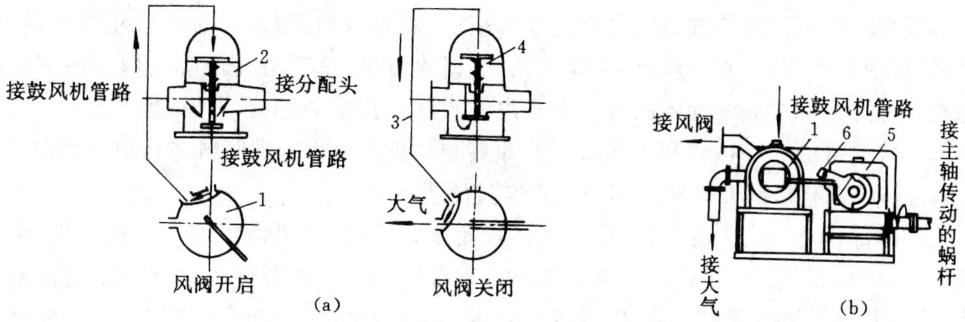

1—控制阀；2—风阀；3—空气管路；4—弹簧；5—蜗轮减速器；6—压杆。

图 5-4-17　瞬时吹风系统工作原理及控制阀的传动系统

圆盘真空过滤机的工作原理如图 5-4-18 所示。当过滤圆盘顺时针转动时，依次经过过滤区、干燥区和滤饼脱落区，使每个扇形块与不同的区域连接。当过滤扇板位于过滤区时，与真空泵相连。在真空泵的抽气作用下，过滤扇内腔具有负压，煤浆被吸向滤布，煤粒在滤布上形成滤饼；滤液通过滤布，进入滤扇的内腔，并经主轴的滤液孔排出，实现了过滤。当滤扇位于干燥区时，仍与真空泵相连，但此时过滤扇已离开煤浆液面。因此，真空泵的抽气作用只是让空气通过滤饼，将空隙中的水带走，使滤饼的水分进一步降低。当过滤扇进入滤饼吹落区时，则与鼓风机相连，利用鼓风机的吹气作用将滤饼吹落。这样就完成了一个过滤循环。随着主轴的转动，过滤扇板再次进入煤浆，开始第二个过滤循环。

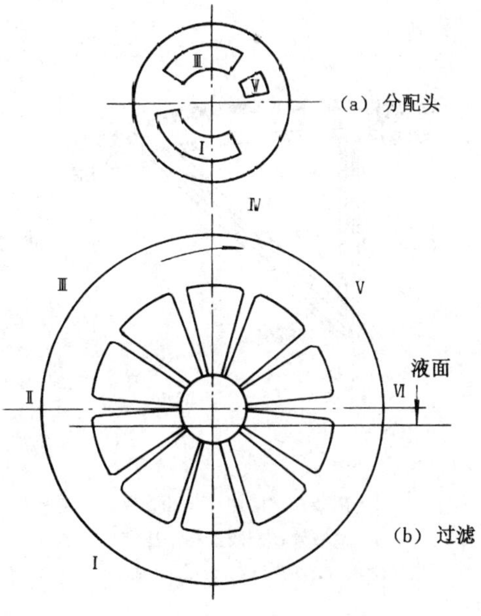

Ⅰ—过滤区；Ⅱ、Ⅳ、Ⅵ—过渡区；
Ⅲ—干燥区；Ⅴ—脱落区。

图 5-4-18　圆盘真空过滤机工作原理图

在三个工作区之间，均有过渡区相隔。过渡区是个死区，其作用是防止过滤块从一个工作区进入另一个工作区时互相串气，影响工作效果。过渡区应有适当大小，过小易出现串气，降低过滤效果；过大则会减少工作区范围。圆盘真空过滤机具有下述特点：① 本身是一个连续工作的设备，但对每一个过滤扇，其工作是间断的。② 过滤扇在各个工作区的时间，与各个区域所占角度大小有关，还与过滤机主轴转速有关。前者可借助分配头进行调节；后者可通过无级变速器调节。③ 每个过滤扇之间都有非工作区间，为减少物料在该区停留时间，过滤扇的数目不宜过多；但为了减少滤扇上靠近主轴和远离主轴两端过滤时间的差别，合理利用过滤板的面积，则应增加过滤扇的数目。因此，过滤扇的数目通常在 8～16 块范围内选择，较合理的数目约为 10 块。

圆盘真空过滤机近年来向大型方向发展，过滤面积已达 200 m^2，甚至 400 m^2。

2. 圆筒型真空过滤机

圆筒型真空过滤机与圆盘式真空过滤机相比，其本身体积较大，过滤面积较小，单位处理量低，但密封性能好，真空度高，干燥区长，滤饼水分低，适于处理细黏物料。圆筒型真空过滤机可分为内滤式和外滤式两种。由于内滤式滤饼排除较困难，现多为外滤式。按筒中的内部结构又可分为有格式和无格式。按卸料方式还可分为折带卸料式和刮刀卸料式。

(1) 外滤式有格刮刀卸料式圆筒型真空过滤机

工作的部件是一个大的圆筒，由钢板焊接而成，在筒体的表面上装有冲孔筛板，用隔条沿圆周方向分成若干个过滤室，通常为 24 个，室与室之间严格密封，互不通气。过滤室上铺设筛板，一方面与筒面形成通道，以便流通滤液；另一方面起支撑滤布的作用。过滤板外面包裹滤布，沿轴向每隔 50～80 mm 缠绕钢丝，将滤布固定在筒体上。过滤室内部接有滤液管，分别与两端的喉管连接，分配头与喉管紧密相通，并固定在筒体两端，每个分配头担负过滤室一半长度的抽气和吹风作用，基本过滤单元如图 5-4-19 所示。工作示意图见图 5-4-20。

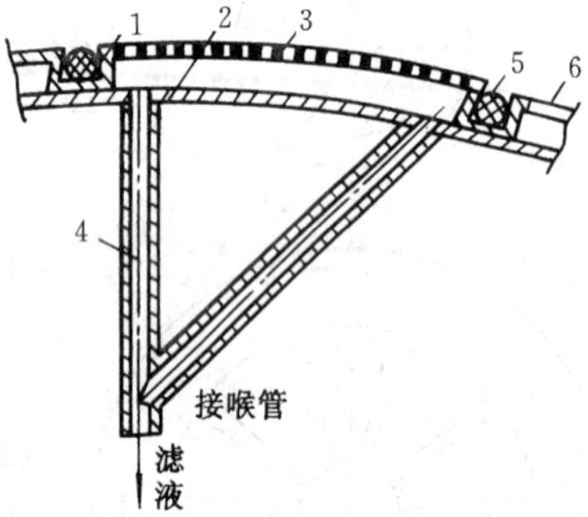

1—隔条；2—筒体；3—过滤板；
4—滤液管；5—胶条；6—滤布。

图 5-4-19　过滤室的横断面

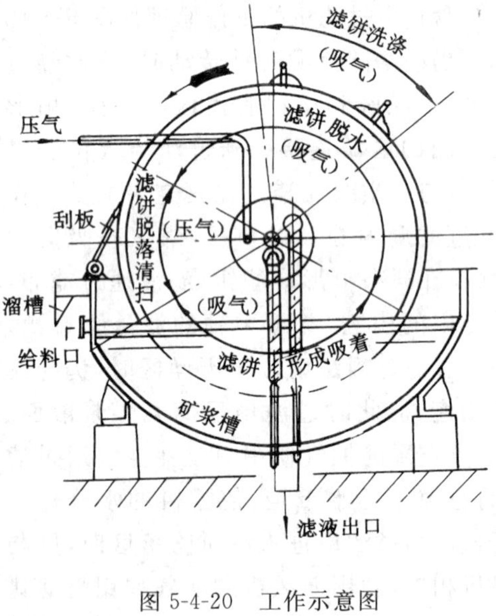

图 5-4-20　工作示意图

工作时，筒体浸入装满矿浆的半圆形矿浆槽中，并在其中缓慢旋转。由于分配头的作用，每个过滤室依次通过过滤区、干燥区、吹落区，由于负压作用将固体颗粒吸附在筒体上形成滤饼。随着圆筒的旋转，浸于矿浆中的那部分圆筒表面随之离开液面，进入干燥区，滤饼进一步脱水。到吹落区后，借助高压风和刮刀把滤饼卸下。

(2) 外滤式无格折带卸料圆筒型真空过滤机

无格式真空过滤机是一种取消了分配头、喉管和大量真空管路的新型真空过滤机。我国设计生产的 GDU 型无格折带真空过滤机的工作原理如图 5-4-21 所示。

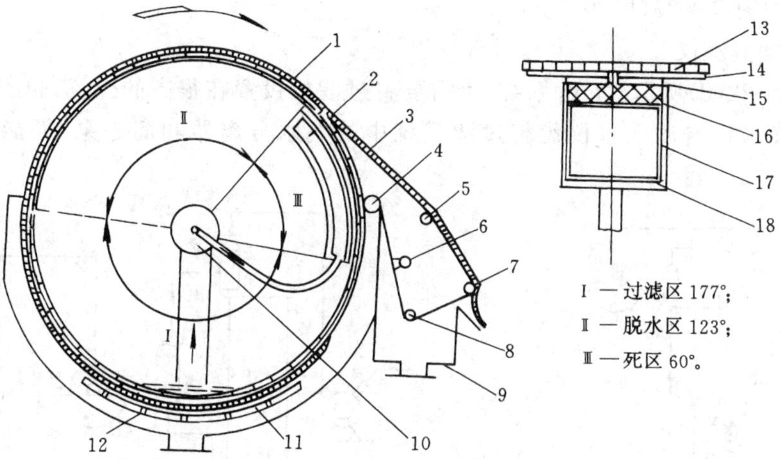

1—筒体；2—密封装置；3—滤布；4—导向辊；5—分展辊；6—清洗水管；7—卸料辊；
8—张紧辊；9—清洗槽；10—中空轴；11—搅拌器；12—浆料槽；13—滤板；
14—筒皮；15—密封圈；16—胶板；17—水袋；18—支撑框。

图 5-4-21　GDU 型无格折带真空过滤机工作原理图

GDU 无格折带过滤机筒体外部与一般折带过滤机相同，在筒体上密布通孔，整个筒体内为一负压室，滤液吸入筒腔后，不断从下部通过中空轴抽出，死区的密封是依靠恒压的水袋压紧橡胶板封住筒体上的通孔完成的。由于是无格结构，因此真空度高。一般可达 66 kPa 以上，采用深槽结构，加大了过滤区，因此单位面积处理能力高于圆盘过滤机。煤炭科学研究总院唐山分院已在鸡西的杏花选煤厂成功地进行了 GDU-50 型真空过滤机的工业性试验。该设备处理较细颗粒物料有一定优势。

3. 过滤系统

为了实现物料的过滤脱水，除过滤机之外，还需要有一些辅助设备，如真空泵、压风机、气水分离器等。

真空过滤机与辅助设备之间的连接方式称为过滤系统。常用的过滤系统有三种：一级过滤系统、二级过滤系统、自动泄水仪。见图 5-4-22。

(1) 一级过滤系统

即一级气水分离系统，也称单级气水分离系统。在一级过滤系统中，只用一个气水分离器，如图 5-4-22(a)(c)所示。滤液和空气由于真空泵造成的负压被抽到气水分离器中，空气再由气水分离器的上部排走，滤液从气水分离器的下部排出。由于气水分离器在负压下工作，要使滤液从气水分离器中排出，其滤液排出口和滤液池液面之间必须有 10.5 m 的高差。为防止空气进入气水分离器，滤液流出的管口必须设有水封。由于只设一个气水分离器，有可能气水分离不够彻底，影响真空泵的工作。

(2) 二级过滤系统

二级过滤系统中有两个气水分离器，过滤机可以安放在较低位置，连接过滤机的气水分离器也在较低的位置。该气水分离器上部排出的气体进入安放在较高位置的二级气水分离器，二级气水分离器的气体由真空泵抽走。由于二级气水分离器位置较高，即使一级气水分离器在较低位置，也不致影响真空泵的工作。因此，该系统在选煤厂得到广泛使用，如图 5-4-22(b)所示。

(3) 自动泄水仪

如图 5-4-22(d)所示的过滤系统，不需要将过滤机设置在很高的位置，也不用设两个气水分离器，而采用自动泄水仪代替过滤系统中的气水分离器和离心泵，就能使滤液自流排出。

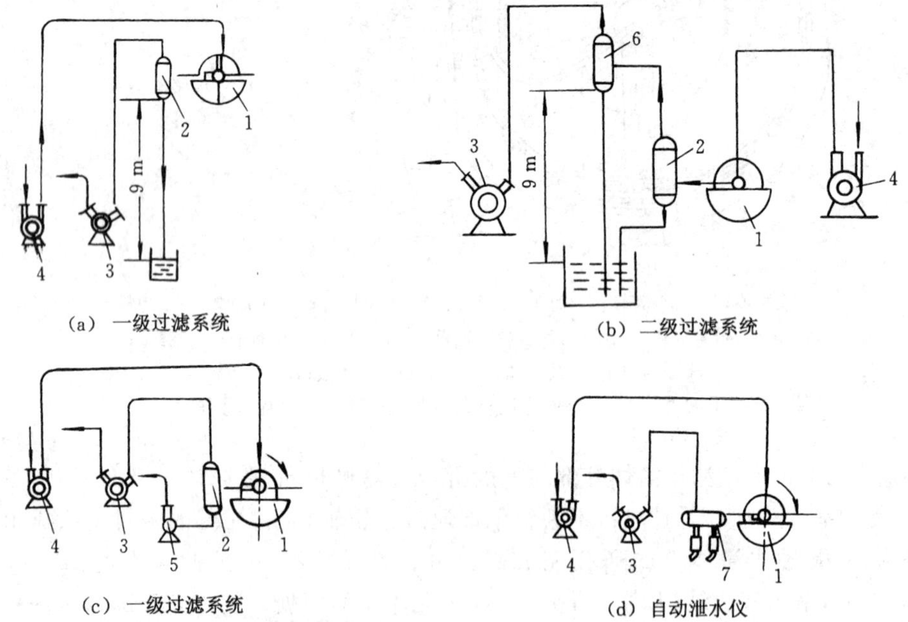

1—过滤机；2—气水分离器；3—真空泵；4—鼓风机；5—离心泵；
6—二级气水分离器；7—自动泄水仪。

图 5-4-22　过滤系统

由于杠杆式的自动泄水仪经常出现故障，因而一直没有得到推广使用。近几年研制开发的五通电磁气阀用于控制滤液的排放，取得了较理想的效果。

在选煤厂，一般采用水环式真空泵，因该类型真空泵允许滤液在泵中短期运转，不致发生故障。小型过滤机通常采用 SZ 型真空泵，大型真空过滤机常用 2YK 型真空泵。真空度一般为 $4\times10^4\sim6.7\times10^4$ Pa。1 m^2 过滤面积的吸气量为 0.8～1.3 m^3/min。

真空过滤机的吹风压力常为 $1\times10^3\sim3\times10^3$ Pa，1 m^2 过滤面积所需要的压缩空气量为 0.2～0.5 m^3/min。通常用叶式或罗茨鼓风机供给，有时也采用 SZ 型真空泵提供吹风压力。

4. 过滤效果的评定

通常用三个指标对过滤效果进行评价：滤饼水分，滤液中的固体含量，过滤机单位面积处理能力。过滤效果的好坏与真空度、粒度组成、给料浓度等关系极大。煤浆浓度为 25%～50%，粒度在 1 mm 以下时，滤饼水分常在 24%～28%之间，滤液的固体含量在 5～50 g/L 范围内。

5. 影响过滤效果的因素

影响过滤效果的主要因素有过滤的推动力、矿浆性质及过滤介质的性质等。

(1) 过滤的推动力

对真空过滤机而言即指真空度。真空度的高低直接影响过滤机的生产能力、产品水分和滤液中的固体含量。通常，压力差增加可以提高过滤机的处理能力和降低滤饼水分，特别是对细泥含量高的物料，应采用较高的真空度。但过高的真空度，容易使滤液中固体含量增大，影响过滤效果。

真空过滤机处理浮选精煤时，其真空度应在 $5\times10^4\sim6.7\times10^4$ Pa，处理浮选尾煤时，最好在 $6.7\times10^4\sim8\times10^4$ Pa 之间，而处理原生煤泥，一般为 $4\times10^4\sim5\times10^4$ Pa。

(2) 矿浆性质

这里主要是指矿浆温度、浓度、粒度和矿浆成分。矿浆浓度增加，可以提高真空过滤机的过滤效果，处理量增加，产品水分下降。过滤物料的粒度组成越细，过滤越困难，滤饼越薄，而且增加了滤饼的水分，且滤饼难于脱落，降低了过滤机的处理能力。粒度过细时，可在过滤系统中加助滤剂，以改善过滤效果，有时也可以掺粗。矿浆成分主要指矿浆中的泡沫量。在矿浆中含有大量气泡时，会使生成的滤饼中也含有气泡，特别是细小微泡，它将堵塞滤饼中颗粒之间的通道，降低过滤效果。因此，泡沫量过大时，在过滤前最好进行消泡。浮选精煤的浓缩有一定的消泡作用。提高矿浆温度，可以降低矿浆的黏度，减小过滤阻力，提高过滤速度，因而可增加滤饼厚度，降低产品水分。

(3) 过滤介质的性质

理想的过滤介质应具有过滤阻力小、滤液中固体含量少、不易堵塞、易清洗等性质，并具有足够强度。通常，金属丝滤布具有过滤阻力较小、不易堵塞、滤饼容易脱落等优点，但滤液中固体含量较高；尼龙滤布比较耐用，特别是锦纶毯的效果很理想，除耐用外，还具有滤饼容易脱落、产品水分低、滤液中固体含量少等特点，但价格较高。

三、压滤机

由于真空过滤机是靠负压工作的，压力的上限值受大气压的限制，所以过滤的推动力不大。而压滤机是靠正压力工作的，只要机器允许，其压力可达 1 MPa 甚至更高。另外压滤机使用的滤布大都较细，因而滤液的浓度也较低。所以压滤机处理细黏物料比真空过滤机有优势。

1. 加压过滤机

加压过滤机是一种新型高效的细粒物料脱水设备。其特点是连续工作、处理量大、产品水分低、电耗低。煤炭科学研究总院唐山分院研制成功的 GPJ60.3 型加压过滤机，已在八一选煤厂投入生产使用。

加压过滤机实际上是将类似于圆盘真空过滤机的设备装入特制的压力容器内，如图 5-4-23所示。利用压缩空气作为过滤的推动力，在过滤介质两侧产生压差，使物料在过滤盘上形成滤饼，再用瞬时吹风或刮刀把滤饼卸下。脱水后的滤饼由压力容器内的一台刮板输送机输送到密封排料仓的上仓，上仓装满后自动打开上闸板，将滤饼放入下仓，待上仓闸板关闭后，再将下仓闸板打开将滤饼排出仓外，上下仓交替工作。滤液则通过滤液管排出机外。

用该加压过滤机处理八一选煤厂的煤泥，入料浓度 150～200 g/L，小于 200 网目的含量在 60%～80%，采用的压力为 0.3 MPa，处理能力达 40 t/h，产品水分 19.2%～20.98%，滤液中的固体物含量为 4.8～6.5 g/L。

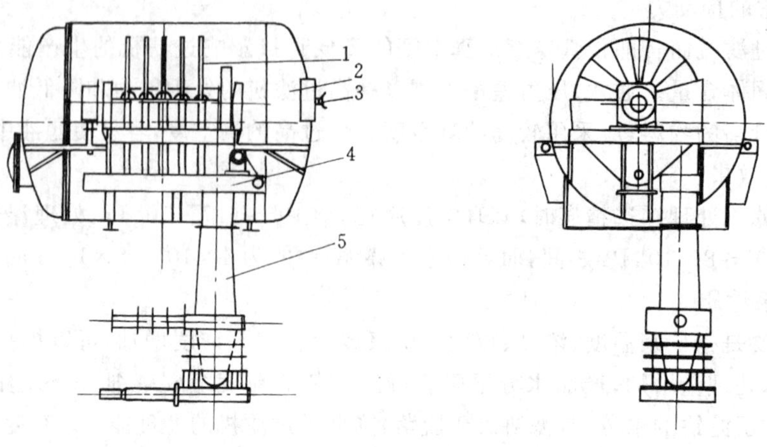

1—过滤机；2—加压仓；3—电控系统；4—刮板输送机；5—密封排料装置。

图 5-4-23　GPJ60.3 型加压过滤机

2. 板框式压滤机

板框式压滤机有平板板框压滤机和凹板板框压滤机之分。两者之间的主要差别是滤室的结构不同。我国目前应用的多为凹板板框式压滤机，通常称箱式压滤机。

(1) 箱式压滤机的构造

箱式压滤机一般由固定尾板、活动头板、滤板、主梁、液压缸体和滤板移动装置等几部分组成。固定尾板和液压缸体固定在两根平行主梁的两端，活动头板与液压缸体中的活塞杆连接在一起，并可在主梁上滑行。其结构见图 5-4-24。

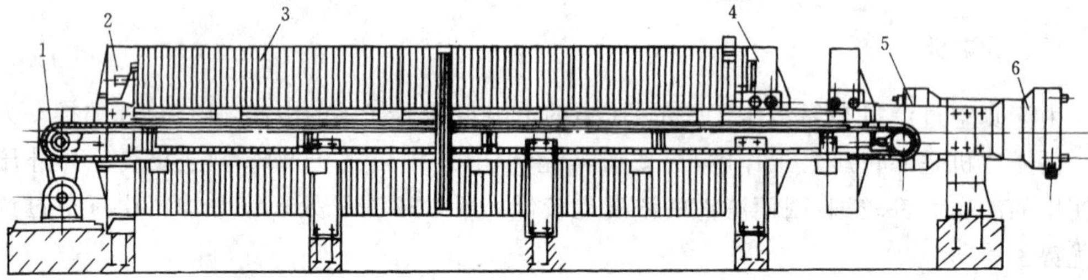

1—滤板移动装置；2—固定尾板；3—滤板；4—活动头板；5—主梁；6—液压系统。

图 5-4-24　XMY340/1500-61 型压滤机结构图

① 滤板

滤板是箱式压滤机的主要部件，其作用是在压滤过程中形成滤饼并排出滤液。滤板的侧视图见图 5-4-25 中的 3，正视图为正方形。滤板的两侧包裹滤布，中间有一孔眼，供矿浆通过。滤板上面有凹槽，滤液可由此排到滤板上的泄液口，泄液口与泄液管相通，泄液管从滤板的侧下部伸出。滤板的材质可为金属或橡胶、塑料等。滤板通过其两侧的侧耳架在主梁上，放置于固定尾板和活动头板之间。

② 滤板移动装置

滤板移动装置的作用是移动滤板。在压滤过程开始前，需将所有滤板压紧以形成滤室；在脱水过程结束需要卸饼时，相继逐个拉开滤板。

③ 活动头板、固定尾板

活动头板、固定尾板简称头板、尾板。头板与液压油缸体内的活塞杆连接,并通过两侧的滚轮支承在主梁上。因此,头板可以在主梁上滑动。尾板固定在主梁上。尾板上有入料孔,需过滤的矿浆由此给入。头板与尾板配合,将滤板压紧,形成密封的滤室。由于头板的运动,将滤板松开以排卸滤饼。

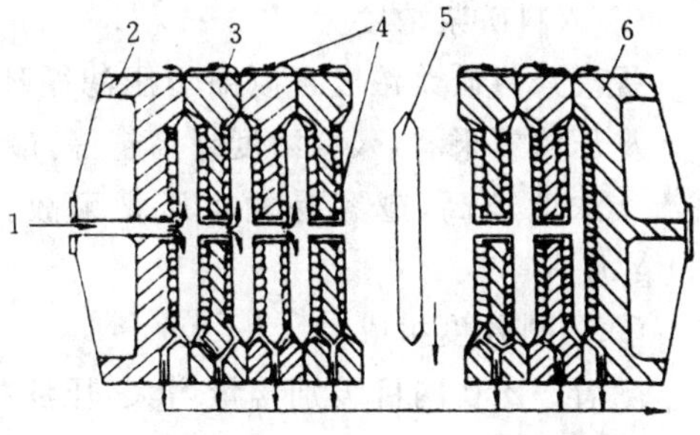

1—矿浆入口;2—固定尾板;3—滤板;
4—滤布;5—滤饼;6—活动头板。

图 5-4-25 压滤机工作原理图

④ 液压系统

液压系统用以控制滤板的压紧和松开,由电机、油泵、油缸、活塞、油箱等组成。油泵常采用高低压并联系统。高压油泵用于提高油压,低压油泵用于提高活动头板的移动速度。

(2) 压滤机的工作原理

压滤机的工作原理如图 5-4-25 所示。当压滤机工作时,由于液压油缸的作用,将所有滤板压紧在活动头板和固定尾板之间,使相邻滤板之间构成滤室。矿浆由固定尾板的入料孔以一定压力给入,在所有滤室充满矿浆后,压滤过程开始。矿浆借助给料泵给入矿浆的压力进行固液分离,固体颗粒由于滤布的阻挡留在滤室内,滤液则经滤布沿滤板上的泄水沟排出。经过一段时间以后,滤液不再流出,即完成脱水过程。此时,可停止给料,并通过液压操纵系统调节,将头板退回到原来的位置,滤板移动装置将滤板相继拉开。滤饼依靠自重脱落,并由设在下部的皮带运走。为了避免滤布孔眼堵塞影响过滤效果,在卸下滤饼后,需要清洗滤布。至此,完成了整个压滤过程。

(3) 压滤机的给料方式

在压滤初期,需要用大量的矿浆,把各滤室充满,因此,最好使用大流量的泵;压滤开始后,需要较大的压力,这时最好使用高扬程的泵。

压滤机的给料方式有单段泵给料、两段泵给料和泵与空气压缩机联合给料三种形式。单段泵给料通常选用流量较大的泵,所以该给料方式适用于过滤性能较好、在较低压力下即可成饼的物料,选煤厂应用颇广。两段泵给料,压滤初期用低扬程、大流量的低压泵给料,经一定阶段再换用高扬程、低流量的高压泵给料,以满足压滤机不同阶段的压力要求。但在每个压滤循环中,中间需要换泵,操作较为麻烦。此外高压泵的磨损也较大,一般选煤厂不愿采用。泵与空气压缩机联合给料,在该系统中,需增加一台空气压缩机和贮料罐,因此,流程复杂,应用面不广。但此供料方式能实现压滤机的自动控制。

(4) 压滤机工作影响因素

影响压滤机工作效果的因素主要是矿浆浓度、矿浆中煤泥粒度组成、入料灰分、给料压力等。这些因素变化,可以影响压滤循环的时间、产品水分及处理量等。

① 入料压力

入料压力是压滤过程的推动力,入料压力越高,压滤推动力越大,可降低压滤所需时间,降低滤饼水分,并可提高压滤机的处理量。但入料压力过高,动力消耗增大,设备磨损增加。目前,压滤机的压力一般为 $4.9\times10^5\sim5.9\times10^5$ Pa,最大不超过 9.8×10^5 Pa。

② 入料矿浆浓度

提高入料矿浆浓度可以缩短压滤循环的时间，提高压滤机的处理量，但对水分影响不大。从压滤效果看，入料浓度越高越好，最好在 600 g/L 以上，但压滤入料来自耙式浓缩机底流。浓度越高，越容易发生压耙事故。一般在 400～500 g/L 较为合适，但不应低于 300 g/L。

③ 入料粒度组成

随着－200 网目级别含量增大，压滤机的处理能力降低，滤饼水分增高。入料粒度较粗时的脱水效果较好，可得到较高的处理量，并可得到水分较低的滤饼。但粒度过粗，煤泥沉降快、流动性差，压滤机的中心给料孔容易堵塞，形成的滤饼也较松散，会影响压滤效果。

压滤机在现阶段仍是处理细、黏物料最有效的设备之一。压滤后的滤饼水分较低，一般在 20%～26%之间，而且滤液中的固体含量也较低，一般在 0.01～0.1 g/L，基本是清水，不需经其他处理即可返回使用。一个循环的压滤时间与处理的物料性质、泵的型号、压滤机的型号等有关，一般一个压滤循环在 20～120 min。选煤厂常将压滤机作为煤泥厂内回收、洗水闭路循环的把关设备。

3. 隔膜式快速压滤机

该压滤机是针对浮选精煤脱水难而开发的一种新型压滤机，在传统箱式压滤机的结构基础上改进而成。其结构与传统压滤机相似，但压滤工艺不同。该快速压滤机亦适用于浮选尾矿或未浮选过的原煤泥压滤脱水。

(1) 快速压滤机结构设计原则

① 改进压滤机结构，增加脱水功能。即在压滤机上能同时实现高压流体进料初次过滤脱水、滤饼二次挤压压榨脱水与压缩空气强气流风吹滤饼三次脱水。

② 解决好因浮选精矿浓度低(一般 160～250 g/L)且含有大量泡沫，易产生气蚀现象问题，即解决泡沫矿浆的泵压困难问题，降低动力消耗。

③ 克服传统尾矿压滤机机型大、压滤速度慢所带来的弊端，如单块滤饼体积大，不易破碎，单循环时间长，间断集中装卸导致不易保证总精煤质量均匀和产生运输事故。要求压滤速度快。

④ 努力降低精煤水分，提高滤饼脱落效果。

⑤ 滤液浓度低，可直接进入循环水系统，克服真空过滤机因滤液浓度高，必须返回浮选，导致恶化浮选效果的缺点。

(2) 压滤机的主要过滤元件——压榨板

压榨板部件是快速压滤机的关键过滤元件，它由滤板、压榨隔膜板、滤布、滤液管等组成，如图 5-4-26 所示。其主要特点是在普通压滤板的两侧增加双面橡胶隔膜，同时增加压榨风进风双通道，其工作原理如图 5-4-27 所示。

(3) 快速压滤脱水及脱水效果

精煤快速压滤机脱水工艺系统如图 5-4-28 所示。其脱水效果如表 5-4-2 所示。表5-4-3 为系统阀门动作表。

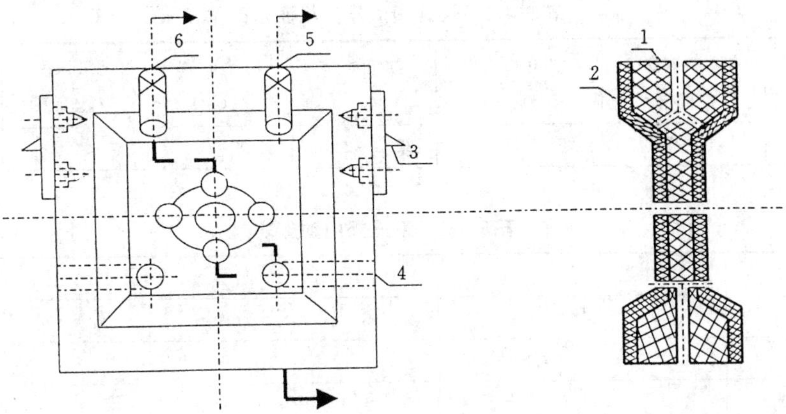

1—滤板；2—压榨隔膜板；3—把手；4—滤液管；5、6—风管。

图 5-4-26　精煤压榨板结构示意图

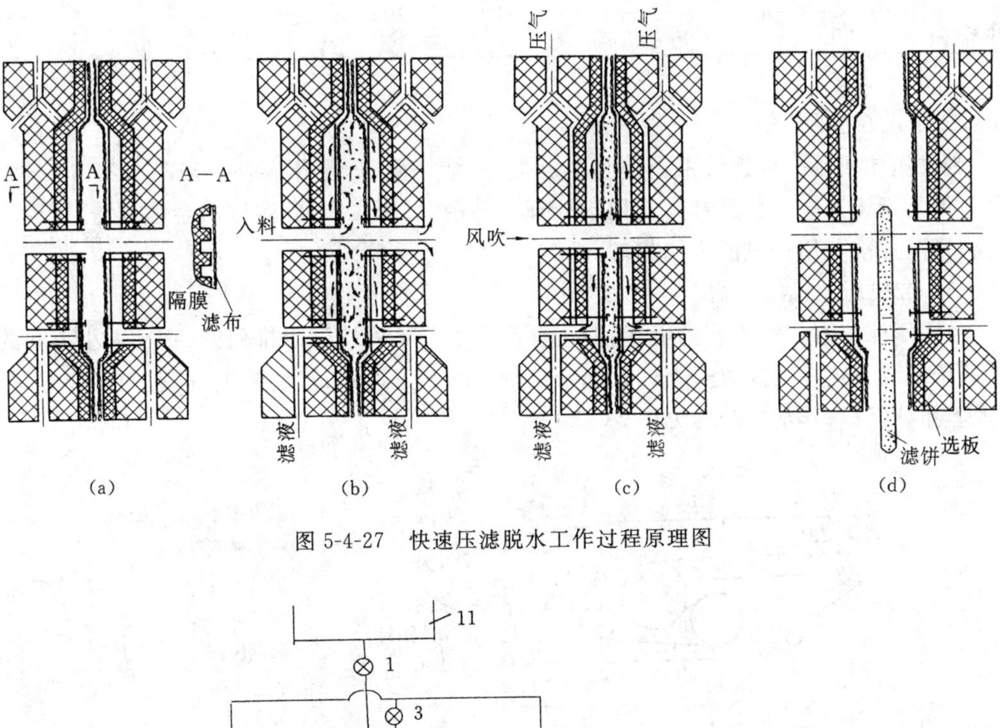

图 5-4-27　快速压滤脱水工作过程原理图

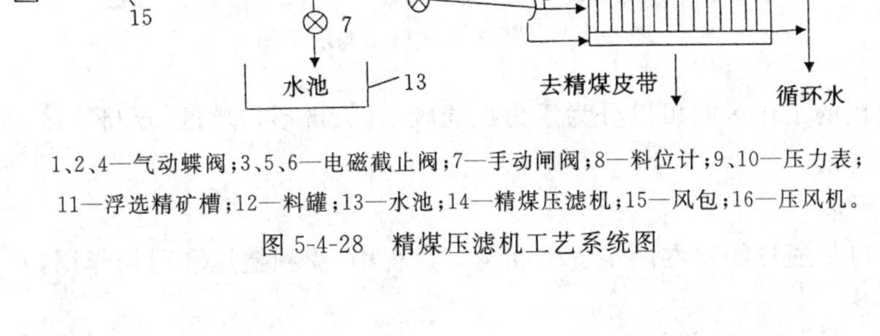

1、2、4—气动蝶阀；3、5、6—电磁截止阀；7—手动闸阀；8—料位计；9、10—压力表；
11—浮选精矿槽；12—料罐；13—水池；14—精煤压滤机；15—风包；16—压风机。

图 5-4-28　精煤压滤机工艺系统图

表 5-4-2　快速精煤压滤机脱水效果

物料性质	入料浓度 /(g/L)	-200 目含量 /%	滤饼水分 /%	处理能力 /(t/h)	滤液浓度 /(g/L)	吨煤电耗 /(°)
浮选精煤	160～250	51～87.18	22.2～24.5	8～10	<0.3	6.0

表 5-4-3　系统阀门动作表

工序	阀号					
	1	2	3	4	5	6
矿浆进罐	+			+		
矿浆进料过滤		+	+			
隔膜挤压					+	
吹风脱液						+
卸　料						
压紧板压紧						

4. 带式压滤机

带式压滤机是一种连续工作的脱水设备，其结构简单，操作方便。虽然只有 20 多年的历史，但发展迅速。目前已被广泛用于处理各种污泥、选煤产品、湿法冶金的残渣、管道输送的物料等，并准备用于过滤金属精矿。

(1) 带式压滤机的结构

带式压滤机有各种不同的型式，但主要都是由一系列按顺序排列的、直径大小不同的辊轮、两条缠绕在这一系列辊轮上的过滤带以及给料装置、滤布清洗装置、高速调偏装置、张紧装置等部分组成，其基本结构见图 5-4-29。

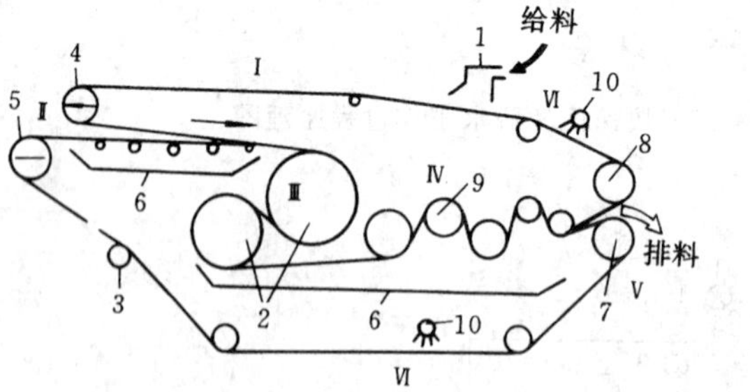

1—头部给料及分配装置；2—预压力辊轮；3—托轮及调偏装置；
4、5—过滤带上、下张力调节辊轮；6—滤液承受装置；7—卸饼辊轮；
8—驱动辊轮及传动系统；9—压力区辊轮组(5 个)；10—滤布清洗装置。

图 5-4-29　带式压滤机结构示意图

带式压滤机的工作区间可以分为重力过滤脱水区、楔形挤压区、预挤压区、挤压区、卸料区及滤布清洗区。

(2) 工作原理

带式压滤机是通过物料在两条皮带间运行过程中，受到挤压和剪切作用，并受到重力作用使水分排出的。在脱水过程中,必须借助絮凝剂,使物料首先形成絮团,然后在压滤机挤压作用下,排出水分,絮团形成紧密的滤饼,实现固液分离过程。

一定浓度的矿浆与预先配置的絮凝剂溶液,进行均匀混合,使固体颗粒进行絮凝。絮凝后的物料通过头部给料器均匀地分配在整个带宽上,即Ⅰ区。在该区中,物料进行重力过滤脱水。经重力过滤脱水后的物料,进入两条皮带之间的楔形区,并连续进入预压力辊轮和其他压力区辊轮组。在此过程中,由于压力辊轮直径不断减小,挤压力不断增加,使滤饼水分不断降低。滤带在辊轮中行进路线为"S"形,使滤饼在滤带中有一相对位移,有利于滤饼中水分的脱除。最后滤饼经过压力区辊轮组 9 后,在Ⅴ区由于滤带弯曲和滤饼的自重进行卸饼。为了提高滤带的透水能力,再次进入工作区前,用喷水进行清洗。

(3) 影响带式压滤机脱水效果的因素

① 絮凝剂的种类、用量和添加地点

所用的絮凝剂应能使煤泥形成良好的絮团,尽可能地脱去自由水分,絮团应有一定的强度,在开始挤压时不致从滤带的两侧流出。絮凝作用要彻底,滤液中不应带有微细颗粒。因此,带式压滤机有时要用两种絮凝剂,相互配合,保证其良好的脱水效果。絮凝剂种类、用量、添加方法等直接影响脱水效果,因此应由试验确定。

② 入料矿浆浓度

入料矿浆浓度越高,带式压滤机的处理能力越大,但应保证矿浆与絮凝剂充分混合。过低的浓度,不仅影响处理能力,还容易造成矿浆从滤带两侧溢出,造成跑料现象。

③ 滤带速度

随着滤带速度增加,处理能力也增加,但滤带速度增加,相对缩短了物料的脱水时间,使滤饼的水分增加。

④ 滤带张力

滤带张力越大,则滤饼所受挤压力越大,滤饼水分越低。但过大的张力,会使滤带所受拉力和剪切力增加,影响滤带的使用寿命。

⑤ 辊轮直径和排列方式

辊轮的直径和排列方式可使滤饼受到的剪切力和挤压作用发生变化。为了得到最好的脱水效果,辊系安排应使滤饼受到的剪切力和挤压作用逐渐增加。从预挤压区到卸料口,其直径由大到小。相邻辊轮直径大小由试验确定。

带式压滤机最大的优点是连续工作,因而单位面积处理能力较高,耗电量低。当絮凝剂选择和使用得当时,产品水分低。此外,它还具有结构简单、操作方便、占地面积小等优点。

因过滤带同时起过滤作用和运输作用,受到的拉力和剪切力均较强,对过滤带的强度要求较高。此外,为避免水分从两侧流出,滤带的滤孔不能过小,因此,对细粒物料絮凝不好时,容易造成滤液中固体含量较高,并影响到带式压滤机的脱水效果。

带式压滤机工作压力一般为 0.4～0.7 MPa,其脱水效果见表 5-4-4。

表 5-4-4　带式压滤机的脱水效果

物料性质	入料浓度 /(g/L)	−120 网目含量 /%	絮凝剂耗量 /(g/t)	处理能力 /t	滤饼厚度 /mm	滤饼水分 /%	滤液浓度 /(g/L)
浮选尾煤	350～700	75～85	100～150	3.5～7	5～15	28～36	10～40

复习思考题

1. 简述各种脱水筛的特点及用途，为什么脱水中广泛采用直线振动筛？
2. 离心脱水机主要有哪几类？简述各类的特点、工作原理及工作的影响因素。
3. 分离因数(离心强度)对脱水有何影响？
4. 简述沉降式离心脱水机和沉降过滤式离心脱水机结构及工作原理。
5. 简述圆盘真空过滤机的结构及工作原理。
6. 简述其他类型真空过滤机的结构、工作原理及各自的特点。
7. 何为过滤系统？有几种类型？简述各自的工作原理及优缺点。
8. 试分析影响真空过滤机工作的因素。
9. 压滤与过滤有何差别？简述压滤机的基本结构及工作原理。
10. 何为压滤循环，由哪些阶段组成？
11. 简述压滤机的给料方式，并分析压滤机工作的影响因素。
12. 简述加压过滤机和隔膜式快速压滤机的工作原理和特点。
13. 简述带式压滤机的工作原理及影响因素。

第五章 热力干燥

第一节 概 述

湿法选煤的显著特点是选后产品含有较高的水分，虽经机械脱水，但选后精煤的水分仍然很高。如块精煤经脱水筛脱水、末精煤经离心脱水机脱水后，其水分为8%～10%；浮选精煤经圆盘真空过滤机脱水后，其水分在26%～28%之间，有的厂甚至达到30%。精煤水分高，对产品的质量、产品的运输和贮存都是不利的。研究表明，只有当煤的外在水分低于5%～6%时，才没有冻结的可能。若超过这个水分，在冬季运输时必须采取防冻措施。选煤厂没有设置干燥工艺之前，曾采用撒锯木屑、生石灰，车厢刷油、涂蜡和添加防冻剂等措施。

随着机械化采煤的比例不断提高，浮选精煤的比例越来越大。这部分精煤粒度细、水分高，因此，仅仅依靠湿煤防冻措施是不行的。为了保证用户对产品水分的要求，便于产品的运输和贮存，必须进行进一步的脱水。

利用热能从物料中除去少量水分的操作称为干燥。在选煤厂，常用的干燥方法是以煤燃烧产生的高温烟气作为热介质，加热精煤，使精煤中水分汽化，达到降低精煤水分的目的。焦化厂所属的选煤厂常采用煤气作燃料。

热烟气干燥精煤有两种方式：一种是热烟气直接与湿精煤接触，称直接干燥，另一种是热烟气与湿精煤不直接接触，而是热烟气通过固体面（器壁）传热给湿精煤，称为间接干燥。前者干燥方式较后者复杂，因为热烟气不仅使精煤受热，而且还带走湿精煤中已汽化的水蒸气，在干燥过程中，传热和传质的现象同时发生。对后者，传热和传质现象可分别考虑。目前，我国选煤厂除山西西曲选煤厂外均采用直接干燥的方法。

选煤厂对精煤的干燥形式大致有末精煤单独干燥、浮选精煤单独干燥、末精煤和浮选精煤混合干燥三种形式。浮选精煤粒度细、水分高、黏性大，单独干燥易结团，影响产品水分脱除。末精煤和浮选精煤混合干燥可解决结团弊端，提高干燥效果。所以，大部分选煤厂均采用末精煤和浮选精煤混合干燥的方式。但是，在末精煤和浮选精煤混合干燥时，人为地加入大量水分为8%～10%的末精煤，其量与浮选精煤之比为3∶1～4∶1，使得被干燥精煤数量增加，所需干燥设备增多，增加热量消耗，干燥费用增加。由于末精煤经离心脱水机脱水后，基本可以达到水分要求，所以各选煤厂都不对末精煤进行单独干燥。

干燥作业是选煤厂产品脱水作业中最后一道工序，其目的是进一步降低精煤的含水量，满足用户和运输的要求。但是，在干燥过程中要消耗大量的热能，因而，热力干燥是一种昂贵的脱水方法，排出水量越多，热量的消耗就越大，干燥费用也就越高。目前，只有东北、西北和华北等寒冷地区的选煤厂采用热力干燥。除吕家砣选煤厂、范各庄选煤厂由于精煤出口采取常年干燥外，其他选煤厂只在冬季干燥，干燥期为4～5个月。

第二节　干燥原理

一、干燥的基本原理

干燥过程的本质是被除去的水分从固相转移到气相中，固相为被干燥物料，气相为干燥介质。干燥过程得以实现的条件是水分在物料表面的蒸气压必须超过干燥介质（如高温烟气）中的蒸气分压，物料表面水分才能汽化，由于表面水分的不断汽化，物料内部的水分方能继续向表面移动。水的汽化需要热量，要进行热量的传递。热量的传递是由物体内部或物体之间的温度不同引起的，根据热力学第二定律，当无外功输入时，热量总是自动地从温度较高的物体转移至温度较低的物体。

传热的基本方式有四种：对流、传导、辐射和高频。

对流是流体各部分质点发生相对位移而引起的热量传递过程。在精煤干燥中，当高温烟气流过被干燥物料时，热能由流体传到湿物料表面，使被干燥的物料温度升高，该过程称为对流传热。

传导是热量从物体中温度较高的部分传递到温度较低的部分或者传递到与之接触的温度较低的另一物体的过程。精煤颗粒受高温烟气包围，热量从颗粒表面逐渐传递到颗粒内部，使整个颗粒温度升高。

辐射是物体因各种原因发出辐射能，其中因热而发出辐射能的过程称为热辐射。常以电磁波的形式发射并向空间传播。当遇到另一物体时，一部分被反射，一部分被吸收，而另一部分则穿透物体。被吸收部分重新又转变为热能。在火床炉燃料燃烧过程中，当含有一定水分的新燃料直接加到炽热的火床时，除受下面炽热火床的加热外，还受到炉膛内高温火焰和炉墙的辐射热作用，温度很快升高，立即进入燃烧的热力准备阶段，这一过程称为辐射传热。

当电解质物料放在高频（约 10 MHz）振荡电场中时，电能在潮湿的电介质中转变为热能，由于介电加热发生在整个物料的内部，干燥的物料相当均匀。但高频设备中产生的能量较为昂贵，该方法很少用于实际生产。

在选煤厂的实际干燥过程中，对流、传导和辐射三种传热方式很少单独存在，通常都是相互伴随着同时出现。

二、干燥速度

在干燥过程中，当干燥介质的蒸气压低于煤粒表面水分的蒸气压时，由于压差的影响，水分由煤粒汽化而进入介质。所以，煤粒在干燥过程中，水分的降低包括物料中水分向表面扩散和表面水分汽化两个过程。我们用干燥速度表示物料中水分汽化的快慢。

干燥速度即单位时间内在单位干燥面积上被干燥精煤所能汽化的水分质量。其表达式为：

$$v = \frac{\mathrm{d}W}{A\,\mathrm{d}t} \tag{5-5-1}$$

式中　v——干燥速度，$\mathrm{kg/(min \cdot m^2)}$；

W——被干燥精煤脱除的水分质量，kg；

A——被干燥精煤总的干燥表面积,m^2;

t——干燥时间,min。

干燥速度不仅取决于高温烟气的性质和操作条件,同时还取决于物料所含水分的性质。

当物料与一定温度及湿度的干燥介质接触时,势必会放出水分或吸收水分,并达到一定的值。在干燥介质状态不变的情况下,物料中的水分总是维持该定值,此定值称为该物料在一定干燥介质状况下的平衡水分。

平衡水分代表物料在一定干燥介质状态下可以干燥的限度。只有物料中超出平衡水分的那部分,才有可能在干燥过程中被脱除。该部分水分称为自由水分。物料所含总水分是由自由水分和平衡水分所组成的。

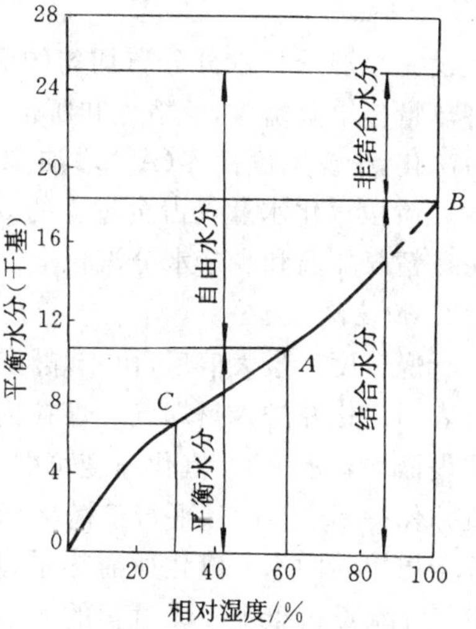

图 5-5-1 水分的分类

由图 5-5-1 可知,如某湿物料在相对湿度为60%的干燥介质中进行干燥时,物料的最低含水量由点 A 表示,即平衡水为 10.5%。在此烟气状况下,只能脱除物料中大于10.5%的那部分水分。

三、干燥过程

干燥速度决定干燥时间的长短,并直接决定了干燥机处理能力的大小。干燥速度越大,所需干燥时间越短,干燥机的处理能力也就越大。

随着干燥时间的增加,精煤中的平均含水量不断减少。精煤平均含水量与干燥时间的关系曲线,称为干燥曲线。根据精煤含水量随时间的变化值,可求得干燥速度。干燥速度和干燥时间的关系曲线,称干燥速度曲线,如图 5-5-2 所示。

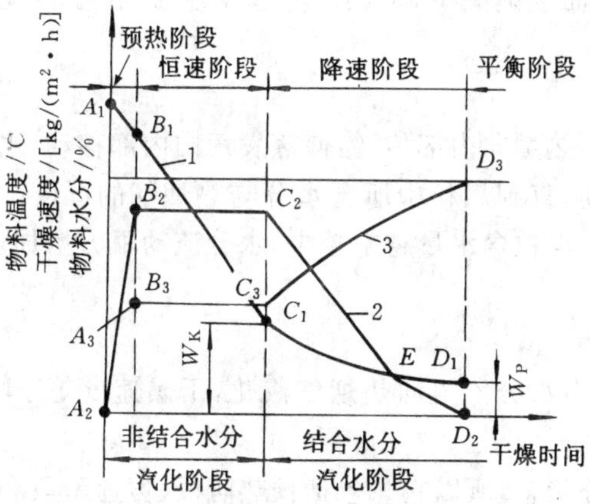

1—物料含水量曲线;
2—干燥速度曲线;3—物料温度曲线

图 5-5-2 物料含水量、干燥速度、物料温度与时间变化关系曲线

在干燥过程中,若将含水率超过平衡水分的湿物料与未饱和的热烟气接触,则水分逐渐汽化并通过表面上的气膜扩散至烟气中,烟气则不断将热量传给物料以供给水分汽化所需的潜热,并逐渐把汽化了的水分带走。表面上的水分汽化后,内部水分即向表面移动,使物料中水分慢慢地减少。因此,干燥速度不仅与干燥介质有关,也与物料本身因失水而引起的变化有关。下面讨论在干燥介质的湿度、温度、速度以及与物料接触的状况均不变的情况下,即恒定干燥条件下的干燥过程。

在恒定干燥条件下，依据干燥速度的变化，干燥过程可分为预热阶段、恒速阶段、降速阶段和平衡阶段。

1．预热阶段

设完全湿透且水分分布均匀的湿精煤，原来的温度为 A_3。当与烟气接触时，热烟气首先将热量传给湿精煤，使精煤和所带水的温度升高，精煤温度由 A_3 升到 B_3，由于受热，水分开始汽化，干燥速度由零(A_2)增加到最大值 B_2。精煤的水分则因汽化而减少，由 A_1 降到 B_1。此阶段汽化水量仅占全过程的5％左右，其特点是干燥速度由零升到最大值，热量主要消耗在精煤加温和少量水分汽化上。因此，水分降低很少。

2．恒速阶段

干燥速度达最大值后，由于煤粒表面水分蒸气压大于该温度下热烟气的蒸气压，水分从煤粒表面汽化并进入热烟气。煤粒内部的水分不断向表面扩散，使其保持湿润状态。只要煤粒表面均有水分时，汽化速度可保持不变，故称恒速阶段。该阶段的特点是干燥速度达最大值并保持不变，B_2C_2 平行于横坐标；精煤的含水量迅速下降；如果热烟气传给湿精煤的热量等于煤粒表面水分汽化所需热量，则煤粒表面湿度保持不变，B_3C_3 也平行于横坐标。该阶段气化水量占整个干燥过程的80％左右，是主要的干燥脱水阶段。预热阶段和恒速阶段脱除的是非结合水分，即自由水和部分毛细管水。恒速阶段结束时的精煤含水量 C_1 称为第一临界含水量，常简称为临界含水量，以 W_K 表示。

3．降速阶段

达到临界含水量以后，随着干燥时间的增长，水分由煤粒内部向表面扩散的速度降低，并低于表面水分汽化的速度，干燥速度也随之下降，称为降速阶段。在降速阶段中，根据水分汽化方式的不同又分为两个阶段，即部分表面汽化阶段和内部汽化阶段。

(1) 部分表面汽化阶段

进入降速阶段以后由于内部水分向表面的扩散速度小于表面水分汽化的速度，使煤粒表面出现干燥部分，但水分仍从煤粒表面汽化，故称部分表面汽化阶段。这一阶段的特点是干燥速度均匀下降，由 C_2 降到 E，且潮湿的表面逐渐减少，干燥部分越来越多，由于汽化水量降低，需要的汽化热减少，使煤粒温度升高。

(2) 内部汽化阶段

随煤粒表面干燥部分增加，温度越来越高，热量向内部传递，使蒸发面向内部移动，水分在煤粒内部汽化成水蒸气后再向表面扩散流动，直到煤粒中所含水分与热烟气的湿度平衡时为止，称内部汽化阶段。这一阶段的特点是，煤粒含水量越来越少，水分流动阻力增加，干燥速度甚低，煤粒温度继续升高。

4．平衡阶段

当煤粒中水分达到平衡水分 W_P时，煤粒中水分不再向热烟气汽化，干燥速度等于零，故称平衡阶段。

精煤的实际干燥过程不可能达到平衡水分状态，所以它只包括预热阶段、恒速阶段和部分降速阶段。

第三节　干　燥　机

干燥机是干燥脱水作业中的主要设备，其类型很多。如按干燥介质的种类进行分类的有空气、热烟气和红外线干燥机等;以操作方法分类,有间歇的和连续的;以气体与物料运动方向不同分类,有顺流式、逆流式和复流式;按气体与物料间传热情况分类,有直接传热、间接传热式。也可以根据干燥机形状及物料运行情况分为膛式、管式、滚筒式、井筒式、沸腾床层式、螺旋式和振动式等。

目前,国内选煤厂所使用的干燥机有滚筒干燥机、管式干燥机、井筒式干燥机、沸腾床层干燥机和螺旋干燥机等。

一、滚筒干燥机

滚筒式干燥机是应用较多的一种干燥机。滚筒式干燥机适于处理细粒但不过分黏结的物料,既可混合干燥末精煤和浮选精煤,也可单独干燥浮选精煤。多用于干燥水分较高、0~13 mm级中细粒含量较多的湿精煤。滚筒式干燥机具有生产率高、操作方便、运行可靠、电耗低等优点。缺点是汽化强度小、钢材消耗大、干燥时间长、占地面积大。

根据干燥介质与物料运动方向的不同,滚筒式干燥机可分为顺流式(干燥介质与湿精煤运动方向相同)和逆流式(干燥介质和湿精煤运动方向相反)两种。选煤厂多采用直接传热顺流式滚筒式干燥机。

1. 滚筒式干燥机的构造

滚筒式干燥机由滚筒、挡轮、托轮、传动装置和密封装置组成,滚筒式干燥机的结构如图 5-5-3所示。

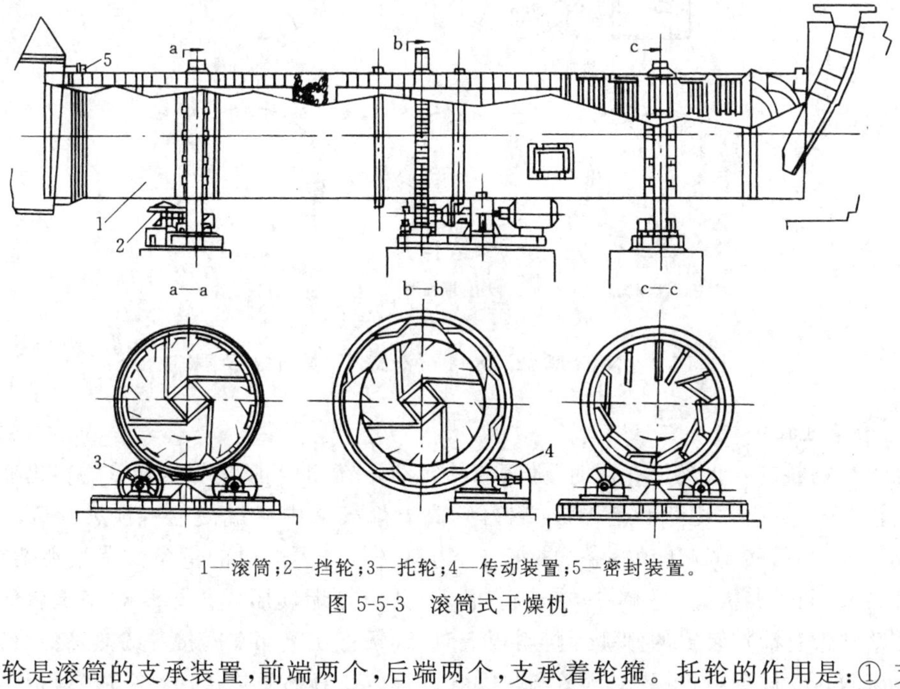

1—滚筒;2—挡轮;3—托轮;4—传动装置;5—密封装置。

图 5-5-3 滚筒式干燥机

托轮是滚筒的支承装置,前端两个,后端两个,支承着轮箍。托轮的作用是:① 支承滚筒,整个滚筒和滚筒内物料的重量全部压在 4 个托轮上,并在托轮上转动。② 调整滚筒倾角,滚筒每端两个托轮在横向上可以移动,通过改变两端托轮间距离,调整滚筒倾角。③ 防止滚筒轴向移动,在安装托轮时,有意使两托轮轴线不平行,当滚筒在托轮上转动时产生轴向推力,防止滚筒向下移动。

滚筒是倾斜安装的，一般为1°～5°，为了防止滚筒沿轴向向下移动，在轮箍侧面装有挡轮。

滚筒是在传动装置带动下转动的，转速一般为2～6 r/min。传动装置包括电动机、减速机、小齿轮和大齿圈。

由于滚筒式干燥机是在负压下工作的，为了防止漏风，在滚筒两端与给料箱和排料箱连接部位，都装有密封装置。密封装置的形式很多，常见的有摩擦式、迷宫式及罩式三种。

滚筒是滚筒式干燥机的主体，长度与直径之比一般为4∶1～8∶1，通常用8～14 mm厚的钢板制造，外面装有两轮箍。滚筒内部装有输送松散物料的装置。以NXG型ϕ2.4×14 m滚筒式干燥机为例，其内部沿轴向分为6个区，各区输送和松散物料的装置不同。一区为大倾角导料板，二区为倾斜导料板，三区为活动篦条式翼板，四区为带有清扫装置的圆弧形扬料板，五区为带有清扫装置的圆弧形篦条式扬料板，六区为无扬料板区。如图5-5-4所示。

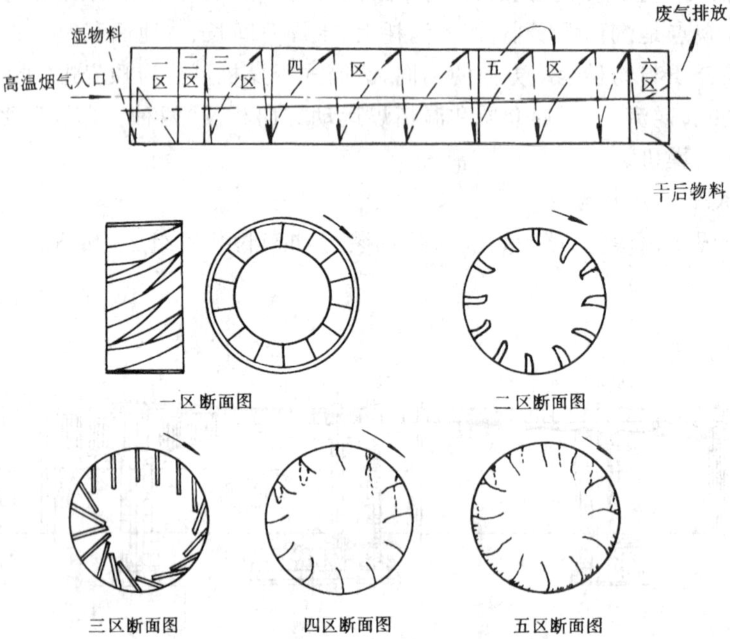

图5-5-4　NXG型ϕ2.4×14 m滚筒式干燥机内部结构图

2. 干燥过程

当干燥物料进入干燥机一区时，随滚筒的转动，并借助大倾角导料板将物料迅速导至倾斜导料板上，被提起并逐渐洒落形成“料幕”，高温烟气从中穿过使物料预热并蒸发部分水分。反复数次后，移动到活动篦条式翼板上，物料又与经预热过的篦条式翼板夹杂在一起，吸收其热量，同时翼板夹带物料一同升起、洒落，并与热烟气形成传导及对流质热传递。当物料移动到带有清扫装置的圆弧形扬料板上时，链条将在上部空间接受的热量传给物料，物料随滚筒的转动被扬料板提起、洒落与热烟气进行较充分的质热传递，并将扬料板内外壁黏附的物料清扫下来。同时，清扫装置对物料团球亦起破碎作用，大大增加了热交换面积，提高了干燥速率。当物料移动到带有清扫装置的圆弧形篦条式扬料板时，物料在干燥机内仍按四区的运动规律进行质热传递，但此区物料呈现两种状态：一种是干后呈粉状物料，随滚筒的转动并从篦条的间隙漏下；一种是湿的团球留在扬料板圆环内，随滚筒的转动逐渐被破碎，使其中水分蒸发，最终被干燥。当物料移动到六区，已变成低水分松散状态，为减少扬尘，减轻除尘系统的负荷，在距筒体末端约 1 m 的范围不设扬料板。干燥后物料滚动滑行到排料箱，完成整个干燥过程。

3. 工作原理

直接传热顺流式滚筒式干燥机的工作原理是：物料和由燃烧炉送来的 700～800 ℃高温烟气，同方向进入干燥机，物料由扬料板提起并洒落，两者直接接触，将热量传递给湿物料，使湿物料所带水分汽化，并随废气排走。干燥后的物料，由干燥机下端排料箱排出。

直接传热顺流式滚筒式干燥机适用于潮湿物料能经受强烈干燥，或被干燥物料对高温敏感，干燥后物料吸湿性小等情况。由于给入的湿物料与温度高而含湿量最低的干燥介质在进口端接触，故干燥初期干燥推动力较大，以后随物料的湿度降低，干燥介质的温度也降低，故适宜于最终含水量（即干燥程度）要求不高的物料。排出的物料温度较低，便于运输。

在直接传热逆流式滚筒式干燥机中，物料与干燥介质运动方向相反，干燥推动力在整个干燥过程中较均匀，适宜于对物料干燥要求较高，而物料对高温不敏感者。从产生粉尘的角度看，顺流式干燥介质与干燥后物料一起离开滚筒，因而细粒物料易被气流带走，而逆流式干燥介质排出时与湿物料相接触，干燥介质被滤清，气流中含尘量较少。

二、管式干燥机

管式干燥机是利用高温高速烟气使精煤在悬浮状态下进行干燥的一种设备，尤其适于处理密度小的细粒物料，可处理 0～0.5 mm 粒级含量不超过 40%的 0～13 mm 的湿精煤。由于干燥机中精煤和热烟气接触面大，所以干燥速度快。管式干燥机的优点是占地面积小、设备投资少、单位容积汽化水量大、精煤在干燥机内停留时间短、干燥机结构简单、制造容易、检修方便和钢材消耗低等。缺点是热效率低、电耗大、管壁磨损大、干燥成本高、要求厂房建得较高、干燥后精煤增灰较大、控制复杂、产生煤尘较多，并由于高温烟气对湿精煤的急剧加热作用，致使粗粒煤受热不均匀而破碎，具有一定的粉碎作用。目前，仅有双鸭山选煤厂采用管式干燥机。

1. 管式干燥机的构造

管式干燥机的构造包括干燥管、散煤器和清扫器三部分，如图 5-5-5 所示。

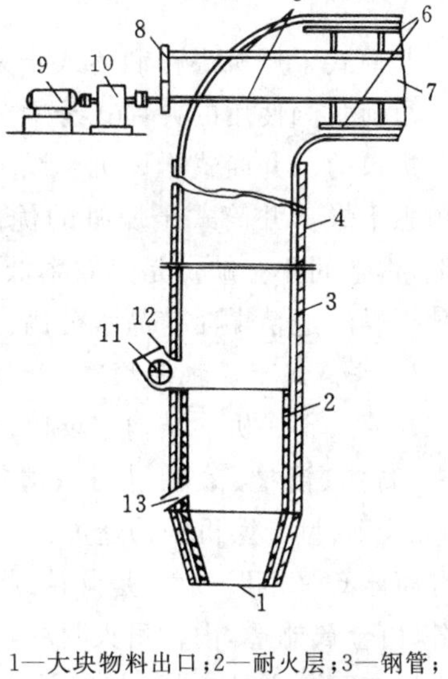

1—大块物料出口；2—耐火层；3—钢管；4—保温层；5—螺旋轴；6—螺旋叶片；7—废气及干后物料出口；8—传动皮带轮；9—电动机；10—减速器；11—散煤器；12—湿精煤入口；13—热烟气入口。

图 5-5-5 管式干燥机的构造

干燥管为一直立的大金属管，由钢板卷制而成，可分为若干段，借法兰盘连接或焊接。通常干燥管直径为 700～1 000 mm，长 15～25 m。干燥管直径和长度取决于生产量和产品水分的要求。生产量越大，干燥管直径就越大；干燥后产品水分越低，其干燥管就应越长。

干燥管的结构可分为三部分，由干燥管底部到湿精煤入口处 5～6 m 为一段，热烟气由此段进入，所以管内衬耐火层，大块物料和浮选精煤团球出口在管子的底部；由湿精煤入口到上部弯管处的直管段为干燥段，为防止热量损失和烫伤工作人员，在管外表面包有石棉或其他隔热材料的保温层 4；上部弯管为一段，可改变气流方向，将干燥后精煤和废气送入除尘器。

为防止精煤在弯管处沉积，引起燃烧和爆炸，螺旋清扫器可将沉积在弯管处的积煤送入除尘器。螺旋清扫器由螺旋轴、螺旋叶片和传动装置构成。传动装置包括电动机、减速机、传动皮带轮和三角带。两个皮带轮直径相等，故两螺旋转速相同。

散煤器的作用是将湿精煤均匀地送入干燥管，其构造和工作原理见下一节辅助设备。

2. 工作原理

由燃烧炉产生的高温热烟气从干燥管下部给入，并在干燥管内以 25～35 m/s 的速度自下而上流动，需干燥的湿精煤经星形给料机、散煤器均匀送入干燥管。在干燥管内，高温高速的烟气使进入干燥管的湿精煤呈悬浮状态，并沿干燥管上升。湿精煤和热烟气在上升中直接广泛地接触，传递热量，使水分汽化得到干燥，干燥后的精煤、汽化的水蒸气和废气一起排出并进入除尘器。在干燥管中，细粒度精煤由于质量轻，以接近烟气的速度上升；粒度较粗的精煤，由于质量较大，上升的速度小于烟气的速度，在干燥管内停留时间较长，恰好符合干燥的要求；个别大粒度颗粒和大块浮选精煤团球不能被烟气举起，落在干燥管下部溜槽中，经不透气闸门排出。产品的水分是上升的和下降的两部分物料的平均水分。为了使进入干燥机的湿精煤都能处于悬浮状态，得到干燥的物料随废气排走，要求烟气速度不能低于 25～35 m/s，而精煤粒度不能大于 10～15 mm。

三、井筒式干燥机

井筒式干燥机也称洒落式干燥机，或称竖井式干燥机，是一种逆流直接传热式干燥设备。目前我国使用的井筒式干燥机都是 SK-25 型干燥机，这种干燥机是 20 世纪 60 年代由波兰进口的。井筒式干燥机可以进行末精煤和浮选精煤的混合干燥，也可以进行浮选精煤的单独干燥。井筒式干燥机的优点是热烟气温度低，占空间小。缺点是热效率低，处理量小，在单独干燥浮选精煤时产品水分高。

1. 井筒式干燥机的构造

井筒式干燥机的结构主要由多螺旋喂煤机、筒头、筒体、溜槽、滚轮、挡板、清扫器等部分组成。SK-25 型干燥机的构造如图 5-5-6 所示。

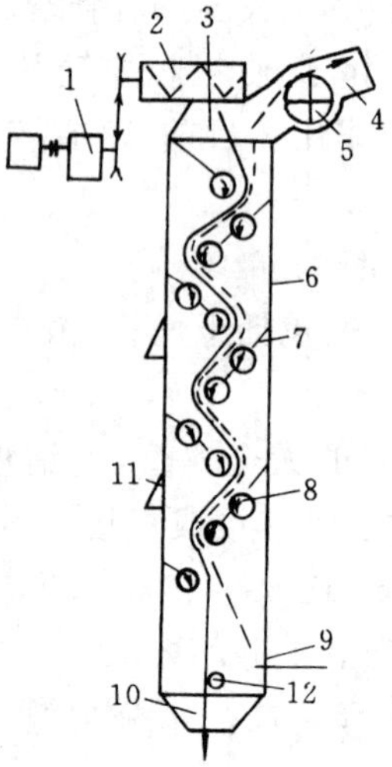

1—螺旋传动装置；
2—多螺旋喂煤机；
3—筒头；
4—废气出口；
5—清扫器；
6—筒体；
7—挡板；
8—滚轮；
9—热烟气入口；
10—溜槽；
11—安全阀；
12—灭火蒸气管。

图 5-5-6　井筒式干燥机

筒体 6 呈矩形截面，是井筒式干燥机的主要部分，由金属制造，内衬耐火材料，在每一层的壁板上均有两个方孔，供清扫筒体内部用，孔上装有安全阀 11，当干燥机内由于精煤燃烧引起压力过大时，安全阀自动打开。筒体两侧各有 12 个安装孔，供安装滚轮用。筒体内装有 12 个铸铁滚轮 8，直径为 330 mm，长 3 100 mm，通过滚动轴承装在筒体上，为防止轴承受热润滑不好，轴承座安装在筒体外面。滚轮传动装置（图中未画出）由电动机、减速机、链轮和传动链条组成，传动链条由上而下带动滚轮旋转。原设计滚轮的表面光滑，在干燥浮选精煤时，往往因为入料水分高、黏度大，在干燥机中打团呈球状，缩小了蒸发面积，影响汽化水量及干燥效果，同时，亦容易发生堵塞，引起燃烧以至爆炸。因此现场做了改进，安装了打散装置——松散轮，即将下数第 3 和第 7 个滚轮改为外形尺寸相同、带有松散齿的松散轮。松散轮可将黏结的煤球或煤饼打散成 10 mm 左右的小颗粒，扩大了汽化面积，提高汽化水量、干燥效果和干燥热效率。

筒头 3 为锥形结构，上面支承有多螺旋喂煤机 2。多螺旋喂煤机共有 8 个螺杆，在螺旋传动装置 1 带动下旋转。螺旋传动装置包括电动机、减速机链轮和传动链条。为了使湿精煤均匀地给入干燥机，多螺旋喂煤机沿筒全宽给料。筒头上还装有滚筒清扫器 5，防止引风机将大量煤粉抽出和防止在烟气变向处积煤而引起燃烧。

2. 工作原理

湿精煤经多螺旋喂煤机由筒头给入干燥机，先落到第一个滚轮上，由滚轮旋转，再将湿精煤洒到下一个滚轮上。在挡板 7 和滚轮 8 的作用下，煤流的运动方向如图 5-5-6 中实线箭头所示。热烟气由烟气入口进入干燥机，同样在挡板和滚轮作用下，由下而上与煤流相反方向运动，如图 5-5-6 中虚线箭头所示。由于热烟气和湿精煤直接接触，将热量传递给湿精煤，使湿精煤中水分汽化。汽化的水蒸气由烟气出口排出，干燥后精煤由溜槽下端排料口排出。

四、沸腾床层式干燥机

沸腾床层式干燥机是一种新型的干燥设备，它适用于末精煤和浮选精煤混合干燥，该机的特点是：热效率高，小时汽化水量大，单台处理能力大，设备布置紧凑，占地面积小，操作人员少。缺点是：以精煤和油作燃料，浪费资源，不能单独干燥浮选精煤，干燥机结构复杂。

1. 沸腾床层式干燥机的构造

沸腾床层式干燥机的燃烧室和干燥室为一体结构，麦克纳利沸腾床层式干燥机的构造如图 5-5-7 所示。

燃烧室为一圆筒形结构，其外围用 9 mm 不锈钢板围焊而成，内衬耐火砖砌成的耐火墙，钢板和耐火墙之间填有耐火泥。燃烧室底部铺有耐火砖和隔热耐火衬，底座为钢制底盘。燃烧室下部侧面有清理孔，中间有连接鼓风机的风圈，其上分布有进风孔，使风均匀地进入燃烧室以促进燃料充分燃烧和调节炉膛温度。

干燥室是沸腾床层式干燥机的主要组成部分，干燥室的床层为一矩形平面，与燃烧室的分界处为篦子，篦条直径 22 mm，缝隙在 2～2.5 mm 之间，开孔率为 7%。篦条入料端比出料端略高，其角度为 2.5°。干燥室上部设有洒水装置，其作用是降温灭火。在干燥过程中，如果参数失调，床层温度突然升高，甚至引起火灾，或燃烧室温度超过 530 ℃时，自控装置即动作，停车洒水降温灭火。

在干燥机的一侧设置了旁路烟囱，其顶部装有盖板，用气缸控制开闭。

旁路烟囱的作用是：① 干燥过程中床层着火或燃烧室温度超过 530 ℃时，烟囱顶部盖板通过自控打开，放空烟气降温冷却；② 正常停车时，烟囱盖板亦打开，使烟气短路散热冷却；③ 开车前，也要打开烟囱盖板，并开动引风机造成负压，净化干燥系统；④ 正常开车时，烟囱盖板是关闭的，保持干燥系统完全密封。

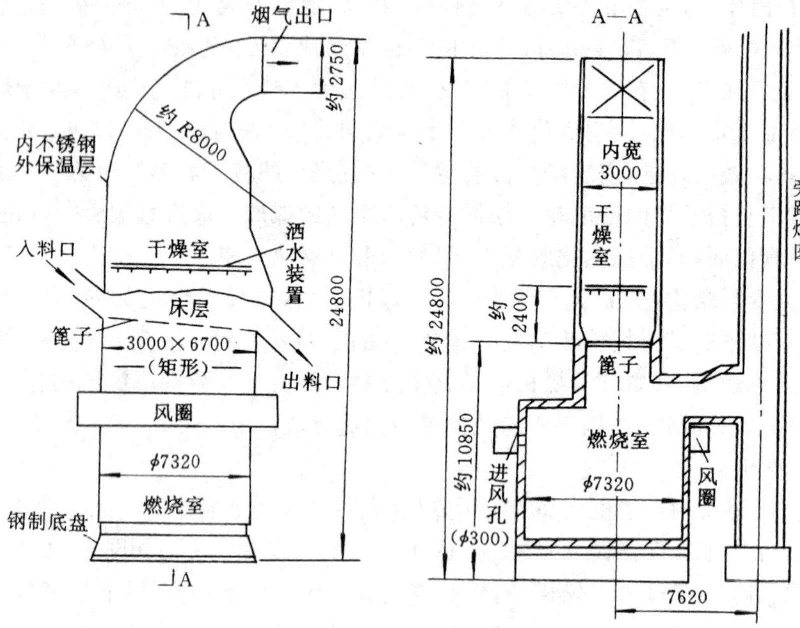

图 5-5-7　麦克纳利沸腾床层式干燥机结构示意图

2. 工作原理

干燥后精煤的一小部分经粉碎机粉碎到小于 50 网目，与预热到 80 ℃的空气按质量比为 1∶1 混合，被喷射器喷入燃烧室充分燃烧，产生的高温烟气以 150 m/s 的速度通过箅子进入干燥室。湿精煤经给料机由入料口进入干燥室后，沿箅子坡度被高温高速烟气吹起呈沸腾状态(跳跃、流动)，固体颗粒被高温烟气所包围，进行质热交换，由于干燥介质的蒸气压力低于煤粒表面水分的蒸气压力，湿精煤中水分不断汽化，转移到周围介质中，并被废气带走，从而降低了精煤的水分。经干燥后的精煤由排料口排出，废气、汽化的水蒸气和部分小于1.2 mm的精煤从干燥机上部废气出口进入除尘器回收。

第四节　辅助设备

为了实现物料的干燥脱水，除干燥机外，还需要一系列辅助设备，包括燃烧炉、鼓风机、除尘器、引风机、给料机和排料机等。其中除尘器将在下一章介绍，这里主要介绍其余几种辅助设备。

一、燃烧炉

燃烧炉是使燃料充分燃烧产生高温烟气的设备。根据燃料不同，将燃烧炉分为燃煤炉、燃油炉、燃气炉。在燃煤炉中，按燃烧方法的不同，可分为火床炉、煤粉炉、旋风炉、沸腾炉等。在选煤厂热力干燥中，除沸腾床层式干燥机外，大部分使用火床炉。火床炉内具有金属格栅——炉排，燃料置于格栅上，形成均匀的、有一定厚度的燃料层，因此，也称层燃炉。按照燃料层相对于炉排的运动方式，火床炉可分为三种：燃料层不移动的固定炉排炉；燃料层沿炉排移动的倾斜推饲炉及振动炉排炉；燃料层随炉排一起运动的链条炉排炉。

1. 火床炉的基本构造

火床炉的基本构造如图 5-5-8 所示。炉墙内层砌耐火砖，外层砌红砖，中间填有隔热材料，为了提高炉墙的强度，在外墙外部有金属型钢围成的框架，前炉墙上有炉门和检查孔。炉顶砌成拱形，既可提高炉体强度，又可合理地反射热量，改善燃烧状态。由于一次鼓风是由炉排下进入燃烧室的，所以灰仓需密闭。降尘室利用惯性分离和重力沉降原理，将高温烟气中夹带的粗粒烟尘沉积下来，以免进入干燥机增加精煤灰分。

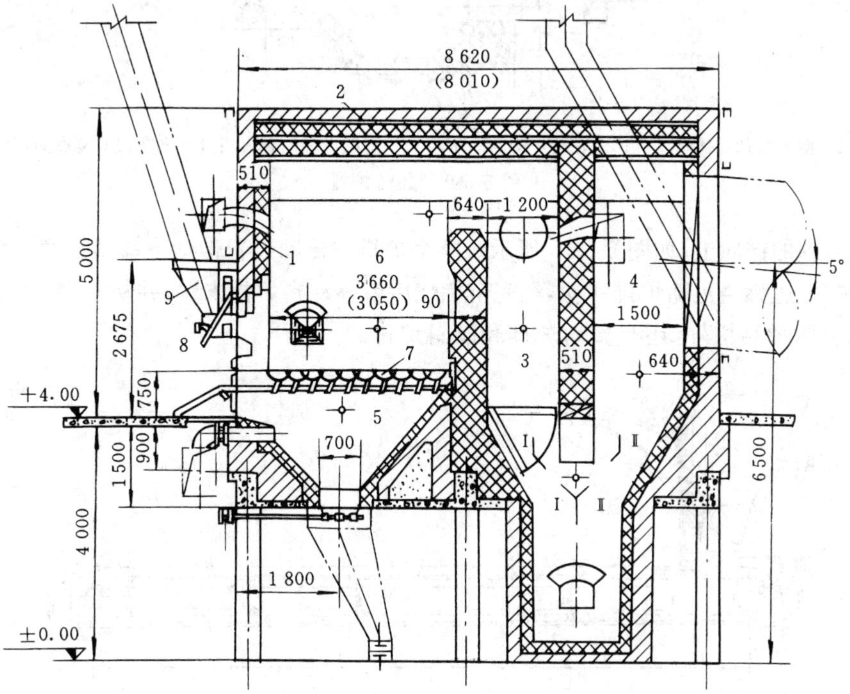

1—炉排；2—炉顶；3—降尘室；4—给料箱；5—灰仓；6—燃烧炉；7—炉排；8—抛煤机；9—煤斗。

图 5-5-8 燃烧炉

2. 炉排

炉排是火床炉的重要工作部件，用铸铁铸造。炉排的作用是：支承燃烧层，通过炉排进行一次鼓风，使燃料层在炉排上充分燃烧，燃烧后生成的炉渣也通过炉排清除。为了支承燃烧层，且炉排是在高温下工作的，因此炉排要有一定的强度。为了进行一次鼓风，炉排应有一定孔隙，通过给风可冷却炉排，改善炉排的工作条件。

根据炉排的运动方式，可分为以下两种结构。

(1) 翻转炉排

翻转炉排构造如图 5-5-9 所示，一般由两组炉排组成，每组炉排有单独的连杆传动机构，可以带动炉排，使炉排片由水平位置翻转至直立，炉渣从直立的炉排片之间排出。翻转炉排的燃烧和排灰是间歇进行的，由两组炉排交替工作。

(2) 链条炉排

链条炉排片的形状似链节，整个炉排由许多个链节串联而成，形成一个宽阔的环形链带，

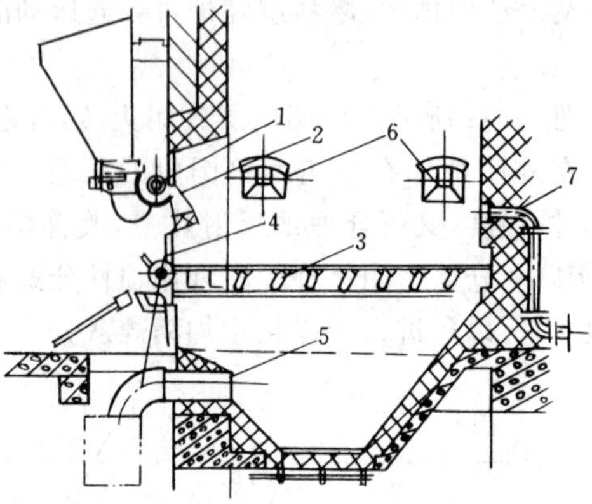

1—抛煤机；2—播煤风口；3—翻转炉排；4—炉门；5—进风口；6—看火门；7—飞灰回收复燃装置。

图 5-5-9 翻转炉排

并绕在前后轴的链轮上，如图 5-5-10 所示。整个炉排在传动装置带动下移动。像一个运输机，燃料在炉排上边燃烧边随炉排移动，经完全燃烧后就移动到炉排末端，并从末端排除。

除以上两种结构外，还有振动炉排和倾斜炉排。

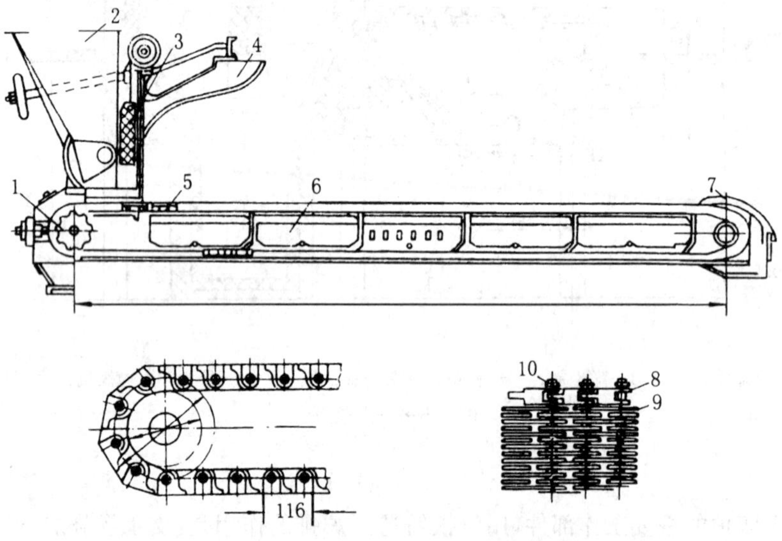

1—链轮；2—煤斗；3—闸门；4—前拱吊转架；5—链条炉排；6—隔风板；

7—老鹰铁；8—主动链环；9—炉排片；10—圆钢拉杆。

图 5-5-10 链条炉排

3. 抛煤机

抛煤机是将燃料均匀地抛进燃烧室形成燃烧层的设备，按工作原理的不同可分为机械抛煤机、风力抛煤机和风力机械抛煤机三种，其工作原理如图 5-5-11 所示。

机械抛煤机——用旋转的叶片[图 5-5-11(a)]或摆动刮板[图 5-5-11(b)]抛撒燃料，粗粒抛在炉排长度方向的远处，细粒落于近处；风力抛煤机，用气流播散燃料[图 5-5-11(c)]，其粒度分布情况与机械抛煤机相反，粗粒落于炉排前端，细粒落于炉排后端；风力机械抛煤机，兼顾了风力、机械两种抛煤机的特点[图 5-5-11(d)]，因此，燃料在火床上粒度分布相对比较均匀。

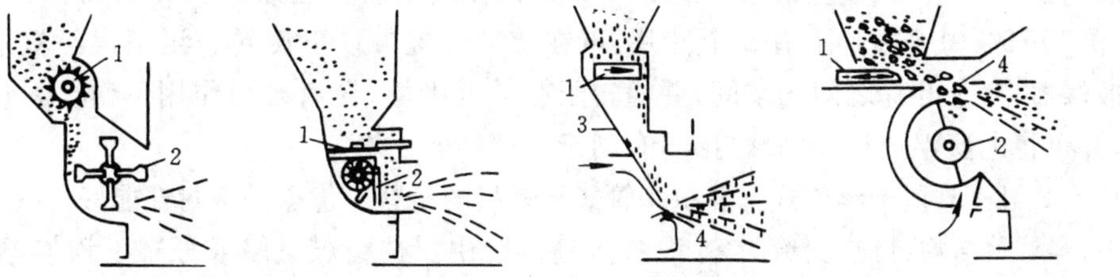

1—给煤装置；2—击煤机构；3—倾斜板；4—风力播煤装置。

图 5-5-11 抛煤机工作原理示意图

二、给料机和排料机

给料机和排料机是湿精煤和干燥后产品进出干燥机的控制设备。给料机作用有两个：其一，将湿精煤均匀地给入干燥机，并控制精煤的给料量；其二，起封闭作用，防止冷空气由入料端进入干燥机，以封闭为主。排料机作用也有两个：其一，将干燥后产品给入下一道工序；其二，起封闭作用，防止冷空气从排料端进入干燥机，也是以封闭为主。因为干燥机是在负压下工作的，干燥机内热烟气的压力略小于大气压力，由于给料机和排料机在干燥机两端起封闭作用，可以防止外部冷空气进入干燥机降低干燥温度，从而减少热量损失，保证产品水分。

1. 给料机

选煤厂热力干燥采用的给料机有星形给料机和 SG 型给料机等。

(1) 星形给料机

星形给料机也称滚筒给料机，或称鼓形给料机，构造如图 5-5-12 所示。机壳由铸铁铸造而成，上面连接湿精煤仓，如用在滚筒式干燥机前；下部接密封的给料溜槽，如用在管式干燥机前，下部接散煤器，向干燥管抛煤。转子在传动装置带动下旋转，当湿精煤进入星形给料机后，存于转子的弧形空间里，并随转子旋转从机壳下端靠自重排出。传动装置并带动清扫器旋转，但旋转速度和转子不同，转子每转过一个弧形叶片，清扫器旋转一周，并将粘

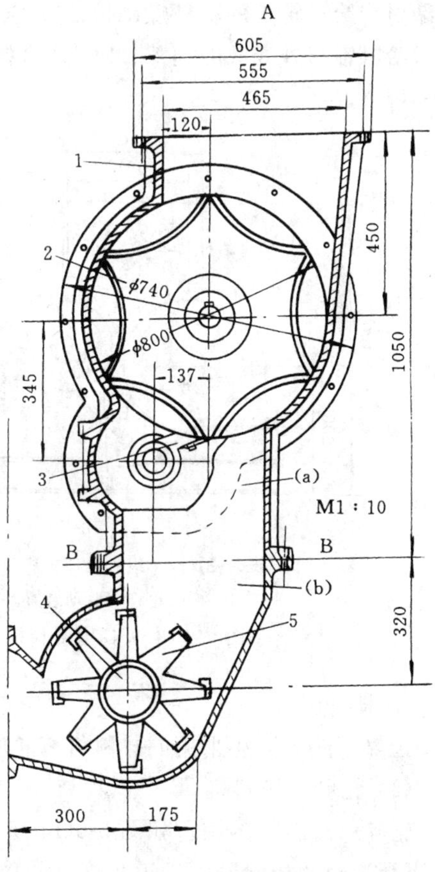

(a) 星形给料机；(b) 散煤器。
1—机壳；2—叶轮转子；3—清扫器；
4—叶片转子轴；5—叶片。

图 5-5-12 星形给料机及散煤器

在转子上的湿精煤刮掉。

散煤器[图 5-5-12(b)]由机壳、转子和传动装置三部分组成。机壳为铸铁件，转子由 20 个节片组成，每个节片上有 8 个叶片，可在传动装置带动下旋转。湿精煤经星形给料机进入散煤器，存于叶片之间的空间，并随转子旋转近半周，在离心力作用下由出料口甩进干燥机，并可将大块浮选精煤团球打碎，有利于湿精煤的干燥。

星形给料机常用于滚筒式干燥机和管式干燥机的给料。优点是密封性能好。缺点是给料空间小，容易黏结物料，减少给料容积；如湿精煤仓中浮选精煤量多或分布不均匀，则卸料困难；在煤仓装料过多时，对转子压力较大。

(2) SG 型给料机

SG 型给料机的构造如图 5-5-13 所示。SG 型给料机的重要工作部件为给料辊 2，分别为主动辊和从动辊，并由传动装置带动转动，两辊之间通过联动齿轮传动。湿精煤给到给料辊上，由于辊子旋转，由下部排出。为了防止湿精煤在给料辊上方“棚住”，其上方装有破拱装置 1。为预防浮选精煤打团，增加湿精煤在干燥机中的汽化面积，在给料辊下方设有松散轮 4，将湿精煤打成 10 mm 大小的颗粒给进干燥机。在每个给料辊下方还装有清扫装置 3，将黏附在给料辊上的湿精煤刮掉。在 SG 型给料机工作时，应使给料机内保持少量存煤，以密封给料辊与外壳间的间隙。SG 型给料机的处理量通过调速器和控制器控制给料辊的转速来调整。

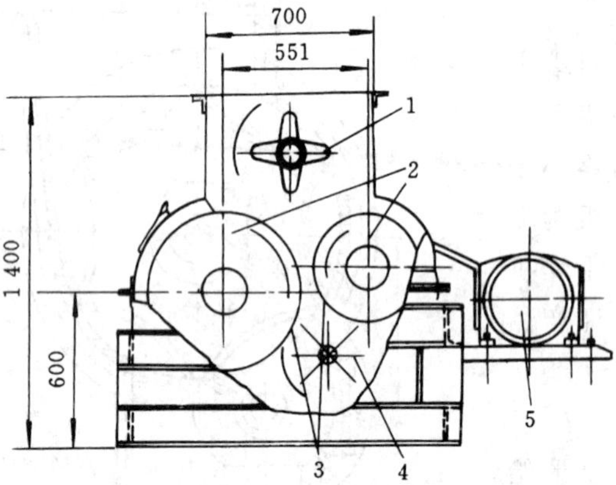

1—破拱装置；2—给料辊；3—清扫装置；
4—松散轮；5—驱动装置。

图 5-5-13　SG 型给料机

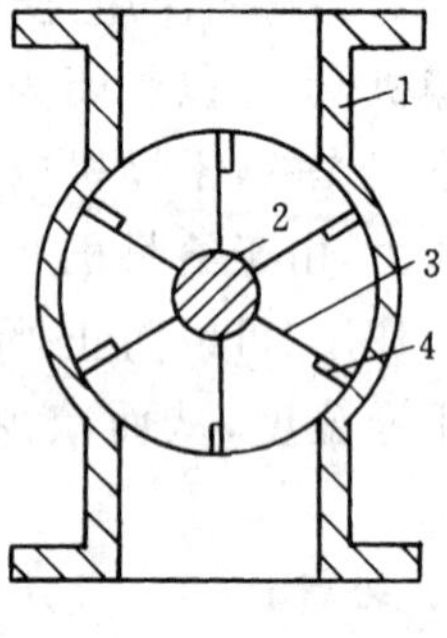

1—机壳；2—转子轴；
3—叶片；4—橡胶条。

图 5-5-14　轮叶式排料机

2. 排料机

选煤厂热力干燥采用的排料机有轮叶式排料机和锁气器等。

(1) 轮叶式排料机

轮叶式排料机的构造如图 5-5-14 所示，机壳由铸铁铸造而成，上端与干燥机排料箱连接，下端通过溜槽给到下一道工序。机壳内装有叶片 3 或转子，叶片上安有橡胶条 4，橡胶条与机壳接触起封闭作用。经干燥后产品由上端给入轮叶式排料机，随转子旋转，将产品带到下部靠自重落下。由于干燥后产品水分为 8%～10%，不至于粘在叶片上，故不用清扫装置。

(2) 锁气器

锁气器的用途较广，适于各种类型的干燥机，一般装在除尘器排料管上。形式有多种，其中无动力锁气器具有构造简单、工作可靠、运转费用低、维修方便等优点，较有动力锁气器使用更为广泛。

在无动力锁气器中，根据构造特点不同，分为旋转阀式和活门式两种。活门式锁气器，又分为平板活门式和锥形活门式两种，图 5-5-15 为锥形活门式锁气器。

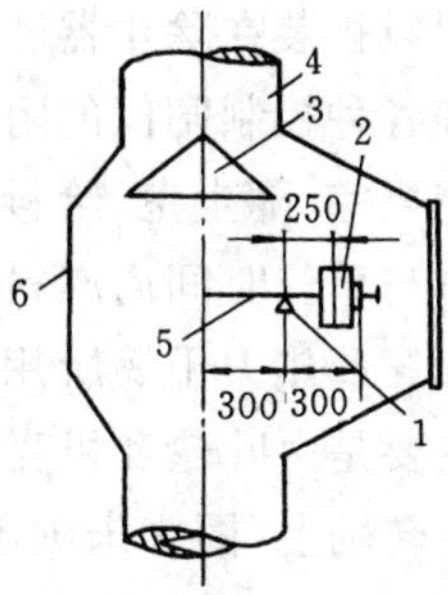

1—支撑架；2—重锤；
3—锥形活门；4—排料管；
5—杠杆；6—外壳。

图 5-5-15　锥形活门式锁气器

锥形活门式锁气器直接装在排料管上，由支撑架、杠杆、重锤、锥形活门和外壳组成。由于重锤 2 的作用，锥形活门 3 处于关闭位置，此时不排料，并起密封作用。当精煤进入排料管时，落在锥形活门上，由于重锤的重量大于物料重量，活门仍处于关闭状态。随排料管中精煤增多，其重量大于重锤的重量时，锥形活门打开，将精煤排掉。精煤排出后，在重锤的作用下锥形活门又关闭。

为了更好地起封闭作用，在一个管道中，最好安装两个锁气器，由两个锁气器活门分别开闭而起封闭作用。

三、鼓风机和引风机

由燃料燃烧过程和热力干燥原理可知，为了使不断进入燃烧室的燃料充分燃烧，必须合理地送风；为使燃料燃烧所产生的高温烟气能干燥精煤，必须组织好排风。

实现各种气流的流动，必须依靠外界作用力来克服流动阻力。外界作用力称为通风力。

设置高烟囱和安装风机两种方法均可使空气和烟气获得通风力。因此有两种不同的通风方式，只需烟囱产生的通风力叫自然通风；除了烟囱之外，还使用风机产生的通风力为人工通风，又称机械通风或强制通风。人工通风分为压送鼓风式、抽吸引风式和平衡通风式三大类。压送鼓风和抽吸引风联合使用即为平衡通风，选煤厂热力干燥均采用平衡通风。平衡通风是最理想的通风方式，即使系统内通风阻力很大，燃烧室、干燥机、除尘器和烟道等各处的压力仍可自由方便地调节，以便充分发挥燃烧炉的热效率。

压送通风是利用鼓风机将压力比大气压高的空气从炉排下面或从燃烧室墙壁上的风口强行送入燃烧室，鼓风机设在燃烧室空气进口处。为了便于操作，应使炉内压力与大气压力相仿或略低一些，即炉内保持极微负压，打开炉门时火焰不外喷。因此要求鼓风机和引风机匹配相当。

鼓风机的作用是供给燃料燃烧所必需的氧气，促使燃料充分燃烧。根据给风的位置和作用不同，燃烧炉供风可分两种：一次鼓风和二次鼓风。一次鼓风从炉排下将空气送入燃烧室，提供燃料燃烧所必需的氧气，并在通过炉排时被加热和使炉排冷却，改善炉排的工作环境。二次鼓风，从火床上方送入空气，提供一部分氧气，还可扰乱炉内气流，使之自相混合，从而保证炉膛内过量空气系数和降低化学不完全燃烧损失。二次鼓风的给入方式、位置和风量与炉型和燃料有关，一般占总风量的 5%～10%。

鼓风机的风量与燃料种类、单位时间内燃料消耗量和空气用量系数有关。鼓风机的风压应能克服风道、闸门、炉排和燃料层的阻力。

引风机装在除尘器和烟囱之间，有一定的吸力，克服烟气经由燃烧炉、干燥机、除尘器、烟道和各种控制闸门的阻力，使之以一定速度从烟囱排出。因此，引风机的风压要大于烟气通过燃烧室、降尘室、给料箱、干燥机、排料箱、除尘器、烟道和各种控制闸门的阻力。引风机的风量与单位时间内燃料燃烧产生的烟气量和湿精煤气化的水分量有关。

选煤厂热力干燥所用的鼓风机和引风机多数采用离心式风机，其构造如图 5-5-16 所示。主要是由叶轮和机壳组成。叶轮由叶片 3 和连接叶片的前盘 2、后盘 4 组成，并通过后盘装在转轴上(图中未画出)，电动机带动旋转。机壳一般是用钢板制成阿基米德螺线状箱体，在出风口 6 处装有截流板 7，以控制风量。

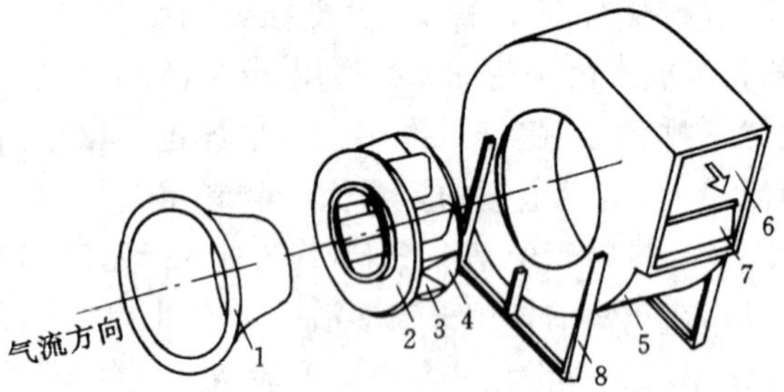

1—入风口；2—前盘；3—叶片；4—后盘；5—机壳；
6—出风口；7—截流板；8—支架。

图 5-5-16　离心式风机主要结构分解示意图

当叶轮旋转时，气体随叶片旋转获得离心力，从叶片间的开口处甩出挤入机壳，使机壳内气体压强增高，并由导向出风口排出。气体被甩出后，叶轮中心部分的压强降低，小于大气压，从而使外部的气体能源源不断地进入机内。

复习思考题

1. 什么是干燥速度？干燥曲线、干燥速度曲线的作用是什么？
2. 干燥过程分几个阶段？各阶段的特点是什么？
3. 简述选煤厂常用干燥机的构造和工作原理。
4. 什么是干燥系统？干燥系统中各辅助设备的种类和作用是什么？
5. 任举一个干燥机，说明其热力干燥精煤的工艺流程。

第六章　除尘与除尘设备

第一节　除　　尘

在破碎、筛分、干燥物料运输和干法分选过程中，都有粉尘伴随着发生。微细的尘粒受气流作用散布在空气中并呈悬浮状态，极易在车间内飞扬和向厂房外扩散。干燥机排出的废气和锅炉排出的烟气中，也含有大量粉尘(或烟尘)。若不采取有效的防尘、除尘措施，就会严重污染作业场所和大气环境，给人民身体健康和工农业生产带来极大的危害。

一、粉尘的分类

按粉尘生成特征进行分类，可以分成两种。

粉尘——在筛分和运输等工艺过程中产生，并在形成过程中未发生任何物理或化学变化的称为粉尘。

烟尘——在生成过程中伴随着物理或化学的变化，例如氧化、升华蒸发和冷凝等过程所产生的粉尘。

二、粉尘的扩散

在选煤厂正常生产条件下，运动着的粉尘颗粒所受的作用力有机械力、重力、布朗运动以及空气流动的作用力。其中对粉尘的扩散影响最大的是空气流动力。

由于空气流动而引起的粉尘飞扬，基本上可以分为以下两种情况。

1. 一次扬尘过程

在处理散状物料时，由于诱导空气的流动，将粉尘从处理物料中带出，污染局部地带。如当大颗粒物料沿着溜槽运动时，由于周围空气同物料的摩擦作用以及其他原因，可诱导空气随着运动的物料流动，使粉尘在下一个生产设备或密闭罩内向外逸出，如图 5-6-1 所示。另外，由高处落入仓内的细颗粒物料，在空气的正面阻力下引起剪切作用，使降落的物料悬浮，如图 5-6-2 所示。

2. 二次扬尘过程

由于室内的空气流动及设备的运行和振动所造成的气流流动，把沉落在设备、地面及建筑物上的粉尘再次吹起，称作二次扬尘。造成二次扬尘的气流称二次气流。二次气流可将含尘空气由局部扬尘地点吹散至气流所涉及到的所有空间。

二次气流主要指室内的无规则气流和通风射流。此外带式输送机、提升机、往复运动的部件，以及设备的振动、人的行走，等等，也可能形成二次气流。实际上，这两个过程常是同时连续作用的，致使车间粉尘弥漫。

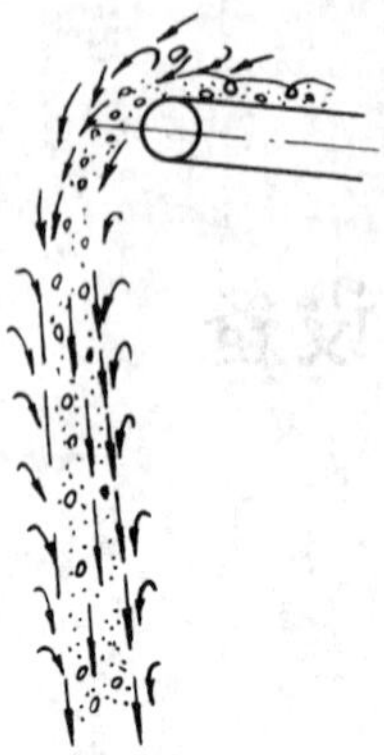

图 5-6-1　大颗粒物料的降落

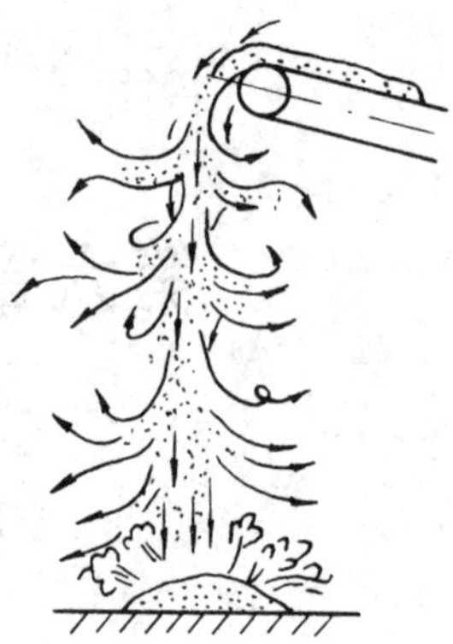

图 5-6-2　细粒物料的降落

三、除尘措施

在实际工作中，首先应查明粉尘产生和扩散的原因，再采取有效的防尘、除尘措施。除尘措施有密封除尘、湿法除尘和机械除尘。选煤厂多用机械除尘。

第二节　除　尘　器

凡是能够将有害物质从空气中分离出来，使之清洁的设备统称为空气的净化设备。将空气中的粉尘分离出来的设备，称作除尘设备，简称除尘器。

一、除尘器的分类和除尘过程

1. 除尘器的分类

虽然在生产实践中使用的除尘器有多种多样，但按作用于除尘器的外力或作用机理分，除尘器可分为机械除尘器、电力除尘器、过滤式除尘器和洗涤除尘器等四大类。其中，机械除尘器包括重力除尘器（又称重力沉降室）、惯性力除尘器和离心力除尘器三类。

根据除尘过程中有无液体参与，可将其分成无液体参加作用的干式除尘器和有液体参与的湿式除尘器两类。根据安装形式不同，又分为立式除尘器和卧式除尘器。

2. 除尘器的主要组成部件

各种类型的除尘器，虽然受到的作用力不同，但都需具有以下部件才能正常工作：即引入含尘气体的除尘器进口；进行固气分离的除尘空间，或称除尘室；排除分离后粉尘的排尘口和除尘后相对清洁的气体出口。

3. 除尘过程

整个除尘过程可分为三个分过程，互相之间既有联系又有区别。

（1）捕集分离过程

该过程由捕集推移阶段和分离阶段组成。

① 捕集推移阶段

均匀混合或悬浮在运载介质中的粉尘，进入除尘器的除尘空间。根据除尘器类型不同，受到不同外力的作用，将粉尘推移到分离界面。随粉尘向分离界面推移，浓度越来越大，为固气分离进一步作好准备。实际上，捕集推移阶段即粉尘的浓缩阶段。

② 分离阶段

当高浓度的尘流流向分离界面以后，存在两种作用机理：其一，运载介质运载粉尘的能力逐渐达到极限状态，在粉尘悬浮和沉降趋势上，以沉降为主，并通过粉尘沉降，使之从运载介质中分离出来；其二，在高浓度尘流中，粉尘颗粒的扩散与凝聚趋势，以凝聚为主，颗粒之间可以彼此凝聚，也可在介质界面上凝聚并吸附。通过以上两个机理，实现粉尘与运载介质的分离。

(2) 排尘过程

排尘过程是经过分离界面以后，已分离的粉尘通过排尘口排出的过程。不同的除尘器排尘作用力不同，部分除尘器不需施加其他动力，仅利用原捕集分离的力量，即可将粉尘排离除尘器。如机械力除尘器及洗涤除尘器。另一部分除尘器需施加额外的动力，才可将粉尘排出。如电力除尘器和过滤除尘器。因此，需附设粉尘振落清灰装置。

(3) 排气过程

已除尘后相对净化的气流从排气口排出的过程称为排气过程。

二、选煤厂常用除尘设备

选煤厂常用的除尘设备有单筒旋风除尘器、多管旋风除尘器、水膜除尘器及袋式除尘器等。袋式除尘器主要用于准备车间除尘，其他除尘器主要用于选煤厂的热力干燥除尘过程。

1. 单筒旋风除尘器

单筒旋风除尘器是工业中应用较广泛的除尘设备之一。利用旋风气流对尘粒和空气所产生惯性离心力大小的不同，使尘粒和气流进行分离。

最简单的旋风除尘器如图 5-6-3 所示。

旋风除尘器工作原理：含尘气流由进气管以 12～25 m/s 的速度沿切线方向进入圆筒体，在外圆筒和中央排气管之间向下作螺旋运动。在旋转过程中产生惯性离心力。尘粒一方面受气流运动的影响，在其中旋转下降；另一方面则受离心力的作用，逐渐向外扩散接近筒壁。最终与外圆筒的内壁相碰，沿内壁旋转滑下，被收集在中间底部的排灰口，并由此排出。气体则因质量小，受离心力作用甚微，随圆锥形的收缩转向除尘器的中心，并受底部阻力作用，转而上升，形成一股上升旋流，从排气管上端排出，实现除尘作用。气体排出速度通常很小，仅 4～6 m/s。

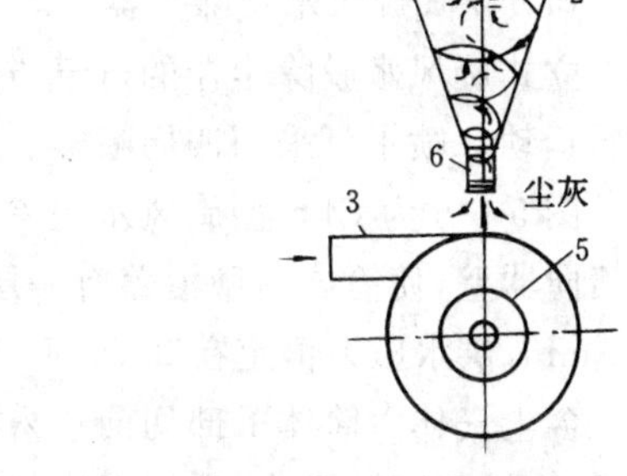

1—圆筒体；2—圆锥体；3—进气管；4—顶盖；5—排气口；6—排尘口。

图 5-6-3　旋风除尘器示意图

旋风除尘器构造简单、维护方便，可用于处理含尘浓度在 0.01～500 mg/m³ 范围内的各种气体，当处理高含尘浓度的气体时，常用作多级除尘系统的预除尘器；而在尘粒较粗、浓度较低时，可单独使用。

2. 多管旋风除尘器

为了提高除尘器的除尘效率，可采用减小旋风除尘器的直径或提高气流入口速度来实现。但增加气流入口速度，将使气流阻力剧增，达到一定限度后，又导致除尘效率下降；而减小直径，又要降低处理量。因此，常采用小直径的旋风除尘器组，即多管旋风除尘器。这样既能得到较高的除尘效率，又能保证除尘器的处理能力。

多管旋风除尘器由若干个小直径的旋风除尘器并联组合而成。构造和工作原理与普通旋风除尘器基本相同。其断面图见图 5-6-4。它由配气室 A、净化室 B 和灰斗 3 组成。配气室内有多个旋风子，支撑在支承花板上。在旋风子和外壳之间用填料充填。每个旋风子都是一个从轴向引入气体的旋风除尘器，它们有共同的进气和排气口，收集的粉尘排入共同的灰斗中。排气管和进气空间用隔板分开，隔板必须严密，防止漏气。

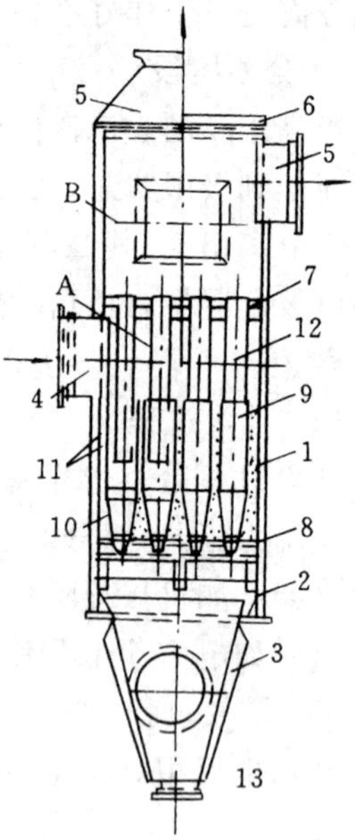

1—外壳；2—支撑部分；
3—灰斗；4—进气管；
5—排气管；6—顶盖；
7、8—支撑花板；9—旋风子；
10—填料；11—导向叶片；
12—排气导管；13—排尘口。

图 5-6-4　立式多管旋风除尘器

由于箱体内的所有旋风子都用同一个进气口，气流必须均匀地分布到各个旋风子才能保证除尘器有效工作。因此，要求各旋风子的排数在顺气方向一般不多于 10 排，垂直气流方向可达 16 排。为了防止气流由一个旋风子串入另一个旋风子内，每隔 6 列，在灰斗中要设隔板，或设单独灰斗。旋风子因直径小，容易堵塞，因此不宜用于处理黏性强的粉末，含尘浓度也应较低。

多管旋风除尘器与其他除尘器相比，具有构造简单、价格便宜、设备紧凑、运转方便等优点，是一种应用较多的除尘器，并常与风选机和干燥机连用。

3. 水膜除尘器

水膜除尘器是湿式除尘器的一种，是利用喷雾或其他方式，在除尘器的内壁上形成一薄层水膜，有效地防止粉尘在器壁上反弹、冲刷等作用引起的二次扬尘，因而大大提高了除尘器的效率。一般除尘效率可保证在 90%以上，管理好时可达到 95%。捕集的粉尘粒度比干法旋风除尘器细。水膜除尘器有立式和卧式两种。

(1) 立式旋风水膜除尘器

立式旋风水膜除尘器的进气方式，可用切线进气，也可从中心进气，通过导流叶片获得旋转运动。喷水可采用四周喷雾、中心喷雾、上部周边喷水等方式。

图 5-6-5 为 CLS 型旋风水膜除尘器。该类型水膜除尘器喷嘴设在筒体上部，水雾由切向喷向器壁，使筒体内壁覆盖有一层连续往下流动的、很薄的水膜。喷嘴之间距离为 300～400 mm，供水压力恒定在 2.9×10^4～3.9×10^4 Pa 之间。

含尘气体由筒体下部切向进入除尘器，旋转上升。在离心力作用下分离出来的粉尘，甩向器壁，被水膜层吸收，随被污染的水排出，净化后的气体由上部排出。

这种除尘器入口最大含尘浓度为 2 g/L，当浓度较大时，应在除尘器前面设置预除尘器。对于 5 μm 的粉尘，湿式除尘器的除尘效率可达 87%，而干法除尘的除尘效率仅为 70%左右。湿法除尘器效率虽然较高，但固气分离又导致了固液的混合，较理想的解决办法是将

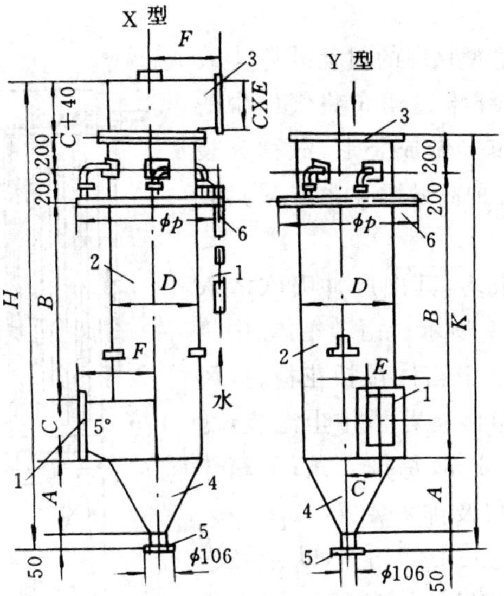

1—进气口；2—圆筒段；3—排气口；4—圆锥段；5—排尘口；6—环形喷水管。

图 5-6-5　CLS 型旋风水膜除尘器

干法作为第一级除尘，湿法作为第二级除尘。这样既可减少泥浆量的产生，又可保持较高的除尘效率。

(2) 卧式旋风水膜除尘器

该类除尘器又称水鼓除尘器，或称旋筒式水膜除尘器，结构见图 5-6-6。是由横置的倒卵形外壳、内筒、螺旋导流片、水槽等部件组成的。螺旋叶片绕在内筒上，并固定在外壳内壁上，使外壳和内筒之间的间隙被分隔成一个螺旋状通道，沟通进风口和排风口。

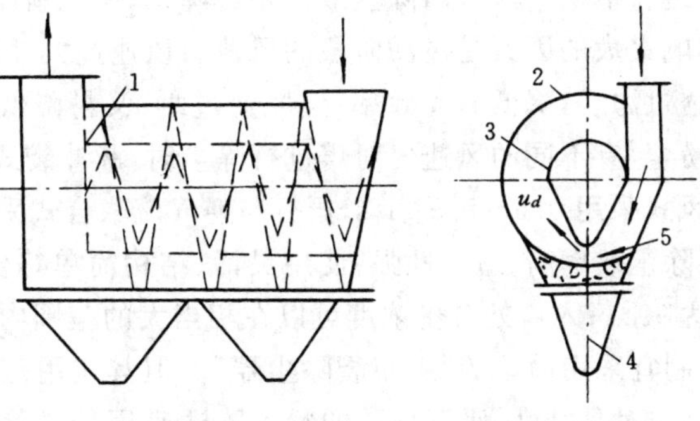

1—螺旋导流叶片；2—外壳；3—内筒；4—水槽；5—通道高度。

图 5-6-6　卧式旋风水膜除尘器

含尘气流由除尘器一端切向给入，冲击水面后，在螺旋通道内流动。气流冲击壳体下部的水，产生水花、水雾随气流运动，在外壳内壁形成 3～5 mm 的水膜。水花、水膜与粉尘相遇时，将尘粒捕集。在离心力作用下，尘粒和水雾均被甩在外壳内壁的水膜上，随之流入下部水槽。由于速度较高，尘粒也可因惯性作用落入水中。因同时具有几种捕集机理，所以，有较高的除尘效率。该类除尘器阻力小、效率高、结构简单、运行维护费用低、耗水量少，对所处理的空气冷却和增湿度小。因此，适用于处理含各种粉尘的气体。

4. 袋式除尘器

袋式除尘器是基于过滤原理的过滤式除尘设备,利用有机纤维或无机纤维过滤布将气体中的粉尘过滤出来。因过滤布多做成袋形,故称为袋式除尘器。该类设备在各种高效除尘器中最具有竞争力。

袋式除尘器的类型很多,其中脉冲喷吹清灰袋式除尘器构造如图 5-6-7 所示。由上箱体、中箱体、下箱体和控制阀组成。上箱体包括花板、排风管、上盖和喷吹装置;中箱体有若干排尘滤袋,滤袋直径 120 mm,长 2～2.6 m,每排 6 条;下箱体包括灰斗、下进风的进风口及排灰装置。

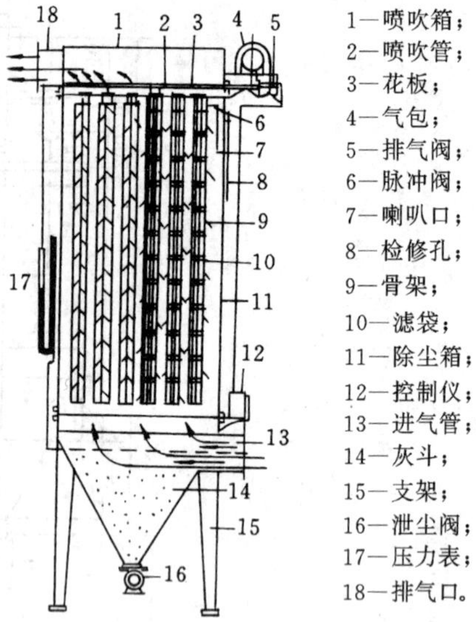

图 5-6-7 脉冲喷吹清灰袋式除尘器

含尘气体由进气口进入中部箱体,从袋外进入布袋内,粉尘被阻挡在滤袋外的表面上,净化的空气进入袋内,再由布袋上部进入上箱体,最后由排气管排出。

为防止过滤时滤袋可能被吸瘪,滤袋内设有支撑框架。通过脉冲阀控制脉冲性向滤袋内喷射高速、高压气流,使滤袋急剧膨胀、收缩,产生冲击振动。袋外附着的粉尘,一部分靠重力落入下部灰袋内,一部分由于瞬时产生的、由内向外的气流将其吹落,进入灰斗。最后经泄尘阀排出。该类型除尘器,可以在不停风的状态下进行清灰。

新的或干净的滤袋除尘效率最低。随滤布上粉尘量增多,除尘效率提高。但同时阻力增加,到一定程度,需进行清灰。清灰后除尘效率稍有降低,但比新滤袋高。

对除尘器性能影响最大的因素是过滤阶段的风速。风速过大,除压实粉尘层、增大滤层阻力外,还易使尘粒透过滤袋,降低分离效率;但风速过小,又易降低处理量。因此,风速的选择很重要,不同的粉尘,有不同的风速。对煤进行除尘时,脉冲袋式除尘器,其风速可采用 2.0～3.5 m/s;反吹风式采用 0.6～0.9 m/s;振打与逆气流联合式采用 0.7～0.8 m/s。

袋式除尘器具有除尘效率高、适应性强、使用灵活、结构简单等优点。对微细粉尘也有较高除尘效率,常可达 99%;入口处含尘浓度可以在相当大的范围内变化,且不影响除尘效率和阻力。并可因地制宜采用简单的“土布袋除尘器”。但其应用范围受滤料的耐温、耐腐蚀等性能的影响。此外,对黏结性、吸湿性强的粉尘不适宜用袋式除尘器,对烟气温度不应低于露点温度(相对湿度为 100%时的温度),否则会产生结露,导致滤袋堵塞。

复习思考题

1. 简述粉尘的性质及气体中的运动特性。
2. 对引起粉尘产生和扩散的原因进行分析,并说明可采取哪些措施进行消除。
3. 如何对空气(或烟气)中的含尘浓度进行测定和计算?
4. 简述选煤厂各类常用除尘器,并说明其特点、工作原理及应用。

参考文献

[1] 白广民,罗吉春.复合式干选机在六家煤矿的应用[J].选煤技术,2001(2):35-36.

[2] 蔡璋.浮游选煤与选矿[M].北京:煤炭工业出版社,1991.

[3] 蔡璋,刘红缨,陈彩荼,等.极细粒煤泥脱硫研究[J].中国矿业大学学报,1997,26(4):25-29.

[4] 蔡璋.选煤厂固-液、固-气分离技术[M].北京:煤炭工业出版社,1992.

[5] 常青.絮凝原理[M].兰州:兰州大学出版社,1993.

[6] 陈国存,刘建春,王宝.范各庄矿选煤厂浮选系统技术改造的探讨[J].选煤技术,1999(3):33-35.

[7] 陈迹.跳汰选煤的理论与实践[M].北京:煤炭工业出版社,1988.

[8] 陈建启,纪玉华.絮凝剂在选煤厂煤泥水处理中的合理应用[J].煤炭加工与综合利用,1998(5).

[9] 陈清如.筛分和重选理论及其应用的新进展.徐州:中国矿业大学出版社,1994.

[10] 陈树章.非均相物系分离[M].北京:化学工业出版社,1993.

[11] 陈皖宁.大型三产品重介质旋流器在老屋基选煤厂的应用[J].选煤技术,2000(1):23-24.

[12] 陈衍庆.TDS 捕收剂在兴隆庄煤矿选煤厂的应用[J].选煤技术,1999(1):25-26.

[13] 丛桂芝,周玉森,邢玉梅,等.高硫炼焦煤全重介脱除无机硫成套工艺和设备的研究[J].选煤技术,1999(3):1-4.

[14] 丁可玉,黄双平,姚春慧,等.末精煤脱水工艺的改进及效果[J].选煤技术,1999(6):22-23.

[15] 丁立亲.浮选的理论和实践[M].北京:煤炭工业出版社,1987.

[16] 丁立亲.浮选入料粒度对分选效果的影响[J].选煤技术,1980(3):31-35.

[17] 樊茂明,陈清如.4PGC-370/360×455 型两段四齿辊破碎机的研制与应用[J].煤炭加工与综合利用,1996(3):32-34.

[18] 范肖南.复频振动筛动力学研究及筛面物料运动分析[J].选煤技术,2000(1):15-17.

[19] 符福存.改进絮凝剂添加工艺 提高浓缩机工作效果[J].选煤技术,1999(6):23-24.

[20] 高祖昌,王永其,袁永健.充填式静态浮选柱及其分选细粒煤的实践[J].选煤技术,1999(2):11-14.

[21] 顾少雄.三项选煤新标准的内容与制标依据[J].选煤技术,1998(6):19-21.

[22] 顾少雄.选煤用浮选机[M].北京:煤炭工业出版社,1979.

[23] 郭玲香.絮凝剂型助滤剂作用机理研究[D].徐州:中国矿业大学,1999.

[24] 郭梦熊.浮选[M].徐州:中国矿业大学出版社,1989.

[25] 郭苗.浓缩回收工艺的一种实用流程[J].选煤技术,2000(1):36-37.

[26] 郭苗，张海林．煤泥水闭路循环技术改造的实践[J]．选煤技术，1999(5)：28-30.
[27] 郭秀清，杨兴国．重介悬浮液密度及液位的检测与自动控制[J]．选煤技术，1999(6)：40-42.
[28] 何杰．煤的表面结构与润湿性[J]．选煤技术，2000(5)：13-15.
[29] 何振永．对影响加压过滤机运行因素的分析[J]．过滤与分离，1998，8(2)：9.
[30] 贺玉春．重介质选煤过程自动测控系统[J]．选煤技术，2000(4)：53-54.
[31] 洪瑞燮．选煤厂传统煤泥水处理系统存在的问题及其解决途径[J]．选煤技术，1997(4)：21-23.
[32] 胡为柏．浮选[M]．2版．北京：冶金工业出版社，1989.
[33] 胡文容．煤矿矿井水及废水处理利用技术[M]．北京：煤炭工业出版社，1998.
[34] 化学工业部教育培训中心．液相非均一系分离[M]．北京：化学工业出版社，1997.
[35] 见百熙．浮选药剂[M]．北京：冶金工业出版社，1981.
[36] 蒋朝澜．磁选理论及工艺[M]．北京：冶金工业出版社，1994.
[37] 蒋志伟．自生介质螺旋滚筒选煤[J]．选煤技术，2000(1)：34-36.
[38] 康文泽，韩春龙，范成江，等．凝聚剂和絮凝剂的合理选择[J]．东北煤炭技术，1999(1)：30-32.
[39] 康文泽，沈笑君，徐国峰．小恒山矿选煤厂治理煤泥水的经验[J]．煤炭加工与综合利用，1996(6)：50-51.
[40] 李春蓉，郭彦，宋景玲，等．SKT-14 跳汰机在鹤壁矿务局六矿选煤厂的应用[J]．选煤技术，1999(3)：40.
[41] 李贤国，张荣曾．重力选矿原理[M]．北京：煤炭工业出版社，1992.
[42] 梁福兴．ZWP1000 型卧式振动卸料离心脱水机的研究[J]．选煤技术，1999(4)：1.
[43] 梁晓东，佟大光，王凤文，等．圆运动梯流棒条筛的应用研究[J]．选煤技术，1999(3)：12-13.
[44] 刘春桥，王明杰，顾长波，等．重介自动控制系统及其在铁厂选煤厂的应用[J]．选煤技术，2000(3)：42-43.
[45] 柳吉祥．旋转流分选的理论及应用[M]．北京：煤炭工业出版社，1985.
[46] 卢寿慈．矿物浮选原理[M]．北京：冶金工业出版社，1988.
[47] 卢寿慈．矿物颗粒分选工程[M]．北京：冶金工业出版社，1990.
[48] 卢寿慈，翁达．界面分选原理及应用[M]．北京：冶金工业出版社，1992.
[49] 罗茜．固液分离[M]．北京：冶金工业出版社，1997.
[50] 马德义．电磁振动旋流筛代替斗子捞坑的脱水工艺[J]．选煤技术，1994(2)：16-18.
[51] 马力强．浮选柱与浮选机工艺系统技术经济比较[J]．选煤技术，1999(2)：23-25.
[52]《煤泥水处理》编译组．煤泥水处理[M]．北京：煤炭工业出版社，1979.
[53] 煤炭工业部选煤科技情报中心站．国外选煤设备手册[M]．北京：煤炭工业出版社，1981.
[54] 孟庆钧，何振永，董喜民，等．GPJ60.3 型加压过滤机的研究[J]．选煤技术，1995(1).
[55] 平建中．吕家坨矿选煤厂降低精煤水分的技术途径[J]．选煤技术，2000(3)：34-35.
[56] 丘继存．选矿学[M]．北京：冶金工业出版社，1987.

[57] 权义钊，张希明．倾斜板沉淀槽的应用及改进[J]．选煤技术，1980(3)：36-40．
[58] 申克忠．重介旋流器洗选极难选煤的实践[J]．选煤技术，2000(5)：38-40．
[59] 宋景玲，钱元玲，苗焕萍．降低过滤机滤饼水分的探讨[J]．选煤技术，2000(1)：38-39．
[60] 宋少先．疏水絮凝理论与分选工艺[M]．北京：煤炭工业出版社，1993．
[61] 苏丁，雷灵琰，王建新．凝聚剂、絮凝剂在难净化煤泥水中的使用[J]．选煤技术，2000(2)：10-12．
[62] 孙玉波．重力选矿[M]．修订版．北京：冶金工业出版社，1993．
[63] 唐联松，王永胜，吴大为，等．浓缩机浅度浓缩大排底流的分析与指标预测[J]．煤炭加工与综合利用，1996(4)：74-77．
[64] 陶秀祥，赵跃民，杨国华，等．潮湿细粒煤炭筛分过程堵孔机理的研究[J]．煤炭学报，2000，25(2)：196-199．
[65] 陶有俊，刘文礼，路迈西．细粒煤浮选数学模型的研究[J]．中国矿业大学学报，1999，28(5)：425-427．
[66] 王常任．磁电选矿[M]．北京：冶金工业出版社，1986．
[67] 王敦曾．选煤新技术的研究与应用[M]．北京：煤炭工业出版社，1999．
[68] 王吴宜．浮选工艺参数自动测控系统及其改进[J]．选煤技术，2001(2)：49-50．
[69] 王振生，李寻．选煤厂生产技术管理[M]．北京：煤炭工业出版社，1990．
[70] 王祖瑞．重介质选煤的理论与实践[M]．北京：煤炭工业出版社，1988．
[71] 吴利群．真空泵一机两用简化过滤系统[J]．选煤技术，1980(3)：40-41．
[72] 吴寿培，刘炯天．采煤选煤概论[M]．北京：煤炭工业出版社，1992．
[73] 谢广元，马喜君，欧泽深，等．新型精煤压滤机与脱水工艺的研究[J]．选煤技术，1999(6)：4-6．
[74] 谢广元，欧泽深．煤炭洗选脱硫研究[J]．中国矿业大学学报，1999，28(5)：502-505．
[75] 谢广元，欧泽深，杨建国．新型 HMCC-400 圆筒重介旋流器的研究及应用[J]．煤炭加工与综合利用，1996(4)：62-64．
[76] 谢广元，欧泽深，张洪安．新型快速精煤压滤机与脱水工艺的研究[J]．中国矿业大学学报，2001，30(4)：375-378．
[77] 谢广元，吴振清．FCMC-1500 型旋流微泡浮选柱在煤泥浮选中的应用研究[J]．煤炭科学技术，1997，25(11)：26-28．
[78]《选煤标准使用手册》编委会．选煤标准使用手册[M]．北京：中国标准出版社，1999．
[79] 严瑞瑄．水溶性高分子[M]．北京：化学工业出版社，1998．
[80] 杨小平，韩信．望峰岗选煤厂重介系统的改造[J]．选煤技术，2000(2)：38-40．
[81] 姚昆亮．跳汰分层准重液机理探讨[J]．选煤技术，1999(3)：1-3．
[82] 姚昆亮．自动化跳汰机研究[J]．选煤技术，1999(4)：5-7．
[83] 姚书典．非金属矿物加工与利用[M]．北京：科学出版社，1992．
[84] 姚书典．重选原理[M]．北京：冶金工业出版社，1992．
[85] 印永嘉．物理化学简明教程[M]．3 版．北京：高等教育出版社，1992．
[86] 于刚，徐博，刘春光，等．细煤离心机在新集选煤厂的应用[J]．选煤技术，2000(2)：28-29．

[87] 于明.板框压滤机的选择和操作参数的确定[J].过滤与分离,1998,8(1):19-23.
[88] 于艳臣,李振宗.炼焦煤选煤厂重介改造的实践[J].选煤技术,2000(6):31-32.
[89] 于子刚,王正书,陈浩,等.安家岭矿选煤厂介质回收工艺设计特点[J].选煤技术,1999(2):26-27.
[90] 虞传立,戴少康.谈谈部分煤泥水直接浮选与合理的煤泥水流程[J].选煤技术,1978(6):9-17.
[91] 曾凡,胡永平.矿物加工颗粒学[M].徐州:中国矿业大学出版社,1995.
[92] 张恩广.筛分破碎及脱水设备[M].北京:煤炭工业出版社,1991.
[93] 张洪安.压滤机两相压入料工艺的实践[J].选煤技术,1999(6):9-11.
[94] 张鸿起,刘顺,王振生.重力选矿[M].北京:煤炭工业出版社,1987.
[95] 张家骏,霍旭红.物理选矿[M].北京:煤炭工业出版社,1992.
[96] 张明旭.煤泥水处理[M].徐州:中国矿业大学出版社,2000.
[97] 张明旭.中国煤的微生物表面调整-浮选法脱除黄铁矿的研究[D].徐州:中国矿业大学,1999.
[98] 张强.选矿概论[M].北京:冶金工业出版社,1984.
[99] 张玉喜,王洪彦.PG型真空过滤机瞬时吹风系统的改造[J].选煤技术,1999(1):27.
[100] 赵川江,潘永泰,姜喜瑞,等.煤炭破碎设备的现状及适用范围[J].选煤技术,1999(4):44-45.
[101] 赵春祥.重介质悬浮液特性控制问题的探讨[J].选煤技术,2000(4):17-19.
[102] 赵跃民,刘初升.弹性筛面动力学及难筛分物料的透筛机理[J].中国有色金属学报,1999,9(1):129-138.
[103] 中国矿业学院选煤教研组.选煤机械[M].北京:煤炭工业出版社,1979.
[104] 中国统配煤矿总公司.选煤厂技术检查规程[M].北京:煤炭工业出版社,1990.
[105] 钟蕴英.煤化学[M].徐州:中国矿业大学出版社,1989.
[106] 朱红,李虎林,欧泽深,等.黄铁矿表面改性产物的XRD谱研究[J].燃料化学学报,2000,28(3):221-224.
[107] 朱红,施秀屏,欧泽深,等.电化学调控法抑硫浮选的研究[J].中国矿业大学学报,1997,26(3):19-22.
[108] 朱红,王淀佐,李虎林,等.电化学法对细粒煤表面改性机理的研究[J].煤炭学报,2000,25(3):307-311.
[109] 朱家骥.中国铁矿选矿技术[M].北京:冶金工业出版社,1994.
[110] 朱尚叙.粉磨工艺与设备[M].武汉:武汉工业大学出版社,1993.
[111] A RUSHTON,康勇,许莉,等.滤饼过滤理论与实践:过去、现在和未来[J].过滤与分离,1998,8(2):39.
[112] B A 威尔斯.选矿工艺学[M].胡力行,等译.北京:冶金工业出版社,1985.
[113] FAN M,CHEN Q,ZHAO Y,et al. Fine coal dry classification and separation[J]. Mining,Metallurgy & Exploration,2006,23(1):17-21.
[114] FAN M M,CHEN Q R,ZHAO Y M,et al. Fine coal (6-1 mm) separation in magnetically stabilized fluidized beds [J]. International Journal of Mineral

Processing,2001,63(4):225-232.
[115] FAN M M, CHEN Q R, ZHAO Y M, et al. Fundamentals of a magnetically stabilized fluidized bed for coal separation[J]. Coal Preparation, 2003, 23(1/2): 47-55.
[116] FAN M M,CHEN Q R,ZHAO Y M,et al. Magnetically stabilized fluidized beds for fine coal separation[J]. Powder Technology,2002,123(2/3):208-211.
[117] FAN M M,LUO Z F,ZHAO Y M,et al. Effects of magnetic field on fluidization properties of magnetic pearls[J]. China Particuology,2007,5(1/2):151-155.
[118] FAN M M, TAO D. A study on picobubble enhanced coarse phosphate froth flotation[J]. Separation Science and Technology,2008,43(1):1-10.
[119] FAN M M,TAO D,HONAKER R,et al. Nanobubble generation and its applications in froth flotation (part Ⅱ):fundamental study and theoretical analysis[J]. Mining Science and Technology (China),2010,20(2):159-177.
[120] KEEY R B. 干燥原理及其应用[M]. 王士璠,等译. 上海:上海科学技术文献出版社,1986.
[121] RICK H. Nanobubble generation and its application in froth flotation (part Ⅰ): nanobubble generation and its effects on properties of microbubble and millimeter scale bubble solutions[J]. Mining Science and Technology,2010,20(1):1-19.
[122] SVAVOVSKY L. 固液分离[M]. 2版. 朱企新,金鼎五,等译. 北京:化学工业出版社,1990.
[123] TADROS T F. Solid/liquid dispersions[M]. London:Academic Press,1987.
[124] ГЛЕМБОЦКИИЙ В А. 浮选过程物理化学基础[M]. 郑飞,等译. 北京:冶金工业出版社,1985.
[125] БРУКО Л. 煤泥水的过滤[M]. 谈宏烈,等译. 北京:煤炭工业出版社,1989.
[126] В Д 萨梅金. 浮选理论现状与远景[M]. 刘恩鸿,译. 北京:冶金工业出版社,1984.
[127] В Н 寿辛. 悬浮液选矿理论与工艺新发展[M]. 袁楚雄,译. 北京:中国建筑工业出版社,1984.
[128] П В ЛЯЩЕНКО. 重力选矿法[M]. 东北工学院选矿教研组,译. 北京:冶金工业出版社,1957.